普通高等教育"十一五"国家级规划教材

无 机 化 学

（第三版）

湖南大学化学化工学院　组编

何凤姣　主编

朱　磊　李　昆　副主编

科学出版社

北 京

内 容 简 介

本书为《湖南大学化学主干课程系列教材》之一，第二版被评为普通高等教育"十一五"国家级规划教材。

全书共 20 章，包括绪论、化学热力学基础、化学反应速率与化学平衡、酸碱解离平衡、沉淀溶解平衡、氧化还原反应、原子结构与元素周期律、分子结构与化学键理论概述、酸碱理论的发展与溶剂化学、配位化学基础、s 区元素、p 区元素、ds 区元素、d 区元素、镧系元素、元素化学定性分析、核化学、生物无机化学、固体无机化学、金属有机化学。

本书可作为高等理工和师范院校化学、应用化学、化工、材料、生物、环境、制药等专业的教材，也可供相关专业师生、分析测试工作者和自学者参考和阅读。

图书在版编目（CIP）数据

无机化学/何凤姣主编；湖南大学化学化工学院组编. —3 版. —北京：科学出版社，2019.12

普通高等教育"十一五"国家级规划教材

ISBN 978-7-03-063925-7

Ⅰ. ①无… Ⅱ. ①何…②湖… Ⅲ. ①无机化学-高等学校-教材 Ⅳ. ① O61

中国版本图书馆 CIP 数据核字（2019）第 288325 号

责任编辑：侯晓敏　高　薇／责任校对：何艳萍
责任印制：赵　博／封面设计：迷底书装

科学出版社 出版

北京东黄城根北街 16 号
邮政编码：100717
http://www.sciencep.com

天津市新科印刷有限公司印刷

科学出版社发行　各地新华书店经销

*

2001 年 9 月第 一 版　开本：787×1092 1/16
2006 年 6 月第 二 版　印张：37 1/2　插页：1
2019 年 12 月第 三 版　字数：960 000
2024 年 8 月第十一次印刷

定价：99.00 元

（如有印装质量问题，我社负责调换）

《无机化学》(第三版) 编写委员会

主　编　何凤姣

副主编　朱　磊　李　昆

编　委(按姓名汉语拼音排序)

邓　伟　何凤姣　李　昆　许　峰

尹　霞　赵　艳　周　俊　朱　磊

第三版前言

《无机化学》第一版于2001年9月出版，第二版于2006年6月出版。第二版在第一版的基础上增加了第1章无机化学基础，使《无机化学》可单独使用。《无机化学》第三版的编写人员均为湖南大学在职的无机化学课程主讲教师。湖南大学无机化学课程自2006年以来在课程体系和教学内容上进行了大幅度改革，编者认真总结了教学经验，认为将原来归到物理化学的部分内容放入无机化学中更合适，在物理化学中不再重复这些内容，并据此对教材进行了修订。

第三版在基本保留第一版和第二版整体结构和布局的基础上，进行内容的增删和调整。增加第1~6章内容，在内容编排上，将化学热力学基础、化学反应速率与化学平衡、酸碱解离平衡、沉淀溶解平衡、氧化还原反应排在一起，形成从基本原理到应用的编排格局；将第二版第1章无机化学基础拆分为第7章原子结构与元素周期律和第8章分子结构与化学键理论概述；将第二版第11、12章合并为第三版第19章固体无机化学；其余各章节均在第二版基础上进行适当增删和修改。经过这些处理，各章之间的衔接更为顺畅，力求做到内容全面、概念清晰、深入浅出、紧跟学科前沿。在强调基本理论、基本概念、基本技能的基础上增加应用示例，以提高学生综合运用所学理论解决实际问题的能力。第三版由第二版的14章变为20章，无机化学课时由80学时增加至96学时。本书强调理工通用，左上角标有星号的章节，工科专业可以不讲。另外，为了方便学生自学，本书增加了数字化资源，学生可通过扫描二维码获取相关知识点的慕课视频和习题答案。

参与第三版修订的有：何凤姣(第1、16、17、18、20章)、周俊(第2、3、5章)、邓伟(第4、9章)、赵艳(第6章)、尹霞(第7、8、11章)、许峰(第10、13、14、15章)、朱磊(第12、19章)、李昆(附录)。全书由何凤姣、朱磊及李昆负责统稿。

第一版和第二版编写人员为本书打下了良好的基础，编者在此表示衷心的感谢。同时，在本书编写过程中得到了科学出版社的大力支持，在此深表谢意。

本书无论是在内容取舍还是在难易程度的把握等方面都有一定的尝试，但限于编者水平，书中仍有疏漏和不妥之处，恳请读者和同行批评指正。

编　者
2019年6月于长沙岳麓山

第二版前言

根据前期教材的使用情况及读者要求，我们将《无机化学》进行了再版。第二版中，增加了第 1 章无机化学基础，原来第 1 章溶剂化学改为现在的第 2 章酸碱理论与溶剂化学。这样使《无机化学》可单独使用。为了不增加教材的篇幅，省略掉了锕系元素的内容，并将无机合成化学与固体化学合并为第 12 章无机固体化学。这样再版后全书仍为 14 章。

此次修订分工如下：尹霞老师应邀撰写了第 1 章，并修改第 4 章 s 区元素、第 6 章 ds 区元素，第 8 章镧系元素；鲁祥勇撰写第 2 章酸碱理论部分。其余章节由邓伟和唐怀军负责修改第 3 章配位化学基础及第 7 章 d 区元素，李自强负责修改第 5 章 p 区元素，何凤姣负责修改第 2 章溶剂化学部分及第 9～14 章。全书由何凤姣统稿并任主编。

感谢张季爽教授、郭灿城教授、旷亚非教授对本书提出的宝贵意见，感谢科学出版社的刘俊来、王志欣同志为本书付出的辛勤劳动。

由于编者水平所限，书中难免存在缺点和错误，恳请读者批评指正。

编 者

2006 年 2 月于长沙岳麓山

第一版前言

当前，随着科学的飞速发展，各门学科新的内容不断增加，而学生学习的课程越来越多，分配在每门课程上的课时越来越少。为解决这一矛盾，本系列教材根据整体优化的原则，对四大化学的教材内容进行了必要的分化与重新组合，将原无机化学上册的内容归并到基础物理化学，取而代之的是溶剂化学、元素定性分析、生物无机化学、无机合成、固体化学、无机材料、金属有机等内容。在开课时，物理化学先上，之后接着上无机化学，这样，就可以直接应用物理化学中的理论结果来解释一些现象，而无需重复介绍理论，达到了以较少课时介绍更多内容的目的。

本书是根据教育部化学教学指导委员会制订的化学专业和应用化学专业的教学基本内容的要求而编写的适应"面向21世纪课程"教学的教材。本书力求将国内外教材的精华结合起来，取长补短，并注意理论联系实际，加强基本理论在元素化学部分的应用，还适当联系生产和生活实际。编者力图使本书成为适合我国国情和需要的教材。

为便于自学，每章前有内容提要，后有小结，以利于学生进行概括与总结，巩固所学的知识。

本课程的总学时(包括实验)为124学时，工科学生为(包括实验)72学时，书中注有*号的章节，可根据学时安排。

柴雅琴应邀撰写了本书的第3、5、6章。何红运和周艺分别撰写了第4、7章。刘红玲撰写了第2、11、12章，并撰写了5、6章的内容提要和小结。何凤姣撰写了第1、8～10、13、14章，第3、4、7章的内容提要和小结，并撰写了全书的科学展望及科学家小传。本书由何凤姣任主编。

张季爽教授审阅了书稿，并提出了宝贵意见，对编写此书帮助很大；科学出版社刘俊来先生为本书的出版付出了辛勤的劳动；书后所引用论文和著作对本书的编写给予了莫大的启示、支持和鼓舞，在此一并致谢。作者特别感谢俞汝勤院士的支持和指导。

由于编者水平所限，书中难免存在缺点和错误，恳请读者批评指正。

编　者

2001年2月于长沙岳麓山

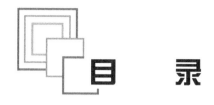

目 录

第1章 绪 论

内容提要

(1) 了解化学、无机化学的基本概念及发展历史。

(2) 掌握原子、分子、离子、超分子的基本概念。

(3) 掌握单质、化合物、相对分子质量、物质的量的概念。

(4) 掌握等离子体、气体、液体、固体物质的存在形式及特点；掌握理想气体状态方程。

(5) 掌握溶液的概念、性质、溶液浓度的计算及难挥发非电解质稀溶液的依数性。

1.1 关 于 化 学

人们总是希望手机越来越轻薄，续航能力越来越强；希望服装材质既舒适透气，又易清洗；能源既高效富足，又不污染环境；对人类社会有重要贡献的化肥和农药，人们又希望它们绿色健康……解决这些难题的重任落在了化学家身上，其中很多看似不可能完成的任务已经被化学家解决。化学这门古老的科学在现代社会历久弥坚、充满活力。

化学作为一门核心、实用、创造性的科学，已经为人类认识物质世界和人类的文明进步作出了巨大贡献。化学创立了研究物质结构和形态的理论、方法和实验手段，合成了数以千万计的化学物质，为阐明生命的起源、发现生物活性物质、新材料及新药物的设计合成奠定了理论和实验基础。

1.1.1 化学的基本概念及其发展

关于化学的经典描述是：化学是研究物质的化学组成、结构、性质及其变化规律和变化过程中能量关系的科学，是自然科学的一个分支。物质按相对大小可分割成一系列容易分清的层次：地球上宏观物体—分子—原子—原子核—基本粒子……化学主要是从原子和分子层次研究物质，是一门实用和创造性的中心科学。

随着科学发展及现代数学、物理、信息方法融入化学，化学科学被赋予新的内涵。我国香山科学会议第 128 次学术讨论会——化学学科发展战略研讨会提出了一个很有价值的关于化学的定义：化学是主要研究从原子、分子片、分子、超分子到分子和原子的各种不同尺度和不同复杂程度的聚集态和组装态的合成和反应、分离和分析、结构和形态、物理性能和生物活性及其规律和应用的自然科学。

化学的灵魂在于创造，创造新的结构和物质；魅力在于变化，出神入化，永无止境。目前化学发展呈现四大趋势：①各学科之间壁垒弱化、界限模糊，许多原创性成果都诞生在学科交叉处；②化学研究的尺度从未如此宽泛，当前已经从原子、分子到超越分子的尺度，超分子体系和分子聚集体成为化学研究的重要对象之一；③化学正在走向精准化，包括精准合成、精准组装、精准检测、精准计算等；④化学过去被认为是实验科学，而今，实验、理论和计算成为当代化学的三大支柱。

1.1.2 化学发展简史

实用化学工艺历史几乎同人类社会本身的历史一样悠久。17世纪以前为古化学时期，经历了炼丹、炼金、医药化学和冶金化学，具有实用和经验的特点，尚未形成理论体系。17世纪中叶到19世纪末是化学作为独立学科的形成和发展时期，称为近代化学时期，经历了元素说、燃素说和氧化说。"化学之父"玻意耳指出，化学本身是自然科学中的独立部分。拉瓦锡通过研究燃烧现象，提出物质燃烧的实质是该物质和氧的结合，这是继玻意耳之后完成的化学史上第二个重大突破。也是在19世纪，道尔顿的原子学说、盖吕萨克定律、阿伏伽德罗定律、元素周期表与元素周期律等纷纷出现，使化学在实践和理论方面都取得了重大突破，并确立了无机化学、有机化学、物理化学和分析化学各分支学科。19世纪末到20世纪初，物理学革命性的发展为化学提供了飞跃发展的基础，使化学得到前所未有的发展。现代化学键理论的建立与量子化学的诞生、晶体结构与晶体化学、核化学的发展等，使化学的研究深入探索原子、分子、晶体的内部结构，此阶段称为现代化学时期。20世纪60年代，化学的发展更加深入和迅速，化学元素学科及其与相关学科之间的关系发生了根本变化。物理学为化学提供了先进的测试手段；分子生物学向化学提出了许多挑战性问题；保护人类的生存环境、维护生态平衡等课题需要化学家参与；与新技术的发展密切相关的新材料的开发应用都是化学学科大显身手的领域。

21世纪化学科学的研究层次拓宽，分子间在不同层次上的相互作用成为化学家关注的重点之一。化学可以根据原子层次、分子片层次、分子层次、超分子层次、分子聚集体层次等划分研究对象。化学学科可以根据研究内容和方法划分为新的二级学科，如合成化学、分离化学、分析化学、物理化学、理论化学等；也可从学科交叉角度重新划分，如与生命科学交叉的化学生物学，与材料科学交叉的纳米材料化学，与资源与环境科学交叉的绿色化学，与数学、信息学和生命科学交叉的化学信息学等。

1.1.3 化学学科发展方向与契机

21世纪科学发展的特点是各学科纵横交叉解决实际问题。化学学科的发展方向涉及化学学科的自身发展及化学与相关学科的融合发展，研究科学基本问题与解决实际问题相结合。各相关学科(生物和材料等)与化学在大量问题上相遇及可持续发展战略向化学学科提出了大量化学基础问题，给化学未来的发展带来契机。

1.2 关于无机化学

1.2.1 无机化学定义

无机化学是研究除碳氢化合物及其衍生物外的所有化学元素及其化合物的组成、结构、性质、反应和应用及化学反应中能量变化的学科。无机化学的特点是内容丰富，涉及众多的元素及其化合物的结构与性质，反应多，体系庞杂，规律性差，被戏称为"无理化学"。

无机化学是化学分支学科之一，也是有机化学、分析化学、物理化学的先行课程。化学系学生步入大学后的第一门专业基础课便是无机化学。随着科学的发展，无机化学的内容有了"爆炸"性增加，在知识特性上也有了质的变化，不再是过去的单纯描述性的资料累积，而是进入了理论成熟、定量精密的高级阶段。

无机化学充满了魅力，无机元素所涵盖的化学多样性带来了新的、有时令人惊讶的化合物，对生物化学、材料和医药等领域有深刻的影响。元素周期表仍然是无机化学中对化学趋势进行合理化预测的重要工具。

1.2.2 无机化学发展简史

最初化学所研究的对象多为无机物，所以近代无机化学的建立就标志着近代化学的创始。有三位科学家对近代化学的建立作出了很大的贡献，即英国的玻意耳、法国的拉瓦锡和英国的道尔顿。

19 世纪 60 年代，已知的元素已达 60 多种，俄国化学家门捷列夫研究了这些元素的性质，在 1869 年提出元素周期律：元素的性质随着元素相对原子质量的增加呈周期性的变化。这个定律揭示了化学元素的自然系统分类。元素周期表就是根据元素周期律将化学元素按周期和族进行排列的，元素周期律对于无机化学的研究、应用起了极为重要的作用。

19 世纪末的一系列发现，开创了现代无机化学：1895 年伦琴发现 X 射线；1896 年贝克勒尔发现铀的放射性；1897 年汤姆孙发现电子；1898 年居里夫妇发现钋和镭的放射性。20 世纪初卢瑟福和玻尔提出的原子是由原子核和电子所组成的结构模型，改变了道尔顿原子学说的原子不可再分的观念。1916 年科塞尔提出离子键理论，路易斯提出共价键理论，圆满地解释了元素的价态和化合物的结构等问题；1924 年德布罗意提出电子等物质微粒具有波粒二象性的理论；1926 年薛定谔建立微粒运动的波动方程；1927 年海特勒和伦敦应用量子力学处理氢分子，证明在氢分子中的两个氢核间，电子概率密度有显著的集中，从而提出了化学键的现代观点。此后，经过多方面的努力工作，发展成为化学键的价键理论、分子轨道理论和配位场理论。这三个基本理论是现代无机化学的理论基础。

无机化学的现代化始于化学键理论的建立和新型仪器的应用，无机化合物的研究也由宏观深入微观，从而把它们的性质、反应与结构联系起来；特种技术对无机特种材料生产的需要，有力地推动了无机化学的研究。到 20 世纪 50 年代，国际上无机化学已进入蓬勃发展时期，有人称之为"无机化学的复兴"。近三十多年来，无机化学研究新发展主要是许多新型化合物(如夹心、笼状、簇状和穴状等化合物)的合成和应用，以及新的边缘学科(如生物无机化学、金属有机化学和无机固体化学等)的开拓和发展。

近年来，无机化学的研究领域几乎涉及各个学科。从 20 世纪 50 年代起，随着科学水平的提高，对无机化合物微观结构和反应机理有了更深入的了解，而理论模型的发展又促进了无机化学研究的系统化和理论化。科学研究的新兴领域及交叉学科如材料、生命等几乎都涉及无机化学。无机化学家还面临着环境、能源等领域提出的问题，其中也涉及相当多的无机化学前沿课题。

本书考虑无机化学学科发展现状，其内容包括化学的基本原理(第 2～6 章、第 9 章)、物质结构与化学键(第 7、8 章)、配位化学(第 10 章)、元素化学(第 11～15 章)、元素化学定性分析(第 16 章)、核化学(第 17 章)、生物无机化学(第 18 章)、固体无机化学(第 19 章)、金属有机化学(第 20 章)等。

1.2.3 当今无机化学活跃的领域

当今无机化学的活跃领域主要是超分子化学、光电功能配合物、磁性分子材料、生物无机化学、金属有机化学、纳米化学等，并取得了很大的进展。超分子化学的研究包括晶体工程、分子工程、配位聚合物和金属纳米粒子。磁性分子材料的研究主要集中在分子内自旋载体之间的相互作用及其机理、三维有序分子磁体、低维分子磁体、具有复合功能的分子磁性材料等。生物无机化学主要集中在金属蛋白的突变、结构及性质研究，金属酶模拟，金属及其配合物与生物大分子的相互作用和识别，金属离子生物效应的化学基础，无机药物化学，生物矿化等。无机固体材料集中在固体导电材料、无机磁性材料、无机光学材料、固体传感材料、微孔与介孔材料。

1.3　化学基础知识

1.3.1　原子、分子、离子、超分子

化学研究的基本单元包括原子、分子、离子、超分子等。

原子：指化学反应中不可再分的基本粒子，由原子核和核外电子构成；原子核又由质子、中子等更小的粒子组成。质子带正电，电子带负电，中子不带电；中性原子的质子数 = 核电荷数 = 原子核外电子数 = 原子序数。因为电子的质量极小，可忽略不计，所以原子的质量数 ≈ 质子数 + 中子数。

原子核中质子数相同的一类原子统称为元素。例如，自然界中，有 8 个质子和 8 个中子组成的氧原子（$^{16}_{8}O$），也有 8 个质子和 9 个中子组成的氧原子（$^{17}_{8}O$），还有 8 个质子和 10 个中子组成的氧原子（$^{18}_{8}O$），这些氧原子的质子数都是 8，所以把这些氧原子统称为氧元素。

同一元素的原子，由于中子数不同，原子质量也会不同，每一种原子称为一种核素。例如，碳元素中存在 6 个中子和 7 个中子的碳原子，它们的质量数分别为 12 和 13，$^{12}_{6}C$ 和 $^{13}_{6}C$ 就是碳的两种核素；$^{16}_{8}O$、$^{17}_{8}O$、$^{18}_{8}O$ 分别为氧元素的三种核素；钠元素只存在一种核素 $^{23}_{11}Na$。

某元素的几种不同的核素称为该元素的同位素。同位素有稳定同位素与放射性同位素之分。例如，自然界中氢有 3 种同位素，即 $^{1}_{1}H$（氕）、$^{2}_{1}H$（氘）和 $^{3}_{1}H$（氚）。碳有 $^{12}_{6}C$、$^{13}_{6}C$ 稳定同位素和 $^{14}_{6}C$ 放射性同位素。同一元素的同位素具有相同的电子数和电子构型，因而具有相似的化学性质，但同一元素的不同的同位素具有不同的质量，它们虽然能发生相同的化学反应，平衡常数却有所不同，反应速率也有所不同。常利用这种同位素效应研究反应机理。

原子的相对原子质量（A_r）定义为元素的平均原子质量与核素 ^{12}C 原子质量的 1/12 之比，以往称为原子量。例如，$A_r(H) = 1.0079$，$A_r(O) = 15.999$。

分子：分子是保持物质化学性质的最小粒子。

离子：离子是指原子或原子团失去或得到一个或几个电子形成的带电粒子。在中性原子中，电子所带的负电荷与原子核中的质子所带的正电荷相互抵消。当原子得到一个或几个电子时，核外电子数多于核电荷数，从而带负电荷，称为阴离子(anion)；当原子失去一个或几个电子时，核外电子数少于核电荷数，从而带正电荷，称为阳离子(cation)。一般最外层电子数较少的原子或半径较大的原子，较易失去电子；反之，较易获得电子。这种得失电子的过程称为电离。与分子、原子一样，离子也是构成物质的基本粒子。

超分子：指几个组分(一个受体及一个或多个底物)在分子识别原理的基础上按照内装(如

客体进入主体空腔内)的构造方案通过分子间缔合而形成的含义明确的、分立的寡聚分子物种，如具有双螺旋结构的 DNA。

1.3.2　单质、化合物、相对分子质量、物质的量

单质：由同种元素组成的纯净物。

化合物：由两种或两种以上的元素组成的纯净物，具有一定的组成。

相对分子质量(M_r)：定义为物质的分子或特定单元的平均质量与核素 ^{12}C 原子质量的 1/12 之比。例如，$M_r(H_2O)=18.0148\approx18.01$，$M_r(NaCl)=58.443\approx58.44$。

物质的量(amount of substance)是用于计量指定的微观基本单元，如分子、原子、离子、电子等微观粒子或其特定组合的一个物理量(符号为 n)，其单位名称为摩尔(mole)，单位符号为 mol。一系统的物质的量为 1 mol，则该系统中所包含的基本单元数与 0.012 kg ^{12}C 的原子数目相等。0.012 kg ^{12}C 所含的碳原子数目(6.022×10^{23})称为阿伏伽德罗常量(N_A)。因此，如果某物质系统中所含的基本单元数目为 N_A 时，则该物质系统的物质的量即为 1 mol。例如，1 mol H_2 表示有 N_A 个氢分子；2 mol C 表示有 2 N_A 个碳原子；3 mol Na^+ 表示有 3 N_A 个钠离子；$4\ \mathrm{mol}\left(H_2+\dfrac{1}{2}O_2\right)$ 表示有 $4N_A$ 个 $\left(H_2+\dfrac{1}{2}O_2\right)$ 的特定组合体，其中含有 $4N_A$ 个氢分子和 $2N_A$ 个氧分子。

使用摩尔这个单位时，一定要指明基本单位的化学式。例如，若笼统说"1 mol 氢"，就难以断定是指 1 mol 氢分子还是指 1 mol 氢原子或 1 mol 氢离子。

在混合物中，B 的物质的量(n_B)与混合物的物质的量(n)之比称为 B 的物质的量分数(x_B)，又称 B 的摩尔分数。例如，在含有 1 mol O_2 和 4 mol N_2 的混合气体中，O_2 和 N_2 的摩尔分数分别为

$$x_{O_2}=\frac{1\ \mathrm{mol}}{(1+4)\ \mathrm{mol}}=\frac{1}{5}$$

$$x_{N_2}=\frac{4\ \mathrm{mol}}{(1+4)\ \mathrm{mol}}=\frac{4}{5}$$

摩尔质量是指 1 mol 物质的质量，以 M 表示，单位为 kg·mol^{-1}。例如，1 mol H_2 的质量近似为 2.02×10^{-3} kg，则 H_2 的摩尔质量即为 2.02×10^{-3} kg·mol^{-1}。分子的摩尔质量(M)与相对分子质量(M_r)的关系为

$$M=M_r\times10^{-3}(\mathrm{kg\cdot mol^{-1}})$$

若某物质的物质的量为 $n_B(\mathrm{mol})$，其质量 $m=n_B\times M_B(\mathrm{kg})$。

1.3.3　化学反应的计量关系

化学计量数是化学反应方程式中各反应物或生成物前的数值。化学反应方程式是根据质量守恒定律，用元素符号和化学式从微观角度表示化学变化中质和量关系的式子。例如，氢氧化钠与盐酸发生中和反应，生成氯化钠和水，可表示为

$$\mathrm{NaOH+HCl=\!=\!=NaCl+H_2O}$$

这是一个配平的反应方程式，它表明化学反应中各物质的量之比等于其化学式前的系数之比。

据此，可根据已知反应物的量计算生成物的理论产量；或从所需产量计算反应物的量。

1.3.4　物质的表现形态

随着温度的降低，一般物质依次表现为等离子体(plasma)、气体(gas)、液体(liquid)和固体(solid)。宇宙中 99%的物质是等离子体，太阳和所有恒星、星云都是等离子体。只是在行星、某些星际气体或尘云中人们发现有气体、液体和固体，这些物质只是宇宙物质中很小的一部分。

1. 等离子体

气体温度进一步升高时，其中许多甚至全部分子或原子将由于剧烈的相互碰撞而解离为电子和正离子。这时物质进入一种新的状态，即主要由电子和正离子(或带正电的核)组成的状态。这种状态称为等离子状态，称为物质的第四态。

通常的气体中也可能会有电子和正离子，但它们不是等离子体。加热气体使其温度升高，就可以转化为等离子体。但是，通常的气体和等离子体的转化并没有严格的界限，它不像固体熔化或液体气化那么明显。例如，蜡烛的火焰处于一种临界状态，其中电子和离子数多时就是等离子体，少时就是一般的高温气体。高温气体和等离子体的主要差别在于其电磁特性。等离子体因为具有大量的电子和正离子而成为良好的导体，总体为电中性，它内部的电子和正离子数目足够大，不会发生局部的正、负电荷集中；高温气体是绝缘体。

2. 气体

将等离子体冷却到一定温度，即可转化为气体。气体的特点是：分子间距离比较大，相互作用力小，将它放在容器内，总是扩散充满整个容器的空间。若忽略气体分子自身体积，将分子看成是有质量的几何点，并假设分子之间没有相互吸引和排斥，分子之间及分子与器壁之间发生的碰撞是完全弹性碰撞，不造成动能的损失，这种气体称为理想气体。理想气体是不存在的，在高温低压下，实际气体接近理想气体。经常用来描述气体性质的物理量为压力(p)、体积(V)、温度(T)和物质的量(n)。

1)理想气体状态方程

对于理想气体，这几个物理量之间的关系符合下面的经验定律。

玻意耳定律：当n和T一定时，气体的V与p成反比。

$$V \propto 1/p \tag{1-1}$$

盖吕萨克定律：当n和p一定时，气体的V与T成正比。

$$V \propto T \tag{1-2}$$

阿伏伽德罗定律：当p和T一定时，气体的V与n成正比。

$$V \propto n \tag{1-3}$$

综合以上三个经验定律的表达式，可得

$$pV = nRT \tag{1-4}$$

式(1-4)称为**理想气体状态方程**。R称为摩尔气体常量，其值与选用标准状况下压力和气体体积的单位有关。在国际单位制中，p的单位为 Pa，V的单位为 m³，n的单位为 mol，T的单位为 K ，此时 $R = 8.314 \, J \cdot mol^{-1} \cdot K^{-1}$ 。

气体的计量很少用质量，一般是用一定温度及压力时气体的体积计量，也可以用一定温度及体积时气体的压力计量。对于一定量的气体，其温度、体积及压力并不是独立的，它们之间存在一定的关系。

2）道尔顿分压定律

两种或两种以上相互间不发生化学反应的气体在同一容器中混合，若分子本身的体积和相互间的作用力都可以忽略不计，这就是理想气体混合物。其中，每一种气体都称为该混合气体的组分气体。分压是指混合气体的体系中，组分气体 B 所产生的压力。也就是当组分气体 B 单独存在且占有总体积时所具有的压力，用 p_B 表示。混合气体分压定律是：在恒温下，混合气体的总压力（$p_{总}$）等于各组分气体的分压力之和，即

$$p_{总} = \sum_i p_i \tag{1-5}$$

此定律又称为道尔顿分压定律。

组分气体的物质的量用 n_i 表示，混合气体的物质的量用 n 表示，得

$$n = \sum_i n_i \tag{1-6}$$

第 i 种气体的摩尔分数用 x_i 表示，有

$$x_i = \frac{n_i}{n} \tag{1-7}$$

将组分气体的分压 p_i、组分气体物质的量 n_i、混合气体总体积 $V_{总}$ 联系在一起，得

$$p_i V_{总} = n_i RT \tag{1-8}$$

将式（1-8）除以 $p_{总} V_{总} = nRT$ 得

$$\frac{p_i}{p_{总}} = \frac{n_i}{n} = x_i \tag{1-9}$$

$$p_i = p_{总} \cdot x_i \tag{1-10}$$

组分气体 i 在混合气体中的分体积 V_i 是指该组分单独存在，并具有与混合气体相同温度和压力时占有的体积。混合气体的总体积等于各组分气体的分体积之和，该规律称为分体积定律，可用式（1-11）表示。

$$V_{总} = \sum_i V_i \tag{1-11}$$

将混合气体的总压力 $p_{总}$、i 组分物质的量 n_i、i 组分气体的分体积 V_i 联系在一起，得

$$p_{总} V_i = n_i RT \tag{1-12}$$

将式（1-12）除以 $p_{总} V_{总} = nRT$ ，得

$$\frac{V_i}{V_{总}} = \frac{n_i}{n} \tag{1-13}$$

将式（1-8）代入式（1-12），得

$$p_i = p_{总} \frac{V_i}{V_{总}} \tag{1-14}$$

3) 气体扩散定律

一种气体可以自发地同另一种气体相混合，而且可以渗透，这种现象称为气体的扩散。各种气体扩散的速率是不同的。摩尔质量较大的气体扩散速率较慢，摩尔质量较小的气体扩散速率较快。1831 年，英国化学家格雷姆在一系列实验基础上得出以下结论：同温同压下，各种不同气体的扩散速率与气体密度的平方根成反比。这个结论称为气体扩散定律。若 μ 代表气体扩散速率，ρ 代表气体密度，得

$$\mu \propto \sqrt{\frac{1}{\rho}} \tag{1-15}$$

或

$$\frac{\mu_A}{\mu_B} = \frac{\sqrt{\rho_B}}{\sqrt{\rho_A}} \tag{1-16}$$

4) 实际气体状态方程

理想气体的特点是气体分子自身体积可忽略，分子之间没有相互吸引和排斥，分子之间及分子与器壁之间发生的碰撞是完全弹性碰撞，不造成动能的损失。对于一定量的理想气体，其温度、体积及压力之间的关系满足理想气体状态方程。然而，对于实际气体，由于气体分子之间存在相互作用力，气体分子的体积不可忽视，故实际气体分子的温度、体积及压力之间的关系不能用理想气体状态方程来描述，它们之间存在怎样的关系？

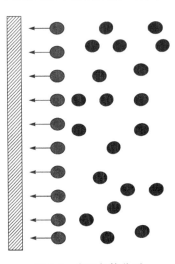

图 1.1 给出了实际气体分子碰撞容器壁示意图。实际气体分子由于存在相互作用力，碰撞容器壁时所产生的压力比理想气体所产生的压力小。若 $p_{实}$ 表示实际气体的压力，p 表示理想气体的压力，$p_{内}$ 表示实际气体的压力 $p_{实}$ 与理想气体的压力 p 之差，则

$$p = p_{实} + p_{内} \tag{1-17}$$

$p_{内}$ 是内部分子对碰撞容器壁分子的作用力，它正比于内部分子的浓度和碰撞容器壁分子的浓度，即

$$p_{内} \propto \left(\frac{n_{碰撞}}{V}\right)\left(\frac{n_{内部}}{V}\right) \tag{1-18}$$

由于内部分子和碰撞容器壁分子处于同一容器中，密度一致，因此

$$p_{内} \propto \left(\frac{n}{V}\right)^2 \tag{1-19}$$

图 1.1　实际气体分子
碰撞容器壁示意图

若 a 为比例系数，则

$$p_{内} = a\left(\frac{n}{V}\right)^2 \tag{1-20}$$

将式 (1-20) 代入式 (1-17) 中，得

$$p = p_{实} + a\left(\frac{n}{V}\right)^2 \tag{1-21}$$

对于实际气体，分子不能看成质点，分子的体积不能忽略。实际气体的体积减去分子自身的体积，得到相当于理想气体的体积的自由空间。若每摩尔气体分子的体积为 b L · mol^{-1}，对 n mol 实际气体，则

$$V = V_{实} - nb \tag{1-22}$$

将式(1-21)、式(1-22)代入理想气体状态方程，得

$$\left[p_{实} + a\left(\frac{n}{V}\right)^2\right](V_{实} - nb) = nRT \tag{1-23}$$

式(1-23)称为范德华方程。常数 a、b 称为气体的范德华常数。不同气体的范德华常数不同。它反映各实际气体偏离理想气体的程度。气体的范德华常数 a 和 b 的值越大，实际气体偏离理想气体的程度越大。

当 $n = 1$ 时，范德华方程变为

$$\left(p_{实} + \frac{a}{V_m^2}\right)(V_{m,实} - b) = RT \tag{1-24}$$

式中，V_m 为气体的摩尔体积。

3. 液体

将气体冷却到一定温度，即可转化为液体。它的形状与容器有关。在压力及温度不变的环境下，它的体积固定不变。液体对容器施加的压力随液体的深度增加而增加。

升温或减压一般能使液体气化成为气体，如将水升温成水蒸气。降温或加压一般能使液体固化成为固体，如将水降温成冰。

4. 固体

将液体冷却到一定温度，即可转化为固体。固体有比较固定的体积和形状、质地比较坚硬，是由个数为 10^{23} 数量级的粒子所结合成的宏观体系，是一个结构复杂的系统。固体的基态($T = 0$ K 时的状态)不仅是能量最低的状态，而且还是某种有序状态。固体按结构可分为晶体(crystal)、准晶体(quasicrystal)和非晶体(amorphous matter)。

1)晶体及其特性

晶体是原子、离子或分子在空间按照一定的规律周期性重复排列所形成的具有一定规则几何外形的固体。其特点是具有整齐规则的几何外形、固定熔点和各向异性，可以使 X 射线发生有规律的衍射等。在晶体有规律的排列中，可以找到代表晶体结构的最小的平行六面体单位，即晶胞。尽管自然界晶体有千万种，但它们的结构特点决定其晶胞只能归结为七大晶系、14 种空间点阵。

晶体按其结构位点上粒子和作用力的不同可分为四类：离子晶体(食盐)、原子晶体(金刚石)、分子晶体(干冰)和金属晶体(各种金属)。

2)准晶体及其特性

准晶体，又称为"准晶"或"拟晶"，是一种介于晶体和非晶体之间的固体。准晶体具

有与晶体相似的长程有序的原子排列，但不具备晶体的平移对称性。1982 年，以色列科学家谢赫特曼(Shechtman)在美国霍普金斯大学工作时发现了准晶体，这种新的结构因为缺少空间周期性而不是晶体，但又不像非晶体，准晶体展现了完美的长程有序。谢赫特曼因发现准晶体而独自获得 2011 年诺贝尔化学奖。

已知的准晶体都是金属互化物。2000 年以前发现的所有准晶体中至少含有 3 种金属，如 $Al_{65}Cu_{23}Fe_{12}$、$Al_{70}Pd_{21}Mn_9$ 等。最近发现，仅两种金属也可形成准晶体，如 $Cd_{57}Yb_{10}$。尽管有关准晶体的组成与结构规律尚未完全阐明，但是它的发现在理论上已对经典晶体学产生了很大的冲击。

3）非晶体及其特性

非晶体是内部质点在三维空间不成周期性重复排列的固体，特点是结构无序，或者近程有序但不具有长程有序，如玻璃、珍珠、沥青、塑料等属于非晶体。非晶体的特点是：外形无规则的形状；物理性质在各个方向上是相同的，称为各向同性；它没有固定的熔点，在熔化过程中，温度随加热不断升高。所以有人将非晶体称为"过冷液体"或"流动性很小的液体"。它们有特殊的物理和化学性质，如金属玻璃(非晶态金属)比一般金属(晶态)的强度高、弹性好、硬度和韧性高、抗腐蚀性好、导磁性强、电阻率高等。这使非晶体有多方面的应用。它是一个新的研究领域，近年来发展迅速。

1.3.5 溶液

溶液(solution)是一种或一种以上的物质溶解在另一种物质中形成的均一、稳定的混合物。被溶解的物质为溶质，能溶解其他物质的物质为溶剂。

按聚集态不同，溶液可分为：

气态溶液：气体混合物，简称气体(如空气)。

液态溶液：气体或固体在液体中的溶解或液液相溶，简称溶液(如盐水)。

固态溶液：彼此呈分子分散的固体混合物，简称固溶体(如合金)。

1. 溶液浓度表示方法

物质的量浓度 c_B：溶液中所含溶质 B 的物质的量除以溶液的体积称为 B 的物质的量浓度，用 c_B 表示，单位为 $mol \cdot L^{-1}$，即

$$c_B = \frac{溶质B的物质的量}{溶液的体积} \tag{1-25}$$

此浓度使用方便，化学中常常使用。该浓度的缺点是，数值受温度的影响，使用时要指明温度。

质量摩尔浓度 b_B：溶液中所含溶质 B 的物质的量除以溶剂 A 的质量称为溶质 B 的质量摩尔浓度，用 b_B 表示，单位为 $mol \cdot kg^{-1}$，即

$$b_B = \frac{溶质B的物质的量}{溶剂的质量} \tag{1-26}$$

用 b_B 表示溶液的组成，优点是其数值不受温度的影响，缺点是使用不方便。

摩尔分数 x_B：摩尔分数是指混合物中物质 B 的物质的量 n_B 与混合物的总物质的量 n 之比，用 x_B 表示，即

$$x_B = \frac{n_B}{n} \tag{1-27}$$

若溶液由 A 和 B 两种组分组成，溶质的物质的量为 n_B，溶剂的物质的量为 n_A，则

$$x_A = \frac{n_A}{n_A + n_B} \tag{1-28}$$

$$x_B = \frac{n_B}{n_A + n_B} \tag{1-29}$$

溶液各组分物质的摩尔分数之和等于 1。

质量分数 w_B：溶液中所含溶质 B 的质量 m_B 与溶液的总质量 m 之比称为物质 B 的质量分数，用 w_B 表示，即

$$w_B = \frac{m_B}{m} \tag{1-30}$$

体积分数 φ_B：在相同的温度和压力下，物质 B 的体积 V_B 与溶液的体积 V 之比称为物质 B 的体积分数，又称体积百分比，用 φ_B 表示，即

$$\varphi_B = \frac{V_B}{V} \times 100\% \tag{1-31}$$

2. 溶液的性质

饱和蒸气压：一定温度下，纯溶剂在开口的容器中，当在液面上的分子动能足以克服邻近分子间的引力时，分子就会离开液面而扩散到气相中，称为蒸发；纯溶剂在密闭容器中，液面上方的空间被液体分子占据，随着上方空间里液体分子个数的增加，蒸气的密度增加，蒸气的压力越来越大，当蒸气分子与液面撞击时，蒸气分子被捕获而进入液体中，此过程称为凝聚。当蒸发速率等于凝聚速率时，上方空间的蒸气密度不再改变，蒸气压就不再改变，体系处于一种动态的气-液平衡。此时，饱和蒸气所具有的压力称为该液体在该温度的饱和蒸气压，简称蒸气压，用 p 表示。温度、液体的本性对蒸气压有影响。温度越高，蒸气压越大；沸点高的液体，其分子间作用力大，不易蒸发，故同温度下的饱和蒸气压低。

在溶液中，因其自由表面一部分被溶质占据，溶剂分子从表面逃逸的速率减小，结果蒸气压降低，且浓度越高，溶剂的自由表面越小，蒸气压也越低。1887 年法国物理学家拉乌尔 (Raoult) 经由大量实验事实发现，在一定温度下，含有不挥发性非电解质的稀溶液，其溶液的蒸气压 p 等于纯溶剂的蒸气压 p^* 与溶剂的摩尔分数 $x_{剂}$ 的乘积。这一规律称为拉乌尔定律，其数学表达式为

$$p = p^* x_{剂} \tag{1-32}$$

故溶液中有：溶液的蒸气压＜纯溶剂的蒸气压。

若溶液只含一种非挥发性溶质时，则溶液蒸气压下降值 Δp 与溶质的摩尔分数成正比。

$$\Delta p = p^* - p = p^* - p^* x_{剂} = p^*(1 - x_{剂}) = p^* x_{质}$$

式中，"Δ" 表示变化量。利用此性质，可求溶质的相对分子质量。

$$p = p^* x_{剂} = p^* \frac{\dfrac{m_{剂}}{M_{剂}}}{\dfrac{m_{剂}}{M_{剂}} + \dfrac{m_{质}}{M_{质}}}$$

沸点（bp）：液体的蒸气压随温度而变化，温度升高，蒸气压增大。当温度升高至使液体的蒸气压与外界压力相等时，液体开始沸腾。液体饱和蒸气压与外界压力相等时的温度称为该液体的沸点。

熔点（mp）或凝固点（fp）：物质在其蒸气压下，液体和晶态固体达到平衡状态时的温度称为熔点或凝固点。非晶体没有固定的熔点。相同条件下，晶体的熔点和凝固点相等。

渗透压（osm）：在 U 形管中央放置一种只允许较小的溶剂分子通过，而不允许溶质分子通过的半透膜，如图 1.2 所示。然后在 U 形管两侧分别注入高度相等的纯水和蔗糖溶液，放置一段时间，由于半透膜两侧溶质粒子浓度的差异，溶剂分子将通过半透膜自发地由低浓度溶液向高浓度溶液方向扩散，此现象称为渗透现象，简称渗透。在右侧溶液液面上方施加一额外的压力可防止渗透现象的发生，这一压力就是溶液所具有的渗透压（osmotic pressure）。溶液中起渗透作用的粒子总浓度称为渗透浓度（c_{os}），常用单位为 $mmol \cdot L^{-1}$。可用溶液渗透浓度的高低来衡量溶液渗透压的大小。对非电解质溶液，其渗透浓度等于溶质的物质的量浓度。对电解质溶液，其渗透浓度等于溶液中离子的总物质的量浓度。

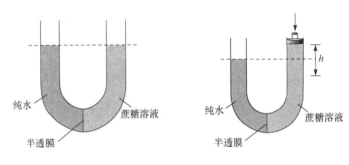

(a) 高度相等的纯水和蔗糖溶液   (b) 放置一段时间

图 1.2   渗透现象和渗透压

3. 难挥发非电解质稀溶液的依数性

饱和蒸气压的依数性：如前所述，溶液蒸气压下降值 Δp 与溶质的摩尔分数成正比，即 $\Delta p = p^* x_{质}$。在稀溶液中，$n_{剂} \gg n_{质}$，则

$$\Delta p = p^* x_{质} = p^* \frac{n_{质}}{n_{质} + n_{剂}} \approx p^* \frac{n_{质}}{n_{剂}} = p^* \cdot M_r(剂) \frac{n_{质}}{m_{剂}} = k b_{质}$$

式中，$k = p^* \cdot M_r(剂)$，是只与溶剂性质有关的常数；$b_{质}$ 是溶质的质量摩尔浓度。

纯溶剂和溶液 C_2 的蒸气压与温度关系曲线如图 1.3 所示。

结论：在一定温度下，难挥发非电解质稀溶液蒸气压的下降与溶质的质量摩尔浓度成正比，而与溶质的种类和性质无关。溶液的这类与溶质的种类无关而只与溶液中独立质点数相关的性质称为依数性。

溶液沸点升高的依数性：难挥发非电解质稀溶液的沸点总是比纯溶剂沸点高，这一现象称为溶液的沸点升高。图 1.4 为纯溶剂、质量摩尔浓度分别为 b_{B1}、b_{B2} 的溶液的蒸气压与温度关系曲线。曲线上蒸气压为 101.3 kPa，对应的温度为溶剂、溶液的沸点。沸点升高与溶质的质量摩尔浓度成正比，而与溶质的种类和性质无关，即 $\Delta T_{bp} = K_{bp} \cdot b_{质}$，$\Delta T_{bp}$ 为溶液的沸点升高值；K_{bp} 为溶剂的沸点升高常数，只与溶剂的性质有关。

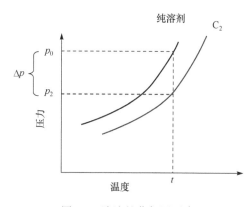

图 1.3 溶液的蒸气压下降

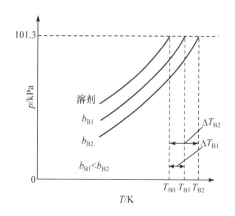

图 1.4 溶液的沸点升高

溶液沸点升高的原因是在溶剂中加入难挥发性溶质后，溶液的蒸气压下降，要使溶液蒸气压等于外压，必须升高温度。难挥发非电解质稀溶液沸点升高的原因是溶液的蒸气压低于纯溶剂的蒸气压。

凝固点降低的依数性：难挥发非电解质稀溶液的凝固点总是比纯溶剂凝固点低，这一现象称为溶液的凝固点降低。图 1.5 给出了液态、固态纯溶剂及溶液的蒸气压-温度曲线。注意，溶液的凝固，开始析出的是溶剂的固体，不含溶质。溶液的凝固点是指刚有溶剂固体析出时的温度。和沸点升高一样，难挥发非电解质稀溶液的凝固点降低也正比于溶质的质量摩尔浓度，而与溶质的本性无关，即 $\Delta T_{fp} = K_{fp} \cdot b_{质}$。$\Delta T_{fp}$ 为溶液的凝固点降低值；K_{fp} 为溶剂凝固点降低常数，其值因溶剂的不同而不同。H_2O 的 K_{fp} 值为 $1.86\ K \cdot kg \cdot mol^{-1}$。

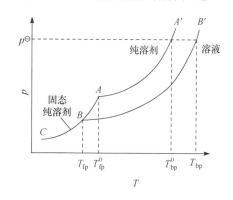

图 1.5 稀溶液的沸点升高和凝固点下降

可利用凝固点降低法测溶质的相对分子质量。

$$\Delta T_{fp} = K_{fp} \cdot b_{质} = K_{fp} \cdot \frac{\dfrac{m_{质}}{M_r(质)}}{m_{剂}} = K_{fp} \cdot \frac{m_{质}}{m_{剂} \times M_r(质)}$$

$$M_r(质) = K_{fp} \cdot \frac{m_{质}}{m_{剂} \times \Delta T_{fp}}$$

渗透压的依数性：1886 年，荷兰物理学家范特霍夫（van't Hoff）总结了大量的实验后指出，稀溶液的渗透压大小与单位体积溶液中溶质粒子的数目（分子或离子）及热力学温度成正比，而与溶质的种类、性质、大小无关。

非电解质稀溶液的渗透压与溶液的浓度和温度成正比，表达式为

$$\Pi V = nRT \qquad 或 \qquad \Pi = c_{质}RT \qquad\qquad (1-33)$$

式中，Π 是渗透压；V 是溶液体积；n 是溶质物质的量；$c_{质}$ 是溶质物质的量浓度；T 是热力学温度。

在溶液浓度很低时，$c_{质} \approx b_{质}$，故

$$\Pi \approx b_{质} RT$$

结论：在一定温度下，非电解质稀溶液的渗透压近似地与溶质的质量摩尔浓度 $b_{质}$ 成正比。

习　题

一、选择题

1. 实际气体与理想气体更接近的条件是（　　）

A. 高温高压　　　　　　　B. 高温低压　　　　　　C. 低温高压　　　　　　D. 低温低压

2. 22℃ 和 100.0 kPa 下，在水面上收集 H_2 0.100 g，在此温度下水的蒸气压为 2.7 kPa，则 H_2 的体积应为（　　）

A. 1.26 L　　　　　　　　B. 12.6 L　　　　　　　C. 2.45 L　　　　　　　D. 24.5 L

3. 10℃、101.3 kPa 下，在水面上收集到 1.5 L 某气体，则该气体的物质的量为（已知 10℃ 水的蒸气压为 1.2 kPa）（　　）

A. 6.4×10^{-2} mol　　　B. 1.3×10^{-3} mol　　　C. 6.5×10^{-2} mol　　　D. 7.9×10^{-4} mol

4. 将压力为 200 kPa 的 O_2 5.0 L 和 100 kPa 的 H_2 15.0 L 同时混合在 20 L 的密闭容器中，在温度不变的条件下，混合气体的总压为（　　）

A. 120 kPa　　　　　　　B. 180 kPa　　　　　　　C. 125 kPa　　　　　　　D. 300 kPa

5. 将等质量的 O_2 和 N_2 分别放在体积相等的 A、B 两个容器中，当温度相等时，下列说法正确的是（　　）

A. N_2 分子碰撞器壁的频率小于 O_2　　　　　　　B. N_2 的压力大于 O_2

C. O_2 分子的平均动能（$\overline{E_K}$）大于 N_2　　　　　　D. O_2 和 N_2 的速率分布图是相同的

E. O_2 和 N_2 的能量分布图是相同的

6. 扩散速率三倍于水蒸气的气体是（　　）

A. He　　　　　　　　　　B. H_2　　　　　　　　　C. CO_2　　　　　　　　D. CH_4

二、简答题

1. 在标准状态下，气体 A 的密度为 0.09 $g \cdot dm^{-3}$，B 为 1.43 $g \cdot dm^{-3}$。气体 A 对气体 B 的相对扩散速率为多少？

2. 稀溶液的沸点是否一定比纯溶剂高？为什么？

3. 为什么海水鱼不能生活在淡水中？

4. 气体压力 p 和溶液渗透压 Π 有何差别？

5. 为什么临床常用质量分数为 0.9% 的生理食盐水和质量分数为 5% 的葡萄糖溶液输液？

6. 为什么浮在海面上的冰山中含盐极少？

7. 北方冬天吃冻梨前，先将冻梨放入冰水中浸泡一段时间，发现冻梨表面结了一层薄冰，而梨里面已解冻。这是什么道理？

三、计算题

1. 10.00 mL NaCl 饱和溶液的质量为 12.003 g，将其蒸干，得 NaCl 3.173 g，已知 NaCl 的相对分子质量为 58.44，试计算该饱和溶液：

(1) 在该温度下的溶解度 [$g \cdot (100 \; g \; H_2O)^{-1}$]；

(2) 物质的量浓度；

(3) 质量摩尔浓度；

(4) NaCl 的摩尔分数。

2. 临床上用的葡萄糖（$C_6H_{12}O_6$）等渗液的凝固点降低值为 0.543℃，溶液的密度为 1.085 $g \cdot cm^{-3}$。试求此

葡萄糖溶液的质量分数和37℃时人体血液的渗透压。(已知:水的 K_{fp} = 1.86 K·kg·mol^{-1})

3. 将 26.3 g CdSO$_4$ 固体溶解在 1000 g 水中,其凝固点比纯水降低了 0.285 K,计算 CdSO$_4$ 在溶液中的解离分数。(已知:H$_2$O 的 K_{fp} = 1.86 K·kg·mol^{-1};相对原子质量:Cd 为 112.4,S 为 32.06)

科学家小传——德布罗意与薛定谔的故事

德布罗意(de Broglie,1892 年 8 月—1987 年 3 月),法国理论物理学家,波动力学的创始人,物质波理论的创立者,量子力学的奠基人之一。薛定谔(Schrödinger,1887 年 8 月—1961 年 1 月),奥地利理论物理学家,量子力学的重要奠基人之一,同时在固体比热、统计热力学、原子光谱等方面享有成就。德布罗意是朗之万的博士研究生。1924 年,他提交了自己只有一页纸多一点的博士论文。在博士论文中提出了一个猜想:既然波可以是粒子,那么反过来粒子也可以是波;波的波长和角频率与粒子动量的关系是:动量 = 普朗克常量/波长 = 普朗克常量 × 角频率。朗之万将德布罗意的博士论文印成若干份分寄到了欧洲各大学的物理系,维也纳大学也收到一份。当时在维也纳大学主持物理学术活动的教授是德拜,他收到这份博士论文后,将它交给了课题组里的一位中年讲师——薛定谔。薛定谔仔细阅读了德布罗意的博士论文,并为德布罗意的"波"找到了一个波动方程——薛定谔方程。他从方程中得出了玻尔的氢原子理论,并证明了海森伯的矩阵力学和他的波动方程表述的量子论其实只是不同的描述方式。薛定谔并没有真正理解这个方程的精髓之处,给出了方程的一个错误解释。玻恩对薛定谔方程作出了正确的解释,狄拉克导出了更基本的量子力学方程。

第2章 化学热力学基础

内容提要

(1) 熟练掌握热力学基本概念和常用术语；熟练掌握热力学第一定律及其应用。

(2) 掌握化学反应的热效应、恒压反应热和恒容反应热的概念及相互关系。

(3) 熟练掌握赫斯定律、生成热、燃烧热及其应用；掌握从键能估算反应热的计算方法。

(4) 理解过程和途径、可逆过程、化学反应进度的概念。

(5) 熟练掌握热力学第三定律和标准熵的定义；熟练掌握吉布斯自由能的概念。

(6) 熟练掌握由标准生成吉布斯自由能计算非标准态化学反应生成吉布斯自由能的方法；熟练掌握如何根据吉布斯自由能判定化学反应方向。

2.1 热力学第一定律

2.1.1 热力学的基本概念

1. 系统与环境

系统是人们选择作为研究对象的物质及其所在空间；环境是系统以外与系统密切相关的物质及其所在的空间。系统与环境的划分是人为的，是人们根据对研究问题的需要确定的，其目的是在集中注意力研究最关心的事物的同时，能重视外界环境的影响。例如，用热源加热一盛有水的带盖容器，可将水选为系统，盛水容器和热源及容器外的空气则是环境；也可将水、盛水容器、热源选为系统，空气为环境；还可以将盖子打开后的水与水蒸气选为系统，盛水容器、热源及空气为环境。

根据系统和环境的关系，可将热力学系统分为三种：敞开系统、封闭系统、孤立系统。与环境既有物质交换，又有能量交换的系统称为敞开系统；与环境没有物质交换，但有能量交换的系统称为封闭系统；与环境间既不交换物质又不交换能量的系统称为孤立系统。例如，将热水存放于带有抽真空夹层的保温瓶胆中，瓶口用软木塞塞紧，此系统可近似认为没有水蒸发和热量的外传，称为孤立系统；如果打开塞子，水会蒸发，热量外传，就构成敞开系统；若将塞子塞紧，而瓶胆内外两夹层之间未抽真空，则热量可以通过夹层内空气向外传递，就构成了封闭系统。严格地说，孤立系统是一种假想系统，自然界一切事物总是相互联系的，真实系统不可能完全与环境隔绝。

2. 系统的性质

系统的热力学温度 T、压力 p、密度 ρ、体积 V、热力学能 U 等宏观物理量称为系统的热力学性质，简称性质。系统的性质按其特性可分为广延性质和强度性质两大类。

广延性质的数值与系统中物质的数量成正比，具有加和性。例如，体积、质量、热力学能、熵等均属广延性质。广延性质又称为容量性质。

强度性质的数值与系统中物质的数量无关，不具有加和性，如温度、压力、浓度、摩尔体积等均属强度性质。

两个广延性质之商不再与数量相关，是一个强度性质。例如，一个瓶中气体的体积是瓶中各个部分气体体积的总和，体积是广延性质；瓶中气体的压力与瓶中各个部分气体的压力是相同的，而不能认为气体的压力是各个部分气体压力之和，所以压力是强度性质；将瓶中气体的质量(广延性质)除以瓶的容积(广延性质)得到具有强度性质的密度。

3. 状态和状态函数

状态是系统热力学性质的综合表现，系统的性质确定后，它所处的状态就确定了；或系统状态确定后，系统的各种性质是完全确定的。例如，$p_1V_1 = nRT_1$ 表示理想气体处于一种状态；$p_2V_2 = nRT_2$ 表示处于另一种状态；这两种状态是由 p、V、T 表现出来的。系统的性质很多，它们之间相互关联，当其中某几个性质固定时，其他性质也跟着固定。对于不发生化学变化且含有一种或多种物质的均相封闭系统来说，一般只需指定两个强度性质，其他的强度性质也就确定了。例如，一定量的理想气体系统，若确定了温度、压力，根据理想气体状态方程 $pV = nRT$，它的体积就随之确定了。

描述系统性质的各种物理量称为状态函数，状态函数的特征如下：

(1) 系统的状态确定，它的每一个状态函数都有唯一的确定值，这个特性称为状态函数的单值性。例如，纯水与其蒸气平衡时，每个温度下均有一个确定的饱和蒸气压。

(2) 系统状态发生变化，状态函数也发生变化。状态函数的变化量只由系统的起始状态(简称始态)和最终状态(简称终态)决定，与变化的具体途径无关。例如，将一杯水由 0℃ 加热到 50℃，则温度变化由 0℃ (始态)和 50℃ (终态)所决定，即 $\Delta t = 50℃ - 0℃ = 50℃$，至于究竟 0℃ 的水是由酒精灯加热，还是用电炉加热，还是被加热到 100℃ 再冷却到 50℃ 等都对温度这一状态函数的变化值没有影响。

4. 过程和途径

系统的状态会因环境的变化而发生改变，从始态到终态，则称系统经历了一个热力学过程，简称过程，将实现过程的具体步骤称为途径。例如，在压力 101.325 kPa 下，水从 25℃ 变成 100℃ 的水蒸气，这就是一个过程，完成这个过程至少可以有下列两种不同的途径：

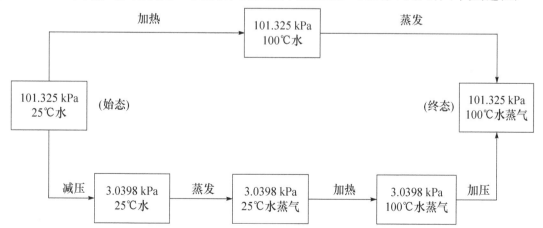

根据系统环境条件变化不同，可分为多种过程。等温、等压、等容等过程是典型的过程。

5. 热和功

对于非孤立系统，在状态发生变化的过程中，系统与环境间有能量的传递，热和功都是能量传递的形式，具有能量单位(J 或 kJ)，分别用符号 Q 和 W 表示。规定，系统吸热和系统得到环境所做的功，热和功都取正值，即 $Q>0$，$W>0$；而系统放热和系统对环境做功，热和功都取负值，即 $Q<0$，$W<0$。热和功既与过程有关，又与实现过程的具体途径有关。故热和功不是状态函数。

为研究方便，将功分为两类：一类是体积功($W_{体}$)，它是系统体积变化而与环境交换的功；另一类是非体积功($W_{非}$)，它是除体积功以外的其他所有的功。

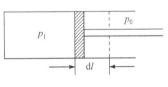

图 2.1   体积功示意图

截面积为 A_s 的盛有气体的气缸见图 2.1，若活塞的质量、活塞与筒壁间的摩擦力均忽略不计，缸内气体压力为 p_1，缸外压力为 p_0，在恒温条件下发生膨胀和压缩过程。活塞移动 dl 距离，所做的功应为

$$dW = -f_{外}dl = -p_0 A_s dl = -p_0 dV \tag{2-1}$$

式中，负号的添加是因为气体膨胀时 $dV>0$，$p_0 dV>0$，系统对环境做功取负值；气体被压缩时 $dV<0$，$p_0 dV<0$，环境对系统做功取正值。式(2-1)是体积功的计算通式。

6. 热力学能

热力学能也称为内能，是系统内部各种形式的能量的总和，用符号 U 表示。它与机械能(物体的动能、势能等)是不同的概念，机械能是宏观的物质整体(不考虑内部分子的运动)机械运动而具有的能量；而热力学能是与微观粒子的热运动和相互作用相关的能量，包括系统中分子的平动能、振动能、转动能、电子运动能、原子核内的能、分子之间相互作用的势能以及可能还会发现的系统内部新的运动形式及其能量。系统热力学能的绝对值是无法确定的，幸运的是，热力学关注的是热力学能的改变量，而不是其绝对值。对于理想气体，其热力学能只与温度有关。热力学能也是体系的状态函数，它具有加和性(广延性质)。一个确定的系统，只有一个热力学能值。

2.1.2   热力学第一定律的表述

热力学第一定律是能量守恒定律在热力学体系中的具体体现。

能量守恒定律：自然界一切物质都具有能量，能量有各种不同的形式，可以从一种形式转化为另一种形式，在转化过程中总能量不变。

热力学第一定律的表述：系统的状态发生变化时，若系统与外界没有物质交换，系统从环境中吸收的热为 Q，环境对系统所做的功为 W，根据能量守恒定律，系统的热力学能变化量为

$$\Delta U = U_2 - U_1 = Q + W \tag{2-2}$$

若系统状态发生无限小的变化时，则

$$dU = \delta Q + \delta W \tag{2-3}$$

2.2　热　化　学

2.2.1　化学反应的热效应

化学反应也是体系发生的一个变化过程，在这个变化过程中通常伴随着吸热或放热效应。化学反应的热效应可以定义为：当生成物与反应物的温度相同时，化学反应过程中吸收或放出的热量，简称反应热。若化学反应过程中 $W_{非} = 0$，化学反应发生后，$T_{始} = T_{终}$，$\Delta U = Q + W_{非} + W_{体} = Q + W_{体}$。

1. 恒容下的反应热

在恒容反应过程中，若非体积功为零，由于 $\Delta V = 0$，则式(2-2)可写成

$$\Delta U = Q_V \tag{2-4}$$

式中，Q_V 称为恒容反应热。在非体积功为零时，恒容反应热等于系统热力学能的增量。

2. 恒压下的反应热

通常化学反应是在恒压条件下进行。在恒压反应条件下，若非体积功为零，由于 p 不变，将式(2-1)代入式(2-3)可以得到

$$\Delta U = Q_p - p(V_2 - V_1) \tag{2-5}$$

$$Q_p = \Delta U + p(V_2 - V_1) \tag{2-6}$$

$$Q_p = U_2 - U_1 + pV_2 - pV_1 = (U_2 + pV_2) - (U_1 + pV_1) \tag{2-7}$$

式中，Q_p 称为恒压反应热。因 U、p、V 均为系统的状态函数，所以 $U + pV$ 也是系统的状态函数，定义为焓 H，即

$$H \equiv U + pV \tag{2-8}$$

将式(2-8)代入式(2-7)得

$$Q_p = H_2 - H_1 = \Delta H \tag{2-9}$$

显然，在非体积功 $W_{非} = 0$ 的恒压过程中，系统的反应热等于焓的改变量。由式(2-8)可知，焓具有能量单位(kJ 或 J)。因为 U 的绝对值无法测定，U、V 具有加和性，所以焓(H)的绝对值也无法测定，且焓具有加和性。热力学注重的是焓的改变量。焓是状态函数，只要状态发生了变化，就伴随焓的变化。在非体积功为零的恒压过程中，$\Delta H = Q_p$。对于理想气体，焓也只与 T 有关。

由 $Q_p = \Delta H$ 和 $Q_V = \Delta U$ 可知，只要测出了 Q_p 和 Q_V，就可得到恒压和恒容过程的焓变与热力学能变。

3. Q_p 与 Q_V 的关系

一个反应可通过恒压过程(Ⅰ)或恒容过程(Ⅱ)+等温膨胀过程(Ⅲ)两个不同的途径完成，如图 2.2 所示。热力学能是状态函数，只与始态和终态有关，故有

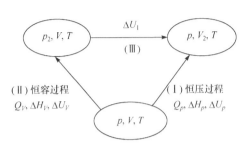

图 2.2 体系恒容恒压过程示意图

$$\Delta U_p = \Delta U_V + \Delta U_1 \tag{2-10}$$

对于恒压过程 $Q_p = \Delta H_p = \Delta U_p + p\Delta V$，故有 $\Delta U_p = Q_p - p\Delta V$；对于恒容过程 $Q_V = \Delta U_V$；将 ΔU_p 和 ΔU_V 代入式(2-10)，则有

$$Q_p - p\Delta V = Q_V + \Delta U_1 \tag{2-11}$$

$$Q_p = Q_V + \Delta U_1 + p\Delta V \tag{2-12}$$

若反应只涉及固态和液态，体系的压力、体积基本没有变化，$p_2 \approx p$，$V_2 \approx V$，$p\Delta V \approx 0$，$\Delta U_1 \approx 0$，则 $Q_p \approx Q_V$。

对于有气体参与的化学反应，如果是理想气体，它的热力学能和焓都只与温度有关。对于过程（Ⅲ），其热力学能变化量和焓变仍然为零，故 $Q_p = Q_V + \Delta U_1 + p\Delta V = Q_V + p\Delta V$，由理想气体状态方程得

$$Q_p = Q_V + p\Delta V = Q_V + \Delta nRT \tag{2-13}$$

式中，Δn 是指反应后相对于反应前变化的气体分子的物质的量。如果反应前后气体分子数相等，则 $\Delta n = 0$，仍有 $Q_p = Q_V$。

恒压反应热和恒容反应热都可以用实验的方法测定。图 2.3（a）为密闭的弹式热量计，中心为一装有高压氧和待测物质的钢弹，经外接电源点火后在恒容条件下反应，产生的热量使整个装置的温度升高。装置温度升高 1 K 所吸收的热量称为装置的热容 C，故 $Q_V = -C \cdot \Delta T$。弹式热量计适用于测定有机物的燃烧热。图 2.3（b）为简易的杯式热量计，其盖子起保温的作用，整个过程是在大气压下进行，可以认为是一个恒压过程，测得的是恒压反应热。杯式热量计适用于测定酸碱的中和热、盐的溶解热等。

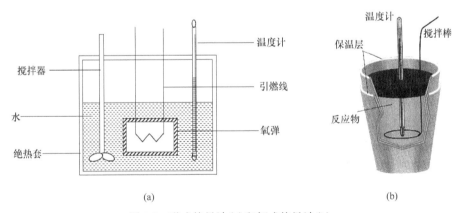

图 2.3 弹式热量计（a）和杯式热量计（b）

2.2.2 赫斯定律

1. 化学计量数和反应进度

对于一个化学反应

$$a\text{A} + c\text{C} \Longrightarrow d\text{D} + e\text{E}$$

A、C 为反应物，D、E 为生成物，将反应物移项可得

$$0 = (-a)A + (-c)C + dD + eE$$

或者表示为

$$\sum_{B} \nu_{B}B = 0 \tag{2-14}$$

即化学反应中，各物质的浓度与该物质的化学计量数的乘积的代数和为零。式(2-14)中，$\sum$ (sigma) 代表求和；B 代表参与反应的任意物质；ν_{B} 为该物质的化学计量数，可以是正数，也可以是负数。正号意味着随反应进行 B 的物质的量在增加，该物质为生成物；负号意味着随反应进行 B 的物质的量在减少，该物质为反应物。例如，合成氨反应 $N_2(g) + 3H_2(g) \Longrightarrow 2NH_3(g)$，各物质的化学计量数为 $\nu(N_2) = -1$，$\nu(H_2) = -3$，$\nu(NH_3) = 2$。

一个反应所放出的热量的多少显然与反应进行的程度有关。为了描述反应进行的程度，引入反应进度的概念，用 ξ 表示，读音为 ksi（"克西"），单位为 mol，定义为

$$\xi = \frac{\Delta n_{B}}{\nu_{B}} \qquad \text{或} \qquad d\xi = \frac{dn_{B}}{\nu_{B}} \tag{2-15}$$

式中，d 为微分符号，表示极微小的变化量；n_{B} 为物质 B 的物质的量；ν_{B} 为物质 B 的化学计量数。

对于任意一个反应：

$$\begin{array}{ccccc}
\nu_A A & + & \nu_B B & \Longrightarrow & \nu_G G & + & \nu_H H \\
t_0 & n_0(A) & & n_0(B) & & n_0(G) & & n_0(H) \\
t & n(A) & & n(B) & & n(G) & & n(H)
\end{array}$$

由起始时间 t_0 到某一时间 t 的过程，反应进度可以写为

$$\xi = \frac{n_0(A) - n(A)}{\nu_A} = \frac{n_0(B) - n(B)}{\nu_B} = \frac{n(G) - n_0(G)}{\nu_G} = \frac{n(H) - n_0(H)}{\nu_H} \tag{2-16}$$

由式(2-16)可知：

(1) $\xi = 0$ mol 时，表示反应开始时刻的反应进度；$\xi = 1$ mol 时，每种反应物消耗的物质的量和每种生成物生成的物质的量均等于各自的化学计量数，即按 ν_A 个 A 和 ν_B 个 B 反应，生成 ν_G 个 G 和 ν_H 个 H 为一个单元，进行了 6.02×10^{23} 个单元反应。

(2) 可以用 ξ 描述一个反应的进度而不需要指明是哪种物质。

(3) ξ 与反应方程式的写法有关。例如，$N_2(g) + 3H_2(g) \Longrightarrow 2NH_3(g)$，当消耗了 1 mol N_2 时，反应进度为 1 mol；对于 $1/2\,N_2(g) + 3/2\,H_2(g) \Longrightarrow NH_3(g)$，当消耗了 1 mol N_2 时，反应进度为 2 mol。所以，使用反应进度这个量时，必须指出反应的具体方程式。

2. 热化学方程式

研究化学反应过程中热效应的学科称为热化学，表示化学反应与反应热之间关系的方程式称为热化学方程式，如

(1) $Na(s) + H_2O(l) \Longrightarrow NaOH(s) + \dfrac{1}{2}H_2(g)$ $\qquad$ $\Delta_r H_m (298.15\ \text{K}) = -140.89\ \text{kJ} \cdot \text{mol}^{-1}$

(2) $H_2(g, p^{\ominus}) + I_2(g, p^{\ominus}) \Longrightarrow 2HI(g, p^{\ominus})$ $\qquad$ $\Delta_r H_m (573\ \text{K}) = -12.85\ \text{kJ} \cdot \text{mol}^{-1}$

其中，$\Delta_r H_m$ 为摩尔反应焓，其单位为 $\text{kJ} \cdot \text{mol}^{-1}$，表示单位反应进度 $\xi = 1$ mol 时的焓变。

热化学方程式应包含下列内容：

(1)写化学反应的计量方程式时，标明各物质的相态。气态、液态、固态分别用 g、l、s 表示。固体若有不同的晶形，则应标明晶形。气体应注明压力，不注明则指压力为 $p^{\ominus}$。

(2)以 $\Delta_r H_m$ 表示反应热效应时，应在 $\Delta_r H_m$ 后用括号注明温度。如不加注明则指温度为 298.15 K。

(3)热效应的数值应带单位，并将其与计量式用分号";"相隔或写在计量式下方。

需要指出的是：

(1)同一化学反应，化学计量数不同，其反应热效应不同，因 $\Delta_r H_m$ 是系统广延性质的改变量。

(2)热化学方程式表示一个已经完成了的化学反应，如反应(2)，它表示在 573 K 及常压下，1 mol H_2 和 1 mol I_2 被消耗，同时生成了 2 mol HI，并放出 12.85 kJ 的热量。

(3) $\Delta_r H_m$ 为正值，反应过程吸热；$\Delta_r H_m$ 为负值，反应过程放热。反应逆向进行时的热效应与反应正向进行时的热效应在数值上相等，符号相反。一个化学反应之所以能吸热或放热，是因为反应产物的总热力学能与反应物的总热力学能不同。反应一旦发生就伴随着能量变化，这种能量变化以热的形式与环境进行交换。

3. 赫斯定律的表述

赫斯定律：在等温、等压或等温、等容且不做非体积功的任何一个化学反应过程中，若化学反应能分解成几步来完成，总反应的热效应等于各分步反应的热效应之和。

赫斯定律是热力学第一定律的必然结果。系统不做非体积功，恒压条件下，热效应 $Q_p = \Delta H$；恒容条件下，热效应 $Q_V = \Delta U$，即 Q_p 和 Q_V 也是状态函数，只取决于始态、终态，与过程的途径无关。

该定律的重要意义是使热化学方程式能像普通代数方程式一样进行运算，方便地从已知反应的热效应间接求出难以测量或不能直接测量的相关反应热效应。

例如，要测定碳氧化成一氧化碳的反应热，因为碳不完全燃烧的产物中会混有少量的 CO_2，反应热很难测定。应用赫斯定律从以下实验数据可解决这一问题：

(1) $C(s) + O_2(g) \Longrightarrow CO_2(g)$ $\Delta_r H_{m,1}(298.15\ K) = -393.505\ kJ \cdot mol^{-1}$

(2) $CO(g) + \dfrac{1}{2}O_2(g) \Longrightarrow CO_2(g)$ $\Delta_r H_{m,2}(298.15\ K) = -282.964\ kJ \cdot mol^{-1}$

反应(1)-反应(2)得

(3) $C(s) + \dfrac{1}{2}O_2(g) \Longrightarrow CO(g)$ $\Delta_r H_{m,3}(298.15\ K) = -110.541\ kJ \cdot mol^{-1}$

使用赫斯定律计算 $\Delta_r H_m$、$\Delta_r U_m$ 时，各分步反应所处条件应与总反应条件相同，各方程式中同一物质应处于同一状态，方能进行互算。

2.2.3 生成热

1. 热力学标准态

热力学能 U、焓 H 等的绝对值无法确定，在计算它们的相对值时，需建立一个公共的参考态作为标准态。热力学标准态是指在压力为 $p^{\ominus} = 100\ kPa$（称 $p^{\ominus}$ 为标准压力）下的状态。标准态中没有给定温度。处于标准态下的热力学函数或其变化值在右上角用"$\ominus$"标记，如 $V_m^{\ominus}$、$\Delta H_m^{\ominus}$ 分别表示物质的标准摩尔体积、标准摩尔焓变。

纯理想气体的标准态就是该气体处于标准压力 $p^{\ominus}$ 下的状态；混合理想气体的标准态是指多种气体分压力都为标准压力 $p^{\ominus}$ 的状态；纯真实气体的标准态是指标准压力 $p^{\ominus}$ 下表现出理想气体特性的假想状态；真实气体混合物的标准态是指每种气体分压都为标准压力 $p^{\ominus}$ 并表现出理想气体特性的假想状态；纯液体或纯固体物质的标准态是指在标准压力 $p^{\ominus}$ 下纯液体或纯固体的状态；液态(或固态均匀)混合物中的物质 B 的标准态规定为标准压力 $p^{\ominus}$ 下液态(或固态)纯 B 的状态；溶液中溶剂 A 的标准态规定为标准压力 $p^{\ominus}$ 下纯溶剂 A 的状态；溶液中溶质的标准状态因浓度表示的方法不同而有不同的规定。各种物质的标准态定义见表 2.1。

表 2.1　各种物质的标准态定义

物质	标准态
气体	标准压力（$p^{\ominus}$ = 100 kPa）下纯气体的状态
固体、液体	标准压力（$p^{\ominus}$）下纯液体、纯固体的状态
溶液中溶质	标准压力（$p^{\ominus}$）下标准质量摩尔浓度为 1 mol·kg^{-1}（常近似为 mol·L^{-1}）时的状态

2. 生成热的定义

化学热力学规定，某温度下，由处于标准态的各种元素的指定单质生成标准态的 1 mol 某纯物质的热效应称为该温度下该物质的标准摩尔生成热(焓)，简称标准生成热(焓)，用符号 $\Delta_f H_m^{\ominus}(T)$ 表示。f 表示 formation，生成反应。并且规定，在某温度的标准态下，指定最稳定单质的标准摩尔生成焓为零。例如，碳元素在标准态下，存在石墨、金刚石等多种单质，其中石墨是最稳定的。根据标准摩尔生成焓的定义，石墨的标准摩尔生成焓为零，即 $\Delta_f H_m^{\ominus}$（石墨）= 0。利用最稳定单质的标准摩尔生成焓为零，结合测得的化学反应的焓变，可得到其他物质的标准摩尔生成焓。

已知 C（石墨）$\xrightarrow{\text{标准态下，298.15 K}}$ C（金刚石）的标准摩尔反应焓变（$\Delta_r H_m^{\ominus}$）为 1.895 kJ·mol^{-1}，这样金刚石的标准摩尔生成焓为

$$\Delta_f H_m^{\ominus}（金刚石）=\Delta_r H_m^{\ominus}+\Delta_f H_m^{\ominus}（石墨）= 1.895 \text{ kJ·mol}^{-1} + 0 \text{ kJ·mol}^{-1} = 1.895 \text{ kJ·mol}^{-1}$$

注意：对于化学反应 $CO(g)+\frac{1}{2}O_2(g)\longrightarrow CO_2(g)$ 和化学反应 C（无定形）+$2H_2(g)\longrightarrow CH_4(g)$，这两个反应的标准摩尔反应焓变均不是 CO_2 和 CH_4 的标准摩尔生成焓，因 CO 不是单质，C（无定形）也不是最稳定的单质；而化学反应 $H_2(g)+\frac{1}{2}O_2(g)\longrightarrow H_2O(l)$ 的标准摩尔反应焓变是 $H_2O(l)$ 的标准摩尔生成焓，因 $H_2(g)$、$O_2(g)$ 均为稳定单质。

标准摩尔生成焓的规定，相当于人为地指定了一个焓的零点，即物质的某种最稳定单质。注意，磷的选择例外，即选择的是白磷而不是更稳定的红磷或黑磷，主要有 3 个原因：①白磷较红磷或黑磷更加普遍存在；②对白磷的结构研究较为成熟，而红磷的结构至今不明；③白磷比红磷或黑磷更活泼，涉及的化学反应更多。因此，规定白磷的标准摩尔生成焓为零

有更加普遍的应用价值。部分物质的 $\Delta_f H_m^\ominus$(298.15 K)见附录3。

3. 标准生成热的应用

只要知道各种物质在某一温度的标准摩尔生成焓 $\Delta_f H_m^\ominus(T)$，就可计算出在同一温度下化学反应的标准摩尔反应焓变 $\Delta_r H_m^\ominus(T)$。例如

$$4NH_3(g, p^\ominus) + 5O_2(g, p^\ominus) \xrightarrow{\text{298.15 K}} 4NO(g, p^\ominus) + 6H_2O(g, p^\ominus)$$

给定反应与生成反应有如下关系：

可见，共同的始态为稳定的单质，共同的终态为产物 $4NO + 6H_2O$。从始态到终态的两个不同途径的焓增量应该相同，故

$$\Delta_f H_{m,1}^\ominus + \Delta_r H_m^\ominus = \Delta_f H_{m,2}^\ominus$$

式中

$$\Delta_f H_{m,1}^\ominus = 4\Delta_f H_m^\ominus(NH_3) + 5\Delta_f H_m^\ominus(O_2)$$

$$\Delta_f H_{m,2}^\ominus = 4\Delta_f H_m^\ominus(NO) + 6\Delta_f H_m^\ominus(H_2O, g)$$

所以

$$4\Delta_f H_m^\ominus(NH_3) + 5\Delta_f H_m^\ominus(O_2) + \Delta_r H_m^\ominus = 4\Delta_f H_m^\ominus(NO) + 6\Delta_f H_m^\ominus(H_2O, g)$$

则

$$\Delta_r H_m^\ominus = \left[4\Delta_f H_m^\ominus(NO) + 6\Delta_f H_m^\ominus(H_2O, g)\right] - \left[4\Delta_f H_m^\ominus(NH_3) + 5\Delta_f H_m^\ominus(O_2)\right]$$

将此式推广到一般情况，可以得出这样的结论：对于 $\sum\limits_B \nu_B B = 0$ 的化学反应，反应在温度 T 条件下的标准摩尔反应焓变等于反应物与生成物的标准摩尔生成焓与相应化学计量数乘积的代数和，即

$$\Delta_r H_m^\ominus(T) = \sum_B \nu_B \Delta_f H_{m,B}^\ominus(T) \tag{2-17}$$

【例2-1】 从附录3中查出298.15 K时各物质的标准摩尔生成焓分别为：$\Delta_f H_m^\ominus(NH_3) = -46.11 \text{ kJ} \cdot \text{mol}^{-1}$；$\Delta_f H_m^\ominus(O_2) = 0 \text{ kJ} \cdot \text{mol}^{-1}$；$\Delta_f H_m^\ominus(NO) = 90.25 \text{ kJ} \cdot \text{mol}^{-1}$；$\Delta_f H_m^\ominus(H_2O, g) = -241.82 \text{ kJ} \cdot \text{mol}^{-1}$，求上述反应的 $\Delta_r H_m^\ominus$(298.15 K)。

解 根据式(2-17)得
$$\Delta_r H_m^\ominus(298.15 \text{ K}) = [4 \times 90.25 + 6 \times (-241.82) - 4 \times (-46.11) - 5 \times 0] \text{ kJ} \cdot \text{mol}^{-1}$$
$$= -903.68 \text{ kJ} \cdot \text{mol}^{-1}$$

【例2-2】 已知：

(1) $2Cu_2O(s) + O_2(g) \longrightarrow 4CuO(s)$ 　　 $\Delta_r H_{m,1}^\ominus = -292 \text{ kJ} \cdot \text{mol}^{-1}$

(2) $CuO(s) + Cu(s) \longrightarrow Cu_2O(s)$　　　$\Delta_r H_{m,2}^{\ominus} = -11.3 \ kJ \cdot mol^{-1}$

在不查 $\Delta_f H_m^{\ominus}$ 数据表的前提下，试计算 $CuO(s)$ 的 $\Delta_f H_m^{\ominus}$。

解　式(2) × 2 = 式(3)：$2CuO(s) + 2Cu(s) \longrightarrow 2Cu_2O(s)$

$$\Delta_r H_{m,3}^{\ominus} = 2 \Delta_r H_{m,2}^{\ominus} = -22.6 \ kJ \cdot mol^{-1}$$

式(3) + 式(1) = 式(4)：$2Cu(s) + O_2(g) \longrightarrow 2CuO(s)$

$$\Delta_r H_{m,4}^{\ominus} = \Delta_r H_{m,3}^{\ominus} + \Delta_r H_{m,1}^{\ominus} = -314.6 \ kJ \cdot mol^{-1}$$

$$\Delta_f H_m^{\ominus}(CuO, s) = \Delta_r H_{m,4}^{\ominus}/2 = -314.6 \ kJ \cdot mol^{-1}/2 = -157.3 \ kJ \cdot mol^{-1}$$

2.2.4　燃烧热

化学反应热力学中规定在 25℃、100 kPa 时，1 mol 纯物质完全燃烧生成稳定的化合物时所放出的热量称为该温度下该物质的标准摩尔燃烧热(焓)，简称标准燃烧热(焓)，单位为 $kJ \cdot mol^{-1}$，写为 $\Delta_c H_m^{\ominus}$。

化学热力学规定，碳的燃烧产物是 $CO_2(g)$，氢的燃烧产物是 $H_2O(l)$，硫的燃烧产物是 $SO_2(g)$，氯的燃烧产物是 $HCl(g)$ 等。燃烧产物如 $CO_2(g)$、$SO_2(g)$、$H_2O(l)$、$HCl(g)$ 等的燃烧热为零；单质氧没有燃烧反应，也可以认为其燃烧热为零。

例如，$H_2S(g) + \dfrac{1}{2} O_2(g) \Longrightarrow H_2O(l) + S(g)$，由于生成的 S 没有燃烧完全，所以这个反应放出的热量不能作为 H_2S 的燃烧热；当 $H_2S(g) + \dfrac{3}{2} O_2(g) \Longrightarrow H_2O(l) + SO_2(g)$ 时，水的状态为稳定的液态，SO_2 为稳定的氧化物，所以这时的反应焓就是 H_2S 的燃烧热。对于水来说，1 mol 可燃物完全燃烧必须生成液态水时放出的热量才能称为燃烧热，气态水不可以。

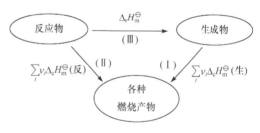

图 2.4　燃烧热的计算原理

一些物质的标准摩尔燃烧热见附录 4。和标准摩尔生成焓类似，燃烧热也可用于计算反应的热效应，一般适合计算有机物的燃烧放热。

由图 2.4 可得燃烧热的计算公式：

$$\Delta_r H_m^{\ominus}(\text{III}) = \Delta_r H_m^{\ominus}(\text{II}) - \Delta_r H_m^{\ominus}(\text{I}) = \sum v_i \Delta_c H_m^{\ominus}(\text{反应物}) - \sum v_i \Delta_c H_m^{\ominus}(\text{生成物}) \qquad (2\text{-}18)$$

对于燃烧反应的反应热，从实验上可以用弹式热量计测量；从理论上可以用标准摩尔生成焓的数据计算，或用燃烧热的数据计算。但用不同数据计算得到的结果可能并不完全一致。

2.2.5　从键能估算反应热

化学反应的实质是反应物中化学键的断裂和生成物中化学键的形成。断开化学键要吸收热量，形成化学键要放出热量。通过分析反应过程中化学键的断裂和形成，应用键能的数据可以估算化学反应的反应热。

键能(E)是气体分子每断裂单位物质的量的某键时的焓变，单位 $kJ \cdot mol^{-1}$。

例如，$HCl(g) \Longrightarrow \dfrac{1}{2} H_2(g) + \dfrac{1}{2} Cl_2(g)$，$\Delta_r H_m^{\ominus} = 431 \ kJ \cdot mol^{-1}$，则 $E^{\ominus}(H-Cl) = 431 \ kJ \cdot mol^{-1}$。

对双原子分子，键能即分子的解离能；对多原子分子如 CH_4，由于第一个 C—H 断裂和第二个 C—H 断裂所需的能量并不相同，因此 C—H 的键能等于逐级解离能的平均值。一些物质的化学键键能的数据见附录 5。

【例 2-3】 根据键能的数据计算反应 $N_2(g) + 3H_2(g) \Longrightarrow 2NH_3(g)$ 的标准摩尔反应焓变 $\Delta_r H_m^{\ominus}$ (298.15 K)。

已知：

	N≡N	H—H	N—H
键能/(kJ·mol^{-1})	946	436	389

解 根据能量守恒定律，断开反应物旧键要吸收热量，生成新键需要放出热量，二者之差为反应放热。能量关系如下：

$$\Delta_r H_m^{\ominus} = (946 + 436 \times 3 - 389 \times 6)\,kJ \cdot mol^{-1} = -80\,kJ \cdot mol^{-1}$$

2.3　化学反应的方向

2.3.1　可逆过程与不可逆过程

某一系统经过某一过程，由状态 1 变成状态 2 之后，如果能使系统和环境都完全复原，即系统回到原来的状态，同时消除原来过程对环境所产生的一切影响，环境也复原，则这样的过程就称为可逆过程。反之，如果用任何方法都不能使系统和环境完全复原，则称为不可逆过程。

可逆过程具有如下特点：

(1) 可逆过程是以无限小的变化进行的，整个过程是由一连串非常接近于平衡态的状态所构成。

(2) 在反向的过程中，用同样的步骤，循着原来过程的逆过程，可以使系统和环境完全恢复到原来的状态，而无任何耗散效应。

(3) 在等温可逆膨胀过程中系统对环境做最大功，在等温可逆压缩过程中环境对系统做最小功。

2.3.2　化学反应的自发过程

我们总看到，水自动地从高处向低处流，铁在潮湿的空气中易生锈，这些不需外界做功就能自动进行的过程称为自发过程。若自发过程为化学反应，则称为自发反应。自发过程具有如下特点：①方向与时间方向一致；②系统可对环境做功；③变化过程最终达到平衡状态。

反应能自发进行并不代表反应速率一定很大，有些自发反应的反应速率很大，有些自发反应的反应速率却很小。例如，氢和氧化合成水是自发反应，但在室温下反应速率很小。

化学反应在指定条件下自发进行的方向和限度是科学研究和生产实践中极为重要的理论问题之一。例如，对于反应 $2H_2O(l) \longrightarrow 2H_2(g) + O_2(g)$，如果能确定此反应在指定条件下能自发进行，且反应限度较大，则有可能利用该反应获得氢能源，人们可以集中精力去研究能引发这个反应发生的有效手段，促使该反应进行。若通过热力学计算表明此反应在任何合理的温度和压力条件下均为非自发反应，则不需要研究该方案。

能否从理论上判断一个具体的化学反应是否为自发反应，或者说从理论上确定一个化学反应方向的判据是什么？此问题为本节的核心内容。

2.3.3　化学反应的进行方向

1. 化学反应的焓变

人们在研究各种体系的变化过程时发现，自发过程一般都朝着能量降低的方向进行，能量越低，体系越稳定。化学反应一般也符合上述能量最低原理。很多放热反应($\Delta_r H_m < 0$)在标准态下是自发的。

$$3Fe(s) + 2O_2(g) \longrightarrow Fe_3O_4(s) \qquad \Delta_r H_m^\ominus = -1118.4 \ kJ \cdot mol^{-1}$$

$$C(s) + O_2(g) \longrightarrow CO_2(g) \qquad \Delta_r H_m^\ominus = -393.509 \ kJ \cdot mol^{-1}$$

$$CH_4(g) + 2O_2(g) \longrightarrow CO_2(g) + 2H_2O(l) \qquad \Delta_r H_m^\ominus = -890.36 \ kJ \cdot mol^{-1}$$

有人试图以反应的焓变($\Delta_r H_m$)作为反应自发性的判据。认为在等温、等压条件下，当 $\Delta_r H_m < 0$ 时，化学反应自发进行；当 $\Delta_r H_m > 0$ 时，化学反应不能自发进行。

实践表明：有些吸热过程($\Delta_r H_m > 0$)也能自发进行。例如，水的蒸发过程，NH_4Cl 溶于水的反应，以及 Ag_2O 的分解等都是吸热过程，但在 298.15 K、标准态下均能自发进行。

$$NH_4Cl(s) \longrightarrow NH_4^+(aq) + Cl^-(aq) \qquad \Delta_r H_m^\ominus = 14.7 \ kJ \cdot mol^{-1}$$

$$Ag_2O(s) \longrightarrow 2Ag(s) + \frac{1}{2}O_2(g) \qquad \Delta_r H_m^\ominus = 31.05 \ kJ \cdot mol^{-1}$$

可见，将焓变作为反应自发性的普遍判据是不准确、不全面的。因为除了反应焓变以外，体系混乱度的增加和温度的改变也是许多化学和物理过程自发进行的影响因素。

2. 化学反应的熵变

为什么有些吸热过程也能自发进行？下面以 NH_4Cl 的溶解和 Ag_2O 的分解为例说明。

NH_4Cl 晶体中，NH_4^+ 和 Cl^- 在晶体中的排列是整齐有序的。NH_4Cl 晶体投入水中后，形成水合离子 NH_4^+(aq) 和 Cl^-(aq)(aq 表示 aqueous)，它们在 NH_4Cl 溶液中的分布情况比在 NH_4Cl 晶体中混乱得多。

Ag_2O 的分解反应，对比反应前后，物质的种类和物质的量增多，产生了热运动自由度很大的气体，整个物质体系的混乱程度增大了。

1)混乱度和微观状态数

考察很简单的三种体系。

第一种体系：3 个微观粒子处于 3 个位置，有 6 种微观状态，即 $\Omega = 6$；

第二种体系：3 个微观粒子处于 4 个位置，有 24 种微观状态，即 $\Omega = 24$；

第三种体系：2 个微观粒子处于 4 个位置，有 12 种微观状态，即 $\Omega = 12$。

第一种体系　　　　　　　　　第二种体系　　　　　　　　　第三种体系

结论：粒子的活动范围越大，体系的微观状态数越多；粒子数越多，体系的微观状态数越多。

微观状态数可以定量地表明体系的混乱度，微观状态数越多，表明体系的混乱度越大。

2) 熵

体系的状态一定，则体系的微观状态数一定。故应有一种宏观的状态函数与微观状态数相关联，表征体系的混乱度。热力学上将描述体系混乱度的状态函数称为熵，用 S 表示。

熵是体系混乱度的一种量度，即体系的混乱度越大，体系的熵越高。表达式为

$$S = k \cdot \ln \Omega \tag{2-19}$$

式中，S 为熵；Ω 为微观状态数，没有单位；k 为玻尔兹曼常量。

熵是状态函数，有加和性，是广延性质，与 k 的单位一致，为 $J \cdot K^{-1}$。

一定条件下，处于一定状态的物质有各自确定的熵值。体系的熵值直接与物质的熵值相关。

热力学第三定律(the third law of thermodynamics)：在绝对零度时，任何纯净的完美晶体物质的熵等于零。因为在这时只存在一种混乱度，即 $\Omega = 1$，故 $S = k \cdot \ln \Omega = 0$。

当 $T = 0\,K$ 时，所有分子运动都停止了。完美无缺的晶体是指晶体内部无缺陷，并且只有一种微观结构。如果是分子晶体，则分子的取向必须一致。有些分子晶体，如 CO、NO 等，在 $0\,K$ 时可能还会有两种以上的排列：NONONO……，或者 NOONNOON……，这些排列出现在同一晶体中，不能称为完美无缺的晶体，即 $S_{0\,K} \neq 0$。有了热力学第三定律，可以确定物质在标准状态下的绝对熵。

标准摩尔绝对熵(standard molar absolute entropy)：在指定温度和标准压力 $p^{\ominus}$ 下，单位物质的量的某物质的规定熵称为该物质的标准摩尔绝对熵，用符号 $S_{m,T}^{\ominus}$ 或 $S_{m,298.15\,K}^{\ominus}$ 表示。通常手册中给出 $298.15\,K$ 下一些常见物质的标准摩尔绝对熵。

熵是状态函数，$\Delta S = S_{终} - S_{始}$，令 $S_{始} = S_{0\,K} = 0$，所以 $\Delta S = S_{终}$，可获得标准摩尔绝对熵 $S_{m,298.15\,K}^{\ominus} = \Delta_r S_{m,298.15\,K}^{\ominus}$。

化学反应的熵变($\Delta_r S_m$)与反应焓变($\Delta_r H_m$)的计算原则相同，只取决于反应的始态和终态，而与变化的途径无关。用标准摩尔绝对熵的数值可以算出化学反应的标准摩尔反应熵变：

$$\Delta_r S_{m,298.15\,K}^{\ominus} = \sum \nu_i S_{m,298.15\,K}^{\ominus}(\text{生成物}) - \sum \nu_i S_{m,298.15\,K}^{\ominus}(\text{反应物}) \tag{2-20}$$

注意：单质的标准摩尔绝对熵不等于零；某一化合物的标准摩尔绝对熵不等于由稳定单质形成 1 mol 化合物时的反应熵变；正反应的熵变在数值上等于逆反应的熵变，但符号相反。由于熵变随温度变化不大，可近似认为熵变不随温度而变化。

熵有如下特点：

(1) 同一种物质，不同的形态：$S(g) > S(l) > S(s)$。例如，水的标准摩尔绝对熵，单位 $J \cdot mol^{-1} \cdot K^{-1}$，

$$S_{H_2O(g)}^{\ominus}(188.72) > S_{H_2O(l)}^{\ominus}(69.91) > S_{H_2O(s)}^{\ominus}(39.33)$$

(2) 分子越大，越复杂，S 值越大。例如，CH_4、C_2H_2、C_3H_8 的标准摩尔绝对熵，单位 $J \cdot mol^{-1} \cdot K^{-1}$，

$$S_{C_3H_8}^{\ominus}(269.81) > S_{C_2H_2}^{\ominus}(229.49) > S_{CH_4}^{\ominus}(186.15)$$

（3）对于同分异构体，对称性越高，混乱度越小，其 S 越小。例如，$C(CH_3)_4$、$(CH_3)_2CHCH_2CH_3$、$CH_3(CH_2)_3CH_3$ 的标准摩尔绝对熵，单位 $J \cdot mol^{-1} \cdot K^{-1}$，

$$S^{\ominus}_{CH_3(CH_2)_3CH_3}(348.4) > S^{\ominus}_{(CH_3)_2CHCH_2CH_3}(342) > S^{\ominus}_{C(CH_3)_4}(306.4)$$

熵增加原理：在孤立系统中，自发过程就是熵增加的过程，是热力学第二定律的一种表达形式。在孤立系统中，变化方向和限度的判据如下：

（1）$\Delta S_{univ} = \Delta S_{sys} + \Delta S_{sur} = 0$　　可逆过程

（2）$\Delta S_{univ} = \Delta S_{sys} + \Delta S_{sur} > 0$　　不可逆过程

（3）$\Delta S_{univ} = \Delta S_{sys} + \Delta S_{sur} < 0$　　不可能过程

与能量不同的是，熵不是守恒的。宇宙的熵是不断增加的。

【例 2-4】　试计算反应：$2SO_2(g) + O_2(g) \longrightarrow 2SO_3(g)$ 在 298.15 K 时的标准摩尔熵变（$\Delta_r S^{\ominus}_m$），并判断该反应是熵增还是熵减。

解　由附录 3 查得：　　　　　$2SO_2(g) + O_2(g) \longrightarrow 2SO_3(g)$

$S^{\ominus}_m / (J \cdot mol^{-1} \cdot K^{-1})$　　　　248.11　　205.03　　　256.65

$$\begin{aligned} \Delta_r S^{\ominus}_m &= \sum \nu_i S^{\ominus}_m (\text{生成物}) - \sum \nu_i S^{\ominus}_m (\text{反应物}) \\ &= (2 \times 256.65 \ J \cdot mol^{-1} \cdot K^{-1}) - (2 \times 248.11 \ J \cdot mol^{-1} \cdot K^{-1} + 205.03 \ J \cdot mol^{-1} \cdot K^{-1}) \\ &= -187.95 \ J \cdot mol^{-1} \cdot K^{-1} \end{aligned}$$

$\Delta_r S^{\ominus}_m < 0$，故在 298.15 K 标准态下该反应为熵值减小的反应。

虽然熵增加有利于反应的自发进行，但是熵增加原理只能判断孤立系统中反应自发进行的方向，不能解决通常的化学反应进行方向的问题。例如，$SO_2(g)$ 氧化为 $SO_3(g)$ 的反应在 298.15 K、标准态下是一个自发反应，但其 $\Delta_r S_m < 0$。对于实际非孤立系统而言，发生化学反应的自发性不仅与熵变有关，还与焓变和温度等条件有关。必须引入一个新的状态函数——自由能，判断等温、等压条件下化学反应进行的方向。

3. 化学反应的吉布斯自由能变

对于常见的等温、等压下的化学反应，如何判断反应进行的方向？

1）吉布斯自由能及化学反应方向的判据

先来探讨以下化学反应自发进行的情况。

（1）$H_2O_2(l) \longrightarrow H_2O(l) + \dfrac{1}{2}O_2(g)$　　　　该反应在任意温度下均自发进行

$\qquad \Delta_r S > 0, \Delta_r H < 0$

（2）$N_2(g) + \dfrac{1}{2}O_2(g) \longrightarrow N_2O(g)$　　　　该反应在任意温度下均不自发进行

$\qquad \Delta_r S < 0, \Delta_r H > 0$

（3）$NH_3(g) + HCl(g) \longrightarrow NH_4Cl(s)$　　　　该反应低温下自发，高温下不自发进行

$\qquad \Delta_r S < 0, \Delta_r H < 0$

（4）$CaCO_3(s) \longrightarrow CaO(s) + CO_2(g)$　　　　该反应低温下不自发，高温下自发进行

$\qquad \Delta_r S > 0, \Delta_r H > 0$

上述实验事实说明：在等温、等压条件下，单独的焓变和单独的熵变都不能判断化学反应自发进行的方向，必须综合考虑化学反应的焓变、熵变及反应温度等条件，才能对等温、等压条件下化学反应进行的方向作出合理的判断。

某反应在等温、等压下进行，且过程中有非体积功 $W_{非}$，则热力学第一定律的表达式可写为

$$\Delta U = Q + W_{体} + W_{非}$$

所以

$$Q = \Delta U - W_{体} - W_{非} = \Delta U + \Delta(pV) - W_{非}$$

即

$$Q = \Delta H - W_{非}$$

等温、等压过程中，可逆途径的 Q_r 最大，即 $Q_r \geqslant Q$，可逆时"="成立。

$$Q_r \geqslant \Delta H - W_{非}$$

等温、等压的可逆过程中 $\Delta S = Q_r/T$，故有 $Q_r = T\Delta S$，则

$$T\Delta S \geqslant \Delta H - W_{非}$$

等温下进一步变换

$$-[\Delta H - \Delta(TS)] \geqslant -W_{非}$$

$$-[(H_2 - T_2S_2) - (H_1 - T_1S_1)] \geqslant -W_{非}$$

令

$$G \equiv H - TS$$

得

$$-(G_2 - G_1) \geqslant -W_{非}$$

即

$$-\Delta G \geqslant -W_{非} \qquad (2\text{-}21)$$

1878 年，美国著名的物理化学家吉布斯（Gibbs，1839—1903）将 $G = H - TS$ 定义为吉布斯自由能，它综合了体系焓变、熵变和温度三者的关系。因 H、T、S 为状态函数，故 G 为状态函数，单位为焦耳（J），有加和性，广延性质。式（2-21）说明，等温、等压过程中，体系所做非体积功的最大限度是吉布斯自由能 G 的减少值；只有在可逆过程中，这种非体积功的最大值才能得以实现。故状态函数吉布斯自由能可以理解为在等温、等压条件下，体系可以用来做非体积功的能量，这是吉布斯自由能的物理意义。更重要的是，公式 $-\Delta G \geqslant -W_{非}$ 是等温、等压下反应进行方向的判据。

$-\Delta G > -W_{非}$，反应以不可逆方式自发进行；

$-\Delta G = -W_{非}$，反应以可逆方式进行；

$-\Delta G < -W_{非}$，反应以非自发方式进行。

吉布斯证明：在等温、等压条件下，吉布斯自由能变 ΔG 与反应焓变 ΔH、反应熵变 ΔS、温度 T 之间有如下关系（推导略）：

$$\Delta G = \Delta H - T\Delta S \qquad (2\text{-}22)$$

式（2-22）称为吉布斯公式。

在等温、等压的封闭系统内，不做非体积功（$W_{非} = 0$）的前提下，化学反应自发过程的判据为

$$\Delta G \begin{cases} < 0，自发过程，化学反应可正向进行 \\ = 0，平衡状态 \\ > 0，非自发过程，化学反应可逆向进行 \end{cases} \qquad (2\text{-}23)$$

等温、等压、不做非体积功的条件下，任何自发过程总是朝着吉布斯自由能减小的方向进行。$\Delta G = 0$ 时，反应达平衡，体系的 G 降低到最小值。

由式(2-22)可以看出，在等温、等压下，ΔG 值取决于 ΔH、ΔS 和 T。按 ΔH、ΔS 的符号及温度对化学反应 ΔG 的影响，可归纳为以下四种情况(表 2.2)。

表 2.2　等温、等压条件下 ΔH、ΔS 及 T 对 ΔG 及反应方向的影响

各种情况	ΔH 的符号	ΔS 的符号	ΔG 的符号	反应情况
1	(−)	(+)	(−)	任何温度下均为自发反应
2	(+)	(−)	(+)	任何温度下均为非自发反应
3	(+)	(+)	常温 (+) 高温 (−)	常温下为非自发反应、高温下为自发反应
4	(−)	(−)	常温 (−) 高温 (+)	常温下为自发反应、高温下为非自发反应

2) $\Delta_r G_m^\ominus$ 的计算及化学反应方向的判断

标准态时，式(2-22)变为

$$\Delta_r G_m^\ominus = \Delta_r H_m^\ominus - T\Delta_r S_m^\ominus \tag{2-24}$$

等温、等压下，化学反应在标准态时自发进行的判据是：$\Delta_r G_m^\ominus < 0$。利用式(2-24)求算出 $\Delta_r G_m^\ominus$，就可判断化学反应进行的方向。这里需要指出，由于温度对焓变和熵变的影响较小，通常可认为 $\Delta_r H_m^\ominus(T) \approx \Delta_r H_m^\ominus(298.15\,\mathrm{K})$、$\Delta_r S_m^\ominus(T) \approx \Delta_r S_m^\ominus(298.15\,\mathrm{K})$，这样任一温度 T 时的标准摩尔吉布斯自由能变可按下式作近似计算：

$$\Delta_r G_m^\ominus(T) = \Delta_r H_m^\ominus(T) - T\Delta_r S_m^\ominus(T) \approx \Delta_r H_m^\ominus(298.15\,\mathrm{K}) - T\Delta_r S_m^\ominus(298.15\,\mathrm{K}) \tag{2-25}$$

G 和 H 一样是状态函数，它们的绝对量无法知道。同样，人们对物质的 G 的绝对量并不感兴趣，只对反应物和生成物的 G 的差值感兴趣。因此，可仿照定义标准生成热求算化学反应热效应的方法，定义标准生成吉布斯自由能，求算化学反应反应物和生成物的 G 的差值。

化学热力学规定，某温度下由处于标准态的各种元素的指定单质生成 1 mol 某纯物质的吉布斯自由能改变量称为此温度下该物质的标准摩尔生成吉布斯自由能，简称生成自由能，符号 $\Delta_f G_m^\ominus$，单位 $kJ \cdot mol^{-1}$。根据此定义，任何最稳定的纯态单质(如石墨、银、铜、氢气等)在任何温度下的标准摩尔生成吉布斯自由能均为零。部分物质的标准摩尔生成吉布斯自由能可在附录 3 中查到。根据式(2-26)，由反应物与生成物的标准摩尔生成吉布斯自由能可算出化学反应的标准摩尔吉布斯自由能变。

$$\Delta_r G_m^\ominus = \sum \nu_i \Delta_f G_m^\ominus(生成物) - \sum \nu_i \Delta_f G_m^\ominus(反应物) \tag{2-26}$$

【例 2-5】　在 298.15 K、标准压力下，碳酸钙能否分解为氧化钙和二氧化碳?

解　由附录 3 查得

	$CaCO_3(s)$ $\longrightarrow$	$CaO(s)$ +	$CO_2(g)$
$\Delta_f G_m^\ominus /(kJ \cdot mol^{-1})$	−1128.84	−603.54	−394.38
$\Delta_f H_m^\ominus /(kJ \cdot mol^{-1})$	−1206.92	−635.13	−393.509
$S_m^\ominus /(J \cdot mol^{-1} \cdot K^{-1})$	92.88	38.20	213.68

方法一：$\Delta_r G_m^\ominus(298.15\,K) = \sum \nu_i \Delta_f G_m^\ominus(生成物) - \sum \nu_i \Delta_f G_m^\ominus(反应物)$

$$= (-394.38\,kJ \cdot mol^{-1}) + (-603.54\,kJ \cdot mol^{-1}) - (-1128.84\,kJ \cdot mol^{-1})$$

$$= 130.92\,kJ \cdot mol^{-1}$$

由于 $\Delta_r G_m^\ominus(298.15\,K) > 0$，故在 298.15 K、标准态下碳酸钙不会自发分解。

方法二：$\Delta_r H_m^\ominus(298.15\,K) = \sum \nu_i \Delta_f H_m^\ominus(生成物) - \sum \nu_i \Delta_f H_m^\ominus(反应物)$

$$= (-393.509\,kJ \cdot mol^{-1}) + (-635.13\,kJ \cdot mol^{-1}) - (-1206.92\,kJ \cdot mol^{-1})$$

$$= 178.281\,kJ \cdot mol^{-1}$$

$$\Delta_r S_m^\ominus(298.15\,K) = \sum \nu_i S_m^\ominus(生成物) - \sum \nu_i S_m^\ominus(反应物)$$

$$= 213.68\,J \cdot mol^{-1} \cdot K^{-1} + 38.20\,J \cdot mol^{-1} \cdot K^{-1} - 92.88\,J \cdot mol^{-1} \cdot K^{-1}$$

$$= 159\,J \cdot mol^{-1} \cdot K^{-1}$$

$$\Delta_r G_m^\ominus(298.15\,K) = \Delta_r H_m^\ominus(298.15\,K) - T\Delta_r S_m^\ominus(298.15\,K)$$

$$= 178.281\,kJ \cdot mol^{-1} - 298.15\,K \times 159 \times 10^{-3}\,kJ \cdot mol^{-1} \cdot K^{-1}$$

$$= 130.88\,kJ \cdot mol^{-1} > 0$$

由以上计算可知，该分解反应是焓增、熵增反应，298.15 K、标准态下不能自发进行。

3) 非标准态摩尔吉布斯自由能变 ($\Delta_r G_m$) 的计算和反应方向的判断

在实际中的很多化学反应常常是在非标准态下进行的，对任一反应

$$cC + dD \longrightarrow yY + zZ$$

该化学反应在等温、等压及非标准态下的 $\Delta_r G_m$ 可根据 $\Delta_r G_m^\ominus$ 来计算，同时 $\Delta_r G_m$ 还与物系中反应物和生成物的分压(对于气体)或浓度(对于溶液)有关。根据热力学推导，反应摩尔吉布斯自由能变有如下关系式：

$$\Delta_r G_m = \Delta_r G_m^\ominus + RT\ln J \tag{2-27}$$

此式称为化学反应等温方程式，式中 J 为反应商。

对于气体反应：

$$J = \frac{[p(Y)/p^\ominus]^y [p(Z)/p^\ominus]^z}{[p(C)/p^\ominus]^c [p(D)/p^\ominus]^d} \tag{2-28}$$

对于水溶液中的(离子)反应：

$$J = \frac{[c(Y)/c^\ominus]^y [c(Z)/c^\ominus]^z}{[c(C)/c^\ominus]^c [c(D)/c^\ominus]^d} \tag{2-29}$$

式中，$p^\ominus$ 为标准压力，数值为 100 kPa；$c^\ominus$ 为标准物质的量浓度，数值为 1 单位浓度。显然，反应商采用的是化学反应各种物质相对标准态的相对浓度，由于固态或液态在化学反应过程中一直处于标准态，故它们相对标准态的相对浓度在化学反应过程中保持为单位 1，在反应商式中不出现。例如，反应：

$$MnO_2(s) + 4H^+(aq) + 2Cl^-(aq) \longrightarrow Mn^{2+}(aq) + Cl_2(g) + 2H_2O(l)$$

非标准态时，$\Delta_r G_m = \Delta_r G_m^\ominus + RT\ln J$，其中：

$$J = \frac{[c(Mn^{2+})/c^\ominus] \cdot [p(Cl_2)/p^\ominus]}{[c(H^+)/c^\ominus]^4 \cdot [c(Cl^-)/c^\ominus]^2}$$

【例 2-6】 计算下列可逆反应在 723 K 和某非标准态时的 $\Delta_r G_m$ 值并判断该反应自发进行的方向。

$$2SO_2(g) \; + \; O_2(g) \; \Longleftrightarrow \; 2SO_3(g)$$

非标准态分压/Pa 1.0×10^4 1.0×10^4 1.0×10^8

解 根据 $\Delta_r G_m(T) = \Delta_r G_m^{\ominus} + RT\ln J$，先计算出 $\Delta_r G_m^{\ominus}(T)$、$RT\ln J$ 两项

$$2SO_2(g) \; + \; O_2(g) \; \Longleftrightarrow \; 2SO_3(g)$$

	$2SO_2$	O_2	$2SO_3$
$\Delta_f H_m^{\ominus}(298.15\text{ K})/(\text{kJ}\cdot\text{mol}^{-1})$	−296.83	0	−395.72
$S_m^{\ominus}(298.15\text{ K})/(\text{J}\cdot\text{mol}^{-1}\cdot\text{K}^{-1})$	248.11	205.03	256.65

$$\Delta_r H_m^{\ominus}(298.15\text{ K}) = \sum v_i \Delta_f H_m^{\ominus}(\text{生成物}) - \sum v_i \Delta_f H_m^{\ominus}(\text{反应物})$$
$$= 2\times(-395.72\text{ kJ}\cdot\text{mol}^{-1}) - [2\times(-296.83\text{ kJ}\cdot\text{mol}^{-1}) + 0]$$
$$= -197.78\text{ kJ}\cdot\text{mol}^{-1}$$

$$\Delta_r S_m^{\ominus}(298.15\text{ K}) = \sum v_i S_m^{\ominus}(\text{生成物}) - \sum v_i S_m^{\ominus}(\text{反应物})$$
$$= 2\times256.65\text{ J}\cdot\text{mol}^{-1}\cdot\text{K}^{-1} - (2\times248.11\text{ J}\cdot\text{mol}^{-1}\cdot\text{K}^{-1} + 1\times205.03\text{ J}\cdot\text{mol}^{-1}\cdot\text{K}^{-1})$$
$$= -187.95\text{ J}\cdot\text{mol}^{-1}\cdot\text{K}^{-1}$$

$$\Delta_r G_m^{\ominus}(723\text{ K}) = \Delta_r H_m^{\ominus}(723\text{ K}) - 723\text{ K}\Delta_r S_m^{\ominus}(723\text{ K})$$
$$\approx \Delta_r H_m^{\ominus}(298.15\text{ K}) - 723\text{ K}\Delta_r S_m^{\ominus}(298.15\text{ K})$$
$$= -197.78\text{ kJ}\cdot\text{mol}^{-1} - 723\text{ K}\times(-187.95\text{ J}\cdot\text{mol}^{-1}\cdot\text{K}^{-1})$$
$$= -61892.15\text{ J}\cdot\text{mol}^{-1}$$

$$J = \frac{[p(SO_3)/p^{\ominus}]^2}{[p(SO_2)/p^{\ominus}]^2 \times [p(O_2)/p^{\ominus}]} = \frac{(1.0\times10^8/1.0\times10^5)^2}{(1.0\times10^4/1.0\times10^5)^2 \times (1.0\times10^4/1.0\times10^5)} = 10^9$$

$$RT\ln J = 2.303 \times 8.314\text{ J}\cdot\text{mol}^{-1}\cdot\text{K}^{-1} \times 723\text{ K} \times \lg 10^9 = 124590.5\text{ J}\cdot\text{mol}^{-1}$$

$$\Delta_r G_m(723\text{ K}) = \Delta_r G_m^{\ominus} + RT\ln J \approx (-61892.15 + 124590.5)\text{J}\cdot\text{mol}^{-1} = 62698\text{ J}\cdot\text{mol}^{-1} > 0$$

计算结果表明，该反应在本题条件下逆向自发进行。

4) 使用 $\Delta_r G_m$ 判据的条件

根据热力学原理，使用 $\Delta_r G_m$ 判据有以下三个先决条件。

(1) 反应体系必须是封闭系统，反应过程中系统与环境之间不得有物质的交换，如不断加入反应物或取走生成物等。

(2) $\Delta_r G_m(T)$ 只给出了某温度、压力条件下(而且要求始态各物质温度、压力和终态相等)反应的可能性，未必能说明其他温度、压力条件下反应的可能性。例如，反应 $2SO_2(g) + O_2(g) \Longleftrightarrow 2SO_3(g)$ 在 298.15 K、标准态下 $\Delta_r G_m^{\ominus}(298.15\text{ K}) < 0$，反应自发向右进行；而在 723 K 和 $p(SO_3) = 1.0\times10^8$ Pa、$p(SO_2) = p(O_2) = 1.0\times10^4$ Pa 的非标准态下，$\Delta_r G_m(723\text{ K}) > 0$，反应不能自发向右进行。

(3) 反应体系必须不做非体积功(或者不受外界如"场"的影响)，反之判据将不适用。例如，

$$2NaCl(s) \longrightarrow 2Na(s) + Cl_2(g) \qquad \Delta_r G_m > 0$$

按热力学原理此反应是不能自发向右进行的，但如果采用电解的方法(环境对体系做电功)，则可以强制其向右进行。

(4) 必须提到 $\Delta_r G_m < 0$ 的某些反应，如

$$H_2(g) + \frac{1}{2}O_2(g) \longrightarrow H_2O(l)$$

在 298.15 K、标准态下的 $\Delta_r G_m^{\ominus}$(298.15 K)= –237.129 kJ·mol^{-1}<0，按理说应该能自发向右进行，但因反应速率极小而实际上可以认为不发生，若有催化剂或点火引发则可剧烈反应甚至发生爆炸。

<h2 style="text-align:center">习 题</h2>

一、选择题

1. 体系对环境做 20 kJ 的功，并失去 10 kJ 的热给环境，则体系热力学能的变化为（   ）

A. +30 kJ   B. +10 kJ   C. –10 kJ   D. –30 kJ

2. 在标准压力和 373 K 下，水蒸气凝聚为液态水时体系中应是（   ）

A. $\Delta H = 0$ B. $\Delta S = 0$ C. $\Delta G = 0$ D. $\Delta U = 0$

3. 某体系在失去 15 kJ 热给环境后，体系的热力学能增加了 5 kJ，则体系对环境所做的功为（   ）

A. 20 kJ   B. 10 kJ   C. –10 kJ   D. –20 kJ

4. H_2O(l, 100℃, 101.3 kPa) $\longrightarrow$ H_2O(g, 100℃, 101.3 kPa)，设 H_2O(g) 为理想气体，则此过程体系所吸收的热量 Q 为（   ）

A. $Q > \Delta H$ B. $Q < \Delta H$ C. $Q = \Delta H$ D. $Q = \Delta U$

5. 对于任一过程，下列叙述正确的是（   ）

A. 体系所做的功与反应途径无关   B. 体系的热力学能变化与反应途径无关

C. 体系所吸收的热量与反应途径无关   D. 以上叙述均不正确

6. 室温下，稳定状态的单质的标准摩尔熵为（   ）

A. 零   B. 1 J·mol^{-1}·K^{-1} C. 大于零   D. 小于零

二、填空题

1. 对某体系做 165 J 的功，该体系应_____热量_____ J 才能使热力学能增加 100 J。

2. 反应 $2N_2(g) + O_2(g) \Longrightarrow 2N_2O(g)$ 在 298 K 时，$\Delta_r H_m^{\ominus}$ 为 164.0 kJ·mol^{-1}，则反应的 $\Delta_r U_m^{\ominus}$ = _____ kJ·mol^{-1}。

3. 液体沸腾时，下列物理量中，不变的是_____，增加的是_____，减少的是_____。（以序号标出即可）

①蒸气压   ②摩尔气化热   ③摩尔熵   ④液体质量

4. 反应 $C(s) + O_2(g) \Longrightarrow CO_2(g)$ 的 $\Delta_r H_{m,298K}^{\ominus} < 0$，在一恒容绝热容器中 C 与 O_2 发生反应，则该体系的 ΔT _____ 0，ΔH _____ 0，ΔG _____ 0。

三、简答题

1. 100 g 铁粉在 25℃溶于盐酸生成氯化亚铁（$FeCl_2$）：(1)反应在烧杯中进行；(2)反应在密闭容器中进行；两种情况相比，哪个放热较多？简述理由。

2. 参考下面几种氮的氧化物在 298 K 的 $\Delta_f H_m^{\ominus}$ 和 $\Delta_f G_m^{\ominus}$ 数据，推断其中哪种氮氧化合物能在高温下由元素单质合成。

	$\Delta_f H_m^{\ominus}$/(kJ·mol^{-1})	$\Delta_f G_m^{\ominus}$/(kJ·mol^{-1})
(1)N_2O(g)	+82.05	+104.18

(2) $NO(g)$	+90.25	+86.57
(3) $N_2O_3(g)$	+83.72	+139.41
(4) $NO_2(g)$	+33.18	+51.30

3. 在气相反应中 $\Delta_r G_m^\ominus$ 和 $\Delta_r G_m$ 有何不同？在液体的正常沸点时，能否用 $\Delta_r G_m^\ominus = 0$ 表示该体系达到平衡？为什么？

4. 以下说法是否正确？为什么？

(1) 放热反应均是自发反应；

(2) ΔS 为负值的反应均不能自发进行；

(3) 冰在室温下自动融化为水，是熵增起了主要作用的结果。

5. 过去曾用 HCl 制 Cl_2，其反应式为

$$4HCl(g) + O_2(g) \Longrightarrow 2H_2O(g) + 2Cl_2(g)\ ;\quad \Delta_r H_m^\ominus = -92\ kJ \cdot mol^{-1}$$

温度低于 800 K 时，反应正向进行，产率可达 70%；温度高于 850 K 时，反应则逆向进行。试解释反应能逆向进行的原因。

6. 不用查表，将下列物质的序号按标准摩尔绝对熵 $S_m^\ominus$ (298 K) 值由大到小的顺序排列：

①$K(s)$　　　　　②$Na(s)$　　　　　③$Br_2(l)$　　　　　④$Br_2(g)$　　　　　⑤$KCl(s)$

四、计算题

1. 制备硝酸(HNO_3)的反应如下：

$$4NH_3 + 5O_2 \xrightarrow{Pt,800\text{℃}} 4NO + 6H_2O$$

$$2NO + O_2 \longrightarrow 2NO_2$$

$$3NO_2 + H_2O \longrightarrow 2HNO_3 + NO$$

试计算每消耗 1.00 t 氨气可制取多少吨硝酸。

2. 在容积为 10.0 L 的真空钢瓶内充入氯气，当温度为 298.15 K 时，测得瓶内气体压力为 1.0×10^7 Pa，试计算钢瓶内氯气质量。

3. 一氧气瓶的容积是 32 L，其中氧气的压力为 13.2 MPa。规定瓶内氧气压力降至 1.01×10^3 kPa 时就要充氧气以防混入其他气体。今有实验设备每天需用 101.325 kPa 氧气 400 L，则一瓶氧气能用几天？

4. 一个容积为 21.2 L 的氧气缸安装有在 24.3×10^5 Pa 下能自动打开的安全阀，冬季时曾灌入 624 g 氧气。夏季某天阀门突然自动打开了，则该天气温达多少摄氏度？

5. 冬季草原上的空气主要含氮气(N_2)、氧气(O_2)和氩气(Ar)。在 9.7×10^4 Pa 及 -22℃ 下收集的一份空气试样，经测定其中氮气、氧气和氩气的体积分数依次为 0.78、0.21 和 0.01。求收集试样时各气体的分压。

6. 30℃ 下，在一个容积为 10.0 L 的容器中，O_2、N_2 和 CO_2 混合气体的总压力为 93.3 kPa，其中 $p(O_2)$ 为 26.7 kPa，CO_2 的含量为 5.00 g。试求：

(1) 容器中 CO_2 的分压；

(2) 容器中 N_2 的分压；

(3) O_2 的质量分数。

7. 用锌与盐酸反应制备氢气：

$$Zn(s) + 2H^+ \longrightarrow Zn^{2+} + H_2(g)\uparrow$$

若用排水集气法在 98.6 kPa、25℃ 下(已知水的蒸气压为 3.1 kPa)收集到 2.50 L 的气体。求：

(1) 25℃ 时该气体中 H_2 的分压；

(2) 收集到的氢气的质量。

8. 设有 10 mol $N_2(g)$ 和 20 mol $H_2(g)$ 在合成氨装置中混合，反应后有 5 mol $NH_3(g)$ 生成，试分别按下列反应方程式中各物质的化学计量数(ν_B)和物质的量的变化(Δn_B)计算反应进度并作出结论。

(1) $1/2N_2(g) + 3/2H_2(g) \longrightarrow NH_3(g)$；

(2) $N_2(g) + 3H_2(g) \longrightarrow 2NH_3(g)$。

9. 某气缸中有气体 1.20 L，从环境吸收了 800 J 热量后，在恒压 (97.3 kPa) 下体积膨胀到 1.50 L，试计算系统的热力学能变化 (ΔU) 值。

10. 2.00 mol 理想气体在 350 K 和 152 kPa 条件下，经恒压冷却至体积为 35.0 L，此过程放出了 1260 J 热。试计算：

(1) 起始体积；

(2) 终态温度；

(3) 体系做功；

(4) 热力学能变化。

11. 用热化学方程式表示下列内容：在 25℃ 及标准态下，每氧化 1 mol $NH_3(g)$ 生成 NO(g) 和 $H_2O(g)$ 放热 226.2 kJ。

12. 在一敞口试管内加热氯酸钾晶体时发生下列 1 mol 单位的化学反应：$2KClO_3(s) \longrightarrow 2KCl(s) + 3O_2(g)$，并放热 89.5 kJ (298.15 K)。求 298.15 K 下该反应的 $\Delta_r H_m$ 和 ΔU。

13. 高炉炼铁的主要反应有：

$$C(s) + O_2(g) \longrightarrow CO_2(g)$$

$$1/2CO_2(g) + 1/2C(s) \longrightarrow CO(g)$$

$$CO(g) + 1/3Fe_2O_3(s) \longrightarrow 2/3Fe(s) + CO_2(g)$$

(1) 分别计算 298.15 K 时各反应的 $\Delta_r H_m^{\ominus}$ 和各反应 $\Delta_r H_m^{\ominus}$ 值之和；

(2) 将上述反应方程式合并成一个总反应方程式，应用各物质的 $\Delta_f H_m^{\ominus}$ (298.15 K) 值计算总反应的 $\Delta_r H_m^{\ominus}$ 值，与 (1) 计算结果比较并得出结论。

14. 已知 298.15 K 时反应：

$$3H_2(g) + N_2(g) \longrightarrow 2NH_3(g)；\quad \Delta_r H_{m,1}^{\ominus} = -92.22 \text{ kJ} \cdot \text{mol}^{-1}$$

$$2H_2(g) + O_2(g) \longrightarrow 2H_2O(g)；\quad \Delta_r H_{m,2}^{\ominus} = -483.636 \text{ kJ} \cdot \text{mol}^{-1}$$

试计算下列反应的 $\Delta_r H_{m,3}^{\ominus}$：$4NH_3(g) + 3O_2(g) \longrightarrow 2N_2(g) + 6H_2O(g)$。

15. 铝热法反应如下：

$$8Al + 3Fe_3O_4 \longrightarrow 4Al_2O_3 + 9Fe$$

(1) 利用 $\Delta_f H_m^{\ominus}$ 数据计算恒压反应热；

(2) 在此反应中若用去 267.0 g 铝，能放出多少热量？

16. 利用 $\Delta_f H_m^{\ominus}$ 数据，试计算下列反应的恒压反应热：

(1) $Fe_3O_4(s) + 4H_2(g) \longrightarrow 3Fe(s) + 4H_2O(g)$

(2) $4NH_3(g) + 5O_2(g) \longrightarrow 4NO(g) + 6H_2O(g)$

(3) $3NO_2(g) + H_2O(l) \longrightarrow 2HNO_3(l) + NO(g)$

17. 已知 $Ag_2O(s) + 2HCl(g) \longrightarrow 2AgCl(s) + H_2O(l)$ 的 $\Delta_r H_m^{\ominus} = -324.9 \text{ kJ} \cdot \text{mol}^{-1}$ 及 $\Delta_f H_m^{\ominus}(Ag_2O, s) = -30.57 \text{ kJ} \cdot \text{mol}^{-1}$，试求 AgCl 的标准摩尔生成焓。

18. 某天然气中 CH_4 占 85.0%，C_2H_6 占 10.0%，其余为不可燃部分。若已知

$$C_2H_6(g) + 7/2O_2(g) \xrightarrow{298.15 \text{ K}, p^{\ominus}} 2CO_2(g) + 3H_2O(l)；\quad \Delta_r H_m^{\ominus} = -1559.8 \text{ kJ} \cdot \text{mol}^{-1}$$

试计算完全燃烧 1.00 m³ 这种天然气的恒压反应热。

科学家小传——吉布斯

吉布斯是美国著名理论物理学家、物理化学家。他推导出相律，建立了统计力学的基本原理，并将统计力学与热力学结合起来而形成了统计热力学，为理论物理学和物理化学的发展作出重大贡献。他是美国科学院、美国艺术和科学研究院及欧洲 14 个科学机构的院士或通信院士，并接受过一些名誉学衔和奖章。他一生淡泊名利，献身于科学事业，不愧为科学史上的伟人。

吉布斯 1839 年 2 月 11 日生于美国康涅狄格州纽黑文市，1903 年卒于同地。1863 年吉布斯以使用几何方法进行齿轮设计的论文在耶鲁学院获得工程学博士学位，这也使他成为美国的第一个工程学博士。1871 年吉布斯成为耶鲁学院数学物理学教授，也是全美第一个该学科的教授。1873 年 34 岁的吉布斯发表了他的第一篇重要论文，采用图解法来研究流体的热力学，并在其后的论文中提出了三维相图。当时声望极高的科学家麦克斯韦对吉布斯三维相图的思想赞赏不已，亲手制作了一个石膏模型寄给吉布斯。1876 年吉布斯在康涅狄格科学院学报上发表了奠定化学热力学基础的经典之作《论非均相物体的平衡》的第一部分。吉布斯对化学、天文学和数学作出了巨大贡献。在这些成就中有 1881 年与 1884 年发表的两篇论文，它们确立了今日我们称之为矢量分析的学科。1880～1884 年吉布斯将哈密顿的四元数思想与格拉斯曼的外代数理论结合，创立了向量分析，用来解决彗星轨道的求解问题，通过使用这一方法，吉布斯得到了斯威夫特彗星的轨道。1882～1889 年吉布斯避开对光的本质的讨论，应用向量分析建立了一套新的光的电磁理论。1889 年之后吉布斯撰写了一部关于统计力学的经典教科书《统计力学的基本原理》，他使用刘维尔的成果，对玻尔兹曼提出的系综这一概念进行扩展，从而将热力学建立在了统计力学的基础之上。在这本著作中，吉布斯运用支配体系性质的统计原理阐明了他在事业开始之际从完全不同的观点导出的热力学方程。在这本书中，我们也看到了如今在社会科学及自然科学受到高度重视的有关熵的"混乱度"的解释。

1901 年吉布斯获得当时科学界最高的奖科普利奖章。2005 年 5 月 4 日美国发行"美国科学家"系列纪念邮票，包括吉布斯、冯·诺伊曼、麦克林托克和费曼。

在学术研究方面，吉布斯立下了丰功伟绩，而在其他方面吉布斯也给历史留下了光辉而浓重的一笔。吉布斯严谨的治学精神影响着他的一批又一批学生，让他们终身受益；生活中，他追求内心的宁静与祥和，淡泊名利，不求闻达，对于今人仍有着巨大的教育意义。吉布斯留给后人的是学术上永恒的成就和精神上宝贵的财富，永远激励着后人，永远为后人敬仰。

第3章 化学反应速率与化学平衡

内容提要

(1) 了解化学反应速率、反应速率常数、反应级数、反应分子数、基元反应和复杂反应的概念；掌握反应速率方程及浓度、温度、催化剂对反应速率的影响。

(2) 理解碰撞理论和过渡态理论；理解阿伦尼乌斯公式及其相应各个参数的含义。

(3) 掌握化学平衡状态、经验平衡常数和标准平衡常数的概念，能利用标准平衡常数判定化学反应方向。

(4) 熟练掌握化学反应等温方程，能由标准状态吉布斯自由能变计算非标准状态吉布斯自由能变；熟练掌握标准平衡常数与标准摩尔吉布斯自由能变的关系。

(5) 掌握浓度、压力、温度对化学平衡的影响，能进行简单的化学平衡移动判断和相关计算。

将化学反应用于生产实践，需要解决两个问题：一是反应能否发生，即反应进行的方向和最大限度，也就是化学平衡问题，属于化学热力学研究范畴；二是反应进行的速率和反应历程，属于化学动力学研究范畴。第2章学习的化学热力学基础成功解决了化学反应自发进行的方向问题。在热力学上能自发进行的反应很多都是在瞬间完成的。例如，炸药的爆炸，溶液中酸与碱的中和反应等。与此相反，有些反应从热力学上看是自发的，但由于反应速率太慢几乎观测不到反应的进行。例如，氢气和氧气化合生成水的反应，在 298.15 K 时，ΔG 为负值，表明此反应可自发进行，但氢气和氧气的混合物于常温、常压下放置若干年也观测不出任何变化。又如，一些有机化合物的酯化和硝化反应，钢铁的生锈及岩石的风化等，均为反应速率较慢的反应，这一类反应是化学动力学控制的反应。本章主要介绍化学反应速率和化学反应平衡问题。

3.1 化学反应速率

3.1.1 反应速率的定义

化学反应速率是指一定条件下反应物转变为生成物的快慢，化学反应速率经常用单位时间内反应物浓度的减少或生成物浓度的增加来表示。化学反应平均速率是指某一段时间内反应物转变为生成物的平均速率，用 $\bar{r}$ 表示。例如，对于均匀体系的化学反应 $aA + bB \longrightarrow dD + eE$，以 Δc 表示反应在时间 Δt 内各物质的浓度变化，则在 Δt 时间内的反应平均速率可用式(3-1)进行计算。

$$\bar{r}(A) = -\frac{\Delta c(A)}{\Delta t}$$

$$\bar{r}(B) = -\frac{\Delta c(B)}{\Delta t}$$

$$\bar{r}(D) = \frac{\Delta c(D)}{\Delta t} \tag{3-1}$$

$$\bar{r}(E) = \frac{\Delta c(E)}{\Delta t}$$

对于某一时刻化学反应进行的快慢，需要用瞬时速率表示，它是当 $\Delta t \to 0$ 时，平均速率

的极限值，即

$$r = \lim_{\Delta t \to 0} \frac{\Delta c}{\Delta t} = \frac{dc}{dt} \tag{3-2}$$

一般来讲，反应物的浓度随反应进行而不断减少。图 3.1 给出了五氧化二氮进行分解时其浓度随时间的变化曲线。从 A 点到 B 点的平均速率是这两点连线的斜率，D 点的瞬时速率为过 D 与曲线相切的切线的斜率。

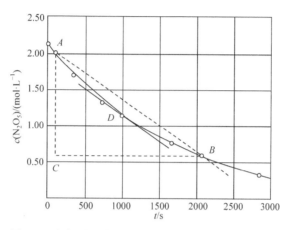

图 3.1　浓度-时间曲线图及平均速率和瞬时速率图像

【例 3-1】　在一密闭容器内进行合成氨气的反应：$N_2(g) + 3H_2(g) \rightleftharpoons 2NH_3(g)$，反应开始时，氮气的浓度为 $2\ mol \cdot L^{-1}$，氢气的浓度为 $4\ mol \cdot L^{-1}$，反应进行 2 min 时，测得容器中氮气的浓度为 $1.8\ mol \cdot L^{-1}$。

(1) 试分别用氮气、氢气和氨气表示 2 min 内反应的平均速率；

(2) 各物质表示的反应速率、浓度改变量和化学计量数之间有何关系？

解　(1)

	$N_2(g)$	$+3H_2(g)$	$\rightleftharpoons 2NH_3(g)$
起始浓度/(mol · L^{-1})	2	4	0
2 min 后浓度/(mol · L^{-1})	1.8	3.4	0.4

$$\bar{r}(N_2) = -\frac{\Delta c(N_2)}{\Delta t} = -\frac{1.8 - 2}{2} = 0.1\,(mol \cdot L^{-1} \cdot min^{-1})$$

$$\bar{r}(H_2) = -\frac{\Delta c(H_2)}{\Delta t} = -\frac{3.4 - 4}{2} = 0.3\,(mol \cdot L^{-1} \cdot min^{-1})$$

$$\bar{r}(NH_3) = +\frac{\Delta c(NH_3)}{\Delta t} = +\frac{0.4 - 0}{2} = 0.2\,(mol \cdot L^{-1} \cdot min^{-1})$$

(2)
$$r(N_2) : r(H_2) : r(NH_3) = \Delta c(N_2) : \Delta c(H_2) : \Delta c(NH_3)$$
$$= \nu(N_2) : \nu(H_2) : \nu(NH_3) = 1 : 3 : 2$$

由此可见，用不同物质表示同一反应的反应速率，数值不一定相等，但意义相同；表示反应速率时，必须注明具体物质；各物质表示的反应速率之比等于化学方程式中的化学计量数之比。

国际纯粹与应用化学联合会 (IUPAC) 推荐，化学反应速率也可以用单位时间内的化学反应进度表示。对于任意化学反应 $aA + bB \longrightarrow dD + eE$，有

$$r = \frac{1}{V} \cdot \frac{\mathrm{d}\xi}{\mathrm{d}t} \tag{3-3}$$

式中，V 为系统体积。将式 (2-15) 代入式 (3-3)，可得

$$r = \frac{1}{V} \cdot \frac{\mathrm{d}n}{\nu \mathrm{d}t} = \frac{1}{\nu} \cdot \frac{\mathrm{d}n}{V \mathrm{d}t} \tag{3-4}$$

对于恒容反应，V 恒定，则 $\mathrm{d}n/V = \mathrm{d}c$，可得

$$r = \frac{1}{\nu} \cdot \frac{\mathrm{d}c}{\mathrm{d}t} \tag{3-5}$$

显然，用反应进度定义的反应速率的量值与选择的物质无关，也就是说一个反应只有一个反应速率值。但反应速率具体数值与化学计量数有关，所以在表示反应速率时，必须写明相应的化学计量方程式。

3.1.2　化学反应速率理论简介

为了从理论上阐明反应速率的快慢及其影响因素，并对反应速率进行定量计算，先后提出了两种不同的化学反应速率理论——碰撞理论和过渡态理论。

1. 碰撞理论

1918 年，路易斯 (Lewis) 在气体分子运动论的基础上，提出了阐明反应速率的快慢及其影响因素的碰撞理论。碰撞理论认为，任何化学反应发生的必要条件是反应物分子之间的相互碰撞，化学反应速率与反应物分子间的碰撞频率有关。气体分子运动论的计算表明，在标准状态下，每秒钟每升体积分子间的碰撞可达 10^{32} 次或更多。显然，不可能每次碰撞都发生反应，否则所有的反应将会在瞬间完成。

实际上，在无数次的碰撞中，只有少数分子间的碰撞才能发生化学反应。能发生化学反应的碰撞称为有效碰撞。能发生有效碰撞的分子称为活化分子。活化分子与普通分子的主要差别在于它们具有不同的能量。

图 3.2 示出了在一定温度下分子能量的分布情况。图中横坐标为能量，纵坐标为具有该能量的分子数占总分子数的百分数，E_e 表示在该温度下分子的平均能量。由图 3.2 可以看出，具

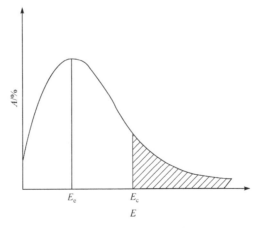

图 3.2　分子能量分布示意图

有很低能量或很高能量的分子都很少，大部分分子的能量接近平均值。只有当两个相碰撞的反应物分子的能量等于或大于某一特定的能量值 E_c 时，才有可能发生有效碰撞，这种具有等于或大于 E_c 能量的分子称为活化分子。E_c 即为活化分子具有的最低能量。图 3.2 中阴影部分的面积表示活化分子的百分数。活化分子具有的最低能量与分子的平均能量之差 $(E_c - E_c)$ 称为反应的活化能，用 E_a 表示。

每个反应都有其特有的活化能。反应的活化能越大，E_c 在图中横坐标的位置就越靠右，对应曲线下的面积就越小，活化分子分数就越小，单位时间内有效碰撞的次数越少，反应速率也就越慢；反之，活化能越小，反应速率就越快。一般化学反应的活化能为 $40 \sim 400 \ kJ \cdot mol^{-1}$。活化能小于 $40 \ kJ \cdot mol^{-1}$ 的反应，反应速率很快，可瞬间进行，如中和反应等。

在讨论化学反应的快慢时，除了考虑分子的碰撞频率和活化能以外，还要考虑分子的碰撞方位，即反应物分子碰撞而发生反应，它们彼此间的取向必须适当。

碰撞理论比较直观地提出了分子间的有效碰撞及活化分子的概念，可以很好地解释一些实验事实。但碰撞理论把反应分子看作是没有内部结构的刚性球体，忽略了分子的内部结构，对于一些分子结构复杂的反应常常不能给出合理解释。

2. 过渡态理论

随着量子力学和统计力学的发展，人们对原子、分子内部结构的不断深入，1935 年艾林 (Eyring) 和波拉尼 (Polanyi) 提出化学反应的过渡态理论，又称为活化络合物理论。该理论认为，反应物分子要发生碰撞而相互靠近到一定程度时，分子所具有的动能转变为分子间相互作用的势能，分子中原子间的距离发生了变化，旧键被削弱，同时新键开始形成。这时形成一种过渡状态，即活化络合体。活化络合体势能较高，极不稳定，易分解为产物。反应过程可以表示如下：

$$A + BC \longrightarrow [A \cdots B \cdots C] \longrightarrow AB + C$$

图 3.3 示出了过渡态理论中反应过程的能量变化。其中，E_1 表示反应物分子的平均能量，E_2 表示活化络合体的平均能量，E_3 表示产物分子的平均能量。活化络合体的平均能量与反应物分子 (或产物分子) 的平均能量之差称为活化能。E_a 是正反应的活化能，E'_a 是逆反应的活化能，即 $E_a = E_2 - E_1$，$E'_a = E_2 - E_3$。

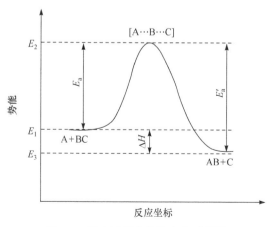

图 3.3　反应过程中势能变化示意图

反应的热效应是反应物的平均能量与产物的平均能量的差值，即

$$\Delta H = E_3 - E_1 = E_a - E_a'$$

$$E_a < E_a' , \quad \Delta H < 0$$

活化络合体是反应物转化为生成物的过程中，分子构型发生连续变化时的一种表现。活化络合体分子具有较高的能量，它不稳定，会很快分解为产物分子，也可能分解为反应物分子，使体系的能量降低。由此可见，只有反应物分子具有足够的能量克服形成活化络合体的能垒，才有可能使旧键断裂，新键形成，得到产物分子。

过渡态理论很好地解释了化学反应的可逆性及反应中的能量变化，在化学反应速率及反应机理的研究中广泛应用。

3.1.3 影响化学反应速率的因素

化学反应速率主要取决于物质的本性，另外还与外界条件如浓度、温度、催化剂等有关。

1. 浓度对化学反应速率的影响

1）基元反应与非基元反应

能一步完成的化学反应称为基元反应。所谓一步完成是指反应物的分子、原子、离子或自由基等通过一次碰撞直接转变为产物。例如，$NO_2 + CO \longrightarrow NO + CO_2$。

非基元反应是指包含两个或两个以上基元步骤的反应，又称为复杂反应。对于非基元反应来说，所包含的基元反应代表了反应经过的途径，动力学上称为反应机理或反应历程。例如，非基元反应 $2NO + 2H_2 \longrightarrow N_2 + 2H_2O$，实验测定其包含 3 个基元步骤，反应机理可表示为

① $2NO \longrightarrow N_2O_2$(快)

② $N_2O_2 + H_2 \longrightarrow N_2O + H_2O$(慢)

③ $N_2O + H_2 \longrightarrow N_2 + H_2O$(快)

其反应速率是由反应历程中最慢的一步决定的，这一步常称为反应速率的控制步骤。对于上述反应，总反应速率由第②步基元步骤决定。

2）质量作用定律

对于任意化学反应 $aA + bB \longrightarrow dD + eE$，反应速率与反应物浓度呈如下函数关系：

$$r = kc^{\alpha}(A)c^{\beta}(B) \tag{3-6}$$

式(3-6)称为反应速率方程。式中，α 为 A 物质的反应级数；β 为 B 物质的反应级数；$\alpha + \beta$ 为反应的(总)级数。反应级数 α、β 的取值可以为整数 0、1、2、3、…，也可以为分数。但 4 级及 4 级以上的反应一般很少出现。反应级数越大，反应物浓度对反应速率影响越大。k 为反应速率常数，即反应物浓度为单位浓度时的反应速率。k 的数值与温度、催化剂有关；k 的单位与反应(总)级数$(\alpha + \beta)$有关。例如，零级反应的速率常数单位为 $mol \cdot (L \cdot s)^{-1}$，一级反应的速率常数单位为 s^{-1}，二级反应的速率常数单位为 $mol^{-1} \cdot L \cdot s^{-1}$。

对于基元反应来说，$\alpha = a$，$\beta = b$，此时反应速率方程表示为

$$r = kc^{a}(A)c^{b}(B) \tag{3-7}$$

式(3-7)称为质量作用定律。质量作用定律只适用于基元反应。对于非基元反应即多步完成的

复杂反应，反应级数 α 与 β 的数值需要通过实验测定。

【例 3-2】 在 1073 K 时，对反应 $2NO + 2H_2 \longrightarrow N_2 + 2H_2O$ 进行反应速率的实验测定，有关数据见表 3.1。分析数据，写出反应速率方程式，并求速率常数 k 值。

表 3.1 $2NO + 2H_2 \longrightarrow N_2 + 2H_2O$ 在 1073 K 时的实验数据

实验编号	$c(NO)/(mol \cdot L^{-1})$	$c(H_2)/(mol \cdot L^{-1})$	$r/(mol \cdot L^{-1} \cdot s^{-1})$
1	6.00×10^{-3}	1.00×10^{-3}	3.19×10^{-3}
2	6.00×10^{-3}	2.00×10^{-3}	6.36×10^{-3}
3	1.00×10^{-3}	6.00×10^{-3}	0.48×10^{-3}
4	2.00×10^{-3}	6.00×10^{-3}	1.92×10^{-3}

解　实验 1 和实验 2 中，$c(NO)$ 不变，$c(H_2)$ 增大一倍，r 增大一倍，$b = 1$；

实验 3 和实验 4 中，$c(H_2)$ 不变，$c(NO)$ 增大一倍，r 是原来的四倍，$a = 2$。

该反应的速率方程式为 $r = kc^2(NO) \cdot c(H_2)$

将实验 3 的数据代入上式，得

$$k = 8.0 \times 10^4 \ L^2 \cdot mol^{-2} \cdot s^{-1}$$

$$r = 8.0 \times 10^4 \cdot c^2(NO) \cdot c(H_2)$$

速率方程式定量表示了浓度对反应速率的影响。增大反应物浓度，反应速率增大。

表 3.2 列出了一些化学反应的速率方程。可以看出，速率方程浓度的方次与相应的化学反应方程式中物质的化学计量数无关。

表 3.2   一些化学反应的速率方程及反应级数

化学反应方程式	速率方程	反应级数
$2HI(g) \Longrightarrow H_2(g) + I_2(g)$	$r = k$	0
$2H_2O_2(g) \Longrightarrow 2H_2O(l) + O_2(g)$	$r = kc(H_2O_2)$	1
$4HBr(aq) + O_2(g) \Longrightarrow 2H_2O(l) + 2Br_2(aq)$	$r = kc(HBr) \ c(O_2)$	1 + 1
$CO(g) + Cl_2(g) \Longrightarrow COCl_2(g)$	$r = kc(CO) \ c(Cl_2)^{3/2}$	1 + 3/2

3）反应级数、反应物浓度、反应时间的关系

零级反应的反应物浓度与反应时间的关系：反应级数为零的反应多为固体催化剂表面的多相反应和光化学反应。零级反应的反应速率与物质的浓度无关，其速率方程的微分式为

$$r = \frac{dc_B}{\nu_B dt} = kc_B^0 = k \tag{3-8}$$

恒定温度下，积分式(3-8)：

$$\int_{c_{B(0)}}^{c_{B(t)}} dc_B = \int_0^t k\nu_B dt$$

$$c_{B(t)} - c_{B(0)} = k\nu_B t \tag{3-9}$$

恒容时，设某反应物的转化率为 x_B，则

$$x_B = \frac{k\nu_B t}{c_{B(0)}} \tag{3-10}$$

当反应物浓度消耗一半时，即 $x_B = 1/2$ 时，

$$t_{1/2} = -\frac{c_{B(0)}}{2\nu_B k} \tag{3-11}$$

式中，$t_{1/2}$ 称为反应的半衰期。零级反应具有如下特点：①反应物的浓度对时间作图得一直线；②速率常数的量纲为(浓度)·(时间)$^{-1}$，通常单位为 $mol \cdot L^{-1} \cdot s^{-1}$；③零级反应的半衰期与反应物起始浓度的一次方成正比。

一级反应的反应物浓度与反应时间的关系：化合物的分解反应、元素的蜕变反应、分子内重排反应等属于一级反应。一级反应的反应速率与反应物浓度的一次方成正比，其速率方程的微分式为

$$r = \frac{dc_B}{\nu_B dt} = kc_B \tag{3-12}$$

恒定温度下，积分式(3-12)：

$$\int_{c_{B(0)}}^{c_{B(t)}} \frac{dc_B}{c_B} = \int_0^t \nu_B k dt$$

$$\ln\frac{c_{B(t)}}{c_{B(0)}} = \nu_B k t \tag{3-13}$$

恒容时，设反应物 B 的转化率为 x_B，则

$$\ln(1 - x_B) = \nu_B k t \tag{3-14}$$

或者

$$t = \frac{1}{\nu_B k}\ln(1 - x_B) \tag{3-15}$$

则得出一级反应的半衰期式：

$$t_{1/2} = \frac{0.693}{\nu_B k} \tag{3-16}$$

若转化率达 75%时，对应的时间为 $t_{1/4}$，由式(3-15)可见，一级反应中反应物消耗任何百分数所需时间均与起始浓度无关，则有 $t_{1/2} : t_{1/4} = 1 : 2$。一级反应具有如下特点：①$\ln\frac{c_{B(t)}}{c_{B(0)}}$ 对时间 t 作图得一直线；②速率常数的量纲为(时间)$^{-1}$，通常单位为 s^{-1}；③一级反应中单位时间内反应物浓度变化的百分数是相同的。

二级反应的反应物浓度与反应时间的关系：乙烯、丙烯和异丁烯的二聚作用，乙酸乙酯的皂化，碘化氢、甲醛的热分解及溶液中大多数有机反应属于二级反应。二级反应的反应速率与物质浓度的二次方成正比。对于只有一种反应物的二级反应，其速率方程的微分式为

$$r = \frac{dc_B}{\nu_B dt} = kc_B^2 \tag{3-17}$$

恒定温度下，积分式(3-17)：

$$\int_{c_{B(0)}}^{c_{B(t)}} \frac{\mathrm{d}c_B}{c_B^2} = \int_0^t \nu_B k \mathrm{d}t$$

$$\frac{1}{c_{B(0)}} - \frac{1}{c_{B(t)}} = \nu_B k t \qquad (3\text{-}18)$$

恒容时，设 B 反应物的转化率为 x_B，则

$$\frac{x_B}{c_{B(0)}(1-x_B)} = \nu_B k t \qquad (3\text{-}19)$$

该二级反应的半衰期式：

$$t_{1/2} = \frac{1}{\nu_B k c_{B(0)}} \qquad (3\text{-}20)$$

只有一种反应物的二级反应具有如下特点：①以 $\dfrac{1}{c_{B(t)}}$ 对 t 作图得一直线；②二级反应速率常数的量纲是(浓度)$^{-1}$·(时间)$^{-1}$，通常单位为 $\mathrm{mol}^{-1} \cdot \mathrm{L} \cdot \mathrm{s}^{-1}$；③二级反应的半衰期与反应物的起始浓度的一次方成反比。

n 级反应的反应物浓度与反应时间的关系：对于只有一种反应物的反应或除一种组分外其他组分保持大大过剩的 n 级反应，其速率方程的微分式可用式(3-21)所示的通式表示：

$$\frac{1}{\nu_B} \frac{\mathrm{d}c_B}{\mathrm{d}t} = k c_B^n \qquad (3\text{-}21)$$

恒定温度下，积分式(3-21)：

$$\int_{c_{B(0)}}^{c_{B(t)}} \frac{\mathrm{d}c_B}{c_B^n} = \int_0^t \nu_B k \mathrm{d}t$$

$$\frac{1}{n-1}\left[\frac{1}{c_{B(0)}^{n-1}} - \frac{1}{c_{B(t)}^{n-1}}\right] = \nu_B k t \qquad (3\text{-}22)$$

该 n 级反应的半衰期式：

$$t_{1/2} = \frac{1 - 2^{n-1}}{(n-1)\nu_B k c_{B(0)}^{n-1}} \qquad (3\text{-}23)$$

只有一种反应物的 n 级反应具有如下特点：①以 $\dfrac{1}{c_{B(t)}^{n-1}}$ 对 t 作图得一直线；②n 级反应速率常数的量纲是(浓度)$^{1-n}$·(时间)$^{-1}$，通常单位为 $(\mathrm{mol} \cdot \mathrm{L}^{-1})^{1-n} \cdot \mathrm{s}^{-1}$；③$n$ 级反应的半衰期与反应物的起始浓度 $\dfrac{1}{c_{B(0)}^{n-1}}$ 成正比。

2. 温度对化学反应速率的影响

温度对化学反应速率有显著影响，大多数化学反应速率随温度升高而加快。1884 年，范特霍夫根据实验结果总结出一条经验规则：对一般化学反应，保持反应物浓度(或分压)相同的情况下，温度每升高 10 K，反应速率(或反应速率常数)一般增加 2～4 倍，即

$$\frac{r(T+10\,\text{K})}{r(T)} = \frac{k(T+10\,\text{K})}{k(T)} = 2\sim4 \tag{3-24}$$

1889 年，瑞典科学家阿伦尼乌斯总结了大量的实验数据，提出了反应速率常数 k 随温度变化的定量关系式，称为阿伦尼乌斯公式：

$$k = A\text{e}^{-\frac{E_a}{RT}} \tag{3-25}$$

式中，k 为反应速率常数；E_a 为反应的活化能；A 为指前因子(也称为频率因子)。取自然对数得

$$\ln k = -\frac{E_a}{RT} + \ln A \tag{3-26}$$

取常用对数得

$$\lg k = -\frac{E_a}{2.303RT} + \lg A \tag{3-27}$$

在温度变化范围不太大时，A 与 E_a 可以近似看作常数。若已知两个不同温度下的速率常数，代入式(3-26)，就可求出反应的活化能。

当温度为 T_1 时，$\ln k_1 = \ln A - \dfrac{E_a}{RT_1}$

当温度为 T_2 时，$\ln k_2 = \ln A - \dfrac{E_a}{RT_2}$

两式相减可得

$$\ln\frac{k_2}{k_1} = \frac{E_a}{R}\left(\frac{T_2-T_1}{T_1T_2}\right) \tag{3-28}$$

$$\lg\frac{k_2}{k_1} = \frac{E_a}{2.303R}\left(\frac{T_2-T_1}{T_1T_2}\right) \tag{3-29}$$

$$E_a = \frac{2.303RT_1T_2}{T_2-T_1}\lg\frac{k_2}{k_1} \tag{3-30}$$

【例 3-3】 298.15 K 和 318.15 K 时，CCl_4 中 N_2O_5 分解反应的速率常数分别为 $k_1 = 0.496\times10^{-4}\,\text{s}^{-1}$，$k_2 = 6.29\times10^{-4}\,\text{s}^{-1}$，计算该反应的活化能 E_a。

解 由式(3-30)可得

$$\begin{aligned}
E_a &= 2.303R\frac{T_1T_2}{T_2-T_1}\lg\frac{k_2}{k_1} \\
&= 2.303\times8.314\,\text{J}\cdot\text{mol}^{-1}\cdot\text{K}^{-1}\times\left(\frac{298.15\times318.15}{318.15-298.15}\right)\text{K}\times\lg\frac{6.29\times10^{-4}}{0.496\times10^{-4}} \\
&= 1.02\times10^5\,\text{J}\cdot\text{mol}^{-1} = 102\,\text{kJ}\cdot\text{mol}^{-1}
\end{aligned}$$

【例 3-4】 在乙醇溶液中进行下列反应：$CH_3I + C_2H_5ONa \longrightarrow C_2H_5OCH_3 + NaI$，测得不同温度的速率常数如下：

T/K	273.15	279.15	285.15	291.15	297.15	303.15
$k/(\times10^{-5}\,\text{mol}^{-1}\cdot\text{L}\cdot\text{s}^{-1})$	5.60	11.8	24.5	48.8	100	208

试求该化学反应的活化能。

解　由式(3-27)可知，以 $\lg k$ 对 $1/T$ 作图，应得一条直线，此直线的斜率为 $-\dfrac{E_a}{2.303R}$，截距为 $\lg A$。R 为常数，故由直线的斜率值可算出活化能 E_a。由上表数据可得：

T/K	273.15	279.15	285.15	291.15	297.15	303.15
$k/(\times10^{-5}\,\text{mol}^{-1}\cdot\text{L}\cdot\text{s}^{-1})$	5.60	11.8	24.5	48.8	100	208
$\lg k$	-4.2518	-3.9280	-3.6108	-3.3116	-3.000	-2.6819

以上表的 $\lg k$ 对 $1/T$ 作图，可得图 3.4。由图可求得直线斜率为

$$-\frac{E_a}{2.303R}=-4309.7$$
$$E_a=82518\,\text{J}\cdot\text{mol}^{-1}=82.518\,\text{kJ}\cdot\text{mol}^{-1}$$

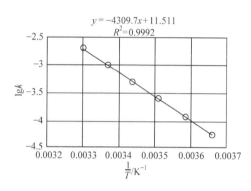

图 3.4　$\lg k$ 与 $1/T$ 的关系曲线

由阿伦尼乌斯公式可以看出，反应速率常数 k 与温度 T 之间呈指数变化关系，微小的温度改变都会导致速率常数的较大变化。升高温度 T，k 增大；降低温度 T，k 减小。对于同一反应，升高一定温度，在高温区 k 值增加较少，在低温区 k 值增加较多。因此，对于原本反应温度不高的反应，可采用升温的方法提高反应速率。对于不同的反应，升高相同的温度，E_a 大的反应速率常数 k 增大的倍数多。因此，升高温度对于反应速率慢的反应有明显的加速作用。

3. 催化剂对化学反应速率的影响

催化剂是一种能改变反应速率，而其本身的组成、质量和化学性质在反应前后保持不变的物质。其中，能加快反应速率的称为正催化剂；能减慢反应速率的称为负催化剂。例如，反应

$$\text{H}_2(\text{g})+\frac{1}{2}\text{O}_2(\text{g})\longrightarrow\text{H}_2\text{O}(\text{l})\qquad \Delta_rG_m^{\ominus}(298.15\,\text{K})=-237.18\ \text{kJ}\cdot\text{mol}^{-1}$$

从热力学上看，在常温、常压下可以自发进行。但是，由于反应速率过慢，难以应用于生产实践。若采用 Pd 作催化剂，可以使 $\text{H}_2(\text{g})$ 和 $\text{O}_2(\text{g})$ 以燃料电池的方式进行反应而较温和地释放出电能。催化剂对反应速率的影响是通过改变化学反应的历程来实现的。

例如，某化学反应：$\text{A}+\text{B}\longrightarrow\text{AB}$，未加催化剂前，反应历程如图 3.5 曲线 1 所示，活化能为 E_a。加入催化剂(用 cat 表示)后，反应历程变为曲线 2，涉及反应为

①$\text{A}+\text{B}+\text{cat}\longrightarrow\text{Acat}+\text{B}$　　活化能为 E_{a1}
②$\text{Acat}+\text{B}\longrightarrow\text{AB}+\text{cat}$　　活化能为 E_{a2}

E_{a1} 和 E_{a2} 均小于 E_a，所以步骤①、②的反应速率都很快，从而加快总的反应速率。例如，工业合成氨反应，计算结果表明，没有催化剂时的活化能为 326.4 $\text{kJ}\cdot\text{mol}^{-1}$，加入 Fe 催化剂，活化能降低至 175.5 $\text{kJ}\cdot\text{mol}^{-1}$。

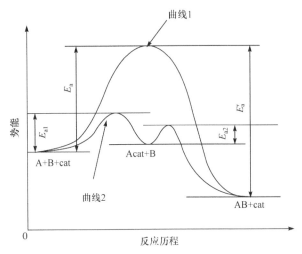

图 3.5　催化剂改变反应历程示意图

例如，常温下氢和氧化合生成水的反应是非常慢的，但有钯粉催化剂存在时，常温、常压下氢和氧可迅速化合生成水，工业上常利用这个方法除去氢气中微量的氧以获得纯净的氢气。

按照催化剂与反应物所处的相是否相同，可将催化剂反应分为两类：

(1)均相催化反应。催化剂与反应物处于同一相，如气相催化剂反应，液相酸、碱催化，配位催化等。

(2)多相催化反应。催化剂与反应物系不是同一相，反应是在相与相的界面上进行，如气-固相催化或液-固相催化，反应物系为气相或液相，催化剂为固相。

酶是生物大分子化合物，酶催化反应介于多相和均相之间。酶催化反应具有极高的选择性，一种酶只能催化一种反应；酶催化的效率之高也是一般的无机或有机催化剂所不能比拟的。例如，过氧化氢的分解反应，若用过氧化氢酶作催化剂，在较温和的条件下 1 s 可以分解 10^5 个过氧化氢分子；而用硅酸铝作催化剂，在 773 K 条件下，每 4 s 才裂解 1 个过氧化氢分子。

使用催化剂时，需要注意以下几点：

(1)催化剂只能通过改变反应途径来改变反应速率，但不能改变反应的焓变、方向和限度。

(2)催化剂对化学反应速率的影响主要体现在改变速率常数 k 上。对于确定的反应，反应温度一定时，采用不同的催化剂一般有不同的 k 值。

(3)对于同一可逆反应来说，催化剂等值地降低了正、逆反应的活化能。

(4)催化剂具有选择性，不同的反应要用不同的催化剂。所以，当一反应物体系存在许多平行反应时，可通过选用合适的催化剂，专一提高所需要的反应的速率。

3.2　化学反应平衡

对于一个化学反应，在一定条件下如果能自发正向进行，则反应进行到什么程度为止？最大的平衡产率如何？这些都属于化学平衡的问题。从理论上研究化学反应能达到的最大限度及有关平衡的基本规律具有重要意义。

3.2.1　可逆反应与化学平衡

一定条件下,有些化学反应既可以由反应物得到生成物,也能由生成物得到反应物,这样的反应称为可逆反应。由反应物到生成物的反应称为正反应,由生成物到反应物的反应称为逆反应。例如,在密闭容器内,装入氢气和碘气的混合气体,在一定温度下生成碘化氢;在相同条件下,碘化氢又分解产生氢气和碘蒸气:

$$H_2(g) + I_2(g) \rightleftharpoons 2HI(g)$$

一般来说,所有的化学反应都具有可逆性,只是可逆的程度有很大差别。也有极少数的反应在一定条件下逆反应进行的程度极其微小,可以忽略不计,这样的反应称为不可逆反应。例如,

$$HCl + NaOH \longrightarrow NaCl + H_2O$$

$$2KClO_3(s) \xrightarrow{MnO_2} 2KCl(s) + 3O_2(g)$$

在密闭容器内进行任意可逆反应,在一定条件下,随着反应物不断消耗、生成物不断增加,正反应速率将不断减小,逆反应速率将不断增大。直至反应进行到某一时刻,正反应速率和逆反应速率相等,各反应物、生成物的浓度不再变化,这时反应体系所处的状态称为化学平衡状态,如图 3.6 所示。

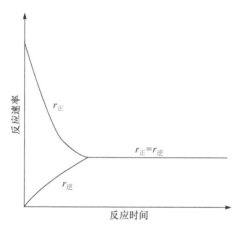

图 3.6　可逆反应的反应速率变化示意图

化学平衡状态是一种动态平衡,从宏观上看,虽然此时体系内各物种的浓度和分压不随时间而变化,但微观上反应仍在进行,只是正、逆反应速率相等。化学平衡是相对的,同时又是有条件的。一旦维持平衡的条件发生了变化(如浓度、温度或气体压力的改变),体系的宏观性质和物质的组成都将发生变化,原有的平衡被破坏,平衡发生移动,直至建立新的平衡。

3.2.2　化学平衡常数

不同的反应,可逆程度有很大的差别;同一反应,在不同条件下表现出的可逆性不同。需要用一个物理量——平衡常数定量描述反应进行程度的大小。

1. 经验平衡常数

表 3.3 为反应：$CO_2(g) + H_2(g) \rightleftharpoons CO(g) + H_2O(g)$ 在 1200℃时的四组实验数据，实验在 1 L 的密闭容器中进行。

表 3.3 $CO_2(g) + H_2(g) \rightleftharpoons CO(g) + H_2O(g)$ 在 1200℃时的实验数据

编号	起始浓度/(mol·L⁻¹)				平衡浓度/(mol·L⁻¹)				平衡时 $\dfrac{c(CO) \cdot c(H_2O)}{c(CO_2) \cdot c(H_2)}$
	CO_2	H_2	CO	H_2O	CO_2	H_2	CO	H_2O	
1	0.01	0.01	0	0	0.004	0.004	0.006	0.006	2.4
2	0.01	0.02	0	0	0.0022	0.0122	0.0078	0.0078	2.4
3	0.01	0.01	0.001	0	0.0041	0.0041	0.069	0.0059	2.4
4	0	0	0.02	0.02	0.0078	0.0078	0.0122	0.0122	2.4

反应混合物的组成不同时，平衡体系的组成并不相同，但是 $\dfrac{c(CO) \cdot c(H_2O)}{c(CO_2) \cdot c(H_2)}$ 的值是不变的。

对于一般可逆反应 $aA + bB \rightleftharpoons dD + eE$，某温度下达到平衡时，各生成物的平衡浓度(或分压)以其化学计量数为幂指数的乘积与各反应物的平衡浓度(或分压)以其化学计量数为幂指数的乘积之比是一个常数，称为平衡常数(equilibrium constant)，可用式(3-31)表示：

$$\frac{[c(D)]^d [c(E)]^e}{[c(A)]^a [c(B)]^b} = K_c \tag{3-31}$$

若反应物 A、B 和产物 D、E 均为气体物质，平衡常数还可用式(3-32)表示。

$$\frac{p_D^d p_E^e}{p_A^a p_B^b} = K_p \tag{3-32}$$

式中，K_c 称为浓度平衡常数，单位是 $(mol \cdot L^{-1})^{(d+e)-(a+b)}$；$K_p$ 称为压力平衡常数。对于气体物质，K_c 和 K_p 都可用来表示同一反应的化学平衡，但是数值不一样。K_c 和 K_p 之间可以相互换算。气态物质的分压为 $p = (n/V)RT = cRT$，所以可得

$$K_c = \frac{p_D^d p_E^e}{p_A^a p_B^b} \left(\frac{1}{RT}\right)^{[(e+d)-(a+b)]} = K_p \left(\frac{1}{RT}\right)^{[(e+d)-(a+b)]}$$

即 $$K_c = K_p (RT)^{-\Delta \nu} \tag{3-33}$$

K_c 和 K_p 都是把实验测定值直接代入平衡常数表达式中计算所得，因此它们均属于实验平衡常数或经验平衡常数(empirical equilibrium constant)。在书写 K_c 或 K_p 表达式时，规定纯固态和纯液态物质的浓度为 1，在平衡常数表达式中不写。

2. 标准平衡常数

平衡常数也可由化学反应等温方程式导出：

$$\Delta_r G_m = \Delta_r G_m^\ominus + RT \ln J \quad (J \text{ 为反应商}) \tag{3-34}$$

在等温、等压条件下，当反应体系的 $\Delta_r G_m < 0$ 时，正向反应自发进行；当 $\Delta_r G_m > 0$ 时，逆向反应自发进行；当 $\Delta_r G_m = 0$ 时，化学反应处于平衡状态，反应进行到最大限度。下面讨论吉布斯自由能变与平衡常数间的关系。

对于某一化学反应，若其化学方程式为

$$aA(g) + bB(g) \rightleftharpoons dD(g) + eE(g)$$

当化学反应不是在标准状态下进行，而是在任意状态下进行时，即各物质的分压不是 $p^{\ominus} = 100\ kPa$。根据热力学推导，在等温、等压下，反应的吉布斯自由能变与参加反应的各气体分压间有如下关系：

$$\Delta_r G_m = \Delta_r G_m^{\ominus} + RT \ln \left[\frac{(p_D/p^{\ominus})^d (p_E/p^{\ominus})^e}{(p_A/p^{\ominus})^a (p_B/p^{\ominus})^b} \right]_{\text{任意}} \tag{3-35}$$

式中，p_D、p_E、p_A、p_B 分别代表反应物和生成物在任意状态下的分压，$p/p^{\ominus}$ 表示相对分压，也可用 p' 表示。当各物种的任意浓度以各自的热力学标准态为参考态时有

$$J = \left[\frac{(p_D/p^{\ominus})^d (p_E/p^{\ominus})^e}{(p_A/p^{\ominus})^a (p_B/p^{\ominus})^b} \right]_{\text{任意}}$$

当反应达平衡时，$\Delta_r G_m = 0$，此时有

$$\Delta_r G_m^{\ominus} = -RT \ln \left[\frac{(p_D/p^{\ominus})^d (p_E/p^{\ominus})^e}{(p_A/p^{\ominus})^a (p_B/p^{\ominus})^b} \right]_{\text{平衡}} = -RT \ln K^{\ominus}$$

即得标准平衡常数与标准摩尔吉布斯自由能变的关系如下：

$$\Delta_r G_m^{\ominus} = -RT \ln K^{\ominus} \tag{3-36}$$

$$\left[\frac{(p_D/p^{\ominus})^d (p_E/p^{\ominus})^e}{(p_A/p^{\ominus})^a (p_B/p^{\ominus})^b} \right]_{\text{平衡}} = K^{\ominus} \tag{3-37}$$

式中，p_D、p_E、p_A、p_B 分别代表平衡时生成物 D、E 和反应物 A、B 的分压；$K^{\ominus}$ 是化学反应达到平衡时，各物种的平衡浓度以各自的热力学标准态为参考态时的平衡常数，称为标准平衡常数 (standard equilibrium constant)，用 $K^{\ominus}$ 表示。式中，$\Delta_r G_m^{\ominus}$ 的单位为 $kJ \cdot mol^{-1}$；R 取 $8.314\ J \cdot mol^{-1} \cdot K^{-1}$。因标准平衡常数以各自的热力学标准态为参考态，标准平衡常数的量纲为 1。

对于多相反应系统：

$$aA(s) + bB(aq) + f\,H_2O \rightleftharpoons mC(aq) + nD(g)$$

达平衡时，反应的标准平衡常数表达式为

$$K^{\ominus} = \frac{[c(C)/c^{\ominus}]^m \cdot [p(D)/p^{\ominus}]^n}{[c(B)/c^{\ominus}]^b} \tag{3-38}$$

式中，溶液浓度用相对浓度 "$c/c^{\ominus}$" 或 "c'" 表示，$c^{\ominus}$ 称为标准浓度，$c^{\ominus} = 1\ mol \cdot L^{-1}$。

在数值上，$K^{\ominus}$ 与 K_c 相等，但量纲不同；反应有气体物质参加，但气体物质反应前后的分子数不变，此时 $K^{\ominus}$ 与 K_p 在数值上相等，否则 $K^{\ominus}$ 与 K_p 不相等。

书写 $K^\ominus$ 表达式时应注意的问题：

(1) $K^\ominus$ 表达式中各物质的浓度或分压必须是反应在达平衡状态时各物质的量；分子项为生成物的量，分母项为反应物的量；式中的幂指数为方程式中相应物质的化学计量数。

(2) 溶液用浓度，气体用分压并只可用分压表示。这与热力学规定的标准状态有关。

(3) 反应中的纯固态、纯液态或稀溶液中的溶剂 H_2O，其浓度视为常数，均不列入平衡常数表达式中。例如，

$$BaCO_3(s) \rightleftharpoons BaO(s) + CO_2(g)$$

$$K^\ominus = p'(CO_2)$$

稀溶液中的反应 $NH_3 + H_2O \rightleftharpoons NH_4^+ + OH^-$

$$K^\ominus = \frac{c'(NH_4^+) \cdot c'(OH^-)}{c'(NH_3)}$$

对于非水溶液中的反应，H_2O 为生成物，其浓度要代入平衡常数表达式中。例如，

$$CH_3COOH(l) + C_2H_5OH(l) \rightleftharpoons CH_3COOC_2H_5(l) + H_2O(l)$$

$$K^\ominus = \frac{c'(CH_3COOC_2H_5) \cdot c'(H_2O)}{c'(CH_3COOH) \cdot c'(C_2H_5OH)}$$

(4) 对同一反应，$K^\ominus$ 的表达式和数值与化学反应方程式的写法有关。以不同计量数书写的化学方程式，平衡常数表达式及数值均不同。例如，一定温度下：

$$2SO_2(g) + O_2(g) \rightleftharpoons 2SO_3(g) \qquad K_1^\ominus = \frac{[p'(SO_3)]^2}{[p'(SO_2)]^2 \cdot p'(O_2)}$$

$$SO_2(g) + \frac{1}{2}O_2(g) \rightleftharpoons SO_3(g) \qquad K_2^\ominus = \frac{p'(SO_3)}{p'(SO_2) \cdot [p'(O_2)]^{1/2}}$$

可见
$$K_1^\ominus = (K_2^\ominus)^2$$

所以，在使用平衡常数时，必须与相应的化学反应方程式相对应。

(5) 可逆反应的正、逆反应平衡常数互为倒数。例如，一定温度下：

$$2SO_2(g) + O_2(g) \rightleftharpoons 2SO_3(g) \qquad K_1^\ominus = \frac{[p'(SO_3)]^2}{[p'(SO_2)]^2 \cdot p'(O_2)}$$

$$2SO_3(g) \rightleftharpoons 2SO_2(g) + O_2(g) \qquad K_2^\ominus = \frac{[p'(SO_2)]^2 \cdot p'(O_2)}{[p'(SO_3)]^2}$$

可见
$$K_1^\ominus = 1/K_2^\ominus$$

3. 多重平衡规则

相同温度下，如果某个化学反应可表示为两个或多个反应的总和，则体系中建立了多个平衡反应，且每个反应各有其对应的 $\Delta_r G_m^\ominus$ 和 $K^\ominus$。

(1) $N_2(g) + O_2(g) \rightleftharpoons 2NO(g) \qquad \Delta_r G_{m,1}^\ominus, \quad K_1^\ominus$

(2) $2NO(g) + O_2(g) \Longleftrightarrow 2NO_2(g)$　　　$\Delta_r G^{\ominus}_{m,2}$，$K^{\ominus}_2$

(3) $N_2(g) + 2O_2(g) \Longleftrightarrow 2NO_2(g)$　　　$\Delta_r G^{\ominus}_{m,3}$，$K^{\ominus}_3$

由赫斯定律可知：总反应的吉布斯自由能变等于各反应吉布斯自由能变之和，即

$$反应_1 + 反应_2 = 反应_3$$

$$\Delta_r G^{\ominus}_{m,1} + \Delta_r G^{\ominus}_{m,2} = \Delta_r G^{\ominus}_{m,3}$$

根据标准摩尔吉布斯自由能变和平衡常数的关系 $\Delta_r G^{\ominus}_m = -RT\ln K^{\ominus}$ 可得

$$\Delta_r G^{\ominus}_{m,3} = \Delta_r G^{\ominus}_{m,1} + \Delta_r G^{\ominus}_{m,2}$$

$$-RT\ln K^{\ominus}_3 = -RT\ln K^{\ominus}_1 + (-RT\ln K^{\ominus}_2)$$

所以

$$K^{\ominus}_3 = K^{\ominus}_1 \cdot K^{\ominus}_2$$

由此可见，在多个可逆反应的平衡体系中，当几个反应式相加得到另一个反应式时，其平衡常数等于几个反应的平衡常数之积，这个规则称为多重平衡(multiple equilibrium)规则。

【例 3-5】　已知 973 K 时下述反应的 $K^{\ominus}$：

(1) $SO_2(g) + NO_2(g) \Longleftrightarrow SO_3(g) + NO(g)$，$K^{\ominus}_1 = 0.24$；

(2) $NO_2(g) \Longleftrightarrow NO(g) + \dfrac{1}{2}O_2(g)$，$K^{\ominus}_2 = 0.012$；

求反应 (3) $SO_2(g) + \dfrac{1}{2}O_2(g) \Longleftrightarrow SO_3(g)$ 的 $K^{\ominus}_3$。

解　根据多重平衡规则，反应(1)减去反应(2)得反应(3)，即

$$K^{\ominus}_3 = K^{\ominus}_1 / K^{\ominus}_2 = 0.24/0.012 = 20$$

3.2.3　化学平衡的计算

1. 标准平衡常数的计算

标准平衡常数可以根据定义式式(3-37)和式(3-38)计算。

【例 3-6】　1000 K 时向容积为 5.0 L 的密闭容器中充入 1.0 mol O_2 和 1.0 mol SO_2 气体，平衡时生成了 0.85 mol SO_3 气体。计算反应 $2SO_2(g) + O_2(g) \Longleftrightarrow 2SO_3(g)$ 的平衡常数。

解　　　　　　　　　　　$2SO_2(g) + O_2(g) \Longleftrightarrow 2SO_3(g)$

开始时/mol	1.0	1.0	0
平衡时/mol	0.15	0.575	0.85

平衡时各物质的分压：

$$p(SO_2) = n(SO_2)RT/V = 0.15 \times 8.314 \times 1000/(5 \times 10^{-3}) = 249\ (kPa)$$

$$p(O_2) = n(O_2)RT/V = 0.575 \times 8.314 \times 1000/(5 \times 10^{-3}) = 956\ (kPa)$$

$$p(SO_3) = n(SO_3)RT/V = 0.85 \times 8.314 \times 1000/(5 \times 10^{-3}) = 1413\ (kPa)$$

$$K^{\ominus}=\frac{\left[\dfrac{p(SO_3)}{p^{\ominus}}\right]^2}{\left[\dfrac{p(O_2)}{p^{\ominus}}\right]\left[\dfrac{p(SO_2)}{p^{\ominus}}\right]^2}=\frac{\left(\dfrac{1413}{100}\right)^2}{\dfrac{956}{100}\times\left(\dfrac{249}{100}\right)^2}=3.37$$

同时，式(3-36)表明了标准平衡常数 $K^{\ominus}$ 与反应的标准摩尔吉布斯自由能变 $\Delta_r G_m^{\ominus}$ 之间的热力学关系。因此，通过式(3-36)可借助热力学数据计算反应的标准平衡常数。

【例3-7】 试由下列反应的 $\Delta_r G_m^{\ominus}$ 求 $K^{\ominus}$。

$$2SO_2(g)+O_2(g)\rightleftharpoons 2SO_3(g)$$

解　已知：$\Delta_r G_m^{\ominus}(SO_2)=-300.2\,kJ\cdot mol^{-1}$，$\Delta_r G_m^{\ominus}(O_2)=0\,kJ\cdot mol^{-1}$，$\Delta_r G_m^{\ominus}(SO_3)=-371.1\,kJ\cdot mol^{-1}$。

$$\Delta_r G_m^{\ominus}=2\times(-371.1)-2\times(-300.2)=-141.8\,(kJ\cdot mol^{-1})$$

$$\Delta_r G_m^{\ominus}=-RT\ln K^{\ominus}=-2.303RT\lg K^{\ominus}$$

$$R=8.314\,J\cdot mol^{-1}\cdot K^{-1}\qquad T=298\,K$$

$$\Delta_r G_m^{\ominus}=-2.303\times8.314\times10^{-3}\times298\times\lg K^{\ominus}\,(kJ\cdot mol^{-1})=-5.70\lg K^{\ominus}\,(kJ\cdot mol^{-1})$$

$$\lg K^{\ominus}=\frac{\Delta_r G_m^{\ominus}}{-5.70}=\frac{-141.8}{-5.70}=24.88$$

$$K^{\ominus}=7.58\times10^{24}$$

2. 平衡转化率

在一定条件下，化学反应达到平衡状态时，正、逆反应速率相等，此时平衡组成不再改变，即反应物向产物转化达到了最大限度。反应进行程度的大小可以用平衡常数的大小来衡量估计，也可用平衡时反应物转化为产物的转化率来表示。

$$\text{某反应物平衡转化率}(\alpha)=\frac{\text{平衡时已经转化的某反应物的量}}{\text{反应前该反应物的起始量(总量)}}\times100\%$$

$$=\frac{\text{某反应物的起始量}-\text{某反应物的平衡量}}{\text{反应前该反应物的起始量(总量)}}\times100\%$$

（3-39）

对于溶液中反应和气体恒容反应，可用浓度表示，而气体恒容反应，还可用分压表示。

$$\alpha=\frac{\text{平衡时某反应物转化的浓度}}{\text{起始时该反应物的浓度}}\times100\%\qquad\qquad(3\text{-}40)$$

α 越大，表示反应进行的程度越大。α 与温度和系统起始状态有关，使用时需指明具体反应物。对同一反应，不同反应物的转化率往往不同。

【例3-8】 反应 $CO(g)+H_2O(g)\rightleftharpoons H_2(g)+CO_2(g)$ 在773 K时，平衡常数 $K_c=9$，如果反应开始时 CO 和 H_2O 的浓度都是 $0.020\,mol\cdot L^{-1}$，则在此条件下，CO 的转化率最大是多少？

解　设平衡时有 $x\,mol\cdot L^{-1}$ 的 CO_2 生成：

$$CO(g)+H_2O(g)\rightleftharpoons H_2(g)+CO_2(g)$$

起始浓度/($mol\cdot L^{-1}$)	0.020	0.020	0	0
平衡浓度/($mol\cdot L^{-1}$)	$0.020-x$	$0.020-x$	x	x

$$K_c=\frac{c(H_2)\cdot c(CO_2)}{c(CO)\cdot c(H_2O)}$$

$$\frac{x^2}{(0.020-x)^2} = 9 \qquad 即\ x = 0.015\ \mathrm{mol \cdot L^{-1}}$$

CO 的平衡转化率：

$$\alpha(\mathrm{CO}) = \frac{0.015\ \mathrm{mol \cdot L^{-1}}}{0.020\ \mathrm{mol \cdot L^{-1}}} \times 100\% = 75\%$$

3. 平衡组成计算

如果已知平衡常数，也可根据平衡常数与平衡浓度或分压之间的关系，计算系统中各组分的平衡浓度或平衡分压。

【例 3-9】 25℃时，反应 $\mathrm{Fe^{2+}(aq) + Ag^{+}(aq) \rightleftharpoons Fe^{3+}(aq) + Ag(s)}$ 的 $K^{\ominus} = 2.98$。当溶液中含有 $0.1\ \mathrm{mol \cdot L^{-1}}$ $\mathrm{AgNO_3}$、$0.1\ \mathrm{mol \cdot L^{-1}}$ $\mathrm{Fe(NO_3)_2}$ 和 $0.01\ \mathrm{mol \cdot L^{-1}}$ $\mathrm{Fe(NO_3)_3}$ 时，按上述反应进行，则平衡时各组分的浓度为多少？$\mathrm{Ag^{+}}$ 的转化率为多少？

解
$$\mathrm{Fe^{2+}(aq) + Ag^{+}(aq) \rightleftharpoons Fe^{3+}(aq) + Ag(s)}$$

起始浓度/($\mathrm{mol \cdot L^{-1}}$) 　0.1	0.1	0.01
变化浓度/($\mathrm{mol \cdot L^{-1}}$) 　x	x	x
平衡浓度/($\mathrm{mol \cdot L^{-1}}$) 　$0.1-x$	$0.1-x$	$0.01+x$

$$K^{\ominus} = \frac{\dfrac{c(\mathrm{Fe^{3+}})}{c^{\ominus}}}{\left[\dfrac{c(\mathrm{Fe^{2+}})}{c^{\ominus}}\right]\left[\dfrac{c(\mathrm{Ag^{+}})}{c^{\ominus}}\right]} = \frac{0.01+x}{(0.1-x)^2} = 2.98$$

解得 $x \approx 0.019\ \mathrm{mol \cdot L^{-1}}$

平衡时：

$c(\mathrm{Ag^{+}}) = 0.1 - x = 0.1 - 0.019 = 0.081\,(\mathrm{mol \cdot L^{-1}})$

$c(\mathrm{Fe^{2+}}) = 0.1 - x = 0.081\,(\mathrm{mol \cdot L^{-1}})$

$c(\mathrm{Fe^{3+}}) = 0.01 + x = 0.01 + 0.019 = 0.029\,(\mathrm{mol \cdot L^{-1}})$

$\mathrm{Ag^{+}}$ 的转化率：

$$\alpha(\mathrm{Ag^{+}}) = \frac{0.019}{0.1} \times 100\% = 19\%$$

3.3　化学平衡移动

化学平衡也是相对的、暂时的、有条件的。当外界条件改变时，平衡就被破坏，在新的条件下，反应将向某一方向移动直到建立起新的平衡。这种因外界条件改变而使化学反应由原来的平衡状态改变为新的平衡状态的过程称为化学平衡的移动。这里主要讨论浓度、压力和温度对化学平衡的影响。

3.3.1　浓度对化学平衡的影响

将式(3-36)代入范特霍夫等温方程式(3-34)可得

$$\Delta_r G_m = -RT\ln K^{\ominus} + RT\ln J = RT\ln \frac{J}{K^{\ominus}} \tag{3-41}$$

根据判断化学反应自发进行方向的最小自由能原理，可知：

(1) $J < K^{\ominus}$，$\Delta_r G_m < 0$，反应正向进行；

(2) $J = K^{\ominus}$，$\Delta_r G_m = 0$，反应处于平衡状态；

(3) $J > K^{\ominus}$，$\Delta_r G_m > 0$，反应逆向进行。

这就是化学反应自发进行方向的反应商判断。

　　一定温度下，改变反应物或生成物的浓度，虽然不能改变 $K^{\ominus}$ 的数值，但可以改变反应商 J 的大小，根据化学反应的反应商判据，可以判断平衡移动的方向。例如，温度一定时，对于已到达平衡的体系，此时 $J = K^{\ominus}$。当增加反应物的浓度或减少生成物的浓度，J 数值变小，平衡将向正反应方向移动，直到建立新的平衡，即直到 $J = K^{\ominus}$ 为止。若减少反应物浓度或增加生成物浓度，此时 J 的数值增加，$J > K^{\ominus}$，平衡将向逆反应方向移动，直到 $J = K^{\ominus}$ 为止。

　　在实验室或化工生产中，经常利用这一原理使反应的 $J < K^{\ominus}$，使平衡正向移动以提高反应物的转化率。

【例3-10】　已知25℃时，反应 $Fe^{2+}(aq) + Ag^+(aq) \rightleftharpoons Fe^{3+}(aq) + Ag(s)$ 的 $K^{\ominus} = 2.99$。若溶液中含有浓度均为 $0.100\ mol \cdot L^{-1}$ 的 Fe^{2+}、Ag^+ 和 $0.001\ mol \cdot L^{-1}$ 的 Fe^{3+} 三种离子，回答下列问题：

(1) 反应进行的方向。

(2) 反应达平衡时，Ag^+ 的转化率是多少？

(3) 若达平衡后，再向溶液中加入 Fe^{2+}，使 Fe^{2+} 的浓度达到 $0.200\ mol \cdot L^{-1}$，当再次建立平衡时，Ag^+ 的转化率是多少？

解　(1) 反应商

$$J = \frac{c'(Fe^{3+})}{c'(Fe^{2+}) \cdot c'(Ag^+)} = \frac{0.001}{0.100 \times 0.100} = 0.1$$

$J < K^{\ominus}$，反应向正反应方向进行。

(2) 设 Ag^+ 的转化浓度为 $x\ mol \cdot L^{-1}$，则

$$Fe^{2+}(aq) + Ag^+(aq) \rightleftharpoons Fe^{3+}(aq) + Ag(s)$$

起始浓度/(mol·L⁻¹)	0.100	0.100	0.001
变化浓度/(mol·L⁻¹)	x	x	x
平衡浓度/(mol·L⁻¹)	$0.100 - x$	$0.100 - x$	$0.001 + x$

达平衡时，

$$K^{\ominus} = \frac{c'(Fe^{3+})}{c'(Fe^{2+}) \cdot c'(Ag^+)} = \frac{0.001 + x}{(0.100 - x)^2} = 2.99$$

$$x = 0.0187\ mol \cdot L^{-1}$$

Ag^+ 的转化率

$$\alpha(Ag^+) = \frac{0.0187}{0.100} \times 100\% = 18.7\%$$

(3) 平衡后再向溶液中加入 Fe^{2+}，此时各离子浓度为

$$c(Fe^{3+}) = 0.001 + 0.0187 = 0.0197\ (mol \cdot L^{-1})$$

$$c(Fe^{2+}) = 0.200\ (mol \cdot L^{-1})$$

$$c(Ag^+) = 0.100 - 0.0187 = 0.0813\ (mol \cdot L^{-1})$$

设 Ag^+ 在新的平衡中转化浓度为 $y\ mol \cdot L^{-1}$，则对于新平衡

$$Fe^{2+}(aq) + Ag^+(aq) \rightleftharpoons Fe^{3+}(aq) + Ag(s)$$

新起始浓度/(mol·L^{-1})	0.200	0.0813	0.0197
新平衡浓度/(mol·L^{-1})	$0.200-y$	$0.0813-y$	$0.0197+y$

达新平衡时，

$$K^{\ominus}=\frac{c'(\mathrm{Fe}^{3+})}{c'(\mathrm{Fe}^{2+})\cdot c'(\mathrm{Ag}^+)}=\frac{0.0197+y}{(0.200-y)\times(0.0813-y)}=2.99$$

$$y=0.0161\ \mathrm{mol\cdot L^{-1}}$$

Ag$^+$的转化率

$$\alpha(\mathrm{Ag}^+)=\frac{\mathrm{Ag}^+\text{转化的浓度}}{\mathrm{Ag}^+\text{最初起始浓度}}\times100\%$$

$$=\frac{0.0187+0.0161}{0.100}\times100\%=34.8\%$$

加入 Fe^{2+}后，使 Ag$^+$转化率由 18.7%提高到 34.8%。可见，在平衡系统中加入反应物，平衡向正反应方向移动。

3.3.2　压力对化学平衡的影响

压力变化对化学平衡的影响视反应的具体情况而定。对于只有液体或固体参加的反应，压力的变化对平衡的影响很小；对于有气体物质参加的反应，改变压力可能使平衡发生移动。

1. 系统改变体积

对于任意气相可逆反应

$$a\mathrm{A(g)}+b\mathrm{B(g)}\Longrightarrow m\mathrm{C(g)}+n\mathrm{D(g)}$$

一定温度下在密闭容器内达平衡，平衡时各组分的相对分压分别为 $p'(\mathrm{A})$、$p'(\mathrm{B})$、$p'(\mathrm{C})$、$p'(\mathrm{D})$，则

$$K^{\ominus}=\frac{[p'(\mathrm{C})]^m\cdot[p'(\mathrm{D})]^n}{[p'(\mathrm{A})]^a\cdot[p'(\mathrm{B})]^b}$$

恒温下将容器体积压缩至原来的 $\dfrac{1}{x}(x>1)$，则系统总压为原来的 x 倍，各组分气体分压也增大为原来的 x 倍，此时的反应商为

$$J=K^{\ominus}\cdot x^{(m+n)-(a+b)}=K^{\ominus}\cdot x^{\Delta n}\ ;\qquad \Delta n=(m+n)-(a+b)$$

(1) 当 $\Delta n>0$ 时，即生成物的气体分子数大于反应物的气体分子数，$J>K^{\ominus}$，平衡向左移动，如 $2\mathrm{NO_2(g)}\Longrightarrow2\mathrm{NO(g)}+\mathrm{O_2(g)}$。

(2) 当 $\Delta n<0$ 时，即生成物的气体分子数小于反应物的气体分子数，$J<K^{\ominus}$，平衡向右移动，如 $\mathrm{N_2(g)}+3\mathrm{H_2(g)}\Longrightarrow2\mathrm{NH_3(g)}$。

(3) 当 $\Delta n=0$ 时，即生成物的气体分子数等于反应物的气体分子数，$J=K^{\ominus}$，系统仍处于平衡状态，平衡不移动，如 $\mathrm{I_2(g)}+\mathrm{H_2(g)}\Longrightarrow2\mathrm{HI(g)}$。

由此可见，压力的改变只对反应前后气体分子数不等的反应平衡系统有影响。在其他条件不变的情况下，增加系统的总压力，平衡向气体分子数减少的方向移动；减小系统的总压力，平衡向气体分子数增多的方向移动；压力改变对反应前后气体分子数不变的反应平衡系统没有影响，只是同等程度地增加或减小正、逆反应速率。

2. 充入惰性气体

这里所指的惰性气体是在反应系统内不参加反应的气体。在恒温条件下向已平衡的系统中加入惰性气体有两种情况。

(1)若体积不变,则系统总压一定增加,但各组分气体的分压都不变,仍有 $J = K^{\ominus}$,故平衡状态不改变。

(2)若总压不变,则系统体积一定增大,各组分气体的分压均减小,对反应前后气体分子数不等的反应,$J \neq K^{\ominus}$,平衡将移动。平衡移动情况与前述压力减小引起的平衡变化相同。

【例 3-11】 将 1.0 mol $N_2O_4(g)$ 置于一密闭容器内,$N_2O_4(g)$ 按下式分解:$N_2O_4(g) \rightleftharpoons 2NO_2(g)$,在 25℃、100 kPa 下达平衡,测得 $N_2O_4(g)$ 的转化率 α 为 50%,计算:

(1)反应的 $K^{\ominus}$;

(2)25℃、1000 kPa 下达平衡时,$N_2O_4(g)$ 的转化率及 $N_2O_4(g)$ 和 $NO_2(g)$ 的平衡分压;

由计算结果说明压力对化学平衡移动的影响。

解 (1)

$$N_2O_4(g) \rightleftharpoons 2NO_2(g)$$

始态物质的量/mol	1.0	0
平衡物质的量/mol	1.0−1.0α	2.0α

各气体的平衡分压分别为:

$$p(N_2O_4) = \frac{1.0-\alpha}{1.0+\alpha} p_{总}$$

$$p(NO_2) = \frac{2.0\alpha}{1.0+\alpha} p_{总}$$

$$K^{\ominus} = \frac{[p(NO_2)/p^{\ominus}]^2}{[p(N_2O_4)/p^{\ominus}]} = \frac{\left[\left(\frac{2.0\alpha}{1.0+\alpha}\right) \cdot \frac{p_{总}}{p^{\ominus}}\right]^2}{\left[\left(\frac{1.0-\alpha}{1.0+\alpha}\right) \cdot \frac{p_{总}}{p^{\ominus}}\right]} = \left(\frac{4.0\alpha^2}{1.0-\alpha^2}\right) \cdot \left(\frac{p_{总}}{p^{\ominus}}\right) = 1.3$$

(2)温度不变,$K^{\ominus}$ 不变,因此有

$$K^{\ominus} = \left(\frac{4.0\alpha'^2}{1.0-\alpha'^2}\right) \cdot \left(\frac{p_{总}}{p^{\ominus}}\right) = 1.3$$

代入 $p_{总} = 1000$ kPa,求得 $\alpha' = 0.18 = 18\%$

$$p(N_2O_4) = \frac{1.0-\alpha'}{1.0+\alpha'} p_{总} = 694.9 \text{ kPa}$$

$$p(NO_2) = \frac{2.0\alpha'}{1.0+\alpha'} p_{总} = 305.1 \text{ kPa}$$

由以上结果可以看出,当体系的总压从 100 kPa 增加到 1000 kPa 时,平衡逆向移动,即向气体分子数减少的方向移动。

3.3.3 温度对化学平衡的影响

温度对化学平衡的影响与浓度和压力的影响不同,温度改变将导致 $K^{\ominus}$ 值发生变化,从而使平衡发生移动。

根据式(3-36)和吉布斯公式可得

$$\ln K^{\ominus} = \frac{-\Delta_r H_m^{\ominus}}{RT} + \frac{\Delta_r S_m^{\ominus}}{R} \tag{3-42}$$

设某可逆反应在温度 T_1 时的平衡常数为 $K_1^{\ominus}$，温度 T_2 时的平衡常数为 $K_2^{\ominus}$，$\Delta_r H_m^{\ominus}$ 和 $\Delta_r S_m^{\ominus}$ 在温度变化不大时可视为常数，则

$$\ln K_1^{\ominus} = \frac{-\Delta_r H_m^{\ominus}}{RT_1} + \frac{\Delta_r S_m^{\ominus}}{R}$$

$$\ln K_2^{\ominus} = \frac{-\Delta_r H_m^{\ominus}}{RT_2} + \frac{\Delta_r S_m^{\ominus}}{R}$$

两式相减得

$$\ln \frac{K_2^{\ominus}}{K_1^{\ominus}} = \frac{\Delta_r H_m^{\ominus}}{R} \left(\frac{T_2 - T_1}{T_1 T_2} \right) \tag{3-43}$$

上式表明温度对平衡常数的影响：对于放热反应，$\Delta_r H_m^{\ominus} < 0$，温度升高，平衡向逆反应方向移动；温度降低则相反。总之系统温度升高，平衡向吸热反应方向移动；系统温度降低，平衡向放热反应方向移动。

【例 3-12】 已知 $CaCO_3(s) \rightleftharpoons CaO(s) + CO_2(g)$，在 973 K 时，$K_1^{\ominus} = 3.00 \times 10^{-2}$；在 1173 K 时，$K_2^{\ominus} = 1.00$，则：(1)上述反应是吸热还是放热反应？(2)该反应的 $\Delta_r H_m^{\ominus}$ 是多少？

解 (1)由于温度升高，平衡常数增大，因此可以判断此反应为吸热反应。

(2)
$$\ln \frac{K_2^{\ominus}}{K_1^{\ominus}} = \frac{\Delta_r H_m^{\ominus}}{R} \left(\frac{T_2 - T_1}{T_1 T_2} \right)$$

$$\Delta_r H_m^{\ominus} = 1.66 \times 10^5 \ (J \cdot mol^{-1})$$

3.3.4 催化剂与化学平衡

催化剂虽能改变反应速率，但对于任一确定的可逆反应来说，由于反应前后催化剂的组成、质量不变，因此无论是否使用催化剂，反应的始态、终态是相同的，反应的吉布斯自由能变相等，$K^{\ominus}$ 不变。说明催化剂不会影响化学平衡状态。但催化剂加入到尚未达平衡的可逆反应体系中，可以在不升高温度的条件下，缩短达到平衡所需的时间。

3.3.5 勒夏特列原理

1884 年，法国科学家勒夏特列(Le Chatelier)在综合上述外界条件对化学平衡的影响后，总结得出了一条普遍的规律："假如改变平衡系统的条件之一，如温度、压力或浓度等，平衡将向着减弱这个改变的方向移动。"这个规律称为勒夏特列原理。根据这个原理可知：当增加反应物浓度时，为了削弱这个条件改变，平衡只能向减少反应物浓度的方向移动；同理，在减少生成物的浓度时，平衡只能向增加生成物浓度的方向移动。当增大压力时，为了削弱这个条件改变，平衡只能向减小压力(减少气体分子数)的方向移动；当减小压力时，平衡只能向增大压力(增加气体分子数)的方向移动。当升高温度时，为了削弱这个条件改变，平衡只能向降低温度(吸热反应)的方向移动；当降低温度时，平衡只能向升高温度(放热反应)的方向移动。

勒夏特列原理是一条普遍的规律，它对于所有的动态平衡体系(包括化学平衡和物理平衡)都适用。但必须注意，它不适用于未达到平衡的体系。

习　题

一、选择题

1. 对于一个给定条件下的反应，随着反应的进行（　　）

A. 速率常数 k 变小　　　　　　　　　　　　B. 平衡常数 K 变大

C. 正反应速率降低　　　　　　　　　　　　D. 逆反应速率降低

2. 速率常数 k 是（　　）

A. 无量纲的参数　　　　　　　　　　　　　B. 量纲为 $mol \cdot L^{-1} \cdot s^{-1}$ 的参数

C. 量纲为 $mol^2 \cdot L^{-2} \cdot s^{-1}$ 的参数　　　　　D. 量纲不定的参数

3. 零级反应的速率（　　）

A. 为零　　　　　　　　　　　　　　　　　B. 与反应物浓度成正比

C. 与反应物浓度无关　　　　　　　　　　　D. 与反应物浓度成反比

4. 对于反应 $2CO(g) + O_2(g) \Longrightarrow 2CO_2(g)$，$\Delta_r H_m^{\ominus} = -569 \, kJ \cdot mol^{-1}$，可以提高 $CO(g)$ 的理论转化率的措施是（　　）

A. 提高温度　　　　　　　　　　　　　　　B. 使用催化剂

C. 加入惰性气体以提高总压力　　　　　　　D. 增加 $O_2(g)$ 的浓度

5. 下列反应 $2SO_2(g) + O_2(g) \Longrightarrow 2SO_3(g)$ 达平衡时，保持体积不变，加入惰性气体 He，使总压力增加一倍，则（　　）

A. 平衡向左移动　　　　　　　　　　　　　B. 平衡向右移动

C. 平衡不发生移动　　　　　　　　　　　　D. 条件不足，无法判断

6. 反应 $N_2(g) + 3H_2(g) \rightleftharpoons 2NH_3(g)$，$\Delta_r H_m^{\ominus} = -92 \, kJ \cdot mol^{-1}$，从热力学观点看要使 $H_2(g)$ 达到最大转化率，反应条件应该是（　　）

A. 低温高压　　　　B. 低温低压　　　　C. 高温高压　　　　D. 高温低压

二、填空题

1. 若反应 $2ICl(g) + H_2(g) \longrightarrow 2HCl(g) + I_2(g)$ 的速率方程为 $r = k \, c(ICl) \cdot c(H_2)$，其反应历程为

① $ICl + H_2 \longrightarrow HI + HCl$　　　　　　② $ICl + HI \longrightarrow HCl + I_2$

则此历程中的慢反应为_____（填序号）。

2. 基元反应 $2NO + Cl_2 \longrightarrow 2NOCl$ 是_____分子反应，是_____级反应，其速率方程是_____。

3. 时间用秒(s)作单位，浓度用 $mol \cdot L^{-1}$ 作单位，则二级反应的速率常数 k 的单位为_____。

4. 一定温度下，反应 $PCl_5(g) \Longrightarrow PCl_3(g) + Cl_2(g)$ 达平衡后，维持温度和体积不变，向容器中加入一定量的惰性气体，平衡将_____移动。

5. 反应 $2NH_3(g) \Longrightarrow 3H_2(g) + N_2(g)$，$\Delta_r H_m^{\ominus} > 0$，当升高温度时，逆反应速率将_____，平衡常数 $K^{\ominus}$ 将_____，正反应速率常数将_____，氨的分解率将_____。（填增大、减小或不变）

6. 在下方的变化方向栏中填写"向右"或"向左"：

序号	可逆反应	$\Delta_r H_m^{\ominus}$	操作	变化方向
①	$2SO_2(g) + O_2(g) \Longrightarrow 2SO_3(g)$	<0	加热	（　　）
②	$C(s) + H_2O(g) \Longrightarrow CO(g) + H_2(g)$	>0	冷却	（　　）
③	$NH_4Cl(s) \Longrightarrow NH_3(g) + HCl(g)$	>0	加压	（　　）
④	$N_2O_4(g) \Longrightarrow 2NO_2(g)$	<0	减压	（　　）

三、简答题

1. 反应 $2NO(g) + 2H_2(g) \longrightarrow N_2(g) + 2H_2O(g)$，其速率方程对 NO 是二级，对 H_2 是一级，试回答：

(1) 写出速率方程；

(2) 若浓度以 $mol \cdot L^{-1}$ 表示，反应速率常数 k 的单位是什么？

(3) 分别写出用 N_2 和 NO 浓度变化率表示的速率方程式，这两个方程式中 k 在数值上是否相等？其所对应的活化能 E_a 值是否相同？

2. 阿伦尼乌斯公式为 $k = A e^{-E_a/RT}$，指出公式中各物理量及常数的名称并讨论 k 与 E_a、T 的关系。

3. 3 价钒离子被催化氧化为 4 价的反应机理被认为是

$$V^{3+} + Cu^{2+} \longrightarrow V^{4+} + Cu^+ (慢)$$

$$Cu^+ + Fe^{3+} \longrightarrow Cu^{2+} + Fe^{2+} (快)$$

问：(1) 总的反应式是什么？

(2) 哪种离子为催化剂？

(3) 总反应的速率方程式如何表示？

4. 已知反应 $Zn(s) + Cu^{2+}(aq) \Longrightarrow Cu(s) + Zn^{2+}(aq)$ 的 $K^{\ominus} = 2 \times 10^{37}$。若在 Cu^{2+} 和 Zn^{2+} 的浓度均为 $0.10 \ mol \cdot L^{-1}$ 的混合溶液中：①加入 $Zn(s)$ 和 $Cu(s)$；②仅加入 $Zn(s)$；③仅加入 $Cu(s)$。各将发生什么反应？

5. 反应 $Ag_2SO_4(s) \Longrightarrow 2Ag^+(aq) + SO_4^{2-}(aq)$ 达到平衡后，进行下面操作，$Ag_2SO_4(s)$ 的量将会发生什么变化？

(1) 加入过量水

(2) 加入 $AgNO_3$

(3) 加入 $NaNO_3$

(4) 加入 NaCl，有一些 AgCl 将沉淀

(5) 加入氨水，$Ag^+ + 2NH_3 \Longrightarrow [Ag(NH_3)_2]^+$，生成银氨配离子。

6. 已知平衡体系：$AgCl(s) + 2CN^-(aq) \Longrightarrow Ag(CN)_2^-(aq) + Cl^-(aq)$，$\Delta_r H_m^{\ominus} = +21 \ kJ \cdot mol^{-1}$，当改变下列平衡条件时，平衡的移动方向如何？

(1) 加入 $NaCN(s)$　　　　　(2) 加入 $AgCl(s)$　　　　　(3) 降低体系温度

(4) 加入 $H_2O(l)$　　　　　(5) 加入 $NaCl(s)$

四、计算题

1. 设某反应 $2A + B \longrightarrow 2C$，根据下列实验数据：

最初 $c(A)/(mol \cdot L^{-1})$	最初 $c(B)/(mol \cdot L^{-1})$	初速率 $-dc(A)/dt/(mol \cdot L^{-1} \cdot s^{-1})$
0.10	0.20	300
0.30	0.40	3600
0.30	0.80	14400

(1) 求此反应的速率方程；

(2) 求此反应的速率常数。

2. 对于某气相反应 $A(g) + 3B(g) + 2C(g) \longrightarrow D(g) + 2E(g)$，测得如下的动力学数据：

$c(A)/(mol \cdot L^{-1})$	$c(B)/(mol \cdot L^{-1})$	$c(C)/(mol \cdot L^{-1})$	$c(D)/dt/(mol \cdot L^{-1} \cdot min^{-1})$
0.20	0.40	0.10	x
0.40	0.40	0.10	$4x$
0.40	0.40	0.20	$8x$
0.20	0.20	0.20	x

(1) 分别求出 A、B、C 的反应级数；

(2) 写出反应的速率方程；

(3) 若 $x = 6.0 \times 10^{-2} \ mol \cdot L^{-1} \cdot min^{-1}$，求该反应的速率常数。

3. 反应 $2NO(g) + O_2(g) \Longrightarrow 2NO_2(g)$ 的 k 为 $8.8 \times 10^{-2} L^2 \cdot mol^{-2} \cdot s^{-1}$，已知此反应对 O_2 来说是一级，当反应物浓度都是 $0.050\ mol \cdot L^{-1}$ 时，此反应的反应速率是多少？

4. 某一级反应，消耗 $\dfrac{7}{8}$ 反应物所需时间是消耗 $\dfrac{3}{4}$ 所需时间的几倍？

5. 已知在 967 K 时，反应 $N_2O \longrightarrow N_2 + \dfrac{1}{2}O_2$ 的速率常数 $k = 0.135\ s^{-1}$，在 1085 K 时 $k = 3.70\ s^{-1}$，求此反应的活化能 E_a。

6. 某反应当温度由 20℃ 升高至 30℃ 时，反应速率增大了 1 倍，试计算该反应的活化能（$kJ \cdot mol^{-1}$）。

7. 298 K 时，在 1.0 L 容器中，1.0 mol NO_2 按下式分解：$2NO_2(g) \Longrightarrow 2NO(g) + O_2(g)$，达平衡时，若有 $3.3 \times 10^{-3}\%$ 的 NO_2 发生分解，求平衡常数 K_c。

8. 在一个密闭容器中含 $0.075\ mol \cdot L^{-1}\ HCl(g)$ 和 $0.033\ mol \cdot L^{-1}\ O_2(g)$，在 480℃ 时发生下列可逆反应：$4HCl(g) + O_2(g) \Longrightarrow 2Cl_2(g) + 2H_2O(g)$，达平衡后生成了 $0.030\ mol \cdot L^{-1}\ Cl_2(g)$，计算该温度下此反应的 K_c。

9. 已知 $\Delta_f G_m^{\ominus}(CO_2,\ g) = -394.4\ kJ \cdot mol^{-1}$，$\Delta_f G_m^{\ominus}(CO,\ g) = -137.3\ kJ \cdot mol^{-1}$，试判断在常温、常压下反应 $C(石墨) + CO_2(g) \Longrightarrow 2CO(g)$ 能否自发进行，并计算该反应在 25℃ 时的标准平衡常数 $K^{\ominus}$。

10. 在 597 K 时 NH_4Cl 的分解压力是 100 kPa，求反应：$NH_4Cl(s) \Longrightarrow HCl(g) + NH_3(g)$ 在此温度下的 $\Delta_r G_m^{\ominus}$。

11. 将 1.00 mol SO_2 和 1.00 mol O_2 的混合物在 600℃ 和总压力为 100 kPa 的恒压下，通过 V_2O_5 催化剂使生成 SO_3，达到平衡后测得混合物中剩余的 O_2 为 0.62 mol，求该反应的标准平衡常数 $K^{\ominus}$。

12. 已知 800℃ 时，反应 $CaCO_3(s) \Longrightarrow CaO(s) + CO_2(g)$ 的 $K^{\ominus} = 1.16$。若将 20 g $CaCO_3$ 置于 10.0 L 容器中并加热至 800℃，问达到平衡时，未分解的 $CaCO_3$ 百分率是多少？

13. 690 K 时，反应 $CO_2(g) + H_2(g) \Longrightarrow CO(g) + H_2O(g)$ 的 $K^{\ominus} = 0.10$。如果将 0.50 mol CO_2 和 0.050 mol H_2 放入一容器中，690 K 下达到平衡时，计算各物种的物质的量是多少？

14. 298 K 时，1.0 L 容器中有 1.0 mol NO_2 按下式分解：$2NO_2(g) \Longrightarrow 2NO(g) + O_2(g)$，$K_c = 1.8 \times 10^{-14}$，求 NO_2 的解离率。

15. 30℃ 时，取 2.00 mol PCl_5 与 1.00 mol PCl_3 相混合，在总压力为 202 kPa 时，反应 $PCl_5(g) \Longrightarrow PCl_3(g) + Cl_2(g)$ 达平衡，平衡转化率为 0.91，计算该反应的标准平衡常数 $K^{\ominus}$。

16. 298 K 时，密闭容器中液态氯的蒸气压为 704 kPa，计算反应 $Cl_2(l) \Longrightarrow Cl_2(g)$ 的 $K^{\ominus}$ 和 $\Delta_r G_m^{\ominus}(Cl_2,\ l)$。

17. 669 K 时，反应 $H_2(g) + I_2(g) \Longrightarrow 2HI(g)$ 的 $K^{\ominus} = 55.3$，若混合物中 $p(HI) = 71\ kPa$，$p(H_2) = p(I_2) = 2.0\ kPa$，通过计算说明该体系中反应是向何方向进行？

18. 设 N_2O_4 及 NO_2 在反应器内混合，达平衡时总压力为 146 kPa。若 N_2O_4 分解反应的 $K^{\ominus} = 4.90$，计算 $p(N_2O_4)$、$p(NO_2)$ 各为多少？

科学家小传—— 克劳修斯

克劳修斯（Clausius，1822—1888），德国物理学家和数学家，热力学的主要奠基人之一。他重新陈述了卡诺的定律（又称为卡诺循环），把热理论推至一个更真实更健全的高度。他最重要的论文于 1850 年发表，该论文关于热的力学理论，其中首次明确指出热力学第二定律的基本概念。他还于 1865 年引进了熵的概念。

克劳修斯主要从事分子物理、热力学、蒸汽机理论、理论力学、数学等方面的研究，特别是在热力学理论、气体动理论方面建树卓著。他是历史上第一个精确表示热力学定律的科学家。1850 年与兰金（Rankine，1820—1872）各自独立地表述了热与机械功的普遍关系——热力学第一定律，并且提出蒸汽机的理想热力学循环（兰金-克劳修斯循环）。1850 年克劳修斯发表《论热的动力以及由此推出的关于热学本身的诸定律》的论文。他从热是运动的观点对热机的工作过程进行了新的研究。论文的第二部分，在卡诺定理的基础上研究了能量的转换和传递方向问题，提出了热力学第二定律的最著名的表述形式（克劳修斯表述）：热不能自发地从较冷的物体传到较热的物体。因此，克劳修斯是热力学第二定律的两个主要奠基人（另一个是开尔文）之一。1854 年他发表《力学的热理论的第二定律的另一种形式》的论文，给出了可逆循环过程中热力学第二定律的数学表示形式，而引入了一个新的后来定名为熵的态变量。1865 年他发表《力学的热理论的主要方程之便于应用的形式》的论文，把这一新的态参量正式定名为熵，并将上述积分推广到更一般的循环过程，得出热力学第二定律的数学表示形式，这就是著名的克劳修斯不等式。利用熵这个新函数，克劳修斯证明了：任何孤立系统中，系统的熵的总和永远不会减少，或者说自然界的自发过程是朝着熵增加的方向进行的。这就是"熵增加原理"，它是利用熵的概念所表述的热力学第二定律。后来克劳修斯不恰当地把热力学第二定律推广到整个宇宙，提出所谓"热寂说"。

克劳修斯的主要著作有《力学的热理论》《势函数与势》《热理论的第二提议》等。

克劳修斯 1868 年获选为英国皇家学会会员，1879 年获科普利奖章，1870 年获惠更斯奖，1883 年获彭赛列奖，1882 年获维尔茨堡大学颁授荣誉博士学位。月球上的克劳修斯环形山也是以他的名字命名。

第4章 酸碱解离平衡

内容提要

(1) 了解水的解离平衡、水溶液的 pH 及酸碱指示剂的指示机理。

(2) 熟练掌握一元弱酸、弱碱和二元弱酸、弱碱的解离平衡及各种计算。

(3) 掌握缓冲溶液概念、缓冲的基本原理和相关计算；了解同离子效应。

(4) 掌握各种类型盐类水解的相关计算；了解影响盐类水解的因素。

(5) 理解强电解质溶液理论的相关概念。

酸碱电离理论认为，电解质在溶液中会发生解离，生成相应的阳离子和阴离子；而非电解质不发生解离，在溶液中以分子形式分散存在；根据溶液中电解质解离程度的不同，电解质分为强电解质和弱电解质。

4.1 弱酸弱碱的解离平衡

4.1.1 水的解离平衡和溶液的酸碱性

1. 水的解离平衡

水解离生成 H^+ 和 OH^-。纯水或者水溶液中，H^+ 通常以水合离子 H_3O^+ 的形式存在。水的解离平衡如下：

$$2H_2O(l) \Longrightarrow H_3O^+ + OH^- \text{ 或简写为 } H_2O \Longrightarrow H^+ + OH^-$$

其解离平衡常数表达式为

$$K_w^{\ominus} = \left[\frac{c(H^+)}{c^{\ominus}}\right]\left[\frac{c(OH^-)}{c^{\ominus}}\right] \tag{4-1}$$

式中，$K_w^{\ominus}$ 为水的离子积常数。实验测得，在温度为 298.15 K 时，纯水中 $c(H^+)$ 和 $c(OH^-)$ 均为 $1.0 \times 10^{-7} \text{ mol} \cdot \text{L}^{-1}$，因此 $K_w^{\ominus} = 1.0 \times 10^{-14}$。利用已学的热力学知识，由水解离反应 $H_2O \Longrightarrow H^+ + OH^-$ 的 $\Delta_r G_m^{\ominus}$ 值也可以求得 $K_w^{\ominus}$。由于水的解离反应是吸热反应，所以 $K_w^{\ominus}$ 随温度的升高而增大，在表 4.1 中给出了不同温度下的 $K_w^{\ominus}$ 值。

2. 溶液的酸碱性

溶液的酸碱性取决于溶液中 $c(H^+)$、$c(OH^-)$ 的相对大小，当 $c(H^+) > c(OH^-)$，溶液呈酸性；当 $c(H^+) < c(OH^-)$，溶液呈碱性；而 $c(H^+) = c(OH^-)$，溶液为中性。当温度为 298.15 K 时，纯水中 $c(H^+)$ 为 $10^{-7} \text{ mol} \cdot \text{L}^{-1}$，因此仅在温度为 298.15 K 时，$c(H^+) = 10^{-7} \text{ mol} \cdot \text{L}^{-1}$ 是水溶液呈中性的标志。

表 4.1 不同温度下水的离子积常数 $K_w^\ominus$ 值

T/K	278	283	293	298	303	373
$K_w^\ominus$ ($\times 10^{-14}$)	0.17	0.30	0.69	1.00	1.48	55.1

3. 水溶液的 pH

当水溶液中 $c(H^+)$、$c(OH^-)$ 较小时，引入 pH 表示溶液的酸碱性。p 代表负对数运算符号（−lg），根据式(4-1)，可得

$$pK_w^\ominus = pH + pOH \tag{4-2}$$

其中
$$pK_w^\ominus = -\lg K_w^\ominus, \quad pH = -\lg\left[\frac{c(H^+)}{c^\ominus}\right], \quad pOH = -\lg\left[\frac{c(OH^-)}{c^\ominus}\right] \tag{4-3}$$

当 298.15 K 时，$K_w^\ominus = 1.0 \times 10^{-14}$，故有

$$pH + pOH = 14 \tag{4-4}$$

该温度下，中性溶液中 pH = pOH = 7。当温度不等于 298.15 K 时，水的离子积常数 $K_w^\ominus$ 不等于 1.0×10^{-14}，$pK_w^\ominus \neq 14$，此时 pH = pOH，但不等于 7。

4. 酸碱指示剂

利用酸碱指示剂可以方便地判断溶液的酸碱性。例如，以石蕊溶液为指示剂，酸性溶液呈红色，碱性溶液呈蓝色。酸碱指示剂通常是有机弱酸或有机弱碱。酸碱指示剂显不同的颜色，是因为溶液中酸碱浓度不同时，指示剂以不同的形态存在。例如，甲基橙是一种有机弱酸，在水溶液中存在解离平衡。以 HIn 表示甲基橙，在水溶液中 HIn 存在以下解离平衡：

$$HIn \rightleftharpoons H^+ + In^-$$

分子态 HIn 显红色，离子态 In^- 显黄色，其解离平衡常数表达式为

$$K_i^\ominus = \frac{\left[\frac{c(H^+)}{c^\ominus}\right]\left[\frac{c(In^-)}{c^\ominus}\right]}{\frac{c(HIn)}{c^\ominus}} \tag{4-5}$$

可写为
$$c(H^+) = K_i^\ominus \times c^\ominus \times \frac{c(HIn)}{c(In^-)} \tag{4-6}$$

式中，$K_i^\ominus$ 是 HIn 的解离常数。由式(4-6)可知，在温度一定时，$K_i^\ominus$ 的大小不变，溶液中 $c(H^+)$ 与 $\frac{c(HIn)}{c(In^-)}$ 成正比。当 $c(H^+) = K_i^\ominus$ 时，溶液中 $c(HIn) = c(In^-)$，溶液呈现橙色；当 $c(H^+)$ 增大，溶液呈酸性，且 $c(HIn) \gg c(In^-)$ 时，溶液呈现 HIn 的红色；而当 $c(H^+)$ 减小，溶液呈碱性，且 $c(HIn) \ll c(In^-)$ 时，溶液呈现 In^- 的黄色；尽管随着溶液中 $c(H^+)$ 的变化，指示剂颜色也相应地改变，但是由于受到观察者肉眼判断能力的限制，只有当溶液中的 $c(HIn)/c(In^-) \geqslant 10$ 或者 $c(In^-)/c(HIn) \geqslant 10$ 时，指示剂颜色变化才能明显地观察到。因此，溶液中 $c(H^+)$ 为 $0.1 K_i^\ominus \sim 10 K_i^\ominus$，即 pH = $pK_i^\ominus \pm 1$ 为指示剂的变色范围。表 4.2 列出了几种实验室常用指示

剂的变色范围及颜色。

表 4.2　几种常见酸碱指示剂变色范围

指示剂	变色范围	颜色		
		酸色	中间色	碱色
甲基橙	3.1～4.4	红	橙	黄
石蕊	5.1～8.0	红	紫	蓝
酚酞	8.2～10.0	无	粉红	红
溴百里酚蓝	6.0～7.6	黄	绿	蓝

　　将吸附多种指示剂混合溶液的滤纸晾干就制得 pH 试纸。使用 pH 试纸可以方便、快速地确定溶液的 pH。在不同浓度酸、碱溶液中，pH 试纸显示不同颜色，通过与标准色板颜色比较，确定溶液 pH。如果需要更准确地测量溶液 pH，可以使用酸度计。

4.1.2　一元弱酸弱碱的解离平衡

　　根据阿伦尼乌斯电离理论，在水溶液中，强电解质完全解离，而弱电解质如一些弱酸、弱碱及某些盐[如 $Pb(Ac)_2$]，只有小部分分子发生解离。因此，在弱电解质溶液中，存在未解离的弱电解质分子和已解离的弱电解质组分离子之间的平衡，这种平衡称为弱电解质的解离平衡。例如，乙酸(HAc)溶液存在如下平衡：

$$HAc(aq) \rightleftharpoons H^+(aq) + Ac^-(aq)$$

解离平衡常数表达式可写为

$$K_a^\ominus(HAc) = \frac{\left[\dfrac{c(H^+)}{c^\ominus}\right]\left[\dfrac{c(Ac^-)}{c^\ominus}\right]}{\dfrac{c(HAc)}{c^\ominus}} \text{ 或 } K_a^\ominus(HAc) = \frac{c(H^+) \cdot c(Ac^-)}{c(HAc)} \tag{4-7}$$

又如，氨水($NH_3 \cdot H_2O$)溶液存在下列平衡：

$$NH_3 \cdot H_2O \rightleftharpoons NH_4^+ + OH^-$$

解离平衡常数表达式可写为

$$K_b^\ominus(NH_3 \cdot H_2O) = \frac{\left[\dfrac{c(NH_4^+)}{c^\ominus}\right]\left[\dfrac{c(OH^-)}{c^\ominus}\right]}{\dfrac{c(NH_3 \cdot H_2O)}{c^\ominus}} \text{ 或 } K_b^\ominus(NH_3 \cdot H_2O) = \frac{c(NH_4^+) \cdot c(OH^-)}{c(NH_3 \cdot H_2O)} \tag{4-8}$$

式(4-7)、式(4-8)中各种组分浓度 c 分别表示平衡时的浓度，单位为 $mol \cdot L^{-1}$；$K_a^\ominus$ 表示弱酸的标准解离常数；$K_b^\ominus$ 表示弱碱的标准解离常数。由于 $c^\ominus = 1 \ mol \cdot L^{-1}$，因此 $K_a^\ominus$、$K_b^\ominus$ 为无量纲量，是表示弱酸、弱碱解离限度大小的特征常数。$K^\ominus$ 值越小表示弱电解质解离的趋势越小。一般将 $K^\ominus$ 值等于或小于 10^{-4} 的电解质称为弱电解质；而 $K^\ominus$ 值为 $10^{-2} \sim 10^{-4}$ 的电解质为中强电解质。

$K^{\ominus}$ 具有一般化学平衡常数的特性，其数值大小与温度有关，而与平衡时各组分浓度大小无关。温度对弱电解质的解离平衡常数 $K^{\ominus}$ 的影响不明显，因此在研究弱电解质的解离平衡时，通常忽略温度对 $K^{\ominus}$ 的影响。利用解离平衡常数表达式可计算弱电解质溶液中各种组分的浓度。例如，已知某弱酸 HA 溶液的起始浓度为 c_0，其解离平衡常数为 $K_a^{\ominus}$，若 $K_a^{\ominus} \gg K_w^{\ominus}$，则水的解离可以忽略。达到解离平衡时，设溶液中 $c(H^+)$ 为 x mol·L^{-1}，则

$$c(H^+) = c(A^-) = x \text{ mol·L}^{-1}, \quad c(HA) = (c_0 - x) \text{ mol·L}^{-1}$$

$$HA \rightleftharpoons H^+ + A^-$$

平衡浓度/(mol·L^{-1})　　　　　　$c_0 - x$　　　x　　x

代入平衡常数表达式，得

$$K_a^{\ominus} = \frac{x^2}{c_0 - x} \tag{4-9}$$

利用式(4-9)计算，需要解一元二次方程，过程较复杂。一般来说，当 $K_a^{\ominus}$ 很小，且 $c_0/K_a^{\ominus} > 400$ 时，$c_0 \gg x$，$c_0 - x \approx c_0$，则式(4-9)可简化为

$$K_a^{\ominus} = \frac{x^2}{c_0} \tag{4-10}$$

$$c(H^+) = \sqrt{K_a^{\ominus} c_0} \tag{4-11}$$

$$pH = \frac{1}{2}(pK_a^{\ominus} - \lg c_0) \tag{4-12}$$

同理，可以推出，在一元弱碱溶液中，如果 $K_b^{\ominus}$ 很小，且 $c_0/K_b^{\ominus} > 400$ 时

$$c(OH^-) = \sqrt{K_b^{\ominus} c_0} \tag{4-13}$$

$$pOH = \frac{1}{2}(pK_b^{\ominus} - \lg c_0) \tag{4-14}$$

$$pH = 14 - \frac{1}{2}(pK_b^{\ominus} - \lg c_0) \tag{4-15}$$

弱电解质溶液达到解离平衡时，已解离的弱电解质分子数目占总分子数目的百分数，称为该弱电解质的解离度，用 a 表示。解离度是表征电解质解离程度大小的物理量。解离度与解离平衡常数存在如下关系：

$$HA \rightleftharpoons H^+ + A^-$$

平衡浓度/(mol·L^{-1})　　　　　　$c_0 - c_0 a$　　　$c_0 a$　　$c_0 a$

$$K_a^{\ominus} = \frac{(c_0 a)^2}{c_0 - c_0 a} = \frac{c_0 a^2}{1 - a} \tag{4-16}$$

当 $K_a^{\ominus}$ 很小，且 $\dfrac{c_0}{K_a^{\ominus}} > 400$ 时，则 $1 - a \approx 1$，式(4-16)可改写为

$$a = \sqrt{\frac{K_a^{\ominus}}{c_0}} \qquad (4\text{-}17)$$

由式(4-17)可知，c_0越小，解离度a值越大。

【例 4-1】 计算 0.100 mol·L^{-1}HAc 溶液的 pH 及乙酸的解离度 a。已知：$K_a^{\ominus}$(HAc) = 1.8 × 10^{-5}。

解 由于 $K_a^{\ominus} \gg K_w^{\ominus}$，所以水解离产生的 H$^+$ 可以忽略。

设解离平衡时 c(H$^+$)为 x mol·L^{-1}

$$HAc(aq) \Longleftrightarrow H^+(aq) + Ac^-(aq)$$

各物质起始浓度/(mol·L^{-1})　　0.100　　　　0　　　　0

各物质平衡浓度/(mol·L^{-1})　　0.100 − x　　x　　　x

$$K_a^{\ominus} = \frac{x^2}{0.100 - x}$$

由于 $\dfrac{c_0}{K_a^{\ominus}} = \dfrac{0.100}{1.8 \times 10^{-5}} > 400$，可近似计算，0.100 − x ≈ 0.100，则

$$K_a^{\ominus} = \frac{x^2}{0.100}$$

$$x = 1.34 \times 10^{-3}\ \text{mol·L}^{-1}$$

即　　　　　　　　　　　　$$pH = -\lg c(H^+) = 2.88$$

解离度　　　　　　$$a = \frac{c(H^+)}{c_0} \times 100\% = \frac{1.34 \times 10^{-3}}{0.100} \times 100\% = 1.34\%$$

【例 4-2】 测得 0.100 mol·L^{-1}氨水溶液的 pH 为 11.12，求氨水的解离平衡常数和解离度 a。

解 因为 pH + pOH = 14，则

$$pOH = 14 - pH = 14 - 11.12 = 2.88，\quad c(OH^-) = 1.34 \times 10^{-3}\ \text{mol·L}^{-1}$$

忽略水解离产生的 OH$^-$，则氨水解离平衡时有 c(OH$^-$) = c(NH$_4^+$)

因此　　　　　　　NH$_3$·H$_2$O $\Longleftrightarrow$　　NH$_4^+$　　+　　OH$^-$

平衡浓度/(mol·L^{-1}) (0.100 − 1.34 × 10^{-3}) (1.34 × 10^{-3})　(1.34 × 10^{-3})

$$K_b^{\ominus} = \frac{(1.34 \times 10^{-3})^2}{0.100 - 1.34 \times 10^{-3}}$$

因为 0.100 − 1.34 × 10^{-3} ≈ 0.100，得

$$K_b^{\ominus} = \frac{(1.34 \times 10^{-3})^2}{0.100} = 1.80 \times 10^{-5}$$

$$a = \frac{1.34 \times 10^{-3}}{0.100} \times 100\% = 1.34\%$$

4.1.3　多元弱酸的解离平衡

H$_2$S 水溶液氢硫酸为二元弱酸，其解离存在如下二级解离平衡：

一级解离：H$_2$S $\Longleftrightarrow$ H$^+$ + HS$^-$

$$K_{a1}^{\ominus} = \frac{c(H^+) \cdot c(HS^-)}{c(H_2S)} = 5.9 \times 10^{-8}$$

二级解离：HS$^-$ $\Longleftrightarrow$ H$^+$ + S^{2-}

$$K_{a2}^{\ominus} = \frac{c(H^+) \cdot c(S^{2-})}{c(HS^-)} = 1.2 \times 10^{-15}$$

显然，第一级解离常数比第二级解离常数大四个数量级，很多多元弱酸的多级解离平衡常数都存在这样的规律。这是由于带两个负电荷的 S^{2-} 对 H^+ 的吸引力远大于带一个负电荷的 HS^- 对 H^+ 的吸引力的结果。同时第一级解离产生的 H^+ 会对第二级解离产生抑制作用，第二级解离的程度远小于第一级解离的程度，因此多元弱酸的酸性强弱主要取决于 $K_{a1}^{\ominus}$ 的大小；多元弱酸溶液中 H^+ 浓度大小主要由第一级解离决定；又由于第二级解离的程度远远小于第一级解离的程度，溶液中的 HS^- 只有极少部分发生第二级解离，故可以认为体系中的 $c(HS^-) \approx c(H^+)$。据此可以计算氢硫酸溶液中的 $c(H^+)$、$c(HS^-)$ 和 $c(S^{2-})$。

需要指出的是，溶液中的氢离子浓度只有一个值，即各级解离产生的氢离子浓度与水解离产生的氢离子浓度的和。通常，水解离产生的氢离子浓度很小，忽略不计。

【例 4-3】 计算常温、常压下，饱和 H_2S 溶液($0.10\ mol \cdot L^{-1}$)中 H^+、HS^- 和 S^{2-} 浓度。已知 $K_{a1}^{\ominus} = 9.1 \times 10^{-8}$，$K_{a2}^{\ominus} = 1.1 \times 10^{-12}$。

解　先求溶液中 H^+ 浓度，由于 $K_{a1}^{\ominus} \gg K_{a2}^{\ominus}$，忽略 H_2S 第二级解离产生的 H^+，根据第一级解离平衡计算。设 H^+ 浓度为 $x\ mol \cdot L^{-1}$

$$H_2S \Longrightarrow H^+ + HS^-$$

各物质起始浓度/($mol \cdot L^{-1}$)　　　　　0.10　　　0　　　0

各物质平衡浓度/($mol \cdot L^{-1}$)　　　　　0.10 − x　　x　　x

$$K_{a1}^{\ominus} = \frac{c(H^+) \cdot c(HS^-)}{c(H_2S)} = \frac{x^2}{0.10 - x}$$

因为 $\dfrac{c_0(H_2S)}{K_{a1}^{\ominus}} = \dfrac{0.10}{9.1 \times 10^{-8}} \gg 400$，所以 $0.10 - x \approx 0.10$

故

$$K_{a1}^{\ominus} = 9.1 \times 10^{-8} = \frac{x^2}{0.10}$$

$$x = 9.5 \times 10^{-5}\ mol \cdot L^{-1}$$

$$c(H^+) = c(HS^-) = 9.5 \times 10^{-5}\ mol \cdot L^{-1}$$

由于第二级解离的存在，HS^- 会进一步发生解离，生成 H^+ 和 S^{2-}，所以达到解离平衡时，溶液中 H^+ 浓度略大于 $9.5 \times 10^{-5}\ mol \cdot L^{-1}$，而 HS^- 浓度略小于 $9.5 \times 10^{-5}\ mol \cdot L^{-1}$。

设达到解离平衡时，S^{2-} 浓度为 $y\ mol \cdot L^{-1}$。

$$HS^- \Longrightarrow H^+ + S^{2-}$$

各物质平衡浓度/($mol \cdot L^{-1}$)　　　($9.5 \times 10^{-5} - y$)　($9.5 \times 10^{-5} + y$)　y

$$K_{a2}^{\ominus} = \frac{(9.5 \times 10^{-5} + y)y}{9.5 \times 10^{-5} - y}$$

由于 $\dfrac{c_0}{K_{a2}^{\ominus}} = \dfrac{9.5 \times 10^{-5}}{1.1 \times 10^{-12}} \gg 400$，所以 $9.5 \times 10^{-5} \pm y \approx 9.5 \times 10^{-5}$，故

$$y \approx K_{a2}^{\ominus} = 1.1 \times 10^{-12}\ mol \cdot L^{-1}$$

计算结果表明，对于多元弱酸(如 H_2S 溶液)来说，如果 $K_{a1}^{\ominus} \gg K_{a2}^{\ominus}$，多元弱酸可以看作一元弱酸，溶液中 $c(H^+)$ 大小由第一级解离决定，并且 $c(H^+) \approx c(HS^-)$，HS^- 的第二级解离可以忽略不计；多元弱酸的负二价离子(如 S^{2-})浓度近似等于 $K_{a2}^{\ominus}$ 值，与弱酸的浓度无关。

利用多重平衡规则，将 H_2S 的解离平衡常数 $K_{a1}^{\ominus}$、$K_{a2}^{\ominus}$ 的表达式相乘，可以得到 $H_2S \Longrightarrow 2H^+ + S^{2-}$ 的解

离平衡常数 $K_a^\ominus$ 的表达式

$$K_a^\ominus = \frac{[c(H^+)]^2 \cdot c(S^{2-})}{c(H_2S)} = 1.0 \times 10^{-19}$$

该式表明氢硫酸解离平衡体系中 $c(H^+)$、$c(S^{2-})$ 和 $c(H_2S)$ 之间的关系。注意不是表明 H_2S 解离生成的 $c(H^+)$ 是 $c(S^{2-})$ 的两倍。例如，在常温、常压下，H_2S 饱和溶液浓度是 $0.10\ mol \cdot L^{-1}$，可以通过调节溶液中 $c(H^+)$ 来改变 $c(S^{2-})$。

【例 4-4】　在 $c(HCl) = 0.10\ mol \cdot L^{-1}$ 溶液中通入 H_2S 至饱和，求溶液中 $c(S^{2-})$。

解　由于盐酸是强电解质，在溶液中完全解离，因此体系中 $c(H^+) = 0.10\ mol \cdot L^{-1}$，此时 H_2S 解离度近似为零。设 $c(S^{2-})$ 为 $x\ mol \cdot L^{-1}$

$$H_2S \rightleftharpoons 2H^+ + S^{2-}$$

平衡浓度/$(mol \cdot L^{-1})$　　　　　　　0.10　　　0.10　x

$$K_a^\ominus = \frac{[c(H^+)]^2 \cdot c(S^{2-})}{c(H_2S)} = 1.0 \times 10^{-19}$$

$$x = \frac{1.0 \times 10^{-19} \times 0.10}{0.10^2}$$

$$x = 1.0 \times 10^{-18}\ mol \cdot L^{-1}$$

计算结果与例 4-3 比较，发现 $c(S^{2-})$ 显著降低。可见溶液酸度增大，多元弱酸的解离受到大大抑制。

4.1.4　同离子效应

上面的例子说明，强酸加入弱酸溶液会抑制弱酸的解离。不仅如此，一些强电解质盐也会抑制弱酸的解离，这些强电解质具有与弱电解质相同的离子。例如，HAc 溶液中加入强电解质 NaAc，HAc 的解离度会减小。这是由于 NaAc 在溶液中完全解离，溶液中 $c(Ac^-)$ 显著增加，HAc 的解离平衡向逆反应方向移动，HAc 的解离度减小。在弱电解质溶液中加入含有相同离子的强电解质而使弱电解质的解离度降低的现象，称为同离子效应。

【例 4-5】　向 1.0 L 0.10 $mol \cdot L^{-1}$ HAc 溶液中加入固体 NaAc，使 $c(NaAc)$ 为 0.10 $mol \cdot L^{-1}$（忽略溶液体积变化），求 HAc 的解离度。

解　NaAc 为强电解质，发生完全解离，由 NaAc 解离产生的 $c(Ac^-)$ 为 0.10 $mol \cdot L^{-1}$。

设 HAc 的解离度为 a

$$HAc(aq) \rightleftharpoons H^+(aq) + Ac^-(aq)$$

平衡浓度/$(mol \cdot L^{-1})$　　　　　0.10(1 − a)　　　0.10a　0.10(1 + a)

因为 $\dfrac{c_0}{K_a^\ominus} = \dfrac{0.10}{1.8 \times 10^{-5}} \gg 400$，所以 $1 \pm a \approx 1$

$$K_a^\ominus = 0.10a$$

$$a = \frac{1.8 \times 10^{-5}}{0.10} \times 100\% = 0.018\%$$

与例 4-1 结果比较，HAc 的解离度 a 缩小了两个数量级。这是由于强电解质 NaAc 的加入，破坏了 HAc 的解离平衡，平衡向 Ac^- 浓度减小的方向移动，所以 HAc 解离度减小。在科研工作和生产实践中经常用到同离子效应。例如，利用调节溶液的酸碱性，控制 H_2S 溶液中 S^{2-} 浓度。

4.1.5　缓冲溶液

实验发现，弱酸及其盐混合溶液或者弱碱及其盐混合溶液，具有抵抗外加少量强酸、强碱或者稀释，而保持体系的 pH 不发生显著变化的作用，称为缓冲作用。这种混合溶液称为缓冲溶液。例如，弱酸及其盐(如 HAc + NaAc)，弱碱及其盐(如 $NH_3 \cdot H_2O + NH_4Cl$)，以及多元弱酸酸式盐及其次级盐(如 $NaH_2PO_4 + Na_2HPO_4$)混合溶液都具有缓冲作用，是缓冲溶液。组成缓冲体系的两种物质称为缓冲对，如 HAc/NaAc、$NH_3 \cdot H_2O/NH_4Cl$ 都为缓冲对。

以 HAc-NaAc 缓冲体系为例，说明缓冲溶液的作用原理。在 HAc-NaAc 缓冲溶液中，NaAc 是强电解质，发生完全解离，溶液中 Ac^- 浓度相对较大；由于 Ac^- 的同离子效应，HAc 解离受到抑制，溶液中 HAc 浓度也相对较大，因此 HAc/NaAc 混合溶液中 HAc 解离平衡具有如下特点：

$$HAc(aq) \Longleftrightarrow H^+(aq) + Ac^-(aq)$$
$$c_A(大量) \qquad c(少量) \quad c_S(大量)$$

现以 c_A、c_B、c_S 分别表示弱酸、弱碱及其盐的初始浓度。由于同离子效应，达到平衡时，HAc 的浓度近似等于 c_A，Ac^- 的浓度近似等于 c_S，因此弱酸及其盐组成的缓冲体系的 pH 计算公式为

$$K_a^{\ominus} = \frac{c(H^+) \cdot c_S}{c_A}$$

$$c(H^+) = K_a^{\ominus} \frac{c_A}{c_S}$$

$$pH = pK_a^{\ominus} - \lg \frac{c_A}{c_S} \tag{4-18}$$

同理，弱碱及其盐组成的缓冲溶液的 pH 计算公式为

$$c(OH^-) = K_b^{\ominus} \frac{c_B}{c_S}$$

$$pH = 14 - pK_b^{\ominus} + \lg \frac{c_B}{c_S} \tag{4-19}$$

由式(4-18)和式(4-19)可知，当外加少量强酸到 HAc-NaAc 缓冲溶液中，强酸解离产生的 H^+ 迅速与 Ac^- 结合，生成 HAc；当外加少量强碱时，产生的 OH^- 迅速与溶液中的 H^+ 发生中和反应，溶液中未解离的 HAc 会继续解离以补充 H^+ 的消耗。但由于 $\frac{c_A}{c_S}$ 变化不大，所以溶液 pH 不发生显著变化。如果适当地稀释缓冲溶液，由于 c_A 和 c_S 同等程度变化，溶液 pH 也不发生显著变化。但是，如果将大量的酸或者碱加入缓冲体系，会消耗大量的 Ac^- 或者 HAc，此时 $\frac{c_A}{c_S}$ 值变化较大，缓冲体系的 pH 会发生较大改变，因此缓冲溶液的缓冲能力是有一定限度的。

【例 4-6】　计算：(1)0.100 mol·L^{-1} HAc 溶液的 pH；(2)0.100 mol·L^{-1} HAc 和 0.100 mol·L^{-1} NaAc 混合溶液的 pH；(3)取上述两种溶液各 100.0 mL，加入 10.0 mL 0.100 mol·L^{-1} HCl 溶液，计算溶液的 pH。

解　(1)由例 4-1 得 pH = 2.88。

(2)
$$pH = pK_a^{\ominus} - \lg \frac{c_A}{c_S}$$

$$pH = -\lg 1.8 \times 10^{-5} - \lg \frac{0.100}{0.100}$$

$$pH = 4.74$$

(3)首先计算 HAc 溶液中加入 HCl 的情况，由于 HCl 是强酸，在溶液中完全解离，溶液中的 H^+ 主要由 HCl 解离产生，HAc 解离出的 H^+ 可以忽略不计，因此

$$c(H^+) = \frac{0.100 \times 10.0}{100.0 + 10.0} = 0.00909 \,(mol \cdot L^{-1})$$

$$pH = 2.04$$

而将 HCl 加入 HAc-NaAc 缓冲体系中，HCl 解离出的 H^+ 会迅速与溶液中 Ac^- 结合，生成 HAc，因此可以认为 HCl 解离出的 H^+ 全部与 Ac^- 结合，生成 HAc。

$$c_0(HAc) = \frac{0.100 \times 100.0 + 0.100 \times 10.0}{100.0 + 10.0} = \frac{11.0}{110.0} \,(mol \cdot L^{-1})$$

$$c_0(Ac^-) = \frac{0.100 \times 100.0 - 0.100 \times 10.0}{100.0 + 10.0} = \frac{9.0}{110.0} \,(mol \cdot L^{-1})$$

由 $pH = pK_a^{\ominus} - \lg \dfrac{c_{\triangle}}{c_S}$ 得

$$pH = -\lg 1.8 \times 10^{-5} - \lg \frac{\dfrac{11.0}{110.0}}{\dfrac{9.0}{110.0}}$$

$$pH = 4.67$$

计算结果显示，相同量的 HCl 加入 HAc 溶液中，体系的 pH 改变了 0.84，而加入 HAc-NaAc 缓冲溶液中，体系 pH 改变量仅为 0.07。由此可见，HAc 对外加酸没有缓冲作用，而 HAc-NaAc 溶液对外加酸有很好的缓冲作用。

缓冲溶液抵抗外加酸或碱的过程中，缓冲对的浓度会发生改变。当其中一个组分浓度为零时，缓冲溶液就失去了缓冲作用。以 HAc-NaAc 缓冲体系为例，外加碱会消耗 HAc，当 HAc 消耗完时，再加碱，缓冲溶液不再具有缓冲作用；同样，当 NaAc 消耗完时，溶液对外加酸也不再有缓冲作用。因此，在配制缓冲溶液时，缓冲对的浓度越大，缓冲溶液的缓冲容量越大。

由式(4-23)和式(4-24)可知，要配制对外加酸、碱具有同等缓冲能力的缓冲溶液，首先应考虑配制溶液的 pH 与待选缓冲溶液体系的 $pK_a^{\ominus}$（或 $14 - pK_b^{\ominus}$）相近。例如，欲配制 pH = 5.0 的缓冲溶液，可以选择 HAc-NaAc 缓冲体系，因为 HAc 的 $pK_a^{\ominus} = 4.74$；而欲配制 pH = 9.0 的缓冲溶液，可以选择 $NH_3 \cdot H_2O$-NH_4Cl 缓冲体系，因为 $NH_3 \cdot H_2O$ 的 $pK_b^{\ominus} = 4.74$，$14 - 4.74 = 9.26$，接近 pH = 9.0，然后通过调节缓冲对的浓度比值，使缓冲体系的 pH 与实际需要的缓冲溶液 pH 一致。

4.2　盐类的水解

盐的水解是盐的组分离子与水解离出的 H^+ 或 OH^- 结合生成弱电解质的反应。盐的水解使水的解离平衡发生移动，从而改变溶液的酸碱性。

4.2.1　盐的水解

1. 强碱弱酸盐

NaAc 是典型的强碱弱酸盐，以 NaAc 水溶液为例讨论强碱弱酸盐的水解过程。

水溶液中，不仅存在 NaAc 的完全解离反应，还有溶剂水的解离反应，而生成的 Ac^- 又可以和 H^+ 结合，生成弱电解质 HAc 分子。

$$H^+(aq) + Ac^-(aq) \rightleftharpoons HAc(aq)$$

$$H_2O \rightleftharpoons H^+ + OH^-$$

将上面两方程式相加，得 NaAc 水解平衡方程式：

$$H_2O + Ac^- \rightleftharpoons HAc + OH^-$$

由于 NaAc 水解有 HAc 分子生成，溶液中 $c(H^+)$ 降低，使 H_2O 的解离平衡向右移动，溶液中 $c(OH^-) > c(H^+)$，因此 NaAc 溶液显碱性。

NaAc 水解平衡的平衡常数表达式为

$$K_h^\ominus = \frac{c(HAc) \cdot c(OH^-)}{c(Ac^-)} \tag{4-20}$$

式中，$K_h^\ominus$ 为水解反应的平衡常数，称为水解常数。由多重平衡规则可得

$$K_h^\ominus = \frac{K_w^\ominus}{K_a^\ominus} \tag{4-21}$$

由式 (4-21) 可知，强碱弱酸盐水解常数 $K_h^\ominus$ 等于水的离子积常数与弱酸解离平衡常数的比值。NaAc 的水解常数 $K_h^\ominus = \dfrac{1.0 \times 10^{-14}}{1.8 \times 10^{-5}} = 5.6 \times 10^{-10}$。设 NaAc 的初始浓度为 c_0，由于 $\dfrac{c_0}{K_h^\ominus} \gg 400$，强碱弱酸盐溶液 $c(OH^-)$ 为

$$c(OH^-) = \sqrt{\frac{K_w^\ominus c_0}{K_a^\ominus}} \tag{4-22}$$

2. 强酸弱碱盐

以 NH_4Cl 水溶液为例讨论强酸弱碱盐的水解过程。NH_4Cl 解离产生的 NH_4^+ 与 OH^- 结合，生成弱电解质 $NH_3 \cdot H_2O$；水的解离平衡向右移动，溶液中 $c(H^+) > c(OH^-)$，因此 NH_4Cl 水溶液呈酸性。

$$NH_4^+ + H_2O \rightleftharpoons NH_3 \cdot H_2O + H^+$$

由多重平衡规则可以推导出强酸弱碱盐的水解平衡常数：

$$K_h^\ominus = \frac{K_w^\ominus}{K_b^\ominus} \tag{4-23}$$

由式 (4-23) 可知，强酸弱碱盐水解常数 $K_h^\ominus$ 等于水的离子积常数与弱碱解离平衡常数的比值。

$K_h^\ominus$ 值表示相应盐水解程度的大小。盐类的水解程度用水解度 h 来衡量。

$$h = \frac{\text{盐已水解的浓度}}{\text{盐的初始浓度}} \times 100\%$$

当 $\dfrac{c_0}{K_h^\ominus} \gg 400$ ，则有

$$h = \sqrt{\dfrac{K_h^\ominus}{c_0}} \qquad (4\text{-}24)$$

【例 4-7】 求 $0.10\,\mathrm{mol \cdot L^{-1}}$ NaAc 溶液的 pH 和水解度 h（298 K）。

解 由 NaAc 水解平衡可得

$$\mathrm{H_2O + Ac^- \Longrightarrow HAc + OH^-}$$

$$K_h^\ominus = \dfrac{K_w^\ominus}{K_a^\ominus} = 5.6 \times 10^{-10}$$

$\dfrac{c_0}{K_h^\ominus} = \dfrac{0.10}{5.6 \times 10^{-10}} = 1.8 \times 10^8 \gg 400$，故可以采用近似公式计算

$$c(\mathrm{OH^-}) = \sqrt{c_0 K_h^\ominus} = \sqrt{0.10 \times 5.6 \times 10^{-10}} = 7.5 \times 10^{-6}\ (\mathrm{mol \cdot L^{-1}})$$

$$\mathrm{pOH} = 5.13$$

$$\mathrm{pH} = 14 - 5.13 = 8.87$$

水解度 $h = \sqrt{\dfrac{K_h^\ominus}{c_0}} \times 100\% = \sqrt{\dfrac{5.6 \times 10^{-10}}{0.10}} \times 100\% = 0.0075\%$

3. 弱酸弱碱盐

以 NH₄Ac 为例讨论一元弱酸弱碱盐的水解过程。在水溶液中，NH₄Ac 完全解离，生成 $\mathrm{NH_4^+}$ 和 $\mathrm{Ac^-}$，而 $\mathrm{NH_4^+}$ 和 $\mathrm{Ac^-}$ 又可以与水解离产生的 $\mathrm{OH^-}$ 和 $\mathrm{H^+}$ 结合，生成弱电解质 $\mathrm{NH_3 \cdot H_2O}$ 和 HAc。NH₄Ac 水解反应为

$$\mathrm{NH_4Ac + H_2O \Longrightarrow NH_3 \cdot H_2O + HAc}$$

其平衡常数表达式为

$$K_h^\ominus = \dfrac{c(\mathrm{HAc}) \cdot c(\mathrm{NH_3 \cdot H_2O})}{c(\mathrm{NH_4^+}) \cdot c(\mathrm{Ac^-})} = \dfrac{c(\mathrm{H^+}) \cdot c(\mathrm{OH^-})}{\dfrac{c(\mathrm{NH_4^+}) \cdot c(\mathrm{OH^-}) \cdot c(\mathrm{Ac^-}) \cdot c(\mathrm{H^+})}{c(\mathrm{NH_3 \cdot H_2O}) \cdot c(\mathrm{HAc})}} = \dfrac{K_w^\ominus}{K_a^\ominus K_b^\ominus} \qquad (4\text{-}25)$$

式 (4-25) 表明，弱酸弱碱盐的水解平衡常数 $K_h^\ominus$ 与其水解产生的弱酸、弱碱的解离平衡常数成反比，与水的离子积成正比。弱酸弱碱盐溶液的酸碱性由其水解产物的 $K_a^\ominus$ 和 $K_b^\ominus$ 的大小确定，如果 $K_a^\ominus > K_b^\ominus$，弱碱离子的水解程度比弱酸离子的水解程度大，溶液中 $c(\mathrm{H^+}) > c(\mathrm{OH^-})$，溶液显酸性。例如，由于 $K_a^\ominus(\mathrm{HF}) > K_b^\ominus(\mathrm{NH_3 \cdot H_2O})$，所以 NH₄F 水解显酸性；又由于 $K_a^\ominus(\mathrm{HAc}) \approx K_b^\ominus(\mathrm{NH_3 \cdot H_2O})$，所以 NH₄Ac 水解显中性；由于 $K_a^\ominus(\mathrm{HCN}) < K_b^\ominus(\mathrm{NH_3 \cdot H_2O})$，所以 NH₄CN 水解显碱性。

4. 盐的分步水解

多元弱酸或弱碱解离是分步进行的，多元弱酸盐或多元弱碱盐的水解也是分步进行的。以 Na₂CO₃ 为例讨论其分步水解：

$$CO_3^{2-} + H_2O \rightleftharpoons HCO_3^- + OH^- \qquad K_{h1}^{\ominus}$$

$$HCO_3^- + H_2O \rightleftharpoons H_2CO_3 + OH^- \qquad K_{h2}^{\ominus}$$

根据多重平衡规则可以推知：

$$K_{h1}^{\ominus} = \frac{K_w^{\ominus}}{K_{a2}^{\ominus}(H_2CO_3)} = \frac{1.0 \times 10^{-14}}{5.6 \times 10^{-11}} = 1.8 \times 10^{-4}$$

$$K_{h2}^{\ominus} = \frac{K_w^{\ominus}}{K_{a1}^{\ominus}(H_2CO_3)} = \frac{1.0 \times 10^{-14}}{4.2 \times 10^{-7}} = 2.4 \times 10^{-8}$$

可见多元弱酸盐水解常数是逐步减小的。当 $K_{h1}^{\ominus} \gg K_{h2}^{\ominus}$ 时，计算多元弱酸盐或多元弱碱盐溶液的 $c(OH^-)$ 或 $c(H^+)$，一般可以只考虑第一步水解。

4.2.2　影响水解的因素

水溶液中，盐类水解反应进行的程度主要是由盐的内在因素 $K_h^{\ominus}$ 的大小决定，$K_h^{\ominus}$ 越大，盐水解度越大；而 $K_h^{\ominus}$ 与盐水解产物弱酸或弱碱的 $K_a^{\ominus}$ 或 $K_b^{\ominus}$ 成反比关系，盐水解产物的 $K_a^{\ominus}$ 或 $K_b^{\ominus}$ 越小，则 $K_h^{\ominus}$ 越大，盐类的水解程度越大；对于弱酸弱碱盐来说，$K_h^{\ominus}$ 与盐水解产物的 $K_a^{\ominus}$ 和 $K_b^{\ominus}$ 成反比关系，$K_a^{\ominus}$ 和 $K_b^{\ominus}$ 越小，弱酸弱碱盐水解程度也越剧烈。

另外，温度、盐的浓度、溶液酸度等外界条件对盐类水解也有显著影响。盐的水解反应一般是吸热过程，由热力学知识可知，当升高温度时，$K_h^{\ominus}$ 增大；降低温度时，$K_h^{\ominus}$ 减小，所以升高温度可以加大盐水解的程度。而温度不变时，盐的 $K_h^{\ominus}$ 不变，由式(4-24)可知，盐的起始浓度 c_0 越小，其水解度越大。

再者，既然盐的水解改变了溶液的酸碱度，根据化学平衡移动原理，可以通过调节溶液的酸碱度控制盐的水解反应。例如，实验室配制强碱弱酸盐或强酸弱碱盐等易发生水解的溶液时，常采用相应的强碱或强酸的浓溶液来溶解盐，而不是用蒸馏水作溶剂。例如，配制 Na_2S 溶液时，用 $NaOH$ 溶液溶解 Na_2S 固体；而配制 $FeCl_2$、$SnCl_2$ 等溶液时，用盐酸溶解 $FeCl_2$、$SnCl_2$ 固体以抑制水解反应。

4.3　强电解质溶液解离理论

阿伦尼乌斯电离理论认为，强电解质在水溶液中完全解离。现代科学实验也证实了阿伦尼乌斯的强电解质完全解离的结论。例如，现代仪器测试发现，氯化钠等强电解质无论是在溶液状态下，还是在晶体状态下，组成氯化钠的微粒都是离子状态的，不存在分子状态的 $NaCl$ 微粒，所以 $NaCl$ 等强电解质在水溶液中发生完全解离。但是，人们在研究强电解质溶液时又发现，溶液中实际离子浓度总是小于理论离子浓度，并且电解质浓度越大，实际离子浓度偏离理论离子浓度越大。德拜(Debye)和休克尔(Hückel)提出了强电解质理论，对这一现象给予了初步解释。

4.3.1　离子强度

德拜和休克尔认为：强电解质在溶液中完全解离，不存在分子；正负离子之间存在静电

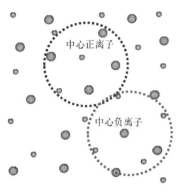

图 4.1   离子氛示意图

相互作用，正离子的周围围绕着负离子，负离子的周围围绕着正离子，形成所谓的离子氛，如图 4.1 所示。由于离子氛的存在，溶液中的离子并不完全自由，其表现为溶液导电能力下降，表观解离度下降等性质变化。

表观解离度是指由实验测得的电解质的解离度。通常，实验测得的强电解质表观解离度要小于强电解质全部解离的理论解离度。强电解质表观解离度的大小受到离子浓度、离子带电荷数目等因素的影响。当电解质溶液浓度降低，溶液中离子浓度减小时，表观解离度会逐渐增大，甚至接近实际解离度的大小。

溶液中离子的浓度越大、离子所带电荷数目越多，离子之间的相互作用就越强。用离子强度 I 衡量一种溶液对于存在于其中离子的影响大小，离子强度的单位为 $mol \cdot kg^{-1}$。

$$I = \frac{1}{2}\sum_i b_i z_i^2 \tag{4-26}$$

式中，b_i 表示离子 i 的质量摩尔浓度；z_i 表示溶液中离子 i 的电荷数。

4.3.2   活度和活度系数

溶液中，电解质的表观解离度小于理论解离度的原因是，离子与离子氛之间的相互作用限制了离子的自由移动。为了定量描述强电解质溶液中离子间的相互约束作用，人们提出了活度的概念。活度是指电解质溶液中实际发挥作用的浓度，又称有效离子浓度，以 a（activity）表示，溶液中电解质离子浓度与活度的关系式如下：

$$a = f \cdot c \tag{4-27}$$

式中，a 为活度；c 为浓度；f 为活度系数。活度系数的大小反映了电解质溶液中离子的相互作用。一般情况下，离子所带的电荷数及离子浓度对活度系数 f 的数值大小有显著影响。离子所带电荷数越高，f 的数值越小；而在稀溶液中，$f < 1$，随着离子浓度减小，f 的数值增大，在极稀溶液中，f 数值接近于 1。因此，对于一般的强电解质溶液来说，当溶液浓度较大时，应该采用活度进行计算。但是对于稀溶液、弱电解质溶液及难溶强电解质溶液来说，通常不考虑活度系数的影响，一般近似认为活度系数为 1，利用浓度代替活度进行计算。

4.3.3   盐效应

在 HAc 中加入 NaAc，除了 Ac^- 对 HAc 解离平衡产生同离子效应使解离度减小以外，Na^+ 对平衡也有一定的影响，这种影响称为盐效应。实验表明，盐效应将使解离度增大。例 4-1 中，计算出的 $0.100 \ mol \cdot L^{-1}$ HAc 溶液中 pH 及乙酸的解离度，是忽略了溶液中离子之间的相互作用，以浓度代替活度的近似结果，或者说是认为 $f = 1$ 的近似结果。若向 $0.100 \ mol \cdot L^{-1}$ HAc 中加入 $0.200 \ mol \cdot L^{-1}$ NaCl，考虑离子之间的相互作用。

$$HAc(aq) \Longleftrightarrow H^+(aq) + Ac^-(aq)$$

$$K_a^\ominus = \frac{a(H^+) \cdot a(Ac^-)}{a(HAc)} = \frac{[a(H^+)]^2}{0.100} = 1.8 \times 10^{-5}$$

解得 $a(H^+) = 1.34 \times 10^{-3} \text{ mol} \cdot L^{-1}$

当 $c(NaCl) = 0.200 \text{ mol} \cdot L^{-1}$ 时，活度系数 $f = 0.7$

由 $a = f \times c(H^+)$ 得

$$c(H^+) = \frac{a}{f} = \frac{1.34 \times 10^{-3}}{0.7} = 1.9 \times 10^{-3} (\text{mol} \cdot L^{-1})$$

则 HAc 的解离度 $\alpha = \dfrac{c(HAc)_{已解离}}{c(HAc)_{起始}} \times 100\% = \dfrac{1.9 \times 10^{-3}}{0.100} \times 100\% = 1.9\%$

与未加入 NaCl 时 $\alpha = 1.34\%$ 相比，加入 NaCl，解离度增大。

在弱电解质中加入与其没有共同离子的强电解质，会使弱电解质的解离度有所增加，这种作用称为盐效应。

习　题

一、填空题

1. Zn^{2+} 的第一级水解常数是 1.0×10^{-9}，则 $0.001 \text{ mol} \cdot L^{-1}$ $ZnCl_2$ 溶液的 pH 是　　　　　。

2. 在 500 mL 0.2 mol $\cdot L^{-1}$ 氨水中加入 500 mL 水，氨水的解离度将变为原来的　　　　　倍。

3. 在 0.10 mol $\cdot L^{-1}$ HAc 溶液中加入 NaAc 固体后，HAc 浓度　　　　　，解离度　　　　　，pH　　　　　，解离常数　　　　　。

4. 已知某二元弱酸 H_2A 的 $K_{a1} = 1 \times 10^{-7}$，$K_{a2} = 1 \times 10^{-14}$，则 0.10 mol $\cdot L^{-1}$ H_2A 溶液中 $c(A^{2-})$ 为　　　　　 mol $\cdot L^{-1}$；在 0.10 mol $\cdot L^{-1}$ H_2A 和 0.10 mol $\cdot L^{-1}$ 盐酸混合溶液中 $c(A^{2-})$ 为　　　　　 mol $\cdot L^{-1}$。

5. 将乙酸溶液与乙酸钠溶液等体积混合，并使混合溶液的 pH 为 4.05，该混合溶液中酸和盐的浓度比为　　　　　。

6. 在 0.100 mol $\cdot L^{-1}$ H_2SO_4 和 0.100 mol $\cdot L^{-1}$ $NaHSO_4$ 两种溶液中，SO_4^{2-} 浓度小的是　　　　　溶液，原因是　　　　　　　　　　　　　　　　　　　　。

二、选择题

1. pH = 1 和 pH = 5 的溶液 H^+ 的浓度相差（　　　）

A. 4 倍　　　　　　　　B. 12 倍　　　　　　　C. 4000 倍　　　　　　　D. 10000 倍

2. 下列各组混合液中，能作为缓冲溶液的是（　　　）

A. 10 mL 0.2 mol $\cdot L^{-1}$ HCl 和 10 mL 0.1 mol $\cdot L^{-1}$ NaCl

B. 10 mL 0.2 mol $\cdot L^{-1}$ HAc 和 10 mL 0.1 mol $\cdot L^{-1}$ NaOH

C. 10 mL 0.2 mol $\cdot L^{-1}$ HAc 和 10 mL 0.3 mol $\cdot L^{-1}$ NaOH

D. 10 mL 0.2 mol $\cdot L^{-1}$ HCl 和 10 mL 0.2 mol $\cdot L^{-1}$ NaOH

3. 下列溶液中不能组成缓冲溶液的是（　　　）

A. NH_3 和 NH_4Cl　　　　　　　　　　B. NaH_2PO_4 和 Na_2HPO_4

C. HCl 和过量的氨水　　　　　　　　　D. 氨水和过量的 HCl

4. 0.40 mol $\cdot L^{-1}$ 丙酸溶液的 pH 是（丙酸的 $K_a^\ominus = 1.3 \times 10^{-5}$）（　　　）

A. 0.40　　　　　　　　B. 2.64　　　　　　　　C. 5.28　　　　　　　　D. 4.88

5. 0.50 mol $\cdot L^{-1}$ HAc 的解离度是（　　　）

A. 0.30%　　　　　　　B. 1.3%　　　　　　　　C. 0.60%　　　　　　　D. 0.90%

6. pH = 1.0 和 pH = 4.0 的两种强酸溶液等体积混合后溶液的 pH 为（　　　）

A. 0.3　　　　　　　　B. 1.0　　　　　　　　　C. 1.3　　　　　　　　D. 1.5

7. 0.045 mol $\cdot L^{-1}$ KNO_2 溶液的 pH = 8.0，则 HNO_2 的 K_a 是（　　　）

A. 4.5×10^{-2} B. 4.5×10^{-10} C. 4.5×10^{-8} D. 4.5×10^{-4}

三、简答题和计算题

1. 人体血液正常 pH 为 7.4 左右，当患上某种疾病后血液的 pH 降到 5.9，试计算两种情况下，人体血液中 $c(H^+)$ 各为多少？

2. 已知 298 K 时，$K_a^{\ominus}(HAc) = 1.8 \times 10^{-5}$，计算：$0.10 \; mol \cdot L^{-1}$ HAc 溶液的 $c(H^+)$、pH 和解离度 α。

3. 某一元弱碱 BOH 浓度为 $0.015 \; mol \cdot L^{-1}$ 时解离度为 0.80%，试计算浓度为 $0.10 \; mol \cdot L^{-1}$ 时，该弱碱的解离度为多少？

4. 试计算：$0.040 \; mol \cdot L^{-1}$ HCN 和 $0.20 \; mol \cdot L^{-1}$ HAc 等体积混合后，混合溶液中 $c(H^+)$、$c(HAc)$、$c(HCN)$、$c(CN^-)$ 各为多少？[已知：$K_a^{\ominus}(HCN) = 6.2 \times 10^{-10}$]

5. 将 $0.10 \; mol \cdot L^{-1}$ 的 HAc 溶液稀释多少倍才能使 HAc 的解离度增大 1 倍？

6. 计算下列溶液的 pH：

(1) $0.40 \; mol \cdot L^{-1}$ NaAc 和 $0.10 \; mol \cdot L^{-1}$ HCl 等体积混合；

(2) $0.20 \; mol \cdot L^{-1}$ $NH_3 \cdot H_2O$ 和 $0.20 \; mol \cdot L^{-1}$ HCl 等体积混合；

(3) $0.20 \; mol \cdot L^{-1}$ KHC_2O_4 溶液。

[$K_b^{\ominus}(NH_3 \cdot H_2O) = 1.8 \times 10^{-5}$，$K_a^{\ominus}(HAc) = 1.8 \times 10^{-5}$，$H_2C_2O_4$ 的 $K_{a1}^{\ominus} = 5.9 \times 10^{-2}$，$K_{a2}^{\ominus} = 6.4 \times 10^{-5}$]

7. 欲配制 pH = 5.00 的缓冲溶液，需称取多少克 $NaAc \cdot 3H_2O$ 固体溶解于 300 mL $0.500 \; mol \cdot L^{-1}$ HAc 中？

8. 某一元弱酸盐 NaX 溶液浓度为 $0.20 \; mol \cdot L^{-1}$，测得其 pH 为 9.0，试计算弱酸 HX 的解离平衡常数 $K_a^{\ominus}$。

9. 试计算：[已知：$K_a^{\ominus}(HAc) = 1.8 \times 10^{-5}$]

(1) $0.10 \; mol \cdot L^{-1}$ HAc 的 pH，$0.10 \; mol \cdot L^{-1}$ NaAc 的 pH 各为多少？

(2) 将 100 mL $0.10 \; mol \cdot L^{-1}$ HAc 与 50 mL $0.10 \; mol \cdot L^{-1}$ NaAc 溶液相混合后，所得溶液的 pH 是多少？

10. 试计算：

(1) $0.10 \; mol \cdot L^{-1}$ 氨水溶液中 $c(H^+)$ 为多少？

(2) 在 1 L 上述氨水溶液中，加入 5.35 g $NH_4Cl(s)$ 后，溶液的 $c(H^+)$ 为多少？（忽略体积变化）

11. 已知：$0.0100 \; mol \cdot L^{-1}$ $NaNO_2$ 溶液的 $c(H^+) = 2.1 \times 10^{-8} \; mol \cdot L^{-1}$。计算：$NaNO_2$ 的水解常数 $K_h^{\ominus}$；HNO_2 的解离常数 $K_a^{\ominus}$。

12. 在 50 mL $0.10 \; mol \cdot L^{-1}$ HAc 溶液中加入 1.36 g $NaAc \cdot 3H_2O$ 晶体（假设溶液体积不变，$NaAc \cdot 3H_2O$ 相对分子质量为 136），试计算：

(1) 此溶液的 pH [已知：$K_a^{\ominus}(HAc) = 1.8 \times 10^{-5}$]；

(2) 在此溶液中加入 1 mL $0.20 \; mol \cdot L^{-1}$ HCl 后，溶液的 pH；

(3) 在此溶液中加入 1 mL $0.20 \; mol \cdot L^{-1}$ NaOH 后，溶液的 pH；

(4) 将此溶液稀释至 200 mL 后，溶液的 pH。

知识简介——水的纯化

人类的生活和生产离不开水，虽然地球表面有丰富的水资源，但是绝大部分的水为含盐量超过 3% 的海水，不能直接供人类饮用；地球表面的江河、湖泊虽然可以为人类提供必需的淡水资源，但是天然水中通常含有较为复杂的化学成分，不仅包括可溶性的电解质，还有少量可溶性气体，以及一些胶体物质，甚至包括细菌、藻类等悬浮物，因此大部分的天然水要经过纯化后才能供人类使用。目前，常用的纯化水的方法有以下几种。

(1) 蒸馏法。蒸馏法是通过加热使水气化，再将蒸气冷凝，除去难挥发的电解质而获得纯水的方法。蒸馏虽然可以除去一些难挥发的电解质，但是溶解在水中的二氧化碳、氨等微量气体和易挥发物质会随着蒸气一起冷凝，又浸入水中，因此一次蒸馏水的纯度还不能达到化学实验室的要求，通常需要进行二次蒸馏，甚至三次蒸馏。经过三次蒸馏的水纯度可以满足一般化学实验的要求。蒸馏法虽然可以获得较纯净的水，但是该法能耗非常高。

(2)离子交换法。离子交换法是利用离子交换树脂上电离的 H^+ 或 OH^- 与水中溶解的电解质离子进行离子交换，将水中的电解质离子固载到离子交换树脂上，交换下来的 H^+ 和 OH^- 结合生成水，而实现水的纯化的方法。离子交换树脂分为阳离子交换树脂和阴离子交换树脂。阳离子交换树脂是不溶于水的高分子材料经过磺化反应制备的含有磺酸基的树脂。磺酸基上的 H^+ 可以与溶于水的电解质阳离子进行离子交换，将 H^+ 释放到水中而电解质阳离子固载到树脂上。阴离子交换树脂是将高分子树脂通过改性接枝上有机胺基团，再经碱处理，将阴离子交换树脂变为羟基型树脂，羟基型树脂可以与水中的电解质阴离子发生离子交换。离子交换树脂经使用达到交换饱和后，可以分别经酸或碱反交换处理以还原，实现重复使用。离子交换水在科学研究和工业生产中有广泛应用，如蒸汽锅炉用水必须使用离子交换水，以防止在锅炉内壁生成水垢。

(3)反渗透法。渗透是自然界中常见的现象，如植物的根通过渗透来吸收水分。植物的根之所以能吸收水，是因为植物根部的细胞膜是一种半透膜，这种膜的微孔只允许水分子通过，不允许电解质离子通过。细胞内、外的水分子可以透过细胞膜，但是在单位时间内进入细胞内的水分子数要多于离开细胞的水分子数，因此细胞膜会膨胀，以产生一定的渗透压使进出细胞的水分子数达到平衡。反渗透是将大于渗透压的外加压力作用于电解质溶液上，使溶液中的溶剂向纯溶剂方向流动，使纯溶剂的量增加。反渗透可以应用于海水淡化、工业废水处理等。反渗透技术能否应用于生产实际的关键在于能否制备出高强度、高选择性、大通量的半透膜。目前，人们已经能够制备用于大型海水淡化装置的半透膜，并用于海水淡化。

第5章 沉淀溶解平衡

内容提要

(1) 掌握溶度积常数、沉淀溶解反应及相关的各种概念。

(2) 掌握沉淀生成的计算与应用。

(3) 理解沉淀在酸中的溶解和不同沉淀之间的相互转化。

中学化学中有关物质溶解度的定义是：在 100 g 水中溶解的该物质的质量。本章将从沉淀溶解平衡来讨论物质的溶解度。沉淀溶解平衡是指在一定温度下难溶性强电解质与溶解在溶液中的离子之间存在溶解和结晶平衡。

5.1 沉淀的溶度积原理

理论上，绝对不溶解的物质是没有的。习惯上，把溶解度小于 0.01 g · (100 g H_2O)$^{-1}$ 的物质称为不溶物或难溶物，但难溶的界限是不严格的，如 $PbCl_2$ 溶解度为 0.675 g · (100 g H_2O)$^{-1}$；$CaSO_4$ 溶解度为 0.176 g · (100 g H_2O)$^{-1}$；$HgSO_4$ 溶解度为 0.055 g · (100 g H_2O)$^{-1}$；这些物质通常认为是难溶物。由于它们的相对分子质量较大，饱和溶液的浓度分别只有 2.43×10^{-2} mol · L^{-1}、1.29×10^{-2} mol · L^{-1}、1.85×10^{-3} mol · L^{-1}。

本章在进行沉淀溶解平衡讨论时，为计算方便，物质的溶解度通常用该物质在水溶液中溶解达到饱和时的物质的量浓度(mol · L^{-1})来表示，记为 S。

5.1.1 溶度积常数

将 AgCl 固体与水混合，水分子的正极与固体表面的负离子(Cl^-)相互吸引，水分子的负极与固体表面的正离子(Ag^+)相互吸引，其结果是部分 Ag^+ 和 Cl^- 在水分子的作用下脱离 AgCl 表面进入水中，此即为溶解；随着溶液中 Ag^+ 和 Cl^- 的不断增多，其中一些水合 Ag^+ 和 Cl^- 在运动中受固体表面的吸引重新析出到固体表面上，此即为沉淀；溶解产生的 Ag^+ 和 Cl^- 的数目与沉淀消耗的 Ag^+ 和 Cl^- 的数目相同，即两个过程进行的速率相等，达到沉淀溶解平衡状态，如下式所示：

$$AgCl(s) \rightleftharpoons Ag^+(aq) + Cl^-(aq)$$

这一多相平衡的平衡常数表达式为

$$K_{sp}^{\ominus}(AgCl) = c(Ag^+) \cdot c(Cl^-)$$

平衡常数 $K_{sp}^{\ominus}$ 是溶解达到平衡时(或饱和溶液中)水合银离子和氯离子浓度的乘积，称为溶度积常数，该常数以"sp"(sp 是英文 solubility product 的缩写)为下标注明。溶度积常数的表达式需根据配平的平衡方程式书写，符合平衡常数的一般书写规则。例如，对于难溶物 Ag_2CrO_4，平衡方程式为

$$Ag_2CrO_4(s) \Longrightarrow 2Ag^+(aq) + CrO_4^{2-}(aq)$$

以 $c(Ag^+)$、$c(CrO_4^{2-})$ 分别表示平衡时溶液中 Ag^+ 和 CrO_4^{2-} 的浓度,溶度积常数可表示为

$$K_{sp}^{\ominus}(Ag_2CrO_4) = [c(Ag^+)]^2 \cdot c(CrO_4^{2-})$$

氟磷灰石 $Ca_5(PO_4)_3F$ 的溶解平衡方程式为

$$Ca_5(PO_4)_3F(s) \Longrightarrow 5Ca^{2+}(aq) + 3PO_4^{3-}(aq) + F^-(aq)$$

$c(Ca^{2+})$、$c(PO_4^{3-})$、$c(F^-)$ 分别为各物质平衡时的浓度,溶度积常数为

$$K_{sp}^{\ominus}[Ca_5(PO_4)_3F] = [c(Ca^{2+})]^5 \cdot [c(PO_4^{3-})]^3 \cdot c(F^-)$$

溶度积常数是一定温度下难溶电解质达到沉淀溶解平衡的标准平衡常数。表 5.1 给出了某些难溶物的溶度积常数。从本书附录 7 中可查到更多物质的溶度积常数。

表 5.1 一些难溶物的溶度积常数

化合物	溶度积表达式	$K_{sp}^{\ominus}$	$pK_{sp}^{\ominus}$
AgCl	$K_{sp}^{\ominus} = c(Ag^+) \cdot c(Cl^-)$	1.77×10^{-10}	9.75
AgBr	$K_{sp}^{\ominus} = c(Ag^+) \cdot c(Br^-)$	5.0×10^{-13}	12.3
AgI	$K_{sp}^{\ominus} = c(Ag^+) \cdot c(I^-)$	8.3×10^{-17}	16.08
Ag_2CrO_4	$K_{sp}^{\ominus} = [c(Ag^+)]^2 \cdot c(CrO_4^{2-})$	1.2×10^{-12}	11.92
Bi_2S_3	$K_{sp}^{\ominus} = [c(Bi^{3+})]^2 \cdot [c(S^{2-})]^3$	1.0×10^{-97}	97
$CaCO_3$	$K_{sp}^{\ominus} = c(Ca^{2+}) \cdot c(CO_3^{2-})$	2.8×10^{-9}	8.54
$CaC_2O_4 \cdot H_2O$	$K_{sp}^{\ominus} = c(Ca^{2+}) \cdot c(C_2O_4^{2-})$	4.0×10^{-9}	8.4
$Mg(OH)_2$	$K_{sp}^{\ominus} = c(Mg^{2+}) \cdot [c(OH^-)]^2$	1.8×10^{-11}	10.74
$MgCO_3$	$K_{sp}^{\ominus} = c(Mg^{2+}) \cdot c(CO_3^{2-})$	3.5×10^{-8}	7.46

5.1.2 溶度积原理

将 $BaCl_2$ 和 Na_2SO_4 溶液混合,若用 $c(Ba^{2+})$、$c(SO_4^{2-})$ 分别表示混合溶液中的钡离子和硫酸根离子的起始浓度,并用 J 表示它们的乘积,即

$$J = c(Ba^{2+}) \cdot c(SO_4^{2-})$$

J 的表达式在形式上与溶度积常数 $K_{sp}^{\ominus}$ 的表达式相同,只是它是各物质起始浓度的乘积。

若 $J = c(Ba^{2+}) \cdot c(SO_4^{2-}) > K_{sp}^{\ominus}$,混合溶液对于 $BaSO_4$ 饱和溶液是过饱和溶液,反应将向生成沉淀的方向移动,将有 $BaSO_4$ 沉淀生成;若 $J = c(Ba^{2+}) \cdot c(SO_4^{2-}) < K_{sp}^{\ominus}$,混合溶液对于 $BaSO_4$ 饱和溶液是不饱和溶液,即该溶液不会有 $BaSO_4$ 沉淀生成。

一般地,对于难溶物 M_mA_n,存在溶解平衡:

$$M_mA_n \Longrightarrow mM^{n+} + nA^{m-}$$

某时刻 $\quad J = [c(M^{n+})]^m \cdot [c(A^{m-})]^n > K_{sp}^{\ominus}$,平衡左移,将生成沉淀

$\qquad\qquad J = [c(M^{n+})]^m \cdot [c(A^{m-})]^n < K_{sp}^{\ominus}$,平衡右移,沉淀将溶解

$$J = [c(M^{n+})]^m \cdot [c(A^{m-})]^n = K_{sp}^{\ominus}，达到沉淀溶解平衡$$

上述结论称为溶度积原理，也称溶度积规则。利用溶度积原理，可以判断沉淀的产生或溶解，或者沉淀和溶液是否处于平衡状态(饱和溶液)。

【例 5-1】 向 0.50 L 0.10 $mol \cdot L^{-1}$ 氨水中加入等体积的 0.50 $mol \cdot L^{-1}$ $MgCl_2$溶液，问：(1)是否有 $Mg(OH)_2$ 沉淀生成？(2)欲使溶液中的 Mg^{2+}不被沉淀，应至少加入多少固体 NH_4Cl(设加入固体 NH_4Cl 后溶液体积不变)？($K_{sp}^{\ominus}[Mg(OH)_2] = 1.8 \times 10^{-11}$)

解 (1)刚混合时，　　　　　　　　$c(Mg^{2+}) = 0.50/2 = 0.25 （mol \cdot L^{-1}）$

$$c(NH_3 \cdot H_2O) = 0.10/2 = 0.050 （mol \cdot L^{-1}）$$

溶液中 OH^-由 $NH_3 \cdot H_2O$ 解离产生：

$$c(OH^-) = [K_b^{\ominus}(NH_3 \cdot H_2O) \cdot c(NH_3 \cdot H_2O)]^{1/2} = (1.8 \times 10^{-5} \times 0.050)^{1/2} = 9.5 \times 10^{-4} （mol \cdot L^{-1}）$$

$Mg(OH)_2$的沉淀溶解平衡为

$$Mg(OH)_2(s) \Longrightarrow Mg^{2+}(aq) + 2OH^-(aq)$$

$$J = c(Mg^{2+}) \cdot [c(OH^-)]^2 = 0.25 \times (9.5 \times 10^{-4})^2 = 2.3 \times 10^{-7}$$

$J > K_{sp}^{\ominus}[Mg(OH)_2]$，所以有 $Mg(OH)_2$沉淀生成。

(2)在溶液中有两个平衡同时存在：

$$NH_3 \cdot H_2O \Longrightarrow NH_4^+ + OH^-$$

$$K_b^{\ominus}(NH_3 \cdot H_2O) = c(NH_4^+) \cdot c(OH^-)/c(NH_3 \cdot H_2O) \quad (1)$$

$$Mg(OH)_2(s) \Longrightarrow Mg^{2+}(aq) + 2OH^-(aq)$$

$$K_{sp}^{\ominus}[Mg(OH)_2] = c(Mg^{2+}) \cdot [c(OH^-)]^2 \quad (2)$$

若在溶液中加入 NH_4Cl，由于同离子效应使氨水解离度降低，从而降低 OH^-的浓度，这样才有可能使 Mg^{2+}不被沉淀，由式(2)知

$$c(OH^-) \leqslant \sqrt{K_{sp}^{\ominus}[Mg(OH)_2]/c(Mg^{2+})} = \sqrt{1.8 \times 10^{-11}/0.25} = 8.5 \times 10^{-6} （mol \cdot L^{-1}）$$

即　　　　　　　　　　　　　　$c(OH^-) \leqslant 8.5 \times 10^{-6} mol \cdot L^{-1}$

由式(1)得 $c(NH_4^+) = K_b^{\ominus}(NH_3 \cdot H_2O) \cdot c(NH_3 \cdot H_2O)/c(OH^-)$

$$= 1.8 \times 10^{-5} \times 0.05/(8.5 \times 10^{-6}) （mol \cdot L^{-1}）$$

$$= 0.106 （mol \cdot L^{-1}）$$

应至少加入固体 NH_4Cl：$0.106 \times 53.49 = 5.67（g）$

5.1.3　溶度积与溶解度

溶度积常数作为溶解平衡常数，既可以通过热力学方法计算获得，也可以通过实验方法测定。利用溶度积常数可以计算以 $mol \cdot L^{-1}$为单位的难溶电解质的溶解度。对于一般的沉淀溶解平衡，溶度积常数 $K_{sp}^{\ominus}$ 与溶解度 S 的相互换算关系为

$$M_mA_n \Longrightarrow mM^{n+} + nA^{m-}$$

平衡浓度/($mol \cdot L^{-1}$)　　　　　　　　　　　mS　　　nS

$$K_{sp}^{\ominus} = (nS)^n \cdot (mS)^m$$

【**例 5-2**】　(1)298 K 时，每升 AgCl 饱和溶液中溶解 0.00193 g AgCl，试计算其溶度积常数(已知 AgCl 的摩尔质量为 143.32 g·mol^{-1})。(2)Ag$_2$CrO$_4$ 在 298 K 时溶度积常数为 2.0×10^{-12}，试计算其溶解度。

解　(1)将 AgCl 的溶解度 S 单位换算为 mol·L^{-1}：

$$1.93 \times 10^{-3}/143.32 = 1.34 \times 10^{-5}\ (\text{mol} \cdot \text{L}^{-1})$$

AgCl 在水中的平衡关系：

$$\text{AgCl(s)} \Longleftrightarrow \text{Ag}^+\text{(aq)} + \text{Cl}^-\text{(aq)}$$

$$K_{sp}^{\ominus}(\text{AgCl}) = c(\text{Ag}^+) \cdot c(\text{Cl}^-) = S^2$$

$$K_{sp}^{\ominus}(\text{AgCl}) = (1.34 \times 10^{-5})^2 = 1.80 \times 10^{-10}$$

(2)设 Ag$_2$CrO$_4$ 的溶解度为 S mol·L^{-1}

Ag$_2$CrO$_4$ 在水中的平衡关系：

$$\text{Ag}_2\text{CrO}_4\text{(s)} \Longleftrightarrow 2\text{Ag}^+\text{(aq)} + \text{CrO}_4^{2-}\text{(aq)}$$

$$K_{sp}^{\ominus}(\text{Ag}_2\text{CrO}_4) = [c(\text{Ag}^+)]^2 \cdot c(\text{CrO}_4^{2-}) = (2S)^2 \times S$$

$$2.0 \times 10^{-12} = 4S^3$$

$$S = 0.79 \times 10^{-4}\ \text{mol} \cdot \text{L}^{-1}$$

注意：①在计算难溶物溶解离子的平衡浓度时不要搞错计量关系，如 1 mol 铬酸银溶于水将产生 2 mol Ag$^+$ (aq)，x mol·L^{-1} 铬酸银溶于水形成的铬酸银溶液中银离子平衡浓度 $c(\text{Ag}^+) = 2x$，余者类推。②铬酸银的溶度积比氯化银的溶度积小，但计算的结果，铬酸银的溶解度却比氯化银的溶解度大，这说明：类型不同的难溶电解质的溶度积常数大小不能直接反映出它们溶解度的大小，因为它们的溶度积常数与溶解度的关系式是不同的。

5.1.4　同离子效应

当溶液中存在其他来源的同种离子，由于存在同离子效应，上例的溶度积与溶解度的互算式就不能使用了，但溶度积常数的表达式仍可用于计算。

【**例 5-3**】　已知 25℃时，AgCl 的溶度积常数为 1.8×10^{-10}，试计算该温度下 AgCl 的溶解度？同样 25℃时 AgCl 的溶度积常数为 1.8×10^{-10}，在 AgCl 饱和溶液中加入沉淀剂 NaCl，并使 NaCl 的浓度为 0.01 mol·L^{-1}，试求 AgCl 的溶解度。

解　(1)设 25℃时 AgCl 的溶解度为 S

$$\text{AgCl(s)} \Longleftrightarrow \text{Ag}^+\text{(aq)} + \text{Cl}^-\text{(aq)}$$

平衡浓度/(mol·L^{-1})　　　　　　　　　　　　　S　　　　S

$$K_{sp}^{\ominus}(\text{AgCl}) = c(\text{Ag}^+) \cdot c(\text{Cl}^-) = S^2$$

$$S = \sqrt{K_{sp}^{\ominus}(\text{AgCl})} = \sqrt{1.8 \times 10^{-10}} = 1.34 \times 10^{-5}\ (\text{mol} \cdot \text{L}^{-1})$$

(2)仍设 AgCl 的溶解度为 S

$$\text{AgCl(s)} \Longleftrightarrow \text{Ag}^+\text{(aq)} + \text{Cl}^-\text{(aq)}$$

平衡浓度/(mol·L^{-1})　　　　　　　　　　　　　S　　　0.01 + S

$$K_{sp}^{\ominus}(\text{AgCl}) = c(\text{Ag}^+) \cdot c(\text{Cl}^-)$$

$$1.8 \times 10^{-10} = S(0.01 + S)$$

$K_{sp}^{\ominus}(\text{AgCl})$ 很小，$S \ll 0.01$，$0.01 + S \approx 0.01$

$$1.8 \times 10^{-10} = 0.01S$$

$$S = 1.8 \times 10^{-8} \text{ mol} \cdot \text{L}^{-1}$$

比较(1)(2)结果可以发现，由于 NaCl 的加入，AgCl 的溶解度从 1.34×10^{-5} mol·L^{-1} 降到 1.8×10^{-8} mol·L^{-1}，变化了三个数量级。这种在难溶电解质的饱和溶液中，加入含有相同离子的易溶强电解质，而使其溶解度减小的现象也称为同离子效应。

规律：当溶液中存在与难溶电解质同种离子时，由于同离子效应，难溶物的溶解度将降低，沉淀将更为完全。应用同离子效应，实际工作中常采取加入过量沉淀剂的方法，以使某种离子沉淀完全。例如，生产 AgCl 时，加入适当过量的盐酸可使 Ag$^+$ 得到充分利用；洗去 BaSO$_4$ 沉淀中的杂质时，用稀 H$_2$SO$_4$ 作洗涤液可防止溶解损失。

沉淀完全具有重要实际意义，但它是一个模糊概念，没有绝对的"完全"，只有相对的完全。对于常规的化学操作，沉淀完全的意义是溶液中由沉淀溶解产生的离子的浓度低至 10^{-5} mol·L^{-1} 以下，因为一般的分析天平只能称量出 10^{-4} g。

5.1.5　影响难溶物溶解度的其他因素

1. 难溶弱电解质解离平衡对溶解度的影响

对难溶弱电解质来说，其溶解度不仅与溶液中是否存在同种离子有关，还与弱电解质的电离平衡有关。

例如，Al(OH)$_3$ 既是难溶物，又是弱电解质。溶解于水的 Al(OH)$_3$ 除了以 Al^{3+} 和 OH$^-$ 的方式存在外，还以 Al(OH)$_3$、Al(OH)$_2^+$、Al(OH)$^{2+}$ 等形式存在。利用难溶弱电解质的溶度积计算它的溶解度十分复杂，已经超出本书作为基础课程的要求，需在后续课程继续讨论。

2. 溶液中存在其他化学平衡的影响

如果溶液中存在其他化学平衡，如酸效应和配位效应，会影响物质的溶解度。

例如，Ag$_2$S 是强电解质，溶液中不存在 Ag$_2$S 分子，但是溶解产生的 S^{2-} 会与水发生质子传递反应生成 HS$^-$，甚至 H$_2$S，这些反应的存在将使沉淀溶解平衡向沉淀溶解的方向移动，增大 Ag$_2$S 的溶解度。此类副反应称为酸效应。

又如，AgCl 在稀盐酸中的溶解度小于在纯水中的溶解度，但在浓盐酸中 AgCl 的溶解度会增大，因为过浓的 Cl$^-$ 会与 Ag$^+$ 发生如下配位反应：

$$Ag^+ + 2Cl^- \Longrightarrow AgCl_2^-$$

此类副反应称为配位效应。

3. 盐效应

盐效应也能增大难溶物的溶解度。例如，BaSO$_4$ 和 AgCl 的溶解度都随溶液中 KNO$_3$ 浓度的增大而增大。KNO$_3$ 既不会与 BaSO$_4$ 或 AgCl 发生任何化学反应，也不存在它们的同离子，这应当如何解释呢？唯一的解释就是盐效应的影响。

4. 其他影响因素

温度、溶剂、沉淀颗粒的大小、沉淀的溶胶性质及多晶现象等也是影响难溶物溶解度的重要因素。例如，大多数物质在水中的溶解度随温度升高而增大；加入乙醇能使 K_2PtCl_6 在水中的溶解度降低；事实上颗粒小的固体比颗粒大的固体的溶解度大，沉淀经过"陈化"会使沉淀颗粒增大；固体颗粒变成直径 $1\sim100$ nm 的"胶体颗粒"会使沉淀"穿滤"，导致固液分离不完全，加电解质和加热可防止许多难溶物发生胶溶现象；难溶物在不同条件下得到不同的晶相（晶体结构不同），溶解度不同，如刚沉淀的硫化钴的晶体结构属于 α 型，溶度积数量级为 10^{-22}，经过陈置，转化为比较稳定的 β 型晶体结构，溶度积的数量级降至 10^{-26}。

5.2　沉淀与溶解

通过发生化学反应可使沉淀生成或溶解。所用的反应主要有：酸碱反应、配位反应、氧化还原反应和沉淀转化反应。

$$Al(OH)_3(s) + 3H^+ \Longrightarrow Al^{3+} + 3H_2O$$

$$Al(OH)_3(s) + OH^- \Longrightarrow [Al(OH)_4]^- （或写成 AlO_2^- + H_2O）$$

$$CaCO_3(s) + 2H^+ \Longrightarrow Ca^{2+} + CO_2 + H_2O$$

$$AgCl(s) + 2NH_3 \Longrightarrow Ag(NH_3)_2^+ + Cl^-$$

$$3CuS(s) + 8H^+ + 2NO_3^- \Longrightarrow 3Cu^{2+} + 3S + 2NO + 4H_2O$$

$$BaSO_4(s) + CO_3^{2-} \Longrightarrow BaCO_3(s) + SO_4^{2-}$$

通过化学平衡及利用溶度积原理，从理论上推断沉淀生成或溶解是本章的核心内容。这里主要讨论酸碱反应和沉淀转化反应导致的沉淀溶解。其他反应将在后续章节中讨论。

5.2.1　金属氢氧化物沉淀的生成、溶解与分离

大多数金属氢氧化物是难溶的，它们有不同的溶度积常数，通过控制溶液的 pH，可控制沉淀和溶解，达到分离的目的。只要知道氢氧化物的溶度积和金属离子的初始浓度，就可估算出氢氧化物开始沉淀和沉淀完全时溶液的 pH。例如，$Pb(OH)_2$，$K_{sp}^{\ominus}[Pb(OH)_2] = 1.2 \times 10^{-15}$，若 Pd^{2+} 的初始浓度为 0.1 $mol \cdot L^{-1}$，则 $Pb(OH)_2$ 开始沉淀时的 pH 为

$$c(OH^-)_{开始沉淀} = \sqrt{\frac{K_{sp}^{\ominus}[Pb(OH)_2]}{c(Pb^{2+})}} = \sqrt{\frac{1.2 \times 10^{-15}}{0.1}} \ mol \cdot L^{-1} = 3.4 \times 10^{-8} mol \cdot L^{-1}$$

$$pH_{开始沉淀} = 6.53$$

这就是说，在 0.1 $mol \cdot L^{-1}$ Pb^{2+} 溶液中添加 OH^-（如加入 NaOH 或 NH_3 等碱性物质），只要 pH 升高至 6.45，$Pb(OH)_2$ 就会开始沉淀。

设沉淀完全的要求是溶液中的 Pb^{2+} 浓度减至 $10^{-5} mol \cdot L^{-1}$，这时

$$c(OH^-)_{沉淀完全} = \sqrt{\frac{K_{sp}^{\ominus}[Pb(OH)_2]}{c(Pb^{2+})}} = \sqrt{\frac{1.2 \times 10^{-15}}{10^{-5}}} \ mol \cdot L^{-1} = 1.1 \times 10^{-5} mol \cdot L^{-1}$$

$$pH_{沉淀完全} = 9.0$$

将上述计算推广至所有金属氢氧化物，以 $M(OH)_n$ 为通式，则 $K_{sp}^{\ominus} = c(M^{n+}) \cdot [c(OH^-)]^n$

$$c(OH^-) = \sqrt[n]{\frac{K_{sp}^{\ominus}}{c(M^{n+})}}$$

设开始沉淀时金属离子浓度为 $0.1 \text{ mol} \cdot L^{-1}$，完全沉淀时金属离子浓度为 $10^{-5} \text{ mol} \cdot L^{-1}$，代入上式，得

$$pH_{开始沉淀} = 14 + \frac{1}{n}\lg\frac{K_{sp}}{0.1}$$

$$pH_{沉淀完全} = 14 + \frac{1}{n}\lg\frac{K_{sp}^{\ominus}}{10^{-5}}$$

更改上列计算式对数项分母（金属离子浓度）还可得到不同浓度金属离子开始沉淀和沉淀完全的 pH，其结果列于表 5.2。

表 5.2　常见金属离子在不同浓度下开始沉淀所需的 pH

金属离子	$K_{sp}^{\ominus}$	离子浓度 $c/(\text{mol} \cdot L^{-1})$				
			10^{-1}	10^{-2}	10^{-3}	10^{-4}	10^{-5}(沉淀完全)
Fe^{3+}	4.0×10^{-38}	pH	1.9	2.2	2.5	2.9	3.2
Al^{3+}	1.3×10^{-33}		3.4	3.7	4.0	4.4	4.7
Cr^{3+}	6.0×10^{-31}		4.3	4.6	4.9	5.3	5.6
Cu^{2+}	2.2×10^{-20}		4.7	5.2	5.7	6.2	6.7
Fe^{2+}	8.0×10^{-16}		7.0	7.5	8.0	8.5	9.0
Ni^{2+}	2.0×10^{-15}		7.2	7.7	8.2	8.7	9.2
Mn^{2+}	1.9×10^{-13}		8.1	8.6	9.1	9.6	10.1
Mg^{2+}	1.8×10^{-11}		9.1	9.6	10.1	10.6	11.1

5.2.2　难溶硫化物的沉淀与溶解

金属离子与饱和硫化氢反应能产生难溶的硫化物沉淀。对于 H_2S 饱和溶液，H_2S 的浓度为 $0.1 \text{ mol} \cdot L^{-1}$。对于一种金属离子与饱和硫化氢反应，开始生成硫化物沉淀所需的 H^+ 浓度和将金属离子完全沉淀所需的 H^+ 浓度只是金属离子浓度的函数，如

$$Zn^{2+} + H_2S \Longrightarrow ZnS(s) + 2H^+$$

$$K_{sp}^{\ominus} = \frac{[c(H^+)]^2}{c(Zn^{2+}) \cdot c(H_2S)} \qquad c(H^+) = \sqrt{0.1 \times K_{sp} \times c(Zn^{2+})}$$

$$2Bi^{3+} + 3H_2S \Longrightarrow Bi_2S_3(s) + 6H^+$$

$$K_{sp}^{\ominus} = \frac{[c(H^+)]^6}{[c(Bi^{3+})]^2 \cdot [c(H_2S)]^3} \qquad c(H^+) = \sqrt[6]{0.1^3 \times K_{sp} \times [c(Bi^{3+})]^2}$$

控制 pH 可将溶解度相差较大的金属硫化物分离开。

【例 5-4】　某溶液中含有 Pb^{2+} 和 Zn^{2+}，二者的浓度均为 $0.1 \text{ mol} \cdot L^{-1}$，在室温下通入 H_2S 使其成为 H_2S 饱和溶液，并加 HCl 控制 S^{2-} 的浓度。为了使 PbS 沉淀出来，而 Zn^{2+} 全留在溶液中，溶液的 H^+ 浓度最低应是

多少? 此时溶液中的 Pb^{2+} 是否沉淀完全? 已知: $K_{sp}^{\ominus}(PbS) = 1.0 \times 10^{-28}$, $K_{sp}^{\ominus}(ZnS) = 3.2 \times 10^{-23}$。

解　$K_{sp}^{\ominus}(PbS) < K_{sp}^{\ominus}(ZnS)$, 因此 PbS 会先沉淀出来, 要使 Zn^{2+} 留在溶液中, 溶液的 H^+ 最低浓度应为

$$Zn^{2+}(aq) + H_2S(aq) \Longrightarrow 2H^+(aq) + ZnS(s)$$

$$K^{\ominus} = \frac{[c(H^+)]^2}{c(Zn^{2+}) \cdot c(H_2S)} = \frac{[c(H^+)]^2 \cdot c(S^{2-})}{c(Zn^{2+}) \cdot c(H_2S) \cdot c(S^{2-})} = \frac{K_{a1}^{\ominus} K_{a2}^{\ominus}}{K_{sp}^{\ominus}(ZnS)} = \frac{1.3 \times 10^{-7} \times 7.1 \times 10^{-15}}{3.2 \times 10^{-23}} = 28.8$$

$$c(H^+) = \sqrt{K^{\ominus} c(Zn^{2+}) \cdot c(H_2S)} = \sqrt{57.7 \times 0.1 \times 0.1} = 0.54 (mol \cdot L^{-1})$$

$$Pb^{2+}(aq) + H_2S(aq) \Longrightarrow 2H^+(aq) + PbS(s)$$

初始浓度/(mol · L⁻¹)	0.1	0.1	0.76
平衡浓度/(mol · L⁻¹)	$c(Pb^{2+})$	0.1	$0.76 + 2 \times [0.10 - c(Pb^{2+})] \approx 0.96$

$$K^{\ominus} = \frac{[c(H^+)]^2}{c(Pb^{2+}) \cdot c(H_2S)} = \frac{[c(H^+)]^2 \cdot c(S^{2-})}{c(Pb^{2+}) \cdot c(H_2S) \cdot c(S^{2-})} = \frac{K_{a1}^{\ominus} K_{a2}^{\ominus}}{K_{sp}^{\ominus}(PbS)} = \frac{5.7 \times 10^{-8} \times 1.2 \times 10^{-15}}{1.0 \times 10^{-28}} = 6.84 \times 10^5$$

$$c(Pb^{2+}) = \frac{[c(H^+)]^2}{K^{\ominus} c(H_2S)} = \frac{0.96^2}{6.84 \times 10^5 \times 0.1} = 1.3 \times 10^{-5} (mol \cdot L^{-1}) < 10^{-5} (mol \cdot L^{-1})$$

在此 H^+ 浓度下, 溶液中的 Pb^{2+} 已经完全沉淀。

由以上计算结果可知, 通过控制溶液的 pH 在一定范围内, 可使 PbS 沉淀而 ZnS 不沉淀, 从而达到 Pb^{2+} 和 Zn^{2+} 分离的目的。

5.2.3　沉淀转化

沉淀转化是指通过化学反应将一种沉淀转变成另一种沉淀, 可简单地表示为

$$MX(s) + Y \Longrightarrow MY(s) + X$$

大多数情况下, 沉淀转化是将溶解度较大的沉淀转化为溶解度较小的沉淀。例如, 在盛有白色 $BaCO_3$ 沉淀的试管中加入淡黄色的 K_2CrO_4 溶液, 充分搅拌, 白色沉淀将转化为黄色沉淀, 反应为

$$BaCO_3(s) + CrO_4^{2-} \Longrightarrow BaCrO_4(s) + CO_3^{2-}$$
$$\text{白色} \qquad\qquad\qquad \text{黄色}$$

其平衡常数为

$$K_{转化} = \frac{c(CO_3^{2-})}{c(CrO_4^{2-})} = \frac{K_{sp}^{\ominus}(BaCO_3)/c(Ba^{2+})}{K_{sp}^{\ominus}(BaCrO_4)/c(Ba^{2+})} = \frac{K_{sp}^{\ominus}(BaCO_3)}{K_{sp}^{\ominus}(BaCrO_4)} = \frac{5.1 \times 10^{-9}}{1.2 \times 10^{-10}} = 42.5$$

达到转化平衡时, 溶液中的 CO_3^{2-} 和 CrO_4^{2-} 的浓度比为 22, 表明只要溶液中铬酸根离子的浓度大于 1/22 的 $c(CO_3^{2-})$, 即保持 $c(CrO_4^{2-}) > 0.045c(CO_3^{2-})$, $BaCO_3$ 沉淀就可完全转化为 $BaCrO_4$, 这显然容易做到。

这类将溶解度较大的沉淀转化为溶解度较小的沉淀的方法在实践中十分有意义。例如, 用 Na_2CO_3 溶液可以使锅炉炉垢中的 $CaSO_4$ 转化为较疏松而易清除的 $CaCO_3$; 用 Na_2SO_4 溶液处理含 $PbCl_2$ 的工业残渣, 可将其中的 $PbCl_2$ 转化为 $PbSO_4$ 等。

两种沉淀的溶度积常数相差不大时, 在一定条件下可将溶度积常数较小的沉淀转化为溶度积常数较大的沉淀。例如, 重晶石 $BaSO_4$ 不溶于水和各种酸(如盐酸、硝酸、乙酸等), 以

它为原料制取各种钡盐的方法之一是将它转化为可以用盐酸溶解的 $BaCO_3$，尽管 $BaCO_3$ 的溶解度比 $BaSO_4$ 的溶解度大，但是可行：

$$BaSO_4(s) + CO_3^{2-} \rightleftharpoons BaCO_3(s) + SO_4^{2-}$$

$$K_{转化} = \frac{K_{sp}^{\ominus}(BaSO_4)}{K_{sp}^{\ominus}(BaCO_3)} = \frac{1.1 \times 10^{-10}}{5.1 \times 10^{-9}} = \frac{1}{46} = \frac{c(SO_4^{2-})}{c(CO_3^{2-})}$$

只要保持溶液中的 SO_4^{2-} 浓度为 CO_3^{2-} 浓度的 1/24，就可将 $BaSO_4$ 转化为 $BaCO_3$。实践中，用饱和 Na_2CO_3 溶液处理 $BaSO_4$，搅拌静置，取出上层清液，再加入饱和 Na_2CO_3，重复多次，就可使 $BaSO_4$ 完全转化为 $BaCO_3$，然后用各种酸溶解 $BaCO_3$，可制得各种有用的钡盐。

习　题

一、选择题

1. CaC_2O_4 的 $K_{sp}^{\ominus}$ 为 2.6×10^{-9}，要使 0.020 $mol \cdot L^{-1}$ $CaCl_2$ 溶液生成沉淀，需要的草酸根离子浓度至少应为（　　）

A. 1.3×10^{-7} $mol \cdot L^{-1}$　　B. 1.0×10^{-9} $mol \cdot L^{-1}$　　C. 5.2×10^{-10} $mol \cdot L^{-1}$　　D. 2.2×10^{-5} $mol \cdot L^{-1}$

2. 在 $Mg(OH)_2$ 饱和溶液中加入 $MgCl_2$，使 Mg^{2+} 浓度为 0.010 $mol \cdot L^{-1}$，则该溶液的 pH 为（　　）（已知：$K_{sp}^{\ominus}[Mg(OH)_2] = 1.8 \times 10^{-11}$）

A. 5.26　　　　　　B. 8.75　　　　　　C. 9.63　　　　　　D. 4.37

3. Ag_2CrO_4 的 $K_{sp}^{\ominus} = 2.0 \times 10^{-12}$，其饱和溶液中 Ag^+ 浓度为（　　）

A. 1.3×10^{-4} $mol \cdot L^{-1}$　　　　　　　　　　B. 2.1×10^{-4} $mol \cdot L^{-1}$

C. 2.6×10^{-4} $mol \cdot L^{-1}$　　　　　　　　　　D. 4.2×10^{-4} $mol \cdot L^{-1}$

4. 下列试剂中能使 $PbSO_4(s)$ 溶解度增大的是（　　）

A. $Pb(NO_3)_2$　　　　B. Na_2SO_4　　　　C. H_2O　　　　D. NH_4Ac

5. BaF_2 在 0.40 $mol \cdot L^{-1}$ NaF 溶液中的溶解度为（　　）（已知：$K_{sp}^{\ominus}(BaF_2) = 1.0 \times 10^{-6}$，忽略 F^- 水解）

A. 1.5×10^{-4} $mol \cdot L^{-1}$　　　　　　　　　　B. 6.0×10^{-5} $mol \cdot L^{-1}$

C. 3.8×10^{-6} $mol \cdot L^{-1}$　　　　　　　　　　D. 9.6×10^{-6} $mol \cdot L^{-1}$

二、填空题

1. 难溶电解质 $MgNH_4PO_4$ 的溶度积表达式为 $K_{sp}^{\ominus} =$ ＿＿＿＿＿＿＿＿＿＿＿。

2. 若 CaF_2 的溶度积为 $K_{sp}^{\ominus}(CaF_2)$，设溶解度为 S $mol \cdot L^{-1}$，则把溶解度换算为溶度积的算式为 ＿＿＿＿＿＿＿＿＿＿；把溶度积换算为溶解度的算式为 ＿＿＿＿＿＿＿＿＿＿。

3. 25℃时，$Mg(OH)_2$ 的 $K_{sp}^{\ominus} = 1.8 \times 10^{-11}$，其饱和溶液的 pH = ＿＿＿＿＿＿＿。

4. 已知 $K_{sp}^{\ominus}(AgCl) = 1.8 \times 10^{-10}$，则在 3.0 L 0.10 $mol \cdot L^{-1}$ NaCl 溶液中，溶解 AgCl 的物质的量为 ＿＿＿＿ mol 。

5. 已知 $K_{sp}^{\ominus}(AgCl) = 1.8 \times 10^{-10}$，$K_{sp}^{\ominus}(Ag_2CrO_4) = 1.2 \times 10^{-12}$，$K_{sp}^{\ominus}(Ag_2C_2O_4) = 3.5 \times 10^{-11}$，在含有各为 0.01 $mol \cdot L^{-1}$ KCl、K_2CrO_4、$Na_2C_2O_4$ 的某溶液中逐滴加入 0.01 $mol \cdot L^{-1}$ $AgNO_3$ 溶液时，最先产生的沉淀是 ＿＿＿＿＿，最后产生的沉淀是 ＿＿＿＿＿。

三、简答题

1. 在草酸溶液中加入 $CaCl_2$ 溶液产生 CaC_2O_4 沉淀，当过滤出沉淀后，加氨水于滤液中，又有 CaC_2O_4 沉淀出现，试解释上述实验现象。

2. 在水中加入一些固体 Ag_2CrO_4，然后再加入 KI 溶液，有何现象产生？试通过计算解释。（已知：$K_{sp}^{\ominus}(Ag_2CrO_4) = 1.2 \times 10^{-12}$，$K_{sp}^{\ominus}(AgI) = 8.3 \times 10^{-17}$）

3. 硫化铝为什么不能在水中重结晶？

四、计算题

1. 已知：ZnS 的 $K_{sp}^{\ominus} = 3.2 \times 10^{-23}$，$H_2S$ 的 $K_{a1}^{\ominus} = 9.1 \times 10^{-8}$，$K_{a2}^{\ominus} = 1.1 \times 10^{-12}$，在 $0.10\ mol \cdot L^{-1}$ $ZnSO_4$ 的酸性溶液中通入 H_2S 至饱和，欲使 ZnS 产生沉淀，$c(H^+)$ 最高不能超过多少？

2. MgF_2 的溶度积 $K_{sp}^{\ominus} = 6.4 \times 10^{-8}$，在 $0.250\ L$ $0.100\ mol \cdot L^{-1}$ $Mg(NO_3)_2$ 溶液中能溶解 MgF_2（相对分子质量为 62.31）多少克？

3. AgAc 的 $K_{sp}^{\ominus} = 2.3 \times 10^{-3}$，$K_{a}^{\ominus}(HAc) = 1.8 \times 10^{-5}$，将 20 mL $1.2\ mol \cdot L^{-1}$ $AgNO_3$ 与 30 mL $1.4\ mol \cdot L^{-1}$ HAc 混合，是否有沉淀生成？

4. 某溶液中含有 $FeCl_2$ 和 $CuCl_2$，两者浓度均为 $0.10\ mol \cdot L^{-1}$。当不断通入 H_2S 达到饱和，通过计算回答是否会生成 FeS 沉淀。（已知：饱和 H_2S 浓度为 $0.10\ mol \cdot L^{-1}$，H_2S：$K_{a1}^{\ominus} = 9.1 \times 10^{-8}$，$K_{a2}^{\ominus} = 1.1 \times 10^{-12}$，$K_{sp}^{\ominus}(FeS) = 7.9 \times 10^{-19}$，$K_{sp}^{\ominus}(CuS) = 8.5 \times 10^{-45}$）

5. 将 25.0 mL $0.10\ mol \cdot L^{-1}$ $AgNO_3$ 溶液与 45.0 mL $0.10\ mol \cdot L^{-1}$ K_2CrO_4 溶液混合后，求溶液中 Ag^+ 和 CrO_4^{2-} 浓度。（已知：$K_{sp}^{\ominus}(Ag_2CrO_4) = 1.2 \times 10^{-12}$）

6. 欲使 $Fe(OH)_3$ 成 $1.0\ L$ 含 Fe^{3+} 达 $0.10\ mol \cdot L^{-1}$ 的溶液，溶液的 pH 至少要维持为多少？（已知：$K_{sp}^{\ominus}[Fe(OH)_3] = 4.8 \times 10^{-38}$）

7. 向 $0.010\ mol \cdot L^{-1}$ Fe^{2+} 溶液通入 H_2S 至饱和（浓度为 $0.10\ mol \cdot L^{-1}$），欲控制 FeS 不沉淀，溶液中 H^+ 浓度应控制在多少？（已知：$K_{sp}^{\ominus}(FeS) = 7.9 \times 10^{-19}$，$H_2S$：$K_{a1}^{\ominus} = 9.1 \times 10^{-8}$，$K_{a2}^{\ominus} = 1.1 \times 10^{-12}$）

8. 已知 $K_{sp}^{\ominus}(CaF_2) = 2.7 \times 10^{-11}$，计算在 $0.250\ L$ $0.10\ mol \cdot L^{-1}$ $Ca(NO_3)_2$ 溶液中能溶解 CaF_2 多少克？（CaF_2 摩尔质量为 $78\ g \cdot mol^{-1}$）

9. 如果用 $(NH_4)_2S$ 溶液处理 AgI 沉淀使之转化为 Ag_2S 沉淀，计算该反应的平衡常数为多少？欲在 $1.0\ L$ $(NH_4)_2S$ 溶液中使 0.010 mol AgI 完全转化为 Ag_2S，$(NH_4)_2S$ 溶液的最初浓度应为多少？（忽略 $(NH_4)_2S$ 的水解，$K_{sp}^{\ominus}(AgI) = 8.3 \times 10^{-17}$，$K_{sp}^{\ominus}(Ag_2S) = 7.9 \times 10^{-51}$）

10. MnS 沉淀溶于 HAc 的反应式如下：$MnS + 2HAc \Longleftrightarrow Mn^{2+} + H_2S + 2Ac^-$。计算该反应的平衡常数 K。欲使 0.010 mol MnS 沉淀完全溶解于 $1.0\ L$ HAc 中，计算 HAc 的最初浓度至少为多少？（$K_{sp}^{\ominus}(MnS) = 1.4 \times 10^{-15}$，$K_{a}^{\ominus}(HAc) = 1.8 \times 10^{-5}$，$H_2S$：$K_{a1}^{\ominus} = 9.1 \times 10^{-8}$，$K_{a2} = 1.1 \times 10^{-12}$）

11. 要使 0.050 mol FeS(s) 溶于 $0.50\ L$ HCl(aq) 中，估算所需盐酸的最低浓度。（$K_{sp}^{\ominus}(FeS) = 7.9 \times 10^{-19}$，$H_2S$：$K_{a1}^{\ominus} = 9.1 \times 10^{-8}$，$K_{a2}^{\ominus} = 1.1 \times 10^{-12}$）

12. 实验证明：$Ba(IO_3)_2$ 溶于 $1.0\ L$ $0.0020\ mol \cdot L^{-1}$ KIO_3 溶液中的量恰好与它溶于 $1.0\ L$ $0.040\ mol \cdot L^{-1}$ $Ba(NO_3)_2$ 溶液中的量相同。

(1) 计算 $Ba(IO_3)_2$ 在上述溶液中的摩尔溶解度；

(2) $Ba(IO_3)_2$ 的溶度积为多少？

13. $Mg(OH)_2$ 的溶解度为 $1.3 \times 10^{-4}\ mol \cdot L^{-1}$，如果在 10 mL $0.10\ mol \cdot L^{-1}$ $MgCl_2$ 溶液中加入 10 mL $0.10\ mol \cdot L^{-1}$ $NH_3 \cdot H_2O$，若要不使 $Mg(OH)_2$ 沉淀析出，则需要加入固体 $(NH_4)_2SO_4$ 多少克？（$K_{b}^{\ominus}(NH_3) = 1.8 \times 10^{-5}$，$(NH_4)_2SO_4$ 的相对分子质量为 132）

14. 在 200 mL $1.0\ mol \cdot L^{-1}$ HAc 及 $0.010\ mol \cdot L^{-1}$ HNO_3 的混合溶液中，至少应加入多少克 $AgNO_3$ 固体，才开始产生 AgAc 沉淀。（不考虑因 $AgNO_3$ 固体加入引起的体积变化，$K_{sp}^{\ominus}(AgAc) = 4.0 \times 10^{-4}$，$K_{a}^{\ominus}(HAc) = $

1.8×10^{-5}，$AgNO_3$ 的相对分子质量为 170）

15. 在 1.00 L HAc 溶液中，溶解 0.100 mol MnS（完全生成 Mn^{2+} 和 H_2S），问 HAc 的最初浓度至少应是多少？（已知：$K_{sp}^{\ominus}$(MnS) = 2.5×10^{-10}，$K_a^{\ominus}$(HAc) = 1.8×10^{-5}，H_2S：$K_{a1}^{\ominus}$ = 9.1×10^{-8}，$K_{a2}^{\ominus}$ = 1.1×10^{-12}）

科学家小传——诺贝尔

诺贝尔（Nobel，1833—1896），瑞典化学家，生于斯德哥尔摩。1850～1854 年在美国学习，1854～1859 年在俄国彼得堡学习，并随其父从事化学实验工作，回国后开始研究炸药。1847 年意大利化学家索勃莱洛发明了烈性炸药——硝化甘油，但这种炸药的使用很不安全。诺贝尔决心对这种炸药加以改进。诺贝尔的实验并不是一帆风顺的，而是冒着很大的生命危险。有一次，他在实验室进行实验，不料炸药爆炸，以致数人死亡，连实验室也被炸毁，并因此遭到来自各方面的谴责和嘲讽。面对这种困境，诺贝尔毫不灰心，决心把实验进行到底。在政府明令禁止他在陆地上做实验的情况下，被迫雇了一只船，把实验室建于舱上，在马拉伦湖中继续进行实验。1866～1867 年，他与其父一起研制成功了信号雷管和地雷，并发明了甘油炸药。在此基础上，于 1875 年又发明了三硝基甘油和硅藻土混合的安全烈性炸药。这种炸药很快就获得英国、德国和法国的专利权，被广泛用于开矿、筑路等的施工中。长达九英里的阿尔卑斯山的隧洞，就是用这种炸药炸通的。经过继续努力，诺贝尔于 1888 年发明了"无烟火药"。除了火药的研究外，他在化学方面还有许多发明，仅在英国获得的专利权就有一百二十多项。

诺贝尔终生独身，把全部精力贡献给了人类的科学事业。他在临死前留下了一条遗嘱，即将其遗产的一部分共 920 万美元作为基金，以其利息分设物理学奖、化学奖、生理学或医学奖、文学奖、和平奖五种奖（1969 年又增设经济学奖）。从 1901 年开始，每年在诺贝尔的逝世日即 12 月 10 日颁发。

第6章 氧化还原反应

内容提要

(1)掌握氧化还原反应的配平，理解化合价与氧化数。

(2)掌握原电池原理、结构及书写符号。

(3)掌握电极反应和电池反应，电极电势和电动势的概念。掌握标准电极电势表及其应用。

(4)掌握电池反应的热力学：原电池标准电动势、电池反应吉布斯自由能变、电池反应标准平衡常数之间的关系；掌握能斯特方程；了解水溶液中离子的热力学函数。

(5)掌握影响电极电势的因素；掌握元素电势图，并能够应用元素电势图判定各种氧化还原反应和歧化反应；理解电势-pH图的基本概念和典型体系的电势-pH图；了解自由能-氧化数图。

(6)了解化学电源、分解电压与超电压。

根据化学反应过程中是否有氧化数的变化或电子转移，可将化学反应分为两大类：氧化还原反应和非氧化还原反应。氧化还原反应是指在反应过程中，元素有氧化数变化或发生电子转移的反应；非氧化还原反应是指在反应过程中，元素无氧化数变化的反应。氧化还原反应是化学中很重要的反应，涉及包括衣、食、住、行的各行各业的物质生产，生物有机体的发生、发展和消亡，如工业上元素的提取，煤、石油、天然气的燃烧，许多有机物的合成等。

本章将从氧化还原反应的本质着手，介绍电极电势的定义和影响因素，介绍电动势与化学反应吉布斯自由能变、平衡常数间的关系，分析电极电势在判断氧化还原反应方向和进行程度方面的应用，介绍常用电势图及其应用。

6.1 氧化还原的基本概念

6.1.1 氧化数

2014年，国际纯粹与应用化学联合会(IUPAC)对氧化数的定义是：氧化数是指物质中某一原子所带的电荷数，用来描述原子的氧化还原程度。给定原子的氧化数越高，其氧化程度越大；给定原子的氧化数越低，其还原程度越大。"氧化态"是以氧化数为基础的概念，意思是某元素以一定氧化数存在的形式。

氧化数只是一个形式上的表达方式，并不表示以离子的形式存在。例如，在 $KMnO_4$ 中，Mn 的氧化数为+7，这并不表示存在 Mn^{7+}。氧化数与化合价有区别。化合价是元素在形成化合物时所表现出来的一种性质，与物质的微观结构有关，反映了同一化学式中同种元素的不同原子在与其他原子结合时表现出不同的能力与性质；氧化数不区分同一化学式中同种元素不同原子的状态。例如，$S_2O_3^{2-}$ 中，含两个硫原子，它们的化合价分别为 +4 价和 0 价，而在此离子中，硫原子的氧化数为 +2。化合价只能为整数；氧化数可为整数，也可为分数。一般来说，元素的最高化合价应等于其所在族数，但是元素的氧化数却可以高于其所在族数。例如，CrO_5 中 Cr 的氧化数为 +10，而化合价为 +6，与 Cr 的族数相同。

计算原子的氧化数时需要遵循以下规则：

(1) 未结合的自由元素的氧化数为零。

(2) 对于简单的单原子离子，其氧化数等于离子上的净电荷。

(3) 在大多数化合物中，氢的氧化数为 +1，氧的氧化数为 -2。但在活泼金属的氢化物（如 LiH、NaH）中，氢的氧化数为 -1；在过氧化物（如 H_2O_2）中，氧的氧化数为 -1。

(4) 在中性分子中所有原子的氧化数代数和等于零，在离子中所有原子的氧化数代数和等于离子所带的电荷数。

例如，H_2S、S_8、SO_2、SO_3 和 H_2SO_4 中 S 的氧化数分别为 -2、0、+4、+6 和 +6。氧化数概念非常适用于讨论氧化还原反应。含有氧化数升高的元素的物质是还原剂，含有氧化数降低的元素的物质是氧化剂。

下面从一个例子分析反应中元素氧化数的变化：

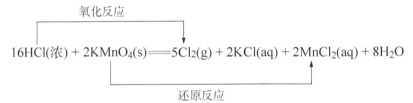

$$16HCl(浓) + 2KMnO_4(s) === 5Cl_2(g) + 2KCl(aq) + 2MnCl_2(aq) + 8H_2O$$

反应中，浓 HCl 中 Cl 的氧化数为 -1，Cl_2 中 Cl 的氧化数为 0，由 -1 到 0 是一个氧化过程。$KMnO_4$ 中 Mn 的氧化数为 +7，$MnCl_2$ 中 Mn 的氧化数为 +2，MnO_4^- 被还原为 Mn^{2+}。反应中，各元素的氧化数净变化的代数和等于零。Mn 和 Cl 的氧化数变化分别为：Mn = $(2-7) \times 2 = -10$；Cl = $[0 - (-1)] \times 10 = +10$。在氧化还原反应中，元素氧化数的变化表明氧化剂与还原剂之间电子转移的关系。

注意：IUPAC 建议避免使用分数表示氧化数。例如，在 O_2^- 中，要把 O_2^- 作为一个整体考虑，而不认为每个 O 原子的氧化数为 $-\frac{1}{2}$。

各元素可能存在的氧化态与它们在元素周期表中的位置是密切相关的，掌握元素周期表中各元素所在位置，了解各元素氧化态稳定性的变化规律，对于学习元素及其化合物的性质是有帮助的。

6.1.2 氧化剂和还原剂

在氧化还原反应中，氧化数升高的过程称为氧化，氧化数降低的过程称为还原，氧化过程和还原过程同时发生。例如，反应：

$$2Mg + O_2 === 2MgO$$

Mg 的氧化数从 0 升高到 +2，这个过程称为氧化，或称氧化数为 0 的 Mg 被氧化了；O 的氧化数从 0 降低到 -2，这个过程称为还原，或称氧化数为 0 的 O 被还原了。

在氧化还原反应中，氧化数升高的物质称为还原剂，还原剂使另一种物质还原，本身被氧化，生成氧化产物。氧化数降低的物质称为氧化剂，氧化剂使另一种物质氧化，本身被还原，生成还原产物。氧化剂和还原剂相互依存，在氧化还原反应中，若一种反应物的组成元素氧化数升高，则必有另一种反应物的组成元素氧化数降低。在下列反应中

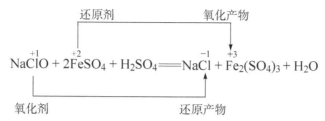

NaClO 是氧化剂，Cl 的氧化数从 + 1 降低到−1，本身被还原，使 FeSO₄ 氧化。FeSO₄ 是还原剂，Fe 的氧化数从 + 2 升高到 + 3，本身被氧化，使 NaClO 还原。H₂SO₄ 虽然也参加了反应，但不存在氧化数变化，此时通常将 H₂SO₄ 溶液称为反应介质。

反应介质中元素的氧化数在反应前后保持不变。在水溶液中发生的反应，其介质一般是酸性、碱性、中性。上述反应是在酸性介质中进行的，而反应 $2CrO_2^- + 3H_2O_2 + 2OH^- \rule[0.5ex]{1em}{0.4pt}\rule[0.5ex]{1em}{0.4pt}$ $2CrO_4^{2-} + 4H_2O$ 是在碱性介质中进行的。

另外，如果反应中的同一单质或化合物的同一元素发生了氧化数同时升高和降低的现象，该反应称为歧化反应，该单质或化合物既是氧化剂又是还原剂。例如，下列两个反应：

$$2Cu^+(aq) \rule[0.5ex]{1em}{0.4pt}\rule[0.5ex]{1em}{0.4pt} Cu^{2+}(aq) + Cu(s)$$

$$3MnO_4^{2-}(aq) + 4H^+(aq) \rule[0.5ex]{1em}{0.4pt}\rule[0.5ex]{1em}{0.4pt} 2MnO_4^-(aq) + MnO_2(s) + 2H_2O(l)$$

6.1.3　氧化还原电对

在氧化还原反应过程中，氧化剂的氧化数降低，所得产物氧化数较低，具有弱还原性，是弱还原剂；还原剂的氧化数升高，所得产物氧化数较高，具有弱氧化性，是弱氧化剂。例如，在反应 $Cu^{2+} + Zn \rule[0.5ex]{1em}{0.4pt}\rule[0.5ex]{1em}{0.4pt} Zn^{2+} + Cu$ 中，氧化剂 Cu^{2+}的氧化数降低，其产物 Cu 是弱还原剂；还原剂 Zn 的氧化数升高，其产物 Zn^{2+}是弱氧化剂。在这个反应中形成了两个共轭氧化还原电对：Cu^{2+}/Cu 和 Zn^{2+}/Zn。电对中，氧化数高的物质称为氧化型物质，如 Cu^{2+}/Cu 中的 Cu^{2+}，Zn^{2+}/Zn 中的 Zn^{2+}；氧化数低的物质称为还原型物质，如 Cu^{2+}/Cu 中的 Cu，Zn^{2+}/Zn 中的 Zn。氧化还原反应是两个（或两个以上）氧化还原电对共同作用的结果。

反应过程中，如果电对中的氧化剂降低氧化数的趋势越强，则它的氧化能力就越强，其对应的共轭还原剂升高氧化数的趋势就越弱，还原能力也越弱。同理，电对中的还原剂的还原能力越强，其共轭氧化剂的氧化能力就越弱。例如，在 MnO_4^-/Mn^{2+}电对中，MnO_4^-的氧化能力强，是强氧化剂，其共轭还原剂 Mn^{2+}的还原能力弱，是弱还原剂。在 Sn^{4+}/Sn^{2+}电对中，Sn^{2+}是强还原剂，Sn^{4+}是弱氧化剂。氧化还原反应一般按强氧化剂和强还原剂相互作用生成弱还原剂和弱氧化剂的方向进行。

氧化剂和它的共轭还原剂（或还原剂和它的共轭氧化剂）是建立在得失电子的关系上的，可用氧化还原半反应式来表示。例如，Cu^{2+}/Cu 电对和 Zn^{2+}/Zn 电对的半反应式可分别表示为

$$Cu^{2+} + 2e^- \rule[0.5ex]{1em}{0.4pt}\rule[0.5ex]{1em}{0.4pt} Cu$$

$$Zn \rule[0.5ex]{1em}{0.4pt}\rule[0.5ex]{1em}{0.4pt} Zn^{2+} + 2e^-$$

又如，MnO_4^-/Mn^{2+}和 SO_4^{2-}/SO_3^{2-}两个电对在酸性介质中的半反应式分别为

$$MnO_4^- + 8H^+ + 5e^- \rule[0.5ex]{1em}{0.4pt}\rule[0.5ex]{1em}{0.4pt} Mn^{2+} + 4H_2O$$

$$SO_4^{2-} + 2H^+ + 2e^- \Longrightarrow SO_3^{2-} + H_2O$$

6.1.4　氧化还原反应方程式的配平

氧化还原反应方程式的配平不仅要符合质量守恒定律，还要充分考虑反应过程中的电子转移。熟悉该反应的基本化学事实对于正确配平反应方程式极为重要。配平反应方程式的方法有很多，这里简单介绍两种方法。

1. 氧化数法

氧化数法是一种常用的配平反应方程式的方法，不仅适用于水溶液中的氧化还原反应（离子反应式），也适用于非水溶液中的反应、高温反应、非离子的氧化反应（分子反应式）等。其基本原则是反应中氧化剂元素氧化数降低值等于还原剂元素氧化数增加值，或得失电子的总数相等。具体步骤如下：

(1) 确定反应产物及反应条件，写出基本反应方程式。

(2) 确定有关元素氧化数升高及降低的数值。

(3) 确定氧化数升高与降低的数值的最小公倍数，找出氧化剂、还原剂的系数。

(4) 核对反应式两边氢氧元素及其他元素的原子数目，根据实际反应条件用 H^+、OH^- 或 H_2O 配平。

【例 6-1】　氯酸与磷作用生成氯化氢和磷酸，写出反应方程式并配平。

解

①首先写出基本反应方程式　　　　$HClO_3 + P_4 \longrightarrow HCl + H_3PO_4$

②确定元素氧化数的变化值　　　　$\overset{+5}{H}\overset{}{Cl}O_3 + \overset{0}{P_4} \longrightarrow \overset{-1}{H}\overset{}{Cl} + H_3\overset{+5}{P}O_4$

氯元素　　$\overset{+5}{Cl}O_3^- \rightarrow \overset{-1}{Cl}^-$ 氧化数下降 6，$HClO_3$ 为氧化剂。

磷元素　　$\overset{0}{P_4} \rightarrow \overset{+5}{P}O_4^{3-}$ 氧化数升高，P_4 为还原剂。单个 P 氧化数升高 5，反应中 P 氧化数变化值为 5 × 4 = 20。

③6 与 20 的最小公倍数为 60，因此 $HClO_3$ 和 P_4 的系数分别为 10 与 3，使氧化数降低值和升高值相等，并使方程式两边的 Cl 和 P 原子的数目相等。

$$10HClO_3 + 3P_4 \longrightarrow 10HCl + 12H_3PO_4$$

④核对反应式两边元素，左边比右边少 36 个 H 和 18 个 O，正好是 18 个 H_2O 分子。因此，在反应物中应加上 $18H_2O$。

$$10HClO_3 + 3P_4 + 18H_2O \Longrightarrow 10HCl + 12H_3PO_4$$

【例 6-2】　配平用硝酸氧化三硫化二砷得到砷酸及一氧化氮气体的反应方程式。

解　写出反应方程式：　　$As_2S_3 + HNO_3 \longrightarrow H_3AsO_4 + H_2SO_4 + NO$

标出有关元素的氧化数：　$\overset{+3}{As_2}\overset{-2}{S_3} + \overset{+5}{H}\overset{}{N}O_3 \longrightarrow H_3\overset{+5}{As}O_4 + \overset{+6}{H_2}\overset{}{S}O_4 + \overset{+2}{N}O$

这个例子是一个较复杂的情况，

氧化数升高的元素有两个：As（从 +3 → +5）和 S（从 −2 → +6）

氧化数升高总数：$(5 - 3) \times 2 + [6 - (-2)] \times 3 = 28$

氧化数降低的元素有：N（从 +5 → +2）

氧化数降低总数：$2 - 5 = -3$

氧化数升高和降低的最小公倍数：$28 \times 3 = 84$

所以 As_2S_3 的系数是 3，HNO_3 的系数是 28，同时可以确定 H_3AsO_4、H_2SO_4 和 NO 的系数，得出：

$$3As_2S_3 + 28HNO_3 \longrightarrow 6H_3AsO_4 + 9H_2SO_4 + 28NO$$

检查两边的氢氧原子数，方程式的左边缺少 8 个 H、4 个 O，正好是 4 个 H_2O 分子：

$$3As_2S_3 + 28HNO_3 + 4H_2O \Longrightarrow 6H_3AsO_4 + 9H_2SO_4 + 28NO$$

【例 6-3】 配平下列离子反应式：

$$MnO_4^- + Cl^- + H^+ \longrightarrow Mn^{2+} + Cl_2 + H_2O$$

解 先使两边的氯原子相等并标出有关元素的氧化数

$$\overset{+7}{Mn}O_4^- + 2\overset{-1}{Cl}^- + H^+ \longrightarrow \overset{+2}{Mn}^{2+} + \overset{0}{Cl_2} + H_2O$$

氧化数升高的元素有：Cl（从 $-1 \to 0$）

氧化数升高总数：$[0 - (-1)] \times 2 = 2$

氧化数降低的元素有：Mn（从 $+7 \to +2$）

氧化数降低总数：$2 - 7 = -5$

氧化数升高和降低的最小公倍数：$2 \times 5 = 10$

所以 MnO_4^- 的系数是 2，Cl_2 的系数是 5，同时可以确定 Cl^- 和 Mn^{2+} 的系数，得出：

$$2MnO_4^- + 10Cl^- + H^+ \longrightarrow 2Mn^{2+} + 5Cl_2 + H_2O$$

核对两边的离子电荷数，不计氢离子，右边的电荷是 +4，左边的电荷是 −12。要完成离子反应式的配平，必须使方程式两边的离子电荷相等。H^+ 系数为 16 时，两边电荷相等，都是 +4。

$$2MnO_4^- + 10Cl^- + 16H^+ \longrightarrow 2Mn^{2+} + 5Cl_2 + H_2O$$

核对两边的氢氧原子数，右边缺少 14 个 H、7 个 O，正好是 7 个 H_2O，因此 H_2O 的系数为 8。

$$2MnO_4^- + 10Cl^- + 16H^+ \Longrightarrow 2Mn^{2+} + 5Cl_2 + 8H_2O$$

2. 离子电子法

离子电子法适用于溶液中的反应，配平原则是氧化剂和还原剂得失电子数相等。步骤是将反应式改写为半反应式并配平，然后将半反应式加和起来，消去其中的电子。其方法要点有：

(1) 确定产物、反应物在溶液体系中的存在形式，写出相应的离子反应方程式。

(2) 将反应分成两个半反应，即还原剂的氧化反应和氧化剂的还原反应。

(3) 调整计量数，并根据电荷平衡原则添加一定数目的电子，配平两个半反应。

(4) 根据氧化剂和还原剂得失电子总数相等的原则，确定各半反应的系数，将两个半反应式加和为一个离子反应式。

注意：在配平半反应式时，如果在半反应中反应物和产物中的氧原子数不同，可以根据反应条件确定反应的酸碱介质，分别加入 H^+、OH^- 或 H_2O，配平方程式。

【例 6-4】 配平酸性介质下 $KMnO_4$ 溶液与 Na_2SO_3 的反应。

解 先写出相应的离子反应式：

$$MnO_4^- + SO_3^{2-} + H^+ \longrightarrow Mn^{2+} + SO_4^{2-}$$

根据元素氧化数变化，将离子反应式分写成两个半反应：

$$\overset{+4}{S}O_3^{2-} \longrightarrow \overset{+6}{S}O_4^{2-} + 2e^- \quad (\text{反应物缺 O})$$

$$\overset{+7}{Mn}O_4^- + 5e^- \longrightarrow \overset{+2}{Mn}^{2+} \text{（反应物 O 过剩）}$$

调整计量数，配平两个半反应

$$SO_3^{2-} + H_2O = SO_4^{2-} + 2e^- + 2H^+$$

$$MnO_4^- + 5e^- + 8H^+ = Mn^{2+} + 4H_2O$$

根据得失电子总数相等原则，确定半反应系数，将两个半反应相加

$$5SO_3^{2-} + 5H_2O = 5SO_4^{2-} + 10e^- + 10H^+$$

$$2MnO_4^- + 10e^- + 16H^+ = 2Mn^{2+} + 8H_2O$$

得

$$2MnO_4^- + 5SO_3^{2-} + 6H^+ = 2Mn^{2+} + 5SO_4^{2-} + 3H_2O$$

可见，在酸性介质下，半反应中反应物缺 O 时，可以加 H_2O 配平半反应；半反应中反应物 O 多时，可以加 H^+ 配平半反应。

【例 6-5】 配平在碱性介质下的反应 $ClO^- + [Cr(OH)_4]^- \longrightarrow Cl^- + CrO_4^{2-}$。

解 根据元素氧化数变化，将离子反应式分写成两个半反应：

$$\overset{+1}{Cl}O^- + 2e^- \longrightarrow \overset{-1}{Cl}^- \text{（反应物 O 过剩）}$$

$$[\overset{+3}{Cr}(OH)_4]^- \longrightarrow \overset{+6}{Cr}O_4^{2-} + 3e^-$$

调整计量数，配平两个半反应

$$ClO^- + H_2O + 2e^- = Cl^- + 2OH^-$$

$$[Cr(OH)_4]^- + 4OH^- = CrO_4^{2-} + 4H_2O + 3e^-$$

根据得失电子总数相等原则，确定半反应系数，将两个半反应相加

$$3ClO^- + 3H_2O + 6e^- = 3Cl^- + 6OH^-$$

$$2[Cr(OH)_4]^- + 8OH^- = 2CrO_4^{2-} + 8H_2O + 6e^-$$

得

$$3ClO^- + 2[Cr(OH)_4]^- + 2OH^- = 3Cl^- + 2CrO_4^{2-} + 5H_2O$$

可见，在碱性介质下，半反应中反应物缺 O 时，可以加 OH^- 配平半反应；半反应中产物缺 O 时，可以加 H_2O 配平半反应。

6.2 原电池和电池符号

6.2.1 原电池

在图 6.1 的实验装置中，将金属 Zn 片放入 $CuSO_4$ 水溶液中，烧杯中存在反应：

$$Zn + Cu^{2+} = Zn^{2+} + Cu$$

Zn 的氧化数从 0 变为 +2，发生氧化反应，是还原剂；Cu 的氧化数从 +2 变为 0，发生还原反应，是氧化剂。氧化剂与还原剂间发生电子转移，电子直接从 Zn 片向各方向传递给

Cu^{2+}。电子的传递无方向性，因此在体系中不能形成电流，化学能未能转变成电能，只转化成了热能。

对实验装置进行改进，如图 6.2 所示。分别在两个烧杯中放入 $ZnSO_4$ 和 $CuSO_4$ 溶液，在 $ZnSO_4$ 溶液中放入 Zn 片，在 $CuSO_4$ 溶液中放入 Cu 片，用倒置的 U 形管把两种溶液连接起来。U 形管中装满用饱和 KCl 溶液和琼脂制成的冻胶，起维持电子通路的作用，这种装满冻胶的 U 形管称为盐桥。当电流表与 Zn 片及 Cu 片相连时，电位差计的指针立即向一方偏转。这说明导线中有电流通过，电子源源不断地从 Zn 极流向 Cu 极，同时 Zn 片开始溶解，产生的 Zn^{2+} 进入溶液：

图 6.1　Zn 与 $CuSO_4$ 溶液反应

$$Zn \longrightarrow Zn^{2+} + 2e^-$$

Cu^{2+} 获得电子还原为 Cu，沉积在 Cu 片上：

$$Cu^{2+} + 2e^- \longrightarrow Cu$$

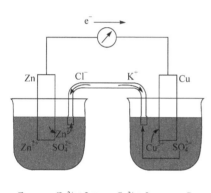

$$Zn \longrightarrow Zn^{2+} + 2e^- \qquad Cu^{2+} + 2e^- \longrightarrow Cu$$

图 6.2　铜锌原电池

在该装置中，电子的流动不再是杂乱无章，而是从 Zn 极流向 Cu 极的有序定向流动，形成了电流。Zn 极上的电子经过导线流向 Cu 极，故 Zn 片为负极。Cu^{2+} 获得电子在 Cu 极析出 Cu，故 Cu 片为正极。

随着上述过程的进行，Zn 不断被氧化为 Zn^{2+}，导致 $ZnSO_4$ 溶液中的 Zn^{2+} 数量过剩，显正电性，将阻碍半反应 $Zn \longrightarrow Zn^{2+} + 2e^-$ 的继续进行。同时，Cu^{2+} 不断被还原为 Cu，导致 $CuSO_4$ 溶液中的 SO_4^{2-} 数量过剩，显负电性，将阻碍半反应 $Cu^{2+} + 2e^- \longrightarrow Cu$ 的进行。在这种情况下，电池反应不能持续进行，无法产生持续电流。此时，通过盐桥，阴离子 SO_4^{2-} 和 Cl^-（主要是 Cl^-）向 $ZnSO_4$ 溶液移动，阳离子 Zn^{2+} 和 K^+（主要是 K^+）向 $CuSO_4$ 溶液移动，使 $ZnSO_4$ 和 $CuSO_4$ 溶液中过剩的正负电荷得到平衡，一直保持着电中性。Zn 的溶解和 Cu 的析出得以继续进行，电流得以继续流通（电流的方向与电子流动方向相反），反应的化学能转变成电能。

这种使化学能转变为电能的装置称为原电池。图 6.2 的装置称为铜锌原电池，也称 Daniell 电池。Zn-$ZnSO_4$ 溶液构成原电池的负极（电子流出），发生氧化反应；Cu-$CuSO_4$ 溶液构成原电池的正极（电子流入），发生还原反应。

$$正极(+)：Cu^{2+} + 2e^- \longrightarrow Cu$$

$$负极(-)：Zn \longrightarrow Zn^{2+} + 2e^-$$

原电池的正极反应和负极反应，称为半电池反应，或称半反应。只有能自发进行的氧化还原反应才可以组成原电池。

6.2.2　电池符号

铜锌原电池可以用电池符号表示为

$$(-)\ Zn\ |\ Zn^{2+}\ (c_1\ mol \cdot L^{-1})\ \|\ Cu^{2+}\ (c_2\ mol \cdot L^{-1})\ |\ Cu\ (+)$$

原电池负极写在左边，正极写在右边；"|"表示电极与其离子溶液中两相之间的物相界面；"||"表示盐桥；对于正负极对应的离子溶液的浓度或气体的分压在电池符号中应明确地表示出来；$Zn|Zn^{2+}$ 表示 Zn^{2+}/Zn 电对，$Cu^{2+}|Cu$ 表示 Cu^{2+}/Cu 电对。在 $c(Zn^{2+})$、$c(Cu^{2+})$ 为 $1\ mol \cdot L^{-1}$，298 K 时，铜锌原电池的电压(电动势)为 1.10 V。

在书写电池符号时，需要注意不同类型电极的表示方法。根据电极组成成分的不同，一共有四种类型的电极。

1)金属-金属离子电极

它是金属置于含有同一金属离子的盐溶液中所构成的电极，电极组成成分含有金属及相应的金属离子，如 Zn^{2+}/Zn 电极。

Zn^{2+}/Zn 电极的电极反应为：$Zn^{2+} + 2e^- \Longrightarrow Zn$；电极符号为：$Zn(s)\ |\ Zn^{2+}(c)$。

对于离子溶液，要给出溶液浓度。

2)气体-离子电极

气体-离子电极的特点是电极组成成分中有气体和离子，如 H^+/H_2 电极和 Cl_2/Cl^-电极。这类电极的构成需要一个固体导电体，该导电固体对所接触的气体和溶液都不起反应，但它能催化气体电极反应的进行，常用的固体导电体是铂和石墨。

H^+/H_2 电极的电极反应为：$2H^+ + 2e^- \Longrightarrow H_2$；电极符号为：$Pt\ |\ H_2(p)\ |\ H^+(c)$。

Cl_2/Cl^-电极的电极反应为：$Cl_2 + 2e^- \Longrightarrow 2Cl^-$；电极符号为：$Pt\ |\ Cl_2(p)\ |\ Cl^-(c)$。

对于气体，要给出气体压力。

3)金属-金属难溶盐或氧化物-阴离子电极

这类电极的组成为：将金属表面涂上该金属的难溶盐(或氧化物)，然后将它浸在与该盐具有相同阴离子的溶液中。例如，将表面涂有 AgCl 的 Ag 丝放入 HCl 溶液中就组成了金属-金属难溶盐-阴离子电极。

电极反应为：$AgCl + e^- \Longrightarrow Ag + Cl^-$；电极符号为：$Ag\ |\ AgCl(s)\ |\ Cl^-(c)$。

将表面涂有 Ag_2O 的 Ag 丝插入 NaOH 溶液中，即构成金属-金属氧化物-阴离子电极。

电极反应为：$Ag_2O + H_2O + 2e^- \Longrightarrow 2Ag + 2OH^-$；电极符号为：$Ag\ |\ Ag_2O(s)\ |\ OH^-(c)$。

4)"氧化还原"电极

这类电极的组成是将惰性导电材料(Pt 或 C)放在一种溶液中，这种溶液含有同一元素不同氧化数的两种离子。例如，Fe^{3+}/Fe^{2+} 电对，Fe^{3+} 与 Fe^{2+} 参与电极反应，必须加上不与相应离子反应的金属惰性电极，如 Pt 电极。

Fe^{3+}/Fe^{2+}电极的电极反应为 $Fe^{3+} + e^- \Longrightarrow Fe^{2+}$；电极符号为 $Pt\ |\ Fe^{3+}(c_1),\ Fe^{2+}(c_2)$。

这里 Fe^{3+} 与 Fe^{2+} 处于同一液相中，用"，"分开。

6.3 电极电势和电动势

6.3.1 电极电势的测量及参比电极

以金属-金属离子电极为例探讨电极电势的形成。当金属 M 与其 M^{n+} 溶液接触时，可能发生两种反应：

$$M \longrightarrow M^{n+} + ne^- \qquad 氧化反应$$

$$M^{n+} + ne^- \longrightarrow M \qquad 还原反应$$

一方面，金属表面上的金属离子将会摆脱其他金属原子和电子的束缚力而进入溶液中，成为水合离子，这时金属应带有多余的负电荷，与进入溶液的水合阳离子形成双电层，将阻止氧化反应的进一步发生。另一方面，溶液中的水合阳离子受金属中电子的吸引，会进入金属表面，成为金属原子，金属由于缺电子而带正电，与溶液中的负离子形成双电层，将阻止还原反应的进一步发生(图 6.3)。双电层的形成，阻止了金属进入溶液或金属离子从溶液进入金属表面的过程发生，表明在金属和溶液间存在相间电势。这种盐溶液相对于金属的相间电势就称为该电极的电极电势，用符号"φ"表示。

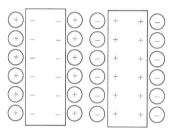

图 6.3 双电层的形成

不同的电对间存在电势差，将两种不同的电极组合起来构成原电池，可以用电位差计精确测得电池的电动势，用符号"E"表示。若已知其中一个电极的电极电势，就可以由公式 $E = \varphi_{正极} - \varphi_{负极}$ 方便地计算出另一电极的电极电势。其关键是如何获得一个已知电极的电极电势。

1. 标准氢电极

单个电极的电极电势的绝对值无法测量，但两个电极间的电势差是可以准确测量的。仿照标准摩尔生成热的处理方法，电化学和热力学中规定，标准氢电极的电极电势为 0.00 V。将标准氢电极与所需测量的电极组成原电池，测量原电池的电动势，就可以计算其电极电势的相对值。

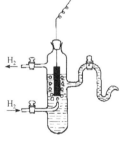

图 6.4 标准氢电极

标准氢电极的结构如图 6.4 所示：将镀有铂黑的铂片置于 H^+ 浓度（严格地说应为活度 a）为 1.0 mol·kg^{-1} 的硫酸溶液（近似为 1 mol·L^{-1}）中，然后不断通入压力为 100 kPa 的纯氢气，使铂黑吸附氢气达到饱和，形成一个氢电极。

电极反应：

$$2H^+ + 2e^- \Longrightarrow H_2, \quad \varphi^{\ominus}_{(H^+/H_2)} = 0.00 \text{ V}$$

电极电势的标准状态是指组成电极的离子溶液浓度为 1 mol·kg^{-1}（近似为 1 mol·L^{-1}），气体的分压为 100 kPa，液体或固体都是纯净物。标准电极电势用符号 $\varphi^{\ominus}$ 表示，$\varphi^{\ominus}$ 右下角以氧化态/还原态标明参与电极反应物质的氧化态及还原态，$\varphi^{\ominus}_{(M^{n+}/M)}$ 代

表电对 M^{n+}/M 的标准电极电势。标准电极电势是相对值，实际上是该电极同标准氢电极组成原电池的电动势，而不是电极与相应溶液间电位差的绝对值。

例如，利用标准氢电极测定 Zn^{2+}/Zn 电极的标准电极电势，是将纯净的 Zn 片放在 $1\ mol \cdot L^{-1}$ $ZnSO_4$ 溶液中，把它和标准氢电极用盐桥连接起来，组成一个原电池。由电流流向指示器测知电流从氢电极流向锌电极，故氢电极为正极，锌电极为负极。电池反应为：Zn + $2H^+ \Longrightarrow Zn^{2+} + H_2\uparrow$，电池符号为：$(-)\ Zn\ |\ Zn^{2+}\ (1\ mol \cdot L^{-1})\ \|\ H^+\ (1\ mol \cdot L^{-1})\ |\ H_2\ (p^\ominus)\ |\ Pt\ (+)$。

原电池的标准电动势（$E^\ominus$）是在没有电流通过的情况下，两个电极的电极电势之差：

$$E^\ominus = \varphi_{正极}^\ominus - \varphi_{负极}^\ominus \tag{6-1}$$

在 298 K，用电位差计测得标准氢电极和标准锌电极所组成的原电池的电动势 $E^\ominus$ 为 0.76 V。根据式 (6-1) 可以计算出 Zn^{2+}/Zn 电极的标准电极电势。

$$E^\ominus = \varphi_{正极}^\ominus - \varphi_{负极}^\ominus = \varphi_{(H^+/H_2)}^\ominus - \varphi_{(Zn^{2+}/Zn)}^\ominus$$

$$0.76\ V = 0.00\ V - \varphi_{(Zn^{2+}/Zn)}^\ominus$$

$$\varphi_{(Zn^{2+}/Zn)}^\ominus = -0.76\ V$$

用同样的方法可测得 Cu^{2+}/Cu 电对的标准电极电势。在 Cu^{2+}/Cu 电极与标准氢电极组成的原电池中，铜电极为正极，氢电极为负极。

$$(-)\ Pt\ |\ H_2\ (p^\ominus)\ |\ H^+\ (1\ mol \cdot L^{-1})\ \|\ Cu^{2+}\ (1\ mol \cdot L^{-1})\ |\ Cu\ (+)$$

在 298 K，测得铜氢电池的电动势为 0.34 V，计算可得

$$E^\ominus = \varphi_{正极}^\ominus - \varphi_{负极}^\ominus = \varphi_{(Cu^{2+}/Cu)}^\ominus - \varphi_{(H^+/H_2)}^\ominus$$

$$0.34\ V = \varphi_{(Cu^{2+}/Cu)}^\ominus - 0.00\ V$$

$$\varphi_{(Cu^{2+}/Cu)}^\ominus = +0.34\ V$$

从以上数据可以看出，Zn^{2+}/Zn 电对的标准电极电势带有负号，Cu^{2+}/Cu 电对的标准电极电势带有正号。带负号表明 Zn 失去电子的倾向大于 H_2，或 Zn^{2+} 获得电子变成金属 Zn 的倾向小于 H^+。带正号表明 Cu 失去电子的倾向小于 H_2，或 Cu^{2+} 获得电子变成金属 Cu 的倾向大于 H^+。比较可知，Zn 比 Cu 更容易失去电子转变为 Zn^{2+}，即 Zn 比 Cu 活泼。

显然，金属越活泼，M^{n+}/M 电对的标准电极电势越负；金属越不活泼，M^{n+}/M 电对的标准电极电势越正。

将 Zn^{2+}/Zn 电对和 Cu^{2+}/Cu 电对组成一个原电池，电子必定从 Zn 极向 Cu 极流动，电池的标准电动势 $E^\ominus$ 为

$$E^\ominus = \varphi_{(Cu^{2+}/Cu)}^\ominus - \varphi_{(Zn^{2+}/Zn)}^\ominus = +0.34\ V - (-0.76\ V) = 1.10\ V$$

2. 饱和甘汞电极

在实际测量中，标准氢电极的使用不是很方便，原因在于氢气不易纯化，压力不易控制，而且铂黑容易中毒失效。在实验室中常用甘汞电极代替氢电极。常用的甘汞电极有饱和甘汞电极和摩尔甘汞电极。饱和甘汞电极是指电极中介质为饱和 KCl 溶液的电极，摩尔甘汞电极是指电极中介质为 $1\ mol \cdot L^{-1}$ KCl 溶液的电极。两种甘汞电极的电极反应及电极电势数值分别是：

饱和甘汞电极：$Hg_2Cl_2 + 2e^- \Longrightarrow 2Hg + 2Cl^-$（KCl 饱和溶液）

$$\varphi_{(Hg_2Cl_2/Hg)} = +0.24\ V$$

摩尔甘汞电极：$Hg_2Cl_2 + 2e^- \Longrightarrow 2Hg + 2Cl^-$（KCl 浓度为 $1\ mol \cdot L^{-1}$）

$$\varphi^{\ominus}_{(Hg_2Cl_2/Hg)} = +0.28\ V$$

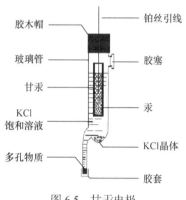

图 6.5　甘汞电极

观察两个电极电势的符号，饱和甘汞电极没有"$\ominus$"，因为反应不是标准态。当 KCl 溶液浓度为 $1\ mol \cdot L^{-1}$ 时测得的电极电势才是 Hg_2Cl_2/Hg 电对的标准电极电势。

甘汞电极的结构如图 6.5 所示。将欲测量的金属电极与甘汞电极组成原电池。

$$(-)\ Pt\ |\ Hg\ |\ Hg_2Cl_2\ |\ KCl\ (1\ mol \cdot L^{-1}\ \text{或饱和})\ ||\ M^{n+}\ (1\ mol \cdot L^{-1})\ |\ M\ (+)$$

从电池电动势 $E^{\ominus} = \varphi^{\ominus}_{(M^{n+}/M)} - \varphi_{(Hg_2Cl_2/Hg)}$（KCl 饱和溶液）或 $E^{\ominus} = \varphi^{\ominus}_{(M^{n+}/M)} - \varphi^{\ominus}_{(Hg_2Cl_2/Hg)}$（KCl 浓度为 $1\ mol \cdot L^{-1}$）可以求出被测电对的标准电极电势。

KCl 溶液浓度易控制，KCl 溶液与晶体共存时即为饱和溶液，因此饱和甘汞电极是实际测量中最常用的参比电极。只要知道饱和 KCl 溶液的浓度，就可以根据摩尔甘汞电极的标准电极电势计算出饱和甘汞电极的电极电势。

6.3.2　标准电极电势表

理论上，任何两个电极都可以组成原电池。根据上述方法，可以方便地测定任一电对的电极电势数值。但是对于某些活泼元素，如 Na、F_2 等，它们易与水发生剧烈反应，不能用原电池的方法直接从实验测定，只能通过热力学数据用间接方法计算其电对的标准电极电势。

本书附录列出了 298 K 时一些物质在水溶液中的标准电极电势，表中的电极反应都写作还原反应的形式，因此也称标准还原电势表。在使用电极电势表时应注意电极反应条件，尤其是介质条件，其中 $\varphi^{\ominus}_a$ 表示在酸性介质 $[c(H^+) = 1.0\ mol \cdot L^{-1}]$ 中电对的标准电极电势，$\varphi^{\ominus}_b$ 表示在碱性介质 $[c(OH^-) = 1.0\ mol \cdot L^{-1}]$ 中电对的标准电极电势。

标准电极电势的物理意义是，在电极反应条件下，对某物质氧化型得电子能力或还原型失电子能力的量度。电对的电极电势数值越正，该电对中氧化型物质的氧化能力（得电子倾向）越大；电对的电极电势数值越负，该电对中还原型物质的还原能力（失电子倾向）越大。

为了更准确地使用标准电极电势表，需要注意以下事项：

（1）任何一个电对都有氧化型物质和还原型物质，它们相互依存，缺一不可。在电极反应 $M^{n+} + ne^- \Longrightarrow M$ 中，M^{n+} 为物质的氧化型，M 为物质的还原型，即

$$氧化型 + ne^- \Longrightarrow 还原型$$

因此，在表示电极电势时，$\varphi^{\ominus}_{(M^{n+}/M)}$（或 $\varphi^{\ominus}_{(氧化型/还原型)}$）应完整表达，任何不完整的表达都是毫无意义的。

同一种物质在一个电对中是氧化型，在另一个电对中可以是还原型。例如，Fe^{2+} 在 Fe^{3+}/Fe^{2+} 电对中是还原型，而在 Fe^{2+}/Fe 电对中为氧化型，所以在讨论与 Fe^{2+} 有关的氧化还原反应时，一定要先确定 Fe^{2+} 的类型，再选择使用相对应的电对电极电势。

（2）标准电极电势表中氧化型物质的氧化能力自上而下依次增强，还原型物质的还原能力自下而上依次增强。其强弱程度可从 $\varphi^{\ominus}$ 值大小来判断。比较还原能力必须用还原型物质所对应的 $\varphi^{\ominus}$ 值，比较氧化能力必须用氧化型物质所对应的 $\varphi^{\ominus}$ 值。

（3）标准电极电势数值是一个具有强度性质的物理量，无加和性，是物质本身的属性。它只表示物质得失电子的趋势大小，与得失电子数无关，即与半反应中的系数无关。例如，电极反应：

$$Cl_2 + 2e^- \Longrightarrow 2Cl^- \qquad \varphi^{\ominus}_{(Cl_2/Cl^-)} = +1.36\ V$$

$$\frac{1}{2}Cl_2 + e^- \Longrightarrow Cl^- \qquad \varphi^{\ominus}_{(Cl_2/Cl^-)} = +1.36\ V$$

无论写成哪种形式，其 $\varphi^{\ominus}$ 值（ $+1.36\ V$ ）不变。

（4）标准电极电势只是反映了在水溶液中物质得失电子的能力，因此它只适用于水溶液体系，对于高温、固相、非水溶剂体系则不适用。在使用标准电极电势表时，应注意电对的酸碱条件，反应的酸碱性可以从电对反应式或电对物质的存在形式作出判断。

（5）标准电极电势表中所列数据均为电对在 298 K 时的标准电极电势，由于电极电势随温度变化不大，故在室温下可以借用表中数据。

6.3.3　电池反应的热力学

1. 电动势 $E^{\ominus}$ 和电池反应 $\Delta_r G^{\ominus}_m$ 的关系

设电池反应为可逆过程，在等温、等压条件下，体系吉布斯自由能的减少值等于体系所做的最大非体积功。在电池反应中，如果非体积功只有电功一种，那么反应过程中吉布斯自由能的减少就等于电池所做的电功。

仍以铜锌原电池为例。当化学反应 $Zn + Cu^{2+} \Longrightarrow Zn^{2+} + Cu$ 在烧杯中进行时，虽有电子转移，但不产生电流，属于等温、等压、无非体积功的过程，其自发进行的判据是

$$\Delta_r G_m < 0$$

若将 Zn^{2+}/Zn 电极和 Cu^{2+}/Cu 电极组成原电池，则通路中有电流产生，属于等温、等压有非体积功——电功（W）的过程，则

$$-\Delta_r G = -W_{非} \tag{6-2}$$

体系所做电功等于电荷量与电动势的积，即

$$W_{非} = qE \tag{6-3}$$

对于反应 $Zn + Cu^{2+} \Longrightarrow Zn^{2+} + Cu$，当反应进度为 ξ 时，转移 n mol 电子，其电荷量为 q，则 $q = nF$，式中 F 为法拉第常量，$F = 96500\ \text{C} \cdot \text{mol}^{-1}$，则

$$W_{非} = -nFE \tag{6-4}$$

联立公式得

$$\Delta_r G = -nFE \tag{6-5}$$

式中，E 的单位为 V；n 为氧化还原方程式中得失电子的物质的量；公式两边的单位均为 J。

若将公式两边同时除以反应进度 ξ，则

$$\frac{\Delta_r G}{\xi} = \frac{-nFE}{\xi}$$

即

$$\Delta_r G_m = -zFE \tag{6-6}$$

式中，z 为反应进度为 1 mol 时反应过程中转移电子的计量数，此时公式两边单位为 $\text{J} \cdot \text{mol}^{-1}$。

若电池中所有物质都处于标准状态，电池的电动势就是标准电动势 $E^{\ominus}$，这时的 $\Delta_r G_m$ 就是标准摩尔反应吉布斯自由能变 $\Delta_r G_m^{\ominus}$，则式 (6-6) 可以写为

$$\Delta_r G_m^{\ominus} = -zFE^{\ominus} \tag{6-7}$$

这个关系式把热力学和电化学联系起来。测得原电池的电动势 E，就可以求出该电池的最大电功，以及反应的 $\Delta_r G_m$。反之，已知某个氧化还原反应的 $\Delta_r G_m$ 数据，就可以求得该反应所构成原电池的电动势 E，进而由 $\Delta_r G_m$ (或 E) 判断氧化还原反应进行的方向和限度。

【例 6-6】 试根据下列电池写出反应方程式，并计算在 298 K 时电池的 $E^{\ominus}$ 值和 $\Delta_r G_m^{\ominus}$ 值。

$$(-)\ Zn\ |\ ZnSO_4\ (1\ \text{mol} \cdot \text{L}^{-1})\ \|\ CuSO_4\ (1\ \text{mol} \cdot \text{L}^{-1})\ |\ Cu\ (+)$$

解 从上述电池可以看出，Zn^{2+}/Zn 是负极，Cu^{2+}/Cu 是正极，电池的氧化还原反应式为 $Zn + Cu^{2+} \Longrightarrow Zn^{2+} + Cu$。

查表可知

$$\varphi_{(Zn^{2+}/Zn)}^{\ominus} = -0.76\ \text{V}, \quad \varphi_{(Cu^{2+}/Cu)}^{\ominus} = +0.34\ \text{V}$$

$$E^{\ominus} = \varphi_{(Cu^{2+}/Cu)}^{\ominus} - \varphi_{(Zn^{2+}/Zn)}^{\ominus} = +0.34\ \text{V} - (-0.76\ \text{V}) = 1.10\ \text{V}$$

反应进度为 1 mol 时，转移电子数 $z = 2$，将 $E^{\ominus}$ 值代入式 (6-6)：

$$\Delta_r G_m^{\ominus} = -zFE^{\ominus} = -2 \times 96.5 \times 1.10\ (\text{kJ} \cdot \text{mol}^{-1}) = 212.3\ (\text{kJ} \cdot \text{mol}^{-1})$$

即 298 K 时该电池的 $E^{\ominus}$ 为 1.10 V，$\Delta_r G_m^{\ominus}$ 为 212.3 kJ $\cdot$ mol^{-1}。

【例 6-7】 已知锌汞电池的反应式为

$$Zn\ (s) + HgO\ (s) \Longrightarrow ZnO\ (s) + Hg\ (l)$$

根据标准吉布斯自由能数据，计算 298 K 时该电池的标准电动势 $E^{\ominus}$。

解 查热力学数据表可知

$$\Delta_f G_{m\ (HgO,\ s)}^{\ominus} = -58.56\ \text{kJ} \cdot \text{mol}^{-1}, \quad \Delta_f G_{m\ (ZnO,\ s)}^{\ominus} = -318.32\ \text{kJ} \cdot \text{mol}^{-1}$$

$$\Delta_r G_m^{\ominus} = \Delta_f G_{m\ (ZnO,\ s)}^{\ominus} - \Delta_f G_{m\ (HgO,\ s)}^{\ominus} = -318.32 - (-58.56)\ (\text{kJ} \cdot \text{mol}^{-1}) = -259.76\ (\text{kJ} \cdot \text{mol}^{-1})$$

根据公式 $\Delta_r G_m^{\ominus} = -zFE^{\ominus}$

$$E^{\ominus} = \frac{\Delta_r G_m^{\ominus}}{-zF} = \frac{-259.76 \times 10^3 \text{ J} \cdot \text{mol}^{-1}}{-2 \times 96500 \text{ C} \cdot \text{mol}^{-1}} = 1.35 \text{ V}$$

即 298 K 时该电池的标准电动势为 1.35 V。

【例 6-8】　已知：$\varphi_{(Cl_2/Cl^-)}^{\ominus} = +1.36 \text{ V}$，$\varphi_{(Cu^{2+}/Cu)}^{\ominus} = +0.34 \text{ V}$。

(1) 写出由上述标准电极组成的原电池的符号；

(2) 写出两极上的电极反应和电池反应方程式；

(3) 求 298 K 时电池的 $E^{\ominus}$ 和 $\Delta_r G_m^{\ominus}$ 值。

解　(1) 从电极电势数值可以看出，$\varphi_{(Cl_2/Cl^-)}^{\ominus} > \varphi_{(Cu^{2+}/Cu)}^{\ominus}$。因此，$Cl_2/Cl^-$ 电对为正极，Cu^{2+}/Cu 电对为负极。

电池符号为

$$(-) \text{ Cu}(s) \mid Cu^{2+} (1 \text{ mol} \cdot L^{-1}) \parallel Cl^- (1 \text{ mol} \cdot L^{-1}) \mid Cl_2 (p^{\ominus}) \mid Pt (+)$$

(2)　正极反应　$Cl_2 + 2e^- \!\!=\!\!=\!\! 2Cl^-$

负极反应　$Cu - 2e^- \!\!=\!\!=\!\! Cu^{2+}$

电池反应　$Cu + Cl_2 \!\!=\!\!=\!\! Cu^{2+} + 2Cl^-$

(3)　$E^{\ominus} = \varphi_{(Cl_2/Cl^-)}^{\ominus} - \varphi_{(Cu^{2+}/Cu)}^{\ominus} = 1.36 \text{ V} - 0.34 \text{ V} = 1.02 \text{ V}$

$$\Delta_r G_m^{\ominus} = -zFE^{\ominus} = -2 \times 96500 \times 1.02 \text{ (J} \cdot \text{mol}^{-1}) = -196.86 \text{ (kJ} \cdot \text{mol}^{-1})$$

即 298 K 时电池的 $E^{\ominus}$ 为 1.02 V，$\Delta_r G_m^{\ominus}$ 为 $-196.86 \text{ kJ} \cdot \text{mol}^{-1}$。

2. 电动势 $E^{\ominus}$ 和电池反应的平衡常数 $K^{\ominus}$ 的关系

在化学平衡一章中，学习过标准摩尔反应自由能变 $\Delta_r G_m^{\ominus}$ 与平衡常数 $K^{\ominus}$ 之间的关系为

$$\Delta_r G_m^{\ominus} = -RT \ln K^{\ominus}$$

$$\Delta_r G_m^{\ominus} = -2.303 RT \lg K^{\ominus}$$

所有的氧化还原反应原则上都可以构成原电池，原电池的标准电动势 $E^{\ominus}$ 与 $\Delta_r G_m^{\ominus}$ 之间的关系为

$$\Delta_r G_m^{\ominus} = -zFE^{\ominus}$$

两式联立可得

$$-zFE^{\ominus} = -RT \ln K^{\ominus} \tag{6-8}$$

即

$$E^{\ominus} = \frac{RT}{zF} \ln K^{\ominus} \tag{6-9}$$

换成常用对数，得

$$E^{\ominus} = \frac{2.303 RT}{zF} \lg K^{\ominus} \tag{6-10}$$

当 T 为 298 K 时

$$E^{\ominus} = \frac{2.303 \times 8.314 \times 298}{z \times 96500} \lg K^{\ominus} \text{ (V)}$$

$$= \frac{0.059}{z} \lg K^{\ominus} \text{ (V)}$$

即 298 K 时，电池的电动势 $E^{\ominus}$ 与电池反应的平衡常数 $K^{\ominus}$ 的关系为

$$\lg K^{\ominus} = \frac{zE^{\ominus}}{0.059 \ (V)} \qquad (6\text{-}11)$$

由此，已知电池的电动势 $E^{\ominus}$ 和电子转移计量数，可以计算氧化还原反应的平衡常数。但是需要注意准确取用 z 的数值，因为对于同一个电池反应，如果反应方程式中的计量数不同，就会有不同的 z 值。

【例 6-9】　利用电化学方法，求下列反应在 298 K 时的 $K^{\ominus}$。

$$Zn + Cu^{2+} \Longrightarrow Zn^{2+} + Cu$$

解　将反应分解成两个电极反应，并查出相关的标准电极电势

$$Cu^{2+} + 2e^- \Longrightarrow Cu, \ \varphi^{\ominus}_{(Cu^{2+}/Cu)} = +0.34 \ V$$

$$Zn^{2+} + 2e^- \Longrightarrow Zn, \ \varphi^{\ominus}_{(Zn^{2+}/Zn)} = -0.76 \ V$$

计算出 $E^{\ominus} = \varphi^{\ominus}_{(Cu^{2+}/Cu)} - \varphi^{\ominus}_{(Zn^{2+}/Zn)} = +0.34 \ V - (-0.76 \ V) = 1.10 \ V$

根据

$$\lg K^{\ominus} = \frac{zE^{\ominus}}{0.059 \ (V)}$$

将 $E^{\ominus} = +1.10 \ V$、$z = 2$ 代入得

$$\lg K^{\ominus} = \frac{2 \times 1.10 \ V}{0.059 \ V} = 37.29$$

$$K^{\ominus} = 1.94 \times 10^{37}$$

即该反应在 298 K 时的 $K^{\ominus}$ 为 1.94×10^{37}。

$K^{\ominus}$ 值很大，说明反应进行的程度很大。此外，对于一些非氧化还原反应，也可以设计成原电池以求其 $K^{\ominus}$ 值。

【例 6-10】　利用电化学方法，求反应 $AgCl \Longrightarrow Ag^+ + Cl^-$ 在 298 K 时的 $K^{\ominus}$ 值。

解　这是一个非氧化还原反应，先在反应方程式两边同时加上 Ag，反应方程式变为

$$AgCl + Ag \Longrightarrow Ag^+ + Cl^- + Ag$$

将反应分解成两个电极反应，并查出相关的标准电极电势

$$AgCl + e^- \Longrightarrow Ag + Cl^- \qquad \varphi^{\ominus}_{(AgCl/Ag)} = +0.22 \ V$$

$$Ag^+ + e^- \Longrightarrow Ag \qquad \varphi^{\ominus}_{(Ag^+/Ag)} = +0.80 \ V$$

计算出 $E^{\ominus} = \varphi^{\ominus}_{(AgCl/Ag)} - \varphi^{\ominus}_{(Ag^+/Ag)} = 0.22 \ V - 0.80 \ V = -0.58 \ V$

$$\lg K^{\ominus} = \frac{zE^{\ominus}}{0.059 \ (V)} = \frac{1 \times (-0.58) \ V}{0.059 \ V} = -9.83$$

得

$$K^{\ominus} = 1.48 \times 10^{-10}$$

即该反应在 298 K 时的 $K^{\ominus}$ 为 1.48×10^{-10}。

实际上，计算出的 $K^{\ominus}$ 即为反应 $AgCl \Longrightarrow Ag^+ + Cl^-$ 的溶度积常数。

3. 水溶液中离子的热力学函数

在化学热力学基础章节中，给出了以单质和化合物为主的热力学数据，水溶液中的离子也具有热力学数据。热力学规定，浓度为 1 $mol \cdot L^{-1}$ 的 H^+ (aq) 的 $\Delta_f G^{\ominus}_m = 0 \ kJ \cdot mol^{-1}$，

$\Delta_f H_m^{\ominus} = 0$ kJ·mol^{-1}，$S_m^{\ominus} = 0$ J·mol^{-1}·K^{-1}。以此为零点，可得出水溶液中其他离子的热力学数据相对值。

对于标准氢电极

$$2H^+ + 2e^- \Longrightarrow H_2\,(g)$$

$H_2\,(g)$ 的压力为标准压力 1×10^5 Pa，$\Delta_f G_m^{\ominus} = 0$ kJ·mol^{-1}；H^+ 的浓度为标准浓度 1 mol·L^{-1}，$\Delta_f G_m^{\ominus} = 0$ kJ·mol^{-1}；因此电极反应的 $\Delta_r G_m^{\ominus} = 0$ kJ·mol^{-1}。

根据 $$\Delta_r G_m^{\ominus} = -zFE^{\ominus}$$

得 $$E^{\ominus} = 0 \text{ V}$$

即标准氢电极的电极电势为 0 V。

6.3.4　E 和 $E^{\ominus}$ 的关系——能斯特方程

1. 电动势的能斯特方程

对于一个给定的氧化还原反应：

$$aA + bB \Longrightarrow cC + dD$$

由化学反应等温式：

$$\Delta_r G_m = \Delta_r G_m^{\ominus} + RT \ln \frac{[c(C)]^c [c(D)]^d}{[c(A)]^a [c(B)]^b}$$

将 $\Delta_r G_m = -zFE$ 和 $\Delta_r G_m^{\ominus} = -zFE^{\ominus}$ 代入，得

$$-zFE = -zFE^{\ominus} + RT \ln \frac{[c(C)]^c [c(D)]^d}{[c(A)]^a [c(B)]^b}$$

等式两边同时除以 $-zF$，得

$$E = E^{\ominus} - \frac{RT}{zF} \ln \frac{[c(C)]^c [c(D)]^d}{[c(A)]^a [c(B)]^b}$$

对于电池反应：

$$aA + bB \Longrightarrow cC + dD$$

其反应商为 $$Q = \frac{[c(C)]^c [c(D)]^d}{[c(A)]^a [c(B)]^b}$$

所以 $$E = E^{\ominus} - \frac{RT}{zF} \ln Q \tag{6-12}$$

将自然对数转换为常用对数后得

$$E = E^{\ominus} - \frac{2.303RT}{zF} \lg Q$$

298 K 时 $$E = E^{\ominus} - \frac{0.059}{z} \lg Q \text{ (V)} \tag{6-13}$$

式中，E 是指定浓度下的电动势；$E^{\ominus}$ 是标准电动势；z 为电极反应中转移电子的计量数。

这就是电动势的能斯特方程，它反映了非标准电动势 E 和标准电动势 $E^{\ominus}$ 间的关系。

2. 电极电势的能斯特方程

将电池反应

$$a\text{A}(\text{氧化型}) + b\text{B}(\text{还原型}) = c\text{C}(\text{还原型}) + d\text{D}(\text{氧化型})$$

分写成两个电极反应

$$\text{正极}\quad a\text{A}(\text{氧化型}) + z\text{e}^- = c\text{C}(\text{还原型})$$

$$\text{负极}\quad d\text{D}(\text{氧化型}) + z\text{e}^- = b\text{B}(\text{还原型})$$

已知该电极反应的电动势与电极电势间的关系为

$$E = \varphi_{\text{正极}} - \varphi_{\text{负极}}$$

将 $E = \varphi_{\text{正极}} - \varphi_{\text{负极}}$ 和 $E^{\ominus} = \varphi_{\text{正极}}^{\ominus} - \varphi_{\text{负极}}^{\ominus}$ 代入电动势的能斯特方程，得

$$\varphi_{\text{正极}} - \varphi_{\text{负极}} = (\varphi_{\text{正极}}^{\ominus} - \varphi_{\text{负极}}^{\ominus}) - \frac{RT}{zF}\ln\frac{[c(\text{C})]^c[c(\text{D})]^d}{[c(\text{A})]^a[c(\text{B})]^b}$$

对公式进行变形，得

$$\varphi_{\text{正极}} - \varphi_{\text{负极}} = (\varphi_{\text{正极}}^{\ominus} - \varphi_{\text{负极}}^{\ominus}) - \frac{RT}{zF}\left(\ln\frac{[c(\text{C})]^c}{[c(\text{A})]^a} + \ln\frac{[c(\text{D})]^d}{[c(\text{B})]^b}\right)$$

$$\varphi_{\text{正极}} - \varphi_{\text{负极}} = \left(\varphi_{\text{正极}}^{\ominus} - \frac{RT}{zF}\ln\frac{[c(\text{C})]^c}{[c(\text{A})]^a}\right) - \left(\varphi_{\text{负极}}^{\ominus} + \frac{RT}{zF}\ln\frac{[c(\text{D})]^d}{[c(\text{B})]^b}\right)$$

$$\varphi_{\text{正极}} - \varphi_{\text{负极}} = \left(\varphi_{\text{正极}}^{\ominus} - \frac{RT}{zF}\ln\frac{[c(\text{C})]^c}{[c(\text{A})]^a}\right) - \left(\varphi_{\text{负极}}^{\ominus} - \frac{RT}{zF}\ln\frac{[c(\text{B})]^b}{[c(\text{D})]^d}\right)$$

则对于正极反应

$$a\text{A}(\text{氧化型}) + z\text{e}^- = c\text{C}(\text{还原型})$$

有

$$\varphi_{\text{正极}} = \varphi_{\text{正极}}^{\ominus} - \frac{RT}{zF}\ln\frac{[c(\text{C})]^c}{[c(\text{A})]^a}$$

对于负极反应

$$d\text{D}(\text{氧化型}) + z\text{e}^- = b\text{B}(\text{还原型})$$

有

$$\varphi_{\text{负极}} = \varphi_{\text{负极}}^{\ominus} - \frac{RT}{zF}\ln\frac{[c(\text{B})]^b}{[c(\text{D})]^d}$$

由此可以总结出，对于电极反应

$$a\,\text{氧化型} + z\text{e}^- = b\,\text{还原型}$$

存在一般关系式

$$\varphi = \varphi^{\ominus} - \frac{RT}{zF}\ln\frac{[c(\text{还原型})]^b}{[c(\text{氧化型})]^a} \tag{6-14}$$

转换为常用对数后，在 298 K 时，得

$$\varphi = \varphi^{\ominus} - \frac{0.059}{z}\lg\frac{[c(\text{还原型})]^b}{[c(\text{氧化型})]^a}\ (\text{V}) \tag{6-15}$$

式中，φ 是指定浓度下的电极电势；$\varphi^{\ominus}$ 是标准电极电势；z 为电极反应中转移电子的计量数。c(还原型)或 c(氧化型)表示还原型物质或氧化型物质的浓度(严格地说应该为活度)。

这就是电极电势的能斯特方程，反映了非标准电极电势 φ 和标准电极电势 $\varphi^{\ominus}$ 间的关系。利用能斯特方程可以计算任何浓度下某电对的电极电势。

在应用能斯特方程时应注意以下几点：

(1)方程式中的 c(还原型)和 c(氧化型)并非专指氧化数有变化的物质，而是包括了参加电极反应的所有物质。在电极反应"a 氧化型 + ze^- ⸺ b 还原型"中，a、b 分别为电极反应物质的系数，应出现在能斯特方程中对应物质的指数项上。

(2)在能斯特方程中，参与电极反应的纯固体或纯液体的浓度均为常数，常认为是 1；离子浓度以相对浓度(活度)计；如果电对中的某一物质是气体，它的浓度用相对气体分压表示。它们都应该是无量纲的纯数。

(3)当电极反应中有 H^+、OH^- 参与时，H^+、OH^- 的量也应该出现在能斯特方程中。

(4)当温度是 298 K 时，能斯特方程为 $\varphi = \varphi^{\ominus} - \dfrac{0.059}{z} \lg \dfrac{[c(\text{还原型})]^b}{[c(\text{氧化型})]^a}$ (V)；温度不是 298 K 时，能斯特方程应该为 $\varphi(T) = \varphi^{\ominus}(T) - \dfrac{RT}{zF} \lg \dfrac{[c(\text{还原型})]^b}{[c(\text{氧化型})]^a}$。

现举例说明上式的表示法：

(a)已知 $Fe^{3+} + e^- === Fe^{2+}$，$\varphi^{\ominus} = +0.77$ V

$$\varphi = \varphi^{\ominus} - \frac{0.059}{1} \lg \frac{c(Fe^{2+})}{c(Fe^{3+})} \text{ V} = 0.77 \text{ V} - 0.059 \lg \frac{c(Fe^{2+})}{c(Fe^{3+})} \text{ V}$$

(b)已知 $Br_2(l) + 2e^- === 2Br^-$，$\varphi^{\ominus} = +1.09$ V

$$\varphi = 1.09 \text{ V} - \frac{0.059}{2} \lg [c(Br^-)]^2 \text{ V}$$

(c)已知 $2H^+ + 2e^- === H_2(g)$，$\varphi^{\ominus} = 0.00$ V

$$\varphi = 0.00 \text{ V} - \frac{0.059}{2} \lg \frac{p(H_2)/p^{\ominus}}{[c(H^+)]^2} \text{ V}$$

(d)已知 $O_2(g) + 4H^+ + 4e^- === 2H_2O(l)$，$\varphi^{\ominus} = +1.23$ V

$$\varphi = 1.23 \text{ V} - \frac{0.059}{4} \lg \frac{1}{[p(O_2)/p^{\ominus}][c(H^+)]^4} \text{ V}$$

6.3.5 影响电极电势的因素

1. 电极物质本性的影响

电对的电极电势是表征电对中氧化型(或还原型)物质在其对应的离子水溶液中得失电子能力的量度。对于反应 $M \longrightarrow M^{n+} + ne^-$，容易认为 M 的电离能越小，反应进行的趋势越大，$\varphi^{\ominus}_{(M^{n+}/M)}$ 值越负。事实上，$\varphi^{\ominus}_{(M^{n+}/M)}$ 是综合因素影响的结果，应取决于反应的 $\Delta_r G^{\ominus}_m$。根据 $\Delta_r G^{\ominus}_m = \Delta_r H^{\ominus}_m - T\Delta_r S^{\ominus}_m$，电极反应过程中的焓变 $\Delta_r H^{\ominus}_m$ 和熵变 $\Delta_r S^{\ominus}_m$ 也应考虑在内。

对于同一反应，$\Delta_r S_m^\ominus$ 的单位为 $J \cdot mol^{-1} \cdot K^{-1}$，而 $\Delta_r H_m^\ominus$ 的单位为 $kJ \cdot mol^{-1}$。在数值上，$T\Delta_r S_m^\ominus$ 一项在温度不太高的情况下与 $\Delta_r H_m^\ominus$ 相差较大。因此，对于同一类型的反应，熵变项可以忽略不计，可以只考虑焓变项对 $\varphi^\ominus$ 的影响。可以认为反应 $M \longrightarrow M^{n+} + ne^-$ 的 $\Delta_r H_m^\ominus$ 越负时，$\varphi_{(M^{n+}/M)}^\ominus$ 将越负，M 被氧化的倾向越大。以 M^+/M 为例：

$$
\begin{array}{ccc}
M(s) & \xrightarrow{\Delta_r H_m^\ominus} & M^+(aq) + e^- \\
\Big\downarrow{\scriptstyle S} & & \Big\uparrow{\scriptstyle \Delta_h H_m^\ominus} \\
M(g) & \xrightarrow{\quad I \quad} & M^+(g)
\end{array}
$$

其中，S、I、$\Delta_h H_m^\ominus$ 分别代表 $M(s)$ 的升华能、电离能及 $M^+(g)$ 的水合能。由此可见，反应的 $\Delta_r H_m^\ominus = S + I + \Delta_h H_m^\ominus$ 才可以说明各因素对电极过程的影响，并不能简单地认为 M 的电离能越小，$\varphi_{(M^{n+}/M)}^\ominus$ 值越负。例如，I_{Li} (520 $kJ \cdot mol^{-1}$) $> I_{Na}$ (496 $kJ \cdot mol^{-1}$) $> I_K$ (410 $kJ \cdot mol^{-1}$)，但是 $\varphi_{(Li^+/Li)}^\ominus = -3.04$ V，$\varphi_{(Na^+/Na)}^\ominus = -2.71$ V，$\varphi_{(K^+/K)}^\ominus = -2.93$ V。

对于 $\varphi_{(Cl_2/Cl^-)}^\ominus$ 的电极过程，设计以下热力学循环：

$$
\begin{array}{ccc}
Cl^-(aq) & \xrightarrow{\Delta_r H_m^\ominus} & \frac{1}{2}Cl_2(g) + e^- \\
\Big\downarrow{\scriptstyle -\Delta_h H_m^\ominus} & & \Big\uparrow{\scriptstyle -\frac{1}{2}D} \\
Cl^-(g) & \xrightarrow{\quad -E \quad} & Cl(g)
\end{array}
$$

其中，$\Delta_h H_m^\ominus$、E、D 分别代表 $Cl^-(aq)$ 的水合能、$Cl(g)$ 的电子亲和能及 Cl_2 的解离能，因此 $\Delta_r H_m^\ominus = -\Delta_h H_m^\ominus - E - \frac{1}{2}D$。

热力学分析表明，电极的热力学过程（涉及物质的本性）是影响电极电势数值的决定因素。

2. 电极反应条件的影响

1）浓度对电极电势的影响

电极电势是电极和其对应的离子水溶液间的电势差。这种电势差产生的原因，对于金属-离子电极来讲，是由于在电极上存在 $M^{n+} + ne^- \rightleftharpoons M$ 电极反应的缘故。对于氧化还原电极来讲（如 Fe^{3+}/Fe^{2+}），是由于在惰性电极上存在 $Fe^{3+} + e^- \rightleftharpoons Fe^{2+}$ 电极反应的结果。因此，从平衡的角度看，凡是能影响上述平衡的因素都是影响电极电势的重要因素。

对于平衡：

$$a \text{ 氧化型} + ze^- \rightleftharpoons b \text{ 还原型}$$

其电极电势能斯特方程为

$$\varphi = \varphi^{\ominus} - \frac{RT}{zF} \ln \frac{[c(\text{还原型})]^b}{[c(\text{氧化型})]^a}$$

可以看出，改变氧化型或还原型物质的浓度都会使平衡发生移动。增大氧化型物质的浓度，平衡右移，氧化型氧化能力增大，φ值增大；增大还原型物质的浓度，平衡左移，氧化型氧化能力减弱，φ值减小。说明物质浓度对电极电势有影响。

下面以电对 Fe^{3+}/Fe^{2+} 为例进行计算。

【例 6-11】 已知电极反应 $Fe^{3+} + e^- \Longleftrightarrow Fe^{2+}$，$\varphi^{\ominus}_{(Fe^{3+}/Fe^{2+})} = +0.771$ V。试求 $\dfrac{c(Fe^{2+})}{c(Fe^{3+})} = \dfrac{1}{10000}$ 时的 $\varphi_{(Fe^{3+}/Fe^{2+})}$ 值。

解 对于 Fe^{3+}/Fe^{2+} 电对，其能斯特方程为

$$\varphi = \varphi^{\ominus} - \frac{0.059}{1} \lg \frac{c(Fe^{2+})}{c(Fe^{3+})} \text{ V}$$

将 $\varphi^{\ominus}$、$\dfrac{c(Fe^{2+})}{c(Fe^{3+})}$ 的数值代入

$$\varphi = 0.771 \text{ V} - 0.059 \lg \frac{1}{10000} \text{ V} = + 1.007 \text{ V}$$

即 $\dfrac{c(Fe^{2+})}{c(Fe^{3+})} = \dfrac{1}{10000}$ 时的 $\varphi_{(Fe^{3+}/Fe^{2+})}$ 值为 +1.007 V。

由此可见，$\dfrac{c(Fe^{2+})}{c(Fe^{3+})}$ 发生改变，φ 也会随之改变。表 6.1 列出了不同浓度比时计算出的 φ 值。

表 6.1　不同浓度比时 $\varphi_{(Fe^{3+}/Fe^{2+})}$ 的数值（298 K）

$\dfrac{c(Fe^{2+})}{c(Fe^{3+})}$	$\dfrac{1000}{1}$	$\dfrac{100}{1}$	$\dfrac{10}{1}$	$\dfrac{1}{1}$	$\dfrac{1}{10}$	$\dfrac{1}{100}$	$\dfrac{1}{1000}$
$\varphi_{(Fe^{3+}/Fe^{2+})}$ /V	0.594	0.653	0.712	0.771	0.830	0.889	0.948

由此可见，随着 $\dfrac{c(Fe^{2+})}{c(Fe^{3+})}$ 值的减小，φ值在增大，$\dfrac{c(Fe^{2+})}{c(Fe^{3+})}$ 每减小 10 倍，φ值增大 0.059 V。

【例 6-12】 已知 $\varphi^{\ominus}_{(Cl_2/Cl^-)} = + 1.36$ V，求 298 K 下，$c(Cl^-) = 0.01$ mol·L^{-1}，$p_{Cl_2} = 500$ kPa 时电极的 $\varphi_{(Cl_2/Cl^-)}$。

解 写出电极反应式 $\qquad Cl_2 (g) + 2e^- \Longleftrightarrow 2Cl^-$

根据能斯特方程，有

$$\varphi_{(Cl_2/Cl^-)} = \varphi^{\ominus}_{(Cl_2/Cl^-)} - \frac{0.059}{2} \lg \frac{[c(Cl^-)]^2}{p(Cl_2)/p^{\ominus}} \text{ V} = 1.36 \text{ V} - \frac{0.059}{2} \lg \frac{0.01^2}{500/100} \text{ V} = +1.50 \text{ V}$$

即 298 K 时，$c(Cl^-) = 0.01$ mol·L^{-1}、$p(Cl_2) = 500$ kPa 时电极的 $\varphi_{(Cl_2/Cl^-)}$ 为 + 1.50 V。

可以看出，改变氧化型物质或还原型物质的浓度会改变电极电势的数值。因此，任何能影响氧化型物质或还原型物质浓度的因素都将影响电极电势的值。

2) 酸度对电极电势的影响

如果电极反应中有 H^+ 或 OH^-，那么体系的酸度将会对电极电势产生影响。

重铬酸钾是一种常见的氧化剂，它在不同酸度条件下表现出的氧化能力不同。

$$Cr_2O_7^{2-} + 14H^+ + 6e^- \rightleftharpoons 2Cr^{3+} + 7H_2O, \quad \varphi^\ominus = +1.33 \text{ V}$$

由电极反应式可知，反应中有 H^+，其电极电势的能斯特方程为

$$\varphi = \varphi^\ominus - \frac{0.059}{6} \lg \frac{[c(Cr^{3+})]^2}{c(Cr_2O_7^{2-})[c(H^+)]^{14}} \text{ V}$$

固定 $Cr_2O_7^{2-}$ 和 Cr^{3+} 的浓度均为 $1 \text{ mol} \cdot L^{-1}$，只改变 H^+ 浓度，讨论酸度对电极电势的影响。

$$\varphi = \varphi^\ominus - \frac{0.059}{6} \lg \frac{[c(Cr^{3+})]^2}{c(Cr_2O_7^{2-})[c(H^+)]^{14}} \text{ V}$$

$$= \varphi^\ominus - \frac{0.059}{6} \lg [c(H^+)]^{-14} \text{ V}$$

$$= \varphi^\ominus + \frac{0.059}{6} \times 14 \lg c(H^+) \text{ V}$$

当 $c(H^+) = 1 \text{ mol} \cdot L^{-1}$ 时

$$\varphi = \varphi^\ominus = +1.33 \text{ V}$$

当 $c(H^+) = 10^{-3} \text{ mol} \cdot L^{-1}$ 时

$$\varphi = 1.33 \text{ V} + \frac{0.059}{6} \times 14 \times (-3) \text{ V} = +0.917 \text{ V}$$

由以上计算可知，$K_2Cr_2O_7$ 在强酸性溶液中的氧化性比在弱酸性溶液中强。因此，在实验室或工业生产中，总是在较强的酸性溶液中使用 $K_2Cr_2O_7$ 作氧化剂。作为一个一般性的规律，对于含氧酸、含氧酸盐、氧化物等氧化性物质而言，其氧化能力随 pH 的降低而升高。

【例 6-13】　试求在 MnO_4^- 和 Mn^{2+} 浓度均为 $1 \text{ mol} \cdot L^{-1}$ 时，pH = 5 的溶液中 MnO_4^-/Mn^{2+} 电对的电极电势。

解　首先写出电极反应式

$$MnO_4^- + 8H^+ + 5e^- \rightleftharpoons Mn^{2+} + 4H_2O$$

查标准电极电势表知 $\varphi^\ominus_{(MnO_4^-/Mn^{2+})} = +1.51 \text{ V}$

根据能斯特方程

$$\varphi_{(MnO_4^-/Mn^{2+})} = \varphi^\ominus_{(MnO_4^-/Mn^{2+})} - \frac{0.059}{5} \lg \frac{c(Mn^{2+})}{c(MnO_4^-)[c(H^+)]^8} \text{ V}$$

pH = 5 时，溶液中 H^+ 浓度为 $10^{-5} \text{ mol} \cdot L^{-1}$

代入已知数据，得

$$\varphi_{(MnO_4^-/Mn^{2+})} = 1.51 \text{ V} - \frac{0.059}{5} \lg \frac{1}{1 \times (10^{-5})^8} \text{ V} = +1.04 \text{ V}$$

即该条件下，MnO_4^-/Mn^{2+} 电对的电极电势为 $+1.04 \text{ V}$。

【例 6-14】　已知 $2H^+ + 2e^- \rightleftharpoons H_2$，$\varphi^\ominus = 0.00 \text{ V}$，若保持 H_2 的分压 $p(H_2) = 100 \text{ kPa}$ 不变，将溶液换成浓度为 $0.1 \text{ mol} \cdot L^{-1}$ 的 HAc 溶液，求氢电极的电极电势。

（本题涉及弱酸的电离平衡，在计算氢电极的电极电势时，需通过 HAc 的解离平衡计算出溶液中 H^+ 的浓度。）

解　设平衡时溶液中的 H^+ 浓度为 $x \text{ mol} \cdot L^{-1}$

$$HAc \rightleftharpoons H^+ + Ac^-$$

平衡时各物质浓度/(mol·L^{-1})　　　　0.1$-x$　　　　x　　x

$$K^{\ominus} = \frac{c(H^+)c(Ac^-)}{c(HAc)} = \frac{x \cdot x}{0.1-x} = \frac{x^2}{0.1-x}$$

因为 HAc 的解离常数较小，因此 $0.1-x \approx 0.1$

$$x = \sqrt{0.1K^{\ominus}} = \sqrt{0.1 \times 1.8 \times 10^{-5}} = 1.3 \times 10^{-3}$$

即 H$^+$浓度为 1.3×10^{-3} mol·L^{-1}，将 $c(H^+)$ 和 $p(H_2)$ 的数值代入能斯特方程中，得

$$\varphi = \varphi^{\ominus} - \frac{0.059}{2} \lg \frac{p(H_2)/p^{\ominus}}{[c(H^+)]^2} \text{V} = 0.00 \text{ V} - \frac{0.059}{2} \lg \frac{100/100}{(1.3 \times 10^{-3})^2} \text{V} = -0.17 \text{ V}$$

即该条件下氢电极的电极电势为-0.17 V。

可见，由于 H$^+$浓度的降低，氢电极的电极电势也降低了。

【例 6-15】　计算下列原电池的电动势

$$(-)\text{Pt} \mid H_2(p^{\ominus}) \mid H^+ (1 \times 10^{-3} \text{ mol·L}^{-1}) \parallel H^+ (1 \times 10^{-2} \text{ mol·L}^{-1}) \mid H_2(p^{\ominus}) \mid \text{Pt} (+)$$

解　该原电池的正极和负极反应均为

$$2H^+ + 2e^- \equiv\!\!\equiv H_2$$

根据能斯特方程可计算出正极和负极的电极电势

正极：$\varphi = \varphi^{\ominus} - \dfrac{0.059}{2} \lg \dfrac{p(H_2)/p^{\ominus}}{[c(H^+)]^2} \text{V} = 0.00 \text{ V} - \dfrac{0.059}{2} \lg \dfrac{1}{(1 \times 10^{-2})^2} \text{V}$

负极：$\varphi = \varphi^{\ominus} - \dfrac{0.059}{2} \lg \dfrac{p(H_2)/p^{\ominus}}{[c(H^+)]^2} \text{V} = 0.00 \text{ V} - \dfrac{0.059}{2} \lg \dfrac{1}{(1 \times 10^{-3})^2} \text{V}$

电动势为

$$E = \varphi_{\text{正极}} - \varphi_{\text{负极}}$$

$$= 0.00 \text{ V} - \frac{0.059}{2} \lg \frac{1}{(1 \times 10^{-2})^2} \text{V} - \left[0.00 \text{ V} - \frac{0.059}{2} \lg \frac{1}{(1 \times 10^{-3})^2} \text{V} \right]$$

$$= \frac{0.059}{2} \lg \frac{(1 \times 10^{-2})^2}{(1 \times 10^{-3})^2} \text{ V}$$

$$= 0.059 \text{ V}$$

即该原电池的电动势为 0.059 V。

这种类型的电池正极和负极都是氢电极，两电极之间仅在于溶液的浓度不同。这种电池称为浓差电池。

正极的半反应为：$2H^+(\text{浓溶液}) + 2e^- \equiv\!\!\equiv H_2$

负极的半反应为：$2H^+(\text{稀溶液}) + 2e^- \equiv\!\!\equiv H_2$

电池反应为：$H^+(\text{浓溶液}) \equiv\!\!\equiv H^+(\text{稀溶液})$

即 H$^+$从浓溶液中向稀溶液中转移，当两极的溶液浓度相等，即浓差消失时，$E = 0.00$ V。

例 6-15 也可用电动势的能斯特方程进行计算。

$$E = E^{\ominus} - \frac{0.059}{1} \lg \frac{c(H^+)_{\text{生成物}}}{c(H^+)_{\text{反应物}}} \text{V}$$

$$= 0.00 \text{ V} - \frac{0.059}{1} \lg \frac{1 \times 10^{-3}}{1 \times 10^{-2}} \text{V}$$

$$= 0.059 \text{ V}$$

3）沉淀或配位化合物生成对电极电势的影响

当电对反应中有沉淀或配位化合物生成时，同样会使平衡移动，影响电极的电极电势。

由电对 $Ag^+ + e^- \rightleftharpoons Ag$，$\varphi^{\ominus}_{(Ag^+/Ag)} = +0.80$ V 可知，Ag^+ 是一个中等偏弱的氧化剂。若在溶液中加入 NaCl，便产生 AgCl 沉淀：

$$Ag^+ + Cl^- \rightleftharpoons AgCl\downarrow$$

当 AgCl 的沉淀溶解达到平衡时，如果 Cl^- 浓度为 1 mol·L^{-1}，则 Ag^+ 的浓度为

$$c(Ag^+) = \frac{K^{\ominus}_{sp}}{c(Cl^-)} = \frac{1.5 \times 10^{-10}(mol \cdot L^{-1})^2}{1\ mol \cdot L^{-1}} = 1.5 \times 10^{-10}\ mol \cdot L^{-1}$$

此时电极电势为

$$\varphi = \varphi^{\ominus} - \frac{0.059}{1} \lg \frac{1}{c(Ag^+)}\ V$$

$$= 0.80\ V - 0.059 \lg \frac{1}{1.5 \times 10^{-10}}\ V$$

$$= +0.22\ V$$

此电极电势是 AgCl/Ag 电极的标准电极电势 $\varphi^{\ominus}_{(AgCl/Ag)}$。

电极反应：$AgCl(s) + e^- \rightleftharpoons Ag(s) + Cl^-$ [$c(Cl^-) = 1\ mol \cdot L^{-1}$]

这是因为向 Ag^+/Ag 电极的 Ag^+ 溶液中加入 Cl^- 后生成了 AgCl 沉淀，AgCl 沉淀与 Ag 形成了新的 AgCl/Ag 电极。相比之下，电极电势下降了 0.58 V。

用同样的方法可以计算出 $\varphi^{\ominus}_{(AgBr/Ag)}$ 和 $\varphi^{\ominus}_{(AgI/Ag)}$ 的数值，对比见表 6.2。

表 6.2　$AgX(X = Cl，Br，I)$ 的溶度积常数 $K^{\ominus}_{sp}$ 与 $\varphi^{\ominus}_{(AgX/Ag)}$ 比较

电对	$\varphi^{\ominus}$ / V
$AgI + e^- \rightleftharpoons Ag + I^-$	−0.15
$AgBr + e^- \rightleftharpoons Ag + Br^-$	+0.07
$AgCl + e^- \rightleftharpoons Ag + Cl^-$	+0.22
$Ag^+ + e^- \rightleftharpoons Ag$	+0.80

（左侧）$\varphi^{\ominus}$　减小　　$K^{\ominus}_{sp}$　减小　　$c(Ag^+)$　减小

可以看出：AgX 的溶度积常数越小，$\varphi^{\ominus}_{(AgX/Ag)}$ 也越小。也就是说，AgX 的溶度积常数越小，平衡时 Ag^+ 浓度就越小，氧化能力就越弱。

下面以一个例题说明配位化合物生成对电极电势的影响。

【例 6-16】　已知 $\varphi^{\ominus}_{(Cu^+/Cu)} = +0.52$ V，试求 $[Cu(CN)_2]^- + e^- \rightleftharpoons Cu + 2CN^-$ 的 $\varphi^{\ominus}_{([Cu(CN)_2]^-/Cu)}$。（$K^{\ominus}_{稳[Cu(CN)_2]^-} = 1 \times 10^{24}$）

解　$[Cu(CN)_2]^-$ 的生成-解离平衡为

$$Cu^+ + 2CN^- \rightleftharpoons [Cu(CN)_2]^-$$

$$K^{\ominus}_{稳} = \frac{c([Cu(CN)_2]^-)}{c(Cu^+)[c(CN^-)]^2}$$

$\varphi^{\ominus}_{([Cu(CN)_2]^-/Cu)}$ 表示 CN^- 和 $[Cu(CN)_2]^-$ 浓度为 1 mol·L^{-1} 的条件下 $[Cu(CN)_2]^-$/Cu 电对的电极电势，

此时

$$c(Cu^+) = \frac{c([Cu(CN)_2]^-)}{[c(CN^-)]^2} \times \frac{1}{K_{稳}^{\ominus}} = \frac{1}{K_{稳}^{\ominus}} = 1 \times 10^{-24} \ mol \cdot L^{-1}$$

将已知数值代入能斯特方程

$$\varphi_{([Cu(CN)_2]^-/Cu)}^{\ominus} = \varphi_{(Cu^+/Cu)}^{\ominus} = \varphi_{(Cu^+/Cu)}^{\ominus} - \frac{0.059}{1} \lg \frac{1}{c(Cu^+)} \ V$$

$$= 0.52 \ V - 0.059 \lg \frac{1}{1 \times 10^{-24}} \ V = -0.90 \ V$$

即 $\varphi_{([Cu(CN)_2]^-/Cu)}^{\ominus}$ 的值为–0.90 V。

对于电极反应 $M^{n+} + me^- \rightleftharpoons M^{(n\ m)+}$，当加入的沉淀剂或配位剂使还原型物质浓度降低时，平衡向右移动，$\varphi^{\ominus}$ 值变更正，氧化型物质的氧化能力增强，还原型物质的还原能力减弱。例如，$\varphi_{(Cu^{2+}/Cu^+)}^{\ominus}$（+0.15 V）< $\varphi_{(Cu^{2+}/CuI)}^{\ominus}$（+0.86 V）< $\varphi_{(Cu^{2+}/[Cu(CN)_2]^-)}^{\ominus}$（+1.12 V）。如果加入的沉淀剂或配位剂使氧化型物质的浓度降低，平衡向左移动，$\varphi^{\ominus}$ 值将更负，氧化型物质的氧化能力减弱，还原型物质的还原能力增强。例如，

$$\varphi_{(Ag^+/Ag)}^{\ominus}（+0.80 \ V）> \varphi_{(AgCl/Ag)}^{\ominus}（+0.22 \ V）> \varphi_{(AgBr/Ag)}^{\ominus}（+0.07 \ V）> \varphi_{(AgI/Ag)}^{\ominus}（-0.15 \ V）>$$

$$\varphi_{([Ag(CN)_2]^-/Ag)}^{\ominus}（-0.31 \ V）> \varphi_{(Ag_2S/Ag)}^{\ominus}（-0.71 \ V）$$

总之，一个电极反应的电极电势的大小首先是由电极物质的特性所决定的，其次电极反应条件(如电极物质的浓度、溶液酸度、有无沉淀或配位化合物生成等)也会对电极电势产生影响。这些影响都可以利用能斯特方程计算得到。

6.3.6 电极电势的应用

1. 判断氧化剂和还原剂的相对强弱

电极电势的高低表明了氧化型物质或还原型物质得失电子的能力，即物质的氧化还原能力强弱。应用标准电极电势表可以研究元素不同氧化态下的氧化还原性，电极电势数值越大，氧化型物质越容易得到电子，氧化性越强，如 $\varphi_{(F_2/F^-)}^{\ominus}$ = +2.87 V、$\varphi_{(MnO_4^-/Mn^{2+})}^{\ominus}$ = +1.51 V、$\varphi_{(Cr_2O_7^{2-}/Cr^{3+})}^{\ominus}$ = +1.33 V，说明 F_2、MnO_4^-、$Cr_2O_7^{2-}$ 都是强氧化剂。电极电势数值越小，还原型物质越容易失去电子，还原性越强，如 $\varphi_{(K^+/K)}^{\ominus}$ = -2.93 V、$\varphi_{(Na^+/Na)}^{\ominus}$ = -2.71 V，说明金属 K 和 Na 都是强还原剂。应当注意的是，用 $\varphi^{\ominus}$ 数值判断的是物质在标准状态下的氧化还原能力强弱。如果在非标准状态下比较物质的氧化还原能力强弱时，必须利用能斯特方程进行计算，求出在某条件下的 φ 值，然后再进行比较。

2. 判断氧化还原反应进行的方向

在等温、等压、不做非体积功的条件下，反应能自发进行的判据是：$\Delta_r G_m < 0$。当反应中各物质均处于标准态时，判据为 $\Delta_r G_m^{\ominus} < 0$。前面学习了标准电动势 $E^{\ominus}$ 与 $\Delta_r G_m^{\ominus}$ 的关系，即 $\Delta_r G_m^{\ominus} = -zFE^{\ominus}$，因此标准电动势 $E^{\ominus}$ 可以用来判别氧化还原反应进行的方向：

$$\Delta_r G_m^{\ominus} < 0, \quad E^{\ominus} > 0 \qquad\qquad 正向自发进行$$

$$\Delta_r G_m^{\ominus} = 0, \quad E^{\ominus} = 0 \qquad\qquad 平衡状态$$

$$\Delta_r G_m^{\ominus} > 0, \quad E^{\ominus} < 0 \qquad\qquad 正向不能自发进行$$

用 $E^{\ominus}$ 作为判据的方法是：①把氧化还原反应设计成原电池；②由 $E^{\ominus} = \varphi_{正极}^{\ominus} - \varphi_{负极}^{\ominus}$ 计算出 $E^{\ominus}$ 的数值；③判断反应进行方向。

事实上参与反应的氧化型物质或还原型物质并不一定处于标准状态，其浓度和分压并不都是 $1 \ \text{mol} \cdot \text{L}^{-1}$ 或标准气压。在大多数情况下，用标准电动势判断反应进行方向的结论仍然是正确的。因为大多数氧化还原反应设计成原电池后，其电动势都比较大，一般大于 0.2 V。在这种情况下，浓度的变化虽然会影响电极电势，但不会因为浓度的变化而使 E 的正负符号发生变化。如果某反应组成原电池后电动势比较小，那么就必须考虑浓度对电极电势的影响，计算出 E 值后再进行判断。

【例 6-17】　判断 $2Fe^{3+} + Sn^{2+} \Longrightarrow Sn^{4+} + 2Fe^{2+}$ 反应进行的方向。

解　将该氧化还原反应设计成原电池，写出两极反应，查表知各电对的 $\varphi^{\ominus}$ 值

正极：$Fe^{3+} + e^- \Longrightarrow Fe^{2+}$，$\varphi_{(Fe^{3+}/Fe^{2+})}^{\ominus} = +0.77 \ \text{V}$

负极：$Sn^{4+} + 2e^- \Longrightarrow Sn^{2+}$，$\varphi_{(Sn^{4+}/Sn^{2+})}^{\ominus} = +0.15 \ \text{V}$

计算标准电动势

$$E^{\ominus} = \varphi_{(Fe^{3+}/Fe^{2+})}^{\ominus} - \varphi_{(Sn^{4+}/Sn^{2+})}^{\ominus} = 0.77 \ \text{V} - 0.15 \ \text{V} = 0.62 \ \text{V} > 0$$

即该反应在标准状态下正向进行。

【例 6-18】　已知混合溶液中含有 Cl^-、Br^-、I^-，现有两种氧化剂 $Fe_2(SO_4)_3$ 和 $KMnO_4$，选用哪种氧化剂可以只将 I^- 氧化为 I_2，而 Cl^-、Br^- 不被氧化？

解　查表可知

$\varphi_{(I_2/I^-)}^{\ominus} = +0.54 \ \text{V}$，$\varphi_{(Br_2/Br^-)}^{\ominus} = +1.09 \ \text{V}$，$\varphi_{(Cl_2/Cl^-)}^{\ominus} = +1.36 \ \text{V}$，$\varphi_{(Fe^{3+}/Fe^{2+})}^{\ominus} = +0.77 \ \text{V}$，$\varphi_{(MnO_4^-/Mn^{2+})}^{\ominus} = +1.51 \ \text{V}$

比较各电对电极电势可知

$$\varphi_{(I_2/I^-)}^{\ominus} < \varphi_{(Fe^{3+}/Fe^{2+})}^{\ominus} < \varphi_{(Br_2/Br^-)}^{\ominus} < \varphi_{(Cl_2/Cl^-)}^{\ominus} < \varphi_{(MnO_4^-/Mn^{2+})}^{\ominus}$$

显然，$\varphi_{(Fe^{3+}/Fe^{2+})}^{\ominus}$ 与 $\varphi_{(I_2/I^-)}^{\ominus}$ 组成原电池后 $E^{\ominus}$ 大于 0，I^- 可被氧化成 I_2。$\varphi_{(Fe^{3+}/Fe^{2+})}^{\ominus}$ 与 $\varphi_{(Br_2/Br^-)}^{\ominus}$ 或 $\varphi_{(Cl_2/Cl^-)}^{\ominus}$ 组成原电池后 $E^{\ominus}$ 小于 0，可保证 Cl^-、Br^- 不被氧化。因此，选用 $Fe_2(SO_4)_3$ 作氧化剂能满足要求。如果选用 $KMnO_4$ 作氧化剂，则 Cl^-、Br^-、I^- 都会被氧化。

在用电极电势判断氧化还原反应进行的方向时，应注意以下两点：

(1) 从电极电势只能判断氧化还原反应能否进行，但不能说明反应的速率，因为热力学和动力学不同。例如，

$$MnO_4^- + 8H^+ + 5e^- \Longrightarrow Mn^{2+} + 4H_2O, \quad \varphi^{\ominus} = +1.51 \ \text{V}$$

$$S_2O_8^{2-} + 2e^- \Longrightarrow 2SO_4^{2-}, \quad \varphi^{\ominus} = +2.01 \ \text{V}$$

从 $\varphi^{\ominus}$ 判断，$S_2O_8^{2-}$ 可以氧化 Mn^{2+}，但实际上这个反应速率很小，因此单独使用 $S_2O_8^{2-}$ 不能氧化 Mn^{2+}，必须在热溶液中加入银盐作催化剂，反应才能加速进行。

(2) 某些含氧化合物如 $KMnO_4$、$K_2Cr_2O_7$、H_3AsO_4 等参加氧化还原反应时，用电极电势判断反应进行的方向时，需考虑溶液的酸度。

【例 6-19】 判断下列反应

$$H_3AsO_4 + 2I^- + 2H^+ \Longrightarrow H_3AsO_3 + I_2 + H_2O$$

在 298 K 时能否正向自发进行。

(1) 标准状态下；(2) pH = 8 的溶液。

解 (1) 写出电极反应，并查表得到各电对的标准电极电势：

正极：$H_3AsO_4 + 2H^+ + 2e^- \Longrightarrow H_3AsO_3 + H_2O$，$\varphi^{\ominus}_{(H_3AsO_4/H_3AsO_3)} = +0.56$ V

负极：$I_2 + 2e^- \Longrightarrow 2I^-$，$\varphi^{\ominus}_{(I_2/I^-)} = +0.54$ V

电池电动势 $E^{\ominus} = \varphi^{\ominus}_{(H_3AsO_4/H_3AsO_3)} - \varphi^{\ominus}_{(I_2/I^-)} = 0.02$ V

因此，反应可以正向自发进行。

(2) pH = 8 的溶液中 $c(H^+) = 1 \times 10^{-8}$ mol·L^{-1}，$c(H_3AsO_4) = c(H_3AsO_3) = c(I^-) = 1$ mol·L^{-1}。

在 H_3AsO_4/H_3AsO_3 电对的电极反应中有 H^+ 参加，在 H^+ 浓度作用下，H_3AsO_4/H_3AsO_3 电对的电极电势变为

$$\varphi_{(H_3AsO_4/H_3AsO_3)} = \varphi^{\ominus}_{(H_3AsO_4/H_3AsO_3)} - \frac{0.059}{z} \lg \frac{c(H_3AsO_3)}{c(H_3AsO_4)[c(H^+)]^2} \text{ V}$$

$$= 0.56 \text{ V} - \frac{0.059}{2} \lg \frac{1}{(1 \times 10^{-8})^2} \text{ V} = 0.088 \text{ V}$$

H^+ 浓度的改变对 I_2/I^- 电对的电极电势没有影响，此时电池的电动势为

$$E = \varphi_{(H_3AsO_4/H_3AsO_3)} - \varphi^{\ominus}_{(I_2/I^-)} = -0.452 \text{ V} < 0$$

反应不能正向自发进行。

3. 确定氧化还原反应进行的限度

1) 计算反应的平衡常数

电池的标准电动势 $E^{\ominus}$ 与电池反应的平衡常数 $K^{\ominus}$ 的关系为

$$E^{\ominus} = \frac{2.303RT}{zF} \lg K^{\ominus}$$

298 K 时

$$\lg K^{\ominus} = \frac{zE^{\ominus}}{0.059 \text{ (V)}}$$

由此，如果已知电池的电动势 $E^{\ominus}$ 和电子转移计量数，就可以计算氧化还原反应的平衡常数。

【例 6-20】 求反应 $2Ag + 2HI \Longrightarrow 2AgI \downarrow + H_2 \uparrow$ 的平衡常数 $K_1^{\ominus}$。

解 将反应设计成原电池，并写出两极反应，查出标准电极电势：

正极：$2H^+ + 2e^- \Longrightarrow H_2$（被还原），$\varphi^{\ominus}_{(H^+/H_2)} = 0.00$ V

负极：$Ag + I^- - e^- \Longrightarrow AgI$（被氧化），$\varphi^{\ominus}_{(AgI/Ag)} = -0.15$ V

$$E^{\ominus} = \varphi^{\ominus}_{(H^+/H_2)} - \varphi^{\ominus}_{(AgI/Ag)} = 0.15 \text{ V}$$

电极得失电子计量数为 2

根据 $\lg K^{\ominus} = \dfrac{zE^{\ominus}}{0.059 \text{ (V)}}$ 得

$$\lg K_1^{\ominus} = \frac{2 \times 0.15 \text{ V}}{0.059 \text{ V}} = 5.08$$

得 $$K_1^\ominus = 1.22 \times 10^5$$

【例 6-21】　如将例 6-20 的反应式写成 $Ag + HI \rightleftharpoons AgI\downarrow + \dfrac{1}{2}H_2\uparrow$，求平衡常数 $K_2^\ominus$。

解　设计成原电池后电极的半反应式分别为

正极：$H^+ + e^- \Longrightarrow \dfrac{1}{2}H_2$（被还原），$\varphi_{(H^+/H_2)}^\ominus = 0.00\ V$

负极：$Ag + I^- - e^- \Longrightarrow AgI$（被氧化），$\varphi_{(AgI/Ag)}^\ominus = -0.15\ V$

虽然电极反应式书写不同，但是标准电极电势不变。

电极得失电子计量数为 1

$$\lg K^\ominus = \frac{zE^\ominus}{0.059\ (V)} = \frac{1 \times 0.15\ V}{0.059\ V} = 2.54$$

计算得 $$K_2^\ominus = 3.49 \times 10^2$$

比较上面两个例题的计算结果得

$$K_1^\ominus = (K_2^\ominus)^2$$

可见，利用公式进行计算时，一定要注意准确地取用 z 值。

2）计算弱电解质的解离常数

【例 6-22】　已知 $\varphi_{(NO_3^-/HNO_2)}^\ominus = +0.94\ V$，$\varphi_{(NO_3^-/NO_2^-)}^\ominus = +0.01\ V$，计算 HNO_2 的解离常数 $K_{a(HNO_2)}^\ominus$。

解　分别写出两个电对的电极反应式

NO_3^-/HNO_2 电对：$NO_3^- + 3H^+ + 2e^- \Longrightarrow HNO_2 + H_2O$

NO_3^-/NO_2^- 电对：$NO_3^- + H_2O + 2e^- \Longrightarrow NO_2^- + 2OH^-$

将两电极组成原电池，前者为正极，后者为负极，两式相减得到电池反应式：

$$NO_2^- + 2OH^- + 3H^+ \Longrightarrow HNO_2 + 2H_2O$$

该电池的电动势为

$$E^\ominus = \varphi_{(NO_3^-/HNO_2)}^\ominus - \varphi_{(NO_3^-/NO_2^-)}^\ominus = 0.93\ V$$

可得 $$\lg K^\ominus = \frac{2 \times 0.93\ V}{0.059\ V} = 31.53$$

反应的平衡常数 $$K^\ominus = 3.35 \times 10^{31}$$

该电池反应由下面两个平衡构成：

$$NO_2^- + H^+ \rightleftharpoons HNO_2, \quad K_1^\ominus = \frac{1}{K_{a(HNO_2)}^\ominus}$$

$$2OH^- + 2H^+ \rightleftharpoons 2H_2O, \quad K_2^\ominus = \left(\frac{1}{K_w^\ominus}\right)^2$$

$$K^\ominus = K_1^\ominus \times K_2^\ominus = \frac{1}{K_{a(HNO_2)}^\ominus} \times \left(\frac{1}{K_w^\ominus}\right)^2$$

$$K_{a(HNO_2)}^\ominus = \frac{1}{K^\ominus} \times \left(\frac{1}{K_w^\ominus}\right)^2 = \frac{1}{3.35 \times 10^{31}} \times \left(\frac{1}{1 \times 10^{-14}}\right)^2 = 2.99 \times 10^{-4}$$

3）计算难溶电解质的溶度积常数

在实际工作中，许多难溶电解质饱和溶液的离子浓度非常低，用直接测定离子浓度的方法求溶度积常数（$K_{sp}^{\ominus}$）比较困难。在操作中，常常是通过选择合适的电极组成原电池测定 $E^{\ominus}$ 值，就可以方便准确地测定 $K_{sp}^{\ominus}$。

【例 6-23】 已知 $\varphi_{(PbSO_4/Pb)}^{\ominus} = -0.351$ V，$\varphi_{(Pb^{2+}/Pb)}^{\ominus} = -0.125$ V，求 $PbSO_4$ 的溶度积常数 $K_{sp}^{\ominus}$。

解 写出两个电对的电极反应式，并组成原电池

正极：$Pb^{2+} + 2e^- \Longrightarrow Pb$

负极：$PbSO_4 + 2e^- \Longrightarrow Pb + SO_4^{2-}$

电池反应式为

$$Pb^{2+} + SO_4^{2-} \Longrightarrow PbSO_4$$

电池标准电动势为

$$E^{\ominus} = \varphi_{(Pb^{2+}/Pb)}^{\ominus} - \varphi_{(PbSO_4/Pb)}^{\ominus} = 0.226 \text{ V}$$

则

$$\lg K^{\ominus} = \frac{zE^{\ominus}}{0.059 \text{ (V)}} = \frac{2 \times 0.226 \text{ V}}{0.059 \text{ V}} = 7.66$$

又因为 $K^{\ominus} = \dfrac{1}{K_{sp}^{\ominus}}$，所以 $\lg K_{sp}^{\ominus} = -7.66$

计算得 $K_{sp}^{\ominus} = 2.19 \times 10^{-8}$

6.3.7 能斯特方程的应用——电势-pH 图

1. 电势-pH 图的基本概念

许多电极反应中有 H^+ 或 OH^- 参与，所以电对的电极电势 φ 值受 pH 的影响，利用能斯特方程可以计算不同 pH 条件下电对的电极电势数值。在等温、等浓度的条件下，以电对的 φ 值为纵坐标，溶液的 pH 为横坐标，绘出 φ 随 pH 变化的关系图，这种图就称为电势-pH（φ-pH）图。

下面以 H_3AsO_4/H_3AsO_3 电对和 I_2/I^- 电对为例，介绍电势-pH 图的做法与应用。

电对 H_3AsO_4/H_3AsO_3 的电极反应为

$$H_3AsO_4 + 2H^+ + 2e^- \Longrightarrow H_3AsO_3 + H_2O，\quad \varphi_{(H_3AsO_4/H_3AsO_3)}^{\ominus} = +0.56 \text{ V}$$

其能斯特方程为

$$\varphi_{(H_3AsO_4/H_3AsO_3)} = \varphi_{(H_3AsO_4/H_3AsO_3)}^{\ominus} - \frac{0.059}{z} \lg \frac{c(H_3AsO_3)}{c(H_3AsO_4)[c(H^+)]^2} \text{ V}$$

为了讨论 pH 对 φ 值的影响，令 H_3AsO_4 和 H_3AsO_3 均处于标准态，即 $c(H_3AsO_4) = c(H_3AsO_3) = 1 \text{ mol} \cdot \text{L}^{-1}$，则

$$\varphi_{(H_3AsO_4/H_3AsO_3)} = \varphi_{(H_3AsO_4/H_3AsO_3)}^{\ominus} - \frac{0.059}{2} \lg \frac{1}{[c(H^+)]^2} \text{ V}$$

$$= 0.56 \text{ V} + 0.059 \lg c(H^+) \text{ V} = (0.56 - 0.059 \text{ pH}) \text{ V}$$

$\varphi = (0.56 - 0.059 \text{ pH})$ V 即为 H_3AsO_4 和 H_3AsO_3 均处于标准态时，电极电势 φ 值与 pH 的关系式，是一条直线的方程。

在方程中取两点(pH = 0，φ = 0.56 V)和(pH = 2，φ = 0.44 V)，可以作出该电对的电势-pH 图——As 线（图 6.6）。在 As 线的上方，电极电势高于 H_3AsO_4/H_3AsO_3 电对的 φ 值，可以将 H_3AsO_3 氧化成 H_3AsO_4；在 As 线的下方，电极电势低于 H_3AsO_4/H_3AsO_3 电对的 φ 值，可以将 H_3AsO_4 还原成 H_3AsO_3。因此，As 线的上方为氧化型 H_3AsO_4 的稳定区，As 线的下方为还原型 H_3AsO_3 的稳定区。

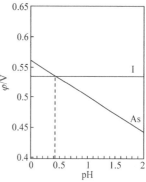

图 6.6　As 和 I 的电势-pH 图

此外，电势-pH 图也有可能是一条斜率为 0 的直线，如 I_2/I^- 电对，其电极反应为

$$I_2 + 2e^- \rule[0.5ex]{1.5em}{0.4pt} 2I^-, \quad \varphi^{\ominus}_{(I_2/I^-)} = +0.54 \text{ V}$$

该电极反应式中没有 H^+ 或 OH^- 的参与，因此电极电势与 pH 无关，I_2/I^- 电对的电势-pH 图是一条平行于横坐标的直线——I 线，斜率为 0（图 6.6）。在 I 线的上方，电极电势高于 I_2/I^- 电对的 φ 值，可以将 I^- 氧化成 I_2；在 I 线的下方，电极电势低于 I_2/I^- 电对的 φ 值，可以将 I_2 还原成 I^-。因此，I 线的上方是氧化型 I_2 的稳定区，I 线的下方为还原型 I^- 的稳定区。

将 H_3AsO_4/H_3AsO_3 电对和 I_2/I^- 电对的电势-pH 图画在同一坐标系中，就可利用电势-pH 图讨论两个电对所涉及的物质之间的氧化还原反应。在 pH<0.42 的强酸性介质中，As 线在 I 线的上方，$\varphi_{(H_3AsO_4/H_3AsO_3)} > \varphi_{(I_2/I^-)}$，体系中将发生反应 H_3AsO_4 + $2I^-$ + $2H^+$ $\rule[0.5ex]{1.5em}{0.4pt}$ H_3AsO_3 + I_2 + H_2O，H_3AsO_4 氧化 I^- 为 I_2，本身被还原为 H_3AsO_3。在 pH>0.42 的介质中，As 线在 I 线的下方，$\varphi_{(H_3AsO_4/H_3AsO_3)} < \varphi_{(I_2/I^-)}$，体系中将发生反应 H_3AsO_3 + I_2 + H_2O $\rule[0.5ex]{1.5em}{0.4pt}$ H_3AsO_4 + $2I^-$ + $2H^+$，I_2 氧化 H_3AsO_3 为 H_3AsO_4，本身被还原为 I^-。

2. H_2O 的电势-pH 图

一种物质可能出现在几个不同的电对中，将这几个电对的电势-pH 图画在同一个坐标系中，便可以得到这种物质较为全面的电势-pH 图，这种图对于研究与该物质相关的氧化还原反应很有用。

大多数氧化还原反应发生在水溶液体系中，水本身也具有氧化还原性质，既可能被氧化，也可能被还原，而且其氧化还原性与酸度有关，因此这里以 H_2O 为例进行讨论。H_2O 的电极反应包括

H_2O 的氧化作用：$O_2 + 4H^+ + 4e^- \rule[0.5ex]{1.5em}{0.4pt} 2H_2O$，$\varphi^{\ominus}_{(O_2/H_2O)} = +1.23 \text{ V}$

H_2O 的还原作用：$2H_2O + 2e^- \rule[0.5ex]{1.5em}{0.4pt} H_2 + 2OH^-$，$\varphi^{\ominus}_{(H_2O/H_2)} = -0.828 \text{ V}$

根据能斯特方程，分别有

$$\varphi_{(O_2/H_2O)} = \varphi^{\ominus}_{(O_2/H_2O)} - \frac{0.059}{4} \lg \frac{1}{[p(O_2)/p^{\ominus}][c(H^+)]^4} \text{ V}$$

$$\varphi_{(H_2O/H_2)} = \varphi^{\ominus}_{(H_2O/H_2)} - \frac{0.059}{2} \lg \frac{[p(H_2)/p^{\ominus}][c(OH^-)]^2}{1} \text{ V}$$

在 $p(O_2)$ = 100 kPa，$p(H_2)$ = 100 kPa 时，上两式分别为

$$\varphi_{(O_2/H_2O)} = 1.23\ V + 0.059\ lgc(H^+)\ V = (1.23 - 0.059\ pH)\ V$$

$$\varphi_{(H_2O/H_2)} = -0.828\ V - 0.059\ lgc(OH^-)\ V$$

$$= -0.828\ V + 0.059 \times (14 - pH)\ V$$

$$= (-0.002 - 0.059\ pH)\ V$$

根据 pH 从 0～14 的变化，分别计算出两电极的电极电势，如表 6.3 所示。

表 6.3　不同 pH 时 $\varphi_{(H_2O/H_2)}$ 和 $\varphi_{(O_2/H_2O)}$ 的取值

$c(H^+)/(mol \cdot L^{-1})$	pH	$\varphi_{(H_2O/H_2)}/V$	$\varphi_{(O_2/H_2O)}/V$
1	0	−0.002	1.23
10^{-2}	2	−0.120	1.112
10^{-4}	4	−0.238	0.994
10^{-6}	6	−0.356	0.876
10^{-8}	8	−0.474	0.758
10^{-10}	10	−0.592	0.640
10^{-12}	12	−0.710	0.522
10^{-14}	14	−0.828	0.404

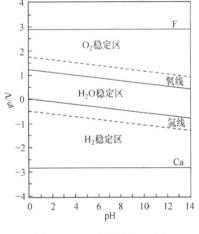

图 6.7　H_2O 的电势-pH 图

以 pH 为横坐标，电极电势 φ 为纵坐标作图，就得到 H_2O 的电势-pH 图(图 6.7)。图中位于上方的 $O_2 + 4H^+ + 4e^- \rightleftharpoons 2H_2O$ 线称为氧线，位于下方的 $2H_2O + 2e^- \rightleftharpoons H_2 + 2OH^-$ 称为氢线。H_2O 的电势-pH 图被氧线和氢线分成 3 个部分：氧线上方是 O_2 的稳定区，氢线下方是 H_2 的稳定区，氧线和氢线之间的区域称为 H_2O 的稳定区。

实际上，由于电极过程放电速率缓慢，尤其是气体电极反应放电迟缓，实际析出 O_2 或 H_2 的电极反应所需电压有所变化，比 $\varphi_{(O_2/H_2O)}$ 大 0.5 V，比 $\varphi_{(H_2O/H_2)}$ 小 0.5 V，因此 H_2O 的实际稳定区位于氧线向上移动约 0.5 V、氢线向下移动约 0.5 V 的区间。

应用 H_2O 的电势-pH 图，可以讨论氧化剂或还原剂在水溶液中的稳定性。对于 M^{n+}/M 电对：

(1)当 M^{n+}/M 的电势-pH 线处于氧稳定区时，其氧化型物质 M^{n+} 在水溶液中表现不稳定，会氧化 H_2O 并放出 O_2。例如，F_2/F^- 电对

电极反应：$F_2 + 2e^- \rightleftharpoons 2F^-$，　$\varphi^\ominus_{(F_2/F^-)} = +2.87\ V$

电极反应中没有 H^+ 或 OH^- 的参与，因此 F 线是平行于横坐标的直线。F 线的上方是氧化型 F_2 的稳定区，下方是还原型 F^- 的稳定区。F 线在实际氧线的上方，所以 F_2/F^- 电对和 O_2/H_2O 电对可以发生氧化还原反应 $2F_2 + 2H_2O \rightleftharpoons 4HF + O_2$，$F_2$ 将 H_2O 氧化成 O_2，自身被还原成 F^-。因此，尽管 F_2 是很强的氧化剂，却不能在水溶液中使用，在卤素章节会学习到 F_2 可以强烈地分解 H_2O。

再如，MnO_4^-/Mn^{2+} 电对，$\varphi^\ominus_{(MnO_4^-/Mn^{2+})} = +1.51$ V，电极电势的数值位于虚线所规定的

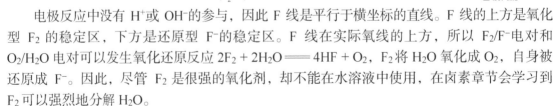

H_2O 的稳定区，因此 $KMnO_4$ 溶液可以在水中作为重要的强氧化剂使用。但 1.51 V 不在氧线和氢线规定的 H_2O 稳定区内，故 $KMnO_4$ 在水中不能长期稳定存在，且通常需要保存在避光的棕色瓶内。在实验室中，$KMnO_4$ 溶液用作氧化还原反应滴定试剂时，每次使用前必须标定。

（2）当 M^{n+}/M 的电势-pH 线处于 H_2O 稳定区时，其氧化型 M^{n+}、还原型 M 都可以在水溶液中稳定存在。

例如，$\varphi^{\ominus}_{(Cu^{2+}/Cu)} = +0.34$ V，Cu^{2+} 及 Cu 在水溶液中都可以稳定存在。又如，$\varphi^{\ominus}_{(Fe^{3+}/Fe^{2+})} = +0.77$ V，电极电势位于 H_2O 稳定区，Fe^{3+} 和 Fe^{2+} 都应在水溶液中稳定存在，只是由于体系 pH 增大后，Fe^{3+} 和 Fe^{2+} 转化成 $Fe(OH)_3$ 和 $Fe(OH)_2$，以沉淀的形式存在。Fe-H_2O 体系的电势-pH 图较为复杂，利用该图可详细讨论铁及其化合物在水溶液中的性质。

（3）当 M^{n+}/M 的电势-pH 线处于氢稳定区时，其还原型物质 M 会还原 H_2O，放出 H_2，如 Ca^{2+}/Ca 电对

电极反应：$Ca^{2+} + 2e^- \Longrightarrow Ca$，$\varphi^{\ominus}_{(Ca^{2+}/Ca)} = -2.87$ V

Ca 线是平行于横坐标的直线，在实际氢线的下方，Ca^{2+}/Ca 电对可与 H_2O/H_2 电对发生氧化还原反应 $Ca + 2H_2O \Longrightarrow Ca(OH)_2 + H_2$，$H_2O$ 将 Ca 氧化成 Ca^{2+}，自身被还原成 H_2。因此，Ca 在 H_2O 中不能稳定存在。

6.4　图解法讨论电极电势

6.4.1　元素电势图

大多数非金属元素和过渡元素可以存在几种氧化态，各氧化态之间都有相应的标准电极电势。例如，Mn 元素，Mn 在水溶液中的氧化态可以从 Mn(Ⅱ) 到 Mn(Ⅶ)：

$$Mn^{2+} + 2e^- \Longrightarrow Mn \qquad\qquad\qquad \varphi^{\ominus} = -1.19 \text{ V}$$

$$MnO_4^- + e^- \Longrightarrow MnO_4^{2-} \qquad\qquad \varphi^{\ominus} = +0.56 \text{ V}$$

$$MnO_2 + 4H^+ + 2e^- \Longrightarrow Mn^{2+} + 2H_2O \qquad \varphi^{\ominus} = +1.23 \text{ V}$$

$$MnO_4^- + 8H^+ + 5e^- \Longrightarrow Mn^{2+} + 4H_2O \qquad \varphi^{\ominus} = +1.51 \text{V}$$

$$Mn^{3+} + e^- \Longrightarrow Mn^{2+} \qquad\qquad\qquad \varphi^{\ominus} = +1.54 \text{ V}$$

在使用上不太方便。20 世纪 50 年代，拉提默提出将同一元素不同氧化态间的电对的电极电势用图解法表示出来，称为拉提默图，又称元素电势图，使用起来更为方便。

在特定的 pH 条件下，将元素各氧化态依降低的顺序从左向右排成一行，用线段将各相邻氧化态连接起来，在线段上方写出由两端的氧化态所组成的电对的 $\varphi^{\ominus}$ 值，便得到了特定 pH 下该元素的元素电势图。书写某一元素的元素电势图时，既可以将全部氧化态列出，也可以根据需要列出其中的一部分，有时将某两种不相邻的氧化态连接起来，并标出电对的 $\varphi^{\ominus}$ 值，以提供更多的信息。

例如，Mn 元素在 pH = 0 和 pH = 14 下的全部元素电势图为

pH = 0

$$\overset{+1.51\text{ V}}{\overbrace{\text{MnO}_4^- \xrightarrow{+0.90\text{ V}} \text{HMnO}_4^- \xrightarrow{+2.10\text{ V}} \text{MnO}_2 \xrightarrow{+0.95\text{ V}} \text{Mn}^{3+} \xrightarrow{+1.54\text{ V}} \text{Mn}^{2+} \xrightarrow{+1.19\text{ V}} \text{Mn}}}$$

$$\underset{+1.69\text{ V}}{\phantom{\text{MnO}_4^- \text{HMnO}_4^-}} \qquad \underset{+1.23\text{ V}}{\phantom{\text{Mn}^{3+} \text{Mn}^{2+}}}$$

pH = 14

$$\text{MnO}_4^- \xrightarrow{+0.56\text{ V}} \text{MnO}_4^{2-} \xrightarrow{+0.27\text{ V}} \text{MnO}_4^{3-} \xrightarrow{+0.93\text{ V}} \text{MnO}_2 \xrightarrow{+0.15\text{ V}} \text{Mn}_2\text{O}_3 \xrightarrow{-0.23\text{ V}} \text{Mn(OH)}_2 \xrightarrow{-1.56\text{ V}} \text{Mn}$$

（上方 +0.59 V 跨 MnO$_4^-$ → MnO$_2$；-0.04 V 跨 MnO$_2$ → Mn(OH)$_2$；下方 +0.60 V 跨 MnO$_4^{2-}$ → MnO$_2$）

从元素电势图不仅可以全面地看出一种元素各氧化态之间的电极电势高低和相互关系，而且可以判断哪些氧化态在酸性或碱性溶液中能稳定存在。现介绍以下几方面的应用。

1）计算电对的标准电极电势

并不是所有电对的标准电极电势都可以通过实验进行测定，若已知两个或两个以上相邻电对的标准电极电势，即可利用元素电势图计算出另一个电对未知的标准电极电势。例如，Mn 元素的电势图中，电对 $\text{MnO}_4^-/\text{MnO}_2$ 在酸性介质中的标准电极电势就是通过这种方法计算出来的。

下面以 IO_3^-/I_2 电对的标准电极电势的求解过程为例对计算方法进行说明。

已知在酸性介质中 I 的部分元素电势图为

$$\text{IO}_3^- \xrightarrow{+1.13\text{ V}} \text{HIO} \xrightarrow{+1.44\text{ V}} \text{I}_2$$

可以得到

$$\varphi_{(\text{IO}_3^-/\text{HIO})}^{\ominus} = +1.13\text{ V}, \quad \varphi_{(\text{HIO}/\text{I}_2)}^{\ominus} = +1.44\text{ V}$$

电对 IO_3^-/HIO、HIO/I_2 和待求电对 IO_3^-/I_2 对应的电极反应式分别为

$$\text{IO}_3^- + 5\text{H}^+ + 4\text{e}^- =\!=\!= \text{HIO} + 2\text{H}_2\text{O} \qquad ①$$

$$\text{HIO} + \text{H}^+ + \text{e}^- =\!=\!= \frac{1}{2}\text{I}_2 + \text{H}_2\text{O} \qquad ②$$

$$\text{IO}_3^- + 6\text{H}^+ + 5\text{e}^- =\!=\!= \frac{1}{2}\text{I}_2 + 3\text{H}_2\text{O} \qquad ③$$

可以看出

$$式③ = 式① + 式②$$

根据赫斯定律，得

$$\Delta_r G_{m,3}^{\ominus} = \Delta_r G_{m,1}^{\ominus} + \Delta_r G_{m,2}^{\ominus}$$

又根据

$$\Delta_r G_m^{\ominus} = -zF\varphi^{\ominus} \text{（对于电极反应）}$$

则

$$\Delta_r G_{m,3}^{\ominus} = -5F\varphi_3^{\ominus}$$

$$\Delta_r G_{m,1}^{\ominus} = -4F\varphi_1^{\ominus}$$

$$\Delta_r G_{m,2}^{\ominus} = -1F\varphi_2^{\ominus}$$

故有

$$-5F\varphi_3^{\ominus} = -4F\varphi_1^{\ominus} + (-1F\varphi_2^{\ominus})$$

整理得

$$\varphi_3^{\ominus} = \frac{4\varphi_1^{\ominus} + \varphi_2^{\ominus}}{5}$$

即

$$\varphi_{(IO_3^-/I_2)}^{\ominus} = \frac{4\varphi_{(IO_3^-/HIO)}^{\ominus} + \varphi_{(HIO/I_2)}^{\ominus}}{5} = \frac{4 \times 1.13\ \text{V} + 1.44\ \text{V}}{5} = +1.19\ \text{V}$$

因此，对于一般的三种氧化态 A、B、C

$$A \xrightarrow[\varphi_3^{\ominus},\ (z_1+z_2)e^-]{\varphi_1^{\ominus},\ z_1 e^-} B \xrightarrow{\varphi_2^{\ominus},\ z_2 e^-} C$$

有关系式

$$\varphi_3^{\ominus} = \frac{z_1\varphi_1^{\ominus} + z_2\varphi_2^{\ominus}}{z_1 + z_2}$$

推而广之，对于若干相关电对

$$A \xrightarrow[\varphi^{\ominus},(z_1+z_2+z_3+\cdots+z_n)e^-]{\varphi_1^{\ominus},\ z_1 e^-} B \xrightarrow{\varphi_2^{\ominus},\ z_2 e^-} C \xrightarrow{\varphi_3^{\ominus},\ z_3 e^-} D \longrightarrow E \longrightarrow \cdots \cdots \xrightarrow{\varphi_n^{\ominus},\ z_n e^-} W$$

则应有

$$\varphi^{\ominus} = \frac{z_1\varphi_1^{\ominus} + z_2\varphi_2^{\ominus} + z_3\varphi_3^{\ominus} + \cdots + z_n\varphi_n^{\ominus}}{z_1 + z_2 + z_3 + \cdots + z_n}$$

2) 判断某种氧化态的稳定性

由某元素不同氧化态的三种物质组成两个电对，按其氧化态由高到低排列：

$$M^{2+} \xrightarrow{\varphi_{左}^{\ominus}} M^+ \xrightarrow{\varphi_{右}^{\ominus}} M$$

若 $\varphi_{左}^{\ominus} < \varphi_{右}^{\ominus}$，即 $\varphi_{(M^{2+}/M^+)}^{\ominus} < \varphi_{(M^+/M)}^{\ominus}$，则 M^+ 在溶液中不稳定，会发生歧化反应：

$$2M^+ = M^{2+} + M$$

若 $\varphi_{左}^{\ominus} > \varphi_{右}^{\ominus}$，即 $\varphi_{(M^{2+}/M^+)}^{\ominus} > \varphi_{(M^+/M)}^{\ominus}$，则 M^+ 在溶液中稳定，M^{2+} 与 M 发生归中反应：

$$M^{2+} + M = 2M^+$$

例如，Cu 的元素电势图：

$$pH = 0, \quad Cu^{2+} \xrightarrow{+0.15 \text{ V}} Cu^{+} \xrightarrow{+0.52 \text{ V}} Cu$$

其中 $\varphi^{\ominus}_{左} < \varphi^{\ominus}_{右}$，所以在酸性溶液中，$Cu^{+}$ 不稳定，将发生歧化反应：

$$2Cu^{+} =\!\!=\!\!= Cu^{2+} + Cu$$

但当生成的 Cu（Ⅰ）化合物是沉淀时，由于 Cu^{+} 浓度下降，$\varphi_{(Cu^{+}/Cu)}$ 值也减小，从而使 Cu（Ⅰ）可以稳定存在，如

$$Cu^{2+} \xrightarrow{+0.86 \text{ V}} CuI \xrightarrow{-0.19 \text{ V}} Cu$$

再如，Fe 的元素电势图：

$$pH = 0, \quad Fe^{3+} \xrightarrow{+0.77 \text{ V}} Fe^{2+} \xrightarrow{-0.44 \text{ V}} Fe$$

因为 $\varphi^{\ominus}_{左} > \varphi^{\ominus}_{右}$，所以 Fe^{2+} 不能发生歧化反应，Fe^{3+} 可与 Fe 反应生成 Fe^{2+}。又由于 $\varphi^{\ominus}_{(O_2/H_2O)} = +1.23 \text{ V} > \varphi^{\ominus}_{(Fe^{3+}/Fe^{2+})} = +0.77 \text{ V}$，因此 Fe^{2+} 容易被 O_2 氧化为 Fe^{3+}，所以实验室保存 Fe^{2+} 溶液时常在强酸性条件下加入铁屑或铁钉。

3）判断酸性的强弱

从元素电势图上可以看出一些酸的强弱，以及非强酸在给定 pH 条件下的解离方式。

例如，Cl 的元素电势图：

$$pH = 0, \quad ClO_4^{-} \xrightarrow{+1.20 \text{ V}} ClO_3^{-} \xrightarrow{+1.18 \text{ V}} HClO_2 \xrightarrow{+1.64 \text{ V}} HClO \xrightarrow{+1.63 \text{ V}} Cl_2 \xrightarrow{+1.36 \text{ V}} Cl^{-}$$

在强酸介质中，高氯酸以 ClO_4^{-} 形式存在，即完全解离，故高氯酸（$HClO_4$）是强酸。同理，氯酸（$HClO_3$）和氯化氢（HCl）在酸中的存在形式分别是 ClO_3^{-} 和 Cl^{-}，二者也是强酸。而亚氯酸和次氯酸在酸性条件下以分子态 $HClO_2$ 和 HClO 存在，没有发生完全解离，二者是弱酸。在酸性条件下，HClO 与 Cl^{-} 会发生反应生成 Cl_2，这就是漂白粉在潮湿空气中会失效的原因之一。

6.4.2　自由能-氧化数图

元素电势图为单质和化合物的氧化还原性质提供了大量的信息，但实际上仍是一种数据信息，因此不够直观。Frost 和 Ebsworth 提出了另一种图解法表示元素不同氧化态间的关系，在特定 pH 下（经常是 pH = 0 或 pH = 14），用某种元素（M）的单质氧化为各氧化态（M^{n+}）的相对生成吉布斯自由能变 $\Delta_f G^{\ominus}_{m, M(+n)}$ 对氧化数（n）作图，称为自由能-氧化数图。与元素电势图相比，自由能-氧化数图更加直观、简单、实用。

1. 自由能-氧化数图的作法

自由能-氧化数图的作法是：首先以某元素 M 的各种氧化态与该元素单质组成电对，写出各电对的电极反应式和它的电极电势，再利用公式 $\Delta_r G^{\ominus}_m = -zF\varphi^{\ominus}$ 求出各电极反应的 $\Delta_r G^{\ominus}_m$，根据 $\Delta_r G^{\ominus}_m$ 求出单质氧化成该氧化态的相对生成吉布斯自由能变 $\Delta_f G^{\ominus}_{m, M(+n)}$，再以

Kimono

$\Delta_{\mathrm{f}} G_{\mathrm{m, M(+n)}}^{\ominus}$ 为纵坐标，以氧化数 n 为横坐标作图，即得到 M 元素的自由能-氧化数图。

下面以碱介质中的 I 元素为例进行说明：

$$\mathrm{pH} = 14, \quad \mathrm{H_3IO_6^{2-}} \xrightarrow{+0.70 \text{ V}} \mathrm{IO_3^-} \xrightarrow{+0.15 \text{ V}} \mathrm{IO^-} \xrightarrow{+0.43 \text{ V}} \mathrm{I_2} \xrightarrow{+0.54 \text{ V}} \mathrm{I^-}$$

首先，以 I 的各氧化态与单质 $\mathrm{I_2}$ 组成电对

$$\mathrm{H_3IO_6^{2-}/I_2}, \quad \mathrm{IO_3^-/I_2}, \quad \mathrm{IO^-/I_2}, \quad \mathrm{I_2/I_2}, \quad \mathrm{I_2/I^-}$$

写出各电对的电极反应式和它的标准电极电势，并计算 $\Delta_{\mathrm{r}} G_{\mathrm{m}}^{\ominus}$

$\mathrm{H_3IO_6^{2-}/I_2}$ 电对：

$$\mathrm{H_3IO_6^{2-}} + 3\mathrm{H_2O} + 7\mathrm{e^-} = \frac{1}{2}\mathrm{I_2} + 9\mathrm{OH^-} \qquad \varphi^{\ominus} = +0.35 \text{ V}$$

$$\text{氧化数} = 7 \qquad\qquad \Delta_{\mathrm{r}} G_{\mathrm{m}}^{\ominus} = -236 \text{ kJ} \cdot \mathrm{mol}^{-1}$$

$\mathrm{IO_3^-/I_2}$ 电对：

$$\mathrm{IO_3^-} + 3\mathrm{H_2O} + 5\mathrm{e^-} = \frac{1}{2}\mathrm{I_2} + 6\mathrm{OH^-} \qquad \varphi^{\ominus} = +0.21 \text{ V}$$

$$\text{氧化数} = 5 \qquad\qquad \Delta_{\mathrm{r}} G_{\mathrm{m}}^{\ominus} = -101 \text{ kJ} \cdot \mathrm{mol}^{-1}$$

$\mathrm{IO^-/I_2}$ 电对：

$$\mathrm{IO^-} + \mathrm{H_2O} + \mathrm{e^-} = \frac{1}{2}\mathrm{I_2} + 2\mathrm{OH^-} \qquad \varphi^{\ominus} = +0.43 \text{ V}$$

$$\text{氧化数} = 1 \qquad\qquad \Delta_{\mathrm{r}} G_{\mathrm{m}}^{\ominus} = -41 \text{ kJ} \cdot \mathrm{mol}^{-1}$$

$\mathrm{I_2/I_2}$ 电对：

$$\frac{1}{2}\mathrm{I_2} = \frac{1}{2}\mathrm{I_2} \qquad\qquad\qquad \varphi^{\ominus} = +0.00 \text{ V}$$

$$\text{氧化数} = 0 \qquad\qquad \Delta_{\mathrm{r}} G_{\mathrm{m}}^{\ominus} = 0 \text{ kJ} \cdot \mathrm{mol}^{-1}$$

$\mathrm{I_2/I^-}$ 电对：

$$\frac{1}{2}\mathrm{I_2} + \mathrm{e^-} = \mathrm{I^-} \qquad\qquad\qquad \varphi^{\ominus} = +0.54 \text{ V}$$

$$\text{氧化数} = -1 \qquad\qquad \Delta_{\mathrm{r}} G_{\mathrm{m}}^{\ominus} = -52 \text{ kJ} \cdot \mathrm{mol}^{-1}$$

自由能-氧化数图是以氧化态的氧化数 n 为横坐标，以单质生成氧化态物质的相对生成吉布斯自由能变 $\Delta_{\mathrm{f}} G_{\mathrm{m, M(+n)}}^{\ominus}$ 为纵坐标。

当电对中单质为氧化型时，如 $\mathrm{I_2/I^-}$ 电对，纵坐标反应为 $\frac{1}{2}\mathrm{I_2} + \mathrm{e^-} = \mathrm{I^-}$，与电极反应方向相同，$\Delta_{\mathrm{f}} G_{\mathrm{m, I(-1)}}^{\ominus}$ 的数值等于电极反应的 $\Delta_{\mathrm{r}} G_{\mathrm{m}}^{\ominus}$；当电对中单质为还原型时，如 $\mathrm{H_3IO_6^{2-}/I_2}$ 电对，纵坐标反应为 $\frac{1}{2}\mathrm{I_2} + 9\mathrm{OH^-} = \mathrm{H_3IO_6^{2-}} + 3\mathrm{H_2O} + 7\mathrm{e^-}$，与电极反应方向相反，$\Delta_{\mathrm{f}} G_{\mathrm{m, I(+7)}}^{\ominus}$ 的数值等于电极反应 $\Delta_{\mathrm{r}} G_{\mathrm{m}}^{\ominus}$ 的相反数。

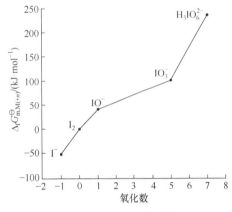

图 6.8　碘的自由能-氧化数图

因此，得到 5 个坐标点：(7, 236)，(5, 101)，(1, 41)，(0, 0)，(−1, −52)。根据这 5 个坐标点可作出 I 的自由能-氧化数图 (图 6.8)。

2. 自由能-氧化数图的性质

(1) 在元素的自由能-氧化数图中，连接任意两点的线段，其斜率代表由这两点组成的电对的电极电势数值，斜率越大，氧化型氧化能力越强；斜率越小，还原型还原能力越强。

例如，在碘的自由能-氧化数图中连接 IO^- 和 IO_3^- 两点，在数值上其斜率 k 等于：

$$k = \frac{\Delta_f G_{m,\,I(+5)}^{\ominus} - \Delta_f G_{m,\,I(+1)}^{\ominus}}{5-1}$$

$$= \frac{-\Delta_r G_{m,\,(IO_3^-/I_2)}^{\ominus} - [-\Delta_r G_{m,\,(IO^-/I_2)}^{\ominus}]}{5-1}$$

$$= -\frac{\Delta_r G_{m,\,(IO_3^-/I_2)}^{\ominus} - \Delta_r G_{m,\,(IO^-/I_2)}^{\ominus}}{4}$$

IO_3^-/I_2 电对的电极反应为：$IO_3^- + 3H_2O + 5e^- \Longrightarrow \frac{1}{2}I_2 + 6OH^-$

IO^-/I_2 电对的电极反应为：$IO^- + H_2O + e^- \Longrightarrow \frac{1}{2}I_2 + 2OH^-$

两式相减得

$$IO_3^- + 2H_2O + 4e^- \Longrightarrow IO^- + 4OH^-$$

正是 IO_3^-/IO^- 电对的电极反应。

根据赫斯定律，得

$$\Delta_r G_{m,\,(IO_3^-/IO^-)}^{\ominus} = \Delta_r G_{m,\,(IO_3^-/I_2)}^{\ominus} - \Delta_r G_{m,\,(IO^-/I_2)}^{\ominus}$$

因此

$$k = -\frac{\Delta_r G_{m,\,(IO_3^-/I_2)}^{\ominus} - \Delta_r G_{m,\,(IO^-/I_2)}^{\ominus}}{4} = -\frac{\Delta_r G_{m,\,(IO_3^-/IO^-)}^{\ominus}}{4}$$

又

$$\Delta_r G_{m,\,(IO_3^-/IO^-)}^{\ominus} = -4F\varphi_{(IO_3^-/IO^-)}^{\ominus}$$

所以

$$k = F\varphi_{(IO_3^-/IO^-)}^{\ominus}$$

可见，斜率 k 与电对的电极电势 $\varphi^{\ominus}$ 成正比。因此，在自由能-氧化数图上任意两点间连线，斜率越大，电对的电极电势越大，电对中氧化型物质的氧化性越强；斜率越小，电对的电极电势越小，电对中还原型物质的还原性越强。

在 I 的自由能-氧化数图中，$H_3IO_6^{2-}$ 点和 IO_3^- 点间连线的斜率最大，所以 $H_3IO_6^{2-}/IO_3^-$ 电

对的电极电势最大，$H_3IO_6^{2-}$ 的氧化性最强。IO_3^- 点和 IO^- 点间连线的斜率最小，IO_3^-/IO^- 电对的电极电势最小，IO^- 的还原性最强。

(2)对于 M 元素的 M^{a+}、M^{b+}、M^{c+}（$a<b<c$）三个氧化态(图 6.9)：

$$M^{c+} \xrightarrow{\varphi^{\ominus}_{(M^{c+}/M^{b+})}} M^{b+} \xrightarrow{\varphi^{\ominus}_{(M^{b+}/M^{a+})}} M^{a+}$$

当 M^{b+} 在 M^{a+}-M^{c+} 连线上时，有 $k_{(M^{c+}/M^{b+})} = k_{(M^{b+}/M^{a+})}$，$\varphi^{\ominus}_{(M^{c+}/M^{b+})} = \varphi^{\ominus}_{(M^{b+}/M^{a+})}$，因此 M^{b+} 点为热力学平衡点，状态 M^{a+}、M^{b+}、M^{c+} 可以共存于同一体系中。

当 M^{b+} 在 M^{a+}-M^{c+} 连线上方时，有 $k_{(M^{c+}/M^{b+})} <$ $k_{(M^{b+}/M^{a+})}$，$\varphi^{\ominus}_{(M^{c+}/M^{b+})} < \varphi^{\ominus}_{(M^{b+}/M^{a+})}$，因此 M^{b+} 在热力学上是不稳定的，易歧化为 M^{a+} 和 M^{c+}，M^{b+} 点称为热力学峰点，是热力学不稳定点。

$$M^{b+} \longrightarrow M^{a+} + M^{c+}$$

当 M^{b+} 在 M^{a+}-M^{c+} 连线下方时，有 $k_{(M^{c+}/M^{b+})} >$ $k_{(M^{b+}/M^{a+})}$，$\varphi^{\ominus}_{(M^{c+}/M^{b+})} > \varphi^{\ominus}_{(M^{b+}/M^{a+})}$，因此 M^{a+} 和 M^{c+} 发生归中反应生成 M^{b+}，M^{b+} 点称为热力学谷点，是热力学稳定点。在反应条件下，M^{a+} 和 M^{c+} 在溶液中不能共存。

$$M^{a+} + M^{c+} \longrightarrow M^{b+}$$

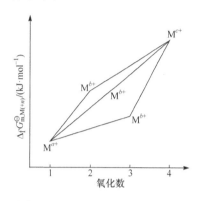

图 6.9 M^{b+} 处于热力学不同状态

6.5 化学电源与电解

6.5.1 化学电源简介

化学电源是将物质发生化学反应过程中产生的能量直接转换成电能的能量转换设备。化学电源无处不在，其应用与人们的生活息息相关。下面简单介绍几类生活中常用的商品化电池。

1. 一次电池

一次电池是指放电后不能充电或补充化学物质使其复原的电池。

1)锌锰干电池

日常生活中钟表、遥控器、玩具等使用的多是干电池。1888 年 Gassner 最早制作出锌锰干电池，这种电池的结构如图 6.10 所示。正极材料为石墨棒，石墨棒周围有 MnO_2 及炭黑，负极材料为锌皮，两级间有 NH_4Cl、$ZnCl_2$ 和淀粉制成的糊状电解液。

正极反应：$2NH_4^+ + 2MnO_2 + 2e^- == 2NH_3 + 2MnO(OH)$

负极反应：$Zn == Zn^{2+} + 2e^-$

电池反应：$2NH_4^+ + 2MnO_2 + Zn == 2NH_3 + 2MnO(OH) + Zn^{2+}$

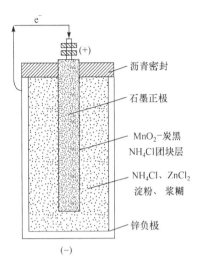

图 6.10 锌锰干电池结构示意图

随着反应的进行，Zn 及 MnO₂ 被不断消耗，电池电压下降，电能耗尽后不能进行充电再生，因此锌锰干电池属于一次性电池。

现在常用的干电池是碱性锌锰干电池。与传统锌锰干电池相比，碱性锌锰干电池正极仍为石墨和 MnO₂，负极材料为 Zn 粉，外壳为钢皮，电解液由原来的中性变为碱性，增强了导电性，电池的比能量和放电电流有了显著提高。

2）银锌电池

银锌电池是一类体积小、质量轻的微型电池，也称纽扣电池，常用于电子手表、计算器、汽车遥控钥匙等小型仪器内。银锌电池的负极材料是金属 Zn，正极材料是 Ag_2O，电解液为浓 KOH 溶液。

正极反应：$Ag_2O + H_2O + 2e^- = 2Ag + 2OH^-$

负极反应：$Zn + 2OH^- = Zn(OH)_2 + 2e^-$

电池反应：　$Ag_2O + H_2O + Zn = 2Ag + Zn(OH)_2$

2. 二次电池

二次电池指能通过充电使其电量复原的电池，可以反复充电-放电使用。

1）铅蓄电池

铅蓄电池是二次可充电电池，广泛应用于应急后备电源、汽车电源、通信基站等设备。如图 6.11 所示，铅蓄电池采用片状极板，正极材料是 PbO_2，负极材料是灰铅，正负极板交替排列，浸泡在密度为 $1.2\ kg \cdot L^{-1}$ 的 H_2SO_4 溶液中。

放电时

正极反应：$PbO_2 + SO_4^{2-} + 4H^+ + 2e^- = PbSO_4 + 2H_2O$

负极反应：$Pb + SO_4^{2-} = PbSO_4 + 2e^-$

电池反应：$PbO_2 + Pb + 2H_2SO_4 = 2PbSO_4 + 2H_2O$

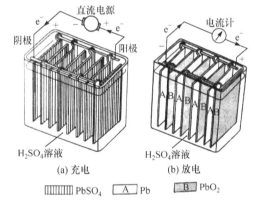

图 6.11 铅蓄电池结构示意图

放电反应中，正负极都消耗 SO_4^{2-}，因此在实际应用中，可以通过实时监测电解液的 H_2SO_4 浓度估算电池荷电状态。铅蓄电池每个单位电压为 2.0 V 左右。放电后，单位电压降至 1.8 V 时就需要充电。充电时，正、负极反应逆向进行。

铅蓄电池具有电压稳定、电容量大、技术成熟、安装成本低等优点，且具有完善的回收再利用体系。自 1859 年起，随着科技的进步，铅蓄电池的制造技术不断发展，经历了涂膏制备正负极、铅板栅取代铅片用作集流体、胶体电解液和玻璃纤维隔膜等诸多技术革新，相信铅蓄电池在未来的生产生活应用中仍能大放异彩。

2）锂离子电池

锂离子电池是目前应用最为广泛的便携式化学电源。锂离子电极以 Li^+ 嵌入化合物为正负极，常用的正极材料有 Li_xCoO_2、Li_xNiO_2、Li_xMnO_4 或 Li_xFePO_4 等，负极材料为 Li-C 层间化合物 Li_xC_6，电解质为溶解有 $LiPF_6$、$LiAs_6$ 等的有机溶剂。

充放电的电池反应为

$$Li_{1-x}CoO_2 + Li_xC_6 \underset{\text{放电}}{\overset{\text{充电}}{\rightleftharpoons}} LiCoO_2 + 6C$$

在充放电过程中，Li^+ 在两个电极间往返嵌入和脱嵌，因此锂离子电池也被称为摇椅电池。锂离子电池具有较高的工作电压，一般为 3.3~3.8 V，循环寿命可达 500~1000 次，使用安全，而且不会对环境造成污染，是目前化学电源领域关注的重点。2019 年的诺贝尔化学奖授予美国科学家古迪纳夫（Goodenough）、惠廷厄姆（Whittingham）和日本科学家吉野彰（Yoshino），以表彰他们在锂离子电池研发领域作出的贡献。

3. 连续电池

连续电池是指通过在放电过程中不断输入化学物质而连续不断放电的电池。燃料电池就是一种连续电池。燃料电池是将 H_2 或碳氢化合物等燃料的燃烧反应能直接转化为电能的一种原电池，以碱性的氢氧燃料电池为例进行简单介绍，其结构如图 6.12 所示。

氢氧燃料电池的正极材料是多孔氧化镍覆盖的镍，负极材料是多孔镍，电解液是KOH 溶液。电池内部由多孔隔膜分成三部分，左侧通入 H_2，右侧通入 O_2。气体通过隔膜扩散到 KOH 溶液部分，发生电池反应。

正极反应：$O_2 + 2H_2O + 4e^- = 4OH^-$

负极反应：$H_2 + 2OH^- = 2H_2O + 2e^-$

电池反应：$O_2 + 2H_2 = 2H_2O$

工作时，不断通入 H_2 和 O_2，同时使反应产物排出电池，实现连续放电。

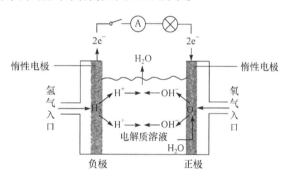

图 6.12　氢氧燃料电池结构示意图

燃料电池是将化学能直接转化为电能，比燃烧放热再发电，能量转换率要高得多。而且燃料电池的产物是 H_2O，对环境无污染。但燃料电池使用贵金属作催化剂，且使用寿命有限，使用范围受到一定限制。选择合适的催化剂和电极材料，使反应物能够顺利进行电极反应，是研究和开发燃料电池的关键。自 20 世纪 60 年代起，国外已将燃料电池用于航天事业。目前，燃料电池的研究工作仍在继续。

除以上几种化学电池外，光化学电池、太阳能电池、铅炭电池、导电高聚物电池、锂硫电池、锂空气电池等新型电池也先后被研究开发出来。电池的研究朝着体积小、电容量大、比功率高、充电快、无污染等方向发展。在一次、二次电池中，含有 Hg、Mn、Cd、Pb、Zn 等重金属。电池使用后如果不进行合理回收，其中的重金属元素会慢慢渗透到土壤和水体中污染环境，重金属在生物体内的积蓄性能会进一步危害生物体的健康。大力发展绿色电源，是我国生态文明建设的重要内容和战略选择，对建设信息化军队、打赢信息化战争有重要意义。

6.5.2　分解电压和超电压

电池反应考虑的是能正向自发进行的氧化还原反应，要想使该氧化还原反应的反应方向

发生逆转，需要使用电解的方式来实现。例如，

正极反应：$O_2 + 2H_2O + 4e^- \Longrightarrow 4OH^-$

负极反应：$H_2 + 2OH^- \Longrightarrow 2H_2O + 2e^-$

电池反应：$O_2\,(g) + 2H_2\,(g) \Longrightarrow 2H_2O\,(l)$ $E^{\ominus} = 1.23\ V$

电池反应的逆反应

$$2H_2O\,(l) \Longrightarrow O_2\,(g) + 2H_2\,(g) \qquad \Delta_r G_m^{\ominus} > 0$$

在无非体积功的情况下，反应不能自发进行。根据热力学原理，反应自发进行的条件是 $-\Delta_r G_m^{\ominus} > -W_{非}$，如果环境对体系做非体积功（电功），反应就有可能自发进行。所以，可以通过向体系中通电流的方式完成 H_2O 的分解反应。

这时，体系就组成了一个电解池。电解池的两极通常用阳极和阴极来表示，与直流电源正极相接的是阳极，与直流电源负极相接的是阴极。电子从电源的负极沿导线进入电解池的阴极，发生反应后，电子从电解池的阳极沿导线回到电源正极。阴极电子过剩，阳极电子缺失。体系中的正离子移向阴极，得到电子，发生还原反应；负离子移向阳极，给出电子，发生氧化反应。

阳极反应：$4OH^- \Longrightarrow 2H_2O + O_2\uparrow + 4e^-$

阴极反应：$2H^+ + 2e^- \Longrightarrow H_2\uparrow$

理论上，外加电压为 1.23 V 时可实现水的电解反应，这个值称为 H_2O 的理论分解电压。实际上，在外加电压为 1.23 V 时，电流仍很小，电极上并没有气泡产生。当电压超过 1.7 V 后，电流迅速增大，在两极上有明显的气泡产生，电解反应能够实际发生。能使电解反应顺利进行的最低电压称为实际分解电压，简称分解电压。实际分解电压和理论分解电压之间的电压差称为超电压。

不同电解反应的分解电压不相同，分解电压的大小与原电池的电极反应和电极电势有关，电解过程中的超电压与电极反应的超电压有关。影响超电压的因素主要有以下三个方面：

(1)电解产物。生成金属的电极反应超电压较小，生成气体的电极反应超电压较大。

(2)电极材料和表面状态。同一电解产物在不同电极上的超电压数值不同，电极表面状态不同时超电压数值也不同。

(3)电流密度。电流密度增大，超电压增大，使用电极超电压数据时，必须指明电流密度的数值或具体条件。

利用电解方法在铁板上沉积金属锌的反应就是利用超电压这一性质实现的。以 Zn 为电极电解 $ZnSO_4$ 溶液时，

$$Zn^{2+} + 2e^- \Longrightarrow Zn \qquad \varphi^{\ominus} = -0.76\ V$$

$$2H^+ + 2e^- \Longrightarrow H_2 \qquad \varphi^{\ominus} = 0.00\ V$$

由于 $\varphi^{\ominus}_{(H^+/H_2)} > \varphi^{\ominus}_{(Zn^{2+}/Zn)}$，如果没有超电压，在阴极铁板上析出的是 H_2，而不是 Zn。通过控制电解条件，使 H_2 析出时的超电压很大，难以析出，就可以析出金属 Zn。

习　题

一、选择题

1. 下面氧化还原电对的电极电势不随酸度变化的是（　　）

A. NO_3^- / HNO_2　　　　　　　　　　B. SO_4^{2-} / H_2SO_3

C. $Fe(OH)_3 / Fe(OH)_2$　　　　　　　　D. MnO_4^- / MnO_4^{2-}

2. 已知 $\varphi_{(Fe^{3+}/Fe^{2+})}^{\ominus} = +0.77\ V$，$\varphi_{(Br_2/Br^-)}^{\ominus} = +1.09\ V$，$\varphi_{(H_2O_2/H_2O)}^{\ominus} = +1.78\ V$，$\varphi_{(Cu^{2+}/Cu)}^{\ominus} = +0.34\ V$，$\varphi_{(Sn^{4+}/Sn^{2+})}^{\ominus} = +0.15\ V$，则下列各组物质在标准态下能共存的是（　　）

A. Fe^{3+}，Cu　　　　B. Fe^{3+}，Br_2　　　　C. Sn^{2+}，Fe^{3+}　　　　D. H_2O_2，Fe^{2+}

3. 已知 $\varphi_{(MnO_4^-/Mn^{2+})}^{\ominus} = +1.51\ V$，$\varphi_{(MnO_4^-/MnO_2)}^{\ominus} = +1.68\ V$，$\varphi_{(MnO_4^-/MnO_4^{2-})}^{\ominus} = +0.56\ V$，则它们的还原型物质的还原性由强到弱排列的次序正确的是（　　）

A. $MnO_4^{2-} > MnO_2 > Mn^{2+}$　　　　　　B. $Mn^{2+} > MnO_4^{2-} > MnO_2$

C. $MnO_4^{2-} > Mn^{2+} > MnO_2$　　　　　　D. $MnO_2 > MnO_4^{2-} > Mn^{2+}$

4. 与下列原电池电动势无关的因素有（　　）

　　$(-)\ Zn\ |\ ZnSO_4\ (aq)\ \|\ HCl\ (aq)\ |\ H_2\ (101325\ Pa)\ |\ Pt\ (+)$

A. 盐酸浓度　　　　B. $ZnSO_4$ 浓度　　　　C. 氢的体积　　　　D. 温度

5. 暴露于潮湿大气中的钢铁，其腐蚀主要是（　　）

A. 化学腐蚀　　　　B. 吸氧腐蚀　　　　C. 析氢腐蚀　　　　D. 阴极产生 CO_2 的腐蚀

6. 下列哪个是二次电池？（　　）

A. 锌锰干电池　　　　B. 铅蓄电池　　　　C. 汞电池　　　　D. 氢氧燃料电池

7. 原电池中关于盐桥的叙述错误的是（　　）

A. 盐桥中的电解质可中和两半电池中过剩的电荷

B. 盐桥可维持氧化还原反应进行

C. 电子通过盐桥流动

D. 盐桥中的电解质不参与电极反应

8. 电解时，由于超电压的存在，使实际分解电压与理论分解电压不等，这是由于（　　）

A. 两极的实际析出电势总是大于理论析出电势

B. 两极的实际析出电势总是小于理论析出电势

C. 阳极的实际析出电势增加，而阴极的实际析出电势减小

D. 阳极的实际析出电势减小，而阴极的实际析出电势增加

9. 对于电极反应 $O_2(g) + 4H^+(aq) + 4e^- \rightleftharpoons 2H_2O(l)$，当 $p(O_2) = 101.3\ kPa$ 时，酸度对电极电势影响的关系是（　　）

A. $\varphi = \varphi^{\ominus} + 0.0591pH$　　　　　　B. $\varphi = \varphi^{\ominus} - 0.0591pH$

C. $\varphi = \varphi^{\ominus} + 0.0148pH$　　　　　　D. $\varphi = \varphi^{\ominus} - 0.0148pH$

10. Fe 与 $1\ mol \cdot L^{-1}$ $FeCl_2$ 溶液组成的电对，若分别加入少量下列物质：①Na_2S、②$NaCN$、③$FeCl_3$，则下列对 φ 值变化的描述中，全部正确的是（　　）

A. 降低、升高、不变　　　　　　　　B. 降低、降低、不变

C. 升高、降低、升高　　　　　　　　D. 降低、降低、升高

二、填空题

1. 已知氯元素在碱性溶液中的电势图为

$$ClO_4^- \xrightarrow{+0.36\ V} ClO_3^- \xrightarrow{+0.495\ V} ClO^- \xrightarrow{+0.40\ V} Cl_2 \xrightarrow{+1.36\ V} Cl^-$$

则 $\varphi_{(ClO_3^-/ClO^-)}^{\ominus} = $ _____ V，$\varphi_{(ClO_3^-/Cl_2)}^{\ominus} = $ _____ V，$\varphi_{(ClO^-/Cl^-)}^{\ominus} = $ _____ V；电势图中的物种能自发进行歧化反应的物种有_____。

2. 下列电极电势从大到小的顺序是（以序号排列）_____。

① $\varphi_{(Ag^+/Ag)}^{\ominus}$　② $\varphi_{(AgBr/Ag)}^{\ominus}$　③ $\varphi_{(AgI/Ag)}^{\ominus}$　④ $\varphi_{(AgCl/Ag)}^{\ominus}$

3. 电池 $(-)\ Pt\ |\ Cr^{2+}(aq)$，$Cr^{3+}(aq)\ \|\ H^+(aq)$，$Cl^-(aq)$，$HClO(aq)\ |\ Pt\ (+)$

在下列条件改变时，电池电动势将如何变化？

(1) $c(HClO)$ 增加，E _____；

(2) 惰性电极尺寸增大，E _____；

(3) 电池正极溶液的 pH 增大，E _____；

(4) 在含有 $Cl^-(aq)$ 的电极中加入 KCl (s)，E _____。

4. 电解时，电解池中和电源正极相连的是_____极，发生_____反应；电解池中和电源负极相连的是_____极，发生_____反应。

5. 在原电池中，φ 值大的电对为_____极，φ 值小的电对为_____极；φ 值越大，电对中的_____型物种_____越强；φ 值越小，电对中的_____型物种_____越强。

三、简答题和计算题

1. 计算下列化合物或离子中各元素的氧化态。

(1) CaO   (2) H_2O (3) HF   (4) $FeCl_2$ (5) XeF   (6) $PdCl_4^{2-}$ (7) ClO_4^-

2. 将下列反应组成原电池，写出它们的正、负极反应式和电池符号。

(1) $2HCl + Zn \rightleftharpoons ZnCl_2 + H_2$

(2) $Cu + 2FeCl_3 \rightleftharpoons CuCl_2 + 2FeCl_2$

(3) $4Zn + 7OH^- + NO_3^- + 6H_2O \rightleftharpoons NH_3 + 4[Zn(OH)_4]^{2-}$

(4) $4KClO_3 \rightleftharpoons 3KClO_4 + KCl$

(5) $Cd + Cl_2 \rightleftharpoons Cd^{2+} + 2Cl^-$

(6) $Co^{3+} + Fe^{2+} \rightleftharpoons Co^{2+} + Fe^{3+}$

(7) $MnO_4^- + 5Fe^{2+} + 8H^+ \rightleftharpoons Mn^{2+} + 5Fe^{3+} + 4H_2O$

(8) $Sn^{2+} + Hg_2Cl_2 \rightleftharpoons Sn^{4+} + 2Hg + 2Cl^-$

3. 根据下列半反应的电极电势：

半反应	$\varphi^\ominus / V$
$Fe^{3+} + e^- \rightleftharpoons Fe^{2+}$	+0.77
$Cl_2 + 2e^- \rightleftharpoons 2Cl^-$	+1.36
$I_2 + 2e^- \rightleftharpoons 2I^-$	+0.54
$MnO_4^- + 8H^+ + 5e^- \rightleftharpoons Mn^{2+} + 4H_2O$	+1.51
$Fe^{2+} + 2e^- \rightleftharpoons Fe$	−0.44

判断：(1) 哪个是最强的氧化剂？哪个是最强的还原剂？

(2) 要使 Cl^- 氧化应选哪种氧化剂？

(3) 要使 Fe^{3+} 还原应选哪种还原剂？

4. 已知下列标准电极电势：

$\varphi^\ominus_{(Cl_2/Cl^-)} = +1.36\ V$，$\varphi^\ominus_{(Br_2/Br^-)} = +1.09\ V$，$\varphi^\ominus_{(I_2/I^-)} = +0.54\ V$，$\varphi^\ominus_{(Fe^{3+}/Fe^{2+})} = +0.77\ V$，$\varphi^\ominus_{(Ag^+/Ag)} = +0.80V$，

$\varphi^\ominus_{(O_2/H_2O)} = +1.23\ V$，$\varphi^\ominus_{(O_2/H_2O_2)} = +0.68\ V$，$\varphi^\ominus_{(H_2O_2/H_2O)} = +1.77\ V$

在含有 Cl^-、Br^-、I^- 的混合溶液中，从上述氧化还原电对中，选择一种氧化剂只氧化 I^-，而不氧化 Br^- 和 Cl^-，对不合适的氧化剂指出其原因。

5. (1) 试以铜锌原电池为例，说明在原电池中盐桥的作用是什么？

(2) 通过计算回答，为什么在实验室常用浓盐酸而不用稀盐酸与二氧化锰作用制取氯气。

(已知：$\varphi^\ominus_{(MnO_2/Mn^{2+})} = +1.23\ V$，$\varphi^\ominus_{(Cl_2/Cl^-)} = +1.36\ V$)

(3) 为什么硫酸亚铁溶液久放后会变黄？

6. 已知反应 $\frac{1}{2}H_2 + AgCl \rightleftharpoons H^+ + Cl^- + Ag$ 的 $\Delta_r H_m^\ominus = -40.44\ kJ \cdot mol^{-1}$，$\Delta_r S_m^\ominus = -63.6\ J \cdot mol^{-1} \cdot K^{-1}$。

求 298 K 时，$AgCl + e^- \rightleftharpoons Ag + Cl^-$ 的 $\varphi^\ominus$。

7. 已知： $Fe^{3+} + e^- \rightleftharpoons Fe^{2+}$ $\qquad \varphi^{\ominus}_{(Fe^{3+}/Fe^{2+})} = +0.77 \text{ V}$

$\qquad\qquad IO^- + H_2O + 2e^- \rightleftharpoons I^- + 2OH^-$ $\qquad \varphi^{\ominus}_{(IO^-/I^-)} = +0.49 \text{ V}$

$\qquad\qquad K^{\ominus}_{sp}[Fe(OH)_3] = 2.64 \times 10^{-36}$ $\qquad K^{\ominus}_{sp}[Fe(OH)_2] = 4.87 \times 10^{-17}$

在溶液中，Fe^{3+}能否把 I^- 氧化成 IO^-？

8. 已知下列电池的电动势为 0.52 V，其中 $\varphi^{\ominus}_{(Hg_2Cl_2/Hg)} = +0.24 \text{ V}$：

$$(-) \ Pt \mid H_2 \ (p^{\ominus}) \mid HAc \ (1 \text{ mol} \cdot L^{-1}), \ NaAc \ (1 \text{ mol} \cdot L^{-1}) \parallel KCl(饱和) \mid Hg_2Cl_2 \mid Hg \ (+)$$

(1) 写出电极反应式和电池反应式；

(2) 计算乙酸的电离平衡常数 $K^{\ominus}_a$ (HAc)。

9. 已知下列电极反应的电极电势：

$\qquad Cu^{2+} + e^- \rightleftharpoons Cu^+$ $\qquad\qquad \varphi^{\ominus}_{(Cu^{2+}/Cu)} = +0.15 \text{ V}$

$\qquad Cu^{2+} + I^- + e^- \rightleftharpoons CuI$ $\qquad\qquad \varphi^{\ominus}_{(Cu^{2+}/CuI)} = +0.86 \text{ V}$

计算 CuI 的溶度积常数 $K^{\ominus}_{sp}$ (CuI)。

10. 已知下列电对在酸性介质中的电极电势：

电对	Zn^{2+}/Zn	Pb^{2+}/Pb	Fe^{3+}/Fe^{2+}	Br_2/Br^-	I_2/I^-	Fe^{2+}/Fe
$\varphi^{\ominus}$ / V	−0.76	−0.13	+0.77	+1.09	+0.54	−0.44

判断下列反应进行的方向：

(1) $Zn + Fe^{2+} \rightleftharpoons Fe + Zn^{2+}$

(2) $2I^- + Br_2 \rightleftharpoons I_2 + 2Br^-$

(3) $2Br^- + 2Fe^{3+} \rightleftharpoons Br_2 + 2Fe^{2+}$

(4) $Pb + Fe^{2+} \rightleftharpoons Fe + Pb^{2+}$

11. 已知： $O_2 + 2H_2O + 4e^- \rightleftharpoons 4OH^-$ $\qquad \varphi^{\ominus}_{(O_2/OH^-)} = +0.40 \text{ V}$

$\qquad\qquad Zn^{2+} + 2e^- \rightleftharpoons Zn$ $\qquad\qquad\qquad \varphi^{\ominus}_{(Zn^{2+}/Zn)} = -0.76 \text{ V}$

计算电池反应 $2Zn + O_2 + 4H^+ \rightleftharpoons 2Zn^{2+} + 2H_2O$，在 $p(O_2) = 20 \text{ kPa}$，$c(H^+) = 0.20 \text{ mol} \cdot L^{-1}$，$c(Zn^{2+}) = 1.0 \times 10^{-3} \text{ mol} \cdot L^{-1}$ 条件下的电动势。

12. 有一原电池：$(-)A \mid A^{2+} \parallel B^{2+} \mid B(+)$，当 $c(A^{2+}) = c(B^{2+})$ 时，电池的电动势为 0.36 V，现若使 $c(A^{2+}) = 0.10 \text{ mol} \cdot L^{-1}$，$c(B^{2+}) = 1.00 \times 10^{-4} \text{ mol} \cdot L^{-1}$，求此时该电池的电动势是多少。

13. 反应：$Zn + 2H^+ (? \text{ mol} \cdot L^{-1}) \rightleftharpoons Zn^{2+} (1.0 \text{ mol} \cdot L^{-1}) + H_2 (100 \text{ kPa})$，测得该电池反应的电池电动势为 0.46 V，求氢电极中溶液的 pH。（已知：$\varphi^{\ominus}_{(Zn^{2+}/Zn)} = -0.76 \text{ V}$）

14. 已知 $c(H^+) = 1.0 \text{ mol} \cdot L^{-1}$ 时，锰的元素电势图：

$$MnO_4^- \xrightarrow{+0.90 \text{ V}} HMnO_4^- \xrightarrow{+2.10 \text{ V}} MnO_2 \xrightarrow{+0.95 \text{ V}} Mn^{3+} \xrightarrow{+1.54 \text{ V}} Mn^{2+} \xrightarrow{-1.19 \text{ V}} Mn$$

(1) 计算电对 MnO_4^{2-}/MnO_2 的 $\varphi^{\ominus}$；

(2) 指出哪些物质在酸性溶液中会发生歧化反应；

(3) 写出用电对 Mn^{2+}/Mn 与标准氢电极组成原电池的电池符号及该电池自发反应的方程式；

(4) 在酸性介质中，用 $KMnO_4$ 氧化 Fe^{2+} 时，当 $KMnO_4$ 过量时会发生什么现象？写出有关反应方程式。

15. 已知： $\varphi^{\ominus}_{(Cu^{2+}/Cu)} = +0.34 \text{ V}$，$\varphi^{\ominus}_{(Fe^{2+}/Fe)} = -0.44 \text{ V}$，在 0.10 $\text{mol} \cdot L^{-1}$ Cu^{2+} 溶液中加入过量铁粉，反应 $Cu^{2+} + Fe \rightleftharpoons Cu + Fe^{2+}$ 达平衡后，溶液中 Cu^{2+} 浓度是多少？

16. 已知： $\varphi^{\ominus}_{(MnO_2/Mn^{2+})} = +1.51 \text{ V}$，$\varphi^{\ominus}_{(Cl_2/Cl^-)} = +1.36 \text{ V}$，若将两电对组成原电池：

(1) 写出该电池的电池符号；

(2) 写出正负极的电极反应和电池反应式；

(3) 计算该电池的标准电动势 $E^{\ominus}$ 和电池反应在 298 K 下的 $\Delta_r G^{\ominus}_m$ 和 $K^{\ominus}$；

(4) 当 $c(H^+) = 0.01$ mol·L^{-1}，其他物质均为标准态时，求电池的电动势 E。

17. 25℃时，将银片插入 0.1 mol·L^{-1} AgNO$_3$ 溶液中，镍片插入 0.05 mol·L^{-1} NiSO$_4$ 溶液中组成原电池（已知：$\varphi_{(Ag^+/Ag)}^{\ominus} = +0.80$ V，$\varphi_{(Ni^{2+}/Ni)}^{\ominus} = -0.24$ V）：

(1) 写出原电池符号；
(2) 写出两极电极反应式和电池反应式；
(3) 计算该原电池的电动势；
(4) 计算该电池反应的标准平衡常数；
(5) 计算该电池反应的 $\Delta_r G_m$。

18. 由标准钴电极和标准氯电极组成原电池，测得其电动势为 1.64 V，此时钴电极为负极。现已知氯的标准电极电势为 +1.36 V，问：

(1) 写出电池反应式；
(2) 钴电极的标准电极电势是多少？
(3) 当氯的压力增大或减小时，电池的电动势会怎样变化？
(4) 当 Co^{2+} 浓度降低时，电池的电动势将怎样变化？

19. 将氢电极和甘汞电极插入某 HA-A$^-$ 的缓冲溶液中，已知甘汞电极为正极，$c(HA) = 1.0$ mol·L^{-1}，$c(A^-) = 0.10$ mol·L^{-1}，向此溶液中通入 H$_2$（100 kPa），测得其电动势为 0.48 V。若甘汞电极的 $\varphi = +0.24$ V。

(1) 写出电池符号和电池反应方程式；
(2) 计算该弱酸 HA 的解离常数。

20. 根据下面 pH=1 的酸性介质中 Bi 的元素电势图：

φ_a/V

$$Bi_2O_4 \xrightarrow{+1.59} BiO^+ \xrightarrow{+0.32} Bi \xrightarrow{-0.97} BiH_3$$

(1) 求电对 Bi$_2$O$_4$/Bi，BiO$^+$/BiH$_3$，Bi$_2$O$_4$/BiH$_3$ 的电极电势；
(2) 作出 Bi 元素的自由能-氧化数图。

科学家小传—— 能斯特

　　能斯特(Nernst)，德国著名物理化学家，1864 年 6 月 25 日生于西普鲁士（今波兰境内的 Wabrzezno）的一个法官家庭。曾先后就读于瑞士苏黎世大学、奥地利格拉维茨和维茨堡大学，并于 1886 年获维茨堡大学博士学位。在维茨堡大学，能斯特结识了许多化学家，其中包括著名化学家阿伦尼乌斯。次年，经阿伦尼乌斯推荐，能斯特到莱比锡大学奥斯特瓦尔德教授实验室当助手。1894 年能斯特任格丁根大学第一任物理化学教授。1905 年任柏林大学物理化学主任教授兼第二化学研究所所长。1932 年当选英国皇家学会会员。由于纳粹的迫害，能斯特于 1933 年被迫离职；1941 年 11 月 18 日在德国逝世。

　　能斯特的一生研究兴趣广泛，研究成果颇丰。在莱比锡大学期间，与导师奥斯特瓦尔德合作研究溶液中沉淀平衡问题，提出了溶度积等重要概念解释沉淀平衡。能斯特独立研究金属和电解质溶液界面的相互作用，导出著名的能斯特方程。在物理化学方面，能斯特发现了热力学第三定律，并因此获得 1920 年诺贝尔化学奖。能斯特一生出版了 14 部著作，发表了有关热力学、电化学、光化学等方面的学术论文 157 篇。

第 7 章　原子结构与元素周期律

内容提要

(1)理解原子结构模型，了解氢原子光谱，了解玻尔理论。

(2)理解微观粒子的波粒二象性，理解不确定原理和微观粒子运动及其规律。

(3)理解薛定谔方程，掌握各个量子数的概念，并能用图形描述核外电子的运动状态。

(4)理解影响核外电子能量的因素，掌握多电子核外电子的能级规律，并能熟练掌握各种原子的核外电子排布，掌握元素的价电子结构概念。

(5)熟练掌握元素周期表的各种概念，并能根据原子的核外电子分布判定元素在周期表中的位置。

(6)从原子微观结构理解元素基本性质的周期性，掌握原子半径和价电子结构对元素基本性质的影响，理解电离能、电子亲和能和电负性的概念。

7.1　原子光谱和玻尔原子模型

7.1.1　原子光谱

1. 连续光谱与不连续光谱

光谱一般分为连续光谱和不连续光谱两类。由于棱镜对不同波长的光偏折程度不同，我们将太阳光通过棱镜折射后，可得到按红、橙、黄、绿、青、蓝、紫次序分布的包含所有不同波长的彩色光谱，称为连续光谱。一般灼热的固体、白炽灯发出的光谱和太阳光谱是连续光谱。

原子光谱是由原子中的电子在能量变化时所发射或吸收一系列波长的光所组成的光谱。任何化学元素在高温火焰、电火花、电弧或其他方法灼热时，会放出辐射能，通过分光镜可观察到一根根不连续的光谱线，称为线状光谱，又称为原子光谱。原子光谱是不连续光谱，每种元素的原子均有自己的特征光谱，光谱分析就是基于此原理分析物质的组成。

2. 氢原子光谱

在一个抽成真空的放电管中充入少量氢气，在两极给以很高的电压，使氢原子在电场的激发下发光，若使光经过狭缝，并通过棱镜分光后，便可在紫外光区、红外光区、远红外光区及可见光区内得到不连续的特征谱线，即为氢原子光谱，如图 7.1 所示。在可见光区内有五条明显的特征谱线，通常用 H_α、H_β、H_γ、H_δ、H_ε 表示。1913 年，瑞典里德伯(Rydberg)给出了氢光谱中所有谱线的波数之间通用的经验公式：

$$\sigma = R_H \left(\frac{1}{n_1^2} - \frac{1}{n_2^2} \right) \tag{7-1}$$

式(7-1)为里德伯方程，式中 σ 为波数，是波长的倒数，单位 cm^{-1}；R_H 为里德伯常量，其值为 $109677\ cm^{-1}$；n_1 和 n_2 为正整数，且 $n_2 > n_1$。

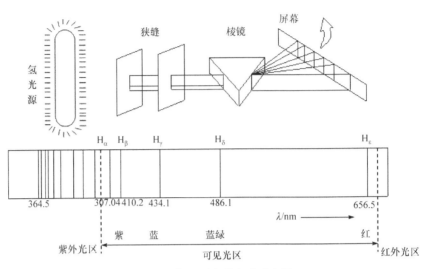

图 7.1   氢原子光谱实验示意图

为什么激发态原子会发光，且每种元素的原子发射光都有特征的波长、频率和能量？这个问题需要从原子内部结构入手寻找答案。

7.1.2   玻尔原子模型

1. 经典原子模型

人类对原子结构的认识可追溯到古希腊伟大的唯物主义哲学家德谟克利特（Democritus）提出的原子唯物论学，他认为原子是最小的、永不可分的微粒，任何变化都是它们引起的结合和分离。19 世纪初英国科学家道尔顿（Dalton）提出了原子论，认为化学元素由不可分的原子构成，同种元素的原子性质和质量相同，不同元素原子的性质和质量各异，不同元素化合时，原子以简单整数比结合，并提出用相对比较的办法求取各元素的相对原子质量。这种观念随着英国著名的物理学家汤姆孙（Thomson）和美国物理学家密立根（Millikan）发现电子，并测出电子的电荷和质量而被打破。1911 年，英国物理学家卢瑟福（Rutherford）又提出了原子有核模型，认为在原子的中心有一个很小的核，为原子核，核内集中了原子全部的正电荷和几乎全部质量，而数量与核电荷相同的电子在核外绕核旋转。随后科学家在研究中发现，原子核的正电荷数与它的质量不相符，也就是说，原子核除含有带正电荷的质子外，还应该含有其他粒子。1932 年，英国物理学家查德威克（Chadwick）用 α 粒子轰击 Be 薄片发现了不带电荷且质量约等于质子质量的粒子，即中子。通过这些研究形成了经典原子模型。

经典电磁理论及有核原子模型与原子光谱实验的结果发生了尖锐的矛盾。因为按照经典电磁理论，如果电子绕核做圆周运动必会不断地辐射出电磁波，其能量会逐渐减小，电磁波的频率应该是连续变化的，产生的光谱就应该是连续光谱，而且电子因能量逐渐减小，电子运动的轨道半径也将逐渐缩小，电子很快就会落在原子核上，原子将会毁灭。而事实是原子光谱并不是连续的，原子也没有毁灭。

2. 量子理论与光子理论

1900 年，德国物理学家普朗克（Planck）在研究黑体辐射的规律时，提出了著名的量子理论。量子理论完全不同于经典的电磁理论，其认为物质在吸收或发射能量时是不连续的，总是一个最小能量单位的整数倍，是量子化的。这在物理学界引发了一场革命。量子理论这种不连续的最小能量单位被称为能量子。由于能量是以光的形式传播出来，故又称为光量子(或光子)。光子的能量大小与光的频率成正比：$E = h\nu$。式中，E 为光子的能量；ν 为光的频率；h 为普朗克常量，$h = 6.626 \times 10^{-34} \text{J} \cdot \text{s}$。由于光量子的量值太小，所以量子化只有在微观世界里才能体现出来，是微观领域的重要特征。

1905 年，爱因斯坦提出了光子理论，认为入射光本身的能量也是量子化的，最小能量单位就是一个光子，一束光线就是一束光子流。爱因斯坦成功地解释了光电效应，并将能量量子化概念扩展到光本身。

3. 玻尔理论要点

为了解决经典电磁理论及有核原子模型与原子光谱实验结果发生的尖锐矛盾，丹麦物理学家玻尔(Bohr)在继承了卢瑟福有核原子模型的基础上，吸收了普朗克的量子理论和爱因斯坦的光子理论，于 1913 年提出了玻尔原子模型。其主要论点是：①核外电子只能在有确定半径和能量的轨道上运动，且不辐射能量，因此在通常条件下氢原子是不会发光的。②通常电子处在离核最近的轨道上，能量最低，状态处于基态；原子获得能量后，电子被激发到高能量轨道上，原子处于激发态。③当电子由一种定态 (n_1) 跃迁至另一种定态 (n_2) 时，要吸收或放出能量，其值为两种定态能量之差，即 $\Delta E = E_{n_2} - E_{n_1}$。根据量子理论，电子跃迁时能量的改变可以电磁波的形式表现出来，其频率与能量值之间的关系是

$$|\Delta E| = h\nu = \frac{hc}{\lambda}$$

玻尔理论成功解释了氢原子光谱的规律性，并提出了原子能级和主量子数等概念，同时玻尔还预言除可见光区的五条谱线外，其他光区还应有谱线存在。后来实验证实在氢原子的紫外光区、红外光区、远红外光区还存在几列谱线系。

随着实验技术的进步，在更精细的原子光谱中，人们发现原来的一条谱线实际上是由几条谱线组成的，玻尔理论无法解释这种精细结构，同时不能说明多电子原子的光谱，也无法解释使原子形成分子的化学键本质。因为尽管玻尔理论引入了量子化概念，但未能摆脱经典牛顿力学的影响。微观粒子的运动特征和规律与宏观物体完全不同，遵循特有的能量量子化、波粒二象性和统计性。

7.2　核外电子的运动状态

7.2.1　微观粒子的特性

1. 微观粒子的波粒二象性

1924 年，法国年轻的物理学家德布罗意(de Broglie)大胆提出：电子等微观粒子是具有静止质量的实物粒子，与光子一样也具有波粒二象性，并预言微观粒子的波长 λ、质量 m 及运动速度 v 可通过普朗克常量 h 联系起来：

$$\lambda = \frac{h}{mv} \quad \text{或} \quad \lambda = \frac{h}{P}$$

式中，λ 为粒子波的波长(m)；v 为粒子速度(m·s^{-1})；m 为粒子质量(kg)；P 为粒子动量(kg·m·s^{-1})。

时隔三年，美国物理学家戴维逊(Davison)和革末(Germer)发现电子射线从 A 处射出，穿过晶体粉末 B，投射在屏幕 C 上时，会出现明暗相间的衍射环纹(图 7.2)。同年英国物理学家汤姆孙也进行了电子衍射实验，并得到衍射图像，证实电子确实具有波动性。1928 年后，陆续有实验进一步证明质子、中子、α 粒子等射线均有衍射现象，证实了这些微观粒子具有波动性，也证明了德布罗意假设的正确性。

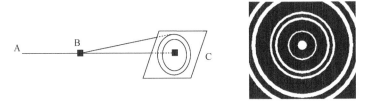

图 7.2　电子衍射示意图

实验证明，电子衍射并不是电子间相互作用的结果，而是在相同条件下大量独立的电子运动或一个电子在多次相同条件下运动的统计结果。对大量电子而言，衍射强度大(或小)的地方表示出现的电子多(或少)，而对独立电子来说，衍射强度大的地方代表电子出现的概率大。

2. 测不准原理

1927 年，德国物理学家海森堡(Heisenberg)首次提出了量子力学中的一个重要关系式——测不准原理：

$$\Delta x \cdot \Delta P \geqslant \frac{h}{2\pi} \quad \text{或} \quad \Delta x \geqslant \frac{h}{2\pi m \cdot \Delta v} \tag{7-2}$$

式中，Δx 为粒子位置的测不准量；ΔP 为粒子动量的测不准量；Δv 为粒子运动速度的测不准量。测不准关系式的含义：具有波粒二象性的粒子，不能同时精确确定其坐标和动量，也就是说，用位置和动量两个物理量描述微观粒子的运动时，只能达到一定的近似程度，即粒子在某一方向上位置的测不准量和此方向上动量的测不准量的乘积一定大于或等于常数 $h/2\pi$。说明粒子位置的测量准确度越大，相应动量的准确度就越小，反之亦然。当粒子质量越大时，$\Delta x \cdot \Delta v$ 越小，所以对于质量大的宏观物体来说，是可能同时准确地测量位置和速度的，它所引起的坐标和动量的测不准量的数量级非常小，以至于在讨论的问题中完全可以忽略，服从经典力学的规律。

例如，一颗质量为 0.05 kg 的子弹，以 300 m·s^{-1} 的速度向前运动，假设其速度的测不准量为运动速度的 0.01%，那么其位置的测不准量的数量级为 10^{-32}，这一结果完全可以忽略不计，但对于原子中运动的电子而言，其质量约为 9.1×10^{-31} kg，由于原子直径的数量级为 10^{-10} m，若要确定它在原子中的位置，其位置测不准量(Δx)至少要小于 10^{-10} m，那么速度的测不准量 Δv 约为 7×10^{6} m·s^{-1}，这个值是无法忽略的。

由此看出，测不准原理揭示了玻尔原子模型关于电子在有确定半径和能量的轨道上运动的说法不真实，也说明微观粒子的运动和规律不能用经典力学的方法来描述。

3. 微观粒子运动的统计规律

从电子衍射实验看出，当电流强度很大时，人们可以在较短时间内得到一个完整的衍射图样。若用可控制射出电子数的慢射电子枪代替电子射线进行电子衍射实验，让电子一个一个地到达屏幕或感光底片上。最初底片上会出现一个个看似毫无规律的斑点，而且位置也无法预测，但只要时间足够长，这些逐渐增多的斑点在底片上将形成明暗相间的电子衍射环纹，而且图样和电流强度很大的电子束所形成的图样完全一致。这一现象有力地证明了电子衍射并不是电子间相互作用所造成的，而是在完全相同条件下由大量独立的电子运动或一个电子在亿万次相同实验中运动的统计结果。

虽然无法准确知道电子某时刻将会出现在什么位置，但通过对大量电子或同一电子亿万次重复性运动进行研究，发现电子的运动还是有规律的，其在核外空间某些区域出现的概率较大，在另一些区域出现的概率较小。而电子在核外某处单位体积内出现的概率，称为概率密度。

7.2.2　核外电子运动状态描述与波函数

1. 薛定谔方程和原子轨道

虽然核外电子的运动符合测不准关系，但并不是说其运动规律是无法认识的。在微观领域中，具有波动性的粒子要用波函数 ψ 描述。1926 年，奥地利物理学家薛定谔(Schrödinger)建立了著名的微观粒子的波动方程——薛定谔方程。这个方程是一个二阶偏微分方程，其形式如下：

$$\left(\frac{\partial^2 \psi}{\partial x^2} + \frac{\partial^2 \psi}{\partial y^2} + \frac{\partial^2 \psi}{\partial z^2}\right) + \frac{8\pi^2 m}{h^2}(E - V)\psi = 0 \tag{7-3}$$

式中，ψ 为波函数；x、y、z 是微粒的空间坐标；E 为体系的总能量；V 为核外电子的势能，$V = -\dfrac{Ze^2}{4\pi\varepsilon_0 r}$，$e$ 为电子的电量，Z 为原子序数，r 为电子与核的距离，且 $r = \sqrt{x^2 + y^2 + z^2}$；$m$ 为电子的质量，$9.11\times10^{-31}\,\text{kg}$。

波函数 ψ 是用空间坐标 x、y、z 描述核外电子运动状态的数学表达式，若绘制出波函数 ψ 的空间图像，这个图像习惯上被称为原子轨道，但与玻尔理论中的原子轨道完全不同。波函数的空间图像是原子轨道，而原子轨道的数学表达式即为波函数。求解薛定谔方程就是要解出电子每种可能的运动状态所对应的波函数 ψ 和能量 E，可得到的波函数应为包括 x、y、z 三个空间坐标的函数。

将势能项 V 代入方程式(7-3)中，则方程式中出现 r，即同时出现三个变量 x、y、z，且在分母中以开根式形式出现，这将给解方程带来极大困难。为了求解方便，通常将直角坐标 (x, y, z) 转换为极坐标 (r, θ, ϕ) 进行求解。图 7.3 中 P 为电子所处的空间某一位置，据图可得到直角坐标与极坐标之间的转换关系：

$$x = r\sin\theta\cos\phi\ ;\quad y = r\sin\theta\sin\phi\ ;\quad z = r\cos\theta\ ;\quad r = \sqrt{x^2 + y^2 + z^2}$$

θ 为 OP 与 z 轴的夹角($0\sim\pi$)；ϕ 为 OP' 与 x 轴的夹角($0\sim2\pi$)。将以上关系代入薛定谔方程中，经整理得

$$\left[\frac{1}{r^2}\cdot\frac{\partial}{\partial r}\left(r^2\cdot\frac{\partial}{\partial r}\right) + \frac{1}{r^2\sin\theta}\cdot\frac{\partial}{\partial\theta}\left(\sin\theta\cdot\frac{\partial}{\partial\theta}\right) + \frac{1}{r^2\sin^2\theta}\cdot\frac{\partial^2}{\partial^2\phi}\right]\psi$$
$$+ \frac{8\pi^2 m}{h^2}\left(E + \frac{Ze^2}{4\pi\varepsilon_0 r}\right)\psi = 0 \tag{7-4}$$

式(7-4)即为薛定谔方程在球坐标下的形式。经过坐标变换，三个变量r、θ、ϕ不再同时出现在势能项中。

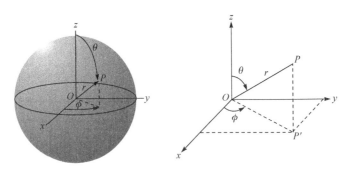

图 7.3   直角坐标与极坐标之间的关系

解球坐标薛定谔方程得到的波函数应是$\psi(r,\ \theta,\ \phi)$。将三个变量的偏微分方程分解成三个单变量的常微分方程，三者各有一个变量，分别是r、θ、ϕ，即

$$\psi(r,\ \theta,\ \phi)=R(r)\cdot\Theta(\theta)\cdot\Phi(\phi) \tag{7-5}$$

式中，$R(r)$只与r有关，即只和电子与核间的距离有关，为波函数的径向部分；$\Theta(\theta)$只与变量θ有关；$\Phi(\phi)$只与变量ϕ有关。

令$Y(\theta,\ \phi)=\Theta(\theta)\cdot\Phi(\phi)$，$Y(\theta,\ \phi)$只和$\theta$、$\phi$有关，称为波函数的角度分布部分。那么波函数$\psi$有如下表示式：

$$\psi(r,\ \theta,\ \phi) = R(r)\cdot Y(\theta,\ \phi) \tag{7-6}$$

由于求解薛定谔方程得到的波函数不是一个具体的数值，而是r、θ、ϕ空间坐标的函数式，且该方程的数学解很多，有些数学解并不合理。为了求解出电子运动状态的合理解，必须引入三个参数n、l和m，且只有当各参数的值满足某些要求时，各常微分方程的解才是合理的解。这些参数在量子力学中被称为量子数。因此，薛定谔方程求得合理解的波函数可表示为$\psi_{n,l,m}$。最终得到的波函数是一系列三变量、三参数的函数：

$$\psi_{n,l,m}(r,\theta,\phi)=R(r)\cdot Y(\theta,\phi)$$

波函数 ψ 最简单的几个例子：

$$\psi_{1,0,0}=\frac{1}{\sqrt{\pi}}\left(\frac{Z}{a_0}\right)^{\frac{3}{2}}\mathrm{e}^{-\frac{Zr}{a_0}} \tag{7-7}$$

$$\psi_{2,0,0}=\frac{1}{4\sqrt{2\pi}}\left(\frac{Z}{a_0}\right)^{\frac{3}{2}}\left(2-\frac{Zr}{a_0}\right)\mathrm{e}^{-\frac{Zr}{2a_0}} \tag{7-8}$$

$$\psi_{2,1,0} = \frac{1}{4\sqrt{2\pi}} \left(\frac{Z}{a_0} \right)^{\frac{5}{2}} r e^{-\frac{Zr}{2a_0}} \cos\theta \tag{7-9}$$

由薛定谔方程解出来的描述电子运动状态的波函数，在量子力学上称为原子轨道。$\psi_{1,0,0}$ 是 1s 轨道，即 ψ_{1s}；$\psi_{2,0,0}$ 是 2s 轨道，即 ψ_{2s}；$\psi_{2,1,0}$ 是 $2p_z$ 轨道，即 ψ_{2p_z}。有时波函数要经过线性组合才能得到有实际意义的原子轨道。例如，ψ_{2p_x} 和 ψ_{2p_y} 轨道就是 $\psi_{2,1,1}$ 和 $\psi_{2,1,-1}$ 的线性组合：

$$\psi_{2p_x} = \frac{\sqrt{2}}{2} \psi_{2,1,1} + \frac{\sqrt{2}}{2} \psi_{2,1,-1} \tag{7-10}$$

$$\psi_{2p_y} = \frac{\sqrt{2}}{2} \psi_{2,1,1} - \frac{\sqrt{2}}{2} \psi_{2,1,-1} \tag{7-11}$$

2. 量子数

求解薛定谔方程时，若要得到 ψ 和 E 的合理解，应在解方程时引入三个参数，即主量子数 n、角量子数 l 和磁量子数 m，只有这三个参数的取值确定后，波函数才有确定的具体数学形式，而三个参数本身的取值必须是量子化的，因此称为量子数。另外还有一个描述电子自旋特征的量子数 m_s。这些量子数对于所要描述的电子能量、原子轨道或电子云的形状和空间伸展方向，以及多电子原子核外电子的排布是很重要的。下面简单介绍四个量子数。

1）主量子数 n

主量子数 n 的取值为 1，2，3，$\cdots$，n 等正整数。它是描述原子中电子出现概率最大的区域离核远近的量子数，也是决定电子能量高低的重要因素。在光谱学上常用大写字母 K、L、M、N、O、P 分别代表第 1、2、3、4、5、6 电子层数，n 值越大，该电子层离核越远，其能级也越高。对于氢原子或类氢离子而言，由于核外只有一个电子，这个电子仅受原子核的作用，该电子的能量 E 只与主量子数 n 有关：$E = -13.6 \times \dfrac{Z^2}{n^2}$ eV，当 n 趋近于无穷大时，$E = 0$，即自由电子的能量。但对于多电子原子来说，核外电子的能量还与其他因素有关。

主量子数 n 　　1　　2　　3　　4　　5

电子层符号　　　K　　L　　M　　N　　O

2）角量子数 l

在分辨力较高的分光镜下，可以观察到有些元素原子光谱的每条粗谱线往往由两条、三条或更多条波长相差细微的谱线构成，说明在这些元素的同一电子层内，电子的运动状态和能量还有很小的差别。用角量子数 l 描述核外电子的运动状态和能量，其值取决于 n 的大小，为从 0 到 $(n-1)$ 的正整数，每一个数值代表一个亚层。主量子数 n 与角量子数 l 的取值见表 7.1。

表 7.1　主量子数与角量子数的关系

主量子数 n	1	2	3	$\cdots$	n
角量子数 l	0	0，1	0，1，2	$\cdots$	0，1，$\cdots$，$(n-1)$

可以看出，第 n 电子层的角量子数有 n 个取值，说明有 n 个亚层。l 数值与光谱学规定的亚层符号之间的对应关系为

l 0   1   2   3   4   5

电子亚层符号   s   p   d   f   g   h

对于单电子体系，如氢原子，电子的能量 E 只与主量子数 n 有关，即 $E_{ns} = E_{np} = E_{nd} = E_{nf}$。对于多电子原子，电子的能量 E 与主量子数和角量子数都有关，当主量子数相同，即在同一电子层中，l 值越小，该电子亚层的能级越低，$E_{ns} < E_{np} < E_{nd} < E_{nf}$。

角量子数 l 还可以确定原子轨道的空间形状，不同的 l 数值代表不同的轨道形状。

当 $l = 0$ 时，轨道的形状为球形对称，称为 s 轨道；当 $l = 1$ 时，轨道的形状呈哑铃形，称为 p 轨道；$l = 2$ 时，轨道呈花瓣形，称为 d 轨道；$l = 3$ 时，轨道形状更为复杂，称为 f 轨道。

3）磁量子数 m

磁量子数 m 是确定原子轨道在空间取向的量子数。实验发现，激发态原子在外磁场作用下，原来的一条谱线往往分裂成若干条，说明同一亚层中，还包含着几个空间伸展方向不同的原子轨道。当 l 数值相同，若 m 取值有多个，代表轨道在空间有多个伸展方向。m 值取决于 l 值，可为从 $-l$ 经过 0 到 $+l$ 的整数，共有 $(2l+1)$ 个数值。在没有外磁场的作用时，同一亚层的原子轨道能量相等，称为等价轨道或简并轨道。

m 的每一个数值代表一个具有某种空间伸展方向的原子轨道或电子云。l 与 m 的对应关系见表 7.2。

表 7.2   角量子数与磁量子数的关系

l	0	1	2	⋯	l
m	0	−1, 0, +1	−2, −1, 0, +1, +2	⋯	$-l, \cdots, 0, \cdots, +l$

4）自旋量子数 m_s

m_s 是表示电子自旋运动状态的量子数。据量子力学计算，m_s 值只可能有两个数值，即 $+1/2$ 和 $-1/2$，每个数值代表电子的一个自旋方向，即顺时针或逆时针方向。同电荷、质量一样，自旋是电子本身的一种内禀属性，不可理解为电子像宏观物体一般的顺时针或逆时针的旋转。如果将电子自旋设想为有限大小、均匀分布的电荷球围绕自身转动，电荷球表面切线速度将超过光速，与相对论矛盾。

施特恩-格拉赫实验(Stern-Gerlach experiment)是首次证实原子在磁场中取向量子化的著名实验，证实了电子存在两种不同自旋。如图 7.4 所示，使一束具有单电子的物质波(如氢原子的物质波)通过一个磁场，磁场垂直于射束方向，最后到达照相底片上，显像后的底片上出现两条黑斑，说明该物质波在磁场中一部分向顺时针方向、另一部分向逆时针方向发生偏转，分裂为对称的两束，说明电子有两种不同的自旋方向。

综上所述，确定一个原子轨道需要三个量子数，而描述原子中每个电子的运动状态，需要四个量子数才能完全表达清楚。例如，$n = 3$，$l = 0$，$m = 0$，$m_s = +1/2$，代表电子在核外第三电子层，s 亚层的 3s 轨道内，以顺时针方向自旋为特征的运动状态。

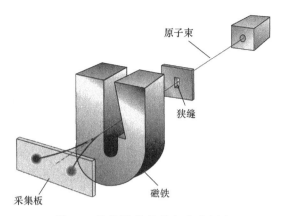

图 7.4 施特恩-格拉赫实验示意图

7.2.3 原子轨道与电子云的空间图像

如前所述，波函数 $\psi(r,\theta,\phi)$ 的空间图像就是原子轨道，要绘制波函数的空间图像，需要在一个图中描述波函数随三个自变量 r、θ、ϕ 变化的情况，较为困难。若分别从波函数的角度分布和径向分布这两方面研究波函数的图像，会比较容易且有实际意义。

1. 原子轨道的角度分布图

将波函数的角度分布部分 $Y(\theta、\phi)$ 随 θ、ϕ 变化作图，所得图像称为原子轨道的角度分布图。

【例 7-1】 画出 s 原子轨道的角度分布图。

解 由解薛定谔方程可得

$$Y_s = \frac{1}{\sqrt{4\pi}}$$

说明 Y_s 与角度无关，作图可得一个半径为 $\dfrac{1}{\sqrt{4\pi}}$ 的球面，在球面上 Y_s 值均相等(图 7.5)。

【例 7-2】 画出 p_z 原子轨道的角度分布图。

解 p_z 原子轨道的角度分布函数由求解薛定谔方程可得：$Y_{p_z} = R\cdot\cos\theta$，式中 R 为一常数。Y_{p_z} 随角度 θ 变化的取值见表 7.3。

表 7.3 θ 与 Y_{p_z} 的关系

θ /(°)	0	30	45	60	90	120	135	150	180
$\cos\theta$	1	+0.87	+0.71	+0.5	0	−0.5	−0.71	−0.87	−1
Y_{p_z}	R	+0.87R	+0.71R	+0.5R	0	−0.5R	−0.71R	−0.87R	−R

根据表 7.3 的数据绘制 Y_{p_z} 的角度分布图。由坐标原点出发，按表中夹角 θ 画出相应的每条直线，直线长度为各 θ 角所对应的 Y_{p_z} 值，并将所有线段的端点连接起来，再将所得曲线绕 z 轴旋转 360°，在空间形成一个闭合的曲面，即为 p_z 原子轨道的角度分布图(图 7.6)。此图对称分布在 xy 平面上下两侧，图中 xy 平面以上部分的 "+" 号和 xy 平面以下部分的 "−" 号由角度分布函数计算得到，表示 Y_{p_z} 为正值或负值。角度分布图中的正负号与原子轨道的对称性有关，对后面讨论化学键的形成有重要意义。图 7.7 是原子轨道的角度分布图。

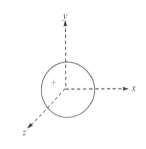

图 7.5　s 原子轨道角度分布图

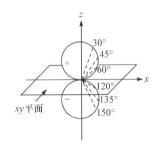

图 7.6　p_z 原子轨道角度分布图

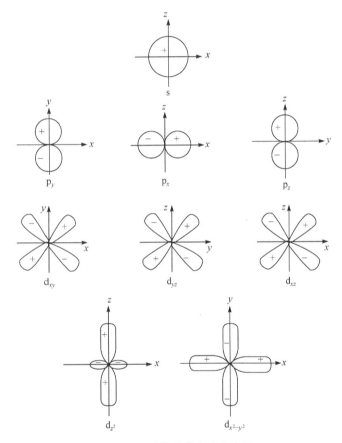

图 7.7　原子轨道的角度分布图

2. 电子云

量子力学用概率与概率密度的概念描述核外电子运动的统计规律。概率密度是指核外空间某处单位体积内电子出现的概率，即概率 = 概率密度 × 体积。那么，描述核外电子运动统计规律的概率、概率密度与波函数三者之间有什么关系？

从统计规律来看，波函数的物理意义是指波的强度反映了电子在空间出现的概率。而在原子核外某处空间，描述电子运动状态的波函数绝对值的平方 $|\psi|^2$ 与电子在空间出现的概率密度成正比。为了形象地描述核外电子运动的概率大小，习惯用小黑点的疏密表示，小黑点较密的地方，表示概率密度较大，单位体积内电子出现的机会较多。这些小黑点的分布就像

一团带负电荷的云, 把原子核包围起来, 因此人们就将用这种方法得到的电子在核外出现的概率分布图像称为电子云。图 7.8 是氢原子的 1s 电子云图。

电子云的角度分布图是 $|Y|^2$ 随 θ、ϕ 变化的图形, 其形状与原子轨道角度分布图相似。但二者有两点不同: ①原子轨道角度分布图有正、负之分, 而电子云角度分布图均为正值; ②由于 Y 值小于 1, 所以 $|Y|^2$ 数值更小, 所以除 s 轨道外, 电子云角度分布图比原子轨道角度分布图要"瘦"些。不同原子轨道所对应的电子云角度分布图见图 7.9。

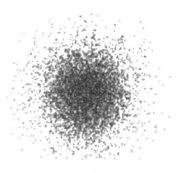

图 7.8　氢原子的 1s 电子云图

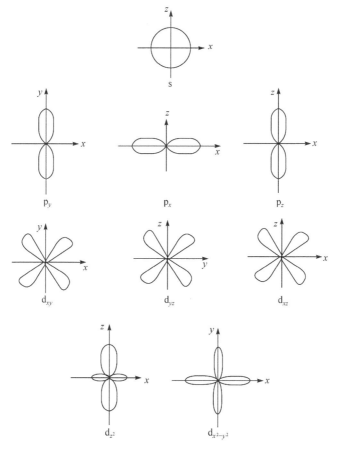

图 7.9　电子云角度分布图

3. 原子轨道的径向分布图

将波函数的径向分布部分 $R(r)$ 随 r 变化作图, 见图 7.10, 反映了电子随半径变化的分布, 和角度分布图一样, 也有正负之分, 所以波函数在某一点会出现零值, 也就是波函数的节点。由于 $|\psi|^2$ 与电子在空间某点出现的概率密度成正比, 所以核外电子在径向的概率分布与 $R(r)^2$ 有关。为了得到核外电子的径向概率分布图, 考虑在一个离核距离为 r, 厚度为 $\mathrm{d}r$ 的薄层球壳中, 电子出现的概率情况, 如图 7.11 所示。

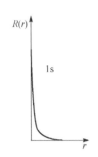
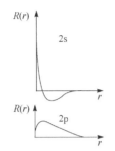
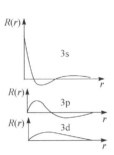

图 7.10　波函数的径向分布图

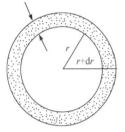

图 7.11　薄层球壳中电子概率示意图

球壳半径为 r 的球面面积为 $4\pi r^2$，而在厚度为 Δr 的球壳空间内，核外空间电子出现的概率为 $4\pi r^2 \Delta r \cdot R(r)^2$，那么单位厚度球壳中的概率是 $4\pi r^2 \cdot R(r)^2$。

令：

$$D(r) = 4\pi r^2 \cdot R(r)^2 \qquad (7\text{-}12)$$

$D(r)$ 称为径向分布函数。图 7.12 是氢原子的各种径向概率分布图。

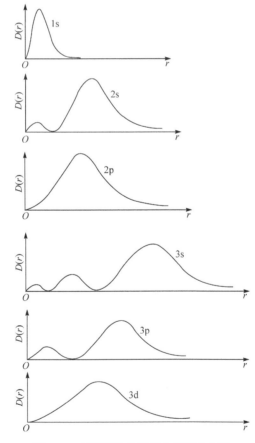

图 7.12　氢原子的各种径向概率分布图

电子出现概率为零的球面，称为节面。从图 7.12 中可以看出，针对不同的原子轨道，节面数目不同，概率峰的数目也不同，两者均与主量子数 n 和角量子数 l 有关：概率峰数目= $n-$

l，节面数目$=n-l-1$。

7.3　多电子原子结构与核外电子排布

7.3.1　多电子原子轨道能级

1. 鲍林近似能级图

对氢原子或类氢离子来说，原子轨道的能量仅取决于主量子数，即主量子数相同的原子轨道，其能量是相同的，处于同一能级，所以每一个电子层为一个能级。但是对多电子原子而言，原子轨道的能量与主量子数、角量子数均有关。这是由于在多电子原子中，电子间的相互排斥作用，使简并轨道(如 s、p、d 轨道)产生分裂。

原子中各原子轨道能级的高低主要根据光谱实验确定，美国结构化学家鲍林(Pauling)根据光谱实验结果，总结出多电子原子中原子轨道能量高低顺序，并绘成近似能级图(图 7.13)，图中每个小圆圈代表一个原子轨道，而小圆圈所在位置的高低表示该条原子轨道能量的高低。图中还将能量近似的原子轨道按照能量高低顺序分成若干能级组，并将属于同一能级组的原子轨道放在每个虚线方框内加以区分。

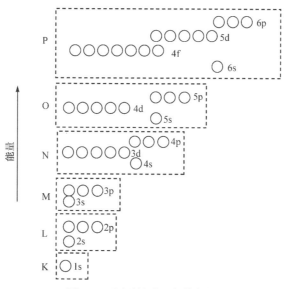

图 7.13　原子轨道近似能级图

另外，由图 7.13 可知：

(1) 各电子层能级相对高低为 K＜L＜M＜N…；

(2) 在多电子原子中，当主量子数 n 相同时，随角量子数 l 的增大，轨道能级升高，即发生"能级分裂"现象：$E_{ns}<E_{np}<E_{nd}<E_{nf}<\cdots$；

(3) 当角量子数相同时，随主量子数 n 的增大，轨道能级升高：

$$E_{3s} < E_{4s} < E_{5s} \qquad E_{3d}<E_{4d}<E_{5d}$$

(4) 当主量子数、角量子数均相同时，各原子轨道能级相同：

$$E_{np_x} = E_{np_y} = E_{np_z}$$

(5) 在多电子原子中，有时主量子数小，而角量子数较大的原子轨道的能量反而高于主量子数大的原子轨道，这称为"能级交错"现象：

$$E_{4s} < E_{3d} < E_{4p}$$

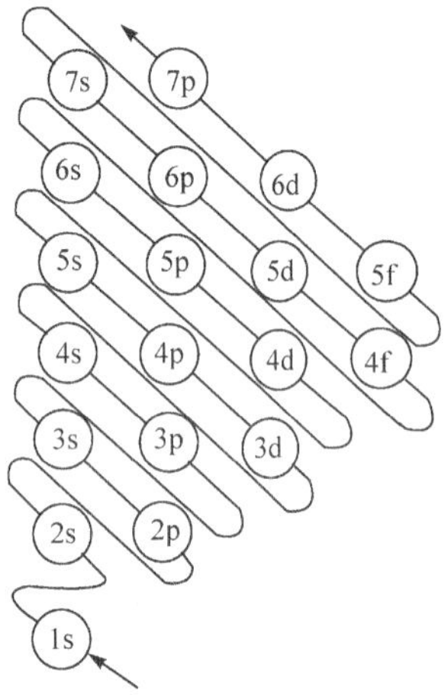

鲍林近似能级图反映了核外电子填充的一般顺序，按照鲍林近似能级图中各轨道的能量高低顺序来填充电子，见图 7.14，所得结果与光谱实验得到的各元素核外电子排布情况大都相符，但某些元素稍有出入。

我国著名化学家徐光宪根据光谱实验数据，提出一个用于判断原子轨道能级的近似规则，即 $(n + 0.7l)$ 规则。$(n + 0.7l)$ 数值越大，相应的轨道能级越高，且 $(n + 0.7l)$ 值的整数部分相同的各能级为同一能级组，如

6s $n + 0.7l = 6 + 0.7 \times 0 = 6$

4f $n + 0.7l = 4 + 0.7 \times 3 = 6.1$

5d $n + 0.7l = 5 + 0.7 \times 2 = 6.4$

6p $n + 0.7l = 6 + 0.7 \times 1 = 6.7$

图 7.14   核外电子填入轨道的顺序

计算结果说明上述轨道同属于第六能级组，且轨道能级顺序为：$E_{6s} < E_{4f} < E_{5d} < E_{6p}$。

2. 科顿原子轨道能级图

鲍林的近似能级图是假设所有元素的原子轨道能级的顺序均相同，而实际并非如此。光谱实验结果和量子力学理论说明，随着原子序数的增加，核电荷对电子的吸引增强，所以轨道能量都降低。但由于各轨道能量随原子序数增加时降低的程度各不相同，因此将造成不同元素的原子轨道能级次序不完全一致。

科顿(Cotton)在光谱实验及量子力学计算的基础上，给出各元素的原子轨道能量随原子序数变化的图，称为科顿原子轨道能级图，见图 7.15。

能级图中所出现的"能级交错"和"能级分裂"现象都可通过"屏蔽效应"和"钻穿效应"加以解释。

3. 屏蔽效应

在多电子原子中，其他电子对某个电子的排斥作用，可抵消部分核电荷对该电子的吸引作用，使原子核对该电子的有效吸引作用比核电荷所表明的吸引作用弱，这种效应称为屏蔽效应。屏蔽效应使核对电子的吸引力减小，因而电子具有的能量增大。

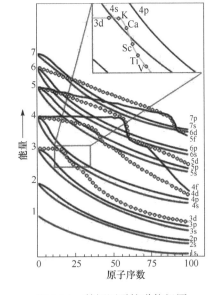

图 7.15   科顿原子轨道能级图

多电子原子中某一电子实际受到的核电荷称为有效核电荷 Z^*，与原子序数 Z 的关系为 $Z^* = Z - \sum \sigma$，其中 σ 表示屏蔽常数，$\sum \sigma$ 为其他电子 σ 的总和。屏蔽常数 σ 的计算，可用斯

莱特(Slater)提出的规则近似计算。斯莱特规则简述如下。

将原子中的电子分成如下几组：

(1s) (2s,2p) (3s,3p) (3d) (4s,4p) (4d) (4f) (5s,5p)···，以此类推。

(1)位于被屏蔽电子右边的各组，对被屏蔽电子的 $\sigma=0$，即外层电子对内层电子没有屏蔽作用。

(2)1s 轨道上的 2 个电子之间 $\sigma=0.30$，其他主量子数相同的各分层电子之间的 $\sigma=0.35$。

(3)被屏蔽的电子为 ns 或 np 时，$(n–1)$层电子对 n 层电子的 $\sigma=0.85$，$(n–2)$层及各内层电子对 n 层电子的 $\sigma=1.00$。

(4)被屏蔽的电子为 nd 或 nf 时，位于它左边的各组电子对它的 $\sigma=1.00$。

内层电子的屏蔽作用大于同层电子的屏蔽作用；σ 越大，有效核电荷 Z^* 就越小，核对该分层电子的吸引力就越小，所以该分层电子的能量就越高。故有 $E_{3d}>E_{4s}$。

斯莱特规则计算电子的能量并不十分精确，但是比较简便，也能说明一些问题。但屏蔽常数 σ 未包含外层电子对内层电子的屏蔽作用，而事实上屏蔽效应与所有电子有关，即外层电子对内层电子也有屏蔽作用，这也说明了外层电子对内层电子壳的钻穿作用。

4. 钻穿效应

外层电子能够避开其他电子的屏蔽而钻穿到内层，出现在离核较近的地方，这种效应称为钻穿效应。电子钻穿的结果，降低了其他电子的屏蔽作用，起到增加有效核电荷、降低轨道能量的作用，所以钻穿效应和屏蔽效应是相互关联的。

电子的钻穿效应可以从氢原子核外电子的径向分布图(图 7.16)分析得出，多电子原子中 n 相同时，l 越大，能量越高，l 越小，峰的个数越多，也说明电子钻到离核较近的区域的机会越多，而其他电子对它的屏蔽作用就会越小。例如，3s、3p、3d 中，3s 有三个峰，3p 有两个峰，3d 只有一个峰，说明 3s 电子除有较多机会出现在离核较远的区域外，还可能钻到内层空间而靠近原子核，3p、3d 电子的钻穿作用依次减弱。不难理解，钻穿作用越大的电子，受其他电子的屏蔽作用就越小，受核吸引力越强，所以 $E_{3s}<E_{3p}<E_{3d}$。钻穿效应不仅可以解释 n 相同，l 不同的原子轨道能量的高低，而且能很好地解释 n 和 l 均不同时有些轨道所发生的"能级交错"现象，如 4s 轨道的能量低于 3d。

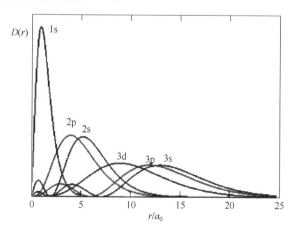

图 7.16   氢原子核外电子的径向分布图

7.3.2 多电子原子核外电子排布

多电子原子的核外电子,是如何分布在由四个量子数所确定的各种可能的运动状态中的?根据原子光谱实验的结果和对元素周期系的分析、归纳,总结出核外电子排布的基本原理。

1. 泡利不相容原理

奥地利物理学家泡利(Pauli)在 1924 年提出不相容原理:在同一原子中,不可能有运动状态完全相同的两个电子,或者说在同一原子中不存在四个量子数完全相同的两个电子。即每一条原子轨道内最多只能容纳两个自旋方向相反的电子。由此可以推出第 n 电子层中最多容纳 $2n^2$ 个电子。

2. 能量最低原理

由于系统的能量越低越稳定,所以多电子原子处在基态时,核外电子的分布,在不违背泡利不相容原理的前提下,总是尽量优先占有能量最低的轨道,使体系能量处于尽可能低的状态。

3. 洪德规则

德国物理学家洪德(Hund)根据大量的光谱实验数据,在 1925 年总结出一个规律:当电子分布在能量相同的原子轨道(主量子数、角量子数均相等的简并轨道)上时,总是先尽可能分别占有不同的原子轨道且自旋平行,这样分布可降低体系能量。另外,当等价轨道处于半充满(p^3、d^5、f^7)、全充满(p^6、d^{10}、f^{14})或全空(p^0、d^0、f^0)的状态时,是比较稳定的。

d轨道全空   d轨道半充满   d轨道全充满

4. 核外电子排布举例

根据上述核外电子排布原则及填入轨道的能级顺序(图 7.14),可以写出核外电子的排布式。下面举例说明:

Z=12,镁(Mg),$1s^22s^22p^63s^2$,简写为[Ne] $3s^2$

Z=20,钙(Ca),$1s^22s^22p^63s^23p^64s^2$,简写为[Ar] $4s^2$

Z=24,铬(Cr),$1s^22s^22p^63s^23p^63d^54s^1$,简写为[Ar] $3d^54s^1$

Z=29,铜(Cu),$1s^22s^22p^63s^23p^63d^{10}4s^1$,简写为[Ar] $3d^{10}4s^1$

Z=33,砷(As),$1s^22s^22p^63s^23p^63d^{10}4s^24p^3$,简写为[Ar] $3d^{10}4s^24p^3$

Z=50,锡(Sn),$1s^22s^22p^63s^23p^63d^{10}4s^24p^44d^{10}5s^25p^2$,简写为[Kr] $4d^{10}5s^25p^2$

Z=57,镧(La),$1s^22s^22p^63s^23p^63d^{10}4s^24p^64d^{10}5s^25p^65d^16s^2$,简写为[Xe] $5d^16s^2$

在书写电子排布式时,要将同一电子层的能级按 l 增加的顺序排在一起,所以尽管电子先填入 4s 能级后填入 3d 能级,应该写成 $3s^23p^63d^54s^1$,而不是 $3s^23p^64s^13d^5$。

电子排布式中[Ne]、[Ar]等称为原子实,代替内层达到稀有气体的电子排布。铬和铜的电子排布式分别为[Ar]$3d^54s^1$和[Ar]$3d^{10}4s^1$,而不是[Ar]$3d^44s^2$和[Ar]$3d^94s^2$,这是因为 $3d^5$ 和 $3d^{10}$ 是半充满和全充满的稳定结构。

7.4 元素周期表与元素性质的周期性

7.4.1 元素周期表

原子核外电子排布的周期性是元素周期律的微观基础，而元素周期表系统地归纳表现了元素周期律。

元素周期律的本质是原子核外电子分布呈周期性变化。

(1)各周期元素的原子随着核电荷数的递增，电子将依次填入各相应能级组的轨道内，即各周期内所含的元素种数与相应能级组内轨道所能容纳的电子数是相等的，周期数与能级组序号是对应的。表7.4列出了周期与最外能级组的对应关系。

表 7.4 周期与最外能级组的对应关系

周期	能级组	最外能级组内各轨道电子分布顺序	容纳电子数	周期内元素种数
1(特短周期)	1	$1s^{1\sim2}$	2	2
2(短周期)	2	$2s^{1\sim2}2p^{1\sim6}$	8	8
3(短周期)	3	$3s^{1\sim2}3p^{1\sim6}$	8	8
4(长周期)	4	$4s^{1\sim2}3d^{1\sim10}4p^{1\sim6}$	18	18
5(长周期)	5	$5s^{1\sim2}4d^{1\sim10}5p^{1\sim6}$	18	18
6(特长周期)	6	$6s^{1\sim2}4f^{1\sim14}5d^{1\sim10}6p^{1\sim6}$	32	32
7(特长周期)	7	$7s^{1\sim2}5f^{1\sim14}6d^{1\sim10}7p^{1\sim6}$	32	32

(2)根据各元素原子价电子构型的特点，可以把元素周期表划分为 s、p、d、ds 和 f 五个区域(表7.5)。

表 7.5 元素周期表中元素的分区

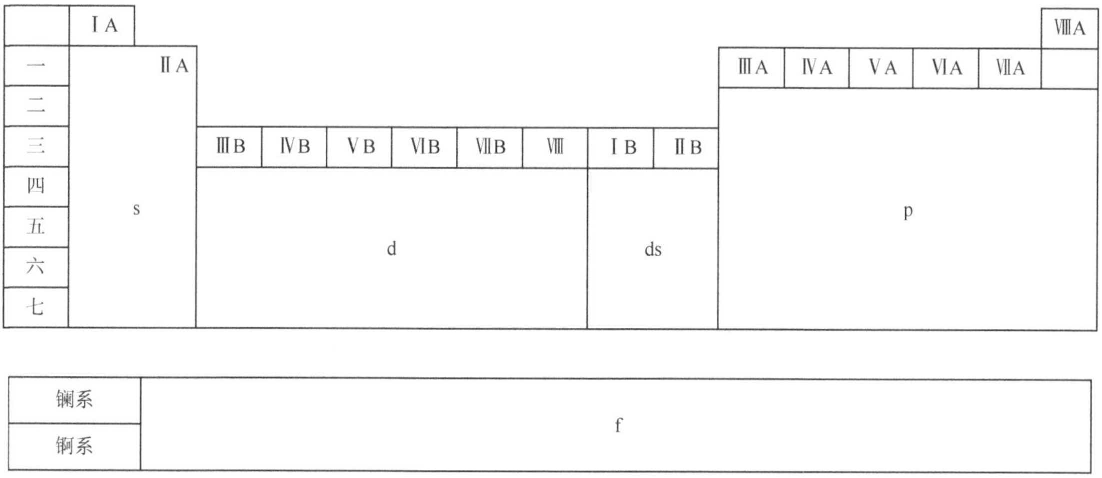

s 区：包括 ⅠA、ⅡA 族元素，其外层电子构型为 $ns^{1\sim2}$。

p 区：包括 ⅢA～ⅧA 族元素，其外层电子构型为 $ns^2np^{1\sim6}$ (He 例外，为 $1s^2$)，p 区元素大部分是非金属。

d 区：包括ⅢB～ⅦB 族和Ⅷ族元素，其外层电子构型为$(n-1)d^{1\sim10}ns^{0\sim2}$。

ds 区：包括ⅠB、ⅡB 族元素，其外层电子构型为$(n-1)d^{10}ns^{1\sim2}$。通常将 ds 区元素和 d 区元素合在一起，统称过渡元素，过渡元素都是金属，又称过渡金属。

f 区：包括镧系、锕系元素，其外层电子构型为$(n-2)f^{0\sim14}(n-1)d^{0\sim2}ns^2$。通常称 f 区元素为内过渡元素。

若最后一个电子填入的亚层为 s 或 p 亚层，该元素属于主族元素，且族数等于最外层电子数；若最后一个电子填入的亚层为 d 或 f 亚层，该元素属于副族元素。

由于原子的电子层结构具有周期性，与电子层结构相关的原子的某些性质，如原子半径、电离能、电子亲和能和电负性，也呈现周期性的变化。

7.4.2　元素性质的周期性

1. 原子半径

原子半径的大小由于核外电子的运动具有波动性，电子云没有明显的边界，所以很难确定原子核到最外电子层的距离。通常所说的原子半径是根据该原子存在的不同形式定义的，常用的有以下三种：

(1)共价半径。同种元素的原子形成共价单键时相邻两原子核间距离的一半定义为原子的共价半径。例如，O—O 分子核间距的一半定义为 O 原子的共价半径。

(2)金属半径。金属晶体中相邻两原子核间距离的一半定义为金属半径。

(3)范德华半径。在分子晶体中，分子之间以范德华力结合。例如，稀有气体在低温下形成单原子分子的分子晶体时，两个相邻原子间距离的一半，称为范德华半径。

各元素的原子半径在周期和族中变化的大致情况见图 7.17。

同一周期中，从左向右，随核电荷数的增加，原子核对外层电子的吸引力增加使原子半径逐渐减小，同时电子间的相互斥力增强使原子半径逐渐增大。但相比之下，前者起主导作用，所以原子半径的总趋势是逐渐减小的。

同一周期的主族元素从左向右，原子半径逐渐减小，而同一周期的 d 区过渡元素从左向右，原子半径只是略有减小。这是由于副族元素新增电子填入次外层$(n-1)d$轨道，部分抵消了核电荷对最外层 ns 电子的吸引力，因此随核电荷数的增加，原子半径只是略有减小，而且从ⅠB 族元素起，由于次外层的$(n-1)d$轨道已经全充满，较为显著地抵消了核电荷对外层 ns 电子的吸引力，所以原子半径反而有所增大。

同一周期的 f 区过渡元素从左向右，随原子序数增加，新加入的电子是进入$(n-2)f$轨道上的，对最外层 ns 电子和次外层$(n-1)d$电子的屏蔽作用较强，因而镧系元素的原子半径随原子序数的增加而缩小的幅度很小，从镧到镥，中间经历了 13 种元素，原子半径只缩收了 15 pm 左右。镧系收缩的幅度虽然很小，但它收缩的影响却很大，使得镧系后面的过渡元素铪(Hf)、钽(Ta)、钨(W)的原子半径与其同族相应的锆(Zr)、铌(Nb)、钼(Mo)的原子半径极为接近，造成 Zr 与 Hf、Nb 与 Ta、Mo 与 W 的性质十分相近，在自然界中常常彼此共生，难以分离。

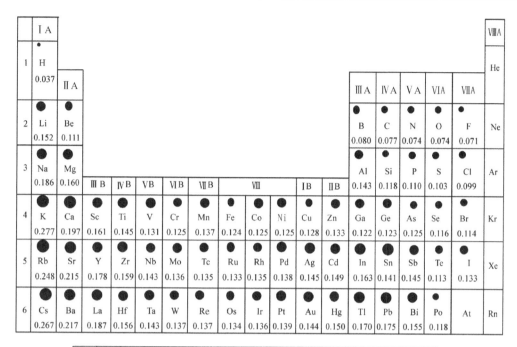

图 7.17　元素原子半径(单位：nm)

同族的主族元素从上到下，因电子层数增加，原子半径逐渐增大。但副族元素除钪分族外，从上到下过渡时原子半径一般增大幅度较小，尤其是第五周期和第六周期的同族元素之间，原子半径十分接近。

2. 电离能和电子亲和能

原子失去电子的难易可用电离能(I)来衡量，结合电子的难易可用电子亲和能(E)来比较。

1)电离能

使某元素的一个基态气态原子失去一个电子形成正一价的气态离子时所需要的能量，称为这种元素的第一电离能(I_1)，从正一价离子再失去一个电子形成正二价气态离子时所需的能量为第二电离能(I_2)，其余依此类推。对同一元素而言，电离能总是逐渐增大的。这是由于原子每失去一个电子后，其余电子受核的吸引力越大，与原子核结合得越牢。例如，

$$Mg(g) - e^- \longrightarrow Mg^+(g); \quad I_1 = 737.7 \text{ kJ} \cdot \text{mol}^{-1}$$

$$Mg^+(g) - e^- \longrightarrow Mg^{2+}(g); \quad I_2 = 1450.7 \text{ kJ} \cdot \text{mol}^{-1}$$

$$Mg^{2+}(g) - e^- \longrightarrow Mg^{3+}(g); \quad I_3 = 7732.8 \text{ kJ} \cdot \text{mol}^{-1}$$

由以上数据还可看出，$I_1 < I_2 \ll I_3 \cdots$，这是由于电离的前两个电子是镁原子最外层的3s电子，而从第三个电子起，都是内层电子，不易失去，这也是镁容易形成 Mg^{2+} 的原因。

元素的第一电离能较为重要，I_1 越小表示元素的原子越容易失去电子，金属性越强，因此 I_1 是衡量元素金属性的一种标准。表 7.6 中列出了元素周期表中各元素的第一电离能数据。

由表 7.6 可看出，对主族元素而言，同族元素，从上到下，随最外层电子离核距离增大，电离能降低；同周期从左到右，随原子半径的减小，电离能逐渐增大。但有些反常现象，从第二周期看，第一电离能的顺序为 B<C<O<F，而氮的第一电离能却大于氧，这是由于硼的电子结构式为 $1s^2 2s^2 2p^1$，较易失去 1 个 p 电子而达到 $2s^2$ 的稳定结构，所以第一电离能较小，而氧的外层有 $2s^2 2p^4$ 结构，其中一条 p 轨道中含有两个互相排斥的电子，易失去 1 个 p 电子达到 $2p^3$ 半充满稳定结构。

副族元素的电离能变化幅度较小，而且不大规则。这是由于它们新增加的电子填入 $(n-1)d$ 轨道且 $(n-1)d$ 与 ns 轨道能量比较接近。

表 7.6 各元素的第一电离能（单位：$kJ \cdot mol^{-1}$）

H																	He
1312.0																	2372.3
Li	Be											B	C	N	O	F	Ne
520.3	899.5											800.6	1086.4	1402.3	1314	1681	2080.7
Na	Mg											Al	Si	P	S	Cl	Ar
495.8	737.7											577.6	786.5	1011.8	999.6	1251.1	1520.5
K	Ca	Sc	Ti	V	Cr	Mn	Fe	Co	Ni	Cu	Zn	Ga	Ge	As	Se	Br	Kr
418.9	589.8	631	658	650	652.8	717.4	759.4	758	736.7	745.5	906.4	578.8	762.2	944	940.9	1139.9	1350.7
Rb	Sr	Y	Zr	Nb	Mo	Tc	Ru	Rh	Pd	Ag	Cd	In	Sn	Sb	Te	I	Xe
403.0	579.5	616	660	664	685	702	711	720	805	731	867.7	558.3	708.6	831.6	869.3	1108.4	1170.4
Cs	Ba	La*	Hf	Ta	W	Re	Os	Ir	Pt	Au	Hg	Tl	Pb	Bi	Po	At	Rn
375.7	502.9	538.1	654	761	770	760	841	880	870	890.1	1007	589.3	715.5	703.3	812	916.7	1037.0
Fr	Ra	Ac**															
[386]	509.4	490															

*镧系元素		La	Ce	Pr	Nd	Pm	Sm	Eu	Gd	Tb	Dy	Ho	Er	Tm	Yb	Lu
		538.1	528	523	530	536	543	547	592	564	572	581	589	596.7	603.4	523.5
**部分锕系元素		Ac	Th	Pa	U	Np	Pu	Am	Cm	Bk	Cf	Es	Fm	Md	No	
		490	590	570	590	600	585	578	581	601	608	619	627	635	642	

2）电子亲和能

基态的气态原子获得一个电子变为负一价的气态离子，所放出的能量称为电子亲和能，用 E 表示。一般而言，元素的电子亲和能越大，表示原子得到电子的趋势越大，非金属性也越强。元素原子的第一电子亲和能 E_1 一般都为正值，表示元素得到一个电子形成负离子时所放出的能量；所有元素的第二电子亲和能 E_2 一般均为负值，说明由负一价离子变成负二价离子需吸热，因为阴离子本身为负电场，对要加合的电子有排斥作用。

$$O(g) + e^- \longrightarrow O^-(g); \quad E_1 = 141 \; kJ \cdot mol^{-1}$$

$$O^-(g) + e^- \longrightarrow O^{2-}(g); \quad E_2 = -780 \; kJ \cdot mol^{-1}$$

对大多数原子而言，获得一个额外电子将释放能量，即第一电子亲和能为正值，但也有例外，如稀有气体及ⅡA 族的金属，这些原子的结构呈全充满状态，所获的额外电子需占用能级高的空轨道，故需要吸收能量，所以第一电子亲和能为负值。一般来说，电子亲和能随原子半径的减小而增大，因为半径小时，核电荷对电子的引力增大。因此，电子亲和能在同周期元素中从左向右一般呈增加趋势，而同族中，从上到下电子亲和能 E_1 呈减小的趋势。但元素氧和氟的电子亲和能并非同族中最大的，这是因为这两个原子的原子半径过小，电子云密度很大，以至于当原子结合一个电子时，高密度的电子云对外来电子的排斥会减小放出的能量。而元素硫和氯的原子半径较大，电子云对外来电子的排斥力较小，所以这两个元素在同族中电子亲和能最大。部分元素的第一电子亲和能数据见图 7.18。

H 72.73																	
Li 59.60	Be (—)											B 26.98	C 121.72	N —	O 140.91	F 328.00	
Na 52.84	Mg —											Al 41.74	Si 134.00	P 71.99	S 200.31	Cl 348.40	
K 48.36	Ca 2.37	Sc 18.13	Ti 7.62	V 50.63	Cr 64.23	Mn (—)	Fe 14.56	Co 63.84	Ni 111.48	Cu 119.10	Zn —	Ga 41.47	Ge 118.88	As 78.50	Se 194.87	Br 324.37	
Rb 46.86	Sr 4.63	Y 29.61	Zr 41.08	Nb 86.12	Mo 72.13	Tc (53.04)	Ru (101.25)	Rh 109.65	Pd 54.20	Ag 125.65	Cd —	In 28.93	Sn 107.24	Sb 100.87	Te 190.06	I 295.00	
Cs 45.48	Ba 1395	La 4533	Hf (≈0)	Ta 31.05	W 78.60	Re (14.47)	Os (106.08)	Ir 150.81	Pt 205.22	Au 222.63	Hg —	Tl 19.29	Pb 35.10	Bi 90.88	Po (183.23)	At (270.02)	
Fr (44.36)	Ra (9.64)	Ac (33.75)															

图 7.18　元素的第一电子亲和能

单位：$kJ \cdot mol^{-1}$，图中加括号的数据为计算值，未加括号的数据为实验值，"—"表示形成的阴离子不稳定

3. 电负性

元素的电离能和电子亲和能仅表征了孤立气态原子或离子得失电子的能力，但没有考虑原子间成键作用等情况。为了能全面地描述不同元素原子在分子中对成键电子吸引的能力，1932 年鲍林提出了电负性的概念。所谓电负性是指在分子中元素原子吸引电子的能力。电负性越大，原子在分子中吸引电子的能力越强；电负性越小，原子在分子中吸引电子的能力越弱。鲍林指定最活泼的非金属元素氟的电负性 $\chi(F)$ 为 4.0，然后通过计算得到其他元素原子的电负性值，因此鲍林电负性是一个相对值。鲍林电负性的数据见图 7.19。由图可见，在同一周期中，从左向右电负性逐渐增大；同一主族中，从上到下电负性逐渐减小。电负性的大小可用于衡量元素的金属性或非金属性。

自从鲍林提出电负性概念后，很多人都对电负性进行讨论研究，并提出电负性的不同计算方法，现已有几套元素原子电负性数据，所以在使用电负性数据时，应尽量采用同一套数据。

H 2.1																	
Li 1.0	Be 1.5											B 2.0	C 2.5	N 3.0	O 3.5	F 4.0
Na 0.9	Mg 1.2											Al 1.5	Si 1.8	P 2.1	S 2.5	Cl 3.0
K 0.8	Ca 1.0	Sc 1.3	Ti 1.5	V 1.6	Cr 1.6	Mn 1.5	Fe 1.8	Co 1.9	Ni 1.9	Cu 1.9	Zn 1.6	Ga 1.6	Ge 1.8	As 2.0	Se 2.4	Br 2.8
Rb 0.8	Sr 1.0	Y 1.2	Zr 1.4	Nb 1.6	Mo 1.8	Tc 1.9	Ru 2.2	Rh 2.2	Pd 2.2	Ag 1.9	Cd 1.7	In 1.7	Sn 1.8	Sb 1.9	Te 2.1	I 2.5
Cs 0.7	Ba 0.9	La~Lu 1.0~1.2	Hf 1.3	Ta 1.5	W 1.7	Re 1.9	Os 2.2	Ir 2.2	Pt 2.2	Au 2.4	Hg 1.9	Tl 1.8	Pb 1.8	Bi 1.9	Po 2.0	At 2.2
Fr 0.7	Ra 0.9	Ac 1.1														

图 7.19　元素原子的电负性(鲍林值)

习　题

一、选择题

1. 氢原子中 3s，3p，3d，4s 轨道能量高低的情况为 （　　）

A. $3s < 3p < 3d < 4s$　　　　　　　　　　B. $3s < 3p < 4s < 3d$

C. $3s = 3p = 3d = 4s$　　　　　　　　　　D. $3s = 3p = 3d < 4s$

2. 主量子数 $n = 3$ 的一个电子的下列四个量子数组，取值正确的是 （　　）

A. 3，2，1，0　　　　　　　　　　　　　B. 3，2，-1，$+1/2$

C. 3，3，1，$+1/2$　　　　　　　　　　　D. 3，1，2，$+1/2$

3. 下列四种电子构型的原子中($n = 2$、3、4)第一电离能最低的是 （　　）

A. $ns^2 np^3$　　　　　B. $ns^2 np^4$　　　　　C. $ns^2 np^5$　　　　　D. $ns^2 np^6$

4. 下列元素原子半径的排列顺序正确的是 （　　）

A. $Mg > B > Si > Ar$　　　　　　　　　　B. $Ar > Mg > Si > B$

C. $Si > Mg > B > Ar$　　　　　　　　　　D. $B > Mg > Ar > Si$

5. 关于下列元素第一电离能大小的判断，正确的是 （　　）

A. $N > O$　　　　　B. $C > N$　　　　　C. $B > C$　　　　　D. $B > Be$

6. 下列离子中，磁矩最大的是 （　　）

A. V^{2+}　　　　　B. Ni^{2+}　　　　　C. Cr^{3+}　　　　　D. Mn^{2+}

7. 下列原子中，第一电子亲和能最大(放出能量最多)的是 （　　）

A. N　　　　　B. O　　　　　C. P　　　　　D. S

8. 量子力学中所说的原子轨道是指 （　　）

A. 波函数 $\psi_{n, l, m, s}$　　　　　　　　　　B. 电子云

C. 波函数 $\psi_{n, l, m}$　　　　　　　　　　　D. 概率密度

9. 钻穿效应使屏蔽效应 （　　）

A. 增强　　　　　　　　　　　　　　　B. 减弱

C. 无影响　　　　　　　　　　　　　　D. 增强了外层电子的屏蔽作用

二、填空题

1. 角量子数 $l = 3$ 时，磁量子数 m 可有_____种取值，它们分别是_____。

2. 第三周期中有两个单电子的元素是_____、_____；第四周期元素中未成对电子最多可达_____；3d 轨道半充满的 +3 价阳离子是_____。

3. M^{3+} 的 3d 轨道上有 3 个电子，则该原子的原子序数是_____；该原子的核外电子排布是_____；M 属于_____周期_____族的元素，它的名称是_____。

4. $n = 4$，$l = 1$ 的原子轨道符号是_____，该原子轨道角度分布图的形状是_____形，它有_____种空间取向。

5. 如果没有能级交错，第三周期应有_____个元素，实际该周期有_____个元素；同样情况，第六周期应有_____个元素，实际该周期有_____个元素。

三、简答题

1. 写出下列元素的电子排布式：

Na　Se　Cu　Si　Mn

2. 写出 113 号元素原子的电子排布式，并指出它属于哪个周期、哪个族？

3. A、B 两元素，A 原子的 M 层和 N 层的电子数分别比 B 原子的 M 层和 N 层的电子数少 7 个和 4 个。写出 A、B 两元素的名称和元素符号，分别写出它们的电子排布式。

4. 解释同一主层中的能级分裂及不同主层中的能级交错现象。

5. 解释电离能在周期表中的变化规律。

6. 写出下列所有元素的元素符号：①具有价电子构型为 $(n–1)d^{10}ns^1$ 的所有元素；②至少具有 1 个，但不超过 4 个 4p 电子的元素。

7. 将氢原子核外电子从基态激发到 2s 或 2p 轨道所需要的能量有无差别？若是氦原子情况又会如何？

8. 什么是"镧系收缩"？"镧系收缩"产生的原因是什么？"镧系收缩"有什么特点？"镧系收缩"对元素的性质产生了哪些影响？

9. 元素 A 在 $n = 5$，$l = 0$ 的轨道上有一个电子，它的次外层 $l = 2$ 的轨道上电子处于全充满状态，而元素 B 与 A 处于同一周期中，若 A、B 的简单离子混合则有难溶于水的黄色沉淀 AB 生成。

(1) 写出元素 A 和 B 的核外电子排布式、价层电子构型；

(2) A、B 各处于第几周期第几族？是金属还是非金属？

(3) 写出 AB 的化学式。

10. 根据元素周期表填写下表中的空格：

元素符号	V	Bi			Pt
元素名称			钼	钨	
所属周期					
所属族					
价电子层的结构					

11. 列出硫的四个 3p 电子所有可能存在的各套量子数。

12. 针对第 33 号元素，完成下列问题：

(1) 写出该元素原子的核外电子排布式；

(2) 列出基态时最外层各电子的四个量子数；

(3) 该元素最高氧化态为_____，在周期表中属_____区元素；

(4) 它的低价氧化物化学式为_____，俗称_____。

13. 在下列电子构型中哪些属于原子的基态？哪些属于原子的激发态？哪些纯属错误？

(1) $1s\,2s^3\,2p^1$ 　　　　　　(2) $1s^2\,2p^2$ 　　　　　　(3) $1s^2\,2s^2$

(4) $1s^2\,2s^2\,2p^6\,3s^1\,3d^1$ 　　(5) $1s^2\,2s^2\,2p^5\,4f^1$ 　　(6) $1s^2\,2s^1\,2p^1$

14. 根据元素在周期表中的位置和电子层结构，判断下列各对原子(或离子)哪一个半径较大？写出简要的解释。

(1) H 与 He 　　　　　　　(2) Ba 与 Sr 　　　　　　　(3) Sc 与 Ca

(4) Cu 与 Ni 　　　　　　　(5) Zr 与 Hf 　　　　　　　(6) S^{2-} 与 S

(7) Na 与 Al^{3+} 　　　　　　(8) Fe^{2+} 与 Fe^{3+} 　　　　(9) Pb^{2+} 与 Sn^{2+}

15. 设有元素 A、B、C、D、E、G、L、M，试按下列条件推断其元素符号和在周期表中的位置(周期、族、区)，写出它们的外围电子构型。

(1) A、B、C 为同一周期金属元素，已知 C 有三个电子层，它们的原子半径在所属周期中为最大，且 A>B>C；

(2) D、E 为非金属元素，与 H(氢) 化合生成 HD 和 HE，在室温时 D 的单质是液体，E 的单质是固体；

(3) G 是所有元素中电负性最大的元素；

(4) L 的单质在常温下是气体，性质很稳定，是除氢以外最轻的气体；

(5) M 为金属元素，它有四个电子层，其最高氧化数与 Cl 的最高氧化数相同。

科学家小传——鲍林

鲍林(Pauling)，美国著名化学家、生物化学家和教育家，是量子化学和分子生物学的创始人之一。他被评为 2000 年以来，历史上第十六位重要的科学家。

1901 年 2 月 28 日鲍林生于美国俄勒冈州波特兰市。他自幼聪明好学，化学成绩总是名列前茅。1917~1922 年，鲍林在俄勒冈州农学院化学工程系学习，靠勤工俭学以优异的成绩大学毕业，并考取了加州理工学院的研究生。1925 年获得化学哲学博士学位后去了欧洲，先后在索末菲、玻尔、薛定谔和德拜等的实验室工作，期间对量子力学有了深刻的了解，为后续的研究奠定了坚实的基础，成为量子化学领域第一批科学家之一，也是将量子理论用于分子结构的先驱。

1927~1931 年，鲍林利用量子力学对原子核分子进行大量计算，发表五十多篇论文，并提出了杂化轨道理论，很好地解释了甲烷的正四面体结构及其四个等价化学键的问题。鲍林还创造性地提出许多新的概念，如共价半径、金属半径、电负性标度等。1937~1938 年，他完成了巨著《化学键的本质》一书，该书被认为是化学史上最具影响力的著作之一，迄今很多科学论文和重要期刊的文章仍引用这项工作。基于鲍林在化学键方面的杰出工作，于 1954 年授予其诺贝尔化学奖。

鲍林的研究领域广泛，除了化学，他还是分子生物学的奠基人之一。从 20 世纪 40 年代开始，他花费十几年时间研究氨基酸和多肽链的结构，他的研究为蛋白质空间构象奠定了理论基础。

作为反对核战争的科学家，鲍林在 20 世纪 50 年代就开始进行反核试验活动。他不仅要求结束核武器试验，而且要求结束战争，建议设立一个世界和平研究组织。他在反对核武器试验、核武器使用及这些军备扩散等方面做出积极的努力，并因此于 1962 年被授予诺贝尔和平奖，从而成为史上唯一一位两次单独获得诺贝尔奖的科学家。1994 年 8 月 19 日，鲍林在加利福尼亚的家中逝世，享年 93 岁。

第8章 分子结构与化学键理论概述

内容提要

(1) 了解离子键的形成、性质和强度；掌握离子键的特征；理解离子晶体概念、特性、配位数概念。

(2) 了解路易斯理论；掌握价键理论、杂化轨道理论、分子轨道理论的基本原理。

(3) 理解价层电子对互斥理论，能够应用该理论预测典型分子的结构；理解大π键概念。

(4) 了解金属键的改性价键理论；理解金属键的能带理论；理解金属晶体的微观结构。

(5) 理解分子的极性；掌握氢键、分子间作用力及其对化合物性质的影响。

(6) 理解离子的极化作用，以及该作用对化合物性质的影响。

所谓分子结构，通常包括两个方面的内容：①分子(或晶体)的空间构型(即几何形状)问题；②化学键问题。分子或晶体既然能存在，说明原子之间存在着相互作用力。鲍林在《化学键的本质》中提出了被用得最广泛的化学键定义：如果两个原子(或原子团)之间的作用力强得足以形成足够稳定的、可被化学家看作独立分子物种的聚集体，它们之间就存在化学键。简言之，化学上把分子或晶体内相邻原子(或离子)间强烈的相互作用称为化学键。化学键现在可大致区分为离子键、共价键和金属键三种基本类型。另外，分子之间还存在一种较弱的相互作用力，即分子间作用力。我们在原子结构的基础上，重点讨论分子的形成过程和有关化学键理论，同时对分子间作用力及氢键作简单的介绍，并探讨分子的结构与物质的物理、化学性质的关系等问题。

8.1 离子键理论

8.1.1 离子键的形成

1916 年，德国科学家科塞尔(Kossel)根据稀有气体具有稳定结构和多数无机化合物是极性的事实首先提出离子键理论。他认为，当活泼金属原子与活泼非金属原子相互化合时，通过得失电子达到稳定的电子构型，然后阴阳离子再相互结合。

以 NaCl 为例，离子键的形成过程表示如下：

$$n\text{Na}(3\text{s}^1) \xrightarrow{-ne^-} n\text{Na}^+(2\text{s}^2 2\text{p}^6)$$

$$n\text{Cl}(3\text{s}^2 3\text{p}^5) \xrightarrow{+ne^-} n\text{Cl}^-(3\text{s}^2 3\text{p}^6)$$

形成的 Na^+ 和 Cl^- 通过静电引力结合组成 NaCl。这种在原子间发生电子转移后，形成的阴、阳离子通过静电引力结合的化学键，称为离子键。由离子键形成的化合物是离子化合物。生成离子键的重要条件是原子间电负性相差较大，一般而言，原子间电负性差值越大，形成的离子键越强。但近代实验证明，即使是电负性最大的元素氟和电负性最小的元素铯之间形成的化合物氟化铯，也不是纯粹的静电作用，仍有部分原子轨道的重叠，含有共价键的成分。

而原子间电负性差值越小，形成的化学键中包含的共价键成分越大。

8.1.2　离子键的性质

1. 离子键的特点

离子键的本质是正、负离子间以静电引力结合，静电引力 F 符合公式 $F \propto \dfrac{q_1 q_2}{r^2}$，离子的电荷越大，离子间的距离越小，离子间的静电引力越强。

静电引力的实质决定离子键无方向性、无饱和性。从电子云的观点来看，可近似地把离子看成是蒙有一层电子云的圆球，离子电荷的分布是球形对称的，只要条件许可，它可以在空间任何方向吸引带有相反电荷的离子。吸引力的大小与离子间的距离有关。

例如，在 NaCl 晶体中，每个 Na^+ 周围排列了 6 个 Cl^-；同样，每个 Cl^- 周围排列着 6 个 Na^+。每个 Na^+（或 Cl^-）除了对邻近的 6 个 Cl^-（或 Na^+）有强烈的吸引之外，对排列较远的 Cl^-（或 Na^+）同样也有吸引力，只是吸引力的大小不一样。距离近，吸引力大；距离远，吸引力小。正（负）离子周围结合的负（正）离子数量，由正、负离子半径及离子电荷决定。

2. 离子键的形成条件

离子键形成的第一个条件是：成键两元素的电负性差值 $\Delta\chi > 1.7$，若 $\Delta\chi < 1.7$ 时，不发生电子转移，形成共价键。注意：离子键和共价键之间，并非可以截然区分，可将离子键视为极性共价键的一个极端，而另一极端为非极性共价键，用离子性百分数表示键的离子性的相对大小。离子性百分数大于 50%，生成的是离子型化合物；离子性百分数小于 50%，生成的是共价型化合物。

形成离子键的第二个条件是：要易形成稳定的离子。即只转移少数的电子，就达到稀有气体式稳定结构，或 d 轨道全充满的稳定结构。

形成离子键的第三个条件是：形成离子键时释放能量要多。例如，NaCl(s) 离子键的形成过程中，$\Delta H = -410.9 \ kJ \cdot mol^{-1}$，在形成离子键时，以放热的形式释放较多的能量。

8.1.3　离子键的强度

离子键的强度可以用键能和晶格能的大小来衡量。

1. 键能

键能是 1 mol 气态分子解离成气态原子时所吸收的能量，用 E_i 表示。E_i 越大，说明离子键越强。例如，

$$NaCl(g) \rightleftharpoons Na(g) + Cl(g) \qquad \Delta H = E_i$$

2. 晶格能

晶格能的定义是，在标准状态下将 1 mol 离子型晶体（如 NaCl）完全拆散为气态正离子（Na^+）和气态负离子（Cl^-）所需要的能量，用 U 表示，单位为 $kJ \cdot mol^{-1}$。

由于离子晶体总是以阴阳离子的集体或巨分子的形式存在，而离子键的键能无法准确描述整个晶体的结合力，所以离子型化合物的化学结合力通常用晶格能的大小来衡量更为合理。

晶格能通常无法用实验方法直接测得，但可以由德国化学家玻恩(Born)和哈伯(Haber)建立的玻恩-哈伯循环法计算得到。根据赫斯定律可知，一个化学反应的反应热与反应物和生成物的始末状态有关，而与反应途径无关。玻恩-哈伯循环法根据这一定律，用热化学计算的方法解决晶格能问题。下面从 NaCl 的生成反应出发计算其晶格能，反应的玻恩-哈伯循环表示如下：

$$
\begin{array}{ccc}
Na(s) + \dfrac{1}{2}Cl_2(g) & \xrightarrow{\;\Delta_f H_m^{\ominus}\;} & NaCl(s) \\
\Big\downarrow \Delta H_1 \quad \Big\downarrow \Delta H_2 & & \Big\uparrow \Delta H_5 \\
Na(g) \quad Cl(g) & & \\
\Big\downarrow \Delta H_3 \quad \Big\downarrow \Delta H_4 & & \\
Na^+(g) + Cl^-(g) & &
\end{array}
$$

ΔH_1 为金属钠的原子化热，$\Delta H_1 = 108 \; kJ \cdot mol^{-1}$；

ΔH_2 为 0.5 mol Cl_2 分子的解离能，$\Delta H_2 = 121 \; kJ \cdot mol^{-1}$；

ΔH_3 为钠原子的第一电离能(I_1)，$\Delta H_3 = 496 \; kJ \cdot mol^{-1}$；

ΔH_4 为 Cl 原子的电子亲和能的相反值($-E_1$)，$\Delta H_4 = -349 \; kJ \cdot mol^{-1}$；

ΔH_5 为 NaCl 晶格能的相反值($-U$)，$\Delta H_5 = -U$。

根据赫斯定律可知，$\Delta_f H_m^{\ominus} = \Delta H_1 + \Delta H_2 + \Delta H_3 + \Delta H_4 + \Delta H_5$，由此可求得晶格能为

$$U(NaCl) = -\Delta H_5 = -\Delta_f H_m^{\ominus} + \Delta H_1 + \Delta H_2 + \Delta H_3 + \Delta H_4 = 787 \; kJ \cdot mol^{-1}$$

晶格能的大小决定了离子晶体的稳定性，也直接影响离子晶体的一系列性质如熔点、硬度及溶解度等。而离子半径、离子电荷及离子的电子层构型等均为影响晶格能大小的主要因素。

8.1.4　离子的特征

离子有以下三个基本特征，这些特征与离子化合物的性质密切相关。

1. 离子的电荷

从离子键的形成过程可以看出，离子的电荷数等于原子形成离子时的得失电子数。通常原子形成阴离子时，得到电子形成同周期稀有气体电子层的稳定结构。一般在周期系中，Ⅰ A 和 Ⅱ A 族的典型金属元素与 Ⅶ A 族的典型非金属元素都有达到稳定的稀有气体原子结构的倾向。但是，当过渡元素的原子形成离子化合物时，它们失去电子后，往往不具有稀有气体原子的电子层构型。在离子型化合物中，阳离子的电荷通常为 +1、+2、+3，最高为 +4，不存在更高电荷的阳离子；阴离子的电荷一般为 -1、-2，电荷为 -3 或 -4 的多为含氧酸根或配离子。

2. 离子的电子层构型

一般阴离子的价电子层都具有稀有气体原子的稳定电子层结构，但阳离子的价电子层构型较为复杂，除 8 电子构型外，还有其他多种构型。常见的阳离子构型大致有下列几种：

(1) 2 电子构型。最外层为 2 个电子的离子，如 Li^+、Be^{2+} 等。

(2) 8 电子构型。最外层为 8 个电子的离子，如 Al^{3+}、Mg^{2+} 等。

(3) 18 电子构型。最外层为 18 个电子的离子，如 Zn^{2+}、Ag^+ 等。

(4) 18 + 2 电子构型。最外层为 2 个电子，次外层为 18 个电子的离子，如 Pb^{2+}、Sn^{2+} 等。

(5) 9～17 电子构型。最外层为 9～17 个电子的离子，如 Cr^{3+}、Mn^{2+}等。

3. 离子半径

严格地说，离子和原子一样，其半径是难以确定的。通常采用的离子半径数值是把离子晶体中的阴、阳离子近似看成是相互接触的圆球，在离子化合物中，相邻两个阴、阳离子半径之和就是阴、阳离子核间的距离 d(图 8.1)。核间距 d 可由晶体的 X 射线衍射分析测定。若已知任一离子半径，就可通过核间距 d 算出另一离子的半径。

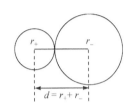

图 8.1　阴、阳离子半径与核间距的关系

1926 年，戈尔德施米特(Goldschmidt)以瓦瑟斯耶纳(Wasastjerna)用光学法测得的 F^-半径(133 pm)和 O^{2-}半径(132 pm)为基础，利用核间距得到其他 80 多种离子的半径。1927 年，鲍林从核电荷与屏蔽常数出发，推算出一套离子半径，称为鲍林半径。在比较半径大小和讨论变化规律时，多采用鲍林半径。

图 8.2 列出了常见离子半径的数据，从图中数值可得出以下规律：

(1) 阳离子的半径比该元素的原子半径小，而阴离子的半径则比该元素的原子半径大。

(2) 同一周期电子层结构相同的阳离子半径，随着电荷数增加而减小；阴离子半径随着电荷数增加而增大。例如，$r(K^+) > r(Ca^{2+}) > r(Sc^{3+})$，$r(N^{3-}) > r(O^{2-}) > r(F^-)$。

(3) 同一种元素形成不同电荷的阳离子时，其离子半径随着正电荷的增加而减小。例如，$r(Pb^{2+}) > r(Pb^{4+})$。

(4) 同一主族元素电荷相同的离子半径一般随电子层数的增加而增大。例如，$r(Li^+) < r(Na^+) < r(K^+) < r(Rb^+)$。

	ⅠA	ⅡA	ⅢB	ⅣB	ⅤB	ⅥB	ⅦB	Ⅷ			ⅠB	ⅡB	ⅢA	ⅣA	ⅤA	ⅥA	ⅦA
1	H 1^- 208 1^+ 10^{-5}																
2	Li 1^+ 68	Be 2^+ 31											B 3^+20	C 4^-260 4^+15	N 3^-171 5^+11	O 2^-140 6^+9	F 1^-136 7^+7
3	Na 1^+ 95	Mg 2^+ 65											Al 3^+50	Si 4^-271 4^+41	P 3^-212 3^+42 5^+34	S 2^-184 4^+37 6^+29	Cl 1^-181 5^+34 7^+26
4	K 1^+133	Ca 2^+99	Sc 3^+81	Ti 2^+90 4^+68	V 3^+74 5^+59	Cr 3^+64 6^+52	Mn 2^+80 7^+46	Fe 2^+76 3^+64	Co 2^+74 3^+63	Ni 2^+72 3^+63	Cu 1^+96 2^+72	Zn 1^+88 2^+74	Ga 3^+62	Ge 2^+70 4^+53	As 3^-222 3^+53 5^+47	Se 2^-198 4^+69 6^+42	Br 1^-196 5^+47 7^+39
5	Rb 1^+148	Sr 2^+113	Y 3^+93	Zr 4^+78	Nb 5^+70	Mo 4^+66 6^+62	Tc 4^+72 7^+58	Ru 4^+63 8^+54	Rh 3^+75 4^+67	Pd 2^+86 4^+64	Ag 1^+126 2^+97	Cd 1^+114 2^+97	In 1^+132 3^+81	Sn 2^+102 4^+71	Sb 3^-246 3^+90 5^+62	Te 3^-221 4^+81 6^+56	I 1^-216 5^+62 7^+50
6	Cs 1^+169	Ba 2^+135	La 3^+106	Hf 4^+78	Ta 5^+70	W 4^+68 6^+65	Re 4^+72 7^+60	Os 4^+65 8^+53	Ir 4^+64 6^+56	Pt 2^+85 4^+70	Au 1^+137 3^+91	Hg 1^+127 2^+110	Tl 1^+144 3^+95	Pb 2^+120 4^+84	Bi 3^+96 5^+74	Po 2^-230 4^+65 6^+56	At 1^-227 5^+57 7^+51
7	Fr 1^+180	Ra 2^+140	Ac 3^+111														

图 8.2　离子半径(单位：pm)

8.1.5　离子晶体

1. 晶体和非晶体

根据固体的内部结构，可将固体分为晶体和非晶体。晶体是内部粒子在三维空间周期性重复排列的固体，具有以下性质：①自限性，在合适的条件下，能自发地长成规则几何多面体外形；②各向异性，晶体的几何度量和物理性质常随方向不同而表现出量的差异性；③均一性，同一晶体任何部位的物理性质和化学组成均相同；④对称性，任何晶体都是对称的，其对称性不仅表现在外形上，其内部构造和物理性质也是对称的；⑤稳定性，在相同热力学条件下，晶体与同种组分的非晶体、液体和气体相比，晶体最稳定；⑥定熔性，晶体具有固定的熔点。自然界中绝大多数固体属于晶体。

非晶体是内部粒子在三维空间不呈周期性重复排列，是长程无序而短程有序的固体，又称无定形固体或玻璃体。非晶体内部结构是均一的各向同性，没有固定的熔点，如玻璃、石蜡、沥青等均为非晶体。图 8.3 给出了晶体石英与非晶体玻璃的结构示意图。

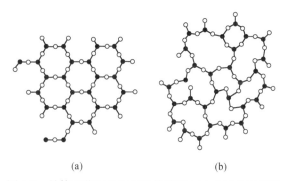

(a)　　　　　　　　(b)

图 8.3　晶体石英(左)与非晶体玻璃(右)的结构示意图

2. 晶体的结构特征

1) 晶格和晶胞

由于晶体的内部质点是周期性排列的，所以存在重复出现的最小单位，即结构基元。为了便于研究晶体的微观结构，人为地将结构基元抽象成一个点，最终在空间得到一组能体现晶体结构规律的点阵，称为空间点阵。沿一定方向按某种规律将这些阵点连接起来，得到规则的平行六面体形的空间格子，称为晶格。在一个晶格的每个结点上以相同方式放置晶体的结构基元，就可得到实际晶体的代表，即晶胞。晶胞是表示晶体微观结构的最小重复单元，通过无缝隙并置构成宏观晶体。所谓无缝隙并置是一个晶胞与相邻的晶胞完全共顶角、共面、共棱，取向一致且没有间隙。从一个晶胞到另一个晶胞不需转动，只进行平移，而整个晶体的微观没有区别。图 8.4 是氯化钠的晶格和晶胞示意图。晶格是一个三维无限延伸的结构，图中是其结构的一部分。

晶胞是平行六面体，其大小与形状由六个晶胞参数表达，分别为平行六面体的 3 个棱长 a、b、c 及三个棱之间的夹角 α、β、γ，如图 8.5 所示。

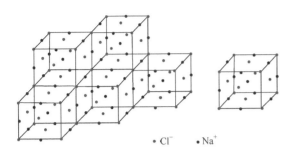 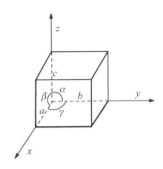

图 8.4 氯化钠的晶格(左)和晶胞(右)   图 8.5 晶胞参数示意图

2)晶系和点阵型式

自然界的晶体种类繁多,但根据晶胞的特征,可以将晶体分成 7 类,称为 7 个晶系。晶系的名称及晶胞参数的特点列于表 8.1 中。

表 8.1 晶系名称及对应的晶胞参数

晶系	晶胞参数	
立方晶系	$a=b=c$	$\alpha=\beta=\gamma=90°$
六方晶系	$a=b\neq c$	$\alpha=\beta=90°,\ \gamma=120°$
四方晶系	$a=b\neq c$	$\alpha=\beta=\gamma=90°$
三方晶系	$a=b=c$	$\alpha=\beta=\gamma<120°(\neq90°)$
正交晶系	$a\neq b\neq c$	$\alpha=\beta=\gamma=90°$
单斜晶系	$a\neq b\neq c$	$\alpha=\gamma=90°,\ \beta\neq90°$
三斜晶系	$a\neq b\neq c$	$\alpha\neq\beta\neq\gamma\neq90°$

由于晶胞均为六面体,而根据六面体的面上、体心、底面、底心有无点阵点,七个晶系又可分为 14 种空间点阵式,称为布拉维点阵(Bravais lattice),见图 8.6。

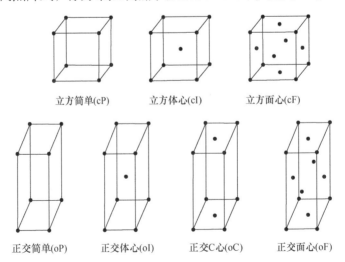

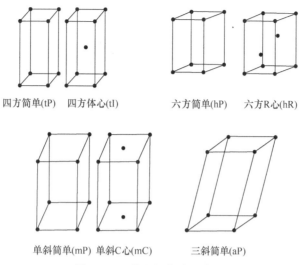

四方简单(tP)　四方体心(tI)　　　六方简单(hP)　六方R心(hR)

单斜简单(mP) 单斜C心(mC)　　　三斜简单(aP)

图 8.6　14 种空间点阵型式图

3）晶体类型

根据晶格结点中粒子的种类及粒子之间相互作用的性质不同，可将晶体分成四种基本类型：离子晶体、原子晶体、分子晶体和金属晶体，它们的晶胞中存在的化学微粒分别为离子、原子、分子及金属。例如，NaCl 晶体，晶胞中的粒子分别是钠离子和氯离子，属离子晶体；金刚石，晶胞中的粒子是碳原子，属原子晶体；干冰（固态 CO_2），晶胞中的粒子是 CO_2 分子，属分子晶体；Mg，晶胞中的粒子是金属镁，属金属晶体。其晶体结构如图 8.7 所示。离子晶体中，粒子之间以静电引力结合；原子晶体中，原子之间以共价键相结合；分子晶体中，分子之间通过分子间作用力相结合；金属晶体中，金属之间以金属键结合。

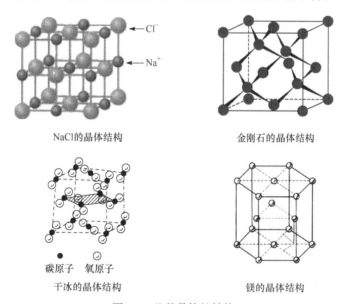

NaCl的晶体结构　　　　　　　　金刚石的晶体结构

● 碳原子　◌ 氧原子

干冰的晶体结构　　　　　　　　镁的晶体结构

图 8.7　几种晶体的结构

除了上述几种基本的晶体类型外，还有些固体单质或化合物中同时存在多种不同的作用力，具有多种晶体的结构和性质，这类晶体称为混合晶体。其中石墨是一种典型的混合晶体。石墨是碳元素的一种结晶矿物，为六边形层状结构（图 8.8）。同层的碳原子均采用 sp^2 杂化，与另外三个碳原子的 sp^2 杂化轨道形成 σ 键，键角为 120°，C—C 键长皆为 142 pm。而同层的每个碳原子还剩一个未参加杂化且带有单电子的 p 轨道，它们相互平行且垂直于该层碳平面，形成 Π_n^n 大 π 键。大 π 键中的 n 个电子在层面内活动能力较强，类似于金属中的自由电子，所以石墨层内的导电率很大。而层与层之间的距离为 335 pm，说明作用力相对较弱，类似于分子间作用力。因此，石墨各层间受力时较容易滑动，常用作铅笔芯和润滑剂。

由于石墨晶体中同时有层内的共价键、类似于金属键的大 π 键及层间的分子间作用力，使其具有原子晶体、分子晶体及金属晶体的特性，称为混合晶体或过渡型晶体。除石墨以外，滑石、云母及黑磷也属于层状混合晶体。

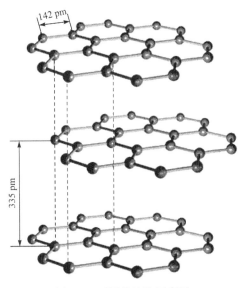

图 8.8　石墨的结构示意图

3. 离子晶体的特性

离子化合物如 NaCl、CsF、MgO 等通过阴、阳离子的静电引力相结合，它们的晶体均为离子晶体。在离子晶体中，不存在单个分子，整个晶体可以看成是一个巨型分子，没有确定的相对分子质量。由于静电引力较强，所以离子晶体具有较高的熔点和沸点，表 8.2 为一些离子化合物的熔沸点数据。其中 MgO、CaO 具有很高的熔沸点，常用作高温材料。另外，因离子键强度大，离子晶体硬度大。但离子晶体比较脆，这是由于晶体内阴、阳离子交替排列，受到外力冲击后，层间离子发生错位导致引力减弱，所以离子晶体也没有延展性，如图 8.9 所示。

表 8.2　某些离子化合物的熔点与沸点

物质	NaCl	KCl	CsCl	MgO	CaO
熔点/K	1074	1040	919	3098	2886
沸点/K	1686	1690	1570	3870	3120

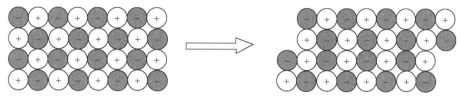

图 8.9　离子晶体受外力影响后发生错位

　　离子化合物在固态时，由于阴、阳离子被限制在晶格位置上振动，所以几乎不导电，但在熔融状态及水溶液中，离子可自由移动，都具有良好的导电性。这是通过离子的定向迁移而不是通过电子流动进行的。

　　离子晶体在水中的溶解度与晶格能、离子的水合热等有关。离子晶体的溶解是拆散有序的晶体结构(吸热)和形成水合离子(放热)的过程，如果溶解过程伴随体系能量降低，则有利于溶解进行。显然，晶格能较小、离子水合热较大的晶体，易溶于水。一般来说，由单电荷离子形成的离子晶体，如碱金属卤化物、硝酸盐、乙酸盐等易溶于水。而由多电荷离子形成的离子晶体，如碱土金属的碳酸盐、草酸盐、磷酸盐及硅酸盐等难溶于水。

4. 常见离子晶体的构型与半径比

　　离子晶体中阴、阳离子的大小、电荷数及离子的电子构型等多种因素的影响，导致离子的空间排列方式不同，形成不同的晶格类型。在此介绍三种最常见的立方晶系 AB 型离子晶体——NaCl 型、CsCl 型和 ZnS 型。这三种晶体的空间结构如图 8.10 所示。

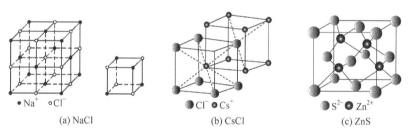

(a) NaCl　　　　　(b) CsCl　　　　　(c) ZnS

图 8.10　NaCl、CsCl 和 ZnS 的晶体结构

　　(1)NaCl 型晶体的晶胞是正六面体，属于立方面心晶胞。阴、阳离子的配位数均为 6，配位比是 6∶6，如图 8.10(a)所示。属于此类晶体的还有 NaF、MgO、CaS 等。

　　(2)CsCl 型晶体的晶胞属于简单立方晶格[图 8.10(b)]，阴、阳离子的配位数为 8，配位比为 8∶8，CsBr、CsI 也属于此类晶体。

　　(3)ZnS 型晶体的晶胞属于立方面心晶胞，阴、阳离子的配位数为 4，配位比为 4∶4，如图 8.10(c)所示。ZnO、BeO 和 BeS 均属于此类晶体。

　　以上三种晶体的配位数不同，表明离子有不同的堆积方式。而在影响离子晶体晶格类型的众多因素中，离子半径的比值对配位数的影响最为重要。在此以配位数为 6 的 AB 型离子晶体为例，说明阴、阳离子的半径比与配位数的关系。如图 8.11(a)所示，当阴、阳离子相接触且阴离子也相接触时，$\triangle ABC$ 为直角三角形，$AB = 2r_-$，$AC = BC = r_- + r_+$，假设 $r_- = 1$，根据勾股定理可知：$(r_- + r_+)^2 + (r_- + r_+)^2 = (2r_-)^2$，求出离子半径比为 $r_+/r_- = 0.414$。当 $r_+/r_- < 0.414$ 时，阴、阳离子相互不接触，阴离子间相互接触，如图 8.11(b)所示，静电引力小而排斥力大，导致这种晶体构型不稳定，应转为配位数较少的构型才能让阴、阳离子间的

引力增大，如配位比为 4∶4。当 $r_+/r_- > 0.414$ 时，阴、阳离子相接触，而阴离子间不接触，如图 8.11(c) 所示，这种构型静电引力大，而排斥力小，晶体构型较 $r_+/r_- = 0.414$ 时更稳定，所以配位数为 6 的条件是 $r_+/r_- \geqslant 0.414$。但是当 $r_+/r_- > 0.732$ 时，阳离子半径相对较大，周围可以排列更多的阴离子，可能使配位比增大到 8∶8。因此可以推断出离子晶体的配位数与半径比的关系，列于表 8.3。

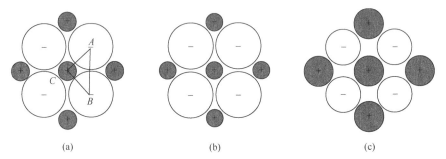

(a)   (b)   (c)

图 8.11   阴、阳离子的半径比与配位数的关系

表 8.3   离子晶体半径比与配位数的关系

r_+/r_-	配位数	构型
0.225～0.414	4	ZnS 型
0.414～0.732	6	NaCl 型
0.732～1	8	CsCl 型

由于离子并不是刚性球体，在不同化合物中同一离子的半径会有所差别，尤其对于阴、阳离子间有强相互极化作用的化合物，离子半径比与配位数的关系并不适用。

8.2   共价键理论

对于两个相同的原子或电负性相差不大的原子之间成键的问题，早在 1916 年美国化学家路易斯(Lewis)就提出了共价键理论。他认为分子中的每个原子都具有稀有气体原子的稳定电子层结构，但这种稳定结构不是通过电子的得失，而是以原子间共用电子对实现，这种化学键称为共价键。到了 1927 年，德国物理学家海特勒(Heitler)和伦敦(London)首先将量子力学应用到分子结构，对共价键的本质有了初步了解，后经鲍林等发展了这一成果，建立了现代价键理论(即电子配对理论)、杂化轨道理论、价层电子对互斥理论。1932 年，美国化学家马利肯(Mulliken)和德国化学家洪德(Hund)提出了分子轨道理论。

8.2.1   路易斯理论

同种元素的原子之间及电负性相近的元素原子之间可以通过共用电子对形成分子。通过共用电子对形成的化学键称为共价键，形成的分子为共价分子。在分子中，每个原子均应具有稳定的稀有气体原子的 8 电子外层电子构型。分子中原子间不是通过电子转移，而是通过共用一对或几对电子实现 8 电子稳定构型。路易斯的贡献在于提出了一种不同于离子键的新键型，解释了电负性差比较小的元素的原子之间成键的事实，但没有说明这种键的实质，所以理论适应性不强。例如，BCl_3、PCl_5 分子中的 B、P 原子并未达到稀有气体结构，路易斯理论难以解释其成键的原因。

8.2.2　价键理论

1. 共价键的形成和本质

以 H_2 分子为例说明形成共价键的本质。1927 年海特勒和伦敦用量子力学处理氢原子形成 H_2 分子时，得到 H_2 分子的能量 (E) 与核间距离 (R) 的关系曲线，如图 8.12 所示。假如两个氢原子中电子的自旋方向相同，当这两个氢原子相互靠近时，核间的电子云密度较稀疏，同时体系的能量 E 高于氢原子单独存在时的能量，且随核间距的缩小而不断上升，说明两个氢原子相互排斥，不能稳定成键，称为氢分子的排斥态。而如果两个氢原子中的电子自旋方向相反，当这两个氢原子相互靠近时，核间的电子云密度增大，体系的能量 E 不断降低，到达平衡距离 R_0(实验值为 74 pm)时，有一个能量的最低点。若两个原子继续靠近，则两原子核间斥力增大，导致体系能量升高。所以 R_0 为体系能量最低的平衡距离，此时两个氢原子相互吸引，产生电子云的重叠，形成稳定的共价键，这就是氢分子的基态。

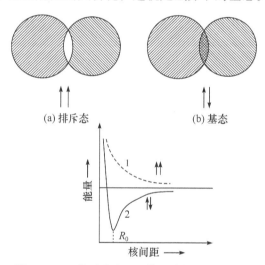

图 8.12　H_2 分子形成过程能量随核间距的变化

1. 排斥态的能量曲线；2. 基态的能量曲线

H_2 中的化学键，可以认为是电子自旋相反成对，结果使体系的能量降低。从电子云的观点考虑，可认为 H 的 1s 电子云在两核间重叠。电子在两核间出现的概率大，形成负电区。共用电子对形成的负电区与两个原子核之间的吸引作用形成共价键。从共价键形成来看，共价键的本质是电性的。

2. 价键理论的要点

将 H_2 分子形成过程的分析，推广到双原子和多原子分子体系，基本要点如下：

(1)两原子接近时，自旋方向相反的未成对的价电子可以配对，形成共价键。即：要有单电子，原子轨道能量相近，电子云能够最大重叠，必须具有沿键轴方向对称性相同的原子轨道(即波函数角度分布图中的 +、+ 重叠，−、−重叠，称为对称性一致的重叠)。形成的共价键越多，体系能量越低，形成的分子越稳定。因此，各原子中的未成对电子尽可能多地形成共价键。如果 A、B 两原子各有 2 个或 3 个成单电子，那么自旋方向相反的单电子可以两两配对，形成共价双键或叁键。成键过程中，两个单电子以自旋方向相反的方式配对，形成稳定的化学键，释放出能量使体系能量降低，即共价键的形成符合能量最低原理。

(2)由于共价键是由原子间轨道重叠和共用电子形成的，而每个原子所能提供的轨道和成单电子数目是一定的，所以共价键具有饱和性。而且，参加成键的原子轨道(p、d、f)有一定的方向性，它和相邻原子的轨道重叠成键要满足最大重叠原理，即成键电子所在的原子轨道以对称性相同的部分重叠，且重叠程度越大，形成的共价键越牢固，所以共价键具有方向性。共价键的方向性决定分子的空间构型，进而影响分子的性质。

3. 共价键的键型

由于原子轨道具有不同的伸展方向，导致轨道重叠的方式不同，成键的两个原子的核间连线称为键轴。按成键轨道与键轴之间的关系，可以形成类型不同的共价键。

1)σ 键

σ 键的特点是原子轨道沿键轴的方向以"头碰头"方式重叠，重叠区的电子云是以键轴为对称轴呈圆柱形的对称分布，即重叠区的电子云绕键轴旋转时，图形和符号均不发生变化。图 8.13 给出了几种不同组合形成的 σ 键示意图。

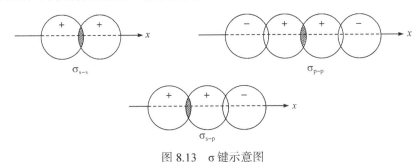

图 8.13 σ 键示意图

2)π 键

π 键是成键的两个原子的原子轨道沿键轴方向以"肩并肩"的方式重叠，重叠区的电子云是以通过键轴的节面为对称面，呈反对称性(图 8.14)，即成键轨道在该节面上下两部分图形一样，但符号相反。

与 σ 键相比，由于 π 键形成时原子轨道的重叠程度比 σ 键小，故 π 键没有 σ 键牢固，比较容易断裂，所以分子中含有 π 键的化合物一般化学活泼性较高，容易参加反应。

在具有双键或叁键的两原子之间，常常既有 σ 键又有 π 键。例如，N_2 分子内 N 原子之间就有一个 σ 键和两个 π 键。N 原子的价层电子构型是 $2s^2 2p^3$，当两个 N 原子形成 N_2 分子时，如果两个 N 原子的 p_x 轨道沿 x 轴方向以"头碰头"的方式重叠(即形成 σ 键)，那么两个 N 原子 p_y-p_y 和 p_z-p_z 轨道就只能以相互平行或"肩并肩"的方式两两重叠，形成两个 π 键。图 8.15 即为 N_2 分子中化学键示意图。

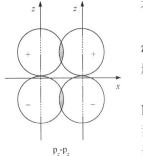

图 8.14 π 键示意图

3)δ 键

δ 键是一个原子的 d 轨道与另一个原子相匹配的 d 轨道以"面对面"的方式重叠,通过键轴有两个节面。图 8.16 为 d_{xy} 与 d_{xy} 形成的 δ 键。δ 键常出现在有机金属化合物中。

图 8.15　N_2 分子中化学键示意图　　　　　　图 8.16　δ键示意图

4. 共价键的极性

共价键的极性根据成键的两种不同元素电负性差值是否为零判断。若由相同原子组成的双原子分子,其成键原子属于同种元素,电负性差值为零,则两原子间形成非极性共价键,如 H_2、O_2、N_2 等;若由不同原子形成的共价键,其成键两原子所属的元素间电负性差值不为零,故形成极性共价键。共价键的极性随电负性差值的增大而增强,如 H_2O、HCl 中的共价键为强极性键,H_2S、HI 中的共价键属于弱极性键。若电负性差值增大到一定程度,则形成离子键,如 $NaCl$,所以共价键与离子键之间并没有绝对的差别。

5. 配位共价键

共用电子对由一个原子单方面提供而形成的共价键称为配位共价键,或称配位键。

例如,在 CO 分子中,C 原子的两个成单的 2p 电子可与 O 原子的两个成单的 2p 电子形成 1 个 σ 键和一个 π 键,除此之外,O 原子的 p 电子对还可以和 C 原子空的 p 轨道形成一个 π 配键。CO 价键结构式见图 8.17。

图 8.17　CO 分子的价键结构式示意图

配位键习惯在原子间用箭头表示电子对提供的方向,如 CO 分子的结构式可写成

$$C \equiv O$$

由此可见,配位键形成的条件是:其中一个原子的价电子层有孤对电子,另一个原子的价电子层有可接受孤对电子的空轨道,二者缺一不可。

8.2.3　杂化轨道理论

价键理论解决了基态分子成键的饱和性和方向性问题,但对有些实验事实不能解释。例如,CH_4 分子的空间结构据实验测定为正四面体,其中四个 C—H 键完全等同,H—C—H 间的键角为 109°28′。若据价键理论,C 原子的价层电子构型是 $2s^2 2p^2$,有两个未成对的电子,只能生成两个共价单键,即使考虑 2s 轨道上的一个电子被激发到 2p 轨道,得到 4 个未成对电子,与 4 个氢原子形成四个 C—H 键,但这四个共价单键并不完全等同,且其中三个由碳原子的 2p 轨道和氢原子的 1s 轨道重叠形成的三个共价键,键角互成 90°,与实验事实不符。为了解决这类问题,1931 年鲍林和斯莱特提出了杂化轨道理论。

原子在形成分子的过程中，由于原子间的相互影响，同一原子中若干个能级相近但类型不同的原子轨道进行线性组合，重新形成一组利于成键的新轨道，称杂化轨道，这一过程称为原子轨道的杂化，简称杂化。杂化前后的轨道数目不变，但轨道形状、成分和能量发生改变。下面简单介绍杂化类型及相应分子几何构型。

1. sp 杂化

同一原子内由一个 ns 轨道和一个 np 轨道发生的杂化，称为 sp 杂化，杂化后组成的两条新轨道均为 sp 杂化轨道，这种 sp 杂化轨道和原来的 s 轨道、p 轨道的形状都不相同，是一头大、一头小，而且两条杂化轨道在空间呈直线形伸展(图 8.18)。未参加杂化的另外两条 p 轨道保持形状和伸展方向不变，并与两条 sp 杂化轨道相互垂直。

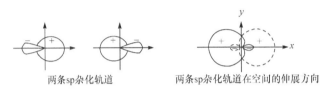

两条sp杂化轨道   两条sp杂化轨道在空间的伸展方向

图 8.18   sp 杂化轨道的角度分布示意图

例如，$HgCl_2$ 分子，实验测知 $HgCl_2$ 分子的构型是直线形，Hg 原子位于两个 Cl 原子的中间，Cl—Hg—Cl 键角为 180°。

基态 Hg 原子的价层电子构型为 $6s^2$，没有未成对电子，表面看来似乎不能形成共价键。但杂化轨道理论认为，成键时 Hg 原子中的一个 6s 电子被激发到 6p 轨道上，产生两个未成对电子。同时，Hg 原子的 6s 轨道和一个刚跃进一个电子的 6p 轨道发生 sp 杂化，形成两个能量相同的 sp 杂化轨道(图 8.19)。成键时以 sp 杂化轨道较大的一头与氯原子的 3p 轨道成键。这样比杂化前重叠得更多，形成的共价键更加牢固。

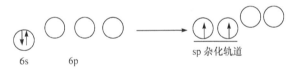

6s   6p   sp 杂化轨道

图 8.19 $HgCl_2$ 分子中 sp 杂化轨道示意图

2. sp^2 杂化

同一原子内由一个 ns 轨道和两个 np 轨道发生的杂化，称为 sp^2 杂化。杂化后组成的三条新轨道均为 sp^2 杂化轨道。每条杂化轨道都是一头大、一头小，而且三条杂化轨道在空间呈平面三角形(图 8.20)。未参加杂化的 p 轨道保持形状与伸展方向不变，并垂直于 sp^2 杂化轨道所形成的平面。

图 8.20 sp^2 杂化轨道的
角度分布示意图

例如，BF_3 分子，实验测知 BF_3 具有平面三角形的结构。B 原子位于三角形的中心，三个 B—F 键是等同的，键角为 120°，见图 8.21。

基态 B 原子的价层电子构型为 $2s^22p^1$，在成键过程中，有一个 2s 电子激发到 2p 轨道上，形成三个未成对电子，同时一个 2s 轨道和两个 2p 轨道进行杂化，形成三个 sp^2 杂化轨道，对称地分布在 B 原子的周围，互成 120°。每个 sp^2 杂化轨道含 $\frac{1}{3}$ s 成分和 $\frac{2}{3}$ p 成分。B 原子的三条 sp^2 杂化轨道和 F 原子的 2p 轨道重叠，形成三个 σ 键，且键角为 120°，BF_3 分子中的四个原子都在同一平面上（图 8.21）。

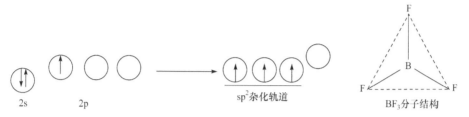

图 8.21　BF_3 分子 sp^2 杂化轨道示意图及分子结构

又如，苯分子的结构是平面六元环，键角均为 120°（图 8.22）。杂化轨道理论认为，苯分子中每个碳原子采用 sp^2 杂化，且每条杂化轨道上有一个单电子，三条 sp^2 杂化轨道分别与相邻的两个碳原子的 sp^2 杂化轨道以及氢原子的 1s 轨道形成三个 σ 键，从而使 6 个 C 原子和 6 个 H 原子在同一平面上。另外每个碳原子还有一个含有单电子的未参加杂化的 $2p_z$ 轨道，这六条 $2p_z$ 轨道相互平行、垂直于苯分子的平面且对称性匹配，相互"肩并肩"重叠形成一个大 π 键，用符号 Π_6^6 表示。这种 π 键由彼此相邻的三个或多个原子中相互平行且垂直于分子平面的 p 轨道重叠形成，是一种离域 π 键，一般表示为 Π_n^m，n 表示中心原子数，m 表示参与形成大 π 键的 p 电子总数。

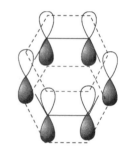

图 8.22　苯分子大 π 键示意图

除苯分子以外，NO_2、CO_2、SO_2 及 NO_3^- 等分子或离子中均存在大 π 键。

3. sp^3 杂化

同一原子内由一个 ns 轨道和三个 np 轨道发生的杂化称为 sp^3 杂化，杂化后组成的四条新轨道均称为 sp^3 杂化轨道。每条杂化轨道都是一头大、一头小，而且四条杂化轨道在空间呈正四面体形（图 8.23）。

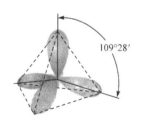

图 8.23　sp^3 杂化轨道的角度分布示意图

例如，CH_4 分子，实验测得 CH_4 分子的构型为正四面体，H—C—H 的键角为 109°28'。C 原子的价层电子构型为 $2s^2 2p^2$。杂化轨道理论认为，在成键过程中，C 原子中 2s 轨道上的一个电子被激发到空的 2p 轨道，同时激发态 C 原子（$2s^1 2p^3$）的 2s 轨道与三条 2p 轨道发生 sp^3 杂化，形成四个能量等同的 sp^3 杂化轨道，每条 sp^3 杂化轨道含有 $\frac{1}{4}$ s 成分和 $\frac{3}{4}$ p 成分，分别与氢原子的 1s 轨道成键，形成正四面体的 CH_4 分子（图 8.24）。

另外有些分子的成键，表面看来与 CH_4 的成键似乎毫无共同之处。例如，NH_3 分子和 H_2O 分子，实验测得 NH_3 分子中 H—N—H 的键角为 107°18'，H_2O 分子中 H—O—H 的键角为 104.5°，这些数据接近但不等于 109°28'，应用杂化轨道理论加以说明。

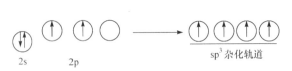

图 8.24　CH_4 分子杂化示意图及其空间构型

N 原子的价层电子构型为 $2s^22p^3$，成键时这四个价电子轨道发生 sp^3 杂化，形成四个 sp^3 杂化轨道，其中三条 sp^3 杂化轨道各有一个单电子，第四条 sp^3 杂化轨道上有一对电子。成键时前三条 sp^3 杂化轨道分别与三个 H 原子的 1s 轨道重叠，形成三个 N—H 键；第四条 sp^3 杂化轨道上的电子对没有参加成键，这一对孤对电子因靠近 N 原子，其电子云在 N 原子外占据较大的空间，对三个 N—H 键的电子云有较大的静电排斥力，使 NH_3 分子中成键轨道间的夹角被压缩为 $107°18'$，NH_3 分子为三角锥形，见图 8.25。

图 8.25　NH_3 分子杂化示意图及其空间构型

H_2O 分子中 O 原子的价层电子构型为 $2s^22p^4$，成键时 O 原子发生 sp^3 杂化，形成四个 sp^3 杂化轨道，其中两条 sp^3 杂化轨道被孤对电子占据，另外两条 sp^3 杂化轨道各有一个单电子，成键时杂化轨道上的单电子分别与两个 H 原子的 1s 电子形成两个 O—H 键，而两对孤对电子的电子云在 O 原子外占据更大的空间，对成键电子对斥力更大，所以成键轨道间的夹角为 $104.5°$，比 $107°18'$更小，H_2O 分子为 V 字形，见图 8.26。

图 8.26　H_2O 分子杂化示意图及其空间构型

在 NH_3 和 H_2O 分子中，由于孤对电子的存在，使各杂化轨道所含成分不同的杂化称为不等性杂化。等性杂化中形成的杂化轨道能量相等，在不等性杂化中，孤对电子所在的杂化轨道能量较其他的杂化轨道更低一些。

第三周期及其后的元素原子，价层中含有 d 轨道，如果 $(n-1)$d 或 nd 轨道与 ns、np 轨道能级接近，则有可能发生 s–p–d 型或 d–s–p 型杂化。例如，PCl_5 分子中的 P 采用 sp^3d 杂化，分子形成三角双锥结构(图 8.27)。SF_6 分子中的 S 采用 sp^3d^2 杂化，分子为正八面体结构(图 8.28)。

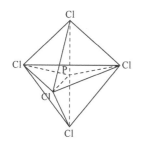

图 8.27　PCl₅ 三角双锥结构

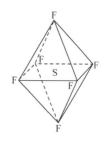

图 8.28　SF₆ 正八面体结构

8.2.4　价层电子对互斥理论

美国的西奇维克(Sidgwick)和鲍威尔(Powell)在总结大量实验事实的基础上，于 1940 年提出了一种能较为准确地判断分子几何构型的理论模型，在 20 世纪 50 年代经吉利斯皮(Gillespie)和尼霍姆(Nyholm)加以发展，现在称为价层电子对互斥(valence-shell electron-pair repulsion，VSEPR)理论。该理论虽然只是定性地说明问题，但对判断共价分子的空间构型非常简便实用。

1. 价层电子对互斥理论要点

（1）对于 AX_mL_n 型的分子或离子而言，其中 A 为中心原子，X 为配位原子或原子团，m 为配体数，L 为 A 原子价层内所含孤对电子，n 为孤对电子数。所谓价层电子对包括成键电子和孤对电子，即价层电子对数(VPN) = 成键电子对数(m) + 孤对电子数(n)。AX_mL_n 型分子的空间构型取决于中心原子 A 的价电子层电子对之间的排斥作用，即分子的空间构型采取价层电子对相互排斥作用最小的结构。

（2）价层电子对之间应尽量远离以减小相互斥力，这是理论的要点。假设将中心原子价层的形状看作一个球面，当价层电子对在球面的位置均处于相距最远的距离时，才能达到价层电子对之间的斥力最小。由纯几何的方法不难看出，不同的价层电子对数所对应的几何排布形式不同(表 8.4)。

表 8.4　价层电子对的排布方式

A 原子的价层电子对数	中心原子 A 价层电子对排布方式
2	直线形
3	平面三角形
4	四面体形
5	三角双锥形
6	八面体形

若价层电子对数均为成键电子对数，则分子的空间构型与表 8.4 所给出的排布方式一致。如果同时包含成键电子对数 m 和孤对电子数 n，那么分子的空间几何构型与价层电子对数之间的关系见表 8.5。这种排列方式主要由以下几种因素共同决定：

（1）由于价层中的孤对电子占据的空间比成键电子的大，对相邻电子对的排斥作用也大，导致键角变小，如 NH_3 和 H_2O 分子。不同种类价层电子对间斥力的大小顺序为：孤对电子之间＞孤对电子与成键电子对之间＞成键电子对之间。

（2）由于重键（双键、叁键）电子云所占据的空间比单键电子云大，排斥力也较大，虽然不能改变分子的几何形状，但对键角有一定影响，其斥力大小顺序为：叁键＞双键＞单键。

（3）中心原子及配位原子的电负性大小直接影响键角的大小。若中心原子相同，配位原子电负性越大，电子对间斥力越小，键角越小；若配位原子相同，中心原子的电负性越大，键角随之增大。

表 8.5　价层电子对与分子几何构型的对应关系

价层电子对数	价层电子对几何分布	成键电子对数	孤对电子数	分子类型	分子几何构型	举例
2	直线形	2	0	AX_2	直线形	$HgCl_2$
3	平面三角形	3	0	AX_3	平面三角形	BF_3，SO_3
		2	1	AX_2L	V 形	SO_2
4	四面体形	4	0	AX_4	四面体形	CCl_4
		3	1	AX_3L	三角锥形	NH_3
		2	2	AX_2L_2	V 形	H_2O
5	三角双锥形	5	0	AX_5	三角双锥形	PCl_5
		4	1	AX_4L	四面体形	SF_4
		3	2	AX_3L_2	T 形	ClF_3
6	八面体	6	0	AX_6	八面体	SF_6
		5	1	AX_5L	四角锥	IF_5
		4	2	AX_4L_2	平面正方形	ICl_4^-

2. 预测分子几何构型

预测分子几何构型主要有两步：首先，确定中心原子的价层电子对数。分子的价层电子对数（VPN）=（中心原子的价电子数 + 配位原子提供的价电子数）/ 2。中心原子主要属于 ⅡA～ⅧA 族元素，其价电子数等于所在族数，如氮族、氧族元素作为中心原子分别提供 5 和 6 个价电子；配位原子通常是氢、氧、硫及卤素，氢和卤素原子各提供一个价电子，氧和硫按不提供价电子处理。其次，推测价层电子对的几何分布、孤对电子数及分子的几何构型。

下面通过几个具体实例说明如何运用 VSEPR 理论预测分子的结构。

（1）判断 SO_2 分子的结构。在 SO_2 分子中，中心原子 S 的价电子总数为 6，配位原子 O 不提供价电子，则 VPN = 6/2 = 3，其中两个成键电子对和一个孤对电子。据表 8.4 可知，S 原子价层电子对排布为平面三角形，而 SO_2 分子的结构为 V 形。

（2）判断 SO_4^{2-} 的结构。对于复杂离子，在计算价层电子对数时，还应加上负离子的电荷数或减去正离子的电荷数。在 SO_4^{2-} 中，中心原子 S 的价电子总数还应加上所带的电荷数，即为 $6+2=8$，则 $VPN=(6+2)/2=4$，均为成键电子对，分子的几何构型与价层电子对的空间构型一致，为四面体形。

(3) 判断 NO_2 分子的结构。在 NO_2 分子中，N 原子提供 5 个价电子，则中心原子的价层电子总数为 5，当作 3 对价层电子对，其中两对成键电子对，一个成单电子看作孤对电子。据表 8.4 可知，N 原子价层电子对排布为平面三角形，而 NO_2 分子的结构为 V 形。

(4) 判断 ClF_3 分子的结构。在 ClF_3 分子中，中心原子 Cl 的价电子总数为 7，每个配位原子 F 提供一个价电子，则 $VPN=(7+3\times1)/2=5$，其中三个成键电子对，两个孤对电子。价层电子对的空间排列为三角双锥形，而成键电子对和孤对电子的相对位置有三种可能的排布方式，见图 8.29。这三种排布方式中电子对与中心原子连线间的夹角有三种：90°、120°和180°，由于夹角越小，电子对之间的排斥力越大，而孤对电子间的斥力又大于其他电子对间的斥力，所以稳定的分子构型应尽量减少夹角为 90°的孤对电子间的排斥作用。表 8.6 列出了各种电子对处于夹角为 90°位置的机会。

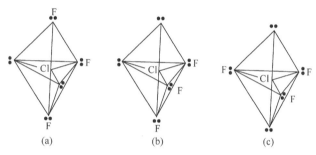

图 8.29　ClF_3 分子的三种可能空间构型

表 8.6　电子对处于 90°夹角的数目

ClF_3 分子可能的空间构型	(a)	(b)	(c)
90°孤对电子之间排斥作用的数目	0	1	0
90°孤对电子与成键电子对排斥作用的数目	4	3	6
90°成键电子对之间排斥作用的数目	2	2	0

由于只有结构 (b) 中含有 90°夹角的孤对电子排斥作用，所以首先被排除，而结构 (a) 中90°夹角的孤对电子与成键电子对排斥作用的数目少于结构 (c)，因此可以推测结构 (a) 最稳定，ClF_3 分子为 T 字形。

VSEPR 理论在预测分子的空间结构方面具有简明、直观的特点，主要适用于讨论中心原子为主族元素的分子或离子，但该理论具有一定的局限性，对过渡元素和长周期主族元素形成的分子难以准确预测其结构，且只适用于讨论孤立的分子或离子，而不适用于讨论固态的空间结构，同时该理论无法说明原子结合时的成键原理。

一般在讨论分子结构时，常先用 VSEPR 理论预测分子的空间结构，再用杂化轨道理论等说明成键方式。例如，SO_3 分子共有 3 对价层电子对，且均为成键电子对，所以该分子为平面三角形，与价层电子对的几何分布一致，说明中心原子 S 采用等性 sp^2 杂化。

8.2.5　分子轨道理论

价键理论及杂化轨道理论在解释分子结构及成键方面很有价值，但仍存在一些问题。例如，假设形成共价键的电子的运动仅局限在两个相邻原子之间，并没有考虑整个分子的情况，且无法有效处理含有未成对电子的分子，也不能给出键能的信息。1932 年美国化学家马利肯和德国化学家洪德提出一种新的共价键理论——分子轨道理论(molecular orbital theory)，即 MO 理论。

分子轨道理论是化学键理论的重要内容，是处理双原子分子及多原子分子结构的一种有效近似方法，是把原子电子层结构的主要概念推广到分子体系而形成的一种分子结构理论。它强调分子的整体性，电子不再局限于个别原子的原子轨道，而是属于整个分子的分子轨道。分子轨道由组成分子的各原子轨道线性组合而成，n 条原子轨道可组合成 n 条分子轨道，组合前后轨道数不变但能量发生改变。在分子轨道中，能量低于原子轨道的称为成键轨道，能量高于原子轨道的称为反键轨道。据原子轨道组合方式不同，又可将分子轨道分为 σ 键和 π 键。分子轨道中电子的分布也和原子轨道中电子的分布一样，服从泡利不相容原理、能量最低原理、洪德规则等基本原则。在分子轨道中电子可以配对，也可以不配对。

1. 分子轨道的形成

1)s-s 原子轨道的组合

分子轨道理论认为，氢分子中两个氢原子的 1s 轨道线性组合成两个分子轨道：一个是 σ_{1s} 成键轨道，能量低于 1s 原子轨道，另一个是 σ_{1s}^* 反键轨道，能量高于 1s 原子轨道，其中成键分子轨道在两核间没有节面，而反键分子轨道在两核间有一个节面(图 8.30)。

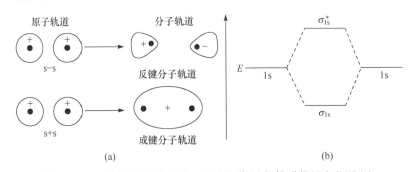

图 8.30　s-s 轨道重叠形成的 σ_s 分子轨道(a)与轨道能量变化图(b)

两个 H 原子自旋方向相反的 1s 电子在成键时进入能量较低的 σ_{1s} 成键轨道，体系能量降低，H_2 分子能稳定存在，H_2 分子轨道式可以写成 $H_2[(\sigma_{1s})^2]$。

2)s-p 原子轨道的组合

当一个原子的 s 轨道和一个原子的 p 轨道沿两核的连线发生重叠时，若两个对称性相同的部分重叠，则增大了两核间的概率密度，产生一个成键分子轨道 σ_{sp}；若两个对称性相反的部分重叠，则减小了两核间的概率密度，产生一个反键分子轨道 σ_{sp}^*，见图 8.31。

3)p-p 原子轨道的组合

两个原子的 p 轨道组合成分子轨道，可以有"头碰头"和"肩并肩"两种组合方式。

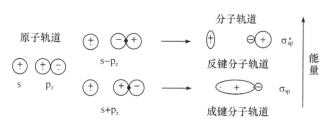

图 8.31 s-p 轨道重叠形成的 σ_{sp} 分子轨道

假设 x 轴为键轴的方向，当两个原子的 p_x 原子轨道沿键轴方向相互接近，所形成的两条分子轨道的电子云沿键轴对称分布，其中一条为 σ_p 成键分子轨道，另一条为 σ_p^* 反键分子轨道（图 8.32）。这种 p-p 重叠出现在单质卤素分子 X_2 中。

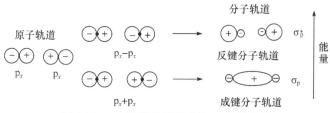

图 8.32 p-p 轨道重叠形成的 σ_p 分子轨道

当两个原子的 p_z（或 p_y）原子轨道沿 z 轴（或 y 轴）方向相互接近，以"肩并肩"的形式发生重叠时，其电子云的分布有一对称面，这一平面通过 x 轴，电子云对称地分布在此平面的两侧，这类分子轨道称为 π 分子轨道，其中成键分子轨道 π_p 有一个通过键轴的节面，而反键分子轨道 π_p^* 有两个节面，一个节面通过键轴，另一个节面垂直于键轴（图 8.33）。这种重叠方式出现在 N_2 分子中。

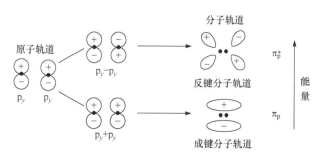

图 8.33 p-p 轨道重叠形成 π_p 分子轨道

2. 原子轨道线性组合的原则

原子轨道线性组合成分子轨道，应遵循三个原则：

（1）对称性匹配原则。对称性相同的原子轨道才能组合形成分子轨道。根据原子轨道角度图可知，不同类型的原子轨道在空间的对称性不同。而组成分子轨道的原子轨道要相互匹配，以保证重叠积分不为零，否则电子云不发生重叠，或两个重叠部分相互抵消，则无法形成稳定的分子轨道。

（2）能量近似原则。若两个原子轨道的能量相差很大，则不能组合成有效的分子轨道。只有能量相近的两个原子轨道才能组成有效的分子轨道，而且原子轨道的能量越相近越好。例如，氟原子的 2s 轨道和 2p 轨道能量分别为 -6.43×10^{-18} J 和 -2.98×10^{-18} J，氢原子的 1s 轨道能量为 -2.18×10^{-18} J，因此氟原子的 2p 轨道与氢原子的 1s 轨道能量相近，可组成分子轨道。

(3) 最大重叠原则。原子轨道发生重叠时，在可能的范围内重叠程度越大，成键轨道能量相对于组成的原子轨道的能量降低得越显著，键越牢固。

在由原子轨道组成分子轨道的三原则中，对称性匹配原则是首要的，它决定了原子轨道能否组成分子轨道，而其他两个原则只是决定组合的效率问题。

3. 分子轨道的能级

每个分子轨道都有确定的能量，不同分子的分子轨道能量是不同的。由于分子轨道的能量从理论上计算很复杂，主要借助光谱实验来确定。将分子中各分子轨道按照能量高低顺序排列，得到分子轨道能级图。第二周期双原子分子轨道能级图有两种情况，见图 8.34。这是由于第二周期元素从 Li 到 F，2s 和 2p 轨道的能量差逐渐增大导致的。例如，对于 B_2 和 C_2 而言，其 2s 和 2p 轨道的能量差比较小且对称性相同，形成分子轨道时发生 s-p 混杂现象，导致 B_2、C_2 和 N_2 的分子轨道能级顺序与 F_2 和 O_2 不同，排列如图 8.34(a) 所示。

而 O_2 和 F_2 的 2s 和 2p 轨道能量差较大，形成分子轨道时不发生 s-p 混杂，轨道能量高低次序如图 8.34(b) 所示。

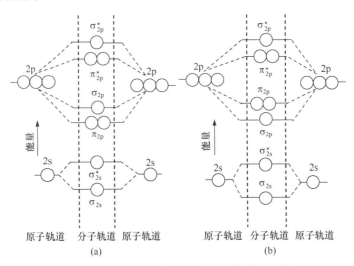

图 8.34 $n = 2$ 的同核双原子分子轨道能级图

在分子中成键电子越多，体系能量越低，分子的稳定性就越强。分子轨道理论用键级衡量键的牢固程度。键级的定义是

$$\text{键级} = \frac{\text{净成键电子数}}{2} = \frac{\text{成键轨道的电子数} - \text{反键轨道的电子数}}{2}$$

一般来说，键级越大，键越稳定；键级为零，表明原子不能结合。键级可近似看作两个原子间共价键的数目。但需要指出的是键级只能定性地推断键能的级别，粗略估计分子结构稳定性的相对大小。事实上键级相同的分子其稳定性也可能有差别。

下面应用分子轨道理论描述部分同核双原子分子的结构。

(1) O_2 分子的结构。O_2 分子中的 16 个电子在填入分子轨道时，遵从最低能量原理、泡利不相容原理、洪德规则。O_2 分子的分子轨道式为

$$O_2[(\sigma_{1s})^2(\sigma_{1s}^*)^2(\sigma_{2s})^2(\sigma_{2s}^*)^2(\sigma_{2p_z})^2(\pi_{2p_x})^2(\pi_{2p_y})^2(\pi_{2p_x}^*)^1(\pi_{2p_y}^*)^1]$$

又可表示为

$$O_2[KK(\sigma_{2s})^2(\sigma_{2s}^*)^2(\sigma_{2p_z})^2(\pi_{2p_x})^2(\pi_{2p_y})^2(\pi_{2p_x}^*)^1(\pi_{2p_y}^*)^1]$$

式中，KK 表示有两对电子分别位于 K 层原子轨道，而 K 层离核近，受到原子核的束缚，在形成分子时实际上不起作用，成键轨道降低的能量与反键轨道升高的能量互相抵消，相当于电子未参加成键。由于 $(\sigma_{2s})^2$ 与 $(\sigma_{2s}^*)^2$ 一为成键，一为反键，能量变化相互抵消，所以实际上对 O_2 分子成键起作用的是 (σ_{2p_z}) 轨道上的两个电子构成一个 σ 键，$(\pi_{2p_x})^2(\pi_{2p_x}^*)^1$ 和 $(\pi_{2p_y})^2(\pi_{2p_y}^*)^1$ 分别构成两个三电子 π 键。计算 O_2 分子键级为 2，说明每个三电子 π 键的强度相当于正常 π 键的一半。

由于 $(\pi_{2p_x}^*)$ 和 $(\pi_{2p_y}^*)$ 轨道中含有未成对电子，O_2 分子具有顺磁性（凡有未成对电子的分子，在外加磁场中必顺磁场方向排列，分子的这种性质即顺磁性，反之电子完全配对的分子则具有反磁性），而价键理论无法预言分子的磁性。

（2）N_2 分子的结构。N_2 分子由两个 N 原子组成，N 原子的电子层结构为 $1s^22s^22p^3$，N_2 分子中的 14 个电子，在分子轨道中的分布为

$$N_2[KK(\sigma_{2s})^2(\sigma_{2s}^*)^2(\pi_{2p_x})^2(\pi_{2p_y})^2(\sigma_{2p_z})^2]$$

式中，$(\sigma_{2s})^2$ 与 $(\sigma_{2s}^*)^2$ 的作用相互抵消，实际对成键起作用的是 $(\pi_{2p_x})^2(\pi_{2p_y})^2(\sigma_{2p_z})^2$ 三对电子，即 N_2 分子中两个原子间形成了两个 π 键和一个 σ 键，键级为 3。由于 N_2 分子存在叁键，所以 N_2 分子具有特殊的稳定性。

分子轨道理论在解释分子的电子结构、反应活性及磁性等方面比较成功，但用于解释分子的几何构型，始终未能取得令人满意的结果。目前分子轨道理论和价键理论均在不断发展和演变，二者相互取长补短，各有其应用范围，不可偏废。

8.3　金属键理论

8.3.1　金属键的改性共价键理论

改性共价键理论是在 20 世纪初德鲁德（Drude）为解释金属的导电、导热性能而提出的。金属晶体中的微粒可以是金属原子或金属阳离子，微粒之间通过金属键相互作用。金属原子的价电子比较容易脱离原子的束缚，形成离域的自由电子，在阳离子之间自由运动，这些自由电子与金属阳离子之间通过静电引力结合形成金属晶体，这种结合方式称为金属键。在金属晶体中，这些自由电子不属于某个金属原子或离子，而为整个金属晶体所共有，所以金属键又称为改性的共价键。金属键无方向性，无固定的键能。

金属晶体一般都有良好的导电性、导热性和延展性。但由于金属结构复杂，所以金属晶体的某些性质差异很大。例如，金属汞的熔点很低（-38.87 ℃），常温下呈液态；金属钨具有很高的熔点（3410 ℃），且硬度较大；而金属钠的质地很软，用刀可切开。

8.3.2 金属键的能带理论

金属键的量子力学模型称为能带理论，是应用分子轨道理论研究金属晶体中微粒的相互作用而逐步发展形成的，它将整个金属晶体看作一个巨大的分子，应用分子轨道理论来加以描述。

在金属晶体中，各原子的原子轨道组成系列相应的分子轨道。例如，金属 Li 原子的电子结构式为 $1s^2 2s^1$，根据分子轨道理论，双原子分子 Li_2 的分子轨道式为 $(\sigma_{1s})^2 (\sigma_{1s}^*)^2 (\sigma_{2s})^2$，还有一条能量较高的反键分子轨道 σ_{2s}^* 上没有电子，如图 8.35 所示，四条原子轨道组成四条分子轨道。在金属 Li 中若有 n 个 Li 原子，则 n 条 1s 原子轨道组成 n 条 σ_{1s} 分子轨道，而这些分子轨道之间的能量相差非常小，它们的能级连成一片，形成所谓的能带。由于每条 σ_{1s} 分子轨道上都有 2 个电子，整个能级都被电子所充满。这种充满电子的能带称为满带。

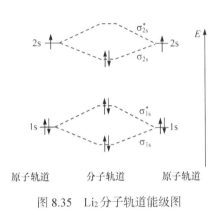

图 8.35 Li_2 分子轨道能级图

同样金属 Li 的 n 条 2s 原子轨道也组成 n 条 σ_{2s} 分子轨道，形成能带。但这个能带中只有一半的 σ_{2s} 分子轨道被电子充满，另一半 σ_{2s} 轨道上没有电子。由于这些轨道间能量差很小，在这种能带上的电子只要吸收微小的能量，就能跃迁到能带能量稍高的空轨道上，使得金属具有导电、导热性，所以这种能带称为导带。

金属晶体的各能带之间一般具有较大的能量差，低能带中的电子很难受激发跃迁到高能带中，所以将这两类能带的能量间隙称为禁带。例如，金属 Li 的 1s 满带与 2s 导带之间具有较大的能带间隙，1s 能带中的电子不能跃迁到 2s 能带中，如图 8.36 所示。

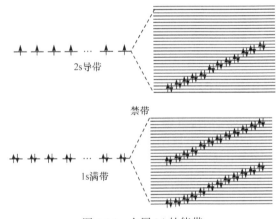

图 8.36   金属 Li 的能带

金属中相邻能带有时可以相互重叠，如 Mg 原子的电子结构为 $1s^2 2s^2 2p^6 3s^2$，金属 Mg 的 3s 能带为全充满，而 3p 能带上没有电子，是空带，似乎 Mg 应该是非导体。但由于 3s 和 3p 原子轨道之间的能级相差不大，所以 3s 能带和 3p 能带间没有间隙，满带上的电子很容易受激发跃迁到空的 3p 能带，如图 8.37 所示，所以金属 Mg 依然具有导电、导热性。

能带理论还可以很好地解释其他晶体的导电性。根据分子轨道理论，一般固体材料都具有能带结构，而根据能带结构中禁带宽度的大小，可以将固体材料分为导体、半导体和绝缘体，如图 8.38 所示。一般有些金属晶体本身具有导带，因此可以导电，如 Li、Na 等；某些金属晶体的满带与空带之间发生部分重叠，满带上的电子也容易受激发跃迁到能级稍高的空带，使金属具有导电性，如 Be、Mg 等。当满带与空带之间的禁带宽度不大于 3 eV 时，高温时电子可以从满带跃迁至空带，从而使材料导电，而常温下不导电，这类晶体属于半导体，如 Si、Ge 等。当满带与空带之间的禁带宽度达到 5 eV 时，电子不能从满带跃迁至空带，因此无法导电，晶体为绝缘体，如金刚石。

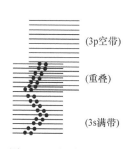

图 8.37　金属 Mg 的 3s
能带与 3p 能带

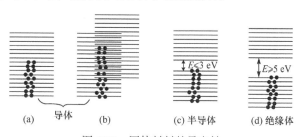

图 8.38　固体材料的导电性

能带理论还可以解释金属具有延展性。根据能带理论，电子在金属晶体中呈离域状态，属于整个金属整体，不属于任何一个原子或离子。当金属受到外加应力时，一个位置的金属键被破坏，在其他位置上又形成新的金属键，改变的仅仅是金属外形，所以金属具有延展性、可加工性。由于电子在各种能级之间跃迁可吸收不同波长的光，金属大多呈银白色。

8.3.3　金属晶体的密堆积结构

金属晶体中，金属正离子是以紧密堆积的形式存在的。最紧密堆积结构会使金属的原子轨道最大限度地重叠，所以最紧密的堆积是最稳定的结构。金属紧密堆积晶格可以看成是等径球状的刚性金属原子一个挨一个地紧密堆积在一起而组成的。最常见的堆积方式有三种：六方紧密堆积、面心立方紧密堆积和体心立方堆积。

1. 六方紧密堆积结构

在同一层中，最紧密的堆积方式是一个球与周围 6 个球相切。在中心的周围形成 6 个凹位，将其算为第一层，即 A 层。对第一层来说，第二层最紧密的堆积方式是将球对准 1、3、5 位，即 B 层。对准 2、4、6 位，其情形是一样的。关键是第三层，对第一、二层来说，第三层可以有两种最紧密的堆积方式。第一种是将球对准第一层的球，即第三层又是 A 层，于是每两层形成一个周期，为 ABAB 堆积方式，堆积出六棱柱形的单元。这种堆积方式称为六方紧密堆积(图 8.39)。从 A 层中心的球去考察配位数，同层有 6 个球与其相切，上下层各 3 个球与其相切，配位数为 12，空间占有率为 75.04%。这类结构的金属晶体有 Sc、Y、La、Ti、Zr、Hf、Zn、Cd、Be、Mg 等。

图 8.39　六方紧密堆积的主视图

2. 面心立方紧密堆积结构

上述第三层的另一种排列方式是将球对准第一层的 2、4、6 位。该层的位置不同于 A、B 两层，它是 C 层，第四层再按 A 层排列，于是形成 ABCABC 三层一个周期的堆积，得到面心立方结构单元，见图 8.40。从 A 层中心的球去考察配位数，同层有 6 个球与其相切，上下层各 3 个球与其相切，配位数为 12，空间占有率为 75.04%。这类结构的金属晶体有 Ca、Sr、Cu、Ag、Au、Ni、Pd、Pt、Al、Pb 等。

3. 体心立方堆积结构

立方体 8 个顶点上的球互不相切，但均与体心位置上的球相切，见图 8.41。配位数为 8，圆球空间占有率为 68.02%。这类结构的金属晶体有 Li、Na、K、Rb、Cs、V、Nb、Ta、Cr 等。

图 8.40　面心立方紧密堆积的主视图

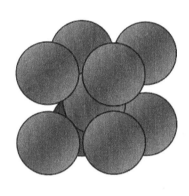

图 8.41　体心立方堆积结构

8.4　分子间作用力和氢键

前面所讨论的离子键及共价键均为分子内原子之间的作用力，其键能为 $100 \sim 1000 \, \text{kJ} \cdot \text{mol}^{-1}$。除此之外，物质内部的分子或原子之间也存在较弱的相互作用力，包括长程、中程和短程作用，既有吸引力也有排斥力。在此介绍的分子间作用力是指导致分子或原子之间相互结合的吸引力，又称为范德华力，属于长程引力。气体的液化及液体的凝固均说明分子间作用力的存在，且分子间作用力越大，液体气化所需的气化热就越大，液体的沸点也越高；同样，当固体熔化为液体时，对于分子间作用力较大的物质，其熔点和熔化热也较高。分子间作用力是决定物质的沸点、熔点、气化热、熔化热、溶解度、表面张力等物理性质的主要因素。

在研究分子间作用力的来源之前，先讨论分子的极化问题。

8.4.1　分子的极性与分子极化

1. 分子的极性

前面已经说明，共价键可分为极性键和非极性键，而由此形成的分子是否也具有极性？

总体上说，每个分子所带的正、负电荷数相等，整个分子呈电中性。在每个分子中都能找到一个正电荷中心和一个负电荷中心，根据正电荷中心与负电荷中心重合与否，可以把分子分为极性分子和非极性分子。正、负电荷中心重合的分子为非极性分子，正、负电荷中心不重合的分子为极性分子。

在双原子分子中，问题比较简单，化学键的极性决定分子的极性。①如果是由两个相同原子构成的分子，由于电负性相同，原子之间的化学键是非极性键，即分子的正、负电荷中心重合，这种分子是非极性分子。例如，O_2、Cl_2、N_2 等均属于此类。②如果是两个不同原子构成的分子，由于电负性不同，原子之间的化学键是极性键，即分子的正、负电荷中心不重合，这种分子均为极性分子，如 HBr、NO 等。

对于复杂的多原子分子而言，分子的极性不仅取决于键的极性，还取决于分子的几何构型。例如，H_2O 分子中 O—H 键为极性键，而且 H_2O 分子不是直线形分子，两个 O—H 键间的夹角为 104.5°，显然两个 O—H 键的极性没有相互抵消，整个分子中正、负电荷中心不重合，所以 H_2O 分子是极性分子。而在 CO_2 分子中，虽然 C═O 键为极性键，但是 CO_2 分子具有直线形结构，键的极性相互抵消，它的正、负电荷中心重合，所以 CO_2 分子是非极性分子。

分子极性的强弱一般用偶极矩（μ）来衡量。分子的偶极矩定义为分子中电荷中心（正电荷中心或负电荷中心）上的电荷量（q）与正、负电荷中心间距离（d）的乘积：$\mu = q \cdot d$，d 又称为偶极长。分子的偶极矩可由实验测出，它的单位是库·米（C·m）。显然偶极矩越大，分子的极性越强；偶极矩为零，分子为非极性分子。

此外，偶极矩常用于判断一个分子的空间结构。例如，NH_3 和 BF_3，这类四原子分子的空间结构一般有两种：平面三角形和三角锥形。实验测得 NH_3 分子的偶极矩不为零，而 BF_3 的偶极矩为零，即 NH_3 分子为极性分子而 BF_3 为非极性分子，由此推断 NH_3 分子应是三角锥形，而 BF_3 分子应是平面三角形。

2. 分子极化

当分子受到外界影响时（如将分子置于外加电场中），其电荷分布可能发生某些变化。

由图 8.42 可看出，将一非极性分子置于外电场中，分子中带正电荷的原子核被吸引向负极，而电子云被吸引向正极，结果导致电子云与核发生相对位移，造成分子的外形发生变化（称为分子的变形性），使正、负电荷中心分离，分子出现偶极，这种在外电场影响下所产生的偶极称为诱导偶极（$\Delta\mu$）。

对于极性分子而言，由于极性分子的正、负电荷中心不重合，本身就存在偶极，这种偶极为固有偶极或永久偶极。在外加电场作用下，极性分子的正极一端转向电场的负极，负极一端转向电场的正极，即顺着电场的方向排列，这一过程称为分子的定向极化；同时在电场的影响下，极性分子也会发生变形，产生诱导偶极（$\Delta\mu$）。

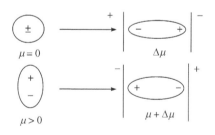

图 8.42　外电场对分子极性的影响

诱导偶极的大小同外加电场的强度成正比。当取消外加电场时，诱导偶极随即消失。分子越容易变形，它在外加电场影响下产生的诱导偶极也越大。

8.4.2 分子间作用力

分子间作用力一般包括以下三个部分。

1. 色散力

非极性分子没有固有偶极，它们之间似乎不会产生吸引力，但事实并非如此。例如，非极性分子组成的物质也存在气、液、固态，如常温下 F_2、Cl_2 是气体，Br_2 为液体，I_2 为固体；又如，在低温下 N_2、O_2 及稀有气体等能凝结为液体甚至固体。这些均说明非极性分子之间存在吸引力。这是因为分子中的电子都在不断运动，原子核在不停地振动，使电子云与原子核之间经常会发生瞬时的相对位移，使正、负电荷中心暂时不重合，产生瞬时偶极。这种瞬时偶极会诱导邻近的分子产生瞬时偶极，于是两个分子可以靠瞬时偶极相互吸引在一起，瞬时偶极存在的时间极短，但这种情况不断重复，所以分子间始终存在引力。这种由于存在瞬时偶极而产生的相互作用力称为色散力。分子中原子或电子数越多，分子越容易变形，所产生的瞬时偶极矩就越大，色散力越大。不难理解，只要分子可变形，不论其原来是否有偶极，都会有瞬时偶极产生。因此，色散力普遍存在于各种分子之间。

2. 诱导力

当非极性分子和极性分子相互接近时，非极性分子受到极性分子偶极电场的影响，使正、负电荷中心发生位移，产生诱导偶极。这种极性分子的固有偶极与诱导偶极之间的作用力称为诱导力，见图 8.43。

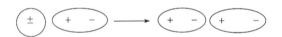

图 8.43　极性分子和非极性分子相互作用示意图

同样，在极性分子之间，由于极性分子的相互影响，每个分子也会发生变形，产生诱导偶极，从而增大极性分子的偶极矩，在极性分子之间出现诱导力。同理，离子和分子之间及离子和离子之间也会出现诱导力。

诱导力与极性分子偶极矩和被诱导分子的变形性有关。极性分子的偶极矩越大，被诱导分子的变形性越强，诱导力也越强。

3. 取向力

取向力发生在极性分子和极性分子之间。由于极性分子具有固有偶极，当两个极性分子相互靠近时，同极相斥，异极相吸，使分子发生相对转动，有按照一定方向排列的趋势，这称为取向。这种由于固有偶极的取向而产生的作用力称为取向力，见图 8.44。取向力只存在于极性分子之间。

取向力与分子的极性强弱、温度有关。分子的偶极矩越大，取向力越强；温度越高，分子取向越困难，取向力越弱。

总之，在非极性分子之间只存在色散力，在极性分子和非极性分子之间存在色散力和诱导力，在极性分子之间存在色散力、诱导力和取向力。

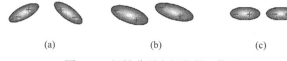

(a)　　　　　　　　(b)　　　　　　(c)

图 8.44　极性分子之间的相互作用

综上所述，分子间作用力有以下特点：

(1)它是永远存在于分子间的一种作用力。在多数情况下，色散力占分子间作用力的绝大部分，见表 8.7。一般情况下，分子的体积或相对分子质量越大，分子的变形性越大，色散力越重要，而分子的极性越高，取向力越重要，诱导力则与分子的极性和变形性均有关系。

表 8.7　分子间作用力的分配

分子	取向力	诱导力	色散力	总计
Ar	0.000	0.000	8.49	8.49
CO	0.0029	0.0084	8.74	8.75
HI	0.025	0.113	25.86	26.00
HBr	0.686	0.502	21.92	23.11
HCl	3.305	1.004	16.82	21.13
NH_3	13.31	1.548	14.94	29.80
H_2O	36.38	1.925	8.996	47.30

注：单位为 $kJ \cdot mol^{-1}$，分子间距离为 500 pm，温度为 298 K。

(2)分子间作用力是吸引力，它没有方向性和饱和性，其作用能的大小一般是几到几十千焦每摩尔（$kJ \cdot mol^{-1}$），比化学键小 1~2 个数量级；分子间作用力主要影响物质的物理性质，化学键则主要影响物质的化学性质。

(3)分子间作用力的作用范围很小，一般为 300~500 pm，意味着只有邻近分子间才存在明显的分子间作用力，而分子间作用力与分子间距离的六次方成反比。因此，在液态或固态的情况下，分子间作用力比较显著；在气态时，分子间作用力往往可以忽略。

8.4.3　氢键

前面已提到，结构相似的同系列物质的熔、沸点一般随相对分子质量的增大而升高。但是从表 8.8 可以看出，HF、H_2O 的沸点偏高，出现反常现象，其原因是这些分子之间除有分子间作用力外，还有一种作用力，人们把它称为氢键。当原子间距离介于化学键与分子间作用力范围之间时，可以认为原子间生成了次级键。氢键是次级键的一个典型类型，也是最早发现和研究的次级键。

表 8.8　某些氢化物的沸点

氢化物	沸点/K	氢化物	沸点/K
HF	293	H_2O	373
HCl	189	H_2S	212
HBr	206	H_2Se	231
HI	238	H_2Te	271

1. 氢键的形成

现以 H_2O 为例说明氢键的形成。在 H_2O 分子中，氧的电负性(3.5)比氢的电负性(2.1)大

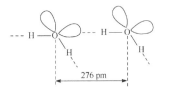

图 8.45　水分子间的氢键

得多，O—H 键的共用电子对强烈偏向氧原子一边，而氢原子核外只有一个电子，其电子云向氧原子偏移的结果使其几乎成为裸露的质子。这个半径很小、又带正电荷的氢原子向另一个水分子中含有孤对电子并带部分负电荷的氧原子充分靠近，从而产生静电引力作用。这个静电引力就是氢键(图 8.45)。

氢键通常可用 X—H···Y 表示。式中，X 和 Y 代表 F、O、N 等电负性大而原子半径较小的非金属原子。氢键中的 X 和 Y 可以是两种相同的元素，也可以是两种不同的元素。

氢键的键能是指 X—H···Y—R 分解成 X—H 和 Y—R 所需的能量。而氢键的键长是指在 X—H···Y 中，由 X 原子中心到 Y 原子中心的距离。表 8.9 列出一些常见氢键的键焓和键长。

表 8.9　某些常见氢键的键焓和键长

氢键	键焓/(kJ·mol^{-1})	键长/pm	化合物
F—H···F	28.0	255	$(HF)_n$
O—H···O	18.8	276	冰
N—H···F	20.9	266	NH_4F
N—H···O	—	286	CH_3CONH_2
N—H···N	5.4	358	NH_3

由表 8.9 可知，氢键的键焓与分子间作用力相比，氢键的作用力较强，但与化学键相比却小得多。

一般分子形成氢键的条件是：①分子中必须有一个与电负性很强、原子半径较小的元素(X)形成强极性键的氢原子；②分子中还必须有带孤对电子、电负性很大且原子半径较小的元素(Y)。

2. 氢键的特点

氢键具有方向性和饱和性，但其含义与共价键的方向性、饱和性不同。

氢键的方向性是指 Y 原子与 X—H 形成氢键时，尽可能使氢键的方向与 X—H 键轴在同一个方向，即使 X—H···Y 在同一直线上。因为在这个方向上，X 与 Y 之间相隔的距离最远，两原子电子云之间的斥力最小，形成的氢键最强，体系更稳定。

氢键的饱和性是指每个 X—H 只能与一个 Y 原子形成氢键。因为氢原子半径比 X 和 Y 的原子半径小很多，当 X—H 与一个 Y 原子形成氢键后，如果再有一个极性分子的 Y 原子靠近它们，则这个原子的电子云受到 X—H···Y 上的 X、Y 原子电子云的排斥力大于它所受到的氢核的吸引力，所以 X—H···Y 上的氢原子不容易与第二个 Y 原子再形成第二个氢键。

3. 氢键的影响

分子间氢键的形成，对物质的某些性质具有一定的影响。分子间具有氢键的物质熔化或

气化时，其熔、沸点比同系列氢化物的熔、沸点高。这是由于分子间氢键的存在导致物质熔化或气化时，需提供额外的能量破坏分子间的氢键。

在某些化合物的分子内也存在氢键。例如，硝酸分子中可以形成分子内氢键(图 8.46)。分子内氢键不可能与共价键成一直线，往往在分子内形成较稳定的多原子环状结构。具有分子内氢键的化合物由于其分子间氢键的形成被削弱，它们的熔、沸点比只能形成分子间氢键的化合物低，如邻硝基苯酚的熔点低于对硝基苯酚的熔点。此外，硝酸分子内氢键的存在可能是其酸性比其他强酸弱的原因。与此相反，硫酸分子形成分子间氢键，从而将很多 SO_4^{2-} 结合起来，导致硫酸成为高沸点的强酸。

图 8.46　硝酸分子内的氢键

8.4.4　离子极化作用

分子之间存在极化作用，而在离子化合物中，阴、阳离子之间也存在离子极化作用。离子和分子一样具有变形性。把孤立的简单离子看作正负电荷中心重合的球体(图 8.47)，偶极矩为零。在离子化合物中，阴、阳离子的电子云分布在异号离子的电场作用下发生变形而产生诱导偶极(图 8.48)，该过程称为离子的极化。

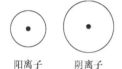

图 8.47　未极化的简单离子

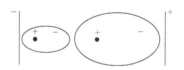

图 8.48　离子在电场中的极化

1. 离子的极化

离子在异号离子的电场作用下发生极化而变形，称为该离子的"变形性"，而离子使异号离子极化而导致电子云变形的能力称为该离子的"极化力"。虽然阴、阳离子均有极化力和变形性，但由于阳离子的半径一般比阴离子的半径小，电场强度大，所以当阴、阳离子相互作用时，一般主要考虑阳离子的极化力，以及阴离子的变形性。离子极化作用的强弱由该离子对周围离子施加的电场强度决定，与离子的结构有关。

(1)对半径相同的阴离子而言，阳离子所带电荷数越多，其极化力越强，对阴离子所产生的诱导偶极也越大，见图 8.49(a)，如 $Si^{4+}>Al^{3+}>Mg^{2+}>Na^+$。

(2)电荷相等、电子层结构相同的阳离子，半径越大，对相同阴离子的极化力越弱，阴离子的诱导偶极也越小，见图 8.49(b)，如 $Be^{2+}>Mg^{2+}>Ca^{2+}>Sr^{2+}>Ba^{2+}$，$Li^+>Na^+>K^+$。

(3)对于不同电子层结构的阳离子，所带电荷相同，半径相近时，其极化力与离子的外电子构型有关。由于 d 电子云的屏蔽作用小，本身容易变形，所以含有 d 电子的阳离子比 8 电子构型的阳离子极化力强，变形性也大。不同电子层构型的离子，其极化力大小顺序为：18 或(18+2)电子构型的离子>(9~17)电子构型的离子>8 电子构型的离子。

2. 离子的变形性

阴离子半径大，外层有较多的电子，容易变形，因此变形性主要指阴离子。当阳离子相同时：①阴离子所带电荷越多，其半径越大，变形性也越大，如 $S^{2-}>Cl^-$，$O^{2-}>F^-$；②阴离子所带电荷相同，半径越大则变形性也越大[图 8.49(c)]，如 $I^->Br^->Cl^->F^-$；③对复杂的无机阴离子，如 SO_4^{2-}、ClO_4^-、NO_3^- 等，虽然半径较大，但由于它们作为一个整体，其内部原子间相互作用大，组成结构紧密、对称性强的原子团，所以变形性小，且复杂阴离子中心原子氧化数越高，吸引电子能力越强，变形性越小。阴离子变形性顺序如下：$I^->Br^->Cl^->$ $OH^->NO_3^->F^->ClO_4^-$；$S^{2-}>O^{2-}>CO_3^{2-}>SO_4^{2-}$。

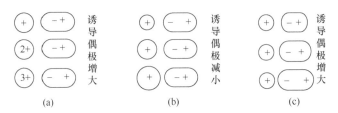

图 8.49　阴、阳离子间的相互极化作用

另外，体积大的阴离子和 18 电子构型、$(18+2)$ 电子构型或 $9\sim17$ 电子构型的阳离子(如 Ag^+、Pb^{2+}、Cd^{2+}、Hg^{2+}等)的变形性较大，而 8 电子型且半径小、电荷高的阳离子(如 Be^{2+}、Al^{3+}等)最不容易变形。

3. 相互极化作用

当阳离子的变形性较大时，变了形的阴离子也能引起阳离子变形，此时除了需要考虑阳离子的极化力对阴离子产生的极化作用外，还要考虑阴离子对阳离子的极化作用，称为相互极化作用。阴离子在阳离子的极化作用下所产生的诱导偶极，会反过来对变形性大的阳离子产生极化作用，使阳离子发生变形，阳离子由此而产生的诱导偶极会进一步加强对阴离子的极化能力，使阴离子的诱导偶极增大，这种效应称为附加极化作用(图 8.50)。

图 8.50　离子的附加极化作用

相互极化作用有如下规律：①18 与 $(18+2)$ 电子构型的阳离子容易变形，容易引起相互极化和附加极化作用；②在周期系的同族中，自上而下，18 电子构型的离子极化作用递增；③在具有 18 或 $(18+2)$ 电子构型的阳离子化合物中，阴离子的变形性越大，附加极化作用越强。

4. 反极化作用

NO_3^- 中心 $N(V)$ 的极化作用很强，使氧的电子云变形。结果靠近中心处电子云密度大，显负电性；远离中心处显正电性(图 8.51)。HNO_3 分子中，H^+ 对与其邻近的氧原子的极化，与 $N(V)$ 对这个氧原子极化作用的效果相反，即靠近中心处电子云密度小，显正电性；远离中心处显负电性。我们称 H^+ 的极化作用为反极化作用，就是指它与 $N(V)$ 极化作用相反。由于 H^+ 的极化能力极强，这种反极化作用导致 O—N 键结合力减弱。

5. 离子极化对化合物结构与性质的影响

1)键型和化合物结构改变

当阴、阳离子形成化合物时，若没有离子相互极化作用，形成的化学键应是纯粹的离子键。而实际上由于阴、阳离子间存在不同程度的离子相互极化作用，尤其是对于含有 d^x 或

d^{10} 电子的阳离子与半径大或电荷高的阴离子结合时极化作用更为重要，这种作用改变了离子的电荷分布，使离子的电子云发生变形，导致阴、阳离子的外层轨道出现不同程度的重叠现象，阴、阳离子的核间距离缩短，键型从离子键向共价键过渡(图 8.52)。例如，卤化银中的 AgF 为离子型化合物，而 AgCl、AgBr、AgI 则随 Cl^-、Br^-、I^- 离子半径的增加，阴、阳离子间的极化作用不断增强，化学键的极性不断减弱，共价键的成分逐渐增加，AgI 已经以共价键结合。

图 8.51　HNO_3 分子中 H^+ 的反极化作用　　　　图 8.52　离子极化作用对键型的影响

此外，由于离子极化作用，离子晶体结构从高配位结构形式向低配位结构形式过渡。

2) 溶解度降低

物质在水中的溶解度是一个复杂的问题，与晶格能、水合能、键能等很多因素有关。由于水的介电常数较大，会削弱阴、阳离子间的静电引力，使阴、阳离子很容易受热运动的作用互相分离而溶解，所以离子化合物的溶解度一般较大。由于离子极化作用的存在，离子键向共价键过渡的程度较大，即键的极性减小，所以极性水分子不能像减弱离子间的静电作用那样减弱共价键的结合力，所以导致离子极化作用较强的晶体难溶于水。例如，AgF、AgCl、AgBr、AgI 的溶解度依次降低。

3) 熔点和沸点降低

随着离子极化作用的增强，化学键由离子键向共价键转变，化合物也相应由离子型向共价型过渡，离子晶体中的共价成分增多，使得熔化时原来需要破坏的离子键部分变为分子间作用力，其熔点也随之降低。例如，NaCl 为典型的离子型化合物，具有较高的熔点，而 $AlCl_3$ 中 Al^{3+} 的极化力大于 Na^+，$AlCl_3$ 的化学键具有共价键性质，而 $AlCl_3$ 成为典型的共价化合物，熔、沸点也较低。

4) 稳定性下降

在离子化合物中，若阳离子极化力强，阴离子的变形性大，则受热时相互作用强烈，阴离子的电子云变形，强烈地向阳离子靠近，有可能使阳离子的价电子失而复得，又恢复成原子或单质，从而使该化合物分解。分解温度降低，即化合物的稳定性下降。例如，KBr 的热稳定性远大于 AgBr 的热稳定性。卤化铜的热分解温度也随着卤离子半径的增大而降低，见表 8.10。

表 8.10　卤化铜的热分解温度

铜(Ⅱ)的卤化物	CuF_2	$CuCl_2$	$CuBr_2$	CuI_2
热分解温度/℃ ($2CuX_2 \rightleftharpoons 2CuX + X_2$)	950	500	490	不存在

对于含氧酸盐，如 MCO_3，阳离子 M^{2+} 对 CO_3^{2-} 中 O 原子产生极化作用，与 C(Ⅳ) 对这个氧原子的极化作用效果相反，M^{2+} 的这种极化作用称为反极化作用。M^{2+} 的反极化作用削弱了 C—O 键，使 MCO_3 受热分解为金属氧化物，且分解温度随 M^{2+} 的极化力增强而降低，见表 8.11。

表 8.11　MCO₃ 的热分解温度

MCO₃	BaCO₃	MgCO₃	ZnCO₃	Ag₂CO₃
热分解温度/℃（MCO₃ ══ MO + CO₂↑）	1360	540	300	218

含氧酸与含氧酸盐比较，由于 H^+ 反极化作用比其他阳离子的反极化作用强，所以含氧酸的热稳定性比其盐小得多。如 H_2SO_3、$H_2S_2O_3$ 等不稳定，但相应的盐却能稳定存在。

若阳离子相同，则化合物的稳定性取决于中心原子的极化能力，或者说中心原子抵抗反极化作用的能力。硝酸的稳定性远高于亚硝酸，硝酸盐的稳定性高于亚硝酸盐。原因就是 HNO_3 中 $N(V)$ 的极化能力比 HNO_2 中 $N(Ⅲ)$ 的极化能力强。同种元素类型相同的高价含氧酸及其盐的稳定性高于低价含氧酸及其盐。

5）颜色加深

影响化合物颜色的因素很多，其中离子极化是重要的影响因素之一。由于离子极化作用使外层电子变形，价电子活动范围加大，电子能级发生改变，激发态与基态的能量差减小，价电子有可能吸收部分可见光而被激发，从而呈现颜色，且极化作用越强，激发态与基态的能量差越小，化合物的颜色越深。例如，S^{2-} 变形性比 O^{2-} 大，因此硫化物的颜色比氧化物深，而且副族离子的硫化物一般都有颜色，而主族金属硫化物一般都无颜色，这是因为主族金属离子的极化作用都比较弱。

习　题

一、选择题

1. 几何形状是平面三角形的分子或离子是（　　）
A. SO_3 　　　　　　B. SO_3^{2-} 　　　　　　C. CH_3^- 　　　　　　D. PH_3

2. 下列分子中偶极矩大于零的是（　　）
A. SF_4 　　　　　　B. PF_5 　　　　　　C. SnF_4 　　　　　　D. BF_3

3. 根据 VSEPR 理论，BrF_3 分子的几何构型为（　　）
A. 平面三角形　　　B. 三角锥形　　　C. 三角双锥形　　　D. T 字形

4. 下列体系中，溶质和溶剂分子间，三种分子间作用力和氢键都存在的是（　　）
A. I_2 和 CCl_4 溶液　　　　　　　　B. I_2 酒精溶液
C. 酒精的水溶液　　　　　　　　　　D. CH_3Cl 的 CCl_4 溶液

5. 下列物质的熔点由高到低的顺序正确的是（　　）
a. $CuCl_2$ 　　　　　b. SiO_2 　　　　　c. NH_3 　　　　　d. PH_3
A. a>b>c>d 　　　B. b>a>c>d 　　　C. b>a>d>c 　　　D. a>b>d>c

6. 下列分子中，离域 π 键类型为 Π_3^4 的是（　　）
A. O_3 　　　　　　B. SO_3 　　　　　　C. NO_2 　　　　　　D. HNO_3

7. 根据分子轨道中电子排布，下列分子、离子稳定性顺序正确的是（　　）
A. $O_2 > O_2^+ > O_2^- > O_2^{2-}$ 　　　　　B. $O_2^{2-} > O_2^- > O_2^+ > O_2$
C. $O_2^+ > O_2^- > O_2^{2-} > O_2$ 　　　　　D. $O_2^+ > O_2 > O_2^- > O_2^{2-}$

8. 若中心原子采用 sp^3d^2 杂化轨道成键的分子，其空间构型可能是（　　）
A. 八面体　　　B. 平面正方形　　　C. 四方锥形　　　D. 以上三种均有可能

9. 下列晶格能的大小顺序正确的是（　　）
A. CaO>KCl>MgO>NaCl 　　　　　B. NaCl>KCl>RbCl>SrO
C. MgO>RbCl>SrO>BaO 　　　　　D. MgO>NaCl>KCl>RbCl

10. 下列说法中，正确的是（　　）

A. 相同原子间的双键键能是单键键能的两倍

B. 原子形成共价键的数目等于基态原子的未成对电子数

C. 分子轨道是由同一原子中能量相近、对称性匹配的原子轨道组合而成

D. p_y 和 d_{xy} 的线性组合形成 π 成键轨道和 π^* 反键轨道

二、填空题

1. 正、负离子间的相互极化作用增强将导致离子间距离缩短和轨道重叠，使_____键向_____键过渡，同时使化合物在水中的溶解度_____，颜色_____。

2. ICl_2^- 中，中心原子 I 的价层电子对共有_____对，这些电子对排布的空间构型为_____形，其中孤对电子为_____对，离子的空间构型为_____形。

3. N_2 分子的分子轨道式为_____；其分子的键级为_____；按价键理论其中有_____个 σ 键 、_____个 π 键。

4. CO_3^{2-}、NF_3、$POCl_3$、PCl_5、BF_3 中，中心原子的杂化方式依次为_____、_____、_____、_____、_____，其中杂化轨道中有孤对电子的分子有_____，有 d 轨道参与杂化的分子有_____。

5. CO_2、SiO_2、MgO、Ca 的晶体类型分别属于_____、_____、_____、_____，其中熔点最高的是_____，熔点最低的是_____。

三、简答题

1. 试用分子轨道理论说明 O_2 分子有顺磁性，N_2 分子非常稳定。

2. 用分子轨道理论解释 N_2 的解离能比 N_2^+ 的解离能大，而 O_2 的解离能比 O_2^+ 的解离能小。

3. 下列双原子分子哪些可稳定存在，哪些不可能稳定存在？并将能稳定存在的双原子分子按稳定性由大到小排列。

He_2　　C_2　　N_2　　Ne_2　　H_2

4. 下列各组中，哪种化合物的键角大？说明原因。

(1) CH_4 和 NH_3　　　　　　　　　　(2) OF_2 和 Cl_2O

(3) NH_3 和 NF_3　　　　　　　　　　(4) PH_3 和 NH_3

5. 试用杂化轨道理论说明中心原子可能采用的杂化类型，预测其几何构型。

(1) BBr_3　　　(2) PH_3　　　(3) H_2S　　　(4) CO_2　　　(5) NH_4^+

6. 推断下列离子属于 8 电子构型的有哪些。

(1) Sc^{3+}　　　(2) Rb^+　　　(3) Co^{3+}　　　(4) Cd^{2+}　　　(5) Sn^{2+}

(6) Sr^{2+}　　　(7) Ag^+　　　(8) Pb^{2+}　　　(9) Cu^{2+}　　　(10) Cr^{3+}

7. 在 SbH_3 和 H_2Te 分子之间存在的作用力有哪几种？

(1) 色散力　　　(2) 诱导力　　　(3) 取向力　　　(4) 共价键　　　(5) 氢键

8. 分析 Br_2 和 ICl 哪个沸点更高。

9. 应用同核双原子分子轨道能级图写出下列分子、离子的轨道电子构型，键级是多少，指出这些分子、离子是否存在。

(1) O_2^+　　　(2) O_2　　　(3) O_2^-　　　(4) O_2^{2-}　　　(5) Be_2　　　(6) N_2^+

10. 根据 VSEPR 理论推断下列分子或离子的几何构型。

(1) CCl_4　　　(2) SO_3^{2-}　　　(3) XeF_4　　　(4) BO_3^{3-}　　　(5) CH_3Cl

11. 已知第 2 周期某元素的单质是双原子分子，键级为 1，是顺磁性物质。

(1) 推断出它的原子序数；

(2) 写出其分子轨道中电子的排布情况。

12. 按离子极化作用由强到弱的顺序排出下列化合物的次序。

MgCl$_2$　　SiCl$_4$　　NaCl　　AlCl$_3$

13. 应用 VSEPR 理论，画出下列化合物的空间构型并标出孤对电子的位置。

(1) XeOF$_4$　　(2) ClO$_2^-$　　(3) IO$_6^{5-}$　　(4) I$_3^-$　　(5) PCl$_3$

14. Cl$_2^+$ 具有比 Cl$_2$ 更长、更弱的键，试用分子轨道理论解释。

15. 蛋白质是由多肽链组成的，多肽链的基本单元为

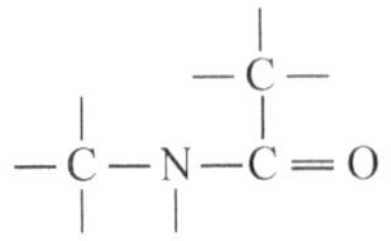

$$\overset{\displaystyle |}{\underset{\displaystyle |}{-\text{C}-}}$$

$$-\text{C}-\text{N}-\text{C}=\text{O}$$

试推测有几个原子能共平面，解释原因。

16. 试说明石墨和金刚石在晶体结构中的不同。

化学键理论的发展

19 世纪末，荷兰物理学家洛伦兹创立了电子论，认为一切物质分子中均含有电子，并成功解释了塞曼效应（原子的光谱线在外磁场中出现分裂的现象），同时英国物理学家汤姆孙在 1897 年研究阴极射线时发现了电子，两人的观点融合后打开了人类认识原子的大门，同时电子的发现也对化学键的电子理论发展起到巨大的推动作用。

汤姆生发现电子后提出的原子结构模型虽然不被人接受，但却表明元素的化学性质与核外电子有关。1904 年，德国化学家阿培格提出"八隅规则"，认为化合物中正负化合价绝对值之和为 8，代表电子得失的数目。这是化学家第一次从电子的角度思考化学原子之间的结合。1907 年，汤姆孙提出化合价电子理论，认为稀有气体具有稳定结构，而其他原子的化合价通过电子转移达到类似的稳定结构。后来系列结构稳定的稀有气体的发现为这一理论提供了实验依据。由此化学家开始用电子来解释化学键的形成。其中较为熟知的是 1916 年美国化学家路易斯提出的共价键理论和德国物理学家科塞尔提出的离子键形成机理。二者都有自身优势及局限性。路易斯的共价键理论虽然在解释甲烷、氨等实验现象方面比较成功，但无法解释不符合八隅体结构的分子，如 PCl$_5$、BCl$_3$ 等，也无法解释共价键的方向性。而科塞尔的理论虽然能圆满解释离子化合物的形成过程及稳定性，但无法解释一些非离子型化合物。

1927 年，德国两位物理学家海特勒和伦敦用量子力学处理氢分子，成功地解释了两个氢原子间化学键的本质问题，在此基础上人们建立了价键理论，也标志着量子化学的开始。

为解释分子光谱资料，1925～1927 年，美国的马利肯和德国的洪德提出分子轨道理论，后来马利肯使这个理论逐步计算机化，为了奖励马利肯对化学键开创性的研究和利用分子轨道方法进行分子的电子结构的研究，于 1966 年授予其诺贝尔化学奖。20 世纪 30～50 年代，美国化学家鲍林将价键理论引入晶体场理论和分子轨道理论，解释配合物中的化学键和化学结构，形成配位场理论。

至此，化学键的发展主要经历了三个阶段，分别是经典理论、电子理论和量子化学理论。但百余年的发展，化学键理论仍然并不完善，其理论研究方兴未艾，而且现代科学研究也对理论提出了新问题，充分体现了理论与实践相互借鉴、共同发展的特点。

第9章 酸碱理论的发展与溶剂化学

内容提要

(1)掌握各种酸碱理论基本观点,掌握软硬酸碱原理及应用。

(2)掌握溶剂基本概念及溶解过程。

(3)掌握水的结构、物理性质及反应。

(4)掌握常见几种非水溶剂的特性,包括解离反应形式,对在该溶剂中各种化学反应的影响等。

9.1 酸碱理论的发展

9.1.1 各种酸碱理论简介

最初的酸碱理论,严格地说仅是酸碱的定义,由价键理论或分子轨道理论的观点来看,它们称不上化学理论。下面介绍各种酸碱理论(概念)时,着重指出它们之间的差异性,并指出在某种特定情况下,使用哪一种理论更为方便。

1. 酸碱电离理论

1887年,瑞典科学家阿伦尼乌斯(Arrhenius)提出了酸碱电离理论。酸碱电离理论认为:凡在水中电离产生的阳离子全部是 H^+ 的化合物是酸;凡在水中电离产生的阴离子全部是 OH^- 的化合物是碱。H^+ 是酸的特征,OH^- 是碱的特征。酸与碱反应称为中和反应,其本质是 H^+ 和 OH^- 结合生成作为溶剂的水:

$$H^+ + OH^- \rightleftharpoons H_2O$$

热力学指出:水中含有为数不多的离子状态的 H^+。同时,光谱学表明:质子的水合作用是一个强烈的放热反应。因此,酸在水中电离并产生水合质子,通常用 H_3O^+ 表示,并称为水合氢离子:

$$H^+ + H_2O \rightleftharpoons H_3O^+ \quad \Delta H = -1210 \ kJ \cdot mol^{-1}$$

酸碱电离理论对化学学科的发展作出了极大的贡献。对水溶液来说,电离理论可以得到满意的结果,故该理论如今仍在普遍地应用。但这种理论把酸碱只限于水溶液中。由于把碱限制为氢氧化物,所以长期以来,错误地认为氨水是 NH_4OH,实际上 NH_4OH 并不存在。后来在实践中发现,有许多反应是在非水溶液中进行的,不能电离出 H^+ 和 OH^- 的物质也表现出酸碱的性质,于是产生了新的酸碱理论。

2. 酸碱溶剂理论与溶剂化学

由美国化学家弗兰克林(Franklin)提出的酸碱溶剂理论和非水溶液化学的发展有密切关

系。在研究非水溶液中的化学反应时发现，许多溶剂（如液态 NH_3、液态 SO_2 等）和 H_2O 一样能发生自身电离，如

$$2H_2O \rightleftharpoons H_3O^+ + OH^-$$

$$2NH_3(l) \rightleftharpoons NH_4^+ + NH_2^-$$

$$2SO_2(l) \rightleftharpoons SO^{2+} + SO_3^{2-}$$

1905 年，弗兰克林首先提出溶剂体系的酸碱定义，即在任何溶剂中，凡能增加和溶剂相同阳离子的物质是该溶剂中的酸，凡能增加和溶剂相同阴离子的物质是该溶剂中的碱，酸碱中和反应的本质是具有溶剂特征的阳离子与阴离子相互作用形成溶剂分子，如

$$NH_4Cl(酸) + NaNH_2(碱) \xrightarrow{NH_3(l)} NaCl + 2NH_3(溶剂)$$

酸碱溶剂理论对溶剂是有要求的，即它必须是能够发生自身解离的极性溶剂，除上面提到的 $NH_3(l)$ 和 $SO_2(l)$ 外，还有一些例子，如

$$N_2O_4(l) \rightleftharpoons NO^+ + NO_3^-$$

$$2BrF_3(l) \rightleftharpoons BrF_2^+ + BrF_4^-$$

$$COCl_2(l) \rightleftharpoons COCl^+ + Cl^-$$

$$2POCl_3(l) \rightleftharpoons POCl_2^+ + POCl_4^-$$

$$2H_2SO_4(l) \rightleftharpoons H_3SO_4^+ + HSO_4^-$$

$$2HF(l) \rightleftharpoons H_2F^+ + F^-$$

$$2IF_5(l) \rightleftharpoons IF_4^+ + IF_6^-$$

在溶剂中所有增加的阴、阳离子，可以是溶质本身解离产生的，如前述的 NH_4Cl 和 $NaNH_2$ 在液氨中解离产生的 NH_4^+ 和 NH_2^-；也可以是由溶质和溶剂发生反应而产生的，如 KF 在液态 BrF_3 中是碱，因为它与溶剂发生如下反应，增加了溶剂阴离子浓度：

$$KF + BrF_3 \rightleftharpoons K^+ + BrF_4^-$$

而 SbF_5 在液态 BrF_3 中却表现为酸，因为它与溶剂反应产生了 BrF_2^+，增加了溶剂阳离子的浓度：

$$SbF_5 + BrF_3 \rightleftharpoons BrF_2^+ + SbF_6^-$$

再如，Al^{3+} 在水中表现为酸，而 CO_3^{2-} 却表现为碱，因为它们和水反应分别产生了 H_3O^+ 和 OH^-：

$$Al^{3+} + 2H_2O \rightleftharpoons Al(OH)^{2+} + H_3O^+$$

$$CO_3^{2-} + H_2O \rightleftharpoons HCO_3^- + OH^-$$

由此可见，酸碱溶剂理论不仅把酸碱概念扩充到非水体系，而且也扩大了水溶液中的酸碱范围，在溶剂理论中，Al^{3+}、CO_3^{2-} 等离子成为酸和碱。表 9.1 列出了溶剂体系中的某些酸碱反应。

表 9.1　某些溶剂体系中的酸碱反应

溶剂	阳离子	阴离子	典型的酸碱反应
H_2O	H^+	OH^-	$HCl + NaOH \rightleftharpoons NaCl + H_2O$
$COCl_2$	$COCl^+$	Cl^-	$COCl^+ + AlCl_4^- + KCl \rightleftharpoons KAlCl_4 + COCl_2$
SO_2	SO^{2+}	SO_3^{2-}	$SOCl_2 + Cs_2SO_3 \rightleftharpoons 2CsCl + 2SO_2$
BrF_3	BrF_2^+	BrF_4^-	$BrF_2^+ + AsF_6^- + KBrF_4 \rightleftharpoons KAsF_6 + 2BrF_3$
N_2O_4	NO^+	NO_3^-	$NOCl + AgNO_3 \rightleftharpoons AgCl + N_2O_4$
NH_2OH	H^+	$NHOH^-$	$HCl + KNHOH \rightleftharpoons KCl + NH_2OH$

　　酸碱溶剂理论扩大了溶剂范围，也扩展了酸碱概念，包含了阿伦尼乌斯的酸碱理论，但它也存在局限性，表现在酸碱溶剂理论不适用于不电离的溶剂(如苯、四氯化碳等)中的酸碱体系，更不适用于无溶剂的酸碱体系。

3. 酸碱质子理论

　　1923 年，丹麦化学家布朗斯特(Brönsted)和美国化学家劳里(Lowry)分别独立提出酸碱质子理论，扩大了酸碱范围。酸碱质子理论认为：凡能释放质子的物质是酸，凡能接受质子的物质是碱，质子给予体和质子接受体分别称为布朗斯特酸(Hb)和布朗斯特碱(b^-)，或者称为质子酸和质子碱。质子酸和质子碱之间存在共轭关系：

$$Hb \rightleftharpoons b^- + H^+$$

$$H_2O \rightleftharpoons OH^- + H^+$$

$$H_2PO_4^- \rightleftharpoons HPO_4^{2-} + H^+$$

$$[Fe(H_2O)_6]^{3+} \rightleftharpoons [Fe(H_2O)_5(OH)]^{2+} + H^+$$

共轭质子酸碱关系可用如下通式表示

$$HA(共轭酸) \rightleftharpoons H^+(质子) + A^-(共轭碱)$$

式中的酸和碱称为共轭酸碱对。这种关系体现了酸和碱不是孤立的，而是彼此互相联系、紧密依存的。根据酸碱质子理论的定义，酸既可以是分子，也可以是阳离子或阴离子；同样，碱既可以是中性分子，也可以是阴离子或阳离子；有些物质既可作为酸，也可作为碱，表现为两性。

　　强酸的共轭碱必然是弱碱，强碱的共轭酸必然是弱酸，故在质子传递的反应中，由强酸、强碱反应生成弱酸、弱碱的反应一般进行得很完全，如

$$HCl + H_2O \longrightarrow Cl^- + H_3O^+$$

反之，若由弱酸、弱碱反应生成强酸、强碱，则反应进行的程度不大，平衡强烈偏向逆向进行，如

$$H_2O + NH_3 \rightleftharpoons OH^- + NH_4^+$$

　　在酸碱质子理论中，没有盐的概念，酸碱之间的反应发生了质子传递，生成新的酸和碱，

如

$$酸(1) \quad 碱(2) \qquad 碱(1) \quad 酸(2)$$

$$(1)\ HAc + NH_3 \rightleftharpoons Ac^- + NH_4^+$$

$$(2)\ H_2O + Ac^- \rightleftharpoons OH^- + HAc$$

$$(3)\ NH_4^+ + H_2O \rightleftharpoons NH_3 + H_3O^+$$

$$(4)\ H_3O^+ + OH^- \rightleftharpoons H_2O + H_2O$$

上面所列的各种质子传递反应分别相应于酸碱电离理论的盐的生成(1)，弱酸盐和弱碱盐的水解(2)和(3)，强酸强碱的中和反应(4)。

质子传递反应与环境无关，不仅适用于水溶液体系，也适用于其他溶剂体系；同时在气相、固-液相或气-液相等反应体系中也适用，如

$$HCl(g) + NH_3(g) \Longequal NH_4Cl(s)$$

$$2NH_4Cl + Mg(OH)_2 \Longequal 2NH_3 + MgCl_2 + 2H_2O$$

由此可见，酸碱质子理论包含了酸碱电离理论，布朗斯特酸、碱包括了阿伦尼乌斯定义中的酸(H^+)和碱(OH^-)。

酸碱质子理论的局限性在于，酸碱质子理论定义的酸必须含有可解离的氢原子，而不包括那些不交换质子而又具有酸性的物质。

4. 酸碱电子理论

为了说明不含质子的化合物的酸碱性，1923 年美国化学家路易斯(Lewis)提出了一个更广泛、概括性更强的酸碱概念，即酸是接受电子对的物质，碱是给出电子对的物质，酸碱反应是电子对的转移过程。

路易斯酸可以是分子、离子或原子团。作为电子对接受体，路易斯酸必须要有空轨道，能满足这一条件的物质有

(1) H^+ 和具有未充满的价电子壳层的金属原子或金属离子，如 Fe、Cu^{2+} 等。

(2) 未满足八隅体结构的分子可通过接受电子对达到八隅体结构，如 BCl_3、$B(CH_3)_3$ 等。

(3) 满足八隅体结构的分子或离子，但可以通过价层电子重排而接受外来电子对。例如，CO_2 能接受 OH^- 中 O 原子上的孤电子对，形成 HCO_3^-。

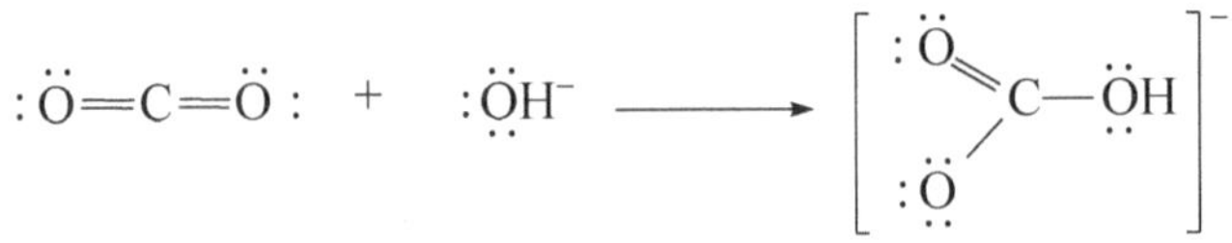

(4) 分子或离子可通过扩展八隅体结构(或本身足够大)而接受电子对，如 SiF_4 可利用其空的 d 轨道，扩展其配位层，接受另一原子或离子(如 F^-)的孤对电子。

(5) 闭合壳层的分子可利用它的一个反键分子轨道容纳外来电子对，如四氰基乙烯

（$\begin{smallmatrix}NC\\NC\end{smallmatrix}C=C\begin{smallmatrix}CN\\CN\end{smallmatrix}$）、苦味酸（ ）等都可利用它们的 π^* 轨道接受一对电子。

作为路易斯碱必须要有孤对电子，能满足这一条件的物质有：

（1）所有的阴离子，如 X^-、CN^- 等。

（2）具有孤对电子的中性分子，如 NH_3、H_2O 等。

（3）含有碳-碳双键的分子，其 π 电子可以作为电子对的给予体，如 C_2H_4、C_6H_6 等。

路易斯酸和路易斯碱之间的基本反应是生成酸碱加合物 $A\leftarrow:B$，如

A（路易斯酸）	+	B（路易斯碱）		A←B（酸碱加合物）
（1）H^+		OH^-	$H^+\leftarrow OH^-$	（H_2O）
（2）H^+		CN^-	$H^+\leftarrow CN^-$	（HCN）
（3）SO^{2+}		SO_3^{2-}	$SO^{2+}\leftarrow SO_3^{2-}$	（SO_2）
（4）NO		NO_3^-	$NO\leftarrow NO_3^-$	（N_2O_4）
（5）$AlCl_3$		$C_6H_5N:$	$AlCl_3\leftarrow C_6H_5N$	
（6）$SnCl_4$		$2Cl^-$	$SnCl_4\leftarrow 2Cl^-$	（$SnCl_6^{2-}$）

上面的反应除（5）和（6）是典型的路易斯酸碱反应外，反应（1）也是酸碱电离理论的中和反应；反应（1）和（2）又是能说明质子传递的酸碱反应；反应（1）、（3）和（4）则是能说明溶剂理论的酸碱反应。由此可见，路易斯酸、碱的范围极为广泛，它包含了前面所论及的三种酸碱定义。

5. 酸碱氧化物——离子理论

由勒克斯（Lux）提出，弗洛德（Flood）扩展的非质子体系的酸碱定义是基于氧化物中氧离子的转移。酸是氧离子的接受体，碱是氧离子的给予体，如

$$SiO_2(酸)+O^{2-}\longrightarrow SiO_3^{2-}$$

$$S_2O_7^{2-}(酸)+O^{2-}\longrightarrow 2SO_4^{2-}$$

$$CaO(碱)\longrightarrow Ca^{2+}+O^{2-}$$

$$Na_2O(碱)\longrightarrow 2Na^++O^{2-}$$

有些氧化物根据与其反应的物质性质的不同，可以作为酸，也可以作为碱，如

$$ZnO(碱)+S_2O_7^{2-}\longrightarrow Zn^{2+}+2SO_4^{2-}$$

$$ZnO(酸)+Na_2O\longrightarrow 2Na^++ZnO_2^{2-}$$

勒克斯-弗洛德酸碱定义与布朗斯特酸碱有所不同，它可以扩展到任何阴离子转移的体系，如

$$FeCl_3+Cl^-\longrightarrow[FeCl_4]^- \qquad (Cl^-接受体，酸)$$

$$CoS+S^{2-}\longrightarrow[CoS_2]^{2-} \qquad (S^{2-}接受体，酸)$$

$$As_2S_3+S^{2-}\longrightarrow 2[AsS_2]^- \qquad (S^{2-}接受体，酸)$$

$$NaF\longrightarrow Na^++F^- \qquad (F^-给予体，碱)$$

$$POCl_3 \longrightarrow POCl_2^+ + Cl^- \qquad (Cl^- 给予体，碱)$$

勒克斯-弗洛德的酸碱反应主要适用于高温、无水、无氢的熔融体系，特别是用于制陶和冶金工业。例如，含 Ti、Nb 和 Ta 的矿石可在 800℃左右和 $Na_2S_2O_7$(或 $K_2S_2O_7$)反应，生成可溶的硫酸盐：

$$TiO_2(碱) + Na_2S_2O_7(酸) \xrightarrow{\triangle} Na_2SO_4 + TiOSO_4$$

又如，$CaSO_4$ 或 $Ca_3(PO_4)_2$ 与砂或黏土中的 SiO_2 反应，有更易挥发的酸从熔融状态中置换出来：

$$3SiO_2 + Ca_3(PO_4)_2 \xrightarrow{\triangle} 3CaSiO_3 + P_2O_5 \uparrow$$

$$SiO_2 + CaSO_4 \xrightarrow{\triangle} CaSiO_3 + SO_3 \uparrow$$

6. 酸碱正负理论

酸碱正负理论由苏联化学家乌萨诺维奇(Usanovich)于 1939 年提出，其定义为：凡是能够给出正离子或是能够与负离子化合或接受电子的物质称为酸；凡是能够给出负离子或电子或接受正离子的物质称为碱。该定义是对路易斯酸碱概念的扩展，表 9.2 列出了一些乌萨诺维奇酸和碱及其中和反应的例子。

表 9.2   正负理论的一些酸碱反应

酸	+	碱	$\longrightarrow$	盐	说明
(1) SO_3	+	Na_2O	$\longrightarrow$	Na_2SO_4	Na_2O 给出 O^{2-}，SO_3 结合 O^{2-}
(2) $Fe(CN)_2$	+	KCN	$\longrightarrow$	$K_4[Fe(CN)_6]$	KCN 给出 CN^-，$Fe(CN)_2$ 结合 CN^-
(3) As_2S_5	+	$(NH_4)_2S$	$\longrightarrow$	$(NH_4)_3[AsS_4]$	$(NH_4)_2S$ 给出 S^{2-}，As_2S_5 结合 S^{2-}
(4) Cl_2	+	K	$\longrightarrow$	KCl	K 给出电子，Cl_2 得到电子

在酸碱正负理论中，正、负离子的化合价对物质的酸碱性有显著影响，一般来说，负离子的价态越高，物质的碱性越强，如 Na_2O 和 Na_2S 的碱性大于 NaCl；正离子的价态越高，物质的酸性越强，如 $FeCl_3$ 的酸性大于 $FeCl_2$，$AlCl_3$ 的酸性大于 NaCl。

酸碱正负理论没有得到广泛的应用，因为它的定义过于广泛，甚至把氧化还原反应[如表 9.2 中的反应(4)]也作为一类特殊的酸碱反应。

9.1.2 软硬酸碱原理

1. 软硬酸碱的分类

酸碱的分类始于配合物稳定性的研究。配合物的形成体是酸，配体是碱。配合物的稳定性因配体不同而有很大差别。早在 19 世纪 50 年代人们就已经注意到，作为路易斯酸的金属离子可分为两大类，a 类和 b 类。a 类金属离子包括周期表中的 IA、IIA、IIIA 和 IIIB 族具有惰性气体结构的离子和氧化态大于+1 的第四周期过渡金属离子；b 类金属离子包括较低氧化态的过渡金属离子和氧化态小于+3 的重过渡金属离子(如 Cu^+、Hg^{2+}、Pt^{2+} 等)。其余金属介于这两类之间，它们的配合物稳定度改变不大。

同时，配体也可分为两类，即 a 类与 b 类。1963 年，皮尔逊(Pearson)规定：a 类金属和其他接受电子的原子的特性是体积小、正电荷高、极化率低、不易变形，即对外层电子抓得紧，称为硬酸。b 类金属和其他接受电子的原子的特性是体积大、正电荷低或等于零、极化率高，并且有易于激发的 d 电子，也就是对外层电子抓得松，容易失去，称为软酸。a 类配体的特性是极化率低、电负性高，也就是外层电子抓得紧，难失去，称为硬碱。b 类配体具有与 a 类配体相反的性质，称为软碱。介于两者之间的酸碱称为交界酸碱。

值得注意的是，一种元素的分类不是固定的，它随电荷不同而改变。例如，Fe^{3+} 和 Sn^{4+} 为硬酸，Fe^{2+} 和 Sn^{2+} 则为软酸；SO_4^{2-} 为硬碱，SO_3^{2-} 则为交界碱，$S_2O_3^{2-}$ 则为软碱。

2. 软硬酸碱规则及其应用

皮尔逊提出的软硬酸碱规则(HSAB 规则)是："硬亲硬，软亲软，软硬交界就不管"。它的意思是，硬酸与硬碱、软酸与软碱皆可形成最稳定的配合物(酸碱加合物)；硬酸与软碱或软酸与硬碱并不是不形成配合物，而是形成的配合物较不稳定；至于交界的酸碱就不论对象是软还是硬，皆能起反应，所生成的配合物稳定性差别不大。HSAB 规则并非定量，只是粗略的叙述，而且也有很多例外，但这个规则目前仍广泛应用，可以用来解释无机物某些性质和反应规律，并能对一些问题作一定的预测。

1) 比较化合物的稳定性

应用 HSAB 规则可以解释许多化合物(包括配合物)的稳定性，如为何次碘酸 HOI 稳定，次氟酸 HOF 则不存在，而 HF 则比 HI 稳定？这是因为 H^+ 为硬酸，HO^+ 为软酸，F^- 为硬碱，I^- 为软碱。HOI 和 HF 分别是软酸-软碱和硬酸-硬碱较好的匹配，所以稳定；而 HOF 和 HI 都是软硬匹配，因而稳定性较差或不存在。又如，$[Cd(CN)_4]^{2-}$ 和 $[Cd(NH_3)_4]^{2+}$ 的稳定性，因为 Cd^{2+} 是软酸，而 NH_3 为硬碱，CN^- 是软碱，所以 $[Cd(CN)_4]^{2-}$ 较 $[Cd(NH_3)_4]^{2+}$ 稳定。

在自然界的矿石中，硬金属如 Mg、Ca、Sr、Ba、Al 等多以氧化物、氟化物、碳酸盐和硫酸盐等形式存在，而 Cu、Ag、Au、Zn、Pb、Ni、Co 等软金属则多以硫化物形式存在。

一般高价金属离子与之化合的须是硬碱，故高价金属的化合物皆为氟化物和氧化物，如 FeO_4^{2-}、CrO_4^{2-}、MnO_4^-、CoF_3、V_2O_5 等，但难与软碱 Br^-、I^-、S^{2-} 等形成稳定化合物。反之，低价或零价金属则容易与软碱结合。

2) 判断化学反应的方向

按照 HSAB 规则，化学反应若从硬-软结合的反应物生成硬-硬或软-软结合的生成物，则反应焓(ΔH)较大，反应速率也较大，且反应进行较完全，如

$$HgF_2(软-硬) + BeI_2(硬-软) \Longrightarrow BeF_2(硬-硬) + HgI_2(软-软)$$

$$\Delta H^\ominus = -397 \text{ kJ} \cdot \text{mol}^{-1}$$

$$ZnF_2(软-硬) + 2LiI(硬-软) \Longrightarrow 2LiF(硬-硬) + ZnI_2(软-软)$$

$$\Delta H^\ominus = -184 \text{ kJ} \cdot \text{mol}^{-1}$$

若反应产物是硬-软结合，则反应可能逆向进行，反应进行不完全，如

$$H^+(硬) + CH_3HgOH(软-硬) \rightleftharpoons H_2O(硬-硬) + CH_3Hg^+(软)$$

$$(逆向反应趋势小，反应较完全)$$

$$H^+(硬) + CH_3HgS(软-软) \rightleftharpoons H_2S(硬-软) + CH_3Hg^+(软)$$

（逆向反应趋势大，反应不完全）

3）解释物质的溶解性

物质的溶解可看作是溶剂与溶质之间作为酸和碱的相互作用。溶剂作为酸或碱有软、硬之分。"相似相溶"的法则就是"硬亲硬、软亲软"的原则。例如，H_2O 是硬性的两性溶剂（既可作为弱酸也可作为弱碱），$NH_3(l)$ 是硬性的碱性溶剂，但其硬度比 H_2O 小，而 $SO_2(l)$ 则是软性的溶剂。一般来说，硬性溶剂能较好地溶解硬性溶质，软性溶剂能较好地溶解软性溶质。例如，硬-软结合的溶质 AgF、LiI 等，晶格能不大，当它们溶于硬性溶剂 H_2O 时，H_2O 分子能强烈地水合硬酸 Li^+ 或硬碱 F^-，故它们在水中的溶解度较大，这些盐从水溶液中结晶出来时，常常形成水合盐。而对于硬-硬结合的 LiF，由于晶格能大，很稳定，在水中 F^- 难以被 H_2O 取代，所以 LiF 在水中溶解度很小。至于软-软结合的 AgI 也很稳定，难溶于硬性溶剂 H_2O，所以 AgX 和 LiX 这两类卤化物在水中的溶解度变化规律是相反的，前者从 F 到 I 溶解度依次递减，而后者依次递增。

如果将溶剂换成较软的液态 SO_2，在 LiX 系列中，硬-硬结合的 LiF、$LiCl$ 在其中的溶解度较小，而硬-软结合的 LiI 溶解度较大，因为 I^- 易被软度比它小的 SO_2 取代。在 AgX 系列中，离子型的 AgF 不溶，软-软结合的共价型的 AgI 虽可溶，但溶解度比 LiI 小得多。

4）解释类聚效应

当一种简单酸和一种简单碱形成酸碱加合物（或配合物）后，配位碱的软硬度会影响酸的软硬度，从而影响这个酸与其他碱的键合能力。一般规律如下：软碱的极化率大，易于变形，当与酸键合后，由于被极化，电子对偏向酸，使酸的软度增加，导致酸更倾向于与其他软碱结合；而硬碱与酸结合后，使酸的硬度增加，酸更倾向于与其他硬碱结合。这种软-软或硬-硬相聚的趋势称为类聚效应。

例如，在 $[Co(NH_3)_5X]^{2+}$ 和 $[Co(CN)_5X]^{3-}$ 两个配合物中，当 X^- 从 F^- 到 I^- 变化时，前者的稳定性是依次减小，而后者则相反。这是因为，对于前者，NH_3 是硬碱，使 Co^{3+} 与另一硬碱 F^- 的配位能力增强；而对于后者，CN^- 是软碱，使 Co^{3+} 与另一软碱 I^- 的配位能力增强。

5）解释酸碱催化作用

催化作用是酸碱的特征性质之一，原先只认为氢离子和氢氧根离子有催化作用，随着酸碱概念的扩大，酸碱催化作用的范围也随之扩展。

在某些有机反应中，常用金属卤化物作催化剂。例如，由烷基氯化物直接制备烷基苯很难，但如用 $AlCl_3$ 作催化剂可促使反应进行：

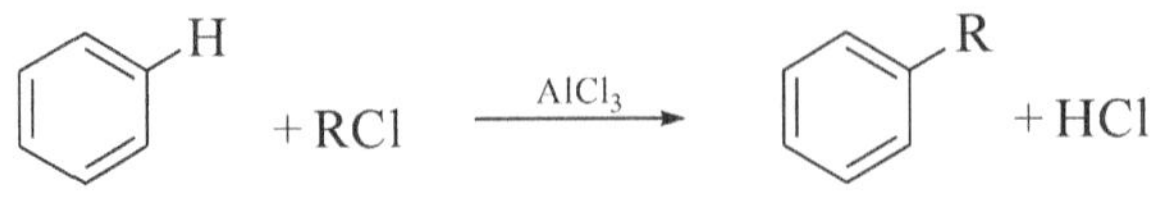

这是由于作为催化剂的 $AlCl_3$ 是硬酸，它与烷基氯中的硬碱 Cl^- 结合为 $AlCl_4^-$，同时生成烷基阳离子 R^+，R^+ 是软酸，易于与软碱苯核发生反应。

过渡金属（如 Fe、Ni、Pd、Cu、Ag 等）作为催化剂参与的多相催化体系，也可认为是一种酸碱作用。例如，乙烯氧化制备环氧乙烷反应中，Ag 作为催化剂，在这里 Ag 作为软酸，对软碱烯烃有强烈的化学吸附作用，发生从碱到金属的给予过程，并在金属表面形成表面活性化合物，使反应物分子发生变形，因而提高反应物分子的化学活性，从而加速反应。

3. 软硬酸碱规则的理论解释

关于 HSAB 规则的理论解释，一种比较简单的观点认为：硬酸与硬碱的相互作用主要是阴、阳离子的静电相互作用，大多数典型的硬酸和硬碱是可以形成离子键的离子，如 Li^+、Na^+、K^+、F^-、OH^- 等。阴、阳离子的体积越小(即酸、碱越硬)，相互间的静电能越大，它们之间形成的化合物就越稳定。而软酸与软碱之间的相互作用主要是形成共价键，因此半径大、d 电子多、极化力与变形性大的阳离子(软酸)特别容易与半径大的阴离子(软碱)发生成键轨道的最大程度重叠，形成稳定的化合物。

另一种解释是克洛普曼(Klopman)应用前线轨道理论来说明酸碱的软硬性及其反应。前线轨道理论认为碱是电子对给予体，其反应性质主要取决于最高占据分子轨道(HOMO)的能量；酸是电子对接受体，其反应性质主要取决于最低未占分子轨道(LUMO)的能量。当这两个轨道的能量差较大时，在酸和碱之间不容易实现电子转移，产生一个电荷制约的反应，酸碱配合物的键合以离子键为主，这相应于硬酸与硬碱的相互作用。反之，如果两轨道的能量接近，酸碱之间易于实现电子转移，产生一个轨道制约的反应，即轨道重叠而形成共价键，这相当于软酸与软碱的相互作用。

除了以上两种解释，其他的成键作用对酸碱的反应也会产生不同程度的影响。例如，低氧化态且含 d 电子较多的软酸(如 Cu^+、Ag^+、Au^+、Hg^+、Pt^{2+})与具有较低能量空的 d 轨道或 π^*反键空轨道的软碱(如含 As、P、S、I 的配体和 CO、RNC 等)之间所形成的 π-反馈键，会增强软酸-软碱之间的共价作用。此外，易于极化变形的软酸与软碱之间的色散力对成键也会起促进作用。

9.2　溶　剂　化　学

9.2.1　溶剂的基本概念

1. 溶剂的概念

在自然界和工农业生产中，经常遇到一种或几种物质以分子或离子状态均匀分布在另一种物质中的分散系统，此系统称为溶液(solution)。溶液可以是液态、气态或固态，如空气属气态溶液，钢、黄铜是固态溶液，NaCl 水溶液是液态溶液。溶液中，量多的成分为溶剂(solvent)，量少的成分为溶质(solute)。因此，从广义上说，溶剂是指在均匀混合物中含有一种过量存在的组分；狭义上说，溶剂是指在化学组成上不发生任何变化并能溶解其他物质(一般指固体)的液体，或者与固体发生化学反应并将固体溶解的液体。凡气体或固体溶于液体时，液体为溶剂，气体和固体为溶质。两种液体相互溶解时，一般把量多的称为溶剂，量少的称为溶质。例如，在啤酒中，乙醇含量为 4%，所以水是溶剂；而在白酒中，乙醇含量为 60%，所以乙醇是溶剂。

2. 溶解过程

溶解过程是指从两种纯物质即溶剂和溶质开始，以生成它们的分子混合物即溶液而结束。溶解过程要正向自发进行，吉布斯自由能变小于零。通常溶解过程吸热(ΔH 为正)，而溶解过程是两种纯物质的混合，所以溶解过程是熵增的(ΔS 为正)。根据 $\Delta G = \Delta H - T\Delta S$，当溶解过程吸热$\Delta H$值不太大时，正的熵变值可以产生负的吉布斯自由能。

溶解过程比较复杂，为便于研究，将溶解过程分为两个吸热过程和一个放热过程：

(1)当溶质溶解时，需要克服溶质分子与其他相邻分子之间的相互作用，需吸热，此过程为吸热过程。

(2)溶质质点被相互分开后，进入溶剂中。由于溶剂分子间也有相互作用，为接纳溶质分子也需吸收能量，故此过程也为吸热过程。

(3)溶质分子分散进入溶剂后，与邻近的溶剂分子相互作用而放出热量，这一过程为放热过程。

如果(1)、(2)步的能量损失较小，(3)步得到的能量较大，总的焓变为负值，溶解容易发生。

如何理解有些物质在溶剂中可以以任意比例溶解，有的物质部分溶解，而有的物质不溶解？一般可以从下列几个方面考虑：①相同分子或原子间的引力与不同分子或原子间的引力的相互关系；②分子极性引起的分子缔合程度；③分子复合物的生成；④溶剂化作用；⑤溶剂、溶质的相对分子质量；⑥溶解活性基团的种类和数目。

除考虑上述几个方面外，关于溶解度还有条经验规则可以使用，即化学组成类似的物质易相互溶解，也就是极性溶剂易溶解极性物质，非极性溶剂易溶解非极性物质。例如，水、甲醇和乙酸之间可以互溶，苯、甲苯和乙醚之间也可互溶，但水与苯、甲苯则不能自由混溶。

纤维素衍生物易溶于酮、有机酸、酯、醚等溶剂，是分子中的活性基团与溶剂中的氧原子相互作用的结果。

9.2.2　溶剂的性质

1. 溶解度

在一定温度和压力下，物质在一定量溶剂中溶解的最大量称为这种物质的溶解度(solubility)，一般用100 g溶剂中能溶解溶质的质量(g)表示。不同的物质在给定溶剂中的溶解度差别很大。物质的溶解度与溶质、溶剂的性质以及溶解温度、压力等因素有关。

2. 蒸气压和沸点

在一定温度下，将纯液体放入真空密闭容器中，液体与其蒸气达到平衡，此时液体蒸气的压力称为该液体在该温度下的蒸气压(steam pressure)。液体的蒸气压大小与温度有关，而与液体的量无关。通常温度升高，液体的蒸气压增大。当液体的蒸气压与外界压力相等时，液体开始沸腾。液体的饱和蒸气压与外界压力相等时的温度称为该液体的沸点(boiling point)。

3. 熔点和熔化热

物质的液相蒸气压与固相蒸气压相等时的温度称为该物质的熔点(melting point)或凝固点(freezing point)。纯物质熔化或凝固的温度范围通常很狭小。当混入杂质时，物质的熔点会明显降低，因此可以通过检测物质的熔点来检验物质的纯度。熔化热(enthalpy of fusion)是指在一个标准大气压下，单位质量的晶体物质在熔点由固态全部变成液态时所吸收的热量。

4. 密度

密度(density)是指物质单位体积内所含的质量，通常用ρ表示，单位为$kg \cdot m^{-3}$。

5. 黏度

黏度(viscosity)是流体(气体或液体)流动时所产生的内部摩擦阻力，其大小由物质种类、温度、浓度等因素决定。假设在流动时平行于流动方向将流体分成流动速度不同的各层，则在任何相邻两层的接触面上就有与面平行而与流动方向相反的阻力存在，称此阻力为黏滞力或内摩擦力。如果相距 1 cm 的两层速度相差 1 cm · s^{-1}，则规定作用于 1 cm^2 面积上的黏滞力为流体的黏性系数，用来表示流体的黏度大小，用符号 η 表示，其单位为"泊"(poise)：

$$10泊 = \frac{N \cdot s}{m^2} = 1 \, Pa \cdot s$$

6. 表面张力

表面张力(surface tension)是指液体表面相邻两部分单位长度内的相互牵引力，是分子力的一种表现。液面上的分子受液体内部分子的吸引作用而使液面趋向收缩，其方向与液面相切，用符号 σ 表示，单位是 N · m^{-1}。表面张力的大小与液体的性质、纯度和温度有关。由于表面张力的作用，液体表面总是具有尽可能缩小的倾向，因此液滴呈球形。

7. 介电常数与偶极矩

相对介电常数是指在同一电容器中，用某一物质作为电介质时的电容(C)和容器为真空时电容(C_0)的比值，简称介电常数(permittivity)，表示电介质在电场中储存静电能的相对能力：

$$\varepsilon = \frac{C}{C_0}$$

介电常数越小，绝缘性能越好。介电常数表示分子的极性大小，通过测定介电常数可求出偶极矩。

偶极矩(dipole moment)是指两个电荷中，一个电荷的电量与这两个电荷间距离的乘积，用以表示一个分子的极性大小。

偶极矩的大小表示分子极化程度的大小。根据"相似相溶"原则，在选择溶剂时，偶极矩是一个重要的参考因素。

8. 酸碱性

酸性或两性溶剂(酸、醇、酰胺)解离为

$$HSol \Longrightarrow Sol^- + H^+$$

$$pK_a = -\lg \frac{c(Sol^-) \cdot c(H^+)}{c(HSol)}$$

碱 A$^-$ 与溶剂分子反应时，将建立如下平衡

$$A^- + HSol \Longrightarrow Sol^- + HA$$

反应平衡常数为

$$K = \frac{c(HA) \cdot c(Sol^-)}{c(A^-) \cdot c(HSol)} = \frac{c(H^+) \cdot c(Sol^-)}{c(HSol)} \cdot \frac{c(HA)}{c(H^+) \cdot c(A^-)} = K_a(HSol) \cdot K_b(A^-)$$

可见，碱的强度受碱分子接受质子的能力 $K_b(A^-)$ 和溶剂分子提供质子的能力 $K_a(HSol)$ 两方

面的影响。

碱性或两性溶剂解离为

$$H_2Sol^+ \rightleftharpoons HSol + H^+ \qquad pK_a = -\lg \frac{c(HSol) \cdot c(H^+)}{c(H_2Sol^+)}$$

酸 HA 与溶剂分子反应时，将建立如下平衡

$$HA + HSol \rightleftharpoons H_2Sol^+ + A^-$$

反应平衡常数为

$$K = \frac{c(A^-) \cdot c(H_2Sol^+)}{c(HA) \cdot c(HSol)} = \frac{c(A^-) \cdot c(H^+)}{c(HA)} \cdot \frac{c(H_2Sol^+)}{c(H^+) \cdot c(HSol)} = \frac{K_a(HA)}{K_a(H_2Sol^+)}$$

可见，酸的强度受酸分子给出质子的能力 $K_a(HA)$ 和溶剂分子接受质子的能力 $K_a(H_2Sol^+)$ 两方面的影响。

9. 溶剂的离子积

如果把 HSol 看作酸，将它溶解在溶剂 HSol 中，则将建立如下平衡

$$2HSol \rightleftharpoons H_2Sol^+ + Sol^-$$

其平衡常数为

$$K(HSol) = c(H_2Sol^+) \cdot c(Sol^-)$$

上式给出的 $K(HSol)$ 就是溶剂 HSol 的离子积，它是以溶剂的碱性为基准来测定溶剂的酸性。因此，离子积可以由该溶剂作为酸的强度和作为碱的强度及相对介电常数决定。

9.2.3　溶剂的分类

1. 根据溶剂分子所含化学基团分类

(1)水系溶剂：羟基化合物或其他含氧溶剂，如醇、醛、酮、醚等。

(2)氨系溶剂：含氮化合物。可看成氨分子中一个、二个或三个氢原子被取代的产物，如各种胺类、联氨(肼)、吡啶。

(3)质子溶剂：水、液态氨、液态卤化氢及液态氰化合物。

这种分类方法有利于从分子的组成、结构特征来估计同一类溶剂分子的极性大小，从而估计它们对有机物和无机物的溶解能力，如水和醇都作溶剂，醇的极性比水弱，醇对无机物的溶解能力一般比水弱，而对有机物的溶解能力比水强。通常，含氮化合物易溶于氨系溶剂，含氧化合物易溶于水系溶剂。

2. 结合质子能力

(1)碱性溶剂：容易接受质子形成溶剂化质子的溶剂，如氨、肼、胺类及其衍生物、吡啶及某些低级醚类。

(2)酸性溶剂：难与质子结合形成稳定的溶剂化质子，但容易给出质子的溶剂，如无水硫酸、乙酸、氟化氢等。

(3)两性溶剂：既能接受质子形成溶剂化质子，又能给出质子的溶剂。例如，水、羟基化合物。两性溶剂还可分为高介电常数和低介电常数两种。在两性溶剂中，溶剂阳离子是最强的酸，溶剂阴离子是最强的碱。

(4)质子惰性溶剂：既不给出质子又不接受质子的溶剂，如二甲亚砜、丙酮、乙腈、二甲基甲酰胺等极性惰性溶剂，苯、四氯化碳、环己烷等非极性惰性溶剂。

3. 根据溶剂对电解质解离程度的影响分类

(1)拉平溶剂：如 $HClO_4$、H_2SO_4、HNO_3、HCl 在水中都完全电离，表现为强酸，因此水是这些酸的拉平溶剂。

(2)区分溶剂：上述酸若在乙酸介质中，则能分辨出它们的酸性强度的大小，因此乙酸是这些酸的区分溶剂。

4. 其他分类方法

(1)根据溶剂在液态时的分子结构，可分为分子溶剂和离子溶剂。由分子组成的液态物质属于分子溶剂；由阳离子和阴离子组成的液态物质属于离子溶剂。

(2)根据溶剂分子有无极性，可分为极性溶剂和非极性溶剂。

9.2.4　水溶液中的无机化学

纯水是无色、无味的液体，是生命系统中最重要的溶剂。水约占人体总质量的 65%；血液中约含 83%的水，肌肉约含 76%的水，骨头约含 22%的水。水参与绿色植物光合作用，是动物代谢的产物之一。

水是非常好的溶剂，许多分子或离子化合物都溶于水，水溶液化学在化学中占有重要的地位。

1. 水的结构和物理性质

1)水的结构

结构研究指出，H_2O 分子呈 V 形结构，经 X 射线衍射实验对水的晶体(冰)结构进行测定，证明 H_2O 分子的两个 O—H 键的键角为 104.5°(图 9.1)。由于水分子是不对称结构，因此水是极性分子。

在水的沸点测得水蒸气的相对分子质量为 18.64，表明在此条件下，除单分子 H_2O 之外，还有约 3.5%的双分子水 $(H_2O)_2$ 存在。液态水的相对分子质量则更大，说明液态水中含有较复杂的 $(H_2O)_n$ 分子(n 可以是 2，3，4…)。实验证明，水中含有由简单分子结合而成的

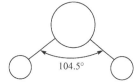

图 9.1　水分子的结构

复杂分子$(H_2O)_n$。这种由简单分子结合成为较复杂的分子集团而不引起物质化学性质改变的过程，称为分子的缔合。缔合分子和简单分子相互转化达到平衡状态，表示如下

$$n H_2O \underset{解离}{\overset{缔合}{\rightleftharpoons}} (H_2O)_n$$

缔合是放热过程，解离是吸热过程。所以，温度升高，水的缔合程度降低(n 减小)，高温时水主要以单分子状态存在；温度降低，水的缔合程度增大(n 变大)，0℃时水结成冰，全部水分子缔合在一起成为一个巨大的分子。在冰的结构中每个氧原子与四个氢原子相连接而

成四面体，每个氢原子与两个氧原子相连接(图9.2)。图中的大球表示氧原子，小球表示氢原子。水分子能发生缔合作用的主要原因是水分子间形成了氢键。

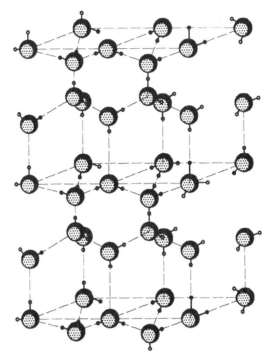

图 9.2   冰的结构

2）水的物理性质

水是用途最广的物质之一，许多物理常数都是以水为标准确定的。

纯水是无色、无味的液体。深层的天然水呈蓝绿色，饮用时有令人愉快的甘甜味，这是由于它溶解了氧气和某些盐类。水具有许多特殊的物理性质。

（1）水的热容。水的热容为 $4.1868 \times 10^3 \, J \cdot kg^{-1} \cdot K^{-1}$，在所有液态和固态物质中，水的热容最大。这是因为水中存在缔合分子 $(H_2O)_n$，当水受热时，要消耗大量的热使缔合分子解离，然后才使水的温度升高。

水的热容较大，这对调节气温起着巨大的作用。例如，沿海一带，白天受到太阳的照射，因水的热容大，海水温度升高吸收了大量的热，所以气温不会很高。到了夜间，海水温度降低，又放出大量热，使气温不致降得很低，从而起到调节气温的作用。工业生产上把水作为传热的介质，就是利用水的热容大这一特性。

（2）水的密度。绝大多数物质有热胀冷缩的现象，温度越低体积越小，密度越大。而水在 4℃时体积最小，密度最大，为 $1 \times 10^3 \, kg \cdot m^{-3}$（即 $1 \, g \cdot cm^{-3}$）。水和冰的体积与温度的关系如图 9.3 所示。这一现象也可以用水的缔合作用加以解释。接近沸点的水主要是以简单分子状态存在。冷却时，由于温度降低，一方面分子热运动减少，使水分子间的距离缩小；另一方面，水的缔合度增大，$(H_2O)_2$ 缔合分子增多，分子间排列较紧密，这两个因素都使水的密度增大，温度降低到 4.0℃时（严格讲是 3.98℃），水的密度最大，体积最小。温度继续降低时，出现较多的 $(H_2O)_3$ 及具有冰结构的较大的缔合分子，它们的结构较疏松，所以 4℃以下，水的密度随温度降低反而减小，体积增大。到冰点时，全部水分子缔合成一个巨大的、具有较大空隙的缔合分子。

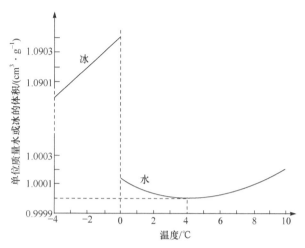

图 9.3　水或冰的体积与温度的关系

水的这一性质对水生动植物的生存具有重要的意义。严冬季节冰封江、湖、河面的时候，由于冰比水轻（0℃时冰的密度为 0.9168 kg·m^{-3}，而水的密度为 0.9999 kg·m^{-3}），冰浮在水面上，使下面水层不易冷却，有利于水生动植物的生存。

（3）水的蒸气压。水和所有其他液体一样，分子不断在做热运动，其中有少数分子因为动能较大，足以冲破表面张力的束缚而进入空间，成为蒸气分子，这种现象称为蒸发；液面上的蒸气分子也可能被液面分子吸引或受外界压力作用而回到液体中，这种现象称为凝聚。如将液体置于密闭容器内，起初，空间没有蒸气分子，蒸发速率比较快，随着液面上蒸气分子逐渐增多，凝聚的速率也随之加快。这样蒸发和凝聚的速率逐渐趋近，达到相等，即在单位时间内，液体变为蒸气的分子数和蒸气变为液体的分子数相等，这时即达到平衡状态（图 9.4）。

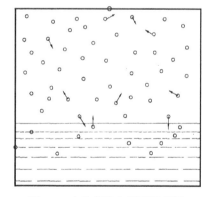

图 9.4　水的蒸发和凝聚示意图

与液态平衡的蒸气称为饱和蒸气。饱和蒸气所产生的压力称为饱和蒸气压。在一定温度下，每种液体的饱和蒸气压是一个常数，温度升高，饱和蒸气压也增大。水的饱和蒸气压与温度的关系列于表 9.3。

表 9.3　水的饱和蒸气压与温度的关系

温度/℃	压力		温度/℃	压力	
	/mmHg	/Pa		/mmHg	/Pa
0	4.579	610.5	40	55.324	7375.9
10	9.209	1228	50	92.51	12334
20	17.535	2337.8	60	149.38	19916
30	31.824	4242.8	70	233.7	31157

续表

温度/℃	压力		温度/℃	压力	
	/mmHg	/Pa		/mmHg	/Pa
80	355.1	47343	140	2710.92	361426
90	525.76	70096	180	7520.20	1002611
100	760.00	101325	374	165467.20	22060479
120	1484.14	198536			

注：本数据摘自 CRC Handbook of Chemistry and Physics, 1974～1975, 55th ed, Florida:CRC Press Inc.。

(4)水的沸点。随着温度升高，水的蒸气压增加得很快。当水的蒸气压等于外界压力时的温度称为水的沸点。在 100℃时水的蒸气压是 101325 Pa，与外界大气压 l atm（101325 Pa）相等，此时水开始沸腾，因此水的沸点为 100℃，这是水的标准沸点。显然，当外界压力减小时，水的沸点降低；外界压力增大时，水的沸点升高。因此，在高山等气压较低的地方，水沸腾的温度低于 100℃。

沸点时水的气化热为 2.257 kJ·g^{-1}，水的气化热较大，也是由于缔合分子的存在，气化时要消耗较多的能量。

(5)水的凝固点。冰和水一样也能蒸发，一定温度下，冰也有蒸气压，冰的蒸气压随温度的降低而减小。表 9.4 列出冰的蒸气压和温度的关系。

表 9.4　冰的蒸气压和温度的关系

温度/℃	压力		温度/℃	压力	
	/mmHg	/Pa		/mmHg	/Pa
0	4.579	610.5	−50	0.02955	3.940
−1	4.217	562.5	−60	0.00808	1.08
−10	1.950	260.0	−70	0.00194	0.259
−20	0.776	103	−80	0.00040	0.053
−30	0.2859	38.12	−90	0.000070	0.0093
−40	0.0966	12.9			

注：本数据摘自 CRC Handbook of Chemistry and Physics, 1974～1975, 55th ed, Florida:CRC Press Inc.。

某物质的凝固点（或熔点）是该物质的固相和液相蒸气压相等时的温度，这时固、液两相共存。常压下，水和冰在 0℃时蒸气压相等（610.5 Pa），两相达成平衡，所以水的凝固点是 0℃。当外界大气压改变时，水的凝固点变化极小。

2. 物质在水中的溶解度

对于非电解质，从溶质和溶剂相互作用的观点研究它们的溶解度。对于气体来说，由于溶质质点间的分子间作用力可忽略，所以气体溶解度的大小取决于分子大小和溶质-溶剂间的相互作用。

稀有气体随分子体积增加，在水中的极化率增加，产生较强的溶质-溶剂相互作用，因此溶解度增加（表 9.5）。

表 9.5　稀有气体在水中的溶解度

温度/℃	He	Ne	Ar	Kr	Xe	Rn
20	0.0088	0.0104	0.0336	0.0626	0.1109	0.245
30	0.0086	0.0099	0.0288	0.0511	0.0900	0.195

对于电解质，利用玻恩-哈伯循环讨论水溶液中强电解质的解离和水化。现以氯化钠为例说明

$$NaCl(晶体) \rightleftharpoons Na^+(溶剂) + Cl^-(溶剂)$$

此过程用玻恩-哈伯循环来描述，有

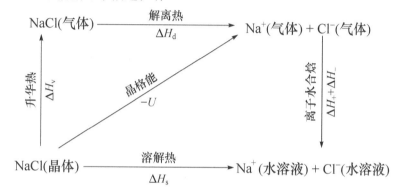

上述循环中，升华热、解离热、晶格能均由电解质本身性质决定，而离子水合焓则取决于溶质与溶剂之间的相互作用，将直接影响溶质在溶剂中的溶解度。也就是说，溶质与溶剂相互作用越大，生成的水合离子越稳定，离子水合焓越大，溶解度越大。

关于物质的溶解度，一条广泛适用的规则是：由半径相差悬殊的离子形成的盐在水中通常是可溶的，而半径相近的离子形成的盐可溶性最差，即离子大小不匹配的化合物在水中易溶解。例如，碱土金属硫酸盐的溶解度从 Mg 至 Ba 递减，而碱土金属氢氧化物的溶解度从 Mg 至 Ba 递增。前一种情况表明大阴离子需要大阳离子沉淀，后一种情况表明小阴离子需要小阳离子沉淀。经验表明 M^+ 离子半径小于 X^- 约 80 pm（或以上）的 MX 型离子化合物往往最易溶解。

3. 水的反应

水可作为氧化剂被还原为 H_2，也可作为还原剂被氧化为 O_2。

金属与水（或水溶液中的酸）的反应实际上是金属被水或 H^+ 氧化的反应，总反应具有下述两种形式之一：

$$M(s) + H_2O(l) \longrightarrow M^+(aq) + \frac{1}{2}H_2(g) + OH^-(aq)$$

$$M(s) + H_3O^+(aq) \longrightarrow M^+(aq) + \frac{1}{2}H_2(g) + H_2O$$

除碱金属之外的其他 s 区金属和第一过渡系中从ⅣB～ⅦB 族的金属(Ti、V、Cr、Mn)都能发生这类反应。虽然 Mg 和 Al 与潮湿空气的反应在热力学上是允许的，但两种金属材料在 H_2O 和氧存在的条件下可使用较长时间。这是由于金属表面形成一层非常稳定的 MgO 和

Al_2O_3 保护膜。Fe、Cu 和 Zn 也发生类似的钝化过程。所谓"阳极氧化"是将金属作为电解池的阳极，部分氧化后表面形成一层平滑而坚硬的保护膜，阳极氧化法用于生成铝的保护膜特别有效。

以下半反应中，水是还原剂

$$6H_2O(l) \longrightarrow 4H_3O^+(aq) + O_2(g) + 4e^-$$

由标准电极电势

$$4H_3O^+(aq) + O_2(g) + 4e^- \longrightarrow 6H_2O(l) \quad E^{\ominus} = +1.23 \text{ V}$$

可知水在酸性条件下为弱还原剂，只有与强氧化剂反应才会起还原作用。例如，水将 $Co^{3+}(aq)$ 还原，自身放出 O_2：

$$4Co^{3+}(aq) + 2H_2O(l) \longrightarrow 4Co^{2+}(aq) + O_2(g) + 4H^+ \quad E^{\ominus} = +0.59 \text{ V}$$

由于反应过程中产生 H^+，因此将酸性溶液变为中性或碱性有利于氧化过程。只有为数不多的几种氧化剂能将水氧化并以明显的速率放出 O_2。

9.2.5 常见非水溶剂简介

1. 液氨（碱性溶剂的代表）

1）自身解离

液氨是无色液体，在 $-78 \sim 33{}^\circ\text{C}$ 可作为溶剂。氨的自身解离比水还弱：

$$2NH_3 \rightleftharpoons NH_4^+ + NH_2^-$$

$$K^{\ominus}_{-50{}^\circ\text{C}} = c(NH_4^+) \cdot c(NH_2^-) = 10^{-30}$$

2）与金属反应

NH_4^+ 酸性比 H_3O^+ 弱，NH_2^- 碱性比 OH^- 强：

$$Na + NH_4^+ \longrightarrow Na^+ + \frac{1}{2}H_2 \uparrow + NH_3$$

$$Zn + 2H_3O^+ \longrightarrow Zn^{2+} + H_2 \uparrow + 2H_2O$$

KNH_2（类似 KOH）与金属离子反应，生成金属氨基化合物、亚氨基化合物或氮化物沉淀，在水中则生成金属氢氧化物或氧化物沉淀。

$$\left.\begin{array}{l} AgNO_3 \\ PbI_2 \\ HgI_2 \\ BiI_3 \\ TiNO_3 \end{array}\right\} \xrightarrow[\text{液氨}]{KNH_2} \left\{\begin{array}{l} AgNH_2 \\ PbNH \\ Hg_3N_2 \\ BiN \\ Ti_3N \end{array}\right.$$

液氨化学类似于水的化学，水中的反应类型在液氨中基本上可以发生，如与水解反应类似的氨解反应：

$$Cl_2 + 2H_2O \longrightarrow HOCl + Cl^- + H_3O^+$$

$$Cl_2 + 2NH_3 \longrightarrow NH_2Cl + Cl^- + NH_4^+$$

$$POCl_3 + 6H_2O \longrightarrow PO(OH)_3 + 3Cl^- + 3H_3O^+$$

$$POCl_3 + 6NH_3 \longrightarrow PO(NH_2)_3 + 3Cl^- + 3NH_4^+$$

液氨分子中氮原子的电负性比水分子中氧原子的小，相应的非键电子更容易被利用，所以液氨是一种碱性溶剂。氨分子极性比水分子小，介电常数比水小，因而液氨中的质子传递比水要难。对于液氨中的离子来说，形成氨合离子比在水中形成水合离子要难一些。反之，在液氨溶液中形成离子对的趋势却比在水中要大。可见在液氨中离子性（或极性）弱的物质比离子性强的物质溶解度大；低电荷物质比高电荷物质的溶解度大。

2. 硫酸

1）自身解离

$$2H_2SO_4 \Longrightarrow H_3SO_4^+ + HSO_4^-, \quad K_{100℃}^{\ominus} = 1.7 \times 10^{-4}$$

其他平衡为

$$2H_2SO_4 \Longrightarrow H_3O^+ + HS_2O_7^-$$

$$2H_2SO_4 \Longrightarrow H_2O + H_2S_2O_7$$

$$H_2SO_4 + H_2S_2O_7 \Longrightarrow H_3SO_4^+ + HS_2O_7^-$$

2）特点

硫酸溶剂本身有很强的给质子性，使绝大多数溶于硫酸的物质接受硫酸给予的质子产生 HSO_4^-，溶液显碱性。

3. 硝酸、王水、氢氟酸

1）硝酸

纯硝酸为无色液体或固体，必须保存在低于 0℃的避光处，防止发生分解反应。纯液体硝酸存在下列平衡：

$$2HNO_3 \Longrightarrow H_2NO_3^+ + NO_3^-$$

$$H_2NO_3^+ \Longrightarrow NO_2^+ + H_2O$$

2）王水

3 份浓 HCl 和 1 份浓 HNO$_3$ 组成的混合物俗称王水。王水含有 Cl$_2$ 和 NOCl，因此是强氧化剂，甚至可以溶解 Au 和 Pt，这时 Cl$^-$ 与 Au^{3+} 和 Pt^{4+} 形成稳定的配离子[AuCl$_4$]$^-$和[PtCl$_6$]$^{2-}$。

3）氢氟酸

液态 HF（沸点 19.5℃）是已知的最强酸之一，自身电离平衡为

$$2HF \Longrightarrow H_2F^+ + F^-$$

$$nF^- + nHF \Longrightarrow HF_2^- + H_2F_3^- + H_3F_4^- + \cdots$$

$$2HF + SbF_5 \Longrightarrow H_2F^+ + SbF_6^-$$

这一实例中，SbF$_5$ 为 F$^-$ 受体，通过 F$^-$ 传递增加溶剂阳离子 H$_2$F$^+$ 的浓度。HF 和 SbF$_5$ 的混合物称为氟锑酸，是一种超强酸，有极强的酸性。

液态 HF 有与水相近的介电常数，是无机化合物和有机化合物的良好溶剂。

4. 非水溶剂化学的重要性及应用示例

1) 改变反应的方向

(1) 改变溶剂，可使一些在水中不能发生的反应得以发生。例如，SnI_4 遇水立即水解，在水中不能制备和分离。若用乙酸或 CS_2 为溶剂，可制得 SnI_4：

$$Sn + 2I_2 \xrightarrow[\text{或} CS_2]{\text{无水乙酸}} SnI_4$$

(2) 改变溶剂，可使反应向相反的方向进行。例如，在水中 $AgNO_3$ 与 $BaCl_2$ 反应生成 $AgCl$ 沉淀；在液氨中，$AgCl$ 可与 $Ba(NO_3)_2$ 反应生成 $AgNO_3$：

$$2AgNO_3 + BaCl_2 \xrightarrow{H_2O} 2AgCl\downarrow + Ba(NO_3)_2$$

$$2AgCl + Ba(NO_3)_2 \xrightarrow{\text{液氨}} BaCl_2 + 2AgNO_3$$

2) 制备无机盐

应用亚硫酰氯作溶剂，可制备无水氯化物：

$$SOCl_2 + H_2O \longrightarrow SO_2\uparrow + 2HCl\uparrow$$

无水硝酸盐的制备很困难，利用非水溶剂则可方便地制得：

$$Cu + 3N_2O_4 \xrightarrow{\text{无水乙醚}} Cu(NO_3)_2 \cdot N_2O_4 + 2NO\uparrow$$

$$Cu(NO_3)_2 \cdot N_2O_4 \xrightarrow[\triangle]{85℃\text{以上}} Cu(NO_3)_2 + N_2O_4\uparrow$$

3) 制备异常氧化态的特殊配合物

$$[Ni(CN)_4]^{2-} \xrightarrow[\text{Na或K}]{\text{液氨}} [Ni(CN)_4]^{4-}$$

4) 改变反应速率

不同的溶剂对有些化学反应的速率有很大影响。例如，反应

$$C_2H_5I + (C_2H_5)_3N \longrightarrow (C_2H_5)_4NI$$

在二氧六环、苯、丙酮和硝基苯中都可以发生，但是在苯中的反应速率是二氧六环中的 80 倍，在丙酮中的反应速率是二氧六环中的 500 倍，在硝基苯中的反应速率是二氧六环中的 2800 倍。

5) 提高某些反应的产率

$$Mg_2Si + HCl \xrightarrow{\text{水}} 硅烷(产率25\%，其中SiH_4占40\%)$$

$$Mg_2Si + NH_4Br \xrightarrow{\text{液氨}} 硅烷(产率80\%，主要是SiH_4)$$

$$SiCl_4 + LiAlH_4 \xrightarrow{\text{乙醚}} SiH_4(产率100\%)$$

总之，非水溶剂因具有水所没有的特性，对于水溶液中难以生成的化合物的制备、改进工艺、提高产率等都具有重要意义。

习　题

一、填空题

1. 根据酸碱电子理论：在反应 $SbF_5 + BF_3 \Longrightarrow [SbF_6]^- + [BF_2]^+$ 及反应 $KF + BF_3 \Longrightarrow K^+ + [BF_4]^-$ 中，BF_3 所起的作用不同，在前一反应中它是_____，在后一反应中它是_____。

2. NH_4^+ 的共轭碱是_____；$[Fe(OH)(H_2O)_5]^{2+}$的共轭酸是_____。

3. 下列分子或离子中：Fe^{3+}、Cl^-、H^+、SO_3、BF_3、Ac^-，能作路易斯酸的是_____，能作路易斯碱的是_____。

4. 在水中，盐酸、氢溴酸、氢碘酸、高氯酸都是强酸，很难区别它们的强弱，这是由于_____引起的。如果把它们溶于纯的乙酸中，它们的强弱就可以区别开，这种作用是_____。

5. 在 NH_3、Cu^{2+}、HCO_3^-、Cl^- 四种分子和离子中：_____既是质子酸又是质子碱，它的共轭酸是_____，它的共轭碱是_____；_____既是路易斯碱又是质子碱；_____是路易斯酸但不是质子酸；_____是质子酸但不是路易斯酸。

6. 水中硼酸解离反应为：$H_3BO_3 + H_2O \rightleftharpoons B(OH)_4^- + H^+$，$H_3BO_3$ 是一种路易斯_____，硼酸的解离常数 $K_a = 5.8 \times 10^{-10}$。硼砂的水解反应式为：$B_4O_7^{2-} + 7H_2O \rightleftharpoons 2H_3BO_3 + 2[B(OH)_4]^-$，从其生成物看，硼砂溶液是一种缓冲溶液，其 pH = _____。

二、选择题

1. 不是共轭酸碱对的一组物质是（　　　）

A. NH_3、NH_2^- 　　　B. $NaOH$、Na^+ 　　　C. OH^-、O^{2-} 　　　D. H_3O^+、H_2O

2. 根据软硬酸碱原理，下列物质属于软酸的是（　　　）

A. H^+ 　　　B. Ag^+ 　　　C. NH_3 　　　D. AsH_3

3. 下列离子中，碱性最强的是（　　　）

A. NH_4^+ 　　　B. CN^- 　　　C. Ac^- 　　　D. NO_2^-

4. 根据酸碱质子理论，$HNO_3 + H_2SO_4 \rightleftharpoons H_2NO_3^+ + HSO_4^-$ 正反应中的酸是（　　　）

A. HSO_4^- 　　　B. HNO_3 　　　C. H_2SO_4 　　　D. $H_2NO_3^+$

5. H_2O、HAc、HCN 的共轭碱碱性强弱顺序是（　　　）

A. $OH^- > Ac^- > CN^-$ 　　　　　　B. $CN^- > OH^- > Ac^-$

C. $OH^- > CN^- > Ac^-$ 　　　　　　D. $CN^- > Ac^- > OH^-$

6. 根据软硬酸碱原理，下列物质不是硬酸的是（　　　）

A. H^+ 　　　B. Cr^{3+} 　　　C. Zn^{2+} 　　　D. Sr^{2+}

三、简答题和计算题

1. NH_4NO_3 在水中是盐，它在液氨和液态 N_2O_4 中是酸还是碱？为什么？

2. 指出下列各种酸的共轭碱：

$[Co(NH_3)(H_2O)]^{3+}$，$Si(OH)_4$，CH_3OH

3. 指出下列各种碱的共轭酸：

C_5H_5N，$VO(OH)^+$，$[Co(CN)_4]^-$

4. 已知某温度下，$0.1\ mol \cdot L^{-1}\ NH_3 \cdot H_2O$ 溶液的 pH 为 11.2，求氨水的解离常数 K_b。

5. 已知 HAc 的电离度 $\alpha = 2.0\%$，$K_a = 1.8 \times 10^{-5}$，计算该乙酸溶液浓度 $c(HAc)$。若将此溶液稀释 10 倍，电离度 α 有何变化？通过计算说明。

6. 在 20 mL 0.10 mol $\cdot$ L^{-1} HCl 溶液中加入 20 mL 0.10 mol $\cdot$ L^{-1} $NH_3 \cdot H_2O$，求溶液的 pH。

7. 溶液与化合物有什么不同？溶液与普通混合物又有什么不同？

8. 试述溶质、溶剂、溶液、稀溶液、浓溶液、不饱和溶液、饱和溶液、过饱和溶液的含义。

9. 什么是溶液的浓度？浓度和溶解度有什么区别和联系？固体溶解在液体中的浓度有哪些表示方法？比较各种浓度表示方法在实际使用中的优缺点。

10. 为什么 NaOH 溶于水时，所得的碱液是热的，而 NH_4NO_3 溶于水时，所得的溶液是冷的？

11. 把相同质量的葡萄糖和甘油分别溶于 100 g 水中，所得溶液的沸点、凝固点、蒸气压和渗透压是否相同？为什么？如果把相同物质的量的葡萄糖和甘油溶于 100 g 水中，结果又怎样？并加以说明。

12. 试回答提高水的沸点可采用什么方法？

13. 10.00 mL NaCl 饱和溶液 12.003 g，将其蒸干后得 NaCl 固体 3.173 g，试计算：

(1) NaCl 的溶解度；

(2) 溶液的质量分数；

(3) 溶液的物质的量浓度；

(4) 盐的摩尔分数；

(5) 水的摩尔分数。

14. 计算下列各溶液的物质的量浓度：

(1) 把 15.6 g C_2H_5OH 溶解在 1.50 L 水中；

(2) 1 L 水溶液中含有 20 g HNO_3；

(3) 100 mL CCl_4 溶液中含有 7.0 mmol I_2；

(4) 100 mL 水溶液中含有 1.00 g $K_2Cr_2O_7$。

15. 现有一甲酸溶液，密度是 1.051 g·cm^{-3}，含有质量分数为 20.0% 的 HCOOH，已知此溶液中含有 25.00 g 纯甲酸，求此溶液的体积。

16. 在 26.6 g 氯仿中溶解 0.402 g 萘（$C_{10}H_8$），其沸点比氯仿的沸点升高 0.455 K，求氯仿的沸点升高常数。

17. 有下列三种溶剂：液氨、乙酸和硫酸。

(1) 写出每种纯溶剂的解离方程式。

(2) HAc 在液氨和硫酸溶剂中是以何种形式存在？用什么方程式表示？

(3) 上述溶液对纯溶剂而言是酸性还是碱性？

18. 液态 HF 中下列物质作为酸还是碱？写出方程式。

　　BF_3　SbF_5　H_2O　CH_3COOH　C_6H_6

19. 对极性和离子型物质，二甲基亚砜是一种很好的溶剂，为什么？

20. AlF_3 不溶于 HF，当有 NaF 存在时，AlF_3 将溶解，当在此溶液中加入 BF_3，AlF_3 又将沉淀，用化学方程式解释这些现象。

科学展望——在有机溶剂中进行的酶催化反应

1. 不对称转化

在有机溶剂中进行的酶催化反应可提供一种获得光学异构产物的新方法，如蛋白水解酶催化的不对称转酯反应可用于消旋醇的拆分：

$$R_1COOR_2 \; + \; DL\text{-}R^*OH \; \xrightarrow{\text{水解酶}} \; R_1COOR^* \; + \; R^*OH \; + \; R_2OH$$

　非手性酯　　　　消旋醇　　　　　　　　　　　　光学活性醇

这个反应在无水有机溶剂（无水醚或正庚烷等）中进行，水不起作用，因此不必加水。另外，被拆分的醇不需要在酶促反应前先进行酯化反应，因此简化了拆分步骤。同时用脂肪酶也成功地拆分了数目众多的一级与二级手性醇。

消旋醇还可以通过脂肪酶的不对称酰化作用进行拆分，如脂环二级醇——薄荷醇在庚醇中，可用 *C. Cylindracea* 脂肪酶催化不对称酰化作用进行拆分：

$$+ \; CH_3(CH_2)_{10}COOH \; \xrightarrow{\text{脂肪酶}} \; \cdots \; + \; H_2O$$

在有机溶剂中通过酶促反应还可以实现许多其他类型的不对称转化反应。

2. 碳水化合物的选择性酰化

蛋白水解酶在非水溶剂中可以催化不同类型的反应，包括酯化、转酯、氨解、转硫酯等，而在水中，水解反应几乎完全抑制了上述类型的反应。枯草杆菌酶在无水二甲基甲酰胺中催化碳水化合物的酰化反应是蛋白水解酶在一定条件下具有合成能力的有力证明。枯草杆菌酶不仅能在这种强亲水性的有机溶剂中酯化许多糖及有关化合物，而且能以明显的位置选择性进行制备规模的反应。例如，D-葡萄糖与 L-苯丙氨酸反应，可得到产率为 40%的单酯，在产物中 80%为 6-位单酯衍生物。

3. 对位取代酚的氧化

在水中，多酚氧化酶不能使对位取代酚氧化得到邻位醌，因邻位醌在水中极不稳定，迅速多聚化而使酶失活，但蘑菇多酚氧化酶在氯仿中可选择性地催化氧化对位取代酚。Klibanov 小组用该酶制备了多巴的生物 N-乙酰氨基-3，4-二羟基苯丙氨酸乙酯：

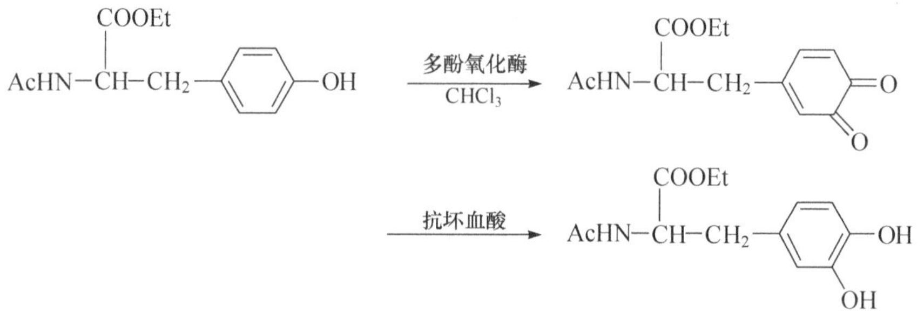

4. 在多肽合成中的应用

在自然界中，大多数蛋白质与活性肽是由一个氨基酸的 α-羧基与另一氨基酸的 α-氨基形成肽键。在无水二甲基甲酰胺中，用枯草杆菌酶作催化剂，当氨基酸组分为赖氨酸时，其 α-氨基不参与反应，只有 ε-氨基参与肽键的形成得到纯的 ε-异构体。

在无水甲苯或四氢呋喃中，猪胰脂肪酶可以催化肽键的形成，肽的 N 端也可以是 D-构型的氨基酸。

在非水介质中进行酶催化反应的研究称为非水酶学(non-aqueous enzymology)。可以肯定的是，在非生物体系中，酶能在有机溶剂中催化某些化学反应的进行，这为有机合成与天然产物的研究展现出了广阔而美好的应用前景。

为了深入研究非水酶学，尚有许多基本问题需要回答。例如，为什么不同的酶对溶剂性质的敏感性不一样？枯草杆菌酶可以在无水二甲基甲酰胺中反应，而胰凝乳蛋白酶与大多数酶则不能？为什么某些酶需要更多的水？在有机介质中，酶的"记忆"有多久？能否将新的底物或对映体选择性的记号"印"在酶上？这些问题说明在非水介质中进行的酶促反应虽然取得了许多令人振奋的结果，但其基本原理仍有待深入探索。

当前酶学的重大发展是蛋白质基因工程，即用定位突变的方法对酶进行改造。蛋白质基因工程的任务之一是改变酶的性质，如动力学特性、特异性、稳定性、辅助因子、最适 pH 及调节使用等。Klibanov 指出，上述酶性质的改变也可以通过反应介质来控制而不是改变酶本身，因此提出了"溶剂工程"(solvent engineering)这个新概念，这有可能发展成为基因工程的一种补充方法，因而受到科学家们的重视。

第 10 章 配位化学基础

内容提要

(1) 掌握配合物的基本概念、命名和配位键的本质；理解配合物的异构现象。

(2) 理解配合物的价键理论的主要论点；理解配合物的构型、中心价层轨道的杂化、磁性及反馈π键。

(3) 理解配合物的晶体场理论的主要论点；了解过渡金属化合物的颜色和杨-特勒效应。

(4) 掌握配离子稳定常数的定义和应用、配位解离反应及相关概念；了解影响配位单元稳定性的因素、中心原子与配体的关系、配合物的反应类型及主要反应机理。

配位化合物简称配合物，是一类数量极多的重要化合物。1798 年，Tassaert 合成了公认的第一个配合物[Co(NH₃)₆]Cl₃。1891 年，年仅 25 岁的瑞士科学家维尔纳(Werner)提出配位键、配位数和配合物结构等基本概念和理论，奠定了近代配位化学基础。之后，科学家们相继合成了多种配合物，在动物和植物有机体中也发现了许多重要配合物。如今，配位化学已广泛渗透到分析化学、有机化学、催化化学、结构化学和生物化学等领域，并出现了交叉性边缘学科，如金属有机化学、生物无机化学等，成为化学科学中的重要分支。

10.1 配合物的基本概念

10.1.1 配合物的定义

由含孤对电子或 π 电子的离子或分子(配体)和具有空的价轨道的原子或离子(形成体)按一定的组成和空间构型所形成的结构单元称为配位单元。含有配位单元的化合物称为配位化合物，简称配合物，如[Co(NH₃)₆]Cl₃、K₃[Fe(CN)₆]、[PtCl₂(NH₃)₂]、[Co(NH₃)₆][Cr(CN)₆]、[Ni(CO)₄]等均为配合物。其中配位单元可以是中性分子，如[Ni(CO)₄]，也可以是带电荷的阳离子或阴离子，如[Co(NH₃)₆]³⁺、[Fe(CN)₆]³⁻。中性的配位单元可直接称为配合物，带电荷的配位单元称为配离子，带正电荷的称为配阳离子，带负电荷的称为配阴离子。

多数配离子既存在于晶体中，也能存在于水溶液中，如[Cu(NH₃)₄]²⁺等。但也有一些配离子只能以固态形式或在特殊溶剂中存在。例如，KCl·CuCl₂ 晶体中有配阴离子[CuCl₃]⁻存在，但此配合物溶于水后，溶液中并无[CuCl₃]⁻，仅有简单的 K⁺、Cu²⁺和 Cl⁻的水合离子。而有些复盐，如光卤石 KCl·MgCl₂·6H₂O，不论在晶体或水溶液中皆无配离子，因此不属于配合物的范围。

10.1.2 配合物的组成

实验表明，用过量 AgNO₃ 处理配合物 CoCl₃·4NH₃ 溶液时，每摩尔该化合物仅可获得 1 mol AgCl 沉淀。由此可以推断，在该化合物溶液中，只有一部分氯以 Cl⁻形式存在，还有一部分氯与其他离子形成一个稳定的整体(配离子)，不与 Ag⁺作用生成沉淀。

因此，这类配合物通常是由配离子作为内界和其他离子作为外界的两部分组成。内界与外界之间以离子键结合。其中，内界是配合物的特征部分，在化学式中一般用方括号标明，不在内界的其他离子构成外界，如[CoCl$_2$(NH$_3$)$_4$]Cl、[Cu(NH$_3$)$_4$]SO$_4$ 等。有的配合物由带正电荷的配位单元和带负电荷的配位单元组成，它们互为内外界。有些配合物没有外界，本身呈中性，如[PtCl$_2$(NH$_3$)$_2$]、[Fe(CO)$_5$]等。

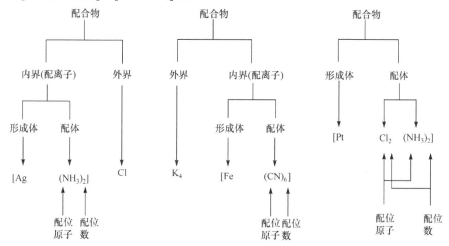

1. 形成体

配合物内界的中心称为形成体，多为带正电荷的金属阳离子。绝大多数金属原子或离子，如[Cu(NH$_3$)$_4$]SO$_4$ 中的 Cu^{2+}、[Fe(CO)$_5$]中的 Fe 原子，以及少数高氧化态的非金属元素，如[SiF$_6$]$^{2-}$中的 Si(Ⅳ)等，都可作为配合物的形成体。

2. 配体和配位原子

能够提供孤对电子或 π 电子的配体既可以是简单阴离子，也可以是多原子阴离子或电中性分子。配体中与形成体直接成键的原子为配位原子。根据配体中含有配位原子的数目，可将配体分为单齿、二齿、三齿及其他多齿配体。通过两个或两个以上的配位原子与一个形成体结合的配体称为螯合配体或螯合剂。

有些配体虽然具有两种甚至多种配位原子，但在一定条件下，仅有一种配位原子与形成体配位，这种配体称为两可配体。例如，硝基(—NO$_2$ 以 N 配位)和亚硝酸根(—O—N=O$^-$以 O 配位)、硫氰根(SCN$^-$以 S 配位)和异硫氰根(NCS$^-$以 N 配位)都是两可配体。若配位原子尚不清楚，就应当用"亚硝酸根"、"硫氰酸根"命名。常见配体列于表 10.1。

表 10.1　常见配体

配体	化学式	齿数
氟离子	F$^-$	1
氯离子	Cl$^-$	1
溴离子	Br$^-$	1
碘离子	I$^-$	1
氰根	CN$^-$	1

续表

配体	化学式	齿数
硫氰根	SCN^-	1
异硫氰根	NCS^-	1
氢氧根	OH^-	1
硝基	$—NO_2$	1
亚硝酸根	$—ONO^-$	1
乙酸根	CH_3COO^-	1
亚硫酸根	SO_3^{2-}	1
硫代硫酸根	$S_2O_3^{2-}$	1
水	H_2O	1
氨	NH_3	1
羰基	CO	1
吡啶(py)	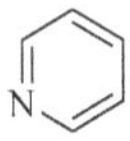 (结构式)	1
乙二胺(en)	$H_2N—CH_2—CH_2—NH_2$	2
联吡啶(dipy)	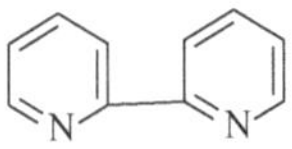 (结构式)	2
邻菲啰啉(phen)	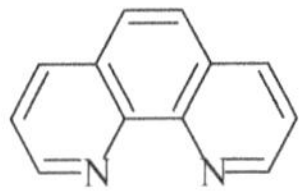 (结构式)	2
8-羟基喹啉根	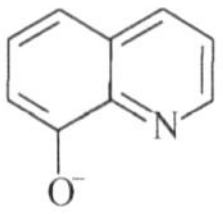 (结构式)	2
氨基乙酸根(gly)	$H_2N—CH_2—COO^-$	2
乙二酸根	$^-OOC—COO^-$	2
氨三乙酸根(nta)	$N{\begin{cases}CH_2COO^-\\CH_2COO^-\\CH_2COO^-\end{cases}}$	4
乙二胺三乙酸根	$^-OOCH_2C—NH—CH_2—CH_2—N{\begin{cases}CH_2COO^-\\CH_2COO^-\end{cases}}$	5
乙二胺四乙酸根(EDTA)	$\begin{cases}^-OOCH_2C\\ ^-OOCH_2C\end{cases}N—CH_2—CH_2—N{\begin{cases}CH_2COO^-\\CH_2COO^-\end{cases}}$	6

3. 配位数

　　与一个形成体成键的配位原子的数目，称为该形成体的配位数。例如，$[Ag(NH_3)_2]^+$中，Ag^+的配位数为 2；$[Fe(CO)_5]$中，Fe 的配位数为 5；$[CoCl_3(NH_3)_3]$中，Co^{3+}的配位数为 6。$[Pt(H_2NCH_2CH_2NH_2)_2]Cl_2$ 中，Pt^{2+}的配位数为 $2 \times 2 = 4$。在配合物中形成的配位数可以从 1 到 12，其中最常见的配位数为 6 和 4。

观察不同配合物的组成可以发现，不同形成体的配位数常有不同，同一形成体的配位数也可以发生变化。形成体配位数的大小与形成体和配体的电荷、半径、电子层结构等有关，一般可根据形成体和配体结合的静电作用本质解释。另外，还与形成配合物时的外界条件有关，特别是浓度和温度，都有可能影响形成体的配位数。

(1) 电荷：形成体的正电荷越高，对带负电荷的配体或电中性配体中配位原子的吸引能力越强，配位数越大，如不同价态的铂离子形成的配合物$[PtCl_6]^{2-}$和$[PtCl_4]^{2-}$。配体的负电荷增加，使配体之间的斥力增加，配位数减小，如$[Zn(NH_3)_6]^{2+}$和$[Zn(CN)_4]^{2-}$。

(2) 半径：形成体的半径增大，其周围可以容纳更多配体，因此配位数增大，如$r(Al^{3+}) > r(B^{3+})$，则有$[AlF_6]^{3-}$和$[BF_4]^{-}$。但是，如果形成体半径过大，其对配体的吸引能力减弱，反而会使配位数减小，如$[CdCl_6]^{4-}$和$[HgCl_4]^{2-}$。配体半径越大，形成体周围可以容纳的配体数目减少，配位数越小，如$r(F^-) < r(Cl^-)$，则有$[AlF_6]^{3-}$和$[AlCl_4]^{-}$。

(3) 浓度和温度：一般而言，增大配体的浓度有利于形成高配位数的配合物，如$[Fe(SCN)_n]^{3-n}$，随SCN^-的浓度增大，n 值从 1~6 递变。温度升高时，由于热振动的原因，配位数减小。

综上所述，影响配位数的因素是极其复杂的。但一般地讲，在一定范围的外界条件下，某一形成体有一个特征的配位数。

4. 配离子的电荷

配离子的电荷数等于形成体和配体总电荷的代数和。例如，$[Ag(NH_3)_2]^+$配离子的电荷为$(+1) + 0 \times 2 = +1$。我们可根据外界离子的总电荷确定配离子的电荷数。例如，$K_3[Fe(CN)_6]$和$K_4[Fe(CN)_6]$中配离子的电荷分别为-3 和-4。

由配离子的电荷也可计算形成体的氧化数，如$[Fe(CN)_6]^{4-}$和$[Fe(CN)_6]^{3-}$中 Fe 的氧化数分别为$+2$ 和$+3$。

10.1.3　配合物的化学式及命名

1. 配合物的化学式

配合物的组成和结构较一般简单化合物复杂，书写配合物的化学式时，应遵循以下原则：

(1) 在含有配离子的配合物的化学式中，阳离子在前，阴离子在后，如$[Ag(NH_3)_2]Cl$、$K_4[Fe(CN)_6]$。

(2) 在配位单元的化学式中，先列出形成体的元素符号，再列出配体，整个配位单元的化学式在方括号内，如$[CrCl_2(H_2O)_4]^+$、$[Co(NH_3)_5(H_2O)]^{3+}$。

(3) 配位单元中含有多种配体时，配体列出先后顺序如下：

i. 如既有无机配体又有有机配体，则无机配体排在前，有机配体排在后。

ii. 在无机配体和有机配体中，先列出阴离子，后列出中性分子。

iii. 同类配体，按配位原子元素符号的英文字母顺序排列。

iv. 同类配体中若配位原子相同，则将含较少原子数的配体排在前面，较多原子数的配体列后。

v. 若配位原子相同，配体中含原子的数目也相同，按在结构式中与配位原子相连的原子的元素符号的字母顺序排列。

2. 配合物的命名

根据"中国化学会无机化学命名原则"(1980 年),本节对一般的配合物的命名法则概括为以下几点。对于比较特殊的配合物的命名,在后面的章节涉及时再进行介绍。

1)配位单元

配位单元中配体的名称放在形成体名称之前,不同配体名称之间用圆点(·)分开,在最后一个配体名称之后缀以"合"字。配体的数目用二、三、四等数字表示,配体数目为一时可省略。如果作为形成体的元素可能有不止一种的氧化数,可在该元素名称之后加一圆括号,圆括号里面的大写罗马数字表明它的氧化数。例如,

$$[Co(NH_3)_6]^{2+}　六氨合钴(Ⅱ)配离子$$

2)含配离子的配合物

配合物的内界命名同上,配离子与外界离子之间遵循无机盐的命名,简单酸根称为"化",复杂酸根称为"酸"。例如,

$$[Co(NH_3)_6]Cl_3　三氯化六氨合钴(Ⅲ)$$

$$K_4[Fe(CN)_6]　六氰合铁(Ⅱ)酸钾$$

$$Cu_2[SiF_6]　六氟合硅(Ⅳ)酸亚铜$$

$$H_2[SiF_6]　六氟合硅(Ⅳ)酸$$

3)配体的次序

在配位单元中配体的命名次序按书写配合物的化学式应遵循的原则。

(1)配位单元中如果既有无机配体又有有机配体,则无机配体排列在前,有机配体排列在后。例如,

$$trans\text{-}[CoCl_2(en)_2]Cl　反式-氯化二氯·二(乙二胺)合钴(Ⅲ)$$

必须注意:数字后较复杂的配体常用括号括起来,以免混淆。

(2)在无机配体和有机配体中,先列出阴离子的名称,后列出中性分子的名称。例如,

$$[Al(OH)(H_2O)_5]^{2+}　羟基·五水合铝(Ⅲ)配离子$$

$$[IrCl_4(py)_2]　四氯·二(吡啶)合铱(Ⅲ)$$

$$[Co(N_3)(NH_3)_5]SO_4　硫酸叠氮·五氨合钴(Ⅲ)$$

(3)同类配体的名称,按配位原子元素符号的英文字母顺序排列。例如,

$$[Co(NH_3)_5(H_2O)]Cl_3　三氯化五氨·一水合钴(Ⅲ)$$

(4)同类配体中若配位原子相同,则将含较少原子数的配体列在前面,较多原子数的配体列在后面。例如,

$$[CoCl(NH_3)(en)_2]^{2+}　一氯·一氨·二(乙二胺)合钴(Ⅲ)配离子$$

(5)若配位原子相同,配体中含原子的数目也相同,则按在结构式中与配位原子相连的原子的元素符号的字母顺序排列。例如,

$$[Pt(NH_2)(NO_2)(NH_3)_2]　氨基·硝基·二氨合铂(Ⅱ)$$

（6）无机配体为从含氧酸失去质子而形成的阴离子时用"根"字结尾。例如，

$$Na_3[Ag(S_2O_3)_2] \quad 二(硫代硫酸根)合银（I）酸钠$$

4）有机配体命名

（1）有机配体为烃基与金属连接时，一般都表现为阴离子，在计算氧化数时也把它们当作阴离子，但在配合物中还是按照一般的基团命名。例如，

$$K[SbCl_5(C_6H_5)] \quad 五氯·(苯基)合锑（V）酸钾$$

（2）由有机化合物失去质子而形成的阴离子都用"根"字结尾(除上述中的烃类)。例如，

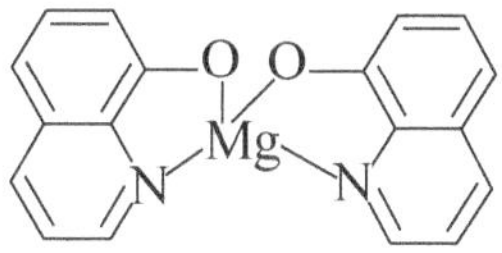

二(8-羟基喹啉根)合镁(II)

一些配合物的化学式、系统命名示例见表 10.2。

表 10.2　一些配合物的化学式、系统命名示例

类别	化学式	系统命名
配位酸	$H_2[SiF_6]$	六氟合硅(IV)酸
	$H_2[PtCl_6]$	六氯合铂(IV)酸
配位碱	$[Ag(NH_3)_2](OH)$	氢氧化二氨合银（I）
配位盐	$[Cu(NH_3)_4]SO_4$	硫酸四氨合铜（II）
	$[CrCl_2(H_2O)_4]Cl$	一氯化二氯·四水合铬(III)
	$[Co(NH_3)_5(H_2O)]Cl_3$	三氯化五氨·一水合钴(III)
	$K_4[Fe(CN)_6]$	六氰合铁（II）酸钾
	$Na_3[Ag(S_2O_3)_2]$	二(硫代硫酸根)合银（I）酸钠
	$K[PtCl_5(NH_3)]$	五氯·一氨合铂(IV)酸钾
	$NH_4[Cr(NCS)_4(NH_3)_2]$	四(异硫氰酸根)·二氨合铬(III)酸铵
中性分子	$[Fe(CO)_5]$	五羰基合铁
	$[PtCl_4(NH_3)_2]$	四氯·二氨合铂(IV)
	$[Co(NO_2)_3(NH_3)_3]$	三硝基·三氨合钴(III)

10.1.4　配合物的类型

配合物的范围极广，主要分为以下几类：

（1）简单配合物。指单齿配体与一个形成体直接配位形成的配合物，如 $[Ag(NH_3)_2]^+$、$[BF_4]^-$、$[PtBrCl(NH_3)_2]$ 等。

（2）螯合物。指多齿配体以两个或两个以上配位原子同时和一个形成体构成的具有环状结构的配合物。例如，

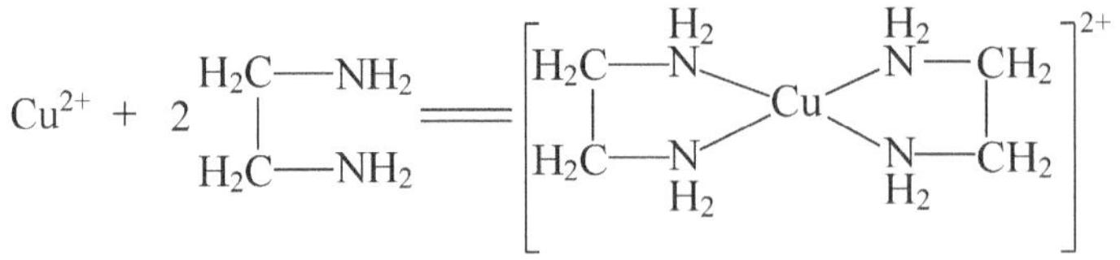

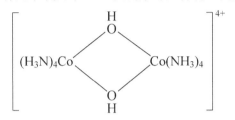

(3) 多核配合物。指含有两个或两个以上形成体的配合物。例如，

$$\left[(H_3N)_4Co \underset{\underset{H}{O}}{\overset{\overset{H}{O}}{<}} Co(NH_3)_4 \right]^{4+}$$

二（μ_2-羟基）·四氨合二钴（Ⅲ）配离子

在这个配合物中，配位原子 O 同时连接两个形成体 Co，含有这种原子的配体称为桥联基，一般用符号"μ"（读音：mü）表示，如 μ_3-O 表示三个形成体由一个桥联氧基连接。常见作为桥联基的配体有—OH、—NH$_2$、—O$^-$、—O$_2^-$、Cl$^-$等。

形成体可以通过桥联基连接，也可以以金属-金属键直接结合，形成体的数目用单核、双核、三核、四核等表示。例如，在双核的[Re$_2$Cl$_8$]$^{2-}$中，Re 与 Re 之间形成四重键（包括一个 σ 键、两个 π 键和一个 δ 键）。

(4) 羰基化合物。指 CO 分子与某些 d 区元素形成的配合物。例如，Ni(CO)$_4$、Fe(CO)$_5$等。

(5) 烯烃配合物。指配体为不饱和烃类的配合物。例如，[Ag(C$_2$H$_4$)]$^+$、[PdCl$_3$(C$_2$H$_4$)]$^-$等。在这类配合物命名时，用符号"η"（读音：eta）表示一个配体若干个连续的原子与形成体进行配位。例如，[Fe(η^5-C$_5$H$_5$)$_2$]表示二茂铁分子中，每个环戊二烯配体中的五个 C 原子与形成体 Fe^{2+}配位。

10.2　配合物的空间构型和异构现象

10.2.1　配合物的空间构型

当配体在形成体周围配位时，为了减小配体之间的静电排斥作用，达到能量上的稳定状态，配体要尽量互相远离，因而在形成体周围采取对称分布的状态。表 10.3 中列出了不同配位数的配位单元的空间构型。

表 10.3　配位单元的空间构型

配位数	空间构型	实例
2	直线形	[Ag(NH$_3$)$_2$]$^+$，[Ag(CN)$_2$]$^-$，[AuCl$_2$]$^-$，[Cu(CN)$_2$]$^-$
3	平面三角形	[HgI$_3$]$^-$，[Cu(CN)$_3$]$^{2-}$
3	三角锥形	[SnCl$_3$]$^-$
4	四面体	[Li(H$_2$O)$_4$]$^+$，[BeF$_4$]$^{2-}$，[BH$_4$]$^-$，[AlCl$_4$]$^-$，[CoBr$_4$]$^{2-}$，[ReO$_4$]$^-$，Ni(CO)$_4$，[Zn(NH$_3$)$_4$]$^{2+}$，[Cd(NH$_3$)$_4$]$^{2+}$

续表

配位数	空间构型	实例
4	平面正方形	$[Ni(CN)_4]^{2-}$, $[PtCl_4]^{2-}$, $[PdCl_4]^{2-}$, $[PtCl_2(NH_3)_2]$, $[Cu(NH_3)_4]^{2+}$
5	三角双锥	$[Fe(CO)_5]$, $[CuCl_5]^{3-}$, $[Ni(CN)_5]^{3-}$
5	正方锥形	$[VO(H_2O)_4]SO_4$, $K_2[SbF_5]$
6	正八面体	$[Co(NH_3)_6]^{3+}$, $[PtCl_6]^{2-}$, $[CrCl_2(NH_3)_4]^+$, $[AlF_6]^{3-}$, $[SiF_6]^{2-}$
7	五角双锥	$[ZrF_7]^{3-}$, $[UF_7]^{3-}$, $[UO_2F_5]^{3-}$

从表 10.3 中可以看出：配位数不同时，配位单元的空间构型不同；即使配位数相同，由于形成体和配体的种类及相互作用的情况不同，空间结构也可能不同，如$[ZnCl_4]^{2-}$为正四面体，而$[PtCl_4]^{2-}$则为平面正方形。

配位数大于 6 的配合物常出现在第二、三过渡系(包括镧系和锕系)的金属离子的配合物中，其空间构型比较复杂。配位数为 7 的配合物可以有下列三种不同构型：

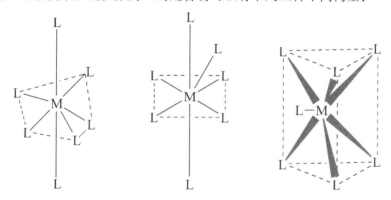

故配位数为 7 以上的配合物未列入表 10.3。

10.2.2　配合物的异构现象

所谓配合物的异构现象是指配合物的化学组成相同而原子间的连接方式或空间排列方式不同而引起性质不同的现象，如几何异构、水合异构、键合异构、配位异构等。下面将对常见的几种配合物异构现象进行简要介绍。

1. 几何异构现象

化学组成相同的形成体和配体由于在空间的位置不同而产生的异构现象称为几何异构。几何异构现象主要发生在配位数为 4 的平面正方形和配位数为 6 的八面体构型的配合物中。

1)平面正方形配合物

[MA₂B₂]类型平面正方形配合物可有顺式(cis-)和反式(trans-)两种异构体。例如，$[PtCl_2(NH_3)_2]$有下列两种异构体：

顺-$[PtCl_2(NH_3)_2]$

反-$[PtCl_2(NH_3)_2]$

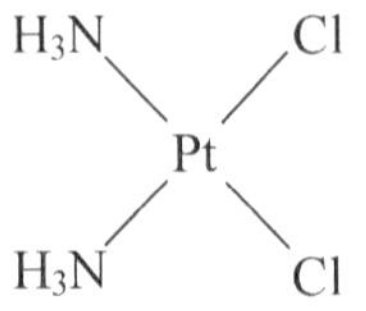

顺式指同种配体处于相邻位置，反式指同种配体处于对角位置(不难理解，配位数为 4 的正四面体结构并不存在几何异构)。这两种化合物无论在物理及化学性质上都呈现出明显的不同。

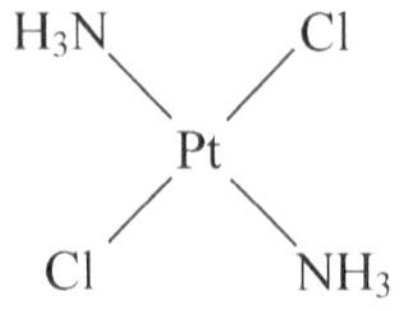

$[PtCl_2(NH_3)_2]$的顺、反异构体都是平面正方形。顺式异构体为橘黄色晶体，偶极矩 $\mu>0$，溶解度(298 K)为 0.25 g · $(100\ g\ H_2O)^{-1}$，较不稳定，与乙二胺反应能生成$[Pt(NH_3)_2(en)]Cl_2$。反式异构体为淡黄色，$\mu=0$，溶解度(298 K)更小，为 0.037 g · $(100\ g\ H_2O)^{-1}$，与乙二胺不反应。

Pt(Ⅱ)的配位化学已被广泛研究过，许多顺式和反式的$[PtX_2A_2]$、$[PtX_2AB]$及$[PtXYA_2]$配合物都是已知的(A 和 B 代表中性配体如 NH_3、py 等，X 和 Y 代表阴离子配体如 Cl^-、NO_2^-、Br^-、I^-等)。利用 X 射线衍射技术可以很方便地区分这些异构体。

具有不对称二齿配体的平面正方形配合物也有几何异构体。例如，氨基乙酸根 $NH_2CH_2COO^-$就是这样的配体，它与 Pt(Ⅱ)形成两种几何异构体：

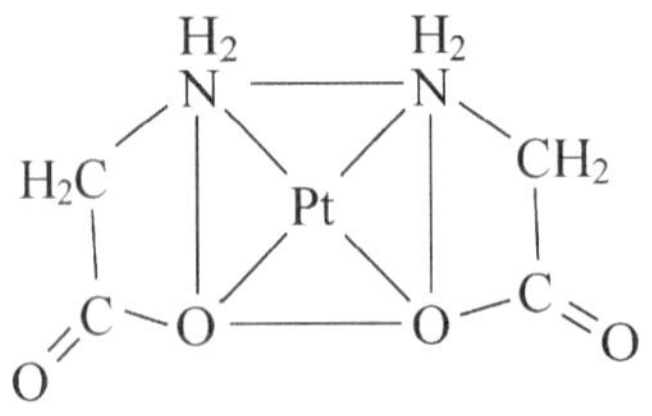

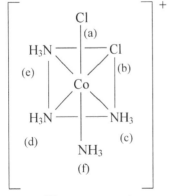

顺-$[Pt(gly)_2]$

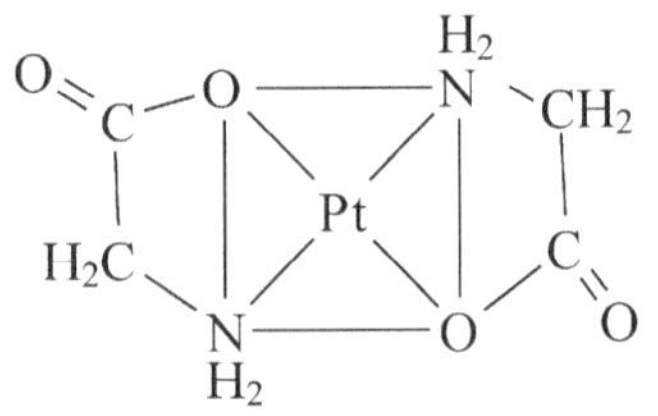

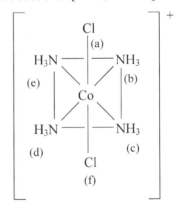

反-$[Pt(gly)_2]$

2) 八面体配合物

形成体配位数为 6 的八面体配合物随着配体和配位方式种类的增多，其几何异构体数目也会相应增加。

有两种配体的$[MX_2A_4]$型八面体配合物有两种几何异构体，如$[CoCl_2(NH_3)_4]^+$：

顺-$[CoCl_2(NH_3)_4]^+$
紫色

反-$[CoCl_2(NH_3)_4]^+$
绿色

通常将八面体配合物的六个配体标以英文字母，需注意位置(a)与(b)、(c)、(d)、(e)是等距离的，是相邻的关系；(a)与(f)的位置相距最远，是对角的关系。同种配体处于相邻的位置为顺式，而同种配体处于对角的位置为反式。此种情况，配合物的结构是顺式还是反式取决于相同的两个配体 X 之间的位置关系。

有两种配体的[MA₃B₃]型八面体配合物也有两种几何异构体，如$[Co(CN)_3(NH_3)_3]$：

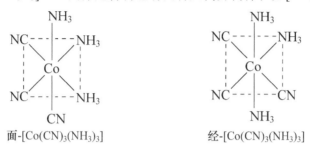

面-$[Co(CN)_3(NH_3)_3]$　　　　　经-$[Co(CN)_3(NH_3)_3]$

其中，一种排布是三个相同配体占据八面体一个面的三个顶点，这种排布的异构体称为面式(facial，略写为 *fac-*)异构体；另一种排布是三个相同配体中的两个互为反式，第三个与另两个均为顺式，这种排布的异构体称为经式(meridional，略写为 *mer-*)异构体。

具有两个对称的二齿配体的配合物也有两种几何异构体，如$[CoCl_2(en)_2]^+$：

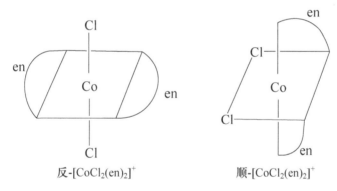

反-$[CoCl_2(en)_2]^+$　　　　　顺-$[CoCl_2(en)_2]^+$

几何异构体的数目与配位数、配体的种类、空间构型、多齿配体中配位原子的种类等因素有关。一般来说，配体的种类越多，存在异构体的数目也越多。例如，有三种和六种配体的[MX₂Y₂Z₂]和[MXYZABC]型八面体配合物，其几何异构体数目多达 5 种和 15 种。对于其他更加复杂的情况，如配合物中含有多齿配体或既含多齿又含单齿配体，此处不再讨论。现根据计算结果将若干平面正方形与八面体形配合物的几何异构体的数目列于表 10.4 中。

表 10.4　配位数为 4 和 6 的配合物的几何异构体数目

配合物类型	几何异构体数目	实例
MX₄	1	$[Pt(NH_3)_4]Cl_2$，$K_2[PtCl_4]$
MX₃Y	1	$[PtCl(NH_3)_3]Cl$，$K[PtCl_3(NH_3)]$
MX₂Y₂	2	$[PtCl_2(NH_3)_2]$
MX₂YZ	2	$[PtCl_2(NO_2)(NH_3)]$
MXYZA	3	$[Pt(Br)(Cl)(NH_3)(py)]$
MX₆	1	$[Pt(NH_3)_6]Cl_4$，$K_2[PtCl_6]$

续表

配合物类型	几何异构体数目	实例
MX$_5$Y	1	[PtCl(NH$_3$)$_5$]Cl$_3$，K[PtCl$_5$(NH$_3$)]
MX$_4$Y$_2$	2	[PtCl$_2$(NH$_3$)$_4$]Cl$_2$，K[PtCl$_4$(NH$_3$)$_2$]
MX$_3$Y$_3$	2	[PtCl$_3$(NH$_3$)$_3$]Cl
MX$_4$YZ	2	[PtCl(NO$_2$)(NH$_3$)$_4$]
MX$_3$Y$_2$Z	3	[PtCl$_3$(OH)(NH$_3$)$_2$]
MX$_2$Y$_2$Z$_2$	5	[PtCl$_2$(OH)$_2$(NH$_3$)$_2$]
MXYZABC	15	[Pt(Br)(Cl)(I)(NO$_2$)(NH$_3$)(py)]

注：表中 X、Y、Z、A、B、C 分别代表与中心离子 M 结合的单齿配体，为简洁省去了配离子的电荷。

2. 旋光异构现象

一些分子不能与其镜像重合，表明该分子具有手性。当平面偏振光通过手性分子时会向某一角度旋转一定角度，我们将手性分子这种旋转偏振光的能力称为旋光活性（或光学活性）。手性分子与其镜像分子互为旋光异构体（或称光学异构体）。旋光异构体的对称关系与人的左右手的对称性相似，它们彼此互为镜像，但不能互相重叠。故旋光异构体也称对映异构体，旋光异构现象又称对映异构现象。

其中，使偏振光向左旋转的，称为左旋异构体，用符号 D 或(+)表示，使偏振光向右旋转的，称为右旋异构体，用符号 L 或(-)表示。由于左旋和右旋异构体使偏振光旋转的程度恰恰相等，所以浓度相同的两种异构体共存时，其旋光性彼此抵消，这样的混合物称为外消旋混合物，用(±)表示，它的溶液不能使平面偏振光旋转，是没有光学活性的。把外消旋混合物分离成左旋异构体和右旋异构体的过程称为拆分。

一般来说，如果分子（或离子）具有对称平面σ（每一个原子都能在沿垂直该平面方向上找到另一个相同原子，且两个原子到该平面的距离相等）或者对称中心 i（每一个原子都能在其与对称中心的连线方向上找到另一个相同原子，且两个原子到该中心的距离相等），那么它不具有旋光活性。

在配合物中，双齿或多齿配体的六配位螯合物常出现旋光异构体。最早证明存在旋光异构体的是[CoCl(NH$_3$)(en)$_2$]Br$_2$，这个配合物具有顺式和反式两种几何异构体，其中顺式异构体中没有对称面，不能与其镜像重合，存在一对旋光异构体，如下图：

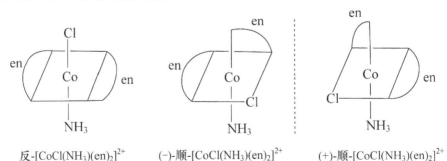

反-[CoCl(NH$_3$)(en)$_2$]$^{2+}$ (-)-顺-[CoCl(NH$_3$)(en)$_2$]$^{2+}$ (+)-顺-[CoCl(NH$_3$)(en)$_2$]$^{2+}$

$[Co(en)_3]^{3+}$ 存在以下两种旋光异构体：

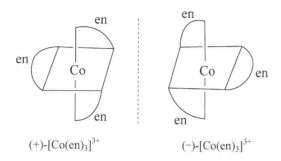

$(+)$-$[Co(en)_3]^{3+}$ $(-)$-$[Co(en)_3]^{3+}$

值得注意的是，配合物的旋光活性不仅可以来源于配合物中形成体与配体的连接方式，也可以来源于具有旋光活性的配体本身。此时，异构体的数目将会大大增加，情况变得非常复杂。例如，$[Co(NO_2)_2(en)(pn)]^+$ 共有 23 种形态（α 系、β 系各 10 种，再加上 3 种反式形态），实验中已全部得到。其中 pn = 1,2-丙二胺，其结构为

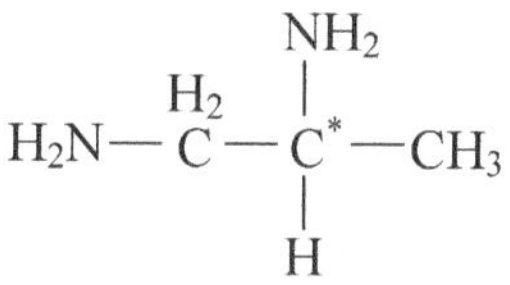

$$H_2N-\overset{H_2}{C}-\overset{\overset{\displaystyle NH_2}{|}}{\underset{\underset{\displaystyle H}{|}}{C^*}}-CH_3$$

1,2-丙二胺中含有一个手性碳原子 C^*，该配体本身具有旋光活性。

3. 其他异构现象

（1）键合异构。两可配体通过不同的配位原子与形成体配位所形成的异构体为键合异构体。例如，

$$[Co(NO_2)_2(en)_2]^+ 和 [Co(ONO)_2(en)_2]^+$$

$$[Pd(SCN)_2(bipy)] 和 [Pd(NCS)_2(bipy)]$$

（2）配位异构。当配合物由配阳离子和配阴离子两部分组成时，由于配体在配阳离子和配阴离子中的分布不同而形成的异构现象为配位异构现象。例如，

$$[Co(NH_3)_6][Cr(CN)_6] 和 [Cr(NH_3)_6][Co(CN)_6]$$

$$[Cr(NH_3)_6][Cr(SCN)_6] 和 [Cr(SCN)_2(NH_3)_4][Cr(SCN)_4(NH_3)_2]$$

$$[Pt(NH_3)_4][PtCl_6] 和 [PtCl_2(NH_3)_4][PtCl_4]$$

（3）配体异构。如果两种配体互为异构体，那么它们形成的配合物也互为异构体。例如，

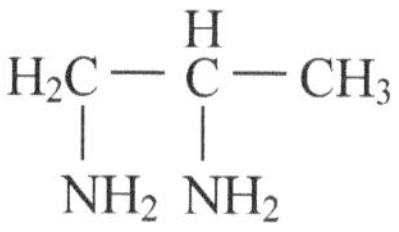

$$H_2C-\overset{\overset{\displaystyle H}{|}}{C}-CH_3 \qquad H_2C-\overset{H_2}{C}-CH_2$$
$$\underset{NH_2}{|}\ \underset{NH_2}{|}\quad (L) \qquad \underset{NH_2}{|}\qquad \underset{NH_2}{|}\ (L')$$

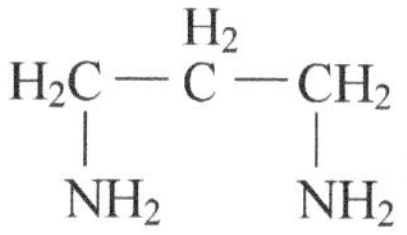

图中 L 和 L′ 互为异构体，由它们形成的 $[CoL_2Cl_2]^+$ 与 $[CoL'_2Cl_2]^+$ 互为配体异构体。

（4）构型异构。当一个配合物可以采用两种或两种以上的空间构型时，会产生构型异构现象。例如，$[NiCl_2(Ph_2PCH_2Ph)_2]$ 有两种空间构型，一个为四面体构型，另一个为平面构型。

（5）电离异构。若配合物具有相同的化学组成，但在溶液中电离时生成不同的离子，则它

们互为电离异构体。例如，紫色的[CoBr(NH₃)₅]SO₄和红色的[Co(SO₄)(NH₃)₅]Br互为电离异构体。

$$[CoBr(NH_3)_5]SO_4 \longrightarrow [CoBr(NH_3)_5]^{2+} + SO_4^{2-}$$

$$[Co(SO_4)(NH_3)_5]Br \longrightarrow [Co(SO_4)(NH_3)_5]^+ + Br^-$$

(6)水合异构。化学组成相同的配合物，由于水分子处于内界或外界的不同而引起的异构现象称为水合异构。例如，[CrCl₂(H₂O)₄]Cl·2H₂O(绿色)、[CrCl(H₂O)₅]Cl₂·H₂O(蓝绿色)和[Cr(H₂O)₆]Cl₃(蓝紫色)互为水合异构体。

10.3 配合物的化学键理论

配合物中形成体与配体之间的化学键与其他化合物并无本质区别，目前关于这方面的理论主要有价键理论、晶体场理论、配位场理论和分子轨道理论。下面分别简要介绍。

10.3.1 价键理论

1931年，鲍林等将杂化轨道理论应用到配合物中，用以说明配合物的化学键本质，随后经过逐步完善，形成了近代的价键理论。

1. 价键理论的要点

价键理论认为，形成体和配体通过配位键结合成配位单元。配位单元中的配位键依据其对称性的不同可分为σ键和π键两种：形成体提供空的杂化轨道接受配体提供的孤对电子或π电子形成σ配键，如[Ag(NH₃)₂]⁺配离子，中心离子采用sp杂化轨道接受配体NH₃提供的孤对电子形成σ配键；有些配合物如Fe(CO)₅，除形成σ配键外，中心金属原子d轨道还可以和配体CO空的反键π*轨道重叠生成π配键，在这种键中，d轨道中的成对电子反馈给配体，所以也称反馈π键。

2. 实例分析

1)配位数为4的配合物

【例10.1】 用价键理论讨论[Ni(NH₃)₄]²⁺和[Ni(CN)₄]²⁻的空间构型。

解 Ni²⁺的价电子构型为3d⁸。在[Ni(NH₃)₄]²⁺配离子中，Ni²⁺利用一个4s和三个4p空轨道进行杂化，形成四个等价sp³杂化轨道，容纳四个NH₃分子中N原子提供的四对孤对电子而形成四个配位键。

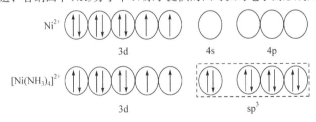

等性sp³杂化轨道的空间构型为正四面体，所以[Ni(NH₃)₄]²⁺的空间构型为正四面体，Ni²⁺位于正四面体中心，四个配位原子N在正四面体的四个顶点上。

在形成[Ni(CN)₄]²⁻配离子时，由于配体的影响，使3d电子重新分布，原有自旋平行的电子数减少，空出一个 3d 轨道，这个空 3d 轨道与一个 4s、两个 4p 轨道进行杂化形成四个 dsp^2 杂化轨道，容纳四个 CN^- 中 C 原子所提供的四对孤对电子而形成四个配位键。

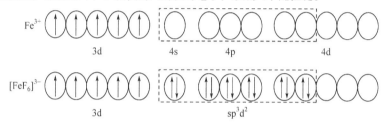

dsp^2 杂化轨道的空间构型为平面正方形，所以$[Ni(CN)_4]^{2-}$的空间构型为平面正方形。

2) 配位数为 6 的配合物

【例 10.2 】　用价键理论讨论$[FeF_6]^{3-}$和$[Fe(CN)_6]^{3-}$的空间构型。

解　Fe^{3+}的价电子构型为 $3d^5$。在形成$[FeF_6]^{3-}$时，Fe^{3+}的一个 4s、三个 4p 和两个 4d 空轨道进行杂化，组成六个 sp^3d^2 杂化轨道，容纳由六个 F^- 提供的六对孤对电子，形成六个配位键。

sp^3d^2 杂化轨道的空间构型是正八面体，故$[FeF_6]^{3-}$的空间构型是正八面体。

在形成$[Fe(CN)_6]^{3-}$时，Fe^{3+}在配体影响下，3d 电子重新分布，原来未成对的电子数减少，空出两个 3d 轨道，这两个 3d 轨道和一个 4s、三个 4p 轨道进行杂化组成六个 d^2sp^3 杂化轨道，容纳由六个 CN^-提供的六对孤对电子，形成六个配位键。

d^2sp^3 杂化轨道的空间构型也是正八面体，所以$[Fe(CN)_6]^{3-}$的空间构型也为正八面体。

由此可见，杂化类型与配位数、空间构型三者是密切相关的。

3. 配位键型——外轨配键与内轨配键

形成体以最外层的轨道(ns，np，nd)组成杂化轨道和配位原子形成的配位键，称为外轨配键，如 sp、sp^2、sp^3、sp^3d^2 杂化都形成外轨配键，以外轨配键所形成的配合物为外轨型配合物。若形成体以部分次外层轨道如$(n-1)d$ 轨道参与组成杂化轨道，则形成内轨配键，如 dsp^2、d^2sp^3、dsp^3 等杂化都可形成内轨配键，其对应的配合物为内轨型配合物。

配合物是内轨型还是外轨型，主要取决于形成体的电子构型、离子所带的电荷和配位原子的电负性大小。一般而言：

(1)具有 d^{10} 构型的离子，由于无法提供空的次外层 d 轨道，因此只能形成外轨型配合物；具有 d^8 构型的离子多数情况下形成内轨型配合物；具有 $d^4\sim d^7$ 构型的离子，既能形成外轨型也能形成内轨型配合物。

(2)形成体电荷增多有利于形成内轨型配合物。因为形成体电荷较多时，对配位原子的孤对电子引力增强，有利于较靠近原子核的次外层$(n-1)d$ 轨道参与成键，如$[Co(NH_3)_6]^{3+}$为内轨型，$[Co(NH_3)_6]^{2+}$为外轨型。

(3)配位原子电负性大(F、O 等，相应的配体为弱配体)的不易提供孤对电子，而形成外轨型配合物；配位原子电负性小（C 等，相应的配体为强配体）的易形成内轨型配合物；有的配体如 NH_3 介于二者之间，有时生成内轨型，有时生成外轨型。

对于形成体相同、配位数相同的配合物，一般内轨型比外轨型稳定。在溶液中内轨型比外轨型配合物的内界更难解离，这是由于 sp^3 杂化轨道能量比 dsp^2 高，sp^3d^2 杂化轨道能量比 d^2sp^3 高，能量较低的体系通常较为稳定。

4. 配合物磁性与键型的关系

价键理论不仅成功地说明了配合物的空间构型和某些化学性质，而且也较好地解释了配合物的磁性。

物质的磁性主要是由成单电子的自旋运动和电子绕核的轨道运动所产生。量子力学的论证表明第一过渡金属原子的磁矩 $\mu_S + \mu_L$ 由下式决定：

$$\mu_S + \mu_L = \sqrt{4S(S+1) + L(L+1)}\mu_B$$

$$\mu_B = 1\text{ B.M.} = \frac{eh}{4\pi mc} = 9.274 \times 10^{-24}\text{A} \cdot \text{m}^2$$

式中，S 是原子自旋量子数；L 是原子轨道角动量量子数；μ_B 为磁矩。

第一过渡金属的配合物中，形成体的 d 轨道受配体场的影响较大，轨道运动对磁矩的贡献被周围配位原子的电场所抑制，几乎完全消失，而自旋运动不受电场影响（受磁场影响）。可以认为，磁矩主要是由电子的自旋运动贡献的。取 $\mu_L = 0$，只考虑自旋的磁矩公式如下：

$$\mu_S = \sqrt{4S(S+1)}\mu_B$$

式中，$S = n \times m_s$，n 是未成对电子数，m_s 是自旋量子数。因为 m_s 的值为 $\pm\frac{1}{2}$，所以 $S = \frac{n}{2}$，代入上式得

$$\mu_S = \sqrt{n(n+2)}\mu_B$$

式中，m 为电子的质量；c 为真空中光速；B.M.为磁矩单位玻尔磁子的缩写。

根据上式计算出 $n = 1\sim5$ 的理论 μ_S 值和实测磁矩 μ 值基本相符，如 $[FeF_6]^{3-}$ 按上式计算 $\mu = 5.92$ B.M.，而实验测得 $\mu = 5.88$ B.M.，两者大致相等；$[Fe(CN)_6]^{3-}$、$[Fe(CN)_5(NH_3)]^{3-}$ 等计算和实验都得出 $\mu = 0$ 的结论。因此，可以通过测定配合物的磁矩了解形成体未成对电子数，推测该配合物是外轨型还是内轨型。

【例 10.3】　测定 $[Fe(H_2O)_6]^{3+}$ 的 $\mu = 5.3$ B.M.，$[Fe(CN)_6]^{3-}$ 的 $\mu = 2.3$ B.M.，由此推断上述配合物属外轨型还是内轨型。

解　对于 $[Fe(H_2O)_6]^{3+}$，有

$$\mu = \sqrt{n(n+2)} = 5.3 \qquad n \approx 5$$

说明 $[Fe(H_2O)_6]^{3+}$ 配离子中 Fe^{3+} 有 5 个未成对电子，其中心离子的电子排布与自由状态时相同。

$$sp^3d^2$$

说明配体对电子排布没有影响，为外轨型。

对于 $[Fe(CN)_6]^{3-}$，有

$$\mu = \sqrt{n(n+2)} = 2.3 \qquad n \approx 1$$

表明$[Fe(CN)_6]^{3-}$配离子中 Fe^{3+}只有一个未成对电子。

$[Fe(CN)_6]^{3-}$

d^2sp^3

与自由离子 Fe^{3+}中有 5 个未成对电子相比，形成配离子后单电子数减少，说明配体对 Fe^{3+}的电子排布有影响，使它重新排布，空出两个次外层 d 轨道，形成内轨型配合物。

10.3.2 晶体场理论和配位场理论

几乎与价键理论同时，贝特(Bethe)和范弗莱克(van Vleck)先后在 1929 年和 1932 年提出了晶体场理论。晶体场理论(crystal field theory，CFT)本质上是一种静电作用理论，它能够成功地解释配离子的光学、磁学等性质，而价键理论在这些方面遇到了一些困难(如解释配合物的颜色、为什么几何构型为平面四边形的$[Cu(NH_3)_4]^{2+}$的 Cu^{2+}不是 dsp^2 杂化等)。对晶体场理论的修正则形成了配位场理论(ligand field theory，LFT)。与晶体场理论相比，配位场理论考虑了配体与形成体间的共价作用，因而能更好地说明配合物的结构。在这里，我们仅介绍晶体场理论及其应用。

1. 晶体场理论

晶体场理论的基本要点包括：

(1)在配合物中，形成体处于由配体(负离子或极性分子的负端)形成的静电场中，把形成体视为带正电荷的点电荷，把配体视为带负电荷的点电荷，形成体与配体之间完全靠静电吸引作用结合在一起，这是配合物稳定的主要原因。

(2)根据被视为点电荷的多个配体与不同空间取向的 5 个 d 轨道的位置关系(配合物几何构型)，配体负电场对 d 轨道上电子的排斥力大小有所不同，导致形成体 5 个能量相同的 d 轨道发生能级分裂，有些轨道能量升高较多，有些轨道能量升高较少。

(3)由于 d 轨道能级分裂，d 轨道上的电子将重新分布，优先填充在能量较低的轨道，从而使体系能量降低，稳定性高于发生能级分裂以前的体系。

2. 轨道能级在晶体场中的分裂

1)八面体场中 d 轨道的分裂

八面体场中 6 个配体分别占据八面体的 6 个顶点(图 10.1)，以$[Ti(H_2O)_6]^{3+}$为例，$Ti^{3+}(d^1)$在未与 6 个 H_2O 配合时 5 个 d 轨道是简并的。假设存在一球形对称的负电场，负电荷均匀分布于球体表面，如果将 Ti^{3+}放在球心，则因负电场对 5 个简并的 d 轨道中的电子产生均匀的排斥力，使所有 d 轨道的能量都有所升高，但不会发生能级分裂。如果 6 个水分子处于 Ti^{3+}周围，占据八面体的六个顶点形成八面体配离子，这 6 个配体就形成另一种负电场，称为八面体场。如图 10.1 和图 10.2 所示，在八面体场中，$d_{x^2-y^2}$ 和 d_{z^2}轨道和配体 L 处于迎头相碰的状态。如果 Ti^{3+}的 1 个 d 电子处于这些轨道，将受到带负电配体较大的静电排斥，因而它们的能量较球形场升高，而 d_{xy}、d_{yz}、d_{xz}三个轨道因正好处在配体的空隙中间，受到斥力较小，因而这些轨道的能量较球形场时降低，即原本处于简并态的 5 个 d 轨道在八面体场中分裂成两组，一组是能量较高的 $d_{x^2-y^2}$ 和 d_{z^2}，称为 e_g 轨道；另一组是能量较低的 d_{xy}、d_{yz}、d_{xz} 轨道，称为 t_{2g} 轨道，如图 10.3(c)所示，e_g 和 t_{2g} 轨道符号表示对称类别，e 为二重简并，t 为三重简并，g 代表中心对称。

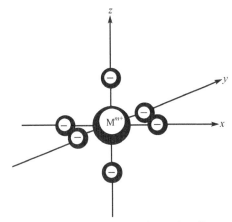

图 10.1　在直角坐标系中 M^{m+} 周围六个配体的示意图

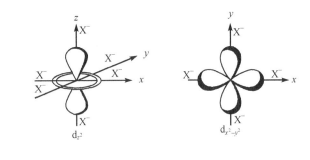

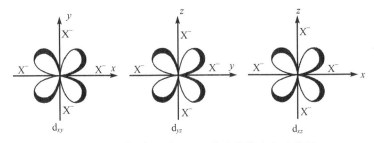

图 10.2　d 轨道和图 10.1 六个配体的取向示意图

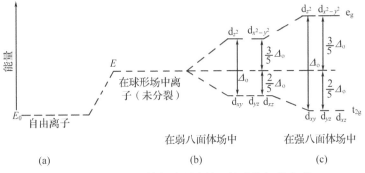

图 10.3　在正八面体场中形成体 d 轨道能级的分裂

2) 四面体场中 d 轨道的分裂

在四面体场中，d 轨道分裂情况如下：设在立方体的中心放置金属离子，立方体的八个顶点每隔一个放一个配体并向中心离子趋近，形成四面体场(图 10.4)。此时 d_{xy}、d_{yz}、d_{xz} 三个轨道分别指向立方体四个平行的棱边的中点，距负电荷配体 L 较近，受到的负电排斥作用较强，使能量升高较多。$d_{x^2-y^2}$ 和 d_{z^2} 分别是指向立方体的面心，距 L 较远，受到的负电排斥作用较弱，使能量升高较少，即一组 d_{xy}、d_{yz}、d_{xz} 轨道能量升高较多(称为 t_2 轨道)，而另一组 $d_{x^2-y^2}$、d_{z^2} 能量升高较少(称为 e 轨道)，产生与八面体场恰恰相反的分裂，如图 10.5 所示。

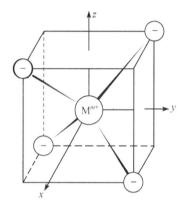

图 10.4　正四面体场中配体示意图及金属 d 轨道的分裂

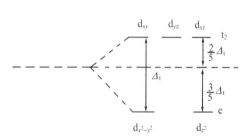

图 10.5　正四面体场中 d 轨道的分裂

Δ_t：下标 t 表示四面体

3) 平面正方形场中 d 轨道的分裂

在平面正方形场中，d 轨道的分裂情况为：设有 4 个负电荷配体 L 沿 $\pm x$ 和 $\pm y$ 轴方向向中心离子趋近，$d_{x^2-y^2}$ 轨道受 L 负电排斥最强，能量升高最多，其次是 d_{xy} 轨道，而 d_{z^2} 和 d_{xz}、d_{yz} 的能量升高较少，d 轨道分裂成四组，如图 10.6 所示。和八面体场相比，在平面正方形场中，配体分布很不均匀，集中在 xy 平面，导致有的 d 轨道受到很大的排斥，有的 d 轨道受排斥很小，即分裂后的 d 轨道能量差别较大。

3. 分裂能和光谱化学序列

在晶体场理论中，把 5 个 d 轨道分裂后，最高能级同最低能级间的能量差称为分裂能，以 Δ 表示。

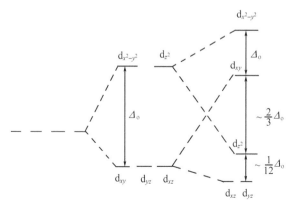

图 10.6　平面正方形场中 d 轨道的分裂

如八面体场的分裂能以 Δ_o 或 10 Dq 表示，则

$$2E_{e_g} + 3E_{t_{2g}} = 0$$

$$E_{e_g} - E_{t_{2g}} = 10\,\mathrm{Dq}(\Delta_o)$$

或

$$E_{e_g} = +6\,\mathrm{Dq} \qquad E_{t_{2g}} = -4\,\mathrm{Dq}$$

$$E_{e_g} = 3/5\Delta_o \qquad E_{t_{2g}} = -2/5\Delta_o$$

如为四面体场，假设配体与金属离子间的距离与八面体场相同，则根据计算，四面体场的分裂能 Δ_t 只有八面体场分裂能 Δ_o 的 4/9，则

$$2E_e + 3E_{t_2} = 0$$

$$E_{t_2} - E_e = \frac{4}{9} \times 10\,\mathrm{Dq}$$

$$E_{t_2} = +1.78\,\mathrm{Dq}$$

$$E_e = -2.67\,\mathrm{Dq}$$

中心离子 d 轨道在晶体场中的分裂，从配合物的光谱得到证实，分析吸收光谱可以得出分裂能的大小。

例如，Ti^{3+} 具有 d^1 组态，在八面体的配离子 $[Ti(H_2O)_6]^{3+}$ 中这个 d 电子位于能量最低的三重简并的 t_{2g} 轨道上。Ti^{3+} 的水溶液呈紫色，就是由于 Ti^{3+} 吸收光子而发生以下跃迁：$t_{2g}^1 e_g^0 \longrightarrow t_{2g}^0 e_g^1$，这种跃迁常称 d-d 跃迁。在 $[Ti(H_2O)_6]^{3+}$ 配离子吸收光谱中，这个跃迁在波数 20300 cm^{-1} 附近有一个最大吸收峰，相当于 e_g 轨道与 t_{2g} 轨道间的能量差，即分裂能为

$$10\,\mathrm{Dq} = \Delta_o = 20300\,\mathrm{cm}^{-1} \times \frac{1\,\mathrm{kJ\cdot mol^{-1}}}{83.6\,\mathrm{cm}^{-1}} = 243\,\mathrm{kJ\cdot mol^{-1}}$$

关于分裂能，有下面四条一般规律：

(1)配位场类型不同，Δ 值不同。在同种配体中，如与形成体距离相等的条件下，有

$$\Delta_t = \frac{4}{9}\Delta_o$$

(2)同种配体与同一过渡元素形成体形成的配合物，高氧化数比低氧化数的 Δ 值大。这是由于随着形成体电荷的增大，配体更靠近中心离子，从而对形成体 d 轨道能级产生较大的影响。例如，

$$[Cr(H_2O)_6]^{2+} \qquad \Delta_o = 166\,\mathrm{kJ\cdot mol^{-1}}$$

$$[Cr(H_2O)_6]^{3+} \qquad \Delta_o = 208\,\mathrm{kJ\cdot mol^{-1}}$$

(3)同种配体与相同氧化数的同族过渡元素离子所形成的配合物，其 Δ 值随形成体在周期表中所处的周期数增大而递增。这主要是由于后两周期过渡金属离子的 d 轨道比较扩展，受配体场的作用较强烈。例如，

$$[Co(NH_3)_6]^{3+} \qquad \Delta_o = 274\,\mathrm{kJ\cdot mol^{-1}}$$

$$[Rh(NH_3)_6]^{3+} \qquad \Delta_o = 408\,\mathrm{kJ\cdot mol^{-1}}$$

$$[\mathrm{Ir(NH_3)_6}]^{3+} \qquad \Delta_o = 490 \; kJ \cdot mol^{-1}$$

（4）同种中心离子与不同配体形成相同构型的配离子时，其分裂能 Δ 值随配体场强弱不同而变化。例如，

$$[\mathrm{CrCl_6}]^{3-} \qquad \Delta_o = 158 \; kJ \cdot mol^{-1}$$

$$[\mathrm{Cr(CN)_6}]^{3-} \qquad \Delta_o = 314 \; kJ \cdot mol^{-1}$$

Cl^- 作配体时由于电负性大，对形成体 3d 电子的排斥作用较小，因而 Δ 值小；CN^- 作配体时配位原子 C 电负性小，对形成体 3d 电子的排斥作用较大，因而 Δ 值较大。Cl^- 为弱场配体，CN^- 为强场配体。配体场强的强弱顺序排列如下：

$I^- < Br^- < Cl^- \approx \dot{S}CN^- < N_3^- < F^- < (NH_2)_2CO < OH^- < C_2O_4^{2-} \approx CH_2(COO)_2^{2-} < H_2O < \dot{N}CS^- < $ 吡啶 $\approx NH_3 \approx \dot{P}R_3 < en < SO_3^{2-} < NH_2OH < \dot{N}O_2^- \approx$ 联吡啶 $\approx$ 邻菲啰啉 $< H^- \approx CH_3^- \approx C_6H_5^- < \dot{C}N^- \approx CO < \dot{P}(OR)_3 \; (\cdot$ 指配位原子$)$

这个序列称为光谱化学序列，是从配合物的光谱实验确定的。它代表了配位场的强弱顺序。排在左边的配体为弱场配体，排在右边的是强场配体。大体上可从 NH_3 开始算强场配体，从配位原子来说，Δ 的大小为

$$卤素 < 氧 < 氮 < 碳$$

4. 配合物高、低自旋的预测

在配位场中，形成体的 d 电子在各 d 轨道中的分布仍服从能量最低原理和洪德规则。在八面体场中，由于 t_{2g} 轨道比 e_g 轨道能量低，电子将优先进入 t_{2g} 轨道中，尽可能分别占据不同轨道且自旋状态相同。如果两个电子进入同一轨道偶合成对，则需要消耗一定的能量，这是因为这两个电子相互排斥的缘故，这种能量称为电子成对能，简称成对能，用 P 表示。在弱场的情况下，分裂能较小，形成体的电子成对能 P 大于分裂能 Δ，电子将优先分别占据各个轨道，占满之后如果仍有多余的电子才会成对，使系统的能量最低；在强场的情况下，分裂能大于电子成对能 P，电子将优先成对充满 t_{2g} 轨道，如有多余的电子再占据 e_g 轨道，这样也会使体系的能量最低。

例如，$Co^{3+}(3d^6)$

$$[\mathrm{Co(CN)_6}]^{3-} \quad \Delta_o > P \qquad\qquad\qquad [\mathrm{CoF_6}]^{3-} \quad P > \Delta_o$$

$$n = 0 \qquad\qquad\qquad\qquad\qquad n = 4$$

测得　　　　　$\mu = 0 \; B.M., \; n = 0$ 　　　　　　$\mu = 5 \; B.M., \; n = 4$

可见由配位场理论推出的配合物中 Co(Ⅲ) 未成对电子的数目与实测的磁矩相符合，从而圆满地解释了这些配合物的磁性。$[\mathrm{Co(CN)_6}]^{3-}$ 中 Co^{3+} 的 d 电子先充满能量较低的 t_{2g} 轨道，这种配合物称为低自旋配合物，$[\mathrm{CoF_6}]^{3-}$ 中 Co^{3+} 的 d 电子，除了有两个电子必须成对外，其他 4 个电子分别占据剩下的 t_{2g} 和 e_g 的四个轨道，这种配合物称为高自旋配合物。即强场配体可形成低自旋配合物，弱场配体可形成高自旋配合物。在八面体场中，外层电子构型为 $d^{1\sim3}$ 和 $d^{8\sim10}$

的形成体，在强、弱场中电子分布是相同的；对于外层电子构型为 $d^{4\sim7}$ 的形成体，在强、弱场中的电子分布不同。由于随着周期数的增加，其分裂能 Δ_o 增大，因此用 4d、5d 轨道形成的配合物一般是低自旋的。

在四面体场中，由于分裂能只有八面体场分裂能的 4/9，比成对能小，因此四面体配离子中 d 电子排布取高自旋状态。

5. 晶体场（或配位场）稳定化能

在晶体场影响下，形成体的 d 轨道能级分裂，电子优先占据能量较低的轨道。相对于球形场中未分裂的 d 轨道，d 电子在晶体场中占据分裂后的 d 轨道所产生的总能量下降值，称为晶体场稳定化能（CFSE）。根据各轨道的能量和进入其中的电子数，就可以算出配合物的晶体场稳定化能。如不考虑电子成对能，八面体配合物的晶体场稳定化能为

$$\text{CFSE} = n_1 E_{t_{2g}} + n_2 E_{e_g} = -\left(\frac{2}{5}n_1 - \frac{3}{5}n_2\right)\Delta_o = -(4n_1 - 6n_2)\,\text{Dq}$$

例如，d^4 组态的中心离子，在弱场中的电子排布为 $t_{2g}^3 e_g^1$，总能量下降值为

$$\text{CFSE} = -(4\times3 - 6\times1)\,\text{Dq} = -6\,\text{Dq}$$

在强场中的电子排布为 $t_{2g}^4 e_g^0$，这时有一对电子成对，考虑到成对能 P（通常忽略），则总能量下降值为

$$\text{CFSE} = -(4\times4)\,\text{Dq} + P = -16\,\text{Dq} + P$$

在正四面体场中，轨道分裂为 t_2 和 e 两组轨道，相对于未分裂的 d 轨道，e 轨道的能量为 -2.67 Dq，t_2 轨道的能量为 +1.78 Dq。d 电子在四面体场中的排布取高自旋状态，则 d^4 组态的中心离子在四面体场中的电子排布为 $e^2 t_2^2$，总能量的下降值为

$$\text{CFSE} = -(2\times2.67 - 2\times1.78)\,\text{Dq} = -1.78\,\text{Dq}$$

其他 d^n 组态过渡金属离子在平面正方形场、正八面体场和正四面体场的稳定化能都可近似求出，如表 10.5 所示。

表 10.5　过渡金属配离子的稳定化能（CFSE）

d^n	离子	弱场 CFSE/Dq			强场 CFSE/Dq		
		平面正方形	正八面体	正四面体	平面正方形	正八面体	正四面体
d^0	Ca^{2+}、Sc^{3+}	0	0	0	0	0	0
d^1	Ti^{3+}	-5.14	-4	-2.67	-5.16	-4	-2.67
d^2	Ti^{2+}、V^{3+}	-10.28	-8	-5.34	-10.28	-8	-5.34
d^3	V^{2+}、Cr^{3+}	-14.56	-12	-3.56	-14.56	-12	-8.01
d^4	Cr^{2+}、Mn^{3+}	-12.28	-6	-1.78	-19.70	-16	-10.68
d^5	Mn^{2+}、Fe^{3+}	0	0	0	-24.84	-20	-8.90
d^6	Fe^{2+}、Co^{3+}	-5.14	-4	-2.67	-29.12	-24	-6.12
d^7	Co^{2+}、Ni^{3+}	-10.28	-8	-5.34	-26.84	-18	-5.34

续表

d^n	离子	弱场 CFSE/Dq			强场 CFSE/Dq		
		平面正方形	正八面体	正四面体	平面正方形	正八面体	正四面体
d^8	Ni^{2+}、Pd^{2+}、Pt^{2+}	−14.56	−12	−3.56	−24.56	−12	−3.56
d^9	Cu^{2+}、Ag^{2+}	−12.28	−6	−1.78	−12.28	−6	−1.78
d^{10}	Cu^+、Ag^+、Au^+、Zn^{2+}、Cd^{2+}、Hg^{2+}	0	0	0	0	0	0

注：本表中计算的稳定化能均未扣除成对能(P)，而且是以八面体的Δ_o为基准比较所得的相对值。

表 10.5 中列出了 $d^{0\sim10}$ 离子在几种常见配位场的弱场与强场中的稳定化能。可以看出，对于正八面体弱场而言，从 $d^0\sim d^{10}$，其中 d^0、d^5、d^{10} 没有稳定化能，并且以 d^3 和 d^8 的稳定化能最大。图 10.7 以稳定化能对 d^n 绘图，曲线呈 "反双峰状" 或 "W" 状，称为反双峰效应。对于正四面体弱场而言，d^0、d^5、d^{10} 也没有稳定化能，以 d^2 和 d^7 的稳定化能为最大，也形成反双峰状，并且与正八面体弱场相比，对于同一 d^n 组态，正四面体场的稳定化能比正八面体弱场的小。

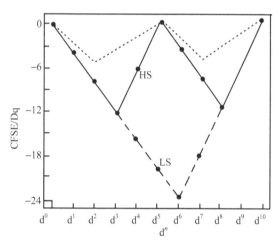

图 10.7 正八面体强、弱场和正四面体弱场的稳定化能与 d^n 的关系

······为正四面体弱场；——为正八面体弱场；----为正八面体强场

晶体场稳定化能直接影响过渡元素的一些性质，如二价金属离子的水合热 $\Delta H_h^{\ominus}$、晶格能和离子半径等。第四周期元素 M^{2+} 的 $\Delta H_h^{\ominus}$、晶格能和离子半径的变化规律可作如下解释：

(1) 离子水合热。就第一过渡系元素而言，如果不考虑配体场的影响，从 Ca^{2+} 到 Zn^{2+} 核电荷数依次增加，离子半径似应逐个减小，在它们的水合离子 $[M(H_2O)_6]^{2+}$ 中，形成体与水分子应结合得依次牢固，其水合热应循序上升，形成一条平滑曲线。实际情况如图 10.8 所示，出现了两个小山丘。极大值出现在 V^{2+} 和 Ni^{2+} 处，只有 Ca^{2+}、Mn^{2+} 和 Zn^{2+} 位于平滑曲线上。如果对每一个 M^{2+} 从测定的 $\Delta H_h^{\ominus}$ 中减去 CFSE，则可得到一条近似于 Ca^{2+}、Mn^{2+} 和 Zn^{2+} 连线的平滑曲线，该曲线代表离子 M^{2+} 在水溶剂形成的球形场中的水合热。因此，双峰的出现正是由 CFSE 引起的。

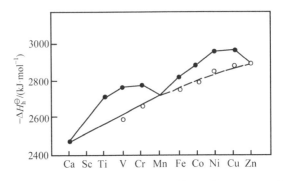

图 10.8　一些二价金属离子的水合热(•是实验值；○是经过 CFSE 校正后的值)

(2)晶格能。第四周期 $CaCl_2\sim ZnCl_2$ 的晶格能(图 10.9)和 M^{2+} 水合热的情况一样，也是由于 d 轨道分裂造成 CFSE 不同影响的结果。

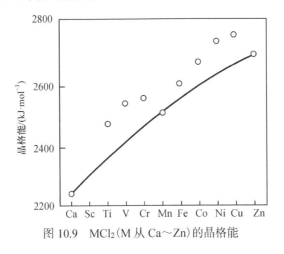

图 10.9　MCl_2(M 从 Ca$\sim$Zn)的晶格能

(3)离子半径。以 M^{2+} 的半径对 d^n 作图(图 10.10)可知，连接 Ca^{2+}、Mn^{2+} 和 Zn^{2+} 半径的数值，可得光滑的曲线。这是因为上述三种离子的 3d 轨道处于全空、半充满或全充满的状态，d 电子的分布呈球形对称，离子半径随核电荷的增加循序收缩。而其他组态的离子半径均处

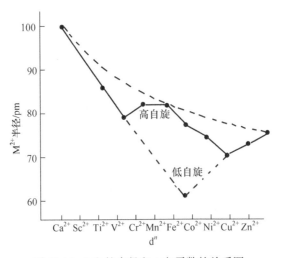

图 10.10　M^{2+} 的半径和 d 电子数的关系图

于光滑曲线之下,这是由 d 电子的非球形对称分布引起的。在高自旋的情况下可观察到"反双峰"曲线,在低自旋的情况下观察到"V"形曲线,这也是由 CFSE 造成的。因为在稳定化能大的配离子中,d 电子尽先占据 t_{2g} 轨道,t_{2g} 轨道不指向配体,因而配体受到的排斥作用小,更靠近形成体,所以测得的 $r < r_{球}$。

6. 过渡金属配合物的颜色

晶体场理论可以解释甚至预测过渡金属配合物的颜色。由于过渡金属配合物中往往存在 d-d 跃迁,且发生这种跃迁所吸收的能量属于可见光谱的范围,因此过渡金属配合物显现出各种颜色,这也是配合物作为染料和颜料被广泛应用于包括服装、艺术等领域的重要原因。值得注意的是,我们肉眼观察到的配合物的颜色来自于未被配合物吸收的光的颜色。例如,蓝色溶液是因为其吸收红光和绿光,不吸收可见光并能反射全部光线的物体为白色。结合物质显色和 d-d 跃迁的原理,我们可以通过配合物溶液的颜色推断出该配合物吸收光的波长及其分裂能 Δ 的大小。光谱化学序列中配体场强的强弱也解释了配合物同分异构体的不同颜色。

无 d-d 跃迁的配合物(构型为 d^0 和 d^{10})并不一定没有颜色。这种被称为"电荷迁移"的显色机理比较复杂,与电子在配体轨道与金属轨道之间的跃迁有关。由于这种电荷迁移的能量往往高于 d-d 跃迁,其吸收峰一般在近紫外和紫外区,且吸收强度大。典型的三种形式包括:①配体向金属的电荷迁移,易发生在较高氧化态金属与易被氧化的配体之间,如 MnO_4^- 和 CrO_4^{2-} 分别为紫色和黄色,$Os^{III}Cl_6^{3-}$ 与 $Os^{III}I_6^{3-}$ 的跃迁能分别为 35450 cm^{-1} 和 19100 cm^{-1};②金属向配体的电荷迁移,如 Fe^{2+} 与邻菲啰啉形成的配合物 $[Fe(phen)_3]^{2+}$ 为深红色;③金属向金属的电荷迁移,如发生 Fe^{2+} 向 Fe^{3+} 迁移的普鲁士蓝 $K[Fe^{III}Fe^{II}(CN)_6]$ 为深蓝色。

7. 杨-特勒效应

在过渡金属的配合物中,配位数为 6 的配合物是最常见的,并且常取八面体构型。但是有些八面体构型并非理想的正八面体,而是变形八面体。例如,由实验测定,在 $[Cu(NH_3)_6]^{2+}$ 中,有 4 个 NH_3 与 Cu^{2+} 的距离为 207 pm,有两个 NH_3 与 Cu^{2+} 的距离为 262 pm。这种变形现象可通过杨-特勒(Jahn-Teller)效应解释。

1937 年,杨和特勒提出,简并轨道的不对称占据会导致畸变,如 d^9 的 Cu^{2+} 在八面体场可以有能量相等的两种排列:

(1) $(t_{2g})^6 (d_{x^2-y^2})^1 (d_{z^2})^2$

(2) $(t_{2g})^6 (d_{x^2-y^2})^2 (d_{z^2})^1$

无论采用其中哪一种排列方式,都会引起正八面体变形。采用 (1) 排布方式,因为 $d_{x^2-y^2}$ 轨道上缺少一个电子,则在 xy 平面上的 d 电子对中心离子核电荷的屏蔽效应比在 z 轴上的小,所以中心离子对 xy 平面上四个配体的吸引就大于对 z 轴方向上两个配体的吸引,从而使 xy 平面上的四个键缩短,z 轴方向上的两个键伸长,成为拉长八面体。采用 (2) 排布方式则正好相反,由于 d_{z^2} 轨道上缺少一个电子,在 z 轴上 d 电子对中心离子核电荷的屏蔽效应比对应 xy 平面的小,中心离子对 z 轴方向上两个配体的吸引就大于对 xy 平面上四个配体的吸引,从而使 z 轴方向的两个键缩短,xy 平面上的四个键伸长,成为压缩八面体。

无论上面哪一种变形,都会消除简并,使其中一个能级降低,并获得额外的稳定化能。以拉长八面体为例,在 $d_{x^2-y^2}$ 轨道上的电子受到配体的排斥比在 d_{z^2} 轨道上的电子大,e_g 轨道将进一步分裂，$d_{x^2-y^2}$能级上升，d_{z^2}能级相应下降。设二者间的能量差为δ_1，则$d_{x^2-y^2}$能级上升$\delta_1/2$，d_{z^2}能级下降$\delta_1/2$。同时t_{2g}轨道也会分裂，d_{xy}能级上升，d_{xz}和d_{yz}二者能级下降。设能量差为δ_2，则d_{xy}能级上升$2\delta_2/3$，d_{xz}或d_{yz}能级下降$\delta_2/3$。在八面体场中，由于t_{2g}轨道受配体的影响远比e_g轨道的小，$\delta_2 \ll \delta_1$。图10.11（a）表示拉长八面体中t_{2g}和e_g轨道的分裂，δ_1、δ_2和10Dq（或Δ_o）相对大小本应是$\delta_2 \ll \delta_1 \ll 10\,Dq$，它们的比例在图中没有表现出来。从图10.11（a）可以看出，d^9组态有3个电子原分布在e_g轨道上，变形为拉长八面体后，有2个电子各下降$\delta_1/2$，一个电子上升$\delta_1/2$，因此产生的额外稳定化能为

$$2 \times \delta_1/2 - \delta_1/2 = \delta_1/2$$

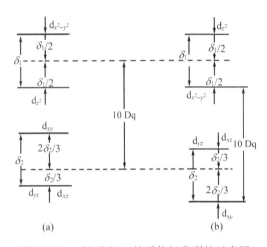

图10.11 e_g轨道和t_{2g}轨道能级分裂的示意图

按照（2）的电子排布而变形为压缩八面体，e_g和t_{2g}轨道也会分裂，所不同的是d_{z^2}与$d_{x^2-y^2}$的能级及d_{xy}与d_{xz}或d_{yz}的能级恰好颠倒，如图10.11（b）所示，并且也得出额外稳定化能为$\delta_1/2$。所以对于这两种变形，从杨-特勒效应无法判断应属其中哪一种，但是在实验上测定多数是拉长八面体。在无其他能量因素的影响下，就总键能来看，形成两个长键和四个短键比两个短键和四个长键较为有利。

不仅d^9组态的中心离子可以发生八面体变形，中心离子的d电子组态为d^1（如Ti^{3+}）、d^2（如Ti^{2+}、V^{3+}）、d^4（弱场，高自旋$t_{2g}^3 e_g^1$；强场，低自旋$t_{2g}^4 e_g^0$，如Cr^{2+}、Mn^{3+}）、d^5（强场，低自旋$t_{2g}^5 e_g^0$，如Mn^{2+}、Fe^{3+}）、d^6（弱场，高自旋$t_{2g}^4 e_g^2$，如Fe^{2+}、Co^{3+}）、d^7（弱场，高自旋$t_{2g}^5 e_g^2$；强场，低自旋$t_{2g}^6 e_g^1$；如Co^{2+}、Ni^{3+}）也发生八面体变形。只有中心离子的d电子组态为d^0、d^3、d^5（弱场，高自旋$t_{2g}^3 e_g^2$）、d^6（强场，低自旋$t_{2g}^3 e_g^0$）、d^8、d^{10}才可以形成理想的正八面体。

8. 四面体构型及其变形

配位数为4的配合物采取四面体构型比较常见，但远不及八面体构型那样多。从表10.5所列的晶体场稳定化能来看，除d^0、d^5、d^{10}电子组态外，八面体的晶体场稳定化能都比四面体场的大。但是在四面体构型中，配体间的相互排斥作用较小。因此，有利于采取四面体构型的，除较大的配体如Cl^-、Br^-、I^-等外，中心离子常是下列三种类型的离子：

（1）具有稀有气体结构$1s^2$或ns^2np^6的离子，如Be^{2+}有$[BeF_4]^{2-}$。

（2）具有$ns^2np^6(n-1)d^{10}$组态的离子，如Zn^{2+}有$[ZnCl_4]^{2-}$。

（3）由于晶体场稳定化能而不太利于采取其他构型的某些过渡金属离子,如 d^7 组态的 Co^{2+} 有 $[CoX_4]^{2-}$（X = Cl⁻、Br⁻、I⁻）。

正四面体配合物也可发生变形,成为拉长四面体或压平四面体。例如,在 Cs_2CuX_4 中,$[CuX_4]^{2-}$ 为压平四面体构型。在正四面体场中,t_2 是最高能级的轨道,正四面体的变形主要由于 t_2 轨道的电子未半满或未全满所引起。至于由 e 轨道的电子未半满或未全满所引起的变形可以不考虑。在四面体场中,d 电子的排布取高自旋状态,所以中心离子的 d 电子组态为 d^3、d^4、d^8、d^9 时均可以发生变形现象。

9. 平面正方形构型

前面已经指出,某些八面体配合物由于杨-特勒效应而成为四方畸变的八面体。如果这种变形很显著,在 z 轴上的配体外移很远,就得到平面正方形配合物。因此,平面正方形构型可看为这种变形的极限,这时 d_{z^2} 能级降至 d_{xy} 能级之下,图 10.12 表明了这个关系。d^8 组态的金属离子和强场配体相结合,有利于形成平面正方形配合物。这时 8 个 d 电子占据能级较低的四个轨道即 d_{yz}、d_{xz}、d_{z^2} 和 d_{xy},而能级较高的 $d_{x^2-y^2}$ 轨道空着,形成低自旋配合物。配体场越强,$d_{x^2-y^2}$ 能级升得越高,因为它是空的,对能量并无影响,而四个占据轨道相应的能量降低大,配合物更稳定。典型的低自旋平面正方形构型的配合物有 $[Ni(CN)_4]^{2-}$、$[PdCl_4]^{2-}$、$[Pt(NH_3)_4]^{2+}$、$[PtCl_4]^{2-}$ 和 $[AuCl_4]^-$,它们都是 d^8 组态的。在第一过渡系元素中,只有配体场很强的配体如 CN⁻能够影响因稳定平面正方形构型所需的自旋配对。而对于第二和第三过渡系金属,甚至与卤素配体结合也倾向于形成低自旋平面正方形的配合物。

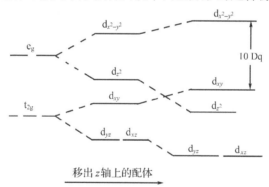

图 10.12　从八面体构型过渡到平面正方形构型中 d 轨道能级的分裂

从四方双锥体场和平面正方形场之间的关系,可以合理解释铜副族化学。对于铜而言,$Cu(II)$ 离子是很稳定的,主要以四方畸变的八面体配合物存在,而金几乎总是 $Au(I)$ 和 $Au(III)$ 的化合物,并无 $Au(II)$ 的存在。因为金是第六周期元素,它产生 d 轨道的能级分裂比铜大约 80%,因此 d^9 组态的 $Au(II)$ 配合物将有大的四方畸变,$d_{x^2-y^2}$ 的能级相应地升高较大,如图 10.13 所示,第 9 个 d 电子占据这样高能级的轨道上,就会比 $Cu(II)$ 容易电离得多,从而歧化为 $Au(I)$ 和 $Au(III)$。

*10.3.3　分子轨道理论

对于处理金属-配体键,晶体场理论由于只讨论 d 轨道,并不全面,从分子轨道理论（MO 理论）观点来处理是可行的。晶体场模型是 MO 理论所包括的一种特例。

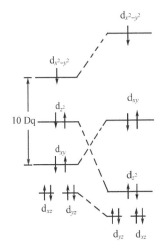

图 10.13　Cu(Ⅱ)和 Au(Ⅱ)在四方双锥
和平面正方形场的比较

1. 分子轨道理论要点

MO 理论认为：

(1)中心金属离子的价电子轨道与由配体的 σ 和 π 轨道(有时是配体的 d 轨道、p 轨道)组成的群轨道，按照形成分子轨道的三原则组合成若干成键的、非键的和反键的分子轨道。配合物中的电子像其他分子中的电子一样，在整个分子范围内运动。

(2)由于中心离子的价电子轨道和配体群轨道重叠的方式不同，中心离子与配体间既可以有 σ 键合，还可以有 π 键合。

2. 中心离子与配体间的 σ 成键

对于第一过渡系元素，形成体的价电子轨道是 5 个 3d、1 个 4s 和 3 个 4p 轨道。在八面体场中上述 9 个轨道中有 6 个轨道的波瓣在 x、y、z 轴上分布，它们是 $4s$、$4p_x$、$4p_y$、$4p_z$、$3d_{z^2}$、$3d_{x^2-y^2}$，它们可用以形成 σ 分子轨道。另外 3 个轨道 $3d_{xy}$、$3d_{xz}$ 和 $3d_{yz}$ 的波瓣位于 x、y 和 z 轴之间，只能用以形成 π 分子轨道。

在八面体配合物中，6 个配体沿 x、y、z 坐标方向接近形成体。设 σ_x、σ_{-x}、σ_y、σ_{-y}、σ_z、σ_{-z} 分别代表 x、y、z 轴正、负两方向上的 σ 轨道，根据对称性匹配原则，每个配体提供一个 σ 轨道，首先线性组合构成配体的群轨道，然后由配体群轨道与金属离子具有相同对称性的轨道进行线性组合，形成 σ 分子轨道。八面体配合物中金属离子的原子轨道与配体的群轨道如图 10.14 所示。中心离子的 6 个原子轨道与配体 6 个群轨道线性组合，形成 12 个分子轨道，其中 6 个是成键轨道，6 个是反键轨道，如图 10.15 所示。

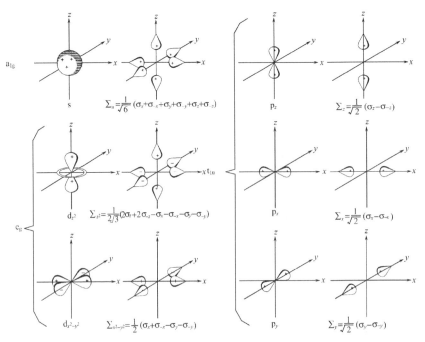

图 10.14　配体群轨道

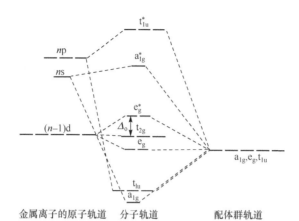

金属离子的原子轨道　　分子轨道　　　　配体群轨道

图 10.15　八面体配合物中 σ 分子轨道的能级

e_g^* 与 t_{2g} 间的能量差相当于晶体场中 e_g 与 t_{2g} 间的能量差，即 10 Dq（或 Δ_0），这是从分子轨道理论得出 d 轨道的能级分裂。例如，在 $[Co(NH_3)_6]^{3+}$ 中，价电子来自 N 的 6 对孤对电子和 Co^{3+} 的 6 个 3d 电子，总计 18 个电子，$\Delta_0 > P$，这 18 个电子的排布为 $a_{1g}^2 t_{1u}^6 e_g^4 t_{2g}^6$，形成低自旋配合物。在 $[CoF_6]^{3-}$ 中，$\Delta_0 < P$，这 18 个电子的排布为 $a_{1g}^2 t_{1u}^6 e_g^4 t_{2g}^4 e_g^{*2}$，形成高自旋配合物。MO 理论和晶体场理论的结果不同主要在于 MO 理论处理得到的 e_g^* 轨道不是纯金属 d 轨道。

在正四面体配合物中，中心离子的 d_{xy}、d_{xz}、d_{yz} 轨道不像正八面体中心离子的 $d_{x^2-y^2}$、d_{z^2} 轨道那样直接指向配体，中心离子轨道与配体轨道重叠程度小，从而仅形成较弱的 σ 键。

3. 金属离子与配体间的π键

在一些配合物中，金属离子与配体间除 σ 键外，还可以有 π 键。对于八面体配合物，上面已经指出，在金属离子与配体间的 σ 键合中，金属离子的 t_{2g} 轨道为非键轨道。如果配体除有 σ 轨道外，还具有 π 轨道，就要考虑它们与金属离子的 t_{2g} 轨道重叠成 π 键。八面体配合物中金属离子的 t_{2g} 与配体 p 轨道重叠如图 10.16（a）所示。在四面体配合物中，中心离子的 d 轨道都可以用于形成 π 分子轨道，由于 d_{xy}、d_{xz}、d_{yz} 也可用于形成 σ 分子轨道，因此只有 $d_{x^2-y^2}$、d_{z^2} 轨道能用于形成 π 键。四面体配合物中 d_{z^2}、$d_{x^2-y^2}$ 轨道与配体 p 轨道的重叠如图 10.16（b）和（c）所示。配体用于形成 π 键合的轨道，可以是 p 轨道或 d 轨道，也可以是成键的或反键的 π 分子轨道（图 10.17）。

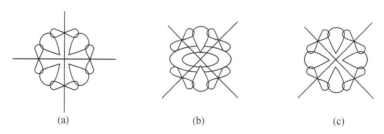

(a)　　　　　　　(b)　　　　　　　(c)

图 10.16　（a）八面体配合物中金属离子 t_{2g} 轨道与配体 p 轨道的重叠；
（b）和（c）四面体配合物中 d_{z^2} 轨道及 $d_{x^2-y^2}$ 轨道与 p 轨道的重叠

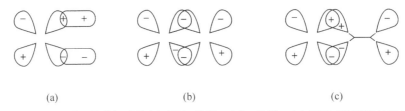

图 10.17　金属 d 轨道与配体 (a) 成键 π 轨道、(b) d 轨道、(c) 反键 π* 轨道间的重叠

　　在一些配合物中，π 键的存在，特别是对于配体为 π 电子接受者有重大的意义。一氧化碳和过渡元素所形成的羰基配合物如 [Ni(CO)₄]、[Cr(CO)₆] 中，CO 中的 C 和金属相连，一方面 CO 中的 C 提供孤对电子给予金属原子的空轨道形成 σ 配键（图 10.18），另一方面 CO 又以空的反键 π* 轨道与金属原子的 d 轨道重叠而形成 π 键（图 10.19）。这种 π 键由金属原子单方面提供电子，常称为反馈 π 键，这两方面的键合称为 σ-π 键。σ 配键的形成使金属原子积累过多的负电荷，从而促进反馈 π 键的形成；而反馈 π 键的形成，又可以取走金属原子所积累的过多的负电荷，并且加强它们之间的键合。由于电子给予和接受这两方面的作用互相配合，互相促进，其结果比单独一种作用强得多，从而形成稳定的配合物。

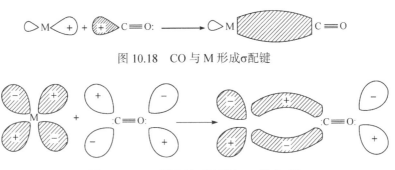

图 10.18　CO 与 M 形成 σ 配键

图 10.19　CO 以空的 π* 轨道与 M 形成 π 键

　　中心离子与配体间形成 π 键，对分裂能有重大的影响。正四面体配合物的情况比较复杂，这里只讨论正八面体配合物，可分为下列两种情况：

　　(1) 配体有空的 π 轨道，其能级比中心离子的 t_{2g} 轨道能级高。例如，上面所示配体 CO 的反馈 π* 分子轨道就属于配体以空的 π 轨道形成 π 键。在正八面体配合物中，这些空的 π 轨道与中心离子的 t_{2g} 轨道组成 π 分子轨道，其能级关系如图 10.20 (a) 所示。这时成键 π 分子轨道较为接近中心离子的 t_{2g} 轨道，中心离子 t_{2g} 轨道中的电子将进入成键 π 分子轨道，e_g^* 与 t_{2g} 间的能量差 10 Dq 或 Δ_0 增大。在这种情况下所形成的 π 配键，π 电子为中心离子所供给，成键的 π 分子轨道有配体 π 空轨道的成分，配体可看为 π 电子接受者。

　　(2) 配体有充满电子的 π 轨道，其能级比中心离子的 t_{2g} 轨道能级低。在正八面体中，这些充满电子的 π 轨道与中心离子的 t_{2g} 轨道组成分子轨道，其能级关系如图 10.20 (b) 所示。这时成键 π 分子轨道较接近于配体 π 轨道，而反键 π* 分子轨道较接近于中心离子的 t_{2g} 轨道。配体 π 轨道中的电子将进入成键 π 分子轨道，中心离子 t_{2g} 轨道中的电子将进入反键 π* 分子轨道，e_g^* 与 t_{2g}^* 间的能量差即 10 Dq 或 Δ_0 有所减小。在这种情况下所形成的 π 配键，成键 π 分子轨道中的电子由配体所供给，配体可看为 π 电子供给者。F⁻ 和 OH⁻ 在配合物中所形成的 π 配键，利用了 F⁻ 和 OH⁻ 中充满电子的 2p 轨道，它们是 π 电子供给者。

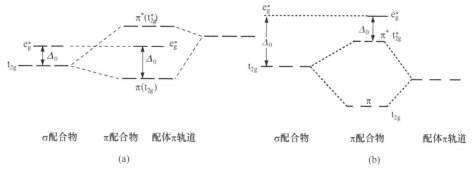

图 10.20　形成 π 键对 Δ_0 的影响

根据以上讨论，对分裂能大小的影响，从分子轨道理论来看有下列因素：

(1) σ 配键所产生的效应：在 σ 配键中，配体为强的 σ 电子供给者即 L→M，成键分子轨道 e_g 下降，反键分子轨道 e_g^* 相应地上升，分裂能增大。

(2) π 配键所产生的效应：在 π 配键中，如果配体为强的 π 电子接受者即 M→L，t_{2g} 轨道下降，分裂能增大；如果配体为强的 π 电子供给者，即 L→M，t_{2g} 轨道上升，分裂能减小。把这些效应概括起来，可用图 10.21 表示，图中箭头指向的轨道的能级就会改变，箭头向上，其能级上升，箭头向下，其能级下降。

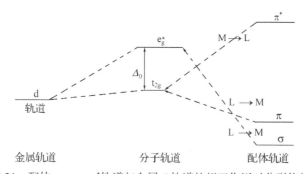

图 10.21　配体 σ、π、$π^*$ 轨道与金属 d 轨道的相互作用对分裂能的影响

由此可见，弱的 σ 电子供给者和强的 π 电子供给者相结合，产生小的分裂能；强的 σ 电子供给者和强的 π 电子接受者相结合，产生大的分裂能。从光谱化学序列来看，σ 电子供给者的强弱遵照下列顺序：

$$卤素 < 氧 < 氮 < 碳$$

接受 π 电子和供给 σ 电子的强弱遵照下列顺序：

$$I^- < Br^- < Cl^- \approx SCN^- < F^- < OH^- < H_2O < NH_3 < NO_2^- < CN^- \approx CO$$

π 电子供给者　　　　　　　　　　无 π 键　　　π 电子接受者

因此，卤素离子既是弱的 σ 电子供给者，又是 π 电子供给者，仍居于光谱化学序列之首，而 CN^- 是强的 σ 电子供给者，又是 π 电子接受者，仍居于光谱化学序列之末。

10.4　配合物的稳定性

配合物的稳定性一般指配离子在溶液中的稳定性，其大小由相应的稳定常数衡量，配合物的稳定性是指它的热力学稳定性，也就是配合物在水溶液中的解离情况。

10.4.1　配合物的稳定常数

1. 不稳定常数

多数配合物在水溶液中能完全电离为内界和外界，犹如强电解质的电离一样。例如，

$$[Cu(NH_3)_4]SO_4 \longrightarrow [Cu(NH_3)_4]^{2+} + SO_4^{2-}$$

向溶液中滴加少量 NaOH 溶液没有 $Cu(OH)_2$ 沉淀，说明 $[Cu(NH_3)_4]^{2+}$ 在水溶液中是稳定的。当向溶液中加入 Na_2S 时，则生成 CuS 黑色沉淀，这说明 $[Cu(NH_3)_4]^{2+}$ 在水溶液中像弱电解质一样，能部分解离出 Cu^{2+} 和 NH_3 分子，Cu^{2+} 与 S^{2-} 反应生成 CuS 沉淀。配离子的电离与多元弱酸电离相似，是分步进行的：

(1) $[Cu(NH_3)_4]^{2+} \rightleftharpoons [Cu(NH_3)_3]^{2+} + NH_3$

$$K_{不稳_1}^{\ominus} = c([Cu(NH_3)_3]^{2+}) \cdot c(NH_3)/c([Cu(NH_3)_4]^{2+})$$

(2) $[Cu(NH_3)_3]^{2+} \rightleftharpoons [Cu(NH_3)_2]^{2+} + NH_3$

$$K_{不稳_2}^{\ominus} = c([Cu(NH_3)_2]^{2+}) \cdot c(NH_3)/c([Cu(NH_3)_3]^{2+})$$

(3) $[Cu(NH_3)_2]^{2+} \rightleftharpoons [Cu(NH_3)]^{2+} + NH_3$

$$K_{不稳_3}^{\ominus} = c([Cu(NH_3)]^{2+}) \cdot c(NH_3)/c([Cu(NH_3)_2]^{2+})$$

(4) $[Cu(NH_3)]^{2+} \rightleftharpoons Cu^{2+} + NH_3$

$$K_{不稳_4}^{\ominus} = c(Cu^{2+}) \cdot c(NH_3)/c([Cu(NH_3)]^{2+})$$

上述每步配离子电离平衡常数都称为配离子的不稳定常数，对总反应：

$$[Cu(NH_3)_4]^{2+} \rightleftharpoons Cu^{2+} + 4NH_3$$

$$K_{不稳}^{\ominus} = K_{不稳_1}^{\ominus} \cdot K_{不稳_2}^{\ominus} \cdot K_{不稳_3}^{\ominus} \cdot K_{不稳_4}^{\ominus} = c(Cu^{2+}) \cdot [c(NH_3)]^4/c([Cu(NH_3)_4]^{2+})$$

一般来说，$K_{不稳}^{\ominus}$ 越大，表明配离子越不稳定，越易解离为形成体和配体。配离子在溶液中的解离情况，除了用 $K_{不稳}^{\ominus}$ 作为衡量标准外，还可以用配离子稳定常数来表示。

2. 配离子的稳定常数

配离子的稳定常数是该配离子生成反应达到平衡时的标准平衡常数：

$$Cu^{2+} + 4NH_3 \rightleftharpoons [Cu(NH_3)_4]^{2+}$$

$$K_{稳}^{\ominus} = c([Cu(NH_3)_4]^{2+})/c(Cu^{2+}) \cdot [c(NH_3)]^4$$

显然，$K_{稳}^{\ominus}$ 值越大，配离子在水中越稳定。任何一个配离子的稳定常数与其不稳定常数互为倒数。同样，在溶液中配离子的生成也是分步进行的。每一步都有一个稳定常数，它们称为逐级稳定常数，通过逐级稳定常数可求出累积稳定常数，二者关系如下：

平衡关系	逐级稳定常数	累积稳定常数
$M + L \rightleftharpoons ML$	$K_1^{\ominus} = \dfrac{c(ML)}{c(M) \cdot c(L)}$	$\beta_1 = K_1^{\ominus} = \dfrac{c(ML)}{c(M) \cdot c(L)}$
$ML + L \rightleftharpoons ML_2$	$K_2^{\ominus} = \dfrac{c(ML_2)}{c(ML) \cdot c(L)}$	$\beta_2 = K_1^{\ominus} K_2^{\ominus} = \dfrac{c(ML_2)}{c(M) \cdot [c(L)]^2}$
$\cdots$	$\cdots$	$\cdots$
$ML_{n-1} + L \rightleftharpoons ML_n$	$K_n^{\ominus} = \dfrac{c(ML_n)}{c(ML_{n-1}) \cdot c(L)}$	$\beta_n = K_1^{\ominus} K_2^{\ominus} \cdots K_n^{\ominus} = \dfrac{c(ML_n)}{c(M) \cdot [c(L)]^n}$

很明显所有逐级稳定常数的乘积就是该配离子的总稳定常数。

逐级稳定常数随着配位数的增加而减小。这是因为配位数增大时，配体之间的斥力增大，同时形成体对每个配体的吸引力减小，因而其稳定性减弱。

10.4.2　影响配合物稳定性的因素

从总体上看，影响配合物稳定性的因素可分内因和外因，因为配离子是由中心离子和配体相互作用而形成的，因此中心离子和配体的性质、它们之间的相互作用是影响配合物稳定性的内因，外因如溶剂、温度、浓度、压力等也影响配合物的稳定性。

1. 形成体的影响

1) 稀有气体原子型金属离子

一般认为，稀有气体原子型金属离子以静电引力与配体形成配离子。当配体相同时，中心离子的电荷越大，半径越小，形成的配离子越稳定。例如，下列离子同氨基酸(以羧氧配位)形成的配合物，其稳定性的顺序如下：

$$Cs^+ < Rb^+ < K^+ < Na^+ < Li^+$$
$$Ba^{2+} < Sr^{2+} < Ca^{2+} < Mg^{2+}$$

镧系和锕系元素的一些离子也归属于稀有气体原子型离子这一类(忽略了电子的影响)，如镧系元素的 $EDTA^{4-}$、NTA^{3-}、$DCTA^{4-}$ 配合物的稳定性顺序为

$$La^{3+} < Ce^{3+} < Pr^{3+} < \cdots < Tm^{3+} < Yb^{3+} < Lu^{3+}$$

2) d^{10} 和 $d^{10}s^2$ 型金属离子

d^{10} 和 $d^{10}s^2$ 型金属离子的特点是变形性和极化能力两方面都比电荷相同、半径相近的稀有气体原子型金属离子的高，因而所形成的配离子中金属离子与配体间的共价结合程度大，其稳定性也比稀有气体原子型金属离子相应的配离子稳定性高。

3) $d^{1\sim9}$ 型金属离子

大量事实证明，从 $Ca^{2+}(d^0) \sim Zn^{2+}(d^{10})$ 的 M^{2+} 的八面体配合物，其稳定性大小的一般顺序如下：

$$d^0 < d^1 < d^2 < d^3 < d^4 > d^5 < d^6 < d^7 < d^8 < d^9 > d^{10}$$

| Ca^{2+} | | Ti^{2+} | V^{2+} | Cr^{2+} | Mn^{2+} | Fe^{2+} | Co^{2+} | Ni^{2+} | Cu^{2+} | Zn^{2+} |

其中 $Mn^{2+} < Fe^{2+} < Co^{2+} < Ni^{2+} < Cu^{2+} > Zn^{2+}$ 是威廉斯(Williams)顺序。

由以上顺序知，d^0、d^5、d^{10} 型离子的配合物不稳定，而 d^3、d^6 或 d^4、d^9 型离子的配合物比较稳定。从表 10.5 看出，弱场中正八面体配合物的晶体场稳定化能与 d 电子数对应顺序为

$$d^0 < d^1 < d^2 < d^3 > d^4 > d^5 < d^6 < d^7 < d^8 > d^9 > d^{10}$$

CFSE/Dq　　0　　−4　　−8　　−12　　−6　　0　　−4　　−8　　−12　　−6　　0

它和上一顺序基本符合：d^0、d^5、d^{10} 的 CFSE = 0，其对应配合物最不稳定；d^3、d^8 的 CFSE = −12 Dq，其对应配合物最稳定；$d^4(Cr^{2+})$ 和 $d^9(Cu^{2+})$ 构型离子的配合物有时比 d^3、d^8 构型更稳定的原因是 d^4 和 d^9 生成变形八面体，使配离子得到稳定化。

2. 配体的影响

1) 配体的碱性

配位原子相同时，配体碱性越强，则相应配合物越稳定，如表 10.6 所示。

表 10.6　配体的碱性与配合物的稳定性的比较($M = Ag^+$)

配体	$\lg K^\ominus$		$\lg K^\ominus_稳$	
β-萘胺	4.28	碱性增强 ↓	1.62	稳定性增强 ↓
吡啶	5.31		2.11	
NH_3	9.26		7.24	
乙二胺	10.11		7.70	

2) 螯合效应

对于同一种配位原子，多齿配体与金属离子形成螯合物时，由于形成一个或多个五元或六元环，所以比单齿配体形成的配合物稳定性高。这种由于螯环的形成而使螯合物具有特殊稳定性的作用，称为螯合效应。例如，$[Cd(NH_2CH_3)_4]^{2+}$ 和 $[Cd(en)_2]^{2+}$：

前者是非螯合配离子，后者是螯合配离子，它们的稳定常数相差很大：

$$Cd^{2+} + 4CH_3NH_2 \rightleftharpoons [Cd(NH_2CH_3)_4]^{2+} \qquad \beta_4 = 3.55 \times 10^6$$

$$Cd^{2+} + 2en \rightleftharpoons [Cd(en)_2]^{2+} \qquad \beta_2 = 1.66 \times 10^{10}$$

这两个数据都是在 25℃、离子强度为 1.0 的条件下测得的，后者比前者大很多，表明螯合物比组成和结构相近的非螯合配合物要稳定很多。

从热力学的观点看，一个反应的热力学平衡常数 $K^\ominus$ 与标准吉布斯自由能变 $\Delta G^\ominus$ 之间有

如下关系：

$$\Delta G^{\ominus} = -RT\ln K^{\ominus}$$

而 $\Delta G^{\ominus}$ 与标准焓变 $\Delta H^{\ominus}$ 和标准熵变 $\Delta S^{\ominus}$ 之间的关系为

$$\Delta G^{\ominus} = \Delta H^{\ominus} - T\Delta S^{\ominus}$$

则

$$\Delta H^{\ominus} = T\Delta S^{\ominus} - RT\ln K^{\ominus}$$

设在某一温度下，有同一种中心离子 M 的组成和结构相近的非螯合配离子 ML_2 和螯合配离子 MX（假定 X 为二齿配体）它们的累积稳定常数分别表示为 $\beta^{\ominus}_{ML_2}$ 和 $\beta^{\ominus}_{MX}$（略去各物种可能带的电荷），水溶液中 ML_2 和 MX 的形成表示为

$$M + 2L \rightleftharpoons ML_2$$
$$M + X \rightleftharpoons MX$$

则

$$\Delta H^{\ominus}_{ML_2} - T\Delta S^{\ominus}_{ML_2} = -RT\ln\beta^{\ominus}_{ML_2}$$

$$\Delta H^{\ominus}_{MX} - T\Delta S^{\ominus}_{MX} = -RT\ln\beta^{\ominus}_{MX}$$

从热力学上看，M^{n+} 与配体反应的大量数据显示 $\Delta H^{\ominus}$ 值有正、负之分，对螯合效应影响不大。螯合效应主要是熵效应，这是一个普遍结论：单齿配体取代水合配离子中的水分子时，溶液中的总质点数不变，但多齿螯合剂取代水分子时，每个螯合剂分子可取代出两个或多个水分子，取代后总质点数增加，使体系混乱程度增大，熵值增大。

在螯合物中形成环的数目越多，稳定性越高。螯环的大小也是影响稳定性的一个重要因素。大多数情况下，五、六元环最稳定（表 10.7），因为此时环的空间张力最小。

表 10.7　Ca^{2+} 与四元羧酸 $(^-OOCH_2)_2N(CH_2)_nN(CH_2COO^-)_2$ 配合物的 $\lg K^{\ominus}_{稳}$ 与环的大小关系

n	环的大小	$\lg K^{\ominus}_{稳}$
2	螯合物中全部是五原子环	10.5
3	螯环中有一个六原子环	7.1
4	螯环中有一个七原子环	5.0
5	螯环中有一个八原子环	4.6

注：以上都是 20℃，$I = 0.1$ 时的数据。

3）反位效应

除了配合物形成中的"螯合效应"和"大环效应"能增加配合物的稳定性外，"反位效应"(trans effect) 也很重要。反位效应指平面正方形配合物中某些配体能使处于其反位的基团更易被取代（活化）的现象。例如，图 10.22 中 Cl^- 的反位效应比 NH_3 更强，利用这个效应可以分别制备顺式和反式 $Pt(NH_3)_2Cl_2$ 的异构体。

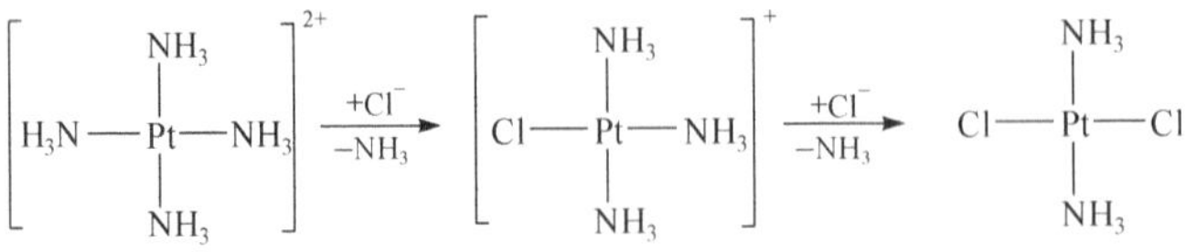

图 10.22　利用反位效应合成 $Pt(NH_3)_2Cl_2$ 顺式和反式异构体

4）空间位阻和邻位效应

在多齿配体的配位原子附近，如果结合着体积较大的基团，会阻碍其和金属离子的配位，从而降低形成配合物的稳定性，这种现象称为空间位阻。空间位阻出现在配位原子的邻位上时会显著降低所形成配合物的稳定性，甚至使配合物无法形成，称为邻位效应。例如，8-羟基喹啉能和 Al^{3+} 发生下列反应：

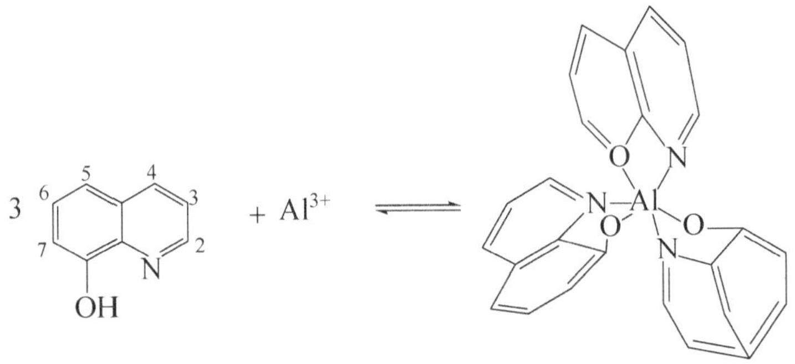

如果在 N 的邻位引入—CH_3 等基团时，上述反应就不能进行，这就是—CH_3 的空间位阻的影响。如果在其他位置上引入—CH_3，则形成的配合物的稳定性差别不大。

3. 软硬酸碱规则和配合物稳定性的关系

配合物中形成体为路易斯酸，配体为路易斯碱。一般将正电荷高、体积小、变形性低的中心离子称为硬酸，如稀有气体原子型阳离子；将正电荷低或电荷为零、体积大、变形性高的中心离子（原子）称为软酸，如 d^{10} 和 $d^{10}s^2$ 型阳离子；$d^{1\sim 9}$ 型阳离子属交界酸，其电荷越高、d 电子数越小，越接近硬酸，电荷越低，d 电子数越大，越接近软酸。对于配体，配位原子变形性小、电负性大、难失电子的配体为硬碱，如 F^-、OH^- 等；反之配位原子变形性大、电负性小、易失电子的配体为软碱，如 I^-、CN^- 等。根据软硬酸碱规则：硬酸倾向于与硬碱结合，软酸倾向于与软碱结合，交界酸、碱结合倾向不明显，即"硬亲硬，软亲软，软硬交界难决断"。据此可判断一些配合物的稳定性，如 $[HgX_4]^{2-}$ 的稳定性按 $F^-\rightarrow I^-$ 的顺序增大，就是因为 Hg^{2+}（软酸）与 I^-（软碱）结合时符合"软亲软"的规则，而 $[AlF_6]^{3-}$ 比 $[AlCl_6]^{3-}$ 稳定则是符合"硬亲硬"的规则。

4. 配合平衡的移动

1）酸效应

由于配体都是碱，当 $c(H^+)$ 增加时，配体与 H^+ 结合生成弱酸分子，降低了配体浓度，使配合平衡移动。这一现象为配合剂的酸效应。例如，EDTA（H_4Y）与金属离子 M^{n+} 结合时，在水溶液中存在下列平衡：

$$\text{H}_6\text{Y}^{2+} \underset{+\text{H}^+}{\overset{-\text{H}^+}{\rightleftharpoons}} \text{H}_5\text{Y}^+ \underset{+\text{H}^+}{\overset{-\text{H}^+}{\rightleftharpoons}} \text{H}_4\text{Y} \underset{+\text{H}^+}{\overset{-\text{H}^+}{\rightleftharpoons}} \text{H}_3\text{Y}^- \underset{+\text{H}^+}{\overset{-\text{H}^+}{\rightleftharpoons}}$$

$$\text{H}_2\text{Y}^{2-} \underset{+\text{H}^+}{\overset{-\text{H}^+}{\rightleftharpoons}} \text{HY}^{3-} \underset{+\text{H}^+}{\overset{-\text{H}^+}{\rightleftharpoons}} \text{Y}^{4-} \underset{-\text{M}^{n+}}{\overset{+\text{M}^{n+}}{\rightleftharpoons}} \text{MY}^{n-4}$$

显然，随着体系中 $c(\text{H}^+)$ 增大即 pH 降低，溶液中 $c(\text{Y}^{4-})$ 逐渐减小，同时 $c(\text{HY}^{3-})$、$c(\text{H}_2\text{Y}^{2-})$、$c(\text{H}_3\text{Y}^-)$、$c(\text{H}_4\text{Y})$ 等逐渐增大，由此导致 MY^{n-4} 配离子的解离，使平衡左移。反之，当 $[\text{H}^+]$ 降低时，平衡右移。

2）水解效应

大多数金属离子在水溶液中有明显的水解作用，从而降低了金属离子的浓度，使配合平衡移动，这一现象为水解效应。例如，

$$[\text{CuCl}_4]^{2-} \rightleftharpoons \text{Cu}^{2+} + 4\text{Cl}^-$$

如果溶液中 pH 增大，Cu^{2+} 可发生水解反应：

$$\text{Cu}^{2+} + \text{H}_2\text{O} \rightleftharpoons \text{Cu(OH)}^+ + \text{H}^+$$

$$\text{Cu(OH)}^+ + \text{H}_2\text{O} \rightleftharpoons \text{Cu(OH)}_2 \downarrow + \text{H}^+$$

从而使 $c(\text{Cu}^{2+})$ 降低，总反应为

$$[\text{CuCl}_4]^{2-} + 2\text{H}_2\text{O} \rightleftharpoons \text{Cu(OH)}_2 \downarrow + 2\text{H}^+ + 4\text{Cl}^-$$

$$K^{\ominus} = \frac{[c(\text{H}^+)]^2 [c(\text{Cl}^-)]^4}{c([\text{CuCl}_4]^{2-})} = \frac{(K_{\text{W}}^{\ominus})^2}{K_{\text{稳}}^{\ominus} \cdot K_{\text{sp}}^{\ominus}} = 1 \times 10^{-4}$$

通过计算可以看出，当 pH<4 时，$[\text{CuCl}_4]^{2-}$ 能稳定存在，当 pH>8.5 时，$[\text{CuCl}_4]^{2-}$ 配离子完全解离。

酸度对配合平衡的影响通常以酸效应为主。具体情况下要由配体的碱性、金属氢氧化物的溶度积和配离子的稳定常数来决定。

3）沉淀-配合物的转化

沉淀溶解平衡和配位平衡同时存在的体系可看成是沉淀剂与配合剂共同争夺金属离子的过程。配合物的 $K_{\text{稳}}^{\ominus}$ 越大，则沉淀越易被配合溶解。反之则配合物解离而有沉淀产生，如沉淀 MX 与配体 L 作用：

$$\text{MX(s)} + n\text{L(aq)} \rightleftharpoons \text{ML}_n\text{(aq)} + \text{X(aq)} \quad \text{（略去电荷）}$$

$$K^{\ominus} = \frac{c(\text{X}) \cdot c(\text{ML}_n)}{[c(\text{L})]^n} = \frac{c(\text{X}) \cdot c(\text{M}) \cdot c(\text{ML}_n)}{c(\text{M}) \cdot [c(\text{L})]^n} = K_{\text{稳}}^{\ominus} \cdot K_{\text{sp}}^{\ominus}(\text{ML})$$

从上式可以看出，沉淀物质在配位剂中的溶解情况与 $K_{\text{稳}}^{\ominus}$ 和 $K_{\text{sp}}^{\ominus}$ 值有关。在 1.0×10^{-3} mol·L^{-1} $[\text{Ag(NH}_3)_2]^+$ 溶液中加入 1.0×10^{-3} mol·L^{-1} NaCl 溶液无 AgCl 沉淀生成，而加入 1.0×10^{-3} mol·L^{-1} Na$_2$S 溶液则有 Ag$_2$S 沉淀生成，这是由于 $K_{\text{sp}}^{\ominus}(\text{AgCl}) > K_{\text{sp}}^{\ominus}(\text{Ag}_2\text{S})$。再如，AgI 溶于很稀的 Na$_2S_2O_3$ 溶液中，却难溶于很浓的氨水中，是因为 $K_{\text{稳}}^{\ominus}([\text{Ag(S}_2\text{O}_3)_2]^{3-}) \gg K_{\text{稳}}^{\ominus}([\text{Ag(NH}_3)_2]^+)$。

4）配合物的取代反应

配合物取代反应的机理主要有两种，即解离（dissociative）机理与缔结（associative）机理。

在解离机理中，先发生金属—配体($M—L$)的化学键断裂，一个配体从配合物上解离出来，从而形成一个具有较低配位数的中间配合物，随后新的配体与中间配合物结合，形成新的配合物。这一反应途径在八面体构型配合物中非常普遍，如金属水合离子：

$$[Co(CN)_5(H_2O)]^{2-} \xrightarrow{-H_2O} [Co(CN)_5]^- \xrightarrow{+I} [Co(CN)_5I]^{3-}$$

在缔结机理中，一个额外的配体先与配合物结合，形成一个具有较高配位数的中间配合物，由于这种中间配合物的不稳定性，将很快失去一个原有的配体，以恢复最初的配位数。采用平面正方形构型的配合物，如 Ni^{2+}、Pd^{2+}、Pt^{2+} 等，常通过缔结机理发生取代反应，中间生成配位数为 5 的中间体。这类反应的发生往往取决于反位效应，即配合物的配体有使其反位的另一配体不稳定的效应。

习　题

一、选择题

1. 在 $[Co(en)(C_2O_4)_2]^-$ 配离子中，中心离子的配位数为（　　　）
A. 3　　　　　　　　B. 4　　　　　　　　C. 5　　　　　　　　D. 6

2. 下列配合物中，肯定有颜色的是（　　　）
A. $[CuCl_2]^-$　　　B. $[Ag(S_2O_3)_2]^{3-}$　　　C. $[Ni(NH_3)_6]^{2+}$　　　D. $[Cd(NH_3)_4]^{2+}$

3. 下列配离子中，具有平面正方形构型的是（　　　）
A. $[CuCl_4]^{2-}$ ($\mu = 2.0$ B.M.)　　　　　　B. $[Ni(NH_3)_4]^{2+}$ ($\mu = 3.2$ B.M.)
C. $[Zn(NH_3)_4]^{2+}$ ($\mu = 0$)　　　　　　D. $[Ni(CN)_4]^{2-}$ ($\mu = 0$)

4. 某金属离子在八面体强场中的磁矩与在八面体弱场中的磁矩几乎相等，则该离子可能是（　　　）
A. Mn^{2+}　　　　　　B. Cr^{3+}　　　　　　C. Mn^{3+}　　　　　　D. Fe^{3+}

5. 3d 电子排布为 $t_{2g}^3 e_g^0$ 的八面体配合物是（　　　）
A. $[MnCl_6]^{4-}$　　　B. $[Ti(H_2O)_6]^{3+}$　　　C. $[Co(CN)_6]^{3-}$　　　D. $[CrF_6]^{3-}$

6. $[Au(NH_3)_2]^+$ 中 Au^+ 采取的杂化轨道是（　　　）
A. sp　　　　　　　B. sp^2　　　　　　　C. sp^3　　　　　　　D. d^2sp^3

二、填空题

1. CO 与零或低氧化态金属有很强的配位能力，主要是因为 CO 与中心原子能够形成_____。

2. 八面体配合物 $[Fe(CN)_6]^{3-}$ 中心离子的 3d 电子排布为_____。

3. Mn(Ⅶ)、Cr(Ⅵ) 都是 d^0 电子组态，它们的化合物 MnO_4^-（紫色）、CrO_4^{2-}（黄色）显颜色的原因是_____。

4. 有两个组成相同但颜色不同的配位化合物，化学式均为 $CoBr(SO_4)(NH_3)_5$。向红色配位化合物溶液中加入 $AgNO_3$ 后生成黄色沉淀，但加入 $BaCl_2$ 后并不生成沉淀；向紫色配位化合物溶液中加入 $BaCl_2$ 后生成白色沉淀，但加入 $AgNO_3$ 后并不生成沉淀。由此可推断，红色配位化合物的化学式是_____，命名为_____；紫色配位化合物的化学式是_____，命名为_____。

5. 中心离子的 d 电子数为 6 时，在强场中 CFSE = _____；在弱场中 CFSE = _____。

6. 根据价键理论可以判断，配合物 $[Fe(CO)_5]$ ($\mu = 0$ B.M.) 中心离子杂化轨道类型是_____，几何构型是_____，是_____轨型（填"内"或"外"）、_____自旋（填"高"或"低"）配合物。

7. 1000℃时 FeO 的组成实际在 $Fe_{0.89}O$ 到 $Fe_{0.96}O$ 之间变动，这类化合物被称为_____化合物。

8. $\varphi^\ominus$ ($[AuCl_4]^-/Au$) _____ $\varphi^\ominus$ (Au^{3+}/Au)（填"大于"，"小于"或"等于"）。

三、简答题

1. 下列化合物哪些是配合物？哪些是螯合物？哪些是复盐？哪些是简单盐？

(1) $CuSO_4 \cdot 5H_2O$　　　　　　　　(2) $Co(NH_3)_6Cl_3$　　　　　　　　(3) $(NH_4)_2SO_4 \cdot FeSO_4 \cdot 6H_2O$

(4) K_2PtCl_6　　　　　　　　　　　(5) $Ni(en)_2Cl_2$　　　　　　　　　　(6) $Cu(NH_2CH_2COO)_2$

(7) $Cu(OOCCH_3)_2$　　　　　　　　(8) $KCl \cdot MgCl_2 \cdot 6H_2O$

2. 命名下列各配合物和配离子。

(1) $(NH_4)_3[SbCl_6]$　　　　　　　　(2) $[CoCl_2(H_2O)_4]Cl$　　　　　　　(3) $[Co(en)_3]Cl_3$

(4) $[Cr(OH)(C_2O_4)(H_2O)(en)]$　　(5) $[CoCl(NO_2)(NH_3)_4]^+$　　　(6) $[Fe(CN)_5(CO)]^{3-}$

(7) $[Ir(ONO)(NH_3)_5]Cl_2$　　　　　(8) $[PtBrCl(NH_3)(py)]$　　　　　　(9) $K[Au(OH)_4]$

(10) $[Pt(NH_3)_4][ZnCl_4]$

3. 指出下列配离子中形成体的氧化数和配位数。

(1) $[Ni(CN)_4]^{2-}$　　　　　　　　　(2) $[Pt(CN)_4(NO_2)I]^{2-}$　　　　　(3) $[Cr(en)_3]^{3+}$

(4) $[Fe(EDTA)]^{2-}$　　　　　　　　(5) $[Mn(SCN)_6]^{4-}$

4. 指出下列化合物的空间构型并画出它们可能存在的几何异构体。

(1) $[CoCl(NH_3)(en)_2]^{2+}$　　　　　(2) $[PtCl(NO_2)(NH_3)_2]$　　　　　(3) $[Co(OH)_3(NH_3)_3]$

(4) $[Ni(en)_3]^{2+}$　　　　　　　　　(5) $[PtBrCl(NH_3)(py)]$

5. 解释下列事实：

(1) $[Zn(CN)_4]^{2-}$配离子为四面体构型，而$[Ni(CN)_4]^{2-}$配离子却是平面正方形。

(2) Ni(Ⅱ)四配位化合物既可以有四面体构型也可以有平面正方形构型，但 Pd(Ⅱ)和 Pt(Ⅱ)却没有各自的四面体配合物。

6. 根据实验测得的有效磁矩，判断下列各种配合物中哪几种是高自旋？哪几种是低自旋？哪几种是内轨型？哪几种是外轨型？

(1) $[FeF_6]^{3-}$　5.92 B.M.　　　　　(2) $[Fe(H_2O)_6]^{2+}$　5.3 B.M.　　　(3) $[Mn(SCN)_6]^{4-}$　6.1 B.M.

(4) $[Mn(CN)_6]^{4-}$　1.8 B.M.　　　(5) $K_3[Fe(CN)_6]$　2.25 B.M.　　　(6) $[Co(NO_2)_6]^{4-}$　1.8 B.M.

(7) $[Co(SCN)_4]^{2-}$　4.3 B.M.　　　(8) $[Pt(CN)_4]^{2-}$　0 B.M.

7. 某金属离子在八面体弱场中的磁矩为 4.90 B.M.，而它在八面体强场中的磁矩为零，该中心金属离子可能是第四周期过渡元素中的哪一个？

8. 钴的反磁性配合物如$[Co(NH_3)_6]^{3+}$、$[Co(en)_3]^{3+}$和$[Co(NO_2)_6]^{3-}$呈橙黄色，而顺磁性配合物如$[CoF_6]^{3-}$和$[CoF_3(H_2O)_3]$呈蓝色，说明它们为什么呈不同的颜色。

9. $[CoCl_4]^{2-}$是正四面体构型，而$[CuCl_4]^{2-}$是压平四面体，为什么？

10. 假设制备$[Co(OH)_2(en)]^+$，忽略环结构的影响，写出可能形成的几何异构体和旋光异构体。

11. 应用软硬酸碱理论，解释在稀 $AgNO_3$ 液中依次加入 NaCl、$NH_3 \cdot H_2O$、KBr、$Na_2S_2O_3$、KI、KCN、Ag_2S 产生沉淀、溶解交替的原因。

12. 从铬和钒的第三电离能来看，铬比钒的第三电离能大 157 kJ·mol^{-1}，在气相中，Cr^{2+}氧化成 Cr^{3+}比V^{2+}氧化成 V^{3+}要难一些。但在水溶液中，从其标准电极电势来看，有

$Cr^{2+} \Longrightarrow Cr^{3+} + e^-$　　　　$\varphi^\ominus = -0.41$ V

$V^{2+} \Longrightarrow V^{3+} + e^-$　　　　$\varphi^\ominus = -0.255$ V

则 $Cr^{2+} \to Cr^{3+}$比 $V^{2+} \to V^{3+}$要容易些，试说明原因。

13. 预测下列各组所形成的两组配离子之间稳定性的大小，并简单说明原因。

(1) Al^{3+}与 F^-或 Cl^-配合　　　　(2) Cu^{2+}与 NH_3 或 $\bigcirc$ 配合

(3) Pd^{2+}与 RSH 或 ROH 配合　　(4) Cu^{2+}与 $NH_2CH_2COO^-$或 CH_3COOH 配合

14. 为什么在水溶液中，Co^{3+}能氧化水，$[Co(NH_3)_6]^{3+}$却不能氧化水？已知：

$$K_稳([Co(NH_3)_6]^{2+}) = 1.38 \times 10^5$$

$$K_稳([Co(NH_3)_6]^{3+}) = 1.58 \times 10^{35}$$

$$K_稳(NH_3 \cdot H_2O) = 1.8 \times 10^{-5}$$

$$\varphi^\ominus (Co^{3+}/Co^{2+}) = 1.808 \text{ V} \qquad \varphi^\ominus (O_2/OH^-) = 0.401 \text{ V}$$

15. 预测下列配合物中哪些是活性的？哪些是惰性的？并说明理由。

(1) $[Sc(H_2O)_6]^{3+}$ (2) $[Mn(CN)_6]^{3-}$ (3) $[Ti(H_2O)_6]^{3+}$

(4) $[Mn(H_2O)_6]^{2+}$ (5) $[V(H_2O)_6]^{2+}$ (6) $[V(H_2O)_6]^{3+}$

(7) $[CoF_6]^{3-}$（高自旋）   (8) $[Co(CN)_6]^{3-}$ (9) $[Cr(C_2O_4)_3]^{3-}$

(10) $[Fe(H_2O)_6]^{2+}$ (11) $[Fe(CN)_6]^{4-}$ (12) $[CuCl_6]^{4-}$

16. 写出下列反应的产物。

$$[PtBr_3(NH_3)]^- + NH_3 \longrightarrow$$

$$[PtCl_3(C_2H_4)]^- + NH_3 \longrightarrow$$

$$[PtCl_3(CO)]^- + NH_3 \longrightarrow$$

17. 在平面四边形配合物中，一个已配位的配体对于反位上配体的取代速率的影响称为反位效应。Pt(Ⅱ) 配合物取代反应的反位效应顺序为

$$CO \approx CN^- \approx C_2H_4 > H^- \approx PR_3 > NO_2^- \approx I^- \approx SCN^- > Br^- > Cl^- > py \approx RNH_2 \approx NH_3 > OH^- > H_2O$$

排在前面的取代基活化作用强，对位上的配体更易离去。

试设计以 K_2PtCl_4 为主要原料合成以下两种异构体的实验方法，并用图表示反应的可能途径。

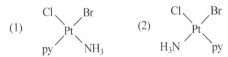

(1)   (2)

18. 试说明为什么用 $[Cr(H_2O)_6]^{2+}$ 分别还原 $[Co(NH_3)_6]^{3+}$ 和 $[CoCl(NH_3)_5]^{2+}$ 时，后者的反应速率比前者大。

四、计算题

1. 已知下列两个配位单元的分裂能和成对能为

	Δ/cm^{-1}	P/cm^{-1}
$[Co(NH_3)_6]^{3+}$	23000	10400
$[Fe(H_2O)_6]^{2+}$	21000	15000

(1) 请用价键理论及晶体场理论解释 $[Fe(H_2O)_6]^{2+}$ 是外轨型、高自旋的，$[Co(NH_3)_6]^{3+}$ 是内轨型、低自旋的。

(2) 计算出两种配离子的晶体场稳定化能。

2. 将 $0.20 \text{ mol} \cdot L^{-1}$ $AgNO_3$ 溶液、$1.5 \text{ mol} \cdot L^{-1}$ $Na_2S_2O_3$ 溶液和 $0.30 \text{ mol} \cdot L^{-1}$ $NaBr$ 溶液等体积混合，计算有无 $AgBr$ 沉淀生成。已知：$K_稳^\ominus ([Ag(S_2O_3)_2]^{3-}) = 2.88 \times 10^{13}$，$K_{sp}^\ominus (AgBr) = 5.35 \times 10^{-13}$。

3. 计算下列反应的平衡常数

$$2Ag_2S + 8CN^- + O_2 + 2H_2O \longrightarrow 4[Ag(CN)_2]^- + 2S\downarrow + 4OH^-$$

已知：$K_稳^\ominus ([Ag(CN)_2]^-) = 1.26 \times 10^{21}$，$K_{sp}^\ominus (Ag_2S) = 6.3 \times 10^{-50}$，$\varphi^\ominus (O_2/OH^-) = 0.401 \text{ V}$，$\varphi^\ominus (S/S^{2-}) = -0.407 \text{ V}$。

科学家小传——卡尔文

以研究植物光合作用而著名的近代配合物化学的开拓者、美国著名化学家、加利福尼亚大学教授卡尔文，1911 年 4 月 8 日出生在美国明尼苏达州圣保罗城一个普通劳动者家庭。他中学时代十分勤奋好学，善于

思考并富有探索精神，毕业时以优异成绩获得全免费助学金进入密歇根矿业学院学习化学，1931 年获得学士学位，1935 年获得博士学位。卡尔文毕业后到加利福尼亚大学伯克利分校任教，曾担任过讲师、助理教授和副教授，1947 年晋升为教授。从 1937 年起，他在该校工作了 40 余年，是这个学校历史上最有名望的教授之一。卡尔文教授在科学活动方面的主要成就和业绩是推动和发展了"配位化学"（又称"配合物化学"）。他在这方面所进行的系统的研究，被认为是继维尔纳(Werner，有机结构方面的权威，经典配位化学理论的创始人，1913 年诺贝尔化学奖获得者)之后，推动这个学科向前发展的重要代表人物之一。他一生中绝大部分的活动对配合物的研究，特别是对金属螯合物的研究作出了突出的贡献，螯合物现已成为配合物化学中最重要、最活跃的一个分支。1961 年，他因发现"卡尔文循环"而获诺贝尔化学奖。

第11章 s区元素

内容提要

(1)掌握氢气的制备、性质和用途，掌握金属单质的通用物理性质和化学性质及制备方法。

(2)掌握氢的成键方式，包括形成 H^+、H^- 和形成共价化合物。

(3)掌握金属氧化物和氢氧化物的通用物理化学性质，理解氢氧化物碱性变化规律。

(4)掌握部分重要盐类的典型物理化学性质、溶解性，理解含氧酸盐的热稳定性变化规律。

11.1 氢

11.1.1 引言

氢(hydrogen)是宇宙中丰度最大的元素，据估计，氢占宇宙中所有原子总数的 90%以上。在地球上的丰度居第 15 位，地球上丰度的下降与星体形成过程中氢的挥发性有关。氢有三种同位素 ${}_1^1H$(氕，符号 H)、${}_1^2H$(氘，符号 D)和 ${}_1^3H$(氚，符号 T)。自然界存在的氢含 0.0156%的氘，而氚在自然界仅以微量存在，是一种不稳定的放射性同位素。

$$
{}_1^3H \longrightarrow {}_2^3He + \beta \qquad t_{1/2} = 12.4 \text{ 年}
$$

氘以重水(D_2O)的形式通过分馏或电解法从水中分离出来。重水主要在核反应器中用作减速剂，控制核裂变过程。氘广泛地应用于反应机理的研究和光谱分析。

H_2 是无色、无嗅气体，沸点 20.28 K，不溶于水。H_2 可通过稀酸与活泼金属作用或电解水制得。在工业上 H_2 可用烃类的热裂解或水蒸气转化法获得，也可用碳还原水蒸气制得，反应如下：

$$
C(\text{赤热}) + H_2O(g) \xrightarrow{1273\,K} H_2(g) + CO(g) \quad (\text{水煤气})
$$

$$
CH_4(g) \xrightarrow[\text{催化剂}]{\text{高温}} C + 2H_2(g)
$$

$$
CH_4(g) + H_2O(g) \xrightarrow[\text{催化剂}]{1073 \sim 1173\,K} CO(g) + 3H_2(g)
$$

将水煤气中的 H_2 分离出来的方法是将水煤气与水蒸气一起通过红热的氧化铁催化剂，CO 转变为 CO_2，然后在 2×10^6 Pa 下用水洗涤 CO_2 与 H_2 的混合气体，使 CO_2 溶于水，从而分离出 H_2：

$$
CO(g) + H_2(g) + H_2O(g) \xrightarrow[>723\,K]{Fe_2O_3} CO_2(g) + 2H_2(g)
$$

氢的化学性质不太活泼。在空气中燃烧生成水，适当条件下与氧气、卤素发生爆炸反应。高温时，氢气可还原许多金属氧化物。在适当的温度、压力和加入相应催化剂的条件下，H_2 可与 CO 反应而合成一系列有机化合物。例如，

$$CO(g) + 2H_2(g) \xrightarrow{Cu/ZnO} CH_3OH(g)$$

在高温、高压和催化剂存在时，H_2 与 N_2 作用生成 NH_3，氢气与电正性金属、大多数非金属反应生成氢化物。在合适的催化剂存在时，氢气可还原大量的无机化合物和有机化合物。在高温、高电流密度电弧中，低压氢气的放电管中，或受紫外线照射时，氢气都可产生原子氢。原子氢再化合的热效应足以产生极高的温度用以焊接金属。原子氢的化学性质非常活泼，是强还原剂。

11.1.2　氢的成键特征

1. 氢的成键方式

氢的成键方式主要有以下三种情况：

(1) 失去价电子。氢失去 1s 价电子，生成 H^+，即质子，由于 H^+ 的半径为氢原子半径的几万分之一，故 H^+ 具有很强的电场，具有使围绕其他原子的电子云变形的独特能力。H^+ 在水溶液中与 H_2O 结合生成水合氢离子。

(2) 获得电子。氢原子获得一个电子形成 H^-，这种 H^- 只存在于与电正性极大的金属所形成的盐型氢化物中。

(3) 形成共价化合物。氢很容易同其他非金属通过共用电子对结合形成共价型氢化物。键的极性随非金属元素原子的电负性增大而增强。

2. 氢的独特键合状态

由于质子不存在电子层对核电荷的屏蔽作用及质子自身的性质，使氢具有一些独特的键合方式。

(1) 形成非整比化合物。氢原子可以间充到许多过渡金属晶格的空隙中，形成一类非化学计量的化合物，如 $YbH_{2.55}$ 和 $TiH_{1.7}$。

(2) 氢桥键。在缺电子化合物或过渡金属配合物中，存在氢桥键，见图 11.1。

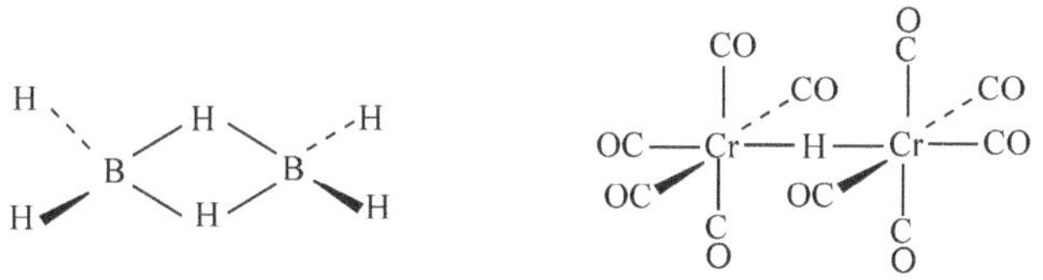

图 11.1　B_2H_6 和 $H[Cr(CO)_5]_2$ 的结构图

(3) 氢键。与电负性很大的元素形成强极性键的氢原子可以和邻近的电负性极强的原子 (如 N、F、O) 上的孤对电子形成分子内或分子间氢键。氢键基本上属于静电引力，能存在于固态、液态甚至气态中。能形成氢键的物质很多，如水、醇、胺、无机酸、氨合物等。在生物过程中具有意义的基本物质 (如蛋白质、脂肪) 都含有氢键。

11.1.3　氢化物

氢的大多数二元化合物可分成三种不同类型：离子型、金属型和共价型氢化物，见图 11.2。

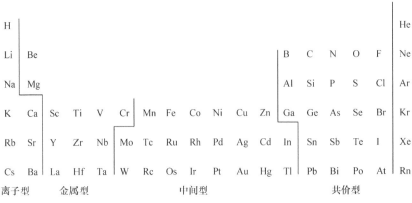

图 11.2   氢化物的分类

1. 离子型氢化物

高正电性 s 区金属的氢化物是非挥发性、不导电的晶形固体，具有这种性质和结构的化合物是离子型氢化物。

表 11.1   s 区氢化物的结构

化合物	晶体结构
LiH NaH KH RbH CsH	岩盐
MgH_2	金红石
CaH_2 SrH_2 BaH_2	畸变的 $PbCl_2$

离子型氢化物不溶于一般的非水溶剂，却溶于熔融的碱金属卤化物，离子型氢化物与水发生剧烈的反应：

$$NaH(s) + H_2O(l) \longrightarrow H_2(g) + NaOH(aq)$$

氢化物与水的反应可在实验室用于除去溶剂或惰性气体中的痕量水：

$$CaH_2(s) + 2H_2O(g) \longrightarrow Ca(OH)_2(s) + 2H_2(g)$$

2. 金属型氢化物

大多数金属型氢化物是组成可变的金属型导体。例如，550℃ 时 ZrH_x 的组成变化在 $ZrH_{1.30} \sim ZrH_{1.75}$。金属型氢化物的导电性一般随 H 的含量而变化，这可能与加入或除去 H 时导带被充满或腾空的程度有关。例如，CeH_{2-x} 是金属型导体，而 CeH_3 则是绝缘体。

许多金属型氢化物的另一个显著性质是 H 原子在稍高温度下能在固体中快速扩散。H_2 的高流动性和氢化物组成的可变性使金属型氢化物成为潜在的储氢介体。

3. 共价型氢化物

氢与 p 区元素形成共价型化合物。考虑结构中电子和化学键的相对数目，可将共价型化合物分为以下三类：

(1) 缺电子化合物。中心原子周围的电子数少于八隅律所要求的电子数的化合物，如二硼烷(B_2H_6)。

（2）足电子化合物。中心原子上电子对数目恰好满足成键需要，没有多余的非键电子对，如甲烷（CH_4）。

（3）富电子化合物。中心原子上的电子对数多于成键电子对数，有多余的非键电子对，如氨（NH_3）。

11.1.4　反应综述

为辅助学习，现将氢的各种反应列于图 11.3，包括氢的重要典型反应。

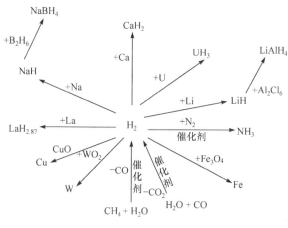

图 11.3　氢的一些反应

11.1.5　氢能源

地球上的煤、石油等矿物燃料资源是有限的。随着长时间的开采和使用，现有资源必会逐渐枯竭，所以科学工作者正在寻找新的能源，氢能源就是其中之一。氢气是理想的燃料，燃烧时放出大量热（$\Delta_r H_m^{\ominus} = -241.8 \ \text{kJ} \cdot \text{mol}^{-1}$），产物只有水，对环境无污染。1976 年组成的国际氢能协会，主要研究氢气的制取、储存和利用。

氢能源发展主要面临三大难题：氢气的来源、氢气的储备和运输、生产氢气燃料的成本。现已开发了利用太阳能光解水的方法制 H_2，然后利用储氢合金（金属氢化物）来储存氢气。有关储氢合金方面的知识，我们在后续章节中继续介绍。

11.2　碱金属和碱土金属

11.2.1　碱金属和碱土金属元素的通性

碱金属和碱土金属是周期表中 ⅠA 族和 ⅡA 族元素。在第二到第七周期，ⅠA 族包括锂（lithium）、钠（sodium）、钾（potassium）、铷（rubidium）、铯（cesium）、钫（francium）六种元素，由于它们的氢氧化物一般是易溶于水的强碱，故称为碱金属。ⅡA 族包括铍（beryllium）、镁（magnesium）、钙（calcium）、锶（strontium）、钡（barium）、镭（radium）六种元素。由于钙、锶、钡的氧化物在性质上介于"碱"族与"土"族（ⅢA）元素之间，所以它们称为碱土金属，现习惯上把铍和镁包括在内。碱金属和碱土金属元素的一些基本性质列于表 11.2 中。

表 11.2　碱金属和碱土金属元素的基本性质

元素	锂 (Li)	钠 (Na)	钾 (K)	铷 (Rb)	铯 (Cs)	铍 (Be)	镁 (Mg)	钙 (Ca)	锶 (Sr)	钡 (Ba)
原子序数	3	11	19	37	55	4	12	20	38	56
价电子构型	$2s^1$	$3s^1$	$4s^1$	$5s^1$	$6s^1$	$2s^2$	$3s^2$	$4s^2$	$5s^2$	$6s^2$
氧化数	+1	+1	+1	+1	+1	+2	+2	+2	+2	+2
固体密度(20℃) /$(kg \cdot m^{-3})$	0.53	0.97	0.86	1.53	1.88	1.85	1.74	1.54	2.6	3.51
熔点/℃	180.5	97.81	63.25	38.89	28.40	1278	648.8	839	769	725
沸点/℃	1342	882.9	760	686	669.3	2970	1107	1484	1384	1640
硬度(金刚石=10)	0.6	0.4	0.5	0.3	0.2	4.0	2.0	1.5	1.8	—
金属半径/pm	155	190	235	248	267	112	160	197	215	222
离子半径/pm	60	95	133	148	169	31	65	99	113	135
相对导电性(Hg=1)	11	21	14	8	5	5.2	21.4	20.8	4.2	—
第一电离能 /$(kJ \cdot mol^{-1})$	520.3	495.8	418.9	403	375.7	899.5	737.7	589.8	549.5	502.9
第二电离能 /$(kJ \cdot mol^{-1})$	7298	4562	3051	2633	2230	1757	1450.7	1145.4	1064.3	965.3
电负性	1.0	0.9	0.9	0.8	0.7	1.5	1.2	1.0	1.0	0.9
$\varphi^{\ominus}(M^{n-1}/M)/V$	−3.045	−2.714	−2.925	−2.93	−2.92	−1.85	−2.37	−2.87	−2.89	−2.91

　　由表 11.2 可看出，ⅠA 和ⅡA 的原子半径由上至下依次增大，电离能和电负性依次降低，金属活泼性由上至下依次增强。碱金属和碱土金属在化合时，多以形成离子键为特征，但在某些情况下仍显示一定程度的共价性。其中锂和铍由于原子半径很小，电离能相对较高，形成共价键的倾向较大，所以锂和铍的化学性质与同族元素不同。

　　与碱金属相比，碱土金属的原子半径比相邻的碱金属要小，电离能要大些，较难失去第一个价电子，活泼性不如碱金属。

　　碱金属和碱土金属固体均为金属晶格，碱土金属由于核外有 2 个 s 电子，原子间距离较小，自由电子活动性较差，所以它们的熔、沸点和硬度均高于碱金属，导电性却比碱金属低。

11.2.2　元素的存在和单质的制备

　　由于碱金属和碱土金属的化学活泼性很强，决定了它们不可能以单质的形式存在于自然界中。它们在地壳中的丰度相差很大。钙、钠、镁、钾的丰度在金属中分别排第 5、6、7 和第 8 位，而铯和铍的丰度极低。

　　表 11.3 列出工业上重要的ⅠA、ⅡA 金属的主要资源和制备方法。由于它们具有强还原性，因而制取技术的成本相对较高。

表 11.3　s 区元素的矿物资源和提取方法

金属	天然资源	提取方法
锂	锂辉石，$LiAl(SiO_3)_2$	电解 $LiCl + KCl$ 熔体
钠	岩盐，$NaCl$，海水和盐卤	电解熔融的 $NaCl$
钾	钾石盐，KCl，盐卤	金属钠与 KCl 在 1123 K 反应
铍	绿柱石，$Be_3Al_2Si_6O_{18}$	电解熔融的 $BeCl_2$
镁	白云石，$CaMg(CO_3)_2$	$2MgCaO_2(l) + FeSi(l) \xrightarrow{1423\ K} 2Mg(g) + Fe(l) + Ca_2SiO_4(l)$
钙	石灰石，$CaCO_3$	电解熔融的 $CaCl_2$

11.2.3　化学性质

1. 与水作用

碱金属和碱土金属两族元素中，除铍和镁由于表面形成致密的保护膜因而对水稳定外，其余都容易与水反应。其中钠同水剧烈作用，钾、铷、铯遇水发生燃烧，量大时甚至发生爆炸。钙、锶、钡、锂与水反应比较缓慢。

2. 与液氨作用

碱金属和碱土金属都能溶于液氨中，生成具有导电性的蓝色溶液，其导电性与液态金属相似。在液氨中，碱金属和碱土金属转变为氨合金属离子与氨合电子，如下式所示：

$$M(s) + nNH_3 \rightleftharpoons M(NH_3)_x^+ + (NH_3)_{n-x}^-$$

浓的碱金属或碱土金属液氨溶液在有机或无机合成中是一种理想的均相还原剂。

3. 与氧作用

碱金属在室温下能迅速地与空气中的氧反应，因此碱金属应存放于煤油中。因锂的密度最小，可以浮在煤油上，所以将其浸在液状石蜡或封存在固体石蜡中。碱土金属活泼性略差，室温下这些金属表面缓慢生成氧化膜。

碱金属的一些化学反应见图 11.4。

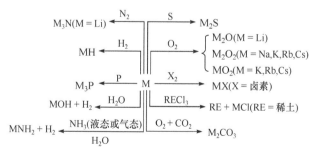

图 11.4　碱金属的一些化学反应

11.2.4　重要的化合物及其性质

1. 氧化物、过氧化物、超氧化物

碱金属、碱土金属和氧气反应生成氧化物、过氧化物及超氧化物，同族元素形成过氧化物和超氧化物的倾向是，从上到下逐渐增强，表 11.4 列出了碱金属和碱土金属可能生成各种氧化物的情况。

表 11.4　碱金属和碱土金属的各种氧化物

金属	M_2O	M_2O_2	MO_2	金属	MO	MO_2	MO_4
Li	√	√	—	Be	√	—	—
Na	√	√	√	Mg	√	√	—
K	√	√	√	Ca	√	√	√
Rb	√	√	√	Sr	√	√	√
Cs	√	√	√	Ba	√	√	√

注："√" 表示存在的氧化物，"—" 表示不存在此氧化物。

除 BeO 为两性外，这两族元素的普通氧化物都显碱性，它们的热稳定性总的趋势是从 Li→Cs，从 Be→Ba 逐渐降低。

在过氧化物中，Na_2O_2 的实用意义最大。工业上制备 Na_2O_2 的方法是将钠加热至熔化，通入一定量除去 CO_2 的干燥空气，维持温度在 453～473 K，钠被氧化为 Na_2O，再增加空气流量并迅速升温至 573～673 K，即可制得 Na_2O_2。Na_2O_2 粉末呈黄色，易吸潮，与水或稀酸作用，生成过氧化氢：

$$Na_2O_2 + 2H_2O = H_2O_2 + 2NaOH$$
$$\longrightarrow H_2O + \frac{1}{2}O_2\uparrow$$

故 Na_2O_2 广泛用作氧气发生剂和漂白剂。在潮湿的空气中 Na_2O_2 能吸收 CO_2：

$$Na_2O_2 + CO_2 = Na_2CO_3 + \frac{1}{2}O_2$$

因此 Na_2O_2 可用作高空飞行或潜水时的供氧剂。

Na_2O_2 有碱性和氧化性，它能强烈地氧化一些金属。例如，熔融的 Na_2O_2 能将 Fe 氧化成 FeO_4^{2-}，可使一些不溶于酸的矿物氧化分解。O_2^{2-} 的分子轨道表示为 $[(\sigma_{1s})^2(\sigma_{1s}^*)^2(\sigma_{2s})^2(\sigma_{2s}^*)^2(\sigma_{2p_z})^2(\pi_{2p_x})^2(\pi_{2p_y})^2(\pi_{2p_x}^*)^2(\pi_{2p_y}^*)^2]$，为反磁性。

在高温、高压下，Na_2O_2 和 O_2 反应可得 NaO_2。在液氨中，O_2 与 K、Rb 或 Cs 作用可得到红色的 MO_2 晶体。

超氧化物是强氧化剂，与水剧烈反应生成氧气和过氧化氢：

$$2MO_2 + 2H_2O = O_2\uparrow + H_2O_2 + 2MOH$$

超氧化物也能与 CO_2 反应生成 O_2，用作供氧剂：

$$4MO_2 + 2CO_2 = 2M_2CO_3 + 3O_2$$

O_2^- 的分子轨道式表示为 $[KK(\sigma_{2s})^2(\sigma_{2s}^*)^2(\sigma_{2p_z})^2(\pi_{2p_x})^2(\pi_{2p_y})^2(\pi_{2p_x}^*)^2(\pi_{2p_y}^*)^1]$，为顺磁性。$O_2^{2-}$、$O_2^-$ 反键轨道上的电子比 O_2 多，因此它们的稳定性较弱。

2. 氢氧化物

碱金属和碱土金属的氢氧化物都是白色固体，易潮解，固体 NaOH 和 $Ca(OH)_2$ 是常用的干燥剂。

1）酸碱性

碱金属和碱土金属氢氧化物的碱性随金属元素原子序数的增加而增强，除 $Be(OH)_2$ 为两性，LiOH、$Mg(OH)_2$ 为中强碱外，其余为强碱。

我们用 ROH 表示氢氧化物，来说明其碱性的变化规律。ROH 有以下两种解离方式：

$$R\text{—}O\text{—}H \longrightarrow R^+ + OH^- \qquad 碱式解离$$

$$R\text{—}O\text{—}H \longrightarrow RO^- + H^+ \qquad 酸式解离$$

R—O—H 以哪种方式解离，取决于阳离子 R 的极化能力，而极化能力与阳离子的电荷数 z 及其离子半径 r 有关。卡特雷奇(Cartledge)提出离子势 ϕ 的概念来判断 ROH 的酸碱性：

$\phi = \dfrac{z}{r}$，当 ϕ 值越大，说明 R 的极化能力越强，吸引氧原子上电子云的能力越强，从而导致 O—H 键被削弱，ROH 以酸式解离为主。反之，若 ϕ 值越小，说明 O 吸引电子能力强，R—O 键被削弱，ROH 以碱式解离为主。

有人提出用 $\sqrt{\phi}$ 的大小判断金属氢氧化物酸碱性的经验公式，其中离子半径 r 的单位是 pm：

当 $\sqrt{\phi} > 0.32$ 时，酸式解离

当 $0.22 < \sqrt{\phi} < 0.32$ 时，两性

当 $\sqrt{\phi} < 0.22$ 时，碱式解离

表 11.5 中列举了 I A 和 II A 元素氢氧化物的 $\sqrt{\phi}$ 数据，从中可以看出随 $\sqrt{\phi}$ 的减小，对应的氢氧化物碱性逐渐增强。

表 11.5　碱金属和碱土金属氢氧化物的酸碱性

项目	LiOH	NaOH	KOH	RbOH	CsOH
R^+半径/pm	59	102	138	152	167
$\sqrt{\phi}$	0.13	0.10	0.085	0.081	0.077
酸碱性	中强碱	强碱	强碱	强碱	强碱
项目	$Be(OH)_2$	$Mg(OH)_2$	$Ca(OH)_2$	$Sr(OH)_2$	$Ba(OH)_2$
R^+半径/pm	27	72	100	118	135
$\sqrt{\phi}$	0.27	0.17	0.14	0.13	0.12
酸碱性	两性	中强碱	强碱	强碱	强碱

用 ϕ 判断氢氧化物的碱性强弱只是一个经验规律，有些物质的酸碱性不符合此规律。例如，$Zn(OH)_2$ 中 Zn^{2+}的半径为 74 pm，$\sqrt{\phi} = 0.16$，根据经验规律 $Zn(OH)_2$ 为碱性，但实际

上 $Zn(OH)_2$ 是两性化合物。

2)溶解性

碱金属的氢氧化物都易溶于水，仅 LiOH 溶解度较小。碱土金属氢氧化物在水中的溶解度比碱金属的溶解度小得多，且同族元素氢氧化物的溶解度从上到下逐渐增大，见表 11.6。同一周期内，从 M(Ⅰ)到 M(Ⅱ)随离子半径的减小和离子电荷的增多，氢氧化物的溶解度减小。

表 11.6　碱金属与碱土金属氢氧化物的溶解度

氢氧化物	$Be(OH)_2$	$Mg(OH)_2$	$Ca(OH)_2$	$Sr(OH)_2$	$Ba(OH)_2$
溶解度	8.1×10^{-6}	4.5×10^{-4}	2.0×10^{-2}	0.08	0.26

注：298 K；单位：$mol \cdot kg^{-1}$；数据来源：IUPAC Solubility Data Series Volum 52。

3. 盐类

绝大多数碱金属、碱土金属盐类是离子型晶体，而 Li^+、Be^{2+} 半径特别小，使它们的某些盐，如卤化物，具有不同程度的共价性。

碱金属离子(M^+)和碱土金属离子(M^{2+})都是无色的，若阴离子有颜色，它们的化合物一般常显阴离子的颜色，如 MnO_4^- 是紫红色，$KMnO_4$ 也是紫红色。

一般来说，碱金属盐具有较高的热稳定性，结晶卤化物在高温时挥发而不分解；硫酸盐高温时既不挥发又难分解；碳酸盐除 Li_2CO_3 在 1000 K 以上部分分解为 Li_2O 和 CO_2 以外，其余皆难分解，只有硝酸盐热稳定性较低，加热时分解较容易：

$$4LiNO_3 \xrightarrow{773\,K} 2Li_2O + O_2 \uparrow + 2N_2O_4$$

$$2NaNO_3 \xrightarrow{653\,K} 2NaNO_2 + O_2 \uparrow$$

碱土金属盐类的热稳定性比碱金属差。碱土金属的卤化物热稳定性较好，但碳酸盐加热到一定温度便分解成氧化物和 CO_2：

$$MCO_3 \xrightarrow{\triangle} MO + CO_2 \uparrow$$

碱金属的盐类一般都易溶于水，仅有少数碱金属盐是难溶于水，一类是若干锂盐如 LiF、Li_2CO_3、Li_3PO_4 等；另一类是 K^+、Rb^+、Cs^+(以及 NH_4^+)与某些较大阴离子所形成的盐，如 $KClO_4$、$K_2[PtCl_6]$、$K[B(C_6H_5)_4]$、$K_3[CO(NO_2)_6]$ 等，是微溶或难溶的。

碱土金属的盐类中，除卤化物和硝酸盐外，多数碱土金属盐的溶解度较小，见表 11.7。铍盐和可溶性钡盐都是有毒的。

表 11.7　一些碱土金属盐的溶解度(298 K，单位：$mol \cdot L^{-1}$)

离子	Be^{2+}	Mg^{2+}	Ca^{2+}	Sr^{2+}	Ba^{2+}
F^-	易溶	8×10^{-5}	6.2×10^{-6}	5.8×10^{-5}	1.3×10^{-3}
CO_3^{2-}	—	3.2×10^{-3}	6.9×10^{-5}	3.1×10^{-5}	9×10^{-5}
SO_4^{2-}	易溶	易溶	7.8×10^{-3}	5.2×10^{-4}	1.0×10^{-5}
CrO_4^{2-}	易溶	易溶	1.5×10^{-1}	6×10^{-3}	1.4×10^{-5}

4. 形成配合物

碱金属阳离子和碱土金属的大阳离子可与多齿配体形成配合物。碱金属离子的冠醚（如 18-冠-6）配合物在非水溶液中可以稳定存在，与双环结构的穴醚形成的配合物可以稳定存在于水溶液中。不同金属离子与穴状配体形成的配合物的稳定性主要取决于阳离子体积与配体空穴大小的匹配程度。图 11.5 给出几个冠醚和穴醚的结构。

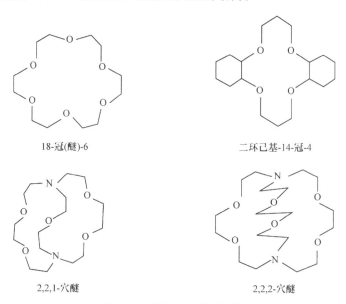

18-冠(醚)-6　　　　　　　　　　　二环己基-14-冠-4

2,2,1-穴醚　　　　　　　　　　　2,2,2-穴醚

图 11.5　冠醚和穴醚的结构

作为配体，穴醚和冠醚有两点不同：

(1) 穴醚不仅有氧也有氮，如 2,2,1-穴醚。

(2) 穴状化合物是多环化合物，因此可以完全包围金属离子。

碱土金属阳离子也能与冠醚或穴状配体形成配合物，但与带电荷的多齿配体（如 EDTA）形成的配合物更稳定。

习　　题

一、选择题

1. NaH 放入水中可得到（　　）
A. $NaOH$、O_2 和 H_2　　　　B. $NaOH$　　　　C. $NaOH$ 和 H_2　　　　D. O_2 和 H_2

2. 下列各组化合物中，均难溶于水的是（　　）
A. $BaCrO_4$，LiF　　　　　　　　　　　B. $Mg(OH)_2$，$Ba(OH)_2$
C. $MgSO_4$，$BaSO_4$　　　　　　　　　　D. $SrCl_2$，$CaCl_2$

3. 下列离子的水合热绝对值小于 Na^+ 的是（　　）
A. Li^+　　　　　　　　B. K^+　　　　　　　　C. Mg^{2+}　　　　　　　　D. Al^{3+}

4. 电解食盐水溶液，在阴、阳电极上分别产生的是（　　）
A. 金属钠，氯气　　　　　　　　　　　B. 氢气，氯气
C. 氢氧化钠，氯气　　　　　　　　　　D. 氢氧化钠，氧气

5. 在下列碱金属电对 M^+/M 中，$\varphi^{\ominus}$ 最小的是（　　）
A. Li^+/Li　　　　B. Na^+/Na　　　　C. K^+/K　　　　D. Rb^+/Rb

6. 下列物质中，碱性最强的是（　　）

A. LiOH　　　　　　　　B. $Mg(OH)_2$　　　　　　　C. $Be(OH)_2$　　　　　　　D. $Ca(OH)_2$

7. 关于ⅠA族与ⅡA族相应元素的下列说法中不正确的是（　　）

A. ⅠA族金属的第一电离能较小　　　　　　B. ⅡA族金属离子的极化能力较强

C. ⅡA族金属的氮化物比较稳定　　　　　　D. ⅠA族金属的碳酸盐热稳定性较差

8. 碱土金属的第一电离能比相应的碱金属要大，其原因是（　　）

A. 碱土金属的外层电子数较多

B. 碱土金属的外层电子所受有效核电荷的作用较大

C. 碱金属的原子半径较小

D. 碱金属的相对原子质量较小

9. 碱土金属碳酸盐的热稳定性顺序是（　　）

A. 随原子序数的增加而降低

B. 随原子序数的增加而增加

C. $MgCO_3$ 的热稳定性最高，其他的均较低

D. $SrCO_3$ 的热稳定性最高，其他的均较低

10. 可用于解释碱土金属碳酸盐热稳定性变化规律的理论是（　　）

A. 原子结构理论　　　　　　　　　　　　B. 分子轨道理论

C. 离子极化理论　　　　　　　　　　　　D. 价层电子对互斥理论

二、填空题

1. Ba^{2+} 虽然有毒，但由于 $BaSO_4$ ＿＿＿＿＿＿和＿＿＿＿＿＿，因此可用于消化道 X 射线检查疾病的造影剂。

2. 比较下列各对物质的性质：（以"＞"或"＜"符号表示）

(1) 熔点：$BeCl_2$ ＿＿＿＿＿＿ $CaCl_2$　　　　　(2) 碱性：NH_3 ＿＿＿＿＿＿ PH_3

(3) 氧化性：$NaClO$ ＿＿＿＿＿＿ $NaClO_3$　　　(4) 溶解度：$BaCrO_4$ ＿＿＿＿＿＿ $CaCrO_4$

3. 水的软化主要是除去水中的＿＿＿＿＿＿和＿＿＿＿＿＿离子。通常需要加入的化学药剂是＿＿＿＿＿＿和＿＿＿＿＿＿。

4. 锌钡白俗称＿＿＿＿＿＿，其化学式可写成＿＿＿＿＿＿，它可由＿＿＿＿＿＿和＿＿＿＿＿＿反应而制得。

5. 将 $PbSO_4$ 和 $BaSO_4$ 进行沉淀分离，可加入的试剂为＿＿＿＿＿或＿＿＿＿＿，进入溶液的形式为＿＿＿＿＿或＿＿＿＿＿＿。

三、简答题

1. 卤化氢的沸点有下列趋势：$HCl(-85℃)＜HBr(-67℃)＜HI(-36℃)＜HF(20℃)$

试解释。

2. 通过 NaH、CH_4 和 HCl 与水的反应解释氢化学的三个不同方面。

3. 完成下列反应方程式。

(1) $CaH_2 + H_2O \longrightarrow$　　　　　　(2) $K + C_2H_5OH \longrightarrow$

(3) $KH + C_2H_5OH \longrightarrow$　　　　　(4) $UH_3 + H_2O \longrightarrow$

(5) $UH_3 + H_2S \longrightarrow$　　　　　　(6) $UH_3 + HCl \longrightarrow$

4. 设想利用一种元素和 Al_2Cl_6 分两步合成 $LiAlH_4$ 及利用 B_2H_6 合成 $NaBH_4$。

5. 完成下列反应方程式。

(1) $Na_2O_2 + H_2O \longrightarrow$　　　　　(2) $KO_2 + H_2O \longrightarrow$

(3) $Na_2O_2 + CO_2 \longrightarrow$　　　　　(4) $KO_2 + CO_2 \longrightarrow$

(5) $Be(OH)_2 + OH^- \longrightarrow$ (6) $Mg(OH)_2 + NH_4^+ \longrightarrow$

(7) $Li + ClC_6H_5 \longrightarrow$ (8) $Li + HN(C_2H_5)_2 \longrightarrow$

6. 一酸性 $BaCl_2$ 溶液中含少量 $FeCl_3$ 杂质，用 $Ba(OH)_2$ 或 $BaCO_3$ 调节溶液的 pH，均可把 Fe^{3+} 变为沉淀 $Fe(OH)_3$ 而除去。为什么？

7. 用平衡常数说明：Mg^{2+} 和 $NH_3 \cdot H_2O$ 的反应是否完全？$Mg(OH)_2$ 和 NH_4Cl 的反应是否完全？已知：$K_{sp}^{\ominus}[Mg(OH)_2] = 1.8 \times 10^{-11}$，$K_b^{\ominus}(NH_3 \cdot H_2O) = 1.8 \times 10^{-5}$。

8. 环己环-18-冠-6 和 2,2,2-穴醚哪个配体有利于与 K^+ 形成配合物？为什么？

9. ⅠA 族元素与ⅠB 族元素原子的最外层都只有一个 s 电子，但前者单质的活泼性明显强于后者，试从它们的原子结构特征具体说明。

10. 为什么 LiF 在水中的溶解度比 AgF 小，而 LiI 在水中的溶解度却比 AgI 大？

11. 盛 $Ba(OH)_2$ 溶液的瓶子在空气中放置一段时间后，内壁会蒙上一层白色薄膜，这是什么物质？欲除去这层薄膜，应取下列何种物质洗涤？说明理由。

(1) 盐酸   (2) 水   (3) 硫酸

12. 试用简便方法将下列各组物质进行区别，写出有关化学方程式：

(1) 金属钾和金属钠   (2) 大苏打和小苏打

(3) 纯碱、烧碱和泡花碱   (4) 元明粉和保险粉

13. 在 6 个没有标签的试剂瓶中，分别装有白色固体试剂，它们分别是无水 Na_2CO_3、$BaCO_3$、无水 $CaCl_2$、无水 Na_2SO_4、$Mg(OH)_2$ 和 $MgCO_3$。试设计一个方案(以流程图表示)将它们一一鉴别，并写出有关反应式。

科学家小传——戴维

英国化学家戴维(Davy)1778 年 12 月 27 日生于彭赞斯的一个木匠家庭。他幼年贪玩，喜欢钓鱼和作诗，对老师要求的死记硬背不感兴趣。1795 年，父亲去世后，戴维给一个药剂师当学徒。他不仅学会了配制药水，而且迷上了化学，做了许多复杂的化学实验，还制定了一个庞大的自学计划，要学会 7 种语言，研究 20 多种学科。由于他天资很高，加上发奋努力，学识提高很快。1798 年，戴维应邀到克里夫顿的一个气体研究所工作。第二年就发现了笑气。1801 年被聘为伦敦皇家学院的讲师，不久即成为教授。1803 年被选为皇家学会会员，从 1820 年起任该学会会长。英国国王授予他勋爵，拿破仑也授予他奖章。1827 年出国治病，1829 年 5 月 29 日在瑞士逝世。

1807 年，戴维用电流分解了以前认为不能再分解的碱，制得了钾、钠两种金属；1808 年又制得镁、钙、锶、钡等碱土金属；用强还原性的钾制备了硼；证明了氯是元素，指出酸的主要成分是氢而不是氧，提出化学反应的电化学说；为防止煤矿瓦斯爆炸，发明了矿工用的安全灯；还研究过农业化学、制革方法和矿物分析等问题。主要著作有《化学哲学课程大纲》《农业化学原理》《煤矿安全灯和对火焰的研究》等。戴维从年轻时代起，无论是在名誉、地位还是金钱上都取得了巨大成功，但他并未沉溺其中。与科学研究相比，戴维更重视培养研究科学的人。他曾说："我最大的发现就是发现了法拉第。"

第 12 章　p 区 元 素

内容提要

(1) 了解稀有气体单质的性质、用途。

(2) 熟悉卤素及其重要化合物的基本化学性质、结构和用途；掌握卤素的共性及其差异；能运用元素电势图判断卤素及其化合物各氧化态间的转化关系。

(3) 掌握氧化物、过氧化物和超氧化物的结构和性质；掌握氢硫酸、亚硫酸、硫酸及其衍生物的结构、性质、制备及用途；了解硒、碲及其化合物的一般性质。

(4) 掌握氮、磷及其氧化物、氢化物、含氧酸及其盐的结构、性质和用途；了解砷、锑、铋单质及化合物性质的递变规律。

(5) 掌握碳族元素的单质、氧化物、含氧酸及其盐的结构和性质。

(6) 掌握硼族元素的单质、氢化物、含氧化合物的结构和性质。

12.1　稀 有 气 体

12.1.1　稀有气体的存在、分离和应用

元素周期表ⅧA 族元素包括氦(helium)、氖(neon)、氩(argon)、氪(krypton)、氙(xenon)、氡(radon)和鿫(oganesson)七种元素，称为稀有气体。1962 年以前，由于未制备出这些元素的任何化合物，人们确信它们的性质不活泼，称它们为惰性气体。

空气中含有微量的稀有气体。在接近地球表面的空气中，每 1000 dm³ 空气中约含有 9.3 dm³ 氩、18 cm³ 氖、5 cm³ 氦、11 cm³ 氪、0.08 cm³ 氙。氦还存在于太阳的大气中，人们借助分光镜发现了它，这是第一个在地球外宇宙中被发现的元素。

氦也是放射性矿物(α 放射物质)的衰变产物，放射出来的 α 粒子(两个质子和两个中子组成，相当于氦原子核 He²⁺)获得两个电子后便成为氦原子。例如，在 ²³⁸U 的衰变过程中生成八个 α 粒子，通过氧化其他共存元素，这些 α 粒子获得电子而生成氦原子。所以在某些矿穴中有氦的储积或放出，有些天然气中含有氦。

氖、氩、氪和氙最先由英国物理学家拉姆齐(Ramsay)和他的合作者们从空气中分离出来，氦气由美国化学家希勒布兰德(Hillebrand)用硫酸处理一种铀矿时发现，后经拉姆齐用光谱实验证明了这种稀有气体就是由英国天文学家洛克耶尔(Lockyer)在 1868 年研究太阳光谱时发现的存在于太阳大气中的元素氦。1900 年，德国的多恩(Dorn)在某些放射性矿物中发现了氡。2016 年 6 月 8 日,国际纯粹与应用化学联合会(IUPAC)宣布,将合成化学元素第 118 号鿫 (Og)提名为化学新元素。该新元素由美国劳伦斯·利弗莫尔国家实验室和俄罗斯杜布纳核研究联合研究所的科学家联合合成，为向超重元素合成先驱者、俄罗斯物理学家奥加涅相 (Oganessian)致敬，研究人员将第 118 号元素命名为 oganesson。

从空气中分离稀有气体主要是利用它们不同的物理性质。氩的沸点介于氮和氧之间，将

液态空气分级蒸馏，挥发除去大部分氮，剩下的液态氧中富集了稀有气体并含有少量氮气，继续分馏可以把稀有气体分离出来。将这种气体通过氢氧化钠塔除去 CO_2，再通过赤热的铜丝除去微量的氧，然后通过灼热的镁屑除去氮气，剩下的气体便是以氩为主的稀有气体。

从混合稀有气体中分离各个组分最常用的方法是低温选择性吸附或低温分馏。在低温下越容易液化的稀有气体越容易被活性炭吸附，而在不同的低温下活性炭对各气体的吸附也不同。例如，在 -100℃时，氩、氪和氙被吸附，而氦和氖不被吸附。在液态空气的低温 (-190℃) 下，氖被吸附而氦不被吸附。在不同的低温下使活性炭对混合稀有气体吸附和解吸，便能将稀有气体一一分离。

由于稀有气体的化学性质不活泼、易于发光放电等，使其在光学、冶炼、医学及一些尖端工业部门中获得了广泛的应用。例如，氦的密度仅次于氢，又不像氢那样易燃，使用安全，常用它代替氢气填充气球和气艇。将氦混在塑料、人造丝、合成纤维中可制成很轻盈的泡沫塑料、泡沫纤维。氦在人体血液中的溶解度比氮气低得多，可用它与氧混合制成"人造空气"，供潜水员吸用，可以避免潜水员登陆后，由于压力骤减而使溶解的氮气突然从血液中逸出而造成的潜水病（昏晕以致死亡）。氦的沸点是现在已知物质中最低的，因此液氦常被应用于超低温技术，可以获得 0.001 K 的低温。大量的氦用于火箭燃料压力系统、惰性气氛焊接和核反应堆热交换器等。

在电场的激发下，氖能产生美丽的红光，常用于霓虹灯及机场、港口、水陆交通线的灯标。氩常用于充填钨丝电灯泡，和氮一起在镁、铝、钛和不锈钢焊接中及稀有金属熔炼中作为保护气。

氪和氙也可用于制造具有特殊性能的电光源，高压长弧氙灯（俗称"人造小太阳"）便是利用氙在电场的激发下能放出强烈的白光这一特性而制成的。氙灯能放出紫外线，在医疗上得到应用。此外，氪和氙的同位素在医学上被用于测量脑血液量和研究肺功能，计算胰岛素分泌量等。

12.1.2　稀有气体的化合物

1962 年，英国化学家巴利特（Bartlett）在研究铂和氟的反应时发现 O_2 直接同 PtF_6 反应生成 $[O_2^+][PtF_6^-]$ 晶体，由此巴利特联想到 O_2 的第一电离能 ($O_2 \rightleftharpoons O_2^+ + e^-$) 为 1175.7 $kJ \cdot mol^{-1}$，与 Xe 的第一电离能 ($Xe \rightleftharpoons Xe^+ + e^-$) 1171.5 $kJ \cdot mol^{-1}$ 十分接近，由此推测 Xe 也可能被 PtF_6 氧化发生类似的反应，从晶格能的计算也预测到这个反应可能发生。于是他按照合成 $[O_2^+][PtF_6^-]$ 的方法，把等体积的 PtF_6 蒸气和 Xe 混合并在室温下反应，结果很容易地得到了一种预期为 $[Xe^+][PtF_6^-]$ 的橙黄色固体（实际化学式是 $[XeF^+][Pt_2F_{11}^-]$），这就是合成的第一个稀有气体化合物。这个发现轰动了整个化学界，从此稀有气体化学得到迅速发展。

目前已合成数百种稀有气体化合物，由于稀有气体原子的电子层结构相当稳定（表 12.1），一般来说，只有电负性大的元素如氟、氧、氮、氯与电离能较小、半径大的稀有气体才有可能形成化合物。氡理应易形成化合物，但由于氡具有很强的放射性，半衰期短，给实验带来困难。在已知稀有气体化合物中，主要是氙的氟化物、氟氧化物、氟配合物、含氧化合物及少数氪和氡的化合物。另外三种半径较小的稀有气体氦、氖和氩仅在理论上推测了它们生成化合物的可能，迄今仍未合成出来。氡只能直接同氟反应，但氡的氧化物能从氟化物制备得到，一些氡的化合物很稳定并能大量生产，表 12.2 列出了一些较重要的氡的化合物及其性质。

以下将主要介绍氙的化合物。

表 12.1　稀有气体的物理性质

物理性质	He	Ne	Ar	Kr	Xe	Rn
原子序数	2	10	18	36	54	86
相对原子质量	4.0026	20.180	39.948	83.80	131.29	222.0
外电子层结构	$1s^2$	$2s^22p^6$	$3s^23p^6$	$4s^24p^6$	$5s^25p^6$	$6s^26p^6$
原子半径/pm(范氏半径)	122	160	192	198	218	—
熔点/K	0.9	24	84	116	161	202
沸点/K	4.2	27.1	87.3	120.3	166.1	208.2
第一电离能/(kJ·mol^{-1})	2372	2080	1523	1351	1171.5	1038
1000 dm^{3}空气中含量/cm^3	5.2	18.2	9340.0	11.4	0.08	—

表 12.2　氙的主要化合物

氧化态	化合物	性状	熔点/℃	分子结构	备注
Ⅱ	XeF_2	无色晶体	129	直线形	易溶于 HF(l)，温水分解成 Xe + O_2 + HF
Ⅳ	XeF_4	无色晶体	117	平面正方形	稳定
	$XeOF_2$	无色晶体	31	—	不稳定
Ⅵ	XeF_6	无色晶体	49.6	变形八面体	稳定
	Cs_2XeF_8	黄色固体	—	—	稳定至 400℃
	$XeOF_4$	无色液体	−46	四方锥	稳定
	XeO_3	无色液体	—	三角锥	吸潮，溶液中稳定，爆炸性分解
Ⅷ	XeO_4	无色气体	—	四面体	爆炸性分解
	XeO_6^{4-}	无色盐	—	八面体	也存在 $HXeO_6^{3-}$、$H_2XeO_6^{2-}$、$H_3XeO_6^-$ 等阴离子

1. 氟化物

迄今为止只得到三种简单的氟化氙，即 XeF_2、XeF_4 和 XeF_6，它们的合成都需要在较高温度下进行，反应为

$$Xe + F_2 \xrightarrow[\quad]{\text{高温}} XeF_2$$

$$XeF_2 + F_2 \xrightarrow[\quad]{\text{高温}} XeF_4$$

$$XeF_4 + F_2 \xrightarrow[\quad]{\text{高温}} XeF_6$$

这三个反应在温度高于 250℃时迅速建立平衡。三种氟化物都易挥发，在 25℃时迅速升华，可用镍制容器储存。但 XeF_4 和 XeF_6 能异常迅速地水解，容器中即使微量的水也必须事先除去。

将 Xe 与少量的 F_2 在高温下反应可制得二氟化氙(XeF_2)，因为 XeF_2 容易进一步被氧化，所以在反应过程中必须保持 Xe 过量。XeF_2 溶于水得到具有 XeF_2 刺激性气味的溶液，它在酸性溶液中缓慢水解，而在碱性溶液中迅速水解。

$$XeF_2 + 2OH^- \rightleftharpoons Xe\uparrow + \frac{1}{2}O_2\uparrow + 2F^- + H_2O$$

XeF_2 是强氧化剂,在水溶液中能将 HCl 氧化成 Cl_2,将 Ce^{3+} 氧化成 Ce^{4+}。XeF_2 也是有机化合物的温和氟化剂,如使苯形成 C_6H_5F。

四氟化氙(XeF_4)是三种氟化物中最容易制得的。在镍制的反应器中,将 Xe 和 F_2 按 1:5 的体积比混合,于 673 K 和大约 607.8 kPa 压力下加热几小时,然后迅速冷却即可得到 XeF_4。除水解性质外,它的其他性质和 XeF_2 类似。XeF_4 能氟化有机化合物的芳香环,如甲苯。

六氟化氙(XeF_6)的制备是在压力大于 506.5 kPa 和温度高于 523 K 条件下,将 XeF_4 和 F_2 反应或直接将 Xe 和 F_2 反应而制得。无色的 XeF_6 在加热时变为黄色。XeF_6 具有强的反应活性,甚至腐蚀石英:

$$SiO_2 + 2XeF_6 \rightleftharpoons 2XeOF_4 + SiF_4\uparrow$$

XeF_4 和 XeF_6 都与水反应,完全水解后可以得到 XeO_3,其反应式如下:

$$3XeF_4 + 6H_2O \rightleftharpoons XeO_3 + 2Xe\uparrow + \frac{3}{2}O_2\uparrow + 12HF$$

$$XeF_6 + 3H_2O \rightleftharpoons XeO_3 + 6HF$$

XeF_6 的不完全水解产物是 $XeOF_4$:

$$XeF_6 + H_2O \Longrightarrow XeOF_4 + 2HF$$

2. 氧化物

XeO_3 可用 XeF_4 和 XeF_6 的水解反应来制取。XeO_3 是一种无色、无味的晶体并且易潮解、爆炸。它在酸性溶液中的氧化能力较强,能将 Cl^- 氧化成 Cl_2,将 I^- 氧化成 I_2,将 Mn^{2+} 氧化成 MnO_2(或 MnO_4^-)。它还能使醇和羧酸氧化为水和 CO_2。

在水中,XeO_3 主要以分子形式存在,但在碱性溶液中,主要以 $HXeO_4^-$ 形式存在,与 XeO_3 处于平衡状态:

$$XeO_3 + OH^- \Longrightarrow HXeO_4^-$$

$HXeO_4^-$ 会按下式缓慢地歧化产生 Xe(Ⅷ)和 Xe(0):

$$2HXeO_4^- + 2OH^- \longrightarrow XeO_6^{4-} + Xe\uparrow + O_2\uparrow + 2H_2O$$

在 XeO_3 的浓 NaOH 溶液中通入臭氧,可以得到高氙酸钠,高氙酸根离子是黄色的强氧化剂。高氙酸钠从溶液中沉淀出来时的组成为 $Na_4XeO_6 \cdot 8H_2O$,室温下干燥后转化成 $Na_4XeO_6 \cdot 2H_2O$,若在 373 K 以上烘干,可获得无水高氙酸钠。其他碱金属和碱土金属的高氙酸盐也已制得。

在强碱溶液中,高氙酸根离子的主要存在形式是 $HXeO_6^{3-}$,并且缓慢地被还原,但在酸溶液中被迅速还原:

$$H_2XeO_6^{2-} + H^+ \longrightarrow HXeO_4^- + \frac{1}{2}O_2\uparrow + H_2O$$

用浓硫酸与高氙酸钡一起加热,可制得很不稳定的具有爆炸性的 XeO_4 气体。另外,用

XeF_2 同氟磺酸胺 $(SO_3F)_2NH$ 反应可制得 $FXeN(SO_3F)_2$。这是一种具有氙氮键的白色固体，极易水解。

由于稀有气体化合物具有非常强的氧化能力，并且在多数反应中被还原为单质，不会给反应体系引进额外的杂质。氙的化合物易被制备，所以氙的化合物是重要的工业氧化剂和分析试剂。

12.2 卤 素

12.2.1 元素的存在、分离和性质

周期系ⅦA族元素称为卤素(halogen)，卤素希腊文原文为成盐元素的意思，第二到第六周期的卤素包括氟(fluorine)、氯(chlorine)、溴(bromine)、碘(iodine)和砹(astatine)五种元素，一般用 X 代表。

氟广泛存在于自然界，主要形式是萤石 (CaF_2)、冰晶石 (Na_3AlF_6) 和氟磷灰石 $[3Ca_3(PO_4)_2 \cdot Ca(F, Cl)_2]$，在地壳中丰度约为 0.065%。氯在自然界主要以海水和内地盐湖中的氯化钠形式存在。溴、碘主要以钠、钾、钙、镁的无机盐形式存在于海水中。由于某些海洋植物(如海藻、海带)具有选择吸收碘的能力，故海藻是碘的一个重要来源。有些地方的硝石矿也含有碘酸钠 $(NaIO_3)$ 和高碘酸钠 $(NaIO_4)$。砹是放射性元素，在自然界中砹只以微量短暂地存在于镭、锕、钍等天然放射系的蜕变产物中。本章对砹不予讨论。

卤素在自然界中均以化合物的形式存在，从卤素化合物制备卤素单质一般是由卤素阴离子的氧化得到：

$$2X^- - 2e^- \Longrightarrow X_2$$

X^- 的还原性和产物 X_2 的活泼性差异决定了不同卤素的制备方法。

工业上和实验室制取氟都是采用电解熔融氟氢化钾和氟化氢的混合物 $(KHF_2 \cdot HF)$，电解以钢制容器作为电解槽，槽身作阴极，以压实的石墨作为阳极，在 373 K 左右进行电解而制得。电极反应为

阳极(石墨)　　　$2F^- \Longrightarrow F_2 \uparrow + 2e^-$

阴极(电解槽)　　$2HF_2^- + 2e^- \Longrightarrow H_2 \uparrow + 4F^-$

电解总反应　　　$2KHF_2 \xrightarrow{\text{电解}} 2KF + H_2 \uparrow + F_2 \uparrow$

在电解质熔盐中常加入少量第二种氟化物如 LiF(或 AlF_3)，这是为了降低电解质的熔点，减少 HF 的挥发和碳电极的极化作用。

化学家克里斯蒂(Christe)曾推断，路易斯酸如 SbF_5 能将另一种较弱的路易斯酸 MnF_4 从稳定配离子 $[MnF_6]^{2-}$ 的盐中置换出来，而 MnF_4 在热力学上不稳定，易分解为 MnF_3 和 F_2，根据这种推断，他于 1986 年首次使用化学方法制得了氟，具体的制法如下：

$$4KMnO_4 + 4KF + 20HF \Longrightarrow 4K_2MnF_6 + 10H_2O + 3O_2 \uparrow$$

$$SbCl_5 + 5HF \Longrightarrow SbF_5 + 5HCl$$

$$2K_2MnF_6 + 4SbF_5 \xrightarrow{423\,K} 4KSbF_6 + 2MnF_3 + F_2 \uparrow$$

工业上制取氯气常用电解饱和食盐水溶液的方法。图 12.1 为立式隔膜电解槽示意图。

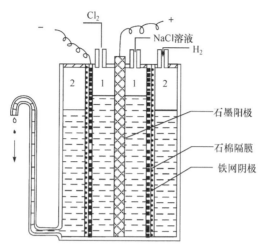

图 12.1 立式隔膜电解槽示意图

1. 阳极室; 2. 阴极室

溴离子和碘离子具有比较明显的还原性，常用氯氧化 Br^- 和 I^- 以制取 Br_2 和 I_2。也可以用实验室制备氯气的方法制备溴和碘，通常用二氧化锰在酸性介质中氧化溴化物或碘化物，反应如下：

$$MnO_2(s) + 2NaBr + 3H_2SO_4 \Longrightarrow 2NaHSO_4 + MnSO_4 + 2H_2O + Br_2$$

$$MnO_2(s) + 2KI + 3H_2SO_4 \Longrightarrow 2KHSO_4 + MnSO_4 + 2H_2O + I_2$$

氯气和海藻灰的浸液(含碘化钾)作用可得到单质碘：

$$2KI + Cl_2 \Longrightarrow 2KCl + I_2$$

用此法制碘要避免通入过量的氯气，因为过量的氯气可能进一步将碘氧化为无色的碘酸：

$$I_2 + 5Cl_2 + 6H_2O \Longrightarrow 2IO_3^- + 10Cl^- + 12H^+$$

卤素单质中，F_2 不溶于水且与水剧烈反应，Cl_2、Br_2 难溶于水，I_2 微溶于水。F_2 可将水分子中 -2 价的氧氧化为 O_2：

$$2F_2 + 2H_2O \Longrightarrow 4HF + O_2$$

从热力学角度看，Cl_2、Br_2 也能进行类似的反应，I_2 不能置换水中的氧。但是因动力学因素氯和溴对水的氧化反应速率很慢，因此可以不予考虑，主要考虑的是在水中的歧化反应。卤素单质在水中的歧化有两种方式：

$$X_2 + 2OH^- \Longrightarrow X^- + XO^- + H_2O$$

$$3X_2 + 6OH^- \Longrightarrow 5X^- + XO_3^- + 3H_2O$$

以哪种歧化方式为主，取决于卤素的种类和反应的温度。例如，在室温和低温下，Cl_2 发生的歧化反应主要为

$$Cl_2 + 2OH^- \Longrightarrow Cl^- + ClO^- + H_2O$$

生成的 HClO 有强氧化性，所以氯水常作为氧化剂使用。在温度较高(75℃以上)时，Cl_2 歧化

生成 ClO_3^- 和 Cl^-，而溴在常温下即歧化生成 BrO_3^- 和 Br^-，只有在低温下才生成 BrO^- 和 Br^-。碘在任何温度下即歧化都生成 IO_3^- 和 I^-。

有关卤素的一些重要性质列于表 12.3。

表 12.3　卤素的一些重要性质

性质	氟(F)	氯(Cl)	溴(Br)	碘(I)
物态(298 K，101.3 kPa)	气体	气体	液体	固体
颜色	淡黄色	黄绿色	红棕色	紫黑色(s)，紫色(g)
熔点/K	53.38	172	265.8	386.5
沸点/K	84.46	238.4	331.8	457.4
在水中的溶解度/(mol·L^{-1})	反应	0.09	0.21	0.0013
共价半径/pm	64	99	114	133
X$^-$半径/pm	136	181	195	216
第一电离能/(kJ·mol^{-1})	1681	1251	1140	1008
电子亲和能/(kJ·mol^{-1})	−332	−348.7	−324.6	−295.3
X$^-$的水合能/(kJ·mol^{-1})	−515	−381	−347	−305
X$_2$的解离能/(kJ·mol^{-1})	158	242	193	151
电负性(Pauling 标度)	4.0	3.0	2.8	2.5

可以看出，氟的性质有些反常，这是因为氟的原子半径特别小，其核周围电子密度较大，当它接受一个电子或共用电子对成键时，将引起电子间较大的斥力，这种斥力部分抵消了气态氟形成氟离子，或氟形成单分子时所释放的能量，所以氟的电子亲和能小于氯，F_2 的解离能也比 Cl_2 小。类似的原因使第二周期的 O—O(H_2O_2)键和 N—N(N_2H_4)键都较相应的 S—S 键和 P—P 键弱。

尽管氟的电子亲和能反常地小于氯，但因 F_2 的解离能较小，F^- 的水合能较大，所以氟在卤素单质中仍然是最强的氧化剂，它能从溶液中甚至固态下置换 Cl^-。

当氟与不具有孤对电子的其他原子化合生成氟化物时，其键能均较相应的氯化物大。因为其他元素原子半径相对较大，或最外电子层没有孤对电子，电子之间的斥力较小，而氟原子半径小，形成的化学键的强度较大，故氟化物与其相应的其他卤化物比较总是最稳定的。此外，在氟化物中氟的氧化数总是−1，这与氟的电负性最大，最外电子层又没有 d 轨道有关。而氯、溴、碘除了−1 氧化数外，由于最外层都有空的 d 轨道，这些空的 d 轨道可以参加成键，当它们与电负性更大的元素化合时，处于最外层的 p 轨道和 s 轨道的成对电子可以激发进入 d 轨道形成具有正氧化态的化合物。又由于基态卤原子中只有 1 个成单电子，每激发 1 对成对电子，便增加 2 个成单电子，可参与成键的成单电子数目为 1、3、5、7，故其特征氧化数为 −1、+1、+3、+5、+7。

12.2.2　卤化氢和氢卤酸

卤化氢均为有强烈刺激性臭味的无色气体，在空气中易与水蒸气结合而形成白色酸雾。气态卤化氢是极性分子，极易溶于水，其水溶液称为氢卤酸。液态卤化氢不导电，表明它们是共价型化合物，卤化氢的一些重要性质列于表 12.4。

表 12.4　卤化氢的一些重要性质

性质	HF	HCl	HBr	HI
熔点/K	190.0	158.2	184.5	222.2
沸点/K	292.5	188.1	206.0	237.6
$\Delta_f H_m^{\ominus} /(kJ \cdot mol^{-1})$	−271	−92	−36	+26
键能/$(kJ \cdot mol^{-1})$	566	431	366	299
$\Delta H^{\ominus}$ (气化热)/$(kJ \cdot mol^{-1})$	30.31	16.12	17.62	19.77
分子偶极矩 $\mu /(10^{-30} C \cdot m)$	6.40	3.61	2.65	1.27
表观电离度/% (0.1 mol $\cdot$ L^{-1}, 291 K)	10%	93%	93.5%	95%
溶解度/[g $\cdot$ (100 g H$_2$O)$^{-1}$]	35.3	42	49	57
在 1273 K 时分解百分数	忽略	0.014	0.5	33

在氢卤酸中，氢氯酸(盐酸)、氢溴酸、氢碘酸均为强酸，并且酸性依次增强，只有氢氟酸为中强酸($295\ K$ 时，$K_a^{\ominus} \approx 6.6 \times 10^{-4}$)。在较浓的氢氟酸溶液中，一部分 F 通过氢键与未解离的 HF 分子形成缔合离子，如 HF_2^-、$H_3F_4^-$ 等，其中 HF_2^- 特别稳定：

$$HF + F^- \Longrightarrow HF_2^- \qquad K \approx 5.1$$

$$稀溶液\quad HF + H_2O \Longrightarrow H_3O^+ + F^- \quad K_a^{\ominus} \approx 6.6 \times 10^{-4}$$

$$浓溶液\quad 2HF + H_2O \Longrightarrow H_3O^+ + HF_2^-$$

HF_2^- 的形成使平衡向右移动，从而使氢氟酸的电离度增大，酸性增强，故氟化氢的浓溶液是强酸，稀溶液为中强酸，这是氢氟酸的一个特性。氢氟酸的另一个特殊性是它能与二氧化硅或硅酸盐反应生成气态 SiF_4：

$$SiO_2 + 4HF \Longrightarrow SiF_4 \uparrow + 2H_2O$$

$$CaSiO_3 + 6HF \Longrightarrow CaF_2 + SiF_4 \uparrow + 3H_2O$$

利用这一特性，氢氟酸被广泛用来测定矿物或钢板中 SiO_2 的含量，用于在玻璃器皿上刻蚀标记和花纹。

12.2.3　卤化物和卤素互化物

1. 卤化物

卤素和电负性较小的元素生成的化合物称为卤化物。卤化物一般可以分为离子型卤化物和共价型卤化物两大类，但其间很难有严格的界限。卤化物的键型与成键元素的电负性、离子的半径及金属离子的电荷相关，非金属元素形成的卤化物都是共价型的，具有挥发性，有较低的熔点和沸点，有的不溶于水（如 CCl_4、SF_6 等），溶于水的往往发生强烈水解。金属元素形成的卤化物既有离子型也有共价型，一般有如下规律：碱金属元素（锂除外）、碱土金属元素（铍除外），大多数镧系、锕系元素和某些低氧化数的 d 区及 ds 区元素的卤化物基本上是离子型的化合物。其中电负性最大的氟与电负性最小、离子半径最大的铯化合形成的氟化铯（CsF）是最典型的离子型化合物。随着金属离子半径的减小、离子电荷的增加及 X^- 半径的增大，卤化物的共价性增加，如果一种金属元素有可变的氧化数，低氧化数卤化物常是离子型的，而高氧化数的卤化物则往往是共价型的。不同卤化物的键型与性质分别见表 12.5～表 12.8。

表 12.5　第三周期元素氟化物的性质和键型

氟化物	NaF	MgF_2	AlF_3	SiF_4	PF_5	SF_6
熔点/℃	993	1250	1040	−90	−83	−51
沸点/℃	1695	2260	1260	−86	−75	−64(升华)
熔融态导电性	易	易	易	不能	不能	不能
键型	离子型	离子型	离子型	共价型	共价型	共价型

表 12.6　氮族元素氟化物的性质和键型

氟化物	NF_3	PF_3	AsF_3	SbF_3	BiF_3
熔点/℃	−206.6	−151.5	−85	292	727
沸点/℃	−129	−101.5	−63	319(升华)	102.7(升华)
熔融态导电性	不能	不能	不能	难	易
键型	共价型	共价型	共价型	过渡型	离子型

表 12.7　AlX_3 的性质和键型

卤化物	AlF_3	$AlCl_3$	$AlBr_3$	AlI_3
熔点/℃	1040	190(加压)	97.5	191
沸点/℃	1260	178(升华)	263.3	360
熔融态导电性	易	难	难	难
键型	离子型	共价型	共价型	共价型

表 12.8　不同氧化数氯化物的性质和键型

卤化物	$SnCl_2$	$SnCl_4$	$PbCl_2$	$PbCl_4$
熔点/℃	246	−33	501	−15
沸点/℃	652	114	950	105
键型	离子型	共价型	离子型	共价型

从表 12.5～表 12.8 可以看出，卤化物从离子型向共价型过渡时，其熔、沸点逐渐降低，熔融态的导电性减弱。应当指出，卤化物是典型离子型卤化物时，其熔、沸点随离子电荷增

多及离子半径减小而升高，如 MgF_2 的熔、沸点比 NaF 高，这可从晶格能得到解释。当卤化物是典型共价型化合物时，其熔、沸点随相对分子质量增大而升高，如 SiF_4、PF_5、SF_6 的熔、沸点依次升高，这是因为它们分子间色散力随相对分子质量的增大而增大。

2. 卤素互化物

两种卤素原子以共价键结合形成的化合物称为卤素互化物。这类化合物可用通式 XX'_n 表示，其中 $n = 1、3、5、7$，X 的电负性小于 X′。除了 BrCl、ICl、ICl_3、IBr 和 IBr_3 外，其余都是氟的卤化物，卤素互化物的性质列于表 12.9。

表 12.9 卤素互化物的性质

类型	化合物	性状	平均键能 /(kJ·mol^{-1})	熔点/K	沸点/K
XX'	ClF	无色稳定气体	248	117.5	173
	BrF	红棕色气体	249	240	293
	IF	很不稳定，歧化为 IF_5 和 I_2	277.8	—	—
	BrCl	红色气体	216	207	278
	ICl	暗红色固体	208	300.5	370
	IBr	暗灰紫色固体	175	309	389
XX'_3	ClF_3	无色稳定气体	172	197	285
	BrF_3	稳定浅黄绿色液体	201	282	401
	IF_3	黄色固体	~272	245(分解)	—
	ICl_3	橙色固体	—	384(分解)	—
	IBr_3	棕色液体	—	—	—
XX'_5	ClF_5	无色气体	142	170	260
	BrF_5	无色稳定液体	187	212.6	314.4
	IF_5	无色稳定液体	268	282.5	377.6
XX'_7	IF_7	无色稳定液体	231	278.9(升华)	277.5

从表 12.9 中可以看出，卤素互化物中心卤原子的配位数总为奇数，因为卤原子最外电子层结构为 ns^2np^5，只有一个成单电子，只能形成一个共价键，当要形成多个共价键时，只能将 p 轨道和 s 轨道的成对电子激发到空的 d 轨道，然后进行杂化成键。由于每激发一对电子便增加两个成单电子，造成成单电子的总数总为奇数，结果与中心原子结合成键的配位原子数目总为奇数。

绝大多数卤素互化物是不稳定的，它们的许多性质与卤素单质类似，都是强氧化剂，与大多数金属和非金属猛烈反应形成相应的卤化物。它们都容易发生水解作用，生成卤离子和卤氧离子，其中电负性小、原子半径大的卤原子生成卤氧离子：

$$XX' + H_2O \Longrightarrow HX' + HXO$$

$$IF_5 + 3H_2O \Longrightarrow 5HF + HIO_3$$

注意：中心原子氧化数为+3的卤氧离子不稳定，会进一步发生反应，故XX'_3水解得不到HXO_2：

$$3BrF_3 + 5H_2O \Longrightarrow H^+ + BrO_3^- + Br_2 + 9HF + O_2 \uparrow$$

$$4ClF_3 + 8H_2O \Longrightarrow 4H^+ + 2ClO_3^- + 2Cl^- + 12HF + O_2 \uparrow$$

卤素互化物的分子结构可由价层电子对互斥理论来推测，如表12.10所示。

表 12.10　卤素互化物的分子结构

化合物	XX'_3	XX'_5	XX'_7
中心原子价层电子对数	5	6	7
中心原子杂化轨道类型	sp^3d	sp^3d^2	sp^3d^3
价层电子对构型	三角双锥	正八面体	五角双锥
分子构型	T字形	四方锥	五角双锥

12.2.4　卤素的氧化物

卤素很难与氧化合，卤素的氧化物只能通过间接的方法得到而且不稳定，易爆炸。就稳定性而言，卤素的含氧酸盐＞卤素的含氧酸＞卤素的氧化物。就电负性而言，氟的电负性强于氧，其他的卤素电负性比氧弱，因此氧的氟化物中氧显正价，其他的卤素氧化物中卤素显正价，氯、溴、碘都有+7价的氧化物。

1. 卤素氧化物的结构

卤素氧化物的结构如图12.2所示。

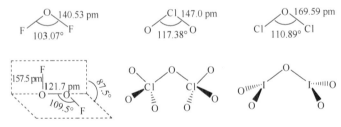

图 12.2　卤素氧化物的结构

2. 卤素氧化物的化学性质

绝大多数氧的化合物称为氧化物，但氟的电负性比氧强，因此把氧和氟的二元化合物称为氟化氧比较合理。OF_2分子结构类似于H_2O，OF_2常温、常压下为淡黄色的有毒气体，沸点为−145℃。火花会引起该物质猛烈爆炸。它的化学性质比较不活泼，与H_2、CH_4或CO混合而无反应。但当与Cl_2、Br_2或I_2相混合时，即使在室温下也会爆炸。它很容易被碱水解：

$$OF_2 + 2OH^- \Longrightarrow O_2 + 2F^- + H_2O$$

OF_2是很好的氟化剂，可与Kr、Xe进行光化学反应制得KrF_2和XeF_2，具有强氧化性：

$$OF_2 + 4I^- + 2H^+ \Longrightarrow 2I_2 + 2F^- + H_2O$$

和水的反应较慢，但遇水蒸气即可爆炸：

$$OF_2 + H_2O \Longrightarrow O_2 + 2HF$$

和氢卤酸或其盐作用可取代出另一个卤素：

$$OF_2 + 4HX(aq) == 2X_2 + 2HF + H_2O$$

OF_2 可氧化绝大多数金属和非金属，甚至可从 Xe 中通过放电夺取电子生成 Xe 的氧化物和氟氧化物的混合物。OF_2 的制备可通过下列几种方法：使氟通过 2%的氢氧化钠溶液；电解 HF-KF 的水溶液或者用 F_2 和潮湿的 KF 作用。例如，F_2 与稀氢氧化钠溶液反应：

$$2F_2 + 2OH^- == OF_2 + 2F^- + H_2O$$

O_2F_2 常温常压下为气体，分子结构类似于 H_2O_2，呈弯曲状，一个氟原子位于与其余三个原子夹角为 87.5°的平面上(图 12.2)，O—O 键与 H_2O_2 中 O—O 键(148 pm)相比很短(121.7 pm)。在压力为 1300～2600 Pa 和温度为 77～90 K 时，对 O_2 和 F_2 的混合物进行高压放电，可得到橙黄色固体 O_2F_2，它的熔点是 -163℃。O_2F_2 的半衰期约 3 h。在 -50℃时，它便分解成气体 O_2 和 F_2。O_2F_2 是一种非常强的氟化剂和氧化剂，许多物质甚至在低温下遇 O_2F_2 即爆炸。O_2F_2 在低温条件下反应活性就很高，可作氧化剂和氟化剂：

$$O_2F_2 + BrF_3 == O_2 + BrF_5$$
$$O_2F_2 + SiF_4 == O_2 + SiF_6$$
$$4O_2F_2 + H_2S == 4O_2 + 2HF + SF_6$$

一氧化二氯(Cl_2O)常温下为黄棕色气体，极易溶于水，是 HClO 的酸酐。用新制得的黄色 HgO 和 Cl_2 用干燥空气稀释或溶解在 CCl_4 中反应，或通过氯气与潮湿的碳酸钠反应可制得 Cl_2O：

$$2Cl_2 + 2HgO == HgCl_2 \cdot HgO + Cl_2O$$
$$2Cl_2 + 2Na_2CO_3 + H_2O == 2NaHCO_3 + 2NaCl + Cl_2O$$

Cl_2O 性质活泼，与 NH_3 混合会发生强烈爆炸：

$$3Cl_2O + 10NH_3 == 2N_2 + 6NH_4Cl + 3H_2O$$

二氧化氯(ClO_2)常温下为黄色气体，可冷凝为红色液体，ClO_2 气体分子含有奇数个电子而具有顺磁性，化学活性很高。在强酸性溶液中用 Cl^- 或 SO_2 还原 ClO_3^- 可制备 ClO_2：

$$2ClO_3^- + 2Cl^- + 4H^+ == 2ClO_2 \uparrow + Cl_2 \uparrow + 2H_2O$$
$$2ClO_3^- + SO_2 == 2ClO_2 \uparrow + SO_4^{2-}$$

或利用草酸还原 ClO_3^- 得到 ClO_2：

$$2ClO_3^- + C_2O_4^{2-} + 4H^+ == 2ClO_2 \uparrow + 2CO_2 \uparrow + 2H_2O$$

ClO_2 不是 $HClO_2$ 的酸酐，在碱中发生歧化反应：

$$2ClO_2 + 2OH^- == ClO_2^- + ClO_3^- + H_2O$$

ClO_2 具有强氧化性，可与许多金属和非金属及化合物作用。在温度稍高、浓度较大时发生爆炸分解成单质。光照条件下在水溶液中会歧化生成盐酸和氯酸。

Cl_2O_7 是无色油状液体，是高氯酸的酸酐。在低温下用浓磷酸使高氯酸脱水可制得 Cl_2O_7。加热条件下可爆炸分解：

$$Cl_2O_7 \xrightarrow{\triangle} ClO_3 + ClO_4$$

溴与氧的化合物有 Br_2O、BrO_2、BrO_3、Br_3O_8 等，对热都不稳定。Br_2O 可用于氧化单质碘制备 I_2O_5，也可将苯氧化为醌。Br_2O 溶于碱溶液生成次溴酸盐。

碘与氧的化合物有 I_2O_4、I_4O_9、I_2O_5 和 I_2O_7 等，是最稳定的卤素氧化物。I_2O_5 的稳定性最好，是碘酸的酸酐，白色粉末固体，在 573 K 分解为单质。作氧化剂可以氧化 NO、C_2H_4、H_2S、CO 等，如在 343 K 将空气中的 CO 完全氧化为 CO_2：

$$I_2O_5 + 5CO =\!\!=\!\!= I_2 + 5CO_2$$

用碘量法测定所生成的碘即可准确分析体系中 CO 的含量，常用于检测大气污染。

12.2.5 卤素的含氧酸及其盐

常见的卤素含氧酸列于表 12.11，其结构如图 12.3 所示。

表 12.11 常见的卤素含氧酸

分子	中心原子氧化数	中文名称	英文名称
HClO	+1	次氯酸	hypochlorous acid
$HClO_2$	+3	亚氯酸	chlorous acid
$HClO_3$	+5	氯酸	chloric acid
$HClO_4$	+7	高氯酸	perchloric acid
HBrO	+1	次溴酸	hypobromous acid
$HBrO_2$	+3	亚溴酸	bromous acid
$HBrO_3$	+5	溴酸	bromic acid
$HBrO_4$	+7	高溴酸	perbromic acid
HIO	+1	次碘酸	hypoiodus acid
HIO_2	+3	亚碘酸	iodous acid
HIO_3	+5	碘酸	iodic acid
H_5IO_6	+7	正高碘酸	orthoperiodic acid
HIO_4	+7	偏高碘酸	periodic acid

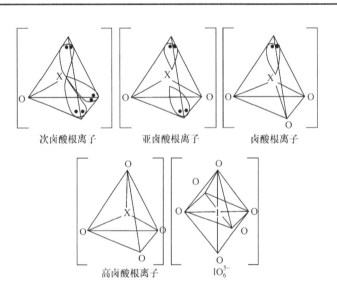

次卤酸根离子　　　亚卤酸根离子　　　卤酸根离子

高卤酸根离子　　　IO_6^{5-}

图 12.3 各种卤酸根离子结构

卤素元素的电势图见图 12.4。

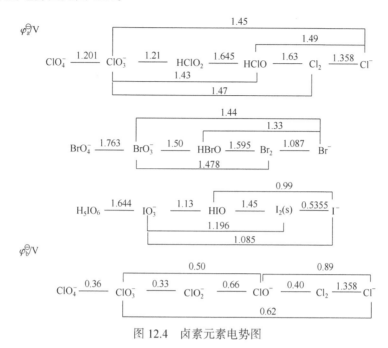

图 12.4 卤素元素电势图

含氧酸在水溶液中的强度取决于酸分子的电离程度，可以用 $K_a^{\ominus}$ 值衡量，也可从分子结构得到解释，设某含氧酸分子结构简式为

$$H—O—R—O$$
（上方还有 O 与 R 相连）

我们把与中心原子 R 直接相连接的氧原子称为非羟基氧原子，连接有氢原子的氧原子称为羟基氧原子，酸性的强弱主要取决于中心原子 R 吸引羟基氧原子上电子的能力，由于氧原子的电负性总是大于中心原子的电负性，非羟基氧原子与 R 相连接的 R—O 键上的成键电子必然偏向于氧原子，R 周围非羟基氧原子数越多，则 R 原子吸引羟基氧原子上电子的能力越强，有利于 H^+ 电离，所以对应酸的酸性越强。

根据以上分析，可得无机含氧酸酸性强度的规律：

(1) 中心原子同价态的含氧酸的酸性随中心原子电负性的增大而增强：

$$HClO > HBrO > HIO$$

(2) 不同价态的同种中心原子的含氧酸的酸性随价态的升高而增强：

$$HClO < HClO_2 < HClO_3 < HClO_4$$

(3) 含氧酸的酸性随中心原子周围非羟基氧原子数目的增多而增强：

$$(HClO_4) > (H_2SO_4) > (H_3PO_4) > (H_4SiO_4)$$

卤素的含氧酸都是强氧化剂，但其氧化性不一定是中心原子的氧化数越高，氧化性就越强，如在 $HClO_n$ 系列中，其氧化性强弱顺序是 $HClO>HClO_3>HClO_4$。同类型不同卤素含氧酸的氧化能力，一般规律是从氯到碘逐渐减弱，但 $HBrO_3$ 及 $HBrO_4$ 均不符合此规律，在相应的系列中它们是最强的氧化剂。对卤素含氧化合物氧化性的强弱至今难以得到圆满解释，但多数现象可从标准电极电势或化学反应的角度来进行解释，有人认为 $HBrO_3$ 和 $HBrO_4$ 在同类型含氧酸中氧化性特强的原因，是因为溴在第四周期过渡元素之后，由于 3d 轨道填满了 10 个电子，使有效核电荷增大，结果使 4s 能量降低，在生成高价态化合物时，4s 的激发能增大，总键能降低，故氧化性增强。

卤素的含氧酸及其盐的稳定性规律是：

(1) 含氧酸的稳定性小于相应的盐，这主要是由于 H^+ 的反极化作用(它对氧的极化作用与酸中心原子对氧的极化作用相反)比金属离子强的缘故。H^+ 尽管所带电荷不高，但其半径特别小，故它的电场强度大，它甚至可以钻进含氧酸根氧原子的电子云中，表现出反极化作用，从而使含氧酸的稳定性降低，氧化能力增强。

(2) 由同种卤原子形成的 HXO_n 系列中，稳定性随 n 的增大而增大。这主要是由于形成较多的化学键可获得较大的总键能。同时，在亚卤酸、卤酸及高卤酸中的卤素与氧原子间除正常的 σ 键外，还存在有 pπ-dπ 反馈 π 键。例如，高氯酸的价键结构及 pπ-dπ 键的形成方式可见图 12.5。

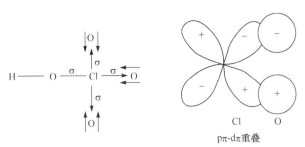

p$π$-d$π$重叠

图 12.5 $HClO_4$ 分子结构

在 $HClO_4$ 分子中，氯原子与一个羟基中的氧原子形成一个 σ 键，与其余三个非羟基氧先形成三个自氯至氧的 σ 配键，再由氧原子中成对电子所在的 p_y、p_z 轨道与中心氯原子的空 d 轨道互相重叠形成自氧至氯的 pπ-dπ 反馈 π 键，使氯、氧原子间的键级增加，从而带来更大的总键能，在 HClO 分子中不存在这种 pπ-dπ 反馈 π 键。由于氧原子的 2p 轨道与 Cl 原子的 3d 轨道能级相差较大，这种 pπ-dπ 反馈 π 键键能不是很大，通常不予考虑，故 $HClO_4$ 的结构简式可写为

$$H-O-Cl \longrightarrow O$$

实际上，卤素的含氧酸大多数不稳定，只有 $HClO_4$ 和 H_5IO_6 以纯酸的形式稳定存在，其余皆只存在于不同浓度的水溶液中。

12.2.6   氟的有机化合物

卤素可形成无数有机化合物，本节仅对无机化学感兴趣的某些有机氟化物的制备及特殊性质作简要介绍。

1. 制备

1)用氟化氢取代氯

无水 HF 比较便宜，能用来取代氯化物中的 Cl，这样的反应要求 $SbCl_5$ 或 CrF_3 作催化剂和适中的温度与压力，如

$$2CCl_4 + 3HF \xrightarrow{SbCl_5} CCl_2F_2 + CCl_3F + 3HCl$$

$$CCl_3COCCl_3 \xrightarrow{HF, Cr催化剂} CF_3COCF_3$$

从 CCl_4 得到的产物是具有广泛用途的喷气推进剂。

2)用氟电解取代氢

一个最重要的实验室和工业制法是:在液体HF 中, 在低于释放氟所要求的电压(4.5~6 V)下电解有机化合物。采用 Ni 为阳极，不锈钢为阴极的钢制电解槽，氟化作用在阳极进行。尽管很多有机化合物在液体 HF 中是导电的，但仍需加入导电添加剂，如

$$(C_2H_5)_2O \longrightarrow (C_2F_5)_2O$$

$$C_8H_{18} \longrightarrow C_8F_{18}$$

$$(CH_3)_2S \longrightarrow CF_3SF_5 \longrightarrow (CF_3)_2SF_4$$

$$(C_4H_9)_3N \longrightarrow (C_4F_9)_3N$$

$$CH_3COOH \longrightarrow CF_3COOF \longrightarrow CF_3COOH$$

3)用氟直接取代氢

尽管在通常条件下，大部分有机化合物与氟混合会着火或爆炸，但在适当条件下，很多化合物还是可能直接氟化，如:

(1)在铜网或氟化铯催化剂存在下，将反应物与用氮气稀释的氟相混合进行催化氟化:

$$C_6H_6 + 9F_2 \xrightarrow{Cu, 265℃} C_6F_{12} + 6HF$$

(2)在使温度降低的反应器或容器内，固态反应物与氮气稀释的氟在低温下长时间反应。放热反应中产生的热(F 取代 H 的全部热约 420.10 $kJ \cdot mol^{-1}$)使 C—C 键断裂，并缓慢地消散。取代反应分几步进行，而每一步的放热都较 C—C 键的平均键能小，因此只要反应时间长到能允许单个反应进行完全，则可以产生没有降解的氟化作用。能按这种方式进行氟化的物质有聚苯乙烯、蒽和多核烃及碳硼烷、酞菁等。

(3)无机氟化物如氟化钴一般也用于有机物的气相氟化，如

$$(CH_3)_3N \xrightarrow{CoF_3} (CF_3)_3N + (CF_3)_2NF + CF_3NF_2 + NF_3$$

4)其他方法

在不同的氟化反应中使用 CsF 作为催化剂，如

$$R_FCN + F_2 \xrightarrow{CsF, -78℃} R_FCF_2NF_2 \quad (R_F = 全氟烷基)$$

对于不饱和的氟碳化合物，F^- 具有高亲核性，因而加入极化了的多重键的正电中心，然后这样生成的负碳离子可以发生双键迁移或作为亲核试剂按 S_N2 机理消除 F^- 或其他离子。这

类氟化物引发反应在合成上应用十分广泛,这些反应能在 DMF 或二甘醇二甲醚中采用难溶的 CsF 或易溶的 $(C_2H_5)_4NF$ 进行, 如

$$CF_2 = CFCF_3 \xrightarrow{F^-} (CF_3)_2CF^- \xrightarrow{I_2} (CF_3)_2CFI + I^-$$

2. 有机氟化物的性质

C—F 键能虽然高(486 kJ·mol^{-1}, 参照 C—H 键能 415 kJ·mol^{-1} 和 C—C 键能 332 kJ·mol^{-1}), 但有机氟化物在热力学上并不一定特别稳定。氟的衍生物之所以呈现低的反应活性是由于氟不能扩大其八隅体结构, 如在水解的第一步, 水不能对氟和碳进行配位。因为氟原子体积小, 氢原子被氟原子取代较被其他卤原子取代而引起的张力和变形要小, 氟原子还能有效地屏蔽碳原子不受攻击。碳与氟成键, 可以看作是碳有效地被氟氧化(而在 C—H 中碳被还原), 因此没有被氧再氧化的趋势。氟碳化合物只能被热的金属如熔融的金属钠所攻击, 裂解时氟碳化合物趋向在 C—C 键处断裂而不是 C—F 键处。氟取代氢导致密度增加, 但不到其他卤素取代那种程度, 全氟衍生物 C_nF_{2n+2} 相对于其相对分子质量和低的分子间作用力来说具有非常低的沸点, 这种力的微弱性从聚四氟乙烯 $+CF_2—CF_2+_n$ 非常低的摩擦系数也可以看到。

大量生产的重要有机氟化物是氟氯代烃和氟代烯烃, 前者用于作惰性制冷剂、导弹推进剂和热传导剂, 后者用于用游离基引发聚合的方法生产油、脂等的单体, 同时还作为化学中间体。CF$_3$CHBrCl 和某些类似化合物是安全有效的麻醉剂。CHClF$_2$ 用于生产四氟乙烯:

$$2CHClF_2 \xrightarrow{500\sim1000℃} CF_2 = CF_2 + 2HCl$$

四氟乙烯沸点为 76.6℃, 能热聚或利用氧、过氧化氢等作为游离基引发剂在水乳剂中悬浮聚合。

氟代羧酸值得注意的首先是它们的强酸性, 如对于 CF$_3$COOH, $K_a^\ominus = 5.9 \times 10^{-1}$, 而 CH$_3$COOH 的 $K_a^\ominus = 1.8 \times 10^{-5}$。其次是羧酸的很多标准反应能在氟烷基不变化的情况下进行, 如

$$C_3F_7COOH \xrightarrow[C_2H_5OH]{H_2SO_4} C_3F_7COOC_2H_5$$

$$C_3F_7COOC_2H_5 \xrightarrow{NH_3} C_3F_7CONH_2$$

$$C_3F_7CONH_2 \xrightarrow{P_2O_5} C_3F_7CN$$

$$C_3F_7CONH_2 \xrightarrow{LiAlH_4} C_3F_7CH_2NH_2$$

下列反应可制备全氟烷基卤化物:

$$R_FCOOAg + I_2 \xrightarrow{\triangle} R_FI + CO_2 + AgI$$

全氟烷基卤化物相当活泼, 虽然因为全氟烷基非常强的吸电子性使它们并不显示烷基卤化物的很多亲核反应, 但当加热或受辐射时发生游离基反应:

$$CF_3I \Longrightarrow CF_3\cdot + I\cdot$$

反应的反应热只有 115 kJ·mol^{-1}。

12.2.7 拟卤素

某些负一价氧化态的阴离子价电子排布与卤素的排布相同, 在形成离子化合物或共价化

合物时，表现出与卤素离子相似的性质，它们的对应分子性质与卤素性质相似，故称为拟卤素，常见的拟卤素阴离子包括氰离子(CN^-)、硫氰酸根离子(SCN^-)、氰酸根离子(OCN^-)、叠氮根(N_3^-)等。相应的，类似卤素的中性分子有氰$(CN)_2$、硫氰$(SCN)_2$、氧氰$(OCN)_2$、硒氰$(SeCN)_2$等。但并非所有拟卤素离子都有对应分子，如叠氮根的对应分子叠氮就尚未合成。

1. 拟卤素的制备

$(CN)_2$的制备一般是采用加热分解氰化物的方法，如加热氰化银：

$$2AgCN \xrightarrow{\triangle} 2Ag + (CN)_2 \uparrow$$

或以氧化剂氧化氰化物：

$$4HCN + MnO_2 \xrightarrow{\triangle} Mn(CN)_2 + 2H_2O + (CN)_2 \uparrow$$

$(SCN)_2$的制备是将 AgSCN 悬浮在乙醚中，利用 Br_2 或 I_2 将 SCN^-氧化：

$$2AgSCN + Br_2 \xrightarrow{乙醚} 2AgBr + (SCN)_2$$

电解氰酸钾溶液，在阳极生成氧氰：

$$2OCN^- - 2e^- == (OCN)_2$$

纯的氧氰尚未制得，它只存在于溶液中。

2. 拟卤素的分子结构

$(CN)_2$分子中 4 个原子呈线性关系 $N\equiv C-C\equiv N$，两个中心 C 原子的轨道均为 sp 杂化，其中两个 sp 杂化轨道分别和两个 N 原子的 p 轨道形成两个 σ 键，另外两个 sp 杂化轨道互相以头碰头的形式成 π 键。各原子中未参与杂化的 p 轨道以肩并肩的形式成 4 中心 4 电子的大 π 键 Π_4^4，如图 12.6 所示。故$(CN)_2$分子 C—C 键长为 138 pm，小于正常的单键键长 154 pm。

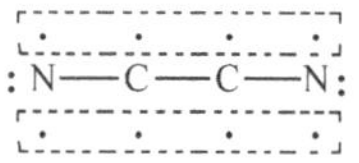

图 12.6　$(CN)_2$分子中的大π键

$(SCN)_2$分子的价键结构可写为 $N\equiv C-S-S-C\equiv N$，其中两个中心 C 原子的轨道均为 sp 杂化，分别与 S 和 N 的 p 轨道形成 σ 键，在每个 SCN 单元中也存在 p 轨道互相重叠形成的离域大 π 键 Π_3^4。$(OCN)_2$的结构与硫氰类似。

3. 拟卤素的性质

$(CN)_2$在常温下为无色带苦杏仁味的气体，易燃，剧毒，其毒性与 HCN 相似，燃烧时发出紫红色火焰，燃烧生成二氧化碳和一氧化氮。化学活性位于氯之后溴之前。可溶于水、乙醇和乙醚，加热至 400℃以上聚合成不溶性的白色固体。用于有机合成和消毒、杀虫的熏蒸剂。

$(SCN)_2$在常温下为浅黄色晶体，271 K 以上为液体，二聚体不稳定易发生多聚生成$(SCN)_n$。

拟卤素的化学性质与卤素相近，表现为：

(1)形成双聚分子，游离状态皆有挥发性；

(2)与氢形成酸，除氢氰酸外大多酸性较强；

(3)与金属化合成盐，与卤素相似，它们的银(Ⅰ)、汞(Ⅰ)、铅(Ⅱ)盐均难溶于水；

(4)与碱、水作用也和卤素相似，如

$$Cl_2 + 2OH^- = Cl^- + ClO^- + H_2O$$

$$(CN)_2 + 2OH^- = CN^- + OCN^- + H_2O$$

$$Cl_2 + H_2O = HCl + HClO$$

$$(CN)_2 + H_2O = HCN + HOCN$$

(5) 形成与卤素类似的络合物，如 $K_2[HgI_4]$ 和 $K_2[Hg(SCN)_4]$，$H[AuCl_4]$ 和 $H[Au(CN)_4]$；

(6) 拟卤离子和卤离子一样也具有还原性，如

$$4H^+ + 2Cl^- + MnO_2 = Mn^{2+} + Cl_2 + 2H_2O$$

$$4H^+ + 2SCN^- + MnO_2 = Mn^{2+} + (SCN)_2 + 2H_2O$$

拟卤离子和卤离子按还原性由小到大可以组成序列：F^-，OCN^-，Cl^-，Br^-，CN^-，SCN^-，I^-，所以以单质 Br_2 为氧化剂氧化 AgSCN 可制取 $(SCN)_2$。

拟卤素的化合物我们只简单介绍氰化物和硫氰化物。氢化氰是无色气体，可以和水以任何比例混合，其水溶液为氢氰酸，氢氰酸是弱酸，$K_a^{\ominus} = 6.2 \times 10^{-10}$。重金属氰化物不溶于水，而碱金属氰化物和硫氰化物溶解度很大，在水溶液中强烈水解而显碱性，生成氢化氰。氰作为一个强配体最重要的化学性质是它极易与过渡金属及 Zn、Hg、Ag、Cd 形成稳定的配合物离子，如 $[Ag(CN)_2]^-$、$[Hg(CN)_4]^{2-}$、$[Fe(CN)_6]^{4-}$ 等。

在溶液中硫氰的氧化性与溴相似：

$$(SCN)_2 + H_2S = 2H^+ + 2SCN^- + S$$

$$(SCN)_2 + 2I^- = 2SCN^- + I_2$$

$$(SCN)_2 + 2S_2O_3^{2-} = 2SCN^- + S_4O_6^{2-}$$

大多数硫氰酸盐溶于水，而重金属的盐，如 Ag(I)、Hg(II) 盐不溶于水。硫氰根离子也是良好的配位体，与铁(III)离子可生成深红的硫氰酸根配离子，常利用该反应检验铁(III)：

$$Fe^{3+} + nSCN^- = [Fe(SCN)_n]^{3-n} \quad (n = 1, 2, \cdots, 6)$$

12.3　氧族元素

12.3.1　元素的存在、分离和性质

在第二到第六周期，ⅥA 族包括氧(oxygen)、硫(sulfur)、硒(selenium)、碲(tellurium) 和钋(polonium)五种元素，通称为氧族元素。在自然界中氧和硫能以单质存在，由于很多金属在地壳中以氧化物和硫化物的形式存在，故这两种元素常称为成矿元素。硒和碲是分散的稀有元素，自然界中无单独的硒矿和碲矿，通常以硒化物或碲化物的形式作为杂质存在于金属硫化物矿中，在煅烧这些矿时(特别是 Ag 和 Au 的硫化物矿)，硒或碲就富集于烟道灰中。钋是一种放射性元素，存在于 U 和 Th 的矿物中。

氧的大规模生产是由空气液化和分馏来进行的，少量的氧也可用电解水制得，实验室常用加热含有少量二氧化锰催化剂的高氯酸钾来制取氧气。

有关氧族元素的性质列于表 12.12。

表 12.12　氧族元素的性质

元素	氧(O)	硫(S)	硒(Se)	碲(Te)	钋(Po)
原子序数	8	16	34	52	84
价电子构型	$2s^2 2p^4$	$3s^2 3p^4$	$4s^2 4p^4$	$5s^2 5p^4$	$6s^2 6p^4$
主要氧化数	−2, −1, 0	−2, 0, +2, +4, +6	−2, 0, +2, +4, +6	−2, 0, +2, +4, +6	—
熔点/℃	−218.4	119①	217②	449.5	254
沸点/℃	−182.9	444.6	684.9	989.8	962
原子半径/pm	66	104	117	137	176
离子半径　$r(M^{2-})$/pm	140	184	198	221	—
离子半径　$r(M^{6+})$/pm	9	29	42	56	67
第一电离能/(kJ·mol⁻¹)	1314	999.6	940.9	869.3	812
第一电子亲和能/(kJ·mol⁻¹)	−141	−200.4	−195	−190.1	−180
电负性	3.5	2.5	2.4	2.1	2.0

注：①单斜硫；②灰硒。

12.3.2　氧、臭氧和过氧化氢

1. 氧

氧是无色、无臭的气体，在−183℃时凝结为淡蓝色液体。氧是人和生物必不可少的气体。

2. 臭氧

臭氧的分子结构示于图 12.7。

组成臭氧分子的三个氧原子呈 V 字形排列。中心氧原子采取 sp^2 杂化，形成三个 sp^2 杂化轨道，其中一个杂化轨道由孤对电子占据，另外两个具有成单电子的杂化轨道分别与两旁氧原子具有成单电子的 p 轨道重叠形成两个 σ 键，中心氧原子还有一个与 sp^2 杂化轨道所在平面垂直的 p 轨道，该轨道上有一对电子，两旁的氧原子也还各有一个具有成单电子的 p 轨道与中心氧原子 sp^2 杂化轨道所在平面垂直，上述三个 p 轨道相互平行，彼此侧面重叠形成大 π 键 Π_3^4。键角为 116.8°，键长为 127.8 pm，该键键长正好介于氧原子单键键长 148 pm 与双键键长 112 pm 之间，臭氧分子中氧原子间键级等于 1.5。臭氧分子中无成单电子，故为反磁性。

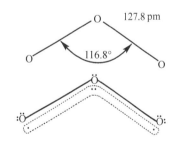

图 12.7　臭氧的分子结构

臭氧是浅蓝色气体，有一种鱼腥臭味，在−112℃凝聚为深蓝色液体，在−192.7℃凝结为黑紫色固体。

臭氧不稳定，但在常温下分解较慢，437 K 以上迅速分解。二氧化锰、二氧化铅、铂黑等催化剂的存在或经紫外线辐射都会促使臭氧分解，臭氧分解时放出热量：

$$2O_3 \Longrightarrow 3O_2 \qquad \Delta_r H_m^\ominus = -284 \text{ kJ} \cdot \text{mol}^{-1}$$

这个放热分解反应说明臭氧比氧有更大的化学活性，它无论在酸性或碱性条件下都比氧气具有更强的氧化性，臭氧是最强的氧化剂之一。除金和铂族金属外，它能氧化所有的金属和大多数非金属，其标准电极电势数据如下：

$$O_3 + 2H^+ + 2e^- \rightleftharpoons O_2 + H_2O \qquad \varphi_a^\ominus = 2.075 \text{ V}$$

$$O_3 + H_2O + 2e^- \rightleftharpoons O_2 + 2OH^- \qquad \varphi_b^\ominus = 1.246 \text{ V}$$

在臭氧中，硫化铅被氧化为硫酸铅，金属银被氧化为过氧化银，碘化钾被迅速定量地氧化为碘，其反应如下：

$$PbS + 4O_3 \rightleftharpoons PbSO_4 + 4O_2$$

$$2Ag + 2O_3 \rightleftharpoons Ag_2O_2 + 2O_2$$

$$2KI + O_3 + H_2O \rightleftharpoons 2KOH + I_2 + O_2$$

最后一个反应可用于检验混合气体中是否含有臭氧。

松节油、煤气等在臭氧中能自燃，有机色素遇到臭氧则褪色。利用臭氧的强氧化性和不容易导致二次污染这一特点，在实际中用它来净化空气和处理工业废水。臭氧用于饮水消毒，不但灭菌效果好，而且不会带入异味。臭氧还可用作棉麻、纸张的漂白剂和皮毛的脱臭剂，空气中微量的臭氧不仅能杀菌，还能刺激中枢神经，加速血液循环，给人精神振奋的感觉。但空气中臭氧浓度过高时，人将会感到疲劳头痛，对人体健康有害。

3. 过氧化氢

1）过氧化氢的制备

实验室可用稀 H_2SO_4 与 BaO_2 或 Na_2O_2 反应制取过氧化氢，其反应式如下：

$$BaO_2 + H_2SO_4 \longrightarrow BaSO_4 + H_2O_2$$

$$Na_2O_2 + H_2SO_4 + 10H_2O \xrightarrow{\text{低温}} Na_2SO_4 \cdot 10H_2O + H_2O_2$$

除去沉淀后的溶液含有 6%～8%的 H_2O_2。

2）过氧化氢的结构

过氧化氢的分子式为 H_2O_2，在过氧化氢分子中有一个过氧链—O—O—，每个氧原子上各连着一个氢原子。两个氢原子位于像半展开书本的两面纸上，两页纸面的夹角 θ 为 94°，O—H 键与 O—O 键间的夹角 ϕ 为 97°（图 12.8）。O—O 键长为 148 pm，O—H 键长为 97 pm。其中 O 原子以 sp^3 杂化，每个 O 原子分别以两个具有成单电子的 sp^3 杂化轨道与另一个氧原子和一个氢原子形成 σ 键后，还有两个 sp^3 杂化轨道由孤对电子占据。由于两个 O 原子上孤对电子的排斥作用，使形成的 O—O 单键变得更弱，键距变大，键能变

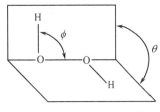

图 12.8 过氧化氢的分子结构

小。因此，过氧化氢分子中 O—O 键长较大，键能较小。同时分子中电子均已成对，故该分子为反磁性。

3）过氧化氢的性质

纯的过氧化氢是近乎无色的黏稠液体，分子间有氢键，由于极性比水强，在固态和液态时分子缔合程度比水大，所以它的沸点（150℃）远比水高，过氧化氢与水可以任意比例互溶，其水溶液俗称双氧水。过氧化氢既有氧化性，又有还原性，对热不稳定，呈弱酸性。

在有乙醚存在时，向 H_2O_2 的酸性溶液中加入 $K_2Cr_2O_7$ 可得到蓝色的过氧化铬（CrO_5）：

$$4H_2O_2 + Cr_2O_7^{2-} + 2H^+ \xrightarrow{\text{乙醚}} 2CrO_5 + 5H_2O$$

过氧化铬的分子结构如图 12.9 所示。它在乙醚中稳定，该反应并非氧化还原反应，而是过氧化氢中的过氧链转移给了六价的铬。该反应可用来检验 H_2O_2 或 CrO_4^{2-} 与 $Cr_2O_7^{2-}$ 的存在，但过氧化铬在水溶液中不稳定，会进一步与 H_2O_2 反应，蓝色迅速消失：

图 12.9　过氧化铬的分子结构

$$2Cr(O_2)_2O + 7H_2O_2 + 6H^+ =\!=\!= 2Cr^{3+} + 7O_2 \uparrow + 10H_2O$$

12.3.3　硫及其重要化合物

硫有很多同素异形体，最常见的是斜方硫和单斜硫，斜方硫又称菱形硫，两种硫的同素异形体都是由 S_8 环状分子组成的（图 12.10），在这个环状分子中，每个硫原子均以 sp^3 杂化轨道与另外两个硫原子以共价键相连接。

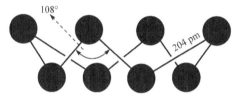

图 12.10　S_8 的环状结构

斜方硫在 369 K 以下稳定，单斜硫在 369 K 以上稳定，如果缓慢地加热斜方硫，超过 369 K 时它便转变为单斜硫，369 K 是这两种变体的转变温度：

$$\text{斜方硫} \underset{\text{369 K 以下}}{\overset{\text{369 K 以上}}{\rightleftharpoons}} \text{单斜硫}$$

如果迅速加热斜方硫，则由于没有足够时间让它转化为单斜硫，而在 386 K 时熔化。单斜硫在 392 K 时熔化。随着温度的升高硫的变化情况列于表 12.13。

表 12.13　各种温度下硫的变体

温度	<386 K	>386 K	>433 K	>523 K	～717.6 K	～1273 K
物质形态	黄色针状晶体	黄色透明液体	暗红液体，黏度大	黏度降低	气	气
基本结构	S_8 晶体	环状 S_8	S_x，$x = 8 \sim \infty$	S_x 长链断开	S_8，S_6，S_4，S_2	S_2

将黏度大的硫骤然冷却，长链状的硫被固定成为能拉伸的弹性硫，但经放置会逐渐变为晶体状硫。

1. 硫化物和多硫化物

硫与电负性比它小的元素形成的化合物称为硫化物。金属硫化物在水中有不同的溶解性和特征颜色，这种特性在分析化学上用来鉴别和分离金属。部分金属硫化物的颜色与溶度积常数列于表 12.14。

表 12.14   部分金属硫化物的颜色与溶度积常数

名称	化学式	颜色	溶度积 $K_{sp}^{\ominus}$ (291~298 K)
硫化锌	ZnS	白色	3.2×10^{-23}
硫化锰	MnS	肉红色	2.5×10^{-13}
硫化亚铁	FeS	黑色	7.9×10^{-19}
硫化铅	PbS	黑色	1.0×10^{-28}
硫化镉	CdS	黄色	7.1×10^{-28}
硫化锑	Sb_2S_3	橘红色	1.5×10^{-93}
硫化亚锡	SnS	褐色	1.0×10^{-25}
硫化汞	HgS	黑色	1.6×10^{-52}
硫化银	Ag_2S	黑色	7.9×10^{-51}
硫化铜	CuS	黑色	7.9×10^{-37}

硫化物的溶解性可由硫化物的键型及离子之间的相互极化作用来解释，碱金属离子为 8 电子构型，电荷少，极化能力和变形性都较弱，主要形成离子型硫化物，故易溶于水。碱土金属离子极化能力比碱金属离子强，故与 S^{2-} 之间有强烈的相互极化作用，化学键明显向共价键过渡，故在水中难溶。

根据硫化物在强酸中的溶解情况不同，可分成四类：

第一类：能溶于稀盐酸，如 ZnS、MnS 等。

第二类：能溶于浓盐酸，如 CdS、PdS 等。

第三类：不能溶于浓盐酸但溶于硝酸，如 CuS、Ag_2S 等。

第四类：不溶于硝酸仅溶于王水，如 HgS。

它们的反应方程式如下：

$$ZnS + 2H^+ \Longrightarrow Zn^{2+} + H_2S\uparrow$$

$$3CuS + 8HNO_3 \Longrightarrow 3Cu(NO_3)_2 + 3S\downarrow + 2NO\uparrow + 4H_2O$$

$$3HgS + 12HCl + 2HNO_3 \Longrightarrow 3H_2[HgCl_4] + 3S\downarrow + 2NO\uparrow + 4H_2O$$

由于氢硫酸是很弱的酸，故所有硫化物都有不同程度的水解而使溶液显碱性，如 Na_2S 溶于水时几乎全部水解，其水溶液可用作强碱使用，Cr_2S_3、Al_2S_3 在水中完全水解，因此这些硫化物不可能用湿法从溶液中制备。

下面是一些硫化物的水解方程式：

$$Na_2S + H_2O \Longrightarrow NaOH + NaHS$$

$$2CaS + 2H_2O \Longrightarrow Ca(OH)_2 + Ca(HS)_2$$

$$Al_2S_3 + 6H_2O \Longrightarrow 2Al(OH)_3\downarrow + 3H_2S\uparrow$$

碱金属或碱土金属硫化物的溶液能溶解单质硫生成多硫化物，如

$$Na_2S + (x-1)S \Longrightarrow Na_2S_x$$

多硫化物的溶液一般显黄色，随着 x 值的增加由黄色、橙色而至红色。实验室配制的 Na_2S 或

$(NH_4)_2S$ 溶液放置时颜色会由无色变为黄色、橙色甚至红色，就是由于 Na_2S 和 $(NH_4)_2S$ 被空气氧化，产物 S 溶于 Na_2S 和 $(NH_4)_2S$ 生成多硫化物所致，其反应式如下：

$$2S^{2-} + O_2 + 2H_2O \Longrightarrow 2S\downarrow + 4OH^-$$

$$Na_2S + (x-1)S \Longrightarrow Na_2S_x$$

故使用 Na_2S 和 $(NH_4)_2S$ 溶液宜现用现配。

多硫化物在酸中很不稳定，易生成硫化氢和硫：

$$S_x^{2-} + 2H^+ \Longrightarrow H_2S + (x-1)S\downarrow$$

多硫化物与过氧化物相似，具有氧化性和还原性，并能发生歧化反应：

$$氧化性：\quad SnS + S_2^{2-} \longrightarrow SnS_3^{2-}$$

$$还原性：\quad 4FeS_2 + 11O_2 \longrightarrow 2Fe_2O_3 + 8SO_2$$

$$歧化：\quad Na_2S_2 \longrightarrow Na_2S + S$$

多硫化物在分析化学中是常用的试剂，在制革工业中用作原皮的脱毛剂，农业上用作杀虫剂。

2. 硫的氧化物、含氧酸及其盐

1）SO_2、亚硫酸及其盐

SO_2 是无色有刺激臭味的气体。它的分子结构与臭氧相似，呈 V 形，S 原子以 sp^2 杂化与两个 O 原子各形成一个 σ 键，还有一个 p 轨道与两个 O 原子相互平行的 p 轨道形成一个大 π 键 Π_3^4（图 12.11）。

图 12.11　SO_2 的分子结构

SO_2 的水溶液称为亚硫酸，实际上它是一种水合物 $SO_2 \cdot xH_2O$，到目前还没有制得游离的亚硫酸（H_2SO_3）。

在 SO_2、亚硫酸、亚硫酸盐中，硫的氧化数为 +4，处于中间价态，故它们既有氧化性，又有还原性，但它们的还原性是主要的。

2）SO_3、硫酸及其盐

SO_3 是强氧化剂，可以使单质磷燃烧，将碘化物氧化为单质碘，其反应式如下：

$$5SO_3 + 2P \longrightarrow P_2O_5 + 5SO_2$$

$$SO_3 + 2KI \longrightarrow K_2SO_3 + I_2$$

纯硫酸是无色的油状液体，硫酸的分子结构见图 12.12。

S 原子以 sp^3 杂化轨道同 4 个 O 原子形成 4 个 σ 键，S 原子处于 4 个 O 原子围成的四面体中心，非羟基 O 原子与 S 原子间的 S—O 键键强度具有双键性质，这是因为 O 原子将 2p 轨道上的孤

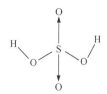

图 12.12　H_2SO_4 的分子结构

对电子反馈到 S 原子的 3d 空轨道上，形成了 d-pπ 配键。

市售浓硫酸的浓度为 98%，相对密度为 1.84，沸点为 338℃。浓硫酸及其盐的主要化学性质在中学中已经学过，本章不再重复。

3）硫代硫酸钠

硫代硫酸钠（$Na_2S_2O_3 \cdot 5H_2O$）又称海波或大苏打。将硫粉溶于沸腾的亚硫酸钠溶液可以结晶得到 $Na_2S_2O_3$：

$$Na_2SO_3 + S \stackrel{\triangle}{=\!=\!=} Na_2S_2O_3$$

硫代硫酸钠是无色透明的晶体，易溶于水，其水溶液显弱碱性，只有在碱性溶液中，硫代硫酸钠才能稳定存在。在酸性溶液中，硫代硫酸钠迅速分解：

$$S_2O_3^{2-} + 2H^+ =\!=\!= S + SO_2\uparrow + H_2O$$

图 12.13 $S_2O_3^{2-}$ 的结构

$S_2O_3^{2-}$ 可以看成是 SO_4^{2-} 中的一个氧原子被硫原子所取代，其结构与 SO_4^{2-} 相似，如图 12.13。

硫代硫酸钠中 S 的平均氧化数为 +2，是中等强度的还原剂，与碘反应时被氧化为连四硫酸钠，与氯、溴等强氧化剂反应时被氧化为硫酸盐。在纺织业和造纸业中，利用后一反应将硫代硫酸钠用作脱氯剂。

$S_2O_3^{2-}$ 是重要配体，能与很多重金属离子形成稳定配离子。例如，溴化银不溶于水，但可以溶于硫代硫酸钠溶液中：

$$AgBr + 2S_2O_3^{2-}(过量) =\!=\!= [Ag(S_2O_3)_2]^{3-} + Br^-$$

照相技术中，常用硫代硫酸钠（定影剂）将未曝光的溴化银溶解。

Ag^+ 与适量的 $S_2O_3^{2-}$ 反应，生成白色沉淀 $Ag_2S_2O_3$，在溶液中该盐不稳定，会迅速分解，颜色由白色经黄色、棕色，最后变为黑色，其反应式如下：

$$2Ag^+ + S_2O_3^{2-}(适量) =\!=\!\rightleftharpoons\!=\!= Ag_2S_2O_3\downarrow$$

$$Ag_2S_2O_3 + H_2O \longrightarrow Ag_2S\downarrow(黑) + H_2SO_4$$

用此反应可鉴定 $S_2O_3^{2-}$ 或者 Ag^+。

硫代硫酸钠主要用作化工生产中的还原剂，纺织工业棉织物漂白后的脱氯剂，照相行业的定影剂，还用于电镀、鞣革等行业。

4）连二亚硫酸钠

连二亚硫酸钠又称保险粉。在无氧的条件下，用锌粉还原 $NaHSO_3$ 可制得连二亚硫酸钠：

$$2NaHSO_3 + Zn =\!=\!= Na_2S_2O_4 + Zn(OH)_2$$

$S_2O_4^{2-}$ 的结构见图 12.14，S 原子采用 sp^3 杂化轨道成键。

连二亚硫酸钠是很强的还原剂，其水溶液在空气中放置就能被空气中的氧氧化，生成亚硫酸氢盐或硫酸氢盐，因此在气体分析中常用它来吸收氧气。

$$2Na_2S_2O_4 + O_2 + 2H_2O =\!=\!= 4NaHSO_3$$

$$Na_2S_2O_4 + O_2 + H_2O =\!=\!= NaHSO_3 + NaHSO_4$$

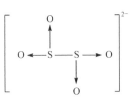

图 12.14 $S_2O_4^{2-}$ 的结构

向连二亚硫酸钠的水溶液中加酸，它迅速分解析出硫单质：

$$2Na_2S_2O_4 + 4HCl \Longrightarrow 3SO_2\uparrow + S\downarrow + 2H_2O + 4NaCl$$

连二亚硫酸钠是印染工业中非常重要的还原剂，还用于燃料合成、食物保存、造纸和医药等工业部门。

5）焦硫酸

焦硫酸是一种无色晶状固体，熔点 308 K，由等物质的量的 SO_3 和纯 H_2SO_4 化合而成：

$$SO_3 + H_2SO_4 \longrightarrow H_2S_2O_7$$

焦硫酸可看作是两分子的硫酸脱去一分子的水所得的产物。

焦硫酸与水反应又生成硫酸。焦硫酸具有比硫酸更强的氧化性、吸水性和腐蚀性，在制造某些燃料、炸药中用作脱水剂。酸式硫酸盐受热到熔点以上时，首先转变成焦硫酸盐，进一步加热，则失去 SO_3 而生成硫酸盐，其反应式如下：

$$2KHSO_4 \xrightarrow{\triangle} K_2S_2O_7 + H_2O$$

$$K_2S_2O_7 \xrightarrow{\triangle} K_2SO_4 + SO_3\uparrow$$

将焦硫酸盐与一些难溶的碱性金属氧化物共熔时，可生成该金属可溶性的硫酸盐。例如，

$$Fe_2O_3 + 3K_2S_2O_7 \xrightarrow{共熔} Fe_2(SO_4)_3 + 3K_2SO_4$$

$$Al_2O_3 + 3K_2S_2O_7 \xrightarrow{共熔} Al_2(SO_4)_3 + 3K_2SO_4$$

分析化学中用焦硫酸盐作为熔矿剂，就是基于此性质。

6）过硫酸及其盐

含有过氧基（—O—O—）的硫的含氧酸称为过硫酸。常见的是过一硫酸（H_2SO_5）和过二硫酸（$H_2S_2O_8$），它们的结构如图 12.15 所示，其中 S 原子均以 sp^3 杂化轨道成键。

过一硫酸   过二硫酸

图 12.15　过硫酸的结构

过二硫酸水解可得到过一硫酸：

$$H_2S_2O_8 + H_2O \Longrightarrow H_2SO_4 + H_2SO_5$$

过二硫酸是无色晶体，在 338 K 时熔化并分解，具有强烈的吸水性和极强的氧化性。$K_2S_2O_8$ 和 $(NH_4)_2S_2O_8$ 是重要的过二硫酸盐，它们均为强氧化剂：

$$S_2O_8^{2-} + 2e^- \Longrightarrow 2SO_4^{2-} \qquad \varphi_a^{\ominus} = 2.01 \text{ V}$$

过二硫酸盐在 Ag^+ 的催化作用下，能将 Mn^{2+} 氧化成 MnO_4^-：

$$2Mn^{2+} + 5S_2O_8^{2-} + 8H_2O \xrightarrow[\triangle]{Ag^+} 2MnO_4^- + 10SO_4^{2-} + 16H^+$$

此反应如果不加催化剂 Ag^+，则速率很慢，需长时间煮沸，一般只观察到出现 MnO_2 沉淀。

过硫酸及其盐都是不稳定的，在加热时容易分解，如 $K_2S_2O_8$ 受热时会放出 SO_3 和 O_2：

$$2K_2S_2O_8 \xrightarrow{\triangle} 2K_2SO_4 + 2SO_3 \uparrow + O_2 \uparrow$$

12.3.4　硫的卤化物

硫有很多种卤化物，如一卤化物（S_2X_2）、二卤化物（SX_2）、四卤化物（SX_4）、六氟化硫（SF_6）等，本节仅对几种卤化物作简单介绍。

（1）四氟化硫（SF_4）。在 $70\sim80\,℃$，于乙腈溶液中，SCl_2 和 NaF 反应可制得 SF_4：

$$3SCl_2 + 4NaF == SF_4 + S_2Cl_2 + 4NaCl$$

SF_4 是无色气体，遇水立即水解成 SO_2 和 HF，它是具有显著选择性的良好氟化剂，能顺利地使 $C=O$ 和 $P=O$ 基转变成 CF_2 和 PF_2，使 $COOH$ 和 $P(O)OH$ 基转变成 CF_3 和 PF_3 基，而不进攻同时存在的大多数其他官能团和活性基团。

（2）六氟化硫（SF_6）。硫与氟直接反应生成 SF_6。它是无色、无臭的气体，它的特点是极不活泼，不与水和酸反应，甚至能抵抗熔融的 KOH 或 $500\,℃$ 蒸气的作用。SF_6 的不活泼性可能是由于下列两个因素综合的结果，一方面是由于 $S—F$ 键强度较大；另一方面是由于 SF_6 分子的对称性强和中心硫原子的配位数已饱和，空间位阻也增加。SF_6 的低活性也和动力学因素有关，而不是热力学稳定性引起的，因为它与水反应的吉布斯自由能变的负值很大：

$$SF_6(g) + 3H_2O == SO_3(g) + 6HF(g) \qquad \Delta_rG_m^{\ominus} = -460 \text{ kJ} \cdot \text{mol}^{-1}$$

由于 SF_6 的惰性和高介电常数，因此在高压发电机或其他电器设备中可用它作气体绝缘体。

（3）二氯化二硫（S_2Cl_2）。将干燥的氯气通入熔融的硫可制得 S_2Cl_2，它是一种橙黄色有恶臭的液体，遇水很容易水解：

$$2S_2Cl_2 + 2H_2O == 4HCl + SO_2 \uparrow + 3S \downarrow$$

S_2Cl_2 是硫的一种溶剂，常在橡胶硫化过程中使用。

12.3.5　配位氧和双氧配体

以氧原子作为配位原子的含氧化合物配体在配合物中是常见的，如 H_2O、OH^-、PO_4^{3-}、SO_4^{2-}、$(COO)_2^{2-}$、NO_2^-、CO_3^{2-} 等作为配体与过渡金属离子之间形成配合物时，除了 NO_2^- 可用氮原子作为配体外，其他均是以氧原子为配位原子。除了氧化物作为配体以外，近年来已经认识到，在适当情况下，氧分子（称为双氧，dioxygen）也可以成为一个配体。双氧与一个配合物反应使得双氧原样结合上去就称为氧合作用（oxygenation），以与氧化作用相区别，在氧化作用中，O_2 不复存在。

氧合反应一般是可逆的，但不绝对如此。这就是说在增加温度或降低氧气的分压时，双氧配体由于解离或转移到别的接受体上而失去。可逆氧合过程在生命过程中起着重要的作用。在人体或动物中，血红蛋白（Hb）和肌红蛋白（Mb）以 $1:1$ 的 O_2-Fe 配合物形式将 O_2 从肺部带至不同的组织。低级动物中，蚯蚓血红蛋白和血蓝蛋白也有相似的功效。

广义上来说，1∶1 O_2-M 配合物有端向重叠和侧向重叠两种类型，如图 12.16(a) 和 (b) 所示。另外 1∶2 O_2-M 配合物类型较多，如图 12.16(c) 和 (d) 所示，血红蛋白和肌红蛋白具有 (a) 结构，许多合成产物中 O_2 填充在八面体配合物的一个顶点，大多数被认为含有配位的超氧负离子 O_2^-，在配位的 O_2 单元有未成对电子存在。许多配合物的形成过程是可逆的。

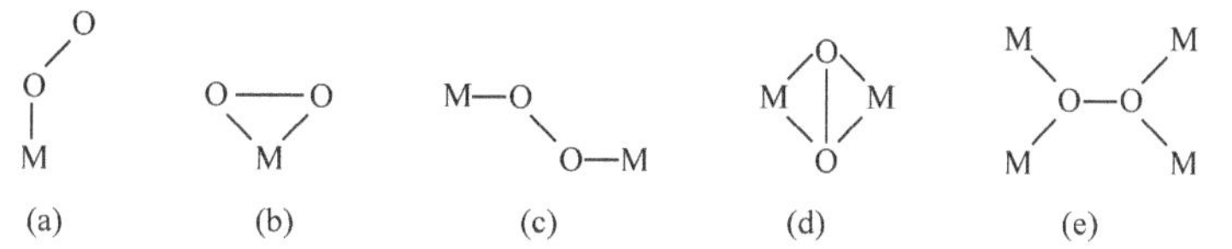

图 12.16　双氧的配位方式

边基配合物[图 12.16(b)]也很多，这类配合物是瓦斯卡(Vaska)在 1963 年发现的，反应为

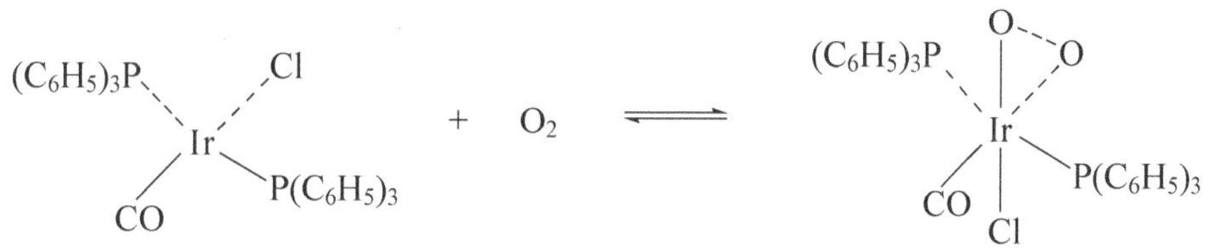

这个反应是可逆的，在此以后，Fe、Ru、Rh、Ir、Ni、Pd 和 Pt 的抗磁性双氧配合物已被制备出来，这些化合物通常被当作过氧化合物含 O_2^{2-} 配体。图 12.16 中 (c) 和 (d) 类型的化合物也被当作过氧配合物。

12.3.6　硒和碲及其化合物

1. 硒和碲的单质

硒和碲具有相似的性质，各自存在几种同素异形体。硒单质是红色或灰色粉末，带灰色金属光泽的准金属，有灰硒、红硒和无定形硒。硒性脆，有毒，溶于二硫化碳、苯、喹啉，能导电，且其导电性随光照强度急剧变化，可制半导体和光敏材料。硒在自然界的存在方式分为两种：无机硒和植物活性硒。无机硒一般指亚硒酸钠和硒酸钠，从金属矿藏的副产品中获得；后者是硒通过生物转化与氨基酸结合而成，一般以硒代蛋氨酸的形式存在。无机硒有较大的毒性，且不易被吸收，不适合人和动物使用，植物活性硒是人类和动物可使用的硒源。

碲是一种准金属，碲的两种同素异形体中，一种是晶体的碲，具有金属光泽，银白色，性脆，与锑相似；另一种是暗灰色无定形粉末碲。溶于硫酸、硝酸、王水、氰化钾、氢氧化钾，不溶于冷水和热水、二硫化碳，常用作半导体器件、合金、化工原料及铸铁、橡胶、玻璃等工业添加剂。碲的毒性较硒弱。硒和碲都能形成硒化物、碲化物及多硒化物 Na_2Se_6、多碲化物 Na_2Te_6。

2. 硒和碲的氢化物

H_2Se、H_2Te 均为 V 形分子，键角分别为 91°、89°31′。主要通过金属硒化物、碲化物与水或酸作用制得：

$$Al_2Se_3 + 6H_2O \Longrightarrow 2Al(OH)_3 \downarrow + 3H_2Se \uparrow$$

$$Al_2Te_3 + 6H^+ === 2Al^{3+} + 3H_2Te\uparrow$$

H_2Se、H_2Te 均为无色有恶臭味的有毒气体，对上呼吸道黏膜和眼结膜有强烈的刺激作用，毒性比 H_2S 大。H_2Se 是 Se 原子以 sp^3 杂化轨道成键、分子为 V 形的极性分子，水溶液氢硒酸($pK_1 = 3.77$，$pK_2 = 10$)是比乙酸强的弱酸。碲化氢的水溶液氢碲酸是中强酸($pK_1 = 2.64$，$pK_2 = 5.0$)，还原性较氢硫酸、氢硒酸强，室温下空气中氧能使碲沉积出来，很不稳定，光照易分解。

H_2Se、H_2Te 均不稳定，易溶于水，稳定性随原子序数增加而减弱，酸性和还原性随原子序数增加而增强。和 H_2S 一样，H_2Se、H_2Te 也能与重金属生成硒化物或碲化物沉淀。

3. 硒和碲的氧化物

硒和碲可与氧直接化合生成白色易挥发的 SeO_2 和难挥发的 TeO_2。

SeO_2 蒸气为黄绿色，并带辛辣味。对光和热稳定。315℃升华。易吸收干燥氟化氢、氯化氢、溴化氢和碘化氢生成相应的卤氧化硒。与氨反应生成氮和硒。能被碳和其他有机物质还原。易溶于水，溶于乙醇、丙酮、乙酸、甲醇、苯和浓硫酸。SeO_2 主要用于电解锰工业中，其次用于饲料工业中生产亚硒酸钠，也可用于分析和制造其他硒化合物和高纯硒。亚硒酸钠是预防和治疗克山病的良好药物。

TeO_2 为性能优良的声光晶体。受高热分解，放出有毒的蒸气。Te 的有害燃烧产物是二氧化碲。微溶于水，可溶于强酸和强碱，并形成复盐。主要用于制备 TeO_2 单晶、红外器件、声光器件、红外窗口材料、电子元件材料及防腐剂等。

SeO_3 是白色固体，在潮湿空气中冒烟，是强酸性氧化物，极易吸水，溶于水生成硒酸 H_2SeO_4。加热时发生内部氧化还原反应，240℃生成五氧化二硒，260℃生成二氧化硒。三氧化硒的制备必须在无水条件下进行，如在真空中由硒酸和 P_4O_{10} 作用制取：

$$2H_2SeO_4 + P_4O_{10} === 2SeO_3 + 4HPO_3$$

H_2SeO_4 的酸性和氧化性都很强。与硫酸相似，不易挥发，高浓度时能使有机物碳化，易溶于水，吸湿成为黏稠水溶液，在水中其第一步解离是完全的，第二步为不完全解离。氧化剂如 Cl_2、Br_2、$HClO_3$ 与亚硒酸反应可得硒酸：

$$H_2SeO_3 + Cl_2 + H_2O === H_2SeO_4 + 2HCl$$

H_2SeO_4 的氧化性比硫酸强，硒酸能将氯离子氧化成氯气，而自身被还原成亚硒酸或二氧化硒：

$$H_2SeO_4 + 2H^+ + 2Cl^- === H_2SeO_3 + Cl_2\uparrow + H_2O$$

TeO_3 有两种形式，一种是红色的 α-TeO_3，一种是灰色的 β-TeO_3，室温下为固体，加热变成微绿色蒸气，有毒。微溶于水，形成白色的原碲酸 H_6TeO_6，是原碲酸的酸酐。像 H_6TeO_6 这样中心原子的正价数与羟基数相等的酸称为"原某酸"。不与冷水、稀碱作用，可溶于浓碱中生成碲酸盐。TeO_3 可以由 30%双氧水氧化二氧化碲而得，或用原碲酸与浓硫酸在氧气气氛中加热分解得到。

H_6TeO_6 是无色晶体，与硒酸和硫酸相反，是很弱的酸，但氧化性很强，可以把氯离子氧化成氯气，氧化能力介于硒酸和硫酸之间：

$$H_6TeO_6 + 2H^+ + 2Cl^- === H_2TeO_3 + Cl_2\uparrow + 3H_2O$$

硒酸的氧化能力强于第三周期的硫酸，也强于第五周期的原碲酸，这是元素周期表中第四周期元素性质反常的一个例子。

12.4 氮族元素

12.4.1 元素的存在、分离和性质

在第二到第六周期，ⅤA族包括氮(nitrogen)、磷(phosphorus)、砷(arsenic)、锑(antimony)和铋(bismuth)五种元素，通称为氮族元素。其中N和P是非金属元素，As是准金属元素，Sb和Bi是金属元素。

氮有两种天然同位素^{14}N和^{15}N，其中^{14}N占99.634%，^{15}N占0.366%。磷广泛分布于矿物中，最重要的矿石为磷灰石，主要成分为$Ca_3(PO_4)_2$。磷和氮都是生物体中不可缺少的元素。砷、锑、铋在自然界主要以硫化物矿存在，如雄黄(As_4S_4)、雌黄(As_2S_3)、砷硫铁矿(FeAsS)、辉锑矿(Sb_2S_3)、辉铋矿(Bi_2S_3)等。我国锑的蕴藏量居世界首位。

氮气(N_2)通常状况下是一种无色无味的气体，一般比空气密度小。氮气占大气总量的78.08%(体积分数)，是空气的主要成分之一。在标准大气压下，氮气冷却至-195.8℃时，变成无色的液体，冷却至-209.8℃时，液态氮变成雪状的固体。常压283 K时一体积水可溶解0.02体积的氮气。氮气的化学性质不活泼，常温下很难与其他物质发生反应，所以常被用于制作保护气。但在高温、高能量条件下可与某些物质发生化学变化。把空气中的氮气转化为可利用的含氮化合物的过程称为固氮，这是化学研究中的热门课题。由于氮气很稳定，固氮的关键在于削弱氮分子中的化学键，使氮分子活化。

氮气可通过空气的液化和分馏得到，常含有1%的氧气和稀有气体等杂质，光谱纯的氮气可由叠氮化钠(NaN_3)热分解制得：

$$2NaN_3 \stackrel{\triangle}{=\!=\!=} 2Na + 3N_2 \uparrow$$

实验室中常采用氨或氯化铵氧化法制备少量氮气，如

$$NH_4Cl(aq) + NaNO_2(aq) \stackrel{\triangle}{=\!=\!=} NaCl + 2H_2O + N_2 \uparrow$$

$$(NH_4)_2Cr_2O_7(s) \stackrel{\triangle}{=\!=\!=} Cr_2O_3 + 4H_2O + N_2 \uparrow$$

$$8NH_3 + 3Br_2(aq) =\!=\!= 6NH_4Br + N_2 \uparrow$$

$$2NH_3 + 3CuO \stackrel{\triangle}{=\!=\!=} 3Cu + 3H_2O + N_2 \uparrow$$

工业上用分馏液态空气的方法制取大量氮气，这样制得的氮气有少量的氧和水，可分别通过还原剂和干燥剂除去。

N_2分子是已知的双原子分子中最稳定的，因形成叁键而使得键长很短，为109.77 pm，N_2分子中N原子的电子排布式为$1s^2 2s^2 2p_x^1 2p_y^1 2p_z^1$，两个氮原子的$p_x$–$p_x$轨道形成一个σ键的同时，在$p_y$–$p_y$、$p_z$–$p_z$方向上形成两个互相垂直的π键，如图12.17所示。

N_2分子的成键方式有离子型、共价型、配位型三种。

(1)离子型。氮原子可以获得三个电子形成N^{3-}，但需要吸收

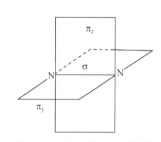

图12.17 氮气的三重键结构

较多能量，通常是与电离能小的 ⅠA 和 ⅡA 的主族元素形成离子型化合物，如黑色的 Li_3N 和黄色的 Mg_3N_2 等：

$$N_2 + 6Li \xrightarrow{\triangle} 2Li_3N$$

$$N_2 + 3Mg \xrightarrow{\triangle} Mg_3N_2$$

锂在常温下就可与氮气反应，但速率很慢。ⅡA 族金属要在高温下才与氮气化合。

(2)共价型。氮原子与 ⅡA、ⅢA 族元素可以形成原子晶体，与非金属化合成键通常形成分子晶体。硼要在 1200℃ 以上才与氮气反应，生成 BN 晶体，硅要在 1400℃ 以上才与氮气反应，生成 SiN 或 Si_3N_4。在高温、高压和催化剂存在下，氮气和氢气反应生成氨，这是工业上重要的合成氨反应：

$$N_2 + 3H_2 \underset{\text{催化剂}}{\overset{\text{高温高压}}{\rightleftharpoons}} 2NH_3$$

在放电条件下也可直接与氧化合：

$$N_2 + O_2 \xrightarrow{\text{放电}} 2NO$$

(3)配位型。氮分子和 CO 都是双原子分子，均含有 14 个电子，它们为等电子体。它们的分子轨道也具有相似性，能发生一些类似的反应，如作为双电子配体和金属配位，当氮分子中的孤对电子提供给金属时，其分子本身的电子云密度降低，相当于削弱了氮分子中的三重键，即氮分子得到活化，如固氮酶的模型化合物$[Ru(NH_3)_5N_2]Cl_2$。氮分子的配位方式有端基配位 M:N≡N、桥基配位 M:N≡N:M、侧基配位等，如图 12.18 所示。

$$\left[\begin{array}{c} Ru-N\equiv N-Ru\diagdown NH_3 \end{array}\right]^{4-}$$

双氮桥基配体
$[Ru_2(NH_3)_{10}N_2]Cl_4$

双氮侧基配体
$Rh(PR_3)_2N_2Cl$

图 12.18　氮分子的桥基配位和侧基配位方式

磷有多种同素异形体，其中主要是白磷、红磷和黑磷三种。

纯白磷是无色透明的晶体，遇光逐渐变为黄色，所以又称黄磷。白磷有剧毒，误食 0.1 g 就可致死，皮肤若经常接触到单质磷也会引起吸收中毒。白磷不溶于水，易溶于 CS_2，在三种同素异形体中，它的化学性质最活泼，它和潮湿空气接触时发生缓慢氧化作用，部分反应能量以光的形式放出，故在暗处可以看到白磷发光。白磷在空气中缓慢氧化，当表面积聚的热量达到它的燃点(313 K)时便发生自燃，因此通常将白磷储存于水中以隔绝空气。白磷和卤素单质反应猛烈，它在氯气中能自燃，遇液氯或溴会发生爆炸，与浓 HNO_3 激烈反应生成磷酸，与热的浓碱溶液反应生成磷化氢和次磷酸盐：

$$P_4 + 3KOH + 3H_2O \overset{\triangle}{\rightleftharpoons} PH_3\uparrow + 3KH_2PO_2$$

白磷能将金、银、铜等从它们的盐中还原出来，白磷与热的铜盐反应生成磷化亚铜，在冷溶液中则析出铜：

$$11P + 15CuSO_4 + 24H_2O \xrightarrow{\triangle} 5Cu_3P + 6H_3PO_4 + 15H_2SO_4$$

$$2P + 5CuSO_4 + 8H_2O \xrightarrow{\triangle} 5Cu\downarrow + 2H_3PO_4 + 5H_2SO_4$$

如不慎将白磷沾到皮肤，可用 $CuSO_4$ 溶液 $(0.2\ mol \cdot L^{-1})$ 冲洗，利用磷的还原性来解毒。

将白磷隔绝空气加热到 533 K，它就缓慢转变为红磷。红磷是一种暗红色的粉末，不溶于水、碱和 CS_2，没有毒性，加热到 673 K 以上才着火。在氯气中加热红磷生成氯化物，不像白磷那样遇到氯气立即着火，但它易被硝酸氧化为磷酸，与 $KClO_3$ 摩擦即着火，甚至爆炸。红磷与空气长期接触也会极其缓慢地氧化形成易吸水的氧化物，所以红磷应保存在密闭干燥的容器中，如果红磷已经潮解，使用前应小心用水洗涤、过滤和烘干。

在很高的压力下加热白磷可得到晶体黑磷。黑磷不溶于有机溶剂，一般也不容易发生化学反应，但它能导电，故有金属磷之称。

三种磷的同素异形体性质相差如此之大，是因为它们的结构有很大差别。

白磷是由多个 P_4 分子通过分子间作用力结合形成的分子晶体，P_4 分子呈四面体构型 (图 12.19)，分子中 P—P 的键长是 221 pm，$\angle PPP$ 是 $60°$。在 P_4 分子中每个磷原子用它的三个 p 轨道与另外三个磷原子的 p 轨道间形成三个 σ 键，这种纯 p 轨道间的键角应为 $90°$（理论上 P_4 分子中的 P—P 键还含少量的 s、d 轨道成分），实际上却是 $60°$，所以 P_4 分子有张力，这种张力的存在使每个 P 键的键能减弱，易于断裂，故白磷在常温下有很高的化学活性。

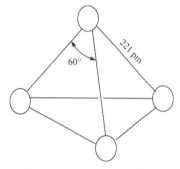

图 12.19　白磷 P_4 分子结构

红磷的结构还有待研究，有人认为红磷是由 P_4 分子撕裂开一个 P—P 键后相互结合起来的长链状的巨大分子所组成 (图 12.20)。黑磷具有石墨状的片层结构 (图 12.21)。

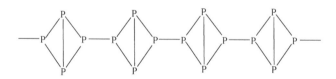

图 12.20　红磷的可能结构

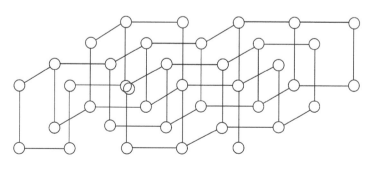

图 12.21　晶态黑磷双层原子的排列

白磷用于制纯磷酸，生产有机磷杀虫剂、烟幕弹等，含有少量磷的青铜有弹性，耐磨、耐腐蚀，用于制轴承、阀门等。大量红磷用于生产火柴，火柴盒侧面所涂的物质就是红磷与三硫化二锑等的混合物。

砷和锑有黄、灰和黑三种同素异形体，其中灰砷和灰锑比较稳定。灰砷、灰锑和铋都有金属外形，能传热导电，但性脆、熔点低、易挥发，熔点从 As 到 Bi 依次降低。砷与锑的蒸气分子为四原子分子（As_4，Sb_4），加热到 800℃时开始分解为 As_2 和 Sb_2。铋的蒸气中单原子分子和双原子分子处于平衡状态。

常温下，砷、锑、铋在水和空气中比较稳定，不溶于稀酸，但溶于硝酸和热的浓硫酸。高温时，砷、锑、铋与许多非金属（如卤素、氧、硫）发生反应，生成相应的化合物。砷能溶于熔融的氢氧化钠，锑、铋不与碱作用。反应式为

$$2As + 3H_2SO_4(热,浓) === As_2O_3 + 3SO_2\uparrow + 3H_2O$$

$$2Sb + 6H_2SO_4(热,浓) === Sb_2(SO_4)_3 + 3SO_2\uparrow + 6H_2O$$

$$2Bi + 6H_2SO_4(热,浓) === Bi_2(SO_4)_3 + 3SO_2\uparrow + 6H_2O$$

$$3As + 5HNO_3 + 2H_2O === 3H_3AsO_4 + 5NO\uparrow$$

$$3Sb + 5HNO_3 + 8H_2O === 3H[Sb(OH)_6] + 5NO\uparrow$$

$$Bi + 4HNO_3 === Bi(NO_3)_3 + NO\uparrow + 2H_2O$$

$$2As + 6NaOH(熔融) === 2Na_3AsO_3 + 3H_2\uparrow$$

砷、锑、铋（包括磷）能与ⅢA族金属形成 GaAs、GaSb、InAs、AlSb 等具有半导体性能的材料，在铅中加入锑能使铅的硬度增大，用于制造子弹和轴承。熔融的锑和铋在凝固时有体积膨胀的特性，因而可用于制造铸字合金。由铋组成的武德合金（质量分数：Bi 50%，Pb 25%，Sn 12.5%，Cd 12.5%）的熔点（343 K）很低，可作保险丝并用于自动灭火设备和蒸气锅炉的安全装置。纯铋在原子能反应堆中用作冷却剂。

氮族元素的基本性质列于表 12.15 中。

表 12.15   氮族元素的基本性质

元素		氮	磷	砷	锑	铋
原子序数		7	15	33	51	83
价电子构型		$2s^2 2p^3$	$3s^2 3p^3$	$4s^2 4p^3$	$5s^2 5p^3$	$6s^2 6p^3$
氧化数		$-3,0,+1,+2,+3,+4,+5$	$-3,0,+3,+5$	$-3,0,+3,+5$	$(-3),0,+3,+5$	$(-3),0,+3,+5$
熔点/℃		-209.86	44.1(白磷)	817(2.8 MPa)	630.5	271.3
沸点/℃		-195.8	280(白磷)	613(升华)	1750	1560
共价半径/pm		70	110	121	141	154.7
离子半径	$r(M^{3-})$/pm	171	212	222	245	—
	$r(M^{3+})$/pm	16	44	58	76	96
	$r(M^{5+})$/pm	13	34	47	62	74
第一电离能/(kJ·mol^{-1})		1402.3	1011.8	944	831.6	703.3
电子亲和能/(kJ·mol^{-1})		$+7$	-71.7	-77	-101	-100
电负性		3.0	2.1	2.0	1.9	1.9

12.4.2　氢化物

1. 氮的氢化物

1）氨

有关氨（ammonia）的主要化学性质在中学化学中已学过，在此不再讨论。

2）联氨

联氨（hydrazine，N_2H_4）又称肼，是无色液体，其分子结构如图 12.22 所示，其中每个氮原子都用 sp^3 杂化轨道形成 σ 键。由于两对孤对电子的排斥作用，使两对孤对电子处于反位，并使 N—N 键的稳定性降低，因此 N_2H_4 比 NH_3 更不稳定，加热时便发生爆炸性分解。它在空气中燃烧放出大量的热，是强还原剂。

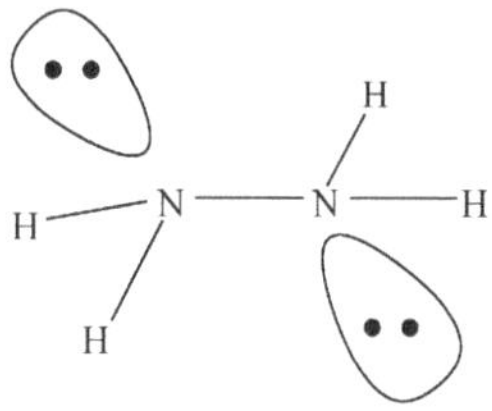

$$N_2H_4(l) + O_2(g) = N_2(g) + 2H_2O(l)$$

图 12.22　联氨的分子结构

联氨与 H_2O_2 的混合物可用作火箭推进剂。

联氨与水及乙醇可无限混合，其水溶液显二元弱碱性，碱性稍弱于氨。

3）羟胺

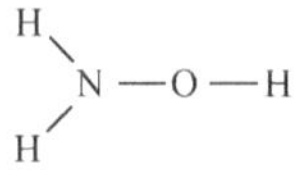

图 12.23　羟胺的分子结构

羟胺（hydroxylamine，NH_2OH）可看成是氨分子中的一个氢原子被羟基取代后的衍生物。它的结构式如图 12.23 所示。

纯羟胺是无色固体，不稳定，288 K 以上便分解为 NH_3、N_2 和 H_2O：

$$3NH_2OH = NH_3\uparrow + N_2\uparrow + 3H_2O$$

$$4NH_2OH = 2NH_3\uparrow + N_2O\uparrow + 3H_2O$$

羟胺易溶于水，其水溶液显示出比联氨还弱的碱性：

$$NH_2OH + H_2O \rightleftharpoons NH_3OH^+ + OH^- \qquad K_{298\,K}^{\ominus} = 9.1\times10^{-9}$$

羟胺既有氧化性，又有还原性，但还原性更显著，是常用的还原剂。

4）叠氮酸

叠氮酸（hydrazoic acid，HN_3）为无色有刺激气味的液体。它是易爆物质，只要受到撞击就立即爆炸分解成 N_2 和 H_2。

HN_3 的挥发性高，可用稀 H_2SO_4 与 NaN_3 作用制备 HN_3：

$$NaN_3 + H_2SO_4 = NaHSO_4 + HN_3$$

NaN_3 可从下面反应得到：

$$3NaNH_2 + NaNO_3 = NaN_3 + 3NaOH + NH_3$$

HN_3 的水溶液为一元弱酸（$K^{\ominus} = 1.9\times10^{-5}$），与碱或活泼金属作用生成叠氮化物：

$$HN_3 + NaOH = NaN_3 + H_2O$$

$$2HN_3 + Zn = Zn(N_3)_2 + H_2\uparrow$$

HN_3 的分子结构如图 12.24 所示，分子中的三个 N 原子都在同一条直线上，靠近 H 原子的一个 N 原子以 sp^2 杂化轨道成键，第二个和第三个 N 原子以 sp 杂化轨道成键，三个 N 原子之间还存在一个 Π_3^4 离域 π 键。

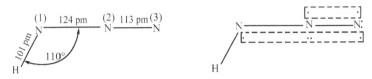

图 12.24 HN_3 的分子结构

活泼金属如碱金属和钡等的叠氮化物为离子型，加热不爆炸，分解为氮和金属，加热 LiN_3 则转变为氮化物。Ag、Cu、Pb、Hg 等重金属叠氮化物为共价型，加热就发生爆炸，基于这一性质，$Pb(N_3)_2$ 和 $Hg(N_3)_2$ 常用作引爆剂。

2. 磷的氢化物

磷与氢组成一系列氢化物，其中最主要的是磷化氢（PH_3），称为膦（phoshine）。

膦可用金属磷化物（Ca_3P_2、Zn_3P_2 等）与水或酸反应制得：

$$Zn_3P_2 + 6H_2O == 3Zn(OH)_2 + 2PH_3\uparrow$$

也可用白磷与浓碱的歧化反应或碘化膦与碱的反应制得：

$$PH_4I + NaOH == NaI + PH_3\uparrow + H_2O$$

膦是无色气体，具有大蒜臭味，剧毒。纯净的膦在空气中着火点是 423 K，燃烧时生成磷酸。若制得的膦中含有痕量的联膦（P_2H_4），则在常温下可自动燃烧，因联膦不稳定，暴露在空气中会立即着火。

尽管 PH_3 的分子结构与 NH_3 分子相似，也呈三角锥形，但因磷的电负性比氮小，PH_3 分子间不能形成氢键，所以 PH_3 的熔、沸点比 NH_3 低。它在水中的溶解度也很小，水溶液的碱性也比氨水弱得多。膦具有强的还原性，它能从 Cu^{2+}、Ag^+、Hg^{2+} 等盐的溶液中还原出金属。

3. 砷、锑、铋的氢化物

砷、锑、铋都能生成氢化物 MH_3，它们都是无色具有恶臭的剧毒气体，极不稳定，其稳定性按 AsH_3、SbH_3、BiH_3 顺序依次降低，这三种氢化物中砷化氢（又称胂，arsine）较重要。将砷化物水解或用活泼金属在酸性溶液中使砷化物还原都能制得胂：

$$Na_3As + 3H_2O == AsH_3 + 3NaOH$$

$$As_2O_3 + 6Zn + 6H_2SO_4 == 2AsH_3 + 6ZnSO_4 + 3H_2O$$

室温下，胂在空气中可以自燃：

$$2AsH_3 + 3O_2 == As_2O_3 + 3H_2O$$

在缺氧条件下，胂受热分解成单质砷：

$$2AsH_3 \xrightarrow{\triangle} 2As + 3H_2$$

析出的砷聚集在器皿的冷却部位形成亮黑色的"砷镜"，法医和卫生分析中用以鉴定砷的"马氏试砷法"就是利用此反应。

SbH_3 分解时也能形成类似的"锑镜"，但"砷镜"能为次氯酸钠所溶解，"锑镜"不溶：

$$5NaClO + 2As + 3H_2O =\!=\!= 2H_3AsO_4 + 5NaCl$$

胂是一种很强的还原剂，不仅能还原高锰酸钾、重铬酸钾等，还能将某些金属离子还原为单质，如

$$2AsH_3 + 12AgNO_3 + 3H_2O =\!=\!= As_2O_3 + 12HNO_3 + 12Ag\downarrow$$

12.4.3 氧化物、含氧酸及其盐

1. 氮的氧化物、含氧酸及其盐

1）氮的氧化物

氮可形成氧化数 +1～+5 的多种氧化物，现将这些氧化物的性质和结构列于表 12.16 中。

表 12.16　氮的氧化物的性质和结构

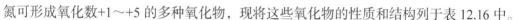

化学式	性状	熔点/K	沸点/K	结构	
N_2O	无色气体尚稳定	182	184.5	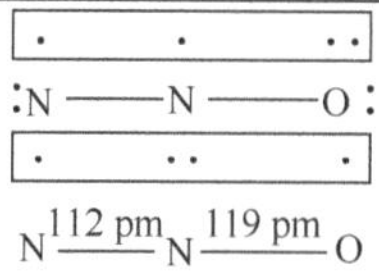 :N——N——O: ／ N $\overset{112\,pm}{——}$ N $\overset{119\,pm}{——}$ O	N 以 sp 杂化轨道成键，两个 σ 键，两个 Π_3^4 键
NO	气体、液体和固体都是无色	109.5	121	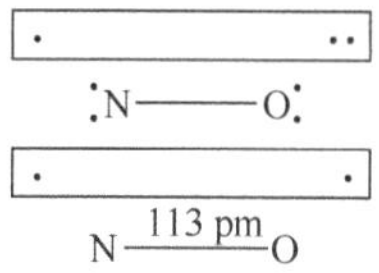 :N——O· ／ N $\overset{113\,pm}{——}$ O	N 以 sp 杂化轨道成键，一个 σ 键，一个 π 键，一个三电子 π 键
N_2O_3	蓝色固体存在于低温，气态时大部分分解为 NO_2 和 NO	172.4	276.5（分解）	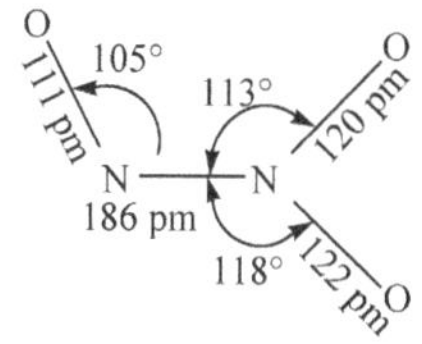 O—N（105°, 111 pm, 186 pm）N—O（113°, 120 pm, 118°, 122 pm）	固态有两种构型：一为不稳定结构 ONONO；二为稳定结构 $ONNO_2$（左图）。N 以 sp^2 杂化轨道成键，四个 σ 键，一个 Π_5^6 键
NO_2	红棕色气体			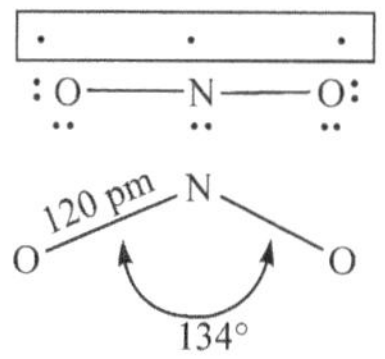 ·O——N——O· ／ O—N—O（120 pm, 134°）	N 以 sp^2 杂化轨道成键，两个 σ 键，一个 Π_3^3 键
N_2O_4	无色气体	261.9	294.3	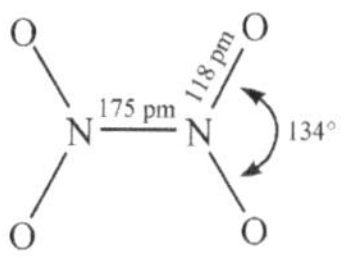 O—N—N—O（175 pm, 118°, 134°）	N 以 sp^2 杂化轨道成键，五个 σ 键，一个 Π_6^8 键
N_2O_5	无色固体在漫射光和 280 K 以下稳定，气体不稳定	305.6	（升华）	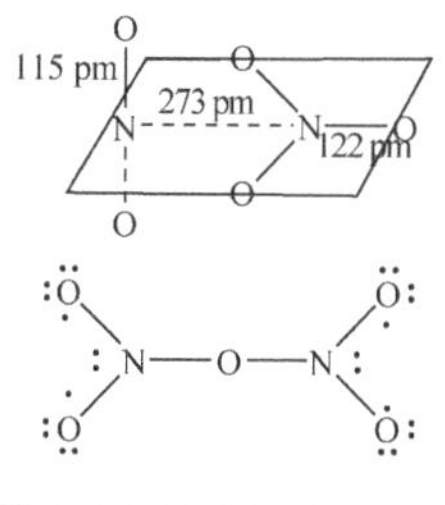 （115 pm, 273 pm, 122 pm 晶格图及 O—N—O—N—O 分子结构图）	固体是由 $NO_2^+NO_3^-$ 组成，其结构如左上图。NO_2^+ 是直线形的对称结构；NO_3^- 与一般硝酸根结构相同，三个 O 原子和中心 N 原子在同一平面上成三角形；三个 σ 键，一个 Π_4^6 键。气体分子结构如左下图。N 以 sp^2 杂化轨道成键，六个 σ 键，两个 Π_3^4 键

NO 因有未成对的电子而具有顺磁性，但在低温条件下的固态或液态 NO 是反磁性的，这是由于形成二双聚体$(NO)_2$，其结构式如图 12.25 所示，电子全部配对，故呈反磁性。

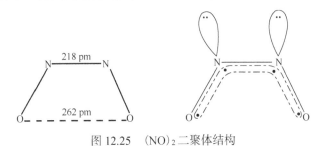

图 12.25　$(NO)_2$二聚体结构

NO_2是单电子分子，在低温时易聚合成二聚体N_2O_4。N_2O_4在固态时是无色晶体，由 NO_2 二聚体组成，在 261.9 K 时熔化为液体，由于其中含有少量的 NO_2 而显黄色；当达到沸点(294.3 K)时，转变为气体，该气体含有 15% NO_2 而显棕色，在 413 K 以上 N_2O_4 全部转变为 NO_2，超过 423 K 时 NO_2 发生分解：

$$2NO_2 \xrightarrow{423\,K} 2NO + O_2$$

根据化学平衡移动的原理，降低温度有利于生成 N_2O_4，升高温度有利于生成 NO_2。室温条件下的 NO_2 气体实际上是 NO_2 与 N_2O_4 的混合物。

NO_2溶于碱可得硝酸盐与亚硝酸盐的混合物：

$$2NO_2 + 2NaOH =\!=\!= NaNO_2 + NaNO_3 + H_2O$$

NO_2的氧化性比 HNO_3 强，红热的碳、硫、磷等能在 NO_2 中起火燃烧，它和许多有机物的蒸气混合可形成爆炸性气体。

2)亚硝酸、硝酸及其盐

亚硝酸、硝酸及其盐的物理和化学性质在中学化学中已学过，本书不再涉及。图 12.26 和图 12.27 示出了 NO_2^-、NO_3^- 及 HNO_3 的结构。

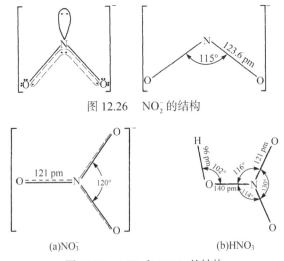

图 12.26　NO_2^- 的结构

(a)NO_3^-　　　　(b)HNO_3

图 12.27　NO_3^- 和 HNO_3 的结构

在 NO_2^- 中，氮原子以 sp^2 杂化轨道成键，形成两个 σ 键，一个 Π_3^4 键。因为在氧原子和氮原子上都有孤对电子，故 NO_2^- 是一种很好的配体，可与金属离子形成两种配合物 $M\leftarrow NO_2$ 和 $M\leftarrow ONO$，如 NO_2^- 与 Co^{3+} 以氮配位生成 $[Co(NO_2)_6]^{3-}$ 配离子。

在 NO_3^- 中，氮原子以 sp^2 杂化轨道与三个氧原子形成三个 σ 键，四个原子处于同一平面，氮原子的另一个 p 轨道和三个氧原子具有成单电子的 p 轨道侧面相互重叠，形成一个垂直于 sp^2 平面的四原子六电子的大 π 键 Π_4^6[图 12.27(a)]。

硝酸分子中，氮原子以 sp^2 杂化轨道与三个氧原子形成三个 σ 键，氮原子的另一个 p 轨道和两个非羟基氧原子具有成单电子的 p 轨道侧面相互重叠，形成一个垂直于 sp^2 平面的三原子四电子大 π 键 Π_3^4[图 12.27(b)]。由于中心氮原子与羟基氧原子只以单键结合，故键长较长，不稳定，HNO_3 分子的稳定性比 NO_3^- 差。

2. 磷的氧化物、含氧酸及其盐

磷的氧化物常见的是 P_4O_{10} 和 P_4O_6（图 12.28）。

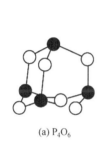
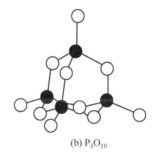

(a) P_4O_6 (b) P_4O_{10}

图 12.28 P_4O_6 和 P_4O_{10} 的分子结构

几种较重要的磷的含氧酸的结构与命名列于表 12.17。

表 12.17   几种磷的含氧酸

分子式	命名	结构	备注
H_3PO_2	次磷酸		P 以 sp^3 杂化轨道成键，一元酸：$K_1^{\ominus}=10^{-2}$
H_3PO_3	亚磷酸		P 以 sp^3 杂化轨道成键，二元酸：$K_1^{\ominus}=5.0\times10^{-2}$ $K_2^{\ominus}=2.5\times10^{-7}$
H_3PO_4	正磷酸		P 以 sp^3 杂化轨道成键，三元酸：$K_1^{\ominus}=7.6\times10^{-3}$ $K_2^{\ominus}=6.3\times10^{-8}$ $K_3^{\ominus}=4.4\times10^{-13}$
$H_4P_2O_7$	焦磷酸		P 以 sp^3 杂化轨道成键，四元酸：$K_1^{\ominus}=3.0\times10^{-2}$ $K_2^{\ominus}=4.4\times10^{-3}$ $K_3^{\ominus}=2.5\times10^{-7}$ $K_4^{\ominus}=5.6\times10^{-10}$

续表

分子式	命名	结构	备注
$(HPO_3)_4$	四偏磷酸	HO—P—O—P—OH 结构图	P 以 sp^3 杂化轨道成键，常见的偏磷酸有四偏磷酸与三偏磷酸，通常简写为 HPO_3，偏磷酸溶于水慢慢转化为正磷酸，有 HNO_3 催化时可大大加快转化速率

由表 12.17 可以看出，不同氧化态的磷酸有三种，分别为次磷酸(H_3PO_2)、亚磷酸(H_3PO_3)和正磷酸(H_3PO_4)。在这三种酸的分子中，虽然都含有三个氢原子，但只有正磷酸是三元酸，次磷酸和亚磷酸分别为一元酸和二元酸，而且它们都是中强酸，直接与磷相连的氢原子不显酸性，只有与氧结合的氢原子是可解离的，显酸性。

焦磷酸、四偏磷酸或其他多聚磷酸的链状和环状结构是由正磷酸脱水缩合而成的，均为缩合酸。一般缩合酸的酸性大于单酸，因为缩合酸根离子体积大，其表面的负电荷密度降低很多，因此缩合酸易解离出 H^+。同类含氧酸的缩合程度越大，酸性越强。下面介绍几种含氧酸及其盐的制备与性质。

1)正磷酸及其盐

在正磷酸(orthophosphoric acid)分子中，非羟基氧原子与磷原子之间形成的 P—O 键具有双键性质，有人认为，这个键是由一个磷到氧的 σ 配键 P→O 和两个由氧到磷的反馈配键 d←pπ 组成(磷的 3d 空轨道与氧有孤对电子的两个 p 轨道重叠，图 12.29)。由于磷的 3d 轨道与氧的 2p 轨道能量相差较大，故形成的 d-pπ 键不是很稳定，键强度不大。

磷酸有很强的配位能力，能与许多金属离子形成配合物，如

$$Fe^{3+} + H_3PO_4 \longrightarrow [FeHPO_4]^+ + 2H^+$$

此反应常用于掩蔽 Fe^{3+}。

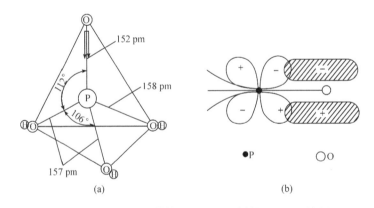

图 12.29　H_3PO_4 分子结构(a)及 P—O 键的 d←pπ 配键(b)

2)焦磷酸及其盐

焦磷酸(pyrophosphoric acid)是无色玻璃状固体，易溶于水，在冷水中慢慢转化为正磷酸，是一个四元酸(表 12.17)，酸性强于正磷酸。由正磷酸加热到 519 K，脱水可制得焦磷酸：

$$H—O—\overset{\overset{\displaystyle O}{|}}{P}—O—H \; + \; H—O—\overset{\overset{\displaystyle O}{|}}{P}—O—H \xrightarrow{519\ K} H—O—\overset{\overset{\displaystyle O}{|}}{\underset{\underset{\displaystyle OH}{|}}{P}}—O—\overset{\overset{\displaystyle O}{|}}{\underset{\underset{\displaystyle OH}{|}}{P}}—O—H + H_2O$$

$$\underset{OH}{} \qquad\qquad \underset{OH}{}$$

纯焦磷酸也可由加热正磷酸和 POCl$_3$ 制得：

$$5H_3PO_4 + POCl_3 \xrightarrow{\triangle} 3H_4P_2O_7 + 3HCl$$

常见的焦磷酸盐有 M$_2$H$_2$P$_2$O$_7$ 和 M$_4$P$_2$O$_7$ 两种类型，将 Na$_2$HPO$_4$ 加热可得 Na$_4$P$_2$O$_7$：

$$2Na_2HPO_4 \xrightarrow{\triangle} Na_4P_2O_7 + H_2O$$

焦磷酸根有强的配位性，过量的 P$_2$O$_7^{4-}$ 能使难溶的焦磷酸盐(Cu^{2+}、Ag$^+$、Zn^{2+}、Mg^{2+}、Ca^{2+}、Sn^{2+}等)溶解形成配离子，如[Cu(P$_2$O$_7$)$_2$]$^{6-}$、[Sn(P$_2$O$_7$)$_2$]$^{6-}$等。在水溶液中 P$_2$O$_7^{4-}$ 转化为 PO$_4^{3-}$ 的速率非常慢，可用简单的化学反应鉴别 P$_2$O$_7^{4-}$ 和 PO$_4^{3-}$，Ag$_4$P$_2$O$_7$ 是白色沉淀，而 Ag$_3$PO$_4$ 是浅黄色沉淀。

3)偏磷酸及其盐

偏磷酸(metaphosphoric acid)是硬而透明的玻璃状物质，易溶于水，在溶液中逐渐转变为正磷酸。常见的偏磷酸是三聚偏磷酸(HPO$_3$)$_3$ 和四聚偏磷酸(HPO$_3$)$_4$，其化学式均简写为 HPO$_3$。

将 NaH$_2$PO$_4$ 加热，在 673～773 K 得到三聚偏磷酸盐：

$$3H_2PO_4^- \xrightarrow{673\sim773\ K} (PO_3)_3^{3-} + 3H_2O$$

将 NaH$_2$PO$_4$ 加热到 973 K，然后骤冷可得到直链多磷酸盐玻璃体(链长达 20～100 个 PO$_3^-$ 单元)，称为格氏盐：

$$x NaH_2PO_4 \xrightarrow{973\ K} (NaPO_3)_x + x H_2O$$

格氏盐能与钙、镁等离子形成稳定的环状结构的配离子，故常用作软水剂和锅炉、管道的去垢剂。它和焦磷酸一样能和 AgNO$_3$ 生成白色沉淀。但偏磷酸能使蛋白质沉淀，焦磷酸不能，故正、焦、偏三种磷酸可用 AgNO$_3$ 和蛋白质加以鉴定。

4)亚磷酸

纯亚磷酸(phosphorous acid)是白色固体，熔点 347 K。亚磷酸在水中的溶解度极大，是一种二元中强酸。它可由 P$_4$O$_6$ 与水反应或 PCl$_3$、PBr$_3$ 和 PI$_3$ 等的水解反应制得。

亚磷酸及其盐溶液是强还原剂，能将 Ag$^+$、Cu^{2+}、Hg^{2+} 等金属离子还原为金属：

$$H_3PO_3 + CuSO_4 + H_2O = Cu + H_3PO_4 + H_2SO_4$$

亚磷酸及其盐溶液受热时发生歧化反应：

$$4H_3PO_3 \xrightarrow{\triangle} 3H_3PO_4 + PH_3 \uparrow$$

5)次磷酸

次磷酸(hypophosphorous acid)是一种白色易潮解的固体，熔点 299.8 K，是一元酸(表 12.17)。

在次磷酸钡溶液中加硫酸使钡离子沉淀，便可得游离状态的次磷酸：

$$Ba(H_2PO_2)_2 + H_2SO_4 = BaSO_4 \downarrow + 2H_3PO_2$$

另外，I_2 在计量水存在的情况下，可将 PH_3 氧化成 H_3PO_2：

$$PH_3 + 2I_2 + 2H_2O \Longrightarrow H_3PO_2 + 4HI$$

次磷酸及其盐溶液是强还原剂，还原性比亚磷酸强，不仅能使 Ag^+、Cu^{2+}、Hg^{2+} 等离子还原为金属单质，还能使 Ni^{2+} 还原为金属镍：

$$Ni^{2+} + H_2PO_2^- + H_2O \Longrightarrow HPO_3^{2-} + 3H^+ + Ni$$

H_3PO_2 及其盐都不稳定，受热分解放出 PH_3：

$$3H_3PO_2 \xrightarrow{400\,K} 2H_3PO_3 + PH_3\uparrow$$

$$4H_2PO_2^- \xrightarrow{500\,K} P_2O_7^{4-} + 2PH_3\uparrow + H_2O$$

3. 砷、锑、铋的含氧化合物

砷、锑、铋的氧化物有两类：+3 价态的 As_2O_3、Sb_2O_3、Bi_2O_3 和 +5 价态的 As_2O_5、Sb_2O_5。直接燃烧砷、锑、铋单质可得到 +3 价态的氧化物，如

$$4M + 3O_2 \Longrightarrow M_4O_6 \quad (M = As、Sb，结构与 P_4O_6 相似)$$

$$4Bi + 3O_2 \longrightarrow 2Bi_2O_3$$

+5 价态氧化物通常由单质或 M_2O_3 先氧化为 +5 价态的相应氧化物的水合物，然后再脱水而得，如

$$3As + 5HNO_3 + 2H_2O \Longrightarrow 3H_3AsO_4 + 5NO\uparrow$$

$$3As_2O_3 + 4HNO_3 + 7H_2O \Longrightarrow 6H_3AsO_4 + 4NO\uparrow$$

$$2H_3AsO_4 \xrightarrow{443\,K} As_2O_5 + 3H_2O$$

$$3Sb + 5HNO_3 + 8H_2O \Longrightarrow 3H[Sb(OH)_6] + 5NO\uparrow$$

$$2H[Sb(OH)_6] \xrightarrow{\triangle} Sb_2O_5 + 7H_2O$$

硝酸只能把铋氧化成 $Bi(NO_3)_3$。在碱性介质中，Cl_2 能氧化 $Bi(III)$ 生成 $NaBiO_3$：

$$Bi(OH)_3 + Cl_2 + 3NaOH \Longrightarrow NaBiO_3 + 2NaCl + 3H_2O$$

用酸处理 $NaBiO_3$ 则得红棕色的 Bi_2O_5，它极不稳定，很快分解为 Bi_2O_3 和 O_2。

As_2O_3 俗称砒霜，是剧毒的白色固体粉末，致死量为 $0.1\,g$，As_2O_3 中毒时可服用新制的 $Fe(OH)_2$（将 MgO 加入 $FeSO_4$ 溶液中强烈摇动制得）悬浮液解毒。As_2O_3 微溶于水，生成亚砷酸：

$$As_2O_3 + 3H_2O \Longrightarrow 2H_3AsO_3$$

As_2O_3 是两性偏酸性氧化物，易溶于碱生成亚砷酸盐：

$$As_2O_3 + 6NaOH \Longrightarrow 2Na_3AsO_3 + 3H_2O$$

它也易溶于浓酸，生成 As^{3+}：

$$As_2O_3 + 6HCl \Longrightarrow 2AsCl_3 + 3H_2O$$

但在稀酸中溶解度很小，因为在稀强酸中，它不能转变为 AsO_3^{3-}，也难转变为 As^{3+}，故溶解度很小。

Sb_2O_3 又称锑白，是优良白色颜料。它是两性氧化物，难溶于水，易溶于酸和碱：

$$Sb_2O_3 + 6HCl \Longrightarrow 2SbCl_3 + 3H_2O$$

$$Sb_2O_3 + 2NaOH \Longrightarrow 2NaSbO_2 + H_2O$$

Bi_2O_3 为黄色固体，显碱性，不溶于水及碱，只溶于酸：

$$Bi_2O_3 + 6HNO_3 \Longrightarrow 2Bi(NO_3)_3 + 3H_2O$$

$As(OH)_3$ 和 $Sb(OH)_3$ 是两性氢氧化物，$As(OH)_3$ 偏酸性，但 $Sb(OH)_3$ 显弱碱性，溶于酸和浓强碱。$As(OH)_3$（或写成 H_3AsO_3）仅存在于溶液中，而 $Sb(OH)_3$ 和 $Bi(OH)_3$ 都是难溶于水的白色固体。

砷、锑、铋+5 价态的氧化物及其水合物均显酸性，它们的酸性比相应+3 价态的强。砷酸 (H_3AsO_4) 的酸性接近磷酸，锑酸是白色无定形沉淀 $(H[Sb(OH)_6])$，酸性很弱。铋只能制得铋酸盐，得不到铋酸。铋酸盐的氧化性很强，它能将 Mn^{2+} 氧化为 MnO_4^-：

$$5NaBiO_3 + 2Mn^{2+} + 14H^+ \Longrightarrow 2MnO_4^- + 5Bi^{3+} + 5Na^+ + 7H_2O$$

AsO_4^{3-} 在酸性溶液中是中强氧化剂，但在碱性溶液中 AsO_4^{3-} 的氧化性迅速减弱，相反 AsO_3^{3-} 的还原性明显增强，能还原像碘这样的弱氧化剂：

$$AsO_3^{3-} + I_2 + 2OH^- \underset{H^+}{\overset{pH\,5\sim9}{\rightleftharpoons}} AsO_4^{3-} + 2I^- + H_2O$$

这个反应的方向依赖于溶液的酸度，酸性较强时，AsO_4^{3-} 可氧化 I^- 到 I_2，酸性较弱时，AsO_3^{3-} 可还原 I_2 到 I^-。这是因为 I_2/I^- 的电极电势在一定 pH 范围内无变化，而电对 AsO_4^{3-}/AsO_3^{3-} 的电极电势数值随着溶液 pH 的改变而变化：

$$I_2 + 2e^- \Longrightarrow 2I^- \quad \varphi^\ominus = 0.5355 \text{ V}$$

$$AsO_4^{3-} + 2H^+ + 2e^- \Longrightarrow AsO_3^{3-} + H_2O \quad \varphi^\ominus = 0.58 \text{ V}$$

$$\varphi = \varphi^\ominus + \frac{0.059}{2}\lg\frac{c(AsO_4^{3-}) \cdot [c(H^+)]^2}{c(AsO_3^{3-})}$$

可以看出，在标准酸性溶液中，AsO_4^{3-} 可将 I^- 氧化，但当溶液的 pH 升高，H^+浓度减小时，$\varphi_{(AsO_4^{3-}/AsO_3^{3-})}$ 也随着减小，若保持溶液中 AsO_4^{3-} 和 AsO_3^{3-} 的离子浓度为 $1 \text{ mol} \cdot L^{-1}$，当 $\varphi_{(AsO_4^{3-}/AsO_3^{3-})}$ 降到小于 0.5355 V 时，溶液的 pH 为

$$\left(0.58 + \frac{0.059}{2}\lg[c(H^+)]^2\right) \text{ V} \leqslant 0.5355 \text{ V}$$

$$\lg c(H^+) \leqslant \frac{0.5355 - 0.58}{0.059} = -0.75$$

即 pH $\geqslant 0.75$，故当溶液的 pH 大于 0.75 时 I_2 就可能氧化 AsO_3^{3-}，但实际要使反应正向进行到一定程度，两电对电极电势还必须有一定的差值，即还需把 $\varphi_{(AsO_4^{3-}/AsO_3^{3-})}$ 数值降得更小一些，通常选择 pH>5 的条件，但 pH>9 时会引起 I_2 的歧化反应。

12.4.4　卤化物

本族元素均可形成卤化物，氮的卤化物有 NF_3、NF_2Cl、$NFCl_2$、NCl_3、N_2F_2、N_2F_4 及卤素的叠氮化物 XN_3（X = F、Cl、Br 或 I）等。除了 NF_3 外，其余卤化物反应活性高，有些有爆炸性，如 $NFCl_2$ 是炸药，它们基本上是危险品。磷的卤化物主要有 PX_3（PF_3 除外）和 PX_5（PI_5 除外）两种类型。砷、锑、铋的卤化物也有 RX_3 和 RX_5 两种类型（R = As、Sb、Bi），但五卤化物中只有 AsF_5、SbF_5、$AsCl_5$、$SbCl_5$ 和 BiF_5。$BiCl_5$ 和 RBr_5、RI_5 不存在，这是因为这些氧化数–1 的卤素离子与氧化数+5 的 As、Sb、Bi 不能在水溶液中共存，会发生氧化还原反应。本族元素卤化物中最重要的是 PCl_5、PCl_3 和 RCl_3（R = As、Sb、Bi）。下面重点介绍这几种卤化物。

1. 三氯化磷（PCl_3）

PCl_3 是无色液体。干燥的氯气与过量磷反应可得 PCl_3。在 PCl_3 分子中，磷原子以 sp^3 杂化轨道成键，分子形状为三角锥形，在磷原子上还有一对孤对电子（图 12.30），因此 PCl_3 是电子对给予体，可以与金属离子形成配合物如 $Ni(PCl_3)_4$，在较高温度或有催化剂存在时，可以与氧或硫反应生成三氯氧磷（图 12.31）或三氯硫磷。

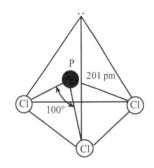

图 12.30　PCl_3 分子结构

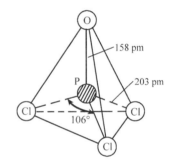

图 12.31　$POCl_3$ 分子结构

PCl_3 易水解形成 H_3PO_3 和 HCl，因此 PCl_3 遇潮湿空气会产生烟雾：

$$PCl_3 + 3H_2O == H_3PO_3 + 3HCl$$

2. 五氯化磷（PCl_5）

PCl_5 是白色固体，加热时升华（433 K）并可逆地分解为 PCl_3 和 Cl_2，在 573 K 以上分解完全。过量的 Cl_2 与 PCl_3 反应可得 PCl_5。

在气态和液态时，PCl_5 的分子结构是三角双锥，磷原子位于锥体的中央，磷原子以 sp^3d 杂化轨道成键（图 12.32），在固态时 PCl_5 不再保持三角双锥结构而形成离子化合物，在 PCl_5 晶体中含有正四面体的 $[PCl_4]^+$ 和正八面体的 $[PCl_6]^-$。

PCl_5 与 PCl_3 相同，易于水解，但水量不足时则部分水解生成三氯氧磷和氯化氢：

$$PCl_5 + H_2O == POCl_3 + 2HCl$$

在过量水中则完全水解：

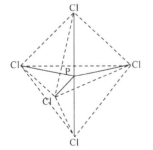

图 12.32　PCl_5 分子结构

$$POCl_3 + 3H_2O == H_3PO_4 + 3HCl$$

3. 砷、锑、铋的三氯化物(MCl₃)

在砷、锑、铋三卤化物中，除 BiF₃ 是离子型固体外，铋的其他卤化物和 SbF₃ 的晶体类型介于离子型和共价型之间，其余的 MX_3 都是共价型化合物。

砷、锑、铋的三卤化物在溶液中极易水解，其中 $AsCl_3$ 水解生成 H_3AsO_3 和 HCl，$SbCl_3$ 和 $BiCl_3$ 水解后生成氯化氧锑和氯化氧铋白色沉淀，其反应式如下：

$$AsCl_3 + 3H_2O \Longrightarrow H_3AsO_3 + 3HCl$$

$$SbCl_3 + 2H_2O \Longrightarrow Sb(OH)_2Cl + 2HCl$$

$$ \llcorner\!\!\longrightarrow SbOCl\downarrow + H_2O$$

$$BiCl_3 + 2H_2O \Longrightarrow Bi(OH)_2Cl + 2HCl$$

$$ \llcorner\!\!\longrightarrow BiOCl\downarrow + H_2O$$

故配制这些盐的溶液时需加相应的酸，以抑制其水解。

本族元素按 N、P、As、Sb、Bi 顺序碱性逐渐增强，三氯化物水解程度逐渐减弱，又由于 Sb(Ⅲ)和 Bi(Ⅲ)氧基盐是难溶的，所以 Sb(Ⅲ)和 Bi(Ⅲ)盐在常温时水解进行得并不完全，通常就停留在氧基盐的阶段，但它们都是易水解的物质。$AsCl_3$ 水解产物和 PCl_3 相似，$SbCl_3$ 和 $BiCl_3$ 水解不完全，NCl_3 的水解产物不同于 PCl_3 和 $AsCl_3$。NCl_3 的水解按下式进行：

$$NCl_3 + 3H_2O \Longrightarrow NH_3 + 3HClO$$

12.4.5　磷-氮化合物

已知许多具有 P—N 键和 P=N 键的化合物，R_2N—P 键特别稳定，能广泛地与其他一价基团的各种键(如 P—R 和 P—卤素)结合。本节仅对部分偶磷氮烯(也称磷氮化合物)作简单介绍。

偶磷氮烯是环状或链状化合物，由互相交错的磷原子和氮原子组成，在每个磷原子上有两个取代基，有三种主要的构型，分别是环状三聚物[图 12.33(a)]、环状四聚物[图 12.33(b)]和高聚物[图 12.33(c)]。

(a) 环状三聚物　　　(b) 环状四聚物　　　(c) 高聚物

图 12.33　磷-氮化合物三种主要的构型

六氯环状三偶磷氮烯($NPCl_2$)₃ 在许多其他偶磷氮烯化合物中是一个关键的中间产物，可按下列反应制得：

$$nPCl_5 + nNH_4Cl \xrightarrow{\ C_2H_2Cl_4 \text{或} C_6H_5Cl\ } (NPCl_2)_n + 4nHCl$$

这个反应产生了一个($NPCl_2$)ₙ 类型的混合物，$n = 3，4，5，\cdots$，以及低聚线形分子。在适当条件下可得 $n = 3$ 或 4 类型的分子，产率为 90%，容易分离。

已报道的大多数偶磷氮烯化合物的反应包括卤素原子被其他基团(OH、OR、NR、NHR或R)取代而得到部分或完全取代的衍生物:

$$(NPCl_2)_3 + 6NaOR \Longrightarrow [NP(OR)_2]_3 + 6NaCl$$
$$(NPCl_2)_3 + 6NaSCN \Longrightarrow [NP(SCN)_2]_3 + 6NaCl$$
$$(NPF_2)_3 + 6PhLi \Longrightarrow [NPPh_2]_3 + 6LiF$$

这些反应,特别是它们与有机金属试剂的反应机理还没有充分了解,但一般来说,它们是包含一个阴离子作用于 P 原子上的 S_N2 反应,在部分取代分子中可能有许多异构体。

环状三聚物 $(NPCl_2)_3$ 和四聚物 $(NPClPh)_4$ 的分子结构如图 12.34 所示,多数六元环如 $(NPX_2)_3$ 是平面形的,而大环是非平面形的。对于 $(NPF_2)_n$,当 $n=3\sim6$ 时,分子结构是平面形或接近平面形的。

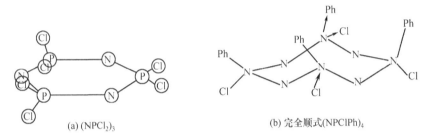

(a) $(NPCl_2)_3$　　　　　　　(b) 完全顺式$(NPClPh)_4$

图 12.34　两个具有代表性的环状偶磷氮烯化合物的结构

12.5　碳 族 元 素

12.5.1　元素的存在、分离和性质

在第二到第六周期,ⅣA 族元素称为碳族元素。它包括碳(carbon)、硅(silicon)、锗(germanium)、锡(tin)和铅(lead),其中后三个元素又称为锗分族元素。

碳在地壳中的丰度为 0.027%,虽含量不多,但它是(除氢外)地球上化合物种类最多的元素。大气中含有 CO_2,矿物界有各种碳酸盐、金刚石、石墨、煤、石油、天然气等,所有动植物的有机体都是由复杂的含碳有机化合物组成。

硅在地壳中的丰度约为 29.50%,硅的含量在所有元素中居第二位,由于硅易与氧结合,在自然界中不存在游离态的硅,而是以二氧化硅或硅酸盐等多种化合态广泛分布于地壳的固体物质中,大部分坚硬的岩石就是由硅的含氧化合物构成的。

锗、锡、铅在地壳中的丰度分别为 6.7×10^{-6}、21×10^{-6}、13×10^{-6},锡和铅主要以氧化物或硫化物矿(如锡石 SnO_2 和方铅矿 PbS 等)存在于自然界,锗常以硫化物伴生在其他金属的硫化物矿中,有些煤灰和炼焦工业的氨水中都含有相当量的锗。

碳族元素的一些基本性质列于表 12.18。

表 12.18　碳族元素的基本性质

元素	碳(C)	硅(Si)	锗(Ge)	锡(Sn)	铅(Pb)
原子序数	6	14	32	50	82
价电子构型	$2s^22p^2$	$3s^23p^2$	$4s^24p^2$	$5s^25p^2$	$6s^26p^2$
主要氧化数	0, +2, +4	0, +2, +4	0, +2, +4	0, +2, +4	0, +2, +4

元素		碳(C)	硅(Si)	锗(Ge)	锡(Sn)	铅(Pb)
熔点/℃		>3550(金刚石)	1410	937.4	231.88(白锡)	327.5
沸点/℃		4827(金刚石)	2355	2830	2260(白锡)	1740
原子半径/pm		77	117	137	162	175
离子半径/pm	$r(M^{4+})$	15	41	53	71	84
	$r(M^{4-})$	260	271	272	294	—
电离能/$(kJ \cdot mol^{-1})$		1086	786.5	762.2	708.6	715.5
电子亲和能/$(kJ \cdot mol^{-1})$		−122.3	−120	−116	−121	−100
电负性		2.5	1.8	1.8	1.8	1.8

碳族元素原子的价层电子结构为 ns^2np^2，能形成氧化数+2、+4 的化合物，碳和硅主要形成氧化数为+4 的化合物，碳有时还能形成氧化数为−4 的化合物。锗和锡+2 氧化数的化合物具有强还原性。由于 ns^2 惰性电子对效应，Pb(Ⅳ)化合物有强氧化性，易被还原为 Pb(Ⅱ)，所以铅的化合物以 Pb(Ⅱ)为主。

在自然界中，碳有三种同位素 ^{12}C、^{13}C、^{14}C，其中 ^{14}C 是放射性同位素，半衰期为 5720 年，测定死亡的有机体内 ^{14}C 的含量可推算生物体年代。

碳虽然可与许多元素形成很强的化学键，但由于它的原子气化热很高，在一般情况下，它的化学活性并不强，只有在高温下，特别是气态时才表现得异常活泼。

单质碳有多种同素异形体，如金刚石、石墨和 C_{60} 晶体，无定形碳是微晶形石墨。

硅有晶体和无定形体两种。无定形硅为深灰色粉末，晶态硅的结构与金刚石类似，是原子晶体，熔点和沸点较高，硬而脆，银灰色且具有金属光泽，能导电，但导电率不及金属，且随温度升高而增加。单晶硅用于电子工业，大量硅用于钢铁制造。

硅的化学性质不活泼，在高温下能与卤素和一些非金属单质反应，室温时不与氧、水、氢卤酸反应，但能与强碱、F_2 反应，在有氧化剂(HNO_3、CrO_3、$KMnO_4$、H_2O_2 等)存在下与 HF 反应：

$$Si + 2NaOH + H_2O =\!=\!= Na_2SiO_3 + 2H_2 \uparrow$$

$$3Si + 4HNO_3 + 18HF =\!=\!= 3H_2SiF_6 + 4NO \uparrow + 8H_2O$$

$$Si + 2F_2 =\!=\!= SiF_4 \uparrow$$

锗是银白色的硬金属，铅为暗灰色重而软的金属，锡是银白色金属，质较软。锡有三种同素异形体，灰锡是金刚石型，白锡和脆锡是金属型晶体，三种同素异形体之间能相互转变：

$$灰锡(\alpha\text{-}Sn) \underset{}{\overset{>286\,K}{\rightleftharpoons}} 白锡(\beta\text{-}Sn) \underset{}{\overset{>434\,K}{\rightleftharpoons}} 脆锡(\gamma\text{-}Sn)$$

锗、锡、铅的主要化学性质可概括如下。

1. 与氧的反应

空气中的氧通常条件下只对铅有作用，在铅表面生成一层氧化铅或碱式碳酸铅保护膜，使铅失去金属光泽且不致进一步被氧化。空气中的氧对锗和锡无影响。这三种金属在高温下能与氧反应生成氧化物。

2. 与其他非金属的反应

在加热情况下这些金属同卤素和硫生成卤化物和硫化物。

3. 与水的反应

锗不与水反应。锡的标准电极电势 $\varphi_{(Sn^{2+}/Sn)}^{\ominus}$ 与 $\varphi_{(H^+/H_2)}^{\ominus}$ 值相差不大，但 H_2 在锡上析出的超电压很大，锡既不被空气氧化，也不与水反应，常被用来镀在某些金属表面以防锈蚀。铅与水不起反应，但当有空气存在时，能与水反应生成 $Pb(OH)_2$：

$$2Pb + O_2 + 2H_2O \Longrightarrow 2Pb(OH)_2$$

铅与硬水作用时，铅表面生成一层不溶性盐[$PbSO_4$ 或 $Pb(OH)_2CO_3$]，阻止了它与水继续反应。

4. 与酸的反应

锗、锡、铅与酸的反应见表 12.19，有关反应方程式如下：

$$Sn + 2HCl(浓) \xrightarrow{\triangle} SnCl_2 + H_2 \uparrow$$

$$Pb + 4HCl(浓) \Longrightarrow H_2[PbCl_4] + H_2 \uparrow$$

$$Ge + 4H_2SO_4(浓) \xrightarrow{363\,K} Ge(SO_4)_2(水解得GeO_2) + 2SO_2 \uparrow + 4H_2O$$

$$Sn + 4H_2SO_4(浓) \xrightarrow{\triangle} Sn(SO_4)_2(水解得SnO_2) + 2SO_2 \uparrow + 4H_2O$$

$$Pb + 3H_2SO_4(浓) \xrightarrow{\triangle} Pb(HSO_4)_2 + SO_2 \uparrow + 2H_2O$$

$$Ge + 4HNO_3(浓) \Longrightarrow GeO_2 \cdot H_2O \downarrow + 4NO_2 \uparrow + H_2O$$

$$4Sn + 10HNO_3(很稀) \xrightarrow{冷} 4Sn(NO_3)_2 + NH_4NO_3 + 3H_2O$$

$$Sn + 4HNO_3(浓) \Longrightarrow SnO_2 \cdot 2H_2O \downarrow (\beta\text{-锡酸}) + 4NO_2 \uparrow$$

$$3Pb + 8HNO_3(稀) \Longrightarrow 3Pb(NO_3)_2 + 2NO \uparrow + 4H_2O$$

表 12.19   锗、锡、铅与酸的反应

酸	Ge	Sn	Pb
HCl	不反应	与稀酸反应慢，与浓酸反应生成 $SnCl_2$	因生成微溶性的 $PbCl_2$ 覆盖在 Pb 表面，反应终止，浓 HCl 中生成 H_2PbCl_4
H_2SO_4	与稀酸不反应，与浓酸反应生成 $Ge(SO_4)_2$	与稀酸难反应，与热浓硫酸反应得 $Sn(SO_4)_2$	稀酸中生成难溶的 $PbSO_4$ 覆盖层，反应终止，但易溶于热的浓 H_2SO_4 生成 $Pb(HSO_4)_2$
HNO_3	与浓酸反应得白色 $xGeO_2 \cdot yH_2O$	与浓酸生成白色沉淀 $xSnO_2 \cdot yH_2O$，β-锡酸与冷的稀 HNO_3 反应，生成 $Sn(NO_3)_2$	与稀 HNO_3 反应生成 $Pb(NO_3)_2$，不与浓 HNO_3 反应

Pb 不与非氧化性稀酸反应是由于产物难溶，使它不能继续与酸反应。因为铅有此特性，所以化工厂或实验室常用它作耐酸反应器的衬里和制储存或输送酸液的管道设备。

Pb 在有氧存在的条件下可溶于乙酸，生成易溶的乙酸铅：

$$2Pb + O_2 == 2PbO$$

$$PbO + 2CH_3COOH == Pb(CH_3COO)_2 + H_2O$$

5. 与碱的反应

锗同硅相似，与强碱反应放出 H_2，锡和铅也能和强碱缓慢地反应得到亚锡酸盐和亚铅酸盐，同时放出 H_2：

$$Ge + 2OH^- + H_2O == GeO_3^{2-} + 2H_2\uparrow$$

12.5.2 金刚石、石墨和富勒烯的性质

1. 金刚石和石墨

金刚石(diamond)和石墨(graphite)的结构示于图 12.35 和图 12.36，有关金刚石和石墨的性质在中学化学已讨论过，本书不再重复。

图 12.35 金刚石的结构

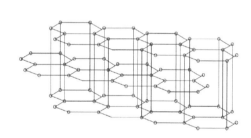

图 12.36 石墨的结构

2. 富勒烯

20 世纪 80 年代，科学家发现 C_{60} 晶体，即碳的第三种同素异形体。1985 年，美国 Rice 大学克鲁托(Kroto)和斯莫利(Smalley)等用激光照射石墨,通过质谱法测出 C_{60} 分子，这个 C_{60} 分子呈现封闭的多面体和圆球形，如同建筑师富勒(Fuller)设计建造的圆屋顶，称为富勒烯(fullerenes，巴基球)(图 12.37)。这个多面体分子具有很高的对称性，60 个碳原子围成直径为 700 pm 的球形骨架，有 60 个顶点，12 个五元环和 20 个六元环。六元环既可与五元环也可与其他六元环连接，而五元环仅能与六元环连接，存在两种类型的碳-碳键长：一种是五元环和六元环之间的 C—C 键长；另一种是六元环与六元环之间的 C—C 键长，前者比后者稍长一些，后者 C—C 键长接近双键。

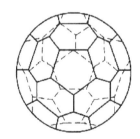

图 12.37 C_{60} 示意图

关于富勒烯的化学性质还处在研究之中，下面列举富勒烯的部分性质：

(1) C_{60} 在六元环之间的碳-碳键上可发生加成反应，如

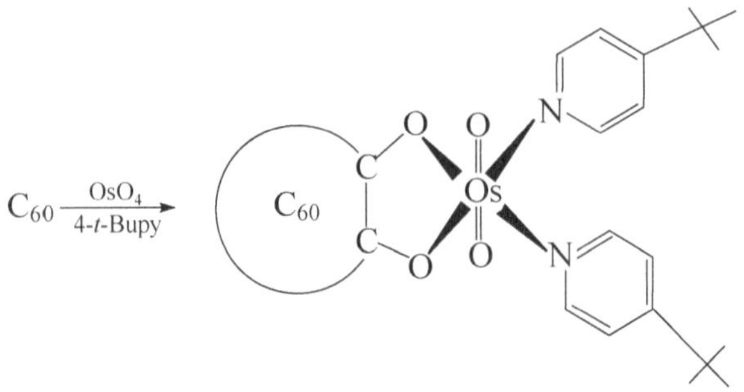

$$C_{60} \xrightarrow[\text{4-}t\text{-Bupy}]{\text{OsO}_4}$$

（2）C_{60} 与过渡金属反应时表现为烯烃性质，C=C 双键上的 π 电子填充到过渡金属离子的轨道上形成化学键，如

$$C_{60} + (\eta^2\text{-}C_2H_4)Pt(PPh)_2 \Longrightarrow C_2H_4 + (\eta^2\text{-}C_{60})Pt(PPh)_2$$

产物的结构式为

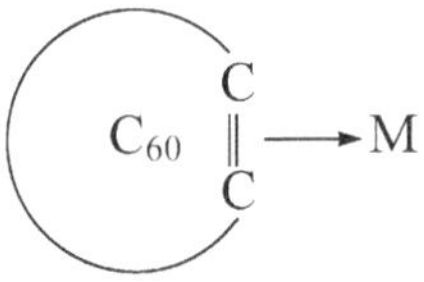

（3）C_{60} 和 C_{70} 可与 Cl_2 或 Br_2 发生部分卤化反应，C_{60} 与 Br_2 反应可生成 $C_{60}Br_2$ 或 $C_{60}Br_4$，溴衍生物在 150℃ 则分解，利用该性质可定量回收 Br_2。C_{60} 与 Cl_2 反应生成 $C_{60}Cl_x$，x 的平均值约为 24，氯衍生物在 400℃ 以上才发生去氯反应，说明其稳定性强于溴衍生物，$C_{60}Cl_x$ 中的氯原子用 KOH 甲醇溶液处理可被—OCH_3 取代。在苯溶剂中，$AlCl_3$ 催化下发生弗里德-克拉夫茨(Friedel-Crafts)反应，氯原子被 C_6H_5 取代。已经分离得到部分氟化的衍生物 $C_{60}F_2$ 和 $C_{60}F_{42}$，延长氟化时间可得到无色的 $C_{60}F_{60}$。

（4）C_{60} 与 C_{70} 混合物用 Li 还原得红棕色溶液，该溶液用 CH_3I 处理得多甲基化的富勒烯，与其他碱金属直接反应一般得黑色产物，如 $(K^+)_3C_{60}^{3-}$。另外 C_{60} 膜与 K、Rb、Cs 金属蒸气接触后，具有超导性，在临界温度下，其超导性相当高，如 $Rb_{12}C_{60}$ 的 $T_c = 30$ K。

总之，虽然富勒烯发现时间不长，但人们却发现了它许多优良与特殊的性能，最近几年关于富勒烯的文献报道猛增，毫无疑问，随着新发现的不断产生，研究规模会越来越大，C_{60} 将有着广阔的研究与应用前景。

12.5.3 碳的氧化物及其盐

碳有许多氧化物 CO、CO_2、C_3O_2、C_4O_3、C_5O_2 和 $C_{12}O_9$，其中最常见的是 CO 和 CO_2。碳酸盐有酸式碳酸盐和碳酸盐。

大多数酸式碳酸盐易溶于水，正盐只有铵和碱金属(锂除外)的碳酸盐易溶于水，但易溶于水的正盐其相应的酸式盐溶解度却相对较小。

由于碳酸是二元弱酸，故其盐都有不同程度的水解。当金属离子与可溶性碳酸盐作用时常表现出不同的沉淀形式，这主要取决于反应物、生成物的性质和反应条件。

不同碳酸盐的热稳定性相差很大，有如下规律：

（1）同一种含氧酸(盐)的热稳定性次序为

正盐＞酸式盐＞酸

$Na_2CO_3 > NaHCO_3 > H_2CO_3$

(2) 同族元素从上到下，碳酸盐的热稳定性增强：

$$BeCO_3 < MgCO_3 < CaCO_3 < SrCO_3 < BaCO_3$$

(3) 不同金属的碳酸盐的热稳定性次序为

$$碱金属盐 > 碱土金属盐 > 过渡金属盐 > 铵盐$$

$$K_2CO_3 > CaCO_3 > ZnCO_3 > (NH_4)_2CO_3$$

铵盐分解产生的气体分子较多，熵值较大，因此热稳定性较差。

12.5.4　含 C—N 和 C—S 键的化合物

1. 含 C—N 键的化合物

在含 C—N 键的化合物中，最重要的是氰离子、氰酸根和硫代氰酸根及它们的衍生物。

1) 氰

尽管氰[cyanogen, $(CN)_2$]的 $\Delta_f H_{298\,K}^{\ominus} = 297\ kJ \cdot mol^{-1}$，生成氰时大量吸热，但这种可燃气体仍是稳定的。用 NO_2 在气相中直接催化氧化 HCN 可获得氰：

$$2HCN + NO_2 =\!=\!= (CN)_2 + NO + H_2O$$

使用 Cu^{2+} 在水溶液中氧化氰离子也可以获得氰：

$$Cu^{2+} + 2CN^-(适量) \longrightarrow CuCN\downarrow(白) + \frac{1}{2}(CN)_2$$

尽管纯 $(CN)_2$ 是稳定的，而不纯的气体在 300～500℃ 可以聚合。氰与卤素单质性质相似，解离出 CN 游离基，它能氧化加成到较低价的金属原子上，获得二氰基配合物，如

$$(Ph_3P)_4Pd + (CN)_2 =\!=\!= (Ph_3P)_2Pd(CN)_2 + 2Ph_3P$$

与卤素更相似的性质是在碱溶液中的歧化作用：

$$(CN)_2 + 2OH^- =\!=\!= CN^- + OCN^- + H_2O$$

从热力学的观点看，这个反应在酸性溶液中也能进行，但仅在碱中才是迅速的。将化学计量的 O_2 和 $(CN)_2$ 混合物燃烧，产生了已知化学反应中温度最高的火焰(约 5050 K)。

氰分子为线形结构并有对称性：

$$: N \!\equiv\! C \!-\! C \!\equiv\! N :$$

$$d(C \equiv N) = 113\ pm,\ d(C \!-\! C) = 137\ pm$$

2) 氰化氢

氰化氢(hydrogen cyanide, HCN)与卤化氢相似，是共价型分子化合物，水溶液中能电解。它是极毒的无色气体。氰化物与酸作用会析出 HCN。液态 HCN(沸点 25.6℃)具有很高的介电常数(25℃为 107)。与水相似，液态 HCN 的介电常数高是由于极性很强的分子通过氢键进行缔合。液态 HCN 不稳定，在没有稳定剂时会强烈缔合。

HCN 虽然在地球原始的气氛中只是一种小分子，但却是形成生物重要化合物的重要源或中间体。例如，在有微量水和氨的压力下，HCN 可五聚合为腺嘌呤。

HCN 水溶液称氢氰酸，它是非常弱的酸，$pK_a^{\ominus} = 9.21$，故可溶氰化物的溶液强烈地水解。

氰能与氢直接化合生成氰化氢。工业上以 CH_4 和 NH_3 为原料，按下列反应制备氰化氢：

$$2CH_4 + 3O_2 + 2NH_3 \xrightarrow[>800℃]{催化剂} 2HCN + 6H_2O \quad \Delta_r H_m^{\ominus} = -475 \ kJ \cdot mol^{-1}$$

$$CH_4 + NH_3 \xrightarrow[Pt]{1200℃} HCN + 3H_2 \quad \Delta_r H_m^{\ominus} = 240 \ kJ \cdot mol^{-1}$$

氰化氢具有许多工业用途，它可以与烯烃直接加成。例如，在钯或镍的亚磷酸盐催化剂存在的条件下，从丁二烯可生成己二腈(制尼龙)，催化剂起催化氧化加成和链位移转反应的作用。

3)氰化物

氢氰酸的盐称为氰化物(cyanides)。重金属的氰化物不溶于水，而碱金属的氰化物在水中的溶解度都很高，并在水中强烈水解而使溶液呈碱性：

$$CN^- + H_2O \rightleftharpoons HCN + OH^-$$

氰离子最重要的化学性质是它极易与过渡金属离子形成稳定配合物，如$[Fe(CN)_6]^{4-}$、$[Hg(CN)_4]^{2-}$等，由于氰配离子的形成，那些不溶性的重金属氰化物在碱金属氰化物溶液中也变得可溶了：

$$AgCN + CN^- \rightleftharpoons [Ag(CN)_2]^-$$

基于CN^-的强配位作用，NaCN 和 KCN 被广泛地用于从矿物中提取金和银：

$$4Au + 8NaCN + 2H_2O + O_2 \rightleftharpoons 4Na[Au(CN)_2] + 4NaOH$$

所有氰化物及其衍生物都有剧毒，且中毒作用非常迅速，因为它们能使中枢神经系统瘫痪，使呼吸酶及血液中的血红蛋白中毒，因而使机体窒息。氰化物如氰化钾是合成药物的常用原料，也是实验室中的常用试剂。氰化物的中毒可以通过多种途径，如由皮肤吸收、从伤口侵入、误食或由呼吸系统进入人体，因而使用时需特别小心。

2. 含 C—S 键的化合物

二硫化碳(carbon disulfide，CS_2)是淡黄色的有毒液体(沸点 46℃)。可按下列反应大规模制备：

$$CH_4 + 4S \xrightarrow[1000℃]{SiO_2} CS_2 + 2H_2S$$

CS_2除了在空气中高度易燃外，还是一个非常活泼的分子，并且具有广泛的化学行为，它的大多数性质为有机化合物方面。CS_2在工业上用于制备四氯化碳：

$$CS_2 + 3Cl_2 \longrightarrow CCl_4 + S_2Cl_2$$

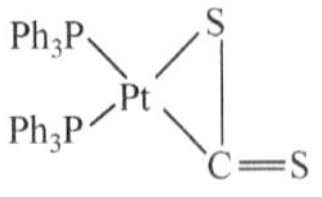

图 12.38 CS_2 作为配体的加成产物结构

CS_2是一种小分子，容易进行插入反应，在反应中—S—C(=S)—基插入 Sn—N、Co—Co 或其他键之间。例如，与二烃基酰胺钛作用，可得到二硫代氨基甲酸盐：

$$Ti(NR_2)_4 + 4CS_2 \longrightarrow Ti(S_2CNR_2)_4$$

CS_2分子也可作为配体，通过硫作为给予体键合，或者是加成氧化得如图 12.38 所示的三元环。

12.5.5 硅、锗、锡和铅的主要化合物

1. 氢化物

虽然目前硅、锗、锡和铅的氢化物均已制备出，但随着金属的原子序数增加，金属-氢键变得越来越不稳定，因此这些元素的氢化物只有硅的数目最多，下面重点介绍硅的氢化物硅烷。硅烷的组成通式为

$$Si_nH_{2n+2} \quad (n = 1\sim6)$$

与烷烃相比，硅烷的数目是有限的，且不能生成与烯烃和炔烃类似的不饱和化合物。

由于硅不能与 H_2 直接作用，简单的硅烷常用金属硅化物与酸反应来制取，如

$$Mg_2Si + 4HCl = SiH_4 + 2MgCl_2$$

用强还原剂 $LiAlH_4$ 还原 $SiCl_4$、Si_2Cl_6 和 Si_3Cl_8 时，可以制取相应的硅烷：

$$2Si_2Cl_6(l) + 3LiAlH_4(s) = 2Si_2H_6(g) + 3LiCl(s) + 3AlCl_3(s)$$

硅烷中 SiH_4 和 Si_2H_6 在常温下为无色无臭的气体，其余为液体。它们能溶于有机溶剂，化学性质比相应的烷烃活泼，主要表现为以下几个方面：

(1) SiH_4 在常温下稳定，但遇到空气自燃，并放出大量的热，同时能与一般氧化剂发生反应，如

$$SiH_4(g) + 2O_2(g) = SiO_2(s) + 2H_2O(g) \quad \Delta_r H_m^\ominus = -1430 \text{ kJ} \cdot \text{mol}^{-1}$$

$$SiH_4 + 2KMnO_4 = 2MnO_2 \downarrow + K_2SiO_3 + H_2 \uparrow + H_2O$$

$$SiH_4 + 8AgNO_3 + 2H_2O = 8Ag \downarrow + SiO_2 \downarrow + 8HNO_3$$

后两个反应可用于检验硅烷。

(2) 在纯水和微酸性溶液中不水解，当水中有微量碱时(催化作用)即迅速水解：

$$SiH_4 + (n+2)H_2O \xrightarrow{OH^-} SiO_2 \cdot nH_2O \downarrow + 4H_2 \uparrow$$

(3) 所有硅烷的热稳定性都很差，相对分子质量大的稳定性更差。将高硅烷适当地加热即分解为低硅烷，低硅烷继续加热则分解为单质硅和氢气：

$$SiH_4 \xrightarrow{>773 \text{ K}} Si + 2H_2$$

故 SiH_4 被大量地用于制高纯硅。

2. 卤化物

1) 硅的卤化物

硅的卤化物都是无色的，其分子式可用通式 SiX_4 表示，都是共价型化合物，熔、沸点都比较低，常温下，SiF_4 为气体，$SiCl_4$ 和 $SiBr_4$ 为液体，SiI_4 为固体。常利用氯化物挥发性大、易于用蒸馏方法提纯的特点，将其用作制备其他含硅化合物的原料。SiF_4 和 $SiCl_4$ 是其中较为重要的卤化物。

氟化硅可以用 Si 和 F_2 在常温下直接反应来制备，也可以用二氧化硅与氢氟酸作用，或用硫酸处理萤石和石英砂的混合物来制备：

$$SiO_2(s) + 2CaF_2(s) + 2H_2SO_4(l) \xrightarrow{\triangle} SiF_4(g) + 2CaSO_4(s) + 2H_2O(l)$$

SiF$_4$ 与 HF 进一步反应生成氟硅酸:

$$2HF + SiF_4 \rightleftharpoons H_2SiF_6$$

其他卤化硅不能形成这类化合物,是因为氟原子半径比其他卤原子半径小得多。纯氟硅酸是不存在的,但在水溶液中则很稳定,它是一种强度相当于 H$_2$SO$_4$ 的强酸。金属锂、钙等的氟硅酸盐溶于水,钠、钾、钡的氟硅酸盐难溶于水。用纯碱溶液吸收 SiF$_4$ 气体,可得到白色的 Na$_2$SiF$_6$ 晶体:

$$3SiF_4 + 2Na_2CO_3 + 2H_2O \rightleftharpoons 2Na_2SiF_6 \downarrow + H_4SiO_4 + 2CO_2$$

利用此反应可除去生产磷肥时的废气 SiF$_4$,Na$_2$SiF$_6$ 是一种农业杀虫灭菌剂、木材防腐剂,并用于制造抗酸水泥和搪瓷等。

将硅与氯加热,或将二氧化硅与氯、碳一起加热,均可制得四氯化硅:

$$Si + 2Cl_2 \xrightarrow{\triangle} SiCl_4$$

$$SiO_2 + 2C + 2Cl_2 \xrightarrow{\triangle} SiCl_4 + 2CO \uparrow$$

四氯化硅是有刺激性的无色液体,易水解,因而在潮湿空气中会产生浓烟,其水解反应如下:

$$SiCl_4 + 3H_2O \rightleftharpoons H_2SiO_3 + 4HCl$$

若将氨与 SiCl$_4$ 同时蒸发,所形成的烟雾更浓,因为 NH$_3$ 与 HCl 结合成氯化铵雾,可利用这一性质制烟幕。但是 CCl$_4$ 不与 H$_2$O 作用,这是因为在 CCl$_4$ 分子中,碳的配位已饱和,没有空轨道接受 H$_2$O 孤对电子配位,因而不水解。

2)锗、锡和铅的卤化物

Ge、Sn 和 Pb 有 MX$_4$ 和 MX$_2$ 两类卤化物。将金属直接与卤素或浓的氢卤酸反应,或者用它们的氧化物与氢卤酸反应,都可以得到锗分族元素的卤化物,如

$$Sn + 2HCl \rightleftharpoons SnCl_2 + H_2$$
$$Ge(或Sn) + 2Cl_2 \rightleftharpoons GeCl_4(或SnCl_4)$$
$$Pb + Cl_2 \rightleftharpoons PbCl_2$$
$$SnO_2 + 4HCl \rightleftharpoons SnCl_4 + 2H_2O$$

在用盐酸酸化过的 PbCl$_2$ 溶液中通入 Cl$_2$,得到黄色液体 PbCl$_4$。

锗分族元素的卤化物都易水解,如

$$SnCl_2 + H_2O \rightleftharpoons Sn(OH)Cl \downarrow (白) + HCl$$

$$SnCl_4 + 4H_2O \rightleftharpoons Sn(OH)_4 \downarrow (白) + 4HCl$$

$$GeCl_4 + 4H_2O \rightleftharpoons Ge(OH)_4 \downarrow (棕) + 4HCl$$

在过量的氢卤酸或含有卤离子的溶液中容易形成卤配阴离子,如

$$SnCl_2 + Cl^- \rightleftharpoons SnCl_3^-$$
$$SnF_2 + F^- \rightleftharpoons SnF_3^-$$
$$PbCl_2 + 2HCl(浓) \rightleftharpoons H_2[PbCl_4]$$
$$PbI_2 + 2KI(过量) \rightleftharpoons K_2[PbI_4]$$

这些卤化物的其他性质列于表 12.20。

表 12.20　锗分族元素的卤化物

卤素	四卤化物			二卤化物		
	Ge	Sn	Pb	Ge	Sn	Pb
F	无色气体	白色晶体	无色晶体	白色晶体	白色晶体	无色晶体
	—	—	—	分解:>623 K	—	1128 K
	236 K 升华	978 K 升华	—	升华	—	1563 K
Cl	无色液体	无色液体	黄色油状液体	白色粉末	白色固体	白色晶体
	223.7 K	240 K	258 K	分解为 Ge 和 GeCl₄	519 K	774 K
	357 K	387.3 K	387 K 爆炸分解	—	925 K	1223 K
Br	灰白色晶体	无色晶体	—	无色晶体	淡黄色固体	白色晶体
	299.3 K	304 K	—	395 K	488.7 K	646 K
	459.7 K	475 K	—	分解	893 K	1189 K
I	橙色晶体	红黄色晶体	—	黄色晶体	橙色晶体	金黄色晶体
	417 K	417.7 K	—	分解	593 K	675 K
	713 K 分解	637.7 K	—	真空 513 K 升华	990 K	1227 K

注：表中每格的第一行为常态下卤化物的状态，第二行为熔点，第三行为沸点。

SnF_2 微溶于水，通常用作牙膏中 F^- 的来源。$SnCl_2$ 虽然水解为碱式盐，但从稀盐酸溶液可结晶出 $SnCl_2 \cdot 2H_2O$。它是生产上和化学实验室中常用的还原剂，如将汞盐还原为亚汞盐或金属汞：

$$2HgCl_2 + SnCl_2(适量) \Longrightarrow SnCl_4 + Hg_2Cl_2 \downarrow (白)$$

$$Hg_2Cl_2 + SnCl_2(适量) \Longrightarrow SnCl_4 + 2Hg \downarrow (黑)$$

由于 $SnCl_2$ 易水解，所以配制 $SnCl_2$ 溶液时，先将 $SnCl_2$ 固体溶解在少量浓盐酸中，再加水稀释。为防止 Sn^{2+} 氧化，常在新配制的 $SnCl_2$ 溶液中加少量金属 Sn。

常用的 MX_4 为 $GeCl_4$ 和 $SnCl_4$。这两种化合物在常态下均为液态，在空气中因水解而发烟。$GeCl_4$ 是制取 Ge 或其他锗化合物的中间化合物，也是制光导纤维所需的一种原料。$SnCl_4$ 用作媒染剂，可作为有机合成中的氯化催化剂及镀锡的试剂。$PbCl_4$ 极不稳定，容易分解为 $PbCl_2$ 和 Cl_2。$PbBr_4$ 和 PbI_4 不容易制得，因为它们均迅速分解。

3. 硅的含氧化合物

1）二氧化硅

二氧化硅又称硅石，它在自然界中有晶体和无定形两种形态。晶态二氧化硅主要存在于石英矿中，有石英、鳞石英和方石英三种变体。纯石英为无色晶体，大而透明的棱柱状石英称为水晶。紫水晶、玛瑙和碧玉等是含杂质的有色石英晶体，砂子是混有杂质的石英细粒。

硅藻土和燧石则是无定形的二氧化硅。

二氧化硅的化学性质不活泼，与一般的酸不起反应，但能与氢氟酸反应：

$$SiO_2 + 4HF \Longrightarrow SiF_4\uparrow + 2H_2O$$

高温时，二氧化硅不能被 H_2 还原，只能被镁、铝或硼还原：

$$SiO_2 + 2Mg \xrightarrow{\text{高温}} 2MgO + Si$$

二氧化硅能与热的浓碱或熔融态的碱或碳酸钠反应制得硅酸钠：

$$SiO_2 + 2NaOH \stackrel{\triangle}{=\!=\!=} Na_2SiO_3 + H_2O$$

$$SiO_2 + 2Na_2CO_3 \stackrel{\triangle}{=\!=\!=} Na_2SiO_3 + CO_2\uparrow$$

2）硅酸

硅酸为组成复杂的白色固体，产物的组成随形成条件不同而不同，常以通式 $x SiO_2\cdot y H_2O$ 表示。例如，

偏硅酸	H_2SiO_3	$x = 1$	$y = 1$
正硅酸	H_4SiO_4	$x = 1$	$y = 2$
二硅酸	$H_6Si_2O_7$	$x = 2$	$y = 3$
三偏硅酸	$H_4Si_3O_8$	$x = 3$	$y = 2$
二偏硅酸	$H_2Si_2O_5$	$x = 2$	$y = 1$

因为在各种硅酸中偏硅酸的组成最简单，所以常用 H_2SiO_3 代表硅酸。

虽然硅酸在水中的溶解度不大，但它刚形成时不一定立即沉淀，这是因为开始生成的是可溶于水的单分子硅酸。当这些单分子硅酸逐渐缩合成多酸时，形成硅酸溶胶，在此溶胶中加电解质，或者在适当浓度的硅酸盐溶液中加酸，则得到半凝固状态，软而透明有弹性的硅酸凝胶。将硅酸凝胶充分洗涤以除去可溶性盐类，干燥脱水后即成为多孔性固体，称为硅胶。

硅胶是一种稍透明的白色固态物质，硅胶内有很多微小的孔隙，内表面积很大，因此硅胶有很强的吸附能力，可作吸附剂、干燥剂和催化剂的载体。如果将硅酸凝胶用 $CoCl_2$ 溶液浸透后，再烘干则得变色硅胶。因为无水时 Co^{2+} 呈蓝色，含水时 $[Co(H_2O)_6]^{2+}$ 呈粉红色，氯化钴颜色的变化可显示硅胶的吸湿情况。随着吸附水的增加，变色硅胶逐渐由蓝色变为粉红色。粉红色的硅胶已失去吸湿能力，需要经过烘烤、脱水，又变为蓝色后，才重新恢复吸湿能力。

3）天然硅酸盐

天然硅酸盐种类繁多，结构复杂，地壳的 95% 为硅酸盐矿，最重要的天然硅酸盐是铝硅酸盐。

天然硅酸盐的复杂性在其阴离子，而阴离子的基本结构单元是 SiO_4 和 AlO_4 四面体，见图 12.39。图中 (a) 表示 Si 或 Al 与排列在四面体顶端的四个 O 相连，(b) 为 SiO_4 或 AlO_4 四面体的俯视图。

图 12.39　$SiO_4(AlO_4)$四面体

由 SiO_4 四面体组成的阴离子，除了简单的单个 SiO_4^{4-} 和 $Si_2O_7^{6-}$ 外，还有由多个 SiO_4 四面体或多个 SiO_4 四面体与 AlO_4 四面体通过顶点氧原子连接而成的环状、链状、片状或三维网格结构的复杂阴离子。这些阴离子通过金属离子结合成各种硅酸盐或硅铝酸盐。部分硅酸盐阴离子的结构见图 12.40。

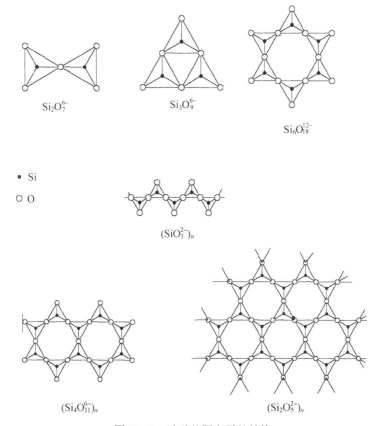

图 12.40　硅酸盐阴离子的结构

分子筛就是一类多孔性的硅铝酸盐，有天然和人工合成两大类。泡沸石就是一种天然的分子筛，其通式为

$$[M_2(I), M(II)]O \cdot Al_2O_3 \cdot nSiO_2 \cdot mH_2O$$

式中，M(I)和 M(II)分别代表一价和二价金属离子，通常为钠、钾、钙、锶和钡等。

由于分子筛具有规整孔结构，其孔径与一般分子大小相同，可用来筛选大小不同的流体分子，故称分子筛。

人工合成分子筛最初都是模拟地质上生成沸石的环境，采取高温高压热合成技术合成，慢慢发展为低温水热合成技术，目前人们采用多种技术合成了大量的分子筛。分子筛根据 SiO_4 和 AlO_4 四面体的排列方式和相对含量即 Si/Al 比及金属离子的不同，分为 A 型、X 型、Y 型等不同类型，它们的化学组成分别如下：

A 型　　　　　　　$Na_{12}[Al_{12}Si_{12}O_{48}] \cdot 27H_2O$

X 型　　　　　　　$Na_{86}[Al_{86}Si_{106}O_{384}] \cdot 264H_2O$

Y 型　　　　　　　$Na_{56}[Al_{56}Si_{136}O_{384}] \cdot 264H_2O$

丝光沸石　　　　　$Na_8[Al_8Si_{40}O_{96}] \cdot 24H_2O$

NaA 型分子筛的有效孔径为 4 Å，所以又称 4A 型分子筛。当用 Ca^{2+} 交换 Na^+ 时，其有效孔径扩大到 5 Å，称为 5A 型分子筛。若用钾离子(K^+)交换 Na^+，其有效孔径缩小到 3 Å，称为 3A 型分子筛。

X 型和 Y 型分子筛与天然矿物八面沸石具有相同的硅铝氧骨架结构，人工合成的该沸石分子筛根据 Si 与 Al 比例不同分为 X 型和 Y 型分子筛，习惯上把 SiO_2/Al_2O_3 物质的量比等于 2.2～3.0 的称为 X 型分子筛。SiO_2/Al_2O_3 物质的量比大于 3.0 的称为 Y 型分子筛。阳离子种类对孔道直径有一定影响，NaX 型分子筛有效孔径为 9～10 Å，而 CaX 型分子筛有效孔径为 8～9 Å。

目前，分子筛已被广泛用于石油炼制、石油化工、精细化工、轻工业、宇航、军工、农业及环境科学等领域，除作为传统的吸附剂、催化剂外，正向沸石新材料的方向发展。

4. 锗、锡和铅的含氧化合物

1) 氧化物

锗、锡、铅有 MO_2 和 MO 两类氧化物。MO_2 都是共价型、两性偏酸性的化合物。MO 也是两性的，碱性略强，离子性略强，但还不是典型的离子化合物。所有这些氧化物都是不溶于水的固体。

(1) 锡的氧化物。在锡的氧化物中，重要的为二氧化锡，可以由金属锡在空气中燃烧而得。它是一种不溶于水，也难溶于酸或碱的白色固体，但与 NaOH 或 Na_2CO_3 和 S 共熔，可转变为可溶性盐：

$$SnO_2 + 2NaOH \!=\!=\! Na_2SnO_3(锡酸钠) + H_2O$$

$$SnO_2 + 2Na_2CO_3 + 4S \!=\!=\! Na_2SnS_3(硫代锡酸钠) + Na_2SO_4 + 2CO_2 \uparrow$$

SnO_2 为非整比化合物，其晶体中锡的比例较大，从而形成 n 型半导体。当该半导体吸附 H_2、CO、CH_4 等具有还原性的可燃性气体时，其电导率会发生明显的变化，利用这一特点，SnO_2 被用于制造半导体气敏元件，以检测上述气体，从而可避免中毒、火灾、爆炸等事故的发生。SnO_2 还用于制造不透明的玻璃、珐琅和陶瓷。

(2) 铅的氧化物。铅有 PbO、PbO_2、Pb_3O_4 三种类型的氧化物。

PbO 俗称"密陀僧"，由空气氧化熔融的铅而制得。PbO 有两种变体：红色四方晶体和黄色正交晶体，红色的比较稳定。PbO 易溶于乙酸或硝酸得到 Pb(Ⅱ)，比较难溶于碱。PbO 用于制铅蓄电池、铅玻璃和铅的化合物。高纯度 PbO 是制造铅靶彩色电视光导摄像管靶面的关键材料，也是用于激光技术拉制 PbO 单晶的原料。

PbO_2 呈棕色，用熔融的 $KClO_3$ 或硝酸盐氧化 PbO，或者电解二价铅盐溶液(Pb^{2+} 在阳极上被氧化)或者用 NaClO 氧化亚铅酸盐，都可以制得 PbO_2：

$$[Pb(OH)_3]^- + ClO^- = PbO_2 + Cl^- + OH^- + H_2O$$

PbO_2 为两性偏酸性，如

$$PbO_2 + 2NaOH + 2H_2O \xrightarrow{\triangle} Na_2Pb(OH)_6$$

PbO_2 为强氧化剂，如

$$2Mn(NO_3)_2 + 5PbO_2 + 6HNO_3 = 2HMnO_4 + 5Pb(NO_3)_2 + 2H_2O$$

$$2PbO_2 + 2H_2SO_4 \xrightarrow{\triangle} 2PbSO_4 + O_2\uparrow + 2H_2O$$

$$2PbO_2 \xrightarrow{\triangle} 2PbO + O_2\uparrow$$

当 PbO_2 与可燃物，如磷或硫在一起研磨时即发火，可用于制火柴。

Pb_3O_4 俗名"红丹"或"铅丹"，将 Pb 在纯氧中加热，或者在 673～773 K 将 PbO 小心地加热均可得到红色的 Pb_3O_4 粉末。在它的晶体中既有 Pb(Ⅳ) 又有 Pb(Ⅱ)，化学式可写为 $2PbO \cdot PbO_2$，Pb_3O_4 与 HNO_3 反应得到 PbO_2：

$$Pb_3O_4 + 4HNO_3 = PbO_2\downarrow + 2Pb(NO_3)_2 + 2H_2O$$

该反应说明在 Pb_3O_4 的晶体中有 2/3 的 Pb(Ⅱ) 和 1/3 的 Pb(Ⅳ)。

因为铅丹的氧化性，涂在钢材上有利于钢材表面钝化，其防锈效果较好，故被大量地用于油漆船舶和桥梁钢架。

2) 氢氧化物

锗、锡、铅的氢氧化物实际上是一些组成不定的氧化物的水合物：$xMO_2 \cdot yH_2O$ 和 $xMO \cdot yH_2O$，通常它们的化学式写为 $M(OH)_4$ 和 $M(OH)_2$。在 $M(OH)_2$ 中常见的是 $Sn(OH)_2$ 和 $Pb(OH)_2$，它们都是不溶于水的白色固体。

$Sn(OH)_2$ 既溶于酸又溶于强碱：

$$Sn(OH)_2 + 2HCl \xrightarrow{\triangle} SnCl_2 + 2H_2O$$

$$Sn(OH)_2 + 2NaOH = Na_2[Sn(OH)_4]$$

亚锡酸根离子是一种强还原剂，它在碱性介质中容易转变为锡酸根离子。例如，$[Sn(OH)_4]^{2-}$ 在碱性溶液中能将 Bi^{3+} 还原为金属：

$$3Na_2[Sn(OH)_4] + 2BiCl_3 + 6NaOH = 2Bi\downarrow + 3Na_2[Sn(OH)_6] + 6NaCl$$

$Pb(OH)_2$ 也具有两性：

$$Pb(OH)_2 + 2HCl \xrightarrow{\triangle} PbCl_2 + 2H_2O$$

$$Pb(OH)_2 + NaOH = Na[Pb(OH)_3]$$

若将 $Pb(OH)_2$ 在 373 K 脱水，得到红色 PbO，如果加热温度低，则得到黄色的 PbO。

在 $M(OH)_4$ 中常见的是 $Sn(OH)_4$，称为锡酸，将锡与浓硝酸反应或由 Sn(Ⅳ) 盐水解或与氨水反应得到。例如，

$$SnCl_4 + 4H_2O = Sn(OH)_4\downarrow + 4HCl$$

$$SnCl_4 + 4NH_3 \cdot H_2O = Sn(OH)_4 \downarrow + 4NH_4Cl$$

通过低温水解或加氨水反应得到锡酸，它是无定形粉末，称为 α-锡酸。它既可溶于酸，又可溶于碱：

$$Sn(OH)_4 + 2NaOH = Na_2[Sn(OH)_6]$$

$$Sn(OH)_4 + 4HCl = SnCl_4 + 4H_2O$$

但将锡与浓硝酸反应或高温水解得到的锡酸是晶态的，称为 β-锡酸，它不溶于酸或碱。α-锡酸久置后会转变为 β-锡酸。

3）常见的铅盐

（1）硝酸铅。$Pb(NO_3)_2$ 可由 Pb 或 PbO 或 $PbCO_3$ 溶于 HNO_3 得到，它是易溶于水的无色晶体。

（2）碳酸铅。$PbCO_3$ 可由可溶性铅盐加 $NaHCO_3$ 或通 CO_2 于碱式乙酸铅溶液而制得。将碱金属碳酸盐加到含 Pb^{2+} 的溶液中得 $Pb_2(OH)_2CO_3$，这个化合物俗称"铅白"，这种颜料有强的覆盖力，缺点是颜料本身有剧毒，遇 H_2S 会生成 PbS 变黑。纯 $PbCO_3$ 为白色晶体，有毒，难溶于水。

（3）硫酸铅。$PbSO_4$ 可由 $Pb(NO_3)_2$ 与 Na_2SO_4 溶液作用制得，它是难溶于水的白色晶体。

（4）铬酸铅。$PbCrO_4$ 由可溶性铅盐与 Na_2CrO_4 反应而得到。它是一种难溶于水的亮黄色晶体，有毒，加热分解出 O_2，它是一种强氧化剂。

（5）乙酸铅。将氧化铅与乙酸共煮可生成乙酸铅，它为无色晶体，易溶于水，电离度很小，是一种弱电解质，乙酸铅有甜味，俗称"铅糖"。

5. 锗、锡、铅的硫化物

锗、锡和铅能生成 MS 和 MS_2 两类硫化物，其颜色见表 12.21。

表 12.21　锗、锡和铅硫化物的颜色

硫化物	GeS	SnS	PbS	GeS_2	SnS_2
颜色	红色固体	棕色固体	黑色固体	白色固体	黄色固体

铅(Ⅳ)的化合物稳定性小，因而 PbS_2 不存在。最常见的硫化物是 SnS、SnS_2、PbS，它们可由硫化氢作用于相应的盐溶液制得，此三种硫化物不溶于水和稀酸，与氧化物一样，高氧化数的硫化物显酸性，低氧化数的硫化物显碱性。SnS_2 与碱金属硫化物（或硫化铵）反应，由于生成硫代酸盐而溶解：

$$SnS_2 + S^{2-} = SnS_3^{2-}$$

而 SnS 和 PbS 不溶于碱金属硫化物中，但 SnS 能溶于多硫化铵溶液中，因为多硫离子有氧化性，能将 SnS 氧化为 SnS_2，并进一步生成硫代酸盐而溶解：

$$SnS + S_2^{2-} = SnS_3^{2-}$$

硫代酸盐不稳定，遇酸则按下式分解：

$$SnS_3^{2-} + 2H^+ = SnS_2 \downarrow + H_2S \uparrow$$

PbS 虽不溶于碱金属硫化物和稀酸，但可溶于稀硝酸和浓盐酸：

$$3PbS + 8H^+ + 2NO_3^- \!\!=\!\!= 3Pb^{2+} + 3S\downarrow + 2NO\uparrow + 4H_2O$$

$$PbS + 4HCl(浓) \!\!=\!\!= H_2[PbCl_4] + H_2S\uparrow$$

PbS 在空气中煅烧或加 HNO_3 和 H_2O_2 等氧化剂，很容易转化成白色的 $PbSO_4$：

$$PbS + 4H_2O_2 \!\!=\!\!= PbSO_4 + 4H_2O$$

12.6　硼族元素

12.6.1　元素的存在、分离和性质

在第二到第六周期，ⅢA 族元素包括硼(boron)、铝(aluminum)、镓(gallium)、铟(indium)和铊(thallium)五种元素。

1. 硼

天然硼由两种同位素 ^{10}B(19.6%)和 ^{11}B(80.4%)组成。

用 Mg 还原 B_2O_3，然后用碱、盐酸、氢氟酸猛烈洗涤，可制备纯度为 95%～98% 的无定形硼。其他电正性金属可取代 Mg，在 900℃ 用锌还原三卤化硼可得更纯的单质，如

$$2BCl_3 + 3Zn \!\!=\!\!= 3ZnCl_2 + 2B$$

或用热的 Ta 金属作催化剂，用 H_2 还原三卤化物可以制得纯的晶态硼，如

$$2BBr_3(g) + 3H_2(g) \xrightarrow[\text{Ta丝}]{1273\sim1473\,K} 2B(s) + 6HBr(g)$$

所有晶态硼都以 B_{12} 正二十面体为基本结构单元。这个二十面体由十二个硼原子组成，它有二十个等边三角形的面和十二个顶角，每个顶角有一个硼原子，每个硼原子与邻近的五个硼原子等距离(0.177 nm)(图 12.41)。

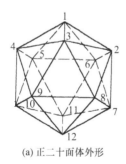

(a) 正二十面体外形　　　　　　　　(b) B_{12} 二十面体

图 12.41　B_{12} 结构

由于 B_{12} 二十面体间的连接方式不同，键不同，所形成的硼晶体类型不同。

晶态硼的化学性质非常惰性，不受沸腾的 HCl 或 HF 的影响，仅在粉末时缓慢地被热的浓硝酸所氧化，许多其他热的浓氧化剂不能或仅仅极慢地侵蚀它。

无定形硼为棕色粉末，化学性质比较活泼。

(1)易在氧气中燃烧：

$$4B + 3O_2 \xrightarrow{973\,K} 2B_2O_3 \quad \Delta_r H_m^\ominus = -2887\ kJ\cdot mol^{-1}$$

硼的亲氧能力特别强，所以能从许多稳定的氧化物中夺取氧而用作还原剂。

(2) 易与电负性大的非金属单质如 X_2、N_2、O_2、S 等反应：

$$2B + 3F_2 \xrightarrow{\text{室温}} 2BF_3$$

$$2B + 3Cl_2 \xrightarrow{\triangle} 2BCl_3$$

$$2B + N_2 \xrightarrow{>1273\ K} 2BN$$

(3) 不溶于酸，但能被热浓硝酸或浓硫酸缓慢氧化成硼酸：

$$B + 3HNO_3(浓) \xrightarrow{} H_3BO_3 + 3NO_2 \uparrow$$

$$2B + 3H_2SO_4(浓) \xrightarrow{} 2H_3BO_3 + 3SO_2 \uparrow$$

(4) 在有氧化剂存在时，和强碱共熔而得到偏硼酸盐：

$$2B + 2NaOH + 3KNO_3 \xrightarrow{\triangle} 2NaBO_2 + 3KNO_2 + H_2O$$

(5) 在赤热下同水蒸气作用生成硼酸和氢气：

$$2B + 6H_2O(g) \xrightarrow{} 2H_3BO_3 + 3H_2$$

2. 铝、镓、铟、铊

铝是地球上最丰富的金属元素，它以硅铝酸盐(如云母、长石、各种沸石)、水合氧化铝(铝土矿)和冰晶石(Na_3AlF_6)等广泛存在于自然界。在地壳中的含量在所有元素中居第三位(丰度为 8.05%)。镓、铟、铊三种元素发现的数量极少。镓和铟是在铝矿石和锌矿石中发现的，但在最丰富的矿源中也只不过含少于 1% 的镓和更少的铟。铊分布很广，往往是从熔烧某些矿化物矿石的烟道灰中回收的，其中主要是黄铁矿。

极大量的铝是从铝土矿制得。主要反应如下：

先将铝土矿熔在氢氧化钠溶液中，

$$Al_2O_3(铝土矿) + 2NaOH + 3H_2O \xrightarrow{\triangle} 2NaAl(OH)_4$$

再向滤去残渣后的溶液中通 CO_2 进行沉淀：

$$2NaAl(OH)_4 + CO_2 \xrightarrow{} 2Al(OH)_3 \downarrow + Na_2CO_3 + H_2O$$

然后滤出 $Al(OH)_3$ 沉淀，经过煅烧得 Al_2O_3：

$$2Al(OH)_3 \xrightarrow{\text{煅烧}} Al_2O_3 + 3H_2O$$

最后电解 Al_2O_3 得金属铝：

$$2Al_2O_3 \xrightarrow[\text{冰晶石}]{\text{电解},1273\ K} 4Al + 3O_2 \uparrow$$

因为 Al_2O_3 的熔点(约 2273 K)很高，为了减少高温下电解的困难并降低电耗，在 Al_2O_3 中加入冰晶石(Na_3AlF_6)，使 Al_2O_3 的熔化温度降低至 1173～1273 K，冰晶石在电解过程中基本不消耗。

电解法制铝如图 12.42 所示。电解槽以铁质槽壳作为阴极，石墨棒作为阳极，在阴极上得到液态金属铝，冷却后便成铝锭，纯度可达到 99%～99.5%。

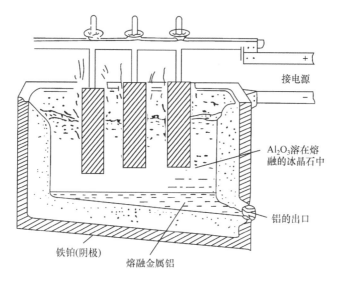

图 12.42　铝电解槽示意图

电解过程所需的冰晶石按以下方法制取：

$$2Al(OH)_3 + 12HF + 3Na_2CO_3 === 2Na_3AlF_6 + 3CO_2\uparrow + 9H_2O$$

镓、铟、铊往往是电解其盐的水溶液而制得。它们是软的、白色的、比较活泼的金属，易溶于酸。但铊只能慢慢地溶在硫酸或盐酸中，因为所形成的 Tl^+ 盐是微溶的，镓类似于铝可溶于氢氧化钠。这些单质在室温或温热时，可很快与卤素和硫等非金属单质发生反应。

12.6.2　硼的含氧化合物和卤化物

1. 硼的含氧化合物

1）三氧化二硼（B_2O_3）

一般由硼酸加热脱水制取：

$$2H_3BO_3 \xrightarrow{\quad\triangle\quad} B_2O_3 + 3H_2O$$

高温制得的 B_2O_3 呈玻璃态，在较低温度下减压脱水则得到晶状物，晶态 B_2O_3 具有片状结构，如图 12.43 所示。

B—O 键的键能很大（平均 $560\sim690$ kJ·mol^{-1}），B_2O_3 的热稳定性很高，灼烧时才能被碱金属、镁、铝等还原。不能用碳还原 B_2O_3，因为高温时硼与碳能生成碳化硼（B_4C）。

B_2O_3 易溶于水，重新生成 H_3BO_3，但在热的水蒸气中或遇潮气则生成挥发性的偏硼酸 HBO_2：

$$B_2O_3(s) + H_2O(g) === 2HBO_2(g)$$

$$B_2O_3(s) + 3H_2O(l) === 2H_3BO_3(aq)$$

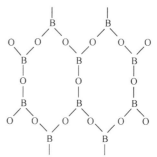

图 12.43　晶态 B_2O_3 的片状结构

熔融的 B_2O_3 可溶解金属氧化物而得到有特征颜色的偏硼酸盐玻璃。硼玻璃耐高温，用来制耐高温的化学仪器及机械、建筑和军工方面的新型材料。

2) 硼酸

硼酸(boric acid，H_3BO_3)为白色片状晶体。在 H_3BO_3 分子中，B 原子以 sp^2 杂化轨道与三个 OH 基中的氧原子分别形成 σ 键，如图 12.44 所示。而在硼酸晶体中，H_3BO_3 分子中每个氧原子同其他 H_3BO_3 分子中的氢原子通过氢键形成接近六角形对称的层状结构，层与层之间则以微弱的范德华力结合。因此硼酸晶体呈鳞片状，有解体性，可作润滑剂。

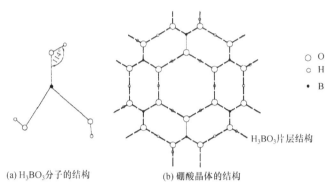

(a) H_3BO_3 分子的结构   (b) 硼酸晶体的结构

图 12.44   硼酸的结构

硼酸微溶于冷水，随着温度的升高，由于硼酸中的部分氢键断裂，溶解度明显增大。

硼酸受热则会逐渐脱水形成偏硼酸，大约在 413 K 时可进一步脱水，变为四硼酸($H_2B_4O_7$)，温度更高时则转变为硼酐。

$$4H_3BO_3 \xrightarrow{-4H_2O} 4HBO_2 \xrightarrow{-H_2O} H_2B_4O_7 \xrightarrow{-H_2O} 2B_2O_3$$

硼酸   偏硼酸   四硼酸   硼酐

H_3BO_3 是一元弱酸，$K_a^{\ominus} = 5.75 \times 10^{-10}$。它在水溶液中呈酸性不是因为硼酸本身电离出 H^+，而是由于硼酸中的硼原子是缺电子原子，具有空轨道，它加合了来自 H_2O 分子的 OH^-(其中氧原子具有孤对电子)而释放出 H^+：

$$B(OH)_3 + H_2O \rightleftharpoons \left[HO-\underset{\underset{OH}{|}}{\overset{\overset{OH}{|}}{B}} \leftarrow OH \right]^- + H^+$$

利用硼酸的这种缺电子性质，若加入多羟基化合物(如甘油或甘露醇等)，由于生成稳定的配合物，而使硼酸的酸性大为增强：

此时溶液可以用强碱直接滴定，此法广泛地应用于定量分析中。

硼酸和甲醇或乙醇在 H_2SO_4 存在条件下，生成硼酸酯，它具有挥发性，燃烧时呈绿色火焰，这是鉴别硼酸根的方法。

$$H_3BO_3 + 3CH_3CH_2OH \xrightarrow{\text{浓}H_2SO_4} B(OCH_2CH_3)_3 + 3H_2O$$

点燃，绿色火焰

H_3BO_3 与强碱中和得到偏硼酸钠 $NaBO_2$，在碱性较弱条件下则得到四硼酸盐，如硼砂 $Na_2B_4O_7 \cdot 10H_2O$，而得不到单个 BO_3^{3-} 的盐，但反过来在任何一种硼酸盐的溶液中加酸时，总是得到硼酸，因为硼酸的溶解度较小，容易从溶液中析出，如四硼酸钠加酸生成 H_3BO_3。

$$Na_2[B_4O_5(OH)_4] + 3H_2O + 2HCl = 4H_3BO_3 + 2NaCl$$

硼酸主要用于搪瓷和玻璃工业，也常在医药上作为消毒剂(如硼酸软膏)和食物防腐剂。有关硼酸的一些反应见图 12.45。

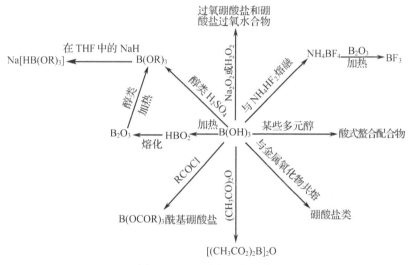

图 12.45　硼酸的一些反应

2. 硼的卤化物

四种卤素都能与硼生成三卤化硼，它们都是共价型化合物。其中最重要的是 BF_3 和 BCl_3。BF_3 可以由 B_2O_3、萤石及浓硫酸一起共热来制备：

$$B_2O_3 + 3CaF_2 + 3H_2SO_4 \xrightarrow{\triangle} 2BF_3 + 3CaSO_4 + 3H_2O$$

BCl_3 可用 B_2O_3 氯化的方法来制备：

$$B_2O_3 + 3C + 3Cl_2 \xrightarrow{\triangle} 2BCl_3 + 3CO$$

在通常情况下，BF_3 是气体，BCl_3 和 BBr_3 是液体，BI_3 是固体。它们都是分子晶体，分子结构呈平面三角形。

三卤化物都能强烈地水解。三氟化硼水解后生成氟硼酸：

$$4BF_3 + 3H_2O = H_3BO_3 + 3H[BF_4]$$

氟硼酸是一种强酸。由于 B—F 键能比 B—O 键能大，F^- 半径小，故能形成稳定的 BF_4^-。其他卤化硼，由于 B—X 键能比 B—O 键能小，因此这些卤化硼水解时不能生成四卤合硼离子，只能生成 H_3BO_3。例如，

$$BCl_3 + 3H_2O = H_3BO_3 + 3HCl$$

由于三卤化硼易发生水解作用，因此不能在水溶液中制取。

三卤化硼是缺电子分子，是电子对接受体(路易斯酸)，易同电子对给予体(路易斯碱)形成配合物。例如，

$$BF_3 + NH_3 \Longrightarrow F_3B \leftarrow NH_3$$

$$BF_3 + HF \Longrightarrow H[BF_4]$$

12.6.3　铝的重要化合物

铝的重要化合物有氧化铝、氢氧化铝及铝盐。表 12.22 给出了卤化铝的性质。三氯化铝在气态时为二聚体。图 12.46 给出了 Al_2Cl_6 的结构。

表 12.22　卤化铝的性质

性质	AlF_3	$AlCl_3$	$AlBr_3$	AlI_3
常温下状态	白色晶体	白色晶体	白色晶体	棕色片状晶体(含微量 I_2)
熔点/K	1564	463	370.6	464
升华温度/K	1545	453	529	654
$\Delta_f H_m^\ominus /(kJ \cdot mol^{-1})$	$-1301\,(s)$	$-705.63\,(s)$	-527.2	-309.6
键型	离子	离子(s)　共价(g, l)	共价	共价

无水 $AlCl_3$ 能与有机胺、醚、醇等结合，形成配位化合物，从而影响这些有机化合物的反应速率，所以无水三氯化铝是有机化学中最常用的催化剂。

三溴化铝(Al_2Br_6)、三碘化铝(Al_2I_6)具有与三氯化铝(Al_2Cl_6)相似的结构，其性质也与三氯化铝相似。

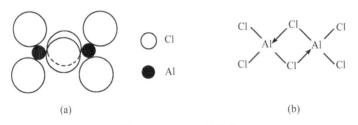

图 12.46　Al_2Cl_6 的结构

Al^{3+} 能与许多配体形成配合物，其配位数是 4 或 6，如$[AlF_6]^{3-}$、$[Al(OH)_4]^-$、$[Al(H_2O)_6]^{3+}$等。

Al^{3+} 与多元弱酸根能形成较稳定的配离子：

$$Al^{3+} + 3C_2O_4^{2-} \Longrightarrow [Al(C_2O_4)_3]^{3-} \qquad K_{稳}^\ominus = 6.02 \times 10^{16}$$

$$Al^{3+} + H_2Y^{2-} \Longrightarrow AlY^- + 2H^+ (Y = EDTA) \qquad K^\ominus = 2.0 \times 10^{16}$$

Al^{3+} 与 NO_3^- 只形成稳定性很差的$[Al(NO_3)_4]^-$。

习　题

一、选择题

1. 下列 HX 中键能最大的是（　　）

A. HF　　　　　　B. HCl　　　　　　　　C. HBr　　　　　　　　D. HI

2. 在水中酸性最强的是（　　）

A. HF　　　　　　B. HCl　　　　　　　　C. HBr　　　　　　　　D. HI

3. 下列卤素电子亲和能最大的是（　　）

A. F　　　　　　　B. Cl　　　　　　　　C. Br　　　　　　　　　D. I

4. 下列化合物中酸性最强的是（　　）

A. $HClO_4$　　　B. 稀 NaOH　　　C. 稀 H_2SO_4　　　D. Na_2CO_3

5. 下列试剂能使 Br^- 和 BrO^- 起反应而生成 Br_2 的是（　　）

A. H_2O　　　　　B. Cl_2　　　　　　　C. $H_2I_2O_7$　　　　　　D. I_2

6. 卤素单质解离能最大的是（　　）

A. F_2　　　　　　B. Cl_2　　　　　　　C. Br_2　　　　　　　　D. I_2

7. 正高碘酸的分子式是（　　）

A. HIO_4　　　　B. HIO_2　　　　　C. $H_4I_2O_7$　　　　　　D. H_5IO_6

8. 卤素单质与冷碱溶液反应不生成 XO^- 的是（　　）

A. Br_2　　　　　B. Cl_2　　　　　　C. I_2　　　　　　　　D. 都不会

9. 下列卤化物中共价性最强的是（　　）

A. LiF　　　　　　B. BrCl　　　　　　　C. LiI　　　　　　　　D. BeI_2

10. 用碳酸钠标定盐酸时，如碳酸钠未经充分干燥，则所得盐酸的物质的量浓度将会（　　）

A. 过高　　　　　B. 过低　　　　　　C. 没有影响　　　　D. 与 Na_2CO_3 含水量成反比

11. 下列溶液碱性最强的是（　　）

A. KClO　　　　　B. $KClO_2$　　　　C. $KClO_3$　　　　　　D. $KClO_4$

12. 下列离子中心原子杂化轨道类型不属于 sp^3 的是（　　）

A. IO_6^{5-}　　　　B. ClO_4^-　　　　C. ClO_3^-　　　　　　D. NH_3

13. 下列分子中偶极矩为零的是（　　）

A. SO_2　　　　　B. CS_2　　　　　　C. PBr_3　　　　　　　D. NH_3

14. 下列含氧酸结构中含有 —S—O—S— 键的是（　　）

A. $H_2S_2O_7$　　　　B. $H_2S_2O_6$　　　　C. $H_2S_3O_6$　　　　D. $H_2S_2O_3$

15. 下列含氧酸中酸性最弱的是（　　）

A. $HClO_3$　　　　B. $HBrO_3$　　　　C. H_2SeO_4　　　　D. H_6TeO_6

16. 干燥 H_2S 气体，通常选用的干燥剂是（　　）

A. 浓 H_2SO_4　　B. NaOH　　　　C. P_2O_5　　　　　D. H_6TeO_6

17. 使已变暗的古油画恢复原来的白色，使用的方法为（　　）

A. 用稀 H_2O_2 水溶液擦洗　　　　　B. 用清水小心擦洗

C. 用钛白粉细心涂描　　　　　　　D. 用 SO_2 漂白

18. 下列分子或离子中不含有 S—S 键的是（　　）

A. $S_2O_3^{2-}$　　　　B. $S_2O_4^{2-}$　　　　C. $S_2O_8^{2-}$　　　　D. $S_4O_6^{2-}$

19. 下列酸中属于过酸的是（　　）

A. $H_2S_2O_6$　　　　B. $H_2S_2O_8$　　　　C. $H_2S_2O_4$　　　　D. $H_2S_2O_7$

20. 下列化合物与水反应生成 HCl 的是（　　）

A. CCl_4 B. NCl_3 C. $POCl_3$ D. Cl_2O_7

21. 下列各种酸中酸性最强的是（　　）

A. H_3PO_2 B. H_3PO_4 C. H_3PO_3 D. $H_4P_2O_7$

22. BF_3 与 NH_3 化合是它们之间形成了（　　）

A. 氢键   B. 配位   C. 大 π 键   D. 分子间作用力

23. 下列化学反应方程式中正确的是（　　）

A. $5NaBiO_3 + 14HCl + 2MnCl_2 \Longrightarrow 2NaMnO_4 + 5BiCl_3 + 3NaCl + 7H_2O$

B. $Sb_2O_5 + 10HCl \Longrightarrow 2SbCl_3 + 5H_2O + 2Cl_2\uparrow$

C. $2Na_3AsO_3 + 3H_2S \Longrightarrow As_2S_3\downarrow + 6NaOH$

D. $Bi(OH)_3 + Cl_2 + 3NaOH \Longrightarrow NaBiO_3 + 2NaCl + 3H_2O$

24. 下列物质中分子极性最强的是（　　）

A. NH_3 B. PH_3 C. AsH_3 D. SbH_3

25. 在 $0.1\ mol \cdot L^{-1}\ NaH_2PO_4$ 溶液中，离子浓度由大到小的顺序正确的是（　　）

A. $Na^+ > H_3PO_4 > H_2PO_4^- > HPO_4^{2-} > PO_4^{3-}$

B. $Na^+ > H_2PO_4^- > HPO_4^{2-} > H_3PO_4 > PO_4^{3-}$

C. $Na^+ > H_2PO_4^- > HPO_4^{2-} > PO_4^{3-} > H_3PO_4$

D. $Na^+ > HPO_4^{2-} > H_2PO_4^- > PO_4^{3-} > H_3PO_4$

26. NH_2OH、N_2H_4、HN_3 和 NH_3 的浓度都是 $0.1\ mol \cdot L^{-1}$，按溶液 pH 由低到高排列顺序正确的是（　　）

A. $HN_3 < NH_2OH < N_2H_4 < NH_3$ B. $HN_3 < NH_3 < N_2H_4 < NH_2OH$

C. $NH_2OH < N_2H_4 < NH_3 < HN_3$ D. $N_2H_4 < NH_3 < NH_2OH < HN_3$

27. 下列各组物质氧化性变化顺序不正确的是（　　）

A. $HNO_3 > H_3PO_4 > H_3AsO_4$ B. $HBrO_3 > HClO_3 > HIO_3$

C. $HClO_4 > 稀 H_2SO_4 > H_3PO_4$ D. $HNO_3(浓) > HNO_3(稀)$

28. 叠氮酸的分子式是（　　）

A. HN_3 B. H_3N C. N_2H_4 D. NH_2OH

29. 下列含氧酸根离子中，属于环状化合物的是（　　）

A. $B_3O_7^{5-}$ B. $Si_3O_9^{6-}$ C. $P_3O_{10}^{5-}$ D. $S_4O_6^{2-}$

30. 下列各组物质酸性变化次序不正确的是（　　）

A. $HBrO_4 > HClO_3 > HClO$ B. $H_3PO_4 > H_4P_2O_7 > H_3AsO_4$

C. $HClO_3 > HIO_3 > H_5IO_6$ D. $H_2SO_3 > H_6TeO_6 > H_3BO_3$

31. 下列碳酸盐对热最稳定的是（　　）

A. $NaHCO_3$ B. $MgCO_3$ C. $BaCO_3$ D. Na_2CO_3

32. 下列非金属卤化物水解产物有碱性物质的是（　　）

A. BCl_3 B. $SiCl_4$ C. NCl_3 D. PCl_3

33. 下列酸中不是一元酸的是（　　）

A. CH_3COOH B. H_3PO_2 C. HNO_2 D. H_3PO_3

34. 下列化学反应式正确的是（　　）

A. $SiF_4(过量) + 3H_2O \Longrightarrow H_2SiO_3 + 4HF\uparrow$

B. $SiO_2 + Na_2CO_3(aq) \Longrightarrow Na_2SiO_3 + CO_2\uparrow$

C. $Si + 4HNO_3(浓) \Longrightarrow H_2SiO_3 + 4NO_2\uparrow + H_2O$

D. $SiH_4 + 2KMnO_4 \Longrightarrow 2MnO_2\downarrow + K_2SiO_3 + H_2\uparrow + H_2O$

35. 下列氧化物氧化性最强的是（　　）

A. CO_2 B. PbO_2 C. GeO_2 D. SnO_2

36. 下列各含氧酸中，三元酸是（　　）

A. H_3PO_4 B. H_3PO_2 C. H_3PO_3 D. H_3BO_3

37. 将 1 mol P_4O_{10} 转变为正磷酸需要（   ）mol 的水

　　A. 2　　　　　　　　B. 4　　　　　　　　C. 6　　　　　　　　D. 8

38. 某白色固体易溶于水，加入 $BaCl_2$ 有白色沉淀产生，用 HCl 酸化，沉淀完全溶解，再加入过量 NaOH 至强碱性，并加热有一刺激性气味的气体逸出。此白色固体是（   ）

　　A. $(NH_4)_2CO_3$　　　　B. $(NH_4)_2SO_4$　　　　C. NH_4Cl　　　　D. K_2CO_3

39. 下列以分子间作用力结合而成的晶体是（   ）

　　A. 金刚石　　　　　　B. 石墨　　　　　　C. 干冰　　　　　　D. 硅石

40. 硼砂分子中硼原子是采取（   ）

　　A. sp^2 杂化　　　　　　B. sp^3 杂化　　　　　　C. 前二者都有　　　　D. 前二者都没有

41. 下列氯化物在室温下水解的是（   ）

　　A. PCl_3　　　　　　　B. $SnCl_2$　　　　　　C. $AlCl_3$　　　　　　D. CCl_4

42. 下列方程式中与实验相符合的是（   ）

　　A. $AlCl_3 \cdot 6H_2O \xrightarrow{\triangle} AlCl_3 + 6H_2O$

　　B. $PbS + 4H_2O_2 \rightleftharpoons PbSO_4 + 4H_2O$

　　C. $PbO_2 + 2H_2SO_4 \rightleftharpoons PbSO_4 + 2H_2O$

　　D. $PbO_2 + 2H_2SO_4(浓) \rightleftharpoons PbSO_4 + SO_2\uparrow + H_2O$

43. PbO_2 与浓盐酸作用的产物为（   ）

　　A. $PbCl_4 + H_2O$　　　B. $PbCl_2 + Cl_2 + H_2O$　　　C. $H_2PbCl_6 + H_2O$　　　D. $PbO + Cl_2\uparrow + H_2O$

44. 保存 $SnCl_2$ 水溶液必须加入 Sn 粒的目的是防止（   ）

　　A. $SnCl_2$ 水解　　B. $SnCl_2$ 被氧化　　C. $SnCl_2$ 歧化　　D. $SnCl_2$ 被还原

二、填空题

1. 根据 $BrO_3^- \underline{\ 0.565\ V\ } BrO^- \underline{\ 0.335\ V\ } Br_2 \underline{\ 1.065\ V\ } Br^-$，$BrO^-$ 歧化生成_____和_____。

2. HF 中氢键很强，因为氟的_____小和_____大的缘故。

3. 适量的 Cl_2 使湿的 KI-淀粉试纸变_____色，而过量的 Cl_2 又使其变了色的试纸变_____色，是因为_____。

4. 放置在潮湿空气中的漂白粉易失效，是因为_____。

5. 能用氢氟酸清除钢件的沙粒，其原理是_____。

6. HF、H_2S、HI 和 H_2Se 中，酸性最强的是_____，酸性最弱的是_____。

7. 有一可能含有 Cl^-、S^{2-}、SO_3^{2-}、$S_2O_3^{2-}$、SO_4^{2-} 的溶液，①若加过量 $AgNO_3$ 溶液，产生白色沉淀，②若加 $BaCl_2$ 溶液，也产生白色沉淀，③若用 H_2SO_4 酸化后加入溴水，溴水不褪色。则肯定不存在的离子是_____，肯定存在的离子是_____，不一定存在的离子是_____。

8. 写出下列物质的结构式：① $SO_2(g)$ _____；② $S_2O_3^{2-}$ _____。

9. NO_3^- 是_____型的，其中氮原子采取_____杂化轨道成键，而且生成了_____键。

10. PF_5 分子构型为_____，中心原子杂化轨道类型为_____。

11. 在砷分族元素的氢氧化物(包括含氧酸)中，酸性以_____最强，碱性以_____最强，在含氧酸盐中，以_____的还原性最强，以_____的氧化性最强，这说明在砷分族元素从上到下氧化数为_____的化合物逐渐趋于稳定。

12. 写出下列物质的结构式。

　　(1) HNO_3 _____　　　　　(2) P_2O_5 _____

　　(3) $H_3BO_3(s)$ _____　　　　(4) 四硼酸根离子_____

　　(5) 四聚偏磷酸_____　　　　(6) 次磷酸_____

13. 完成下列化学反应方程式。

　　(1) 白磷与氢氧化钾溶液作用。

　　(2) 工业上以硼镁矿($Mg_2B_2O_5 \cdot H_2O$)生产硼砂过程中的两个主要方程式：

① _____ ；② _____ 。

(3)酸性介质中，用铋酸钠氧化二价锰离子的离子方程式是_____

14. 黄磷有剧毒，如不慎将黄磷沾到皮肤上可以用_____溶液冲洗，利用磷的_____来解毒。该反应的方程式是_____。

15. 在磷酸二氢钠溶液中，加入 $AgNO_3$ 溶液，析出_____黄色沉淀，溶液酸性_____，反应方程式是_____。

16. 氢氧化钠溶液中氯气和铋(Ⅲ)反应，产物中有黄色(或棕黄色)沉淀，该沉淀物是_____，该反应方程式为_____。

17. 硼砂较易水解，水解时得到等物质的量的_____和_____，故其水溶液具有_____作用。

18. SF_4 的水解反应方程式为_____，而 $SiCl_4$ 的水解反应方程式为_____。

19. 二氧化铅与浓硫酸反应的方程式为_____。

三、简答题

1. 解释下列现象。

(1)I_2 难溶于纯水，却易溶于 KI 溶液中。

(2)在卤素化合物中，Cl、Br、I 可呈现多种氧化数。

(3)KI 溶液中通入氯气时，开始溶液呈现红棕色，继续通入氯气，颜色褪去。

2. 稀有气体有什么主要用途？

3. 试说明稀有气体的熔点、沸点、密度等性质的变化趋势和原因。

4. 试述从空气中分离稀有气体和从混合稀有气体中分离各组分的根据和方法。

5. 完成下列反应方程式：

(1)$XeF_2 + H_2O =\!=\!=\!=$

(2)$XeF_4 + H_2O =\!=\!=\!=$

(3)$XeF_4 + Xe =\!=\!=\!=$

6. 电解制氟时，为何不用 KF 的水溶液？液态氟化氢为什么不导电，而氟化钾的无水氟化氢溶液能导电？

7. 氟化氢和氢氟酸有哪些特性？

8. 试述 HX 的还原性、热稳定性和氢卤酸酸性的递变规律。

9. 在氯水中分别加入下列物质，对氯与水的可逆反应有何影响？

(1)稀 H_2SO_4 (2)NaOH   (3)氯化钠

10. 根据电极电势回答下列问题。

(1)试述 $KMnO_4$、$K_2Cr_2O_7$、MnO_2 与 HCl(1 mol·L^{-1})反应而生成氯气的反应趋势。

(2)若用 MnO_2 与盐酸反应，使能顺利地产生 Cl_2，盐酸的最低浓度是多少？

11. 将 Cl_2 通入熟石灰中得到漂白粉，而向漂白粉中加入盐酸却产生 Cl_2，试解释。

12. 以 I_2 为原料写出制备 HIO_3、KIO_3、I_2O_5 的反应方程式。

13. 有两种白色晶体 A 和 B，均为钠盐且溶于水。A 的水溶液呈中性，B 的水溶液呈碱性。A 溶液与 $FeCl_3$ 溶液作用呈红棕色，与 $AgNO_3$ 溶液作用出现黄色沉淀。晶体 B 与浓盐酸反应产生黄绿色气体，该气体与冷 NaOH 溶液作用得到含 B 的溶液，向 A 溶液中滴加 B 溶液时，开始溶液呈红棕色，若继续滴加过量 B 溶液，则溶液的红棕色消失。问 A 和 B 各为何物，写出有关的反应方程式。

14. 利用电极电势解释下列现象：在淀粉碘化钾溶液中加入少量 NaClO 时得到蓝色溶液 A，加入过量 NaClO 时，得到无色溶液 B，将 B 溶液酸化后加入少量固体 Na_2SO_3，则 A 的蓝色复现，当 Na_2SO_3 过量时蓝色又褪去成为无色溶液 C，再加入 $NaIO_3$ 溶液，A 的蓝色又出现，指出 A、B、C 各为何种物质，并写出各步反应方程式。

15. 工业上如何从海水中制备 Br_2？写出有关反应方程式。

16. 试写出下列制备过程中的有关反应方程式：

(1)以食盐为基本原料制备 NaClO、$KClO_3$、$HClO_4$。

(2)以萤石(CaF_2)为基本原料制备 F_2。

17. 什么是卤素互化物？写出 ClF_3、BrF_3、IF_7 等卤素互化物中心原子杂化轨道类型、分子的价电子构型和分子几何构型。

18. 根据 R—O—H 规律，分别比较各组化合物酸性的相对强弱。

(1) $HClO$　　　　$HClO_2$　　　　$HClO_3$　　　　$HClO_4$

(2) H_3PO_4　　　H_2SO_4　　　$HClO_4$

(3) $HClO$　　　　$HBrO$　　　　HIO

19. 推测下列分子或离子的几何构型。

ICl_2^-　　　　　ICl_4^-　　　　　IF_3　　　　　ClO_4^-

20. 鉴别下列各组离子溶液。

(1) SO_4^{2-}，SO_3^{2-}，$S_2O_4^{2-}$，S_2^{2-}　(2) ClO^-，ClO_3^-

21. 实验室为何不能长期保存 H_2S、Na_2S 和 Na_2SO_3 溶液？新配制的 Na_2S 溶液呈无色，久置后变成黄色，甚至红色，为什么？

22. 试比较 O_2 和 O_3 的分子结构及化学性质。

23. 实验室如何制备 H_2S 气体？为何不用 HNO_3 或浓 H_2SO_4 与 FeS 作用以制取 H_2S？

24. 少量 Mn^{2+} 可以催化分解 H_2O_2，其反应机理解释如下：H_2O_2 能氧化 Mn^{2+} 为 MnO_2，后者又能使 H_2O_2 氧化，试从电极电势说明上述解释是否合理，并写出离子反应方程式。

25. 解释下列事实：

(1) 用 Na_2S 溶液分别作用于 Cr^{3+} 或 Al^{3+} 溶液，得不到相应的硫化物 Cr_2S_3 或 Al_2S_3。

(2) 通 H_2S 于 Fe^{3+} 盐溶液中得不到 Fe_2S_3 沉淀。

(3) H_2S 气体通入 $MnSO_4$ 溶液中不产生 MnS 沉淀，若 $MnSO_4$ 溶液中含有一定量的氨水，再通入 H_2S 时即有 MnS 沉淀产生。

26. 硫酸的分子结构是怎样的？分子中存在哪几种化学键？

27. 下列物质能否共存？为什么？

(1) H_2S 和 H_2O_2　　　　　　(2) MnO_2 和 H_2O_2

(3) H_2SO_3 和 H_2O_2　　　　　(4) PbS 和 H_2O_2

28. SO_2 和 Cl_2 的漂白机理有什么不同？

29. 完成下列方程式：

(1) 硫代硫酸钠用作防氯剂。

(2) 在酸性介质中 H_2O_2 分别同 $K_2Cr_2O_7$ 和 $KMnO_4$ 反应。

30. 某气态物质 A 溶于水，所得溶液既有氧化性又有还原性：

(1) 向此溶液加入碱时生成盐。

(2) 将 (1) 所得溶液酸化，加入适量的 $KMnO_4$，可使 $KMnO_4$ 褪色。

(3) 在 (2) 所得溶液中加入 $BaCl_2$ 得白色沉淀。

判断 A 是何物？写出有关反应方程式。

31. 向 Ag^+ 溶液加入少量硫代硫酸钠溶液与向 $S_2O_3^{2-}$ 溶液中加入少量硝酸银溶液，反应现象有何不同？写出有关反应方程式。

32. 在酸性的 KIO_3 溶液中加入 $Na_2S_2O_3$ 有什么反应发生？

33. 一种无色透明的盐 A 溶于水，在水溶液中加入稀 HCl 有刺激性气体 B 产生，同时有淡黄色沉淀 C 析出，若通 Cl_2 于 A 溶液中，并加入可溶性钡盐，则产生白色沉淀 D。问 A、B、C、D 各为何物？写出有关反应方程式。

34. 试比较卤素 X—X 键的键能大小，并简要说明理由。

35. 解释如下问题：

(1) 电负性氮比磷大，但化学活泼性都是磷大于氮？

(2) 为什么缩合酸（如焦磷酸）的酸性比单酸强？

(3) 为什么从 NO^+、NO 到 NO^- 的键长逐渐增大？

(4)由砷酸钠制备 As_2S_5 为什么需要在浓的强酸性溶液中进行?

36. 化合物 A 是白色固体,不溶于水,加热时剧热分解,产生固体 B 和气体 C。固体 B 不溶于水或 HCl,但溶于热的稀 HNO_3,得溶液 D 及气体 E。E 无色,但在空气中变红。溶液 D 以 HCl 处理时,得白色沉淀 F。气体 C 与普通试剂不反应,但与热的金属镁作用生成白色固体 G。G 与水作用得另一白色固体 H 及气体 J。气体 J 使湿润的红色石蕊试纸变蓝,固体 H 可溶于稀 H_2SO_4 得溶液 I。化合物 A 以 H_2S 溶液处理时,得黑色沉淀 K、无色溶液 L 及气体 C。过滤后,固体 K 溶于浓 HNO_3 得气体 E、黄色固体 M 和溶液 D,D 以 HCl 处理得沉淀 F。滤液 L 以 NaOH 溶液处理又得气体 J。请写出 A~M 所代表物质的化学式。

37. 试从 N_2 和 P_4 的分子结构说明氮在自然界以游离状态存在,而磷却以化合状态存在的原因。

38. 试述氮气的工业制法和实验室制法,并写出有关反应方程式。

39. 简要回答下列问题。

(1)如何除去 N_2 中少量的 NH_3 和 NH_3 中的水汽?

(2)如何除去 NO 中微量的 NO_2 和 N_2O 中少量的 NO?

(3)为何不用 NH_4NO_3、$(NH_4)_2Cr_2O_7$、NH_4HCO_3 加热制取 NH_3?

(4)稀 HNO_3 与浓 HNO_3 比较,哪个氧化性强?为什么一般情况下浓 HNO_3 被还原成 NO_2,而稀 HNO_3 被还原成 NO?这与它们的氧化能力的强弱是否矛盾?

40. 将下列物质按碱性减弱顺序排列,并从它们的分子结构对排列顺序加以解释。

HN_3、NH_3、NH_2OH、N_2H_4

41. 写出下列物质的热分解产物:

(1)$Cu(NO_3)_2$ (2)NH_4NO_3 (3)$(NH_4)_2Cr_2O_7$

(4)Na_2HPO_4 (5)NaH_2PO_4 (6)NaN_3

42. 写出辉铋矿(Bi_2S_3)制备 $NaBiO_3$ 的反应方程式。

43. 如何配制 $SbCl_4$ 和 $Bi(NO_3)_3$ 溶液?

44. 根据电极电势说明,在酸性介质中 Bi(V)可氧化 Cl^- 为 Cl_2,而在碱性介质中 Cl_2 可将 Bi(Ⅲ)氧化成 Bi(V)。

45. 鉴别下列各组物质:

(1)As^{3+}、Sb^{3+}、Bi^{3+} (2)H_3AsO_3 和 H_3AsO_4

(3)NH_4Cl 和 $(NH_4)_2SO_4$ 溶液   (4)KNO_2 和 KNO_3 溶液

(5)$AsCl_3$、$SbCl_3$ 和 $BiCl_3$ 溶液   (6)NH_4^+、NO_3^-、NO_2^-、PO_4^{3-}

46. 在同素异形体中,斜方硫与单斜硫有相似的化学性质,O_2 与 O_3、黄磷与红磷的化学性质有很大的差异,试解释。

47. 红磷长时间放置在空气中逐渐潮解,与 NaOH、$CaCl_2$ 在空气中潮解实质上有什么不同?潮解的红磷如何处理可以再用?

48. 写出下列反应的方程式:

(1)亚硝酸盐在酸性溶液中分别被 MnO_4^-、$Cr_2O_7^{2-}$ 氧化成硝酸盐。其中 MnO_4^-、$Cr_2O_7^{2-}$ 分别被还原为 Mn^{2+}、Cr^{3+}。

(2)亚硝酸盐在酸性溶液中被 I^- 还原成 NO。

(3)亚硝酸与氨水反应产生 N_2。

49. 在硝酸溶液中,铋酸钠能将 Mn^{2+} 氧化为 MnO_2,在盐酸溶液中反应将如何进行?

50. 化合物 A 溶液经稀 HNO_3 酸化后加入 $AgNO_3$ 溶液,生产白色沉淀 B,B 能溶于氨水得一溶液 C,C 中加入稀硝酸时,B 重新析出。将 A 的水溶液以 H_2S 饱和,得一黄色沉淀 D。D 不溶于稀 HCl,但能溶于 KOH 和 $(NH_4)_2S$ 溶液中,D 溶于 $(NH_4)_2S$ 时得到溶液 E,酸化 E,D 又重新析出,并放出一腐臭气体 G。试指出字母所示物质,并写出有关反应的方程式。

51. 解释下列事实:

(1)NH_4HCO_3 俗称"气肥",储存时要密封。

(2)用浓氨水可检查氯气管道是否漏气。

52. O 的电负性比 C 强,为什么 CO 分子几乎没有极性?

53. 为什么 CO_2 灭火器不能用于扑灭活泼金属引起的火灾?

54. 碳和硅都是ⅣA 族元素,为什么碳的化合物种类很多,而硅的化合物种类远不及碳的化合物多? 为什么常温下 CO_2 是气体而 SiO_2 是固体?

55. 硅胶和分子筛的化学组成和结构有何不同? 它们在性质上有何差异?

56. 说明下列现象的原因:

(1) CF_4 不水解,而 BF_3 和 SiF_4 都易水解。

(2)装有水玻璃的试剂瓶长期敞开瓶口后,水玻璃变浑浊。

(3)制备纯硅或纯硼时,用氢气作还原剂比用活泼金属或碳好。

(4)硅不溶于氧化性酸如浓 HNO_3 溶液中,却分别溶于碱溶液及 HNO_3 与 HF 组成的混合溶液中。

57. 如何从离子极化的观点解释碳酸盐对热稳定性的递变规律?

58. 如何除去:

(1)氢气中的 CO_2 气体。

(2)一氧化碳中的 CO_2 气体。

(3)一氧化碳中的 O_2 和 H_2O 等杂质。

(4)二氧化碳中的 H_2O、CO 和 SO_2 气体。

59. 在实验室内鉴别碳酸盐和碳酸氢盐,一般用下列方法,试写出有关反应方程式。

(1)若试样中仅有一种固体,加热,在 423 K 左右时放出 CO_2,则样品为碳酸氢盐。

(2)若试样为溶液,可加 $MgSO_4$,立即有白色沉淀的为正盐,煮沸时才得到沉淀的为酸式盐。

(3)若试液中兼有二者,可先加过量的 $CaCl_2$,正盐先沉淀,继续在滤液中加氨水,白色沉淀的出现说明有酸式盐。

60. 有六瓶无色液体,只知它们是 K_2SO_4、$Pb(NO_3)_2$、$SnCl_2$、$SbCl_3$、$Al_2(SO_4)_3$ 溶液,怎样用最简便的方法鉴别? 写出实验现象和有关的离子方程式。

61. 用化学方程式表示,如何以硼砂为原料制备①硼酸;②三氟化硼。

62. 在焊接金属时,使用硼砂的原理是什么? 什么是硼砂珠试验?

63. 今有一白色固体,可能含有 $SnCl_2$、$SnCl_3$、$PbCl_2$、$PbSO_4$ 等化合物,从下列实验现象判断哪几种物质是确实存在的。

(1)白色固体用水处理得乳浊液 A 和不溶固体 B;

(2)乳浊液 A 加入少量盐酸则澄清,滴加碘-淀粉溶液可以褪色;

(3)固体 B 易溶于 HCl,通 H_2S 得黑色沉淀,此沉淀与 H_2O_2 反应后生成白色沉淀。

64. 如何鉴定 CO_3^{2-} 和 SiO_3^{2-}、Sn^{2+} 和 Pb^{2+}?

65. 写出下列几种盐溶液与 Na_2CO_3 反应的有关反应方程式:

(1)$BaCl_2$　　　(2)$FeCl_3$　　　(3)$CuSO_4$　　　(4)$Pb(NO_3)_2$

66. 试解释:

(1)为什么铝不溶于冷水,却能溶于 NH_4Cl 和 Na_2CO_3 的水溶液?

(2)铝比铜活泼,但浓硝酸能溶解铜而不能溶解铝。

67. 物质 A 为白色固体,加热分解为固体 B 和气体混合物 C;将 C 通过冰盐冷却管,得无色液体 D 和气体 E;固体 B 溶于 HNO_3 得无色溶液,将无色溶液分成两份,一份加入 NaOH 溶液,得白色沉淀 F;另一份加入 KI 溶液得黄色沉淀 G,此沉淀可溶于热水,也能溶于过量 KI 溶液中;无色液体中,无色液体 D 加热变成相对分子质量为 D 的 1/2 的气体 H,H 呈棕红色;E 是一种能助燃的气体,其分子具有顺磁性。试确定 A~H 分别代表的物质(以化学式表示)。

68. 以铝土矿(主要成分为 Al_2O_3)为原料制备纯铝,写出有关步骤,用化学方程式表示。

69. 试回答:

(1)向 Na_3PO_4 溶液中分别加入过量 HCl 和 CH_3COOH,P(Ⅴ)的最终产物各是什么?

(2)向 Na_3PO_4 溶液中分别加入与溶质等物质的量的 HCl、H_2SO_4、CH_3COOH,用化学方程式表示各生成什么物质?

(3)碳和硅属于同族元素,为什么乙烯($CH_2{=}CH_2$)能存在,而硅乙烯($SiH_2{=}SiH_2$)却不能存在?

70. 如何分离下列各对离子或化合物?

(1) Al^{3+} 和 Mg^{2+}　　　(2) Sn^{2+} 和 Pb^{2+}　　　(3) SnS 和 PbS

71. 下列各对离子能否共存于溶液中? 不能共存者写出反应方程式。

(1) Sn^{2+} 和 Fe^{2+}　　(2) Fe^{3+} 和 Sn^{2+}　　(3) Pb^{2+} 和 Fe^{3+}　　(4) SiO_3^{2-} 和 NH_4^+

(5) Pb^{2+} 和 $[Pb(OH)_4]^{2-}$ (6) $[PbCl_4]^{2-}$ 和 $[SnCl_6]^{2-}$

72. $AlCl_3$ 溶液中加入下列物质, 各有何反应?

(1) Na_2S 溶液　　　(2) 过量 NaOH 溶液　　　(3) 过量氨水　　　(4) Na_2CO_3 溶液

73. 就 XeF_2、XeF_4、XeF_6 回答:

(1) 它们的氧化性哪个最强?

(2) 用价层电子对互斥理论推断 XeF_2 和 XeF_4 分子的空间构型。

(3) 分别写出它们和水反应的化学方程式。

74. 怎样鉴别空气、氧气、氢气、二氧化碳、一氧化碳、氨、氯气、氯化氢、硫化氢、二氧化氮十种气体? 简述步骤、现象、结论。

75. 将一无色钠盐溶于水得无色溶液 A, 用 pH 试纸检验知 A 显酸性。向 A 中滴加高锰酸钾溶液, 则紫红色褪去, 这时 A 被氧化为 B, 向 B 中加入 $BaCl_2$ 溶液得到不溶于酸的白色沉淀 C。向 A 中加入稀盐酸有无色气体 D 放出, 将 D 通入高锰酸钾溶液则又得到无色的 B。向含有淀粉的 KIO_3 溶液中滴加少许 A 则溶液立即变蓝, 溶液中有 E 生成, A 过量时蓝色消失而得到无色溶液 F。试给出 A~F 的分子式或离子式。

76. 有一种无色气体 A, 能使热的 CuO 还原, 并生成一种无色的气体 B 和水汽。将 A 通过加热的金属钠, 生成一种固体 C, 并逸出一种可燃性气体 D。将气体 B 通过加热的金属钙, 生成一种固体 E, 固体 E 遇水, 又得到无色的气体 A。A 能分步与 Cl_2 反应, 最后得到一种易爆炸的液体 F, F 遇水又得到气体 A。问: A~F 各为何物? 写出各步反应方程式。

77. 指出碱土金属中: ①能被浓硝酸钝化的金属单质; ②熔点最高的氧化物; ③具有两性的氢氧化物和碱性最强的氢氧化物; ④溶解度最大的碳酸盐。

78. 以石灰石、重晶石、纯碱和煤粉为原料, 制备氢氧化钠和碳酸钡两个产品, 试以反应式表示, 并略加说明。

四、计算题

1. 已知 $\varphi_a^\ominus$: $\varphi_{HIO_3/HIO}^\ominus = 1.13\ V$, $\varphi_{IO_3^-/I_2}^\ominus = 1.196\ V$。

(1) 计算 $\varphi_{HIO/I_2}^\ominus$。

(2) 判断 HIO 能否歧化, 若能歧化, 写出配平的反应方程式; 若不能歧化, 简述理由。

2. $I_2(s)$ 在水中的溶解度很小, 试从下列两个半反应计算在 298 K 时, I_2 饱和溶液的浓度。

$$I_2(s) + 2e^- \Longleftrightarrow 2I^- \qquad \varphi^\ominus = 0.535\ V$$

$$I_2(aq) + 2e^- \Longleftrightarrow 2I^- \qquad \varphi^\ominus = 0.621\ V$$

3. 为什么在 $FeSO_4(0.1\ mol \cdot L^{-1})$ 溶液中通入 H_2S 得不到 FeS 沉淀? 若要得到 FeS 沉淀, 溶液中的 H^+ 浓度最大为多少 (单位为 $mol \cdot L^{-1}$)? (已知 $K_{sp}^\ominus(FeS) = 7.9 \times 10^{-19}$, $K_a^\ominus(H_2S) = 6.84 \times 10^{-23}$)

4. 试计算下列反应的平衡常数 (已知 $\varphi_{I_2/I^-}^\ominus = +0.535\ V$, $\varphi_{S_4O_6^{2-}/S_2O_3^{2-}}^\ominus = +0.09\ V$):

$$2S_2O_3^{2-} + I_2 \Longrightarrow S_4O_6^{2-} + 2I^-$$

5. 在 $0.30\ mol \cdot L^{-1}$ HCl 溶液中含有 $0.010\ mol \cdot L^{-1}$ $ZnSO_4$ 和 $0.020\ mol \cdot L^{-1}$ $CdSO_4$, 室温下通入 H_2S 达饱和时, 问:

(1) 是否生成 CdS 和 ZnS 沉淀? (已知 $K_{sp}^\ominus(CdS) = 8.0 \times 10^{-27}$, $K_{sp}^\ominus(ZnS) = 1.2 \times 10^{-23}$)

(2) 达沉淀平衡时, 溶液中 Cd^{2+} 和 H^+ 浓度各是多少? (已知 H_2S 的 $K_{a1}^\ominus = 5.7 \times 10^{-8}$, $K_{a2}^\ominus = 1.2 \times 10^{-15}$)

6. 试通过计算说明金不溶于硝酸, 却能溶于王水。已知:

$$NO_3^- + 4H^+ + 3e^- \Longleftrightarrow NO + 2H_2O \qquad \varphi^\ominus = 0.96\ V$$

$$Au^{3+} + 3e^- \Longleftrightarrow Au \qquad\qquad \varphi^\ominus = 1.498\ V$$

$$AuCl_4^- + 3e^- \Longleftrightarrow Au + 4Cl^- \qquad\qquad \varphi^\ominus = 1.000\ V$$

7. 已知在人体体液中，$H_2PO_4^-$ 与 HPO_4^{2-} 的浓度比为 1/5，体液的 pH 为 7.4，求在体液中 H_3PO_4 的 $K_{a2}^\ominus$ 值。

8. 根据碱性介质中的 $\varphi^\ominus_{AsO_4^{3-}/AsO_2^-}$，$\varphi^\ominus_{I_2/I^-}$ 值，求下述反应的平衡常数 $K^\ominus$。

$$AsO_2^- + I_2 + 4OH^- \Longleftrightarrow AsO_4^{3-} + 2I^- + 2H_2O$$

9. 在 $0.2\ mol \cdot L^{-1}$ 的 Ca^{2+}、Pb^{2+}、Al^{3+} 等盐溶液中，加入等体积的 Na_2CO_3 溶液，将得到什么产物？试根据计算结果讨论。

已知有关溶度积常数为：$K_{sp}^\ominus(CaCO_3) = 5.0 \times 10^{-9}$，$K_{sp}^\ominus[Ca(OH)_2] = 5.5 \times 10^{-6}$，$K_{sp}^\ominus(PbCO_3) = 7.4 \times 10^{-14}$，$K_{sp}^\ominus[Pb(OH)_2] = 1.2 \times 10^{-15}$，$K_{sp}^\ominus[Al(OH)_3] = 1.3 \times 10^{-33}$。

10. 将 1.497 g 铅锡合金溶解在 HNO_3 中，生成沉淀 A，加热使其脱水变成 B 后，其质量为 0.4909 g，计算合金中铅和锡的百分含量。

11. 称取 0.3814 g 硼砂溶于 50 mL 水中，加甲基红指示剂 3 滴以 HCl 溶液滴定，消耗 HCl 19.55 mL，求 HCl 溶液的物质的量浓度。

12. AsO_3^{3-} 在碱性溶液中能被 I_2 氧化为 AsO_4^{3-}，而 H_3AsO_4 在酸性溶液中却能把 I^- 氧化为 I_2，本身被还原为 H_3AsO_3。分别写出上述两个反应方程式，并分别计算它们的 $K^\ominus$ 值。

（已知：$\varphi^\ominus_{I_2/I^-} = 0.54\ V$，$\varphi^\ominus_{H_3AsO_4/H_3AsO_3} = 0.56\ V$，$\varphi^\ominus_{AsO_4^{3-}/AsO_3^{3-}} = -0.68\ V$）。

13. 如何判断酸式盐溶液的酸碱性？计算 $0.10\ mol \cdot L^{-1}$ $NaHCO_3$ 溶液的 pH。

（已知：H_2CO_3 的 $K_{a1} = 4.2 \times 10^{-7}$，$K_{a2} = 5.6 \times 10^{-11}$）。

14. 在 298 K 时，$BF_3(g)$ 和 $BCl_3(l)$ 能否按下列反应式水解？

$$BX_3 + 3H_2O \longrightarrow H_3BO_3 + 3HX \qquad (X = F，Cl)$$

已知：

	$\Delta_f G_m^\ominus/(kJ \cdot mol^{-1})$
$H_3BO_3(aq)$	-963.32
$HF(aq)$	-276.48
$HCl(aq)$	-131.17
$H_2O(l)$	-237.18
$BF_3(g)$	-1120.35
$BCl_3(l)$	-379.07

分别写出可能发生的水解方程式。

科学家小传——贝采里乌斯

瑞典化学家贝采里乌斯 1779 年 8 月 20 日生于维弗苏达，父母早逝，由亲戚抚养长大。1796 年入乌普萨拉大学攻读医学。1802 年成为斯德哥尔摩医学、药学和植物学助教，1807 年成为教授。1815 年任斯德哥尔摩医学院的化学教授，同时在一个装备很差的厨房式实验室中研究化学并指导少数学生。1808 年被选为瑞典科学院院士，1818 年成为科学院的秘书。1832 年辞去教授职务，专门从事研究工作。1835 年皇帝查理十四晋封他为男爵。1848 年 8 月 7 日在斯德哥尔摩逝世。

贝采里乌斯是 19 世纪上半叶最有威望的化学家。他的研究工作横跨许多领域。他发现了铈、硒、硅、钍等化学元素；通过总结各种催化反应，提出"催化"概念；改进了有机元素分析法；发现葡萄酸和酒石酸组成相同，采用"同分异构"概念解释；测定了各种元素的相对原子质量，制出比较准确的相对原子质量表；制定出近代化学符号，使人们能够用简便有效的方式形象地表示各种化学反应；提出了电化二元论学说；引用了"有机化学概念"，并用"生命力学说"解释有机物的形成。主要著作有：《化学教程》《动物的化学》《化学总论》《矿物学新系统》等。1821 年起，他还主编出版了《物理化学进展年报》。

贝采里乌斯对实验观察精确，描述清晰，还具有把理论严密化、系统化的能力。只要他认为是正确的理论，尤其是他自己提出的理论就坚持不放，虽然他曾说过："拘泥于一种见解，常使人完全坚信其正确；它掩盖了缺陷，并使我们不能接受与它相反的证据。"

第13章 ds 区元素

内容提要

(1) 掌握铜、银、锌、汞单质的性质和用途。

(2) 掌握铜、银、锌、汞的氧化物、氢氧化物及其重要盐类的性质。

(3) 掌握 Cu(Ⅰ) 和 Cu(Ⅱ)、Hg(Ⅰ) 和 Hg(Ⅱ) 之间的相互转化。

(4) 掌握 ⅠB 和 ⅠA、ⅡB 和 ⅡA 族元素的性质对比。

ds 区元素包括铜族 (ⅠB) 和锌族 (ⅡB)。铜族的结构特征为 $(n-1)d^{10}ns^1$，包括铜 (copper)、银 (silver)、金 (gold) 三种金属元素；锌族的结构特征为 $(n-1)d^{10}ns^2$，包括锌 (zinc)、镉 (cadmium)、汞 (mercury) 三种金属元素。铜族元素和 ⅠA 族的碱金属元素的最外电子层中都只有 1 个电子，失去后都呈现 +1 氧化态；锌族元素和 ⅡA 族碱土金属元素的最外层都有 2 个 s 电子，失去后都呈现 +2 氧化态。因此，在氧化态和某些化合物的性质方面，ⅠB 与 ⅠA、ⅡB 与 ⅡA 族元素有一些相似之处，但因为 ⅠB 和 ⅡB 族原子的次外层电子结构为 18 电子构型，而 ⅠA、ⅡA 族原子的次外层电子结构属 8 电子构型，所以又有一些显著的差异。因此，在学习副族元素时，要注意和对应的主族元素的性质相比较，同时结合前面章节所介绍的原理，如金属能带理论、极化力和变形性、核电荷与原子/离子半径、原子化热与电离能、磁性质与颜色等，从而加深理解。

13.1 铜族、锌族元素的通性

铜族元素和锌族元素的一般性质列于表 13.1。

表 13.1 铜族和锌族元素的一些基本性质

性质		铜	银	金	锌	镉	汞
元素符号		Cu	Ag	Au	Zn	Cd	Hg
原子序数		29	47	79	30	48	80
相对原子质量		63.55	107.9	197.0	65.38	112.4	200.6
价电子构型		$3d^{10}4s^1$	$4d^{10}5s^1$	$5d^{10}6s^1$	$3d^{10}4s^2$	$4d^{10}5s^2$	$5d^{10}6s^2$
常见氧化数		+1, +2	+1	+1, +3	+2	+2	+1, +2
原子半径/pm		117	134	134	125	148	144
离子半径/pm	M^+	96	126	137			
	M^{2+}	72	89	85(M^{3+})	74	97	110
电离能 /(kJ·mol^{-1})	第一	746	731	890	906	868	1007
	第二	1958	2074	1980	1733	1631	1810
水合热 /(kJ·mol^{-1})	M^+	−582	−485	−644			
	M^{2+}	−2121	—	—	−2060.6	−1824.2	−1849.7

续表

性质	铜	银	金	锌	镉	汞
升华热/(kJ·mol^{-1})	331	284	385	131	112	61.9
电负性	1.90	1.93	2.54	1.65	1.69	2.00

13.1.1 铜族元素通性

铜、银、金的标准电极电势图如下所示：

酸性溶液　$\varphi_a^{\ominus}$/V

$$CuO^+ \xrightarrow{1.8} Cu^{2+} \xrightarrow{0.159} Cu^+ \xrightarrow{0.521} Cu$$

$$AgO^+ \xrightarrow{2.1} Ag^{2+} \xrightarrow{1.98} Ag^+ \xrightarrow{0.799} Ag$$

$$Au^{3+} \xrightarrow{>1.29} Au^{2+} \xrightarrow{<1.29} Au^+ \xrightarrow{\sim1.691} Au$$
$$\overline{\underset{1.41}{\qquad\qquad}}$$
$$\overline{\underset{1.51}{\qquad\qquad\qquad\qquad}}$$

碱性溶液　$\varphi_b^{\ominus}$/V

$$Cu(OH)_2 \xrightarrow{-0.08} Cu_2O \xrightarrow{-0.358} Cu$$

$$Ag_2O_3 \xrightarrow{0.739} AgO \xrightarrow{0.607} Ag_2O \xrightarrow{0.342} Ag$$

$$H_2AuO_3^- \xrightarrow{0.70} Au$$

由电势图可知，在酸性溶液中，因为 $\varphi^{\ominus}(M^+/M) > \varphi^{\ominus}(M^{2+}/M^+)$，$Cu^+$ 和 Au^+ 均容易发生歧化而不够稳定。对比碱金属，铜族元素的性质可归纳如下：

(1) 铜族元素可以以不同氧化数形式(+1，+2，+3)存在，而碱金属通常只有一种氧化数。

(2) 铜族元素的金属性远比碱金属的弱，而与相邻的Ⅷ族元素相近。铜族元素的金属性随原子序数的增加而减弱，而碱金属则与此相反。这是由于从 Cu 到 Au，核电荷数增加，原子半径虽增加但并不明显，而核电荷对最外层电子的吸引力增加，不容易失去电子，故金属活泼性依次减弱。需要注意的是，比较和解释元素的金属活泼性，有时还要考虑整个过程的能量变化，如在水溶液中反应，涉及的能量包括：第一电离能、离子的水合热和金属的原子化热。

(3) 铜族元素所形成的许多二元化合物，其键型具有相当程度的共价性，而碱金属的化合物绝大多数都是离子化合物。这可以由铜族金属离子具有较强的极化力且本身变形性大的性质来说明。

(4) 铜族元素一般均能形成较稳定的配合物，而碱金属元素很难成为配合物的形成体。

13.1.2 锌族元素通性

锌、镉、汞的标准电极电势图如下所示：

$\varphi_a^{\ominus}$/V　　　　　　　　　　　　$\varphi_b^{\ominus}$/V

$$Zn^{2+} \xrightarrow{-0.763} Zn \qquad\qquad Zn(OH)_2 \xrightarrow{-1.245} Zn$$

$$Cd^{2+} \xrightarrow{>-0.6} Cd_2^{2+} \xrightarrow{<-0.2} Cd \qquad\qquad Cd(OH)_2 \xrightarrow{-0.809} Cd$$

$$Hg^{2+} \xrightarrow{0.92} Hg_2^{2+} \xrightarrow{0.789} Hg \qquad\qquad HgO \xrightarrow{0.098} Hg$$

$$HgCl_2 \xrightarrow{0.53} Hg_2Cl_2 \xrightarrow{0.268} Hg$$

(饱和溶液)

由电势图可知，锌和镉能从稀酸溶液中（锌还能从稀碱溶液中）置换出氢气，汞的活泼性则远比锌、镉差。

对比碱土金属和铜族元素，锌族元素性质可归纳如下：

(1)从电极电势可以看出，锌族元素的金属性不及碱土金属但比铜族强，单质的活泼性 Zn>Cu，Cd>Ag，Hg>Au。

(2)同族金属性依 Zn、Cd、Hg 的顺序减弱，与铜族的递变方向一致，而与碱土金属递变方向相反。

(3)锌族的 M^{2+} 是 18 电子构型，具有较强的极化力，本身变形性也大，因此锌族的二元化合物与铜族相似，具有相当程度的共价性。

(4)锌族元素易形成较稳定的配合物，其性质与铜族接近而与碱土金属相差较大。由于锌族元素的二价离子(M^{2+})d 轨道已填满，电子不能发生 d-d 跃迁，因此其配合物一般无色。

13.2　铜族、锌族元素的存在、提取和性质

13.2.1　元素的存在和提取

1. 元素的存在

在自然界中，铜、银、金有以单质状态存在的矿物，在人类历史上它们是最早被发现的三种金属。铜在自然界中分布极广，在地壳中的含量居第 22 位。铜以三种形式存在于自然界：第一种是游离铜(极少)；第二种是硫化物，如 Cu_2S(辉铜矿)、CuS(铜蓝)、$Cu_2S \cdot Fe_2S_3$(黄铜矿或写成 $CuFeS_2$)等；第三种是含氧化合物，如 Cu_2O(赤铜矿)、CuO(黑铜矿)、$Cu(OH)_2 \cdot CuCO_3$(孔雀石)、$CuSO_4 \cdot 5H_2O$(胆矾)、$CuSiO_3 \cdot 2H_2O$(硅孔雀石)等。我国以云南东川铜矿最有名。铜矿一般含铜 2%～10%(富矿达 20%，贫矿<0.6%)，其主要杂质为 SiO_2、Al_2O_3、CaO、MgO 等，统称脉石。硫化矿中一般还含有 Zn、Pb、Fe、Au、Ag、Se、Fe、In、Tl 等元素。银以游离态(或与金、汞、锑、铜或铂生成合金)或以硫化物如 Ag_2S 的形式存在于自然界。金以单质形式散存于岩石(岩脉金)或沙砾(冲积金)中，我国山东、黑龙江及新疆等许多地区都有金矿。

锌主要以硫化物或含氧化合物存在于自然界，如 ZnS(闪锌矿)、$ZnCO_3$(菱锌矿)、ZnO(红锌矿)等，并常与铅矿(PbS 方铅矿)共生而称为铅锌矿。镉在自然界主要以硫镉矿形式存在，因为它的化学性质与锌相似，因此以同晶取代的方式存在于几乎所有的锌矿中。汞常以 HgS(辰砂)形式存在，有时以游离态存在。

2. 元素的提取

1)从黄铜矿中提取金属铜

铜矿 $CuFeS_2$ 经选矿、焙烧，把所得 Cu_2S 和 FeO 装入反射炉，按比例加入砂子，使 FeO 和 SiO_2 形成 $FeSiO_3$(除渣)，最后移入转炉，鼓入空气经还原得到粗铜(顶吹)，然后对粗铜进行电解精炼。主要反应如下：

焙烧：
$$2CuFeS_2 + O_2 \longrightarrow Cu_2S + 2FeS + SO_2$$

$$2FeS + 3O_2 \longrightarrow 2FeO + 2SO_2$$

除渣：
$$FeO + SiO_2 = FeSiO_3 (渣)$$

顶吹：
$$2Cu_2S(s) + 3O_2(g) = 2Cu_2O(s) + 2SO_2(g)$$

$$\Delta_r H_m^\ominus = -766.6 \text{ kJ} \cdot \text{mol}^{-1} \qquad \Delta_r G_m^\ominus = -721.2 \text{ kJ} \cdot \text{mol}^{-1}$$

$$2Cu_2O(s) + Cu_2S(s) = 6Cu(s) + SO_2(g)$$

$$\Delta_r H_m^\ominus = 116.8 \text{ kJ} \cdot \text{mol}^{-1} \qquad \Delta_r G_m^\ominus = -78.6 \text{ kJ} \cdot \text{mol}^{-1}$$

顶吹过程的前一个反应是放热的，后一个反应是吸热的。在转炉中总的反应焓变应为负值，反应能较顺利进行。向炉内鼓入空气将部分 Cu_2S 氧化为 Cu_2O 后，剩余的 Cu_2S 再将 Cu_2O 还原为粗铜，此粗铜又称泡铜，一般含 2%～3% 的杂质。工业上采用电解法将粗铜精炼除杂，在一个盛有 $CuSO_4$ 和 H_2SO_4 混合液的电解槽内，以粗铜为阳极，纯铜为阴极进行电解。

阳极反应：
$$Cu(粗) - 2e^- \longrightarrow Cu^{2+}$$

阴极反应：
$$Cu^{2+} + 2e^- \longrightarrow Cu(精，99.95\%)$$

电解过程中原粗铜（阳极）所含杂质金、银、铂、硒等沉在阳极底部，称为阳极泥，阳极泥是提炼贵金属的原料。

2）从矿石中提取银和金

银和金都可用氰化法浸取：

$$4Ag + 8NaCN + 2H_2O + O_2 = 4Na[Ag(CN)_2] + 4NaOH$$

$$4Au + 8CN^- + O_2 + 2H_2O = 4Au(CN)_2^- + 4OH^-$$

$$Ag_2S + 4NaCN = 2Na[Ag(CN)_2] + Na_2S$$

将着在溶液中用锌（或铝）还原：

$$2Ag(CN)_2^- + Zn = Zn(CN)_4^{2-} + 2Ag$$

将金属银熔化铸成银块，再用电解法制成纯银。

$$2Au(CN)_2^- + Zn = Zn(CN)_4^{2-} + 2Au$$

金的精炼用 $AuCl_3$ 的盐酸溶液进行电解，纯度可达 99.95%～99.98%。

3）从闪锌矿中提取 Zn

闪锌矿含锌量低，经浮选法得含 ZnS 40%～60% 的精矿，精矿焙烧生成 ZnO，再与焦炭混合在鼓风炉中加热到 1473 K 以上，使 ZnO 还原并蒸馏出来。

焙烧：
$$2ZnS + 3O_2 = 2ZnO + 2SO_2$$

热还原：
$$2C + O_2 = 2CO$$

$$ZnO + CO = Zn(g) + CO_2$$

这样所得的粗锌约含 Zn 98%，通过分馏可分离杂质 Pb 和 Cd，得到纯度为 99.99% 的锌。

焙烧反应的 $\Delta_r G_m^\ominus = -840.6 \text{ kJ} \cdot \text{mol}^{-1}$，说明反应比较完全，其另一产物 SO_2 可制造 H_2SO_4。热还原反应的 $\Delta_r H_m^\ominus = 368 \text{ kJ} \cdot \text{mol}^{-1}$，$\Delta_r S_m^\ominus = 0.295 \text{ kJ} \cdot \text{mol}^{-1} \cdot \text{K}^{-1}$，因为 $\Delta H^\ominus > 0$，需要在高温（～1100℃）下进行。

4）从辰砂矿中提取 Hg

HgS 和 Fe 反应，或在空气中灼烧（600～700℃），或和 CaO 作用都可得到 Hg：

$$HgS + Fe \xrightarrow{\quad\quad} Hg + FeS \qquad\qquad \Delta_r G_m^\ominus = -46.7\ kJ \cdot mol^{-1}$$

$$HgS + O_2 \xrightarrow{\quad\quad} Hg + SO_2 \qquad\qquad \Delta_r G_m^\ominus = -251.6\ kJ \cdot mol^{-1}$$

$$4HgS + 4CaO \xrightarrow{\quad\quad} 4Hg + 3CaS + CaSO_4 \qquad \Delta_r G_m^\ominus = -140.5\ kJ \cdot mol^{-1}$$

经蒸馏提纯 Hg 的纯度可达 99.9%。

13.2.2　单质的性质

1. 物理性质

铜族、锌族的单质除汞在常温下是液体外，其他五种金属均为固体，它们的某些物理性质列于表 13.2 中。

表 13.2　铜族、锌族单质的某些物理性质

性质	Cu	Ag	Au	Zn	Cd	Hg
颜色	红	银白	黄	银白	银白	银白
密度/(g · cm^{-3})	8.92	10.5	19.3	7.14	8.64	13.55
硬度/Moh	3	2.7	2.5	2.5	2	—
导电性 (Hg=1)	58.6	61.7	41.7	16.6	14.4	1
熔点/℃	1083	960.8	1063	419	321	−38.87
沸点/℃	2596	2212	2707	907	767	357

铜、银、金由于有悦目的外观并能较长期保持美丽的色泽，很早就被人类用作饰物及钱币，有铸币金属之称。铜族元素的突出特点是具有优良的传导性、延展性和抗腐蚀性，银的导电性、导热性在所有的金属中是最好的，铜次之；它们的延展性很好，1 g 金能抽成长达 3 km 的金丝，或压成厚约 0.0001 mm 的金箔。除作金币、饰物外，铜族元素广泛用于电子工业及航天工业。

与其他过渡元素相比，铜族、锌族单质的熔、沸点较低，特别是锌族元素，其熔点低的原因与下列两个因素有关：①原子半径大；②次外层 d 轨道全充满，不参与形成金属键。由于汞原子 6s 轨道上的两个电子极稳定，因此它的金属键更弱，其熔点在所有金属中最低。

汞室温下为液体，有流动性，且在 253～573 K 体积膨胀系数很均匀，又不润湿玻璃，故用于制作温度计。汞能溶解许多金属形成汞齐，汞齐是汞的合金。需要注意的是，汞蒸气对人体有害，空气中汞的允许量为 0.1 mg · m^{-3}，因此使用汞时必须使装置密闭，实验室要通风。在使用汞时不许撒落在实验桌上或地面上，万一撒落，务必尽量收集起来，然后在估计有金属汞的地方撒上硫磺粉，以便使汞转化成 HgS。汞的蒸气在电弧中能导电，并辐射高强度的可见光和紫外光线，可作太阳灯，用于医疗方面。目前对超导体的研究热点也起源于 1911 年 Onnes 对汞的超导电性的发现，以铜氧化物为代表的高温超导体，则是 1986 年由 Bednorz 和 Müller 发现。

铜族金属、锌族金属之间以及与其他金属容易形成合金。其中铜合金种类很多，如青铜（80% Cu，15% Sn，5% Zn）、黄铜（60% Cu，40% Zn）广泛用作仪器零件，白铜（50%～70% Cu，13%～15% Ni，13%～25% Zn）主要用作刀具等。

2. 化学性质

铜族和锌族元素的化学活泼性与碱金属和碱土金属相差很大，主要表现如下。

1) 铜族元素单质的化学性质

在常温下，Cu 不与水作用，甚至加热也不作用。Cu 与干燥空气中的氧在常温下不化合，加热则能产生黑色氧化铜，在含有 CO_2 潮湿的空气中放久后，铜表面会慢慢生成一层铜绿——碱式碳酸铜：

$$2Cu + O_2 + H_2O + CO_2 =\!=\!= Cu_2(OH)_2CO_3$$

铜、银、金都不能与稀盐酸或稀硫酸作用放出氢气，但铜和银溶于硝酸或热的浓硫酸，而金只能溶于王水，其方程式如下：

$$Cu + 4HNO_3 (浓) =\!=\!= Cu(NO_3)_2 + 2NO_2\uparrow + 2H_2O$$

$$3Cu + 8HNO_3 (稀) =\!=\!= 3Cu(NO_3)_2 + 2NO\uparrow + 4H_2O$$

$$Cu + 2H_2SO_4(浓) \xrightarrow{\triangle} CuSO_4 + SO_2\uparrow + 2H_2O$$

$$2Ag + 2H_2SO_4(浓) \xrightarrow{\triangle} Ag_2SO_4 + SO_2\uparrow + 2H_2O$$

$$Au + 4HCl + HNO_3 =\!=\!= H[AuCl_4] + NO\uparrow + 2H_2O$$

铜在常温下能与卤素作用，银作用慢，而金与干燥的卤素只有在加热时才能反应，即与卤素作用时，其活泼性按 Cu、Ag、Au 的顺序降低。但金很容易溶解在氯的水溶液中。铜和银在加热时能与硫直接化合生成 CuS 和 Ag_2S，而金不能直接生成硫化物。Cu 在有氧化剂的酸性溶液如 $HClO_3$ 溶液中容易溶解：

$$3Cu + 6H^+ + ClO_3^- =\!=\!= 3Cu^{2+} + Cl^- + 3H_2O$$

Cu 与强配体如 CN^- 作用，放出 H_2：

$$Cu + 4CN^- + H_2O =\!=\!= [Cu(CN)_4]^{3-} + OH^- + \frac{1}{2}H_2\uparrow$$

Cu 与配位能力不够强的配体（如 NH_3）作用，需有 O_2 存在时才能进行：

$$2Cu + 8NH_3 + O_2 + 2H_2O =\!=\!= 2[Cu(NH_3)_4]^{2+} + 4OH^-$$

2) 锌族元素单质的化学性质

锌在加热条件下可以与绝大多数的非金属发生化学反应。

在 1273 K 时，锌在空气中燃烧生成氧化锌。汞须加热至沸才缓慢与氧作用生成氧化汞，在 773 K 以上重新分解成氧和汞：

$$2Zn + O_2 \xrightarrow{1273\,K} 2ZnO$$

$$2Hg + O_2 \underset{>773\,K}{\overset{加热至沸}{=\!=\!=\!=}} 2HgO$$

所以辰砂（HgS）在空气中焙烧，可以不经过 HgO 而直接得到 Hg 和 SO_2。

锌与含 CO_2 的潮湿空气接触，可生成碱式碳酸盐：

$$4Zn + 2O_2 + 3H_2O + CO_2 =\!=\!= ZnCO_3 \cdot 3Zn(OH)_2$$

在常温、常压下锌与卤素作用缓慢，锌粉与硫磺共热可形成硫化锌。汞与硫磺粉容易形成硫化物。

汞的金属活泼性差，只能在热的浓硫酸或硝酸中溶解：

$$Hg + 2H_2SO_4(浓) \xrightarrow{\triangle} HgSO_4 + SO_2 \uparrow + 2H_2O$$

$$3Hg + 8HNO_3(稀) = 3Hg(NO_3)_2 + 2NO \uparrow + 4H_2O$$

Zn 是两性金属，这一点与 Al 相似：

$$Zn + 2NaOH + 2H_2O = Na_2[Zn(OH)_4] + H_2 \uparrow$$

与铝不同之处，锌可与氨水形成配离子，可以利用此反应将铝盐与锌盐加以区分和分离：

$$Zn + 4NH_3 + 2H_2O = [Zn(NH_3)_4](OH)_2 + H_2 \uparrow$$

13.3　氢氧化物、氧化物、硫化物

13.3.1　氢氧化物

常见铜族和锌族各元素氢氧化物的颜色、酸碱性、稳定性见表 13.3。

表 13.3　Ⅰ B、Ⅱ B 族氢氧化物的性质

性质	$Cu(OH)_2$	$AgOH$	$Zn(OH)_2$	$Cd(OH)_2$
颜色	浅蓝	白	白	白
酸碱性	两性	碱性	两性	碱性
稳定性	80～90℃分解	低于−45℃稳定	稳定	稳定

1. 氧化数为+1 的氢氧化物

CuOH 和 AgOH 都很不稳定。以 OH^- 与 CuCl 作用生成黄色沉淀逐渐变为橙色并迅速转变为红色的 Cu_2O，后者在酸性溶液中立即歧化为 Cu 和 Cu^{2+}，在 Ag^+ 溶液中加入 OH^- 时生成的 AgOH 白色沉淀立即脱水变为棕黑色 Ag_2O：

$$2Ag^+ + 2OH^- = Ag_2O \downarrow (棕黑) + H_2O$$

但如用分别溶于 90%乙醇溶液的 $AgNO_3$ 和 KOH 在低于 228 K 温度下小心进行反应，则能得到白色 AgOH 沉淀。

2. 氧化数为+2 的氢氧化物

由盐和碱可制得 $Cu(OH)_2$、$Zn(OH)_2$、$Cd(OH)_2$，但得不到 $Hg(OH)_2$，因为 $Hg(OH)_2$ 不稳定：

$$M^{2+} + 2OH^- = M(OH)_2 \downarrow (M = Cu, Zn, Cd)$$

$$Hg^{2+} + 2OH^- = HgO \downarrow (黄) + H_2O$$

$Cu(OH)_2$、$Zn(OH)_2$ 显两性，溶于酸和过量的强碱中：

$$M(OH)_2 + 2H^+ = M^{2+} + 2H_2O \quad (M = Cu, Zn)$$

$$M(OH)_2 + 2OH^- \Longrightarrow [M(OH)_4]^{2-} \quad (M = Cu, Zn)$$

$Cd(OH)_2$ 也显两性，但偏碱性，其酸性很弱，只能溶于热而浓的强碱中，并结晶出 $Na_2[Cd(OH)_4]$。

$Cu(OH)_2$、$Zn(OH)_2$、$Cd(OH)_2$ 均能溶于氨水中形成配合物：

$$M(OH)_2 + 4NH_3 \Longrightarrow [M(NH_3)_4]^{2+} + 2OH^-$$

热稳定性 $Zn(OH)_2 > Cd(OH)_2 > Cu(OH)_2$，分解反应式为

$$Zn(OH)_2 \xrightarrow{877℃} ZnO + H_2O$$

$$Cd(OH)_2 \xrightarrow{197℃} CdO + H_2O$$

$$Cu(OH)_2 \xrightarrow{\triangle} CuO + H_2O$$

氢氧化铜（Ⅱ）的碱性溶液能溶解纤维素，该性质早已用于人造丝的生产。X 射线单晶衍射表明，氢氧化铜（Ⅱ）结构为多个羟基连接铜离子所构成的无限链。链上的铜离子与另外链上的两个氧原子上下相连构成畸变的八面体。

13.3.2 氧化物

常见铜族和锌族各元素氧化物的颜色、酸碱性列于表 13.4。

表 13.4 ⅠB、ⅡB 族氧化物的性质

性质	Cu_2O	CuO	Ag_2O	ZnO	CdO	HgO
颜色	红	黑	暗棕	白	棕红	黄或红
酸碱性	弱碱性	两性	碱性	两性	碱性	碱性

除 ZnO 通常状况下是白色外，其他氧化物均有颜色。目前对这些化合物所呈现颜色的解释为：铜族、锌族元素的离子（除 Cu^{2+}、Hg_2^{2+} 外）均为 18 电子构型，半径又比较小，它们与 O^{2-} 之间具有较强的离子极化作用，而使这些氧化物的化学键具有明显的共价成分。导致固体化合物中能带间隙变小，所以当光照射这些化合物时，一部分可见光被吸收使化合物显色。加热这些氧化物时阳离子和阴离子间极化作用加强，所以有些化合物的颜色可能变深，如白色 ZnO 在高温呈浅黄色，棕红色 CdO 受热变成深灰色。

1. 氧化数为+1 的氧化物

1）Cu_2O、Ag_2O 的生成

Cu_2O 在实验室可由 CuO 热分解得到：

$$4CuO \xrightarrow{1000℃} 2Cu_2O + O_2\uparrow$$

Cu^{2+} 盐的碱性溶液用还原剂（如联氨或含醛基的葡萄糖等）还原可得到 Cu_2O：

$$4Cu^{2+} + 8OH^- + N_2H_4 \Longrightarrow 2Cu_2O\downarrow(黄) + N_2\uparrow + 6H_2O$$

Ag_2O 可由可溶性银盐与强碱反应而形成：

$$2Ag^+ + 2OH^- \Longrightarrow 2AgOH\downarrow(白) \Longrightarrow Ag_2O\downarrow(棕黑) + H_2O$$

Cu_2O 和 Ag_2O 为共价型化合物，难溶于水，Cu_2O 由于制备条件的不同，晶粒的大小各异，呈现黄、橙、红等不同的颜色。

2）Cu_2O、Ag_2O 的主要性质

（1）对热的稳定性。Ag_2O 的热稳定性差，加热至 300℃时完全分解：

$$2Ag_2O \xrightarrow{\triangle} 4Ag + O_2 \uparrow$$

Cu_2O 对热比较稳定，在 1235℃熔化而不分解。Cu_2O 是一种有毒的物质，广泛应用于船底漆。

（2）与酸的作用。Cu_2O 溶于稀 H_2SO_4 时，立即发生歧化：

$$Cu_2O + H_2SO_4 == Cu_2SO_4 + H_2O$$

$$Cu_2SO_4 == CuSO_4 + Cu \downarrow$$

与盐酸作用形成难溶的氯化物沉淀：

$$Cu_2O + 2HCl == 2CuCl \downarrow (白) + H_2O$$

Ag_2O 有类似的反应：

$$Ag_2O + 2HCl == 2AgCl \downarrow (白) + H_2O$$

$$Ag_2O + 2HNO_3 == 2AgNO_3 + H_2O$$

（3）溶于氨水形成配合物。

$$Cu_2O + 4NH_3 + H_2O == 2[Cu(NH_3)_2]^+ + 2OH^-$$

$$Ag_2O + 4NH_3 + H_2O == 2[Ag(NH_3)_2]^+ + 2OH^-$$

$[Cu(NH_3)_2]^+$、$[Ag(NH_3)_2]^+$ 为无色配离子，但 $[Cu(NH_3)_2]^+$ 不稳定，遇到空气则变成深蓝色的 $[Cu(NH_3)_4]^{2+}$：

$$4[Cu(NH_3)_2]^+ + O_2 + 8NH_3 + 2H_2O == 4[Cu(NH_3)_4]^{2+} + 4OH^-$$

2. 氧化数为+2 的氧化物

1）CuO

CuO 可由 $CuCO_3$、$Cu(NO_3)_2$ 加热分解或在氧气中加热铜粉而制得：

$$CuCO_3 \xrightarrow{\triangle} CuO + CO_2 \uparrow$$

$$2Cu + O_2 \xrightarrow{\triangle} 2CuO$$

CuO 难溶于水而溶于酸：

$$CuO + 2H^+ == Cu^{2+} + H_2O$$

CuO 对热稳定，加热到 1000℃分解：

$$2CuO \xrightarrow{1000℃} Cu_2O + \frac{1}{2}O_2 \uparrow$$

CuO 具有氧化性，在高温下可作氧化剂。

2）ZnO、CdO 和 HgO

ZnO、CdO 可由金属在空气中燃烧而得，也可由相应的碳酸盐、硝酸盐热分解而制得。

$Hg(NO_3)_2$ 中加入强碱可制得黄色 HgO 沉淀，$Hg(NO_3)_2$ 晶体加热分解可得红色 HgO。红色、黄色 HgO 的晶粒大小不同，黄色 HgO 颗粒要小些。

热稳定性按 ZnO→CdO→HgO 依次递减，ZnO、CdO 较稳定。

氧化物碱性按 ZnO→CdO→HgO 依次递增，ZnO 显两性，CdO、HgO 则显碱性。

13.3.3　硫化物

除 ZnS 是白色，CdS 是黄色外，其余 I B、II B 族元素硫化物都是黑色，天然辰砂 HgS 呈红色。金属单质与 S 直接化合生成硫化物，也可向铜族、锌族元素的阳离子溶液中加入 Na_2S 制备硫化物。

因为 S^{2-} 半径大于 O^{2-}，更易失去电子，因此 S^{2-} 与 M^{2+} 间极化作用更强，导致硫化物常呈现深色。硫化物在水中的溶解度一般比相应氧化物小。

由于 H_2S 的酸性比 H_2O 强，所以难溶硫化物比相应氧化物难溶于强酸。CuO 溶于较稀的强酸，而 CuS 不溶于浓 HCl；HgO 溶于 HNO_3 或 HCl，而 HgS 是金属硫化物中溶解度最小的一个，甚至不溶于浓 HNO_3，只溶于王水或 Na_2S、KI 等溶液中。

$$3HgS + 8H^+ + 2NO_3^- + 12Cl^- \Longrightarrow 3HgCl_4^{2-} + 3S\downarrow + 2NO\uparrow + 4H_2O$$

$$HgS + Na_2S \Longrightarrow Na_2[HgS_2]$$

$$HgS + 2H^+ + 4I^- \Longrightarrow [HgI_4]^{2-} + H_2S\uparrow$$

可以用加 Na_2S 的方法把 HgS 从铜族、锌族元素硫化物中分离出来。

Cu_2S 和 Ag_2S 这两个化合物只能溶于热浓硝酸或氰化钠(钾)溶液中：

$$3Cu_2S + 16HNO_3(浓) \overset{\triangle}{=\!=\!=} 6Cu(NO_3)_2 + 3S\downarrow + 4NO\uparrow + 8H_2O$$

$$3Ag_2S + 8HNO_3(浓) \overset{\triangle}{=\!=\!=} 6AgNO_3 + 3S\downarrow + 2NO\uparrow + 4H_2O$$

$$M_2S + 4CN^- \Longrightarrow 2[M(CN)_2]^- + S^{2-}$$

ZnS 可用作白色颜料，它与 $BaSO_4$ 共沉淀形成的混合晶体 $ZnS \cdot BaSO_4$ 称为锌钡白(立德粉)，是一种优良的白色颜料。CdS 也是一种颜料，称为镉黄。

13.4　卤　化　物

13.4.1　氧化数为+1 的卤化物

1. 卤化亚铜(CuX)

CuF(易歧化，未曾制得纯态)呈红色，CuCl 为白色，CuBr 和 CuI 为白色或淡黄色，CuCl、CuBr 和 CuI 都是难溶化合物，其溶解度依 Cl、Br、I 顺序减小。

CuCl、CuBr、CuI 都可用适当的还原剂(SO_2、Sn^{2+}、Cu、Zn、Al 等)在相应的卤素离子存在下还原 Cu^{2+} 而制得。

在热的浓盐酸溶液中，用铜粉还原 $CuCl_2$，首先生成$[CuCl_2]^-$，用水稀释即可得到难溶于水的 CuCl 白色沉淀：

$$Cu^{2+} + Cu + 4Cl^- \rightleftharpoons 2[CuCl_2]^- \text{（土黄色）}$$

$$[CuCl_2]^- \xrightleftharpoons{\text{稀释}} CuCl\downarrow\text{（白）} + Cl^-$$

总反应：
$$Cu^{2+} + Cu + 2Cl^- \rightleftharpoons 2CuCl\downarrow$$

用还原剂 $SnCl_2$ 还原卤化铜也可得到卤化亚铜：

$$2CuCl_2 + SnCl_2 \rightleftharpoons 2CuCl\downarrow + SnCl_4$$

CuCl 不溶于硫酸、稀硝酸，但可溶于氨水、浓盐酸及碱金属的氯化物溶液中，形成配离子 $[Cu(NH_3)_2]^+$、$[CuCl_2]^-$、$[CuCl_3]^{2-}$ 和 $[CuCl_4]^{3-}$。CuCl 的盐酸溶液能吸收 CO，形成氯化羰基亚铜 $CuCl(CO) \cdot H_2O$，若有过量 CuCl 存在，该溶液对 CO 的吸收几乎是定量的，所以此反应在气体分析中可用于测定混合气体中 CO 的含量。

CuCl 在工业中可作催化剂、还原剂、脱硫剂、脱色剂、凝聚剂、杀虫剂和防腐剂。

CuI 可由 Cu^{2+} 和 I^- 直接反应制得：

$$2Cu^{2+} + 5I^- \rightleftharpoons 2CuI\downarrow + I_3^-$$

2. 卤化银（AgX）

将 Ag_2O 溶于氢氟酸然后蒸发至有黄色晶体而制得 AgF。在硝酸银中加入卤化物，可以生成 AgCl、AgBr、AgI。AgF 易溶于水，其余卤化银微溶或难溶于水，溶解度按 AgCl→AgBr →AgI 顺序降低，颜色也按此顺序加深，其原因可用离子极化理论解释。

卤化银的溶度积越小，AgX 的氧化性越小，还原性增强。Ag 和 HI 可发生反应：

$$2Ag + 2HI \rightleftharpoons 2AgI + H_2$$

AgCl、AgBr、AgI 都具有感光性，通常用于照相技术：

$$AgBr \xrightarrow{\text{光子}} Ag + Br$$

用显影剂（主要含有机还原剂氢醌）处理，使含有银核的 AgBr 粒子被还原为金属银而显黑色，最后用定影液使未感光的 AgBr 溶解：

$$AgBr + 2S_2O_3^{2-} \rightleftharpoons [Ag(S_2O_3)_2]^{3-} + Br^-$$

难溶 AgX 等能和 X^- 形成溶解度稍大的配离子：

$$AgX + (n-1)X^- \rightleftharpoons AgX_n^{(n-1)-} \quad (X = Cl, Br, I; n = 2, 3, 4)$$

因此，在用卤离子沉淀这些阳离子时，必须注意"适量"。例如，用 Cl^- 沉淀 Ag^+ 时，当 $c(Cl^-) \approx 10^{-3}$ mol·L^{-1} 时，AgCl 沉淀最完全；$c(Cl^-) > 10^{-3}$ mol·L^{-1} 时，会生成 $[AgCl_2]^-$、$[AgCl_3]^{2-}$ 而使 Ag^+ 沉淀不完全。

由卤化银的溶度积、配离子稳定常数可知：AgCl 易溶于氨水中；AgBr 溶于 $Na_2S_2O_3$ 中；AgI 溶于 KCN 中。

AgI 在人工降雨中可作冰核形成剂。

3. 卤化亚汞（Hg₂X₂）

与卤化亚铜（CuX）不同，卤化亚汞的组成用 Hg_2X_2 表示。这是因为实验表明：卤化亚汞是反磁性物质，没有未成对电子，无法用 Hg^+ 的价电子构型（$5d^{10}6s^1$）很好地解释这一现象。X

射线衍射实验结果也证明，单个 Hg^+ 并不存在。两个 $Hg(I)$ 离子形成 Hg—Hg 键时，其 $6s^1$ 电子结合成对，不再含有未成对电子，表现为反磁性，因此可以用 Hg_2X_2 表示卤化亚汞的线形结构：X—Hg—Hg—X，Hg_2^{2+} 中每个 Hg 原子以 sp 杂化轨道成键。绝大多数亚汞的无机化合物都难溶于水。

金属汞与 $HgCl_2$ 固体一起研磨，可制得 Hg_2Cl_2：

$$HgCl_2 + Hg =\!=\!= Hg_2Cl_2$$

Hg_2Cl_2 为白色固体，难溶于水，少量 Hg_2Cl_2 无毒，因味略甜，俗称甘汞。在医药上用作泻剂和利尿剂。

Hg_2Cl_2 受光照分解：

$$Hg_2Cl_2 \xrightarrow{\text{光}} HgCl_2 + Hg$$

故应将其保存在棕色瓶中。

Hg_2Cl_2 与氨水反应可生成氨基氯化汞和汞，而使沉淀显灰色：

$$Hg_2Cl_2 + 2NH_3 =\!=\!= Hg(NH_2)Cl\downarrow(白) + Hg\downarrow(黑) + NH_4Cl$$

此反应可用于鉴定 $Hg(I)$。

13.4.2　氧化数为+2 的卤化物

1. 卤化铜(CuX_2)

卤化铜有无水 CuX_2（CuF_2 白色、$CuCl_2$ 棕色、$CuBr_2$ 黑色）和含结晶水的 $CuCl_2\cdot 2H_2O$（蓝色）。除 CuI_2 不存在外，其他卤化铜均可用氧化铜和氢卤酸反应来制备，如

$$CuO + 2HCl =\!=\!= CuCl_2 + H_2O$$

卤化铜的一些物理性质列于表 13.5，其中较重要的是氯化铜。

表 13.5　卤化铜的一些物理性质

性质	CuF_2	$CuCl_2$	$CuBr_2$
颜色（无水物）	白色	棕色	黑色
熔点/K	1223	771	分解
溶解度 /[g·(100 g H_2O)$^{-1}$]	0.075 (298 K)	72.7 (293 K)	126.8 (293 K)

无水 $CuCl_2$ 是共价化合物，可由单质直接化合而成，其结构为图 13.1 所示的由 $CuCl_4$ 平面组成的长链。

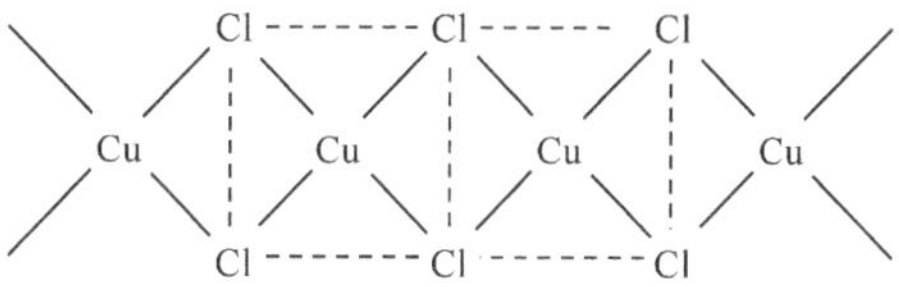

图 13.1　$CuCl_2$ 的长链结构

$CuCl_2$ 易溶于水，且易溶于一些有机溶剂（乙醇、丙酮）中，也说明 $CuCl_2$ 具有较强的共价性。

在很浓的 $CuCl_2$ 水溶液中，可形成黄色的 $[CuCl_4]^{2-}$：

$$Cu^{2+} + 4Cl^- \Longrightarrow [CuCl_4]^{2-}$$

而 $CuCl_2$ 的稀溶液为浅蓝色是因为形成了 $[Cu(H_2O)_4]^{2+}$

$$[CuCl_4]^{2-} + 4H_2O \Longrightarrow [Cu(H_2O)_4]^{2+} + 4Cl^-$$

（黄）   （浅蓝）

$CuCl_2$ 的浓溶液由于溶液中同时含有 $[CuCl_4]^{2-}$、$[Cu(H_2O)_4]^{2+}$，通常为黄绿色或绿色。氯化铜用于制造玻璃、陶瓷用颜料、消毒剂、媒染剂和催化剂。

2. 卤化锌（ZnX_2）

锌和卤素直接反应，以及氢卤酸和 ZnO 或 $ZnCO_3$ 反应均可得 ZnX_2：

$$Zn + X_2 \Longrightarrow ZnX_2 \quad (X = Cl、Br、I)$$

$$ZnO + 2HX \Longrightarrow ZnX_2 + H_2O$$

氟化锌从溶液中析出时含四个结晶水，低压下加热，其水合物部分脱水，高温下则发生水解反应：

$$ZnF_2(s) + H_2O(g) \Longrightarrow ZnO(g) + 2HF(g)$$

部分脱水的 ZnF_2 可作氟化剂。无水 ZnF_2 是离子型化合物。

卤化锌皆为白色固体，ZnF_2 的熔点高于其他卤化锌，除 ZnF_2 外其他卤化物为共价型，其熔点从 $ZnCl_2 \rightarrow ZnI_2$ 逐渐升高。$ZnCl_2$ 在乙醇和其他有机溶剂中溶解性较好，也从另一方面说明了其具有共价性。由于 $Zn(II)$ 和 $Cd(II)$ 均为 18 电子构型，极化能力和变形性都很强，所以 $CdCl_2$ 与 $ZnCl_2$ 相似，都具有相当程度的共价性，主要表现为熔、沸点较低，熔融状态下导电能力差。

$ZnCl_2$ 浓溶液由于形成配合酸（$H[ZnCl_2(OH)]$）而使溶液具有显著酸性（6 $mol \cdot L^{-1}$ $ZnCl_2$ 溶液的 pH 约为 1），故可用于清除金属表面的氧化物，如

$$ZnCl_2(浓) + H_2O \Longrightarrow H[ZnCl_2(OH)]$$

$$Fe_2O_3 + 6H[ZnCl_2(OH)] \Longrightarrow 2Fe[ZnCl_2(OH)]_3 + 3H_2O$$

因此，在用锡焊接金属之前，常用 $ZnCl_2$ 溶液清除金属表面的氧化物。

水合氯化锌晶体加热不会完全脱水，而是形成碱式盐：

$$ZnCl_2 \cdot H_2O \overset{\triangle}{\Longrightarrow} Zn(OH)Cl + HCl$$

为了得到无水 $ZnCl_2$，可将含水 $ZnCl_2$ 和 $SOCl_2$（氯化亚砜）一起加热：

$$ZnCl_2 \cdot xH_2O + xSOCl_2 \Longrightarrow ZnCl_2 + 2xHCl\uparrow + xSO_2\uparrow$$

$ZnCl_2$ 主要用作有机合成工业的脱水剂、缩合剂及催化剂，以及染料工业的媒染剂，也用作石油净化剂和活性炭活化剂。此外，$ZnCl_2$ 还用于干电池、电镀、医药、木材防腐和农药等方面。

3. 卤化汞（HgX$_2$）

汞和卤素单质直接反应，HgO 和 HF、HCl、HBr 反应，Hg^{2+} 和 I$^-$ 反应均可得到相应 HgX$_2$：

$$Hg + X_2 \xrightarrow{\hspace{1cm}} HgX_2$$

$$HgO + 2HX \xrightarrow{\hspace{1cm}} HgX_2 + H_2O$$

$$Hg^{2+} + 2I^- \xrightarrow{\hspace{1cm}} HgI_2 \downarrow （橘红色）$$

HgF$_2$ 是离子型化合物，其余为共价型化合物。HgF$_2$ 在水中发生强烈水解：

$$HgF_2 + H_2O \xrightarrow{\hspace{1cm}} HgO + 2HF$$

其他卤化汞的溶解度按 HgCl$_2$→HgBr$_2$→HgI$_2$ 顺序减小，易溶于有机溶剂，测得其的偶极矩为零，表明 Hg 以 sp 杂化轨道和两个 X 原子结合成线形 HgX$_2$ 分子。

HgCl$_2$ 易升华，俗称升汞，略溶于水，剧毒，其稀溶液有杀菌作用，外科上用作消毒剂，也用作有机反应催化剂，此外还用于农药等。HgCl$_2$ 可用固体 HgSO$_4$ 和 NaCl 反应制备，所得产物用升华法提纯：

$$HgSO_4 + 2NaCl \xrightarrow{300℃} HgCl_2 + Na_2SO_4$$

HgCl$_2$ 在水中的电离度很小，主要以 HgCl$_2$ 分子形式存在，所以 HgCl$_2$ 有假盐之称。HgCl$_2$ 在水中稍有水解：

$$HgCl_2 + 2H_2O \xrightarrow{\hspace{1cm}} Hg(OH)Cl + Cl^- + H_3O^+$$

若在 HgCl$_2$ 的溶液中加入稀氨水，生成氨基氯化汞白色沉淀（可认为是氨解）：

$$HgCl_2 + 2NH_3 \xrightarrow{\hspace{1cm}} Hg(NH_2)Cl \downarrow （白） + NH_4Cl$$

HgCl$_2$ 在 NH$_4$Cl 的浓溶液中与 NH$_3$ 反应，可生成二氯二氨合汞（Ⅱ）沉淀：

$$HgCl_2 + 2NH_3 \xrightarrow{NH_4Cl} [HgCl_2(NH_3)_2] \downarrow$$

与过量 NH$_3$ 反应（在 NH$_4$Cl 存在下）可生成氨的配合物：

$$[HgCl_2(NH_3)_2] + 2NH_3 \xrightarrow{NH_4Cl} [Hg(NH_3)_4]Cl_2 \downarrow$$

在酸性溶液中，HgCl$_2$ 是一个较强的氧化剂：

$$HgCl_2 + e^- \xrightarrow{\hspace{1cm}} \frac{1}{2}Hg_2Cl_2 + Cl^- \qquad \varphi^\ominus = 0.63 \text{ V}$$

适量的 SnCl$_2$（$\varphi^\ominus_{(Sn^{4+}/Sn^{2+})} = +0.154$ V）可将 HgCl$_2$ 还原为难溶于水的白色氯化亚汞沉淀：

$$2HgCl_2 + Sn^{2+} + 4Cl^- \xrightarrow{\hspace{1cm}} Hg_2Cl_2 \downarrow + [SnCl_6]^{2-}$$

如果 SnCl$_2$ 过量，则生成的 Hg$_2$Cl$_2$ 可进一步被 SnCl$_2$ 还原为金属 Hg，使沉淀变黑：

$$Hg_2Cl_2 + Sn^{2+} + 4Cl^- \xrightarrow{\hspace{1cm}} 2Hg \downarrow + [SnCl_6]^{2-}$$

利用上述两个反应可鉴定 Hg（Ⅱ）或 Sn（Ⅱ）。

HgCl$_2$ 还可与碱金属氯化物反应形成四氯合汞（Ⅱ）配离子，使 HgCl$_2$ 的溶解度增大：

$$HgCl_2 + 2Cl^- \Longrightarrow [HgCl_4]^{2-}$$

同样有：

$$HgI_2(橘红) + 2I^-(过量) \Longrightarrow [HgI_4]^{2-}(无色)$$

向 $HgCl_2$ 溶液中通入 H_2S，虽然在 $HgCl_2$ 的溶液中 Hg^{2+} 的浓度很小，但 HgS 极难溶于水，故仍能有 HgS 析出：

$$HgCl_2 + H_2S \Longrightarrow HgS\downarrow(黑) + 2H^+ + 2Cl^-$$

13.5 其他重要化合物

13.5.1 铜（Ⅱ）化合物

1. 硫酸铜

$CuSO_4 \cdot 5H_2O$ 中有四个 H_2O 分子和 Cu^{2+} 配位，另一个 H_2O 分子通过氢键和 SO_4^{2-} 相连，如图 13.2 所示。温度升高，逐步脱水：

$$CuSO_4 \cdot 5H_2O \xrightarrow{102℃} CuSO_4 \cdot 3H_2O + 2H_2O$$

$$CuSO_4 \cdot 3H_2O \xrightarrow{113℃} CuSO_4 \cdot H_2O + 2H_2O$$

$$CuSO_4 \cdot H_2O \xrightarrow{258℃} CuSO_4 + H_2O$$

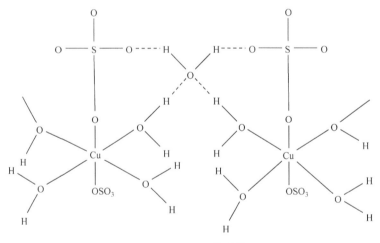

图 13.2　$CuSO_4$ 的结构

加热固体 $CuSO_4$ 至 650℃，分解为 CuO、SO_2、SO_3 及 O_2。

无水 $CuSO_4$ 不溶于乙醇和乙醚，吸水性很强，吸水后即显出特征的蓝色，常用这一性质检验一些有机物如乙醇、乙醚中的微量水分，也可用作干燥剂，从有机液体中除去水分。

$CuSO_4$ 在电解、电镀中用作电解液或电镀液，$CuSO_4$ 由于具有杀菌能力，用于蓄水池、游泳池中可防止藻类生长，也可用于消灭植物病虫害（$CuSO_4$ + 石灰乳——"波尔多"液）。

2. 乙酸铜 $Cu(Ac)_2 \cdot xH_2O (x = 4, 1, 0)$

CuO 或 $Cu(OH)_2$ 和 CH_3COOH 反应,可得 $Cu(CH_3COO)_2 \cdot H_2O$,乙酸铜受热分解为 CuO 和乙酸酐:

$$CuO + 2CH_3COOH \Longrightarrow Cu(CH_3COO)_2 \cdot H_2O$$

$$Cu(CH_3COO)_2 \overset{\triangle}{\Longrightarrow} CuO + (CH_3CO)_2O$$

当有空气或 H_2O_2 存在时,Cu 和 CH_3COOH 作用生成蓝绿色碱式乙酸铜 $Cu(CH_3COO)_2 \cdot Cu(OH)_2$,它和 As_2O_3 化合生成剧毒的"巴黎绿" $Cu_3(AsO_3)_2 \cdot Cu(CH_3COO)_2$,可用作杀虫剂和杀菌剂。

13.5.2　银(Ⅰ)化合物

绝大多数简单银盐都是难溶化合物,只有 $AgNO_3$ 和 AgF 是易溶盐。$AgNO_3$ 是一种常见的重要试剂。

$AgNO_3$ 易溶于水,对热不稳定:

$$2AgNO_3 \overset{440℃}{=\!=\!=} 2Ag + 2NO_2 \uparrow + O_2 \uparrow$$

在光照下,$AgNO_3$ 也会按上式分解,微量的有机物可促进 $AgNO_3$ 的见光分解,因此 $AgNO_3$ 常保存在棕色瓶内,皮肤如沾上 $AgNO_3$ 溶液,也会因见光分解为黑色的单质银而形成黑斑。

Ag_3PO_4 和 H_3PO_4 一起加热,蒸发生成 Ag_2HPO_4,在有水存在的情况下,Ag_2HPO_4 又很快转变为 Ag_3PO_4 和 H_3PO_4:

$$3Ag_2HPO_4 =\!=\!= 2Ag_3PO_4 + H_3PO_4$$

即 $AgNO_3$ 和 Na_2HPO_4 反应,不易得到纯的 Ag_2HPO_4。

13.5.3　汞(Ⅰ)化合物

$Hg_2(NO_3)_2$ 和 $Hg_2(ClO_4)_2$ 是 Hg(Ⅰ)最重要的易溶盐。$Hg_2(NO_3)_2$ 可用过量 Hg 和中等浓度 HNO_3 反应或 $Hg(NO_3)_2$ 溶液与金属汞一起振荡而得:

$$6Hg + 8HNO_3(稀) =\!=\!= 3Hg_2(NO_3)_2 + 2NO\uparrow + 4H_2O$$

$$Hg(NO_3)_2 + Hg =\!=\!= Hg_2(NO_3)_2$$

$Hg_2(NO_3)_2$ 呈线形结构,从溶液中可结晶出二水合物 $Hg_2(NO_3)_2 \cdot 2H_2O$ 晶体,其中含 $[H_2O—Hg—Hg—H_2O]^{2+}$。

$Hg_2(NO_3)_2$ 的主要性质有:

(1)水解性。$Hg_2(NO_3)_2$ 易水解形成碱式硝酸亚汞:

$$Hg_2(NO_3)_2 + H_2O =\!=\!= Hg_2(OH)NO_3 \downarrow (浅黄) + HNO_3$$

(2)热不稳定性。$Hg_2(NO_3)_2$ 受热也易分解为 HgO 和 NO_2:

$$Hg_2(NO_3)_2 \overset{\triangle}{=\!=\!=} 2HgO + 2NO_2 \uparrow$$

(3)还原性。由于 $\varphi^{\ominus}_{(Hg^{2+}/Hg_2^{2+})} = +0.907\ V$,而 $\varphi^{\ominus}_{(O_2/H_2O)} = +1.229\ V$,所以 $Hg_2(NO_3)_2$ 溶液可

与空气接触生成 $Hg(NO_3)_2$:

$$2Hg_2(NO_3)_2 + O_2 + 4HNO_3 === 4Hg(NO_3)_2 + 2H_2O$$

因此，保存 $Hg_2(NO_3)_2$ 溶液可加入少量金属汞，使所生成的 Hg^{2+} 被还原为 Hg_2^{2+}:

$$Hg^{2+} + Hg === Hg_2^{2+}$$

(4)其他反应。

$$Hg_2^{2+} + 2I^- (适量) === Hg_2I_2 \downarrow (淡绿色)$$

$$Hg_2I_2 + 2I^- (过量) === [HgI_4]^{2-} + Hg \downarrow (黑)$$

$$2Hg_2(NO_3)_2 + 4NH_3 + H_2O === HgO \cdot NH_2HgNO_3 \downarrow (白) + 2Hg \downarrow (黑) + 3NH_4NO_3$$

$$Hg_2(NO_3)_2 + K_2CO_3 === Hg_2CO_3 \downarrow + 2KNO_3$$

$$Hg_2(NO_3)_2 + Na_2SO_4 === Hg_2SO_4 \downarrow + 2NaNO_3$$

$$Hg_2(NO_3)_2 + Na_2S === Hg_2S \downarrow + 2NaNO_3$$

白色 Hg_2CO_3 见光分解生成 CO_2 和棕黑色 Hg_2O;Hg_2SO_4 遇水发生水解生成 $HgSO_4 \cdot Hg_2O \cdot H_2O$;$Hg_2S$ 不发生水解反应，它能转化成溶度积更小的 HgS 和 Hg。

13.5.4　汞(II)化合物

常用的易溶 $Hg(II)$ 盐为 $HgCl_2$ 和 $Hg(NO_3)_2$。

$Hg(NO_3)_2$ 可由 HgO 溶于硝酸，或 Hg 与过量 HNO_3 反应而制得，晶体从溶液中析出时常带结晶水，$Hg(NO_3)_2$ 最常见的水合物是 $Hg(NO_3)_2 \cdot xH_2O$($x = 0.5$，1)。它是易溶于水的汞盐之一，溶于水时强烈水解生成碱式盐沉淀:

$$2Hg(NO_3)_2 + H_2O === HgO \cdot Hg(NO_3)_2 \downarrow + 2HNO_3$$

所以配制溶液时，应将它溶于稀硝酸中。

$Hg(NO_3)_2$ 受热分解为红色的氧化汞:

$$2Hg(NO_3)_2 \xrightarrow{\triangle} 2HgO + 4NO_2 \uparrow + O_2 \uparrow$$

汞能形成许多较稳定的有机化合物，如甲基汞 $Hg(CH_3)_2$、乙基汞 $Hg(C_2H_5)_2$ 等。这些化合物也较易挥发，汞的有机化合物具有毒性。因为 Hg 和 O 的结合力不是很强，所以 $Hg(CH_3)_2$ 等在水中和空气中相当稳定。

13.6　配　合　物

13.6.1　铜和银的配合物

Cu^+ 和 Ag^+ 均可与单齿配体形成配位数为 2、3、4 的配合物，其中以配位数为 2 的直线型配离子最为常见，如表 13.6 所示。

表 13.6　铜和银的配合物及稳定常数

配离子	$[CuCl_2]^-$	$[Cu(SCN)_2]^-$	$[Cu(NH_3)_2]^+$	$[Cu(S_2O_3)_2]^{3-}$	$[Cu(CN)_2]^-$
$K_\text{稳}^\ominus$	$10^{5.5}$	$10^{5.18}$	$10^{10.86}$	$10^{12.22}$	10^{24}

配离子	$[AgCl_2]^-$	$[Ag(SCN)_2]^-$	$[Ag(NH_3)_2]^+$	$[Ag(S_2O_3)_2]^{3-}$	$[Ag(CN)_2]^-$
$K_\text{稳}^\ominus$	$10^{5.04}$	$10^{7.57}$	$10^{7.05}$	$10^{13.48}$	$10^{21.1}$

较为重要的有$[Cu(NH_3)_2]^+$、$[Ag(NH_3)_2]^+$、$[Ag(S_2O_3)_2]^{3-}$和$[Ag(CN)_2]^-$等。

Cu^+、Ag^+价层电子构型为$3d^{10}$，它们的 d 轨道全充满，不存在 d-d 跃迁，所以其配合物常为无色。对于其少数配合物的颜色，可以用电荷迁移光谱进行解释。

$[Ag(NH_3)_2]^+$用于制造保温瓶胆和镜子镀银，其反应为

$$2[Ag(NH_3)_2]^+ + RCHO + 3OH^- \Longrightarrow 2Ag\downarrow + RCOO^- + 4NH_3\uparrow + 2H_2O$$
甲醛或葡萄糖

$[Cu(NH_3)_2]^+$可吸收 CO 气体生成$[Cu(CO)(NH_3)_2]^+$，其乙酸溶液用于合成氨工业，吸收可使催化剂中毒的 CO 气体；$[Cu(NH_3)_2]^+$能很快被空气中的 O_2 氧化成$[Cu(NH_3)_4]^{2+}$：

$$2[Cu(NH_3)_2]^+ + 4NH_3\cdot H_2O + \frac{1}{2}O_2 \Longrightarrow 2[Cu(NH_3)_4]^{2+} + 2OH^- + 3H_2O$$

利用这个性质可除去气体中的 O_2。

Cu^{2+}与单齿配体一般形成配位数为 4 的正方形配合物，如$[CuCl_4]^{2-}$、$[Cu(NH_3)_4]^{2+}$、$[Cu(H_2O)_4]^{2+}$，我们熟悉的深蓝色$[Cu(NH_3)_4]^{2+}$是由过量氨水与 $Cu(II)$盐溶液反应而形成的：

$$[Cu(H_2O)_4]^{2+} + 4NH_3 \Longrightarrow [Cu(NH_3)_4]^{2+} + 4H_2O$$
（浅蓝）　　　　　　　　　（深蓝）

溶液中 Cu^{2+}的浓度越小，所形成的蓝色$[Cu(NH_3)_4]^{2+}$的颜色越浅。

根据$[Cu(NH_3)_4]^{2+}$颜色的深浅，可用比色分析法测定铜的含量。

Cu^{2+}还可和一些有机配合剂形成稳定的螯合物，如$[Cu(en)_3]^{2+}$、$[Cu(H_2O)_2(en)_2]^{2+}$等。

13.6.2　锌、镉、汞的配合物

Hg_2^{2+}形成配合物的倾向较小，Zn^{2+}、Cd^{2+}、Hg^{2+}均易形成配合物。Zn^{2+}、Cd^{2+}的配位数可为 6 或 4，Hg^{2+}的配位数一般为 2 或 4。配位数为 4 的配合物为四面体构型，表 13.7 列出了锌族元素某些 ML_4 型配合物的稳定常数。

表 13.7　锌族元素某些 ML_4 型配合物的稳定常数

L	$K_\text{稳}^\ominus$		
	Zn	Cd	Hg
Cl^-	$10^{0.20}$	$10^{2.8}$	$10^{15.07}$
I^-	—	$10^{5.41}$	$10^{29.83}$
NH_3	$10^{9.46}$	$10^{7.12}$	$10^{19.28}$
CN^-	$10^{16.7}$	$10^{18.78}$	$10^{41.40}$

锌族元素的配合物一般为无色:

$$M^{2+} + 4NH_3 \Longrightarrow [M(NH_3)_4]^{2+} \quad (M = Zn, Cd)$$

$$HgCl_2 + 4NH_3(过量) \xrightarrow{氯化胺} [Hg(NH_3)_4]^{2+} + 2Cl^-$$

$$M^{2+} + 4CN^- \Longrightarrow [M(CN)_4]^{2-} \quad (M = Zn, Cd, Hg)$$

$$Hg^{2+} + 4Cl^-(过量) \Longrightarrow [HgCl_4]^{2-}$$

$$Hg^{2+} + 4SCN^- \Longrightarrow [Hg(SCN)_4]^{2-}$$

$$Hg^{2+} + 4I^-(过量) \Longrightarrow [HgI_4]^{2-}$$

$[HgI_4]^{2-}$的碱性溶液称为奈斯勒(Nessler)试剂。如果溶液中有微量的NH_4^+存在,滴加奈斯勒试剂会立即生成红棕色沉淀:

$$2[HgI_4]^{2-} + 4OH^- + NH_4^+ \Longrightarrow \left[\begin{array}{c} Hg \\ O \qquad NH_2 \\ Hg \end{array} \right] I\downarrow + 7I^- + 3H_2O$$
(红棕色)

这个反应常用于鉴定NH_4^+。

13.7　铜(Ⅰ)和铜(Ⅱ)、汞(Ⅰ)和汞(Ⅱ)相互间的转化

13.7.1　铜(Ⅰ)和铜(Ⅱ)的相互转化

从 Cu^+ 与 Cu^{2+} 的价电子结构来看,$Cu^+(3d^{10})$应比 $Cu^{2+}(3d^9)$更稳定,事实上在气态时,Cu^+的化合物较稳定,但由于Cu^{2+}的电荷高,半径小,水合热大,所以在溶液中 Cu^{2+}更稳定。而 Cu^+在水溶液中发生歧化反应生成 Cu 与 Cu^{2+}:

$$2Cu^+ \Longrightarrow Cu\downarrow + Cu^{2+}$$

$$\varphi_a^{\ominus}/V \quad Cu^{2+} \underline{\quad 0.17 \quad} Cu^+ \underline{\quad 0.52 \quad} Cu$$

$$\lg K^{\ominus} = \frac{n(\varphi_{氧}^{\ominus} - \varphi_{还}^{\ominus})}{0.059} = \frac{0.52 - 0.17}{0.059} = 5.9$$

$$K^{\ominus} = 8.2 \times 10^5$$

此反应的平衡常数较大,反应进行得很彻底,如

$$Cu_2O + H_2SO_4(稀) \Longrightarrow Cu\downarrow + CuSO_4 + H_2O$$

若使 Cu^+的歧化反应逆向进行,必须有还原剂存在,使 Cu^{2+}转变为 Cu^+,同时降低溶液中 Cu^+的浓度使其成为难溶物或难解离的配合物,如

$$Cu^{2+} + Cu + 2Cl^- \Longrightarrow 2CuCl\downarrow$$

由于 CuCl 的形成,使溶液中 Cu^+的浓度大大降低,使反应向生成 Cu^+的方向移动,由于 Cu^+的浓度降低,使$\varphi_{(Cu^+/Cu)}$值下降,而使$\varphi_{(Cu^{2+}/Cu^+)}$值上升。由

$$\varphi_a^{\ominus}/\text{V}\quad \text{Cu}^{2+}\xrightarrow{\ 0.509\ }\text{CuCl(s)}\xrightarrow{\ 0.07\ }\text{Cu}$$

可知 $\varphi_{(\text{Cu}^{2+}/\text{CuCl})}^{\ominus} > \varphi_{(\text{CuCl}/\text{Cu})}^{\ominus}$，故 Cu^{2+} 可将 Cu 氧化为 CuCl。

同理，在热的 Cu(Ⅱ)盐溶液中加入 KCN，可得到白色 CuCN 沉淀：

$$2\text{Cu}^{2+}+4\text{CN}^{-}=\!=\!=2\text{CuCN}\downarrow+(\text{CN})_2\uparrow$$

若继续加入过量的 KCN，则 CuCN 因形成 $[\text{Cu(CN)}_x]^{1-x}$ 而溶解：

$$\text{CuCN}+(x-1)\text{CN}^{-}=\!=\!=[\text{Cu(CN)}_x]^{1-x}\qquad (x=2\sim4)$$

13.7.2　汞(Ⅰ)和汞(Ⅱ)的相互转化

在酸性介质中 Hg 的电势图如下：

$$\varphi_a^{\ominus}/\text{V}\quad \text{Hg}^{2+}\xrightarrow{\ 0.905\ }\text{Hg}_2^{2+}\xrightarrow{\ 0.792\ }\text{Hg}$$

由电势图可知，Hg_2^{2+} 在酸性溶液中不能发生歧化反应，而能发生逆歧化反应，即 Hg^{2+} 可氧化 Hg 而生成 Hg_2^{2+}：

$$\text{Hg}^{2+}+\text{Hg}=\!=\!=\text{Hg}_2^{2+}$$

$$\lg K^{\ominus}=\frac{n(\varphi_{\text{氧}}^{\ominus}-\varphi_{\text{还}}^{\ominus})}{0.059}=\frac{0.905-0.792}{0.059}=1.92$$

$$K^{\ominus}=83$$

Hg^{2+} 基本上都能转化为 Hg_2^{2+}，因此 Hg(Ⅱ)化合物用金属还原，即可得到 Hg(Ⅰ)化合物，要想使 Hg_2^{2+} 发生歧化反应，必须降低溶液中 Hg^{2+} 的浓度，使其生成难溶物或难解离的配合物，如

$$\text{Hg}_2^{2+}+\text{S}^{2-}=\!=\!=\text{HgS}\downarrow+\text{Hg}\downarrow$$

$$\text{Hg}_2\text{Cl}_2+2\text{NH}_3=\!=\!=\text{Hg(NH}_2)\text{Cl}\downarrow+\text{Hg}\downarrow+\text{NH}_4\text{Cl}$$

$$\text{Hg}_2^{2+}+2\text{CN}^{-}=\!=\!=\text{Hg(CN)}_2\downarrow+\text{Hg}\downarrow$$

$$\text{Hg}_2^{2+}+4\text{I}^{-}=\!=\!=[\text{HgI}_4]^{2-}\downarrow+\text{Hg}\downarrow$$

$$\text{Hg}_2^{2+}+2\text{OH}^{-}=\!=\!=\text{HgO}\downarrow+\text{Hg}\downarrow+\text{H}_2\text{O}$$

习　题

一、选择题

1. 下列有关ⅠA 和ⅠB 两族元素性质方面的叙述中错误的是(　　)

A. ⅠB 族元素的金属性(还原性)没有ⅠA 族的强，其原因是作用于最外层的有效核电荷是ⅠB 比ⅠA 的多

B. ⅠB 族元素氧化数有+1、+2 和+3 三种，而ⅠA 族只有+1 一种

C. ⅠB 族元素第一电离能要比ⅠA 族的大

D. ⅠB 族电对 M⁺/M 电极电势要比ⅠA 族的小

E. ⅠB 族和ⅠA 族元素的价电子层结构不同，ⅠB 的是 ns^1 和 $(n-1)d^{10}$，而ⅠA 的是 ns^1

2. 将 $CuCl_2 \cdot 2H_2O$ 加热得不到无水 $CuCl_2$，其原因是（　　）

A. $CuCl_2$ 的热稳定性差，受热分解为 Cu 和 Cl_2

B. $CuCl_2 \cdot 2H_2O$ 受热时易与空气中的 O_2 反应生成 CuO

C. $CuCl_2 \cdot 2H_2O$ 受热会水解成 $Cu(OH)_2$ 和 HCl

D. $CuCl_2 \cdot 2H_2O$ 受热水解生成碱式盐 $Cu(OH)_2 \cdot CuCl_2$ 和 HCl

3. 决定铜由单质变成 Cu^+ 水合离子难易的因素是（　　）

A. 铜单质固体升华热的大小　　　　　　　　B. 铜元素第一电离能的大小

C. Cu^+ 水合能的大小　　　　　　　　　　　D. 以上三种能量总和的大小

4. 铜族元素单质还原性大小顺序是（　　）

A. Cu>Ag>Au　　　B. Cu>Au>Ag　　　　C. Ag>Cu>Au　　　　D. Au>Ag>Cu

5. 由下列银的标准电极电势图确定标准状态下能发生的反应是（　　）

$$Ag^{2+} \xrightarrow{1.98} Ag^+ \xrightarrow{0.799} Ag$$

A. $Ag^{2+} + Ag = 2Ag^+$　　　　　　　　　B. $2Ag^+ = Ag^{2+} + Ag$

C. $2Ag^+ + Ag - 4e^- = 3Ag^{2+}$　　　　　　D. $2Ag + 2H^+ = 2Ag^+ + H_2$

6. 在水溶液中，$Cu(\text{Ⅰ})$ 的存在形态是（　　）

A. 水合物　　　　　B. 可溶性 Cu^+ 盐　　　　C. 难溶物　　　　D. 配合物

7. 卤化银的颜色，随着卤素原子序数的增大而加深，能解释这种现象的理论是（　　）

A. 杂化轨道　　　　B. 分子间作用力　　　　C. 溶剂化　　　　　D. 离子极化

8. 下列关于 $CuCl_2$ 性质的叙述中错误的是（　　）

A. 是离子化合物　　　　　　　　　　　　　B. 具有链状结构

C. 与 HCl 反应生成配合物　　　　　　　　　D. 不论晶体还是水溶液均有颜色

9. 下列关于卤化银的叙述中错误的是（　　）

A. 都具有感光性　　　　　　　　　　　　　B. 都是离子化合物

C. 溶解度随卤素原子序数增大而减小　　　　D. 颜色由浅变深

10. 将ⅡA 族元素和ⅡB 族元素比较时，下列叙述中正确的是（　　）

A. 化学活泼性（还原性）都随原子序数增大而增强

B. 在水溶液中，从上到下，$\varphi^{\ominus}_{(M^+/M)}$ 的数值都减小

C. ⅡB 族金属的熔、沸点都比ⅡA 族的低

D. 自上而下，第一电离能都减小

11. ⅡA 族与ⅡB 族元素性质相同处有（　　）

A. 氢氧化物的碱性从上到下都增强　　　　　B. 离子都易形成配合物

C. 盐类都易发生水解　　　　　　　　　　　D. 氧化数为+2 的离子都是无色的

12. 汞（Ⅱ）盐如 $Hg(NO_3)_2$ 溶液与强碱反应时，得到的产物是（　　）

A. $Hg(OH)_2\downarrow$　　　B. $HgO\downarrow$　　　　C. $[Hg(OH)_4]^{2-}$　　　D. $Hg(OH)NO_3\downarrow$

13. 碘化钾与氯化铜相互作用的主要产物是（　　）

A. CuI_2 和 Cl_2　　　B. CuI_2 和 KCl　　　　C. CuI 和 Cl_2　　　D. CuI 和 I_2

14. 将 H_2S 通入 $Hg(NO_3)_2$ 溶液中，得到的沉淀物质是（　　）

A. Hg_2S　　　　　B. HgS　　　　　　C. Hg　　　　　　D. HgS 和 Hg 的混合物

15. 汞（Ⅱ）盐如 $Hg(NO_3)_2 \cdot xH_2O$ 溶于水时发生强烈水解，得到的产物是（　　）

A. $Hg(OH)_2\downarrow$　　　B. $HgO \cdot Hg(NO_3)_2\downarrow$　　　C. $[Hg(OH)_4]^{2-}$　　　D. $HgO\downarrow$

16. 下列物质不能稳定存在的是（　　）

A. Hg^{2+}　　　　　B. Cu^+　　　　　C. CuI　　　　　D. HgI_2

17. 在化工生产中欲除去 $ZnSO_4$ 溶液中的杂质 Fe^{3+}，需加入的最佳物质是（　　）

A. $ZnCO_3$ B. $K_4[Fe(CN)_4]$ C. NaOH   D. NH_4F

18. 下列化合物中, 不溶于氨水的是 ( )

A. CuCl   B. $CuCl_2$ C. AgCl   D. $HgCl_2$

19. 下列硫化物中, 溶于 Na_2S 溶液的是 ( )

A. ZnS   B. CdS   C. HgS   D. CuS

20. 下列化合物中, 在氨水和硝酸溶液中都易溶解的是 ( )

A. AgCl   B. Ag_2CrO_4 C. Hg_2Cl_2 D. $HgCl_2$

二、填空题

1. 焊接金属时, 常用浓 $ZnCl_2$ 溶液处理金属表面, 其反应方程式为＿＿＿＿＿＿＿＿＿＿。

2. 在氯化铜溶液中加入浓盐酸时, 溶液因生成＿＿＿＿＿而呈＿＿＿＿＿色, 再加入铜屑煮沸, 并将溶液加水稀释, 可以得到＿＿＿＿＿色的＿＿＿＿＿。

3. 冷的稀 HNO_3 与过量汞反应的产物是＿＿＿＿＿。

4. 下列电极电势: $\varphi^{\ominus}_{(Ag^+/Ag)}$, $\varphi^{\ominus}_{([Ag(CN)_2]^-/Ag)}$, $\varphi^{\ominus}_{([Ag(NH_3)_2]^+/Ag)}$, $\varphi^{\ominus}_{(AgCl/Ag)}$ 中, 代数值最小的为＿＿＿＿＿。

5. ZnO 在高温下呈黄色、常温下呈白色的原因为＿＿＿＿＿＿＿＿＿＿＿＿＿＿＿＿。

6. 写出下列物质的化学式:

甘汞＿＿＿＿＿; 升汞＿＿＿＿＿; 辰砂＿＿＿＿＿。

7. 用一种＿＿＿＿＿试剂可区别下列三种离子: Cu^{2+}, Zn^{2+}, Hg^{2+}。

8. CuS 能溶于＿＿＿＿＿, HgS 能溶于＿＿＿＿＿。

三、简答题

1. 用反应方程式说明下列现象:

(1) 铜器在潮湿空气中会慢慢生成一层铜绿。

(2) 金溶于王水。

(3) 在 $CuCl_2$ 浓溶液逐渐加水稀释时, 溶液颜色由黄棕色经绿色而变为蓝色。

(4) 当 SO_2 通入 $CuSO_4$ 与 NaCl 的浓溶液中时析出白色沉淀。

(5) 向 $AgNO_3$ 溶液中滴加 KCN 溶液时, 先生成白色沉淀而后溶解, 再加入 NaCl 溶液时并无 AgCl 沉淀生成, 但加入少许 Na_2S 溶液时却析出黑色 Ag_2S 沉淀。

2. 选用配合剂分别将下列各种沉淀溶解, 并写出相应的方程式。

(1) CuCl   (2) $Cu(OH)_2$ (3) AgBr   (4) $Zn(OH)_2$

(5) CuS   (6) HgS   (7) HgI_2 (8) AgI

(9) CuI   (10) $Hg(NH_2)Cl$

3. 完成下列反应方程式:

(1) $Hg_2^{2+} + OH^- \longrightarrow$ (2) $Zn^{2+} + OH^-(浓) \longrightarrow$

(3) $Hg^{2+} + OH^- \longrightarrow$ (4) $Cu^{2+} + OH^-(浓) \longrightarrow$

(5) $Cu^+ + OH^- \longrightarrow$ (6) $Ag^+ + OH^- \longrightarrow$

(7) $Cu_2O + NH_3 + NH_4Cl + O_2 \longrightarrow$ (8) $Hg_2(NO_3)_2 + KI(过量) \longrightarrow$

(9) $Hg(NO_3)_2 + KI(过量) \longrightarrow$ (10) $Hg_2Cl_2 + NH_3 \longrightarrow$

(11) $Hg(NO_3)_2 + NH_3 \longrightarrow$ (12) $Hg_2(NO_3)_2 + NH_3 \longrightarrow$

(13) $Hg_2Cl_2 + SnCl_2 \longrightarrow$ (14) $HgS + Na_2S \longrightarrow$

4. 某化合物 A 溶于水得一浅蓝色溶液。在 A 溶液中加入 NaOH 溶液可得浅蓝色沉淀 B。B 能溶于 HCl 溶液, 也能溶于氨水。A 溶液中通入 H_2S, 有黑色沉淀 C 生成。C 难溶于 HCl 而易溶于热浓 HNO_3 中。在溶液中加入 $Ba(NO_3)_2$ 溶液, 无沉淀生成, 而加入 $AgNO_3$ 溶液时有白色沉淀 D 生成, D 溶于氨水, 试判断 A、B、C、D 为何物? 写出有关反应方程式。

5. 有一无色溶液，①加入氨水时有白色沉淀生成；②若加入稀碱则有黄色沉淀生成；③若滴加 KI 溶液，先析出橘红色沉淀，当 KI 过量时，橘红色沉淀消失；④若在此无色溶液中加入数滴汞并振荡，汞逐渐消失，仍变为无色溶液，此时加入氨水得灰黑色沉淀。问此无色溶液中含有哪种化合物？写出有关反应方程式。

6. 化合物 A 是一白色固体，加热能升华，微溶于水，A 的溶液可起下列反应：①加入 NaOH 于 A 的溶液中，产生黄色沉淀 B，B 不溶于碱可溶于 HNO_3；②通 H_2S 于 A 的溶液中，产生黑色沉淀 C，C 不溶于浓 HNO_3，但可溶于 Na_2S，得溶液 D；③加 $AgNO_3$ 于 A 的溶液中，产生白色沉淀 E，E 不溶于 HNO_3，但可溶于氨水，得溶液 F；④在 A 的溶液中滴加 $SnCl_2$ 溶液，产生白色沉淀 G，继续滴加，最后得黑色沉淀 H。试确定 A、B、C、D、E、F、G、H 各为何物？

7. 用适当的方法区别下列各对物质：

(1) $MgCl_2$ 和 $ZnCl_2$ 　　　　　(2) $HgCl_2$ 和 Hg_2Cl_2 　　　　　(3) $ZnSO_4$ 和 $Al_2(SO_4)_3$

(4) CuS 和 HgS 　　　　　(5) AgCl 和 Hg_2Cl_2 　　　　　(6) ZnS 和 Ag_2S

(7) Pb^{2+} 和 Cu^{2+} 　　　　　(8) Pb^{2+} 和 Zn^{2+}

8. 设计一种不用 H_2S 而能使下述离子分离的方案：

Ag^+、Hg_2^{2+}、Cu^{2+}、Zn^{2+}、Cd^{2+}、Hg^{2+}、Al^{3+}

9. 用方程式表示下列合成步骤：

(1) 由 CuS 合成 CuI 　　　　　(2) 由 $CuSO_4$ 合成 CuBr

(3) 由 $K[Ag(CN)_2]$ 合成 Ag_2CrO_4 　　　　　(4) 由黄铜矿 $CuFeS_2$ 合成 CuF_2

(5) 由 ZnS 合成 $ZnCl_2$(无水) 　　　　　(6) 由 Hg 制备 $K_2[HgI_4]$

(7) 由 $ZnCO_3$ 提取 Zn 　　　　　(8) 由 $[Ag(S_2O_3)_2]^{3-}$ 溶液中回收 Ag

四、计算题

1. 已知下列电对的 $\varphi^\ominus$ 值：

$Cu^{2+} + e^- \rightleftharpoons Cu^+$ 　　　　$\varphi^\ominus = 0.159\ V$

$Cu^+ + e^- \rightleftharpoons Cu$ 　　　　$\varphi^\ominus = 0.520\ V$

CuCl 的溶度积常数 $K_{sp}^\ominus = 1.2 \times 10^{-6}$，试计算：

(1) Cu^+ 在水溶液中发生歧化反应的平衡常数。

(2) 反应 $Cu + Cu^{2+} + 2Cl^- \rightleftharpoons 2CuCl\downarrow$ 在 298 K 时的平衡常数。

2. 已知 $Ag^+ + e^- \rightleftharpoons Ag$ 　　　　　　　$\varphi^\ominus = 0.7999\ V$

$AgI + e^- \rightleftharpoons Ag + I^-$ 　　　$\varphi^\ominus = -0.15\ V$

(1) 写出由上列两个半反应组成的原电池符号。

(2) 写出电池反应方程式。

(3) 求 $K_{sp}^\ominus(AgI)$ 值。

3. 已知 $[AuCl_2]^- + e^- \rightleftharpoons Au + 2Cl^-$ 　　　　$\varphi^\ominus = 1.15\ V$

$[AuCl_4]^- + 2e^- \rightleftharpoons [AuCl_2]^- + 2Cl^-$ 　　　　$\varphi^\ominus = 0.93\ V$

结合有关电对的 $\varphi^\ominus$ 值，计算 $[AuCl_2]^-$ 和 $[AuCl_4]^-$ 的稳定常数。

4. 1mL 0.2 $mol \cdot L^{-1}$ HCl 溶液中含有 Cu^{2+} 5 mg。若在室温及 101325 Pa 下通入 H_2S 气体至饱和，析出 CuS 沉淀。达到平衡时，溶液中残留的 Cu^{2+} 浓度为多少？已知：$K_{sp}^\ominus(CuS) = 2 \times 10^{-48}$，$K_{a1}^\ominus(H_2S) = 5.7 \times 10^{-8}$，$K_{a2}^\ominus(H_2S) = 1.2 \times 10^{-15}$。

5. $[Ag(CN)_2]^-$ 的不稳定常数是 1.0×10^{-20}，若把 1 g 银氧化并溶于含有 0.1 $mol \cdot L^{-1}$ CN^- 的 1 L 溶液中，计算平衡时 Ag^+ 的浓度。

科学家小传——门捷列夫

俄国化学家门捷列夫，1834 年 1 月 27 日生于西伯利亚的托波尔斯克。父亲是中学校长。父亲去世后，母亲为了让他上大学，变卖了家产，经过 2000 km 的马车旅行来到莫斯科。由于学区关系不能进入莫斯科大学，门捷列夫转而入彼得堡师范学院。1854 年大学毕业后，他担任了一段时间的中学教师。1856 年以《硅酸盐化合物的结构》的论文获硕士学位。1857 年成为彼得堡大学的副教授。1859 年赴德国深造，在本生的实验室里工作。1861 年回国后，先后任彼得堡工艺学院和彼得堡大学化学教授。1893 年被聘为国家度量衡所所长。曾获得戴维奖章、法拉第奖章和科普利奖章。1907 年 1 月 20 日在彼得堡逝世。

门捷列夫最大的贡献是发现了自然科学的一条基本规律——元素周期律，并据此预言了一些尚未被发现的元素，使无机化学系统化；提出了溶液水化理论，成为近代溶液理论的先驱；研究气体和液体的体积与温度和压力的关系，提出临界温度的概念，还提出将煤地下气化的主张；对石油工业、农业化学、无烟火药等也有较大贡献。共发表过四百多篇论著，其中最主要的是运用元素性质周期性的观点所著的《化学原理》。

门捷列夫为了科学事业不怕牺牲。1887 年 8 月 9 日，曾冒着生命危险，操纵气球升入高空观察日食。他相信发展科学有利于人类幸福。他说："播种科学，得到的是人民的收获。"

第14章 d 区 元 素

内容提要

(1) 了解 d 区元素的通性，即 d 电子化学的特征。

(2) 掌握钛单质、TiO_2、$TiCl_4$ 的性质和制备，以及钛合金的应用。

(3) 了解钒的性质及不同价态的颜色变化；掌握铬单质的特性与制备，三价铬与六价铬的转变。

(4) 了解钼和钨的简单化合物及同多酸、杂多酸的概念。

(5) 掌握从软锰矿制备单质锰，锰的变价及其氧化性。

(6) 了解铁、钴、镍氧化还原性变化规律，掌握其氧化物和氢氧化物的性质。

根据 IUPAC 规定，具有未填满 d 亚层的元素，或者可产生具有未填满 d 亚层阳离子的元素，称为过渡元素 (transition element)，包括长式周期表中 ⅢB～Ⅷ族元素[①]。过渡元素根据电子结构的特点可分为外过渡元素和内过渡元素，d 区元素即指外过渡元素，包括镧系中的镧，锕系中的锕，以及除镧系、锕系以外的其他过渡元素（内过渡元素指镧系和锕系）。这些外过渡元素原子（钯除外）的 d 轨道没有全部填满电子，f 轨道为全空（第四、五周期）或全满（第六周期）。按金属密度，习惯上将第四周期的过渡元素称为过渡元素（或第一过渡元素），第五、六周期的过渡元素称为重过渡元素（或第二、三过渡元素），过渡元素都是金属。由于第一过渡元素及其化合物应用较广，并且有一定的代表性，所以本章首先讨论过渡元素的通性，然后重点介绍第一过渡元素的单质及化合物的性质。

14.1 d 区元素的通性

14.1.1 原子的电子层结构和原子半径

d 区元素原子的价电子构型是 $(n-1)d^{1\sim10}ns^{1\sim2}$（Pd 的价电子构型为 $4d^{10}5s^0$）。同周期元素从左向右，随着原子序数增加，有效核电荷数增大，原子半径缓慢减小。同族元素从上向下原子半径增大。但是，对于第五、六周期的同族元素，镧系收缩 (lanthanide contraction) 与原子半径随周期数增加而增大的影响几乎相互抵消，造成 Zr 和 Hf、Nb 和 Ta、Mo 和 W 等的原子半径极为接近，化学性质相似，分离困难。

d 区元素与同周期主族元素相比有较小的原子半径，但相对原子质量有所增加，因而 d 区元素单质有较大的密度。

d 区元素在 $(n-1)d$ 轨道达到半充满之前，其 d 电子容易和外层电子共同参与形成金属键，随着 d 电子数增多，金属键增强，因而 ⅢB～ⅥB 族金属熔、沸点逐渐升高，铬族元素的原子可以提

[①] 关于过渡元素的范围有不同的看法，有人认为过渡元素只包括 d 轨道和 f 轨道未填满电子的元素（即 ⅢB～Ⅷ族），即不包括 ⅠB 族和 ⅡB 族；也有人认为应包括 ⅠB 族而不包括 ⅡB 族。

供 6 个价电子形成较强的金属键，因而它们的熔、沸点是同周期中最高的一族，当 $(n-1)d$ 轨道达到半充满后，随着原子序数的增加，价电子数逐渐减少，金属熔、沸点也逐渐降低。

d 区元素同族自上而下，随着主量子数增大，d 轨道在空间伸展范围变大，使各金属原子间的结合力增强，不易分开，所以原子化焓递增，熔、沸点也显著递增，钨和铼是熔点最高的金属（分别为 3683 ± 20 K，3453 K）。

ⅣB～ⅦB 族和Ⅷ族金属是同周期中最硬的，但锰的原子化焓及熔、沸点都低于其左边的铬和右边的铁，硬度却介于铁和铬之间。同族 d 区金属从上到下，硬度变化不规则。

应该指出的是，物质的硬度与其纯度及加工情况有密切关系。

14.1.2　金属活泼性

过渡元素从左至右其第一、第二电离能之和 (I_1+I_2) 逐渐增大（表 14.1）。

表 14.1　第一过渡元素的电离能、水合能、电极电势

性质	Sc	Ti	V	Cr	Mn	Fe	Co	Ni	Cu	Zn
$I_1+I_2/(\text{kJ}\cdot\text{mol}^{-1})$	1866	1968	2064	2149	2227	2320	2404	2490	2703	2640
M^{2+}水合能 $/(\text{kJ}\cdot\text{mol}^{-1})$	—	—	—	−1850	−1845	−1920	−2054	−2106	−2100	−2046
$\varphi^{\ominus}_{(M^{2+}/M)}/V$	—	−1.63	−1.13	−0.91	−1.18	−0.44	−0.28	−0.26	0.34	−0.76
$\varphi^{\ominus}_{(M^{3+}/M)}/V$	−2.08	−1.21	−0.88	−0.74	−0.28	−0.037	0.45			

由表 14.1 的数据可知第一过渡系金属（除 Cu 外）$\varphi^{\ominus}_{(M^{2+}/M)}$ 均为负值，其金属单质可从非氧化性酸中置换出氢。同一周期元素 $\varphi^{\ominus}_{(M^{2+}/M)}$ 代数值从左到右逐渐变大，其活泼性逐渐减弱。值得注意的是，$\varphi^{\ominus}_{(Cr^{2+}/Cr)} = -0.91\,\text{V}$ 比 $\varphi^{\ominus}_{(Mn^{2+}/Mn)} = -1.18\,\text{V}$ 大，与 Cr（$3d^54s^1$）的第二电离能较大有关。

同族元素除ⅢB 族外，其他各族从上向下活泼性均减弱。

d 区元素单质与酸作用可分为两类：①与酸作用产生氢气，这类元素有第一过渡元素（除 Cu 外）、Y 和 La；②不与酸反应，包括第二、三过渡元素，如 Ta 即使在水中也不被腐蚀，Nb 可受到轻微腐蚀。但许多第二、三过渡金属可与浓碱或熔碱发生反应。

14.1.3　氧化数

过渡金属有多种氧化数（表 14.2），第一过渡元素随原子序数的增加，最高氧化数逐渐升高，当 3d 轨道中电子数超过 5 时，最高氧化数又逐渐降低。第二、三过渡元素从左到右氧化数变化规律与第一过渡元素相同，但这些元素的最高氧化数化合物稳定，低氧化数化合物不常见。

表 14.2　过渡元素的氧化数

第一过渡元素	Sc	Ti	V	Cr	Mn	Fe	Co	Ni
价电子构型	$3d^14s^2$	$3d^24s^2$	$3d^34s^2$	$3d^54s^1$	$3d^54s^2$	$3d^64s^2$	$3d^74s^2$	$3d^84s^2$
氧化数	+3	−1, 0, +2, +3, +4	−1, 0, +1, +2, +3, +4, +5	−2, −1, 0, +1, +2, +3, +4, +5, +6	−3, −2, −1, 0, +1, +2, +3, +4, +5, +6, +7	−2, 0, +1, +2, +3, +4, +6	−1, 0, +1, +2, +3, +4, +5	−1, 0, +1, +2, +3, +4

续表

第二过渡元素	Y	Zr	Nb	Mo	Tc	Ru	Rh	Pd
价电子构型	$4d^15s^2$	$4d^25s^2$	$4d^45s^1$	$4d^55s^1$	$4d^55s^2$	$4d^75s^1$	$4d^85s^1$	$4d^{10}5s^0$
氧化数	+3	0, +1, +2, +3, $\underline{+4}$	-1, +1, +2, +3, +4, $\underline{+5}$	-2, 0, +1, +2, +3, +4, +5, $\underline{+6}$	-1, 0, +1, +2, +3, +4, +5, +6, $\underline{+7}$	-2, 0, +1, +2, +3, $\underline{+4}$, +5, +6, +7, +8	-1, 0, +1, +2, $\underline{+3}$, +4, +6	0, $\underline{+2}$, +4

第三过渡元素	La	Hf	Ta	W	Re	Os	Ir	Pt
价电子构型	$5d^16s^2$	$5d^26s^2$	$5d^36s^2$	$5d^46s^2$	$5d^56s^2$	$5d^66s^2$	$5d^76s^2$	$5d^96s^1$
氧化数	+3	+1, +3, +4	-1, +1, +2, +3, +4, $\underline{+5}$	-2, 0, +1, +2, +3, +4, +5, $\underline{+6}$	-1, 0, +1, +2, +3, +4, +5, +6, $\underline{+7}$	0, +2, +3, +4, +5, +6, +7, $\underline{+8}$	-1, 0, +1, $\underline{+3}$, +4, +5, +6	0, $\underline{+2}$, $\underline{+4}$, +5, +6

注：氧化数下"—"表示常见稳定的氧化数。

在同族中从上至下，高氧化数化合物趋向稳定，这一点与 p 区ⅢA、ⅣA、ⅤA 族元素正好相反。

14.1.4　离子颜色

过渡元素所形成的配离子大都显色，主要原因是这些元素离子的 d 轨道未填满电子，能发生 d-d 跃迁，由于晶体场分裂能不同，d-d 跃迁所需能量也不同，所以吸收光的波长不同，离子所显的颜色也不同。表 14.3 列出第一过渡元素低氧化数水合离子的颜色。

表 14.3　第一过渡元素低氧化数水合离子的颜色

元素	Sc	Ti	V	Cr	Mn	Fe	Co	Ni
M^{2+}中 d 电子数	—	2	3	4	5	6	7	8
$[M(H_2O)_6]^{2+}$颜色	—	褐	紫	天蓝	浅桃红	浅绿	粉红	绿
M^{3+}中 d 电子数	0	1	2	3	4	5	6	7
$[M(H_2O)_6]^{3+}$颜色	无	紫	绿	蓝紫	红	浅紫	绿	粉红

14.1.5　磁性

多数过渡元素的原子或离子有未成对电子，所以具有顺磁性。这一现象可以通过电子顺磁共振(electron paramagnetic resonance，EPR)技术进行研究，也是造成核磁共振(nuclear magnetic resonance，NMR)谱图谱线变宽和化学位移值出现异常的原因。未成对的 d 电子越多，磁矩 μ 也越大(表 14.4)。

表 14.4　未成对 d 电子与物质磁性的关系

中心离子	VO^{2+}	V^{3+}	Cr^{3+}	Mn^{2+}	Fe^{2+}	Co^{2+}	Ni^{2+}
d 电子数	1	2	3	5	6	7	8
未成对 d 电子数	1	2	3	5	4	3	2
磁矩 μ/B.M.	1.73	2.83	3.87	5.92	4.90	3.87	2.83

14.1.6　配合物

过渡元素易形成配合物。过渡元素的离子(或原子)具有能级相近的价电子轨道[$(n-1)d$, ns, np]接受配体的孤对电子,同时过渡元素的离子半径较小,最外电子层一般为未填满的 d^x 结构,有较大的有效核电荷,对配体有较强的吸引力和较强的极化作用,所以它们有很强的形成配合物的倾向。一些过渡元素的原子也能形成配合物,如[$Ni(CO)_4$]、[$Fe(CO)_5$]、[$Co_2(CO)_8$]、[$Mn_2(CO)_{10}$]等。

14.1.7　催化性

许多过渡元素及其化合物具有独特的催化性能,其原因是反应过程中,过渡元素可形成不稳定的配合物。这些配合物作为中间产物可起到配位催化的作用,另外过渡元素也可通过提供适宜的反应表面,起到接触催化作用。

14.2　第一过渡元素

14.2.1　钛

因为钛(titanium)在自然界存在分散并且金属钛提炼困难,所以一直被人们认为是一种稀有金属,但实际上它在地壳中含量是比较丰富的。钛的重要矿物有金红石(主要成分是 TiO_2)和钛铁矿(主要成分是 $FeTiO_3$),其次是组分复杂的钒钛铁矿。我国四川攀枝花地区有大量的钒钛铁矿,该地区 TiO_2 储量占全国的 92%以上。

1. 钛的性质和用途

钛元素的基本性质列于表 14.5。

表 14.5　钛元素的基本性质

元素	元素符号	原子序数	相对原子质量	价电子构型	主要氧化数	共价半径/pm	M^{4+}半径/pm	第一电离能/(kJ·mol^{-1})	电负性	$\varphi_a^{\ominus}$ (MO^{2+}/M)
钛	Ti	22	47.90	$3d^24s^2$	+3, +4	136	68	658	1.54	−0.882

金属钛具有银白色光泽,熔点较高,密度比钢小,机械强度大,并具有优越的抗腐蚀性(尤其是对海水),因为其表面形成一层致密的氧化膜,对钛有保护作用,使其不被酸、碱侵蚀。由于上述优点,钛具有广泛的重要用途,如利用钛合金制造喷气发动机、超音速飞机、海洋化工设备等。钛还可用于代替损坏的骨头,被称为"亲生物金属"。

在常温下钛比较稳定,不与氧气、卤素、强酸或水发生反应,红热时钛与氧生成 TiO_2,约 800℃与氮生成金色 Ti_3N_4,300℃与氯生成 $TiCl_4$,在高温下还能与其他非金属化合。钛在常温下虽不能与水或稀酸反应,但可溶于浓盐酸或热的稀盐酸中形成 Ti^{3+}:

$$2Ti + 6HCl = 2TiCl_3 + 3H_2\uparrow$$

钛与稀硝酸反应,在其表面形成一层偏钛酸(H_2TiO_3)而使钛钝化:

$$Ti + 4HNO_3 == H_2TiO_3 + 4NO_2\uparrow + H_2O$$

钛也可溶于氢氟酸，形成配合物：

$$Ti + 6HF == 2H^+ + [TiF_6]^{2-} + 2H_2\uparrow$$

2. 钛的重要化合物

钛原子的价电子构型为 $3d^2 4s^2$，最高氧化数为+4，此外还有+3 和+2 氧化数，其中+4 氧化数是钛最稳定和最常见的氧化数。由于 Ti^{4+} 的电荷高、半径小(68 pm)，对配位离子有很强的极化力，$Ti(IV)$ 化合物一般都是共价型，没有 Ti^{4+} 自由离子和溶剂合离子。

1) 二氧化钛(TiO_2)

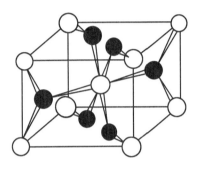

图 14.1 TiO_2 的晶胞

TiO_2 在自然界中有三种晶型：金红石、锐钛矿和板钛矿。天然 TiO_2 是金红石，由于含少量杂质而呈红色或橙色，纯的 TiO_2 为白色难溶固体，受热变黄，冷却又变白。TiO_2 属简单四方晶系($a = b \neq c$; $\alpha = \beta = \gamma = 90°$)，是典型的 AB_2 型化合物的结构，通常称具有这种结构的物质为金红石型。VO_2、RuO_2、OsO_2、IrO_2、MnO_2、NbO_2 及 SnO_2 等均是金红石型结构。TiO_2 的晶胞如图 14.1 所示。在 TiO_2 晶体中，Ti 的配位数为 6，O 的配位数为 3。

TiO_2 难溶于水，具有两性(以碱性为主)，可溶于稀酸和浓碱：

$$TiO_2 + 2NaOH(浓) \xrightarrow{\triangle} Na_2TiO_3 + H_2O$$

由于 Ti^{4+} 电荷多，半径小，极易水解，所以水溶液中不存在 Ti^{4+}，TiO^{2+} 可看作是 Ti^{4+} 二级水解产物脱水而形成的：

$$TiO_2 + H_2SO_4(浓) == TiOSO_4 + H_2O$$

TiO_2 可溶于 HF 中：

$$TiO_2 + 6HF == [TiF_6]^{2-} + 2H^+ + 2H_2O$$

纯 TiO_2 俗称钛白，其化学性质不活泼、无毒，且覆盖能力强，折射率高，可用于制造高级白色油漆。TiO_2 也用作纸张中的填充剂。此外，因为 TiO_2 具有较好的紫外线掩蔽作用，也常被添加到防晒化妆品中。值得注意的是，通过呼吸进入人体的 TiO_2 粉尘被认为可能致癌，目前被世界卫生组织国际癌症研究机构(IARC)列入 2B 类致癌物清单中。

生产 TiO_2 有硫酸法和氯化法，我国主要采用硫酸法，其主要反应为

$$\underset{(钛铁矿)}{FeTiO_3} + 2H_2SO_4(浓) \xrightarrow{分解,煮沸} FeSO_4 + \underset{(硫酸氧钛)}{TiOSO_4} + 2H_2O$$

$$TiOSO_4 + 2H_2O == H_2TiO_3\downarrow + H_2SO_4$$

$$H_2TiO_3 \xrightarrow{烘干,焙烧} TiO_2 + H_2O\uparrow$$

氯化法的反应为

$$TiCl_4 + O_2 \xrightarrow[\triangle]{1000℃} TiO_2 + 2Cl_2$$

2）四氯化钛（$TiCl_4$）

$TiCl_4$ 是钛最重要的卤化物，以它为原料可以制备一系列化合物和金属钛。$TiCl_4$ 通常由 TiO_2、Cl_2 和碳在高温下反应制得：

$$TiO_2 + 2Cl_2 + 2C \xrightarrow{\triangle} TiCl_4 + 2CO$$

$TiCl_4$ 为共价化合物，其熔点和沸点分别为 $-25℃$ 和 $136.4℃$，常温下为无色液体，易挥发，具有刺激性气味，易溶于有机溶剂：

$$TiCl_4 + 4C_2H_5OH + 4R'NH_2 \Longrightarrow Ti(OC_2H_5)_4 + 4R'NH_3Cl$$

在 $Ti(OC_2H_5)_4$ 中 Ti 为 6 配位（图 14.2）。

$TiCl_4$ 极易水解，在潮湿空气中由于水解而冒烟：

$$TiCl_4 + 3H_2O \Longrightarrow H_2TiO_3\downarrow + 4HCl\uparrow$$

利用此反应可以制造烟幕。

在灼热的管式电炉中，可用过量氢气还原四氯化钛，得到紫色粉末状 $TiCl_3$：

$$2TiCl_4 + H_2 \Longrightarrow 2TiCl_3 + 2HCl$$

用 Zn 处理 $TiCl_4$ 的盐酸溶液，也可以得到 $TiCl_3$：

$$2TiCl_4 + Zn \Longrightarrow 2TiCl_3 + ZnCl_2$$

从溶液中可以析出六水合三氯化钛 $TiCl_3 \cdot 6H_2O$ 的紫色晶体。

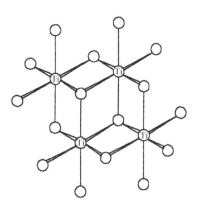

图 14.2　$Ti(OC_2H_5)_4$ 的结构

3）钛酸盐和钛氧盐

TiO_2 具有两性，可形成两系列盐——钛酸盐和钛氧盐。

钛酸盐大多难溶于水，如 $BaTiO_3$ 为难溶的白色固体。用 TiO_2 和 $BaCO_3$ 及助熔剂（$BaCl_2$ 和 Na_2CO_3）一起熔融可制得 $BaTiO_3$：

$$TiO_2 + BaCO_3 \xrightarrow{熔融} BaTiO_3 + CO_2\uparrow$$

$BaTiO_3$ 具有铁电性，是制造超声波发生器的材料。

硫酸氧钛（$TiOSO_4$）或称硫酸钛酰，为白色粉末，可溶于冷水。实际上在溶液或晶体内不存在简单的 TiO^{2+}，而以 TiO^{2+} 聚合形成锯齿状长链 $(TiO)_n^{2n+}$ 的形式存在（图 14.3）。在晶体中这些长链彼此之间由 SO_4^{2-} 连接起来。

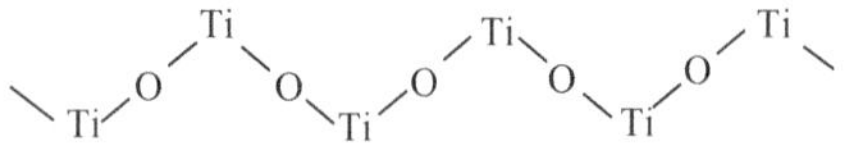

图 14.3　$(TiO)_n^{2n+}$ 长链示意图

钛酸盐和钛氧盐皆易水解，形成白色偏钛酸（H_2TiO_3）沉淀：

$$Na_2TiO_3 + 2H_2O \Longrightarrow H_2TiO_3\downarrow + 2NaOH$$

$$TiOSO_4 + 2H_2O \xrightarrow{\triangle} H_2TiO_3\downarrow + H_2SO_4$$

在 Ti(IV) 盐的酸性溶液中加入 H_2O_2，则生成较稳定的橙色配合物 $[TiO(H_2O_2)]^{2+}$：

$$TiO^{2+} + H_2O_2 =\!=\!=\!= [TiO(H_2O_2)]^{2+}（橙）$$

利用此反应可以测定钛。

14.2.2　钒

钒（vanadium）是 VB 族第一个元素，在自然界中的含量比锌、铜、铅等普通元素还要多，但分布很分散，提取和分离比较困难，因而被列为稀有元素。钒主要以+3 和+5 两种氧化态存在于矿石中。比较重要的钒矿有钒酸钾铀矿 $K(UO_2)VO_4 \cdot 3/2H_2O$ 和钒铅矿 $Pb_5(VO_4)_3Cl$。

1. 钒的性质和用途

钒元素的基本性质列于表 14.6 和表 14.7。

表 14.6　钒元素的基本性质

元素	元素符号	原子序数	相对原子质量	价电子构型	主要氧化数	共价半径/pm	M^{5+}半径/pm	第一电离能/(kJ·mol^{-1})	电负性	$\varphi_a^\ominus(MO_2^+/M)$
钒	V	23	50.94	$3d^34s^2$	+2, +3, +4, +5	122	59	650	1.63	−0.25

表 14.7　钒、钛单质的某些物理性质

元素	密度/(g·cm^{-3})	熔点/K	沸点/K
钛	4.54	1933 ± 10	3560
钒	6.11	2163 ± 10	3653

块状钒在常温下能抗空气、海水、苛性碱、稀硫酸、盐酸的腐蚀，但溶于氢氟酸、浓硫酸、硝酸和王水中。在高温时，钒能和大多数非金属化合，如

$$4V + 5O_2 \xrightarrow{\geqslant 933\,K} 2V_2O_5$$

钒和非金属生成的许多化合物是非计量或间隙式的，与氮和碳等生成的化合物能使钒的熔点升高。

钒主要用于制造钒钢。钢中加钒，可使钢质紧密，韧性、弹性和强度提高，并有很高的耐磨损性和抗撞击性，因此钒钢是汽车和飞机制造业中特别重要的材料。

2. 钒的重要化合物

钒的不同氧化态化合物具有不同的特征颜色。若向紫色 V^{2+} 溶液中加氧化剂如 $KMnO_4$，先得到绿色 V^{3+} 溶液，继续被氧化为蓝色 VO^{2+} 溶液，最后 VO^{2+} 被氧化为黄色 VO_2^+ 溶液。不同氧化态钒化合物的颜色和相应离子颜色相近。

钒的标准电极电势图如下所示，由此可见 V^{2+}、V^{3+} 有较明显的还原性。

$$\varphi_a^\ominus / V \quad VO_2^+ \underline{\quad 1.0 \quad} VO^{2+} \underline{\quad 0.337 \quad} V^{3+} \underline{\quad -0.255 \quad} V^{2+} \underline{\quad -1.13 \quad} V$$

离子颜色　　黄　　　蓝　　　　绿　　　紫

请考虑：为什么水溶液中不存在简单的 V^{5+}？

1) 五氧化二钒

V_2O_5 为橙黄色至砖红色粉末，无味、有毒（钒的化合物均有毒），室温下它在水中的溶解度为 0.07 g/100 g H_2O。热分解偏钒酸铵 NH_4VO_3 可得到 V_2O_5：

$$2NH_4VO_3 \xrightarrow{600℃} V_2O_5 + 2NH_3\uparrow + H_2O$$

V_2O_5 的主要性质有：

(1) 酸碱性。V_2O_5 为两性氧化物（以酸性为主），易溶于碱。溶于冷的强碱生成正钒酸盐，溶于热的强碱生成偏钒酸盐，溶于强酸生成含氧离子盐：

$$V_2O_5 + 6NaOH(冷) \Longrightarrow 2Na_3VO_4(无色) + 3H_2O$$
$$\text{正钒酸钠}$$

$$V_2O_5 + 2NaOH(热) \Longrightarrow 2NaVO_3(无色) + H_2O$$
$$\text{偏钒酸钠}$$

$$V_2O_5 + H_2SO_4 \Longrightarrow (VO_2)_2SO_4(淡黄) + H_2O$$
$$\text{硫酸钒氧}$$

(2) 氧化性。V_2O_5 为中强氧化剂，若将其溶于浓 HCl，得到 V(Ⅳ) 盐和 Cl_2：

$$V_2O_5 + 6HCl \Longrightarrow 2VOCl_2 + Cl_2 + 3H_2O$$
$$\text{蓝色}$$

(3) 催化性。V_2O_5 是一种较好的催化剂，用于接触法制 H_2SO_4、空气氧化萘法制邻苯二甲酸酐等。

2) 钒酸及其盐

由于 V_2O_5 微溶于水，形成的钒酸浓度很低，实用价值不大，而钒酸盐用途广泛。

钒酸盐在一定条件下，发生钒酸根的缩合作用，即由小分子经缩水而形成较复杂的大分子。简单的正钒酸根（VO_4^{3-}）只存在于强碱性溶液（pH ≥ 13）中，其结构与 ClO_4^-、SO_4^{2-} 及 PO_4^{3-} 等含氧酸根类似，均为四面体。若向钒酸盐溶液中加酸，使溶液的 pH 逐渐降低，将生成不同的多钒酸盐，如 pH = 10.6～12 时生成二钒酸盐，在水溶液中有下列平衡：

二钒酸根（$V_2O_7^{4-}$）于 pH≈9 时再进一步缩合，得到四钒酸根 $H_2[V_4O_{13}]^{4-}$：

$$2V_2O_7^{4-} + 4H^+ \Longrightarrow H_2[V_4O_{13}]^{4-} + H_2O \quad (pH≈9)$$

当 pH≈7 时得到棕色五钒酸根 $H_4[V_5O_{16}]^{3-}$：

$$5H_2[V_4O_{13}]^{4-} + 8H^+ \Longrightarrow 4H_4[V_5O_{16}]^{3-} + H_2O \quad (pH≈7)$$

VO_4^{3-}、$V_2O_7^{4-}$、$H_2[V_4O_{13}]^{4-}$ 均无色，而 $H_4[V_5O_{16}]^{3-}$ 呈棕色。

若向浓度较大的钒酸盐溶液中加酸，继续缩合，经 $H_4[V_5O_{16}]^{3-}$ 得到 V_2O_5 红棕色沉淀：

$$2H_4[V_5O_{16}]^{3-} + 6H^+ \Longrightarrow 5V_2O_5\downarrow(红棕) + 7H_2O \quad (pH≈2)$$

继续加酸，V_2O_5 溶解得到 VO_2^+ 淡黄色溶液：

$$V_2O_5 + 2H^+ \Longrightarrow 2VO_2^+(\text{淡黄}) + H_2O \quad (pH<1)$$

应注意的是，钒酸根离子在溶液中聚合的情况除了与 pH 有密切的关系以外，还与钒酸根浓度的大小有密切关系。

在酸性溶液中，钒酸盐是一个较强氧化剂：

$$VO_2^+ + 2H^+ + e^- \Longrightarrow VO^{2+} + H_2O \quad \varphi_a^\ominus = 1.0 \text{ V}$$

VO_2^+ 可以被 Fe^{2+}、草酸、酒石酸和乙醇等还原剂还原为 VO^{2+}：

$$VO_2^+ + Fe^{2+} + 2H^+ \Longrightarrow VO^{2+} + Fe^{3+} + H_2O$$

$$2VO_2^+ + H_2C_2O_4 + 2H^+ \xrightarrow{\triangle} 2VO^{2+} + 2CO_2\uparrow + 2H_2O$$

上述反应可用于氧化还原容量法测定钒。

VO^{2+} 的氧化性较弱，只有在较强的还原剂 Sn^{2+}、Ti^{3+} 或 SO_2 存在时才能将其还原为 V^{3+}。VO^{2+} 的还原性也很弱，只有用很强的氧化剂才能将其氧化为 VO_2^+：

$$5VO^{2+} + MnO_4^- + H_2O \Longrightarrow 5VO_2^+ + Mn^{2+} + 2H^+$$
$$\quad\text{蓝色}\qquad\text{紫红}\qquad\qquad\qquad\text{淡黄}$$

14.2.3　铬

铬(chromium)为ⅥB族元素，在地壳中的丰度为 1.0×10^{-4}，铬在所有金属中硬度最大，最重要的铬矿是铬铁矿 $Fe(CrO_2)_2$。

1. 铬的性质和用途

铬元素的性质列于表 14.8。

表 14.8　铬元素的基本性质

元素	元素符号	原子序数	相对原子质量	价电子构型	主要氧化数	共价半径/pm	离子半径/pm		第一电离能/(kJ·mol^{-1})	电负性
							M^{3+}	M^{6+}		
铬	Cr	24	51.996	3d^{5}4s^1	+2, +3, +6	118	64	52	652.8	1.60

铬常由铬铁矿和碳在电炉中反应得到：

$$Fe(CrO_2)_2 + 4C \longrightarrow Fe + 2Cr + 4CO$$

较纯的铬是在返焰炉中用固体 Na_2CO_3 或 NaOH 熔矿，然后用水浸取 Na_2CrO_4，经酸化浓缩得到 $Na_2Cr_2O_7$ 结晶，再用碳还原 $Na_2Cr_2O_7$ 得 Cr_2O_3，最后用铝热法自 Cr_2O_3 得到金属 Cr，相应反应如下：

$$4Fe(CrO_2)_2 + 8Na_2CO_3 + 7O_2 \Longrightarrow 2Fe_2O_3 + 8Na_2CrO_4 + 8CO_2\uparrow$$

$$Na_2Cr_2O_7 + 2C \Longrightarrow Cr_2O_3 + Na_2CO_3 + CO\uparrow$$

$$Cr_2O_3 + 2Al \Longrightarrow 2Cr + Al_2O_3$$

铬是极硬的银白色金属，含有杂质的铬硬而脆，高纯度的铬软一些，有延展性。在酸性介质中铬比较活泼，能溶于稀 HCl、H_2SO_4，先生成蓝色 Cr^{2+} 溶液，然后被空气中的氧氧化成绿色的 Cr^{3+} 溶液：

$$Cr + 2HCl === CrCl_2 + H_2 \uparrow$$

$$4CrCl_2 + 4HCl + O_2 === 4CrCl_3 + 2H_2O$$

由于铬的钝化，王水和 HNO_3(稀、浓)都不能溶解铬。铬表面易生成氧化物保护膜，常温和受热时，膜可以保护内层金属不被氧化。高温下，铬和卤素、硫、氮等非金属直接反应生成相应的化合物。

铬具有良好光泽，抗腐蚀性强，常用作金属表面的镀层(如自行车、汽车、精密仪器的零件常为镀铬制件)。大量铬用于制造合金，如铬钢、不锈钢等。

2. 铬的重要化合物

$$\varphi_a^{\ominus}/V \quad Cr_2O_7^{2-} \xrightarrow{+1.36} [Cr(H_2O)_6]^{3+} \xrightarrow{-0.42} [Cr(H_2O)_6]^{2+} \xrightarrow{-0.91} Cr$$

$$\varphi_b^{\ominus}/V \quad CrO_4^{2-} \xrightarrow{-0.72} [Cr(OH)_4]^- \xrightarrow{-1.2} Cr(OH)_2 \xrightarrow{-1.4} Cr$$

由铬的元素电极电势图可知：在酸性溶液中，氧化数为+6 的铬($Cr_2O_7^{2-}$)有较强的氧化性，可被还原成 Cr^{3+}，而 Cr^{2+}有较强的还原性，可被氧化为 Cr^{3+}。因此，在酸性溶液中 Cr^{3+}不易被氧化，也不易被还原。在碱性溶液中，氧化数为+6 的铬(CrO_4^{2-})氧化性很弱；相反，Cr(Ⅲ)易被氧化成 Cr(Ⅵ)。

铬的化合物很多，其中以氧化数+3、+6 的化合物常见。

1) 铬(Ⅲ)的氧化物和氢氧化物

三氧化二铬(Cr_2O_3)的主要制备方法如下：

高温下，通过金属铬与氧直接化合得到绿色的 Cr_2O_3：

$$4Cr + 3O_2 \xrightarrow{\triangle} 2Cr_2O_3$$

用硫还原重铬酸钠：

$$Na_2Cr_2O_7 + S === Cr_2O_3 + Na_2SO_4$$

将重铬酸铵加热分解：

$$(NH_4)_2Cr_2O_7 \xrightarrow{\triangle} N_2 \uparrow + Cr_2O_3 + 4H_2O$$

三氧化铬热分解：

$$4CrO_3 \xrightarrow{\triangle} 2Cr_2O_3 + 3O_2 \uparrow$$

Cr_2O_3 微溶于水，熔点很高(2708 K)，Cr_2O_3 与 Al_2O_3 同晶，也是两性氧化物，溶于酸中得到盐，溶于浓的强碱中生成深绿色的亚铬酸钠：

$$Cr_2O_3 + 3H_2SO_4 === Cr_2(SO_4)_3(紫色) + 3H_2O$$

$$Cr_2O_3 + 2NaOH + 3H_2O === 2NaCr(OH)_4(深绿色)$$

高温灼烧过的 Cr_2O_3 在酸、碱液中都呈惰性，但可加入熔矿剂用熔融法使其变为可溶性盐：

$$Cr_2O_3 + 3K_2S_2O_7 \xrightarrow{共熔} Cr_2(SO_4)_3 + 3K_2SO_4$$

Cr_2O_3 不仅是冶炼其他铬化合物的原料，而且可以用作催化剂，也常作为绿色颜料(俗称铬绿)。

向铬(Ⅲ)盐溶液中加入碱,可得灰绿色胶状水合氧化铬($Cr_2O_3 \cdot xH_2O$)沉淀,通常称为氢氧化铬,习惯上以$Cr(OH)_3$表示。$Cr(OH)_3$难溶于水,具有两性:

$$Cr(OH)_3 + 3H^+ == Cr^{3+} + 3H_2O$$

$$Cr(OH)_3 + OH^- == [Cr(OH)_4]^-$$

2)铬(Ⅲ)盐

常见的铬(Ⅲ)盐有 $CrCl_3 \cdot 6H_2O$(紫色或绿色)、$Cr_2(SO_4)_3 \cdot 18H_2O$(紫色)、$KCr(SO_4)_2 \cdot 12H_2O$(俗称铬钾矾,蓝紫色),它们皆易溶于水。

$CrCl_3$的稀溶液呈紫色,其颜色随温度、离子浓度的变化而变化,温度升高,Cl^-浓度加大,使溶液变成浅绿或暗绿,这是由于生成了$[CrCl(H_2O)_5]^{2+}$(浅绿)或$[CrCl_2(H_2O)_4]^+$(暗绿):

$$[Cr(H_2O)_6]^{3+} \xrightarrow{Cl^-} [CrCl(H_2O)_5]^{2+} \xrightarrow{Cl^-} [CrCl_2(H_2O)_4]^+$$
$$\quad\quad 紫色 \quad\quad\quad\quad\quad 浅绿 \quad\quad\quad\quad\quad 暗绿$$

Cr^{3+}的性质有:

(1)水解性。Cr^{3+}的盐容易发生水解:

$$[Cr(H_2O)_6]^{3+} + H_2O \rightleftharpoons [Cr(OH)(H_2O)_5]^{2+} + H_3O^+$$

若酸度降低,$[CrCl(H_2O)_5]^{2+}$与$[Cr(H_2O)_6]^{3+}$进一步反应生成多核配合物:

$$\left.\begin{array}{c}[Cr(H_2O)_6]^{3+}\\ +\\ [Cr(OH)(H_2O)_5]^{2+}\end{array}\right\} \rightleftharpoons [(H_2O)_5Cr\underset{}{\overset{\overset{\textstyle H}{\textstyle O}}{\diagdown\diagup}}Cr(H_2O)_5]^{5+} + H_2O$$

$$2[Cr(OH)(H_2O)_5]^{2+} \rightleftharpoons [(H_2O)_4Cr\underset{\underset{\textstyle OH}{\textstyle O}}{\overset{\overset{\textstyle H}{\textstyle O}}{\diagdown\diagup}}Cr(H_2O)_4]^{4+} + 2H_2O$$

若向上述溶液中继续加入碱,可形成高相对分子质量的可溶性聚合物,最后析出水合氧化铬(Ⅲ)胶状物质。

将含有$[Cr(OH)_4]^-$的水溶液加热煮沸,可完全水解为水合氧化铬(Ⅲ)沉淀:

$$2[Cr(OH)_4]^- + (x-3)H_2O == Cr_2O_3 \cdot xH_2O\downarrow + 2OH^-$$

(2)还原性。在碱性溶液中,$[Cr(OH)_4]^-$有较强的还原性,如可用H_2O_2将其氧化为CrO_4^{2-}:

$$2[Cr(OH)_4]^- + 3H_2O_2 + 2OH^- == 2CrO_4^{2-} + 8H_2O$$
$$\quad 绿色 \quad\quad\quad\quad\quad\quad\quad\quad\quad\quad\quad\quad 黄色$$

在酸性溶液中,需用很强的氧化剂如过硫酸盐才能将Cr^{3+}氧化成$Cr_2O_7^{2-}$:

$$2Cr^{3+} + 3S_2O_8^{2-}(s) + 7H_2O \xrightarrow{Ag^+催化} Cr_2O_7^{2-} + 6SO_4^{2-} + 14H^+$$

(3)铬(Ⅲ)的配合物。Cr^{3+}的价电子构型为$3d^34s^04p^0$,有 6 个空轨道,离子半径小,因此易形成 d^2sp^3 型配合物。在这些配合物中,e_g轨道全空,在可见光下极易发生 d-d 跃迁,所以

Cr（Ⅲ）配合物大都显色。Cr^{3+}在水溶液中以水合离子$[Cr(H_2O)_6]^{3+}$形式存在，配体水分子可被其他配体取代，如被氨取代后，配离子发生以下变化：

$$[Cr(H_2O)_6]^{3+} \underset{H_2O}{\overset{NH_3}{\rightleftharpoons}} [Cr(NH_3)_3(H_2O)_3]^{3+} \underset{H_2O}{\overset{NH_3}{\rightleftharpoons}} [Cr(NH_3)_6]^{3+}$$

紫色　　　　　　　　　　浅红色　　　　　　　黄色

3）铬（Ⅵ）化合物

铬（Ⅵ）价电子构型为$3d^0 4s^0 4p^0$，具有反磁性，不存在 d-d 跃迁，但 Cr（Ⅵ）的化合物都显颜色，其原因是 Cr—O 之间有较强的极化效应，氧原子一端的电子向 Cr（Ⅵ）跃迁，这种电荷跃迁比 Ti（Ⅳ）和 V（Ⅴ）的跃迁更容易，所以物质呈现出较深的颜色。

（1）三氧化铬（CrO_3），俗名"铬酐"。向$K_2Cr_2O_7$饱和溶液中加入过量的浓硫酸，即可析出暗红色的CrO_3晶体：

$$K_2Cr_2O_7 + H_2SO_4(浓) =\!=\!= 2CrO_3\downarrow + K_2SO_4 + H_2O$$

CrO_3有毒，熔点为 369 K，加热超过熔点则分解放出氧气：

$$4CrO_3 \overset{\triangle}{=\!=\!=} 2Cr_2O_3 + 3O_2\uparrow$$

CrO_3具有强氧化性，与有机物（如乙醇）作用可剧烈反应。

CrO_3广泛用作有机反应的氧化剂和电镀的镀铬液成分，也可用于制取高纯金属铬。

（2）铬酸和重铬酸及其盐。三氧化铬溶于水生成铬酸，溶液呈黄色。铬酸是中强酸，存在于水溶液中。它在水溶液中分两步电离：

$$H_2CrO_4 \rightleftharpoons H^+ + HCrO_4^- \qquad K_{a1}^\ominus = 4.1$$

$$HCrO_4^- \rightleftharpoons H^+ + CrO_4^{2-} \qquad K_{a2}^\ominus = 10^{-5.9}$$

CrO_4^{2-}中铬氧键较强，所以它不像VO_3^-那样容易形成各种多酸，但在酸性溶液中也能形成比较简单的多酸根离子，最重要的是重铬酸根离子$Cr_2O_7^{2-}$。在溶液中存在下列平衡：

$$H^+ + CrO_4^{2-} \rightleftharpoons HCrO_4^- \qquad K_1^\ominus = \frac{c(HCrO_4^-)}{c(CrO_4^{2-})\cdot c(H^+)} = 10^{5.9}$$

$$2HCrO_4^- \rightleftharpoons Cr_2O_7^{2-} + H_2O \qquad K_2^\ominus = \frac{c(Cr_2O_7^{2-})}{[c(HCrO_4^-)]^2} = 10^{2.2}$$

$$2H^+ + 2CrO_4^{2-} \rightleftharpoons Cr_2O_7^{2-} + H_2O \qquad K^\ominus = \frac{c(Cr_2O_7^{2-})}{[c(CrO_4^{2-})]^2 \cdot [c(H^+)]^2} = 10^{2.2}\times(10^{5.9})^2 = 10^{14}$$

在酸性溶液中，$Cr_2O_7^{2-}$占优势；在中性溶液中，$c(Cr_2O_7^{2-})/[c(CrO_4^{2-})]^2 = 1$；在碱性溶液中，$CrO_4^{2-}$占优势。$CrO_4^{2-}$显黄色，$Cr_2O_7^{2-}$显橙红色。两者之间的转化取决于溶液的 pH。$H_2Cr_2O_7$的酸性比$H_2CrO_4$强些。

在铬酸盐、重铬酸盐中最重要的是它们的钠盐、钾盐，如K_2CrO_4为黄色晶体，$K_2Cr_2O_7$为橙红色晶体。CrO_4^{2-}呈四面体构型。在$Na_2Cr_2O_7$中发现了双铬的结构（图 14.4）。

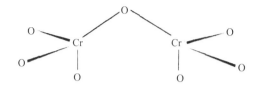

图 14.4　$Na_2Cr_2O_7$ 中 $Cr_2O_7^{2-}$ 的结构

除碱金属、铵和镁的铬酸盐易溶外，其他铬酸盐均难溶（表 14.9）。

表 14.9　一些铬酸盐、重铬酸盐的溶解度　　　　　[单位：$g \cdot (100\ g\ H_2O)^{-1}$]

	K^+	Na^+	Ca^{2+}	Sr^{2+}	Ba^{2+}
CrO_4^{2-}	62.9	76.9	2.3	0.123	0.00035
$Cr_2O_7^{2-}$	12.7	180	易溶	易溶	易溶
$t/℃$	20	20	19	15	18

由表 14.9 可见，铬酸盐的溶解度一般比重铬酸盐小，重铬酸盐中只有 $Ag_2Cr_2O_7$ 不溶于水，其余均溶于水。常见的难溶铬酸盐有 Ag_2CrO_4（砖红色）、$BaCrO_4$（黄色）、$PbCrO_4$（黄色）、$SrCrO_4$（黄色）：

$$Pb^{2+} + CrO_4^{2-} =\!=\!= PbCrO_4 \downarrow \qquad K_{sp}^{\ominus} = 2.8 \times 10^{-13}$$

$$2Ag^+ + CrO_4^{2-} =\!=\!= Ag_2CrO_4 \downarrow \qquad K_{sp}^{\ominus} = 2.0 \times 10^{-12}$$

由于铬酸盐溶解度小，在重铬酸盐中加入 Ag^+、Pb^{2+} 后，由于存在 CrO_4^{2-} 和 $Cr_2O_7^{2-}$ 之间的平衡，故生成相应的铬酸盐沉淀：

$$2Pb^{2+} + Cr_2O_7^{2-} + H_2O =\!=\!= 2H^+ + 2PbCrO_4 \downarrow$$

$$4Ag^+ + Cr_2O_7^{2-} + H_2O =\!=\!= 2H^+ + 2Ag_2CrO_4 \downarrow$$

Ag_2CrO_4、$BaCrO_4$、$PbCrO_4$ 和 $SrCrO_4$ 均溶于强酸。以 $BaCrO_4$（$K_{sp}^{\ominus} = 1.2 \times 10^{-10}$）为例：

$$2BaCrO_4 + 2H^+ =\!=\!= 2Ba^{2+} + Cr_2O_7^{2-} + H_2O$$

平衡浓度/($mol \cdot L^{-1}$)　　　　　　　　1　　　　$2x$　　　x

$$K^{\ominus} = \frac{c(Cr_2O_7^{2-}) \cdot [c(Ba^{2+})]^2}{[c(H^+)]^2} = \frac{c(Cr_2O_7^{2-}) \cdot [c(Ba^{2+})]^2 \cdot [c(CrO_4^{2-})]^2}{[c(CrO_4^{2-})]^2 \cdot [c(H^+)]^2}$$

$$= (K_{sp}^{\ominus})^2 \times 10^{14} = (1.2 \times 10^{-10})^2 \times 10^{14} = 1.44 \times 10^{-6}$$

$$\frac{(2x)^2 x}{1^2} = 1.44 \times 10^{-6}$$

$$x = 7 \times 10^{-3}$$

即平衡时 $c(Ba^{2+}) = 1.4 \times 10^{-2}\ mol \cdot L^{-1}$，可见 $BaCrO_4$ 明显溶于强酸。而在 HAc 溶液中，只有 $SrCrO_4$ 溶解，其他三种铬酸盐都不溶解。

（3）铬（Ⅵ）的氧化性。从电极电势图中可以看出重铬酸盐在酸性溶液中是强氧化剂，$K_2Cr_2O_7$ 是最常用的氧化剂之一：

$$Cr_2O_7^{2-} + 14H^+ + 6e^- \Longleftrightarrow 2Cr^{3+} + 7H_2O \qquad \varphi^{\ominus} = 1.33 \text{ V}$$

由能斯特方程可知：

$$\varphi_{(Cr_2O_7^{2-}/Cr^{3+})} = \varphi^{\ominus}_{(Cr_2O_7^{2-}/Cr^{3+})} + \frac{0.059}{6} \lg \frac{c(Cr_2O_7^{2-}) \cdot [c(H^+)]^{14}}{[c(Cr^{3+})]^2}$$

$c(H^+)$ 越高，$\varphi_{(Cr_2O_7^{2-}/Cr^{3+})}$ 值越大，所以 $Cr_2O_7^{2-}$ 的氧化能力随酸度降低而减弱。在冷溶液中 $K_2Cr_2O_7$ 可以氧化 H_2S、H_2SO_3、HI；在热溶液中可氧化 HBr、HCl。在这些反应中 $Cr_2O_7^{2-}$ 的还原产物都是 Cr^{3+} 的盐：

$$Cr_2O_7^{2-} + 8H^+ + 3SO_3^{2-} = 2Cr^{3+} + 3SO_4^{2-} + 4H_2O$$

$$Cr_2O_7^{2-} + 6I^- + 14H^+ = 2Cr^{3+} + 3I_2 + 7H_2O$$

$$Cr_2O_7^{2-} + 6Cl^- + 14H^+ \xrightarrow{\triangle} 2Cr^{3+} + 3Cl_2\uparrow + 7H_2O$$

在分析化学中，利用下列反应测试试液中 Fe^{2+} 的含量：

$$Cr_2O_7^{2-} + 6Fe^{2+} + 14H^+ = 2Cr^{3+} + 6Fe^{3+} + 7H_2O$$

实验室中所用的洗液就是重铬酸钾饱和溶液和浓硫酸的混合物，称为铬酸洗液，利用它的强氧化性洗去化学玻璃器皿上吸附的油脂层。当溶液全部变成暗绿色时，说明 Cr（Ⅵ）已全部转化为 Cr（Ⅲ），洗液失效。

在铬酸盐的酸性溶液中加入 H_2O_2，再加入一些乙醚，轻轻摇荡，乙醚层中出现深蓝色的 $2CrO_5 \cdot (C_2H_5)_2O$ 或 $2CrO(O_2) \cdot (C_2H_5)_2O$：

$$HCrO_4^- + 2H_2O_2 + H^+ = CrO(O_2)_2 + 3H_2O$$

过氧化铬（CrO_5）的结构相当于 CrO_3 中的两个氧被两个过氧基取代，如图 14.5 所示。$CrO(O_2)_2$ 不稳定，极易分解放出氧气：

$$4CrO(O_2)_2 + 12H^+ \xrightarrow{\text{冷}} 4Cr^{3+} + 7O_2\uparrow + 6H_2O$$

在冷溶液中 CrO_5 的稳定性有所增强，同时为提高其稳定性用乙醚等萃取，形成较稳定的深蓝色醚合物，利用这个反应鉴定 Cr（Ⅵ）或 H_2O_2。在乙醚中 CrO_5 和吡啶作用生成 $CrO_5(py)$（图 14.6）。

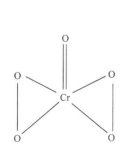

图 14.5　过氧化铬的结构

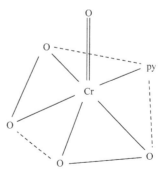

图 14.6　$CrO_5(py)$ 的结构

0℃时，在碱性 K_2CrO_4 溶液中加入 30% H_2O_2，结果生成蓝色的 $K_2[Cr_2O_{12}]$过氧基配合物，它在水溶液中不稳定：

$$2[Cr_2O_{12}]^{2-} + 4OH^- = 4CrO_4^{2-} + 5O_2\uparrow + 2H_2O$$

$$[Cr_2O_{12}]^{2-} + 8H^+ = 2Cr^{3+} + 4O_2\uparrow + 4H_2O$$

14.2.4 锰

锰（manganese）为ⅦB 族元素，在重金属中，锰在地壳中的丰度仅次于铁，为 0.085%，是 1774 年从软锰矿（MnO_2）中发现的。Mn 的其他矿石有黑锰矿（Mn_3O_4）、水锰矿（$MnO_3\cdot H_2O$）及褐锰矿（$3Mn_2O_3\cdot MnSiO_3$），近年来在深海中发现了大量的锰矿。

1. 锰的性质和用途

锰元素的基本性质列于表 14.10。

表 14.10   锰元素的基本性质

元素	元素符号	原子序数	相对原子质量	价电子构型	主要氧化数	共价半径/pm	离子半径/pm		第一电离能/(kJ·mol⁻¹)	电负性
							M^{2+}	M^{7+}		
锰	Mn	25	54.94	$3d^54s^2$	+2, +3, +4, +6, +7	117	80		717.4	1.55

金属锰外形似铁，致密的块状锰是银白色，粉末状为灰色。根据还原方法的不同，单质锰分为"还原锰"和"电解锰"两种。在高温用碳或铝还原氧化锰得到还原锰：

$$MnO_2 + 2CO \xrightarrow{\triangle} Mn + 2CO_2$$

$$3Mn_3O_4 + 8Al \xrightarrow{\triangle} 9Mn + 4Al_2O_3$$

电解 $MnCl_2$ 溶液得到纯度很高的电解锰。

从锰的标准电极电势图可知，锰是活泼金属，容易溶解在稀的非氧化性酸中生成$Mn(\text{Ⅱ})$盐：

$$Mn + 2H^+ = Mn^{2+} + H_2\uparrow$$

室温下，锰对于非金属并不是很活泼，高温时锰和卤素、S、C、N、Si、B 等生成相应的化合物，如

$$3Mn + N_2 \xrightarrow{>1200℃} Mn_3N_2$$

锰不能和氢气直接化合。

纯锰的用途不多，但它的合金很重要，如锰钢中含 Mn（12%～15%）、Fe（83%～97%）、C（1%～2%）。锰钢很紧密，抗冲击，耐磨损，可用于制钢轨和钢甲。锰可以代替镍制造不锈钢。锰还是人体必需的微量元素。

2. 锰的重要化合物

锰的标准电极电势图如下所示。

$$\varphi_a^{\ominus}/V \quad MnO_4^- \xrightarrow{0.564} MnO_4^{2-} \xrightarrow{2.26} MnO_2 \xrightarrow{0.95} Mn^{3+} \xrightarrow{1.51} Mn^{2+} \xrightarrow{-1.18} Mn$$

$$\varphi_b^{\ominus}/V \quad MnO_4^- \underline{\ \ 0.564\ \ } MnO_4^{2-} \underline{\ \ 0.60\ \ } MnO_2 \underline{\ \ -0.2\ \ } Mn(OH)_3 \underline{\ \ 0.15\ \ } Mn(OH)_2 \underline{\ \ -1.56\ \ } Mn$$

由此可知，在酸性溶液中 Mn^{3+} 和 MnO_4^{2-} 均易发生歧化反应：

$$2Mn^{3+} + 2H_2O \Longrightarrow Mn^{2+} + MnO_2\downarrow + 4H^+$$

$$3MnO_4^{2-} + 4H^+ \Longrightarrow 2MnO_4^- + MnO_2\downarrow + 2H_2O$$

Mn^{2+} 较稳定，不易被氧化，也不易被还原。MnO_4^- 和 MnO_2 有强氧化性。在碱性介质中，$Mn(OH)_2$ 不稳定，易被空气中的氧气氧化为 MnO_2；MnO_4^{2-} 也能发生歧化反应，但反应不如在酸性溶液中进行得完全。

1）锰的氧化物和氢氧化物（或氧化物的水合物）

已知锰有六种氧化物：MnO、Mn_3O_4、Mn_5O_8、Mn_2O_3、MnO_2 和 Mn_2O_7。这些氧化物除了 Mn_2O_7 为液态外，其他均为固态。其中重要的氧化物有 MnO（绿色）、Mn_2O_3（棕色）、MnO_2（黑色）、Mn_2O_7（绿色）。它们相应水合物的颜色及酸碱性列于表 14.11。

表 14.11　锰的氧化物水合物的颜色和酸碱性

性质	$Mn(OH)_2$	$Mn(OH)_3$	$MnO_2\cdot 2H_2O$	$HMnO_4$
颜色	白	棕	棕黑	紫红
酸碱性	碱性中强	弱碱性	两性	强酸性

（1）MnO 和 $Mn(OH)_2$。高氧化态的氧化锰可被 H_2、CO 还原，生成绿灰色、暗棕色的 MnO，或加热分解 MnC_2O_4、$MnCO_3$ 也可得到 MnO：

$$MnO_2 + H_2 \Longrightarrow MnO + H_2O$$

$$MnO_2 + CO \Longrightarrow MnO + CO_2$$

$$MnC_2O_4 \xlongequal{\triangle} MnO + CO\uparrow + CO_2\uparrow$$

$$MnCO_3 \xlongequal{\triangle} MnO + CO_2\uparrow$$

$Mn(II)$ 盐溶液中加入 $NaOH$ 或 $NH_3\cdot H_2O$ 都能生成白色胶状 $Mn(OH)_2$ 沉淀。但用 $NH_3\cdot H_2O$ 沉淀 Mn^{2+} 的反应不是很完全，在浓 NH_4^+ 存在时，得不到 $Mn(OH)_2$ 沉淀。

$Mn(OH)_2$ 在碱性介质中很不稳定，易被空气氧化为 $MnO(OH)$，并进一步氧化为 $MnO(OH)_2$：

$$4Mn(OH)_2 + O_2 \Longrightarrow 4MnO(OH) + 2H_2O$$

$$4MnO(OH) + O_2 + 2H_2O \Longrightarrow 4MnO(OH)_2$$

总反应为　　　　　　　$$2Mn(OH)_2 + O_2 \Longrightarrow 2MnO(OH)_2$$

（2）MnO_2。MnO_2 是锰最稳定的氧化物，在酸性介质中是一种强氧化剂，如 MnO_2 与浓 HCl 反应制得 Cl_2：

$$MnO_2 + 4HCl(浓) \xlongequal{\triangle} MnCl_2 + Cl_2\uparrow + 2H_2O$$

MnO_2 在碱性介质中，能被强氧化剂氧化成 $Mn(VI)$ 化合物：

$$3MnO_2 + 6KOH + KClO_3 \xlongequal{熔融} 3K_2MnO_4(绿) + KCl + 3H_2O$$

MnO_2 能和许多金属氧化物作用生成亚锰酸盐 $M[MnO_3]$，如 CaO 和 MnO_2 作用生成的亚锰酸盐有：$2CaO \cdot MnO_2$，$CaO \cdot MnO_2$，$CaO \cdot 3MnO_2$，$CaO \cdot 5MnO_2$。亚锰酸盐的组成由反应用量及反应条件决定。

(3)Mn_2O_7。Mn_2O_7 极不稳定，在 0℃时即分解放出氧气：

$$2Mn_2O_7 = 4MnO_2 + 3O_2 \uparrow$$

Mn_2O_7 有强氧化性，是锰的氧化物中唯一溶于水的，能溶于大量冷水生成紫红色的高锰酸 $HMnO_4$。

2)锰(Ⅱ)盐

(1)还原性。在酸性介质中，Mn^{2+} 的还原性极弱，只有在高酸度的热溶液中，强氧化剂如 H_5IO_6、$NaBiO_3$、$(NH_4)_2S_2O_8$、PbO_2 等才能将 Mn^{2+} 氧化为 Mn^{7+}：

$$5H_5IO_6 + 2Mn^{2+} = 2MnO_4^- + 5HIO_3 + 6H^+ + 7H_2O$$

$$2Mn^{2+} + 14H^+ + 5NaBiO_3(s) = 2MnO_4^- + 5Bi^{3+} + 5Na^+ + 7H_2O$$

$$2Mn^{2+} + 5S_2O_8^{2-} + 8H_2O \xrightarrow[\triangle]{Ag^+} 2MnO_4^- + 10SO_4^{2-} + 16H^+$$

$$2Mn^{2+} + 4H^+ + 5PbO_2 = 2MnO_4^- + 5Pb^{2+} + 2H_2O$$

由于 MnO_4^- 的紫红色很深，在很稀的溶液中仍可观察到，因而可利用上述反应鉴定溶液中的 Mn^{2+}，值得注意的是 Mn^{2+} 浓度不宜太大，且量不宜太多，否则会发生下列反应：

$$3Mn^{2+} + 2MnO_4^- + 2H_2O = 5MnO_2 \downarrow + 4H^+$$

(2)溶解性。锰(Ⅱ)的强酸盐、乙酸盐都是易溶的，并带有结晶水。锰(Ⅱ)的大多数弱酸盐都难溶于水，如 MnS(肉色)、$MnCO_3$(白色)、$Mn_3(PO_4)_2$(白色)。$MnCO_3$ 可作白色颜料。

(3)配位性。Mn^{2+} 与 SCN^-、CN^- 可形成相应的配离子 $[Mn(SCN)_6]^{4-}$ 和 $[Mn(CN)_6]^{4-}$。

3)锰(Ⅲ)化合物

锰(Ⅲ)化合物在水溶液中不稳定，但形成配离子后较稳定，如 $[Mn(PO_4)_2]^{3-}$(紫色)和 $[Mn(CN)_6]^{3-}$(暗红色)。

固态 $M_3[Mn(CN)_6]$ 呈暗红色，其组成和 $M_3[Fe(CN)_6]$ 相似。

由电极电势图可知 Mn^{3+} 在酸性介质中是强氧化剂。稳定的纯锰(Ⅲ)化合物并不多，只是在一些有锰的化合物参加的反应过程中才有锰(Ⅲ)化合物形成。

4)锰(Ⅳ)化合物

简单的锰(Ⅳ)盐在水溶液中极不稳定，或水解生成水合二氧化锰 $MnO(OH)_2$，或在浓强酸中和水反应生成氧气和锰(Ⅱ)。

在较浓的硫酸中，高锰酸氧化硫酸锰可析出黑色的 $Mn(SO_4)_2$ 晶体，此晶体在稀硫酸中水解生成水合二氧化锰沉淀。

5)锰(Ⅵ)化合物

氧化数为+6 的化合物只有锰酸盐，最重要的锰(Ⅵ)化合物是锰酸钾 K_2MnO_4。在熔融碱中，MnO_2 被氧气氧化成 K_2MnO_4：

$$2MnO_2 + O_2 + 4KOH = 2K_2MnO_4 + 2H_2O$$

无水锰酸钾是深绿色晶体，锰酸钠带有结晶水 $Na_2MnO_4 \cdot nH_2O$ ($n = 4, 6, 10$)。

6）锰（Ⅶ）化合物

最常用的高锰酸盐是 $KMnO_4$，俗称灰锰氧。

（1）稳定性。将固体 $KMnO_4$ 加热到 200℃ 以上，则分解放出 O_2：

$$2KMnO_4 \xrightarrow{\triangle} K_2MnO_4 + MnO_2 + O_2 \uparrow$$

$KMnO_4$ 在酸性溶液中不稳定，缓慢分解，析出棕色 MnO_2：

$$4MnO_4^- + 4H^+ =\!=\!= 4MnO_2 \downarrow + 2H_2O + 3O_2 \uparrow$$

在中性或弱碱性溶液中也会分解放出氧气：

$$4MnO_4^- + 2H_2O =\!=\!= 4MnO_2 \downarrow + 3O_2 \uparrow + 4OH^-$$

光线和 MnO_2 对 MnO_4^- 的分解起催化作用，所以配制好的 $KMnO_4$ 溶液应保存在深色瓶中，放置一段时间后，过滤除去 MnO_2。

（2）氧化性。$KMnO_4$ 无论在酸性、中性或碱性溶液中皆有氧化性，其还原产物因溶液的酸碱性不同而不同（表 14.12）。

表 14.12　$KMnO_4$ 在不同介质中的还原产物

溶液介质	酸性	中性或弱碱性	强碱性
还原产物	Mn^{2+}	MnO_2	MnO_4^{2-}

在酸性介质中，当还原剂过量时：

$$2MnO_4^- + 5SO_3^{2-} + 6H^+ =\!=\!= 2Mn^{2+} + 5SO_4^{2-} + 3H_2O$$

当 $KMnO_4$ 过量时：

$$3Mn^{2+} + 2MnO_4^- + 2H_2O =\!=\!= 5MnO_2 \downarrow + 4H^+$$

在中性或弱碱性溶液中，可被 SO_3^{2-} 还原为 MnO_2：

$$2MnO_4^- + 3SO_3^{2-} + H_2O =\!=\!= 2MnO_2 \downarrow + 3SO_4^{2-} + 2OH^-$$

在强碱性溶液中，MnO_4^- 过量时，可被 SO_3^{2-} 还原为 MnO_4^{2-}：

$$2MnO_4^- + SO_3^{2-} + 2OH^- =\!=\!= 2MnO_4^{2-} + SO_4^{2-} + H_2O$$

当还原剂过量时：

$$MnO_4^{2-} + SO_3^{2-} + H_2O =\!=\!= MnO_2 \downarrow + SO_4^{2-} + 2OH^-$$

酸性介质中 $KMnO_4$ 氧化 H_2O_2、$H_2C_2O_4$ 等反应用于定量测定 H_2O_2、$C_2O_4^{2-}$ 等的含量：

$$2MnO_4^- + 5H_2O_2 + 6H^+ =\!=\!= 2Mn^{2+} + 5O_2 \uparrow + 8H_2O$$

$$2MnO_4^- + 5C_2O_4^{2-} + 16H^+ =\!=\!= 2Mn^{2+} + 10CO_2 \uparrow + 8H_2O$$

$KMnO_4$ 的稀溶液可用于浸洗水果、碗、杯等，用以消毒和杀菌，5% 的 $KMnO_4$ 溶液可治疗轻度烫伤。

14.2.5　铁、钴、镍

铁(iron)、钴(cobalt)、镍(nickel)属于第一过渡系Ⅷ族元素，Ⅷ族元素包括铁、钴、镍、钌、铑、钯、锇、铱、铂。第一过渡系的铁、钴、镍与其余六种元素性质差别较大，通常这三种元素称为铁系元素，其余六种称为铂系元素。

1. 铁系元素的存在、性质和用途

铁系元素的基本性质列于表 14.13。

表 14.13　铁系元素的基本性质

元素	元素符号	原子序数	相对原子质量	价电子构型	主要氧化数	金属原子半径/pm	离子半径/pm		电负性
							M^{2+}	M^{3+}	
铁	Fe	26	55.85	$3d^6 4s^2$	+2, +3, +6	117	75	60	1.83
钴	Co	27	58.93	$3d^7 4s^2$	+2, +3, +4	116	72	—	1.88
镍	Ni	28	58.70	$3d^8 4s^2$	+2, +4	115	70	—	1.91

在铁系元素中铁分布最广，约占地壳中质量的 5.1%，居元素分布序列的第四位，仅次于氧、硅、铝。钴和镍在地壳中的丰度是 1×10^{-5} 和 1.6×10^{-4}。铁的主要矿石有赤铁矿 Fe_2O_3、磁铁矿 Fe_3O_4、褐铁矿 $2Fe_2O_3 \cdot 3H_2O$、菱铁矿 $FeCO_3$ 和黄铁矿 FeS_2。钴和镍在自然界中常共生，重要的钴矿和镍矿是辉钴矿 CoAsS 和镍黄铁矿 $NiS \cdot FeS$。

单质铁、钴、镍都是具有金属光泽的银白色金属，钴略带灰色。它们都表现出铁磁性，所以它们的合金是很好的磁性材料。

Fe、Co、Ni 属于中等活泼金属。在高温下，它们分别和 O、S、Cl 等非金属作用生成相应的氧化物、硫化物、氯化物。Fe 溶于 HCl 和稀 H_2SO_4 生成 Fe^{2+} 和 H_2；冷的浓 HNO_3 和浓 H_2SO_4 使其钝化。Co、Ni 在 HCl 和稀 H_2SO_4 中比 Fe 溶解慢。浓碱缓慢侵蚀铁，而 Co、Ni 在浓碱中比较稳定。

Co、Ni 主要用于炼钢。镍钢中含镍 7%～9%。这类钢用于制造电传输、再生声音的器械。钴用于冶炼高速切削钢和"永久"磁铁，如 Al-Ni-Co 合金。

2. 铁、钴、镍的重要化合物

铁系元素的电势图如下所示。

$\varphi_a^{\ominus}/\text{V}$　　　　　$FeO_4^{2-} \xrightarrow{\ 2.20\ } Fe^{3+} \xrightarrow{\ 0.771\ } Fe^{2+} \xrightarrow{\ -0.44\ } Fe$

$Co^{3+} \xrightarrow{\ 1.808\ } Co^{2+} \xrightarrow{\ -0.277\ } Co$

$NiO_2 \xrightarrow{\ 1.678\ } Ni^{2+} \xrightarrow{\ -0.25\ } Ni$

$\varphi_b^{\ominus}/\text{V}$　　　　　$FeO_4^{2-} \xrightarrow{\ 0.72\ } Fe(OH)_3 \xrightarrow{\ -0.56\ } Fe(OH)_2 \xrightarrow{\ -0.877\ } Fe$

$Co(OH)_3 \xrightarrow{\ 0.17\ } Co(OH)_2 \xrightarrow{\ -0.73\ } Co$

$NiO \xrightarrow{\ 0.49\ } Ni(OH)_2 \xrightarrow{\ -0.72\ } Ni$

在酸性溶液中，Fe^{2+}、Co^{2+}、Ni^{2+} 分别是 Fe、Co、Ni 离子的最稳定状态。高氧化态的 Fe(Ⅵ)、Co(Ⅲ)、Ni(Ⅳ) 在酸性溶液中都是很强的氧化剂。

1) 氧化物和氢氧化物

铁系元素的氧化物有下面两类：

$$FeO(黑) \qquad CoO(灰绿) \qquad NiO(暗绿)$$

$$Fe_2O_3(砖红) \qquad Co_2O_3(黑) \qquad Ni_2O_3(黑)$$

纯净铁、钴、镍氧化物常用热分解碳酸盐、硝酸盐或草酸盐制备：

$$MCO_3 \xrightarrow[\triangle]{隔绝空气} MO + CO_2\uparrow \ (M = Co，Ni)$$

$$FeC_2O_4 \xrightarrow[\triangle]{隔绝空气} FeO + CO_2\uparrow + CO\uparrow$$

FeO、CoO、NiO 均为碱性氧化物，难溶于水和碱，易溶于酸，并形成相应的盐。

Fe_2O_3 具有 α 和 γ 两种不同构型，α 型是顺磁性的，而 γ 型是铁磁性的。将硝酸铁加热制得的是 α 型 Fe_2O_3，将 Fe_3O_4 氧化所得产物是 γ 型 Fe_2O_3。Fe_2O_3 为难溶于水的两性氧化物，但以碱性为主，它可溶于酸生成相应的盐，也能与碱共熔生成铁酸盐：

$$Fe_2O_3 + 6HCl \rule[0.5ex]{1.5em}{0.4pt} 2FeCl_3 + 3H_2O$$

$$Fe_2O_3 + Na_2CO_3 \xrightarrow{共熔} 2NaFeO_2 + CO_2\uparrow$$

Fe_2O_3 可用作红色颜料，用于制造防锈底漆，也可用作媒染剂、磨光粉及某些反应的催化剂。

Co_2O_3、Ni_2O_3 有强氧化性，与盐酸作用得不到相应的 Co(Ⅲ)、Ni(Ⅲ) 盐，而是被还原为 M(Ⅱ) 离子：

$$Co_2O_3 + 6H^+ + 2Cl^- \rule[0.5ex]{1.5em}{0.4pt} 2Co^{2+} + Cl_2\uparrow + 3H_2O$$

$$Ni_2O_3 + 6H^+ + 2Cl^- \rule[0.5ex]{1.5em}{0.4pt} 2Ni^{2+} + Cl_2\uparrow + 3H_2O$$

除上面两大类氧化物外，还有一类氧化物 Fe_3O_4(黑) 和 Co_3O_4(黑)，Fe_3O_4 具有强磁性和良好的导电性。

在 Fe(Ⅱ)、Co(Ⅱ)、Ni(Ⅱ) 盐溶液中加入强碱，均能得到相应的氢氧化物沉淀：

$$Fe^{2+} + 2OH^- \rule[0.5ex]{1.5em}{0.4pt} Fe(OH)_2\downarrow(白)$$

$$Co^{2+} + 2OH^- \rule[0.5ex]{1.5em}{0.4pt} Co(OH)_2\downarrow(粉红、桃红、蓝)$$

$$Ni^{2+} + 2OH^- \rule[0.5ex]{1.5em}{0.4pt} Ni(OH)_2\downarrow(绿)$$

由于 $Fe(OH)_2$ 易被空气中的氧气氧化，使沉淀变为绿色，最后成为红棕色的水合氧化铁(Ⅲ) $Fe_2O_3 \cdot xH_2O$：

$$4Fe(OH)_2 + O_2 + 2H_2O \rule[0.5ex]{1.5em}{0.4pt} 4Fe(OH)_3\downarrow$$

$Co(OH)_2$ 沉淀颜色由生成条件而定，在空气中易被氧化，变为棕黑色的水合氧化钴 CoO(OH)，但是氧化趋势比 $Fe(OH)_2$ 小；而 $Ni(OH)_2$ 不能被空气中的氧气氧化，只有在强碱溶液中才能被强氧化剂(NaClO，Cl_2，Br_2 等)氧化为黑色的水合氧化镍 NiO(OH)：

$$2Ni(OH)_2 + Br_2 + 2OH^- \rule[0.5ex]{1.5em}{0.4pt} 2NiO(OH)\downarrow + 2Br^- + 2H_2O$$

由此可以看出：

$$\xrightarrow[\text{稳定性增强，还原性减弱}]{\text{Fe(OH)}_2 \quad \text{Co(OH)}_2 \quad \text{Ni(OH)}_2}$$

新沉淀的 $Fe(OH)_3$ 具有两性，易溶于酸，生成相应的铁(Ⅲ)盐；溶于热的浓强碱溶液生成 $[Fe(OH)_6]^{3-}$。$CoO(OH)$ 和 $NiO(OH)$ 与酸反应，得不到相应的钴(Ⅲ)和镍(Ⅲ)盐：

$$2CoO(OH) + 6H^+ + 2Cl^- === 2Co^{2+} + Cl_2\uparrow + 4H_2O$$

$NiO(OH)$ 的氧化能力比 $CoO(OH)$ 更强，因此有

$$\xrightarrow[\text{氧化性增强}]{\text{Fe(OH)}_3(\text{棕红}) \quad \text{Co(OH)}_3(\text{棕色}) \quad \text{Ni(OH)}_3(\text{黑色})}$$

2）M(Ⅱ)盐

Fe^{2+}(绿色)、Co^{2+}(粉红色)、Ni^{2+}(苹果绿色)的盐类有许多相似之处：①与强酸形成的盐易溶于水，与弱酸形成的盐难溶于水，它们的可溶性盐从溶液中析出时常带结晶水，硫酸盐含有 7 个结晶水，硝酸盐含有 6 个结晶水；②水合离子都带有颜色；③它们的硫酸盐都能与碱金属或铵的硫酸盐形成复盐，如浅绿色的硫酸亚铁铵 $(NH_4)_2SO_4 \cdot FeSO_4 \cdot 6H_2O$ 称为摩尔盐。

由电极电势图可知：

$$\xrightarrow[\text{还原能力减弱，稳定性增强}]{\text{Fe}^{2+} \quad \text{Co}^{2+} \quad \text{Ni}^{2+}}$$

（1）硫酸亚铁。$FeSO_4 \cdot 7H_2O$ 为绿色晶体，在空气中逐渐风化，失去一部分水，且表面容易被氧化，生成黄褐色的碱式硫酸铁 $Fe(OH)SO_4$。

在水溶液中 Fe^{2+} 发生水解：

$$Fe^{2+} + H_2O \rightleftharpoons Fe(OH)^+ + H^+$$

即使在酸性溶液中，Fe^{2+} 也会被空气中的氧气所氧化：

$$\varphi^{\ominus}_{(O_2/H_2O)} = 1.229\ V \qquad \varphi^{\ominus}_{(Fe^{3+}/Fe^{2+})} = 0.771\ V$$

故 $$4Fe^{2+} + O_2 + 4H^+ === 4Fe^{3+} + 2H_2O$$

所以保存 Fe(Ⅱ)盐溶液时，应加足够浓度的酸，同时加入铁钉。

$FeSO_4$ 可用来制备蓝黑墨水，也可用作杀虫剂、木材防腐等。

（2）二氯化钴。$CoCl_2 \cdot 6H_2O$ 是常见 Co(Ⅱ)的化合物，随所含结晶水分子数的不同而呈现不同的颜色，由 $Co(OH)_2$ 溶于酸溶液经浓缩后室温下结晶出 $CoCl_2 \cdot 6H_2O$，升高温度会脱水，伴随有颜色变化：

$$CoCl_2 \cdot 6H_2O \rightleftharpoons CoCl_2 \cdot 2H_2O \rightleftharpoons CoCl_2 \cdot H_2O \rightleftharpoons CoCl_2$$
$$\quad\ \text{粉红} \qquad\qquad\quad \text{紫红} \qquad\qquad \text{蓝紫} \qquad\quad \text{蓝}$$

无水 $CoCl_2$ 是蓝色的，遇水后会转变为粉红色的 $CoCl_2 \cdot 6H_2O$。作干燥剂用的变色硅胶中常含有 $CoCl_2$，利用它的吸水和脱水而产生的颜色可表示硅胶吸湿的情况。

若向 $CoCl_2$ 溶液中加入 $(NH_4)_2S$ 溶液，得到黑色的 CoS 沉淀：

$$Co^{2+} + S^{2-} === CoS\downarrow$$

新生成的 CoS 能溶于稀的强酸，它是 α-CoS 沉淀，经放置，不再溶于非氧化性强酸，而仅溶于 HNO_3，这时 α-CoS 已转变为 β-CoS：

$$3CoS + 2NO_3^- + 8H^+ = 3Co^{2+} + 3S\downarrow + 2NO\uparrow + 4H_2O$$

(3) 硫酸镍。黄绿色 $NiSO_4 \cdot 7H_2O$ 是工业上重要的镍的化合物，大量用于电镀等。

向 $NiSO_4$ 溶液中加入 $(NH_4)_2S$ 得到黑色的 NiS，新生成的 NiS 溶于稀的强酸，它是 α-NiS。经放置或加热后 α-NiS 转变为 β-NiS 时就不溶于非氧化性强酸，而仅能溶于 HNO_3：

$$3NiS + 2NO_3^- + 8H^+ = 3Ni^{2+} + 3S\downarrow + 2NO\uparrow + 4H_2O$$

3）M(Ⅲ)盐

在铁系元素中，只有铁能形成稳定的氧化数为 +3 的简单盐；而 Co(Ⅲ)盐只能以固态形式存在；Ni(Ⅲ)的简单盐仅能制得黑色、极不稳定的 NiF_3。

在酸性介质中 Co(Ⅲ)的氧化性强于 Fe(Ⅲ)，Fe^{3+} 在水溶液中是稳定的，Co^{3+} 不稳定，易被还原成 Co^{2+}，Ni^{3+} 在水溶液中不存在：

$$\xrightarrow[\text{氧化性增强}]{Fe^{3+}\quad Co^{3+}\quad Ni^{3+}}$$

在 Fe(Ⅲ)盐中比较常见的有 $FeCl_3 \cdot 6H_2O$(橘黄色)和 $Fe(NO_3)_3 \cdot 9H_2O$(淡黄色)。Fe(Ⅲ)的性质主要有：

(1) 氧化性。Fe^{3+} 可被 H_2S、I^-、Sn^{2+} 等还原剂还原成 Fe^{2+}：

$$2Fe^{3+} + H_2S = 2Fe^{2+} + S\downarrow + 2H^+$$

$$2Fe^{3+} + 2I^- = 2Fe^{2+} + I_2$$

$$2Fe^{3+} + Sn^{2+} = 2Fe^{2+} + Sn^{4+}$$

(2) 水解性。Fe^{3+} 盐溶于水后容易水解，其水解程度比 Fe^{2+} 盐要大，由于水解使溶液显酸性：

$$[Fe(H_2O)_6]^{3+} + H_2O \rightleftharpoons [Fe(OH)(H_2O)_5]^{2+} + H_3O^+$$

$$[Fe(OH)(H_2O)_5]^{2+} + H_2O \rightleftharpoons [Fe(OH)_2(H_2O)_4]^+ + H_3O^+$$

加 H^+ 平衡向左移动，水解度减小，而 pH 升高时会发生聚合，形成二聚离子，而且随 pH 升高而增大，颜色由黄棕色逐渐变为深棕色，直到析出红棕色的胶状 $Fe(OH)_3$。加热也能促进水解，溶液颜色加深。

4）配合物

铁系元素都是很好的配合物形成体，可以形成多种配合物。Fe^{2+}、Fe^{3+} 易形成配位数为 6 的配合物，Co^{3+}、Co^{2+}、Ni^{2+} 等可以形成配位数为 6 或 4 的配合物。

(1) 氨配合物。Fe^{2+}、Co^{2+}、Ni^{2+} 均能和氨形成氨配离子，其氨配离子的稳定性按 $Fe^{2+} \rightarrow Co^{2+} \rightarrow Ni^{2+}$ 顺序增强。

Fe^{2+} 难以形成稳定的氨配离子，无水 $FeCl_2$ 可与氨气形成 $[Fe(NH_3)_6]Cl_2$，但此配合物遇水分解：

$$[Fe(NH_3)_6]Cl_2 + 6H_2O = Fe(OH)_2\downarrow + 4NH_3 \cdot H_2O + 2NH_4Cl$$

由于 Fe^{2+} 强烈水解，所以其溶液中加入氨时，不是形成氨合物，而是生成 $Fe(OH)_2$ 沉淀。

Co^{2+} 与过量氨水反应，可以形成土黄色的 $[Co(NH_3)_6]^{2+}$，此配离子在空气中可慢慢被氧化变成更稳定的红褐色 $[Co(NH_3)_6]^{3+}$：

$$4[Co(NH_3)_6]^{2+} + O_2 + 2H_2O = 4[Co(NH_3)_6]^{3+} + 4OH^-$$

$$[Co(NH_3)_6]^{3+} + c^- \rightleftharpoons [Co(NH_3)_6]^{2+} \qquad \varphi^{\ominus} = 0.1\,V$$

$[Co(NH_3)_6]^{3+}$ 中 Co^{3+} 采用 d^2sp^3 杂化，其配离子为内轨配合物，而 $[Co(NH_3)_6]^{2+}$ 中 Co^{2+} 采用 sp^3d^2 杂化，为外轨配合物，所以 $Co(III)$ 配合物可以稳定存在（也有其他解释）。Ni^{2+} 在过量的氨水中可生成 $[Ni(NH_3)_4(H_2O)_2]^{2+}$ 及 $[Ni(NH_3)_6]^{2+}$，呈蓝紫色。Ni^{2+} 的配合物都比较稳定。

（2）氰配合物。Fe^{2+}、Co^{2+}、Ni^{2+}、Fe^{3+} 等均能与 CN^- 形成稳定配合物。

$Fe(II)$ 与 KCN 溶液作用得到白色的 $Fe(CN)_2$ 沉淀，KCN 过量时 $Fe(CN)_2$ 溶解形成 $[Fe(CN)_6]^{4-}$：

$$Fe^{2+} + 2CN^- =\!\!= Fe(CN)_2 \downarrow（白色）$$

$$Fe(CN)_2 + 4CN^- =\!\!= [Fe(CN)_6]^{4-}（黄色）$$

从该溶液中可析出晶体 $K_4[Fe(CN)_6] \cdot 3H_2O$，俗称黄血盐。$[Fe(CN)_6]^{4-}$ 溶液中通入 Cl_2 或其他氧化剂，可将 $[Fe(CN)_6]^{4-}$ 氧化为 $[Fe(CN)_6]^{3-}$：

$$2[Fe(CN)_6]^{4-} + Cl_2 =\!\!= 2[Fe(CN)_6]^{3-}（红色）+ 2Cl^-$$

由此溶液中析出晶体 $K_3[Fe(CN)_6]$，俗称赤血盐。在含有 Fe^{2+} 的溶液中加入赤血盐溶液生成蓝色沉淀：

$$K^+ + Fe^{2+} + [Fe(CN)_6]^{3-} =\!\!= KFe[Fe(CN)_6] \downarrow（蓝）$$

在含有 Fe^{3+} 的溶液中加入黄血盐溶液，生成蓝色沉淀：

$$K^+ + Fe^{3+} + [Fe(CN)_6]^{4-} =\!\!= KFe[Fe(CN)_6] \downarrow（蓝）$$

这两个反应分别用来鉴定 Fe^{2+} 和 Fe^{3+}。若 Fe^{2+} 和 $[Fe(CN)_6]^{4-}$ 反应则生成白色沉淀：

$$2K^+ + Fe^{2+} + [Fe(CN)_6]^{4-} =\!\!= K_2Fe[Fe(CN)_6] \downarrow$$

白色沉淀在空气中转变为蓝色，生成 $KFe[Fe(CN)_6]$。Fe^{3+} 和 $[Fe(CN)_6]^{3-}$ 生成暗棕色沉淀：

$$Fe^{3+} + [Fe(CN)_6]^{3-} =\!\!= Fe[Fe(CN)_6] \downarrow$$

Co^{2+} 与 CN^- 反应先形成浅棕色水合氰化物沉淀，此沉淀溶于过量 CN^- 溶液中并形成含 $[Co(CN)_5(H_2O)]^{3-}$ 的茶绿色溶液。此配离子很不稳定，易被空气中氧气氧化为黄色 $[Co(CN)_6]^{3-}$（可用晶体场理论解释）。将 $[Co(CN)_6]^{4-}$ 配离子溶液稍加热，会发生下列反应：

$$2K_4[Co(CN)_6] + 2H_2O =\!\!= 2K_3[Co(CN)_6] + 2KOH + H_2 \uparrow$$
$$\quad\;\text{茶绿色} \qquad\qquad\qquad\quad \text{黄色}$$

Ni^{2+} 与 CN^- 反应先形成灰蓝色水合氰化物沉淀，此沉淀溶于过量的 CN^- 溶液中，形成橙黄色的 $[Ni(CN)_4]^{2-}$，此配离子是 Ni^{2+} 最稳定的配合物之一，具有平面正方形结构；在较浓的 CN^- 溶液中，可形成深红色的 $[Ni(CN)_5]^{3-}$。

（3）硫氰配合物。Fe^{2+} 的硫氰配合物 $[Fe(SCN)_6]^{4-}$ 不稳定，易被空气氧化；Fe^{3+} 与 SCN^- 反应形成血红色的 $[Fe(SCN)_n]^{3-n}$：

$$Fe^{3+} + nSCN^- =\!\!= [Fe(SCN)_n]^{3-n}（n=1\sim6）$$

n 值随着溶液中 SCN^- 浓度和酸度而定。这一反应非常灵敏，常用来检测 Fe^{3+} 和比色法测定 Fe^{3+} 的含量。

Co^{2+} 与 SCN^- 反应形成蓝色的 $[Co(SCN)_4]^{2-}$，此配离子为正四面体结构，在定性分析中用于鉴定 Co^{2+}。由于 $[Co(SCN)_4]^{2-}$ 在水溶液中不稳定，用水稀释时可变为粉红色的 $[Co(H_2O)_6]^{2+}$，所以用 SCN^- 检出 Co^{2+} 时，常用 NH_4SCN 浓溶液以抑制 $[Co(SCN)_4]^{2-}$ 的解离，并用丙酮或戊醇萃取。

Ni²⁺与 SCN⁻反应形成的配离子均不稳定。

(4) 其他配合物。Fe^{3+} 盐溶液与 F^- 可以形成无色的配离子。

$$Fe^{3+} + 6F^- \Longrightarrow [FeF_6]^{3-}$$

在 Fe^{3+}、Co^{2+} 混合溶液中用 KSCN 检测 Co^{2+} 时，Fe^{3+} 与 SCN^- 形成血红色的 $[Fe(SCN)_n]^{3-n}$，干扰 $[Co(SCN)_4]^{2-}$ 蓝色的观察，加入 NaF 后，使 Fe^{3+} 生成 $[FeF_6]^{3-}$ 而将 Fe^{3+} 掩蔽起来，消除其对 Co^{2+} 的干扰。

1951 年制得的第一个夹心配合物为双环戊二烯基铁(Ⅱ)：

$$2C_5H_5Na + FeCl_2 \Longrightarrow (C_5H_5)_2Fe + 2NaCl$$

$(C_5H_5)_2Fe$ 俗称二茂铁，是橘色晶体。在茂环中，每个碳原子上各有一个垂直于茂环平面的 2p 轨道，由这 5 个 2p 轨道及其未成键的 p 电子组成 Π_5^6 键，由这些 π 电子与铁离子形成夹心配合物(图 14.7)。

二茂铁及其衍生物可用作火箭燃料等的添加剂、汽油的抗震剂、硅树脂和橡胶的熟化剂、紫外光的吸收剂等。

向 Co^{2+} 的溶液中加入过量的亚硝酸钾，并以少量乙酸酸化，加热后有黄色的六亚硝酸合钴(Ⅲ)酸钾 $K_3[Co(NO_2)_6]$ 析出：

$$Co^{2+} + 7NO_2^- + 3K^+ + 2H^+ \Longrightarrow K_3[Co(NO_2)_6] + NO\uparrow + H_2O$$

利用这个反应可以鉴定 Co^{2+}。

Co(Ⅲ) 除了能形成单核钴氨配合物以外，还能形成许多多核钴氨配合物，在多核钴氨配合物中，羟基 OH^-、氨基 NH_2^-、亚氨基 NH^{2-}，过氧离子 O_2^{2-}、超氧离子 O_2^- 等起着桥联的作用，把 Co^{3+} 连接起来，如

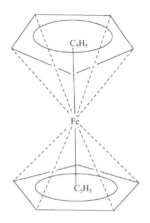

图 14.7　二茂铁的结构

$$[(NH_3)_5Co-NH-Co(NH_3)_5]Cl_5$$

$$[(NH_3)_3Co(OH)_3Co(NH_3)_3]Cl_3$$

Ni^{2+} 常与多齿配体形成螯合物，如 Ni^{2+} 与丁二酮肟在稀氨水溶液中能生成螯合物二(丁二酮肟)合镍(Ⅱ)，一种鲜红色沉淀。这个反应是检验 Ni^{2+} 的特征反应：

在二(丁二酮肟)合镍(Ⅱ)中，与 Ni^{2+} 配位的四个 N 原子形成平面正方形。

铁系元素与 CO 易形成金属羰基配合物(简称羰合物)，如 $Fe(CO)_5$、$Ni(CO)_4$、$Co_2(CO)_8$ 等。羰合物无论在结构、性质上都是比较特殊的一类配合物，在羰合物中，金属呈低氧化态。CO 是很弱的路易斯碱，其碳原子中的非键电子对不容易给出，即 CO 与 M 形成 σ 配键的能力弱，但它和 M 形成反馈键的能力较强。

羰合物熔、沸点一般都不高，较易挥发，不溶于水，一般易溶于有机溶剂。羰合物不稳定，受热易分解，利用此性质可制备纯金属，如高纯铁粉的制备：

$$Fe + 5CO \xrightarrow{20\ MPa, 200℃} [Fe(CO)_5] \xrightarrow{200\sim500℃} 5CO + Fe(高纯)$$

现已发现几千种羰合物，羰合物除用来制备、提纯金属外，在有机化工中主要用于配位催化。

14.3 第二、三过渡元素

本节重点讨论钼、钨、铂和钯等元素及其重要化合物的性质，并简单介绍其他第二、三过渡元素。

14.3.1 钼与钨

钼(molybdenum)、钨(tungsten)为ⅥB族元素，常见的重要钼矿、钨矿有辉钼矿 MoS_2、黑钨矿 $FeWO_4 \cdot MnWO_4$ 和白钨矿 $CaWO_4$。我国钨矿含量居世界第一位。

1. 钼、钨的性质和用途

钼、钨的基本性质列于表 14.14。

表 14.14 钼、钨元素的基本性质

元素	元素符号	原子序数	相对原子质量	价电子构型	主要氧化数	共价半径/pm	M^{6+}半径/pm	第一电离能/(kJ·mol^{-1})	电负性
钼	Mo	42	95.94	$4d^55s^1$	+3, +5, +6	130	62	685.0	2.16
钨	W	74	183.9	$5d^46s^2$	+5, +6	130	62	770	2.36

由于镧系收缩，钼和钨的性质十分相似。钨的熔点是金属中最高的。钼和钨的硬度也很大。在常温下，钼和钨对空气和水都很稳定。钼与稀酸、浓盐酸都不起作用，但与浓硝酸、热浓硫酸及王水作用。除王水外，在盐酸、硫酸和硝酸中不管浓的或稀的、冷的或热的，钨都不溶解。要使钼和钨溶解，可以使它们形成配合物，如在浓磷酸中，由于生成 12-钨磷酸 $H_3[P(W_3O_{10})_4]$ 而促使钨溶解。此外，钨(Ⅵ)能与氟离子形成配合物而进入溶液，所以钨能溶于 HNO_3-HF 中。

在高温下，钼和钨与碳形成碳化物 Mo_2C、WC 或 W_2C，与氮形成氮化物 WN_2、Mo_2N 或 MoN。

钼、钨主要用于冶炼特种合金钢。钼钢用于制炮身、坦克、轮船甲板、涡轮机等。钨多用于冶炼高速切削钢。钨还用于制电灯丝和其他无线电器材。

2. 钼酸和钨酸

在浓硝酸溶液中，简单钼酸盐可转化为黄色的水合钼酸 $H_2MoO_4 \cdot H_2O$。加热至 60℃，它脱去一分子结晶水后形成白色的钼酸 H_2MoO_4。它微溶于水（约 $1\ g \cdot L^{-1}$），水溶液显酸性。向简单钨酸盐的热溶液加强酸，析出黄色的钨酸 H_2WO_4；从冷溶液中析出的钨酸是白色胶状钨

酸 $H_2WO_4 \cdot xH_2O$。白色钨酸经长时间煮沸后，就转变为黄色。

钼酸盐和钨酸盐的氧化性很弱，电极电势图如下所示。

$$\varphi_a^\Theta/V \qquad H_2MoO_4 \xrightarrow{0.4} MoO_2^+ \xrightarrow{0.0} Mo^{3+} \xrightarrow{-0.2} Mo$$

$$WO_3 \xrightarrow{-0.03} W_2O_5 \xrightarrow{-0.04} WO_2 \xrightarrow{-0.15} W^{3+} \xrightarrow{-0.11} W$$

$$\varphi_b^\Theta/V \qquad MoO_4^{2-} \xrightarrow{-1.4} MoO_2 \xrightarrow{-0.87} Mo \qquad WO_4^{2-} \xrightarrow{-1.05} W$$

钼(Ⅵ)和钨(Ⅵ)只有与强还原剂反应时才能被还原。例如，向 $(NH_4)_2MoO_4$ 溶液中加入浓盐酸，再用金属锌还原，溶液最初显蓝色，然后还原为绿色的 $MoCl_5$，最后生成棕色 $MoCl_3$：

$$2(NH_4)_2MoO_4 + 3Zn + 16HCl =\!=\!= 2MoCl_3 + 3ZnCl_2 + 4NH_4Cl + 8H_2O$$

钨酸盐的氧化性更弱。

当简单钼酸盐或钨酸盐被缓慢还原时，生成深蓝色的钼蓝或钨蓝。它们是氧化数为+5、+6的钼或钨的氧化物-氢氧化物的混合体。例如，用 $Sn(Ⅱ)$ 将 $Mo(Ⅵ)$ 部分还原，可以得到钼蓝。钼蓝的组成介于 $MoO(OH)_3$ 和 MoO_3 之间。

3. 同多酸

由两个或两个以上同种简单含氧酸分子缩水而成的酸称为同多酸。能够形成同多酸的元素有 V、Cr、Mo、W、B、Si、P、As 等。钼、钨的同多酸主要有 $H_6Mo_7O_{24}$、$H_4Mo_8O_{26}$、$H_{10}Mo_{12}O_{41}$、$H_4W_8O_{26}$ 和 $H_{10}W_{12}O_{41}$。

同多酸根阴离子的形成和溶液的 pH 有密切关系，一般 pH 越小，缩合度越大。将三氧化钼的氨水溶液酸化，降低其 pH，当 pH≈6 时，生成 $Mo_7O_{24}^{6-}$：

$$7MoO_4^{2-} + 8H^+ =\!=\!= Mo_7O_{24}^{6-} + 4H_2O$$

将溶液稍微再酸化，则形成八钼酸根离子 $Mo_8O_{26}^{4-}$：

$$20H^+ + 8Mo_7O_{24}^{6-} \rightleftharpoons 7Mo_8O_{26}^{4-} + 10H_2O$$

进一步酸化，到 pH≈1 时有钼酸沉淀生成：

$$4H^+ + Mo_8O_{26}^{4-} + 6H_2O \rightleftharpoons 8H_2MoO_4 \downarrow$$

在大量过量的酸中，钼酸沉淀又可溶解。例如，用浓度达到 $6\ mol \cdot L^{-1}$ 以上的 HCl 时生成二氯二氧化钼 MoO_2Cl_2：

$$H_2MoO_4 + 2HCl \rightleftharpoons MoO_2Cl_2 + 2H_2O$$

在 MoO_4^{2-} 和 $Mo_7O_{24}^{6-}$ 之间，没有可靠证据可证明有钼的缩合度<7 的不稳定的同多酸根离子存在。但是高酸度时，在钼酸沉淀以前，溶液中很可能存在缩合度更高(＞8)的同多酸根离子，不过还未能确定其较可靠的化学式。

图 14.8 表示 $Mo(Ⅵ)$ 的总浓度为 $2\ mol \cdot L^{-1}$ 时，随着酸化，溶液中 MoO_4^{2-}、$Mo_7O_{24}^{6-}$ 和 $Mo_8O_{26}^{4-}$ 三种酸根离子各占 $Mo(Ⅵ)$ 总浓度的分数的变化情况。

将钨酸盐 (Na_2WO_4) 溶液(因水解而带碱性)逐渐酸化时，溶液中陆续生成各种同多酸根离子，其主要的一些多钨酸根阴离子如图 14.9 所示。

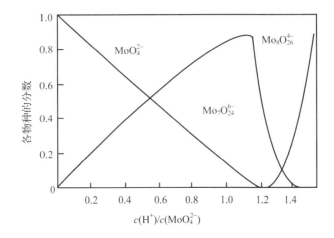

图 14.8　Mo(Ⅵ)总浓度为 2 mol·L^{-1}时各物种的分数

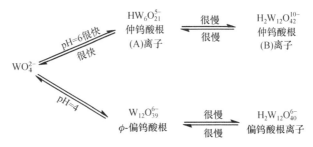

图 14.9　钨酸根(WO$_4^{2-}$)酸化生成同多酸根离子示意图

向 WO$_4^{2-}$溶液中逐渐加强酸,其量不超过物质的量之比 c(H$^+$)/c(WO$_4^{2-}$) = 7/6 时,有仲钨酸根(A)离子 HW$_6$O$_{21}^{5-}$ 生成:

$$7H^+ + 6WO_4^{2-} \Longrightarrow HW_6O_{21}^{5-} + 3H_2O$$

该反应进行得很快,在反应过程中 c(H$^+$)/c(WO$_4^{2-}$)<7 时,每加一点酸,就有乳白色沉淀生成,经摇动后沉淀可消失。若在生成的仲钨酸根(A)离子的溶液中立即加入强碱溶液,则逆反应很快进行,全部变回 WO$_4^{2-}$。但若将仲钨酸根(A)离子的溶液放置几天或煮沸后,再加入强碱溶液时,则只有一部分仲钨酸根(B)离子与碱很慢地反应。

若在仲钨酸根(A)离子的溶液中继续加酸,c(H$^+$)/c(WO$_4^{2-}$)为 7~9,则逐渐生成 ϕ 偏钨酸根离子:

$$4H^+ + 2HW_6O_{21}^{5-} \Longrightarrow W_{12}O_{39}^{6-} + 3H_2O$$

总反应

$$18H^+ + 12WO_4^{2-} \Longrightarrow W_{12}O_{39}^{6-} + 9H_2O$$

如果将 ϕ 偏钨酸根离子溶液陈化几星期或煮沸,则生成偏钨酸根离子:

$$W_{12}O_{39}^{6-} + H_2O \Longrightarrow H_2W_{12}O_{40}^{6-}$$

将 ϕ 偏钨酸根离子溶液进一步酸化,则沉淀出水合 WO$_3$(钨酸),但在偏钨酸根离子的溶液中加酸,却得不到水合 WO$_3$ 沉淀。

图 14.10 表示钨(Ⅵ)的总浓度分别为 $0.2\ mol \cdot L^{-1}$ 和 $0.002\ mol \cdot L^{-1}$ 时(溶液中加有 $3\ mol \cdot L^{-1}$ LiCl)溶液中几种主要阴离子 WO_4^{2-}、$HW_6O_{21}^{5-}$、$W_{12}O_{41}^{10-}$、$H_2W_{12}O_{40}^{6-}$ 各占钨(Ⅵ)总浓度的分数随着溶液的酸化而变更的情况。

用 X 射线研究仲钼酸盐晶体的结构得出结论,在仲钼酸根离子 $Mo_7O_{24}^{6-}$ 中基本结构单元是正八面体 MoO_6,而仲钼酸根离子是 7 个这样的正八面体以图 14.11(a)所示的方式结合在一起而形成的,其中有 2 个氧各为 4 个八面体共有(共边),有 2 个氧为 3 个八面体共有(共角),有 8 个氧各为 2 个八面体共有,还有 12 个氧各为 2 个八面体独有,共有 24 个氧。图 14.11(b)是八钼酸根离子 $Mo_8O_{26}^{4-}$ 结构的示意图,由 8 个 MoO_6 组成。这两种结构可看出中心离子是 $Mo(Ⅵ)$,在每个 $Mo(Ⅵ)$ 的周围有 6 个氧以八面体的构型配位。

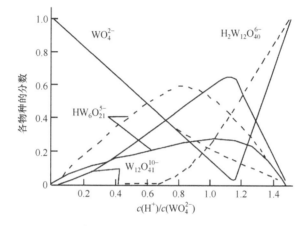

图 14.10　钨(Ⅵ)各阴离子的分数与溶液酸性的关系
实线:$0.2\ mol \cdot L^{-1}$ 钨(Ⅵ)总浓度;虚线:$0.002\ mol \cdot L^{-1}$ 钨(Ⅵ)总浓度
溶液中加有 $3\ mol \cdot L^{-1}$ 的 LiCl;测试温度 50℃

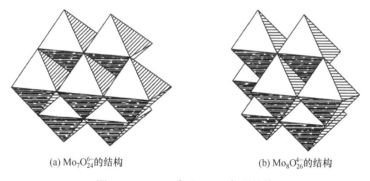

(a) $Mo_7O_{24}^{6-}$ 的结构　　　　　　(b) $Mo_8O_{26}^{4-}$ 的结构

图 14.11　$Mo_7O_{24}^{6-}$ 和 $Mo_8O_{26}^{4-}$ 的结构

仲钨酸盐的结构(图 14.12)由 Lipscomb 提出。其中 12 个钨原子有 6 个被连到一个非成桥氧原子上,另外的结合到 2 个非成桥氧原子上,总的化学式是 $H_2W_{12}O_{42}^{10-}$,18 个氧原子结合到 1 个钨原子上,18 个氧原子结合到 2 个钨原子上,6 个氧结合到 3 个钨原子上。

4. 杂多酸

由两种不同含氧酸分子缩水而成的酸称为杂多酸。1826 年报道的 $[PMo_{12}O_{40}]^{3-}$ 为第一个杂多酸,由酸化并加热正钼酸根离子和正磷酸根离子的混合溶液制得:

$$\mathrm{PO_4^{3-} + 12MoO_4^{2-} + 24H^+ \Longrightarrow [PMo_{12}O_{40}]^{3-} + 12H_2O}$$

图 14.12 $\mathrm{H_2W_{12}O_{42}^{10-}}$ 的结构

由杂多酸根离子和金属离子组成的化合物称为杂多酸盐，P 等称为杂原子。杂原子可以是同一元素的原子，也可以是两种元素的原子，如$[\mathrm{Fe(III)Ni(II)W_{11}O_{40}}]^{9-}$。有少数杂多酸根离子中还存在着氢原子，如$[\mathrm{H_2Co(III)W_{11}O_{40}}]^{9-}$，现已发现可作杂原子的元素原子有 B、Al、Ga、Si、Ge、P、As、Sb、Bi、Se、Te、I、Ti、V、Cr、Mn、Fe、Co、Ni、Cu、Zn 及其他一些过渡元素和 f 区元素。X 射线研究杂多酸盐的结构表明，与同多酸根离子类似，在一般的杂多酸根离子中存在着基本结构单位 $\mathrm{MO_6}$，而在绝大多数已发现的杂多酸根离子中，杂原子以正四面体构型或正八面体构型在其周围配位着 4 或 6 个氧。

研究最多的是 1∶12 杂多酸根离子，尤其是$[\mathrm{PMo_{12}O_{40}}]^{3-}$、$[\mathrm{SiMo_{12}O_{40}}]^{4-}$、$[\mathrm{PW_{12}O_{40}}]^{3-}$和$[\mathrm{SiW_{12}O_{40}}]^{4-}$四种杂多酸根离子及它们相应的酸和盐。十二钼(钨)磷杂多酸的结构如图 14.13所示。

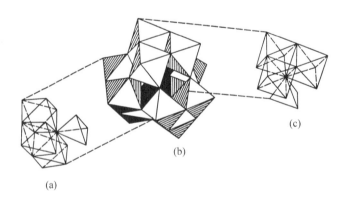

图 14.13   十二钼(钨)磷杂多酸的结构

杂多酸化合物的主要性质为：

(1)在酸性条件下生成上述杂多酸根离子的溶液中，如果加入定量的强碱溶液，则重新生成正钼(或钨)酸根离子：

$$[\mathrm{PMo_{12}O_{40}}]^{3-} + 24OH^- \Longrightarrow \mathrm{PO_4^{3-}} + 12\mathrm{MoO_4^{2-}} + 12\mathrm{H_2O}$$

但若控制加入碱的量，则可以生成中间产物 1：11 杂多酸根离子：

$$[PW_{12}O_{40}]^{3-}+\frac{9}{2}OH^-\rightleftharpoons[PW_{11}O_{39}]^{7-}+\frac{1}{12}W_{12}O_{39}^{6-}+\frac{9}{4}H_2O$$

如果加酸于 WO_4^{2-}（或 MoO_4^{2-}）和 PO_4^{3-} 的混合溶液，控制适当的酸度，也同样生成 1：11 杂多酸根离子：

$$PO_4^{3-}+11WO_4^{2-}+18H^+\rightleftharpoons[PW_{11}O_{39}]^{7-}+9H_2O$$

在不同的酸性条件下，几种杂多酸根离子的稳定性如图 14.14 所示。

可见，杂多酸根离子体系中，酸和碱参加反应的情况与同多酸根离子体系中的情况在一定程度上是相似的。

（2）杂多酸及大多数杂多酸盐易溶于水和醚、醇、酮等有机含氧溶剂。一般来说，小的阳离子（包括某些小的重金属阳离子）的杂多酸盐可溶于水，但较大的阳离子相应的盐往往难溶于水，Cs、Pb、Ba 杂多酸盐不溶于水，而其铵、钾、铷的杂多酸盐也难溶，所以可利用 $(NH_4)_3[PMo_{12}O_{40}]$ 的难溶性作磷酸盐的重量分析。

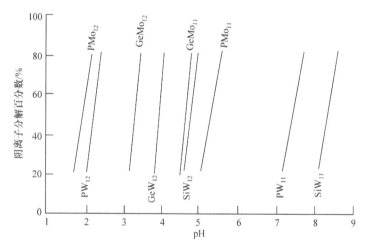

图 14.14　几种杂多酸根离子稳定存在的 pH 范围
Mo、W 的浓度为 0.1 $mol\cdot L^{-1}$，SiW_{11} 代表 $[SiW_{11}O_{39}]^{8-}$，依此类推

（3）许多杂多酸是强酸。P、As、Si 等的杂钼（钨）酸根离子可被适当的还原剂还原生成磷钼（钨）蓝等所谓"杂多蓝"，其反应是可逆的：

$$PW_{12}O_{40}^{3-}\underset{-e^-}{\overset{+e^-}{\rightleftharpoons}}PW_{12}O_{40}^{4-}\underset{-e^-}{\overset{+e^-}{\rightleftharpoons}}PW_{12}O_{40}^{5-}$$

$$P_2Mo_{18}O_{62}^{6-}\underset{-2e^-,-2H^+}{\overset{+2e^-,+2H^+}{\rightleftharpoons}}H_2P_2Mo_{18}O_{62}^{6-}\underset{-2e^-,-2H^+}{\overset{+2e^-,+2H^+}{\rightleftharpoons}}H_4P_2Mo_{18}O_{62}^{6-}\underset{-2e^-,-2H^+}{\overset{+2e^-,+2H^+}{\rightleftharpoons}}H_6P_2Mo_{18}O_{62}^{6-}$$

一般认为，蓝色的出现是由于蓝移光谱的产生，即电子在有关化合物中一部分未被还原的 Mo（Ⅵ）或 W（Ⅵ）原子和一部分已被还原为 Mo（Ⅴ）或 W（Ⅴ）的原子间跃迁的表现。

5. 过氧钼酸盐、过氧钨酸盐

和过铬酸盐的生成一样，向碱性钼酸盐、钨酸盐溶液中加入 H_2O_2，生成红色四过氧钼酸盐（如 $K_2[Mo(O_2)_4]$）和黄色四过氧钨酸盐（如 $K_2[W(O_2)_4]$）：

$$MoO_4^{2-} + 4H_2O_2 \Longrightarrow Mo(O_2)_4^{2-}(红色) + 4H_2O$$

$$WO_4^{2-} + 4H_2O_2 \Longrightarrow W(O_2)_4^{2-}(黄色) + 4H_2O$$

向弱碱性钼酸盐、钨酸盐溶液中加入 H_2O_2，得到黄色二过氧钼酸盐如 $K[HMoO_2(O_2)_2] \cdot 2H_2O$ 和无色二过氧钨酸盐 $K[HWO_2(O_2)_2] \cdot 2H_2O$：

$$MoO_4^{2-} + 2H_2O_2 \Longrightarrow HMoO_2(O_2)_2^-(黄色) + OH^- + H_2O$$

$$WO_4^{2-} + 2H_2O_2 \Longrightarrow HWO_2(O_2)_2^-(无色) + OH^- + H_2O$$

14.3.2　钯与铂

铂系元素包括钌(ruthenium)、铑(rhodium)、钯(palladium)、锇(osmium)、铱(iridium)、铂(platinum)六种元素。根据它们的密度分为轻铂金属(钌、铑、钯)和重铂金属(锇、铱、铂)，它们都是稀有金属。它们几乎完全以单质的状态存在，高度分散于各种矿石中，并共生在一起。这里重点讨论钯和铂的性质及其重要化合物。

1. 钯、铂的性质及用途

钯、铂的基本性质列于表 14.15。

表 14.15　钯、铂元素的基本性质

元素	元素符号	原子序数	价电子构型	主要氧化数	相对原子质量	共价半径 /pm	M^{2+}半径 /pm	第一电离能 /(kJ·mol^{-1})	电负性	$\varphi^{\ominus}(M^{2+}/M)/V$
钯	Pd	46	$4d^{10}5s^0$	+2, +4	106.4	128	85	805	2.2	0.951
铂	Pt	78	$5d^96s^1$	+2, +4	195.0	130	124	870	2.28	1.2

铂系金属对酸的化学稳定性比所有其他各族金属都高。钯和铂都能溶于王水，钯还能溶于硝酸和热硫酸中，如

$$3Pt + 4HNO_3 + 18HCl \Longrightarrow 3H_2PtCl_6 + 4NO\uparrow + 8H_2O$$

钯、铂在有氧化剂存在时与碱一起熔融，都会变成可溶性的化合物。金属细粉(如铂黑)具有很高的催化活性。钯、铂可吸附气体。钯吸附氢气的能力最强，常温下钯吸附氢的体积比为 1 : 700。铂吸附氧的体积比为 1 : 70。

铂是铂系金属中最软的，有很好的延展性和可锻性。铂具有很高的催化性能，在许多化学工业中用作催化剂。

2. 卤化物

1) PtF_6

PtF_6 是最强的氧化剂之一。PtF_6 可以氧化 O_2 生成深红色的 $[O_2]^+[PtF_6]^-$，氧化氙生成稀有气体化合物：

$$Xe + PtF_6 \Longrightarrow [Xe]^+[PtF_6]^-(橙黄)$$

2) $PdCl_2$

在红热的条件下，把金属钯直接氯化得二氯化钯 $PdCl_2$，温度高于 823 K 得到不稳定的

α-PdCl$_2$,823 K 以下转变为 β-PdCl$_2$。α-PdCl$_2$ 的结构呈扁平的链状,β-PdCl$_2$ 的分子结构以 Pd$_6$Cl$_{12}$ 为单元(图 14.15)。在 α-PdCl$_2$ 和 β-PdCl$_2$ 这两种结构中,Pd(Ⅱ)都是采用 dsp^3 杂化。

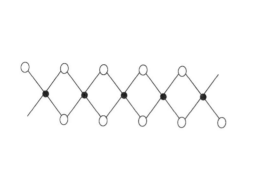 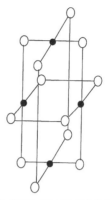

(a) α-PdCl$_2$的扁平链状结构　　　　(b) β-PdCl$_2$的Pd$_6$Cl$_{12}$结构单元

图 14.15　PdCl$_2$ 的结构

二氯化钯水溶液遇一氧化碳即被还原成金属钯:

$$PdCl_2 + CO + H_2O = Pd\downarrow + CO_2 + 2HCl$$

尽管析出的金属钯量很少,但是很容易从它显示的黑色分辨出来,因此可以利用这一反应鉴定 CO 的存在。

乙烯于常温、常压下用二氯化钯作催化剂被氧化成乙醛,这是一个重要的配位催化反应,是生产乙醛的好方法。

3. 卤素配合物

1)氯铂酸及其盐

用王水溶解铂,可生成氯铂酸 H$_2$[PtCl$_6$],四氯化铂溶于盐酸也生成氯铂酸。还可在铂(Ⅳ)化合物中加碱,得到两性的 Pt(OH)$_4$,再将其溶于盐酸中,制得氯铂酸:

$$Pt(OH)_4 + 6HCl = H_2[PtCl_6] + 4H_2O$$

将氯化铵或氯化钾加至四氯化铂中,可制得相应的氯铂酸铵或氯铂酸钾:

$$PtCl_4 + 2NH_4Cl = (NH_4)_2[PtCl_6]$$

$$PtCl_4 + 2KCl = K_2[PtCl_6]$$

氯铂酸盐的溶液可用作镀铂时的电镀液。

橙红色 Na$_2$[PtCl$_6$]晶体易溶于水和乙醇。但(NH$_4$)$_2$[PtCl$_6$]、K$_2$[PtCl$_6$]、Rb$_2$[PtCl$_6$]、Cs$_2$[PtCl$_6$] 等却都是难溶于水的黄色晶体。在分析中,可利用难溶性氯铂酸盐的生成检验 NH$_4^+$、K$^+$、Rb$^+$、Cs$^+$等离子。

2)氯亚铂酸盐

用草酸钾、二氧化硫等还原剂和氯铂酸盐反应,可生成氯亚铂酸盐 M$_2$[PtCl$_4$]:

$$K_2[PtCl_6] + K_2C_2O_4 = K_2[PtCl_4] + 2KCl + 2CO_2\uparrow$$

4. 铂(Ⅱ)-乙烯配合物

$PtCl_2 \cdot C_2H_4$ 是人们制得的第一个不饱和烃与金属的配合物。它是由氯亚铂酸盐$[PtCl_4]^{2-}$和乙烯在水溶液中反应制得，它可以被乙醚萃取：

$$[PtCl_4]^{2-} + C_2H_4 \Longrightarrow [PtCl_3(C_2H_4)]^- + Cl^-$$

$$2[PtCl_3(C_2H_4)]^- \Longrightarrow [PtCl_2(C_2H_4)]_2 + 2Cl^-$$

中性$[PtCl_2(C_2H_4)]_2$是一个具有桥式结构的二聚物，两个乙烯分子的排布是反式的(图 14.16)。配离子$[PtCl_3(C_2H_4)]^-$的构型是平面四边形(图 14.17)。

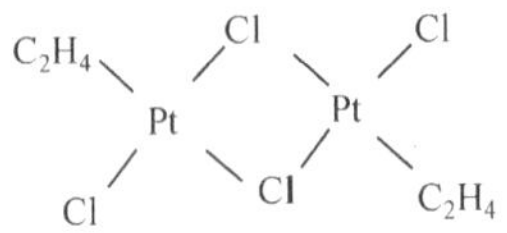

图 14.16 $[PtCl_2(C_2H_4)]_2$的结构

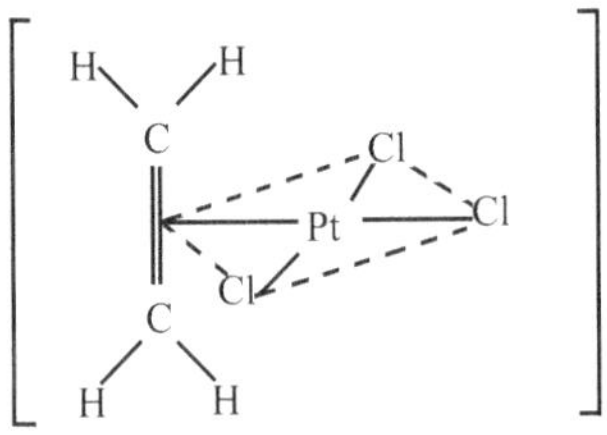

图 14.17 $[PtCl_3(C_2H_4)]^-$的结构

14.3.3 锆与铪

1. 锆和铪的分离

锆具有热中子俘获截面低(0.18 b)、抗腐蚀性强的特性，因此是一种理想的核反应堆材料。由于"镧系收缩"，锆和铪的化学性质十分相似，各种锆矿石中都含有不同量的铪，如锆英石($ZrSiO_4$)中含铪 0.5%～2.0%，斜锆矿含铪 1.0%～1.8%。在大多数应用中，没有必要对两种金属进行专门的提纯分离。但是，在作为核材料应用时，考虑到锆和铪截然不同的吸收中子能力(铪的热中子俘获截面高达 105 b)，必须对两者进行提纯分离。通常情况下，只有含铪量低于 100 ppm 的锆才能作为核反应堆材料，尤其是核燃料棒外壳使用。

目前，绝大多数的商用分离方法采用的是湿法冶金途径，包括分级结晶技术、甲基异丁酮萃取和磷酸三丁酯萃取工艺。分级结晶是利用 K_2ZrF_6 和 K_2HfF_6 在水相中溶解度的差异实现分离的一种多步重结晶过程。虽然这一方法原理和操作简单，但是在大规模和高效分离上有所限制。萃取分离工艺将锆、铪化合物溶于水中，再与有机溶剂接触，选择性萃取锆或铪进入有机溶剂，实现二者的提纯分离。该方法的优点是可以实现工业规模的生产，并且无需高温反应，是核工业中最重要的锆铪分离技术之一。但是，这种方法生成的副产物可能对环境造成污染，同时存在废弃物难以处置的问题。因此，采用火法冶金途径分离锆铪，也正引起重视，主要原理是利用锆、铪的氧化还原性和电化学性质或者熔融盐-金属平衡反应。

2. 锆和铪的单质与重要化合物

金属锆和铪在常温下都是不活泼的，其表面会生成一层保护层而不被空气侵蚀。因此，坚韧、耐热的金属锆被用作核燃料棒的外壳，既能抵挡核反应内核心部分的恶劣环境，又因为其低的中子吸收能力而允许中子穿透保证反应堆运转。金属铪的高中子吸收能力则使其成为核反应堆中的中子吸收棒(减速剂)。但是值得注意的是，金属锆在高温下可以与水反应，生成氧化锆的同时并释放氢气。一旦冷却系统失灵，核燃料棒崩裂，高温下产生的氢气会在空气中燃烧甚至爆炸。

锆和铪作为ⅣB族元素，它们的外层电子构型分别为 $4d^25s^2$ 和 $5d^26s^2$，氧化数可以为+2、+3 和+4，最稳定的氧化数为+4，低氧化数的化合物容易发生氧化和歧化反应。

锆和铪的主要氧化物形式分别为 ZrO_2 和 HfO_2。ZrO_2 具有熔点高、热膨胀系数低、电阻率高等特点，被用于制造实验室坩埚、冶金炉、耐火材料等。市面上"陶瓷刀"大多也是以高纯超细氧化锆为原料制得。立方型 ZrO_2 的折射率与金刚石相似，且硬度高，是常用的仿钻石。但是与真正的钻石相比，它仍具有偏低的硬度、更大的密度和较低的导热性，因此可以将两者区分。在立方型 ZrO_2 之前，锆石是最常用的钻石代用品，其主要化学成分是硅酸锆 $ZrSiO_4$。

14.3.4 铌与钽

金属铌在低温下表现出超导性，在标准大气压力下，它的临界温度为 9.2 K，是所有单质超导体中最高的。同时，由于铌对于热中子的捕获截面很低，因此在核工业中也有重要用途。常温下，铌在空气中极其稳定，不与空气发生作用。铌的抗腐蚀性使其不与人体内各种液体物质发生作用，所以是一种"亲生物金属"，可以用于外科医疗中。基于铌和钽的化学稳定性和高熔点，它们可以被用来制造电解电容器、整流器等。钽被认为是一种技术关键元素。

铌和钽的最常见氧化数是+5。氧化数低于+5 的含铌化合物中往往有典型的 Nb—Nb 键存在。铌酸盐，如 $LiNbO_3$ 与 $LaNbO_4$，通常是由五价氧化物溶解在碱性氢氧根溶液中或者在碱金属氧化物中熔化制备。其他含铌的二元化合物中，氮化铌在低温下具有超导性，可以作为红外光探测器。与碳化钽一样，碳化铌也是硬度极大的商用耐火性材料，用于切割工具。含钽的化合物中，氧化数为+3 的钽的氮化物作为薄层绝缘体被用于一些微电制备工艺。TaS_2 是一种层状半导体材料。此外，钽碲合金可以形成准晶。

14.3.5 锝与铼

锝是第五周期元素中唯一具有放射性的元素，也是第一个用人工方法制得的元素，因此以希腊文"technetos（人造）"命名。目前，在医疗诊断中最常用的放射性核素是 ^{99m}Tc，其半衰期为 6.02 h。而 ^{99m}Tc 的同质异能素 ^{99}Tc 的半衰期长达 2.11×10^5 年，过长的半衰期使得这一核素并不适用于诊疗中。

金属铼具有密度大（20.8 g·cm^{-3}，仅次于 Os、Ir 和 Pt）、熔点高（3422℃）的特点。大部分铼被加入镍基超合金，以制造战斗机的喷气发动机涡轮叶片（含量最多为 6%），可以避免工作温度过高时叶片可能变形的问题。铼是与铂族元素一样优秀的催化剂，其化学性质稳定，不与一般酸、碱甚至氢氟酸反应，而且价格比铂族元素要更低廉一些。

值得注意的是，1965 年 Cotton 等发现并报道了一种铼的化合物 $K_2[Re_2Cl_8]\cdot2H_2O$ 中的全新化学键：两个铼原子之间的 δ 键。Re—Re 的距离为 224 pm，存在典型的金属四重键，包括一个 σ 键、两个 π 键和一个 δ 键。在随后的研究中发现，这种金属-金属多重键也可能存在于 Mo、Cr、Ta 等其他化合物中。

习　题

一、选择题

1. 过渡元素常有多种氧化数，同一周期的过渡元素从左到右，元素的氧化数（　　）

A. 随族数而逐渐升高　　　　　　　　　　　B. 随族数而逐渐降低

C. 先升高而后降低，即中间高两头低　　　　D. 先降低而后升高，即中间低两头高

2. 同一族过渡元素从上到下，氧化态的变化（　　）

A. 趋向形成稳定的高氧化态　　　　　　　　B. 趋向形成稳定的低氧化态

C. 先升高而后降低　　　　　　　　　　　　D. 没有一定规律

3. 镧系收缩的结果使得很难分离的元素对是（　　）

A. Zr 和 Hf　　　　　　B. Rh 和 Ir　　　　　C. Pd 和 Pt　　　　　D. Nb 和 Ta

4. 在配合物中，过渡元素的离子或原子是（　　）

A. 路易斯酸　　　　　　B. 路易斯碱　　　　　C. 电子对提供体　　　D. 质子酸金属

5. 钛具有优越的抗腐蚀性能，原因在于（　　）

A. 金属钛本身不活泼，难与 O_2、H_2O、H^+ 或 OH^- 反应

B. 金属钛与杂质形成腐蚀电池时，金属钛是阴极

C. 金属钛本身虽活泼，但其表面易形成钝化膜

D. 金属钛酰离子 TiO^{2+} 是一种缓蚀剂

6. 在酸性溶液中，Ti(IV) 与 H_2O_2 反应的产物是（　　）

A. Ti^{3+}　　　　　　B. TiO_2　　　　　　C. $[TiO(H_2O_2)]^{2+}$　　　D. $[Ti(OH)_2(H_2O)_4]^{2+}$

7. 五氧化二钒的主要用途是作（　　）

A. 吸附物　　　　　　　B. 表面活化剂　　　　C. 催化剂　　　　　　D. 氧化剂

8. V_2O_5 溶于盐酸产生氯气，这说明 V_2O_5 是（　　）

A. 碱性氧化物　　　　　B. 酸性氧化物　　　　C. 催化剂　　　　　　D. 氧化剂

9. 金属元素锰的氧化物中，酸性最强的是（　　）

A. MnO　　　　　　　　B. Mn_2O_7　　　　　C. Mn_2O_3　　　　　D. MnO_2

10. 锰形成多种氧化态的化合物，其中最稳定的是（　　）

A. 酸性介质中的 Mn(II)　　　　　　　　　B. 酸性介质中的 Mn(III)

C. 中性介质中的 Mn(IV)　　　　　　　　　D. 中性介质中的 Mn(VI)

E. 酸性介质中的 Mn(VII)

11. 不能用于鉴定溶液中 Fe^{3+} 的试剂是（　　）

A. KI　　　　　　B. KSCN　　　　　C. NaOH　　　　　D. $KMnO_4$　　　　　E. $K_4[Fe(CN)_6]$

12. 许多过渡金属都能与 CO 形成羰基化合物，在 $Ni(CO)_4$ 中，中心原子与配体之间存在的化学键有（　　）

A. 4 个 σ 键　　　　　　　　　　　　　　　B. 4 个 σ 键和 4 个 π 键

C. 4 个 σ 键和 4 个反馈 π 键　　　　　　　D. 4 个 σ 键和 4 个反馈 σ 键

13. 下列关于 $Ni(OH)_2$ 和 $Fe(OH)_2$ 化学性质的叙述中正确的是（　　）

A. 都主要显碱性

B. 都易溶于氨水而形成氨合物

C. 在碱性介质中都易被空气中氧气氧化成三价的氢氧化物

D. $Ni(OH)_2$ 的还原性强于 $Fe(OH)_2$

14. 下列各配合物只有顺磁性的是（　　）

A. $K_4[Fe(CN)_6]$　　　B. $K_3[Fe(CN)_6]$　　　C. $Ni(CO)_4$　　　D. $[Co(NH_3)_6]Cl_3$

15. 通常鉴定 Ni^{2+} 的存在可用的试剂是（　　）

A. 试镁灵　　　　　　　B. 丁二酮肟　　　　　C. 二苯基联苯胺　　　D. 硫脲

二、填空题

1. TiO_2 属于_____氧化物。

2. $Fe(OH)_3$、$Co(OH)_3$、$Ni(OH)_3$ 都能与 HCl 反应，其中属于中和反应的是_____。

3. 在配制 Fe^{2+} 的溶液时，一般需要加入足够浓度的酸和一些铁钉，其目的是_____。

4. 钛白粉的化学成分是_____。

5. 下列离子中，能在氨水溶液中形成氨合物的有_____。
Cr^{3+}、Mn^{2+}、Fe^{2+}、Fe^{3+}、Co^{2+}、Ni^{2+}

6. 在水溶液中用 Fe^{3+} 盐与 KI 作用得到的产物是_____。

7. Fe^{3+} 的溶液中加入 KSCN 时，因生成_____而呈_____，若再加入少许铁粉或 NH_4F 固体，因生成_____而呈_____。

8. $TiCl_4$ 在空气中冒烟的反应方程式为_____。

9. Na_2S 溶液与 $(NH_4)_2MnO_4$ 溶液作用得棕褐色_____。

10. 向 $K_2Cr_2O_7$ 溶液中加入以下试剂，会发生什么现象？将现象和主要产物填在下表：

加入试剂	$NaNO_2$	H_2O_2	$FeSO_4$	NaOH	$Ba(NO_3)_2$
现象					
主要产物					

11. 写出下列物质和离子的颜色。

(1) $Cr_2O_7^{2-}$ _____ 　(2) CrO_4^{2-} _____ 　(3) CrO_5 _____

(4) MnO_4^- _____ 　(5) MnO_4^{2-} _____ 　(6) $Ni(OH)_2$ _____

(7) $Fe(OH)_3$ _____ 　(8) $Fe(OH)_2$ _____ 　(9) H_2WO_4 _____

(10) H_2MoO_4 _____

12. 当 Na_2CO_3 溶液作用于 $FeCl_3$ 溶液时，得到的产物是_____。

13. 变色硅胶含_____成分，干燥时呈_____色，吸水后变_____色。

14. 在下列离子的分离检出图的空白处填上适当的物质。

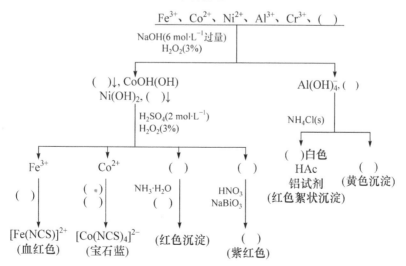

三、简答题

1. 完成并配平下列反应式。

(1) $TiO_2 + H_2SO_4(浓) \xrightarrow{\triangle}$ 　　　　　　　(2) $NH_4VO_3 \xrightarrow{\triangle}$

(3) $VO_2^+ + SO_3^{2-} + H^+ \xrightarrow{OH^-}$

(4) $[Cr(OH)_4]^- + Br_2 \longrightarrow$

(5) $Cr_2O_7^{2-} + H_2S \longrightarrow$

(6) $Cr_2O_7^{2-} + I^- \xrightarrow{H^+}$

(7) $K_2Cr_2O_7 + HCl(浓) \longrightarrow$

(8) $Cr_2O_3 + K_2S_2O_8 \xrightarrow{\triangle}$

(9) $Cr^{3+} + S^{2-} + H_2O \longrightarrow$

(10) $MnO_4^- + HCl(浓) \longrightarrow$

(11) $MnO_4^- + C \xrightarrow{H^+}$

(12) $Mn^{2+} + NaBiO_3 \xrightarrow{H^+}$

(13) $MnO_4^- + H_2O_2 \xrightarrow{H^+}$

(14) $MnO_4^- + Mn^{2+} \xrightarrow{H^+}$

(15) $MnO_4^{2-} + Cl_2 \longrightarrow$

(16) $MnO_4^- + NO_2^- \xrightarrow{OH^-}$

(17) $MoO_4^- + NH_4^+ + PO_4^{3-} \xrightarrow{H^+}$

(18) $Pt(OH)_4 + HCl \longrightarrow$

(19) $Pt(OH)_4 + NaOH \longrightarrow$

(20) $PdCl_2 + CO + H_2O \longrightarrow$

(21) $Fe^{3+} + H_2S \longrightarrow$

(22) $Fe(OH)_2 + O_2 + H_2O \longrightarrow$

(23) $Co^{2+} + SCN^-(过量) \xrightarrow{丙酮}$

(24) $Ni^{2+} + NH_3(过量) \longrightarrow$

(25) $[Co(NH_3)_6]^{2+} + O_2 + H_2O \longrightarrow$

(26) $Ni(OH)_2 + Br_2 + OH^- \longrightarrow$

(27) $Co_2O_3 + H^+ + Cl^- \longrightarrow$

(28) $[Fe(NH_3)_6]^{3+} + F^- \longrightarrow$

(29) $Fe(OH)_3 + KClO_3 + KOH \longrightarrow$

(30) $K_4[Co(CN)_6] + O_2 + H_2O \longrightarrow$

2. 写出与下列实验现象有关的反应方程式：

向含有 Fe^{2+} 的溶液中加入 NaOH 溶液后生成白绿色沉淀，渐变棕色。过滤后，用盐酸溶解棕色沉淀，溶液呈黄色。加入几滴 KSCN 溶液立即变血红色，通入 SO_2 时红色消失。滴加 $KMnO_4$ 溶液，其紫色会褪去。最后加入黄血盐溶液时，生成蓝色沉淀。

3. 金属 M 溶于稀盐酸时生成 MCl_2，其磁矩为 5.0 B.M.。在无氧操作条件下，MCl_2 溶液遇 NaOH 溶液生成一白色沉淀 A。A 接触空气就逐渐变绿，最后变成棕色沉淀 B。灼烧时，B 生成棕红色粉末 C，C 经不彻底还原而生成铁磁性的黑色物质 D。

B 溶于稀盐酸生成溶液 E，它使 KI 溶液氧化成 I_2，但在加入 KI 前先加入 NaF，则 KI 将不能被 E 所氧化。

若向 B 的浓 NaOH 悬浮液中通入 Cl_2 时可得到一紫红色溶液，加入 $BaCl_2$ 时就会沉淀出红棕色固体 G。G 是一种强氧化剂。

指出 A、B、C、D、E、F、G 各是什么化合物，并写出反应方程式。

4. 举出鉴别 Fe^{3+}、Fe^{2+}、Co^{2+} 和 Ni^{2+} 的常用方法。

5. 如何分离 Fe^{3+}、Al^{3+}、Cr^{3+} 和 Ni^{2+}？

6. 某绿色固体 A 可溶于水，其水溶液中通入 CO_2 即得棕黑色沉淀 B 和紫红色溶液 C。B 与 HCl 溶液共热时放出黄绿色气体 D，溶液近乎无色，将此溶液和溶液 C 混合，即得沉淀 B。将气体 D 通入 A 溶液，可得 C。试判断 A 是哪种钾盐。写出有关反应方程式。

7. 某棕黑色粉末，加热情况下和浓 H_2SO_4 作用会放出助燃性气体，所得溶液与 PbO_2 作用(稍加热)时会出现紫色。若再加入 H_2O_2 时，颜色能褪去，并有白色沉淀出现。此棕黑色粉末为何物？写出有关反应方程式。

8. 某氧化物 A，溶于浓盐酸得溶液 B 和气体 C。C 通入 KI 溶液后用 CCl_4 萃取生成物，CCl_4 层出现紫色。B 加入 KOH 溶液后析出桃红色沉淀。B 遇过量氨水，得不到沉淀而得土黄色溶液，放置后则变为红褐色。B 中加 KSCN 及少量丙酮时生成宝石蓝溶液。判断 A 是什么氧化物。写出有关反应方程式。

9. 在有 $Co(OH)_2$ 沉淀的溶液中，不断通入 Cl_2，会生成 $CoO(OH)$；反之，若使 $CoO(OH)$ 与浓 HCl 作用又可放出 Cl_2，如何解释上述事实？

10. 比较 $Al(OH)_3$、$Cr(OH)_3$、$Fe(OH)_3$ 性质的异同，怎样将 Cr^{3+}、Al^{3+}、Fe^{3+} 分离？

11. 写出以软锰矿为原料制备高锰酸钾各步反应的方程式。

12. 试用实验事实说明 $KMnO_4$ 的氧化性比 $K_2Cr_2O_7$ 强，写出有关反应的条件和方程式。

13. 在酸性介质中，用足量的 Na_2SO_3 和 $KMnO_4$ 作用时，为什么 MnO_4^- 总是被还原成 Mn^{2+}，而不能得到 MnO_4^{2-}、MnO_2 或 Mn^{3+}？

14. 欲除去 $CuSO_4$ 酸性溶液中的少量 Fe^{3+}，加入下列哪种试剂效果最好，并说明原因：

(1) NH_3　(2) CO_2　(3) $Cu_2(OH)_2CO_3$　(4) $NaOH$

15. 联系铂的化学性质指出在铂制器皿中是否能进行有下述各试剂参与的化学反应：

(1) HF　(2) 王水　(3) $HCl + H_2O_2$　(4) $NaOH + Na_2O_2$

16. 指出下列两种配合物的几何异构体数目并画出它们的结构式：

(1) $[Pt(NO_2)Cl_2(NH_3)(en)]Cl$　　　　　　(2) $[Pt(NO_2)(Br)(Cl)(NH_3)(en)]Cl$

17. 相应于化学式为 $PtCl_2(NH_3)_2$ 的固体有两种，一种是硫黄色，另一种是绿色黄色固体。请推断它们的形成体 (Pt) 以何种杂化轨道和配位体成键？它们应取何种几何构型？

18. 某溶液中含 Fe^{2+}、Mn^{2+}、Zn^{2+}，浓度都是 $0.1\ mol \cdot L^{-1}$，分别进行下列实验：

(1) 加足量的 Na_2CO_3 溶液得到沉淀。沉淀是什么颜色？放置过程沉淀颜色有何变化？写出有关反应方程式。

(2) 加足量 $0.5\ mol \cdot L^{-1}$ $NaHCO_3$ 溶液，能否得到沉淀？

四、计算题

1. 已知：$[Fe(bipy)_3]^{3+} + e^- \rightleftharpoons [Fe(bipy)_3]^{2+}$，$\varphi^\ominus = 0.96\ V$，$\varphi^\ominus_{(Fe^{3+}/Fe^{2+})} = 0.771\ V$，并且 $K^\ominus_稳([Fe(bipy)_3]^{3+}) = 10^{14.28}$，计算 $K^\ominus_稳([Fe(bipy)_3]^{2+})$。两种配合物哪种较稳定？

2. 欲使 $1.0\ L$ $0.10\ mol \cdot L^{-1}$ Cr^{3+} 溶液中的 Cr^{3+} 以 $Cr(OH)_3$ 形式沉淀完全，则溶液的 pH 应多大？若使 $0.10\ mol \cdot L^{-1}$ $Cr(OH)_3$ 刚好在 $1.0\ L$ NaOH 溶液中全部溶解并生成 $[Cr(OH)_4]^-$，该 NaOH 溶液的浓度应为多少？并计算 $K^\ominus_稳([Cr(OH)_4]^-)$。（已知：$Cr(OH)_3(s) + OH^- \rightleftharpoons [Cr(OH)_4]^-$　$K^\ominus = 10^{-0.4}$）

3. 根据有关的 $\varphi^\ominus$ 值，计算在 $c(H^+) = 1.0 \times 10^{-3}\ mol \cdot L^{-1}$ 时，Mn^{3+} 能否歧化成 MnO_2 和 Mn^{2+}。并计算此歧化反应的平衡常数 $K^\ominus$。

4. 某含铬和锰的钢样品 $10.00\ g$，经适当处理后，铬和锰被氧化为 $Cr_2O_7^{2-}$ 和 MnO_4^- 的溶液共 $250\ mL$。精确量取上述溶液 $10.00\ mL$，加入 $BaCl_2$ 溶液并调节酸度，使铬全部沉淀下来，得到 $0.0549\ g$ $BaCrO_4$。取另一份上述溶液 $10.00\ mL$，在酸性介质中用 Fe^{2+} 溶液 ($0.075\ mol \cdot L^{-1}$) 滴定，用去 $15.95\ mL$。计算钢样品中铬和锰的质量分数。

5. 已知数据如下表：

物质	$MoO_2(s)$	$MoS_2(s)$	$H_2(g)$	$Mo(s)$	$H_2O(g)$	$H_2S(g)$
$\Delta_f H^\ominus_m / (kJ \cdot mol^{-1})$	−588.9	−235.1	0	0	−241.8	−20.2
$\Delta_f G^\ominus_m / (kJ \cdot mol^{-1})$	−533.0	−225.9	0	0	−228.6	−33.1
$S^\ominus / (J \cdot mol^{-1} \cdot K^{-1})$	46.3	62.9	130.6	28.7	188.7	205.8

假设反应的 $\Delta H^\ominus$ 和 $\Delta S^\ominus$ 随温度的变化可忽略，通过计算回答：用 $H_2(g)$ 分别还原 MoO_2、MoS_2，哪个需要的温度低？

知识简介——化学元素大发现

各种化学元素的发现，成为进一步探索化学元素周期律的必要条件。在化学元素周期律发现之前，化学家们发现的 63 种化学元素，按其发现方法，大体上可以分为以下几个阶段：

(1) 感性的直观方法。在中国、埃及、印度、希腊等地的古老民族，都在生产实践中懂得了用火冶炼、用炭还原制取一些金属的方法。但当时对各种元素的认识基本停留在定性阶段，对元素的宏观性质仅有感性、直观的粗浅认识。在这段漫长的历史中，人类发现的元素有金、银、铜、铁、锡、锌、汞、碳、硫、砷、锑、铋和磷。

(2) 古典化学分析的方法。从 17 世纪下半叶到 19 世纪初，经历了 100 多年的古典化学分析的发展，对新元素的发现非常重要。在这一时期，玻璃仪器和化学试剂的创造和使用，建立了系统化学分析方法，促进了分析工作的发展，使化学家们能够将过去难以分解的化合物加以分解，从而将过去不易识别的元素辨别出来。而天平的使用则使分析工作从定性走向了定量。古典化学分析时期发现了许多元素，如钴、镍、锰等就是用典型的化学分析方法发现的，此外还发现了铂、氢、氮、氧、氯、铬、钼、钨、铀、碲等，共计 13 种。

(3) 电解法。1782～1800 年的 18 年间，由于单用古典化学分析的方法已经不够，新元素的发现开始停滞不前。随着 1799 年伏打电池的发明，1807 年戴维利用 250 对锌片和铜片组成的电池，成功地电解熔融的苛性碱得到了钾和钠，并在随后采用类似方法电解钙、镁、锶、钡盐获得了它们的单质。单质钾、钠还可以作为强还原剂还原其他金属。电解法发明之后，出现了发现新元素的高潮。44 年间，发现了 31 种新元素，包括锂、镉、铈、硼、钛、锆、钽、硒、碘、铑、钯、锇、铱、铍、铝、钇、铜、铌、钼、钍、钒、铽、溴、钌等。

(4) 光谱分析法——光谱仪的发明和应用。自 1844 年发现钌之后的 15 年，一直都没有新元素的发现。1860 年，德国化学家本生和物理学家基尔霍夫合作制成了第一台光谱分析仪，开创了光谱分析的新时代。运用光谱分析，首先发现了铯和铷，紧接着又发现了铟和铊。利用这一新技术，科学家们不仅发现了一大批新元素，还对过去已发现的元素进行了系统的验证。

总之，随着技术的发展和大量化学元素的发现，人们开始系统地思考各种元素的内在联系，经历了一段十分漫长而艰难的过程。

第15章 镧系元素

内容提要

(1) 熟悉镧系元素的电子结构、名称，镧系收缩概念及其产生的原因和影响。

(2) 了解镧系元素的存在、制备及用途。

(3) 掌握镧系重要化合物的性质。

(4) 了解稀土元素的分离方法。

随着科学技术和生产的发展，对镧系、锕系元素有了进一步的认识，一些稀土元素由于它的内层 4f 电子被外层电子所屏蔽而使其具有许多与众不同的光、电、磁和化学特性，在元素化学中占有非常重要的地位，即使在大气甚至月岩中，也有相当的稀土含量。我国有得天独厚的稀土资源，是一个亟待研究和开发的领域。

稀土被人们称为新材料的"宝库"，是国内外科学家，尤其是材料专家最关注的一组元素，被美国、日本等有关政府部门列为发展高新技术产业的关键元素。有人认为，随着稀土元素的开发，将会引发一场新的技术革命，故本章重点介绍稀土元素。

15.1 镧 系 元 素

15.1.1 镧系元素与稀土元素的概念

镧系元素是指原子序数由 57 的镧到 71 的镥，共 15 种元素。由于镧的基态电子排布中无 4f 电子，而镧后面的 14 种元素的基态电子排布中都含有 4f 电子，于是又有人提出镧系元素是指从原子序数由 58(铈)到 71(镥)的 14 种元素。为区别这两者，前者为镧系元素的广义概念，后者为镧系元素的狭义概念。

镧系元素常用符号 Ln 表示，以 Ln^{n+} 表示镧系元素某种氧化数的离子，Ln 取自英文 lanthanoid 一词的词头。

稀土的英文是 rare earth，简写为 RE，意即"稀少的土"。其实这不过是 18 世纪遗留给人们的误会。1787 年后人们相继发现了若干种稀土元素，但相应的矿物发现却很少，由于当时科学技术水平的限制，人们只能制得一些不纯净的、像土一样的氧化物，故人们便给这组元素留下了这么一个别致有趣的名字。

根据国际纯粹与应用化学联合会对稀土元素的定义，稀土元素是门捷列夫元素周期表中，ⅢB 族原子序数从 57 至 71 的 15 种镧系元素，即镧(57)、铈(58)、镨(59)、钕(60)、钷(61)、钐(62)、铕(63)、钆(64)、铽(65)、镝(66)、钬(67)、铒(68)、铥(69)、镱(70)、镥(71)，再加上与其电子结构和化学性质相近的钪(21)和钇(39)，共 17 种元素。除钪与钷外，其余 15 种元素往往共生。

根据稀土元素间物理化学性质和地球化学性质的某些差异和分离工艺的要求，学者们往往把稀土元素分为轻、重两组或者轻、中、重三组。两组的分法以钆为界，钆以前的镧、铈、镨、钕、钷、钐、铕 7 种元素为轻稀土元素，又称铈组稀土元素；钆及钆以后的铽、镝、钬、铒、铥、镱、镥和钇等 9 种元素称为重稀土元素，又称钇组稀土元素。尽管钇的原子序数仅为39，但由于其离子半径在其他重稀土元素的离子半径链环中，其化学性质更接近重稀土元素，在自然界也与其他重稀土元素共生，故它被归于重稀土组。轻、中、重三组稀土元素的分类法没有定规，如按稀土硫酸复盐溶解度大小可分为：难溶性铈组即轻稀土组，包括镧、铈、镨、钕、钷、钐；微溶性铽组即中稀土组，包括铕、钆、铽、镝；较易溶性的钇组即重稀土组，包括钇、钬、铒、铥、镱、镥。然而各组之间相邻元素间的溶解度差别很小，用这种方法是分不清的。现在多用萃取法分组，如用二(2-乙基己基)磷酸即 P_{204} 可在钕/钷间分组，然后再在钆/铽间分组等。这样，镧、铈、镨、钕称为轻稀土，钐、铕、钆称为中稀土，铽、镝、钬、铒、铥、镱、镥再加上钇称为重稀土。

稀土元素在地壳中的含量并不稀少，表 15.1 列出了稀土元素在地壳中的丰度。稀土元素更不是土，而是一组典型的金属元素，其活泼性仅次于碱金属和碱土金属。

表 15.1   稀土元素在地壳中的丰度

元素	Sc	Y	La	Ce	Pr	Nd	Pm	Sm
地壳丰度/$\times 10^{-6}$	25	31	35	66	9.1	40	0.45	7.06

元素	Eu	Gd	Tb	Dy	Ho	Er	Tm	Yb	Lu
地壳丰度/$\times 10^{-6}$	2.1	6.1	1.2	4.5	1.3	1.3	0.5	3.1	0.8

稀土元素在元素周期表中的位置十分特殊，17 种元素同处在ⅢB 族，钪、钇、镧分别为第四、五、六长周期中过渡元素系列的第一个元素。镧与其后的 14 种元素性质十分相似，化学家们只能把它们放入一个格子内，难怪有人把它们当成"同位素"对待，然而由于其原子序数不同，不能算作真正的同位素。一方面，它们性质十分相似，又不完全一样，这就造成了这组元素分离困难，但也表明只要利用其微小的差别，分离又是可能的；另一方面，它们的电子结构有一个没有完全充满的内电子层，即 4f 电子层，由于 4f 层电子数的不同，这组元素的每一个元素又具有很特别的个性，特别是光学和磁学性质，就像是一架键盘齐全、音域宽广的钢琴一样。

信息、生物、新材料、新能源、空间和海洋被当代科学家推为六大新科技群，人们之所以重视稀土、研究开发稀土，就是因为稀土元素在这六大科技群中都有其施展本领的天地。然而稀土元素毕竟还是一组尚不被人们完全认识的元素，这就需要下大力气去研究、认识它们，从而掌握它们，使它们对人类产生更大的贡献。

表 15.2 示出了稀土元素及不同氧化数离子的电子层结构。

表 15.2   稀土元素及不同氧化数离子的电子层结构

元素名称	元素符号	原子序数	原子实	气态原子的电子排布			固态原子的电子排布			RE²⁺		RE³⁺		RE⁴⁺	
				4f	5d	6s	4f	5d	6s	4f	5d	4f	5d	4f	5d
镧	La	57	[Xe]	0	1	2	0	1	2						
铈	Ce	58	[Xe]	1	1	2	1	1	2			1	0	0	0
镨	Pr	59	[Xe]	3	0	2	2	1	2			2	0	1	0
钕	Nd	60	[Xe]	4	0	2	3	1	2			3	0		
钷	Pm	61	[Xe]	5	0	2	4	1	2			4	0		

续表

元素名称	元素符号	原子序数	原子实	气态原子的电子排布			固态原子的电子排布			RE²⁺		RE³⁺		RE⁴⁺	
				4f	5d	6s	4f	5d	6s	4f	5d	4f	5d	4f	5d
钐	Sm	62	[Xe]	6	0	2	5	1	2	6	0	5	0		
铕	Eu	63	[Xe]	7	0	2	7	0	2	7	0	6	0		
钆	Gd	64	[Xe]	7	1	2	7	1	2			7			
铽	Tb	65	[Xe]	9	0	2	8	1	2			8	0	7	0
镝	Dy	66	[Xe]	10	0	2	9	1	2			9	0	(8)	0
钬	Ho	67	[Xe]	11	0	2	10	1	2			10	0		
铒	Er	68	[Xe]	12	0	2	11	1	2			11	0		
铥	Tm	69	[Xe]	13	0	2	12	1	2	13	0	12	0		
镱	Yb	70	[Xe]	14	0	2	14	0	2	14	0	13	0		
镥	Lu	71	[Xe]	14	1	2	14	1	2			14	0		
钪	Sc	21	[Ar]	3d¹	4s²		3d¹	4s²							
钇	Y	39	[Kr]	4d¹	5s²		4d¹	5s²							

15.1.2　镧系收缩

1. 镧系收缩的概念

表 15.3 列出了稀土元素的原子半径及离子半径数据，由数据可以看到，由 Sc、Y 至 La 随着原子序数的递增其原子半径及离子半径是呈递增变化。但从 La 到 Lu 的原子半径和离子半径随着原子序数的递增其总趋势是呈递减变化的，这个现象称为"镧系收缩"。

表 15.3　稀土元素的原子半径及离子半径数据

元素	金属半径/pm	离子半径/pm		
		RE³⁺	RE⁴⁺	RE²⁺
Sc	160.6	81		
Y	180.1	88		
La	187.7	106.1		
Ce	182.4	103.4	92	
Pr	182.8	101.3	90	
Nd	182.1	99.5		
Pm	(181.0)	(97.9)		
Sm	180.2	96.4		111
Eu	204.2	95		109
Gd	180.2	93.8		
Tb	178.2	92.3	84	
Dy	177.3	90.8	84	
Ho	176.6	89.4		
Er	175.7	88.1		
Tm	174.6	86.9		94
Yb	194.0	85.8		93
Lu	173.4	84.8		

2. 产生镧系收缩的原因

镧系元素随着原子序数的增加，电子逐一填入次外层的 4f 轨道，除最外层的 $6s^2$ 电子数不变外，次外层的 $5s^25p^6$ 电子数也不变，由于 4f 电子云不是全部地分布在 5s、5p 壳层的内部（图 15.1 和图 15.2），对所增加的核电荷不能完全屏蔽，因而原子核对外层电子的引力也相应增加，使电子云向核的方向靠拢，造成了半径的缩小。按徐光宪改进的斯莱特规则，4f 对 6s 电子屏蔽常数为 0.98，于是产生了缓慢的收缩。

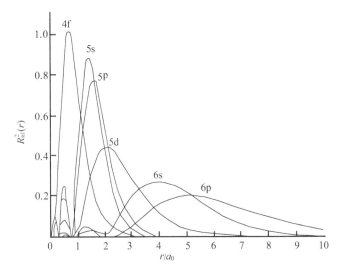

图 15.1   铈原子的 4f、5s、5p、5d、6s 和 6p 电子的径向分布函数

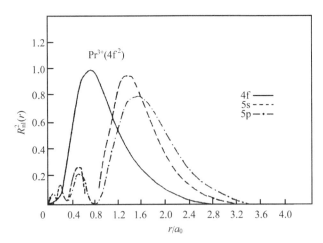

图 15.2 Pr^{3+} 的 4f、5s、5p 电子的径向分布函数

有人对 Ln^{3+} 的有效核电荷提出了一种估计，以 La^{3+} 为例，失去 3 个电子的 La^{3+} 的最外电子层是 $5s^25p^6$，这样内层电子（作为"原子实"）一共是 46 个，设内层每一个电子对外壳层电子的屏蔽常数为 1，于是有效核电荷为

$$Z^* = Z - \sigma = 57 - 1 \times 46 = 11（单位正电荷）$$

对于 Ce^{3+}，内层电子（原子实）是 47，4f 电子对外层的 5s、5p 的屏蔽常数只有 0.85，所以 Ce^{3+} 的有效核电荷数为

$$Z^* = 58 - (1 \times 46 + 1 \times 0.85) = 11.15 \, (\text{单位正电荷})$$

按照这种估计，Ln^{3+} 的有效核电荷数列于表 15.4，表中数据明显地显示了镧系氧化数为 +3 的离子随着原子序数递增，其原子实的有效正电荷数也依次增加，因而造成离子半径的递减。

表 15.4　Ln^{3+} 原子实的有效核电荷

Ln^{3+}	有效核电荷(单位正电荷)	Ln^{3+}	有效核电荷(单位正电荷)
La	11	Tb	12.20
Ce	11.15	Dy	12.35
Pr	11.30	Ho	12.50
Nd	11.45	Er	12.65
Pm	11.60	Tm	12.80
Sm	11.75	Yb	12.95
Eu	11.90	Lu	13.10
Gd	12.05		

3. 镧系元素的原子半径与离子半径的收缩趋势

由表 15.3 中所列数据可以看出镧系元素的原子半径与离子半径的收缩趋势是不同的。这种趋势以图表示更直观。

图 15.3 中给出了稀土元素的原子半径与原子序数的关系。从图中可看出，镧系元素的原子半径随着镧系元素原子序数的递增，总趋势是呈收缩变化的，但 Eu、Yb 都明显地呈峰状突起。根据大量实验资料归纳，发现镧系的某些性质随镧系元素原子序数的递增，铕(Eu)和镱(Yb)位于变化曲线的陡峰处或低谷处，这种变化称为"双峰变化"(或双峰性质、双峰效应)。镧系元素原子半径就属镧系的双峰变化。

图 15.4 中镧系离子的半径随着原子序数的变化趋势明显与镧系原子半径的双峰变化是不同的。镧系离子半径随原子序数变化基本上是呈现一种连续性递减变化，只是在 Gd^{3+} 处的半径出现了微小的但是可以察觉到的变化，这种变化因出现在 Gd^{3+} 处，故称为"钆断效应"。由于这种变化总的来说是呈连续性的递减变化，故常把这种变化称为"连续性变化"。

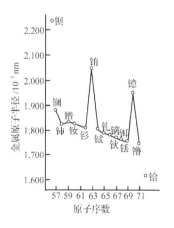

图 15.3　稀土金属的原子半径与原子序数的关系

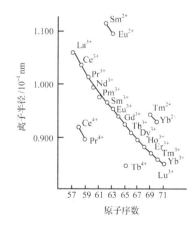

图 15.4　三价镧系离子半径与原子序数的关系

4. 镧系元素的原子半径与离子半径的收缩幅度

从原子半径来看，由 La 的金属半径 187.7 pm，共收缩了 14.3 pm，每两相邻的镧系元素间，半径平均收缩约 1 pm，从离子半径看，每两相邻的镧系离子间，其半径平均收缩约 1.5 pm。

由此可见，镧系离子半径的收缩幅度比原子半径的要大一些。这是因为在镧系原子中 4f 电子位于次次外层，而在 Ln^{3+} 中，4f 电子位于次外层，位于次次外层的 4f 电子屏蔽作用较位于次外层的要相对完全一些，因而 Ln^{3+} 的有效核电荷较 Ln 原子的要大，因此 Ln^{3+} 的原子核对最外层电子的引力要比 Ln 原子的要大，于是 Ln^{3+} 半径的收缩幅度比 Ln 原子半径的要大。

5. Eu、Yb 的原子半径为何突然增大

在镧系原子半径随原子序数的变化中，Eu、Yb 的原子半径突然增大，呈现明显的"双峰效应"。从表面上看，Eu、Yb 的 4f 壳层一个是半满（$4f^7$）、一个是全满（$4f^{14}$），具有此结构的壳层，往往因电子云是球形分布，屏蔽核电荷的能力较强，造成 Eu、Yb 的有效核电荷相对其他镧系元素较小，故而核对外层电子的引力偏弱，造成 Eu、Yb 的原子半径突然增大。这种看法是否有依据？从过渡系填充 d 电子的实例对比可以发现，这种看法并不全面，因为 d 电子半满、全满时，由屏蔽所产生的效果达不到像 Eu、Yb 比相邻原子的半径增加 20 pm 的幅度。

Eu、Yb 原子半径突然增大的更主要原因在于镧系金属的固态电子层结构，镧系金属中除 Eu、Yb 外，固态原子结构均属 $4f^n5d^16s^2$ 结构，只有 Eu、Yb 固态原子结构是 $4f^{n+1}5d^06s^2$ 结构，由此可以推知，镧系金属原子中，有三个离域电子，在金属晶格中较自由的运动，并形成金属键，但 Eu、Yb 倾向于分别保持 $4f^7$、$4f^{14}$ 的半满、全满结构，也就是 Eu、Yb 倾向于提供两个电子为离域电子，形成两电子金属键，因而 Eu、Yb 有较大的原子实，有效核电荷降低，原子半径较三电子金属键的原子有明显增加。

6. 铈的原子半径为何突出的小

铈的原子半径位于原子半径随原子序数变化曲线的低凹处，这是因为金属铈并非典型的三电子金属键，铈原子的 4f 电子部分离域，这是使铈的原子半径较相邻金属原子小的原因。

总之，Ln^{3+} 半径的变化大体上可认为是一种连续的变化，因为决定离子半径大小的因素首先是离子电荷，对 Ln^{3+} 来说，都是 +3 价离子，离子电荷相同，因而在半径变化上就无大的起伏。离子电子层的半满、全满结构对半径的影响仅起次要作用，因此在 Gd^{3+}（$4f^7$）、Lu^{3+}（$4f^{14}$）处离子半径的收缩就不那么多，仅仅呈"钆断效应"。

7. 镧系收缩的影响

从原子半径在不同周期中的变化规律可知，从左到右短周期相邻元素间原子半径平均缩小约 10 pm。

长周期过渡元素，相邻的两元素间原子半径平均缩小约 5 pm。

镧系元素相邻的两元素间原子半径平均缩小只约 1 pm。

镧系元素原子半径平均缩小的幅度是最小的，那为何"镧系收缩"成了无机化学中的重要现象？应当如何估计"镧系收缩"的影响？

从两相邻镧系元素原子半径仅仅缩小 1 pm 看，必然会使 15 种镧系元素间性质极为相似，这种相似超出 3d 过渡元素间的横向相似。

从镧系元素在周期表中位置看,在长式周期表中,15 种镧系元素仅占第六周期ⅢB 族的一个方格,15 种镧系元素的原子半径累计共缩小了 14.3 pm,这一收缩幅度又远远超出长周期及短周期间半径缩小的幅度,因而这一影响又是巨大的,具体表现是:

(1)15 种镧系元素间彼此性质相似。

(2)Y 与镧系元素性质相似,组成了稀土元素。Y 的原子半径与镧系元素 Sm、Gd 接近。Y^{3+}的半径与 Ho^{3+}、Er^{3+}接近,因而造成了 Y 与镧系元素间的性质相似,Y 在自然界经常与镧系元素共生成矿,如磷钇矿 YPO_4、褐铌钇矿 $YNbO_4$、钇萤石(Ca、Y)$(F、O_2)_2$、淡红硅铍钇矿 $Y_2FeBe_2(SiO_4)_2O_2$,这些矿石是提取钇的原料,也是提取镧系元素的原料,Y 在稀土分组中是属于重稀土组的。

(3)镧系后的同族元素性质极为相似,造成了 Zr-Hf、Nb-Ta、Mo-W 性质相似;轻重铂系元素间(Ru-Os,Rh-Ir,Pd-Pt)性质相似,这些元素成了无机化学中很难分离的几对元素。

(4)由于镧系收缩加剧了 6s 轨道的收缩,使 $6s^2$ 电子呈现惰性,惰性电子对效应在 p 区主族元素性质的递变规律是从上到下高氧化数趋于不稳定,因此可以说镧系收缩改变了 p 区主族及副族的氧化数递变规律。

15.1.3　稀土元素的性质

1. 稀土元素氧化数变化的周期性

稀土元素在形成化合物时,最外层的 s 电子、次外层的 d 电子均可参与成键,另外次次外层的部分 4f 电子也可参与成键。稀土元素的主要氧化数是+3,但某些镧系元素金属,如 Ce、Pr、Tb、Dy 除有+3 价外,还可呈现+4 价。Sm、Eu、Tm、Yb 除+3 价外,还可显示+2 价,它们的氧化数分布可用图 15.5 表示。

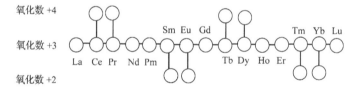

图 15.5　镧系元素氧化数变化的周期性

镧系金属呈现的氧化数既与 4f 壳层结构有关,也与是否有阴离子可以去稳定它、能量上可否得到补偿及动力学等诸因素有关。

2. 稀土元素的标准电极电势

由表 15.5 中数据可知:

(1)无论对酸性介质或碱性介质,稀土金属都是强还原剂。金属的还原能力从 Sc 到 La 是呈递增变化的,从 La 到 Lu 的还原能力总趋势是呈递减变化的。

(2)稀土金属在碱性条件下的还原能力大于其在酸性介质中的还原能力。

(3)在酸性条件下,稀土金属的标准电极电势随着原子序数的变化呈双峰变化,即 Eu、Yb 的标准电极电势明显高于两相邻稀土元素的标准电极电势。

(4)电对 RE^{3+}/RE^{2+} 的标准电极电势变化及 RE(Ⅱ)的稳定性:$\varphi^{\ominus}_{(RE^{3+}/RE^{2+})}$ 的数据均为负值,

说明 Eu^{2+} 具有很强的还原能力，发生 $RE^{2+} \Longleftrightarrow RE^{3+} + e^-$ 反应的趋势是极大的，其逆反应的趋势是很小的。RE^{2+} 中较为稳定的是 Eu^{2+}、Yb^{2+}、Sm^{2+} 和 Tm^{2+}。

(5) 电对 RE^{4+}/RE^{3+} 的标准电极电势变化规律及 $RE(IV)$ 的稳定性：由表 15.5 中数据可看出，$\varphi^{\ominus}_{(RE^{4+}/RE^{3+})}$ 的数据均为极高的正值，说明 RE^{4+} 极易获得电子转变为 RE^{3+}，最易实现由 $RE^{3+} \longrightarrow RE^{4+} + e^-$ 的是 Ce^{3+}、Tb^{3+}、Pr^{3+}，即 Ce^{4+}、Tb^{4+}、Pr^{4+} 是稀土中较为稳定的 +4 氧化数的离子。

表 15.5 稀土元素的标准电极电势 $\varphi^{\ominus}$ (298 K，单位：V)

元素	$RE^{3+} + 3e^- \Longleftrightarrow RE$	$RE(OH)_3 + 3e^- \Longleftrightarrow RE + 3OH^-$	$RE^{3+} + e^- \Longleftrightarrow RE^{2+}$	$RE^{4+} + e^- \Longleftrightarrow RE^{3+}$
Sc	−2.08	−2.60	—	—
Y	−2.37	−2.81	—	—
La	−2.37	−2.90	−3.1 ± 0.2	—
Ce	−2.34	−2.87	−3.76	+1.76
Pr	−2.35	−2.85	−3.03	+3.90
Nd	−2.32	−2.84	−2.62	+4.90
Pm	−2.29	−2.84	−2.67	+5.40
Sm	−2.29	−2.83	−1.57	+5.20
Eu	−1.99	−2.83	−0.35	+6.20
Gd	−2.29	−2.82	−3.82	+7.40
Tb	−2.30	−2.79	−3.47	+3.10
Dy	−2.29	−2.78	−2.42	+4.50
Ho	−2.33	−2.77	−2.80	+5.70
Er	−2.31	−2.75	−2.96	+5.70
Tm	−2.31	−2.74	−2.27	+5.60
Yb	−2.20	−2.73	−1.04	+6.80
Lu	−2.30	−2.72	—	+8.50

3. 稀土离子的颜色

表 15.6 列出了稀土 +3 价离子的颜色及 200～1000 nm 吸收谱线。表 15.7 列出了等电子镧系离子颜色。

表 15.6 RE^{3+} 在 200～1000 nm 的吸收谱线及颜色

离子	4f 电子数目	主要吸收谱线/nm		颜色	离子	4f 电子数目	主要吸收谱线/nm		颜色
La^{3+}	0	无		无色	Lu^{3+}	14	无		无色
Ce^{3+}	1	210.5 238.6	222.0 252.0	无色	Yb^{3+}	13	975.0		无色
Pr^{3+}	2	444.5 482.2	469.0 588.5	绿	Tm^{3+}	12	360.0 780.0	682.5	绿
Nd^{3+}	3	345.0 574.5 742.0 803.0	521.8 739.5 797.5 868.0	淡紫	Er^{3+}	11	364.2 487.0 652.5	379.2 522.8	淡紫

续表

离子	4f电子数目	主要吸收谱线/nm		颜色	离子	4f电子数目	主要吸收谱线/nm		颜色
Pm^{3+}	4	548.5 702.5	568.0 735.5	浅红 黄	Ho^{3+}	10	287.0 416.1 537.0	361.1 450.8 641.0	浅红 黄
Sm^{3+}	5	362.5 402.0	374.5	黄	Dy^{3+}	9	350.4 910.0	365.0	黄
Eu^{3+}	6	375.0	394.1	无色	Tb^{3+}	8	384.4 367.7	350.3 487.2	无色
Gd^{3+}	7	272.9 275.4	273.3 275.6	无色	Gd^{3+}	7	272.9 275.4	273.3 275.6	无色

表 15.7 等电子镧系离子颜色

三价阳离子	颜色	成单f电子数	非三价阳离子	颜色	成单f电子数
$La^{3+}(4f^0)$	无色	0	$Ce^{4+}(4f^0)$	橙红	0
$Eu^{3+}(4f^6)$	无色	6	$Sm^{2+}(4f^6)$	浅红	6
$Gd^{3+}(4f^7)$	无色	7	$Eu^{2+}(4f^7)$	草黄	7
$Lu^{3+}(4f^{14})$	无色	0	$Yb^{2+}(4f^{14})$	绿	0

由表 15.6 可以看出，离子的颜色与未成对的 f 电子数有关，并且具有 $f^x(x=0\sim7)$ 电子的离子与具有 $f^{(14-x)}$ 电子的离子常显相同或相近的颜色。若以 Gd^{3+} 为中心，从 La^{3+} 到 Gd^{3+} 的颜色变化规律又将在 Gd^{3+} 到 Lu^{3+} 的过程中重演，这就是镧系元素的+3 价离子在颜色上的周期性变化。

由于稀土离子具有很多鲜艳的颜色，可用于制造各种色调的高级玻璃，单一稀土化合物还可用作瓷釉着色剂。

4. 稀土元素的磁性

稀土元素离子或原子的磁性与其未充满的 4f 电子层有关。基态原子或离子的核外电子除了绕原子核做轨道运动外，还做自旋运动。原子或离子磁矩是电子轨道磁矩和自旋磁矩的总和。

根据量子力学的计算，考虑了电子的自旋运动和电子的轨道运动及其相互作用(即耦合)，稀土离子的基态磁矩计算公式为

$$\mu_m = g\sqrt{J(J+1)} \quad (\text{B.M.})$$

式中，g 是 Lande 因子，其值由下式确定：

$$g = 1 + \frac{J(J+1)+S(S+1)-L(L+1)}{2J(J+1)}$$

式中，J、L 和 S 各自代表原子中电子的总角动量量子数、总轨道角动量量子数和总自旋量子数。

各稀土离子+3 氧化态的理论磁矩见表 15.8 和图 15.6。

表 15.8   RE³⁺的磁矩值

RE³⁺	4f 电子数	S	L	J	g	磁矩/B.M. 计算值	磁矩/B.M. 实验值
La³⁺	0	0	0	0	—	0.0	0.0
Ce³⁺	1	1/2	3	5/2	6/7	2.54	2.4
Pr³⁺	2	1	5	4	4/5	3.58	3.5
Nd³⁺	3	3/2	6	9/2	8/11	3.62	3.5
Pm³⁺	4	2	6	4	3/5	2.68	—
Sm³⁺	5	5/2	5	5/2	2/7	0.84	1.5
Eu³⁺	6	3	3	0	1	0.0	3.4
Gd³⁺	7	7/2	0	7/2	2	7.94	8.0
Tb³⁺	8	3	3	6	3/2	9.72	9.5
Dy³⁺	9	5/2	5	15/2	4/3	10.65	10.7
Ho³⁺	10	2	6	8	5/4	10.61	10.3
Er³⁺	11	3/2	6	15/2	6/5	9.58	9.5
Tm³⁺	12	1	5	6	7/6	7.56	7.3
Yb³⁺	13	1/2	3	7/2	8/7	4.54	4.5
Lu³⁺	14	0	0	0	—	0.0	0.0

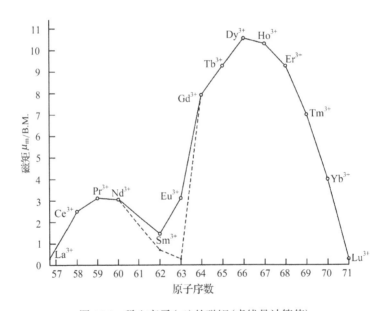

图 15.6   稀土离子(+3)的磁矩(虚线是计算值)

根据图表，可归纳出如下结论：

(1)若 RE³⁺的电子构型中无未成对的 4f 电子时，则此离子的内量子数 $J = 0$，离子的磁矩值也为零，含此离子的物质是反磁性的。

(2)RE³⁺中 $f^{1\sim13}$ 结构的离子都具有磁矩，含这种结构离子的物质是顺磁性物质，且磁矩的实验值与计算值(除 Sm³⁺、Eu³⁺以外)相当接近。

(3)稀土离子(+3 氧化数)的磁矩呈现两个周期性变化，且不是以 Gd³⁺为中心，同时也可以看到重稀土离子的磁矩值比轻稀土的要大。

常温下镧系金属均为顺磁性物质。金属的磁性还与它们的晶体结构有关。温度的变化对物质的磁性有很大的影响。镧系金属和 Mn、Fe、Co 和 Ni 形成的金属互化物具有优良的性能，是一类新型的磁性材料。

目前，实用的稀土磁性材料主要有 LnM_5、Ln_2M_7 和 Ln_2M_{17}（M 代表过渡金属元素），永磁材料主要有 $SmCo_5$、$PrCo_5$、$PrSmCo_5$，混合稀土钴（$LnCo_5$），铈钴铜铁 $Ce(Co、Fe、Cu)_5$，钐钴铜铁 $Sm(Co、Fe、Cu)_5$，$(Sm、Gd)Co_5$ 及 Nd-Fe-B 系永磁材料等稀土永磁材料具有较高的饱和磁化强度，较大的矫顽力和较高的居里点，是一类优良的磁性材料，用于雷达、电动机、扬声器和一些精密仪器中，在医疗上用作穴位磁疗器。

质量好的钇石榴石单晶可作磁泡记忆元件，储存密度大，信息处理快，用于电子计算机中。

5. 稀土离子的配位性能

稀土元素与 d 区过渡元素的配位性质有明显的区别，这是因为：

（1）除了 Sc^{3+}、Y^{3+}、La^{3+}、Lu^{3+} 外，其余氧化数为 +3 的稀土离子都含有未充满的 4f 电子，由于 4f 电子位于 RE^{3+} 电子层结构的次外层，外层还有 $5s^25p^6$ 电子，这种 8 电子外层结构具有强的对外场的"遮挡作用"，因此 RE^{3+} 的 4f 电子在配位场中受到的配位场效应较小，配位场的稳定化能在 $100\ cm^{-1}$ 左右。此外，由于 4f 电子云收缩，4f 轨道几乎不参与或较少参与化学键的形成。可以初步推测，稀土配合物的键型主要是离子型的，因此配合物中配体的几何部分将主要取决于空间要求。

（2）稀土离子的体积较大，它们比其他常见的 +3 价离子有较大的离子半径，因此 RE^{3+} 的离子势相对较小，极化能力较弱，于是可以认为 RE^{3+} 与配位原子是以静电引力相结合，其键型也将是离子型的。随 RE^{3+} 半径的减小，配合物的共价性质将随之增加。另外，由于 RE^{3+} 有较大的体积，从配体排布的空间要求来看，配合物将会有较高的配位能力，最多可达 12，常显示出特殊的配位几何形状。

（3）从金属离子的酸碱性分类来考虑，稀土离子属于硬酸类，它们与属于硬碱的配位原子如氧、氟、氮等有较强的配位能力，而与属软碱的配位原子如硫、磷等配位能力则较弱。

（4）在溶液中，稀土离子与配体的反应一般是相当快的，异构现象较少。目前已分出的稀土配合物的异构体是相当少的，这一事实很好地证明了稀土与配体间反应是快速反应的特点。

RE^{3+} 和 d 区过渡离子形成配合物性质的重要差别列于表 15.9。

表 15.9　RE^{3+} 与 d 区过渡离子配合物的性质比较

	稀土离子	第一过渡系离子
金属的轨道	4f	3d
离子半径/pm	106～85	75～60
常见配位数	6、7、8、9	4、6
典型的配位	三棱柱	四面体
多面体	正方反棱柱十二面体	平面正方形八面体
成键方式	弱的金属-配体轨道相互作用	强的金属-配体轨道相互作用
成键方向	在成键方向上选择性弱	在成键方向上选择性强
键强度	配体按电负性次序，F^-、OH^-、H_2O、NO_3^-、Cl^- 与稀土离子成键	键强度一般取决于轨道的相互作用，其强度顺序为：CN^-、NH_2^-、H_2O、OH^-、F^-
溶液配合物	离子型配合物，配体交换较快	多为共价型配合物，配体交换反应较慢

15.2 稀土元素的重要化合物

15.2.1 稀土元素为+3 氧化态的化合物

1. 氧化物

除 Ce、Pr、Tb 元素外，将其余稀土元素的氢氧化物、草酸盐、碳酸盐、硝酸盐或硫酸盐在空气中灼烧或将其金属与氧直接化合，都可得到氧化物 RE_2O_3。

在空气中灼烧 Ce、Pr、Tb 的上述含氧酸盐或氢氧化物，分别得到黄白色的 CeO_2、黑棕色的 Pr_6O_{11}（相当于 $Pr_2O_3 \cdot 4PrO_2$）和暗棕色的 Tb_4O_7（相当于 $Tb_2O_3 \cdot 2TbO_2$）。将这些氧化物还原，可得到+3 氧化态的 Ce、Pr、Tb 氧化物。

稀土元素 RE_2O_3 的颜色与相应的 RE^{3+} 颜色一致。它们的熔点相当高，都在 2450 K 以上。

RE_2O_3 是碱性氧化物，由 La 到 Lu 碱性递减，难溶于水和碱液，能溶于无机酸（HF 和 H_3PO_4 除外），生成相应的盐。氧化物与水结合形成氢氧化物，将氧化物与水蒸气一起加热，可得到 $RE(OH)_3$ 和 $REO(OH)$。RE_2O_3 能从空气中吸收 CO_2 生成碱式碳酸盐。在 1073 K 以上灼烧稀土元素的氢氧化物、草酸盐、碳酸盐、硝酸盐等，可得氧化物。表 15.10 列出了稀土元素氧化物的一些性质。

表 15.10 RE_2O_3 的一些性质

氧化物	颜色	实测磁矩/B.M.	熔点/K	沸点/K	密度/(kg·cm⁻³)
Sc_2O_3	白	0.00	2676 ± 20	—	3864
Y_2O_3	白	0.00	2649	—	5010
La_2O_3	白	0.00	2529	3898	6510
Ce_2O_3	白	2.56	2483 ± 10	4003	6860
Pr_2O_3	黄绿	3.55	2456	4033	7077
Nd_2O_3	淡蓝	3.66	2506	4033	7240
Pm_2O_3	—	(2.83)	2593	—	7300
Sm_2O_3	淡黄	1.45	2542	4053	7680
Eu_2O_3	玫瑰	3.51	2564	4063	7420
Gd_2O_3	白	7.90	2612	4173	7407
Tb_2O_3	白	9.63	2576	—	8330
Dy_2O_3	白	10.5	2501	4173	7810
Ho_2O_3	棕	10.5	2603	4173	8360
Er_2O_3	玫瑰	9.5	2617	4193	8640
Tm_2O_3	淡绿	7.39	2614	4218	8770
Yb_2O_3	白	4.34	2628	4320	9170
Lu_2O_3	白	0.00	2700	4253	942

稀土元素氧化物的热稳定性和氧化钙、氧化镁相当。稀土元素氧化物的磁矩与相应的+3氧化态的离子的磁矩相近。

稀土元素氧化物和某些其他金属氧化物可以相互作用形成复合氧化物(表 15.11)。

表 15.11　稀土元素的复合氧化物

类型	ABO_3	ABO_4 (白钨矿类型)	ABO_4 (锆英石类型)	$A_2B_2O_7$ (烧绿石类型)	$A_3B_5O_{12}$ (石榴石类型)
示例	$REFeO_3$, $REVO_3$, $REAlO_3$, $RECoO_3$, $RECrO_3$, $REGaO_3$, $RENiO_3$, $REMnO_3$, $RETiO_3$, $Ba(RE, Nb)O_3$	$RENbO_4$, $RETaO_4$, $REGeO_4$	$REVO_4$, $REPO_4$, $REAsO_4$	$RE_2Sn_2O_7$, $RE_2Zr_2O_7$	$RE_3Al_5O_{12}$, $RE_3Ga_5O_{12}$, $RE_3Fe_5O_{12}$

2. 氢氧化物

将强碱溶液或氨水加入 RE^{3+} 的盐溶液中，即可得到 $RE(OH)_3$ 沉淀，它们都是碱性的，其碱性由 $La(OH)_3$ 到 $Lu(OH)_3$ 递减。它们容易和酸反应生成相应的盐。绝大多数稀土元素氢氧化物不溶于过量的 NaOH 中，但 $Yb(OH)_3$ 和 $Lu(OH)_3$ 分别在高压釜中和 NaOH 一起加热可分别生成 $Na_3[Yb(OH)_6]$ 和 $Na_3[Lu(OH)_6]$。

$Ce(OH)_3$ 不稳定，在空气中被氧化成黄色的 $Ce(OH)_4$。

稀土元素氢氧化物的一些性质列于表 15.12。

表 15.12　$RE(OH)_3$ 的颜色、溶度积常数和开始沉淀时的 pH

氢氧化物	颜色	开始沉淀时的 $pH^{①}$ (0.1 mol·L^{-1})				$RE(OH)_3$ 溶度积 (298 K)
		硝酸盐	氯化物	硫酸盐	乙酸盐	
$Sc(OH)_3$	白	4.9	4.9	—	6.1	4×10^{-30}
$Y(OH)_3$	白	6.95	6.78	6.83	6.83	1.6×10^{-28}
$La(OH)_3$	白	7.82	8.03	7.41	7.93	1.0×10^{-10}
$Ce(OH)_3$	白	7.60	7.41	7.35	7.77	1.5×10^{-20}
$Pr(OH)_3$	浅绿	7.35	7.05	7.17	7.66	2.7×10^{-20}
$Nd(OH)_3$	紫红	7.31	7.02	6.95	7.59	1.9×10^{-21}
$Sm(OH)_3$	黄	6.92	6.83	6.70	7.40	6.8×10^{-22}
$Eu(OH)_3$	白	6.82	—	6.68	7.18	3.4×10^{-22}
$Gd(OH)_3$	白	6.83	—	6.75	7.10	2.1×10^{-22}
$Tb(OH)_3$	白					2.0×10^{-22}
$Dy(OH)_3$	黄	—	—	—	—	1.4×10^{-22}
$Ho(OH)_3$	黄					5.0×10^{-23}
$Er(OH)_3$	浅红	6.75	—	6.50	6.50	1.3×10^{-23}
$Tm(OH)_3$	绿	6.40	—	6.21	6.53	2.3×10^{-24}
$Yb(OH)_3$	白	6.30	—	6.18	6.50	2.9×10^{-24}
$Lu(OH)_3$	白	6.30	—	6.18	6.46	2.5×10^{-24}

① 指相应的数据为实验值。

3. 盐类

稀土金属或其氧化物、氢氧化物或碳酸盐分别溶于盐酸、硫酸或硝酸中就可得到相应的稀土元素氯化物、硫酸盐或硝酸盐。它们都易溶于水，可形成水合晶体。这些可溶于水的稀土元素盐类在水溶液中分别与草酸、碱金属碳酸盐、碱金属磷酸盐或碱金属氟化物作用则生成相应稀土元素的草酸盐、碳酸盐、磷酸盐或氟化物沉淀。这些盐类的某些性质归纳于表 15.13 中。

表 15.13　稀土元素盐类的某些性质

类别	水合晶体通式	溶解情况	生成复盐情况
氯化物	$RECl_3 \cdot nH_2O$ $n = 7$(La、Pr) $n = 6$(其余元素)	溶于水，升温则水合盐更易溶	
硝酸盐	$RE(NO_3)_3 \cdot nH_2O$ $n = 6$(一般) $n = 5$(Yb,Lu)	易溶于水，无水物可潮解。易溶于乙醇、丙酮等，可用磷酸三丁酯萃取	铈组元素硝酸盐易与硝酸钠(或钾、铵、镁的硝酸盐)成复盐，钇组元素硝酸盐几乎不成这种复盐
硫酸盐	$RE_2(SO_4)_3 \cdot nH_2O$ $n = 11$(Yb) $n = 9$(La) $n = 8$(Pr、Nd、Sm、Gd、Dy、Ho、Er、Y)	无水盐易吸水，溶于水时放热，升温则溶解度降低	与钾、钠、铵的硫酸盐生成复盐，铈组元素的硫酸复盐难溶于水，钇组元素的硫酸复盐易溶于水
草酸盐	$RE_2(C_2O_4)_3 \cdot nH_2O$ $n = 10$	难溶于水及稀酸，不溶于过量草酸	钇组元素草酸盐易与碱金属草酸盐生成 $RE(C_2O_4)_n^{3-n}$ 配离子而溶解
碳酸盐	$RE_2(CO_3)_3 \cdot nH_2O$ $n = 8$(Pr、Nd) $n = 5$(Ce)	难溶于水，可溶于稀酸	与碱金属碳酸盐生成复盐
磷酸盐	$REPO_4 \cdot nH_2O$ $n = 0.5 \sim 4$	难溶于水及稀酸	与碱金属磷酸盐生成复盐
氟化物	$REF_3 \cdot nH_2O$ $n = 1$	难溶于水及稀酸，可溶于浓盐酸	与碱金属氟化物生成氟合配离子(钇组元素较易)

$RE_2(C_2O_4)_3 \cdot nH_2O$ 在 313~333 K 脱水，在 1073 K 分解生成 RE_2O_3，到 1173 K 分解完全，分解反应如下：

$$RE_2(C_2O_4)_3 = RE_2O_3 + 3CO + 3CO_2$$

为了使 $RE_2(C_2O_4)_3$ 转化成易溶的盐，可以把它和碱溶液共同煮沸使其变为 $RE(OH)_3$，然后用适当的酸(如硝酸)溶解即可。

15.2.2　稀土元素为+4 或+2 氧化态的化合物

1. 稀土元素氧化态为+4 的化合物

稀土元素氧化态为+4 的化合物中以 Ce(Ⅳ)的化合物最重要。

将 $Ce(OH)_3$、$Ce(NO_3)_3$、$Ce_2(CO_3)_3$ 或 $Ce_2(C_2O_4)_3$ 在空气中加热可得到 CeO_2。根据生成时温度及其颗粒大小的不同，固体 CeO_2 呈现从白色到褐色不同的颜色。CeO_2 不溶于酸也不溶于碱。当有还原剂存在时，CeO_2 可溶于酸并得到 Ce^{3+} 盐溶液。

常见的 Ce(Ⅳ)盐有 $Ce(SO_4)_2 \cdot 2H_2O$，易溶于水，CeO_2 与浓 H_2SO_4 作用可生成 $Ce(SO_4)_2$。在溶液中 $Ce(SO_4)_2$ 不稳定，向溶液中加入 H_2SO_4 可提高 $Ce(SO_4)_2$ 的稳定性。在酸性溶液中

$Ce(SO_4)_2$ 可氧化 H_2O_2：

$$2Ce(SO_4)_2 + H_2O_2 \longrightarrow Ce_2(SO_4)_3 + H_2SO_4 + O_2 \uparrow$$

$Ce(SO_4)_2$ 与碱金属或铵的硫酸盐形成复盐，如 $Ce(SO_4)_2 \cdot 2(NH_4)_2SO_4 \cdot 2H_2O$。$Ce(IV)$ 能够形成硝酸根配合物如 $(NH_4)_2[Ce(NO_3)_6]$，实验证明，在溶液和晶体中 NO_3^- 为双齿配体。在溶液中有 $[Ce(NO_3)_6]^{2-}$ 配离子存在。$(NH_4)_2[Ce(NO_3)_6]$ 在分析化学中用作基准试剂。

$Ce(IV)$ 盐在酸性溶液中是强氧化剂，Ce^{4+} 在 $pH \approx 1.0$ 时即开始水解，生成 $Ce(OH)_4$（或 $CeO_2 \cdot nH_2O$）沉淀。在低酸度、中性或碱性溶液中，Ce^{4+} 强烈水解，使 Ce^{4+} 浓度明显降低，$\varphi_{(Ce^{4+}/Ce^{3+})}$ 值降低。因此，在低酸度、中性或碱性溶液中 $Ce(III)$ 可被氧气、氯气、臭氧、H_2O_2、过硫酸铵、高锰酸钾、溴酸钾等氧化为 $Ce(IV)$。

在 $Ce(IV)$ 盐溶液中加入碱生成 $Ce(OH)_4$ 沉淀，它的溶度积等于 1.6×10^{-55}。$Ce(OH)_4$ 的碱性比 $Ce(OH)_3$ 弱，还有一定的弱酸性，因此可形成固态铈酸盐，如 Na_2CeO_3。$Ce(OH)_4$ 溶于盐酸时被还原成 $Ce(III)$，并放出氯气。

$Ce(IV)$ 可形成 $(NH_4)_2[Ce(NO_3)_6]$、$(NH_4)_4[CeF_8]$、$(NH_4)_2[CeF_6]$、$(NH_4)_2[CeCl_6]$、$(NH_4)_2[Ce(SO_4)_3]$、$(NH_4)_4[Ce(C_2O_4)_4]$、$K_3[CeF_7]$ 等一系列配合物。

2. 氧化态为+2 的化合物

稀土元素+2 氧化态的重要化合物有卤化物，如 REF_2（RE 为 Sm、Eu、Yb）、REX_2（X 为 Cl、Br、I，RE 为 Nd、Sm、Eu、Dy、Tm、Yb）和 REI_2（RE 为 La、Ce、Pr、Gd）；氧化物及硫族化合物，如 EuA（A 为 O、S、Se、Te）、SmA（A 为 S、Se、Te）、YbA（A 为 S、Se、Te）和 TmA（A 为 S、Se），在氧化物中 EuO 较稳定，YbO 和 SmO 不易制备；氢化物，如 EuH_2 和 YbH_2；氨基化合物，如 $Eu(NH_2)_2$ 和 $Yb(NH_2)_2$；碳化物，如 EuC_2 和 YbC_2；氢氧化物，如 $Sm(OH)_2$、$Eu(OH)_2$、$Yb(OH)_2$ 和含氧酸盐等。

Sm^{2+}、Eu^{2+} 和 Yb^{2+} 等离子可存在于溶液中，其中以 Eu^{2+} 较为稳定，可在溶液中保存相当长的时间。它们在溶液中都有还原性，其中以 Sm^{2+} 的还原能力最强。在酸性溶液中，它们都很容易被氧化为相应的+3 氧化态的离子：

$$2Eu^{2+} + 2H^+ \longrightarrow 2Eu^{3+} + H_2 \uparrow$$

$$4Eu^{2+} + 4H^+ + O_2 \longrightarrow 4Eu^{3+} + 2H_2O$$

可用 Zn 或 Mg 使 Eu^{3+} 溶液还原得 Eu^{2+}，而 Sm^{2+}、Yb^{2+} 则需用钠汞齐还原 Sm^{3+}、Yb^{3+}。利用这一性质可使铕与钐、镱分离。Sm^{2+}、Eu^{2+} 和 Yb^{2+} 等离子的性质与 Ba^{2+} 相似，而与 RE^{3+} 的性质不同，如它们的氢氧化物溶于水，硫酸盐难溶于水。利用这种性质上的差别可进行稀土元素的分离。Eu^{2+} 的硼酸盐、碳酸盐、硫酸盐、磷酸盐、亚硫酸盐、柠檬酸盐和焦磷酸盐等均难溶于水。

$Sm(OH)_2$、$Eu(OH)_2$ 和 $Yb(OH)_2$ 分别是绿色、黄色和淡黄色的固体，其中以 $Eu(OH)_2$ 较为稳定。它们易被氧化成氧化态为+3 的氢氧化物。

15.3　稀土元素的分离

分离是稀土研究和应用的前提。多年来，国内许多研究单位在稀土分离领域进行了大量工作，建立了多种独具特色的生产流程，提高了我国的稀土工艺水平。具体方法有一般化学分离法、离子交换法和溶剂萃取法。

15.3.1　一般化学分离法

这种方法中包括分级结晶法、分级沉淀法和选择性氧化还原法。

1. 分级结晶法

分级结晶法是利用各稀土元素盐类溶解度的差异进行分离。使溶有两种或多种稀土元素盐类的溶液蒸发浓缩，或通过改变温度使溶液饱和的方法从溶液中析出晶体，此时溶解度较大的盐富集在母液中而溶解度较小的盐则富集在晶体中。由于同类型稀土元素化合物的溶解度差别很小，所以往往要反复溶解和结晶许多次，甚至成百上千次才能达到目的。用硝酸复盐分级结晶方法可以制备 $La(NO_3)_3 \cdot 2NH_4NO_3 \cdot 4H_2O$，产品纯度可达 99.8%。

2. 分级沉淀法

分级沉淀法和分级结晶法的原理和操作过程基本相似。分级沉淀法是向含有混合稀土元素易溶盐的溶液中加入适量的沉淀剂，使溶解度最小的稀土元素化合物首先沉淀出来，溶解度较大的稀土元素化合物则留在溶液中。例如，向含 RE^{3+} 溶液中加入碱，最先沉淀出来的是 $Lu(OH)_3$；向 $RE_2(SO_4)_3$ 溶液中加入 K_2SO_4，最先沉淀出来的是 $La_2(SO_4)_3 \cdot K_2SO_4 \cdot nH_2O$。每次沉淀分离出 1/2 或 1/3 的稀土元素化合物，经多次沉淀达到分离的目的。

常用的方法有硫酸复盐沉淀法、氢氧化物沉淀法和草酸盐沉淀法等。

3. 选择性氧化还原法

某些稀土元素可以氧化为+4 氧化态(铈、镨、铽)或还原为+2 氧化态(如钐、铕、镱)。发生氧化或还原后的离子与其他+3 氧化态的稀土元素离子在性质上有些差异，从而可以分离和纯化这些稀土元素。这种方法分离效果好，产品纯度和收率都比较高，是目前生产中应用较广的方法之一。例如，铈的氧化分离就是利用+4 氧化态铈的碱性远比+3 氧化态的稀土元素离子的碱性强，因而易生成氢氧化物沉淀，从+3 氧化态的稀土元素中分离出来。在混合稀土元素溶液中用氧化剂(空气、氯气、臭氧、过氧化氢、过硫酸铵、溴化钾或高锰酸钾等，也可采用电解法)将氧化态为+3 的铈氧化为+4 的铈。例如，控制 pH 在 3～4，$Ce(OH)_4$ 沉淀析出，其余氧化态为+3 的稀土元素离子留在溶液中。

$$2Ce(OH)_3 + \frac{1}{2}O_2 + H_2O \Longrightarrow 2Ce(OH)_4$$

钐、镱、铕的还原分离法是利用钐、镱、铕在水溶液中从氧化态为+3 还原为+2 后，与+3 氧化态的稀土元素在性质上有很大的差异而将氧化态为+2 的钐、镱、铕与+3 氧化态的稀土元素进行分离。常用锌粉还原法、汞齐还原法和电解还原法。例如，锌粉还原法提铕，先将 Eu(Ⅲ) 用锌粉还原：

$$2EuCl_3 + Zn \Longrightarrow 2EuCl_2 + ZnCl_2$$

再加氨水，RE^{3+} 生成 $RE(OH)_3$ 沉淀下来，Eu^{2+} 留在溶液中，通过过滤，把 Eu^{2+} 和 $RE(OH)_3$ 分离。但当溶液中 $EuCl_2$ 含量较高时，Eu^{2+} 也可形成 $Eu(OH)_2$ 沉淀。为减少 Eu^{2+} 的损失，可以在

溶液中加入一定量的 NH_4Cl:

$$Eu(OH)_2 + 2NH_4Cl \Longrightarrow [Eu(NH_3)_2(H_2O)_2]Cl_2$$

可避免或减少 $Eu(OH)_2$ 沉淀的生成。

由于 Eu^{2+} 在溶液中很不稳定，在酸性溶液中容易发生下列反应:

$$2Eu^{2+} + 2H^+ \Longrightarrow 2Eu^{3+} + H_2\uparrow$$

$$4Eu^{2+} + 4H^+ + O_2 \Longrightarrow 4Eu^{3+} + 2H_2O$$

为使 Eu^{2+} 在分离过程中有较高的回收率，可采用降低溶液酸度的方法，以减少氧化；在密封容器中或惰性气氛中进行反应，以防止 Eu^{2+} 被氧化；在过滤时采用惰性溶剂(如二甲苯、煤油)作保护试剂，以防止空气氧化 Eu^{2+} 等方法。

15.3.2　离子交换法

离子交换法是分离稀土元素、制备单一稀土元素化合物的重要方法之一。它主要包括树脂的吸附和淋洗两个过程。

1. 树脂的吸附

把离子交换树脂放在交换柱中作为固定相，以含有混合稀土元素离子的溶液为流动相。使溶液按适当的流速通过树脂柱，在树脂和溶液之间发生异相离子交换反应，即树脂功能基中的可解离阳(或阴)离子与溶液中的阳(或阴)离子交换。例如，聚苯乙烯磺酸铵型阳离子交换树脂中的 NH_4^+ 与溶液中的 RE^{3+} 交换:

$$3RSO_3NH_4 + RE^{3+} \Longrightarrow (RSO_3)_3RE + 3NH_4^+$$

结果是 RE^{3+} 被吸附在树脂上。这种吸附在树脂上的离子又可以被溶液中其他电荷符号相同的离子置换而解吸下来，如

$$(RSO_3)_3RE + 3H^+ \Longrightarrow 3RSO_3H + RE^{3+}$$

2. 淋洗

淋洗剂通常是含有配位剂的溶液，当淋洗剂以适当的流速流过树脂层时，其中所含的配体与被吸附在树脂上的离子配位，使生成的配离子解吸而扩散到溶液中，这样可得到所需的产品。由于配体对各种被吸附离子的配位能力不同，可以使它们陆续解吸从而达到有效的分离。

在常温的稀溶液中，阳离子交换树脂对离子的吸附能力随着离子电荷的增加而增大，随离子水合半径的增大而减少。稀土元素离子水合半径大小的顺序为

$$Sc^{3+} > Y^{3+} > Lu^{3+} > Yb^{3+} > \cdots > Sm^{3+} > Nd^{3+} > Pr^{3+} > Ce^{3+} > La^{3+}$$

因此，在含镧系元素 Ln^{3+} 的溶液中，La^{3+} 与树脂的结合能力最强，Lu^{3+} 与树脂的结合能力最弱。另外，镧系元素离子 Ln^{3+} 与淋洗剂中配体形成的配离子的稳定常数一般是随着离子半径(不是水合离子半径)的减小而增大，也就是随原子序数的增大而增大。这就是说，Lu^{3+} 最易与淋洗剂中的配体形成配离子而解吸。因此，进行淋洗时，Lu^{3+} 首先被淋洗出来，从 Lu^{3+} 到 La^{3+} 被淋洗的能力递减，La^{3+} 将最后被淋洗出来。

15.3.3　溶剂萃取法

目前，工业规模的稀土分离主要采用溶剂萃取法。该法具有设备简单、操作连续、生产量大的优点，并能生产出纯度高于 99.99%，乃至达到 99.999% 的单一稀土产品。

通过溶剂萃取使某种溶质与同一溶液的其他组分分离的方法，即为溶剂萃取分离法。溶剂萃取法分离稀土元素较分级沉淀法或分级结晶法更有效，较离子交换法时间更短。

萃取工艺过程一般包括萃取（含洗涤）和反萃取两个步骤。将含有萃取剂的有机相与含有被萃取物的水相充分接触，萃取剂与被萃取物相互作用生成加合物而进入有机相，这个过程就是萃取。萃取在两相间发生。经过一段时间后，被萃取组分在水相和有机相间的分配达到平衡；待两相分层后，把水相和含被萃取组分的有机相分开，此过程称为一级萃取。将洗涤剂与有机相充分接触，使机械夹带的杂质和某些同时萃入有机相的杂质被洗回到水相中，而被萃取物全部或部分仍留在有机相中的过程称为洗涤。用反萃液与经过洗涤后的有机相充分接触来破坏有机相中加合物的结构，使被萃取物重新自有机相转入水相，这个过程称为反萃取。例如，P₂₀₄[二(2-乙基己基)磷酸]在 P_{204}-煤油-HCl-RECl₃ 体系中萃取轻、中、重稀土元素的工艺流程如图 15.7 所示，通过调节相比、萃取级数和控制水相 $c(H^+) = 0.8 \sim 1.0\ mol \cdot L^{-1}$，使中、重稀土元素进入有机相而轻稀土元素留在水相中；再调节水相 $c(H^+) = 1.8 \sim 2.0\ mol \cdot L^{-1}$ 使中稀土元素反萃取下来，进入水相；最后调节水相 $c(H^+) = 4.8 \sim 5.0\ mol \cdot L^{-1}$，使重稀土元素反萃取下来，这样使轻、中、重稀土元素初步分离。有机相返回使用。

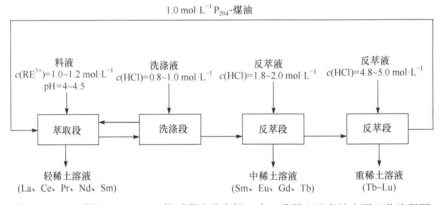

图 15.7　P_{204}-煤油-HCl-RECl₃ 体系萃取分离轻、中、重稀土元素的主要工艺流程图

15.3.4　稀土分离研究现状

1. 高效萃取剂、新萃取流程和萃取机理的研究

萃取体系的好坏，关键在于萃取剂。自从溶剂萃取法应用于金属离子的提取及分离之后，关于萃取剂的研究始终是人们普遍重视的问题。一般认为好的萃取剂应达到以下要求：反应性强，选择性高，溶解性好，平衡速率快，相分离完全，稳定性高，易于反萃，便于合成，适应多种体系和安全无毒。尽管研究过的萃取剂和萃取体系很多，但是真正用于稀土工业生产的萃取剂并不多。因此，必须深入研究萃取剂的结构与性能及萃取原理，如萃取热力学和萃取动力学研究方法的完善和统一，溶液和固体配合物的研究，界面化学的研究等。通过积累大量可比性实验数据，建立数据库，确定构效定量关系，进行多维数据处理和模式识别，预报和设计新萃取剂分子，以期设计研究出性质上优于现有萃取剂的高效萃取剂。在此基础上研究高选择

性、低成本的稀土萃取分离新工艺。

2. 高纯稀土的分离

当前在高科技领域中的稀土应用有两大特点：第一是需要单一稀土；第二是对单一稀土的纯度要求高。例如，含氟化镧的稀土光导纤维，输送损失率为 $0.001\,dB \cdot km^{-1}$，优于最好的石英玻璃纤维近 100 倍，但是如果含有 10^{-9} 量级的钕、钐杂质，则将造成 $0.1\,dB \cdot km^{-1}$ 的吸收损失。因此，必须挖掘已有分离方法如溶剂萃取法，研究各种非稀土杂质在稀土分离体系中的分布规律，提出从纯稀土溶液中分离多种有害非稀土杂质的萃取分离过程，加强在杂质含量极低的情况下的分配规律研究。主要研究方向有：

(1)液膜萃取。它具有高效、快速、简便和选择性好等优点，尤其适合于从稀溶液中提取和浓缩金属离子。乳化液膜、支撑液膜及液膜与静电技术相结合的静电式准液膜等方面是需深入研究的领域。

(2)色层分离。在离子交换与萃取技术的基础上发展了萃淋树脂、离子交换纤维树脂、螯合树脂等方法制备高纯单一稀土。

(3)利用稀土的变化性质进行分离。该法的分离效率远高于一般的离子交换及萃取分离。近年来，利用激光、紫外光等光化学方法使变价稀土发生氧化还原反应而实现分离的方法受到重视。

3. 串级萃取理论的深入发展和自动控制专家系统软件的研究

稀土串级萃取体系是一个多输入、多输出、大滞后和非线性的复杂体系。萃取工艺的在线分析和自动控制已成为发达国家稀土工业必不可少的工具。

习　　题

一、选择题

1. 下列各对元素中最难分离的是(　　)
A. Li 和 Na　　　　　　　B. K 和 Ca　　　　　　　C. Zr 和 Hf　　　　　　　D. Co 和 Ni
2. 下列各对金属的性质最相似的是(　　)
A. Cr 和 Mo　　　　　　　B. Mo 和 W　　　　　　　C. Mn 和 Re　　　　　　　D. Cr 和 Mn

二、填空题

1. 镧系收缩是元素化学中的一个重要现象，导致了 Mo 和＿＿＿＿＿＿、Zr 和＿＿＿＿＿＿性质十分相似，分离十分困难。
2. 镧系元素的主要氧化数是＿＿＿＿＿＿。
3. 在含有 La^{3+}、Lu^{3+}、Y^{3+}、Gd^{3+}、Ce^{3+} 的混合溶液中，各离子的浓度都是 $0.1\,mol \cdot L^{-1}$，向这种混合溶液中逐滴加入氨水，首先从溶液中析出沉淀的离子是＿＿＿＿＿＿。
4. 用化学方法分离稀土元素，一般方法有＿＿＿＿＿＿、＿＿＿＿＿＿、＿＿＿＿＿＿。
5. 稀土金属需要保存在煤油中的原因是＿＿＿＿＿＿。

三、解答题

1. 镧系元素与锕系元素原子电子层结构有何特点？有何异同？
2. 请按顺序默写出镧系元素与锕系元素的元素符号及中文名称。
3. 稀土元素与镧系元素是一个概念吗？它们各自的含义是什么？
4. 镧系元素与锕系元素常见的氧化数有哪些？锕系元素的氧化数表现与它们的原子结构有什么关系？

5. 为什么"镧系收缩"中离子半径的收缩趋势与收缩幅度都与原子半径不同? Eu、Yb 的原子半径为什么突然增大? 铈的原子半径又较小?

6. 从化学性质来看, 镧系元素与碱土金属有相同之处, 试从以下几个方面说明:

(1) 原子半径　　　　　(2) 电离能　　　　　(3) 电极电势

(4) 与水、氧的反应　　　(5) 氢氧化物的性质

7. 解释镧系元素在化学性质上的相似处。

8. 从周期表中横向原子半径的变化规律可知, 镧系收缩幅度<过渡元素<短周期元素, 为什么镧系收缩反而比 d 过渡系收缩和 p 区元素收缩表现出更为重要的作用?

9. +3 价镧系元素离子呈什么颜色? +3 稀土离子的颜色具有什么特点?

10. 为什么镧系元素形成的配合物多为离子型? 试讨论镧系配合物稳定性规律及其原因。

11. 比较 d 过渡元素、镧系元素、锕系元素形成配合物倾向的大小, 并简要说明原因。

12. 请列举几项镧系元素的实际应用。

13. 试说明镧系元素的特征氧化态为+3, 而铈、镨、铽、镝却常呈现+4 氧化态, 钐、铕、铥、镱又常呈现+2 氧化态的原因。

14. 为什么镧系元素彼此间在化学性质上的差别比锕系元素要小很多?

15. 举例说明锕系元素有哪些主要用途?

知识简介——稀土元素发现史

17 个稀土元素的相继发现经历了漫长的时期。

1787 年, 阿伦尼乌斯(Arrhennius)在瑞典小村伊特比(Ytterby)发现了一种新矿物。加多林(Gadolin)对这种矿物进行了分析, 并称它为"新土"。1797 年, 埃克伯格(Ekeberg)将这种"新土"命名为"钇土"(yttria)即氧化钇之意, 这种硅铍钇矿命名为加多林石(gadolinite), 以纪念伊特比村和加多林。后来发现, "钇土"是混合稀土氧化物。1843 年, 莫桑德(Mosander)在研究"钇土"时发现了铽(terbium)和铒(erbium), 皆以伊特比村名 Ytterby 后半部命名。1878 年, 马利格纳克(Marigenac)在"铒"中发现了镱(ytterbium), 仍以伊比特村命名。1879 年, 克利夫(Cleve)在马利格纳克分离出镱后的"铒"中又发现了钬(holmium)和铥(thulium), 分别以瑞典斯德哥尔摩(Stockholm)和北欧斯堪的纳维亚的古名 Thule 命名。1886 年, 波依斯包德朗(Boisbaudran)又将克利夫发现的"钬"分离为钬和镝(dysprosium, 在希腊语中为"难得到"之意)。1907 年, 韦尔斯巴克(Welsbach)和乌贝恩(Urbain)各自进行研究, 用不同的分离方法从 1878 年发现的"镱"中分离出一个新元素。乌贝恩将其命名为镥(lutecium), 其意来自巴黎古代名称 Lutetia。韦尔斯巴克根据仙后座(Cassiopeia)星座的名字将新元素命名为 cassiopium(Cp)。直至现在, 德国人仍称镥为 cassiopium。

1803 年, 科学家们在分析瑞典产的 tungsten("重石"之意)矿样时发现了一种新"土", 取名为"铈土"(aeria, 即氧化铈之意), 以纪念 1801 年发现的小行星 Ceres(谷神星), 并将 tungsten 改名为 cerite(硅铈石)。1839 年, 莫德桑在"铈土"中发现了镧(希腊语中为"隐藏"之意, 即隐藏于铈中的新元素)。1841 年, 莫德桑在"镧"中继续发现了新元素, 其性质与镧相近, 二者犹如双胞胎, 就借希腊语中"双胞胎"之意将其命名为 didymium(吉基姆)。1879 年, 波依斯包德朗从铌钇矿(samarskite)得到的 didymium 中又发现了钐(samarium)。同年, 瑞典生物学家尼尔森(Nilsson)发现了钪(scandium), 以他的故乡斯堪的纳维亚(Scandinavia)命名。1880 年, 马利格纳克又将"钐"分离成钐和钆(gadolinium), 后者是为了纪念钇土的发现者加多林。1885 年, 韦尔斯巴克又从 didymium 中分离出两个元素: neodymium("新双胞胎"之意)与 praseodidymium("绿色双胞胎"之意)。后来简化为 neodymium 和 praseodidymium, 也就是"钕"和"镨"。1901 年, 德马克(Demarcay)又从"钐"中发现了新元素, 根据欧洲(European)命名为铕(europium)。1947 年, 科学家们从原子能反应堆用过的铀燃料中分离出原子序数为 61 的元素, 以希腊神话中为人类取火之神普罗米修斯(Prometheus)将其命名为钷(promethium)。

第16章 元素化学定性分析

内容提要

(1) 了解元素化学定性分析相关的概念。

(2) 掌握阳离子硫化氢系统分组方法，了解阳离子系统分组与离子外壳结构及离子电位的关系。

(3) 熟练掌握利用沉淀分离离子的有关计算。

(4) 熟练掌握第 I 组到第 V 组阳离子的分离条件与鉴定方法。

(5) 了解阴离子分别分析方法及阴离子分组的目的。

(6) 熟练掌握13种阴离子的鉴定方法。

16.1 概　　述

元素定性分析是鉴定物质中所含有的元素、离子或化合物组成的分析方法。按使用手段不同，可分为化学定性分析和仪器定性分析。化学定性分析主要是利用物质在化学反应中所表现出来的典型特征进行分析鉴定，与物质的化学性质紧密联系，是物质性质的综合应用，故将此内容纳入无机化学。元素化学定性分析中，用到的化学反应有分离反应、掩蔽反应和鉴定反应。对于分离或掩蔽反应，要求反应进行得完全，有足够的速率，而对于鉴定反应，除了上述条件外，还要有外部特征，包括：①沉淀的生成或溶解；②溶液颜色的改变；③特殊气体的排出；④特殊气味(如酯类)的产生等。其中用得最多的是①、②两项。

在利用化学反应进行物质鉴定时，对于灵敏度高的化学反应，应注意过度检出。所谓过度检出是指将由试剂、器皿及其他原因引进的痕量外来离子当作试样中存在的离子鉴定出来的现象。为避免过度检出，需要进行空白试验，即在进行鉴定反应的同时，另取一份配制试样溶液的蒸馏水代替试样溶液，以同样的方法进行处理，看是否能检出。若不能检出，或虽能检出但信号很弱，均可排除过度检出。

当鉴定反应不够明显或现象异常，特别是在怀疑所得到的否定结果是否准确时，往往需要做对照试验。所谓对照试验是指以已知离子的溶液代替试液，用同样的方法进行离子鉴定。如果也得出否定结果，则说明试剂已经失效，或是反应条件控制得不够正确等。

进行元素化学定性分析的方法有分别分析法与系统分析法。利用特效试剂(或者能较简便地创造出特效条件而使选择的试剂具有特效性)在其他离子共存的条件下，鉴定出任一想要鉴定的离子的分析方法称为分别分析法。由于目前特效试剂还不多，分别分析法的应用受到限制。按一定的步骤和顺序将离子加以逐步分离后进行鉴定的分析方法称为系统分析法。其思路是首先将离子分成若干组，然后再组内细分，一直分到组内组分彼此不再干扰鉴定为止。若离子鉴定不可能直接地、分别地进行，就只能在分析系统中去寻找它。本章介绍阳离子系统分析方法和阴离子分别分析方法。

16.2　阳离子系统定性分析方法

本章主要讨论下列常见的 24 种阳离子：Ag^+、Hg_2^{2+}、Hg^{2+}、Pb^{2+}、Bi^{3+}、Cu^{2+}、Cd^{2+}、$As^{III,V}$、$Sb^{III,V}$、$Sn^{II,IV}$、Al^{3+}、Cr^{3+}、Fe^{3+}、Fe^{2+}、Mn^{2+}、Zn^{2+}、Co^{2+}、Ni^{2+}、Ba^{2+}、Ca^{2+}、Mg^{2+}、K^+、Na^+、NH_4^+。这些离子包括了周期表中常见的金属元素。由于特效试剂不多，阳离子通常采取系统分析方法。这里主要介绍阳离子硫化氢系统分析方法。

16.2.1　硫化氢系统分析法

1. 硫化氢系统分组

硫化氢系统分析法于 1840 年由德国化学家弗雷森纽斯(Fresenius)提出，后经人们不断改进，成为目前较为完善的一种分组方案。在硫化氢系统分析中，依据各离子硫化物溶解度的明显差异及离子的其他性质，将常见的阳离子分为五个组。分组方案和分组步骤分别示于表 16.1 和图 16.1。

表 16.1　阳离子的硫化氢系统分组方案

分组的根据	硫化物不溶于水			硫化物溶于水		
	硫化物不溶于稀酸			硫化物溶于稀酸	碳酸盐不溶于水	碳酸盐溶于水
	氯化物不溶于热水	氯化物溶于热水				
		硫化物不溶于 Na_2S	硫化物溶于 Na_2S			
组内的离子	Ag^+ Hg_2^{2+}	Pb^{2+} Bi^{3+} Cu^{2+} Cd^{2+}	Hg^{2+} $As^{III,V}$ $Sb^{III,V}$ Sn^{IV}	Fe^{2+} Al^{3+} Mn^{2+} Cr^{3+} Zn^{2+} Fe^{3+} Co^{2+} Ni^{2+}	Ba^{2+} Sr^{2+} Ca^{2+}	Mg^{2+} K^+ Na^+ NH_4^+①
组的名称	I 组	II A	II B	III 组	IV 组	V 组
		II 组				
	银组	铜锡组		铁组	钙组	钠组
	盐酸组	硫化氢组		硫化铵组	碳酸铵组	可溶组
组试剂	HCl	0.3 mol·L^{-1} HCl H_2S		NH_3 + NH_4Cl $(NH_4)_2S$	NH_3 + NH_4Cl $(NH_4)_2CO_3$	—

① 由于系统分析中引入铵盐，故不在系统中检出。

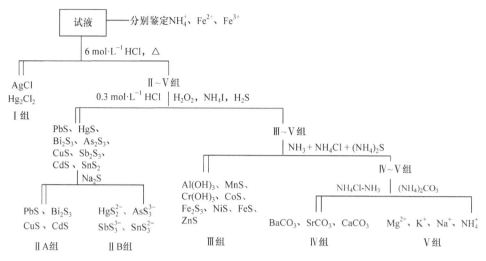

图 16.1　阳离子的分组(硫化氢系统)

"‖"表示沉淀或残渣，"|"表示溶液

2. 阳离子系统分组与阳离子外壳电子结构及离子电荷 Z/离子半径 r 的关系

利用硫化氢进行系统分组中，阳离子在系统分组中的位置与其离子电子结构及电位有密切关系。

具有 8 电子外壳的阳离子，极化能力小，不能将 S^{2-} 显著极化变形而形成具有共价键性质的难溶硫化物。在硫化氢系统分组中属于第Ⅳ、Ⅴ组。

具有未填满的 18 电子外壳的阳离子，极化作用较 8 电子外壳的阳离子略强，它们的硫化物或氢氧化物的键能较大，可在碱性溶液中沉淀出来。这类离子属于硫化氢系统的第Ⅲ组。

具有 18 或 18+2 电子外壳的阳离子，有最强的极化能力，能使硫离子强烈变形，与之生成不溶于酸的共价硫化物沉淀。这类离子属于硫化氢系统的第Ⅰ、Ⅱ组。

离子的极化作用除与离子外壳结构有关外，还与离子半径(r)的大小和电荷(Z)多少有关。这两者的综合效果可以用 Z/r 来表示。某离子的 Z/r 值越大，其极化作用也越强。

上述两种因素对阳离子分组的影响列于表 16.2。表中除 Cu^{2+}、Zn^{2+} 外，一般都符合规律。Cu^{2+} 的外壳有 17 个电子，已接近 18 电子。Zn^{2+} 虽分在第Ⅲ组，但其硫化物也比较难溶，与第Ⅱ组硫化物的性质有些接近，可在 pH ≈ 2 的酸性条件下沉出。

表 16.2　阳离子的分组与离子外壳结构及离子电位的关系

离子外壳	离子的分组							
8 电子外壳的离子	NH_4^+	K^+	Na^+	Ba^{2+}	Sr^{2+}	Ca^{2+}	Mg^{2+}	Al^{3+}
Z/r	0.7	0.8	1.0	1.4	1.6	1.9	2.6	5.3
组	Ⅳ、Ⅴ组							Ⅲ组
未填满 18 电子外壳的离子	Mn^{2+}		Fe^{2+}		Co^{2+}	Ni^{2+}	Fe^{3+}	Cr^{3+}
Z/r	0.2		2.4		2.4	2.6	4.5	4.6
组	Ⅲ组							

续表

离子外壳	离子的分组												
18或18+2电子外壳的离子	Ag^+	Pb^{2+}	Hg^{2+}	Cd^{2+}	Sn^{2+}	Zn^{2+}	$Cu^{2+①}$	Bi^{3+}	Sb^{III}	As^{III}	Sn^{IV}	Sb^V	As^V
Z/r	0.9	1.5	1.8	1.9	1.9	2.4	2.5	2.9	3.3	4.4	5.4	8.1	106
组	I 组		II 组										

① 具有 17 电子外壳。

16.2.2　第 I 组阳离子的分离与鉴定

第 I 组阳离子包括 Ag^+、Hg_2^{2+}、Pb^{2+} 三种离子，又称为银组。它们都能与 HCl 生成氯化物沉淀而从试液中分离出来，按组试剂还可称为盐酸组。

1. 本组离子与组试剂的作用

本组离子与组试剂 HCl 的反应为

$$Ag^+ + Cl^- \mathrm{=\!=\!=} AgCl\downarrow （白色凝乳状，遇光变紫、变黑）$$

$$Hg_2^{2+} + 2Cl^- \mathrm{=\!=\!=} Hg_2Cl_2\downarrow （白色粉末状）$$

$$Pb^{2+} + 2Cl^- \mathrm{=\!=\!=} PbCl_2\downarrow （白色针状）$$

为了创造适宜的沉淀条件，需要注意以下三个问题。

1）沉淀的溶解度

要使本组离子沉淀完全，应考虑以下几个问题：①同离子效应：在制备沉淀时，加入稍许过量的沉淀剂，可以使沉淀的溶解度减少，这就是所谓同离子效应（图 16.2，曲线 1）。②盐效应：沉淀剂一般都是电解质，加入过量的沉淀剂必然会使溶液中的离子浓度显著增大，结果使沉淀的溶解度比以前有所增大，此即为盐效应。加入没有共同离子的电解质，由于盐效应，溶解度一开始就是上升的（图 16.2，曲线 2）。③配合效应：沉淀剂能与沉淀物生成配合物时，沉淀部分或全部溶解。例如，本组离子的氯化物沉淀都能在不同程度上与较浓 Cl^- 生成氯的配合物：

$$AgCl + Cl^- \rightleftharpoons [AgCl_2]^-$$

$$Hg_2Cl_2 + 2Cl^- \rightleftharpoons [HgCl_4]^{2-} + Hg\downarrow$$

所以沉淀的溶解度将随着过量沉淀剂的加入而降低，然后由于配合物的生成而开始上升（图 16.2，曲线 3）。

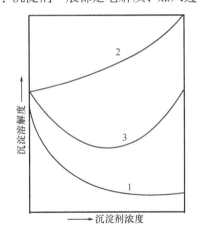

图 16.2　影响沉淀溶解度的诸因素

1. 同离子效应；2. 盐效应；3. 同离子效应+配合效应

在沉淀本组离子时，必须同时考虑这些因素的影响，既要使沉淀剂有一定的过量，又要防止过量太多。实验结果表明：以浓度为 6 mol·L⁻¹ HCl 作为组试剂较为适宜。

2）防止 Bi^{3+}、Sb^{3+} 的水解

第 II 组离子中，Bi^{3+}、Sb^{3+} 有较强的水解倾向，生成白色的碱式盐沉淀：

$$Bi^{3+} + Cl^- + H_2O \rightleftharpoons BiOCl\downarrow + 2H^+$$

$$Sb^{3+} + Cl^- + H_2O \rightleftharpoons SbOCl\downarrow + 2H^+$$

此种情况在 H⁺浓度低于 1.2 mol·L⁻¹ 时发生。为防止它们水解，应保证溶液有足够的 H⁺浓度。本组组试剂采用 HCl，既含有 Cl⁻，又含有防止水解所需要的 H⁺。在实际分析中，若加 HCl 后 H⁺的浓度低于 1.2 mol·L⁻¹，则应补充适量的 HNO₃，最好使 H⁺的浓度达到 2.0～2.4 mol·L⁻¹。

3）防止生成胶性沉淀

本组氯化银沉淀很容易生成难以分离的胶性沉淀，需加稍过量的沉淀剂，使胶体凝聚。

4）PbCl₂ 的溶解度

随着温度升高，PbCl₂ 的溶解度迅速增加。因此，在第 I 组未检出 Pb^{2+} 时，必须在第 II 组进行 Pb^{2+} 检出。

综上所述，本组离子的沉淀条件是在酸性溶液中加入适量 6 mol·L⁻¹ HCl。如被沉淀的离子总量小于 25 mg，加 6 mol·L⁻¹ HCl 1 滴已足量，再加 1 滴便可达到适当过量的要求。

2. 本组离子的系统分析

本组离子系统分析的步骤为：首先将本组离子沉淀为氯化物，与 II～V 组离子分离；再根据本组离子在性质上的差异进行组内的分离和鉴定。

1）本组离子的沉淀

取分析试液，检查其酸碱性，若为碱性，以 HNO₃ 中和至微酸性，然后加入适当过量的盐酸。适宜的 Cl⁻浓度为 0.5 mol·L⁻¹，H⁺浓度应大于 2.0 mol·L⁻¹。此时如有白色沉淀产生，表示本组离子存在。取沉淀进行本组离子分析。

2）铅与银和亚汞离子的分离及铅离子的鉴定

以少量热水洗涤沉淀，此时 PbCl₂ 溶解，银与亚汞离子的沉淀不溶，借此将铅离子与银、亚汞离子分离。将滤液冷却，有白色针状物析出，表示存在铅。若此处检测出铅，后面不必再检。若未检出铅，在第 II 组中进一步检测铅离子的存在。

3）银与亚汞离子的分离及亚汞离子的鉴定

取热水洗涤后的沉淀，加入氨水，AgCl 溶解生成 $[Ag(NH_3)_2]^+$，Hg₂Cl₂ 与氨水作用，生成 $Hg(NH_2)Cl + Hg$，残渣变黑，表示存在汞。离心将银与亚汞分离，取滤液进行银的鉴定。各自发生的反应如下：

$$AgCl + 2NH_3 \rightleftharpoons [Ag(NH_3)_2]^+ + Cl^-$$

$$Hg_2Cl_2 + 2NH_3 \rightleftharpoons Hg(NH_2)Cl\downarrow + Hg\downarrow + NH_4^+ + Cl^-$$

4）银的鉴定

在分离出亚汞的 $[Ag(NH_3)_2]^+$ 滤液中加入 HNO₃ 酸化，可以重新得到 AgCl 白色沉淀：

$$[Ag(NH_3)_2]^+ + Cl^- + 2H^+ \rightleftharpoons AgCl\downarrow + 2NH_4^+$$

此现象说明存在银。

本组混合物的系统分析包括图16.3所示各步骤。

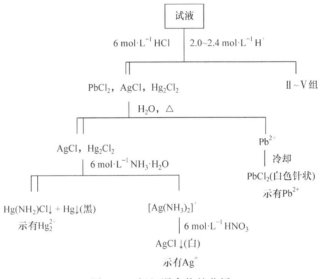

图 16.3　银组混合物的分析

16.2.3　第Ⅱ组阳离子的分离与鉴定

本组包括 Pb^{2+}、Bi^{3+}、Cu^{2+}、Cd^{2+}、Hg^{2+}、$As^{Ⅲ,Ⅴ}$、$Sb^{Ⅲ,Ⅴ}$、$Sn^{Ⅱ,Ⅳ}$ 等离子，它们的共同特点是不被热的 HCl 沉淀，但在 $0.32\ mol \cdot L^{-1}$ HCl 酸性溶液中，可与 H_2S 生成硫化物沉淀。按本组分出的顺序称为第Ⅱ组，按所用的组试剂称为硫化氢组，又称为铜锡组。

1. 组试剂的作用

用硫化氢作沉淀剂，能将本组离子比较完全地同Ⅲ～Ⅴ组离子分开，但需要注意以下几个问题。

1）本组离子沉淀的酸度要求

在第Ⅱ组阳离子中，最难沉淀的是 $CdS(K_{sp,CdS}^{\ominus}=7.1\times10^{-28})$；在Ⅲ～Ⅴ组阳离子中，最易沉淀的是 $ZnS(K_{sp,ZnS}^{\ominus}=1.2\times10^{-23})$。分离 CdS 与 ZnS 所需的酸度，即为将第Ⅱ组阳离子与Ⅲ～Ⅴ组阳离子分离所要求的酸度。需要计算沉淀 Cd^{2+} 所需的最高酸度和不使 Zn^{2+} 沉淀的最低酸度。

在溶液中，S^{2-} 的浓度是由下述平衡决定的：

$$\frac{[c(H^+)]^2 \cdot c(S^{2-})}{c(H_2S)}=K_1K_2=5.7\times10^{-8}\times1.2\times10^{-15}=6.8\times10^{-23}$$

$$c(S^{2-})=6.8\times10^{-23}\times\frac{c(H_2S)}{[c(H^+)]^2}$$

室温下，在 H_2S 的饱和水溶液中，$c(H_2S)\approx0.1\ mol \cdot L^{-1}$，则

$$c(S^{2-}) = 6.8 \times 10^{-23} \times 0.1 \times \frac{1}{[c(H^+)]^2} = 6.8 \times 10^{-24} \times \frac{1}{[c(H^+)]^2}$$

通常，某离子在溶液中的浓度降至 10^{-5} mol·L^{-1} 以下，一般鉴定反应难于检出它，认为该离子已不存在，这也就是沉淀完全的标准。就 CdS 而论，当溶液中 $c(Cd^{2+}) = 10^{-5}$ mol·L^{-1} 时，平衡所需要的 $c(S^{2-})$ 为

$$c(S^{2-}) = \frac{K_{sp}^{\ominus}}{c(Cd^{2+})} = \frac{7.1 \times 10^{-28}}{10^{-5}} = 7.1 \times 10^{-23} \ (mol \cdot L^{-1})$$

为控制 S^{2-} 浓度为上述数值，所需 $c(H^+)$ 为

$$c(H^+) = \sqrt{\frac{6.8 \times 10^{-24}}{7.1 \times 10^{-23}}} = 0.31 \ (mol \cdot L^{-1})$$

这说明，只要溶液的酸度不大于 0.31 mol·L^{-1}，第 II 组硫化物，包括较难沉淀的 CdS 都可以完全沉淀出来。

所谓某离子不生成沉淀，是假定该离子的浓度在 0.1 mol·L^{-1} 以上，这个浓度已足够分离和检出它。就 ZnS 而言，当 $c(Zn^{2+}) = 0.1$ mol·L^{-1}，与其平衡的 $c(S^{2-})$ 为

$$c(Zn^{2+}) \cdot c(S^{2-}) = K_{sp}^{\ominus} = 1.2 \times 10^{-23}$$

$$c(S^{2-}) = \frac{1.2 \times 10^{-23}}{10^{-1}} = 1.2 \times 10^{-22} \ (mol \cdot L^{-1})$$

相应的 $c(H^+)$ 可由式(16-1)求得

$$c(H^+) = \sqrt{\frac{6.8 \times 10^{-24}}{1.2 \times 10^{-22}}} = 0.24 \ (mol \cdot L^{-1})$$

当 $c(H^+)$ 为 0.24 mol·L^{-1} 时，0.1 mol·L^{-1} 的 Zn^{2+} 还不能生成 ZnS 沉淀。可见，为了使第 II 组与 III～V 组离子分离，需要控制 $c(H^+)$ 在 0.24～0.31 mol·L^{-1}。表 16.3 示出了在各种酸度下硫化物的沉淀情况。在 0.3 mol·L^{-1} HCl 溶液中通 H_2S 是分离第 II 组离子的最佳酸度。

表 16.3　在各种酸度下硫化物的沉淀情况

沉淀条件	H_2S 饱和溶液				
	9 mol·L^{-1} HCl(100℃)	3 mol·L^{-1} HCl(100℃)	0.3 mol·L^{-1} HCl	0.01 mol·L^{-1} H$^+$	10^{-5} mol·L^{-1} OH$^-$\[(NH$_4$)$_2$S]
	As$_2$S$_3$	As$_2$S$_3$	As$_2$S$_3$	As$_2$S$_3$	As$_2$S$_3$
		Sb$_2$S$_3$	Sb$_2$S$_3$	Sb$_2$S$_3$	Sb$_2$S$_3$
		SnS$_2$	SnS$_2$	SnS$_2$	SnS$_2$
		HgS	HgS	HgS	HgS
		CuS	CuS	CuS	CuS
		Bi$_2$S$_3$	Bi$_2$S$_3$	Bi$_2$S$_3$	Bi$_2$S$_3$
		PbS	PbS	PbS	PbS
沉淀的形成		CdS	CdS	CdS	CdS
			ZnS	ZnS	ZnS
					CoS
					NiS
					FeS
					Fe$_2$S$_3$
					MnS
					Cr(OH)$_3$
					Al(OH)$_3$

2) 五价砷的沉淀

在冷的稀 HCl 溶液中，五价砷是通过下列三个步骤，最后以 As₂S₃ 的形式沉出，这个过程很慢，不利于分离：

$$H_3AsO_4 + H_2S \Longrightarrow H_3AsO_3S + H_2O$$

$$H_3AsO_3S \Longrightarrow H_3AsO_3 + S\downarrow$$

$$2H_3AsO_3 + 3H_2S \Longrightarrow As_2S_3\downarrow + 6H_2O$$

为了加速反应，可先加入 I⁻，使五价砷还原为三价砷；再通硫化氢，三价砷与 H₂S 反应生成 As₂S₃ 沉淀；I⁻ 转变为 I₂ 后，与 H₂S 反应，可再生出来，所以 I⁻ 不需要加得太多。

$$AsO_4^{3-} + 2I^- + 2H^+ \Longrightarrow AsO_3^{3-} + I_2 + H_2O$$

$$I_2 + H_2S \Longrightarrow 2I^- + 2H^+ + S\downarrow$$

3) 二价锡的氧化

在本组内部离子分离时，Sn^{II} 属于 ⅡA 组，Sn^{IV} 属于 ⅡB 组，这给分析带来很大不便。可在通入 H₂S 之前加 H₂O₂，将 Sn^{II} 全部氧化为 Sn^{IV}，然后加热分解过剩的 H₂O₂，以免以后与 H₂S 发生作用。

4) 防止硫化物生成胶体

硫化物特别是 ⅡB 组硫化物生成胶体的倾向较大，为了防止这一现象发生，首先要保持溶液适当的酸度，以促进胶体的凝聚（这个目的在调节酸度时即已达到）；其次，硫化物沉淀要在热溶液中进行，其目的是促进胶体凝聚和加速五价砷的还原。但加热也会降低 H₂S 的溶解度，从而使 S²⁻ 浓度减小，不利于溶解度较大的 PbS、CdS 等沉淀生成，所以最后还要把溶液冷却至室温，再通 H₂S。

综上所述，本组的沉淀条件是：①在酸性时，加 H₂O₂ 氧化 Sn^{II} 为 Sn^{IV}，然后加热破坏过量 H₂O₂；②调节溶液中 HCl 的浓度为 0.3 mol·L⁻¹；③加入 NH₄I 少许，还原 As^{V} 为 As^{III}（Sb^{V} 也同时被还原为 Sb^{III}）；④加热，通 H₂S，冷却，将试液稀释 1 倍，再通 H₂S，至本组完全沉淀（使用硫代乙酰胺时，最后应稀释至酸度为 0.1 mol·L⁻¹）。

2. 铜组与锡组离子的分离

根据第 Ⅱ 组阳离子硫化物的酸碱性不同，还可将它们再细分为铜组（ⅡA）和锡组（ⅡB）。铅、铋、铜、镉的硫化物属于碱性硫化物，不溶于 NaOH、Na₂S、(NH₄)₂S 等碱性试剂，这些离子称为铜组（ⅡA）；砷、锑、锡（Ⅳ）的硫化物属于两性硫化物，其酸性更为明显，能溶于上述几种碱性试剂中，称为锡组（ⅡB）。汞的硫化物酸性较弱，只能溶解在含有高浓度 S²⁻ 的试剂 Na₂S 中。用 Na₂S 处理第 Ⅱ 组硫化物时，HgS 属于 ⅡB 组；用 (NH₄)₂S 处理时则属于 ⅡA 组。本书采用 Na₂S 为分离小组的试剂。本小组硫化物与 Na₂S 的反应为

$$HgS + S^{2-} \Longrightarrow HgS_2^{2-}$$

$$As_2S_3 + 3S^{2-} \Longrightarrow 2AsS_3^{3-}$$

$$Sb_2S_3 + 3S^{2-} \Longrightarrow 2SbS_3^{3-}$$

$$SnS_2 + S^{2-} \Longrightarrow SnS_3^{2-}$$

使用 Na₂S 的缺点是少量的 Bi₂S₃ 和 CuS 溶解，而汞的含量少时容易被 ⅡA 组留住，溶解

不完全。如果改用 $(NH_4)_2S$，则硫化锑和硫化锡溶解不完全，因而用得较少。$(NH_4)_2S_x$ 优于 $(NH_4)_2S$，但它的缺点是可使相当多的铜进入 ⅡB 组，而锡量不大时，又容易把锡留在大量的硫化铜中。因此，ⅡA 与 ⅡB 的分离还缺乏一个理想的方案。

3. 铜组离子的分析

1）铜组离子硫化物的溶解

在分出锡组离子后的沉淀中可能含有 PbS、Bi_2S_3、CuS 和 CdS。将沉淀洗涤干净后，加 $6\ mol \cdot L^{-1}\ HNO_3$ 加热溶解：

$$3PbS + 2NO_3^- + 8H^+ === 3Pb^{2+} + 3S\downarrow + 2NO\uparrow + 4H_2O$$

$$Bi_2S_3 + 2NO_3^- + 8H^+ === 2Bi^{3+} + 3S\downarrow + 2NO\uparrow + 4H_2O$$

CuS 和 CdS 的溶解反应与 PbS 的溶解反应相似。

2）镉离子的分离和鉴定

在前述硝酸溶液中加入甘油溶液（1：1），然后再加过量的浓 $NaOH$，这时只有 $Cd(OH)_2$ 能够沉淀，其他三种离子与甘油生成可溶性化合物。将 $Cd(OH)_2$ 沉淀以稀的甘油-碱溶液洗净，溶于 $3\ mol \cdot L^{-1}\ HCl$ 中，用水稀释至酸度约为 $0.3\ mol \cdot L^{-1}\ HCl$，通入 H_2S 或加硫代乙酰胺，如有黄色 CdS 沉淀析出，表示有 Cd^{2+}。

注意：在 $Cd(OH)_2$ 沉淀中容易夹带有共沉淀的 $Bi(OH)_3$ 和 $Cu(OH)_2$，若溶解后通入 H_2S，所得沉淀不是纯黄色，甚至是暗棕色，可采取以下两项措施中的一项：

(1) 将 $Cd(OH)_2$ 溶解，加入沉淀剂（甘油-碱）使其重新沉淀，然后再溶解，通 H_2S，进行鉴定。

(2) 若上述现象已经发生，将通 H_2S 所得沉淀离心分离、洗净，加 $3\ mol \cdot L^{-1}\ HCl$ 3 滴、水 6 滴（相当于加 $1\ mol \cdot L^{-1}\ HCl$），加热，CdS 溶解，CuS、Bi_2S_3 不溶。离心沉降后，离心液以水稀释 3 倍（相当于酸度 $0.3\ mol \cdot L^{-1}$），通入 H_2S，Cd^{2+} 存在时出现黄色 CdS 沉淀。

3）铜、铅、铋的鉴定

Cu^{2+}、Pb^{2+}、Bi^{3+} 等都能与甘油生成可溶性化合物。Cu^{2+} 与甘油的反应为

$$
\begin{array}{l}
CH_2OH \\
| \\
CHOH \quad + Cu^{2+} + 2OH^- === \\
| \\
CH_2OH
\end{array}
\begin{array}{l}
CH_2OH \\
| \\
CHO — Cu + 2H_2O \\
| \\
CH_2 — O
\end{array}
$$

反应产物为蓝色甘油铜。铅和铋的甘油化物无色，其结构与甘油铜相似。取此溶液可分别鉴定铜、铅、铋。

(1) 铜的鉴定：若溶液显蓝色，已证明有 Cu^{2+} 存在。若蓝色不明显或无色，则取少许溶液以 HAc 酸化，加 $K_4Fe(CN)_6$ 鉴定，红棕色沉淀示有 Cu^{2+}：

$$2Cu^{2+} + Fe(CN)_6^{4-} === Cu_2Fe(CN)_6\downarrow$$

(2) 铅的鉴定：取部分溶液以 HAc 酸化，加 K_2CrO_4，黄色 $PbCrO_4$ 沉淀示有 Pb^{2+}。

(3) 铋的鉴定：取部分溶液，滴加在新配制的 Na_2SnO_2 溶液中，黑色金属铋沉淀示有 Bi^{3+}：

$$2Bi^{3+} + 3SnO_2^{2-} + 6OH^- === 2Bi\downarrow + 3SnO_3^{2-} + 3H_2O$$

铜组离子的分析步骤列于图 16.4。

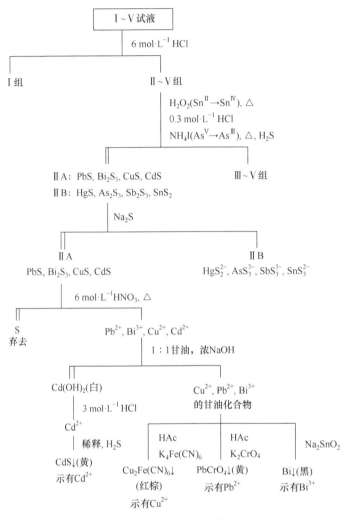

图 16.4　铜组离子的分析

4. 锡组离子的分析

1) 锡组离子的沉淀

在用 Na_2S 溶出的本小组硫代酸盐溶液中，逐滴加入浓 HAc 至呈酸性为止，这时硫代酸盐被分解，析出相应的硫化物：

$$HgS_2^{2-} + 2HAc = HgS\downarrow + H_2S\uparrow + 2Ac^-$$

$$2AsS_3^{3-} + 6HAc = As_2S_3\downarrow + 3H_2S\uparrow + 6Ac^-$$

$$2SbS_3^{3-} + 6HAc = Sb_2S_3\downarrow + 3H_2S\uparrow + 6Ac^-$$

$$SnS_3^{2-} + 2HAc = SnS_2\downarrow + H_2S\uparrow + 2Ac^-$$

与此同时，通常还会析出一些硫黄。这是因为 Na_2S 很容易部分被空气氧化为多硫化物，当它遇到 HAc 时，便发生如下反应：

$$Na_2S_2 + 2HAc = 2Na^+ + H_2S\uparrow + 2Ac^- + S\downarrow$$

析出的少量硫对锡组离子分析影响不大。

2）汞、砷与锑、锡的分离

在上述硫化物沉淀上加浓 HCl 并加热，HgS 与 As_2S_3 不溶解，而锑和锡的硫化物则生成氯合离子而溶解：

$$Sb_2S_3 + 6H^+ + 12Cl^- \Longrightarrow 2SbCl_6^{3-} + 3H_2S\uparrow$$

$$SnS_2 + 4H^+ + 6Cl^- \Longrightarrow SnCl_6^{2-} + 2H_2S\uparrow$$

3）汞与砷的分离

在上述分离出锑和锡后剩下的沉淀中，加水数滴清洗沉淀一次，然后于沉淀上加水数滴及过量固体 $(NH_4)_2CO_3$，微热，此时 HgS 及 S 不溶，而 As_2S_3 则按下式溶解：

$$As_2S_3 + 3CO_3^{2-} \Longrightarrow AsS_3^{3-} + AsO_3^{3-} + 3CO_2\uparrow$$

4）汞的鉴定

经上述分离步骤后若剩下黑色残渣，初步说明有汞，但还需证实。将此残渣用王水溶解，然后加热 $5\sim8$ min，破坏过量的王水，再用 $SnCl_2$ 鉴定，沉淀由白变灰黑，示有汞。如果王水未除净，则 $SnCl_2$ 可被王水氧化，此处将不能得到明确结果。

$$3HgS + 2NO_3^- + 12Cl^- + 8H^+ \Longrightarrow 3HgCl_4^{2-} + 3S\downarrow + 2NO\uparrow + 4H_2O$$

$$SnCl_2 + 2Cl^- \Longrightarrow SnCl_4^{2-}$$

$$2HgCl_4^{2-} + SnCl_4^{2-} \Longrightarrow Hg_2Cl_2\downarrow + SnCl_6^{2-} + 4Cl^-$$

$$Hg_2Cl_2 + SnCl_4^{2-} \Longrightarrow 2Hg\downarrow + SnCl_6^{2-}$$

5）砷的鉴定

取一部分用 $(NH_4)_2CO_3$ 处理过的溶液，小心地加稀 HCl（防止大量气泡把溶液带出）至呈酸性，若有砷存在，应生成黄色 As_2S_3 沉淀：

$$AsS_3^{3-} + AsO_3^{3-} + 6H^+ \Longrightarrow As_2S_3\downarrow + 3H_2O$$

6）锡的鉴定

取部分分离出汞、砷后的浓 HCl 溶液，用无锈铁丝（或铁粉）将 Sn^{IV} 还原为 Sn^{II}：

$$SnCl_6^{2-} + Fe \Longrightarrow SnCl_4^{2-} + Fe^{2+} + 2Cl^-$$

在所得溶液中加入 $HgCl_2$ 溶液，锡存在时可发生下列反应：

$$SnCl_4^{2-} + 2HgCl_2 \Longrightarrow Hg_2Cl_2\downarrow + SnCl_6^{2-}$$

$$SnCl_4^{2-} + Hg_2Cl_2 \Longrightarrow 2Hg\downarrow + SnCl_6^{2-}$$

灰色的 Hg_2Cl_2 + Hg 或黑色的 Hg 沉淀，示有锡。

7）锑的鉴定

取一滴分离出汞、砷后的浓 HCl 溶液，放在一小块锡箔上，如生成黑色斑点，用水洗净，加 1 滴新配的 NaBrO 溶液，斑点不消失，示有锑：

$$2SbCl_6^{3-} + 3Sn \Longrightarrow 2Sb\downarrow + 3SnCl_4^{2-}$$

当砷混入时，也会在锡箔上生成黑色斑点（As），但洗净后加 NaBrO 则溶解。洗时要注意一定把 HCl 洗掉，否则在酸性条件下 NaBrO 也能使 Sb 的斑点消失。

锡组离子的分析步骤列于图 16.5。

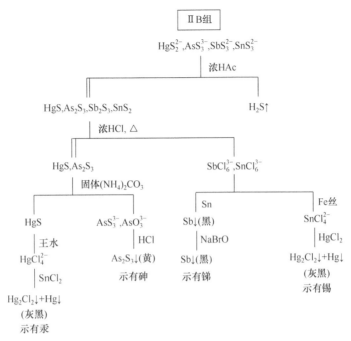

图 16.5　锡组离子的分析

16.2.4　第Ⅲ组阳离子的分离与鉴定

第Ⅲ组阳离子由 7 种元素形成的 8 种阳离子组成：Al^{3+}、Cr^{3+}、Fe^{3+}、Fe^{2+}、Mn^{2+}、Zn^{2+}、Co^{2+}、Ni^{2+}，又称为铁组。它们在 NH_3-NH_4Cl 的存在下，与 $(NH_4)_2S$ 生成硫化物或氢氧化物沉淀，按所用组试剂称为硫化铵组。

1. 第Ⅲ组阳离子与组试剂的作用

本组离子与组试剂[$NH_3 + NH_4Cl$，$(NH_4)_2S$]作用，有的生成硫化物，有的生成氢氧化物：

$$Fe^{2+} + S^{2-} =\!=\!= FeS\downarrow(黑)$$

$$2Fe^{3+} + 3S^{2-} =\!=\!= Fe_2S_3\downarrow(黑)$$

$$Mn^{2+} + S^{2-} =\!=\!= MnS\downarrow(肉色)$$

$$Zn^{2+} + S^{2-} =\!=\!= ZnS\downarrow(白)$$

$$Co^{2+} + S^{2-} =\!=\!= CoS\downarrow(黑)$$

$$Ni^{2+} + S^{2-} =\!=\!= NiS\downarrow(黑)$$

在 $(NH_4)_2S$ 溶液中存在下述平衡：

$$S^{2-} + H_2O \rightleftharpoons HS^- + OH^-$$

$$HS^- + H_2O \rightleftharpoons H_2S + OH^-$$

铝、铬的氢氧化物溶解度很小，会以氢氧化物形式沉出。降低 S^{2-} 的浓度，增大 OH^- 的浓度，更促成 $Al(OH)_3$ 和 $Cr(OH)_3$ 沉淀的产生。

为了使本组离子沉淀完全，与Ⅳ～Ⅴ组离子分离，在使用组试剂时需要注意以下几点。

1) 酸度要适当

$Al(OH)_3$ 和 $Cr(OH)_3$ 都属于两性氢氧化物，酸度高时沉淀不完全；酸度太低又容易形成偏酸盐而溶解。由图 16.6 和图 16.7 可知，在 Al^{3+}、Cr^{3+} 的浓度都低于 10^{-2} mol·L^{-1} 时，$Al(OH)_3$ 在 pH≈4 时沉淀，在 pH 10～12 时溶解；$Cr(OH)_3$ 在 pH≈5 时沉淀，在 pH 12～14 时溶解。

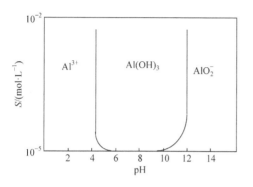

图 16.6 $Al(OH)_3$ 沉淀与 pH 的关系

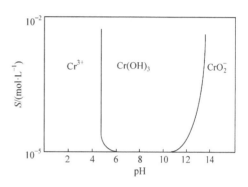

图 16.7 $Cr(OH)_3$ 沉淀与 pH 的关系

第Ⅳ组的 Mg^{2+} 在 pH≈10.7 时也开始析出 $Mg(OH)_2$ 沉淀(图 16.8)。综合以上情况，沉淀本组的最适宜酸度约为 pH = 9。在反应过程中还有 H^+ 生成，会使 pH 降低。为保持 pH = 9，应加入氨水和 NH_4Cl 的缓冲体系。

2) 防止硫化物形成胶体

一般硫化物都有形成胶体的倾向，而以 NiS 为最强。它甚至可形成暗褐色溶胶，根本无法分离。为防止这一现象发生，须将溶液加热，以促使胶体凝聚。

在氨性溶液中加入硫代乙酰胺以代替 $(NH_4)_2S$ 作为沉淀剂，则由于沉淀是在均相中缓慢生成的，所以一般不会产生胶体现象。

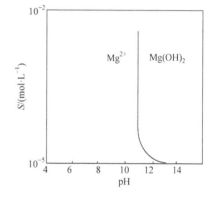

图 16.8 $Mg(OH)_2$ 沉淀与 pH 的关系

综上所述，本组的沉淀条件是在分出第Ⅱ组硫化物沉淀后的试液中(含有约 0.3 mol·L^{-1} HCl)，先加氨水直到溶液呈碱性，加适量 NH_4Cl 并加热；向已加热的试液中加入 $(NH_4)_2S$ 进行沉淀。如果试液中有 Al^{3+}、Cr^{3+}、Fe^{3+} 等三价离子存在时，在加氨水中和时应有氢氧化物沉淀析出，如果没有氢氧化物沉淀析出，说明试液中没有三价离子。

2. 本组离子的分析

本组离子的硫化物或氢氧化物沉淀，可用热的稀 HNO_3 溶解。但此时 Fe^{2+} 将被氧化为 Fe^{3+}，如欲确定铁的价态，应取原试液进行鉴定。本组离子一般都有较好的鉴定方法，组内不需要分离，每个离子都采取分别分析法进行鉴定。

1) Fe^{2+} 的鉴定

(1) $K_3[Fe(CN)_6]$ 试法：Fe^{2+} 与 $K_3[Fe(CN)_6]$ 试剂生成深蓝色沉淀，为滕氏蓝：

$$Fe^{2+} + K^+ + [Fe(CN)_6]^{3-} \Longrightarrow KFe[Fe(CN)_6] \downarrow$$

此沉淀不溶于稀酸，但可被碱分解：

$$KFe[Fe(CN)_6] + 3OH^- \Longrightarrow Fe(OH)_3\downarrow + [Fe(CN)_6]^{4-} + K^+$$

因此，反应要在盐酸(非氧化性酸)酸性溶液中进行。虽然很多离子也可与试剂生成有色沉淀，但它们在一般含量情况下都不足以掩盖 Fe^{2+} 生成的深蓝色。检出限为 0.1 μg，最低检出浓度为 2×10^{-6} mol·L^{-1}(2 ppm)。

(2)邻二氮菲试法：Fe^{2+} 与邻二氮菲在酸性溶液中生成稳定的红色可溶性配合物，Cu^{2+}、Co^{2+}、Zn^{2+}、Ni^{2+}、Cd^{2+}、Sb^{III} 等也能与试剂生成配合物，但不是红色，不妨碍鉴定。它们存在时仅需多加一些试剂。Fe^{3+} 大量存在时也无干扰。

2)Fe^{3+} 的鉴定

(1)KSCN 试法：Fe^{3+} 与 NH_4SCN 或 KSCN 生成血红色具有不同组成的配位离子 $[Fe(SCN)]^{2+}$、$[Fe(SCN)_2]^+$、$Fe(SCN)_3$、$[Fe(SCN)_4]^-$、$[Fe(SCN)_5]^{2-}$、$[Fe(SCN)_6]^{3-}$。碱能破坏红色配合物，生成 $Fe(OH)_3$ 沉淀，故反应要在酸性溶液中进行。由于 HNO_3 有氧化性，可使 SCN^- 受到破坏：

$$13NO_3^- + 3SCN^- + 10H^+ \Longrightarrow 3SO_4^{2-} + 3CO_2\uparrow + 16NO\uparrow + 5H_2O$$

故不能作为酸化试剂。合适的酸化试剂是稀 HCl。

与 SCN^- 产生有色化合物的离子虽然不少，但其颜色均不能掩盖由 Fe^{3+} 产生的红色。$Cu(SCN)_2$ 为黑色沉淀，也不影响溶液颜色的观察。阴离子中 F^-、PO_4^{3-}、$C_2O_4^{2-}$ 等能与 Fe^{3+} 生成配离子，它们存在时会降低反应的灵敏度。NO_2^- 与 SCN^- 产生红色化合物 NOSCN。在这种情况下，可将 Fe^{3+} 以 $SnCl_2$ 还原为 Fe^{2+}，以邻二氮菲鉴定。检出限为 0.25 μg，最低检出浓度为 5×10^{-6} mol·L^{-1}(5 ppm)。

(2)$K_4[Fe(CN)_6]$试法：Fe^{3+} 在酸性溶液中与 $K_4[Fe(CN)_6]$ 生成蓝色沉淀：

$$Fe^{3+} + K^+ + [Fe(CN)_6]^{4-} \Longrightarrow KFe[Fe(CN)_6]\downarrow$$

强碱能使反应产物分解，生成 $Fe(OH)_3$ 沉淀，浓的强酸也能使沉淀溶解，因此鉴定反应要在酸性溶液中进行。与 $K_4[Fe(CN)_6]$ 生成沉淀的离子虽然很多，但它们生成的沉淀颜色都比较浅，在一般含量下不足以掩盖铁的深蓝色。Cu^{2+} 大量存在时，可事先加氨水将它分出。值得注意的是 Co^{2+}、Ni^{2+} 等与试剂生成淡绿色至绿色沉淀，不要误认为铁。能与 Fe^{3+} 配位的阴离子如 F^-、PO_4^{3-} 等大量存在时会降低灵敏度或使鉴定失败，在这种情况下可先将 Fe^{3+} 以 $SnCl_2$ 还原为 Fe^{2+}，改以邻二氮菲鉴定。检出限为 0.05 μg，最低检出浓度为 1×10^{-6} mol·L^{-1}(1 ppm)。

3)Mn^{2+} 的鉴定

Mn^{2+} 在强酸性溶液中可被强氧化剂如 $NaBiO_3$、$(NH_4)_2S_2O_8$ 或 PbO_2 等氧化为 MnO_4^- 使溶液显紫红色：

$$2Mn^{2+} + 5NaBiO_3 + 14H^+ \Longrightarrow 2MnO_4^- + 5Bi^{3+} + 5Na^+ + 7H_2O$$

一些有还原性的离子有干扰，但多加一些试剂时可以消除。检出限为 0.8 μg，最低检出浓度为 2×10^{-5} mol·L^{-1}(20 ppm)。

4)Cr^{3+} 的鉴定

Cr^{3+} 在强碱性溶液中以偏亚铬酸根离子 CrO_2^- 的形式存在：

$$Cr^{3+} + 4OH^- \Longrightarrow CrO_2^- + 2H_2O$$

此离子可被 H_2O_2 氧化为铬酸根离子：

$$2CrO_2^- + 3H_2O_2 + 2OH^- \rightleftharpoons 2CrO_4^{2-}(黄) + 4H_2O$$

黄色 CrO_4^{2-} 的出现，即可初步说明 Cr^{3+} 的存在。但此反应不够灵敏，也易受有色离子的干扰。为进一步证实，可用 H_2SO_4 把已制成的 CrO_4^{2-} 溶液酸化，使其转化为 $Cr_2O_7^{2-}$，然后加一些戊醇(或乙醚)，再加 H_2O_2，此时在戊醇层中将有蓝色的过氧化铬 CrO_5 生成：

$$2CrO_4^{2-} + 2H^+ \rightleftharpoons Cr_2O_7^{2-} + H_2O$$

$$Cr_2O_7^{2-} + 4H_2O_2 + 2H^+ \rightleftharpoons 2CrO_5 + 5H_2O$$

CrO_5 溶于水，生成蓝色的过铬酸 H_2CrO_6。后者在水溶液中很不稳定，生成后很快分解，所以在鉴定铬时要在过铬酸生成前(即酸化前)先加入戊醇，否则鉴定很容易失败。此反应在上述条件下无干扰离子。

　　5) Ni^{2+} 的鉴定

　　Ni^{2+} 在中性、HAc 酸性或氨性溶液中与丁二酮肟产生鲜红色螯合物沉淀，此沉淀溶于强酸、强碱和很浓的氨水，溶液的 pH 为 5~10 为宜。

　　Fe^{2+} 在氨性溶液中与试剂生成红色可溶性螯合物，同 Ni^{2+} 产生的红色沉淀有时不易区别。为消除其干扰，可加 H_2O_2 将其氧化为 Fe^{3+}；Fe^{3+}、Mn^{2+} 等能与氨水生成深色沉淀的离子，可加柠檬酸或酒石酸掩蔽；Co^{2+}、Zn^{2+}、Cu^{2+} 等也能与试剂生成螯合物，但都不是鲜红色，它们存在时可多加一些试剂。

　　另外，可使用纸上分离法进行鉴定。先在滤纸上加一滴 $(NH_4)_2HPO_4$ 溶液，Fe^{3+}、Mn^{2+} 等与之生成磷酸盐沉淀，留在斑点中心；镍的磷酸盐溶解度大，Ni^{2+} 可扩散到斑点的边线，在边缘处滴加试剂，然后在氨水瓶口上熏，Ni^{2+} 存在时，边缘变为鲜红色。

　　6) Co^{2+} 的鉴定

　　在中性或酸性溶液中，Co^{2+} 与 NH_4SCN 生成蓝色配合物 $[Co(SCN)_4]^{2-}$，此配合物能溶于许多有机溶剂，如乙醇、戊醇、苯甲醇或丙酮等。$[Co(SCN)_4]^{2-}$ 在有机溶剂比在水中解离度更小，所以反应也更灵敏。为了使配位平衡尽量向生成配离子的方向移动，试剂最好使用固体 NH_4SCN，以保证较高的 SCN^- 浓度。

　　Fe^{3+} 和 Cu^{2+} 有干扰(见 Fe^{3+} 的鉴定)。Fe^{3+} 单独存在时，加入 NaF 即可掩蔽。如两者都存在，可加 $SnCl_2$ 将其还原为低价离子。

　　7) Zn^{2+} 的鉴定

　　$(NH_4)_2[Hg(SCN)_4]$ 试法：在中性或微酸性溶液中，Zn^{2+} 与 $(NH_4)_2[Hg(SCN)_4]$ 生成白色结晶形沉淀：

$$Zn^{2+} + [Hg(SCN)_4]^{2-} \rightleftharpoons Zn[Hg(SCN)_4]\downarrow(白)$$

　　在相同条件下，Co^{2+} 也能生成深蓝色结晶形沉淀 $Co[Hg(SCN)_4]$，但因为容易形成过饱和状态，所以沉淀的速率缓慢，有时可长达数小时。当 Zn^{2+} 和 Co^{2+} 两种离子共存时，它们与试剂生成天蓝色混晶型沉淀，可以较快地沉出。因此，向试剂及很稀(0.02%)的 Co^{2+} 溶液中加入 Zn^{2+} 的试液，在不断摩擦器壁的条件下，如迅速得到天蓝色沉淀，则表示存在 Zn^{2+}；如缓慢(超过 2 min)出现深蓝色沉淀，已不能作为 Zn^{2+} 存在的证明。

　　由于 Cu^{2+}、Ni^{2+} 和大量的 Co^{2+} 都能与试剂生成沉淀，Fe^{3+} 与试剂生成血红色配合物，它们存在时应事先在试剂中加入 NaOH，将这些离子沉淀为氢氧化物，然后吸取含有 Zn^{2+} 的离心液，以 HCl 酸化，使其转化为 Zn^{2+}，再按上述方法鉴定；$Cu(OH)_2$、$Fe(OH)_3$ 有微溶于浓 NaOH（生成 CuO_2^{2-}、FeO_2^-）的倾向，因此上述分离有时不够彻底，与 Zn^{2+} 混在一起的 Cu^{2+} 使 Zn^{2+} 与 Co^{2+} 的混晶不呈天蓝色，而是带有紫色乃至黑色，但这不妨碍鉴定。Fe^{3+} 的干扰可加 NH_4F 掩蔽。

为了防止 Zn^{2+} 过度检出或漏检，在鉴定的同时应作空白试验或对照试验。检出限为 0.5 μg，最低检出浓度为 $1×10^{-5}$ mol·L^{-1}（10 ppm）。

8）Al^{3+} 的鉴定

在乙酸及乙酸盐的弱酸性溶液（pH=4～5）中，Al^{3+} 与铝试剂（金黄色素三羧酸铵）生成红色螯合物，加氨水使溶液呈弱碱性并加热，可促进鲜红色絮状沉淀的生成。

Pb^{2+}、Hg^{2+}、Cu^{2+}、Bi^{3+}、Cr^{3+}、Ca^{2+} 等与试剂生成深浅不同的红色沉淀，Fe^{3+} 与试剂生成深紫色螯合物。它们存在时，试液应以 Na_2CO_3-Na_2O_2 处理，上述离子中只有 Cr^{3+} 以 CrO_4^{2-} 的形式与 AlO_2^- 一起留在溶液中，但不干扰 Al^{3+} 的鉴定，其余则沉淀为氢氧化物或碳酸盐。值得注意的是，Na_2O_2 的加入量要适当（pH=12），加得不足时，Al^{3+} 不能完全转化为 AlO_2^-；加得太多，又容易造成 $Cu(OH)_2$ 和 $Fe(OH)_3$ 的少量溶解。

第Ⅲ组阳离子的分析步骤列于图 16.9。

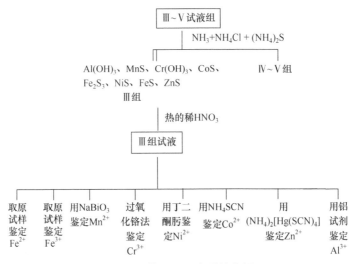

图 16.9　第Ⅲ组阳离子的分析

"‖"表示沉淀或残渣，"|"表示溶液

16.2.5　第Ⅳ组阳离子

本组包括 Ba^{2+}、Sr^{2+}、Ca^{2+} 三种离子，它们由于形成碳酸盐沉淀而与第Ⅴ组离子分离。

1. 本组离子的沉淀

在分出第Ⅲ组沉淀并经酸化、加热除 H_2S 处理后的试液中，加氨水至呈微碱性，再加入 $(NH_4)_2CO_3$ 将本组离子沉淀。此时应注意以下几点。

1）铵盐浓度要适当

$(NH_4)_2CO_3$ 在溶液中有下列水解反应：

$$NH_4^+ + CO_3^{2-} + H_2O \rightleftharpoons NH_3·H_2O + HCO_3^-$$

当有适量 NH_4Cl 存在时，反应向右进行，CO_3^{2-} 浓度随之降低，因此有可能使 $c(Mg^{2+}) \cdot c(CO_3^{2-}) < K_{sp}^{\ominus}(2.4 \times 10^{-6})$，从而使 Mg^{2+} 不沉淀，这样 Mg^{2+} 就属于第 V 组。但是溶液中铵盐不能过多，否则 CO_3^{2-} 浓度太低，会影响本组离子的沉淀。

2) 溶液适当加热

$(NH_4)_2CO_3$ 试剂中含有相当量的 NH_2COONH_4（氨基甲酸铵），加热到 $60\,℃$，可使氨基甲酸铵变成碳酸铵：

$$NH_2COONH_4 + H_2O \Longrightarrow (NH_4)_2CO_3$$

将溶液加热，还可破坏过饱和现象，促使本组沉淀的生成，并得到较大的晶形沉淀。但溶液的温度不可过高，否则碳酸铵会分解：

$$(NH_4)_2CO_3 \Longrightarrow 2NH_3\uparrow + CO_2\uparrow + H_2O$$

所以本组的沉淀条件是：在适量 NH_4Cl 存在下的氨性溶液中加入碳酸铵，然后在 $60\,℃$ 加热几分钟。

2. 本组离子的分析

用 HAc 处理所得碳酸盐沉淀，将本组离子转入溶液进行测定。

1) Ba^{2+} 的鉴定

(1) K_2CrO_4 试法：取已除去 NH_4^+ 的酸性溶液一滴，置于黑色点滴板上，加 1 滴 NaAc 以降低溶液的酸性（生成 HAc-NaAc 缓冲溶液 $pH = 4 \sim 5$），然后加 K_2CrO_4 一滴，Ba^{2+} 存在时生成黄色 $BaCrO_4$ 沉淀。反应如下：

$$Ba^{2+} + CrO_4^{2-} \Longrightarrow BaCrO_4\downarrow (黄色)$$

反应的检出限为 $3.5\ \mu g$，最低检出浓度为 $7 \times 10^{-5}\ mol \cdot L^{-1}$（70 ppm）。

(2) 玫瑰红酸钠试法：Ba^{2+} 与玫瑰红酸钠在中性溶液中生成红棕色沉淀，此沉淀不溶于稀 HCl 溶液，但经稀 HCl 溶液处理后，沉淀的颗粒变得更细小，颜色更鲜红。这一反应宜在滤纸上进行。

Sr^{2+} 与玫瑰红酸钠也能生成红棕色沉淀，但加入稀盐酸后沉淀溶解。Ca^{2+} 与玫瑰红酸钠无反应：

反应的检出限为 $0.25\ \mu g$，最低检出浓度为 $5 \times 10^{-6}\ mol \cdot L^{-1}$（5 ppm）。

2) Ca^{2+} 的鉴定

(1) CaC_2O_4 试法：向试液加入 $(NH_4)_2C_2O_4$，$pH > 4$，Ca^{2+} 存在时生成白色 CaC_2O_4 沉淀。以浓 HCl 润湿 CaC_2O_4 沉淀，作焰色反应，显砖红色。

当 Ba^{2+} 存在时，可向溶液中加入饱和 $(NH_4)_2SO_4$ 数滴，使其生成沉淀，而 $CaSO_4$ 生成配合物 $(NH_4)_2Ca(SO_4)_2$。分出沉淀后，吸取离心液，再加 $(NH_4)_2C_2O_4$ 进行鉴定。反应的检出限为 $1\ \mu g$，最低检出浓度为 $2 \times 10^{-5}\ mol \cdot L^{-1}$（20 ppm）。

(2) 乙二醛双缩(2-羟基苯胺)(GBHA)试法：在碱性溶液中，Ca^{2+} 与 GBHA 生成红色螯合物沉淀。此沉淀不被碳酸钠分解，易溶于 $CHCl_3$。

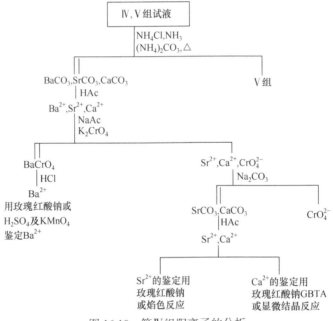

Ba^{2+}、Sr^{2+} 在相同条件下与试剂反应，产生橙色和红色沉淀。但加入 Na_2CO_3 后，Ba^{2+}、Sr^{2+} 形成碳酸盐沉淀，它们的螯合物颜色变浅，而钙螯合物的颜色基本不变。

Cu^{2+}、Cd^{2+}、Co^{2+}、Ni^{2+}、Mn^{2+}、UO_2^{2+} 等也与试剂生成有色螯合物，故有干扰。但当用 $CHCl_3$ 萃取时，只有 Cd^{2+} 的产物和 Ca^{2+} 的产物一起被萃取。Cd^{2+} 的产物在 $CHCl_3$ 中显蓝色，不干扰 Ca^{2+} 的红色产物。反应的检出限为 0.05 μg，最低检出浓度为 1×10^{-6} mol · L^{-1}（1 ppm）。

3）Sr^{2+} 的鉴定

玫瑰红酸钠试法：玫瑰红酸钠与 Sr^{2+} 在中性溶液中生成红棕色沉淀，此沉淀可溶于稀盐酸。当 Ba^{2+} 存在时，可按下法鉴定 Sr^{2+}：反应在纸上进行，在纸的中央用 K_2CrO_4 溶液作底层，然后在中心滴加试液，Ba^{2+} 在纸的中央生成 $BaCrO_4$ 沉淀，Sr^{2+} 扩散到纸的外缘，由此鉴定 Sr^{2+}。反应的检出限为 0.45 μg，最低检出浓度为 1×10^{-5} mol · L^{-1}（10 ppm）；在钡存在下，反应的检出限为 3.9 μg，最低检出浓度为 7.8×10^{-5} mol · L^{-1}（78 ppm）。

焰色反应：锶盐的焰色反应呈很深的猩红色。

第Ⅳ组阳离子的分析步骤列于图 16.10。

图 16.10 第Ⅳ组阳离子的分析
"‖" 表示沉淀或残渣，"|" 表示溶液

16.2.6 第Ⅴ组阳离子（可溶组）

本组包括 K^+、Na^+、NH_4^+、Mg^{2+} 等，它们形成的盐大多数易溶于水。在水溶液中，这些离子都无颜色。本组离子不被 HCl、H_2S、$(NH_4)_2S$ 和 $(NH_4)_2CO_3$ 等组试剂所沉淀，也没有一种试剂能同时沉淀本组四种离子，故本组没有组试剂。下面介绍本组离子的鉴定。

1. Mg^{2+}的鉴定

对硝基苯偶氮间苯二酚(简称镁试剂 I)的结构式为

$$HO-\bigcirc-N\!\!=\!\!N-\bigcirc-NO_2$$
$$\overset{|}{OH}$$

镁试剂 I 在酸性溶液中为黄色，在碱性溶液中呈红色或紫色。Mg^{2+}与镁试剂 I 在碱性溶液中生成蓝色螯合物沉淀，沉淀组成尚不清楚。

反应必须在碱性溶液中进行。如溶液中 NH_4^+ 浓度过大，由于它降低了溶液中的 OH^-浓度，妨碍 Mg^{2+}的检出，故在鉴定之前需要加碱煮沸溶液，以除去大量铵盐。如溶液中只有少量铵盐，对 Mg^{2+}的鉴定无影响。

Ag^+、Hg_2^{2+}、Hg^{2+}、Cu^{2+}、Co^{2+}、Ni^{2+}、Mn^{2+}、Cr^{3+}、Fe^{3+}及大量 Ca^{2+}干扰反应，应预先分离。

反应的检出限为 0.5 μg，最低检出浓度为 1×10^{-5} mol·L^{-1}(10 ppm)。

2. Na^+的鉴定

(1)与乙酸铀酰锌反应：乙酸铀酰锌与 Na^+在乙酸缓冲溶液中生成淡黄色结晶状乙酸铀酰锌钠沉淀：

$$Na^+ + Zn^{2+} + 3UO_2^{2+} + 9Ac^- + 9H_2O = NaAc\cdot Zn(Ac)_2\cdot 3UO_2(Ac)_2\cdot 9H_2O\downarrow$$

强酸和强碱均能使乙酸铀酰锌分解。反应时需加入大量过量乙酸铀酰锌，并加入乙醇，以降低反应产物的溶解度。反应时，以玻璃棒摩擦管壁，可破坏过饱和现象，促进沉淀的生成。

Ag^+、Hg_2^{2+} 和 Sb^{2+}与试剂有类似反应，因此干扰 Na^+的检出。K^+、NH_4^+、Ca^{2+}、Ba^{2+}、Mg^{2+}、Al^{3+}、Fe^{3+}、Zn^{2+}、Pb^{2+}、Co^{2+}、Ni^{2+}、Cu^{2+}、Hg^{2+}等离子在溶液中的浓度不大于 Na^+浓度的 20 倍时，不干扰 Na^+的检出。

PO_4^{3-} 和 AsO_4^{3-} 能使试剂分解，应预先除去。

反应的检出限为 12.5 μg，最低检出浓度为 2.5×10^{-4} mol·L^{-1}(250 ppm)。

(2) $UO_2(Ac)_2$ 显微结晶反应：在弱酸性介质中，Na^+可与 $UO_2(Ac)_2$ 生成 $NaAc\cdot UO_2(Ac)_2$ 淡黄色的正四面体或八面体结晶，见图 16.11。反应的检出限为 0.8 μg，最低检出浓度为 1.6×10^{-5} mol·L^{-1}(16 ppm)。

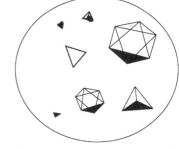

图 16.11　$NaAc\cdot UO_2(Ac)_2$结晶

3. K^+的鉴定

(1)亚硝酸钴钠试法：$Na_3[Co(NO_2)_6]$与 K^+作用，生成黄色结晶形沉淀：

$$2K^+ + Na^+ + [Co(NO_2)_6]^{3-} = K_2Na[Co(NO_2)_6]\downarrow$$

反应在中性或弱酸性溶液中进行，因为碱和酸均能分解试剂中的$[Co(NO_2)_6]^{3-}$。

$$[Co(NO_2)_6]^{3-} + 3OH^- = Co(OH)_3\downarrow + 6NO_2^-(碱性溶液)$$

$$2[Co(NO_2)_6]^{3-} + 10H^+ = 2Co^{2+} + 7NO_2\uparrow + 5NO\uparrow + 5H_2O(酸性溶液)$$

NH_4^+ 也能与试剂生成橙色 $(NH_4)_2Na[Co(NO_2)_6]$ 沉淀，但在沸水浴中加热 $1\sim2$ min，$(NH_4)_2Na[Co(NO_2)_6]$ 沉淀完全分解，而 $K_2Na[Co(NO_2)_6]$ 沉淀无变化。这样就可以在 NH_4^+ 浓度大于 K^+ 浓度 100 倍时鉴定 K^+，避免了过去采用灼烧法除去 NH_4^+ 时冗长而烦琐的步骤。

反应的检出限为 4 μg，最低检出浓度为 8×10^{-5} mol·L^{-1}（80 ppm）。

(2)四苯硼酸钠试法：四苯硼酸钠与 K^+ 反应生成白色沉淀：

$$K^+ + [B(C_6H_5)_4]^- \longrightarrow K[B(C_6H_5)_4]\downarrow$$

反应可在碱性、中性或稀酸溶液中进行。

NH_4^+ 与试剂有类似反应，故在鉴定 K^+ 前加 NaOH 使溶液呈强碱性，然后加甲醛加热将 NH_4^+ 转变成 $(CH_2)_6N_4$，以消除其干扰。Ag^+、Hg^{2+} 的影响可加 KCN 消除。当溶液的 pH≈5 并有 EDTA 存在时，其他阳离子不干扰。

反应的检出限为 1 μg，最低检出浓度为 2×10^{-6} mol·L^{-1}（2 ppm）。

4. NH_4^+ 的鉴定

(1)气室试法：NH_4^+ 与强碱一起加热时放出气体 NH_3，加热可促进其挥发。NH_3 遇潮湿的 pH 试纸显碱色，pH 在 10 以上。通常认为这是 NH_4^+ 的专属反应。

反应的检出限为 0.5 μg，最低检出浓度为 1×10^{-6} mol·L^{-1}（1 ppm）。

(2)奈斯勒试剂试法：$K_2[HgI_4]$ 的 NaOH 溶液称为奈斯勒试剂，它与 NH_4^+ 反应生成红棕色沉淀。反应可能如下：

$$NH_4^+ + 2[HgI_4]^{2-} + 2OH^- \longrightarrow \left[\begin{array}{c} I-Hg \\ \diagdown \\ \diagup \\ I-Hg \end{array}\!\!NH_2\right]I\downarrow(红棕色) + 5I^- + 2H_2O$$

NH_4^+ 在浓度低时，没有沉淀产生，但溶液呈黄色或棕色。

Fe^{3+}、Co^{2+}、Ni^{2+}、Ag^+、Cr^{3+} 等离子存在时生成有色氢氧化物沉淀，影响 NH_4^+ 的检出，因此必须预先将其除去。

大量 S^{2-} 的存在使 $[HgI_4]^{2-}$ 配合物分解，析出 HgS 沉淀。大量 I^- 的存在使反应向左进行，沉淀溶解。反应的检出限为 0.05 μg，最低检出浓度为 1×10^{-6} mol·L^{-1}（1 ppm）。

16.3　阴离子分析

阴离子的总数很多，本书只涉及下列常见的 13 种阴离子：SO_4^{2-}、SO_3^{2-}、$S_2O_3^{2-}$、SiO_3^{2-}、CO_3^{2-}、PO_4^{3-}、Cl^-、Br^-、I^-、S^{2-}、NO_3^-、NO_2^-、Ac^-。

16.3.1　阴离子的分析特性

阴离子在分析上的性质同阳离子相比有许多不同的特点，因而阴离子的分析方法也与阳离子的分析方法不同。阴离子的分析特性主要表现在以下几方面。

1. 与酸的反应

许多阴离子与酸作用，有的生成挥发性的气体，有的生成沉淀。例如，

$$CO_3^{2-} + 2H^+ = CO_2\uparrow + H_2O$$

$$SiO_3^{2-} + 2H^+ = H_2SiO_3\downarrow$$

这一性质一方面给它们的鉴定带来很多方便，另一方面也使我们必须注意到，阴离子的分析试液在酸性条件下不稳定，一般应保存在碱性溶液中。

2. 氧化还原性

有些阴离子之间彼此可能发生氧化还原反应，多的一方可以消去少的一方。可以通过试验其氧化性、还原性推测其是否存在：不能共存的离子中有一方已经被鉴定出来，另一方就没有必要再去鉴定了，简化分析步骤。酸性溶液中不能共存的阴离子示于表 16.4。

表 16.4　酸性溶液中不能共存的阴离子

氧化性阴离子	还原性阴离子
NO_3^-	S^{2-}、SO_3^{2-}
NO_2^-	S^{2-}、I^-
SO_3^{2-}	S^{2-}

3. 形成配合物的性质

有些阴离子如 PO_4^{3-}、$S_2O_3^{2-}$、$C_2O_4^{2-}$、CN^-、F^-、Cl^-、Br^-、I^-、NO_2^- 等能作为配体同阳离子形成配合物。酒石酸盐和硼酸盐则能与阳离子生成内络盐。阴离子的这一性质可用于掩蔽阳离子，但也给阳离子的分析带来干扰。例如，在磷酸盐存在时，阳离子的系统分析方案必须做相应的改变。反过来也一样，易于与阴离子生成配合物的阳离子，也会使相应阴离子的鉴定受到干扰。因此，在制备阴离子分析试液时，要事先把碱金属以外的阳离子全部除去。

阴离子的上述特点使我们在考虑它的分析方法时需注意以下两个问题：①阴离子在分析过程中容易起变化，不利于进行步骤繁多的系统分析。阴离子一直没有理想的组试剂，组与组的分离不像阳离子那样清楚。所以，至今在阴离子分析中使用系统分析方法的固然有，但是较少。②阴离子共存的机会较少，而且可以利用的特效反应较多，这就使阴离子很适合于进行分别分析。

16.3.2　阴离子的分别鉴定

1. 阴离子的初步试验

为了缩小鉴定的范围，在鉴定前要做一些初步试验，借以了解哪些阴离子可能存在，哪些不可能存在。这类试验中的某项如果得出否定结果，往往可以排除一批阴离子存在的可能性，所以这类初步试验通常也称为消去试验。阴离子的初步试验一般包括分组试验、挥发性试验、氧化性和还原性试验等项目。

1)分组试验

把阴离子按其与某些试剂的反应分为三组，如表 16.5 所示。第 I 组，主要为 2 价以上的含氧酸根离子；第 II 组，主要为简单阴离子；第 III 组，主要为一价含氧酸根离子。组试剂只起查明该组是否存在的作用。分析未知物时，创造出加入组试剂所需要的条件后，再加入组试剂。如有沉淀，则该组离子有存在的可能；如无沉淀，则该组离子整组都被排除。

表 16.5　阴离子的分组

组别	组试剂	组中阴离子
I	$BaCl_2$ 中性或弱碱性	SO_4^{2-}、SO_3^{2-}、$S_2O_3^{2-}$（浓度大）、SiO_3^{2-}、CO_3^{2-}、PO_4^{3-}
II	$AgNO_3$ （HNO_3 存在）	$S_2O_3^{2-}$（浓度小）、S^{2-}、Cl^-、Br^-、I^-
III	—	NO_3^-、NO_2^-、Ac^-

注意：

(1)第 I 组的 $S_2O_3^{2-}$，只有当 $S_2O_3^{2-}$ 浓度大于 4.5 $mol \cdot L^{-1}$ 时，才能沉出 BaS_2O_3。BaS_2O_3 还容易形成过饱和溶液。所以，当加入 $BaCl_2$ 后未产生沉淀，应以玻璃棒摩擦离心管壁，如此时沉淀仍不产生，可得出 $S_2O_3^{2-}$ 含量不大或不存在的初步结论，然后再以分别鉴定证实。

(2)当 $S_2O_3^{2-}$ 的浓度较小时，虽然可能不在第 I 组沉出，却可能出现在第 II 组。沉淀刚生成时是白色的 $Ag_2S_2O_3$，随后经过一系列中间产物迅速变黄、变棕，最后变为黑色 Ag_2S 沉淀：

$$Ag_2S_2O_3 + H_2O \rightleftharpoons Ag_2S + H_2SO_4$$

因此，当在第 II 组发现黑色沉淀时，除有 S^{2-} 存在的可能外，也表示 $S_2O_3^{2-}$ 有存在的可能。值得注意的是，当 $S_2O_3^{2-}$ 浓度较大时，它可能只出现在第 I 组，而不出现在第 II 组，因为此时它与 $AgNO_3$ 生成 $[Ag(S_2O_3)_2]^{3-}$ 配离子而不生成沉淀。

(3)第 III 组没有组试剂，相当于阳离子的可溶组，不能通过分组试验得出结论。

2)挥发性试验

在试样上加稀 H_2SO_4 或稀 HCl，必要时加热，则在酸性溶液中具有挥发性的阴离子可与酸作用，生成具有不同特征的气体，视不同情况，溶液中有或多或少的气泡产生。在酸性溶液中具有挥发性的阴离子有 SO_3^{2-}、$S_2O_3^{2-}$、S^{2-}、CO_3^{2-}、NO_2^- 等。由它们生成的气体各自具有如下的特征：

CO_2——由 CO_3^{2-} 生成，无色无臭，使 $Ba(OH)_2$ 或 $Ca(OH)_2$ 溶液变浑浊。

SO_2——由 SO_3^{2-} 或 $S_2O_3^{2-}$ 生成，无色，有燃烧硫黄的刺激臭味，具有还原性，可使 $K_2Cr_2O_7$ 溶液变绿（$Cr_2O_7^{2-}$ 还原为 Cr^{3+}）。

NO_2——由 NO_2^- 生成，红棕色气体，有氧化性，能将 I^- 氧化为 I_2。

H_2S——由 S^{2-} 生成，无色、有腐卵臭，可使乙酸铅试纸变黑。

3)氧化性和还原性试验

(1)$KMnO_4$（酸性）试法：试液以 H_2SO_4 酸化后，加入 0.01 $mol \cdot L^{-1}$ $KMnO_4$ 溶液，如果溶液的紫红色褪去，则表示 SO_3^{2-}、$S_2O_3^{2-}$、S^{2-}、Br^-、I^-、NO_2^-，以及较浓的 Cl^- 等可能存在。

(2)I_2-淀粉（酸性）试法：I_2 溶液的氧化能力远较酸性 $KMnO_4$ 溶液的氧化能力弱，因此它所能氧化的只是强还原性阴离子如 SO_3^{2-}、$S_2O_3^{2-}$、S^{2-} 等。试验时在 I_2 溶液中加入淀粉溶液，使试剂显蓝色，当 I_2 被还原为 I^- 时，蓝色消失，表示上述三种离子至少有一种可能存在。

显然，在前项 $KMnO_4$ 试验得出否定结果后，此项试验已无必要。

2. 阴离子的分别鉴定

用分别分析方法鉴定阴离子时，本来可以按任意顺序进行。但毕竟阴离子之间也有干扰，因此先鉴定干扰离子是有利的，当已知其不存在时，被干扰离子的鉴定就大为省事。

1）SO_4^{2-} 的鉴定

SO_4^{2-} 与 $BaCl_2$ 生成不溶于酸的白色 $BaSO_4$ 沉淀，这是鉴定 SO_4^{2-} 很好的反应。但应注意，$S_2O_3^{2-}$ 在酸性溶液中有白色乳浊状的硫缓慢析出，大量 SiO_3^{2-} 存在时与酸生成 H_2SiO_3 的白色冻状胶体。但这两种产物与 $BaSO_4$ 的结晶形沉淀易于区别。

2）SiO_3^{2-} 的鉴定

（1）NH_4Cl 试法：在含有 SiO_3^{2-} 的试液中加 HNO_3 至呈微酸性，加热除去溶液中的 CO_2，然后冷却，加稀氨水至碱性，再加饱和 NH_4Cl 并加热。NH_4^+ 与 SiO_3^{2-} 作用生成白色胶状硅酸沉淀：

$$SiO_3^{2-} + 2NH_4^+ \xlongequal{\hspace{1cm}} H_2SiO_3 \downarrow + 2NH_3$$

阴离子对此反应无干扰。阳离子中两性元素离子此时可生成氢氧化物沉淀，但它们在以 Na_2CO_3 处理试样后即被除去。

（2）钼蓝试法：SiO_3^{2-} 与 $(NH_4)_2MoO_4$ 在微酸性溶液中生成可溶性的硅钼酸铵，使溶液呈黄色：

$$SiO_3^{2-} + 12MoO_4^{2-} + 4NH_4^+ + 22H^+ \xlongequal{\hspace{1cm}} (NH_4)_4[Si(Mo_3O_{10})_4] + 11H_2O$$

在常温下反应进行很慢，加热可促进硅钼酸铵的生成。

硅钼酸根具有很高的氧化活性，能将一些不很强的还原剂如联苯胺等氧化，本身还原为钼蓝。钼蓝是钼的蓝色氧化物，钼的平均价数在 $5\sim6$，其组成随反应条件而变。下面是一种可能的反应式：

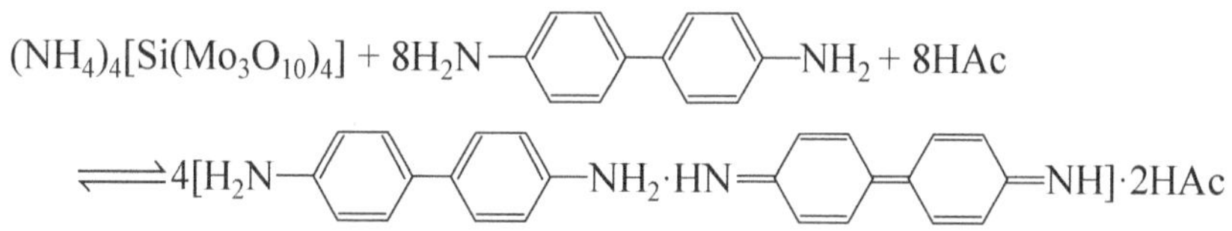

联苯胺的氧化产物也是蓝色的，称为联苯胺蓝。由于反应中得到两种蓝色产物，所以反应很灵敏。

PO_4^{3-} 和 AsO_4^{3-} 也能与 $(NH_4)_2MoO_4$ 生成组成类似的磷钼酸铵和砷钼酸铵沉淀，但它们不溶于 HNO_3 中，借此可以同硅钼酸铵分离。少量混到 HNO_3 溶液中的部分可以加 $H_2C_2O_4$ 掩蔽。掩蔽的机理是 $H_2C_2O_4$ 和 $(NH_4)_2MoO_4$ 能生成配合物 $H_2[MoO_3 \cdot C_2O_4]$，使磷钼酸铵受到破坏，而硅钼酸铵因比较稳定，所受影响很小。

3）PO_4^{3-} 的鉴定

PO_4^{3-} 与 $(NH_4)_2MoO_4$ 生成黄色磷钼酸铵沉淀 $(NH_4)_3[P(Mo_3O_{10})_4]$。此沉淀溶于氨或碱中，但不溶于酸。在微酸性溶液中，即使处于沉淀状态，也有很高的氧化活性，可将联苯胺氧化为联苯胺蓝,本身还原为钼蓝。

AsO_4^{3-}、SiO_3^{2-} 的干扰可以加酒石酸消除。酒石酸能与 As、Si 等生成更稳定的配合物,而磷钼酸铵因较难溶,所受影响很小。

使用玻璃器皿时,溶液中经常含有微量 SiO_3^{2-},故在鉴定 PO_4^{3-} 时,无论是否已鉴定出 SiO_3^{2-},都要采取消除 SiO_3^{2-} 干扰的措施。

4)S^{2-}、$S_2O_3^{2-}$、SO_3^{2-} 的鉴定

由于 S^{2-} 对 $S_2O_3^{2-}$、SO_3^{2-} 的鉴定都有干扰,这 3 种离子在一起研究比较方便。

(1)S^{2-} 的鉴定:在碱性溶液中,S^{2-} 与亚硝酰铁氰化钠 $Na_2[Fe(CN)_5NO]$ 溶液生成紫色配合物:

$$S^{2-} + 4Na^+ + [Fe(CN)_5NO]^{2-} = Na_4[Fe(CN)_5NOS]$$

当有 SO_3^{2-} 存在时,能与试剂生成淡红色配合物,但不致掩盖由 S^{2-} 所生成的紫色,故无干扰。

(2)S^{2-} 的除去:取一部分试液,加入固体 $CdCO_3$,由于 CdS 的溶解度比 $CdCO_3$ 小,$CdCO_3$ 发生转化,S^{2-} 即被除去。

$$S^{2-} + CdCO_3 = CdS\downarrow + CO_3^{2-}$$

(3)$S_2O_3^{2-}$ 的鉴定:取除去 S^{2-} 的试液一部分加入稀 HCl,$S_2O_3^{2-}$ 存在时生成不稳定的 $H_2S_2O_3$,然后逐渐分解,析出 SO_2 和 S,溶液呈现白色浑浊:

$$S_2O_3^{2-} + 2H^+ = H_2S_2O_3$$
$$H_2S_2O_3 = H_2O + SO_2 + S\downarrow$$

当 $S_2O_3^{2-}$ 较稀时,反应较慢,可加热促其分解。

S^{2-} 本来对此反应无干扰,但实际上硫化物溶液中经常含有多硫离子 S_x^{2-},当酸化溶液时,也析出硫:

$$S_x^{2-} + 2H^+ = H_2S\uparrow + (x-1)S\downarrow$$

因此,鉴定 $S_2O_3^{2-}$ 前将 S^{2-} 除去是必要的。

(4)SO_3^{2-} 的鉴定:取除去 S^{2-} 的试液的另一部分(此溶液为中性),加品红 1 滴,若红色褪去,表示有 SO_3^{2-}。SO_3^{2-} 在中性溶液中可使品红(Ⅰ)转变为无色化合物(Ⅱ):

（Ⅰ）　　　　　　　　　　（Ⅱ）

S^{2-} 有同样反应,故 S^{2-} 存在时必先除去。另外,此反应必须在中性溶液中进行,若为酸性可加 $CdCO_3$ 中和,若为碱性,可加 1 滴酚酞,然后通入 CO_2 至酚酞的红色褪去。

5)CO_3^{2-} 的鉴定

在制备阴离子分析试液时加入了大量 Na_2CO_3,故欲鉴定 CO_3^{2-} 须取原试样进行。CO_3^{2-} 与酸作用生成 CO_2,它使 $Ba(OH)_2$ 溶液变得浑浊:

$$CO_3^{2-} + 2H^+ =\!\!=\!\!= H_2O + CO_2\uparrow$$

$$CO_2 + Ba(OH)_2 =\!\!=\!\!= BaCO_3\downarrow + H_2O$$

SO_3^{2-}、$S_2O_3^{2-}$ 与酸作用生成 SO_2，也能使 $Ba(OH)_2$ 变浑浊，故它们存在时应加 3% H_2O_2 将其氧化。

6）Cl^-、Br^-、I^- 的鉴定

由于强还原性阴离子 S^{2-}、SO_3^{2-}、$S_2O_3^{2-}$ 等干扰 Br^- 和 I^- 的鉴定，所以首先要向试液中加入稀 HNO_3 和 $AgNO_3$，使 Cl^-、Br^-、I^- 等沉淀为银盐，以便同强还原性离子分开。

(1) Cl^- 的鉴定：以 12% $(NH_4)_2CO_3$ 处理银盐沉淀，只有 $AgCl$ 能溶解，生成 $[Ag(NH_3)_2]^+$。将此溶液酸化，$AgCl$ 白色沉淀又重新析出。

(2) $AgBr$、AgI 的处理：为了使 Br^- 和 I^- 重新进入溶液，在 $AgBr$ 与 AgI 的沉淀上加锌粉和水，并加热处理，反应按下式进行：

$$2AgBr + Zn =\!\!=\!\!= 2Ag\downarrow + Zn^{2+} + 2Br^-$$

$$2AgI + Zn =\!\!=\!\!= 2Ag\downarrow + Zn^{2+} + 2I^-$$

(3) I^- 和 Br^- 的鉴定：取处理好的溶液加稀 H_2SO_4 酸化，同时加入几滴 CCl_4，滴加氯水，振荡。CCl_4 层显紫色，示有 I^-；继续加入氯水，I^- 被氧化为 IO_3^-，紫色消失，CCl_4 层出现 Br_2 的红棕色或 $BrCl$ 的黄色，示有 Br^-。

7）NO_2^- 的鉴定

NO_2^- 在 HAc 酸性溶液中能使对氨基苯磺酸重氮化，然后与 α-萘胺生成红色偶氮染料：

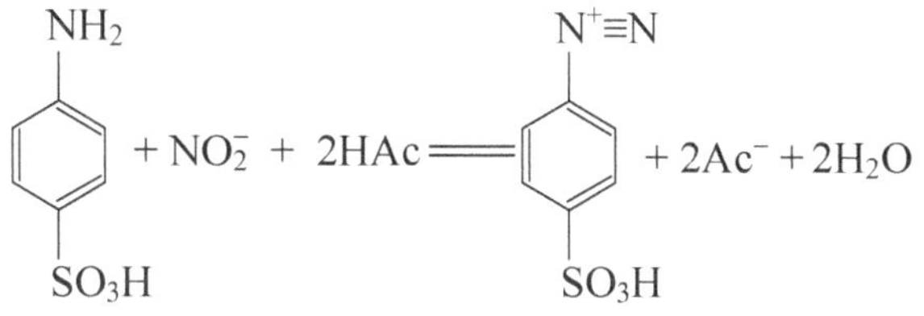

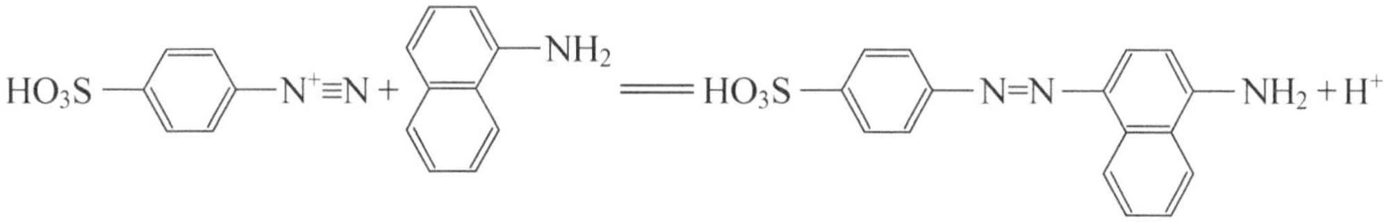

这是鉴定 NO_2^- 的特效反应，反应的检出限为 0.01 μg，最低检出浓度为 2×10^{-7} mol·L^{-1}(0.2 ppm)。

8）NO_3^- 的鉴定

(1) 二苯胺试剂法：将试液以 H_2SO_4 酸化，加二苯胺的浓 H_2SO_4 溶液，NO_3^- 存在时溶液变为深蓝色：

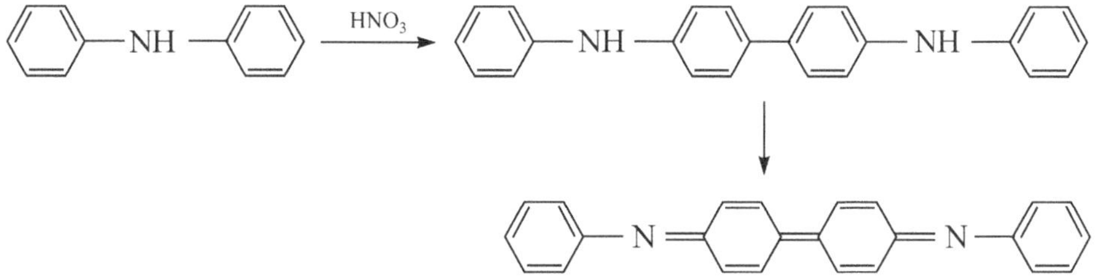

但此反应受到 NO_2^- 的干扰，所以必须事先加入尿素将 NO_2^- 破坏：

$$2NO_2^- + CO(NH_2)_2 + 2H^+ === CO_2\uparrow + 2N_2\uparrow + 3H_2O$$

(2)还原为 NO_2^- 试法：NO_3^- 在 HAc 酸性溶液中，可用金属 Zn 还原为 NO_2^-：

$$NO_3^- + Zn + 2HAc === NO_2^- + Zn^{2+} + 2Ac^- + H_2O$$

然后以鉴定 NO_2^- 的反应来鉴定。

9)Ac^- 的鉴定

(1)生成乙酸乙酯试法：在 CH_3COO^- 中加浓 H_2SO_4 和乙醇，使其在加热下反应，可生成乙酸乙酯 $CH_3COOC_2H_5$，出现特殊的水果香味：

$$2CH_3COONa + H_2SO_4 === Na_2SO_4 + 2CH_3COOH$$

$$CH_3COOH + C_2H_5OH === CH_3COOC_2H_5 + H_2O$$

(2)硝酸镧试法：在 Ac^- 或 HAc 存在时，$La(NO_3)_3$ 与 I_2 在氨性溶液中生成暗蓝色沉淀。此颜色可能是由于碱式乙酸镧吸附 I_2 所产生。

SO_4^{2-}、PO_4^{3-} 等与 La^{3+} 生成难溶盐的阴离子有干扰，它们存在时可事先在中性或微碱性试液中加入 $Ba(NO_3)_2$ 使其沉出；阳离子中与氨水生成沉淀的离子虽有干扰，但它们在制备阴离子试液时已被除去。

习　题

1. 第 I 组阳离子包括哪些离子？分析步骤如何？

2. 在以 HCl 沉淀第 I 组阳离子时发生了下述错误，会出现什么问题？

(1)以 H_2SO_4 代替 HCl。

(2)以 Na_2CO_3 代替 HCl。

3. 有一白色沉淀，已知为银组氯化物中的某一种。能否只用一种试剂就能判断该氯化物是什么？

4. 如果下面 I 组的反应都能完全进行，试判断 II 组反应中何者能进行，何者不能，何者不能判断。

I 组　$MCO_3 + 2OH^- === M(OH)_2 + CO_3^{2-}$　　$M(NH_3)_4^{2+} + 2OH^- === M(OH)_2 + 4NH_3$

　　　　$M(OH)_2 + S^{2-} === MS + 2OH^-$

II 组　$M(NH_3)_4^{2+} + S^{2-} === MS + 4NH_3$　　　　　$MS + CO_3^{2-} === MCO_3 + S^{2-}$

　　　　$MCO_3 + S^{2-} === MS + CO_3^{2-}$　　　　$M(NH_3)_4^{2+} + CO_3^{2-} === MCO_3 + 4NH_3$

5. 第 II 组包括哪些阳离子？铅离子已经出现在第 I 组，为什么又在第 II 组出现？第 II 组的组试剂是什么？组试剂的作用条件是什么？

6. 第 II 组根据什么事实又分为两个小组？每个小组的名称及所属离子各如何？

7. 为沉淀第 II 组阳离子，调节酸度时①以 HNO_3 代替 HCl，②以 H_2SO_4 代替 HCl，③以 HAc 代替 HCl，将发生什么问题？

8. 如何用一种试剂把下列每一组物质分开？

(1)As_2S_3，HgS　　　　　　(2)SnS，SnS_2　　　　　　　(3)CuS，HgS

(4)$PbSO_4$，$Bi(OH)_3$　　　(5)Sb_2S_3，As_2S_3　　　　　(6)$Cd(OH)_2$，$Bi(OH)_3$

(7)SnS_2，PbS　　　　　　　(8)$Pb(OH)_2$，$Cu(OH)_2$

9. 不引用其他数据，只根据分析方案中已知的事实回答以下问题：

(1)CdS 和 ZnS，哪个溶度积更小？

(2)CuS、SnS_2 和 As_2S_3，哪个酸性最强？

(3)$Sb^{3+} + 3e^- === Sb$ 和 $Sn^{2+} + 2e^- === Sn$，哪个具有更高的标准电极电势？

(4)Sn^{2+}、Hg_2^{2+} 和 Hg，哪个是更强的还原剂？

10. 铜锡组硫化物沉淀后,不溶于 Na_2S,全溶于 $3\ mol \cdot L^{-1}\ HNO_3$,并有硫析出,得无色溶液,以过量氨水处理时,无沉淀也无浑浊,试判断溶液中可能有什么离子。

11. 已知一溶液只含第 II 组阳离子,将此溶液分成 3 份,分别得到下述实验结果,试判断哪些离子可能存在。

(1)用水稀释,得到白色沉淀,加 HCl 则溶解。

(2)加入 $SnCl_2$,无沉淀生成。

(3)与组试剂作用生成黄色沉淀,此沉淀一部分溶于 Na_2S,另一部分不溶,仍为黄色。

12. 有一溶液 A,已知只含 I、II 组阳离子,以过量氨水处理,得白色沉淀 B 及无色溶液 C;向 C 加 HCl 至酸性,无沉淀生成,向 B 加 NaOH 过量,沉淀全溶,溶液无色;以稀 H_2SO_4 酸化,又得白色沉淀 D,离心沉降后,向离心液加$(NH_4)_2S$,得棕色沉淀 E;再离心沉降,向离心液加浓 HCl,得到挥发性气体及黄色沉淀 F;继续加浓 HCl,则黄色沉淀溶解,将此 HCl 溶液蒸干,加水,得白色沉淀 G。试指出什么离子可能存在,什么离子不可能存在,什么离子存在与否不能判断。

13. 一溶液含 Pb^{2+}、As^{III} 各 1.0 mg,计算:

(1)把它们沉淀为硫化物时需要多少 $H_2S(mol)$;

(2)在 25℃、1 atm 下需要多少 $H_2S(mL)$;

(3)需要多少 $H_2S(mg)$。

14. 为了防止 $1.0 \times 10^{-4}\ mol \cdot L^{-1}\ Pb^{2+}$ 在通 H_2S 时生成 PbS 沉淀,溶液的 H^+ 浓度应为多大?

15. 为了不使 $0.0010\ mol \cdot L^{-1}\ Zn^{2+}$ 在通 H_2S 时沉淀,溶液的 pH 应为多少?

16. 现有 6 种溶液,分别为:

(1) $0.1\ mol \cdot L^{-1}\ CdCl_2$

(2) $0.1\ mol \cdot L^{-1}\ SnCl_4$

(3) $0.1\ mol \cdot L^{-1}\ AgNO_3$

(4) $0.1\ mol \cdot L^{-1}\ FeCl_3 + 0.6\ mol \cdot L^{-1}\ HCl$

(5) $0.1\ mol \cdot L^{-1}\ NaCl + 0.1\ mol \cdot L^{-1}\ Na_2CrO_4$

(6) $0.1\ mol \cdot L^{-1}\ Cu(NH_3)_4^{2+} + 0.1\ mol \cdot L^{-1}\ SO_4^{2-}$ 及过量氨水

不慎弄乱后,分别贴以(A)、(B)、(C)、(D)、(E)、(F)标签,每种溶液有下列反应:

(A)加 $5\ mol \cdot L^{-1}$ 氨水,最初得到暗褐色沉淀;加过量氨水时,则沉淀溶解;加$(NH_4)_2S$ 得黑色沉淀。

(B)滴加 $5\ mol \cdot L^{-1}$ 氨水无反应,但加$(NH_4)_2S$ 得黑色沉淀。

(C)加少量$(NH_4)_2S$ 时得黄色沉淀,加入过量$(NH_4)_2S$ 时则沉淀溶解,得到无色溶液。

(D)加适量 $5\ mol \cdot L^{-1}$ 氨水时得白色沉淀,过量则溶解,溶液无色。

(E)初加$(NH_4)_2S$ 无黑色沉淀,加入氨水则产生黑色沉淀。

(F)加 $0.1\ mol \cdot L^{-1}\ AgNO_3$,最初得白色沉淀,继续加 $AgNO_3$,则沉淀转变为砖红色。

试将(A)~(F)分别标以原编号(1)~(6)。

17. 试用一种试剂鉴别下列各组物质。

A 溶液

Cr^{3+}-Al^{3+}	Fe^{3+}-Fe^{2+}	Cr^{3+}-Ni^{2+}
Mn^{2+}-Zn^{2+}	$Zn(NH_3)_4^{2+}$-Zn^{2+}	Al^{3+}-Zn^{2+}

B 固体

$Al(OH)_3$-$Mn(OH)_2$	$Zn(OH)_2$-$Al(OH)_3$	$Ni(OH)_2$-$Cr(OH)_3$	CuS-FeS

18. 一无色溶液只含有第 III 组阳离子,将它分为三份,得到以下实验结果:

(1)在 NH_4Cl 存在下加过量氨水,无沉淀。

(2)在 NH_4Cl、NH_3 存在下加$(NH_4)_2S$,得淡黄色沉淀。

(3)加 NaOH 搅拌得淡色沉淀,再加过量 NaOH,有一部分沉淀溶解,不溶部分在放置过程中颜色变暗。

试判断有什么离子存在,什么离子不存在,什么离子存在与否不能确定。

19. 如何区别下列各组固体物质?

(1) NH_4Cl,NaCl　　　　　　　　(2)$(NH_4)_2C_2O_4$,$(NH_4)_2SO_4$

(3)$BaCl_2$，$CaCl_2$　　　　　　　　　(4)$(NH_4)_2C_2O_4$，NH_4Cl

20. 将下列 6 种固体物质中的两种或更多种以等物质的量混合，然后做了以下 4 个实验，试根据实验结果判断何者不存在，何者存在，何者存在与否不能确定。

$Ba(NO_3)_2$，$CaCl_2$，Na_2CrO_4，$K_2C_2O_4$，NH_4Cl，$MgSO_4$

(1)加水，剩有白色残渣。

(2)分离后，残渣不溶于稀 HCl。

(3)离心液加氨水无沉淀。

(4)离心液有砖红色焰色反应。

21. 有下列 7 种物质，以其两种或更多种混合，然后做(1)～(4)项实验，试判断存在的、不存在的和存在与否不确定的物质都是什么。

$BaCl_2$，$Ca(NO_3)_2$，$MgCl_2$，K_2CrO_4，$NaCl$，$(NH_4)_2SO_4$，$(NH_4)_2C_2O_4$

(1)加水成 $0.1\ mol \cdot L^{-1}$ 溶液，有白色沉淀(A)和无色溶液(B)。

(2)(A)全溶于稀 HCl。

(3)(B)中加 $0.1\ mol \cdot L^{-1}\ Ba(NO_3)_2$，得到白色沉淀，不溶于稀 HCl。

(4)灼烧除去(B)中的铵盐，加 NH_3 无沉淀。

22. 试用一种主要试剂鉴别下列各组物质。

(1)Na_2CO_3，$Na_2S_2O_3$　　　　　　(2)Na_3PO_4，Na_2SO_4

(3)KNO_2，KNO_3　　　　　　　　　(4)Na_2SO_3，$Na_2S_2O_3$

(5)$NaCl$，$NaBr$　　　　　　　　　　(6)KI，KNO_3

23. 有一白色固体试样，已知为一单纯的盐类化合物，不溶于水，能溶于稀 HCl，溶解时无气泡产生。在阳离子分析中已经检出有 Ca^{2+}，问哪些阴离子可能存在？哪些阴离子不可能存在？

24. 试说明为什么 AgCl 溶于氨水，AgBr 部分溶于氨水，而 AgI 则几乎不溶？又为什么 AgCl 溶于 $(NH_4)_2CO_3$，而其他两者均不溶？

25. 下列沉淀的转化是否易于实现，如何实现？

(1)$BaSO_4 \rightarrow BaCO_3$　　　　　　(2)$AgCl \rightarrow AgI$

(3)$CdS \rightarrow CuS$　　　　　　　　　(4)$BaCrO_4 \rightarrow PbCrO_4$

26. 在含 Cl^- 和 I^- 的溶液中加入 $AgNO_3$ 溶液。如果这两种离子的浓度都是 $0.01\ mol \cdot L^{-1}$，那么 AgCl 和 AgI 哪一个先沉淀？在两者同时生成沉淀时，溶液中 Cl^- 与 I^- 的浓度比应为多少？

27. 在 1 mL 含 $S^{2-}\ 0.5\ mol \cdot L^{-1}$ 的溶液中加 0.5 mmol $CdCO_3$，问 $CdCO_3$ 能否转化为 CdS？反应达到平衡后，溶液中 S^{2-} 的浓度应为多少？

科学家小传——日拉尔

法国有机化学家日拉尔(Gerhardt) 1816 年 8 月 21 日生于斯特拉斯堡。曾在卡尔斯鲁厄高等技术学校、莱比锡大学和吉森大学与李比希(Liebig)和其他德国化学家学习。1838 年成为巴黎工科大学杜马(Dumas)教授的助手。1841 年获得蒙彼利埃大学博士学位，1844 年成为该校化学教授，但没有实验室。1848 年回到巴黎任教。1851 年参与创建了教学实验室。1855 年成为斯特拉斯堡大学教授，1856 年 8 月 19 日在斯特拉斯堡逝世。

1843 年，日拉尔建议改革相对原子质量系统，把相对分子质量定义为"物质在气态时占有和 2g 氢相同体积的蒸气的质量"，这样导出的化学式称为"二体积式"；1844 年，在对有机物进行分类的工作中，提出"同系列"的概念，确立了有机化学的同系列理论；1853 年，在研究取代反应的基础上提出了"类型论"，把当时已知的有机化合物分别纳入水、氯化氢、氨、氢四种基本类型；还发现多种酸酐、苯酚、喹啉、酰替苯胺类化合物乙酰酐和酰基氯等；提出有机化学的"渣余学说"。主要著作有《有机化学专著》《有机化学概论》《定性化学分析概论》《定量化学分析概论》等。

日拉尔提出的理论和所做的实验促进了有机化学的发展。但由于他在学术争论中的态度比较尖刻和其他种种原因，受到其他化学家和法国同事的排斥，以致得不到良好的工作条件。虽然身处逆境，但是他还是百折不挠地坚持科学研究。这种追求真理的勇气和对科学所作的贡献永远值得后人学习。

第17章 核 化 学

内容提要

(1)掌握原子核结合能相关的概念及计算。

(2)了解放射性衰变的类型及稳定的核的概念。

(3)掌握放射性衰变速度及相关计算、衰变方程式的书写。

(4)了解人工放射性与核反应,掌握核反应方程式的书写。

(5)了解核的裂变和聚变。

(6)了解放射性同位素及其应用。

化学反应所涉及的是化学键的断裂和生成。化学键是由于电子转移或电子共用所产生的,不涉及原子核。本章讨论与原子核有关的原子核性质和原子核反应,并称为核化学。

核化学主要研究原子核的组成、性质、变化及变化过程中的能量关系、核反应产物的鉴定和合成制备。

原子核变化与通常的化学反应不同,化学反应过程是分子间原子重新组合的过程。发生化学反应时,原子核外电子的运动状态发生改变,但原子核不发生变化。因此,物质的化学性质和物理性质与原子、离子和分子的电子构型及它们之间的结合状态有关。原子核变化是指由一种元素的原子核变为其他元素的原子核的过程。研究并且利用储藏在原子核内的某些能量是全世界科学家追求并正在达到的目标。在矿物燃料逐渐耗尽的今天,利用原子核能具有更重要的意义。原子核反应和化学反应一样,现正在全世界被用作热能的主要来源。除热能外,原子核反应也以射线的形式放出能量,发现这些射线的放射性同位素是今天科学家们最重要的工作之一。

17.1 原子核结合能

17.1.1 质量亏损与原子核结合能

原子核由质子和中子构成。当质子和中子紧挤在原子核中时,具有比单独存在时稍小的质量,这些亏损的质量转化为能量放出。反过来,原子核分裂成其组成的质子和中子时,就必须供给能量。单位质量的物质的原子核分裂为其组成的质子和中子时所需的能量称为核的结合能(binding energy)。

^{1}H 原子的质量为质子核质量和等电量的核外电子质量之和。对所有其他原子来说,原子质量低于质子、中子、电子质量之和。质子、中子、电子的性质列于表 17.1。这种质量亏损可用来测量原子核中质子和中子的结合能。爱因斯坦质能方程表示出了质量亏损和放出能量的关系式,为

$$\Delta E = \Delta m c^2$$

式中,ΔE 为释放的能量;Δm 为质量亏损;c 为真空中的光速,$2.998 \times 10^8 \, \text{m} \cdot \text{s}^{-1}$。

表 17.1　质子、中子、电子的性质

粒子	符号	m/amu	m/kg	电荷/C
质子	$_1^1p$	1.007277	1.67262×10^{-27}	$+1.602 \times 10^{-19}$
中子	$_0^1n$	1.008665	1.67492×10^{-27}	0
电子	e	0.000548	9.1094×10^{-31}	-1.602×10^{-19}

质量亏损也存在于一般的化学反应，但是由于在一般化学反应中质量亏损非常小，因此常常被忽略。

例如，^7Li 原子，同位素质量为 7.01601 amu，计算 ^7Li 原子核的结合能：

质量损耗为

$$[(3 \times 1.007277) + (4 \times 1.008665) + (3 \times 0.000548) - 7.01601] \text{ amu} = 0.04213 \text{ amu}$$

由于 1 amu $= 1.66057 \times 10^{-27}$ kg，$c = 2.998 \times 10^8$ m·s^{-1}，有

$$\Delta E = 0.04213 \times 1.66057 \times 10^{-27} \times (2.998 \times 10^8)^2 \text{ kg·m}^2 \cdot \text{s}^{-2}$$
$$= 6.29 \times 10^{-12} \text{ kg·m}^2 \cdot \text{s}^{-2} = 6.29 \times 10^{-12} \text{ J}$$

这个数值是一个 ^7Li 原子核的结合能。为了与一般化学反应中能量变化比较，必须乘以阿伏伽德罗常量。这样，^7Li 的摩尔原子核结合能等于 3.79×10^{12} J·mol^{-1}，相当于燃烧 1 mol C 生成 CO_2 所放出能量的 10^7 倍。

17.1.2　核子平均结合能

核子平均结合能(average binding energy)指核子结合为原子核时每个核子平均释放的能量，其值为结合能除以质量数。为比较不同核中的结合能，通常使用核子平均结合能。例如，^7Li 每个核子的平均结合能为

$$6.29 \times 10^{-12} \text{ J/7 核子} = 8.98 \times 10^{-13} \text{ J/核子}$$

在比较不同的核的结合能时，使用每个核子的平均结合能更为有效。

图 17.1 示出了每个核子的平均结合能与质量数的关系。

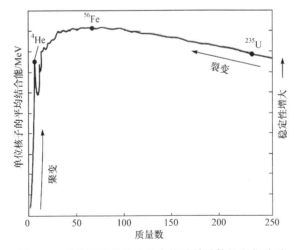

图 17.1　单位核子的平均结合能随质量数的变化关系

从图 17.1 中可以发现三个有趣的特征：①质量数约为 60 的核有最高的核子平均结合能，它们是组成地壳的主体元素（如 Fe、Ni）；②质量数为 4、12、16 的核具有较高的核子平均结合能，意味着 ^{4}He、^{12}C、^{16}O 特别稳定，这些核常用来合成重核；③质量数大于 100，核子平均结合能减小。核子平均结合能与质量数的关系表明，重核可能裂变成两个中等质量的核，最轻的核可能发生聚变生成较重的核。由于重核裂变为较轻核和轻核聚变为较重核的过程都是放能反应，这种趋势就奠定了核能利用的基础。这些过程（核的裂变和聚变）将在17.3 节中讨论。

17.2 放射性同位素与核反应

在自然界中有一些元素的原子核是不稳定的，能自发放射粒子或射线，同时释放出能量，最终衰变形成稳定的元素。这种从原子核自发地放射出射线的性质，称为放射性。具有放射性的同位素称为放射性同位素。例如，铀-238 自发地放射出α射线。α射线是氦 $^4_2$He 核（α 粒子）流，当铀-238 失去一个α 粒子后剩下的是原子序数为 234 的钍核，即 $^{234}_{90}$Th，可用以下方程式表示：

$$^{238}_{92}U \longrightarrow ^{234}_{90}Th + ^4_2He$$

原子核这种自发地发生核结构的改变称为核衰变或放射性衰变。在书写核反应式时，要注意两边的质量数和原子序数应该平衡。

下面简要介绍一些有关核衰变的知识。

17.2.1 放射线的发现

自 1896 年法国物理学家贝可勒尔（Becquerel）发现一种新的射线后（以后被称为放射线），人们就开始了对原子核的探索。1896 年 7 月，德国学者伦琴（Röntgen）发现了 X 射线（或称伦琴射线）。研究荧光的专家贝可勒尔注意到伦琴射线产生于阴极射线管发荧光的管壁部位，于是他设想荧光可能是产生伦琴射线的原因。为了证明这个想法，他做了如下实验：用两张厚黑纸将感光板包起来，外面放一层特殊的晶体（如重铀），整个装置置于阳光下，结果发现感光板曝光了。他又重做此实验，将整个装置放在抽屉中，发现感光板被同样程度地曝光了。他分析，感光可能是由于置于外面的一层晶体辐射所引起的，于是设计实验证实了此结论。后来，他发现一些晶体材料可连续产生辐射，特别是铀。于是放射线就这样被发现了。贝可勒尔的新发现震动了全世界，并引起许多科学家的关注。居里夫妇通过对新射线进行研究，发现钍元素也放射贝可勒尔射线。随后两年，他们又从沥青矿中提炼出两种新的放射贝可勒尔射线的元素——钋和镭，它们放射贝可勒尔射线的强度比铀要强数百万倍。此时，居里夫妇给所有放射贝可勒尔射线的物质取了总名称，称为放射性物质，并称放射贝可勒尔射线的现象为放射性现象。贝可勒尔射线则改名为放射线。但放射性的本质是什么呢？

20 世纪初，许多科学家使用当时实验室内一切可能的方法，如极高或极低温度、极强或极弱的磁场，以及极大的压力或剧烈的化学反应等研究放射性的本质，居里夫妇最先揭开谜底。他们发现如果把镭的放射线引入磁场，虽然放射线的强度不见变化，但却显示出复杂的结果。进入磁场前属同一类的一束射线，通过磁场后就分为两束：一束与未加磁场前一样地前进，另一束则显著地改变了方向。改变方向的这一束，经居里夫妇测定实际是一束电子。随后，卢瑟福(Rutherford)采用更强的磁场重做实验。发现居里夫妇认为不偏转的那一部分又分成了两束，一束仍不偏转，卢瑟福称之为γ射线，以后证明它是波长极短的电磁波(光)。因频率极高，这类光的粒子性非常显著，通常称它为γ光子。另一束则略微偏离原来的方向，但偏转方向与电子束的偏转方向相反，可见它是带正电又比电子重得多的粒子束，卢瑟福称它为α粒子束，而把电子束称为β粒子束。卢瑟福进一步测量了α粒子的荷质比，发现α粒子与氢离子的荷质比同数量级，而两者的电荷数不会有数量级的差别，所以两者的质量也是同数量级的。因为当时已经发现凡是含放射性物质的矿中都含有氦气，而不含放射性物质的矿则没有，所以卢瑟福认为氦气是矿内放射性物质放射出来的，他便假定α粒子是二价氦离子，这个假设正确与否要通过实验来鉴定。卢瑟福把少量氡气(它是放射α粒子的)放入一个管壁极薄的小玻璃管内，α粒子可以通过它；再将此薄壁玻璃管放在一个与分光管连接的大容器内，抽尽容器的空气，使得在分光管上即使加了高电压也看不到发光。过了两天，氡气已产生了足够的α粒子，此时给分光管的电极上加上电压，立即能看到氦气所特有的黄光。这个实验完全证实了卢瑟福关于α粒子是二价氦离子的假设，并且也证明了放射线是从原子内部放出来的。

17.2.2　放射线和衰变

1. 放射线及其特征

天然放射性元素中，一个放射核常放射出α粒子或β粒子，而γ射线往往是伴随α粒子或β粒子射出的。下面分别介绍这几种射线。

1) α射线

α射线是氦-4核(又称α粒子流)，用 ^4_2He 或 $^4_2\alpha$ 表示。α粒子是相对大而重的放射性粒

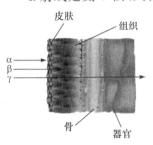

图 17.2　三种射线的穿透能力

子，其飞行速度约为光速的 1/10。一个运动着的大而重的α粒子容易从原子和分子中移去电子，因为它们碰撞其路径上的原子或分子，并从中击出电子，从而产生所谓的离子对。离子对由被移去的电子和移去电子后遗留下来的带电粒子所组成。电离过程削弱了α粒子的能量，因而使它的运动缓慢下来，最后捕获一对电子而变成一个电中性的氦原子。由于α粒子具有相对大的质量和相对小的速度，所以与其他放射线相比，α粒子的穿透能力比较弱，能被一张普通纸阻挡住，但具有高的电离

能。如图 17.2 所示，α粒子难以穿透人的皮肤，对人体伤害很小。

2) β射线

β射线是高速电子流，β粒子是电子，用 $^0_{-1}e$ 或 $^0_{-1}\beta$ 表示。具有低的电离能和较大的穿透能力。β粒子的质量小，运动速度大，其穿透能力比α粒子约大 100 倍，β射线能穿过金属薄片，因而它会造成严重的放射线外伤。

3) γ 射线

γ 射线是波长很短的电磁辐射(高能量的光子)。γ 射线可表示为 $_0^0\gamma$。γ 射线具有比可见光大得多的能量，它的穿透能力特别强，能穿过 $20\sim25$ cm 厚的铅，且不受电磁场的影响。

2. 放射衰变的类型

1) α 射线放射衰变

$$_{92}^{238}U \longrightarrow _{90}^{234}Th + _2^4He$$

铀 $_{92}^{238}U$ 由于失去 α 粒子而产生的衰变，称为 α 衰变。

2) β 射线放射衰变

$$_{90}^{234}Th \longrightarrow _{91}^{234}Pa + _{-1}^0e$$

由于放射出 β 射线而导致的衰变称为 β 衰变。

3) γ 射线放射衰变

γ 射线放射衰变不改变核的原子序数和质量数，它常常伴着 α 粒子或 β 粒子射出。

4) 正电子放射衰变

正电子与电子的质量相同，但电荷符号相反，正电子用 $_1^0e$ 表示，正电子可以认为是核中质子转变为中子时射出的：

$$_6^{11}C \longrightarrow _5^{11}B + _1^0e$$

5) 电子俘获

核可以从内层或 K 层俘获一个电子，使质子转变为中子：

$$_1^1p + _{-1}^0e \longrightarrow _0^1n$$

电子俘获后，通常一个电子从较高能级落到 K 层的空位，这样将放射出特征的 X 射线，如

$$_4^7Be + _{-1}^0e \longrightarrow _3^7Li$$

如果核的中子与质子比(n : p)值太低，即同位素位于稳定线之下，则可通过正电子衰变或电子俘获，增大 n : p 值而得到稳定的核。

3. 放射系

放射系是由单个放射性元素经过连续的 α 或 β 粒子辐射时所形成的一系列元素。因为每一次辐射导致一个不同元素原子的产生，所以放射系以母体元素的放射性衰变开始，从一个原子到一个原子继续下去，直到生成非放射性的原子为止。

重放射性元素可以分成钍、铀、锕、镎四个放射系。放射性元素钍、铀和锕存在于自然界并分属于三个不同的天然放射系。它们是相应放射系的主要成员并具有最长的半衰期。它们经过一系列的 α 放射和 β 放射进行衰变后，逐渐趋于稳定，最后得到稳定同位素。三个系的最后一种元素都是原子序数为 82 的铅。随着人工铀后元素的发现，又增加了一个镎系，此放射系的最后一种元素为原子序数为 83 的铋。

放射系内每一个放射性核的形成都是失去一个 α 粒子或一个 β 粒子，所以放射系内各核质量数都是 4 的 n 倍，或者被 4 除以后还剩 1、2 或 3，因此这四个放射系可按如下分类。

1）钍(4n)放射系

$$^{232}_{90}\text{Th} \xrightarrow{\alpha} {}^{228}_{88}\text{Ra} \xrightarrow{\beta} {}^{228}_{89}\text{Ac} \xrightarrow{\beta} {}^{228}_{90}\text{Th} \xrightarrow{\alpha} {}^{224}_{88}\text{Ra} \xrightarrow{\alpha} {}^{220}_{86}\text{Rn}$$

$$^{220}_{86}\text{Rn} \xrightarrow{\alpha} {}^{216}_{84}\text{Po}$$

$$^{216}_{84}\text{Po} \xrightarrow{\beta} {}^{216}_{85}\text{At} \xrightarrow{\alpha} {}^{212}_{83}\text{Bi}$$
$$^{216}_{84}\text{Po} \xrightarrow{\alpha} {}^{212}_{82}\text{Pb} \xrightarrow{\beta} {}^{212}_{83}\text{Bi}$$

$$^{212}_{83}\text{Bi} \xrightarrow{\beta} {}^{212}_{84}\text{Po} \xrightarrow{\alpha} {}^{208}_{82}\text{Pb}$$
$$^{212}_{83}\text{Bi} \xrightarrow{\alpha} {}^{208}_{81}\text{Tl} \xrightarrow{\beta} {}^{208}_{82}\text{Pb}$$

2）镎(4n+1)放射系

$$^{241}_{94}\text{Pu} \xrightarrow{\beta} {}^{241}_{95}\text{Am} \xrightarrow{\alpha} {}^{237}_{93}\text{Np} \xrightarrow{\alpha} {}^{233}_{91}\text{Pa} \xrightarrow{\beta} {}^{233}_{92}\text{U} \xrightarrow{\alpha} {}^{229}_{90}\text{Th} \xrightarrow{\alpha} {}^{225}_{88}\text{Ra}$$

$$^{237}_{92}\text{U} \xrightarrow{\beta} {}^{237}_{93}\text{Np}$$

$$^{225}_{88}\text{Ra} \xrightarrow{\beta} {}^{225}_{89}\text{Ac} \xrightarrow{\alpha} {}^{221}_{87}\text{Fr} \xrightarrow{\alpha} {}^{217}_{85}\text{At} \xrightarrow{\alpha} {}^{213}_{83}\text{Bi}$$

$$^{213}_{83}\text{Bi} \xrightarrow{\beta} {}^{213}_{84}\text{Po} \xrightarrow{\alpha} {}^{209}_{82}\text{Pb} \xrightarrow{\beta} {}^{209}_{83}\text{Bi}$$
$$^{213}_{83}\text{Bi} \xrightarrow{\alpha} {}^{209}_{81}\text{Tl} \xrightarrow{\beta} {}^{209}_{82}\text{Pb}$$

3）铀(4n+2)放射系

$$^{238}_{92}\text{U} \xrightarrow{\alpha} {}^{234}_{90}\text{Th} \xrightarrow{\beta} {}^{234}_{91}\text{Pa} \xrightarrow{\beta} {}^{234}_{92}\text{U} \xrightarrow{\alpha} {}^{230}_{90}\text{Th} \xrightarrow{\alpha} {}^{226}_{88}\text{Ra} \xrightarrow{\alpha} {}^{222}_{86}\text{Rn}$$

$$^{238}_{93}\text{Np} \xrightarrow{\beta} {}^{238}_{94}\text{Pu} \xrightarrow{\alpha} {}^{234}_{92}\text{U}$$

$$^{222}_{86}\text{Rn} \xrightarrow{\alpha} {}^{218}_{84}\text{Po}$$

$$^{218}_{84}\text{Po} \xrightarrow{\beta} {}^{218}_{85}\text{At} \xrightarrow{\alpha} {}^{214}_{83}\text{Bi}$$
$$^{218}_{84}\text{Po} \xrightarrow{\alpha} {}^{214}_{82}\text{Pb} \xrightarrow{\beta} {}^{214}_{83}\text{Bi}$$

$$^{214}_{83}\text{Bi} \xrightarrow{\beta} {}^{214}_{84}\text{Po} \xrightarrow{\alpha} {}^{210}_{82}\text{Pb}$$
$$^{214}_{83}\text{Bi} \xrightarrow{\alpha} {}^{210}_{81}\text{Tl} \xrightarrow{\beta} {}^{210}_{82}\text{Pb}$$

$$^{210}_{82}\text{Pb} \xrightarrow{\beta} {}^{210}_{83}\text{Bi} \xrightarrow{\beta} {}^{210}_{84}\text{Po} \xrightarrow{\alpha} {}^{206}_{82}\text{Pb}$$

4）锕(4n+3)放射系

$$^{239}_{92}\text{U} \xrightarrow{\beta} {}^{239}_{93}\text{Np} \xrightarrow{\beta} {}^{239}_{94}\text{Pu} \xrightarrow{\alpha} {}^{235}_{92}\text{U} \xrightarrow{\alpha} {}^{231}_{90}\text{Th} \xrightarrow{\beta} {}^{231}_{91}\text{Pa}$$

$$^{231}_{91}\text{Pa} \xrightarrow{\alpha} {}^{227}_{89}\text{Ac}$$

$$^{227}_{89}\text{Ac} \xrightarrow{\beta} {}^{227}_{90}\text{Th} \xrightarrow{\alpha} {}^{223}_{88}\text{Ra}$$
$$^{227}_{89}\text{Ac} \xrightarrow{\alpha} {}^{223}_{87}\text{Fr} \xrightarrow{\beta} {}^{223}_{88}\text{Ra}$$

$$^{223}_{88}\text{Ra} \xrightarrow{\alpha} {}^{219}_{86}\text{Rn} \xrightarrow{\alpha} {}^{215}_{84}\text{Po} \xrightarrow{\alpha} {}^{211}_{82}\text{Pb} \xrightarrow{\beta} {}^{211}_{83}\text{Bi}$$

$$^{211}_{83}\text{Bi} \xrightarrow{\beta} {}^{211}_{84}\text{Po} \xrightarrow{\alpha} {}^{207}_{82}\text{Pb}$$
$$^{211}_{83}\text{Bi} \xrightarrow{\alpha} {}^{207}_{81}\text{Tl} \xrightarrow{\beta} {}^{207}_{82}\text{Pb}$$

4. 核的稳定性

为什么有的原子核能产生放射性，而有的原子核却没有放射性？这主要是由核的稳定性决定的。影响核稳定性的主要因素是中子与质子之比（n∶p）。对低原子序数的元素来说，中子与质子之比为 1∶1 时的核是稳定的，如 $^{4}_{2}\text{He}$、$^{12}_{6}\text{C}$、$^{16}_{8}\text{O}$、$^{28}_{14}\text{Si}$、$^{40}_{20}\text{Co}$ 等都是稳定的核。对于原子序数较大的元素来说，由于质子之间斥力增加，需要较多数目的中子来稳定核，所以稳定核的中子与质子之比会增加。例如，对 Bi 来说，中子与质子之比为 1.5 时，核是稳定的。不稳定的核经过衰变后最终将转变成稳定的核。稳定的核没有放射性。

17.2.3 放射性衰变速度

1. 放射性衰变速度的度量

对一个简单的放射衰变过程来说，核分解的速度与它的数目成正比，即

$$\frac{\mathrm{d}n}{\mathrm{d}t} = -\lambda \cdot n$$

式中，λ 为衰变速度常数，量纲为(时间)$^{-1}$。将 $t = 0$，$n = n_0$ 代入上式，积分得

$$\frac{n}{n_0} = \mathrm{e}^{-\lambda t}$$

式中，n 为 t 时间衰变后剩余的核数目。

除了衰变速度常数可衡量衰变快慢外，另外还有一个参数是半衰期，也可衡量衰变的快慢，所谓半衰期是表示一放射性核衰变到原来的一半数量所需的时间，用 $t_{1/2}$ 表示：

$$\mathrm{e}^{-\lambda t} = \frac{n}{n_0} = \frac{1}{2}$$

$$-\lambda t_{1/2} = \ln \frac{1}{2}$$

$$t_{1/2} = \frac{\ln 2}{\lambda} = \frac{0.693}{\lambda}$$

半衰期在上亿年到几秒钟范围内取值，如 $^{238}_{92}\mathrm{U}$ 的半衰期为 4.51×10^9 年，$^{214}_{84}\mathrm{Po}$ 的半衰期为 10^{-4} s。表 17.2 示出了某些重要放射性同位素的半衰期。

表 17.2　某些重要放射性同位素的半衰期

同位素(核素)	半衰期	衰变类型
$^{238}_{92}\mathrm{U}$	4.51×10^9 年	α
$^{235}_{92}\mathrm{U}$	7.13×10^8 年	α
$^{236}_{92}\mathrm{U}$	2.39×10^7 年	α
$^{40}_{19}\mathrm{K}$	1.28×10^9 年	β
$^{14}_{6}\mathrm{C}$	5720 年	β
$^{239}_{94}\mathrm{Pu}$	24400 年	α
$^{131}_{53}\mathrm{I}$	8.07 天	β
$^{210}_{82}\mathrm{Pb}$	21 年	β
$^{214}_{82}\mathrm{Pb}$	26.8 分	β
$^{226}_{88}\mathrm{Ra}$	1622 年	α

2. 放射性活度及其单位

放射性活度(activity)是通过实验观察得到的放射性物质的衰变速度。其 SI 单位为贝克(Bq)，1 Bq 相当于每秒发生 1 次衰变。旧单位为居里(Ci)，1 Ci 相当于每秒发生 3.7×10^{10} 次衰变(1 g 镭-226 的衰变速度)，1 Ci = 3.7×10^{10} Bq。放射性比活度是指样品中某核素的放射性活度与样品总质量之比，单位为 $Bq \cdot g^{-1}$ 或 $mCi \cdot g^{-1}$ 等。

放射性可用图 17.3 所示的盖革计数器进行检测。

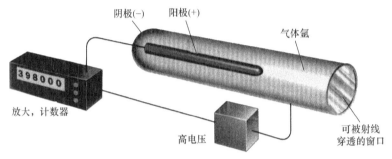

图 17.3　盖革计数器

17.2.4　人工放射性与核反应

1. 人工放射性

用高速运动的粒子轰击稳定原子，可使之转变为放射性原子。例如，1934 年居里夫妇用 α 粒子轰击铝得到下列核反应：

$$^{27}_{13}Al + ^{4}_{2}He \longrightarrow ^{30}_{15}P + ^{1}_{0}n \quad 或简写为 \quad ^{27}_{13}Al(\alpha, n) \longrightarrow ^{30}_{15}P$$

当停止 α 粒子轰击后，他们发现仍然有射线发射出来，并确定发射出来的质点是正电子 $^{0}_{1}e$，这是 $^{30}_{15}P$ 衰变的结果：

$$^{30}_{15}P \longrightarrow ^{30}_{14}Si + ^{0}_{1}e$$

这一核反应的特点是用人工方法产生了放射性核，用人工方法获得的新核的放射性称人工放射性。此后发现了很多人工放射性。在已知的 1000 多种放射性同位素中，绝大部分是人工产生的。

2. 人工核反应

人工核反应(artificial nuclear reaction)是指原子核受中子、质子、α 粒子、重粒子(如原子核)等轰击而形成新核的核嬗变过程(nuclear transmutation)。1919 年，卢瑟福首次进行了人工核反应。他成功地用镭放射出的高速 α 粒子轰击氮-14 而得到氧-17，这一核变化过程可用核化学方程式表示：

$$^{14}_{7}N + ^{4}_{2}\alpha \longrightarrow ^{17}_{8}O + ^{1}_{1}p$$

通过人工轰击进行的核反应与化学反应有根本的不同：化学反应涉及核外电子的变化，而核反应的结果是原子核发生了变化；化学反应不产生新的元素，而在核反应中是一种元素嬗变为另一种元素；化学反应中各同位素的反应是相似的，而核反应中各同位素的反应不同；化学反应与化学键有关，核反应与化学键无关；化学反应吸收和放出的能量为 $10\sim10^3\ \mathrm{kJ\cdot mol^{-1}}$，而核反应的能量变化为 $10^8\sim10^9\ \mathrm{kJ\cdot mol^{-1}}$；在化学反应中，反应前后物质的总质量不变，但在核反应中会发生质量亏损。

核化学方程式的书写方式与化学方程式的书写方式也不一样。在核反应方程式中，核素的符号之后不标明状态，但需要遵守两条规则：第一，方程式两端的质量数之和相等；第二，方程式两端的原子序数之和相等。

核化学反应的通式可表示为

$$_{Z_1}^{A_1}\mathrm{X} + {}_{Z_2}^{A_2}\mathrm{a} \longrightarrow {}_{Z_3}^{A_3}\mathrm{Y} + {}_{Z_4}^{A_4}\mathrm{b}$$

式中，X 为靶核；a 为入射粒子；Y 为产物核；b 为出射粒子；$Z_1 + Z_2 = Z_3 + Z_4$，$A_1 + A_2 = A_3 + A_4$，通常简写为 $^{A_1}\mathrm{X}(\mathrm{a,b}) \longrightarrow {}^{A_3}\mathrm{Y}$。

3. "超铀"元素的合成

人工核反应已经应用于制备原子序数为 93 以后的元素。1940 年合成了第一个"超铀"元素：

$$_{92}^{238}\mathrm{U} + {}_{0}^{1}\mathrm{n} \longrightarrow {}_{92}^{239}\mathrm{U} + \gamma$$

$$_{92}^{239}\mathrm{U} \longrightarrow {}_{93}^{239}\mathrm{Np} + {}_{-1}^{0}\beta$$

1970 年合成了第一个"超锕系"元素：

$$_{98}^{249}\mathrm{Cf} + {}_{7}^{15}\mathrm{N} \longrightarrow {}_{105}^{260}\mathrm{Db} + 4{}_{0}^{1}\mathrm{n}$$

进行人工核反应，首先要有轰击粒子和被粒子轰击的靶核。通常用作轰击粒子的有质子、中子、氘核（$_1^2\mathrm{H}$）、α 粒子和 B、C、N、O 等轻核。

当轰击粒子带正电荷时，它必须有很高的动能才能克服它们与靶核之间的静电排斥。要使带电荷的粒子得到必要的能量，就要使用回旋加速器，其原理如图 17.4 所示。带电荷的轰击粒子进入回旋加速器的真空室中，高频交流电源使两个 D 形电极不断变换符号而使粒子加速。磁铁放在加速器 D 形电极的上面和下面，以保持粒子按螺旋轨道运动，最后引出回旋加速器并轰击靶子物质。粒子加速器主要用于探测核结构和合成重的元素。

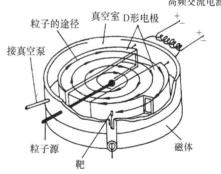

图 17.4　回旋加速器示意图

使用加速器进行核反应的一些例子如下：

$$_{15}^{31}\mathrm{P} + {}_{2}^{4}\mathrm{He} \longrightarrow {}_{17}^{34}\mathrm{Cl} + {}_{0}^{1}\mathrm{n}$$

$$_{12}^{24}\mathrm{Mg} + {}_{1}^{1}\mathrm{H} \longrightarrow {}_{11}^{21}\mathrm{Na} + {}_{2}^{4}\mathrm{He}$$

$$_{83}^{209}\mathrm{Bi} + {}_{1}^{2}\mathrm{H} \longrightarrow {}_{84}^{210}\mathrm{Po} + {}_{0}^{1}\mathrm{n}$$

$$_{42}^{98}\mathrm{Mo} + {}_{1}^{2}\mathrm{H} \longrightarrow {}_{43}^{99}\mathrm{Tc} + {}_{0}^{1}\mathrm{n}$$

因为中子不带电荷，不会被轰击的核所排斥，因此在用中子作轰击粒子时，不需要在进行核反应之前加速到高能量，这样由中子引发的核反应要比那些要求带正电荷的粒子的核反应进行得容易些，所以中子是引起核转变的有效"子弹"之一。中子轰击的核反应常在核反应堆中进行，在实验室中使用中子源也能方便地完成。中子源常常是包括 α 发射体（如 $^{222}_{86}Rn$）和被 α 粒子轰击后能产生中子的元素（如 Be）的混合物：

$$^{9}_{4}Be + ^{4}_{2}He \longrightarrow ^{12}_{6}C + ^{1}_{0}n$$

17.3　核裂变和核聚变

17.3.1　核裂变

核裂变（nuclear fission）是重核分裂为轻核的过程。首先发现的核裂变是铀-235 的裂变。铀-235 和铀-233 以及钚-239 一样，当被慢中子轰击时都能进行裂变。一个重核能按照多种不同方式分裂成大小不同的两个碎核，同时有 2～4 个中子射出。下面是铀-235 多种裂变方式中的两种：

$$^{235}_{92}U + ^{1}_{0}n \longrightarrow ^{137}_{52}Te + ^{97}_{40}Zr + 2^{1}_{0}n$$

$$^{235}_{92}U + ^{1}_{0}n \longrightarrow ^{142}_{56}Ba + ^{91}_{36}Kr + 3^{1}_{0}n$$

在裂变过程中，一个中子射进去，2～4 个中子放射出来，如果把放射出来的快中子减速，那么这 2～4 个慢中子又能再轰击铀-235 产生裂变，依此类推，这一过程称为链式裂变反应，如图 17.5 所示，进行得非常快，在几微秒内非常大数量的核进行裂变并放出巨大的能量，结果产生原子爆炸。

金属铀的正常样品中，主要是同位素 $^{238}_{92}U$，而可裂变的同位素 $^{235}_{92}U$ 只占总量的 0.7%，裂变过程产生的中子大部分被 $^{238}_{92}U$ 俘获而不能进一步产生中子。裂变过程不能继续下去。但是，就是很纯的 $^{235}_{92}U$，假如 $^{235}_{92}U$ 量很少，常常不能自发爆炸。因为纯 $^{235}_{92}U$ 量很少时，很多中子会跑出去，那么链式裂变就会停止。足以维持链反应正常进行的裂变材料的质量称为临界质量（critical mass）。铀-235 的临界质量约为 1 kg，质量超过 1 kg 则发生爆炸。图 17.6 为用 U-235 制作原子弹的构造原理图。

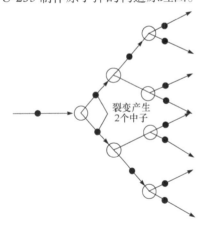

图 17.5　链式裂变反应

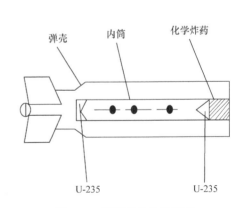

图 17.6　原子弹的构造原理

通过受控核裂变反应获得核能的装置称为核反应堆，如图 17.7 所示。使裂变产生的中子数等于各种过程消耗的中子数，可以形成所谓的自持链反应(self-sustaining chain reaction)。

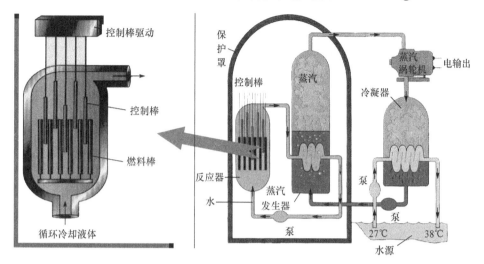

图 17.7　核反应堆的构造图

第二次世界大战结束后，科学家迅速将原子能的利用转向和平用途。苏联于 1954 年建成世界上第一座核电站；至今已有 30 多个国家和地区的 400 多座核电站处在运行中。核动力发电是一种清洁能源。目前，发展核电的两个阻碍是安全方面的担心和核废料的处理。

17.3.2　核聚变

核聚变(nuclear fusion)是由两个或多个轻核聚合形成较重核的过程。不但重核裂变可以释放出极大的能量，轻元素的原子核发生聚变时，也能释放出极大的能量。氢弹的反应就是核聚变：

$$\ce{^2_1H + ^3_1H \longrightarrow ^4_2He + ^1_0n}$$

引发核聚变反应需要高达千百万度的温度，氢弹就是利用装在其内部的一个小型铀原子弹爆炸产生的高温进行引爆。太阳的温度能引发核聚变，提供了巨大的能量(太阳能)，人工控制热核反应是开发核能利用的远景目标之一。

17.3.3　原子核的稳定性与新化学元素发现的可能性

1934 年，埃尔萨塞(Elsasser)据证指出，一定数目的质子和一定数目的中子与原子核的特殊稳定性有关，这些数目称为幻数，它们是 2、8、20、28、50、82 和 126。关于幻数，可用美国物理学家迈耶尔(Mayer)和德国物理学家詹森(Jensen)及其合作者于 1948 年提出的原子核壳层模型加以解释。

到 2020 年为止，科学家已经发现了原子序数 1～118 号元素，其中 1～92 号元素为自然元素，绝大部分是自然界矿物中发现的，93 号以后的元素称超铀元素，均是用人工核反应发现的。有人从"幻数"稳定结构出发，统计了各种核稳定性规律，提出了"稳定岛"假说。该假说认为原子核内具有幻数的中子数或质子数均为稳定的同位素。在一定的区间出现，组成一个稳定的同位素区。它的四周被不稳定的同位素如"海洋"一样包围着，因此稳定同位素在不稳定同位素中形成如屹立在"海洋"中的"山脉"、"山峰"或"孤岛"（图 17.8）。图中格线代表质子数和中子数的幻数，黑色区域表示稳定同位素，白色区域表示"海洋"——不稳定同位素。在原子序数为 1～92 号元素中，凡中子数和质子数为幻数者都比较稳定，图中以山脉示意。在 105、106 号元素附近开始进入不稳定"海洋"，中子数增加，核也会产生自发裂变，因此不会存在稳定同位素，越过不稳定"海洋"，将会出现一个"稳定岛"。这就是说在"稳定岛"中还可能发现在自然界中的稳定同位素。推测这个岛的"山峰"就是原子序数为 114、中子数为 184 的元素。

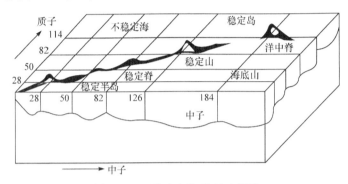

图 17.8　"稳定岛"元素示意图

目前寻找新元素主要从人工合成及在自然界中发现两方面进行。人工合成新元素主要利用高能中子长期照射、核爆炸和重离子加速器等方法进行工作。由于"稳定岛"中新元素可能长期在自然界存在，因而有人分别从宇宙射线中、从陨石和月岩中、从自然矿物中寻找"稳定岛"元素。

根据电子层理论，将周期表扩展到第八周期，甚至进入第九周期，不是没有可能的。第八、九周期将比第六、七周期还要多出 18 个元素，属于超长周期，这些均有待未来的实践加以证实。

17.4　放射性同位素的应用

17.4.1　示踪研究

因为很少量的放射性物质就可以很容易被检测出，所以放射性同位素广泛地作为示踪原子应用于跟踪化学反应。卡尔文（Calvin）等用含有放射性同位素 ^{14}C 的二氧化碳来研究光合作用中碳的动态，解决了光合作用非常复杂的反应历程。利用放射性同位素作示踪原子跟踪反应的历程，已经被证明是非常有价值的工具。有些元素不能得到放射性同位素，也可用稳定同位素作为示踪，这样就要用质谱仪分析其产物以确定原子的质量，如 ^{18}O 作为示踪原子，可以证明当酯生成时，是酸的碳氧键断裂：

$$R-\overset{\overset{\displaystyle O}{\|}}{C}-OH + R'^{18}OH \longrightarrow R-\overset{\overset{\displaystyle O}{\|}}{C}-{}^{18}OR' + H_2O$$

17.4.2 鉴定年代

1. 矿物的年龄

对含有放射性元素的岩石进行检测，便可知道岩石的年龄。例如，铀-238 衰变系的最终产物是稳定的铅-206，在自然界中，发现在某些矿石中铅-206 和铀-238 共同存在，假定铅是很多年以来由于放射性衰变而生成的。铀和铅存在的量可以用化学分析来测定。根据铀的半衰期，便能计算出铀发生核衰变反应的速度常数，从而可计算出矿石建立起这一铀铅的比例所需要的时间。因为铀元素的半衰期极长，矿石中介于铀和铅之间的中间元素的量极小，以致可以忽略。

【例 17.1】 计算含 0.277 g ^{206}Pb 和 1.667 g ^{238}U 的铀矿的年龄。

解 假设所有 ^{206}Pb 是由 ^{238}U 衰变而来的，那么已经转变为 ^{206}Pb 的 ^{238}U 的质量为

$$\frac{238}{206} \times 0.277 \text{ g} = 0.320 \text{ g}$$

原始存在的 ^{238}U 的质量为

$$1.667 \text{ g} + 0.320 \text{ g} = 1.987 \text{ g}$$

查表得铀-238 的半衰期为 $t_{1/2} = 4.51 \times 10^9$ 年，故

$$\lambda = \frac{0.693}{4.51 \times 10^9 \text{年}} = 1.5 \times 10^{-10} \text{年}^{-1}$$

$$\lg \frac{n}{n_0} = \frac{-\lambda t}{2.303}$$

$$\lg \frac{1.667}{1.987} = \frac{-1.5 \times 10^{-10} \text{年}^{-1}}{2.303} t$$

$$t = 1.2 \times 10^9 \text{年}$$

此铀矿的年龄为 1.2×10^9 年。

【例 17.2】 如果从 1.000 g 锶-90 开始，经过 2 年后剩下 0.952 g。
(1) 计算锶的半衰期；(2) 5 年后锶-90 还剩多少克？

解 (1) 已知 $n_0 = 1.000$ g，$n = 0.952$ g，$t = 2$ 年，则

$$2.303 \lg \frac{n}{n_0} = -\lambda t$$

$$\lambda = \frac{2.303 \lg \frac{n_0}{n}}{t}$$

$$t_{1/2} = \frac{0.693}{\lambda} = \frac{0.693 t}{2.303 \lg \frac{n_0}{n}} = \frac{0.693 \times 2 \text{年}}{2.303 \lg \frac{1.000}{0.952}} = 28 \text{年}$$

(2) 已知 $n_0 = 1.000$ g，$t = 5$ 年，$t_{1/2} = 28$ 年，则

$$\lambda = \frac{0.693}{t_{1/2}} = \frac{0.693}{28 \text{年}}$$

$$\lg \frac{n_0}{n} = \lambda t = \frac{0.693}{28 \text{年}} \times 5 \text{年} = 0.054$$

$$\frac{n_0}{n} = 1.13$$

$$n = \frac{n_0}{1.13} = \frac{1.000\,\text{g}}{1.13} = 0.88\,\text{g}$$

锶-90 的半衰期为 28 年；1.000 g 锶-90 在 5 年以后还剩 0.88 g。

2. 有机物的年龄

鉴定有机类古物年龄的一个有效的方法是测定 ^{14}C 的含量。^{14}C 具有放射性，是大气上层从宇宙射线来的中子与氮反应的产物：

$$^{14}_{7}N + ^{1}_{0}n \longrightarrow ^{14}_{6}C + ^{1}_{1}H$$

^{14}C 与上层大气中的氧化合生成二氧化碳，CO_2 向下扩散到地面并被植物吸收，^{14}C 就被固定在植物的原生质中。动物以植物为食物，这样 ^{14}C 又转入动物体内。通过 ^{14}C 的吸收和放射性的自然平衡，活的有机体内的 ^{12}C 与 ^{14}C 的比与大气中的比相等，也就是相应于每克碳每分钟进行 15.3 次衰变，即每分钟放射出 15.3 个 β 粒子。当动物或植物死亡，碳的吸收停止，放射性碳的含量由于衰变开始逐渐减少，在 5720 年以后，放射性碳减少到原来的一半，这样通过测定木材、纸、纤维、化石等样品碳的衰变速度，就可能确定有机体死亡的时间。如果某植物遗体含碳样品的放射性是现代植物的碳的 1/4，那么就已经过了两个半衰期，因此该植物遗体就可能是 11440 年以前留下的。

17.4.3　分析应用

利用中子活化分析测定元素的含量。在反应器中，用中子轰击待测样品，然后测量产生的放射性强度。在相同条件下轰击已知 E 元素含量的样品，然后测量产生的放射性强度，它们的活性之比与样品中存在的 E 的量成正比，从而得出待测样品中 E 元素的含量。当然 E 元素必须满足下列条件：①E 元素有适当大的截面捕获中子；②产物的半衰期足够长，便于操作和测定，同时又足够短，易于测量其放射性。例如，用中子活化分析难以测定 C，因为 ^{12}C 截面小，不利于捕获中子，且 ^{14}C 半衰期(5720 年)太长。

中子活化分析特别适合于测定痕量不纯杂质，可以进行无损样品测定，如测 Pb 中的 Au、测 Rh 中的 Os 等。

17.4.4　交换反应

同位素很容易发生下列交换反应：

$$H_2O + D_2O \rightleftharpoons 2HOD$$

尽管反应过程中 $\Delta H^{\ominus}$ 几乎为零，但总是有正的 ΔS，故有负的 $\Delta G^{\ominus}$，研究在特殊体系中同位素原子之间的交换反应可以得到有关反应速率和机理的信息。近年来利用同位素对配合物中配体与溶液中自由标记配体的相互交换进行详细的研究。例如，$[Fe(CN)_6]^{3-}$ 和 $[Fe(CN)_6]^{4-}$ 在水溶液中并不交换 ^{14}C 标记的 $^{14}CN^-$，而 $[Ni(CN)_6]^{2-}$ 中 CN^- 的交换速度非常快。这并不是因为后一种物质热力学不稳定，而是因为存在下列平衡：

$$[Ni(CN)_4]^{2-} + CN^- \rightleftharpoons [Ni(CN)_5]^{3-}$$

而对 $[Fe(CN)_6]^{3-}$ 或 $[Fe(CN)_6]^{4-}$ 来说，不可能形成更多的 CN^- 加合物，表明没有交换，也不可能解离生成 $[Fe(CN)_5]^{2-}$ 和 $[Fe(CN)_5]^{3-}$。

17.4.5　结构和机理研究

通常可以利用同位素示踪获得有关化学反应的详细机理和有关物质结构的信息。例如，用放射性 ^{35}S 和含非放射性 ^{32}S 的 $^{32}SO_3^{2-}$ 反应，可得到硫代硫酸根：

$$^{35}S + {}^{32}SO_3^{2-} \longrightarrow {}^{35}S^{32}SO_3^{2-}$$

再用酸酸化产物硫代硫酸根离子，发现所有的放射性硫原子都出现在硫的沉淀中，而 SO_2 气体中不含放射性硫原子。这说明，^{35}S 和 ^{32}S 原子在硫代硫酸根中的成键方式不一样：

$$^{35}S^{32}SO_3^{2-} + 2H^+ \longrightarrow H_2O + {}^{32}SO_2\uparrow + {}^{35}S\downarrow$$

17.4.6　癌症治疗

已经知道，低剂量的电离辐射能够导致癌症。然而，同样的辐射，特别是 γ 射线能够用来治疗癌症。其基本原理是：尽管辐射能损坏所有的细胞，但癌细胞比正常细胞更易遭到破坏。因此，小心地照射合适剂量的 γ 射线，可以用来抑制癌细胞的生长。临床上常用 ^{60}Co 治疗癌症。

习　题

1. 完成并配平下列核反应方程式。

(1) $^{104}_{47}Ag \longrightarrow {}^{0}_{1}e + ?$

(2) $^{104}_{48}Cd \longrightarrow {}^{104}_{47}Ag + ?$

(3) $^{81}_{36}Kr + {}^{0}_{-1}e \longrightarrow ?$

(4) $^{54}_{26}Fe + {}^{1}_{0}n \longrightarrow {}^{1}_{1}H + ?$

(5) $^{238}_{92}U + {}^{12}_{6}C \longrightarrow {}^{246}_{98}Cf + ?$

(6) $^{53}_{24}Cr + {}^{4}_{2}He \longrightarrow {}^{1}_{0}n + ?$

(7) $^{235}_{92}U + {}^{1}_{0}n \longrightarrow {}^{140}_{56}Ba + ? + 2{}^{1}_{0}n$

(8) $^{235}_{92}U \longrightarrow {}^{4}_{2}He + ?$

2. 写出下列核反应方程式。

(1) $^{14}_{7}N(n, p){}^{14}_{6}C$　　　　　　　(2) $^{15}_{7}N(p, \alpha){}^{12}_{6}C$

(3) $^{35}_{17}Cl(n, p){}^{35}_{16}S$　　　　　　　(4) $^{53}_{24}Cr(\alpha, n){}^{56}_{26}Fe$

3. 下列衰变，哪个能降低 $^{131}_{53}I$ 的 n：p 值？

(1) 放射质子　　　　　　(2) 放射 α 粒子　　　　　　(3) 放射 γ 射线

(4) 放射正电子　　　　　(5) 放射 β 粒子　　　　　　(6) 电子俘获

4. 铯-137 的半衰期是 30 年，试计算 8 mg 的铯-137 样品，在 10 年以后还剩下多少？

5. 某岩石经过分析含有铀-238 和铅-206，其质量比 $m(^{238}U)/m(^{206}Pb)=1.5$，铀-238 的半衰期为 4.51×10^9 年，试计算此岩石的年龄。

6. 有一岩石样品，经分析含有 2.07×10^{-5} mol ^{40}K 和 1.15×10^{-5} mol ^{40}Ar。设全部 ^{40}Ar 均由 ^{40}K 衰变生成，已知 ^{40}K 的半衰期为 1.3×10^9 年，试估计岩石的年龄。

7. 根据下列每种同位素的半衰期，试计算每种同位素都是 100 g，在指定的时间末还剩多少？

(1) $^{189}_{75}Re$；$t_{1/2} = 24$ h；5 d

(2) $^{153}_{68}Er$；$t_{1/2} = 34$ s；2.4 h

(3) $^{221}_{89}$Ac ； $t_{1/2}=52$ ms ； 1.664 s

8. 一纯的同位素样品在下午 1：00 每分钟 1555 次衰变，同日下午 2：00 下降到每分钟 1069 次，计算此同位素的半衰期（$t_{1/2}$）。

9. 碘-131 半衰期为 8.1 天，有一样品开始放射性强度为 0.50 mCi（毫居里），14 天后样品放射性强度为多少？

10. (4n + 3) 系的母体是 $^{239}_{92}$U，经过连续衰变直到 $^{207}_{82}$Pb，其间放射出多少个 α 粒子和 β 粒子？

11. 4n 系的母体是 $^{232}_{90}$Th，此核经 6 个 α 放射和 4 个 β 放射，通常其顺序为 α 、β 、β 、α 、α 、α 、α 、β 、β 、α ，确定每一步产生新核的名称、原子序数和质量数。

12. (1) ^{90}Sr 的半衰期为 29 年，计算衰变速度常数 λ（年$^{-1}$）。

(2)计算 90.0%的 ^{90}Sr 衰变所需要的时间。

13. 一木质残片的 ^{14}C 含量为原生树木的 1/8，求此残片的年龄。已知：^{14}C 的半衰期为 5720 年。

14. 计算发生下列核聚变时生成 1 mol $^4_2$He 所放出的能量 $\Delta_r H^{\ominus}_m$（kJ·mol^{-1}）。

$$2\,^2_1H \longrightarrow\,^4_2He \quad \Delta_r H^{\ominus}_m = ?$$

已知核的摩尔质量准确值为：$^2_1$H——2.01355×10^{-3} kg·mol^{-1}；$^4_2$He——4.00150×10^{-3} kg·mol^{-1}。

15. 试计算下列两个核聚变反应所放出的能量 $\Delta_r H^{\ominus}_m$。

(1) $2\,^{12}_6C \longrightarrow\,^{24}_{12}Mg$ 　　　　(2) $^2_1H + \,^1_1H \longrightarrow\,^3_2He + \,^1_0n$

已知核的摩尔质量准确值如下：

$^{12}_6$C——11.99671×10^{-3} kg·mol^{-1} 　　$^{24}_{12}$Mg——23.98504×10^{-3} kg·mol^{-1}

$^2_1$H——2.01355×10^{-3} kg·mol^{-1} 　　$^3_2$He——3.01603×10^{-3} kg·mol^{-1}

16. 计算下列原子核的核子平均结合能。

(1) $^{18}_6$O(15.99052 g·mol^{-1}) 　　　　(2) $^{230}_{90}$Th(229.9837 g·mol^{-1})

17. 简述放射性同位素在研究或工业中的三种用途。

18. 填空。

(1) ^{239}Pu $\longrightarrow$ ^{235}U + _____ 。

(2)当 ^{222}Rn 发射出一个 α 粒子时，生成元素_____。

(3)当钋-212 发射出一个 α 粒子时，生成元素_____。

知识简介——核化学的发展

1932 年以前，人们共了解到 26 种核反应，发现了大约 40 种同位素。此后，核化学就进入了蓬勃发展的时期。

1932 年，人类研制出了粒子加速器，这一实验工具的产生极大地促进了核化学的发展。早期的粒子加速器一般在 4～15 MeV，可以把粒子加速到极高的速度，像炮弹一样去轰击靶核。当高速粒子的弹核去轰击靶核时，如果弹核与靶核融合在一起而形成新核时，这就是原子核的融合反应；如果弹核的一部分转移到靶核中形成新核或靶核的一部分转移到弹核中形成新核，则称为核的转移反应。无论是融合反应还是转移反应，都与反应截面的大小有直接关系，反应截面越大，反应的可能性就越大。

加速器产生之后，有了研究核化学的有力工具。同时，又有了较强的镭-铍中子源，这也为制造同位素和研究新的核反应创造了条件。利用这些有利条件，在 1934～1937 年制出了 200 多种放射性同位素，到 1939 年底人类研究过的核反应已达 200 多种。由此可见，核反应的真正发展时期应是 20 世纪 30 年代。

著名物理学家费米(Fermi)用中子系统地轰击各种化学元素，试图找出规律性。结果，化学元素周期表中前八个元素没有反应，从氟以后，几乎所有元素都发生了核反应。在反应中生成的新元素大多数具有负 β 衰变，衰变后根据位移定律生成原子序数高的元素。1934 年，费米用中子轰击铀后，生成了新元素，他认为是生成了超铀元素。此时，诺达克(Noddack)不同意费米的见解。她认为，用中子轰击重核，不一定就是融合重核中，而是会把重核击碎成几块，这些碎块必是原子序数较小的已知元素的同位素。诺达克的见解是正确的。但是费米并没有注意到这一点，而是固执己见，他坚持认为："元素被中子轰击后，必然生成原子序数增加 1 的新元素。"这种思想的局限性使这位著名科学家犯了一个科学错误，使他错误地坚持自己合成了超铀元素。

1938 年，居里夫妇用中子照射铀后，发现了与氢的化学性质一样的放射性元素。1939 年，哈恩(Hahn)又在这种产物中发现了与镭的化学性质十分相似的元素，后来确定为钡的同位素。这样就验证了诺达克判断的正确性，即铀被中子照射后分裂成两片质量相近的碎块。这样，在核化学的反应类型上，人们不仅认识了轻核结合成重核的聚变反应，同时又认识到重核分裂成轻核的裂变反应。

对铀核裂变的研究，引起了科学家们广泛的关注。因为根据推算，一个铀核裂变就可以放出 200 MeV 的能量。这一推算得到了证实。不久，居里等又在实验中证明，铀核在每次裂变中放出 2～3 个中子，明白了铀核裂变的链式反应机理。

费米虽然在铀核裂变反应的研究中提出了错误的看法，但他对核化学的发展是有重大贡献的。例如，1934 年 10 月，费米曾观察到当中子束通过某种含氢物质时，中子引起人工放射性的效能就会增大。他认为，这是由于中子与氢原子弹性碰撞后，中子速度变慢，减速后的中子能有效地使核反应进行。这一发现有十分重大的意义。

核化学的进一步发展逐渐打开了应用的渠道，在医疗、能源和军事上逐步被广泛采用。

第18章　生物无机化学

内容提要

(1) 了解生物体中重要元素及其作用，了解人体必需元素及体内平衡。

(2) 了解生物体中选择元素的原则及在元素周期表的分布。

(3) 掌握钠泵、钾泵工作原理。

(4) 掌握铁卟啉在输氧蛋白和储氧蛋白中的重要作用。

(5) 了解金属酶及其重要作用。

(6) 了解抗癌药物及发展趋势。

生物无机化学是在 20 世纪 60 年代逐渐兴起的无机化学和生物化学交叉的领域。生物化学家在深入研究酶及其他具有生物活性的化合物时，发现在 1300 多种已知的酶(enzyme)中，大约有 1/3 涉及各种金属元素，它们或与蛋白质牢固地结合在一起，形成金属酶；或与蛋白质松散地结合，成为酶活性的激活剂。因此，生物学家开始转向研究无机化合物特别是配位化合物的作用。无机化学家也意识到生物体中很多含金属离子的重要化合物和他们研究的金属离子配位化合物有类似之处。结果，两股研究潮流汇集起来形成了"生物无机化学"(Bioinorganic Chemistry)。现已有多种生物无机化学的专业期刊：*Journal of Bioinorganic Chemistry*，*Bioinorganic Chemistry and Applications*，*Journal of Biological Inorganic Chemistry* 等。

生物无机化学有两个主要部分：一是研究生物体自身所有元素在生物体中的作用；二是研究从外界引入金属到体内，作为药物或探针用。本章首先介绍生物体中的重要元素及其作用，接着讨论金属蛋白和生物催化剂酶，最后介绍抗癌药物。

18.1　生物体中重要元素及其作用

18.1.1　生物体中元素及其分布

生物体含量较大的元素是那些在自然界中丰度较高的轻元素，如 C、H、N、O 和 P。它们在动植物体内以蛋白质、碳水化合物和结构性物质的形式存在。含量较低但仍达到一定水平的元素包括金属离子 Na^+、K^+、Mg^{2+}、Ca^{2+} 和非金属元素 S、Cl、I，这些元素以生物电解质和结构性物质形式存在。其他元素如 d 区金属元素，在生物体中含量低，但却在酶、传递蛋白、储存蛋白及光合过程中起关键作用。

图 18.1 给出了生物体中元素的相对浓度。可以看出，许多元素都在生物体中出现。必须指出，生物体中低含量的元素并不意味着不重要，微量元素在生物体中也起着重要的作用。

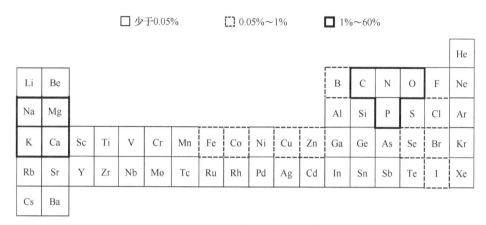

图 18.1　生物体中元素的分布

按元素在生物体中的功能而将元素进行分类，最简单的分类方法是按它们所处的生物环境分为三类：

（1）存在于细胞外液和细胞膜外壁上的元素，如 Na、Ca、Cu、Mo、Cl、Si、Al。

（2）存在于细胞内壁和细胞内部称为细胞浆液中的元素，如 K、Mg、Fe、Co、Zn、Ni、Mn、P、S、Se。

（3）存在于细胞内部被称为细胞器中的元素（包括细胞核和线粒体），如 K、Mg、Co、Zn、P、S、Se。

18.1.2　生物体内元素的生理功能

生物无机化学研究的是宏量元素和所有微量元素的生物功能。这些元素在生物体内所发挥的生理和生化作用主要有如下几个方面。

1. 作为结构材料

这里所说的结构材料是指组成骨骼和牙齿的结构材料。作为结构材料的元素有钙、磷、氟等，其中钙和磷是宏量元素，氟是微量元素。正常成年人体内含氟 2.6 g，占人体内微量元素含量的第三位，仅次于铁和硅。氟对牙齿及骨骼的形成和结构，以及钙和磷的代谢均有重要作用。适量的氟能被牙釉质中的羟磷灰石吸附，形成坚硬致密的氟磷灰石表面保护层，它能抗酸性腐蚀、抑制嗜酸细菌的活性，并拮抗某些酶对牙齿的不利影响，发挥防龋作用。

2. 运载作用

人体对某些金属和物质的吸收、输送及它们在体内的传递，往往不是简单的扩散或渗透过程，而需要有载体。金属离子或它们所形成的一些配合物在这个过程中担负着重要的作用。例如，血红蛋白执行运输氧的功能；含有钴的甲基钴胺素作为辅酶催化甲基转移反应。

3. 组成金属酶或作为酶的激活剂

酶是生物体内一类非常重要的化学物质。它是一类由活细胞产生的、具有高催化活性和高度专一性的特殊蛋白质，它参与并控制着生命体内的一切代谢过程。

人体内有 1/4 的酶的活性与金属有关。有的金属参与酶的固定组成，这样的酶称为金属酶。在金属酶中，金属构成酶的组分并处于酶的活性中心。例如，含铁的铁氧化还原蛋白、过氧化氢酶、过氧化物酶；含钼和铁的黄嘌呤氧化酶；含锌的乙醇脱氢酶、羧基肽酶、碳酸脱水酶等都属于含金属酶类。

还有一些酶只有在金属离子存在时才能被激活，发挥它的催化功能，这些酶称为金属激活酶。例如，亮氨酸氨肽酶需要镁及锰激活；甘氨酸肽酶需要锰及钴激活；精氨酸酶需要锰激活。K^+、Na^+、Ca^{2+}、Zn^{2+} 和 Fe^{2+} 等金属离子可作为酶的激活剂。除金属离子以外，H^+、Cl^-、Br^- 等离子也可作为激活剂，如动物唾液中 α-淀粉酶需 Cl^- 激活。

4. "信使"作用

生物体需要不断地协调机体内各种生化过程，这就要求有各种传递信息的系统。通过化学信使传递信息就是其中的一种方式。人体中最重要的化学信使是 Ca^{2+}。

5. 影响核酸的物理化学性质

金属离子对核酸的作用可包括两个方面：

(1) 金属离子可以通过酶的作用而影响核酸的复制转录和翻译过程。不少脱氧核糖核酸 (DNA) 聚合酶必须在有金属离子参与时才能完成其复制机能。例如，脊椎动物细胞中的 DNA 聚合酶α需要 Mg^{2+}、Mn^{2+}、K^+ 的激活；DNA 聚合酶β也需要 Mg^{2+} 和 Mn^{2+} 的激活。同样，在转录过程中，由 DNA 指导合成信使核糖核酸 (mRNA) 时，RNA 聚合酶需要 Mg^{2+}、Mn^{2+} 的激活，而转移核糖核酸 (tRNA) 在翻译遗传信息时，也需要 Mg^{2+} 的参与。

(2) 金属离子可以直接影响核酸的物理化学性质和生物活性。实验证实了金属离子对于维持核酸的双螺旋结构和核蛋白体的结构起重要作用。例如，Mg^{2+} 和 Ca^{2+} 与核酸中的磷酸酯氧结合，使双螺旋结构稳定化，而过渡金属离子则与嘌呤、嘧啶反应，大都阻碍核酸中的氢键使其不稳定化。

6. 调节体液的物理化学特性

体液主要是由水和溶解于其中的电解质等所组成。一般分为细胞内液和细胞外液两部分。细胞外液是血浆和细胞间液的总称。生物体的大部分生命活动是在体液中进行的。为保证体内正常的生理、生化活动和功能，需要维持体液中水、电解质和酸碱的平衡。承担这个任务的是存在于体液中的一些无机离子，主要是 Na^+、K^+、Cl^-。

图 18.2 列出了一些含金属离子的生物分子，其中不少是蛋白质分子。事实上，酶中约 30% 为金属酶。金属酶参与酸催化水解（水解酶）、氧化还原（氧化酶、加氧酶）和碳-碳重排（合成酶、异构酶）等过程。

18.1.3　人体必需元素及体内平衡

可以把各种元素按对人体的必要性和有害性分成必需元素和有害元素。必需元素中，又按体内含量高低分为宏量元素 (C、H、O、N、Na、K、Ca、Mg、S、P 等) 和微量元素 (Mo、Mn、Fe、Co、Cu、Zn、V、Cr、I、F 等)。宏量元素是指占生物体总质量万分之一以上的元素；微量元素是指只占生物体总质量万分之一以下的元素。表 18.1 给出标准人体的化学组成。

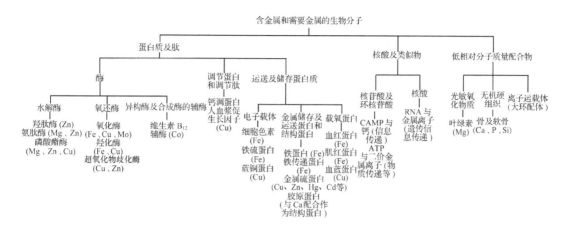

图 18.2　含金属和需要金属的生物分子

表 18.1　标准人体①的化学组成

元素	体内含量/g	质量分数/%	元素	体内含量/g	质量分数/%
O*	43000	61	Pb	0.12	0.00017
C*	16000	23	Cu*	0.072	0.00010
H*	7000	10	Al	0.061	0.00009
N*	1800	2.6	Cd	0.050	0.00007
Ca*	1000	1.4	B	<0.048	0.00007
P*	720	1.0	Ba	0.022	0.00003
S*	140	0.20	Sn*	<0.017	0.00002
K*	140	0.20	Mn*	0.012	0.00002
Na*	100	0.14	Ni*	0.010	0.00001
Cl*	95	0.12	Au	<0.010	0.00001
Mg*	19	0.027	Mo*	<0.0093	0.00001
Si*	18	0.026	Cr*	<0.0066	0.000009
Fe*	4.2	0.006	Cs	0.0015	0.000002
F*	2.6	0.0037	Co*	0.0015	0.000002
Zn*	2.3	0.0033	V*	0.0007	0.000001
Rb*	0.32	0.00046	Be	0.000036	
Sr*	0.32	0.00046	Ra	3.1×10^{-11}	
Br*	0.20	0.00029			

①标准人体是指假定体重为 70 kg 的男子。

*表示生命必需元素。

　　由于人体各部位所含各种化合物，特别是能与金属结合的有机成分的不同，pH 及基质的亲水或亲脂性的不同，所以每种元素在人体各器官中的分布并不均一。

　　在生命进化过程中，人体对每一种必需元素都建立起一套有效的体内平衡机制，既能防止元素的过量摄入，又能将摄入的略过量的元素迅速排除。另外，人和其他生物体都不能合成金属元素，它们只能从环境获得。所以首先要研究的问题是人体会不会缺乏这些元素。宏量元素在一般情况下是不会缺乏的，并且机体对每一种宏量元素的耐受范围和维持平衡的能力范围都相当大。例如，人体摄入超过身体需要量的钠元素时，大肠就会停止吸收，而肾脏就会将血液中过量的钠元素排泄出去。在温暖气候条件下，人体对钠元素需要量的耐受范围是 0.2～18 g。又如，当摄入镁元素量很低时，血液中过量的镁元素也能为肾所保留。这种保留机制非常有效，以致当摄入镁元素的量只有正常水平的 4%时，也能维持体内平衡。

微量元素和宏量元素一样，也受到体内平衡机制的调控。体内平衡机制仅在两个调节方向上失效：一是当元素每天摄入量低于每天必须排出的量时，生物体就要动用体内储存的元素给以补偿，此时人体处于"负平衡"状态；二是当元素摄入量超过排出能力时，这将导致元素在体内积累。任何必需的微量元素，尽管它的存在很重要，但只要过量摄入就是有害的。表18.2中给出了生命必需元素缺乏和过量积累时出现的现象。

表 18.2   与生命必需元素失调有关的疾病

元素	元素缺乏引起的疾病	元素过量引起的疾病
Ca	骨骼畸形、痉挛	胆结石、动脉粥样硬化
Co	贫血症	心脏衰竭、红细胞增多症
Cu	贫血症、卷毛综合征	Wilson 氏肝脏豆核病
Cr	糖尿病、动脉硬化	
Fe	贫血症	色素性肝硬变、铁质沉着病
Mg	惊厥	麻木症
Mn	骨骼畸形	运动失调
K		Addison 病
Na	Addison 病	
Zn	侏儒症、阻碍生长发育	金属烟雾发烧症
Se	肝坏死、白肌症	家畜晕倒病

18.1.4   生物体选择元素的原则

为什么生物体会选择这样一些元素而不是选用另一些元素，所依据的原则主要有两个：①丰度原则。生物体一般会选择自然界中丰度较高的元素。例如，Fe 是地壳中丰度最高的过渡金属，所以 Fe 是许多生物系统中的重要组成成分。②金属蛋白中心需有动力学活泼、热力学稳定的单元。动力学活泼是指金属能迅速地结合和分解，底物也能迅速地结合和分解。例如，比较不活泼的第二和第三过渡系元素在生物无机中几乎没有作用。事实上，如果在细胞中存在的话，这些重的过渡元素对生物体是有害的。

18.2   金属蛋白和金属酶的结构和功能

金属酶和金属蛋白是生物无机化学的主要研究对象。人体必需的金属元素绝大多数与金属蛋白有关。金属离子使它们具有各种生物活性，推动、调节、控制各种生命过程。下面简单介绍几个有金属离子参加的生命过程。

18.2.1   泵和起传送作用的蛋白质

无论是动植物还是微生物，细胞膜内的钾离子浓度高于膜外，膜外的钠离子浓度总是高于膜内，而钠离子总是由膜内被送到膜外，钾离子总是由膜外送到膜内。这正好与自然的扩散过程相反。完成这种传送的直接能源来自三磷酸腺苷（ATP）。图 18.3 示出了钾、钠离子传送机理。在细胞膜内侧，首先是 ATP 的末端磷酸基团在 Na^+ 的存在下转移到 ATP 酶的天氨酰氨残基上，发生与 Na^+ 有关的 ATP 酶的磷酸化，磷酸化后的产物接着又产生构象转化（称为反转)，将在细胞内侧键合的钠离子带到细胞膜外。在膜外，三个钠离子被两个钾离子置换出来，与钾离子的结合使得酶发生去磷酸化作用而失去 ATP。失去 ATP 的酶又引起构象转化，使两个钾离子进入细胞并在细胞内释放出来。两个钾离子代替三个钠离子导致膜内外电荷梯度的形成，即外表面的正电荷相对比较高。

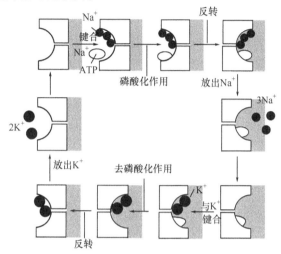

图 18.3　钠泵机理示意图，酶在细胞内外传送离子的过程中构象的转化
阴影表示细胞外液

图 18.4 示出了实现钠泵传送的酶反应循环。

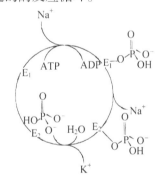

图 18.4　实现钠泵传送的酶反应循环
E_1 和 E_2 表示酶的两种构象

18.2.2　氧的传送

　　人体中氧的传送是通过血液循环来完成的。血液是由血浆和具有细胞形态的成分(包括红细胞、白细胞、血小板)组成。血液的红色是由红细胞中的血红蛋白(hemoglobin，简写为 Hb)所造成。血红蛋白担负着运输和呼吸 O_2 及 CO_2 的重要作用。在肺泡中，O_2 的浓度很高，血红蛋白从肺部摄取氧，通过血液循环系统将氧输送到各组织中。组织中氧的分压很低。肌肉中的载氧物质肌红蛋白(myoglobin，简写为 Mb)，在氧气分压低的情况下，与氧气的亲和力比血红蛋白强。因此，血红蛋白将氧传给肌红蛋白，肌红蛋白将氧储存起来，一旦代谢需要，立即释放。这样就完成了氧的传送。下面将简要介绍血红蛋白、肌红蛋白及其传送氧的机理。

血红蛋白和肌红蛋白中都含有血红素(heme)。它是由铁(Ⅱ)和原卟啉形成的金属卟啉配合物。卟啉(porphyrin)是一种大环化合物,它的基本骨架是环状的卟吩(porphine),如图 18.5(a)所示。卟吩环周围的氢原子被其他基团取代,就形成了卟啉,见图 18.5(b)。卟啉能得到两个氢原子形成+2 价阳离子,也能给出两个质子,形成−2 价的阴离子,后者能与金属离子螯合,形成金属卟啉配合物。

血红素的基本结构示于图 18.6。血红素和各种蛋白质结合,便形成了血红蛋白、肌红蛋白、细胞色素、过氧化酶和过氧化物氨酶等,它们在生物体内具有重要的生理功能。

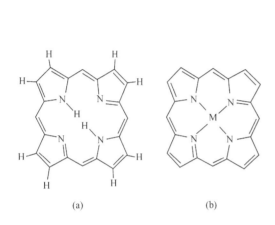

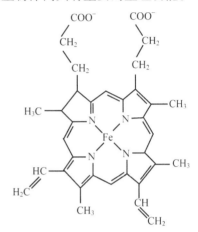

图 18.5   卟吩(a)和金属卟啉骨架(b)的结构

M = Mg、Fe、Cu、Co、Zn 等约 60 种元素

图 18.6   血红素的基本结构

肌红蛋白相对分子质量为 170000,包含 153 个氨基酸组成的多肽链和一个血红素分子。从化学键的角度看,肌红蛋白是一个以 Fe(Ⅱ)为中心离子的蛋白质配合物。Fe 既是配位中心也是活性中心,卟啉环和蛋白质是配体(6 配位),配原子是卟啉环中的四个 N 原子和蛋白质中第五个组氨酸氨咪唑侧链的 N 原子。肌红蛋白的结构轮廓及铁的配位环境示于图 18.7。

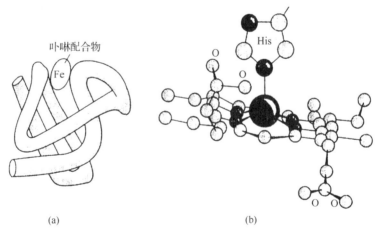

图 18.7   肌红蛋白的结构轮廓及铁的配位环境

(a)肌红蛋白的结构轮廓(管状结构代表多肽链,直的管段代表螺线区);(b)肌红蛋白中铁的配位环境

血红蛋白中有 4 个亚单元,即两个α单元和两个β单元。其中,没有一个亚单元的氨基酸序列与肌红蛋白的相匹配。血红蛋白的结构示于图 18.8。

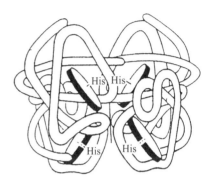

血红蛋白和肌红蛋白都能可逆地结合与释放氧。未结合氧,呈顺磁性;结合氧后,表现为抗磁性。结合氧与释放氧的变化过程可阐述如下:血红蛋白和肌红蛋白中的 Fe(Ⅱ)离子价电子结构为 $3d^6$,在未与 O_2 分子结合时是五配位的,第六个配位位置暂空,此时 Fe(Ⅱ)离子具有高自旋的电子结构,有 4 个未成对电子。由于高自旋的铁(Ⅱ)离子半径较大(92 pm),不可能插入卟啉环的四个氮原子之间,而是高出四个氮原子平面约 75 pm,见图 18.9(a)。当第六个配位位置结合了氧,铁(Ⅱ)由高自旋变成低自旋,半径减小,移动到卟啉环内,见图 18.9(b)。Fe-O_2 的成键模式可能是低自旋的铁(Ⅲ)与超氧阴离子 O_2^- 之间的成键作用。血红蛋白发生氧合时,铁(Ⅱ)离子将 1 个电子转移到 O_2 的 π^* 轨道,通过 Fe(Ⅲ)与 O_2^- 之间的单电子耦合形成了 Fe(Ⅲ)-O_2^- 配合物,因此 HbO_2 表现为抗磁性。

图 18.8　血红蛋白的结构
示出了四聚体中 4 个亚单元之间的关系

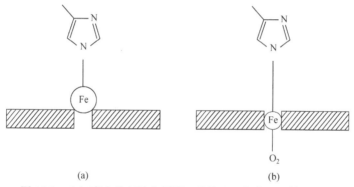

(a)　　　　　　　　(b)

图 18.9　血红素中铁(Ⅱ)离子第五及第六配位位置的结合情况

图中阴影部分表示血红素侧面

CO 能与 O_2 竞争血红素中铁离子的第六配位位置,且结合能力比 O_2 大 200 倍。有 CO 存在时,血红蛋白因与 CO 结合而失去运输氧能力,即煤气中毒。

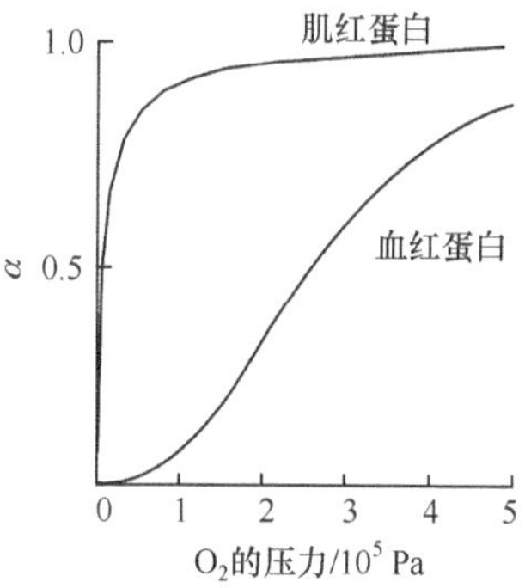

图 18.10 示出了肌红蛋白和血红蛋白的氧饱和曲线。由图可知,血红蛋白的饱和度总是低于肌红蛋白。

对肌红蛋白,氧饱和曲线的形状可用下述平衡解释:

$$Mb + O_2 \rightleftharpoons MbO_2$$

$$K = \frac{c(MbO_2)}{c(Mb) \cdot p_{O_2}}$$

以 MbO_2 形式存在的肌红蛋白浓度与肌红蛋白总浓度的比值称为氧饱和分数 α:

图 18.10　肌红蛋白和血红蛋白的氧饱和曲线:pH = 7.2 时氧饱和分数 α 对氧分压的依赖关系

$$\alpha = \frac{c(MbO_2)}{c(Mb) + c(MbO_2)}$$

$$\alpha = \frac{Kp_{O_2}}{1 + Kp_{O_2}}$$

图 18.10 中肌红蛋白的氧饱和曲线符合这一方程。

对血红蛋白来说，将上式中氧的分压 p_{O_2} 改成 $p_{O_2}^n$，n 值为 2～3，得到血红蛋白与氧的作用的方程式：

$$\alpha = \frac{Kp_{O_2}^n}{1 + Kp_{O_2}^n}$$

肌红蛋白和血红蛋白之间的差别在于前者只有一个血红素基，而后者含有 4 个血红素基。这种差别至关重要，因为与 O_2 结合时血红蛋白的 4 个血红素单元有利于产生协同效应，即一旦结合了一个 O_2 分子，就更容易结合另外几个 O_2 分子。

18.2.3　金属酶

酶是具有催化作用的蛋白质，生物体代谢过程中的化学反应几乎都在酶的催化下进行。根据酶的组成可将酶分为单纯酶和结合酶。单纯酶仅由蛋白质多肽链构成；结合酶由蛋白质多肽链和非蛋白质组分(称为辅助因子)组成。辅助因子有两类，辅基和辅酶。辅基与蛋白质结合紧密，不能用透析方法除去；辅酶与蛋白质结合疏松，易从酶中分离出来。酶的辅助因子可以是金属离子、小分子有机化合物或金属配合物。若辅助因子是金属离子，金属酶中金属离子与酶以定量关系牢固结合，提取过程不易丢失。目前已知约有 1/3 的酶在其结构中含有金属离子或者必须加入金属才具有活性。

金属酶中的金属离子多处于第一过渡系后半部的微量元素，它们是锰、铁、钴、铜、锌、镍、钼等。这些金属离子容易形成稳定配合物。表 18.3 中列出一些具有代表性的金属酶。

表 18.3　具有代表性的金属酶

金属	酶	生物学功能
Fe	铁氧还蛋白	光合作用
	琥珀酸脱氢酶	糖类需氧氧化
Fe (处于血红素中)	醛氧化酶	醛类氧化作用
	细胞色素	电子转移
	过氧化氢酶	过氧化氢分解
Cu	血浆铜蓝蛋白	铁的利用
	细胞色素氧化酶	电子传递
	酪氨酸酶	黑色素的形成
	质蓝素	电子传递

续表

金属	酶	生物学功能
Zn	碳酸酐酶	$CO_2 + H_2O \rightleftharpoons HCO_3^- + H^+$
	羧肽酶	蛋白质消化
	醇脱氢酶	醇代谢
Mn	精氨酸酶	脲的生成
	丙酮酸羧化酶	丙酮酸代谢
Co	核苷酸还原酶	DNA 的生物合成
	谷氨酸变位酶	氨基酸代谢
Ni	脲酶	脲的水解
Mo	黄嘌呤氧化酶	嘌呤代谢
	硝酸盐还原酶	硝酸盐的利用

Zn^{2+}是生物体系中常见的路易斯酸，下面介绍含锌的金属酶——羧肽酶。

羧肽酶是能够催化肽和蛋白质中肽键水解的一类含 Zn(II)水解酶。

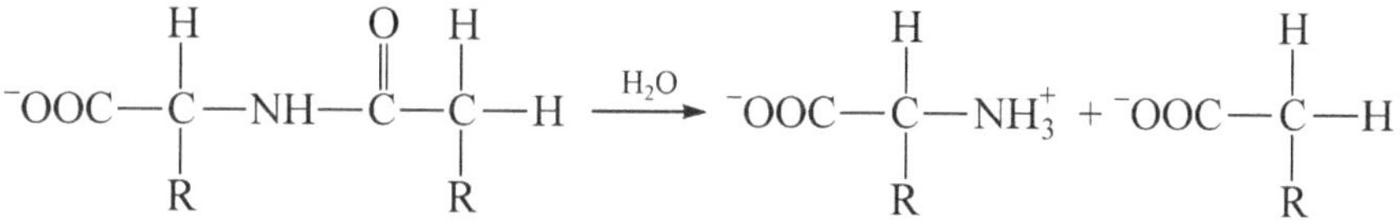

水解反应要求氧原子在肽键的羰基上发生亲核进攻，有两种进攻方式：一种方式是金属离子作路易斯酸促使 H_2O 分子失去质子成为亲核性更强的 OH^- 配体，见图 18.11(a)；另一种方式是金属作为路易斯酸催化剂与肽羰基键合从而减少羰基碳原子上的电子云密度，见图 18.11(b)。一般来说，OH^- 机理或路易斯酸机理都是可能的，也可能两种机理并存。但要确定羧肽酶究竟采取哪条途径则需研究酶的结构。

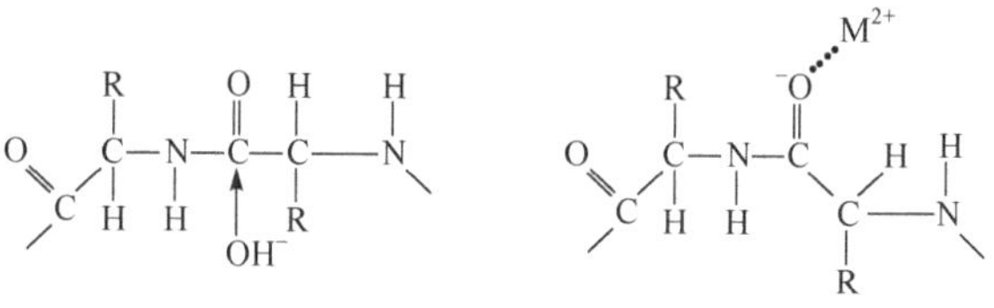

图 18.11　氧原子在肽键羰基上的亲核进攻

牛羧肽酶的结构轮廓示于图 18.12(a)，牛羧肽酶 A 的一个多肽链中含有 307 个残基，每个分子与一个 Zn^{2+} 相配位。Zn^{2+} 位于距中心不远的袋囊中，4 个配位给予原子中，有 2 个氮原子来自蛋白质的两个组氨酸残基(键中的 69 和 196)，两个氧原子中的一个来自谷氨酸残基而另一个来自 H_2O 分子。图 18.12(b)示出 Zn^{2+} 的畸变四面体环境。第 2 个 H_2O 分子处在距 Zn^{2+} 约 350 pm 的酶袋囊中。

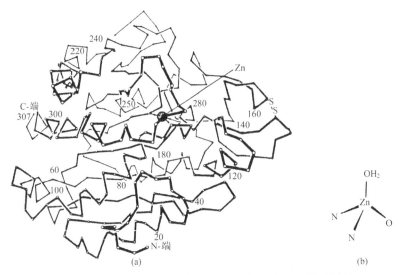

图 18.12　牛羧肽酶结构轮廓(a) 和 Zn^{2+}的畸变四面体环境(b)

图上的数字表示从 N 端开始标记的氨基酸残基的位置

18.3　金属药物研究

前面已讨论过，生物无机化学的另一部分为从外界引入金属于体内，作为药物或探针用。下面介绍一些有关这方面的研究情况。

18.3.1　抗癌配合物的研究

癌症是目前威胁人类健康的主要疾病，如何有效地治疗癌症已成为刻不容缓的问题。治疗癌症的手段主要有四种：手术切除、放射治疗、化学治疗和免疫治疗。其中，化学治疗是利用化学药物进行治疗，对于不严重的癌症患者效果较好。

癌细胞恶性增殖的物质基础是其旺盛的核酸和蛋白质的合成。只要能抑制癌细胞中遗传物质 DNA 的复制、合成，就能抑制癌细胞的增殖。癌细胞核内的 DNA 是药物作用的主要靶标。各种抗癌药物就是分别作用于从 DNA 合成到 DNA 控制的蛋白质合成的各个环节上，从而抑制癌细胞的 DNA 复制，最终导致癌细胞死亡。

现有的抗癌药物中，金属化合物是其中的一类。自从首次报道顺铂具有广谱抗癌活性以来，这一领域的研究引起了人们的极大关注，相继合成出许多有抗癌活性的金属化合物，其中包括某些新型铂配合物、二烃基锡衍生物、有机锗化合物、茂钛衍生物及稀土配合物等。

1. 铂配合物

顺铂是一种广泛使用的抗癌药物，它对人体的泌尿生殖系统癌、头颈部恶性肿瘤、小细胞肺癌及骨癌均有显著的疗效，是目前临床应用较广泛的一类抗癌药物(**1**～**4**)。继顺铂之后人们发现的另一种铂类抗癌药物是卡铂 **5**——顺二氨基(1,1-环丁烷二羧酸)铂，目前也已应用于临床。

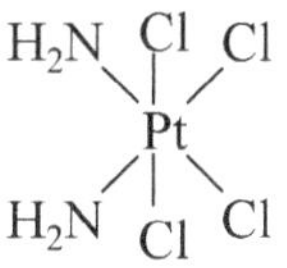

4 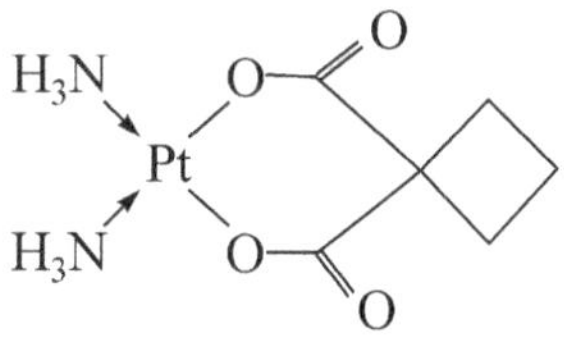　　　　　**5**

由于顺铂类配合物的毒性及耐药性，促使人们去开发更好的铂类药物。霍利斯(Hollis)认为，要想合成出抗癌活性高、毒性低、且没有耐药性的铂类药物，就必须突破顺铂结构的限制。在该思想的指导下，霍利斯等研制出了具有高抗癌活性的离子型单核铂配合物，该配合物是目前美国最有可能进入临床的抗癌药物之一。另外，许多研究表明，如果铂类化合物中含有硫和硒元素，可降低其毒性，而不影响其抗癌活性。

鉴于顺铂类配合物在抗癌领域的重要地位，人们对它的抗癌机理做了大量的研究探索，证实了其抗癌活性主要是由于它能与 DNA 作用，产生链内交联，从而抑制癌细胞的 DNA 复制，最终导致癌细胞死亡。

尽管顺铂类配合物具有强烈的抗癌作用，但由于其毒性大、靶向性不足而限制了它的应用，因此进一步揭示其抗癌机理，设计出新型结构的高效低毒铂类配合物，并使其转化为新一代抗癌药物，具有重要意义。

2. 二烃基锡衍生物

自从 1980 年克朗(Crown)报道了一些二烃基锡衍生物具有抗癌活性以来，这一领域的研究引起了人们的极大兴趣。目前已合成出与顺铂结构相似的二烃基二卤化锡配合物 **6**，与卡铂结构相似的有机锡化合物 **7**、**8**，一系列结构相似的、具有很好抗癌活性的有机锡羧酸衍生物 **9**～**15** 及一系列二烃基锡-2,6-吡啶二羧酸酯 **16**。

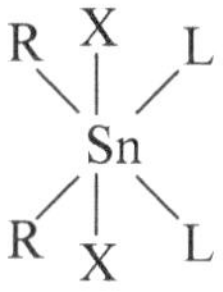

R = Me, Et, Pr, Bu, Ph等
X = F，Cl，Br，I
L = 2-氨基甲酸吡啶，2,2′-联吡啶等

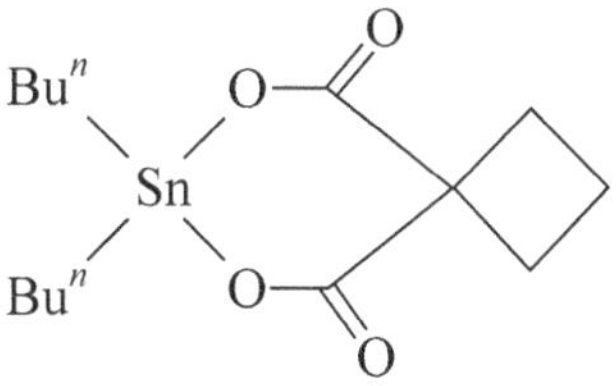

6

7 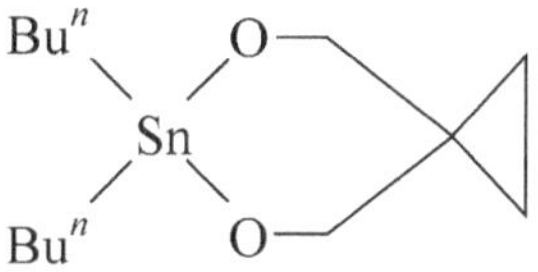　　　　　　　　　　　　　　**8**

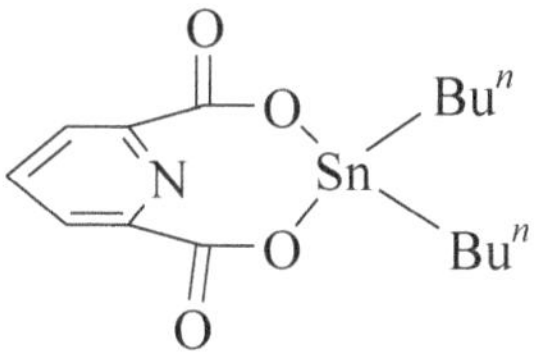

9 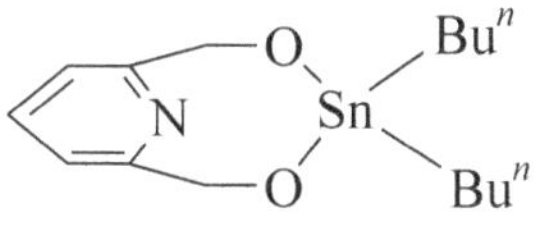　　　　　　　　　**10** 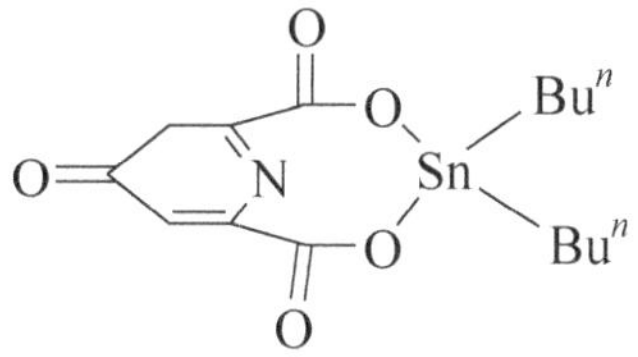　　　　　　　　　**11**

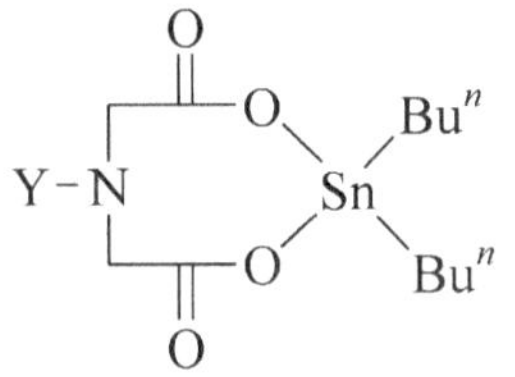

Y = H₂NCOCH₂ **12**   Z = O **14**
Y = HOCH₂CH₂ **13**   Z = S **15**

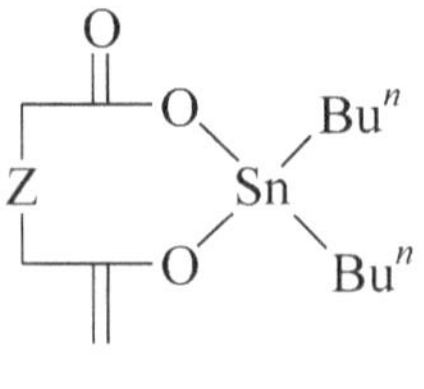

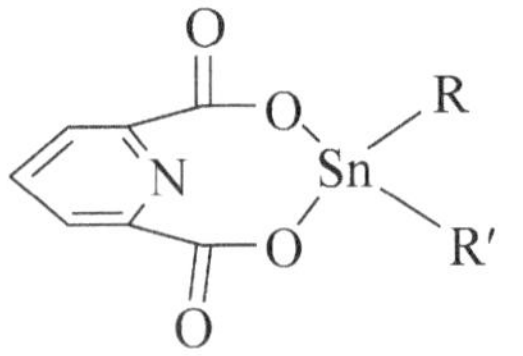

R, R′ = n-Bu₂; Ph₂; Me, n-Bu; Et₂; Ph, Me; Ph, Et;
Ph, n-Pr; Ph, n-Bu; Ph, i-Bu; Ph, PhCH₂;
Ph, t-BuCH₂CH₂; Ph, PhCMe₂CH₂

16

实验表明，**6** 对 P₃₈₈ 白血病具有明显的抑制作用，其中二溴类配合物比二氯或二碘配合物具有更高的活性。在 R 基团中，二乙基和二苯基锡衍生物通常活性较高。**7**、**8** 对乳腺癌和结肠癌有很好的抑制活性。

有机锡衍生物抗癌机制目前尚无定论，可能存在多种作用机制。但可以肯定，有机锡衍生物与顺铂类配合物的抗癌机制是不完全相同的。

3. 有机锗化合物

1971 年，日本学者合成了有机锗化合物 β-羧基乙基锗倍半氧化物 $(GeCH_2CH_2COOH)_2O_3$，被称作 Ge-132。生物及临床实验表明，该类化合物具有抗癌等广泛的生物活性，不但抗癌活性高，而且毒性低，还是一种具有双重性能的放射增敏剂，一方面它对癌细胞具有放射增敏作用，另一方面对红细胞有辐射保护作用。由于 Ge-132 的特殊生理活性，激发了人们对该领域的探索热情，相继合成了大量 Ge-132 的部分基团取代物，如

$$(GeCH_2CH_2CONHAr)_2O_3$$

$$(GeCH_2CH_2COOR)_2O_3$$

$$(GeCH_2CH_2COOAr)_2O_3$$

$$(GeCH_2CH_2COOH)_2S_3$$

以及它们的类似物 **17**，实验证明这些化合物有较好的抗癌作用。

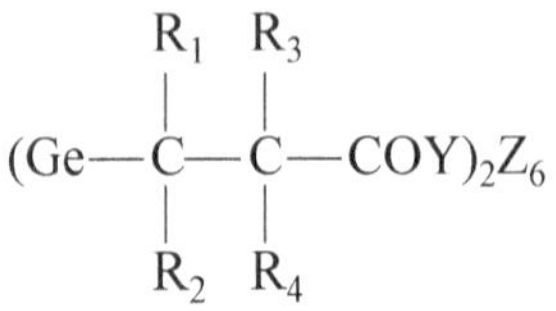

$R_1 \sim R_4 = H$, 烷基，芳基
$Z = O$, S
$Y = OH$, OR, OM, NH₂, NR₂, NRR′
(R, R′ = H, 烷基，芳基，M = 金属离子)

17

为了寻找具有更高抗癌活性的有机锗倍半氧化物，人们将某些药物的主要部分与锗相连，合成了具有抗癌活性的新型有机锗倍半氧化物，如取代脲嘧啶基锗的倍半氧化物。

螺锗是另外一类具有抗癌活性的有机锗化合物 **18**，在治疗转移性前列腺癌中取得了满意的结果，它能使淋巴癌细胞萎缩、退化，并使细胞核破裂。另外，螺锗在临床上还用于治疗白血病及各种早期癌症。

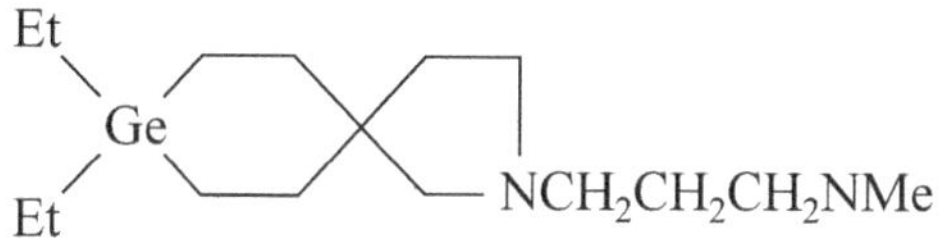

18

有机锗化合物作为一类高效抗癌药物，有的虽已用于临床，但总体来看仍处于试验阶段，尤其是抗癌机制还没有完全搞清楚。有人认为，该类化合物之所以具有抗癌活性是因为在一定的外部条件下，如果与锗配位的原子是具有较大电负性的氧、硫、氮等原子，当它们具有一定的空间结构时，由于与锗相连的原子或基团的吸电性，使锗原子周围的电子云密度降低，形成正电子中心，当这样的有机锗化合物遇到不正常细胞时，其正电中心能增加不正常细胞的电势能，从而降低其活动能力，抑制或杀死不正常细胞。从以上介绍可以看出，具有抗癌活性的有机锗化合物大都含有锗-氧、锗-硫、锗-氮键。鉴于有机锗化合物较强的抗癌性及较低的毒副作用，因此进一步研究其抗癌机制、开发新型有机锗抗癌药物具有重要的意义。

4. 茂钛衍生物和稀土配合物

自从 1978 年科普夫(Kopf)等发现二氯二茂钛具有抗癌活性以来，由于该类化合物毒性远比顺铂低，这一领域的研究引起了人们的兴趣。相继合成了许多具有抗癌活性的茂钛羧酸衍生物 **19**～**21** 及二茂钛全氟羧酸衍生物 **22** 和 **23**。经测试证明，该类化合物具有明显的抗癌活性。在此基础上，又合成了具有较高抗癌活性的二茂钛氮杂环羧酸衍生物 **24**。

$$(CP)_2Ti(O_2CC_6H_4NH_2—O)$$
19

$$(CP)_2Ti(O_2CC_2NHCOC_6H_5)_2$$
20

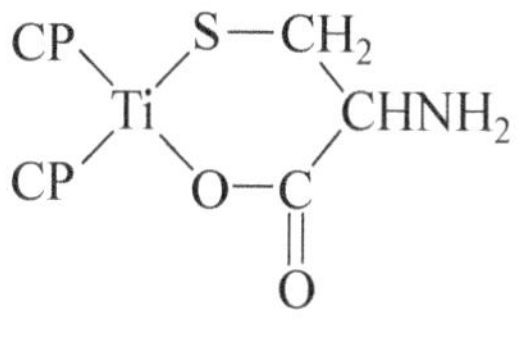

21

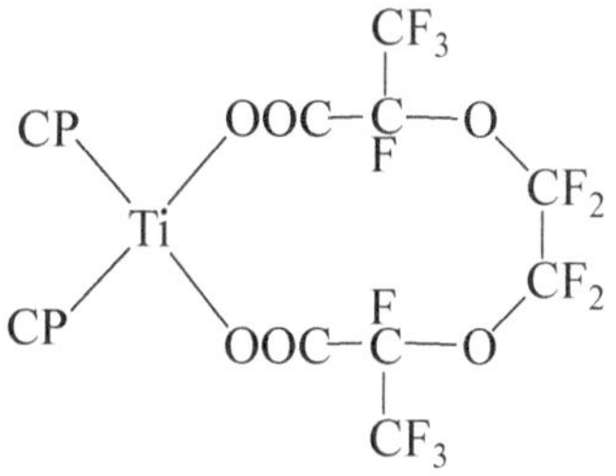

22

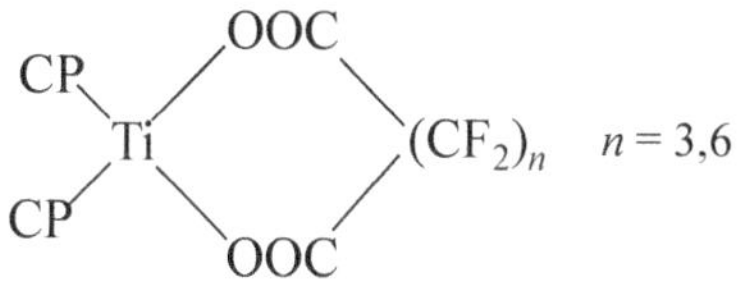

23

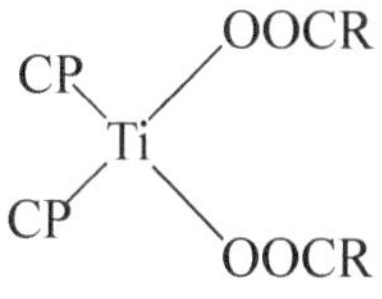

24

其中，R为

近年来，人们对茂钛类化合物的抗癌机制进行了较为深入的研究。已经证明，该类化合物作用的靶子是 DNA，并且同 DNA 发生链内和链间两种作用。杨频教授利用配合物位移探针对 CP$_2$TiCl$_2$ 与 dGMP 的作用进行了研究，结果表明 Ti 既可与 dGMP 的磷酸氧配位，又可与碱基的氮配位。由此可见，茂钛衍生物的抗癌机制与二烃基锡衍生物不完全相同。

稀土配合物能否作为治疗癌症的药物一直是人们关心的问题。曾有一些探索性的研究报道。最近聂毓秀指出，Yb^{3+} 的不同配合物对癌细胞的不同分裂期具有抑制作用，并发现低剂量的氯化稀土对癌细胞有抑制作用，但不损伤人的正常细胞。纪云晶、王宗惠系统地比较了氯化稀土对人体正常细胞和癌细胞的作用，指出当稀土氯化物的浓度为 0.05 mmol·L^{-1} 时，对白血病细胞 K$_{425}$ 具有抑制作用，但对人体正常细胞的羊膜细胞不但没有观察到损伤，而且呈现轻微的激活作用。用稀土配合物处理 P-53 等基因表达能力低的癌细胞后，用 DNA 探针测得这些抑癌基因的表达能力明显提高。最近，刘颖梅等利用抗癌药物维甲酸和稀土 Y、La、Nd、Sm、Eu、Gd、Er、Tm 作用，合成了 8 种维甲酸稀土三元配合物。实验证明，该类配合物对人膀胱癌细胞有明显的抑制作用，而且其活性高于维甲酸。

稀土配合物作为抗癌药物的研究已取得了可喜的成果，但要达到临床应用仍需进行大量艰苦细致的工作。尤其是抗癌机制，目前还没有完全明白，但可以确定稀土进入体内最初的靶分子应该是细胞膜。因此，研究稀土与膜脂、膜蛋白的作用及其跨膜行为，进而研究对细胞内的 DNA、RNA 及细胞内外起着第二信使作用的 Ca^{2+} 和环核苷酸等的影响具有重要意义。

金属化合物作为抗癌剂，虽然有的已应用于临床，但大多数仍处于试验阶段，尤其是大部分金属化合物抗癌剂的抗癌机制还没有完全清楚，因此深入研究金属抗癌化合物的抗癌机制、设计和合成新型结构的高效、低毒金属抗癌化合物是科研工作者面临的重要任务。

18.3.2　排除金属中毒

人体中很多痕量的必需元素是金属元素，特别是过渡金属元素。有些痕量元素，当它们的含量在一定的范围内，对人体是有益的，甚至是必不可少的，但若超过某一限度，就会引起中毒，造成疾病，严重的甚至会导致死亡。例如，铁有极其重要的生理功能，但过量就可能致癌。另外，有些元素如 Cd 和 Hg 等，至今虽未发现它们有生物功能，但毒性却是共知的，Cd 中毒引起骨痛病，严重的 Hg 中毒能引起水俣病等。排除金属中毒是医学上的一个研究课题。

金属离子的毒性大都来自它们与具有生理功能的基团之间的强配合性。要排除金属中毒，必须加入更强有力的螯合剂，使它能在竞争中取胜，与有毒的金属离子结合，形成更加稳定的配合物，然后排出体外。

用作排除金属中毒的螯合剂必须满足一系列的条件，如必须是水溶性的，在生理的 pH 条件下仍有足够的螯合能力。螯合剂分子的大小和结构必须适合于钻入金属离子结合或储存的地方，且能与欲被排除的金属离子专一、迅速地结合。试剂与其金属螯合物必须很容易从肾脏排泄出去，而且在治疗的浓度下不应有明显的毒性，最好在口服的情况下就能生效。此外，还要考虑所用的螯合剂和生物体内其他的或必需的金属离子间的相互作用。

在螯合疗法中，最常用的是 EDTA。EDTA 是一种很强的螯合剂，甚至可与 Ca^{2+}、Mg^{2+}

等离子形成螯合物。但重金属离子与 EDTA 的亲和性比 Ca^{2+} 强得多，可与 EDTA 优先形成螯合物，然后排出体外。可用 EDTA 排除的金属离子包括 Pb、Cu、Mn、U 和 Pu 等多种。EDTA 的螯合性虽强，但选择性差，用它排除有害金属离子的同时，也会损失一些有益的金属离子。例如，用它作螯合剂，会把体内必要的锌储备也排泄掉，因此需要补充锌。

传统的排铁螯合剂是去铁草胺 B：

$$NH_2 \left[(CH_2)_5 - \underset{\underset{O}{\|}}{\overset{\overset{OH}{|}}{N-C}} - (CH_2)_5 - CONH \right]_2 (CH_2)_5 - \underset{\underset{O}{\|}}{\overset{\overset{OH}{|}}{N-C}} - CH_3$$

去铁草胺 B 易溶于水，对 Fe(Ⅲ) 有很强的亲和性，而对大多数其他阳离子的亲和性较弱。在生理条件下，去铁草胺 B 能与自由的 Fe(Ⅲ) 离子结合，也能通过竞争从铁蛋白或含铁血黄素中夺取离子，但它不能与血红素或运铁蛋白中的铁结合。去铁草胺 B 的这些性质使其适用于治疗急性铁中毒。

虽利用螯合剂排除金属中毒已取得了不少进展，但远远不能满足医学上的需要，无论从螯合剂的品种、排除金属中毒的效率，还是消除副作用等方面均有待大力开发和探索。

习　题

1. 举例说明何为生命元素？生命元素分哪几种？

2. 人体内缺乏 Na^+、K^+、Ca^{2+} 可能引起什么病变？

3. 目前市场上有很多添加了人体必需元素的商品，如含氟牙膏、补钙、补铁、补锌等食品。请谈谈你对补充人体必需元素的看法。

4. CO 为什么会使人中毒？

5. 高自旋 Fe(Ⅱ) 离子和低自旋 Fe(Ⅱ) 离子的直径分别大于和小于卟啉中心的"空腔"。

(1) 写出八面体配位环境中这两种自旋状态的电子组态。为什么高自旋型具有较大的半径？

(2) 指出高自旋和低自旋配合物铁卟啉中的配体。

6. 简单铁卟啉化合物为什么不能作为氧载体？

7. 改正下列叙述中的错误：

(1) 碳酸钙是骨骼中主要的矿物质。

(2) 钠-钾泵能够维持细胞质中的 Na^+ 浓度高于 K^+ 浓度，一个 O_2 结合血红蛋白后能够增加后者对第二个 O_2 的亲和力是由熵因素造成的。

(3) 羧肽酶 A 利用其 Zn^{2+} 部位完成肽的水解，并可能通过两种不同的机理进行。

8. 简述具有抗癌活性的铂配合物结构上应满足的条件。

9. 叙述用作排除金属中毒的螯合剂必须满足的条件。

科学展望——Prion 疾病与生物无机化学

说起 Prion，也许大多数人并不知道，但提到疯牛病，却是人尽皆知。它起源于英伦三岛，几十万头病牛被付之一炬，而且更严重的是报道人能感染此病。这种病从何而来，如何传染，怎样医治，随之而来的许多问题成了当今世界科学家们的研究热点之一。1997 年 10 月，普鲁西纳（Prusiner）开创性地发现了一种新病原体 Prion，一人独得 750 万瑞典克朗（约 100 万美元）的诺贝尔医学奖金。那么 Prion 到底是什么，它和疯牛病又有何关系？

疯牛病又称牛海绵状脑病，是一种致命性的牛的中枢神经系统的疾病，表现为在病牛大脑中出现许多空洞，形如海绵，故得名。研究发现，人们吃了受感染的牛肉后也会感染上此病，如克-雅氏病（C-J disease）。在英国等世界各地已报道了多例因 C-J 病而死亡的病例。受病原感染的牛肉、内脏中存在一种病原因子，它不会因加热或紫外线照射而失活，它就是病蛋白 Prion。

Prion 的发现使人类疾病的病原谱得以改写，在真菌、细菌、病毒之后又有了病蛋白 Prion。现在人们知道，由 Prion 引起的疾病有很多，如 Kuru 病、Gerstmann-Strausser-Scheinker 症、家族致命性失眠（Fatal Familial Insomnia）病等。从病理上讲，它们都是由某种变性的蛋白质沉积在神经细胞上，在大脑中形成异常的纤维和不溶性斑块，是一类神经退行性疾病。人们对 Prion 疾病的研究并不是从最近才开始的，早在第二次世界大战后，人们就发现在巴布亚新几内亚东部的原始部落有一种奇怪的疾病 Kuru 病，这与当地的食人风俗有关。1976 年，美国生理学家盖达塞克通过对黑猩猩传导实验发现，震颤病及克-雅氏病为传染性疾病，并确立了"人的传染性海绵状脑病"这一概念，为此获得了该年度诺贝尔奖。但直到 20 世纪 90 年代初期，英国疯牛病流行，越来越多的人受到这种病的威胁，才使科学家们甚至普通百姓开始关注这一问题。

众所周知，生物大分子在体内机能的发挥受环境影响很大，特别是受无机离子存在的影响。无机离子可作为许多蛋白质的活性中心或辅助因子，从而催化和调节生物大分子在体内的各种功能。病蛋白 Prion 也不例外，铜离子和 PrP 有某种特殊的关系。最近，人们发现体内 Cu^{2+} 的代谢异常能引起中枢神经系统的功能紊乱。例如，用一种 Cu^{2+} 配位剂注入鼠脑内，能在鼠脑内产生类似羊瘙痒症的病理变化。

普鲁西纳在实验中用大肠杆菌 $E.coli$ 表达 SHaPrP（29 - 231）（Syrian 仓鼠 PrP，全长 254 个氨基酸，切除其肽链与膜相连的头、尾部分）。该肽链有奇特的 6 个八肽重复片段。在没有 Cu^{2+} 条件下，这种片段没有明确的二、三级结构，肽链其余部分为 α 螺旋结构；和 Cu^{2+} 结合后，整个蛋白质分子的 α 螺旋特征峰强度减小，即肽链产生部分去折叠和聚合。如果 Cu^{2+} 浓度过高，则 PrP 易从 α 螺旋的结构转变为 β 折叠，导致蛋白质的聚合、沉淀，引起一系列疾病。通过实验分析，人们模拟出两肽结合一个 Cu^{2+} 的结构，Cu^{2+} 与两个组氨酸、两个氨基酸的羰基氧配位，呈平面四方形配位，如图 18.13 所示。

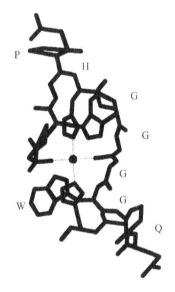

图 18.13　Cu^{2+} 与两个八肽片段结构的可能构型
G、H、P、W、Q 等为氨基酸的单字符

PrP 只特异性结合 Cu^{2+}，一分子 PrP 结合两个 Cu^{2+}。不结合 Ca^{2+}、Co^{2+}、Mg^{2+}、Mn^{2+}、Ni^{2+}、Zn^{2+} 等离子。同时和 Cu^{2+} 结合受 pH 影响，最大结合在 pH = 6，证实了组氨酸在结合中起了很大作用。

估计 Cu^{2+} 和 PrP 的正常功能有关，PrP 可能作为一种 Cu^{2+} 的感受器，参与大脑中铜的供给与调控。Cu/Zn 超氧化物歧化酶可反映铜在各生理组织中的状况。一个有趣的现象是：人们发现在缺少 PrP 基因的鼠脑内，超氧化物歧化酶的酶活力减退，而在给正常动物饮食中限制铜的供给，同样能使其活力减退。在人的大脑中 Cu^{2+} 浓度达 80 $\mu mol \cdot L^{-1}$，可见铜在动物脑中的重要性。

*第19章 固体无机化学

内容提要

(1)理解固体中的缺陷。

(2)了解固体结构和导电性、磁性、光学性等性质的关系。

(3)掌握部分重要的固相反应。

(4)掌握部分晶体生长的化学方法。

随着各种新型功能材料的不断涌现，固体化学近年来正在获得惊人的发展，像一个以固体的"结构"，"物理性能"、"化学反应性能"及"材料"为顶点的四面体，是一个具有立体性质的领域。固体化学是从化学的观点论述固体(无机物、有机物、金属)的结构与物理和化学性质的关系，固体的不完整性(缺陷、位错等)与其动力学的性质，固体反应而发生的晶核化、晶核生长，固体中原子间电子的授受等。固体化学大体上可分为结构化学、物性化学、反应化学。本章主要介绍固体的结构和性质间的关系，并对固相反应进行初步介绍。

19.1 固体中的缺陷

由等同的原子或原子基团按照一定的点阵结构，在三维方向构成一个规整的、周期性的原子序列，这样所形成的晶体是一种理想的完整晶体。但这种理想的晶体在自然界不存在，人工方法也无法制得；自然界存在的晶体是偏离理想的不完善晶体，其结构和组成存在某些缺陷，这些缺陷决定着固体物质的化学活性及晶体的光学、电学、磁学、声学、力学和热学等方面的性质，因此对固体缺陷进行深入的理论和应用研究具有重要意义。

19.1.1 缺陷的基本类型

固体中缺陷的含量一般约为基质材料的万分之一或更少一些，它包括从原子、电子水平的微观缺陷到显微缺陷。从缺陷是否由杂质引起可分为本征缺陷和杂质缺陷。从缺陷的尺寸来看可分为点缺陷、线缺陷、面缺陷、体缺陷和电子缺陷，详见图 19.1。

1. 点缺陷

点缺陷也称零维缺陷，这一类缺陷包括晶体点阵结构位置上可能存在的空位和取代的外来杂质原子，包括在固体化合物 AB 中部分原子的互相位错或离子的变价，同时包括在点阵结构的间隙位置存在的间隙原子。例如，杨应昌等合成的新型稀土永磁材料 $NdFe_{10.5}Mo_{1.5}N_x$ 和 $NdFe_{10.5}V_{1.5}N_x$ 中的 N 就属于间隙原子，实验发现 N 对两种磁性材料的磁性能有显著的影响。

在固体化学中，主要研究的对象是点缺陷，讨论点缺陷的生成、点缺陷的平衡、点缺陷对固体性质的影响，以及如何控制固体中点缺陷的种类和浓度等问题。

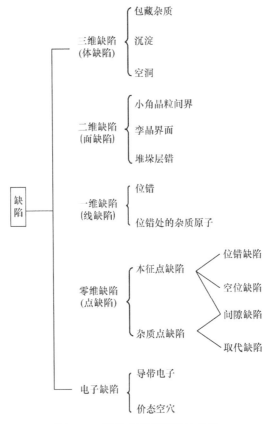

图 19.1   晶体中重要缺陷的分类

2. 线缺陷

线缺陷也称一维缺陷，是指晶体中沿某一条线附近的原子的排列偏离了理想的晶体点阵结构。例如位错，位错包括刃位错和螺型位错，刃位错是当晶体中有一个晶面在生长过程中断了，便在相隔一层的两个晶面之间造成了短缺一部分晶面的情况，如图 19.2 所示。螺型位错是晶面的生长并未中断，但是它是斜面地绕着一根轴线盘旋生长起来的情况，如图 19.3 所示。在晶体位错处还可能聚集着一些杂质原子，这也是一类线缺陷。用透射电子显微镜观测合金薄膜时可以直接看到位错的存在，金属材料中的位错是决定金属力学性质的基本因素。

3. 面缺陷

面缺陷又称二维缺陷，用金相显微镜观察经过磨光并浸蚀过的金属表面，可以看出它是由许多小的晶粒组成，每一个晶粒是一个单晶体，不同取向的晶粒之间的界面称为晶粒间界，如图 19.4 所示。晶粒间界附近的原子排列比较紊乱，构成了面缺陷。由于在界面上没有足够的原子去组成完善的点阵序列和形成完全的价键，所以那里存在悬空键。因此，在晶粒间界的交错处及上述的位错处是催化反应的活性中心。固体原子的最密堆积中，层与层堆垛的顺序发生错误也是一种面缺陷，如在立方密堆积中出现 ABCABC/BCABC 这种缺少一个 A 原子层的情况。

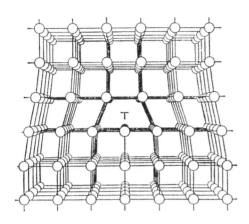

图 19.2　具有刃位错的点阵图
T 表示位错线

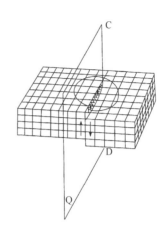

图 19.3　具有螺型位错的点阵图
Q 是滑移面，垂直的两个箭头表示位错移动的方向

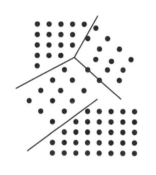

图 19.4　晶粒间界

4. 体缺陷

体缺陷又称三维缺陷，是指在三维上尺寸都比较大的缺陷。例如，固体中包藏的杂质、沉淀和空洞等，这些缺陷和基质晶体已经不属于同一物相，是异相缺陷。

5. 电子缺陷

在理想的完善晶体中，电子均位于最低的能级，价带中的能级完全被占据，导带中没有电子，全部空着，但在实际晶体中由于存在点缺陷，在导带中有电子载流子，在价带中有空穴载流子，这类电子和空穴也是一种缺陷，称为电子缺陷。

19.1.2　缺陷的表示符号

通常采用克罗格(Kröger)和文克(Vink)所提出的一套符号表示晶体中的各类缺陷，符号形式如下：

1. 点缺陷的名称

空位缺陷用 V 表示；杂质缺陷用该杂质的元素符号表示；电子缺陷用 e 表示；空穴缺陷用 h 表示。

2. 点缺陷在晶体中所占的位置

点阵格位用被取代的原子的元素符号表示；间隙位置用字母 i 表示。例如，在 AB 化合物的晶体中，部分原子互相位错，即 A 原子占据了 B 原子的位置，B 原子占据了 A 原子的位置，则分别用符号 A_B 和 B_A 表示；如果它的组成偏离化学整比性就意味着固体中存在空的 A 格位和空的 B 格位，即 A 空位 V_A 或 B 空位 V_B；如果存在间隙的 A 原子或间隙的 B 原子则用 A_i 或 B_i 表示；当 AB 晶体中掺杂了少量外来杂质原子 F 时，F 可以占据 A 的格位形成 F_A 缺陷或占据 B 的格位形成 F_B 缺陷或处于间隙的位置形成 F_i 缺陷。

3. 点缺陷所带有效电荷

点缺陷所带的有效电荷不同于实际电荷，有效电荷相当于缺陷及其四周的总电荷与理想晶体中同一区域处的电荷之差，对电子和空穴而言，它们的有效电荷与实际电荷相等，在化合物晶体中，缺陷的有效电荷一般不等于其实际电荷。例如，从含有少量(如 1%)$CaCl_2$ 的 NaCl 熔体中生长出来的 NaCl 晶体中，发现有少量的 Ca^{2+} 取代了晶体格位上的 Na^+，同时也有少量的 Na^+ 格位空位。这两种点缺陷可以分别用符号 $Ca_{Na}^{\cdot}$ 和 $V_{Na}^{'}$ 表示。当在氯化氢气氛中焙烧 ZnS 时，晶体中将产生 Zn^{2+} 空位和 Cl^- 取代 S^{2-} 的杂质缺陷，这两种缺陷可以分别表示为 $V_{Zn}^{''}$ 和 $Cl_S^{\cdot}$。又如，在 SiC 中当用 N^{5+} 取代 C^{4+} 时，生成的缺陷表示为 $N_C^{\cdot}$；在 Si 中，当 B^{3+} 取代 Si^{4+} 时，生成的缺陷可用符号 $B_{Si}^{'}$ 表示。

电子和空穴可以用 $e^{'}$ 和 $h^{\cdot}$ 表示。

19.1.3　缺陷的浓度表示

固体中各类点缺陷及电子和空穴的浓度多数情况下以体积浓度表示，即以每立方厘米中所含该缺陷的个数 $[D]_V$ 表示。

例如，纯 Si 的 $\rho \cdot N_A/M = 5\times10^{22}$ 原子·cm^{-3}，如果其中含有 5×10^6 个杂质缺陷 $B_{Si}^{'}$ 时，杂质浓度可表示为

$$c(B_{Si}^{'})_V = 5\times10^{16} \text{个}\cdot cm^{-3}$$

也可用格位浓度 $c(D)_G$ 表示：

$$c(B_{Si}^{'})_G = \frac{5\times10^{16}}{5\times10^{22}} = 1\times10^{-6}$$

现在可以制得的高纯硅的杂质含量可以低于 10^{13} 个·cm^{-3}，但表示电子和空穴浓度时分别用符号 n 和 p 而不用 $c(e^{'})$ 和 $c(h^{\cdot})$。

19.2　固体结构和性质的关系

19.2.1　固体材料的导电性

图 19.5 显示了固体材料的几种能带分布状况。

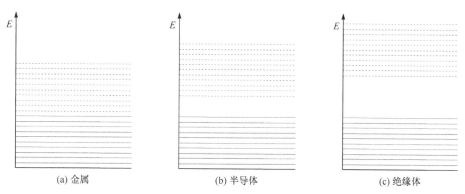

图 19.5　固体材料的几种能带分布状况

图 19.5 中的(a)为金属材料，价带与导带紧挨，电子可自由活动于两个带中。在电场的作用下，这些电子依次运动就产生了电流，故金属是良导体，电阻特别小。图 19.5 中的(c)是绝缘体，禁带特别宽，一般情况下价带的电子无法进入导带，因此即使有电场存在也无导电作用。图 19.5 中的(b)为本征半导体。价电子充满价带，导带中没有电子。在能量的激发下，价带中的部分电子会跃迁到导带中，使导带获得导电能力，称为 n 型导电。同时满带中由于失去了部分电子而留下了空穴，使价带呈正电荷过剩。这种空穴在电场作用下也会移动，也具有导电能力。这种导电是由带正电荷的空穴引起，称为 p 型导电。可见本征半导体的特点是，禁带宽度较窄(0.2～3 eV)，一经激发同时具有 n 型和 p 型导电能力。

绝缘体不导电是因为其禁带宽度较大(5～10 eV)，难以使价带中的电子激发为导带的自由电子。然而如果人为地在禁带中造成某个能级，使其电子易于跃迁就可形成半导体。如图 19.6(a)所示，若在导带附近有一个施主能级，它可以在激发时提供电子使其跃迁到导带形成自由电子，就形成了 n 型半导体。若在禁带中靠近价带处有一受主能级，它可以在激发时接受来自价带的电子，使价带形成空穴过剩，就形成了 p 型半导体，如图 19.6(b)所示。

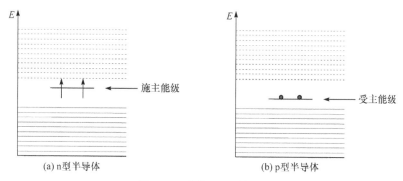

图 19.6　能带的几种情况

半导体在通常条件下不表现导电能力，而在激发时能具有导电能力。半导体材料有 3 种类型：本征半导体、n 型半导体及 p 型半导体。本征半导体通常是一些单晶物质，如锗单晶、硅单晶等，而 n 型及 p 型半导体通常都是一些非化学计量的氧化物。以 n 型半导体为例，它必须有一个施主能级，也就是说它要有一个易于给予电子的结构。下列几种情况可以构成 n 型半导体。

1. 正离子过剩

以 ZnO 为例，规整的 ZnO 晶体是绝缘体，然而在制备 ZnO 时难免在晶格中有过剩的 Zn。例如，在还原条件下或热分解情况下常有过剩的 Zn 出现：

$$ZnO + H_2 \longrightarrow Zn + H_2O$$

$$ZnO \longrightarrow Zn + \frac{1}{2}O_2$$

这些过剩的 Zn 原子往往出现在晶体晶格的间隙中形成间隙缺陷，如图 19.7 所示。

Zn^{2+}	O^{2-}	Zn^{2+}	O^{2-}	Zn^{2+}	O^{2-}
O^{2-}	Zn^{2+}	O^{2-}	Zn^{2+}	O^{2-}	Zn^{2+}
	$e \cdot Zn^{2+} \cdot e$			$e \cdot Zn^{2+} \cdot e$	
Zn^{2+}	O^{2-}	Zn^{2+}	O^{2-}	Zn^{2+}	O^{2-}
O^{2-}	Zn^{2+}	O^{2-}	Zn^{2+}	O^{2-}	Zn^{2+}

图 19.7　正离子过量示意图

这种过剩的 Zn 可看作 Zn^{2+}带有两个电子。这两个电子属于间隙离子所有，它不参与电子共有化，所以有相当的自由度。当温度升高时，它们极易脱离间隙离子而成为准自由电子，使 ZnO 具有导电能力。我们称这种提供电子的 Zn 为施主物质。

2. 负离子缺位

以 V_2O_5 为例，如图 19.8 所示。

O^{2-}	V^{5+}	O^{2-}	V^{5+}	O^{2-}
V^{5+}	O^{2-}	V^{5+}	O^{2-}	V^{5+}
O^{2-}	V^{5+}	e	V^{4+}	O^{2-}
V^{5+}	O^{2-}	V^{5+}	O^{2-}	V^{5+}

图 19.8　负离子缺位示意图

当 V_2O_5 中 O^{2-}缺位出现时，由于晶体要保持中性，缺位□可以束缚电子形成 e，同时附近的 V^{5+}变成 V^{4+}。这个被束缚的电子也有较大的自由度，随温度的升高可以变成准自由电子而引起导电。

3. 高价离子同晶取代

若 ZnO 中的部分 Zn^{2+}被 Al^{3+}取代，为了保持电荷中性，每当取代一个 Zn^{2+}，晶格上必须加一个负电荷，如图 19.9 所示。

Zn^{2+}	O^{2-}	Zn^{2+}	O^{2-}	Zn^{2+}	O^{2-}
O^{2-}	Zn^{2+}	O^{2-}	Zn^{2+}	O^{2-}	Zn^{2+}
Zn^{2+}	O^{2-}	$[e \cdot Al]^{2+}$	O^{2-}	Zn^{2+}	O^{2-}
O^{2-}	Zn^{2+}	O^{2-}	Zn^{2+}	O^{2-}	Zn^{2+}

图 19.9　高价离子同晶取代示意图

负电荷可看作$[e \cdot Al]^{2+}$,其中的电子也只属于高价离子单独所有,可以成为 n 型半导体的施主来源。

4. 掺杂

当在晶格间隙中掺入电负性较小的原子,如在 ZnO 中掺入 Li。由于 Li 的电负性小,很容易把电子交给邻近的Zn^{2+}而形成Li^+和Zn^+,这些Zn^+的产生实际上是Zn^{2+}束缚了一个电子,即看作$e \cdot Zn^{2+}$。这种电子当然也不参与共有化,有一定的自由度,也可激发到导带而引起导电。

总之,在导带附近形成一个能级并提供电子可被激发到导带,就可以形成 n 型半导体。ZnO、CuO、CdO、BaO、CeO_2、CaO、TiO_2、SnO_2、V_2O_5、Sb_2O_3、Fe_2O_3、WO_3、MoO_3 等均为 n 型半导体。

同时,采用正离子缺位、低价离子同晶取代、掺入电负性大的杂质等方法可构成 p 型半导体。例如,NiO、CoO、Cu_2O、FeO、MnO_2、Cr_2O_3、WO_2、Bi_2O_3 等都可制备成 p 型半导体。

19.2.2　超导体

1908 年,荷兰物理学家昂尼斯(Onnes)成功地制备了液态氦,获得了 4 K 的低温。3 年后,他将水银冷却到 233 K,水银便凝成了一条线,继续冷却到 4.2 K 附近,在水银线通上几 mA 的电流,这时水银的电阻突然消失了(图 19.10)。这种电阻突然消失的零电阻现象被称为超导现象,具有超导性的物质为超导体。电阻突然消失的温度称为转变温度或临界温度,用 T_c 表示。

在当时的实验条件下,用仪表直接测量的精度难以使人置信。于是人们设计了一个更精密的实验。将一个超导体做成的圆环置于磁场中,然后降温到转变温度 T_c,再将磁场突然撤掉。由于电磁感应作用,在超导圆环内会产生一个感应电流。如果这个圆环的电阻确实为零,这个电流就应当没有任何损耗地一直维持下去,这就是著名的持续电流实验。事实上,经过长时间的观察,确实如此,因此零电阻现象被正式肯定。

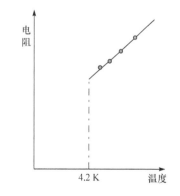

图 19.10　水银在 4.2 K 时电阻消失

超导体另一个异常的特性是完全抗磁性。在一个浅平的锡盘上,放置一个体积很小、磁性极强的永久磁铁,然后将温度降至锡的 T_c,可以看到小磁铁竟离开锡盘表面,飘然浮起,与锡盘保持一定距离后便悬空不动了。这是由于超导体的抗磁性,小磁铁的磁力线无法穿透超导体,磁场发生畸变,便产生了一个向上的浮力。超导体的这种保持体内磁感应强度等于零的性质称为迈斯纳效应。

现已知道元素周期表上已有 26 种金属具有超导性,其 T_c 值列于表 19.1 中,均在 10 K 以下,难以有实用价值。于是科学家们把注意力转向开发合金或金属化合物。表 19.2 为一些化合物的 T_c 值。

表 19.1 超导金属的转变温度 T_c （单位：K）

元素	T_c	元素	T_c	元素	T_c
Ti	0.4	Re	1.7	In	3.41
Zr	0.54	Ru	0.49	Tl	2.38
Hf	0.16	Os	0.65	Sn	3.72
V	5.03	Ir	0.14	Pd	7.2
Nb	9.2	Zn	0.86	La	4.9
Ta	4.4	Cd	0.52	Th	0.37
Mo	0.92	Hg	4.15	Pa	1.4
W	0.01	Al	1.19	V	2.0
Tc	8.2	Ga	1.09		

表 19.2 一些超导化合物的转变温度 T_c （单位：K）

化合物	T_c	化合物	T_c	化合物	T_c
V_3Si	17.0	Nb_3Al	18.8	$Nb_3(Al_{0.75},Ge_{0.25})$	21.0
V_3Ga	18.0	Nb_3Sn	18.1	NbGe	23.2

1986 年，瑞士 IBM 研究实验室的德国科学家贝德诺兹(Bednorz)与瑞士科学家米勒(Müller)发现 La-Ba-Cu-O 混合氧化物具有超导性，T_c 为 35 K，为超导体的研究做出了新的突破，他俩也因此获得了 1987 年的诺贝尔物理奖。人们又广泛尝试了其他混合体系，1987 年赵忠贤与朱经武分别独立地发现钇钡铜氧化物体系的 T_c 更高，为 90 K，这又是一次较大的突破，因为这个温度高于液氮温度(77 K)，以后 Ti-Ba-Ca-Cu-O 和 Bi-Sr-Ca-Cu-O 也被证实具有超导性且 T_c 高达 120 K。

这些混合氧化物中，似乎铜是不可缺少的，于是科学家们对 Y-Ba-Cu-O 体系进行了深入的研究，发现这种混合物中含有一个 Y、2 个 Ba 和 3 个 Cu，所以又称它为 1-2-3 化合物。由于 Y-Ba-Cu-O 是非化学计量化合物，氧原子不足必然形成结构上的缺陷，或许正是这种缺陷造就了超导性，在大量研究取代元素之后发现，体系中的 Y、Ba 及 Cu 均可用其他金属代替，其中 Cu 虽可被取代，但也必须是变价的金属如 Mn、Fe、Co、Ni 等。

超导的机制及混合氧化物具有较高 T_c 的奥秘正在探索中，相比之下，BCS 超导微观理论较好地解释了金属及一些混合氧化物产生超导的机制。

这个理论是巴丁(Bardeen)、库珀(Cooper)和施里弗(Schrieffer)提出的超导电性量子理论。实验证明当金属处于超导态时，其电子能谱与正常的金属不同，如图 19.11 所示。BCS 理论认为，超导态费米面附近存在一个动量大小相等而方向相反且自旋方向也相反的两电子束缚态，这种束缚态电子对称为库珀对，库珀对导致在 E_F 附近出现了一个半宽度为 Δ 的能量间隔。在这个能量间隔内没有电子存在，人们把这个 Δ 称为超导能隙，能隙是 $10^{-4} \sim 10^{-3}$ eV 能量级。在绝对零度，能量处于能隙下边缘以下的各态全被占据，而能隙以上的各态则全空着，这就是超导基态。因此，超导体大多数性质都可以说是这种电子配对的结果。据目前所知超导体可以在制造大容量超导发电机，输送电流，实现磁力悬浮高速列车，以及控制核聚变等领域有极大的用途。

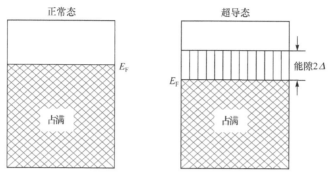

图 19.11　$T = 0\,K$ 下的正常态和超导态电子能谱

19.2.3　固体的磁性质

1. 固体磁性质的基本类型

物质的磁性一般可分为表 19.3 所示的五种基本类型。

表 19.3　不同磁性物质磁性的异同点

磁特性	抗磁性	顺磁性	反铁磁性	铁磁性	亚铁磁性
原子磁矩 μ_J	$\mu_J = 0$	$\mu_J \neq 0$	$\mu_J \neq 0$	$\mu_J \neq 0$	$\mu_J \neq 0$
磁化率	$-10^{-5} \sim 10^{-6}$	$10^{-5} \sim 10^{-4}$	$10^{-4} \sim 10^{-2}$	$10^{2} \sim 10^{6}$	$10^{2} \sim 10^{6}$
变换积分常数 A	0	约 0	负	正	负
饱和磁化场 $H_s/(\mathrm{A \cdot m^{-1}})$	无限大	$>10^{10}$	$>10^{10}$	$10^{2} \sim 10^{5}$	$10^{2} \sim 10^{5}$
磁性	弱	弱	弱	强	强

抗磁性是物质中运动着的电子在外磁场作用下，受电磁感应而表现出的磁特性，任何物质都具有抗磁性，但由于抗磁化强度通常很小，如果同时存在强的顺磁性就会被掩盖，所以只有那些原子壳层都充满电子的物质才表现出抗磁性。

无机固体显示出抗磁性外的磁效应是存在未成对电子的表征。未成对电子通常定域在金属阳离子，因此磁性行为主要限于分别具有未成对的 d 和 f 电子的过渡金属和镧系元素化合物。例如，五种过渡金属 Cr、Mn、Fe、Co、Ni，以及大部分镧系元素显示铁磁性或反铁磁性。很多金属氧化物也表现出磁有序性。

物质所呈现出的五种基本类型的磁性中，抗磁性、顺磁性、反铁磁性属于弱磁性，铁磁性和亚铁磁性属于强磁性。只有强磁性的物质才有希望成为磁性材料，物质呈现出的磁性质与其组成和结构有密切的关系。不同类型的物质产生磁性的机理也各不相同，下面简单介绍自发磁化理论要点，并概括讨论物质结构与磁性的关系。

2. 物质结构与磁性的关系

1）原子磁矩

一切物质都由原子或分子组成，原子由原子核和核外电子组成，电子和原子核均有磁矩，但原子核磁矩仅为电子磁矩的 1/1836.5, 所以原子磁矩主要来源于电子磁矩。电子亚层(s, p, d, f···)填满了电子的原子磁矩为零, 是没有净磁矩的原子, 这种物质属于抗磁物质, 若放在磁场稍受排斥, 除此之外所有物质的原子均有净原子磁矩。

(1)孤立(自由)基态原子磁矩。孤立基态原子核外的电子除了围绕原子核做轨道运动外, 还做自旋运动, 原子磁矩是电子轨道磁矩和自旋磁矩的总和。光谱学家和化学家一般采用如下方法计算含有未成对电子的基态原子或离子的磁矩。

自旋磁矩 μ_S 可通过下式计算

$$\mu_S = 2\sqrt{S(S+1)} \quad (\text{B.M.}) \tag{19-1}$$

式中, μ_S 为总自旋磁矩, 单位为 B.M.; S 为各个未成对电子自旋量子数的总和。

例如, 高自旋的 Fe^{3+} 含有 5 个未成对的 3d 电子, 因而

$$S = \frac{5}{2} \qquad \mu_S = 5.92 \text{ B.M.}$$

在有些物质内, 一个电子的绕核运动所产生的轨道磁矩对总磁矩做出完全贡献, 此时总磁矩 μ_{S+L} 可通过下式计算

$$\mu_{S+L} = \sqrt{4S(S+1) + L(L+1)} \quad (\text{B.M.}) \tag{19-2}$$

式中, μ_{S+L} 为自旋磁矩和轨道磁矩的总和; S 为各个未成对电子自旋量子数的总和; L 为总轨道角动量量子数。

(2)实际晶体中的原子磁矩。3d 金属孤立原子(或离子)磁矩比晶体中的原子磁矩大许多。因为孤立原子(或离子)组成大块金属后, 4s 电子已公有化, 3d 电子层成为最外层电子, 金属晶体中原子按点阵有规则排列, 在点阵上的离子处于周围邻近离子产生的晶体场中。在晶体场的作用下, 晶体中原子 3d 电子轨道"冻结", 因此 3d 金属原子磁矩主要由电子的自旋磁矩贡献。

4f 金属孤立原子或离子磁矩(理论计算 μ_{S+L} 值)则与晶体中的原子或离子磁矩(实验值)几乎完全一致。因为在稀土金属晶体中 4f 电子壳层被外层的 5p 电子壳层所屏蔽, 晶体场对 4f 电子轨道磁矩的作用甚弱或者没有作用, 所以 4f 金属的电子轨道磁矩和自旋磁矩对原子磁矩都有贡献。

2)磁畴和自发磁化

3d 铁磁金属和多数铁磁性稀土金属原子都有固有的原子磁矩, 每一个原子都相当于一个元磁铁, 理论和实验均已证明, 在居里温度以下, 没有外磁场作用时, 铁磁体内部分成若干个小区域, 在每个小区域内原子磁矩已自发地磁化饱和, 即原子磁矩彼此同向平行排列, 这个小区域称为磁畴, 不同磁性物质磁畴内原子磁矩排列不同, 自发磁化的起因也不同。

(1)3d 金属的自发磁化。在 3d 金属如铁、钴、镍中, 当 3d 电子云重叠时, 相邻原子的 3d 电子存在交换作用, 它们每秒以 10^8 的频率交换位置。相邻原子 3d 电子的交换作用能 E_{ex} 与两个自旋磁矩的取向(夹角)有关, 可以表达为

$$E_{ex} = -2A\sigma_i\sigma_j \tag{19-3}$$

式中, σ_i 为以普朗克常量为单位的电子自旋角动量; σ_j 为电子的轨道角动量; A 为两个电子交换位置而产生的相互作用能, 称为交换能或交换积分。若用经典矢量模型来近似, 且 $\sigma_i = \sigma_j$

时式(19-3)可转化为

$$E_{ex} = -2A\sigma^2 \cos\phi \tag{19-4}$$

式中，ϕ 是相邻原子 3d 电子自旋磁矩的夹角；A 为交换积分常数。在平衡状态，相邻原子 3d 电子自旋磁矩的夹角应遵循能量最小原理。当 $A>0$ 时，为使交换作用能最小，相邻原子 3d 电子的自旋磁矩夹角为零，即彼此同向平行排列，称为铁磁性耦合，如图 19.12(b) 所示，即自发磁化出现铁磁性有序。例如，室温以上，Fe、Co、Ni 和 Gd 等的交换积分 $A>0$ 时，是铁磁性的。当 $A<0$ 时，为使交换作用能最小，相邻原子 3d 电子自旋磁矩夹角 $\phi=180°$，即相邻原子 3d 电子自旋磁矩反向平行耦合，或反铁磁性有序，如图 19.12(c) 所示。当 $A=0$ 时，相邻原子 3d 电子自旋磁矩彼此不存在交换作用或者作用十分微弱，由于热运动的影响，原子磁矩取向混乱，变成磁无序，即顺磁性，如图 19.12(a) 所示。

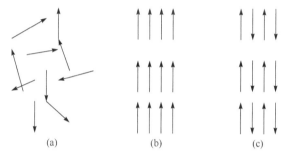

图 19.12　晶体中磁畴内部原子磁矩的排列

(a)顺磁性；(b)铁磁性；(c)反铁磁性

交换积分常数 A 的绝对值的大小及正、负与相邻原子间距离 a 与 3d 电子云半径 r_{3d} 的比值有关，见图 19.13。

(2)稀土金属的自发磁化——间接交换作用。稀土金属中 4f 电子是局域化的，相邻的电子云不能重叠。外层还有 5s 和 5p 电子层对 4f 电子起屏蔽作用。因而，不可能像 3d 金属那样存在直接交换作用。茹德曼、基特尔、胜谷等先后提出并完善了间接交换作用理论(RKKY)，很好地解释了稀土金属和稀土金属间化合物的自发磁化。

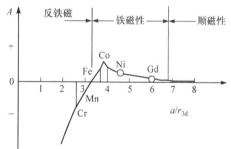

图 19.13　3d 金属的交换积分常数 A 与 a/r_{3d} 的关系

RKKY 理论认为，在稀土金属中 f 电子是局域化的，6s 电子是巡游电子，f 电子和 6s 电子要发生极化现象，极化了的 6s 电子自旋使 4f 电子自旋与相邻原子的 4f 电子自旋间接地耦合起来，从而产生自发磁化。在低于室温时，大多数镧系元素具有反铁磁性，较后的镧系元素在不同温度下还可形成铁磁性和反铁磁性两种结构。

(3)稀土金属间化合物的自发磁化——间接交换作用。稀土金属(RE)与 3d 过渡金属(M)形成一系列化合物。这类化合物的晶体结构都是由 $CaCu_5$ 型六方结构派生而来。其中 REM_5 如 $SmCo_5$ 的结构与 $CaCu_5$ 型结构相同。在这类化合物中，也是以传导电子为媒介产生的间接交换作用，而使 3d 和 4f 电子磁矩耦合起来的。在稀土金属化合物中，由于传导电子的媒介作用，使 3d 电子的自旋磁矩与 4f 电子的自旋磁矩总是反平行排列的。对轻稀土 $J = L - S$，总的磁矩与自旋方向相反，故在轻稀土化合物中 3d 电子自旋磁矩与稀土原子磁矩是铁磁性耦合，而重稀土化合物中，$J = L + S$，总的磁矩与自旋方向相同，其总磁矩与 3d 电子自旋磁矩反平行，故 3d 电子自旋磁矩与稀土原子磁矩是亚铁磁性耦合，如图 19.14 所示。

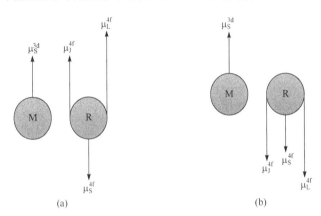

图 19.14　3d 金属与轻稀土金属及重稀土金属化合物的磁矩耦合

(a) 3d 金属与轻稀土金属；(b) 3d 金属与重稀土金属

(4) 金属氧化物(铁氧体磁性材料)中的自发磁化——间接交换作用。铁氧体磁性材料是由金属氧化物组成的，其代表式为 $MO \cdot xFe_2O_3$，其中 M 是二价金属离子如 Mn、Ni、Fe、Co、Mg、Ba、Sr 等，x 可取 1, 2, 3, 4, 5, 6。铁氧体磁性材料中的自发磁化与金属氧化物的自发磁化密切相关。下面以 MnO 为例，说明金属氧化物中的间接交换作用，并进一步说明铁氧体磁性材料中的自发磁化。

图 19.15 是 MnO 的晶胞，图中两个斜影线画出的对角面把它分成两个磁矩相反的次晶格，它的特点是 Mn^{2+} 和 O^{2-} 交替地占据晶格的位置。任何一个 Mn^{2+} 的最近邻都是 O^{2-}，而每一个 O^{2-} 的周围又都是以 Mn^{2+} 作最近邻。显然决定离子磁矩相对取向的不是 Mn^{2+} 与 Mn^{2+} 间的直接交换作用，而是通过 O^{2-} 所产生的一种间接交换作用，可用图 19.16 定性地说明。

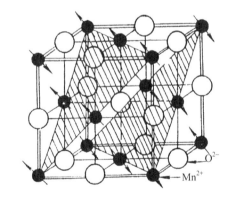

图 19.15　MnO 晶胞中两个斜影 Mn^{2+} 和 O^{2-} 的
分布及离子磁矩方向

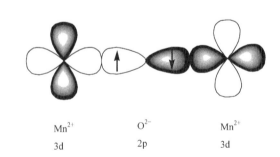

Mn^{2+}　　　O^{2-}　　　Mn^{2+}
3d　　　　　2p　　　　　3d

图 19.16　Mn^{2+}—O^{2-}—Mn^{2+} 的电子云
角度分布

此时 Mn^{2+}—O^{2-}—Mn^{2+} 的磁矩方向如图 19.17 所示。因此，在 O^{2-} 两侧成一直线的两个 Mn^{2+} 的磁矩必然是反平行的。离子磁矩相对取向的交换作用为间接交换作用或超交换作用。这种交换作用使得 MnO 中 Mn^{2+} 的磁矩一半向着一个方向,另一半向着相反的方向,而总的磁矩为零,因此 MnO 是反铁磁性的。

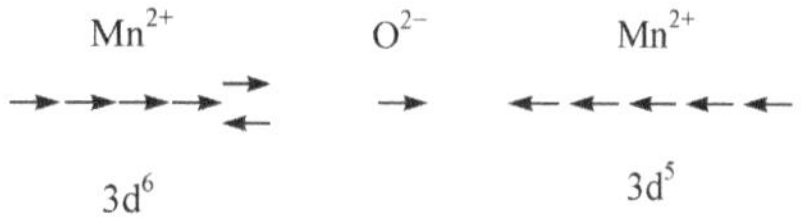

3. 温度效应:居里定律和居里-韦斯定律

不同种类磁性物质的磁化率对不同温度呈现不同的变化规律。许多顺磁性物质遵循简单的居里(Curie)定律,即磁化率 X 与温度成反比:

$$X = \frac{C}{T} \tag{19-5}$$

图 19.17 激发态 Mn^{2+}—O^{2-}—Mn^{2+} 的磁矩方向

式中,C 为居里常数;X 为磁化率;T 为热力学温度。

与实验数据符合得更好的是居里-韦斯(Curie-Weiss)定律:

$$X = \frac{C}{T + \theta} \tag{19-6}$$

式中,θ 为韦斯常数,可正可负。

不同种类磁性物质的磁化率与温度的关系如图 19.18 所示。顺磁性物质的磁化率随温度的升高而减小,低温下铁磁性物质显示很大的磁化率,随温度上升,磁化率急骤下降,高于某一温度(铁磁性居里温度 T_c)时,物质就不再具有铁磁性而转化为顺磁性,如超过居里点后,铁、钴、镍都呈现顺磁性,这时可观察到居里-韦斯行为。对于反磁性物质,在温度达到称为尼尔(Neel)点的临界温度 T_N 前,磁化率值随温度上升而增加,高于 T_N 时物质也转变为顺磁性。例如,低于室温时,镧系元素大多为反铁磁性,较后的镧系元素随温度降低出现顺磁→反铁磁→铁磁的结构转变(其中钆不形成反铁磁性结构)。

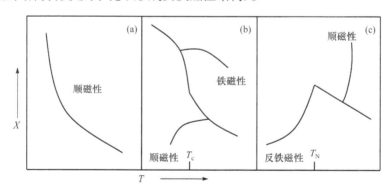

图 19.18 顺磁性(a)、铁磁性(b)、反铁磁性(c)物质的磁化率与温度之间的关系

磁性物质中存在未成对电子,并在磁场中显示某种程度的顺向排列。升高温度增加了离子和电子的热能,部分抵消了外磁场有序化作用,因而顺磁性物质的 X 值随温度升高而减小。

铁磁性物质由于晶体结构中相邻原子或离子的磁矩之间的相互作用,有大量的电子自旋平行取向,故 X 值很大;随温度升高无序程度增大,因而 X 值迅速减小;反铁磁性物质的电子以反平行取向,对 X 有抵消作用,因此反铁磁性的 X 值很小,温度升高导致反平行有序化程度降低,"无序的"电子自旋数增加因而 X 值增加。

五种不同基本类型的磁性之间的区别及实例总结如下:

抗磁性:抗磁性是物质运动着的电子在外磁场作用下,受电磁感应而表现出的磁特性,抗磁性按照与温度和磁场的关系可以分为两类：一是经典抗磁性，其磁化率不随温度和磁场明显改变；二是反常抗磁性，其磁化率与温度和磁场有明显的依赖关系。

顺磁性：顺磁性是某些物质中原子磁矩作取决于热运动的无序排列从而不发生自发磁化呈现出的磁特性。磁化率与温度的关系服从居里定律或居里-韦斯定律。大多数金属在室温以上是顺磁性的。

铁磁性：铁磁性是某些物质中相邻原子磁矩作同向排列自发磁化呈现的磁特性。铁磁性物质在很小的外磁场中有很大的磁化强度。在不大的磁场中即可达到饱和。其饱和磁化强度随温度增高而降低，达某一临界温度时降为零。在室温下纯金属铁、钴、镍及钆是铁磁性，铁磁性物质的磁化率一般在 10 以上，比顺磁或抗磁性物质大 $10^5 \sim 10^9$，饱和磁化强度为零的温度称为居里温度。在居里温度以上物质变为顺磁性，服从居里-韦斯定律。在居里温度以下，铁磁性物质内部自发地形成许多磁畴，畴的尺寸为几十纳米到几厘米，在同一磁畴内原子的磁矩彼此平行排列（磁有序）呈自发饱和磁化状态；在居里温度时，由于原子的热运动使磁有序状态破坏，磁畴消失。

反铁磁性：某些物质中大小相等的相邻原子磁矩作反向排列自发磁化的现象，其总磁矩为零。在外磁场中表现为强的顺磁性，但磁化率随温度升高而升高，在某一温度即尼尔温度时达到最大值。在尼尔温度以上转变为顺磁性，服从居里-韦斯定律。铂、钯、锰、铬等金属、某些合金及金属氧化物、卤素化物都具有反铁磁性，反铁磁性物质本身尚无实际应用价值，但对它的研究加深了对亚铁磁性的理解，有助于亚铁磁性材料的开发和应用。

亚铁磁性：某些物质中大小不相等的相邻原子磁矩作反向排列自发磁化的现象。亚铁磁性物质多为金属氧化物，可以含有多种元素。晶体结构比较复杂，在外磁场中的磁性现象与铁磁性相似，在居里温度以下有自发磁化和磁畴，在居里温度以上转变成顺磁性，服从居里-韦斯定律。亚铁磁性铁氧体的电阻率比一般铁磁材料高许多，在 $10^5 \sim 10^9 \ \Omega \cdot cm$，所以又称为磁性半导体。因涡流损耗很低，故多用于高频电信号的器件中，如记录元件、记忆元件、微波器件。

19.2.4 固体的光学性质

1. 无机固体的颜色

颜色的产生往往是由于固体在某种程度上对可见光的敏感，在大多数场合，如果一有色固体受白光照射，可见光中的部分辐射被吸收，人眼看到的颜色则与未被吸收的辐射及其波长范围相当。

在分子化学中，颜色的产生有两种来源：一种是过渡金属离子内的 d-d 跃迁，如铜（Ⅱ）配合物可呈现深浅不同的蓝色和绿色；另一种是阴离子和阳离子间的电荷迁移，如高锰酸盐呈现紫色，铬酸盐呈现黄色。

在固体中颜色还有一种来源——电子在能带之间的跃迁。例如，Cr_2O_3（能带间隙 3.4 eV）由于 Cr^{3+} 内的 d-d 跃迁呈现绿色，NiO（能带间隙 3.7 eV）由于存在 d-d 跃迁呈现绿色，CdS（能带间隙 2.45 eV）能带间隙落在可见光区域（1.7～3.0 eV）因而显黄色。相应的镉族硫化物由于具有在可见光区的能带间隙，故常被用于曝光表。若能带间隙小于 1.7 eV，固体则吸收可见光呈暗色。例如，PbS（能带间隙 0.37 eV）和 CuO（能带间隙 0.6 eV）均为黑色。但这样的材料都是很好的导电体。与 PbS 相似的材料 PbSe 和 PbTe（能带间隙约 0.3 eV）具有在红外光区域的能带间隙，被用于红外探测器。若某种固体能带间隙很大，落在紫外光区域，则这种固体将是一种不良的导体。如果同时又不存在位于可见光区的分离能级间的电子跃迁，这种固体应当是无色的。例如，金红石 TiO_2（能带间隙 3.2 eV）是白色的。

无机离子和共价化合物材料的结构比金属和半导体材料要复杂得多，对它们的能带结构通常只有近似的了解。但能带理论对无机固体的结构、成键和性质提供了另一种理解，补充了由离子/共价模型得到的认识。

像 NaCl 等 I-Ⅶ化合物和 MgO 等Ⅱ-Ⅵ化合物这样的材料的成键以离子型为主，它们是白色的、导电性很小的绝缘固体。按照 NaCl 是 100%离子成键的假定，两种离子的电子构型为

$$Na^+[1s^2 2s^2 2p^6] \qquad Cl^-[1s^2 2s^2 2p^6 3s^2 3p^6]$$

因此，Cl⁻的 3s、3p 价层是充满的，而 Na⁺的则空着。在 NaCl 中，相邻的 Cl⁻近乎互相接触，3p 轨道可以略有重叠而形成狭窄的 3p 价带，这个带只由阴离子的轨道构成。Na⁺的 3s、3p 轨道也可能重叠形成一个带，即导带，这个带只由阳离子的轨道构成。在正常条件下，由于能带间隙大（约 7 eV），这个带是完全空着的。因此，NaCl 的能带结构与绝缘体的结构非常相似。电子由价带向导带的任何激发可以看作电荷从 Cl⁻向 Na⁺的反转移，而这种反转移是很困难的。

由表 19.4 可知，离子晶体的能带间隙一般约为几电子伏特，相当于紫外光区的能量，因此纯净的、理想的离子晶体对可见光区以至红外光区的辐射，都不会发生吸收，都是透明的。例如，碱金属卤化物晶体对电磁辐射无吸收。

表 19.4　某些无机固体的能带间隙　　　　　　　　　　（单位：eV）

I-Ⅶ		Ⅱ-Ⅵ		Ⅲ-Ⅴ	
LiF	11	ZrO	3.4	AlP	3.0
LiCl	9.5	ZnS	3.8	AlAs	2.3
NaF	11.5	ZnSe	2.8	AlSb	1.5
NaCl	8.5	ZnTe	2.4	GaP	2.3
NaBr	7.5	CdO	2.3	GaAs	1.4
KF	11	CdS	2.45	GaSb	2.7
KCl	8.5	CdSe	1.8	InP	1.3
KBr	7.5	CdTe	1.45	InAs	0.3
KI	5.8	PbS	0.37	InSb	0.2
		PbSe	0.27		
		PbTe	0.33		

注：有些数据特别是碱金属卤化物是近似的。

纯净的、理想的金属卤化物晶体在可见光范围内虽是透明的，但若在晶体中掺入杂质离子、引入过量的碱金属原子、用 X 射线或 γ 射线辐照晶体、用电子或中子轰击晶体等，都可使晶体在可见光范围内呈现颜色，原因是晶体中产生了可以吸收可见光的晶体缺陷，即生色中心。例如，将 NaCl 晶体在碱金属蒸气中加热一段时间后将其迅速冷却，这样晶体中的碱金属超过化学整比量，NaCl 晶体呈褐色，就是因为原来符合化学整比的离子晶体在热平衡状态下包含一些空位。当这样的晶体在碱金属蒸气中加热并迅速冷却后，一些碱金属原子被吸附在晶体表面上，随后电离为离子。电离化的电子扩散到晶体中并被空位所俘获，形成阴离子空位。这个电子可认为被空位周围六个阳离子所共有，或者说以 s 型或 p 型轨道延伸到空位

周围六个金属离子的范围内。这个被束缚的电子由 1s 跃迁到 2p 态，吸收谱带在 465 nm 附近，故呈褐色。相应地 LiCl 经同样的处理则吸收谱带在 385 nm 处，呈现黄色。

2. 红宝石的光学性质与结构的关系

人们最感兴趣的是离子晶体在可见光范围内的吸收，这种吸收是由于晶体中的杂质缺陷或本征缺陷所产生的。晶体的这种对可见光的吸收就成为很多宝石具有漂亮色彩的原因。例如，Al_2O_3 晶体中 Al^{3+} 和 O^{2-} 以静电相互作用按照六方密堆积的方式结合在一起。Al^{3+} 和 O^{2-} 的基态电子能级是填满封闭的。能带间隙为 9 eV。它不可能吸收可见光，因此是透明的。但是如果在 Al_2O_3 晶体中掺杂 0.1% 的 Cr^{3+} 时，晶体呈粉红色，掺 1% 的 Cr^{3+} 则呈深红色，此即红宝石。这是由于 Cr^{3+} 具有未充满的电子组态，在 Al_2O_3 晶体中造成一部分较低的激发态能级，可以吸收可见光的光子能量。

图 19.19 为计算得到的红宝石中 Cr^{3+} 的能级和实际测得的红宝石的吸收光谱及荧光光谱。由图中可以看出，由 $^4A_2$ 基态到 $^4T_2$ 和 $^4T_1$ 激发态的吸收跃迁很强（自旋允许），对应两个强吸收带。由 $^4A_2$ 到 $^2T_1$ 和 $^2T_2$ 的吸收跃迁很弱（自旋禁阻）。由于周围基质对 Cr^{3+} 的作用，吸收谱带变宽，两个强吸收带位于黄绿色和蓝色。因此，普通白光照射在宝石上时，黄绿光和蓝光被强烈地吸收，只有红光透过。

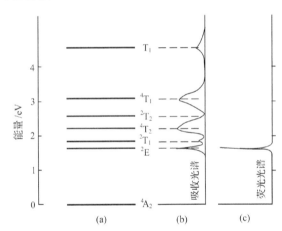

图 19.19　计算得到的红宝石中 Cr^{3+} 的能级和实际测得的红宝石的吸收光谱及荧光光谱
(a) Al_2O_3 中 Cr^{3+} 较低的电子能级；(b) 红宝石的吸收光谱(77 K)；(c) 红宝石的荧光光谱(77 K)

如果用氙闪光灯之类的宽带光源照射红宝石晶体，Cr^{3+} 上的 d 电子从基态激发到 ^2E 态以上的 $^4T_1$ 和 $^4T_2$ 激发态。这些激发态在 10^{-7} s 内通过发射声子这类无辐射过程迅速衰变到 ^2E 能级，而 ^2E 态寿命很长（约 5×10^{-3} s），若将 ^2E 能级到基态的发射在一次短促的猝发中完成就成为激光发射，红宝石就是用于激光灯的第一个晶体物质。

由以上讨论可知，绝缘体中掺入的杂质离子所产生的光学性质与杂质离子本身的电子跃迁有关，其周围基质原子的影响仅限于对光学活性离子能级的影响，如能级的分裂、跃迁的选择等。

3. 晶体的发光

晶体中的原子或离子受电磁辐射的照射或受电子、α 粒子的撞击等跃迁到激发态，从激发态跃回基态时所吸收的能量以光辐射的形式放射出来的现象称为晶体的发光。

绝大多数发光晶体都具有发光中心，发光中心可以是某种杂质离子即激活剂离子。例如，彩色电视荧光屏中发红光的材料 Y_2O_2S:Eu 中的 Eu^{3+}；发光中心也可以是晶体中的某种原子基团，如 X 射线发光材料 $CaWO_4$ 中的 WO_4^{2-}；共价晶体中的施主-受主对也可以构成发光中心。发光中心中的电子在不同能量状态间的跃迁，就导致光的吸收和发射。

发光中心在晶体中并不是孤立的，它受周围基质晶体点阵离子的作用，也对周围离子产生影响，这种作用和影响的强弱由于离子的种类和结构的对称性不同而有所差别。有些发光中心的离子受晶体场影响较小，电子激发和跃迁并不离开发光中心离子，也不与基质离子共有，也不参与晶体的光导电。这种发光中心称为分立发光中心。多数离子晶体的发光属于这一类，如以稀土离子为激活剂的发光晶体，三价稀土离子(除 Ce^{3+}外)无论在什么晶体中，它们的发光光谱都是线谱，能级结构基本与稀土自由离子相同。

有些晶体发光的光谱不但取决于激活剂离子的能级结构，而且取决于整个晶体的性质，这类发光称为复合发光，如晶态发光体 ZnS:Cu, Cl 的发光如图 19.20 所示，导带由 Zn^{2+}晶格位形成，价带的上部则相当于晶格位 S^{2-} 的外层电子能级。当激活剂 Cu^+ 置换晶格中的 Zn^{2+} 时形成负电中心，它使 Cu^+ 周围的 S^{2-} 价带受到微扰从而使价带中的电子受到的束缚减小。在能带图上表现为 Cu^+ 周围局部区域能级高于一般的 S^{2-} 价带的能级，即出现定域受主能级 A。这个能级就是发光中心的基态能级。共激活剂 Cl^- 置换晶格中的 S^{2-} 在导带底的下边形成正电中心，即形成施主能级 D。ZnS:Cu, Cl 的发光过程相当于电子从导带底向发光中心能级 Cu(Ⅰ)或 Cu(Ⅱ)的跃迁。当 Cu^+ 的浓度较低时，主要为由导带向 Cu(Ⅰ)能级的跃迁，发射绿色光谱，当 Cu^+的浓度大于 10^{-3} g/g 基质时，主要发生由导带向 Cu(Ⅱ)能级的跃迁，发射蓝色光谱。

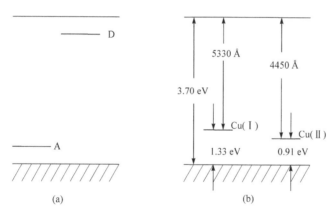

图 19.20　(a)ZnS:Cu, Cl 的能带图与(b)Cu 激活的 ZnS Ⅰ、Ⅱ类发光中心能级图

19.3　固相反应

19.3.1　固相反应的类型和特征

1. 固相反应分类

固相反应一般指那些有固态物质参加的反应。固相反应从组成变化方面可分为：①参与反应的固体发生了组成变化(固体和气体、液体、固体的反应，热分解反应等)；②参与

反应的固体中不发生组成变化(烧结、相变等)。从固体中成分的传输(传输距离)方面可分为：①传输距离短(相变等)；②传输距离长(固体与气体、液体、固体的反应、烧结等)；③介于上述之间(固相聚合等)。

2. 固相反应特征及影响因素

对于气相反应和液相反应，由于反应物发生原子水平的混合，因此反应物的浓度在整个反应区域中是均匀的，按统计法则由原子或分子的碰撞而开始反应，在整个区域中反应的进行也是均匀的。此时反应生成物的分子仅对反应有质量作用的影响，在广泛的范围内，反应体系与空间坐标无关，反应速率可用只含时间的公式来表示。对于固相反应来说，因为参加反应的组分的原子或离子不是自由地运动，而是受到晶体内聚力的限制，它们参加反应的机会不能用简单的统计规律来描述。因此，固相反应不仅与参加反应的物质的结构和性质有关，还与物质的分布状态有关。固相反应的特征及影响因素可简单描述如下。

1)固体的点阵缺陷

早在 20 世纪 40 年代人们就已经发现晶体越完整其反应性就越小，而缺乏完整性的地方(点阵缺陷)就是发生反应的部位。这种点阵缺陷包括从原子级的点缺陷、位错、层错到像微晶点阵排列错乱这样的体缺陷和微晶中位错网等。这些缺陷的性质和分布严重影响物质的传输从而决定固体反应的发生和机理。

2)固体的活化状态

参与反应的固体的活化状态，对反应机理或反应速率也有影响，除点阵缺陷外，参与反应的固体的比表面积增大、点阵不整齐(点阵变形、点阵混乱)、晶体和非晶性质区域共存、非晶态结构、点阵的膨胀与收缩等，都可使体系自由能增大，使固体与气体、液体、固体的化学反应性增加，催化效应提高，热分解温度或相变温度下降，烧结性能增加等。

3)固体反应物的混合、接触状态

一般对于固体的反应还必须考虑固体反应物的混合、接触状态，特别是固-固反应。由于反应是从粒子间的接触点开始的，反应受到接触边界大小或范围的影响，故反应物的表面/容积的比值，无论从动力学或热力学来看都是很重要的因素。预先把反应物混合，用其沉淀反应作为固相反应的预处理，或在预处理后固相反应之前进行混合研磨等操作，其目的都是为了提高反应物的分散接触度。

4)总反应过程的不规则性

对固体反应，从反应过程的数学关系和温度系数所求出的该反应的活化能，随反应的进行而发生变化。因此，表示反应结果的反应式只能符合反应过程中的某一时间范围。同时反应初期、中期、后期可能有不同的反应机理。另外，由阿伦尼乌斯作图法求出的活化能在决定反应速率的过程中有时也没有太重要的意义。这是由于在组成反应物的各种活化物和非活化物之间没有建立起按玻尔兹曼分布的平衡关系。

5)表面结构的特殊性

固体的表面结构因受各种因素的影响和其内部有显著不同，对固体与气体、液体、固体的反应或热分解、烧结等的初期反应状况有很大的影响。

影响固相反应的因素还有一些外部的因素，如反应温度、参与反应的气相物质的分压、电化学反应中电极上的外加电压、射线的辐照、机械处理等。有时外部因素也可能影响甚至改变内在的因素，如对固体进行某种预处理时，辐照、掺杂、机械粉碎、压团、加热或在真空或某种气氛中反应等，均能改变固态物质的内部结构和缺陷的状况，从而改变其能量状态。

3. 固相反应的基本步骤

与气相或液相反应相比，固相反应的机理比较复杂，固相反应过程通常包括以下几个基本的步骤：①吸着现象，包括吸附和解吸；②在界面上或均相区内原子进行反应；③在固体界面上或内部形成新物相的核，即成核反应；④物质通过界面和相区的输送，包括扩散和迁移。

研究固相反应的目的是认识固相反应的机理、掌握影响反应速率的因素、控制固相反应的进程。

19.3.2　固-固相反应

固-固相反应一般指两种固态反应物 A 和 B 相互作用生成一种或多种生成物相 A_nB_m，在这种非均相的固相反应过程中，生成物把初始的反应物 A 和 B 隔开了，因此反应能够继续进行下去需要反应物不断地穿过反应界面和生成物质层，发生物质的传输。所谓物质的传输，是指原来处于晶格结构中平衡位置上的原子或离子在一定条件下脱离原位置而作无规则移动，形成移动的物质流。这种物质流的推动力是原子和空位的浓度差及化学势梯度。物质的传输过程受扩散定律制约，对固体物质 A 和 B 进行反应生成 C，反应过程可以简单用图 19.21 表示。

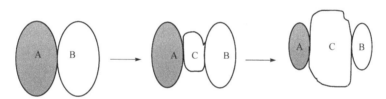

图 19.21　固-固相反应过程示意图

图 19.21 仅表示出固-固相反应过程中物质宏观形貌上的变化。要从微观上认识这种过程，还必须研究在反应过程中物质的晶体结构、晶体的形态和取向的变化、晶体的化学组成及其分布、物质的传输过程等。

固相反应可以类比于气相或液相反应写出 $\ln k = -\dfrac{E}{RT}$ 这样的关系式，式中 k 称为反应速率常数。但在均相反应的多粒子体系中可以用统计能量分布的观点，把 E 理解为体系的活化能，在复杂的、不均匀的固相反应体系中，不能把 E 直接看作反应的活化能，将其称为阿伦尼乌斯值比较妥当。

在研究固相反应时，因为它涉及多项平衡，因此利用相图可以得到许多有用的信息。根据相图可以知道在给定的反应条件下，哪种物相能够生成，是否稳定，什么反应能够发生和进行。由碳的相图(图 19.22)可知合成金刚石必须在高温、高压下进行；由 SiO_2 体系的晶相图(图 19.23)可知不可能从熔融态石英中生长出具有压电性质的 α-石英，它只能采用水热法合成。石英存在以下各种构型：

$$\beta\text{-石英}\xrightleftharpoons[]{573℃}\alpha\text{-石英}\xrightleftharpoons[]{870℃}\text{鳞石英(正交)}$$
$$\xrightleftharpoons[]{1740℃}\text{方石英(四方)}\xrightleftharpoons[]{1728℃}\text{熔融石英}$$

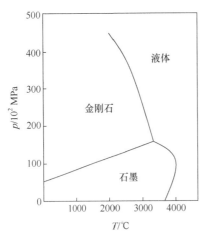

图 19.22　碳的 p、T 图

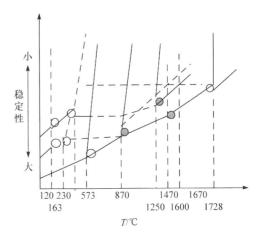

图 19.23　SiO_2 多晶构型的稳定性

各种构型的 SiO_2 的稳定性和温度的关系如图 19.23 所示。图中的○点表示急速转变的相变点；●点表示慢速转变的相变点；虚线表示亚稳态物相区域。可以看出，高温稳定的物相当冷却至室温时，也可以以亚稳物相而继续存在。如果采用提拉法从熔融态石英中生长晶体时，只能得到方石英晶体，冷却时经过多次相变，晶体必然碎裂，根本得不到完整的 α-石英晶体。所以，要制备具有压电性质的 α-石英，只能采用水热法在低温下合成。

一般为使合成反应进行，必须按照相图理论找出需要相的稳定存在区域所对应的组成、温度、压力等条件，同时还要根据反应速率理论设想有利的反应速率条件。例如，由 CoO 和 Al_2O_3 合成钴铝尖晶石时，当把反应温度规定在 1200℃ 时，由于这时相当于 $\gamma\text{-}Al_2O_3$（立方）$\longrightarrow$ $\alpha\text{-}Al_2O_3$（六方）的相转变温度，所以以合成反应进行得特别快。

固-固相反应中，固态反应物的显微结构和形貌特征对反应有很大影响，如物质的分散状态(粒度)、孔隙度、装紧密度、反应物相互间的接触面积等对于反应速率影响很大。因为固相反应进行的必要条件之一是反应物必须互相接触。将反应物粉碎并混合均匀，或者预先压成团并烧结，都能增大反应物之间的接触面积，使原子的扩散输运容易进行，从而增大反应速率。例如，工业上广泛应用的硬磁铁氧体 $BaO\cdot6Fe_2O_3$、$SrO\cdot6Fe_2O_3$ 和软磁铁氧体 $ZnFe_2O_4$、$MnFe_2O_4$ 的制备中，将 Fe^{3+}（或 Fe^{2+}）及其他离子的水溶液用 NaOH、草酸或草酸铵共同沉淀，然后经冲洗、烘干、成型、烧结等工序可使反应温度大大降低。在非金属陶瓷功能材料的制备中，固-固相反应多半在粉末和多晶体状态下进行。例如，制备 $MgCr_2O_4\text{-}TiO_2$ 半导体陶瓷时，以 MgO、Cr_2O_3、TiO_2 粉末压制成型，在空气中于 $1200\sim1450℃$ 烧结 6 h，就可得孔隙度为 $25\%\sim35\%$ 的多孔陶瓷。$MgCr_2O_4\text{-}TiO_2$ 陶瓷可制成对气体、湿度、温度具有敏感特性的多功能传感器。

在传统的硅酸盐陶瓷煅烧工艺中，在粉晶晶粒之间形成一些黏滞性硅酸盐熔体，其润湿晶体表面，并加速固相中的扩散。在冷却时液相转变为玻璃态，把粉晶晶粒互相结合在一起形成陶瓷器件。

固溶反应和离溶反应也属于固-固相反应。这是指合金体系中，各组分形成固溶体或由固溶体中离析出纯组分的现象。离溶反应与由过饱和溶液中析出沉淀的情况相似，钢铁的高温热处理、表面的渗碳和脱碳都属于这类反应。

透明消失反应也属于固-固相反应，如玻璃的失透现象，玻璃长期放置或长时间加热，可能析出部分结晶物相，如含氟的苏打石灰玻璃由加热通过透明消失反应析出 NaF 或 CaF_2，常发生乳白化，用于制造玻璃陶瓷的反应中。

19.3.3　热分解反应

无机或有机固态化合物在受热或受辐射时发生分解反应。有些分解反应从热力学上是可能的，加热或辐射只能为反应提供能量以引发反应，而有些反应则需要外界不断地供给能量。例如，加热分解 $MgCO_3$ 就是这类反应。热分解反应总是从晶体中的某一点开始形成反应的核，晶体中容易成为初始反应核的地方就是晶体的活性中心，它总是位于晶体结构缺少对称性的地方。例如，晶体中那些存在着点缺陷、位错、杂质的地方，晶体表面、晶粒间界、晶棱等处也缺少对称性，也容易成为分解反应的核心，这些因素属于局部化学因素。用中子、质子、紫外线、X 射线、γ 射线等处理晶体，或者使晶体发生机械变形，可增加这种局部化学因素，从而促进固相的分解反应。

核的形成速率及核的生长和扩展速率，决定了固相分解反应的动力学，核的形成活化能大于生长活化能，因此当核一旦形成，便能迅速地生长和扩展。固相分解反应的动力学曲线可用图 19.24 表示，它表示下列等温分解过程：

$$M(s) \longrightarrow N(s \text{ 或 } g) + P(g)$$

在一定温度下，测定反应容器中分解产物的蒸气压随时间的变化，纵坐标表示某一时刻的压力与完全分解后总压之比，即分解的百分率 $a(t)$，横坐标为时间，这种 S 形的图形是固相分解反应的典型动力学曲线，如果利用热重分析法测定定温加热下试样的质量变化，也可得到相同曲线。曲线的 AB 段相当于与分解反应无关的物理吸附气体的解吸，BC 段相当于诱导期，这时发生了一种缓慢的几乎是线性的气体生成反应，在 C 点开始反应加速阶段，反应速率迅速上升到最大值 D 点，然后反应速率又逐渐减慢，直到 E 点反应完成，BE 间的 S 形曲线可以理解为相对于核的生成、核的迅速长大和扩展，许多核交联一起后反应局限于反应界面上。因此，分解反应受控于核的生成数目和反应界面的面积两个因素。

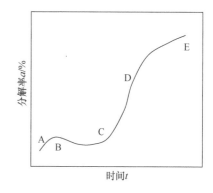

图 19.24　固相分解反应的动力学曲线

19.3.4　有气体参加的固相反应

有气体参加的固相反应主要有金属锈蚀反应(tarnishing reaction)或氧化、化学气相输运反应(chemical vapor transportation reaction)、无机微粒的气相合成等。

锈蚀反应中气体作用于固体(金属)表面，生成一种固相产物，在反应物之间形成一种薄膜相，所以在锈蚀反应的最初阶段，因为气体分子与金属表面可以充分接触，反应速率很快，但当锈蚀产物(如氧化物)的物相层一旦形成后，它就成为一种阻挡金属离子与氧离子之间扩散的势垒，反应的进展就取决于这个薄膜相的致密程度。如果是疏松的，它不妨碍气相反应物穿过并到达金属表面，反应速率与薄膜相的厚度无关；如果是致密的，则反应将受到阻碍，受到包括薄膜层在内的物质输送速率的限制，锈蚀反应过程包括气体分子的扩散、金属离子的扩散、缺陷的扩散和电离、电子和空穴的迁移，以及反应物分子之间的化学反应等。锈蚀反应产物的薄层既起着一种固体电解质的作用，又起着一种外加导体的作用。

金属的锈蚀反应可以表示为

$$M(s) + n/2X_2(g) \Longrightarrow MX_n(s)$$

式中，X_2 可以是氧、硫、卤素等电负性大的物质。这类反应的反应速率取决于：①金属的种类；②反应的时间阶段；③金属锈蚀产物的致密程度；④温度；⑤气相分压等。当氧化膜厚度为 1000 Å 以下时，氧化物层可以认为是由于表面吸附的氧能夺取金属界面的电子而带负电荷，此时电子流主要由电泳引起。对 Zn 的初期氧化，覆膜 ZnO 为 n 型氧化物，服从抛物线法则 $\Delta x = 2kt$（Δx 为覆膜厚度，k 为锈蚀反应的速率常数）。但 Ni 的初期氧化，覆膜 NiO 为 p 型氧化物，当氧化膜厚度为 1000 Å 以下时服从立方法则 $(\Delta x)^3 = k_c t + c$（k_c 为氧化物形成的反应速率常数，c 为积分常数）。对其他金属的初期氧化，还有对数倒数法则和对数法则。当氧化膜厚度为 1000 Å 以上时，大多数金属的氧化服从直线法则和抛物线法则。应该指出：这些法则只适应于一些极限情况，如果一个实际反应包含两个或更多的这些基本过程，那么就不可能用一个简单的速率方程来表示，如反应进行时，锈蚀薄层产生裂隙或者局部发生剥落，反应的速率就会改变。

金属氧化抛物线型的反应速率规律，是金属腐蚀反应最普遍的动力学规律，即生成的金属氧化物膜的厚度 x 与反应时间的关系为

$$\Delta x^2 = 2kt \tag{19-7}$$

这个规律可以用瓦格纳的锈蚀理论来阐明。瓦格纳对金属氧化反应提出以下的假设和模型：金属与外界的氧作用，生成一层致密的氧化物膜牢固地附着在金属上，在整个氧化反应过程中，在 M/MO 和 M/O$_2$(g) 的两个界面上，以及在 MO 产物膜层中，始终保持着热力学平衡。在反应过程中，由于在两个界面处各组分的化学势不同，推动离子和电荷载流子(电子和空穴)穿过 MO 层而形成扩散流，产生物质的输送，又由于各组分的扩散速率不同，在 MO 层中形成扩散电势和电化学梯度。经数学推导可得出 k 和控速组分的平均扩散系数与反应的推动力(表示为氧化物生成自由能)的乘积成正比，根据控速组分的不同则可推断锈蚀反应所服从的动力学规律。

19.3.5 烧结反应

烧结反应是将粉末或细粒混合，先用适当的方法压铸成型，然后在低于熔点的温度下焙烧，在部分组分转变为液态的情况下，使粉末或细粒混合材料烧制成具有一定强度的、多孔的陶瓷体的过程。这种烧结反应是我国古代已有的化学工艺技术，如陶瓷器皿和工具、建筑用的砖等的生产就是运用烧结反应。以硅酸盐为基质材料的陶瓷生产，是将天然陶土粉掺水，和成面团，然后塑制成各种器皿或用具的形状，放入窑内，在适当温度下加热，这时混合物中的一部分组分(如黏土成分)转变为黏滞状态液体，润湿其余晶态细粒的表面，经过物相间物质的扩散，把细粒状态的成分黏结起来，冷却时，黏滞状态的液相转变为玻璃体，最后形成的陶瓷体的显微结构中包含有玻璃体、细粒晶体和孔隙。为了保证陶瓷器件有足够的强度

和致密度，并保持最初塑制时的形状，需要适当控制陶土的配料组成、粒度及烧结温度和时间等。现代工业技术使用的高熔点金属材料、硬质合金、高温耐热材料、永磁体材料等都是利用粉末烧结反应制备或合成的。

烧结过程中，物质在微晶粒表面和晶粒内发生扩散，烧结反应的推动力是微粒表面自由能的降低。例如，两个互相接触的微粒都具有较大的表面能，当加热到其熔点以下的温度时，颗粒内物质发生移动，表面能减小，当两个微粒互相熔合时，它们的总表面积逐渐减小，表面能也随之逐渐降低，趋向于表面积达到极小、表面能也达到极小的状态即两个微粒最终熔合成一个颗粒的极限状态。但是在烧结温度而不是熔融的温度下，这种总表面积、最小的极限状态是难以达到的，实际上经过烧结反应得到的是一种亚稳态的烧结体，它是一种包含大量晶态微粒和气孔的集合体，其中还存在许多晶粒间界。

图 19.25 表示四个直径均为 R 的等径圆球晶粒的烧结过程模型。设圆球晶粒的表面能是各向同性，当状态(a)经过状态(b)和状态(c)最终到达状态(d)时，烧结过程百分之百得进行到底，即总表面积变为最小。晶粒间界完全消失，表面能降低到极小的极限状态。

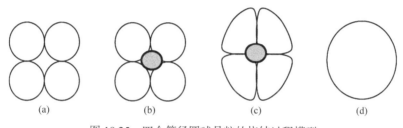

(a)　　　　(b)　　　　(c)　　　　(d)

图 19.25　四个等径圆球晶粒的烧结过程模型

19.4　晶 体 生 长

材料、能源、信息是现代文明的三大支柱，材料科学是人类文明的物质基础，晶体生长为材料科学的前沿。

19.4.1　从溶液中生长晶体

从溶液中生长晶体的历史最久，应用也很广泛。这种方法的基本原理是将原料(溶质)溶解在溶剂中，采取适当的措施造成溶液的过饱和，使晶体在其中生长。从溶液中生长晶体的具体方法有下列几种。

1. 降温法

降温法是从溶液中培养晶体的一种最常用的方法。这种方法适用于溶解度和温度系数都很大的物质，并需要一定的温度区间。这一温度区间也是有限制的，温度上限由于蒸发量大而不宜过高，当温度下限太低时，对晶体生长也不利。一般来说，比较合适的起始温度是 50～60℃，降温区间以 15～20℃为宜。

降温法的基本原理是利用物质的正溶解度温度系数，在晶体生长的过程中逐渐降低温度，使析出的溶质不断在晶体上生长。用此法生长的物质的溶解度的温度系数最好不低于 $1.5\ \mathrm{g} \cdot (100\ \mathrm{g}\ 溶液)^{-1} \cdot ℃^{-1}$。

降温法生长晶体的几种装置如图 19.26～图 19.28 所示。在降温法生长晶体的整个过程中，必须严格控制温度，并按一定程序降温。研究表明，微小的温度波动就可以在生长的晶体中造成某些不均匀区域。

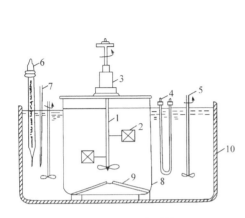

图 19.26   水浴育晶装置

1. 擎晶杆；2. 晶体；3. 转动装置；4. 浸没式加热器；
5. 搅拌器；6. 控制器(接触温度计)；7. 温度计；
8. 育晶器；9. 有孔隔板；10. 水槽

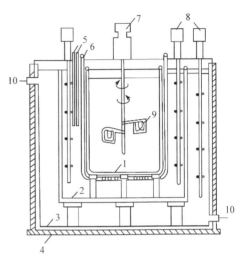

图 19.27   双浴槽育晶装置

1. 育晶器；2. 内浴槽；3. 外浴槽；4. 保温层；
5. 感温元件；6. 加热元件；7. 转晶马达；8. 搅拌
马达(1500 r·min⁻¹)；9. 籽晶；10. 外接冷却
装置的进出口

在降温法生长晶体的过程中，不再补充溶液或溶质。因此，整个育晶器在生长过程中必须严格密封，以防溶剂蒸发和外界污染。

育晶装置的加热方式有浸没式加热、外部加热和辐射加热等几种。对以水为介质的控温装置，通常采用浸没式加热器(图 19.26)，由于水浴热容量大，若搅拌充分，其温度波动较小。为进一步提高控温精度，减少生长槽的温度波动，还设计了双浴槽的育晶装置(图 19.27)。外浴槽接冷却装置，不但可基本消除室温波动的影响，而且使其降温下限不受室温控制。内浴槽像一般水浴槽一样采用浸没式加热。当外浴槽波动为±0.2℃时，内浴槽波动为±0.002℃，最内层的生长槽(育晶器)温度波动可降至±0.001℃。这种装置能满足培育高完整性单晶的需要。

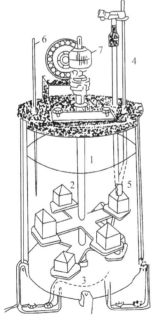

图 19.28   直接加热的转动育晶器

1. 擎晶板；2. 晶体；3. 底部主加热器；
4. 控制器；   5. 辅助小灯泡加热器；
6. 温度计；7. 可逆转动装置(30 r·min⁻¹)

在容器底部或周围用电阻炉直接加热的育晶器装置简单，使用方便，但有热滞后，温度波动较大。为克服该缺点，可将辅助加热器和主加热器配合使用。前者为受控加热，后者为常加热(电源需稳压)。辅助加热器可采用直接浸入溶液的小灯泡(图 19.28)，也可在外部用红外灯辐射加热。辅助加热器的位置应尽量靠近感(控)温元件。常用的感温元件有精密的水银接触温度计(导电表)、电阻温度计等。

除了控温装置外，生长晶体的设备还经常配有报警和显示记录系统。

降温法控制晶体生长的主要关键是在晶体生长过程中，掌握合适的降温速率，使溶液始终处在亚稳区内并维持适宜的过饱和度。

2. 流动法（温差法）

在用降温法生长晶体时，由于大部分溶质在生长结束时仍保留在母液中，因此在成批地生长晶体时，就需要大量的溶液，这样就需要很大的育晶器，于是在处理上带来许多不便，同时也不经济。采用溶液循环流动法可以克服这一缺点。这种方法将溶液配制、过热处理、单晶生长等操作过程分别在整个装置的不同部位进行，而构成一个连续的流程。这种方法的装置如图 19.29 所示。

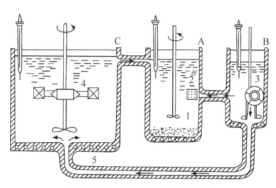

图 19.29　循环流动育晶装置

1. 原材料；2. 过滤器；3. 泵；4. 晶体；5. 加热电阻丝

整个装置由三部分容器组成：C 是生长槽（育晶器）；A 是用来配制饱和溶液的饱和槽，其温度高于 C 槽；B 是过热槽。A 槽的原料在不断搅拌下溶解，使溶液在较高的温度下饱和，然后经过滤器进入过热槽。经过热后的溶液用泵打回 C 槽，溶液在 C 槽所控制的温度下，进入过饱和状态（其过饱和度等于 A、C 两槽的温度差），使析出的溶质在晶种上生长。因消耗而变稀的溶液流回 A 槽重新溶解原料，并在较高的温度下饱和。溶液如此循环流动，使 A 槽的原料不断溶解，而 C 槽中的晶体不断生长。晶体生长速率靠溶液的流动速率和 A 槽与 C 槽的温差来控制。这种方法的优点是生长温度和过饱和度固定，而且调节也很方便，使晶体始终在最有利的温度和最合适的过饱和度下恒温生长，另外该法对温度波动相对地不敏感（若 A 槽和 C 槽发生同样的变化）。因此，长成的晶体均匀性较好。在实验室中，常利用流动法这一优点设计各种小型流动装置进行晶体生长动力学的研究。例如，研究晶体在不同温度和不同饱和度下的生长速率等。流动法的另一个优点是，利用这种方法生长大批量的晶体和培养大单晶并不受晶体溶解度和溶液体积的限制，而只受容器大小的限制。例如，用此法曾长出了 20 kg 的磷酸二氢铵（ADP）大单晶。流动法的缺点是设备比较复杂，必须用泵使溶液强制循环流动，在某种程度上限制了它的应用。

采用适当装置也可利用浓度差自然对流来生

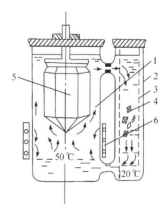

图 19.30　浓差对流法生长 LiIO₃ 晶体的装置图

1. 育晶器；2. 原材料槽；3. 带孔的玻璃筒；
4. LiIO₃（原料）；5. α-LiIO₃；6. 加热器

长晶体。图 19.30 是利用亚稳相和稳定溶解度的差别通过浓差对流生长 α-LiIO$_3$ 晶体的装置。两连通的玻璃槽，右边装 β-LiIO$_3$ 原料，左边为生长槽。由于在 20～30℃时，β-LiIO$_3$ 比 α-LiIO$_3$ 的溶解度大 1%～2%，浓度较大的 LiIO$_3$ 溶液靠自然对流进入左边生长区。生长槽下部设置加热器，将溶液温度保持在 40℃，造成对 α-LiIO$_3$ 的过饱和，析出的溶质在 α-LiIO$_3$ 种子上生长。变稀溶液上升流回原料槽重新溶解 β-LiIO$_3$，原料槽靠空气冷却维持在 20～30℃。

3. 蒸发法

蒸发法生长晶体的基本原理是将溶剂不断蒸发移去，而使溶液保持在过饱和状态，从而使晶体不断生长，这种方法比较适合于溶解度较大而溶解度系数很小或具有负温度系数的物质(表 19.5)。蒸发法和流动法一样，晶体生长也是在恒温下进行的。但流动法用的是不断向育晶器中补充溶质的方法，而蒸发法则是采用不断自育晶器中移去溶剂的方法。

表 19.5　一些适用于蒸发法生长的晶体在 60℃时的溶解度及其温度系数

物质	溶解度/[g·(1000 g 溶液)$^{-1}$]	溶解度温度系数/[g·(1000 g 溶液)$^{-1}$·℃$^{-1}$]
K$_2$HPO$_4$	720	+0.1
Li$_2$SO$_4$·H$_2$O	244	−0.36
LiIO$_3$	431	−0.2

蒸发法生长晶体的装置与降温法十分类似。所不同的是在降温法中，育晶器中蒸发的冷凝水全部回流，而蒸发法则是部分回流。降温法通过控制降温速率控制过饱和度，而蒸发法则是通过控制回流比(蒸发量)控制过饱和度。

蒸发法生长晶体的装置有许多种类型，图 19.31 是比较简单的一种，在严格密封的育晶器上方设置冷凝器(可通水冷却)，溶剂自溶液表面不断蒸发。水蒸气一部分在盖子上冷凝，沿着器壁回流到溶液中，一部分在冷凝器上凝结并积聚在其下方的小杯内，再用虹吸管引出育晶器外。在晶体生长过程中，通过不断取出一定量的冷凝水控制蒸发量。注意应使取水速率始终小于冷凝速率(大部分冷凝水回流)。这种装置比较适合于较高的温度下使用(60℃以上)。温度较低时，由于自然挥发量太小，不能满足晶体生长的要求。因此，若要在室温附近用蒸发法培养晶体，可向溶液表面不断送入干燥空气，它在溶液上方带走了部分水蒸气，然后经过冷凝器除去水分，再送回育晶器循环使用，使水不断蒸发。但蒸发速率难以准确控制。

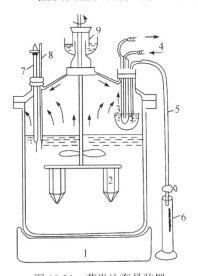

图 19.31　蒸发法育晶装置

1. 底部加热器；2. 晶体；3. 冷凝器；
4. 冷却水；5. 虹吸管；6. 量筒；
7. 接触控制器；8. 温度计；9. 水封

有时体系中某一成分(如水)的蒸发并不是作为溶剂蒸发直接导致晶体生长，而是该成分蒸发引起化学反应，间接导致晶体生长。例如，在 Nd$_2$O$_3$-H$_3$PO$_4$(或 Nd$_2$O$_3$-P$_2$O$_5$-H$_2$O)体系中生长五磷酸钕(NdP$_5$O$_{14}$，简写为 NdPP)晶体，其形成机制可能是：

$$14H_3PO_4 + Nd_2O_3 \xrightarrow{>260℃} 2NdP_5O_{14} + 2H_4P_2O_7 + 17H_2O\uparrow$$

NdPP 在焦磷酸(H$_4$P$_2$O$_7$)中有较大的溶解度，所以不会从溶液中析出。当温度升到 300℃以上，焦磷酸逐渐脱水形成多聚偏磷酸，NdPP 在其中溶解度很小，在升温和蒸发过程中，由于焦磷酸浓度降低而使 NdPP 在溶液中到达过饱和度而结晶出来：

$$nH_4P_2O_7 + NdP_5O_{14} \xrightarrow{>300℃} 2(HPO_3)_n + NdP_5O_{14} \downarrow + nH_2O \uparrow$$

据此机制，采用图 19.32 的装置，在一定的温度下，控制水的蒸发速率就可以生成质量较好的 NdPP 晶体。

这种晶体生长方式实际上是晶体在无机溶剂（焦磷酸）的溶液中，通过水的蒸发引起焦磷酸的脱水缩聚反应，使溶剂不断减少，并使溶质（NdPP）从其饱和溶液中结晶出来的过程，因此也将其归入蒸发法从溶液中生长晶体这一类。

19.4.2　助熔剂法生长单晶

助熔剂法（早期称为熔盐法）生长晶体十分类似于溶液生长法，因为这种方法的生长温度较高，故一般称作高温溶液生长法。它是将晶体的原成分在高温下溶解于低熔点助熔剂熔液内，形成均匀的饱和溶液，然后通过缓慢降温或其他办法，形成过饱和溶液，使晶体析出，这个过程很类似于自然界中矿物

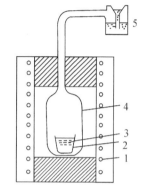

图 19.32　生长 NdPP 晶体的装置
1.电阻炉；2.金坩埚；3.Nd₂O₃+H₃PO₄；
4.反应管；5.鼓泡器

晶体在岩浆中的结晶，这也是矿物学家对助熔剂生长晶体相当关心的原因。

助熔剂缓冷法的应用最为普遍。高温炉可采用硅碳棒炉，温度控制要有良好的稳定性并带有适用的降温程序，对氧化物材料通常用白金坩埚，为防止助熔剂挥发，可将坩埚密封，坩埚在单晶炉内，其底部温度要比顶部温度低几度至十几度，使晶体倾向在底部成核，底部温度高于顶部温度时，溶液易溢出，保温温度比饱和温度高十几度，保温时间可为 4~20 h，视助熔剂溶解能力而定。降温速率取 0.2~5 ℃·h^{-1}。缓慢的降温速率对提高晶体质量有好处。为节省时间，保温温度至成核温度可采用突降的办法。突降温度幅度不能过大，以防止温度越过所估计的成核温度，成核温度应该估计得偏高些，在其他结晶相出现的温度或者在溶解度变化率 $\dfrac{dc_e}{dt} \approx 0$ 的温度附近，可以结束晶体生长。

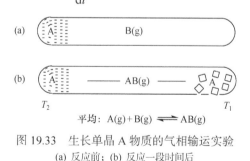

平均：A(g) + B(g) $\rightleftharpoons$ AB(g)

图 19.33　生长单晶 A 物质的气相输运实验
(a) 反应前；(b) 反应一段时间后

19.4.3　气相输运法生长单晶

1971 年，主要由谢弗（Shäfer）提出一种化学气相输运法，其设备是由一根石英玻璃管组成，在一端装有反应物（固体）A。石英玻璃管在抽真空下熔封或更常见的是充以气相输运剂 B 的气氛后加以熔封，管子放入炉内，使管内保持一个温度梯度，典型的是沿着管长方向使温度变化 50℃ 左右，物质 A 和 B 互相反应生成气态物质 AB，它在管的另一端分解沉淀出晶体 A（图 19.33）。

19.4.4　从熔体中生长晶体

虽然从气体、液体或固体中都可以生长晶体，但熔体中生长晶体是制备大单晶和特定形状的单晶最常用和最重要的一种方法。电子学、光学等现代技术应用中所需要的单晶材料，大部分是用熔体生长法制备的。熔体生长法中最常用的方法为晶体提拉法、坩埚移动法和区

域熔融法。

1. 晶体提拉法

该法创造人是丘克拉斯基(Czochralski)，这是从同组成的熔体中生长单晶的一种主要方法。将一颗籽晶与熔体(表面)接触，熔体的温度维持在略高于其熔点之上。当籽晶慢慢地从熔体中拉出时(图 19.34)，熔体在籽晶表面凝固，得到与原籽晶结晶学取向相同的棒状晶体。

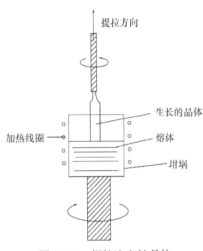

图 19.34   提拉法生长晶体

为保持温度的恒定、熔体的均匀性等，提拉时熔体和生长晶体经常是逆时针方向旋转。这类方法用于生长 Si、Ge、GaAs 等半导体单晶材料，为防止物料中 As、P 等的损失，反应经常在高压惰性气氛中进行。目前提拉法以应用于生产激光发生器件，如用钕掺杂的 $Ca(NbP_3)_2$ 等激光材料。

2. 坩埚移动法

此法创造人是布里奇曼(Bridgman)，斯托克巴杰(Stockbarger)对这种方法的发展作了重要的推动。

坩埚移动法也是使化学整比的熔体发生凝固，但熔体的定向凝固是由熔体通过一个温度梯度来完成，晶体在冷端析出。在斯托克巴杰法中，使熔体相对于温度梯度[图 19.35(a)]移动，而在布里奇曼法中，是将熔体放在熔炉本身的温度梯度区域内，使熔炉慢慢冷却，熔体开始在冷端凝固[图 19.35(b)]，这种方法主要用于生长碱金属和碱土金属的卤族化合物(如 CaF_2、LiF、NaI 等)，可制出直径达 200 mm 的晶体。提拉法与坩埚移动法中，最好是使用籽晶，并且还可能需要控制反应气氛。

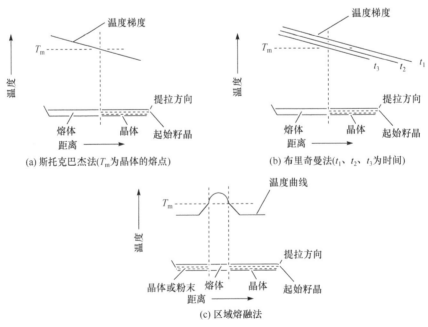

(a) 斯托克巴杰法(T_m为晶体的熔点)

(b) 布里奇曼法(t_1、t_2、t_3为时间)

(c) 区域熔融法

图 19.35   坩埚移动法(a、b)和区域熔融法(c)生长晶体

3. 区域熔融法

此法与斯托克巴杰法相似，但当物料通过熔炉的热分布区域时，在任何时刻只有一小部分熔化[图 19.35(c)]。反应开始时与籽晶接触的一部分物料先熔融，当盛载物料的料舟在炉内移动时，在籽晶上发生定向凝固，同时有更多物料继续熔化。此即提纯固体的方法，称为区域提纯技术。应用此原理，杂质通常浓集在液相区而不是固相区。移动熔融区域可除去晶体中的杂质。此类方法已用于高熔点金属钨的提纯和晶体生长中。

19.4.5　薄膜的外延生长

薄膜型的单晶常用于电子设备，制备这些单晶需用特殊方法。当用提拉法或其他方法生长晶体时应用籽晶，表明生长的晶体与籽晶有定向的关系。晶体在籽晶上可采取外延生长(晶体与晶种的二维关系)，也可采取拓扑生长(三维关系)的方式。晶体薄膜的外延生长一般是在一基体的表面上进行。基体的组成可以和要生长的晶体组成相同或类似；基体也可以是一种和要生长的晶体完全不同的物质，只要该物质的表面晶格参数与生长晶体的晶格参数相匹配，相差在百分之几的范围内即可。因此，GaAs 薄膜可以由气相沉积在 Al_2O_3、$MgAl_2O_4$ 尖晶石、Ge 和 ThO_2 等基体上。在知道有关相图的情况下，薄膜晶体也可从液体中外延生长制得。在以上这些方法中，为尽可能保证薄膜中不含缺陷或各种杂质，注意基体表面的状况是非常重要的。

对晶体生长除以上讨论的各种方法外，常用的还有焰熔法及水热法。

对于每种物质的晶体生长，都有一个最佳的条件以获得满意的结果。有时为了制备一种新物质的结晶，需要做很多甚至长达几个月的预备工作，才能找到适宜的生长条件。因此，所得到结晶的质量很大程度上依赖于实验者的技术。现常用的各种方法均有其固有的优缺点，具体概括于表 19.6。

表 19.6　晶体生长方法的比较

方法	优点	缺点
熔融生长法(提拉法、坩埚移动法、焰熔法)	生长速度快，晶体颗粒大，设备简单	晶体的均匀性差，缺陷浓度大
溶液生长法(水溶液中结晶、助熔剂法、水热法)	等温条件下，晶体生长慢，生长缺陷浓度小，晶体质量高	生长速度慢，容器或助熔剂带来污染问题

19.4.6　水热法

水热法作为晶体生长的一种重要方法在合成具有特定用途的新材料方面有技术上的重要性。

水热法中，水处在高压的状态下，且温度高于它的正常沸点，作为加速固相间反应的方法，水在这里起了两个作用：①液态或气态水是传递压力的媒介；②在高压下绝大多数反应物均能部分地溶解于水中，这就能使反应在液相或气相中进行，使原来在无水情况下必须在高温进行的反应得以在上述条件下进行。因此，这种方法特别适用于合成一些在高温下不稳定的物相。它也是一种有效的生长单晶的方法，如果在反应容器中形成一温度梯度，那么原料可能在热端溶解，在冷端再沉淀出来。

因为水热反应是在密闭容器中进行,因而有必要知道定容下水的温度-压力关系。如图 19.36 所示, 水的临界温度是 374℃。在 374℃以下, 有气、液两相共存;374℃以上时, 只有超临界水单相存在。曲线 AB 是饱和蒸气曲线, 在 AB 曲线以下的压力范围不存在液态水, 气相中水蒸气也没达到饱和;在 AB 线以上的区域, 液态水实际上是压缩水, 不存在气相。

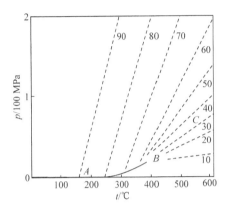

图 19.36   定容下水的压力-温度关系

图中虚线表示在密闭容器内的压力,
数字表示在普通 p、t 时水充填容器的百分数

图 19.36 中的虚线用来计算装了一部分水的密闭容器在加热到一定温度时容器内产生的压力。BC 线相应于一个起初装了 30%水的密闭容器内的温度与压力关系。例如, 温度 600℃时, 密闭容器内就有 80 MPa 的压力。尽管图 19.36 只能严格地适用于纯水, 但如果反应器中的固体溶解度很小, 图 19.36 的曲线关系仍变化不大。

水热装置主要是一个一端封闭的钢管, 另一端用一软铜垫圈的螺旋帽密封。另外, 水热弹可以和一单独的压力源(如水压机)直接相连, 这就是"冷封"法。水热弹中放入反应混合物和一定量的水, 密闭后放在所需温度的加热炉中。水热法已成功合成了许多材料, 包括水热法合成纳米颗粒。

这里主要介绍水热法生长单晶。用水热法生长单晶常需加一矿化剂(mineralizer)。矿化剂可以是任一种化合物, 它加入水溶液后能加速结晶。它的作用是通过生成某些在水中通常不存在的可溶性物质以增加溶质的溶解度。例如, 石英即使在 600℃、200 MPa 下的水中溶解度也很小, 以至于在温度梯度下, 在相当长的时间内都不能进行石英的重结晶。但是, 加入 NaOH 作为矿化剂, 就很容易生成大块的石英晶体(图 19.37)。按下列条件, 能生成几千克重的石英晶体:将石英和 $1.0 \; mol \cdot L^{-1}$ NaOH 溶液保持在 400℃、170 MPa 压力下, 在 400℃时石英部分溶解。在反应器内造成一温度梯度, 在 360℃时, 溶液对于石英来说已经达到饱和, 因而石英就在籽晶上沉淀聚积。简而言之, 石英在反应器的热区溶解, 通过对流而在反应器中流动, 流动到较冷区域时, 由于石英在较低温度水中的溶解度较低从而在较冷区沉淀出来。石英单晶常用于雷达或声呐仪等许多设备中, 也用于压电传感器、X 射线衍射的单色器等。

同样, 用水热法也可制备出许多其他的高质量单晶材料, 如刚玉(Al_2O_3)和红宝石(用 Cr^{3+} 掺杂 Al_2O_3)。红宝石水热合成的条件可参照 Al_2O_3-H_2O 及 Cr_2O_3-H_2O 的相图, 图 19.38 为 Cr_2O_3-H_2O 的相图, Cr_2O_3 在 500～550℃以上稳定, 其稳定性对温度的要求高, 所以合成红宝石的结晶温度必须大于 470℃, 溶解区的温度必须大于 500℃, 才能获得 $0.3 \; mm \cdot d^{-1}$ 左右的生长率, 温度越高, 掺入的铬含量也越多。

水热法合成红宝石所用的高压釜应适应高温、高压(600℃、196 MPa)的需要, 可用 GH33 高温合金制成, 同时为了防止釜体腐蚀, 避免晶体的玷污, 釜内腔衬采用银衬套。所用籽晶可用焰熔法生长的宝石, 把它切割成与光轴成不同角度的圆棒或条片, 在相同的条件下, 各晶面生长速率的大小顺序如下:

$$(10\bar{1}0) > (11\bar{2}0) > (10\bar{1}1) > (22\bar{4}3) > (0001)$$

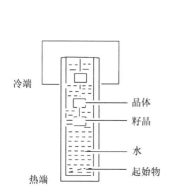

图 19.37 用于晶体生长的水热弹示意图

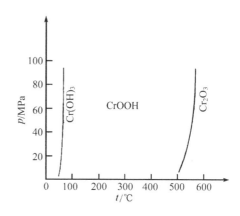

图 19.38 Cr_2O_3-H_2O 的相图

所需溶剂有 NaOH、Na_2CO_3、$NaHCO_3$ + $KHCO_3$、K_2CO_3 等几种水溶液。NaOH 几乎抑制红宝石的生长；在 Na_2CO_3 溶液中生长较慢；以用 $NaHCO_3$ + $KHCO_3$ 混合液较好，适当地增大矿化剂浓度，如从 $1.0\ mol \cdot L^{-1}$ 增加到 $1.25\ mol \cdot L^{-1}$，可以提高生长速率，但再继续增加浓度，则看不出有提高速率的趋势。另外，增加碱溶液浓度可以改善晶体的透明度，但浓度大于 $1.5\ mol \cdot L^{-1}$ 时，透明度不再有变化。

习 题

1. 写出下列缺陷的缺陷符号。

(1) SiC 中用 N^{5+} 取代 C^{4+} 时生成的缺陷。

(2) 硅晶体中 Si^{4+} 被 Al^{3+} 取代生成的缺陷。

(3) 当在氯化氢(HCl)气氛中焙烧 ZnS 时，晶体中产生的 Zn^{2+} 空位和 Cl^- 取代 S^{2-} 产生的杂质缺陷。

2. 下列物质中哪些可以制备成 n 型半导体，哪些可以制备成 p 型半导体？

$$ZnO \quad NiO \quad TiO_2 \quad V_2O_5 \quad Cu_2O \quad FeO$$

3. 用于实际的半导体器件，为什么需要价带和导带间能带间隙大而价/导带和杂质能级之间间隙小的材料？

4. 硫化镉常用于制作照相用的曝光表，计算硫化镉开始产生光导现象时光的波长，为什么这个波长特别适合于黑白胶片的照相？

5. 当用 X 射线照射某些透明材料时，可以使它呈现颜色，如果放置一段时间，颜色又消失，为什么？

6. 为什么金刚石是透明的？

7. 说明如何用 Gouy 磁天平区别顺磁性和反磁性。

8. 说明下列物质的磁性行为。

(1) Fe、Co、Ni 具有铁磁性

(2) Nd 具有反铁磁性

(3) $SmCo_5$ 具有铁磁性

(4) $MnFe_2O_4$ 具有亚铁磁性

9. 如何区分顺磁性、铁磁性和反铁磁性？

10. 能用作激光源的固体材料一般须满足哪些条件？

11. Fe_2O_3 和 NiO 作用生成镍铁氧体 $NiFe_2O_4$ 的反应是在 700℃下进行的，但是如果使用共沉淀的铁和镍的草酸盐作原料，即使在 300℃下进行热分解就会有 40%的反应物发生反应，试解释这种现象。

12. 举例说明玻璃的失透现象。

13. 试讨论烧结法制作 Nd-Fe-B 稀土永磁材料的工艺过程。

14. 请解释为什么固相反应都很慢，怎样才能加快反应速率。

15. 根据碳的相图，应怎样合成金刚石？

科学发展前沿介绍——极具发展潜力的低热固相反应

根据反应发生的温度将固相化学反应分为三类：①高于 600℃的高热固相反应；②低于 100℃的低热固相反应；③介于 100～600℃的中热固相反应。高热固相反应已在材料合成领域中建立了主导地位，中热固相反应可提供重要的机理信息，对指导人们按照所需设计并实现反应意义重大。相对于上述二者，低热固相反应的研究一直未受到重视，但其在化学合成中的应用已展示了诱人的前景。下面仅介绍低热固相反应在制备纳米材料和原子簇化合物领域中的应用。

纳米材料是当前固体无机化学中的活跃领域之一，通过改变材料结构，减小尺寸引起材料物理性能的变化，如熔点降低、烧结温度降低、荧光谱峰向低波长移动、铁电和铁磁性能消失、电导增强等。其制备方法可分为物理和化学方法两大类：物理方法包括熔融骤冷、气相沉积、溅射沉积、重离子轰击和机械粉碎等，但所需的昂贵设备限制了它的使用；化学方法有热分解法、微乳法、水热法、溶胶-凝胶法、LB 膜法等，特点是成本低、条件简单、适于大批量合成、易于成形、表面氧化物少，可以通过改变成核速率调变离子大小，但适用范围较窄，可调变的范围有一定的限制，而且原料利用率不高，并造成环境污染。

现已利用低热或室温固相反应法一步合成了许多纳米粉体。该法不仅使合成工艺大为简化、成本降低，而且减少了由中间步骤及高温固相反应引起的诸如产物不纯、粒子团聚、回收困难等不足，为纳米材料的制备提供了一种价廉而又简易的全新方法，也为低热固相反应在材料化学中找到了极有价值的应用。例如，已有人将 $FeCl_3$ 和 KBH_4 在无水无氧条件下发生低热固相反应，成功地制得了硼含量高达 50%（原子分数）的 FeB 纳米非晶合金微粒，这是以往快速冷急法（含 B<30%）及液相化学法（含 B<40%）所无法制备的。因此，低温固相化学反应已成为一种制备纳米非晶合金的重要方法。

原子簇化合物是无机化学、物理化学、结构化学和金属化学相互交叉而衍生出的一门新兴的边缘学科，其中 $Mo(W,V)/S/Cu(Ag,Au)$ 原子簇化合物由于其簇骨架结构的多样性及良好的光学性能、催化性能和生物活性而成为人们非常关注的一个焦点。$Mo(W,V)/S/Cu(Ag,Au)$ 原子簇化合物已有近 300 个见诸报道，它们分属 23 种骨架类型，其中通过液相反应合成的原子簇化合物有 120 多个，分属 20 种骨架结构。而南京大学配位化学国家重点实验室利用低热固相合成方法，在室温、近室温条件下使 $Mo(W,V)/S/Cu(Ag,Au)$ 等化合物进行固相反应首先成簇，再选择适当溶剂生长晶体，开辟了合成原子簇化合物的新途径。到目前为止，通过直接或间接固相反应法已合成 200 多个簇合物，其中 80 多个已确定了晶体结构，并发现了三类由液相法很难得到的新型结构的簇合物，它们是至今核数最大的 20 核笼状结构簇合物 $(n\text{-}Bu_4N)_4[MoCu_{12}S_{32}]$、双鸟巢状结构簇合物 $(Et_4N)_2[MoCu_6O_2S_6Br_2I_4]$ 及半开口类立方烷结构簇合物 $(Et_4N)_3[MoOS_3Cu_2Br_3(M_2\text{-}Br)]_2 \cdot 2H_2O$。

低热固相反应除了在上述两个领域有很重要的应用价值外，在合成新的多酸化合物、新的配合物和功能材料等方面也有广泛的应用，但作为一个发展中的研究方向，还需要人们给予更多的关注。

*第20章 金属有机化学

内容提要

(1) 了解金属有机化学基本概念、主要的金属有机化合物及重要合成路线。

(2) 了解 s 区元素的金属有机化合物的多种键型及给质子化合物之间的高反应活性。

(3) 了解 p 区元素的金属有机化合物及锌族元素金属有机化合物。

(4) 掌握金属有机化合物 18 电子规则及羰基化合物的合成、结构及性质。

(5) 了解金属-不饱和烃化合物、金属-环多烯化合物及氢和烷基化合物。

20.1 引 言

金属有机化学 (organometallic chemistry) 既是有机化学和无机化学相互渗透的边缘领域，又是无机化学极其活跃的新兴领域之一。

金属有机化合物 (organometallic compound) 是指分子中含有金属-碳 (M—C) 键的化合物。虽然 B、Si、P、Se、Te 并不具有典型的金属特征，但通常也将含有 C—(B、Si、P、Se、Te) 键的化合物归纳到金属有机化合物中。由这类化合物构成了化学的一个重要分支——金属有机化学。

金属有机化学的早期工作，可以追溯到 1825 年蔡斯 (Zeise) 盐 $K[PtCl_3(C_2H_4)] \cdot H_2O$ 的发现，后来又出现了一些重要的金属有机化合物，如二烷基锌、四羰基镍及格氏试剂等。1951年，合成了二茂铁 $[(C_5H_5)_2Fe]$ 后，金属有机化学得到迅速发展，有关金属有机的专业期刊也应运而生，表 20.1 列出了 6 种专业期刊的创刊时间。

表 20.1 金属有机专业期刊及创刊时间

期刊名称	创刊时间
金属有机化学学报 (Journal of Organometallic Chemistry)	1963 年
金属有机化学进展 (Advances in Organometallic Chemistry)	1964 年
金属有机化学述评 (Organometallic Chemistry Review)	1966 年
无机和金属-有机化学的合成及反应 (Synthesis and Reactivity in Inorganic and Metal-Organic Chemistry)	1971 年
金属有机化合物 (Organometallics)	1982 年
多面体——无机和金属有机化学的国际刊物 (Polyhedron—The International Journal for Inorganic and Organometallic Chemistry)	1982 年

金属有机化学之所以发展迅速，是因为它们有很多重要的用途。例如，烷基铝化合物是乙烯或丙烯均相聚合的工业催化剂 (Ziegler-Natta 催化剂)；二烷基锡是聚氯乙烯和橡胶的稳定

剂，用以抗氧和过滤紫外线；利用 CO 在 60℃可与镍直接反应而不与 Fe、Co 等杂质金属反应来提纯镍等。

各种类型的金属有机化合物都含有金属-碳键。根据金属-碳原子成键的性质不同可对金属有机化合物进行分类。一般来说，金属-碳键有三种类型：

(1) 离子键。电正性很强的金属(如碱金属和碱土金属)与碳形成离子键。

(2) 共价σ键。电正性较弱的金属与碳的成键属此种类型，存在于整个周期表中，极性的大小与金属和碳的相对电负性有关。一般来说，非过渡金属的σ键比过渡金属的σ键稳定得多。另外，B、Si 与碳成键的化合物，如 $B(CH_3)_3$、$C_6H_5SiCl_3$ 等也属此类。

(3) 多中心键或共价 π 键。一些电正性金属(如 Li、Be、Al)与碳形成多中心键的有机化合物，如$[Li(CH_3)]_4$、$[(CH_3)_2Be]_n$、$Al_2(CH_3)_6$。从分子式可以看出，分子中不存在简单的单核分子。上面三例中，甲基作桥基。这些化合物是缺电子体。

大多数过渡金属能与不饱和烃(如烯烃和炔烃)及含有离域 π 电子的碳氢化合物形成配合物。这类化合物由于它们的不寻常结构和键的性质，引起了人们极大的兴趣。这类化合物中，金属原子并不是简单地键合在配体中单个原子上，而是对称地键合在配体中两个或多个原子之间。金属有机化合物数量非常多，下面各节中按主族元素的金属有机化合物、过渡金属有机化合物进行介绍。

20.2　主族元素及锌族元素的有机化合物

本节主要讨论 s 区元素、p 区元素的金属有机化合物。另外，由于锌族元素的金属有机化合物与主族元素的金属有机化合物表现出非常相似的性质，而归在一起讨论。

20.2.1　s 区金属元素有机化合物

首先以 s 区金属的甲基化合物为例说明 s 区金属有机化合物结构。图 20.1 给出了金属甲基化合物的结构。可以看出，Li、Na、Be、Mg、Al 的甲基化合物中存在烷基桥，并可能涉及多中心二电子键。以甲基锂为例说明。甲基锂在非极性溶剂中存在一个由 Li 原子组成的正四面体，每个面上的 3 个 Li 原子为一个甲基所桥联。Li_4 四面体每个面上 3 个 Li 的 2s 轨道与甲基的一条 sp^3 杂化轨道以完全对称的方式组合得到 1 条能容纳 1 对电子的轨道，形成四中心二电子键(4c−2e 键)。由于 C 原子轨道的能级低于 Li 原子，成键电子对将主要分布在甲基的一边。这与分子中的甲基显示负碳离子的性质一致。

s 区金属甲基化合物中，Li、Na 甲基化合物为分子型缺电子，Be、Mg 甲基化合物为聚合型，其他为离子型。

连接于电正性金属之上的有机基团所带的部分负电荷使该基团成为强亲核试剂和路易斯碱。

烷基锂、烷基铝和格氏试剂是实验室合成化学中最常使用的负碳离子试剂。图 20.2 给出了这一性质在合成化学中的用途。

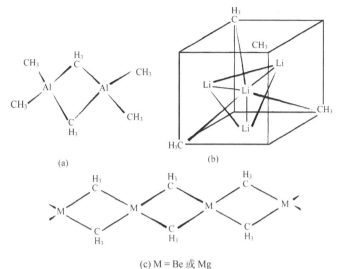

(a)　　　　(b)

(c) M = Be 或 Mg

图 20.1　金属甲基化合物的结构

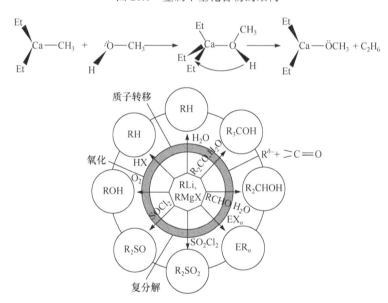

图 20.2　烷基锂和格氏试剂的某些典型反应

包括质子转换反应，在羰基上发生的进攻、复分解反应和氧化反应等(图中 X = 卤素，E = B、Si、Ge、Sn、Pb、As、Sb)

　　例如，金属有机试剂中的 R 进攻酮中的羰基碳原子接着水解可得到叔醇。金属有机化合物与醛反应接着水解可将后者转化为仲醇。SO_2Cl_2 或 $SOCl_2$ 与烷基锂或格氏试剂反应可制备砜或亚砜等。碳负离子性强的基团甚至可与很弱的布朗斯特酸发生质子转换反应：

$$Be(CH_3)_2 + CH_3OH \longrightarrow (CH_3)Be(OCH_3) + CH_4$$

由于金属上存在空轨道，缺电子金属有机化合物都是路易斯酸：

$$B(C_6H_5)_3 + Li(C_6H_5) \longrightarrow Li[B(C_6H_5)_4]$$

此反应可看作是强碱 $C_6H_5^-$ 由弱路易斯酸(Li^+)转移至一个较强的酸 B(Ⅲ)的过程。

20.2.2　p 区元素有机化合物

关于 p 区元素的有机化合物，我们将讨论硼族元素形成的分子型缺电子化合物，碳族元素(不包括C)形成的分子型足电子化合物及氮族元素(N、P除外)形成的分子型富电子化合物。

1. 硼族元素的缺电子化合物

硼族元素的烷基化合物结构各不相同，三甲基硼为单体(B 原子配位数为 3)，三甲基铝为二聚物(Al 原子配位数为 4)，三甲基镓、三甲基铟、三甲基铊在气相和溶液中都是单体。该族元素三烷基化合物的碳负离子性符合水溶液中的电位顺序：

$$Al > Ga > In > Tl$$

烷基铝化合物容易发生完全水解：

$$Al_2(CH_3)_6 + 6H_2O \longrightarrow 2Al(OH)_3 + 6CH_4$$

类似的 Ga、In、Tl 化合物在温和条件下发生水解反应，产生 $M(CH_3)_2^+$。

三烷基硼发生水解的条件非常苛刻。

三甲基硼为无色气体(沸点为 $-22℃$)，单聚物，遇空气自发燃烧但不易水解，三烷基硼和三芳基硼都是温和的路易斯酸，能与强碳负离子试剂发生反应生成 $[BR_4]^-$ 型阴离子。

有机卤化硼的反应活性高于简单的三烷基硼。

烷基铝化合物是烯烃聚合催化剂和化学中间体。Al 的电正性较大，烷基铝化合物的碳负离子性比烷基硼化合物强很多。这类化合物对水和氧很敏感且多数能自燃。液体或溶液中的操作都必须使用惰性气氛技术。

烷基铝化合物都是温和的路易斯酸，能与醚、胺和阴离子形成配合物。

三乙基铝和更高的同系物加热时能发生 β-H 消除反应得到二烷基铝氢化物；三异丁基铝发生这种反应的趋势很强：

H 以桥基形式存在，表明它形成比烷基更强的 $3c - 2e$ 键。

2. 碳族元素足电子化合物

碳能与它的同族元素形成金属有机化合物，由于碳的电负性与同族其他元素相近，故形成的化学键极性都不高。与硼族相比，碳族的金属有机化合物不易水解。

首先讨论有机硅化合物。有很多含有氧桥的有机硅化合物。此类化合物中，氧原子孤对电子部分离域到 Si 的空的 σ^* 或 d 轨道中。O 原子路易斯碱性很弱且 Si—O—Si 键角易变形。离域作用降低了 Si—O 单键的方向性，使结构变得有柔性，因此聚硅酮在低温下仍保持橡胶那种弹性。也正是离域作用，与 Si 结合的氧原子碱性低。该化合物对湿气和空气都是稳定的。

很强的碱(如强负碳离子试剂)使四甲基硅烷进行脱质子反应：

$$BuLi + Si(CH_3)_4 \longrightarrow Li[CH_2Si(CH_3)_3] + BuH$$

形成的共轭碱(—CH_2)^- 能将电子密度离域至邻近的 Si 原子。格氏试剂或烷基锂试剂与 E—Cl 键之间发生复分解反应：

$$Li_4(CH_3)_4 + SiCl_4 \longrightarrow 4LiCl + Si(CH_3)_4$$

有机卤硅烷、卤锗烷和卤锡烷进行复分解反应用于制备含混合有机取代基的化合物：

$$4SiCl_3(C_6H_5) + 3Li_4(CH_3)_4 \longrightarrow 4Si(CH_3)_3(C_6H_5) + 12LiCl$$

此反应属缔合机理，具有二级反应速率：

$$v = kc(SiABCX) \cdot c(Y)$$

硅比碳化合物更易发生这类反应，故 Si 比 C 存在更多的五配位无机化合物。

Si—X 键的质子转移反应是合成一大批化合物非常方便的方法，如硅氧烷的合成：

$$(CH_3)_3SiCl + H_2O \longrightarrow (CH_3)_3SiOH + HCl$$

$$2(CH_3)_3SiOH \longrightarrow (CH_3)_3Si-O-Si(CH_3)_3 + H_2O$$

二甲基二氯硅水解得到环状和长链化合物：

$$(CH_3)_2SiCl_2 + H_2O \longrightarrow HO[Si(CH_3)_2O]_nH + [(CH_3)_2SiO]_4 + \cdots$$

硅氧烷聚合物用作布料和皮革的防水剂，硅氧烷黏固剂用于电气装置和电子器件时可以隔水。

另外，Si 也能形成许多连接型金属有机化合物，如 R_3Si—SiR_3、R_3Si—SiR_2—SiR_3 等，硅原子之间也形成多重键，如 Si = Si。

有机锗、有机锡和有机铅化合物(锗烷、锡烷和铅烷)的许多反应和有机硅化合物的反应类似，但锗、锡和铅能形成低价态 Ge(Ⅱ)、Sn(Ⅱ) 和 Pb(Ⅱ) 的金属有机化合物。该族元素的 E—C 键强度自上而下迅速减小。因此，有机铅化合物通常高于 100℃就分解。

烷基铅在气相分解，生成烷基自由基：

$$Pb(CH_3)_4(l 或 g) \longrightarrow Pb(s) + 4 \cdot CH_3(g)$$

多年来一直基于此反应用四甲基铅或四乙基铅提高汽油的辛烷值。

四烷基铅在发动机燃烧室中分解产生的烷基自由基是自由基链反应的终止剂。但铅的毒性相当高，世界上已有许多地区不再以有机铅作为汽油添加剂。

有机锡化合物可用作聚氯乙烯塑料的稳定剂、船体的杀菌剂和防污漆等。

3. 氮族元素的富电子化合物

氮和磷属于非金属元素，我们只讨论 As、Sb、Bi 的金属有机化合物。As、Sb、Bi 的金属有机化合物有+3 氧化数化合物和+5 氧化数化合物，对+3 氧化数化合物，我们讨论通式为 ER_3 的一大类化合物。

对通式为 ER_3 的一大类化合物中,烷基和芳基砷烷(如三甲基砷烷)都以配体形式出现在 d 区金属配合物中,这些软路易斯碱对 d 区离子的亲和力通常按下列顺序减弱:

$$PR_3 > AsR_3 > SbR_3 > BiR_3$$

一种有用的配体称为双胂(diars)的双齿化合物,如

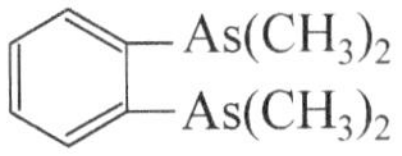

利用这类配体含有软给予原子的特征合成了软物种 Rh(Ⅰ)、Ir(Ⅰ)、Pd(Ⅱ)和 Pt(Ⅱ)的许多种烷基砷和芳基砷配合物,如

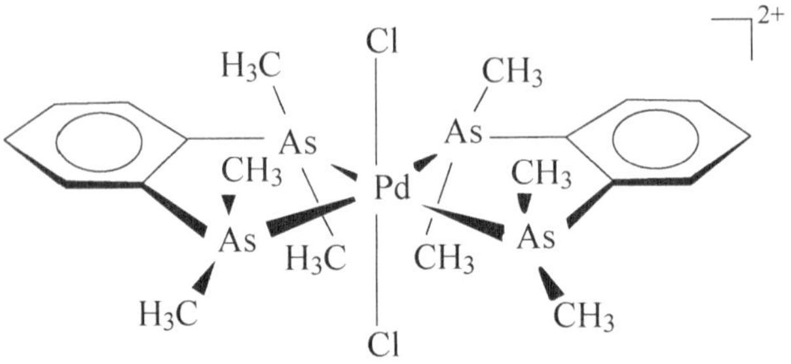

砷的化合物曾广泛用于处理细菌感染,并用作除草剂和除菌剂。

20.2.3 锌族元素有机化合物

锌族金属形成的 $Zn(CH_3)_2$、$Cd(CH_3)_2$、$Hg(CH_3)_2$ 都是线形分子化合物,它们在固态、液态、气态和烃类溶液中都不发生缔合。

锌族元素有两个价电子,这两个价电子形成含 2c—2e 定域键分子:

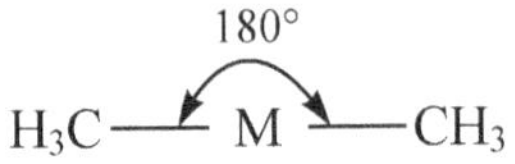

二烷基锌化合物路易斯酸性弱,有机镉化合物更弱,除特殊情况外,有机汞化合物不是路易斯酸。

烷基锌能自燃且易水解,而烷基镉与空气的反应则较难。二烷基锌和二烷基镉能与胺(特别是螯合胺)形成稳定的配合物(路易斯酸性)。

C—Zn 键的碳负离子性比 C—Cd 键强,烷基锌能发生下列反应:

$$Zn(CH_3)_2 + (CH_3)_2C = O \longrightarrow (CH_3)_3C - O - ZnCH_3$$

烷基镉和烷基汞不发生相应反应。

二烷基汞是一类用途广泛的起始物,通过金属替换反应能够合成电正性较强的金属的有机化合物。但烷基汞化合物毒性高,往往不常使用。

20.3 过渡元素的有机化合物

p 区元素的金属有机化学早在 20 世纪初就为人们了解,而过渡元素有机化学的发展则要

晚得多。50 年代中期开始活跃起来的这一领域既涉及金属有机化合物的新型反应和不寻常结构，又涉及在有机合成和工业催化过程中的实际应用。

本节介绍过渡金属羰基化合物、金属-不饱和烃化合物及金属-环多烯化合物。

20.3.1　成键作用

如同大多数化学领域一样，闭合电子壳层概念和氧化数概念有助于解释金属有机化合物的反应性能和结构。这里介绍价电子计数法。

价电子计数法是基于这样一个事实：简单金属羰基化合物和有机化合物稳定性结构是其金属原子周围的价电子数为 18 或 16，称为 18 或 16 电子规则，当然也有例外情况。这里必须注意，进行电子计数时金属原子和配体都可看作电中性；配合物带有电荷时要在总电子数上加上或减去适当的电子数。计数时必须算上金属原子的全部价电子数和配体提供的全部电子数。例如，$Fe(CO)_5$ 有 18 个价电子，8 个来自 Fe 原子的价电子，10 个来自 5 个 CO 配体的给予原子。表 20.2 列出某些常见配体能够提供给金属原子的最大电子数。下面介绍 18 电子、16 电子及不服从 18、16 电子配合物的情况。

表 20.2　若干有机配体

可提供的电子数	齿合度	配体	金属-配体结构
1	η^1	甲基($\cdot CH_3$)，烷基($\cdot CH_2R$)	$M—CH_3$
2	η^1	亚烷基(卡宾)	亚烷基结构图
2	η^2	烯烃($H_2C=CH_2$)	烯烃结构图
3	η^3	π-烯丙基($C_3H_5\cdot$)	π-烯丙基结构图
3	η^1	次烷基(卡拜 C—R)	$M\equiv C—R$
4	η^4	1,3-丁二烯(C_4H_6)	1,3-丁二烯结构图
4	η^4	环丁二烯(C_4H_4)	环丁二烯结构图
5	η^5		
(3)	η^3	环戊二烯基($C_5H_5\cdot Cp$)	环戊二烯基结构图
(1)	η^1		
6	η^6	苯(C_6H_6)	苯结构图

续表

可提供的电子数	齿合度	配体	金属-配体结构
6	η^7	䓬镓	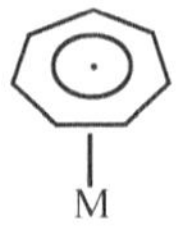
6	η^6	环庚三烯(C_7H_8)	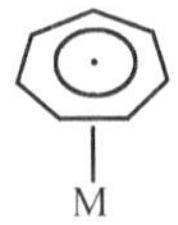
$8^①$	η^8	环辛四烯(C_8H_8, COT)	
(6)	η^6		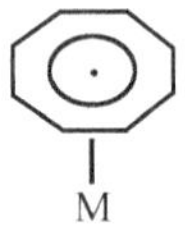
(4)	η^4		

① 对中性配体而言。

② C_8H_8 配体可以通过提供的部分电子对金属键合，环辛四烯配体经常改变其齿合度。

1. 18 电子规则和金属羰基化合物的化学式

18 电子规则使金属羰基化合物的化学式显示出某些规律，如表 20.3 所示，第四周期ⅥB～Ⅷ族元素的羰基化合物分子中交替出现 1 个和 2 个金属原子，每个金属原子占有的羰基数目按此方向减少，含两个金属的羰基化合物元素的价电子数是奇数，通过形成金属-金属(M—M)键而双聚。同一周期中自左至右配体数目减少，是因为只需要越来越少的配体就能达到 18 电子结构。

表 20.3　第四周期某些羰基化合物的化学式和电子计数

族	化学式	价电子	结构
ⅥB	$Cr(CO)_6$	Cr 6 6(CO) $\dfrac{12}{18}$	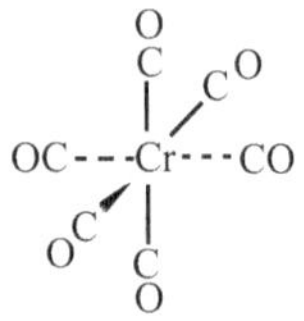
ⅦB	$Mn_2(CO)_{10}$	Mn 7 5(CO) 10 M—M $\dfrac{1}{18}$	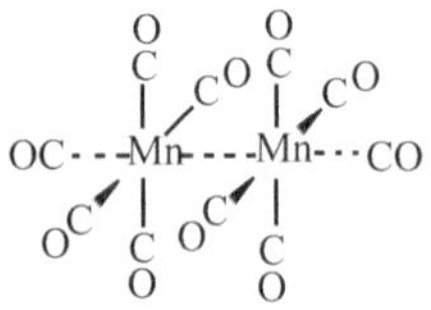
Ⅷ	$Fe(CO)_5$	Fe 8 5(CO) $\dfrac{10}{18}$	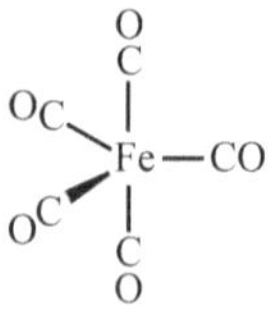
Ⅷ	$Co_2(CO)_8$	Co 9 4(CO) 8 M—M $\dfrac{1}{18}$	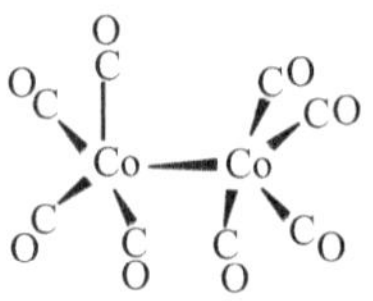

续表

族	化学式	价电子	结构
Ⅷ	Ni(CO)₄	Ni 10 4(CO) $\dfrac{8}{18}$	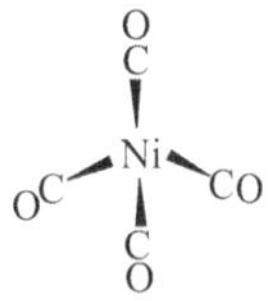 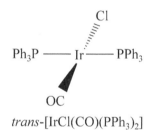

其他软配体占据金属配位层时也可应用相同的规则。例如，苯三羰基合钼和二环戊二烯基四羰基二铁均服从 18 电子规则。18 电子规则的应用范围可扩大到比较简单的多核金属羰基化合物，这种情况下进行电子计数时每个 M—M 键需要给金属多算一个价电子。

2. 16 电子配合物

d 区右部(特别是 Co 和 Ni 族)元素往往形成 16 电子金属有机化合物(表 20.4)。这类配合物(通常为平面四方形)的例子包括 $[IrCl(CO)(PPh_3)_2]$(见下图)和 Zeise 盐的阴离子 $[PtCl_3(C_2H_4)]^-$，最常见的平面四方形 16 电子配合物是由 Co、Ni 两族 d^8 组态的较重元素形成的，如 Rh(Ⅰ)、Ir(Ⅰ)、Pd(Ⅱ)和 Pt(Ⅱ)。因 Δ 值较大时 d^8 配合物的配位场稳定化能有利于形成低自旋平面四方形结构。第 5 和第 6 周期的 d^8 组态金属原子和离子形成这种配合物，其中 $d_{x^2-y^2}$ 轨道空置，而占有 2 个电子的 d_{z^2} 轨道被稳定。

$$Ph_3P \longrightarrow Ir \longrightarrow PPh_3$$

Cl

OC

trans-$[IrCl(CO)(PPh_3)_2]$

表 20.4　16/18 电子规则对 d 区金属有机化合物的适用范围

通常小于 18 电子			通常为 18 电子			16/18 电子	
Sc	Ti	V	Cr	Mn	Fe	Co	Ni
Y	Zr	Nb	Mo	Tc	Ru	Rh	Pd
Lu	Hf	Ta	W	Re	Os	Ir	Pt

3. 不服从 16/18 电子规则的化合物

d 区左部金属形成的金属有机化合物往往不服从 16/18 电子规则，这里发生了空间因素与电子因素之间的竞争：不可能既让金属原子周围排布足够的配体以满足 18 电子规则，又让它们发生二聚合作用。第 V B 族元素最简单的羰基化合物 $V(CO)_6$ 是 17 电子配合物，$W(CH_3)_6$ 和 $Cr(CO)_2(\eta^5\text{-}C_5H_5)(PPh_3)$ 的价电子数分别是 12 和 17。后一化合物提供了说明空间因素的一个实例，如果大体积的三苯基膦被较密实的配体 CO 替代，固态和溶液中都能得到含有 Cr—Cr 键的二聚物。[Cr(CO)$_3$(η^5-C$_5$H$_5$)]$_2$ 中的 Cr—Cr 键使每个金属原子的价电子计数达到 18。

不服从 16/18 电子规则的化合物还出现在二环戊二烯基中性配合物中，大多数 d 区金属都能形成这种配合物。因为两个 η^5-C$_5$H$_5$ 配体共提供 10 个价电子，那么只有铁族元素形成的中性分子才满足 18 电子规则。这类服从 18 电子规则的化合物(如茂铁本身)都是最稳定的化合物。它们的键长和氧化还原反应能够体现这种稳定性。例如，19 电子的配合物 Co(C$_5$H$_5$)$_2$ 易被氧化为 18 电子的阳离子[Co(C$_5$H$_5$)$_2$]$^+$。

4. 氧化数和配体的表观电荷

计算金属有机化合物氧化数的方法与传统化合物相同，将非金属配体(如—H、—CH$_3$ 和—C$_5$H$_5$)看作从金属原子夺走一个电子指定氧化数为–1，因而可以将茂铁和茂铁离子[Fe(C$_5$H$_5$)$_2$]$^+$分别看作 Fe(Ⅱ)和 Fe(Ⅲ)的化合物，茂铁的正式名称为二-η^5-环戊二烯基合铁(Ⅱ)，不产生误解的情况下可略去名称中金属的氧化数。平面 η^5-环辛四烯可看作是从金属夺取 2 个电子，形式上变成芳香性负二价阴离子配体[C$_8$H$_8$]$^{2-}$。茂铀分子 U(C$_8$H$_8$)$_2$ 中有两个这样的配体，U 原子的氧化数必须指定为+4。该化合物的正式名称为二-η^8-环辛四烯基合铀(Ⅳ)。像茂铀中的 U(Ⅳ)那样，不稳定配合物(η^5-C$_5$H$_5$)ReO$_3$ 中的 Re(Ⅶ)也是高氧化态。

20.3.2 金属羰基化合物

1. 金属羰基化合物的概念

金属羰基化合物(metal carbonyls)是金属与一氧化碳配位形成的化合物。表 20.5 列出了部分已知低核过渡金属羰基化合物。最简单的是单核羰基化合物，如 Cr(CO)$_6$、Fe(CO)$_5$ 和 Ni(CO)$_4$，金属处于 0 价氧化态。除此之外是多核配合物，如 Mn$_2$(CO)$_{10}$、Fe$_3$(CO)$_{12}$ 和 Co$_2$(CO)$_8$。多核羰基化合物中，有两点非常值得注意：①金属之间形成共价键，此种金属与金属之间成键方式很特别，原子族化合物中含有类似的金属-金属键；②羰基不仅可以作为配体，还可以作为两个甚至是三个金属原子之间的桥基。

表 20.5 过渡金属羰基化合物

族	ⅤB	ⅥB	ⅦB	Ⅷ	Ⅷ	Ⅷ
	V(CO)$_6$	Cr(CO)$_6$	Mn$_2$(CO)$_{10}$	Fe(CO)$_5$	Co$_2$(CO)$_8$	Ni(CO)$_4$
		Mo(CO)$_6$	Tc$_2$(CO)$_{10}$	Fe$_2$(CO)$_9$	Co$_4$(CO)$_{12}$	
				Fe$_3$(CO)$_{12}$	Co$_6$(CO)$_{16}$	
		W(CO)$_6$	Re$_2$(CO)$_{10}$	Ru(CO)$_5$	Rh$_2$(CO)$_8$	
				Ru$_2$(CO)$_9$	Rh$_4$(CO)$_{12}$	
				Ru$_3$(CO)$_{12}$	Rh$_6$(CO)$_{16}$	
				Os(CO)$_5$	Ir$_2$(CO)$_8$	Pt(CO)$_4$
				Os$_2$(CO)$_9$	[Ir(CO)$_3$]$_4$	
				[Os(CO)$_4$]$_3$	Ir$_6$(CO)$_{16}$	

金属羰基化合物中的配体可部分被其他基团取代，形成一系列相应的衍生物。取代基可以是同种配体，也可以是不同的配体。表 20.6 列出了其中极少部分的实例。除中性的金属羰基化合物以外，还存在大量的金属羰基阴离子或阳离子。可见，金属羰基化合物及其衍生物是很大的一类化合物。

表 20.6　若干单核的羰基衍生物

取代基	羰基衍生物
H	$Mo(CO)_5H$、$Fe(CO)_4H_2$、$Co(CO)_4H$
X^-	$Mo(CO)_5Cl$
RCN	$W(CO)_5(NCCH_3)$
RNC	$Mo(CO)_5(CNCH_3)$
py	$Mo(CO)_5(py)$、$Mo(CO)_4(py)_2$
en	$Mo(CO)_4(en)$
PX_3	$Mo(CO)_5(PF_3)$、$Mo(CO)_4(PCl_3)_2$
PPh_3	$Mo(CO)_4(PPh_3)_2$
PEt_3	$Mo(CO)_3(PEt_3)_3$
$YPh_3(Y=As、Sb、Bi)$	$Mo(CO)_5(YPh_3)$
$Y'Ph_2(Y'=S、Se)$	$Mo(CO)_5(Y'Ph_2)$
$C_5H_5^-$	$(C_5H_5)M(CO)_3^-(M=Cr、Mo、W)$
C_6H_6	$(C_6H_6)Cr(CO)_3$
C_7H_8	$(C_7H_8)Mo(CO)_3$

金属羰基化合物及其衍生物有重要的工业应用。纯镍和 CO 在 333 K 时可生成气态 $Ni(CO)_4$，而其他金属在此条件下不生成羰基化合物。利用此性质，可有效地将镍分离出来。然后加热(453 K)分解 $Ni(CO)_4$ 而得到纯度很高的镍。在许多涉及 CO 和过渡金属化合物作催化剂的有机合成中，羰基化合物是中间体。例如，在高压下，烯烃与 CO 和 H_2 的混合物反应生成醛，催化剂是 Co。认为此反应的反应活性中间产物是羰基氢化钴 $Co(CO)_4H$，此物质再与烯烃反应生成醛。反应过程如下：

$$Co(CO)_4H+CH_2{=\!=}CH_2 \longrightarrow C_2H_5Co(CO)_4 \xrightarrow{CO+H_2} C_2H_5CHO+Co_2(CO)_8$$

2. 金属羰基化合物的制备

在金属中，$Ni(CO)_4$ 和 $Fe(CO)_5$ 能在较温和的条件下，直接与 CO 气体反应生成羰基化合物。而其他的二元金属羰基化合物，大都间接地由相应的金属卤化物、氧化物或其他的盐还原而来。使用的还原剂有金属钠、烷基铝、一氧化碳本身或一氧化碳和氢气的混合气，如

$$2CoCO_3 + 2H_2 + 8CO \xrightarrow[\text{高压}]{\text{高温}} Co_2(CO)_8 + 2CO_2 + 2H_2O$$

多核羰基化合物可从紫外光照射一些单核羰基化合物中得到,如

$$Fe(CO)_5 \xrightarrow{\text{光照}} Fe_2(CO)_9 \xrightarrow{333K} Fe_3(CO)_{12}$$

另外,$Fe_3(CO)_{12}$ 也可从 $Fe(CO)_5$ 经由生成氢化羰基阴离子得到:

$$Fe(CO)_5 + 3NaOH \longrightarrow Na[HFe(CO)_4] + Na_2CO_3 + H_2O$$

$$3Na[HFe(CO)_4] + 3MnO_2 + 3H_2O \longrightarrow Fe_3(CO)_{12} + 3Mn(OH)_2 + 3NaOH$$

3. 金属羰基化合物的性质和结构

$Ni(CO)_4$、$M(CO)_5$($M = Fe$、Ru、Os)在室温下均为液体,其他羰基化合物通常为低熔点固体,易升华,羰基化合物易燃烧,加热时易分解成金属和 CO,剧毒。

除 $V(CO)_6$ 外,所有羰基化合物均是反磁性的,而 $V(CO)_6$ 是顺磁性的,有一个未成对电子。

一氧化碳分子共有 10 个价电子,其电子排布为 $[KK(3\sigma)^2(4\sigma)^2(1\pi)^4(5\sigma)^2]$,可见 CO 分子有空的反键 π^* 轨道,其结构可简单地表示为

$$:C \equiv O:$$

其中黑点分别表示碳原子和氧原子上的孤对电子,而 C 与 O 之间为一个 σ 键,两个 π 键。

在金属与碳的成键中,如果电子对只是来源于 CO 的电子对,那么可以设想 CO 也能像与金属键合一样与质子键合,也就是表现出路易斯碱的性质。目前还没有这方面的证据,为什么金属羰基化合物能形成而质子化的一氧化碳不能形成? 其原因是在金属和配体中除了有 $CO \rightarrow M$ 的 σ 配键外[图 20.3(a)],还存在另一个反馈键 $M \rightarrow CO$[图 20.3(b)],而此反馈键在质子和 CO 之间不存在。在所有已知金属羰基化合物中,至少有一个充满电子的、具有 π 对称性的 d 轨道与一氧化碳空的反键 π 轨道发生重叠,形成 π 键,此 π 键由金属原子提供电子,称为 $d\pi \rightarrow p\pi$ 的反馈键。

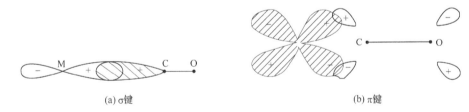

(a) σ键　　　　　　　　　　　　　　　　　(b) π键

图 20.3　金属羰基化合物成键

从电中性原理出发,由 C 原子提供一对电子给零价的金属原子,只能到有限的程度,因此形成的 σ 键是弱的,反馈 π 键的加入意味着电荷从金属向碳原子转移,从而加强了金属-碳之间的键合作用。CO 上 π 反键轨道已从红外光谱中得到证实。

在多核金属羰基化合物中,通常有两种类型的 CO 基团:一种是端基(terminal),与金属键合的方式与单核金属羰基化合物相同;另一种是桥基(bridging),与两个或多个金属原子键合。

对于双桥基,通常认为它们只提供一个电子给每个金属原子,从而与它们形成普通的 σ 键。在 $Fe_2(CO)_9$ 中,两个铁原子通过三个 CO 桥基连接起来,另外每个金属原子与三个端

基 CO 配位，每个端基提供两个电子，两个 Fe 原子之间存在一对电子键[图 20.4(a)]。在 $Mn_2(CO)_{10}$ 中，有金属-金属之间的键，但没有发现桥基[图 20.4(b)]。大多数情况下，桥基(CO) 出现在复杂的多羰基化合物中，如 $Fe_3(CO)_{12}$ 和 $Co_4(CO)_{12}$。

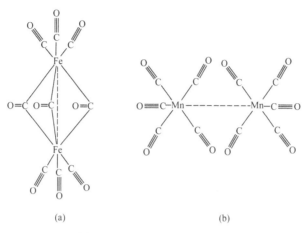

(a)　　　　　　　　　　(b)

图 20.4　多核金属羰基化合物

金属羰基化合物化学性质之一是 CO 能部分或全部被其他配体如 NO 等取代，已知道一系列羰基硝基金属化合物。这些化合物可以很方便地从 NO 气体与金属羰基化合物的反应中得到：

$$Co_2(CO)_8 + 2NO \longrightarrow 2Co(NO)(CO)_3 + 2CO$$

$$Fe_3(CO)_{12} + 6NO \longrightarrow 3Fe(NO)_2(CO)_2 + 6CO$$

CN^- 也能被 CO 或 NO 取代，如在 $[Fe(CN)_6]^{4-}$ 中 CN^- 能被 CO 或 NO 取代：

$$CO + [Fe(CN)_6]^{4-} + 3H^+ \Longrightarrow H_3Fe(CN)_5(CO) + CN^-$$

$$NO + [Fe(CN)_6]^{3-} \Longrightarrow [Fe(CN)_5(NO)]^{2-} + CN^-$$

$[Fe(CN)_5(NO)]^{2-}$ 与 SH^- 反应，呈深紫色。带色的物质是通过下面两步反应生成的：

$$[Fe(CN)_5(NO)]^{2-} \xrightarrow{SH^-} [Fe(CN)_5N\overset{O}{\underset{SH}{}}]^{3-} \xrightarrow{OH^-} [Fe(CN)_5N\overset{O}{\underset{S}{}}]^{4-}$$

一类有代表性的物质是羰基氢化金属化合物，可从羰基金属化合物的碱性溶液中得到，如

$$Fe(CO)_5 + 3OH^- \xrightarrow{CH_3CH_2OK} [HFe(CO)_4]^- + CO_3^{2-} + H_2O$$

酸化后得到 $Fe(CO)_4H_2$。此化合物在低温下是黄色液体，超过 263 K 时分解。其表现出二元酸的性质，解离常数分别为 3.6×10^{-4} 和 1×10^{-4}。

其他第一过渡周期金属的羰基氢化合物还有：$Mn(CO)_5H$ 和 $Co(CO)_4H$。$Mn(CO)_5H$ 在常温下是稳定的液体，而 $Co(CO)_4H$ 在高出熔点(247 K)时，变得不稳定。

还有一类是金属羰基卤化物，$Mn(CO)_5Br$ 是典型的金属羰基卤化物，可通过 $Mn_2(CO)_{10}$ 与 Br_2 反应制备：

$$Mn_2(CO)_{10} + Br_2 \xrightarrow{313\,K} 2Mn(CO)_5Br$$

若温度为 393 K，则会得到二聚体[Mn(CO)$_4$Br]$_2$。

20.3.3 金属-不饱和烃化合物

烯烃和炔烃等不饱和分子与过渡金属形成的配合物具有重要的实际意义，不饱和烃配合物的研究受到广泛的重视。本节将以简单的乙烯-过渡金属配合物为典型，介绍这一类有机金属化合物。

最早的金属-烯烃化合物 PtCl$_2$C$_2$H$_4$ 是由丹麦的化学家 Zeise 在四氯化铂盐与乙烯在水溶液中反应，并用醚萃取得到：

$$[PtCl_4]^{2-} \longrightarrow [PtCl_3(C_2H_4)]^- \longrightarrow [PtCl_2(C_2H_4)]_2$$

中性化合物是一个二聚体，其结构如下：

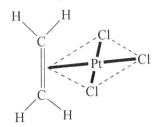

(两个乙烯分子式呈反式结构)

其他不饱和烃（如乙炔）可以取代乙烯而形成金属不饱和炔化合物，只是金属只能是 Rh^I、Ir^{II}、Pd^{II}、Pt^{II}、Cu^I、Ag^I 和 Hg^{II}。

X 射线分析表明，阴离子[PtCl$_3$(C$_2$H$_4$)]$^-$乙烯基中两个碳原子到金属的距离相等：

1953 年，查特（Chatt）和邓肯森（Duncanson）指出，成键涉及烯烃双键两个 π 电子配位。事实上，烯烃的 π 轨道与金属-配体键的σ轨道有相同的对称性，产生了σ对称的配位键。Pt 原子非键（non-bonding）轨道上方 d 电子反馈到乙烯分子中空的反键 π 轨道中，加强了金属与配体的键合作用，成键中使用的轨道如图 20.5 所示。

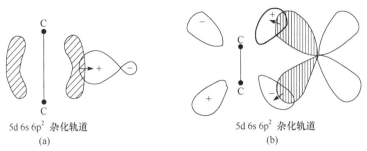

图 20.5 [PtCl$_3$(C$_2$H$_4$)]$^-$成键情况

(a)π 轨道与 Pt 杂化轨道成σ键；(b)杂化轨道 Pt 的 d$_{xy}$轨道与乙烯反键 π 轨道成 π 键

20.3.4　金属-环多烯化合物

正如烯烃和炔烃等不饱和分子充满电子的 π 轨道能与金属的 d 轨道作用一样，环多烯含电子的离域 π 轨道也能与金属的 d 轨道作用，形成相应的金属-环多烯化合物。众所周知的二茂铁 $(C_5H_5)_2Fe$ 就属于这类化合物。此外，还有其他环多烯也能形成类似的化合物。在这些化合物中，值得注意的是金属环戊二烯配合物。

表 20.7 中列出了各种金属与环戊二烯生成的配合物。在这些配合物中，最早合成的是二茂铁，用下列方法制得：

$$2C_5H_5MgBr + FeCl_2 \longrightarrow (C_5H_5)_2Fe + MgBr_2 + MgCl_2$$

反应式中，溴化环戊二烯镁为格氏试剂。

表 20.7　金属环戊二烯配合物

分子式	金属
$M(C_5H_5)$	Li, Na, K, Rb, Cs, Ti, In
$M(C_5H_5)_2$	Be, Mg, Ca, Zn, Hg, V, Cr, Mn, Fe, Co, Ni, Sn, Pb, Ru, Os
$M(C_5H_5)_3$	Sc, Ga, Y, In, Sb, Bi, 稀土金属
阳离子，如 $Zr^{IV}[C_5H_5]_2^{2+}$、$Co^{III}[C_5H_5]_2^+$ 和 $Nb^V[C_5H_5]_2^+$	高价态过渡金属

二茂铁是一种橘黄色结晶固体，熔点 446 K，不溶于水，溶于有机溶剂，对热稳定，低于 743 K 不分解。二茂铁环上的氢原子可被其他原子或原子团取代，如二茂铁与氯乙酰在 $AlCl_3$ 存在下反应生成二乙酰基二茂铁（图 20.6）。

此外，还得到了 Co、Ni、Cr、V 等的二环戊二烯配合物。这些配合物均具有夹心结构，金属原子位于环戊二烯的两个环平面之间，且到 10 个 C 原子之间的距离相等。金属与环中 C 原子之间形成共价 σ 键。

电正性较弱的金属与环戊二烯的化合物，如 Hg、Sn、Pb、Bi，其性质介于盐型化合物和共价过渡金属配合物之间。

$Sn(C_5H_5)_2$，无色，在空气中不稳定，适量地溶解于苯和乙醚中。与冷水不作用，在酸中分解环戊二烯，此种类型的化合物在金属与 C_5H_5 环中的 C 原子之间有弱的 σ 键。

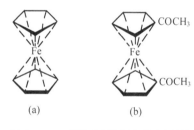

图 20.6　二茂铁 (a) 及衍生物 (b) 结构

20.3.5　氢和烷基化合物

1. 氢配体

单电子 H 配体在金属有机化学中非常重要，我们已经讨论过电中性和阴离子金属羰基化合物通过质子化反应生成 M—H 键的过程，某些其他金属有机化合物也能通过质子化反应生成稳定的氢配合物，如茂铁在强酸中的质子化产物就含 Fe—H 键：

$$Cp_2Fe + HBF_4 \longrightarrow [Cp_2Fe{-}H^+][BF_4]^-$$

氧化数　　　+2　　　　　　　　+4

由于非金属原子(如 H 和卤素)被指定为负氧化态，金属原子的氧化数在反应中发生了变化。

氧化加成反应是将 H 引入金属配合物最重要的方法之一。这种反应中 XY 分子加到 16 电子配合物 ML$_4$ 中生成 M(X)(Y)L$_4$，过程中伴随 X—Y 键的断裂和金属氧化数的增加。因此，16 电子配合物不论与 H$_2$ 还是与 HX 加成都能生成 18 电子氢配合物：

$$IrCl(CO)(PPh_3)_2 + H_2 \longrightarrow IrCl(H)_2(CO)(PPh_3)_2$$

↑ 　　　　　　　　　　　　　　↑

16e Ir(I) 　　　　　　　　　　　 18e Ir(III)

↓ 　　　　　　　　　　　　　　↓

$$IrCl(CO)(PPh_3)_2 + HCl \longrightarrow IrCl_2(H)(CO)(PPh_3)_2$$

前一反应过程中可能形成 η^2-H$_2$ 配位的瞬态双氢配合物。

2. 饱和开链烃配体

烷基作为一电子单齿配体与金属形成 M—C 单键，d 区的数量较少，亚烷基 CH$_2$、CHR 或 CR$_2$ 都是二电子单齿配位阵，与金属形成费歇尔(Fischer)卡宾所特有的 M＝C d-p 双键。例如，胺进攻费歇尔卡宾的亲电 C 原子取代 OR 基生成新的卡宾配体：

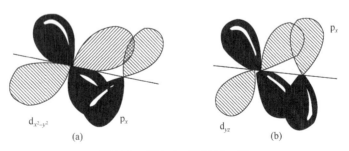

这类反应在合成上用于制备中部和后部 d 区金属的费歇尔卡宾化合物。这些金属较高的电负性导致了键合于金属的碳原子的亲电性。分子轨道的解释是，d 区后部金属的 dπ 轨道能级低于碳的 p 轨道，其上占据着 2 个电子使电子密度在金属原子上集中，与之相反，空 π 轨道主要在碳原子上，因而碳原子易受亲核试剂进攻。

通式为 CH 或 CR 的次烷基配体是三电子单齿配体。与金属以 M≡C 三重键结合，其中包括一个 σ 键和两个 d-p 重叠的 π 键(图 20.7)，最简单的两个次烷基配体是次甲基 CH 和次乙基 CCH$_3$。

d$_{x^2-y^2}$　　p$_x$　　　　　　d$_{yz}$　　p$_x$

(a)　　　　　　　　　　(b)

图 20.7　两个 d-p 重叠的 π 键

多种途径能制得这类化合物，如

$$(OC)_5Mo=C\overset{OMe}{\underset{Ph}{}} + BBr_3 \longrightarrow OC-Mo\equiv CPh + CO + BBr_2(OMe)$$

习　题

1. 下列化合物中哪些是金属有机化合物？哪些不是？为什么？

(1) $B(CH_3)_3$　　　　　(2) $B(OCH_3)_3$　　　　　(3) $(NaCH_3)_4$

(4) $SiCl_3(CH_3)$　　　　(5) $NaAc$　　　　　　　(6) $Na[B(C_6H_5)_4]$

2. 写出下列化合物的化学式。

(1) 三甲基铋　　　　　　(2) 四苯基硅烷

(3) 溴化四苯基砷　　　　(4) 四苯基硼酸钾

3. 叙述 B、Al、Ga、In 甲基化合物通过甲基桥发生缔合的趋势，解释 B 和 Al 之间的差别。

4. 写出下列化合物的结构。

(1) 甲基锂　　　　　　(2) 三甲基硼　　　　　　(3) 六甲基二铝

(4) 四甲基硅烷　　　　(5) 三甲基砷烷

5. 下列化合物中哪个(哪些)可作为：

(1) 良好的负碳离子亲核试剂；

(2) 中心原子温和的路易斯酸；

(3) 温和的路易斯碱；

(4) 强还原剂。(一个化合物可能具有一种以上的上述性质)

①$Li_4(CH_3)_4$　　　②$Zn(CH_3)_3$　　　③$(CH_3)MgBr$　　　④$B(CH_5)_3$

⑤$Al_2(CH_3)_6$　　　⑥$Si(CH_3)_4$　　　⑦$As(CH_3)_3$

6. 回答下述反应可能属于哪种类型并说明理由，写出平衡的化学方程式(不起反应时用 NR 表示)。

(1) Ca 与二甲基汞的反应

(2) Hg 与二乙基锌的反应

(3) 甲基锂与三苯基氯硅烷在乙醚中的反应

(4) 四甲基硅烷与氯化锌在乙醚中的反应

(5) $HSi(CH_3)_3$ 与乙烯在氯铂酸异丙醇溶液中的反应

7. 回答下列问题并说明原因。

(1) 300℃时，$Si(CH_3)_4$ 和 $Sn(CH_3)_4$ 发生热解的相对难易。

(2) $Li_4(CH_3)_4$、$B(CH_3)_3$、$Si(CH_3)_4$ 和 $Si(CH_3)Cl_3$ 的相对路易斯酸性。

(3) $Si(CH_3)_4$ 和 $As(CH_3)_3$ 的相对路易斯碱性。

(4) $Li_4(CH_3)_4$ 和 $Hg(CH_3)_2$ 从 $GeCl_4$ 中取代 Cl 的趋势。

8. 试计算下列化合物的价电子数，指出哪些符合 18 电子规则。

(1) $V(CO)_6$　　　　　(2) $W(CO)_6$　　　　　(3) $Rh(CO)_4H$　　　　(4) $PtCl_3(C_2H_4)^-$

9. 完成下列反应式。

(1) $Co + CO + H_2 \longrightarrow$　　　　　　(2) $Fe(CO)_5 + Na \longrightarrow$

(3) $Mn(CO)_5Br + Mn(CO)_5^- \longrightarrow$　　(4) $Fe(CO)_4^{2-} + H_3O^+ \longrightarrow$

10. 试解释以下现象。

(1) $(C_5H_5)_2Fe$ 比 $(C_5H_5)_2Co$ 稳定。

(2) $Mn(CO)_5$ 以二聚体的形式存在，$Mn(CO)_5H$ 却以非聚体的形式存在。

11. 一中性分子含一个铁原子、两个环戊二烯基及若干 CO 配体，画出最合理的结构式，写出相应的分子式。

12. 指出 $IrCl(CO)(PPh_3)_2$ 中 Ir 和 Cl 的氧化数。

13. 指出 $Co(\eta^5\text{-}C_5H_5)(CO)_2$ 分子中 Co 的氧化数。

科学展望——杯芳烃对铁的配位及其超分子化学研究进展

较早研究杯芳烃对铁的配位作用的 Yilmaz 等合成了对-叔丁基杯芳烃及几种衍生物，并用这些杯芳烃与 $FeCl_3 \cdot 6H_2O$、$CuCl_2 \cdot 2H_2O$、$NiCl_2 \cdot 6H_2O$、$CoCl_2 \cdot 6H_2O$ 等过渡金属盐作用。结果发现，只有 Fe(Ⅲ) 与配体生成 1:1 的配合物，Fe(Ⅲ) 与杯芳烃中的三个酚氧基阴离子以离子键结合(A)。杯芳烃对 Fe(Ⅲ) 所显示的选择性可将 Fe(Ⅲ) 从与 Cu^{2+}、Ni^{2+}、Co^{2+} 等金属离子的混合液中分离出来。在杯芳烃的过渡金属化学中，含 P 基团的引入更加丰富了杯芳烃的配位性能。丹尼斯(Denis)等合成了杯芳烃的二苯膦$[(Ph)_2PH]$衍生物，发现它能与铁的含烯烃羰基化合物$[Fe(CO)_3(\eta^2\text{-}C_3H_{14})_2]$作用，生成双核 Fe(0) 的配合物，X 射线单晶衍射量进一步证实了其配位结构如 B 所示。

杯芳烃水溶性较差，但硝化、磺化后的杯芳烃有较好的水溶性，如磺化杯[4]芳烃的四钠盐即为一个水溶性杯芳烃。研究发现，它也能与 Fe(Ⅲ) 作用，生成产率可观的无色、可溶于水的晶体，其结构如 C 所示。

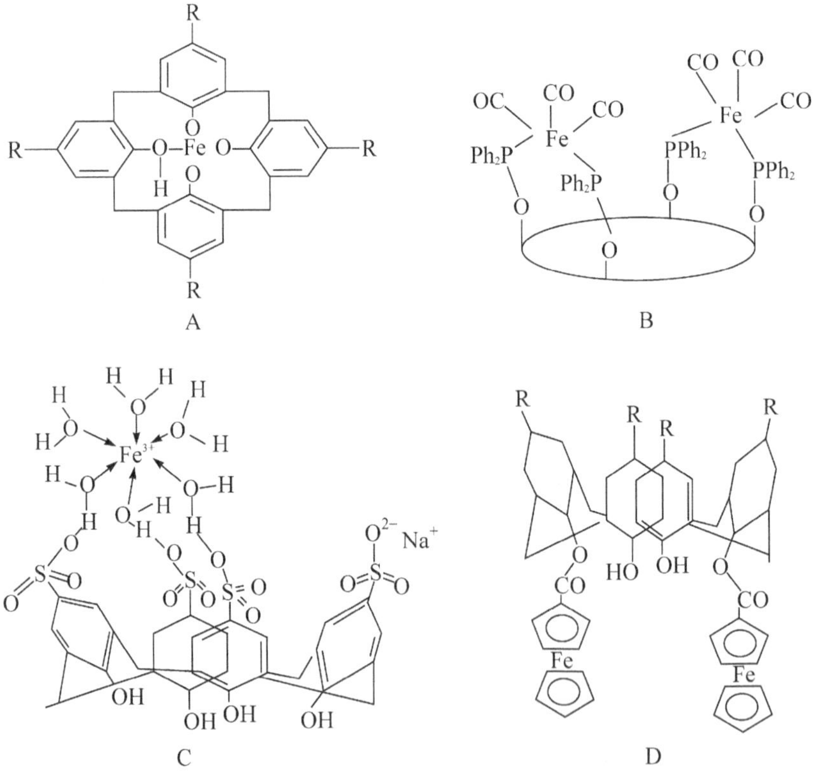

几种杯芳烃与铁的配位结构

杯芳烃的"杯"上、下沿都可进行化学修饰。对于过渡金属，下沿修饰的杯芳烃，配位基团间能更好地发挥协同作用；而上沿修饰的杯芳烃配位基团间通常是独立地起作用。例如，Beer 等将酰胺基引入对-叔丁基杯芳烃下沿而合成的四酰胺取代的杯芳烃能与多数过渡金属(如 Pb^{II}、Fe^{II}、Zn^{II}、Ni^{II}、Cu^{II})配合。这些配合物的单晶结构表明，杯芳烃呈锥形构象，金属与 4 个酰胺基上的氧原子(作用力较强)、4 个醚氧基(作用力较弱)采取八配位的形式，金属离子的大小影响不大。

研究者还探索了杯芳烃与铁的复杂分子、离子的包络性质，对二茂铁的配位研究是其中的一个热点。Beer 等最早用对-叔丁基杯芳烃及去叔丁基杯芳烃分别与氯酰化二茂铁(1a)作用，分别合成了二者与氯酰化二茂铁的 1:2 的配合物，并得到了去叔丁基杯芳烃酰化二茂铁的单晶结构(见下图)。之后，Zhang 等又研究了水溶性磺化杯芳烃的八钠盐在水相中对三种中性和带正电荷的二茂铁衍生物(1b，1c，1d)的包合性质。从三种包合物的电化学及核磁共振性质研究结果看,包合过程与环糊精(cyclodextrins)或环芳(cyclophanes)在水溶液中对有机物的包合作用相似，即主、客体间的立体匹配是至关重要的，而有利的静电作用力则给包合物附加了仅次于立体匹配的额外的稳定化作用。

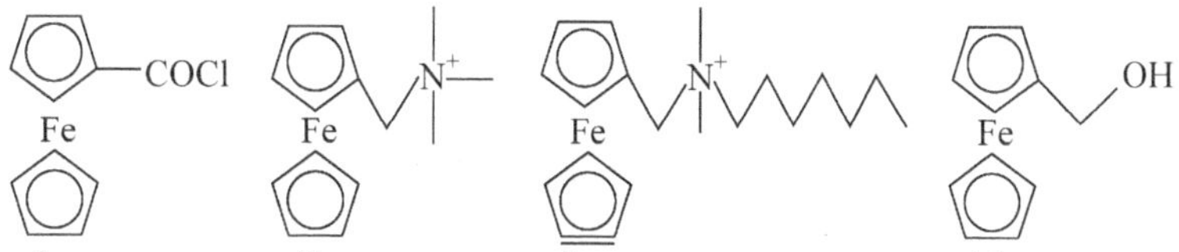

几种二茂铁的衍生物

附　　录

附录 1　普通物理常数

量	数值
阿伏伽德罗常量	$N_A = 6.0221367 \times 10^{23} \, \text{mol}^{-1}$
元电荷	$e = 1.60217733 \times 10^{-19} \, \text{C}$
电子质量	$m_c = 9.1093897 \times 10^{-31} \, \text{kg}$
质子质量	$m_p = 1.672623 \times 10^{-27} \, \text{kg}$
法拉第常量	$F = 9.6485309 \times 10^4 \, \text{C}$
普朗克常量	$h = 6.6260755 \times 10^{-34} \, \text{J} \cdot \text{s}$
玻尔兹曼常量	$k = 1.380658 \times 10^{-23} \, \text{J} \cdot \text{K}^{-1}$
摩尔气体常量	$R = 8.205 \times 10^{-2} \, \text{L} \cdot \text{atm} \cdot \text{mol}^{-1} \cdot \text{K}^{-1}$ $= 8.314 \, \text{J} \cdot \text{mol}^{-1} \cdot \text{K}^{-1}$
光速(真空)	$c = 2.99792458 \times 10^{10} \, \text{cm} \cdot \text{s}^{-1}$
原子质量	u 或 amu $= 1.660540 \times 10^{-27} \, \text{kg}$

附录 2　单位和换算因数

国际单位(SI)			
物理量	单位名称	单位符号	
		中文	国际
长度	米	米	m
质量	千克	千克	kg
时间	秒	秒	s
电流	安[培]	安	A
温度	开[尔文]	开	K
发光强度	坎[德拉]	坎	cd
物质的量	摩[尔]	摩	mol
换算关系			
1 厘米 (cm)		$= 10^7 \, \text{nm} = 10^8 \, \text{Å} = 10^{10} \, \text{pm}$	
1 电子伏 (eV)		$= 1.6022 \times 10^{-19} \, \text{J}$	
1 尔格 (erg)		$= 10^{-7} \, \text{J}$	
1 大气压 (atm)		$= 101325 \, \text{Pa} = 760 \, \text{Torr}(托)$	

附录3　常见无机物标准热力学数据

物质	状态	$\Delta_f H_m^{\ominus}/(kJ \cdot mol^{-1})$	$S_m^{\ominus}/(J \cdot mol^{-1} \cdot K^{-1})$	$\Delta_f G_m^{\ominus}/(kJ \cdot mol^{-1})$
Ag	(s)	0.00	42.55	0.00
Ag	(g)	284.55	172.89	245.68
Ag^+	(aq)	105.58	72.68	77.12
AgBr	(s)	−100.37	107.11	−96.90
AgCl	(s)	−127.07	96.23	−109.80
AgCN	(s)	146.02	107.19	156.90
AgF	(s)	−204.6	—	—
AgI	(s)	−61.84	115.48	−66.19
$AgNO_3$	(s)	−124.39	140.92	−33.47
Ag_2O	(s)	−31.05	121.34	−11.21
Al	(s)	0.00	28.33	0.00
Al	(g)	326.35	164.43	285.77
Al^{3+}	(aq)	−531.37	−321.75	−485.34
$AlCl_3$	(s)	−705.63	109.29	−630.07
$Al(OH)_3$	(s)	−1284.49	71.13	−1305.83
Al_2O_3	(s, α)	−1675.27	50.92	−1581.97
Al_2O_3	(s, γ)	−1656.86	59.83	−1562.72
Ar	(g)	0.00	154.73	0.00
Au	(s)	0.00	47.40	0.00
Au	(g)	366.10	180.39	326.35
$[Au(CN)_2]^-$	(aq)	242.25	171.54	285.77
B	(s)	0.00	5.86	0.00
B	(g)	562.75	153.34	518.82
BBr_3	(g)	−205.64	324.13	−232.46
B_2Cl_4	(l)	−523.00	262.34	−464.84
BF	(g)	−122.17	200.37	−149.79
BF_3	(g)	−1137.00	254.01	−1120.35
BI_3	(g)	71.13	349.07	20.75
B_2H_6	(g)	35.56	232.00	86.61
BaF_2	(g)	−803.75	301.16	−814.50
BaI_2	(s)	−605.42	165.14	−601.41
BaO	(s)	−548.10	72.09	−520.41
BaO	(g)	−123.85	235.35	−144.81
$BaSO_4$	(s)	−1473.19	132.21	−1362.31

物质	状态	$\Delta_f H_m^{\ominus}/(\text{kJ} \cdot \text{mol}^{-1})$	$S_m^{\ominus}/(\text{J} \cdot \text{mol}^{-1} \cdot \text{K}^{-1})$	$\Delta_f G_m^{\ominus}/(\text{kJ} \cdot \text{mol}^{-1})$
Br	(g)	111.88	174.91	82.43
Br$^-$	(aq)	−121.55	82.42	−103.97
Br$_2$	(l)	0.00	152.23	0.00
Br$_2$	(g)	30.91	245.35	3.14
C	(s, 石墨)	0.00	5.69	0.00
C	(s, 金刚石)	1.90	2.38	2.90
C	(g)	716.68	157.99	671.29
CH$_4$	(g)	−74.85	186.27	−50.84
CO$_2$	(g)	−393.51	213.74	−394.36
CO$_3^{2-}$	(aq)	−677.14	−56.90	−527.90
Ca	(s)	0.00	41.42	0.00
Ca	(g)	179.28	154.77	145.52
CaCl$_2$	(s)	−795.80	104.60	−748.10
CaCO$_3$	(s, 文石)	−1207.13	88.70	−1127.80
CaCO$_3$	(s, 方解石)	−1206.92	92.90	−1128.79
CaF$_2$	(s)	−1219.64	68.87	−1167.34
CaO	(s)	−635.09	39.75	−604.03
CaO	(l)	−557.35	62.30	−532.96
Ca(OH)$_2$	(s)	−986.17	83.39	−898.51
Cl	(g)	121.29	165.06	105.31
Cl$^-$	(aq)	−167.15	56.48	−131.25
Cl$_2$	(g)	0.00	222.97	0.00
Cl$_2$O	(g)	80.33	267.86	97.49
ClO$^-$	(aq)	−107.11	41.84	−36.82
ClO$_4^-$	(aq)	−129.33	182.00	−8.62
CN$^-$	(aq)	150.62	94.14	172.38
Cu	(s)	0.00	33.15	0.00
Cu	(g)	338.32	166.27	298.61
Cu$^+$	(aq)	71.67	40.58	50.00
Cu^{2+}	(aq)	64.77	−99.58	65.52
Cu$_2$S	(s, α)	−79.50	120.92	−86.19
CuCl$_2$	(s)	−205.85	108.07	−161.92
CuO	(s)	−157.32	42.63	−129.70
CuS	(s)	−53.14	66.53	−53.56
CuSO$_4$	(s)	−771.36	108.78	−661.91
Cu(OH)$_2$	(s)	−450.20	108.37	−372.79
Cu$_2$O	(s)	−168.62	93.14	−146.02
F	(g)	78.99	158.66	61.92

续表

物质	状态	$\Delta_f H_m^{\ominus} / (kJ \cdot mol^{-1})$	$S_m^{\ominus} / (J \cdot mol^{-1} \cdot K^{-1})$	$\Delta_f G_m^{\ominus} / (kJ \cdot mol^{-1})$
F^-	(g)	−255.64	145.48	−262.34
F_2	(g)	0.00	202.71	0.00
Fe	(s, α)	0.00	27.28	0.00
Fe	(l)	13.13	34.29	11.05
Fe^{2+}	(aq)	−89.12	−137.65	−78.87
Fe^{3+}	(aq)	−48.53	−315.89	−4.60
FeO	(s)	−271.96	60.75	−251.46
Fe_2O_3	(s, 赤铁矿)	−824.25	87.40	−742.24
Fe_3O_4	(s, 磁铁矿)	−1118.38	146.44	−1015.46
$FeCl_2$	(s)	−341.79	117.95	−302.34
$FeCl_3$	(s)	−399.49	142.26	−334.05
FeS	(s, 磁黄铁矿)	−100.00	60.29	−100.42
FeS_2	(s, 黄铁矿)	−178.24	52.93	−166.94
$FeSO_4$	(s)	−928.43	120.92	−825.08
$Fe_2(SO_4)_3$	(s)	−2581.53	307.52	−2263.13
H^+	(aq)	0.00	0.00	0.00
H_2	(g)	0.00	130.59	0.00
H_2O	(l)	−285.83	69.91	−237.18
H_2O	(g)	−241.82	188.72	−228.59
H_2O_2	(l)	−187.78	109.62	−120.42
H_2O_2	(g)	−136.11	232.88	−105.48
H_2S	(g)	−20.17	205.77	−33.05
HCN	(l)	108.87	112.84	124.93
HCN	(g)	135.14	201.67	124.68
HF	(g)	−271.12	173.68	−273.22
HCl	(g)	−92.30	186.77	−95.31
HClO	(g)	−92.05	236.61	−79.50
HBr	(g)	−36.44	198.61	−53.51
HI	(g)	26.48	206.48	1.72
HNO_3	(l)	−173.22	155.60	−79.91
HNO_3	(g)	−135.06	266.27	−74.77
H_3BO_3	(s)	−1094.33	88.83	−969.01
H_3PO_4	(s)	−1266.92	110.54	−1112.53
H_3PO_4	(l)	−1254.36	150.62	−1111.69
H_2SO_4	(l)	−814.00	156.90	−690.07
H_2SO_4	(g)	−740.57	289.11	−656.05
H_2SiO_3	(s)	−1188.67	133.89	−1092.44
H_4SiO_4	(s)	−1481.14	192.46	−1333.02

物质	状态	$\Delta_f H_m^{\ominus} / (kJ \cdot mol^{-1})$	$S_m^{\ominus} / (J \cdot mol^{-1} \cdot K^{-1})$	$\Delta_f G_m^{\ominus} / (kJ \cdot mol^{-1})$
He	(g)	0.00	126.04	0.00
Hg	(l)	0.00	76.02	0.00
Hg	(g)	61.32	174.85	31.85
Hg^{2+}	(aq)	171.1	−32.2	164.4
Hg_2^{2+}	(aq)	172.4	84.5	153.5
Hg_2Cl_2	(s)	−265.22	192.46	−210.78
Hg_2F_2	(s)	−485.34	158.99	−426.77
Hg_2I_2	(s)	−121.34	242.67	−111.00
HgI_2	(s, 红)	−105.44	181.17	−101.67
HgI_2	(g)	−17.15	336.02	−59.83
HgO	(s, 红色, 斜方晶系)	−90.83	70.29	−58.53
HgS	(s, 红)	−58.16	82.42	−50.63
HgS	(s, 黑)	−53.56	88.28	−47.70
I	(g)	106.84	180.68	70.28
I^-	(aq)	−55.19	111.29	−51.59
I_2	(s)	0.00	116.14	0.00
I_2	(g)	62.44	260.58	19.36
K	(s)	0.00	64.68	0.00
K	(g)	89.12	90.04	60.67
K^+	(aq)	−252.4	102.5	−283.3
KCN	(s)	−113.47	127.78	−102.05
KF	(s)	−568.61	66.57	−538.90
KNO_3	(s)	−492.71	132.93	−393.13
KO_2	(s)	−284.51	122.59	−240.58
K_2O_2	(s)	−495.80	112.97	−429.70
Li	(l)	2.38	33.93	0.93
Li	(g)	160.67	138.66	128.03
Li^+	(aq)	−278.5	13.4	−293.3
Li_2O	(s)	−598.73	37.91	−561.91
Li_2O_2	(s)	−632.62	56.48	−571.12
LiBr	(s)	−350.91	74.06	−341.62
LiCl	(s)	−408.27	59.29	−384.05
LiF	(s)	−616.93	35.65	−588.69
LiI	(s)	−270.08	85.77	−269.66
Mg	(s)	0.00	32.69	0.00
Mg	(g)	147.61	148.53	113.09
Mg^{2+}	(aq)	−466.85	−138.07	−454.80

物质	状态	$\Delta_f H_m^\ominus /(kJ \cdot mol^{-1})$	$S_m^\ominus /(J \cdot mol^{-1} \cdot K^{-1})$	$\Delta_f G_m^\ominus /(kJ \cdot mol^{-1})$
$Mg(OH)_2$	(s)	−924.66	63.18	−833.87
$MgCl_2$	(s)	−641.62	89.62	−592.12
MgO	(s, 方镁石)	−601.66	26.94	−569.02
MgS	(s)	−346.02	50.33	−341.83
$MgSO_4$	(s)	−1284.91	91.63	−1170.68
Mn	(s, α)	0.00	32.01	0.00
Mn	(g)	280.75	173.59	238.49
Mn^{2+}	(aq)	−220.83	−73.64	−228.03
Mn_2O_3	(s)	−958.97	110.46	−881.15
Mn_3O_4	(s)	−1387.83	155.64	−1283.23
MnO	(s)	−385.22	59.71	−362.92
MnO_2	(s)	−520.03	53.05	−465.18
MnO_4^-	(aq)	−541.41	191.21	−447.27
MnO_4^{2-}	(aq)	−652.70	58.58	−500.82
MnS	(s, 绿)	−214.22	78.24	−218.40
$MnSO_4$	(s)	−1065.25	112.13	−957.42
Mo	(s)	0.00	28.66	0.00
Mo	(g)	658.14	181.84	612.54
MoO_2	(s)	−588.94	46.28	−533.04
MoS_2	(s)	−235.14	62.59	−225.94
N	(g)	472.70	153.19	455.58
N_2	(g)	0.00	191.50	0.00
N_3^-	(aq)	275.14	107.95	348.11
N_2H_4	(l)	50.63	121.21	149.24
N_2H_4	(g)	95.40	238.36	159.28
N_2O	(g)	82.05	219.74	104.18
N_2O_3	(g)	83.72	312.17	139.41
N_2O_4	(s)	−35.02	150.29	99.54
N_2O_4	(l)	−19.58	209.24	97.40
N_2O_4	(g)	9.16	304.18	97.82
N_2O_5	(g)	11.30	347.19	117.70
NO	(g)	90.25	210.65	86.57
NO_2	(g)	33.18	239.95	51.30
NO_2^-	(aq)	−104.60	140.16	−37.24
NO_3	(g)	70.92	252.55	114.47
NO_3^-	(aq)	−207.36	146.44	−111.34
NH_3	(g)	−46.11	192.34	−16.48

续表

物质	状态	$\Delta_f H_m^\ominus /(\text{kJ} \cdot \text{mol}^{-1})$	$S_m^\ominus /(\text{J} \cdot \text{mol}^{-1} \cdot \text{K}^{-1})$	$\Delta_f G_m^\ominus /(\text{kJ} \cdot \text{mol}^{-1})$
NH_4^+	(aq)	−132.51	113.39	−79.37
NH_4NO_3	(s)	−365.56	151.08	−184.01
NH_4OH	(l)	−361.20	165.56	−254.14
Na	(s)	0.00	51.46	0.00
Na	(l)	2.41	57.86	0.50
Na	(g)	107.74	153.59	77.32
Na^+	(aq)	−240.1	59.0	−261.9
$NaBH_4$	(s)	−191.84	101.38	−127.11
NaBr	(s)	−361.41	86.82	−349.28
NaCl	(s)	−410.99	72.38	−384.05
NaF	(s)	−575.30	51.21	−545.18
NaI	(s)	−288.03	98.32	−284.51
Na_2CO_3	(s)	−1130.94	135.98	−1047.67
$NaHCO_3$	(s)	−947.68	102.09	−851.86
$NaNO_3$	(s)	−466.68	116.32	−365.89
NaOH	(s)	−426.73	64.43	−379.07
Na_2O	(s)	−415.89	72.80	−376.56
Na_2O_2	(s)	−513.38	94.81	−449.78
Na_2SO_4	(s)	−1384.49	149.49	−1266.83
Ni	(s)	0.00	29.87	0.00
Ni	(g)	429.70	182.08	384.51
Ni^{2+}	(aq)	−53.97	−128.87	−45.61
$NiCl_2$	(s)	−305.33	97.65	−259.06
NiO	(s)	−239.74	37.99	−211.71
NiS	(s)	−82.01	52.97	−79.50
O	(g)	249.17	160.95	231.75
O_2	(g)	0.00	205.14	0.00
O_3	(g)	142.67	238.82	163.18
OH^-	(aq)	−229.99	−10.75	−157.28
P	(s, 红, V)	0.00	22.80	0.00
P	(l, 红, V)	18.07	42.89	12.09
P	(g, 红, V)	333.88	163.09	292.04
P	(s, α, 白)	17.45	41.09	12.01
P_2	(g)	146.19	218.03	103.76
P_4	(g)	128.87	128.87	72.38
PCl_3	(l)	−319.66	217.15	−272.38

物质	状态	$\Delta_f H_m^{\ominus} / (kJ \cdot mol^{-1})$	$S_m^{\ominus} / (J \cdot mol^{-1} \cdot K^{-1})$	$\Delta_f G_m^{\ominus} / (kJ \cdot mol^{-1})$
PCl_3	(g)	−287.02	311.67	−267.78
PCl_5	(g)	−342.67	364.47	−278.24
PF_3	(g)	−918.81	273.13	−897.47
PF_5	(g)	−1576.95	300.83	−1508.75
PH_3	(g)	23.01	210.20	25.52
Pb	(s)	0.00	64.77	0.00
Pb	(l)	4.29	71.71	2.22
Pb	(g)	195.60	175.27	162.63
Pb^{2+}	(aq)	−1.7	10.5	−24.4
Pb_3O_4	(s)	−718.81	212.13	−601.66
$PbCl_2$	(s)	−359.41	135.98	−314.18
PbO	(s, 红)	−218.99	66.53	−189.24
PbO	(s, 黄)	−218.07	68.70	−188.66
PbO_2	(s)	−274.47	71.80	−215.48
Pt	(s)	0.00	41.63	0.00
Pt	(g)	565.26	192.30	520.49
Pt^{2+}	(aq)	—	—	254.8
$[PtCl_4]^{2-}$	(aq)	−503.34	167.36	−368.61
S	(s, 正交)	0.00	31.92	0.00
S	(l)	1.42	35.15	0.38
S	(g)	277.36	167.74	236.86
S_2	(g)	129.03	228.07	80.08
S^{2-}	(aq)	33.05	−14.64	85.77
S_8	(g)	101.25	430.20	49.16
SO	(g)	4.88	221.84	−21.17
SO_2	(g)	−296.83	248.22	−300.19
SO_3	(s, β)	−454.51	52.30	−368.99
SO_3	(l)	−441.04	95.60	−368.36
SO_3	(g)	−395.72	256.76	−371.08
SO_3^{2-}	(aq)	−635.55	−29.29	−486.60
SO_4^{2-}	(aq)	−909.27	20.08	−744.63
$S_2O_4^{2-}$	(aq)	−753.54	92.05	−600.40
$S_2O_8^{2-}$	(aq)	−1338.88	248.11	−1110.43
Si	(s)	0.00	18.83	0.00
Si	(g)	455.64	167.86	411.29
SiC	(s, β, 立方)	−73.22	16.61	−70.71

续表

物质	状态	$\Delta_f H_m^{\ominus} /(kJ \cdot mol^{-1})$	$S_m^{\ominus} /(J \cdot mol^{-1} \cdot K^{-1})$	$\Delta_f G_m^{\ominus} /(kJ \cdot mol^{-1})$
SiC	(s, α, 六方)	−71.55	16.48	−69.04
SiCl$_4$	(l)	−687.01	239.74	619.90
SiF$_4$	(g)	−1614.94	282.38	−1572.68
SiH$_4$	(g)	30.54	204.51	56.90
Si$_2$H$_6$	(g)	80.33	272.55	127.19
SiN	(g)	486.52	216.65	456.10
SiO$_2$	(s, 石英)	−910.94	41.84	−856.67
Sn	(s, 白)	0.00	51.55	0.00
Sn	(s, 灰)	−2.09	44.14	0.13
Sn	(g)	302.08	168.38	267.36
SnBr$_4$	(g)	−314.64	411.83	−331.37
SnCl$_4$	(l)	−511.28	258.57	−440.16
SnH$_4$	(g)	162.76	227.57	188.28
SnO$_2$	(s)	−580.74	52.30	−519.65
Ti	(s, α)	0.00	30.67	0.00
Ti	(s, β)	6.00	36.36	4.29
TiO$_2$	(s, 镁钛矿)	−938.72	49.92	−883.33
TiO$_2$	(s, 金红石)	−944.75	50.33	−889.52
V	(s)	0.00	28.91	0.00
V	(g)	514.21	182.19	453.21
VCl$_2$	(s)	−451.87	97.07	−405.85
VCl$_3$	(s)	−580.74	130.96	−511.28
W	(s)	0		32.6
WO$_3$	(s)	−842.96	−764	75.9
Xe	(g)	0.00	169.57	0.00
Zn	(s)	0.00	41.63	0.00
Zn	(g)	130.73	160.87	95.18
Zn^{2+}	(aq)	−153.9	−112.1	−147.1
ZnCl$_2$	(s)	−415.05	108.37	−369.43
ZnCO$_3$	(s)	−812.78	82.42	−731.57
ZnF$_2$	(s)	−764.42	73.68	−713.37
ZnI$_2$	(s)	−208.03	161.08	−208.95
ZnO	(s)	−348.28	43.64	−318.23
ZnSO$_4$	(s)	−982.82	128.03	−874.46

物质状态表示符号为：g—气态，l—液态，s—固态，aq—溶液。

注：本表数据来源于 Dean J A. 1979. Lange's Handbook of Chemistry. 11th ed. New York: McGraw-Hill; Lide D R. 2003. CRC Handbook of Chemistry and Physics. 84th ed. Florida: CRC Press Inc.

附录4　一些物质的标准摩尔燃烧热(298.15 K，100 kPa)

化学式	中文名称	英文名称	状态	$\Delta_c H_m^\ominus /(\mathrm{kJ \cdot mol^{-1}})$
		inorganic substances		
C	碳	carbon	石墨	−393.5
CO	一氧化碳	carbon monoxide	g	−283.0
H_2	氢气	hydrogen	g	−285.8
NH_3	氨气	ammonia	g	−382.8
N_2H_4	肼	hydrazine	g	−667.1
N_2O	一氧化二氮	nitrous oxide	g	−82.1
		hydrocarbons		
CH_4	甲烷	methane	g	−890.8
C_2H_2	乙炔	acetylene	g	−1301.1
C_2H_4	乙烯	ethylene	g	−1411.2
C_2H_6	乙烷	ethane	g	−1560.7
C_3H_6	丙烯	propane	g	−2058.0
C_3H_6	环丙烷	cyclopropane	g	−2091.3
C_3H_8	丙烷	propane	g	−2219.2
C_4H_6	1,3-丁二烯	1, 3-butandiene	g	−2541.5
C_4H_{10}	丁烷	butane	g	−2877.6
C_5H_{12}	戊烷	pentane	l	−3509.0
C_6H_6	苯	benzene	l	−3267.6
C_6H_{12}	环己烷	cyclohexane	l	−3919.6
C_6H_{14}	正己烷	hexane	l	−4163.2
C_7H_8	甲苯	toluene	l	−3910.3
C_7H_{16}	庚烷	heptane	l	−4817.0
$C_{10}H_8$	萘	naphthalene	s	−5156.3
		alcohols and ethers		
CH_4O	甲醇	methanol	l	−726.1
C_2H_6O	乙醇	ethanol	l	−1366.8
C_2H_6O	二甲醚	dimethyl ether	g	−1460.4
$C_2H_6O_2$	乙二醇	ethylene glycol	l	−1189.2
C_3H_8O	丙醇	1-propanol	l	−2021.3
$C_3H_8O_3$	丙三醇	glycerol	l	−1655.4
$C_4H_{10}O$	二乙醚	diethyl ether	l	−2723.9
$C_5H_{12}O$	正戊醇	1-pentanol	l	−3330.9
C_6H_6O	苯酚	phenol	s	−3053.5

化学式	中文名称	英文名称	状态	$\Delta_c H_m^{\ominus} /(\text{kJ} \cdot \text{mol}^{-1})$
		carbonyl compounds		
CH_2O	甲醛	formaldehyde	g	−570.7
C_2H_2O	乙烯酮	ketene	g	−1025.4
C_2H_4O	乙醛	acetaldehyde	l	−1166.9
C_3H_6O	丙酮	acetone	l	−1789.9
C_3H_6O	丙醛	propanal	l	−1822.7
C_4H_8O	2-丁酮	2-butanone	l	−2444.1
		acids and esters		
CH_2O_2	甲酸	formic acid	l	−254.6
$C_2H_4O_2$	乙酸	acetic acid	l	−874.2
$C_2H_4O_2$	甲酸甲酯	methyl formate	l	−972.6
$C_3H_6O_2$	乙酸甲酯	methyl acetate	l	−1592.2
$C_4H_8O_2$	乙酸乙酯	ethyl acetate	l	−2238.1
$C_7H_6O_2$	苯甲酸	benzoic acid	s	−3228.2
		nitrogen compounds		
CHN	氢氰酸	hydrogen cyanide	g	−671.5
CH_3NO_2	硝基甲烷	nitromethane	l	−709.2
CH_5N	甲胺	methylamine	g	−1085.6
C_2H_3N	乙腈	acetonitrile	l	−1247.2
C_2H_5NO	乙酰胺	acetamide	s	−1184.6
C_5H_5N	吡啶	pyridine	l	−2782.3
C_6H_7N	苯胺	aniline	l	−3392.8

注：本表数据来源于 Haynes W M. 2012～2013. CRC Handbook of Chemistry and Physics. 93rd ed. Florida: CRC Press Inc.。

附录5　常见化学键键能

化学键	键能/(kJ·mol⁻¹)	化学键	键能/(kJ·mol⁻¹)
B—F	644	C—H	414
B—O	515	C—I	240
Br—Br	193	C—N	305
C—B	393	C=N	615
C—Br	276	C≡N	891
C—C	332	C—O	326
C=C	611	C=O	728
C≡C	837	C=O(CO_2)	803
C—Cl	328	C—P	305
C—F	485	C—S	272

化学键	键能/(kJ·mol⁻¹)	化学键	键能/(kJ·mol⁻¹)
C=S	536	Na—I	304
C=S(CS₂)	577	O—H	464
C—Si	347	O—O	146
Cl—Cl	243	O=O	498
Cs—I	337	P—Br	272
F—F	153	P—Cl	331
H—H	436	P—H	322
H—Br	366	P—O	410
H—Cl	431	P=O	—
H—F	566	P—P	213
H—I	299	Pb—O	382
I—I	151	Pb—S	346
K—Br	380	Rb—Br	381
K—Cl	433	Rb—Cl	428
K—F	498	Rb—F	494
K—I	325	Rb—I	319
Li—Cl	469	S—H	339
Li—H	238	S—O	364
Li—I	345	S=O	—
N—H	389	S—S	268
N—N	159	S=S	—
N=N	456	Se—H	314
N≡N	946	Se—Se	—
N—O	230	Se=Se	—
N=O	607	Si—Cl	360
Na—Br	367	Si—F	552
Na—Cl	412	Si—H	377
Na—F	519	Si—O	460
Na—H	186	Si—Si	176

附录6　弱酸和弱碱在水中的解离常数(298 K)

弱酸	分子式	$K_a^\ominus$	$pK_a^\ominus$
砷酸	H_3AsO_4	6.3×10^{-3} ($K_{a1}^\ominus$)	2.20
		1.0×10^{-7} ($K_{a2}^\ominus$)	7.00
		3.2×10^{-12} ($K_{a3}^\ominus$)	11.50
亚砷酸	$HAsO_2$	6.0×10^{-10}	9.22
硼酸	H_3BO_3	5.75×10^{-10} ($K_{a1}^\ominus$)	9.24

续表

弱酸	分子式	$K_a^\ominus$	$pK_a^\ominus$
碳酸	H_2CO_3	$4.2 \times 10^{-7} (K_{a1}^\ominus)$	6.38
		$5.6 \times 10^{-11} (K_{a2}^\ominus)$	10.25
氢氰酸	HCN	6.2×10^{-10}	9.21
叠氮酸	HN_3	1.9×10^{-5}	4.72
铬酸	$HCrO_4^-$	$3.2 \times 10^{-7} (K_{a2}^\ominus)$	6.50
氢氟酸	HF	6.6×10^{-4}	3.18
亚硝酸	HNO_2	5.1×10^{-4}	3.29
磷酸	H_3PO_4	$7.6 \times 10^{-3} (K_{a1}^\ominus)$	2.12
		$6.3 \times 10^{-8} (K_{a2}^\ominus)$	7.20
		$4.4 \times 10^{-13} (K_{a3}^\ominus)$	12.36
焦磷酸	$H_4P_2O_7$	$3.0 \times 10^{-2} (K_{a1}^\ominus)$	1.52
		$4.4 \times 10^{-3} (K_{a2}^\ominus)$	2.36
		$2.5 \times 10^{-7} (K_{a3}^\ominus)$	6.60
		$5.6 \times 10^{-10} (K_{a4}^\ominus)$	9.25
亚磷酸	H_3PO_3	$5.0 \times 10^{-2} (K_{a1}^\ominus)$	1.30
		$2.5 \times 10^{-7} (K_{a2}^\ominus)$	6.60
次磷酸	H_3PO_2	$1.0 \times 10^{-2} (K_{a1}^\ominus)$	2.0
氢硫酸	H_2S	$5.7 \times 10^{-8} (K_{a1}^\ominus)$	7.24
		$1.2 \times 10^{-15} (K_{a2}^\ominus)$	14.92
氢硒酸	H_2Se	$1.7 \times 10^{-4} (K_{a1}^\ominus)$	3.77
		$1.0 \times 10^{-10} (K_{a2}^\ominus)$	10.0
氢碲酸	H_2Te	$2.3 \times 10^{-3} (K_{a1}^\ominus)$	2.64
		$1.0 \times 10^{-5} (K_{a2}^\ominus)$	5.0
硫酸	H_2SO_4	$1.0 \times 10^{-2} (K_{a2}^\ominus)$	2.0
亚硫酸	H_2SO_3	$1.3 \times 10^{-2} (K_{a1}^\ominus)$	1.90
		$6.3 \times 10^{-8} (K_{a2}^\ominus)$	7.20
偏硅酸	H_2SiO_3	$1.7 \times 10^{-10} (K_{a1}^\ominus)$	9.77
		$1.6 \times 10^{-12} (K_{a2}^\ominus)$	11.8

续表

弱酸	分子式	$K_a^{\ominus}$	$pK_a^{\ominus}$
甲酸	HCOOH	1.8×10^{-4}	3.74
乙酸	CH_3COOH	1.8×10^{-5}	4.74
一氯乙酸	$CH_2ClCOOH$	1.4×10^{-3}	2.86
二氯乙酸	$CHCl_2COOH$	5.0×10^{-2}	1.30
三氯乙酸	CCl_3COOH	0.23	0.64
三氟乙酸	CF_3COOH	5.9×10^{-1}	0.23
氨基乙酸盐	$^+NH_3CH_2COOH$	$4.5 \times 10^{-3}\,(K_{a1}^{\ominus})$	2.35
	$^+NH_3CH_2COO^-$	$2.5 \times 10^{-10}\,(K_{a2}^{\ominus})$	9.60
抗坏血酸	$C_6H_8O_6$	$5.0 \times 10^{-5}\,(K_{a1}^{\ominus})$	4.30
		$1.5 \times 10^{-10}\,(K_{a2}^{\ominus})$	9.82
乳酸	$CH_3CHOHCOOH$	1.4×10^{-4}	3.86
苯甲酸	C_6H_5COOH	6.2×10^{-5}	4.21
草酸	$H_2C_2O_4$	$5.9 \times 10^{-2}\,(K_{a1}^{\ominus})$	1.22
		$6.4 \times 10^{-5}\,(K_{a2}^{\ominus})$	4.19
d-酒石酸	$C_4H_6O_6$	$9.1 \times 10^{-4}\,(K_{a1}^{\ominus})$	3.04
		$4.3 \times 10^{-5}\,(K_{a2}^{\ominus})$	4.37
邻苯二甲酸	$C_8H_6O_4$	$1.1 \times 10^{-3}\,(K_{a1}^{\ominus})$	2.95
		$3.9 \times 10^{-6}\,(K_{a2}^{\ominus})$	5.41
柠檬酸	$C_6H_8O_7$	$7.4 \times 10^{-4}\,(K_{a1}^{\ominus})$	3.13
		$1.7 \times 10^{-6}\,(K_{a2}^{\ominus})$	4.76
		$4.0 \times 10^{-7}\,(K_{a3}^{\ominus})$	6.40
苯酚	C_6H_5OH	1.02×10^{-10}	9.99
乙二胺四乙酸	$H_6\text{-EDTA}^{2+}$	$1.26 \times 10^{-1}\,(K_{a1}^{\ominus})$	0.9
	$H_5\text{-EDTA}^+$	$3 \times 10^{-2}\,(K_{a2}^{\ominus})$	1.6
	$H_4\text{-EDTA}$	$1 \times 10^{-2}\,(K_{a3}^{\ominus})$	2.0
	$H_3\text{-EDTA}^-$	$2.1 \times 10^{-3}\,(K_{a4}^{\ominus})$	2.67
	$H_2\text{-EDTA}^{2-}$	$6.9 \times 10^{-7}\,(K_{a5}^{\ominus})$	6.16
	$H\text{-EDTA}^{3-}$	$5.5 \times 10^{-11}\,(K_{a6}^{\ominus})$	10.26
弱碱	分子式	$K_b^{\ominus}$	$pK_b^{\ominus}$
氨水	NH_3	1.8×10^{-5}	4.74

续表

弱碱	分子式	$K_b^\ominus$	$pK_b^\ominus$
联氨	H_2NNH_2	3.0×10^{-6} $(K_{b1}^\ominus)$	5.52
		7.6×10^{-15} $(K_{b2}^\ominus)$	14.12
羟胺	NH_2OH	9.1×10^{-9}	8.04
甲胺	CH_3NH_2	4.2×10^{-4}	3.38
乙胺	$C_2H_5NH_2$	5.6×10^{-4}	3.25
二甲胺	$(CH_3)_2NH$	1.2×10^{-4}	3.93
二乙胺	$(C_2H_5)_2NH$	1.3×10^{-3}	2.89
乙醇胺	$HOCH_2CH_2NH_2$	3.2×10^{-5}	4.50
三乙醇胺	$(HOCH_2CH_2)_3N$	5.8×10^{-7}	6.24
六次甲基四胺	$(CH_2)_6N_4$	1.4×10^{-9}	8.85
乙二胺	$H_2NCH_2CH_2NH_2$	8.5×10^{-5} $(K_{b1}^\ominus)$	4.07
		7.1×10^{-8} $(K_{b2}^\ominus)$	7.15
吡啶	C_5H_5N	1.7×10^{-9}	8.77

附录 7 微溶化合物溶度积(291～298 K)

微溶化合物	$K_{sp}^\ominus$	$pK_{sp}^\ominus(-\lg K_{sp}^\ominus)$
Ag_3AsO_4	1.0×10^{-22}	22.0
$AgBr$	5.4×10^{-13}	12.27
$AgBrO_3$	5.50×10^{-5}	4.26
$AgCl$	1.8×10^{-10}	9.75
$AgCN$	1.2×10^{-16}	15.92
Ag_2CO_3	8.1×10^{-12}	11.09
$Ag_2C_2O_4$	3.5×10^{-11}	10.46
Ag_2CrO_4	1.1×10^{-12}	11.95
$Ag_2Cr_2O_4$	1.2×10^{-12}	11.92
$Ag_2Cr_2O_7$	2.0×10^{-7}	6.7
AgI	8.51×10^{-17}	16.07
$AgIO_3$	3.1×10^{-8}	7.51
$AgOH$	2.0×10^{-8}	7.71
Ag_2MoO_4	2.8×10^{-12}	11.55
Ag_3PO_4	1.4×10^{-16}	15.84
Ag_2S	7.9×10^{-51}	50.1
$AgSCN$	1.0×10^{-12}	12.0
Ag_2SO_3	1.5×10^{-14}	13.82
Ag_2SO_4	1.4×10^{-5}	4.84

续表

微溶化合物	$K_{sp}^{\ominus}$	$pK_{sp}^{\ominus}(-lg K_{sp}^{\ominus})$
Ag_2Se	2.0×10^{-64}	63.7
Ag_2SeO_3	1.0×10^{-15}	15.0
Ag_2SeO_4	5.7×10^{-8}	7.25
$AgVO_3$	5.0×10^{-7}	6.3
Ag_2WO_4	5.5×10^{-12}	11.26
$Al(OH)_3^{①}$	1.3×10^{-33}	32.9
$AlPO_4$	6.3×10^{-19}	18.24
Al_2S_3	2.0×10^{-7}	6.7
As_2S_3	2.1×10^{-22}	21.68
$Au(OH)_3$	5.5×10^{-46}	45.26
$AuCl_3$	3.2×10^{-25}	24.5
AuI_3	1.0×10^{-46}	46.0
$BaCO_3$	2.58×10^{-9}	8.59
BaC_2O_4	1.6×10^{-7}	6.79
$BaCrO_4$	1.2×10^{-10}	9.93
BaF_2	1.0×10^{-6}	6.0
$BaSO_4$	1.1×10^{-10}	9.96
BaS_2O_3	1.6×10^{-5}	4.79
BiI_3	8.1×10^{-19}	18.09
$BiOCl$	1.8×10^{-31}	30.75
$Bi(OH)_3$	4.0×10^{-31}	30.4
$BiOOH$	4.0×10^{-10}	9.4
$BiPO_4$	1.3×10^{-23}	22.89
Bi_2S_3	1.8×10^{-99}	98.74
$CaCO_3$	5.0×10^{-9}	8.30
$CaC_2O_4 \cdot H_2O$	2.3×10^{-9}	8.63
CaF_2	2.7×10^{-11}	10.57
$Ca(OH)_2$	5.5×10^{-6}	5.26
$Ca_3(PO_4)_2$	2.0×10^{-29}	28.7
$CaSO_4$	4.93×10^{-5}	4.31
$CaWO_4$	8.7×10^{-9}	8.06
$CdCO_3$	5.2×10^{-12}	11.28
$CdC_2O_4 \cdot 3H_2O$	9.1×10^{-8}	7.04
$Cd_2[Fe(CN)_5]$	3.2×10^{-17}	16.49
$Cd(OH)_2$(新析出)	2.5×10^{-14}	13.60
$Cd_3(PO_4)_2$	2.5×10^{-33}	32.6
CdS	7.1×10^{-28}	27.15
$CoCO_3$	1.4×10^{-13}	12.84
CoC_2O_4	6.3×10^{-8}	7.2

微溶化合物	$K_{sp}^{\ominus}$	$pK_{sp}^{\ominus}(-\lg K_{sp}^{\ominus})$
$Co_2[Fe(CN)_6]$	1.8×10^{-15}	14.74
$Co[Hg(SCN)_4]$	1.5×10^{-6}	5.82
$Co(OH)_2$(新析出)	2.0×10^{-15}	14.7
$Co(OH)_3$	2.0×10^{-44}	43.7
$CoHPO_4$	2.0×10^{-7}	6.7
$Co_3(PO_4)_2$	2.0×10^{-35}	34.7
$\alpha\text{-}CoS$	4.0×10^{-21}	20.4
$\beta\text{-}CoS$	2.0×10^{-25}	24.7
$CrAsO_4$	7.7×10^{-21}	20.11
$Cr(OH)_3$	6.3×10^{-31}	30.2
$CuBr$	5.3×10^{-9}	8.28
$CuCl$	1.2×10^{-6}	5.92
$CuCN$	3.2×10^{-20}	19.49
$CuCO_3$	2.34×10^{-10}	9.63
CuI	1.1×10^{-12}	11.96
$CuOH$	1.0×10^{-14}	14.0
$Cu(OH)_2$	4.8×10^{-20}	19.32
Cu_2S	2.5×10^{-48}	47.6
CuS	7.9×10^{-37}	36.1
$CuSCN$	4.8×10^{-15}	14.32
$FeCO_3$	3.2×10^{-11}	10.5
$Fe(OH)_2$	8.0×10^{-16}	15.1
$Fe(OH)_3$	4.0×10^{-38}	37.4
$FePO_4$	1.3×10^{-22}	21.89
FeS	7.9×10^{-19}	18.1
Hg_2Br_2	5.6×10^{-23}	22.24
Hg_2Cl_2	1.3×10^{-18}	17.88
Hg_2CO_3	8.9×10^{-17}	16.05
$Hg_2(CN)_2$	5.0×10^{-40}	39.3
Hg_2CrO_4	2.0×10^{-9}	8.7
Hg_2I_2	4.5×10^{-29}	28.35
HgI_2	2.82×10^{-29}	28.55
$Hg_2(OH)_2$	2.0×10^{-24}	23.7
HgS(红)	4.0×10^{-53}	52.4
HgS(黑)	1.6×10^{-52}	51.8
Hg_2S	1.0×10^{-47}	47.0
Hg_2SO_4	7.4×10^{-7}	6.13
$InPO_4$	2.3×10^{-22}	21.63

微溶化合物	$K_{sp}^{\ominus}$	$pK_{sp}^{\ominus}(-\lg K_{sp}^{\ominus})$
$MgCO_3$	2.4×10^{-6}	5.62
$MgCO_3 \cdot 3H_2O$	2.14×10^{-5}	4.67
$Mg(OH)_2$	5.6×10^{-12}	11.25
MgF_2	6.4×10^{-9}	8.19
$MgNH_4PO_4$	2.0×10^{-13}	12.7
$MnCO_3$	1.8×10^{-11}	10.74
$Mn(IO_3)_2$	4.37×10^{-7}	6.36
$Mn(OH)_2$	1.9×10^{-13}	12.72
MnS(无定形)	2.5×10^{-10}	9.6
MnS(晶形)	2.5×10^{-13}	12.6
$NiCO_3$	6.6×10^{-9}	8.18
$Ni(OH)_2$(新)	2.0×10^{-15}	14.7
$Ni_3(PO_4)_2$	5.0×10^{-31}	30.3
α-NiS	3.2×10^{-19}	18.5
β-NiS	1.0×10^{-24}	24.0
γ-NiS	2.0×10^{-26}	25.7
$PbBr_2$	4.0×10^{-5}	4.41
$PbCl_2$	1.6×10^{-5}	4.79
$PbClF$	2.4×10^{-9}	8.62
$PbCO_3$	7.4×10^{-14}	13.13
$PbCrO_4$	2.8×10^{-13}	12.55
PbF_2	2.7×10^{-8}	7.57
PbI_2	7.1×10^{-9}	8.15
$PbMoO_4$	1.0×10^{-13}	13.0
$Pb(OH)_2$	1.2×10^{-15}	14.93
$Pb(OH)_4$	3.2×10^{-66}	65.49
$Pb_3(PO_4)_2$	8.0×10^{-43}	42.1
PbS	3.4×10^{-28}	27.47
$PbSO_4$	2.53×10^{-8}	7.60
$PbSe$	7.94×10^{-43}	42.1
$PbSeO_4$	1.4×10^{-7}	6.84
$Pd(OH)_2$	1.0×10^{-31}	31.0
$Pd(OH)_4$	6.3×10^{-71}	70.2
PdS	2.03×10^{-58}	57.69
$Sb(OH)_3$	4.0×10^{-42}	41.4
Sb_2S_3	1.5×10^{-93}	92.8
$Sn(OH)_2$	1.4×10^{-28}	27.85
$Sn(OH)_4$	1.0×10^{-56}	56.0

微溶化合物	$K_{sp}^{\ominus}$	$pK_{sp}^{\ominus}(-\lg K_{sp}^{\ominus})$
SnO_2	3.98×10^{-65}	64.4
SnS	1.0×10^{-25}	25.0
SnS_2	2.0×10^{-27}	26.7
$SrCO_3$	1.1×10^{-10}	9.96
$SrC_2O_4 \cdot H_2O$	1.6×10^{-7}	6.8
$SrCrO_4$	2.2×10^{-5}	4.65
SrF_2	2.5×10^{-9}	8.61
$Sr_3(PO_4)_2$	4.0×10^{-28}	27.39
$SrSO_4$	3.2×10^{-7}	6.49
$Ti(OH)_3$	1.0×10^{-40}	40.0
$TiO(OH)_2$	1.0×10^{-29}	29.0
TlCl	1.7×10^{-4}	3.76
$ZnCO_3$	1.4×10^{-11}	10.84
$Zn_2[Fe(CN)_6]$	4.1×10^{-16}	15.39
$Zn(OH)_2$	1.2×10^{-17}	16.92
$Zn_3(PO_4)_2$	9.0×10^{-33}	32.04
α-ZnS	2.0×10^{-25}	24.7
β-ZnS	1.2×10^{-23}	22.92

附录 8   水溶液中电对的标准电极电势(298 K)

1. 酸介质中$[c(H^+) = 1.0 \ mol \cdot L^{-1}]$

电对符号	半反应 氧化型 $+ ne^- \rightleftharpoons$ 还原型	$\varphi_a^{\ominus}/V$
$N_2/HN_3(g)$	$3/2N_2 + H^+ + e^- \rightleftharpoons HN_3(g)$	-3.40
$N_2/HN_3(aq)$	$3/2N_2 + H^+ + e^- \rightleftharpoons HN_3(aq)$	-3.09
Li^+/Li	$Li^+ + e^- \rightleftharpoons Li$	-3.045
K^+/K	$K^+ + e^- \rightleftharpoons K$	-2.925
Cs^+/Cs	$Cs^+ + e^- \rightleftharpoons Cs$	-2.923
Ra^{2+}/Ra	$Ra^{2+} + 2e^- \rightleftharpoons Ra$	-2.916
Ba^{2+}/Ba	$Ba^{2+} + 2e^- \rightleftharpoons Ba$	-2.906
Sr^{2+}/Sr	$Sr^{2+} + 2e^- \rightleftharpoons Sr$	-2.888
Ca^{2+}/Ca	$Ca^{2+} + 2e^- \rightleftharpoons Ca$	-2.866
Na^+/Na	$Na^+ + e^- \rightleftharpoons Na$	-2.714
Ac^{3+}/Ac	$Ac^{3+} + 3e^- \rightleftharpoons Ac$	-2.6
Ce^{3+}/Ce	$Ce^{3+} + 3e^- \rightleftharpoons Ce$	-2.483
Pr^{3+}/Pr	$Pr^{3+} + 3e^- \rightleftharpoons Pr$	-2.462

电对符号	半反应 氧化型 $+ne^-$ $\rightleftharpoons$ 还原型	$\varphi_a^\ominus$/V
Nd^{3+}/Nd	$Nd^{3+} + 3e^-$ $\rightleftharpoons$ Nd	-2.431
Pm^{3+}/Pm	$Pm^{3+} + 3e^-$ $\rightleftharpoons$ Pm	-2.423
Sm^{3+}/Sm	$Sm^{3+} + 3e^-$ $\rightleftharpoons$ Sm	-2.414
Eu^{3+}/Eu	$Eu^{3+} + 3e^-$ $\rightleftharpoons$ Eu	-2.407
Gd^{3+}/Gd	$Gd^{3+} + 3e^-$ $\rightleftharpoons$ Gd	-2.397
Tb^{3+}/Tb	$Tb^{3+} + 3e^-$ $\rightleftharpoons$ Tb	-2.391
Y^{3+}/Y	$Y^{3+} + 3e^-$ $\rightleftharpoons$ Y	-2.372
La^{3+}/La	$La^{3+} + 3e^-$ $\rightleftharpoons$ La	-2.37
Mg^{2+}/Mg	$Mg^{2+} + 2e^-$ $\rightleftharpoons$ Mg	-2.37
Dy^{3+}/Dy	$Dy^{3+} + 3e^-$ $\rightleftharpoons$ Dy	-2.353
Am^{3+}/Am	$Am^{3+} + 3e^-$ $\rightleftharpoons$ Am	-2.320
Ho^{3+}/Ho	$Ho^{3+} + 3e^-$ $\rightleftharpoons$ Ho	-2.319
Er^{3+}/Er	$Er^{3+} + 3e^-$ $\rightleftharpoons$ Er	-2.296
Tm^{3+}/Tm	$Tm^{3+} + 3e^-$ $\rightleftharpoons$ Tm	-2.278
Yb^{3+}/Yb	$Yb^{3+} + 3e^-$ $\rightleftharpoons$ Yb	-2.267
Lu^{3+}/Lu	$Lu^{3+} + 3e^-$ $\rightleftharpoons$ Lu	-2.255
H_2/H^-	$H_2 + 2e^-$ $\rightleftharpoons$ $2H^-$	-2.25
$H^+/H(g)$	$H^+ + e^-$ $\rightleftharpoons$ $H(g)$	-2.1065
Sc^{3+}/Sc	$Sc^{3+} + 3e^-$ $\rightleftharpoons$ Sc	-2.077
$[AlF_6]^{3-}/Al$	$[AlF_6]^{3-} + 3e^-$ $\rightleftharpoons$ $Al + 6F^-$	-2.069
Pu^{3+}/Pu	$Pu^{3+} + 3e^-$ $\rightleftharpoons$ Pu	-2.031
Be^{2+}/Be	$Be^{2+} + 2e^-$ $\rightleftharpoons$ Be	-1.97
Th^{4+}/Th	$Th^{4+} + 4e^-$ $\rightleftharpoons$ Th	-1.899
Np^{3+}/Np	$Np^{3+} + 3e^-$ $\rightleftharpoons$ Np	-1.856
Be^{2+}/Be	$Be^{2+} + 2e^-$ $\rightleftharpoons$ Be	-1.847
U^{3+}/U	$U^{3+} + 3e^-$ $\rightleftharpoons$ U	-1.789
Hf^{4+}/Hf	$Hf^{4+} + 4e^-$ $\rightleftharpoons$ Hf	-1.70
Zr^{4+}/Zr	$Zr^{4+} + 4e^-$ $\rightleftharpoons$ Zr	-1.70
Al^{3+}/Al	$Al^{3+} + 3e^-$ $\rightleftharpoons$ Al	-1.662
Ti^{2+}/Ti	$Ti^{2+} + 2e^-$ $\rightleftharpoons$ Ti	-1.628
$[SiF_6]^{2-}/Si$	$[SiF_6]^{2-} + 4e^-$ $\rightleftharpoons$ $Si + 6F^-$	-1.24
Ti^{3+}/Ti	$Ti^{3+} + 3e^-$ $\rightleftharpoons$ Ti	-1.21
Yb^{3+}/Yb^{2+}	$Yb^{3+} + e^-$ $\rightleftharpoons$ Yb^{2+}	-1.21
$[TiF_6]^{2-}/Ti$	$[TiF_6]^{2-} + 4e^-$ $\rightleftharpoons$ $Ti + 6F^-$	-1.191
Mn^{2+}/Mn	$Mn^{2+} + 2e^-$ $\rightleftharpoons$ Mn	-1.185
Sm^{3+}/Sm^{2+}	$Sm^{3+} + e^-$ $\rightleftharpoons$ Sm^{2+}	-1.15
V^{2+}/V	$V^{2+} + 2e^-$ $\rightleftharpoons$ V	-1.13

电对符号	半反应 氧化型 $+ ne^- \rightleftharpoons$ 还原型	$\varphi_a^{\ominus}$/V
Nb^{3+}/Nb	$Nb^{3+} + 3e^- \rightleftharpoons Nb$	-1.099
PaO_2^{2-}/Pa	$PaO_2^{2-} + 4H^+ + 2e^- \rightleftharpoons Pa + 2H_2O$	-1.0
Po/H_2Po	$Po + 2H^+ + 2e^- \rightleftharpoons H_2Po$	>-1.0
TiO^{2+}/Ti	$TiO^{2+} + 2H^+ + 4e^- \rightleftharpoons Ti + H_2O$	-0.882
$H_3BO_3(aq)/B$	$H_3BO_3(aq) + 3H^+ + 3e^- \rightleftharpoons B + 3H_2O$	-0.8698
$H_3BO_3(c)/B$	$H_3BO_3(c) + 3H^+ + 3e^- \rightleftharpoons B + 3H_2O$	-0.869
$SiO_2(石英)/Si$	$SiO_2(石英) + 4H^+ + 4e^- \rightleftharpoons Si + 2H_2O$	-0.857
Ta_2O_5/Ta	$Ta_2O_5 + 10H^+ + 10e^- \rightleftharpoons 2Ta + 5H_2O$	-0.812
Zn^{2+}/Zn	$Zn^{2+} + 2e^- \rightleftharpoons Zn$	-0.763
$Zn^{2+}/Zn(Hg)$	$Zn^{2+} + Hg + 2e^- \rightleftharpoons Zn(Hg)$	-0.7627
TlI/Tl	$TlI + e^- \rightleftharpoons Tl + I^-$	-0.752
Cr^{3+}/Cr	$Cr^{3+} + 3e^- \rightleftharpoons Cr$	-0.744
$Te/H_2Te(aq)$	$Te + 2H^+ + 2e^- \rightleftharpoons H_2Te(aq)$	-0.739
$Te/H_2Te(g)$	$Te + 2H^+ + 2e^- \rightleftharpoons H_2Te(g)$	-0.718
$TlBr/Tl$	$TlBr + e^- \rightleftharpoons Tl + Br^-$	-0.658
Nb_2O_5/Nb	$Nb_2O_5 + 10H^+ + 10e^- \rightleftharpoons 2Nb + 5H_2O$	-0.644
$As/AsH_3(g)$	$As + 3H^+ + 3e^- \rightleftharpoons AsH_3(g)$	-0.607
$TlCl/Tl$	$TlCl + e^- \rightleftharpoons Tl + Cl^-$	-0.5568
Ga^{3+}/Ga	$Ga^{3+} + 3e^- \rightleftharpoons Ga$	-0.529
U^{4+}/U^{3+}	$U^{4+} + e^- \rightleftharpoons U^{3+}$	-0.52
$Sb/SbH_3(g)$	$Sb + 3H^+ + 3e^- \rightleftharpoons SbH_3(g)$	-0.51
$H_3PO_2/P(白)$	$H_3PO_2 + H^+ + e^- \rightleftharpoons P(白) + 2H_2O$	-0.508
$H_3PO_3(aq)/H_3PO_2(aq)$	$H_3PO_3(aq) + 2H^+ + 2e^- \rightleftharpoons H_3PO_2(aq) + H_2O$	-0.499
Fe^{2+}/Fe	$Fe^{2+} + 2e^- \rightleftharpoons Fe$	-0.44
Cr^{3+}/Cr^{2+}	$Cr^{3+} + e^- \rightleftharpoons Cr^{2+}$	-0.424
Cd^{2+}/Cd	$Cd^{2+} + 2e^- \rightleftharpoons Cd$	-0.403
$Se/H_2Se(aq)$	$Se + 2H^+ + 2e^- \rightleftharpoons H_2Se(aq)$	-0.399
Ti^{3+}/Ti^{2+}	$Ti^{3+} + e^- \rightleftharpoons Ti^{2+}$	-0.369
PbI_2/Pb	$PbI_2 + 2e^- \rightleftharpoons Pb + 2I^-$	-0.365
$Cd^{2+}/Cd(Hg)$	$Cd^{2+} + Hg + 2e^- \rightleftharpoons Cd(Hg)$	-0.3516
$PbSO_4/Pb$	$PbSO_4 + 2e^- \rightleftharpoons Pb + SO_4^{2-}$	-0.351
$PbSO_4/Pb(Hg)$	$PbSO_4 + Hg + 2e^- \rightleftharpoons Pb(Hg) + SO_4^{2-}$	-0.3505
Eu^{3+}/Eu^{2+}	$Eu^{3+} + e^- \rightleftharpoons Eu^{2+}$	-0.35
In^{3+}/In	$In^{3+} + 3e^- \rightleftharpoons In$	-0.343
Tl^+/Tl	$Tl^+ + e^- \rightleftharpoons Tl$	-0.3363
$HCNO/C_2N_2$	$HCNO + H^+ + e^- \rightleftharpoons 1/2C_2N_2 + H_2O$	-0.330
PtS/Pt	$PtS + 2H^+ + 2e^- \rightleftharpoons Pt + H_2S(aq)$	-0.327

续表

电对符号	半反应　氧化型 $+ne^-$ ⇌ 还原型	$\varphi_a^{\ominus}$/V
PtS/Pt	$PtS + 2H^+ + 2e^- \rightleftharpoons Pt + H_2S\,(g)$	-0.297
PbBr$_2$/Pb	$PbBr_2 + 2e^- \rightleftharpoons Pb + 2Br^-$	-0.284
Co^{2+}/Co	$Co^{2+} + 2e^- \rightleftharpoons Co$	-0.277
H$_3$PO$_4$/H$_3$PO$_3$	$H_3PO_4 + 2H^+ + 2e^- \rightleftharpoons H_3PO_3 + H_2O$	-0.276
PbCl$_2$/Pb	$PbCl_2 + 2e^- \rightleftharpoons Pb + 2Cl^-$	-0.268
Ni^{2+}/Ni	$Ni^{2+} + 2e^- \rightleftharpoons Ni$	-0.257
V^{3+}/V^{2+}	$V^{3+} + e^- \rightleftharpoons V^{2+}$	-0.255
$[V(OH)_4]^+$ / V	$[V(OH)_4]^+ + 4H^+ + 5e^- \rightleftharpoons V + 4H_2O$	-0.254
SO$_4^{2-}$/S$_2$O$_6^{2-}$	$2SO_4^{2-} + 4H^+ + 2e^- \rightleftharpoons S_2O_6^{2-} + 2H_2O$	-0.253
SnF$_6^{2-}$/Sn	$SnF_6^{2-} + 4e^- \rightleftharpoons Sn + 6F^-$	-0.25
N$_2$/ N$_2$H$_5^+$	$N_2 + 5H^+ + 4e^- \rightleftharpoons N_2H_5^+$	-0.23
Mo^{3+}/Mo	$Mo^{3+} + 3e^- \rightleftharpoons Mo$	-0.20
CuI/Cu	$CuI + e^- \rightleftharpoons Cu + I^-$	-0.1852
CO$_2$/HCOOH	$CO_2 + 2H^+ + 2e^- \rightleftharpoons HCOOH$	-0.16
AgI/Ag	$AgI + e^- \rightleftharpoons Ag + I^-$	-0.152
GeO$_2$/Ge	$GeO_2 + 4H^+ + 4e^- \rightleftharpoons Ge + 2H_2O$	-0.15
Sn^{2+}/Sn	$Sn^{2+} + 2e^- \rightleftharpoons Sn$	-0.136
O$_2$/HO$_2$	$O_2 + H^+ + e^- \rightleftharpoons HO_2$	-0.13
Pb^{2+}/Pb	$Pb^{2+} + 2e^- \rightleftharpoons Pb$	-0.125
WO$_3$(c)/W	$WO_3\,(c) + 6H^+ + 6e^- \rightleftharpoons W + 3H_2O$	-0.090
H$_2$SO$_3$/HS$_2$O$_4$	$2H_2SO_3 + H^+ + e^- \rightleftharpoons HS_2O_4 + 2H_2O$	-0.082
P(白)/PH$_3$(g)	$P(白) + 3H^+ + 3e^- \rightleftharpoons PH_3\,(g)$	-0.063
Hg$_2$I$_2$/Hg	$Hg_2I_2 + 2e^- \rightleftharpoons 2Hg + 2I^-$	-0.0405
$[HgI_4]^{2-}$ / Hg	$[HgI_4]^{2-} + 2e^- \rightleftharpoons Hg + 4I^-$	-0.038
D$^+$/D$_2$	$2D^+ + 2e^- \rightleftharpoons D_2$	-0.0034
H$^+$/H$_2$	$2H^+ + 2e^- \rightleftharpoons H_2$	0.000
$[Ag(S_2O_3)_2]^{3-}$ / Ag	$[Ag(S_2O_3)_2]^{3-} + e^- \rightleftharpoons Ag + 2S_2O_3^{2-}$	$+0.017$
CuBr/Cu	$CuBr + e^- \rightleftharpoons Cu + Br^-$	$+0.033$
UO$_2^{2+}$/UO$_2^+$	$UO_2^{2+} + e^- \rightleftharpoons UO_2^+$	$+0.05$
HCOOH/HCHO	$HCOOH + 2H^+ + 2e^- \rightleftharpoons HCHO + H_2O$	$+0.056$
AgBr/Ag	$AgBr + e^- \rightleftharpoons Ag + Br^-$	$+0.071$
TiO^{2+}/Ti^{3+}	$TiO^{2+} + 2H^+ + e^- \rightleftharpoons Ti^{3+} + H_2O$	$+0.100$
Si/SiH$_4$(g)	$Si + 4H^+ + 4e^- \rightleftharpoons SiH_4\,(g)$	$+0.102$
C(石墨)/CH$_4$(g)	$C(石墨) + 4H^+ + 4e^- \rightleftharpoons CH_4\,(g)$	$+0.1316$
CuCl/Cu	$CuCl + e^- \rightleftharpoons Cu + Cl^-$	$+0.137$

续表

电对符号	半反应　氧化型 $+ ne^- \rightleftharpoons$ 还原型	$\varphi_a^\ominus/V$
Hg_2Br_2/Hg	$Hg_2Br_2 + 2e^- \rightleftharpoons 2Hg + 2Br^-$	+0.1397
S/H_2S	$S + 2H^+ + 2e^- \rightleftharpoons H_2S$	+0.144
Np^{4+}/Np^{3+}	$Np^{4+} + e^- \rightleftharpoons Np^{3+}$	+0.147
Sn^{4+}/Sn^{2+}	$Sn^{4+} + 2e^- \rightleftharpoons Sn^{2+}$	+0.15
Sb_2O_3/Sb	$Sb_2O_3 + 6H^+ + 6e^- \rightleftharpoons 2Sb + 3H_2O$	+0.152
SO_4^{2-}/H_2SO_3	$SO_4^{2-} + 4H^+ + 2e^- \rightleftharpoons H_2SO_3 + H_2O$	+0.158
Cu^{2+}/Cu^+	$Cu^{2+} + e^- \rightleftharpoons Cu^+$	+0.159
$BiOCl/Bi$	$BiOCl + 2H^+ + 3e^- \rightleftharpoons Bi + H_2O + Cl^-$	+0.160
SO_4^{2-}/H_2SO_3	$SO_4^{2-} + 4H^+ + 2e^- \rightleftharpoons H_2SO_3 + H_2O$	+0.172
At_2/At^-	$At_2 + 2e^- \rightleftharpoons 2At^-$	+0.2
$AgCl/Ag$	$AgCl + e^- \rightleftharpoons Ag + Cl^-$	+0.222
$[HgBr_4]^{2-}/Hg$	$[HgBr_4]^{2-} + 2e^- \rightleftharpoons Hg + 4Br^-$	+0.223
$(CH_3)_2SO_2/(CH_3)_2SO$	$(CH_3)_2SO_2 + 2H^+ + 2e^- \rightleftharpoons (CH_3)_2SO + H_2O$	+0.23
$HCHO/CH_3OH$	$HCHO + 2H^+ + 2e^- \rightleftharpoons CH_3OH$	+0.232
$HAsO_2(aq)/As$	$HAsO_2(aq) + 3H^+ + 3e^- \rightleftharpoons As + 2H_2O$	+0.2476
ReO_2/Re	$ReO_2 + 4H^+ + 4e^- \rightleftharpoons Re + 2H_2O$	+0.2513
Hg_2Cl_2/Hg	$Hg_2Cl_2 + 2e^- \rightleftharpoons 2Hg + 2Cl^-$	+0.2676
UO_2^{2+}/U^{4+}	$UO_2^{2+} + 4H^+ + 2e^- \rightleftharpoons U^{4+} + 2H_2O$	+0.27
BiO^+/Bi	$BiO^+ + 2H^+ + 2e^- \rightleftharpoons Bi + H_2O$	+0.320
VO^{2+}/V^{3+}	$VO^{2+} + 2H^+ + e^- \rightleftharpoons V^{3+} + H_2O$	+0.337
Cu^{2+}/Cu	$Cu^{2+} + 2e^- \rightleftharpoons Cu$	+0.341
$AgIO_3/Ag$	$AgIO_3 + e^- \rightleftharpoons Ag + IO_3^-$	+0.354
SO_4^{2-}/S	$SO_4^{2-} + 8H^+ + 6e^- \rightleftharpoons S + 4H_2O$	+0.3572
$[Fe(CN)_6]^{3-}/[Fe(CN)_6]^{4-}$	$[Fe(CN)_6]^{3-} + e^- \rightleftharpoons [Fe(CN)_6]^{4-}$	+0.361
ReO_4^-/Re	$ReO_4^- + 8H^+ + 7e^- \rightleftharpoons Re + 4H_2O$	+0.362
$C_2N_2(g)/HCN(aq)$	$1/2C_2N_2(g) + H^+ + e^- \rightleftharpoons HCN(aq)$	+0.373
$H_2N_2O_2/NH_3OH^+$	$H_2N_2O_2 + 6H^+ + 4e^- \rightleftharpoons 2NH_3OH^+$	+0.387
$H_2SO_3/S_2O_3^{2-}$	$2H_2SO_3 + 2H^+ + 4e^- \rightleftharpoons S_2O_3^{2-} + 3H_2O$	+0.400
Tc^{2+}/Tc	$Tc^{2+} + 2e^- \rightleftharpoons Tc$	+0.4
$[RhCl_6]^{3-}/Rh$	$[RhCl_6]^{3-} + 3e^- \rightleftharpoons Rh + 6Cl^-$	+0.431
Ag_2CrO_4/Ag	$Ag_2CrO_4 + 2e^- \rightleftharpoons 2Ag + CrO_4^{2-}$	+0.464
$Sb_2O_4(c)/Sb_2O_3(c)$	$Sb_2O_4(c) + 2H^+ + 2e^- \rightleftharpoons Sb_2O_3(c) + H_2O$	+0.479
Ag_2MoO_4/Ag	$Ag_2MoO_4 + 2e^- \rightleftharpoons 2Ag + MoO_4^{2-}$	+0.486
H_2SO_3/S	$H_2SO_3 + 4H^+ + 4e^- \rightleftharpoons S + 3H_2O$	+0.500

电对符号	半反应　氧化型 $+ ne^- \rightleftharpoons$ 还原型	$\varphi_a^{\ominus}/V$
ReO_4^-/ReO_3	$ReO_4^- + 2H^+ + e^- \rightleftharpoons ReO_3 + H_2O$	$+0.51$
$H_2SO_4/S_4O_6^{2-}$	$4H_2SO_3 + 4H^+ + 6e^- \rightleftharpoons S_4O_6^{2-} + 6H_2O$	$+0.51$
Cu^+/Cu	$Cu^+ + e^- \rightleftharpoons Cu$	$+0.520$
$C_2H_4(g)/C_2H_6(g)$	$C_2H_4(g) + 2H^+ + 2e^- \rightleftharpoons C_2H_6(g)$	$+0.520$
$TeO_2(c)/Te$	$TeO_2(c) + 4H^+ + 4e^- \rightleftharpoons Te + 2H_2O$	$+0.529$
I_2/I^-	$I_2 + 2e^- \rightleftharpoons 2I^-$	$+0.5355$
I_3^-/I^-	$I_3^- + 2e^- \rightleftharpoons 3I^-$	$+0.536$
$Cu^{2+}/CuCl$	$Cu^{2+} + Cl^- + e^- \rightleftharpoons CuCl$	$+0.538$
$AgBrO_3/BrO_3^-$	$AgBrO_3 + e^- \rightleftharpoons Ag + BrO_3^-$	$+0.546$
$TeOOH^+/Te$	$TeOOH^+ + 3H^+ + 4e^- \rightleftharpoons Te + 2H_2O$	$+0.559$
MnO_4^-/MnO_4^{2-}	$MnO_4^- + e^- \rightleftharpoons MnO_4^{2-}$	$+0.56$
$H_3AsO_4(aq)/HAsO_2$	$H_3AsO_4(aq) + 2H^+ + 2e^- \rightleftharpoons HAsO_2 + 2H_2O$	$+0.560$
$AgNO_2/Ag$	$AgNO_2 + e^- \rightleftharpoons Ag + NO_2^-$	$+0.564$
$S_2O_6^{2-}/H_2SO_3$	$S_2O_6^{2-} + 4H^+ + 2e^- \rightleftharpoons 2H_2SO_3$	$+0.569$
$[PtBr_4]^{2-}/Pt$	$[PtBr_4]^{2-} + 2e^- \rightleftharpoons Pt + 4Br^-$	$+0.581$
$Sb_2O_5(c)/SbO^+$	$Sb_2O_5(c) + 6H^+ + 4e^- \rightleftharpoons 2SbO^+ + 3H_2O$	$+0.581$
CH_3OH/CH_4	$CH_3OH + 2H^+ + 2e^- \rightleftharpoons CH_4 + H_2O$	$+0.59$
TcO_2/Tc^{2+}	$TcO_2 + 4H^+ + 2e^- \rightleftharpoons Tc^{2+} + 2H_2O$	$+0.6$
$[PdBr_4]^{2-}/Pd$	$[PdBr_4]^{2-} + 2e^- \rightleftharpoons Pd + 4Br^-$	$+0.6$
$[RuCl_5]^{2-}/Ru$	$[RuCl_5]^{2-} + 3e^- \rightleftharpoons Ru + 5Cl^-$	$+0.601$
Hg_2SO_4/Hg	$Hg_2SO_4 + 2e^- \rightleftharpoons 2Hg + SO_4^{2-}$	$+0.6151$
UO_2^+/U^{4+}	$UO_2^+ + 4H^+ + e^- \rightleftharpoons U^{4+} + 2H_2O$	$+0.62$
$[PdCl_4]^{2-}/Pd$	$[PdCl_4]^{2-} + 2e^- \rightleftharpoons Pd + 4Cl^-$	$+0.62$
$Cu^{2+}/CuBr$	$Cu^{2+} + Br^- + e^- \rightleftharpoons CuBr$	$+0.640$
$AgC_2H_3O_2/Ag$	$AgC_2H_3O_2 + e^- \rightleftharpoons Ag + C_2H_3O_2^-$	$+0.643$
Po^{2+}/Po	$Po^{2+} + 2e^- \rightleftharpoons Po$	$+0.65$
Ag_2SO_4/Ag	$Ag_2SO_4 + 2e^- \rightleftharpoons 2Ag + SO_4^{2-}$	$+0.654$
$Au(CNS)_4/Au$	$Au(CNS)_4 + 4e^- \rightleftharpoons Au + 4CNS^-$	$+0.655$
$[PtCl_6]^{2-}/[PtCl_4]^{2-}$	$[PtCl_6]^{2-} + 2e^- \rightleftharpoons [PtCl_4]^{2-} + 2Cl^-$	$+0.68$
HN_3/NH_4^+	$HN_3 + 11H^+ + 8e^- \rightleftharpoons 3NH_4^+$	$+0.695$
O_2/H_2O_2	$O_2 + 2H^+ + 2e^- \rightleftharpoons H_2O_2$	$+0.695$
$C_6H_4O_2/C_6H_4(OH)_2$	$C_6H_4O_2 + 2H^+ + 2e^- \rightleftharpoons C_6H_4(OH)_2$	$+0.6994$
$HAtO/At_2$	$2HAtO + 2H^+ + 2e^- \rightleftharpoons At_2 + 2H_2O$	$+0.7$
TcO_4^-/TcO_2	$TcO_4^- + 4H^+ + 3e^- \rightleftharpoons TcO_2 + 2H_2O$	$+0.7$

电对符号	半反应　氧化型 $+ ne^- \Longrightarrow$ 还原型	$\varphi_a^\ominus /V$
$NO/H_2N_2O_2$	$2NO + 2H^+ + 2e^- \Longrightarrow H_2N_2O_2$	+0.712
$[PtCl_4]^{2-}/Pt$	$[PtCl_4]^{2-} + 2e^- \Longrightarrow Pt + 4Cl^-$	+0.73
$C_2H_2(g)/C_2H_4(g)$	$C_2H_2(g) + 2H^+ + 2e^- \Longrightarrow C_2H_4(g)$	+0.731
$H_2SeO_2(aq)/Se(灰)$	$H_2SeO_2(aq) + 2H^+ + 2e^- \Longrightarrow Se(灰) + 2H_2O$	+0.740
NpO_2^+/Np^{4+}	$NpO_2^+ + 4H^+ + e^- \Longrightarrow Np^{4+} + 2H_2O$	+0.75
Rh^{3+}/Rh	$Rh^{3+} + 3e^- \Longrightarrow Rh$	+0.76
$(NCS)_2/NCS^-$	$(NCS)_2 + 2e^- \Longrightarrow 2NCS^-$	+0.77
$[IrCl_6]^{3-}/Ir$	$[IrCl_6]^{3-} + 3e^- \Longrightarrow Ir + 6Cl^-$	+0.77
Fe^{3+}/Fe^{2+}	$Fe^{3+} + e^- \Longrightarrow Fe^{2+}$	+0.771
Hg_2^{2+}/Hg	$Hg_2^{2+} + 2e^- \Longrightarrow 2Hg$	+0.796
Ag^+/Ag	$Ag^+ + e^- \Longrightarrow Ag$	+0.799
PoO_2/Po^{2+}	$PoO_2 + 4H^+ + 2e^- \Longrightarrow Po^{2+} + 2H_2O$	+0.80
NO_3^-/N_2O_4	$2NO_3^- + 4H^+ + 2e^- \Longrightarrow N_2O_4 + 2H_2O$	+0.803
$OsO_4(c, 黄)/Os$	$OsO_4(c, 黄) + 8H^+ + 8e^- \Longrightarrow Os + 4H_2O$	+0.85
$HNO_3/H_2N_2O_2$	$2HNO_3 + 8H^+ + 8e^- \Longrightarrow H_2N_2O_2 + 4H_2O$	+0.86
Cu^{2+}/CuI	$Cu^{2+} + I^- + e^- \Longrightarrow CuI$	+0.86
Rh_2O_3/Rh	$Rh_2O_3 + 6H^+ + 6e^- \Longrightarrow 2Rh + 3H_2O$	+0.87
Hg^{2+}/Hg	$Hg^{2+} + 2e^- \Longrightarrow Hg$	+0.911
Hg^{2+}/Hg_2^{2+}	$2Hg^{2+} + 2e^- \Longrightarrow Hg_2^{2+}$	+0.920
PuO_2^{2+}/PuO_2^+	$PuO_2^{2+} + e^- \Longrightarrow PuO_2^+$	+0.93
NO_3^-/HNO_2	$NO_3^- + 3H^+ + 2e^- \Longrightarrow HNO_2 + H_2O$	+0.94
Pd^{2+}/Pd	$Pd^{2+} + 2e^- \Longrightarrow Pd$	+0.951
$[AuBr_2]^-/Au$	$[AuBr_2]^- + e^- \Longrightarrow Au + 2Br^-$	+0.956
NO_3^-/NO	$NO_3^- + 4H^+ + 3e^- \Longrightarrow NO + 2H_2O$	+0.957
Pu^{4+}/Pu^{3+}	$Pu^{4+} + e^- \Longrightarrow Pu^{3+}$	+0.97
$Pt(OH)_2/Pt$	$Pt(OH)_2 + 2H^+ + 2e^- \Longrightarrow Pt + 2H_2O$	+0.98
$[IrBr_6]^{3-}/[IrBr_6]^{4-}$	$[IrBr_6]^{3-} + e^- \Longrightarrow [IrBr_6]^{4-}$	+0.99
HNO_2/NO	$HNO_2 + H^+ + e^- \Longrightarrow NO + H_2O$	+0.996
$[AuCl_4]^-/Au$	$[AuCl_4]^- + 3e^- \Longrightarrow Au + 4Cl^-$	+1.00
$[V(OH)_4]^+/VO^{2+}$	$[V(OH)_4]^+ + 2H^+ + e^- \Longrightarrow VO^{2+} + 3H_2O$	+1.00
$[IrCl_6]^{2-}/[IrCl_6]^{3-}$	$[IrCl_6]^{2-} + e^- \Longrightarrow [IrCl_6]^{3-}$	+1.017
$H_6TeO_6(c)/TeO_2$	$H_6TeO_6(c) + 2H^+ + 2e^- \Longrightarrow TeO_2 + 4H_2O$	+1.02
N_2O_4/NO	$N_2O_4 + 4H^+ + 4e^- \Longrightarrow 2NO + 2H_2O$	+1.039

电对符号	半反应　氧化型 $+ ne^- \rightleftharpoons$ 还原型	$\varphi_a^\ominus/V$
PuO_2^{2+}/Pu^{4+}	$PuO_2^{2+} + 4H^+ + 2e^- \rightleftharpoons Pu^{4+} + 2H_2O$	+1.04
$[ICl_2]^-/I_2$	$[ICl_2]^- + e^- \rightleftharpoons 2Cl^- + 1/2I_2$	+1.056
N_2O_4/HNO_2	$N_2O_4 + 2H^+ + 2e^- \rightleftharpoons 2HNO_2$	+1.07
Br_2/Br^-	$Br_2 + 2e^- \rightleftharpoons 2Br^-$	+1.087
$PtO_2/Pt(OH)_2$	$PtO_2 + 2H^+ + 2e^- \rightleftharpoons Pt(OH)_2$	ca.+1.1
IO_3^-/HIO	$IO_3^- + 5H^+ + 4e^- \rightleftharpoons HIO + 2H_2O$	+1.13
PuO_2^+/Pu^{4+}	$PuO_2^+ + 4H^+ + e^- \rightleftharpoons Pu^{4+} + 2H_2O$	+1.15
SeO_4^{2-}/H_2SeO_3	$SeO_4^{2-} + 4H^+ + 2e^- \rightleftharpoons H_2SeO_3 + H_2O$	+1.15
NpO_2^{2+}/NpO_2^+	$NpO_2^{2+} + e^- \rightleftharpoons NpO_2^+$	+1.15
CCl_4/C	$CCl_4 + 4e^- \rightleftharpoons 4Cl^- + C$	+1.18
$O_2/H_2O(g)$	$O_2 + 4H^+ + 4e^- \rightleftharpoons 2H_2O(g)$	+1.185
IO_3^-/I_2	$IO_3^- + 6H^+ + 5e^- \rightleftharpoons 1/2I_2 + 3H_2O$	+1.196
Pt^{2+}/Pt	$Pt^{2+} + 2e^- \rightleftharpoons Pt$	ca.+1.2
ClO_4^-/ClO_3^-	$ClO_4^- + 2H^+ + 2e^- \rightleftharpoons ClO_3^- + H_2O$	+1.201
$ClO_3^-/HClO_2$	$ClO_3^- + 3H^+ + 2e^- \rightleftharpoons HClO_2 + H_2O$	+1.21
$O_2/H_2O(l)$	$O_2 + 4H^+ + 4e^- \rightleftharpoons 2H_2O(l)$	+1.229
S_2Cl_2/S	$S_2Cl_2 + 2e^- \rightleftharpoons 2S + 2Cl^-$	+1.23
MnO_2/Mn^{2+}	$MnO_2 + 4H^+ + 2e^- \rightleftharpoons Mn^{2+} + 2H_2O$	+1.23
Tl^{3+}/Tl^+	$Tl^{3+} + 2e^- \rightleftharpoons Tl^+$	+1.25
AmO_2^+/Am^{4+}	$AmO_2^+ + 4H^+ + e^- \rightleftharpoons Am^{4+} + 2H_2O$	+1.261
$N_2H_5^+/NH_4^+$	$N_2H_5^+ + 3H^+ + 2e^- \rightleftharpoons 2NH_4^+$	+1.275
$[PdCl_6]^{2-}/[PdCl_4]^{2-}$	$[PdCl_6]^{2-} + 2e^- \rightleftharpoons [PdCl_4]^{2-} + 2Cl^-$	+1.288
$HNO_2(aq)/N_2O(g)$	$2HNO_2(aq) + 4H^+ + 4e^- \rightleftharpoons N_2O(g) + 3H_2O$	+1.29
NH_3OH^+/NH_4^+	$NH_3OH^+ + 2H^+ + 2e^- \rightleftharpoons NH_4^+ + H_2O$	+1.35
Cl_2/Cl^-	$Cl_2 + 2e^- \rightleftharpoons 2Cl^-$	+1.358
$Cr_2O_7^{2-}/Cr^{3+}$	$Cr_2O_7^{2-} + 14H^+ + 6e^- \rightleftharpoons 2Cr^{3+} + 7H_2O$	+1.36
$HAtO_3/HAtO$	$HAtO_3 + 4H^+ + 4e^- \rightleftharpoons HAtO + 2H_2O$	+1.4
$NH_3OH^+/N_2H_5^+$	$2NH_3OH^+ + H^+ + 2e^- \rightleftharpoons N_2H_5^+ + 2H_2O$	+1.42
HIO/I_2	$HIO + H^+ + e^- \rightleftharpoons 1/2I_2 + H_2O$	+1.44
$Au(OH)_3(c)/Au$	$Au(OH)_3(c) + 3H^+ + 3e^- \rightleftharpoons Au + 3H_2O$	+1.45
PbO_2/Pb^{2+}	$PbO_2 + 4H^+ + 2e^- \rightleftharpoons Pb^{2+} + 2H_2O$	+1.455
BrO_3^-/Br_2	$2BrO_3^- + 12H^+ + 10e^- \rightleftharpoons Br_2 + 6H_2O$	+1.478
$HO_2(aq)/H_2O_2(aq)$	$HO_2(aq) + H^+ + e^- \rightleftharpoons H_2O_2(aq)$	+1.495

续表

电对符号	半反应 氧化型 $+ ne^- \rightleftharpoons$ 还原型	$\varphi_a^\ominus$/V
$BrO_3^-/HBrO$	$BrO_3^- + 5H^+ + 4e^- \rightleftharpoons HBrO + 2H_2O$	+1.50
MnO_4^-/Mn^{2+}	$MnO_4^- + 8H^+ + 5e^- \rightleftharpoons Mn^{2+} + 4H_2O$	+1.51
Au^{3+}/Au	$Au^{3+} + 3e^- \rightleftharpoons Au$	+1.52
Mn^{3+}/Mn^{2+}	$Mn^{3+} + e^- \rightleftharpoons Mn^{2+}$	+1.541
Bi_2O_4/BiO^+	$Bi_2O_4 + 4H^+ + 2e^- \rightleftharpoons 2BiO^+ + 2H_2O$	+1.593
NiO_2/Ni^{2+}	$NiO_2 + 4H^+ + 2e^- \rightleftharpoons Ni^{2+} + 2H_2O$	+1.593
$HBrO/Br_2$	$2HBrO + 2H^+ + 2e^- \rightleftharpoons Br_2 + 2H_2O$	+1.595
$HClO/Cl_2$	$HClO + H^+ + e^- \rightleftharpoons 1/2Cl_2 + H_2O$	+1.63
AmO_2^{2+}/AmO_2^+	$AmO_2^{2+} + e^- \rightleftharpoons AmO_2^+$	+1.639
H_5IO_6/IO_3^-	$H_5IO_6 + H^+ + 2e^- \rightleftharpoons IO_3^- + 3H_2O$	+1.644
$HClO_2/HClO$	$HClO_2 + 2H^+ + 2e^- \rightleftharpoons HClO + H_2O$	+1.645
NiO_2/Ni	$NiO_2 + 4H^+ + 4e^- \rightleftharpoons Ni + 2H_2O$	+1.678
Au^+/Au	$Au^+ + e^- \rightleftharpoons Au$	+1.691
AmO_2^{2+}/Am^{3+}	$AmO_2^{2+} + 4H^+ + 3e^- \rightleftharpoons Am^{3+} + 2H_2O$	+1.694
$PbO_2/PbSO_4$	$PbO_2 + SO_4^{2-} + 4H^+ + 2e^- \rightleftharpoons PbSO_4 + 2H_2O$	+1.698
MnO_4^-/MnO_2	$MnO_4^- + 4H^+ + 3e^- \rightleftharpoons MnO_2 + 2H_2O$	+1.70
Ce^{4+}/Ce^{3+}	$Ce^{4+} + e^- \rightleftharpoons Ce^{3+}$	+1.72
AmO_2^+/Am^{3+}	$AmO_2^+ + 4H^+ + 2e^- \rightleftharpoons Am^{3+} + 2H_2O$	+1.721
BrO_4^-/BrO_3^-	$BrO_4^- + 2H^+ + 2e^- \rightleftharpoons BrO_3^- + H_2O$	+1.763
H_2O_2/H_2O	$H_2O_2 + 2H^+ + 2e^- \rightleftharpoons 2H_2O$	+1.776
XeO_3/Xe	$XeO_3 + 6H^+ + 6e^- \rightleftharpoons Xe + 3H_2O$	+1.8
Co^{3+}/Co^{2+}	$Co^{3+} + e^- \rightleftharpoons Co^{2+}$	+1.92
HN_3/NH_4^+	$HN_3 + 3H^+ + 2e^- \rightleftharpoons NH_4^+ + N_2$	+1.96
Ag^{2+}/Ag^+	$Ag^{2+} + e^- \rightleftharpoons Ag^+$	+1.98
$S_2O_8^{2-}/SO_4^{2-}$	$S_2O_8^{2-} + 2e^- \rightleftharpoons 2SO_4^{2-}$	+2.01
O_3/H_2O	$O_3 + 2H^+ + 2e^- \rightleftharpoons O_2 + H_2O$	+2.075
F_2O/F^-	$F_2O + 2H^+ + 4e^- \rightleftharpoons 2F^- + H_2O$	+2.15
Am^{4+}/Am^{3+}	$Am^{4+} + e^- \rightleftharpoons Am^{3+}$	+2.18
FeO_4^{2-}/Fe^{3+}	$FeO_4^{2-} + 8H^+ + 3e^- \rightleftharpoons Fe^{3+} + 4H_2O$	+2.20
H_4XeO_6/XeO_3	$H_4XeO_6 + 2H^+ + 2e^- \rightleftharpoons XeO_3 + 3H_2O$	+2.3
$O(g)/H_2O$	$O(g) + 2H^+ + e^- \rightleftharpoons H_2O$	+2.422
$H_2N_2O_2/N_2$	$H_2N_2O_2 + 2H^+ + 2e^- \rightleftharpoons N_2 + 2H_2O$	+2.65
Pr^{4+}/Pr^{3+}	$Pr^{4+} + e^- \rightleftharpoons Pr^{3+}$	+2.86
$F_2(g)/F^-$	$F_2(g) + 2e^- \rightleftharpoons 2F^-$	+2.87
F_2/HF	$F_2 + 2H^+ + 2e^- \rightleftharpoons 2HF$	+3.053

注：本表数据来源于 Speight J. G. 2005. Lange's Handbook of Chemistry. 16th ed. New York: McGraw-Hill Companies, Inc.

2. 碱介质中$[c(OH^-) = 1.0 \text{ mol} \cdot L^{-1}]$

电对符号	半反应　氧化型 $+ ne^- \rightleftharpoons$ 还原型	$\varphi_b^{\ominus}/V$
$Ca(OH)_2/Ca$	$Ca(OH)_2 + 2e^- \rightleftharpoons Ca + 2OH^-$	-3.026
$Ba(OH)_2 \cdot 8H_2O/Ba$	$Ba(OH)_2 \cdot 8H_2O + 2e^- \rightleftharpoons Ba + 2OH^- + 8H_2O$	-2.99
$H_2O/H(g)$	$H_2O(g) + e^- \rightleftharpoons H(g) + OH^-$	-2.9345
$La(OH)_3/La$	$La(OH)_3 + e^- \rightleftharpoons La + 3OH^-$	-2.90
$Sr(OH)_2/Sr$	$Sr(OH)_2 + 3e^- \rightleftharpoons Sr + 2OH^-$	-2.88
$Ce(OH)_3/Ce$	$Ce(OH)_3 + 3e^- \rightleftharpoons Ce + 3OH^-$	-2.87
$Pr(OH)_3/Pr$	$Pr(OH)_3 + 3e^- \rightleftharpoons Pr + 3OH^-$	-2.85
$Nd(OH)_3/Nd$	$Nd(OH)_3 + 3e^- \rightleftharpoons Nd + 3OH^-$	-2.84
$Pm(OH)_3/Pm$	$Pm(OH)_3 + 3e^- \rightleftharpoons Pm + 3OH^-$	-2.84
$Sm(OH)_3/Sm$	$Sm(OH)_3 + 3e^- \rightleftharpoons Sm + 3OH^-$	-2.83
$Eu(OH)_3/Eu$	$Eu(OH)_3 + 3e^- \rightleftharpoons Eu + 3OH^-$	-2.83
$Gd(OH)_3/Gd$	$Gd(OH)_3 + 3e^- \rightleftharpoons Gd + 3OH^-$	-2.82
$Ba(OH)_2/Ba$	$Ba(OH)_2 + 2e^- \rightleftharpoons Ba + 2OH^-$	-2.81
$Y(OH)_2/Y$	$Y(OH)_2 + 2e^- \rightleftharpoons Y + 2OH^-$	-2.81
$Tb(OH)_3/Tb$	$Tb(OH)_3 + 3e^- \rightleftharpoons Tb + 3OH^-$	-2.79
$Dy(OH)_3/Dy$	$Dy(OH)_3 + 3e^- \rightleftharpoons Dy + 3OH^-$	-2.78
$Ho(OH)_3/Ho$	$Ho(OH)_3 + 3e^- \rightleftharpoons Ho + 3OH^-$	-2.77
$Er(OH)_3/Er$	$Er(OH)_3 + 3e^- \rightleftharpoons Er + 3OH^-$	-2.75
$Tm(OH)_3/Tm$	$Tm(OH)_3 + 3e^- \rightleftharpoons Tm + 3OH^-$	-2.74
$Yb(OH)_3/Yb$	$Yb(OH)_3 + 3e^- \rightleftharpoons Yb + 3OH^-$	-2.73
$Lu(OH)_3/Lu$	$Lu(OH)_3 + 3e^- \rightleftharpoons Lu + 3OH^-$	-2.72
$Mg(OH)_2/Mg$	$Mg(OH)_2 + 2e^- \rightleftharpoons Mg + 2OH^-$	-2.687
$Be_2O_3^{2-}/Be$	$Be_2O_3^{2-} + 3H_2O + 4e^- \rightleftharpoons 2Be + 6OH^-$	-2.63
BeO/Be	$BeO + H_2O + 2e^- \rightleftharpoons Be + 2OH^-$	-2.613
$Sc(OH)_3/Sc$	$Sc(OH)_3 + 3e^- \rightleftharpoons Sc + 3OH^-$	-2.61
$HfO(OH)_2/Hf$	$HfO(OH)_2 + H_2O + 4e^- \rightleftharpoons Hf + 4OH^-$	-2.50
$Th(OH)_4/Th$	$Th(OH)_4 + 4e^- \rightleftharpoons Th + 4OH^-$	-2.48
$Pu(OH)_3/Pu$	$Pu(OH)_3 + 3e^- \rightleftharpoons Pu + 3OH^-$	-2.42
UO_2/U	$UO_2 + 2H_2O + 4e^- \rightleftharpoons U + 4OH^-$	-2.39
H_3ZrO_3/Zr	$H_3ZrO_3 + H_2O + 4e^- \rightleftharpoons Zr + 4OH^-$	-2.36
$[Al(OH)_4]^-/Al$	$[Al(OH)_4]^- + 3e^- \rightleftharpoons Al + 4OH^-$	-2.310
$Al(OH)_3/Al$	$Al(OH)_3 + 3e^- \rightleftharpoons Al + 3OH^-$	-2.30
$U(OH)_4/U(OH)_3$	$U(OH)_4 + e^- \rightleftharpoons U(OH)_3 + OH^-$	-2.20
$U(OH)_3/U$	$U(OH)_3 + 3e^- \rightleftharpoons U + 3OH^-$	-2.17
$H_2PO_2^-/P$	$H_2PO_2^- + e^- \rightleftharpoons P + 2OH^-$	-2.05
$H_2BO_3^-/B$	$H_2BO_3^- + H_2O + 3e^- \rightleftharpoons B + 4OH^-$	-1.79

电对符号	半反应　氧化型 $+ ne^- \rightleftharpoons$ 还原型	$\varphi_b^\ominus/V$
SiO_3^{2-}/Si	$SiO_3^{2-} + 3H_2O + 4e^- \rightleftharpoons Si + 6OH^-$	-1.7
$Na_2UO_4/U(OH)_4$	$Na_2UO_4 + 4H_2O + 2e^- \rightleftharpoons U(OH)_4 + 2Na^+ + 4OH^-$	-1.618
$HPO_3^{2-}/H_2PO_2^-$	$HPO_3^{2-} + 2H_2O + 2e^- \rightleftharpoons H_2PO_2^- + 3OH^-$	-1.565
$Mn(OH)_2/Mn$	$Mn(OH)_2 + 2e^- \rightleftharpoons Mn + 2OH^-$	-1.56
$MnCO_3(c)/Mn$	$MnCO_3 + 2e^- \rightleftharpoons Mn + CO_3^{2-}$	-1.50
$Cr(OH)_3/Cr$	$Cr(OH)_3 + 3e^- \rightleftharpoons Cr + 3OH^-$	-1.48
$ZnS(纤锌矿)/Zn$	$ZnS(纤锌矿) + 2e^- \rightleftharpoons Zn + S^{2-}$	-1.405
TiO_2/Ti_2O_3	$2TiO_2 + H_2O + 2e^- \rightleftharpoons Ti_2O_3 + 2OH^-$	-1.38
$[Zn(OH)_4]^{2-}/Zn$	$[Zn(OH)_4]^{2-} + 2e^- \rightleftharpoons Zn + 4OH^-$	-1.285
CrO_2/Cr	$CrO_2 + 2H_2O + 4e^- \rightleftharpoons Cr + 4OH^-$	-1.27
$[Zn(CN)_4]^{2-}/Zn$	$[Zn(CN)_4]^{2-} + 2e^- \rightleftharpoons Zn + 4CN^-$	-1.26
$Zn(OH)_2/Zn$	$Zn(OH)_2 + 2e^- \rightleftharpoons Zn + 2OH^-$	-1.245
$H_2GaO_3^-/Ga$	$H_2GaO_3^- + H_2O + 3e^- \rightleftharpoons Ga + 4OH^-$	-1.219
ZnO_2^{2-}/Zn	$ZnO_2^{2-} + 2H_2O + 2e^- \rightleftharpoons Zn + 4OH^-$	-1.215
CdS/Cd	$CdS + 2e^- \rightleftharpoons Cd + S^{2-}$	-1.175
$HV_6O_{17}^{2-}/V$	$HV_6O_{17}^{2-} + 16H_2O + 31e^- \rightleftharpoons 6V + 33OH^-$	-1.154
Te/Te^{2-}	$Te + 2e^- \rightleftharpoons Te^{2-}$	-1.143
PO_4^{3-}/HPO_3^{2-}	$PO_4^{3-} + 2H_2O + 2e^- \rightleftharpoons HPO_3^{2-} + 3OH^-$	-1.12
$SO_3^{2-}/S_2O_4^{2-}$	$2SO_3^{2-} + 2H_2O + 2e^- \rightleftharpoons S_2O_4^{2-} + 4OH^-$	-1.12
$ZnCO_3/Zn$	$ZnCO_3 + 2e^- \rightleftharpoons Zn + CO_3^{2-}$	-1.06
WO_4^{2-}/W	$WO_4^{2-} + 4H_2O + 6e^- \rightleftharpoons W + 8OH^-$	-1.05
MoO_4^{2-}/Mo	$MoO_4^{2-} + 4H_2O + 6e^- \rightleftharpoons Mo + 8OH^-$	-1.05
$[Zn(NH_3)_4]^{2+}/Zn$	$[Zn(NH_3)_4]^{2+} + 2e^- \rightleftharpoons Zn + 4NH_3$	-1.04
$NiS(\gamma)/Ni$	$NiS(\gamma) + 2e^- \rightleftharpoons Ni + S^{2-}$	-1.04
$HGeO_2^-/Ge$	$HGeO_2^- + H_2O + 2e^- \rightleftharpoons Ge + 3OH^-$	-1.03
$In(OH)_3/In$	$In(OH)_3 + 3e^- \rightleftharpoons In + 3OH^-$	-1.00
MnO_2/Mn	$MnO_2 + 2H_2O + 4e^- \rightleftharpoons Mn + 4OH^-$	-0.980
CNO^-/CN^-	$CNO^- + H_2O + 2e^- \rightleftharpoons CN^- + 2OH^-$	-0.970
$Pu(OH)_4/Pu(OH)_3$	$Pu(OH)_4 + e^- \rightleftharpoons Pu(OH)_3 + OH^-$	-0.963
$FeS(\alpha)/Fe$	$FeS(\alpha) + 2e^- \rightleftharpoons Fe + S^{2-}$	-0.95
$[Cd(CN)_4]^{2-}/Cd$	$[Cd(CN)_4]^{2-} + 2e^- \rightleftharpoons Cd + 4CN^-$	-0.943
SO_4^{2-}/SO_3^{2-}	$SO_4^{2-} + H_2O + 2e^- \rightleftharpoons SO_3^{2-} + 2OH^-$	-0.94
PbS/Pb	$PbS + 2e^- \rightleftharpoons Pb + S^{2-}$	-0.93

续表

电对符号	半反应　氧化型 $+ne^- \rightleftharpoons$ 还原型	$\varphi_b^{\ominus}/V$
$[Sn(OH)_5]^-/HSnO_2^-$	$[Sn(OH)_5]^- + 2e^- \rightleftharpoons HSnO_2^- + 2OH^- + H_2O$	−0.93
SO_4^{2-}/SO_3^{2-}	$SO_4^{2-} + H_2O + 2e^- \rightleftharpoons SO_3^{2-} + 2OH^-$	−0.93
Se/Se^{2-}	$Se + 2e^- \rightleftharpoons Se^{2-}$	−0.92
$HSnO_2^-/Sn$	$HSnO_2^- + H_2O + 2e^- \rightleftharpoons Sn + 3OH^-$	−0.909
Tl_2S/Tl	$Tl_2S + 2e^- \rightleftharpoons 2Tl + S^{2-}$	−0.90
Cu_2S/Cu	$Cu_2S + 2e^- \rightleftharpoons 2Cu + S^{2-}$	−0.89
$P(白)/PH_3$	$P(白) + 3H_2O + 3e^- \rightleftharpoons PH_3 + 3OH^-$	−0.89
$Fe(OH)_2/Fe$	$Fe(OH)_2 + 2e^- \rightleftharpoons Fe + 2OH^-$	−0.877
SnS/Sn	$SnS + 2e^- \rightleftharpoons Sn + S^{2-}$	−0.87
$NiS(\alpha)/Ni$	$NiS(\alpha) + 2e^- \rightleftharpoons Ni + S^{2-}$	−0.830
H_2O/H_2	$2H_2O + 2e^- \rightleftharpoons H_2 + 2OH^-$	−0.828
$Cd(OH)_2/Cd$	$Cd(OH)_2 + 2e^- \rightleftharpoons Cd + 2OH^-$	−0.809
$HFeO_2^-/Fe$	$HFeO_2^- + H_2O + 2e^- \rightleftharpoons Fe + 3OH^-$	−0.8
$FeCO_3/Fe$	$FeCO_3 + 2e^- \rightleftharpoons Fe + CO_3^{2-}$	−0.756
$CdCO_3/Cd$	$CdCO_3 + 2e^- \rightleftharpoons Cd + CO_3^{2-}$	−0.74
$Co(OH)_2/Co$	$Co(OH)_2 + 2e^- \rightleftharpoons Co + 2OH^-$	−0.733
$CrO_4^{2-}/[Cr(OH)_4]^-$	$CrO_4^{2-} + 4H_2O + 3e^- \rightleftharpoons [Cr(OH)_4]^- + 4OH^-$	−0.72
$Ni(OH)_2/Ni$	$Ni(OH)_2 + 2e^- \rightleftharpoons Ni + 2OH^-$	−0.72
$Fe_2S_3/FeS(\alpha)$	$Fe_2S_3 + 2e^- \rightleftharpoons 2FeS(\alpha) + S^{2-}$	−0.715
$HgS(黑)/Hg$	$HgS(黑) + 2e^- \rightleftharpoons Hg + S^{2-}$	−0.69
$FeO_2^-/HFeO_2^-$	$FeO_2^- + H_2O + e^- \rightleftharpoons HFeO_2^- + OH^-$	−0.69
AsO_4^{3-}/AsO_2^-	$AsO_4^{3-} + 2H_2O + 2e^- \rightleftharpoons AsO_2^- + 4OH^-$	−0.68
AsO_2^-/As	$AsO_2^- + 2H_2O + e^- \rightleftharpoons As + 4OH^-$	−0.675
$Ag_2S(\alpha)/Ag$	$Ag_2S(\alpha) + 2e^- \rightleftharpoons 2Ag + S^{2-}$	−0.66
SbO_2^-/Sb	$SbO_2^- + 2H_2O + 3e^- \rightleftharpoons Sb + 4OH^-$	−0.66
$CoCO_3/Co$	$CoCO_3 + 2e^- \rightleftharpoons Co + CO_3^{2-}$	−0.64
$[Cd(NH_3)_4]^{2+}/Cd$	$[Cd(NH_3)_4]^{2+} + 2e^- \rightleftharpoons Cd + 4NH_3(aq)$	−0.613
ReO_4^-/ReO_2	$ReO_4^- + 2H_2O + 3e^- \rightleftharpoons ReO_2 + 4OH^-$	−0.594
ReO_4^-/Re	$ReO_4^- + 4H_2O + 7e^- \rightleftharpoons Re + 8OH^-$	−0.584
$PbO(r)/Pb$	$PbO(r) + H_2O + 2e^- \rightleftharpoons Pb + 2OH^-$	−0.58
ReO_2/Re	$ReO_2 + 2H_2O + 4e^- \rightleftharpoons Re + 4OH^-$	−0.577
$SO_3^{2-}/S_2O_3^{2-}$	$2SO_3^{2-} + 3H_2O + 4e^- \rightleftharpoons S_2O_3^{2-} + 6OH^-$	−0.571

电对符号	半反应　氧化型 $+ ne^- \rightleftharpoons$ 还原型	$\varphi_b^{\ominus}/V$
TeO_3^{2-}/Te	$TeO_3^{2-} + 3H_2O + 4e^- \rightleftharpoons Te + 6OH^-$	-0.57
$Fe(OH)_3/Fe(OH)_2$	$Fe(OH)_3 + e^- \rightleftharpoons Fe(OH)_2 + OH^-$	-0.56
O_2/O_2^-	$O_2 + e^- \rightleftharpoons O_2^-$	-0.563
$HPbO_2^-/Pb$	$HPbO_2^- + H_2O + 2e^- \rightleftharpoons Pb + 3OH^-$	-0.540
$PbCO_3/Pb$	$PbCO_3 + 2e^- \rightleftharpoons Pb + CO_3^{2-}$	-0.509
$[Ni(NH_3)_6]^{2+}/Ni$	$[Ni(NH_3)_6]^{2+} + 2e^- \rightleftharpoons Ni + 6NH_3$	-0.476
Bi_2O_3/Bi	$Bi_2O_3 + 3H_2O + 6e^- \rightleftharpoons 2Bi + 6OH^-$	-0.46
$NiCO_3/Ni$	$NiCO_3 + 2e^- \rightleftharpoons Ni + CO_3^{2-}$	-0.45
S/S^{2-}	$S + 2e^- \rightleftharpoons S^{2-}$	-0.45
$[Cu(CN)_2]^-/Cu$	$[Cu(CN)_2]^- + e^- \rightleftharpoons Cu + 2CN^-$	-0.429
$[Hg(CN)_4]^{2-}/Hg$	$[Hg(CN)_4]^{2-} + 2e^- \rightleftharpoons Hg + 4CN^-$	-0.37
SeO_3^{2-}/Se	$SeO_3^{2-} + 3H_2O + 4e^- \rightleftharpoons Se + 6OH^-$	-0.366
Cu_2O/Cu	$Cu_2O + H_2O + 2e^- \rightleftharpoons 2Cu + 2OH^-$	-0.358
$Tl(OH)(c)/Tl$	$Tl(OH)(c) + e^- \rightleftharpoons Tl + OH^-$	-0.343
$[Ag(CN)_2]^-/Ag$	$[Ag(CN)_2]^- + e^- \rightleftharpoons Ag + 2CN^-$	-0.31
CuO/Cu	$CuO + H_2O + 2e^- \rightleftharpoons Cu + 2OH^-$	-0.29
$Cu(CNS)/Cu$	$Cu(CNS) + e^- \rightleftharpoons Cu + CNS^-$	-0.27
$HO_2^-/OH(g)$	$HO_2^- + H_2O + e^- \rightleftharpoons OH(g) + 2OH^-$	-0.262
$Mn_2O_3/Mn(OH)_2$	$Mn_2O_3 + 3H_2O + 2e^- \rightleftharpoons 2Mn(OH)_2 + 2OH^-$	-0.25
CuO/Cu_2O	$2CuO + H_2O + 2e^- \rightleftharpoons Cu_2O + 2OH^-$	-0.22
$CrO_4^{2-}/Cr(OH)_3$	$CrO_4^{2-} + 4H_2O + 3e^- \rightleftharpoons Cr(OH)_3 + 5OH^-$	-0.13
$[Cu(NH_3)_2]^+/Cu$	$[Cu(NH_3)_2]^+ + e^- \rightleftharpoons Cu + 2NH_3$	-0.12
$Cu(OH)_2/Cu_2O$	$2Cu(OH)_2 + 2e^- \rightleftharpoons Cu_2O + 2OH^- + H_2O$	-0.080
O_2/HO_2^-	$O_2 + H_2O + 2e^- \rightleftharpoons HO_2^- + OH^-$	-0.076
$Tl(OH)_3/Tl(OH)$	$Tl(OH)_3 + 2e^- \rightleftharpoons TlOH + 2OH^-$	-0.05
$MnO_2/Mn(OH)_2$	$MnO_2 + 2H_2O + 2e^- \rightleftharpoons Mn(OH)_2 + 2OH^-$	-0.05
$AgCN/Ag$	$AgCN + e^- \rightleftharpoons Ag + CN^-$	-0.017
AtO^-/At_2	$2AtO^- + 2H_2O + 2e^- \rightleftharpoons At_2 + 4OH^-$	0.0
NO_3^-/NO_2^-	$NO_3^- + H_2O + 2e^- \rightleftharpoons NO_2^- + 2OH^-$	$+0.01$
$HOsO_5^-/Os$	$HOsO_5^- + 4H_2O + 8e^- \rightleftharpoons Os + 9OH^-$	$+0.015$
Rh_2O_3/Rh	$Rh_2O_3 + 3H_2O + 6e^- \rightleftharpoons 2Rh + 6OH^-$	$+0.04$
SeO_4^{2-}/SeO_3^{2-}	$SeO_4^{2-} + H_2O + 2e^- \rightleftharpoons SeO_3^{2-} + 2OH^-$	$+0.05$
$[Co(NH_3)_6]^{3+}/[Co(NH_3)_6]^{2+}$	$[Co(NH_3)_6]^{3+} + e^- \rightleftharpoons [Co(NH_3)_6]^{2+}$	$+0.058$

电对符号	半反应　氧化型 $+ ne^- \rightleftharpoons$ 还原型	$\varphi_b^\ominus/V$
$Pd(OH)_2/Pd$	$Pd(OH)_2 + 2e^- \rightleftharpoons Pd + 2OH^-$	+0.07
$S_4O_6^{2-}/S_2O_3^{2-}$	$S_4O_6^{2-} + 2e^- \rightleftharpoons 2S_2O_3^{2-}$	+0.08
HgO (红)$/Hg$	HgO (红) $+ H_2O + 2e^- \rightleftharpoons Hg + 2OH^-$	+0.098
Ir_2O_3/Ir	$Ir_2O_3 + 3H_2O + 6e^- \rightleftharpoons 2Ir + 6OH^-$	+0.098
N_2H_4/NH_3	$N_2H_4 + 2H_2O + 2e^- \rightleftharpoons 2NH_3 + 2OH^-$	+0.1
$[Co(NH_3)_6]^{3+}/[Co(NH_3)_6]^{2+}$	$[Co(NH_3)_6]^{3+} + e^- \rightleftharpoons [Co(NH_3)_6]^{2+}$	+1.108
$[Pt(OH)_6]^{2-}/Pt(OH)_2$	$[Pt(OH)_6]^{2-} + 2e^- \rightleftharpoons Pt(OH)_2 + 4OH^-$	$-0.1\sim+0.4$
N_2H_4/NH_4OH	$N_2H_4 + 4H_2O + 2e^- \rightleftharpoons 2NH_4OH + 2OH^-$	+0.11
$Mn(OH)_3/Mn(OH)_2$	$Mn(OH)_3 + e^- \rightleftharpoons Mn(OH)_2 + OH^-$	+0.15
$Pt(OH)_2/Pt$	$Pt(OH)_2 + 2e^- \rightleftharpoons Pt + 2OH^-$	+0.15
$Co(OH)_3/Co(OH)_2$	$Co(OH)_3 + e^- \rightleftharpoons Co(OH)_2 + OH^-$	+0.17
$PuO_2(OH)_2/PuO_2OH$	$PuO_2(OH)_2 + e^- \rightleftharpoons PuO_2OH + OH^-$	+0.234
$PbO_2/PbO(r)$	$PbO_2 + H_2O + 2e^- \rightleftharpoons PbO(r) + 2OH^-$	+0.247
IO_3^-/I^-	$IO_3^- + 3H_2O + 6e^- \rightleftharpoons I^- + 6OH^-$	+0.26
$Ag(SO_3)_2^{3-}/Ag$	$Ag(SO_3)_2^{3-} + e^- \rightleftharpoons Ag + 2SO_3^{2-}$	+0.295
ClO_3^-/ClO_2^-	$ClO_3^- + H_2O + 2e^- \rightleftharpoons ClO_2^- + 2OH^-$	+0.33
Ag_2O/Ag	$Ag_2O + H_2O + 2e^- \rightleftharpoons 2Ag + 2OH^-$	+0.342
ClO_4^-/ClO_3^-	$ClO_4^- + H_2O + 2e^- \rightleftharpoons ClO_3^- + 2OH^-$	+0.36
$[Ag(NH_3)_2]^+/Ag$	$[Ag(NH_3)_2]^+ + e^- \rightleftharpoons Ag + 2NH_3$	+0.373
TeO_4^{2-}/TeO_3^{2-}	$TeO_4^{2-} + H_2O + 2e^- \rightleftharpoons TeO_3^{2-} + 2OH^-$	ca.+0.4
ClO^-/Cl_2	$ClO^- + 2H^+ + e^- \rightleftharpoons 1/2Cl_2 + H_2O$	+0.40
O_2/OH^-	$O_2 + 2H_2O + 4e^- \rightleftharpoons 4OH^-$	+0.401
O_2/HO_2^-	$O_2 + H_2O + e^- \rightleftharpoons OH^- + HO_2^-$	+0.413
Ag_2CO_3/Ag	$Ag_2CO_3 + 2e^- \rightleftharpoons 2Ag + CO_3^{2-}$	+0.47
IO^-/I^-	$IO^- + H_2O + 2e^- \rightleftharpoons I^- + 2OH^-$	+0.485
$NiO_2/Ni(OH)_2$	$NiO_2 + 2H_2O + 2e^- \rightleftharpoons Ni(OH)_2 + 2OH^-$	+0.490
AtO_3^-/AtO^-	$AtO_3^- + 2H_2O + 4e^- \rightleftharpoons AtO^- + 4OH^-$	+0.5
FeO_4^{2-}/FeO_2^-	$FeO_4^{2-} + 2H_2O + 3e^- \rightleftharpoons FeO_2^- + 4OH^-$	+0.55
BrO_3^-/Br^-	$BrO_3^- + 3H_2O + 6e^- \rightleftharpoons Br^- + 6OH^-$	+0.584
MnO_4^-/MnO_2	$MnO_4^- + 2H_2O + 3e^- \rightleftharpoons MnO_2$ (软锰矿) $+ 4OH^-$	+0.588
MnO_4^{2-}/MnO_2	$MnO_4^{2-} + 2H_2O + 2e^- \rightleftharpoons MnO_2 + 4OH^-$	+0.60
RuO_4^-/RuO_4^{2-}	$RuO_4^- + e^- \rightleftharpoons RuO_4^{2-}$	+0.6
AgO/Ag_2O	$2AgO + H_2O + 2e^- \rightleftharpoons Ag_2O + 2OH^-$	+0.607

续表

电对符号	半反应　氧化型 $+ne^- \rightleftharpoons$ 还原型	$\varphi_b^{\ominus}/V$
BrO_3^-/Br^-	$BrO_3^- + 3H_2O + 6e^- \rightleftharpoons Br^- + 6OH^-$	+6.1
ClO_2^-/ClO^-	$ClO_2^- + H_2O + 2e^- \rightleftharpoons ClO^- + 2OH^-$	+0.66
$H_3IO_6^{2-}/IO_3^-$	$H_3IO_6^{2-} + 2e^- \rightleftharpoons IO_3^- + 3OH^-$	+0.7
$FeO_4^{2-}/Fe(OH)_3$	$FeO_4^{2-} + 4H_2O + 3e^- \rightleftharpoons Fe(OH)_3 + 5OH^-$	+0.72
NH_2OH/N_2H_4	$2NH_2OH + 2e^- \rightleftharpoons N_2H_4 + 2OH^-$	+0.73
Ag_2O_3/AgO	$Ag_2O_3 + H_2O + 2e^- \rightleftharpoons 2AgO + 2OH^-$	+0.739
BrO^-/Br^-	$BrO^- + H_2O + 2e^- \rightleftharpoons Br^- + 2OH^-$	+0.761
HO_2^-/OH^-	$HO_2^- + H_2O + 2e^- \rightleftharpoons 3OH^-$	+0.878
ClO^-/Cl^-	$ClO^- + H_2O + 2e^- \rightleftharpoons Cl^- + 2OH^-$	+0.890
$HXeO_4^-/Xe$	$HXeO_4^- + 3H_2O + 6e^- \rightleftharpoons Xe + 7OH^-$	+0.9
$HXeO_6^{3-}/HXeO_4^-$	$HXeO_6^{3-} + 2H_2O + 2e^- \rightleftharpoons HXeO_4^- + 4OH^-$	+0.9
$Cu^{2+}/[Cu(CN)_2]^-$	$Cu^{2+} + 2CN^- + e^- \rightleftharpoons [Cu(CN)_2]^-$	+1.103
ClO_2/ClO_2^-	$ClO_2 + e^- \rightleftharpoons ClO_2^-$	+1.16
O_3/OH^-	$O_3 + H_2O + 2e^- \rightleftharpoons O_2 + 2OH^-$	+1.246
$OH(g)/OH^-$	$OH(g) + e^- \rightleftharpoons OH^-$	+2.02
Cl_2/Cl^-	$Cl_2 + 2e^- \rightleftharpoons 2Cl^-$	1.358

注：本表数据来源于 Speight J. G. 2005. Lange's Handbook of Chemistry .16th ed. New York: McGraw-Hill Companies, Inc.

附录9　国际相对原子质量表

原子序数	中文名称	英文名称	符号	相对原子质量
1	氢	hydrogen	H	1.00784
2	氦	helium	He	4.002602(2)
3	锂	lithium	Li	6.938
4	铍	beryllium	Be	9.012182(3)
5	硼	boron	B	10.806
6	碳	carbon	C	12.0096
7	氮	nitrogen	N	14.00643
8	氧	oxygen	O	15.99903
9	氟	fluorine	F	18.9984032(5)
10	氖	neon	Ne	20.1797(6)
11	钠	sodium	Na	22.98976928(2)
12	镁	magnesium	Mg	24.3050(6)

续表

原子序数	中文名称	英文名称	符号	相对原子质量
13	铝	aluminium	Al	26.9815386(8)
14	硅	silicon	Si	28.084
15	磷	phosphorus	P	30.973762(2)
16	硫	sulfur	S	32.059
17	氯	chlorine	Cl	35.446
18	氩	argon	Ar	39.948(1)
19	钾	potassium	K	39.0983(1)
20	钙	calcium	Ca	40.078(4)
21	钪	scandium	Sc	44.955912(6)
22	钛	titanium	Ti	47.867(1)
23	钒	vanadium	V	50.9415(1)
24	铬	chromium	Cr	51.9961(6)
25	锰	manganese	Mn	54.938045(5)
26	铁	iron	Fe	55.845(2)
27	钴	cobalt	Co	58.933195(5)
28	镍	nickel	Ni	58.6934(4)
29	铜	copper	Cu	63.546(3)
30	锌	zinc	Zn	65.38(2)
31	镓	gallium	Ga	69.723(1)
32	锗	germanium	Ge	72.63(1)
33	砷	arsenic	As	74.92160(2)
34	硒	selenium	Se	78.96(3)
35	溴	bromine	Br	79.904(1)
36	氪	krypton	Kr	83.798(2)
37	铷	rubidium	Rb	85.4678(3)
38	锶	strontium	Sr	87.62(1)
39	钇	yttrium	Y	88.90585(2)
40	锆	zirconium	Zr	91.224(2)
41	铌	niobium	Nb	92.90638(2)
42	钼	molybdenum	Mo	95.96(2)
43	锝	technetium	Tc	[97.9072]
44	钌	ruthenium	Ru	101.07(2)
45	铑	rhodium	Rh	102.90550(2)
46	钯	palladium	Pd	106.42(1)
47	银	silver,argentum	Ag	107.8682(2)

续表

原子序数	中文名称	英文名称	符号	相对原子质量
48	镉	cadmium	Cd	112.411(8)
49	铟	indium	In	114.818(3)
50	锡	tin, stannum	Sn	118.710(7)
51	锑	antimony	Sb	121.760(1)
52	碲	tellurium	Te	127.60(3)
53	碘	iodine	I	126.90447(3)
54	氙	xenon	Xe	131.293(6)
55	铯	cesium	Cs	132.9054519(2)
56	钡	barium	Ba	137.327(7)
57	镧	lanthanum	La	138.90547(7)
58	铈	cerium	Ce	140.116(1)
59	镨	praseodymium	Pr	140.90765(2)
60	钕	neodymium	Nd	144.242(3)
61	钷	promethium	Pm	[144.9127]
62	钐	samarium	Sm	150.36(2)
63	铕	europium	Eu	151.964(1)
64	钆	gadolinium	Gd	157.25(3)
65	铽	terbium	Tb	158.92535(2)
66	镝	dysprosium	Dy	162.500(1)
67	钬	holmium	Ho	164.93032(2)
68	铒	erbium	Er	167.259(3)
69	铥	thulium	Tm	168.93421(2)
70	镱	ytterbium	Yb	173.054(5)
71	镥	lutecium	Lu	174.9668(1)
72	铪	hafnium	Hf	178.49(2)
73	钽	tantalum	Ta	180.94788(2)
74	钨	tungsten	W	183.84(1)
75	铼	rhenium	Re	186.207(1)
76	锇	osmium	Os	190.23(3)
77	铱	iridium	Ir	192.217(3)
78	铂	platinum	Pt	195.084(9)
79	金	gold, aurum	Au	196.966569(4)
80	汞	mercury	Hg	200.59(2)
81	铊	thallium	Tl	204.382
82	铅	lead, plumbum	Pb	207.2(1)

原子序数	中文名称	英文名称	符号	相对原子质量
83	铋	bismuth	Bi	208.98040 (1)
84	钋	polonium	Po	[208.9824]
85	砹	astatine	At	[209.9871]
86	氡	radon	Rn	[222.0176]
87	钫	francium	Fr	[223.0197]
88	镭	radium	Ra	[226.0254]
89	锕	actinium	Ac	[227.0277]
90	钍	thorium	Th	232.03806 (2)
91	镤	protactinium	Pa	231.03588 (2)
92	铀	uranium	U	238.02891 (3)
93	镎	neptunium	Np	[237.0482]
94	钚	plutonium	Pu	[244.0642]
95	镅	americium	Am	[243.0614]
96	锔	curium	Cm	[247.0704]
97	锫	berkelium	Bk	[247.0703]
98	锎	californium	Cf	[251.0796]
99	锿	einsteinium	Es	[252.0830]
100	镄	fermium	Fm	[257.0951]
101	钔	mendelevium	Md	[258.0984]
102	锘	nobelium	No	[259.1010]
103	铹	lawrencium	Lr	[262.1097]
104	𬬻	rutherfordium	Rf	[261.1088]
105	𬭊	dubnium	Db	[262.1141]
106	𬭳	seaborgium	Sg	[266.1219]
107	𬭛	bohrium	Bh	[264.12]
108	𬭶	hassium	Hs	[277]
109	鿏	meitnerium	Mt	[268.1388]
110	𫟼	darmstadtium	Ds	[281]
111	𬬭	roentgenium	Rg	[272.1535]
112	鿔	copernicium	Cn	285.2
113	鉨	nihonium	Nh	284.2
114	𫓧	flerovium	Fl	289.2
115	镆	moscovium	Mc	288.2
116	鉝	livermorium	Lv	293.2
117	鿬	tennessine	Ts	294.2
118	鿫	oganesson	Og	294.2

附录 10   配合物的稳定常数(291~298 K)

金属离子	n	$\lg \beta_n$
	氨配合物	
Ag^+	1, 2	3.24; 7.05
Cd^{2+}	1, ···, 6	2.65; 4.75; 6.19; 7.12; 6.80; 5.14
Co^{2+}	1, ···, 6	2.11; 3.74; 4.79; 5.55; 5.73; 5.11
Co^{3+}	1, ···, 6	6.7; 14.0; 20.1; 25.7; 30.8; 35.2
Cu^+	1, 2	5.93; 10.86
Cu^{2+}	1, ···, 5	4.31; 7.98; 11.02; 13.32; 12.86
Ni^{2+}	1, ···, 6	2.80; 5.04; 6.77; 7.96; 8.71; 8.74
Zn^{2+}	1, ···, 4	2.37; 4.81; 7.31; 9.46
	溴配合物	
Ag^+	1, ···, 4	4.38; 7.33; 8.00; 8.73
Bi^{3+}	1, ···, 6	4.30;5.55;5.89;7.82;—; 9.70
Cd^{2+}	1, ···, 4	1.75; 2.34; 3.32; 3.70
Cu^+	2	5.89
Hg^{3+}	1, ···, 4	9.05; 17.32; 19.74; 21.00
	氯配合物	
Ag^+	1, ···, 4	3.04; 5.04; 5.04; 5.30
Hg^{2+}	1, ···, 4	6.74; 13.22; 14.07; 15.07
Sn^{2+}	1, ···, 4	1.51; 2.24; 2.03; 1.48
Sb^{3+}	1, ···, 4	2.26; 3.49; 4.18; 4.72
	氰配合物	
Ag^+	1, ···, 4	—; 21.1; 21.7; 20.6
Cd^{2+}	1, ···, 4	5.48; 10.60; 15.23; 18.78
Cu^+	1, ···, 4	—; 24.0; 28.59; 30.3
Fe^{2+}	6	35
Fe^{3+}	6	42
Hg^{2+}	4	41.4
Ni^{2+}	4	31.3
Zn^{2+}	4	16.7
	氟配合物	
Al^{3+}	1, ···, 6	6.13; 11.15; 15.00; 17.75; 19.37; 19.84
Fe^{3+}	1, ···, 3	5.28; 9.30; 12.06
Th^{4+}	1, ···, 3	7.65; 13.46; 17.97
TiO^{2+}	1, ···, 4	5.4; 9.8; 13.7; 18.0
ZrO^{2+}	1, ···, 3	8.80; 16.12; 21.94

金属离子	n	$\lg\beta_n$
	碘配合物	
Ag^+	1, …, 3	6.58; 11.74; 13.68
Bi^{3+}	1, …, 6	3.63; 一; 一; 14.95; 16.80; 18.80
Cd^{2+}	1, …, 4	2.10; 3.43; 4.49; 5.41
Pb^{2+}	1, …, 4	2.00; 3.15; 3.92; 4.47
Hg^{2+}	1, …, 4	12.87; 23.82; 27.60; 29.88
	硫氰根配合物	
Ag^+	1, …, 4	一; 7.57; 9.08; 10.08
Cu^+	1, …, 4	一; 11.00; 10.90; 10.48
Au^+	1, …, 4	一; 23; 一; 12
Fe^{2+}	1, 2	2.95; 3.36
Hg^{2+}	1, …, 4	一; 17.47; 一; 21.23
	硫代硫酸根配合物	
Ag^+	1, …, 3	8.82; 13.46; 14.15
Cu^+	1, …, 3	10.35; 12.27; 13.71
Hg^{2+}	1, …, 4	一; 29.86; 32.26; 33.61
	乙酰丙酮配合物	
Al^{3+}	1, 2	8.60; 16.34
Cu^{2+}	1, 2	5.07; 8.67
Fe^{3+}	1, …, 3	11.1; 22.1; 26.7
Ni^{2+}	1, …, 3	6.06; 10.77; 13.09
Zn^{2+}	1, 2	4.98; 8.81
	柠檬酸配合物	
Ag^+ HL^{3-}	1	7.1
Al^{3+} L^{4-}	1	20.0
Cu^{2+} L^{4-}	1	11.2
Fe^{2+} L^{4-}	1	15.5
Fe^{3+} L^{4-}	1	25.0
Ni^{2+} L^{4-}	1	14.3
Zn^{2+} L^{4-}	1	11.4
	乙二胺配合物	
Ag^+	1, 2	4.70; 7.7
Cd^{2+}	1, …, 3	5.47; 10.09; 12.09
Co^{2+}	1, …, 3	5.91; 10.54; 13.94
Co^{3+}	1, …, 3	18.7; 34.9; 48.69

续表

金属离子	n	$\lg \beta_n$
乙二胺配合物		
Cu^+	2	10.80
Cu^{2+}	1, ⋯, 3	10.67; 20.00; 21.0
Fe^{2+}	1, ⋯, 3	4.34; 7.65; 9.70
Hg^{2+}	1, 2	14.3; 23.3
Mn^{2+}	1, ⋯, 3	2.73; 7.49; 5.67
Ni^{2+}	1, ⋯, 3	7.52; 13.80; 18.06
Zn^{2+}	1, ⋯, 3	5.77; 10.83; 14.11
乙二酸配合物		
Al^{3+}	1, ⋯, 3	7.26; 13.0; 16.3
Co^{2+}	1, ⋯, 3	4.79; 6.7; 9.7
Co^{3+}	3	~20
Fe^{2+}	1, ⋯, 3	2.9; 4.52; 5.22
Fe^{3+}	1, ⋯, 3	9.4; 16.2; 20.2
Mn^{3+}	1, ⋯, 3	9.98; 16.57; 19.42
Ni^{2+}	1, ⋯, 3	5.3; 7.64; ~8.5
TiO^{2+}	1, 2	6.60; 9.90
Zn^{2+}	1, ⋯, 3	4.89; 7.60; 8.15
磺基水杨酸配合物		
Al^{3+}	1, ⋯, 3	13.20; 22.83; 28.89
Cd^{2+}	1, 2	16.68; 29.08
Co^{2+}	1, 2	6.13; 9.82
Cr^{3+}	1	9.56
Cu^{2+}	1, 2	9.52; 16.45
Fe^{2+}	1, 2	5.90; 9.90
Fe^{3+}	1, ⋯, 3	14.64; 25.18; 32.12
Mn^{2+}	1, 2	5.24; 8.24
Ni^{2+}	1, 2	6.42; 10.24
Zn^{2+}	1, 2	6.05; 10.65
硫脲配合物		
Ag^+	1, 2	7.4; 13.1
Bi^{3+}	6	11.9
Cu^+	1, ⋯, 4	—; —; ~13; 15.4
Hg^{2+}	1, ⋯, 4	—; 22.1; 24.7; 26.8

金属离子	n	$\lg \beta_n$
	酒石酸配合物	
Bi^{3+}	3	8.30
Ca^{2+}	2	9.01
Cu^{2+}	1, ⋯, 4	3.2; 5.11; 4.78; 6.51
Fe^{3+}	3	7.49
Pb^{2+}	3	4.7